# Genome und Gene

T. A. Brown

# Genome und Gene

## Lehrbuch der molekularen Genetik

**3. Auflage**

**Aus dem Englischen übersetzt von Birgit Jarosch und Lothar Seidler**

Titel der englischen Originalausgabe:
Genomes 3
© 2007 Garland Science Publishing, a member of the Taylor & Francis Group

**Wichtiger Hinweis für den Benutzer**

Der Verlag und der Autor haben alle Sorgfalt walten lassen, um vollständige und akkurate Informationen in diesem Buch zu publizieren. Der Verlag übernimmt weder Garantie noch die juristische Verantwortung oder irgendeine Haftung für die Nutzung dieser Informationen, für deren Wirtschaftlichkeit oder fehlerfreie Funktion für einen bestimmten Zweck. Der Verlag übernimmt keine Gewähr dafür, dass die beschriebenen Verfahren, Programme usw. frei von Schutzrechten Dritter sind. Der Verlag hat sich bemüht, sämtliche Rechteinhaber von Abbildungen zu ermitteln. Sollte dem Verlag gegenüber dennoch der Nachweis der Rechtsinhaberschaft geführt werden, wird das branchenübliche Honorar gezahlt.

**Bibliografische Information der Deutschen Nationalbibliothek**

Die Deutsche Nationalbibliothek verzeichnet diese Publikation in der Deutschen Nationalbibliografie; detaillierte bibliografische Daten sind im Internet über http://dnb.d-nb.de abrufbar.

Springer ist ein Unternehmen von Springer Science+Business Media
springer.de

© Springer-Verlag Berlin Heidelberg 2007
Spektrum Akademischer Verlag ist ein Imprint von Springer

07  08  09  10  11        5  4  3  2  1

Planung und Lektorat: Frank Wigger, Bettina Saglio
Herstellung: Katrin Frohberg
Umschlaggestaltung: SpieszDesign, Neu-Ulm
Layout/Satz: TypoDesign Hecker, Leimen
Druck und Bindung: Stürtz GmbH, Würzburg

Printed in Germany

ISBN 978-3-8274-1843-2

# Vorwort

Seit dem Erscheinen der zweiten Auflage des Buches *Genomes* sind vier interessante Jahre vergangen.

In regelmäßigen Abständen wurden vollständig ermittelte Sequenzen von menschlichen Chromosomen veröffentlicht, und die Sequenzierung des Genoms des Schimpansen ist in einer Rohfassung ebenfalls abgeschlossen. Die Anzahl der Eukaryoten, von denen vollständige oder partielle Sequenzen vorliegen, nimmt auf beeindruckende Weise zu, und praktisch jede Woche werden Sequenzen von Prokaryoten bekannt. Experimentelle Methoden für die Untersuchung von Transkriptomen und Proteomen ermöglichen uns neue Einblicke in die Genomexpression, und das neue Fachgebiet der Systembiologie verknüpft Untersuchungen von Genomen mit zellulärer Biochemie. Alle diese Fortschritte haben Eingang gefunden in die dritte Auflage dieses Buches. So wurde beispielsweise die Genomorganisation von einem auf drei Kapitel erweitert und der Anteil der Postgenomik stark ausgedehnt. Hinzugekommen sind daher drei eigene Kapitel über die Analyse von Sequenzen und die Untersuchung von Transkriptomen und Proteomen. Auch habe ich die Gelegenheit genutzt, die Beschreibung der Genomexpression, Replikation und Rekombination zu vertiefen.

Die Veränderungen haben dazu geführt, dass das Buch umfangreicher wurde, und um hier einen Ausgleich zu schaffen, habe ich mich darum bemüht, das Buch benutzerfreundlicher zu gestalten. Kästen werden jetzt nur noch für die Beschreibung von Methoden verwendet, sodass der Text insgesamt weniger unterbrochen wird und durchgängiger gelesen werden kann. Die grafische Darstellung wurde vollständig neu konzipiert und die Verständlichkeit der Zeichnungen verbessert, sodass das Buch ein attraktiveres Erscheinungsbild zeigt. Die Literaturlisten und die Aufgaben am Ende der Kapitel wurden ebenfalls umfassend überarbeitet.

Im Zuge dieser Neufassung habe ich auch die Hinweise berücksichtigt, die mir zahlreiche Dozenten und Studenten aus verschiedenen Teilen der Welt gegeben haben. Es sind buchstäblich „zu viele, um sie alle nennen zu können", sodass ich ihnen allen hier meinen Dank aussprechen möchte. Die eine Person, der ich persönlich danken möchte, ist Daniela Delneri von der Universität von Manchester, deren Anmerkungen zu den Kapiteln über die Postgenomik und molekulare Evolution so ausführlich waren, dass ich es fast als unnötig erachtete, hier noch selbst Recherchen zu betreiben. Ted Lee vom Department of Biology, SUNY Fredonia im Staat New York, bin ich außerordentlich dankbar dafür, dass er die (zumindest für mich) mühsame Aufgabe übernommen hat, zu jedem Kapitel umfassende Blöcke von Fragen und Aufgaben zu entwickeln – diese Lernhilfen erhöhen die Qualität des Buches enorm. Außerdem danke ich Dominic Holdsworth und Jackie Harbor von Garland Science für die große Hilfe, die sie mir bei meiner Arbeit an diesem Buch waren, sowie Matthew McClements für die ausgezeichnete Neufassung der grafischen Gestaltung. Und schließlich wäre die dritte Auflage des Buches *Genomes* ohne die Unterstützung meiner Frau Keri nicht erschienen. In den Danksagungen zur ersten Auflage habe ich geschrieben „Wenn Sie dieses Buch als brauchbar erachten, sollten Sie Keri danken und nicht mir, weil sie dafür gesorgt hat, dass es geschrieben wurde", und ich freue mich darüber, dass der eine oder andere Leser dies tatsächlich auch getan hat.

*T. A. Brown*
*Manchester*

# Hinweise für den Leser

Ich habe mich bemüht, die dritte Auflage von *Genomes* so benutzerfreundlich wie möglich zu gestalten. Das Buch enthält deshalb eine Reihe verschiedener Elemente, die dem Leser helfen und das Buch zum einem effektiven Lehrmittel machen sollen.

## Aufbau des Buches

*Genome und Gene* ist in vier Teile gegliedert.

**Teil I – Die Untersuchung von Genomen** – beginnt mit einem einführenden Kapitel, das den Leser mit Genomen, Transkriptomen und Proteomen bekannt macht, und widmet sich dann den Methoden des Klonierens und der PCR, die in der Zeit vor der Genomforschung dazu dienten, einzelne Gene zu untersuchen (Kapitel 2). Die Methoden, die speziell bei der Untersuchung von Genomen eine Rolle spielen, werden in der Reihenfolge beschrieben, in der sie bei einem Genomprojekt angewendet werden: Methoden für das Erstellen von genetischen und physikalischen Karten (Kapitel 3); Verfahren zur DNA-Sequenzierung und Vorgehensweisen zum Ermitteln einer zusammenhängenden Genomsequenz (Kapitel 4); Methoden für die Identifizierung von Genen in einer Genomsequenz und Bestimmung der Funktionen dieser Gene in der Zelle (Kapitel 5); sowie Verfahren für die Untersuchung von Transkriptomen und Proteomen (Kapitel 6). Das Humangenomprojekt bildet den roten Faden von Teil I, was aber nicht bedeutet, dass alles andere keine Rolle mehr spielt. Ich habe mich bemüht, die früher und heute angewendeten Verfahren, mit deren Hilfe man die Genome anderer Organismen zu verstehen sucht, angemessen darzustellen.

**Teil II – Die Organisation von Genomen** – gibt einen Überblick über die Organisation der verschiedenen Arten von Genomen, die es auf unserem Planeten gibt. Kapitel 7 behandelt die Kerngenome der Eukaryoten, wobei ein besonderer Schwerpunkt auf dem menschlichen Genom liegt. Kapitel 8 beschäftigt sich mit den Genomen von Prokaryoten und eukaryotischen Organellen, wobei Letztere aufgrund ihres prokaryotischen Ursprungs hier behandelt werden. Und Kapitel 9 beschreibt die Genome von Viren und bewegliche genetische Elemente, die zusammengefasst wurden, da bestimmte bewegliche Elemente mit Virusgenomen verwandt sind.

**Teil III – Die Funktionsweise von Genomen** – befasst sich mit einem Gebiet, das in der Vergangenheit unpassend mit „DNA wird zu RNA wird zu Protein" umschrieben wurde. Kapitel 10 behandelt die zunehmend wichtigere Fragestellung, wie die Chromatinstruktur die Genomexpression beeinflusst. Kapitel 11 beschreibt dann die Bildung des Transkriptionsinitiationskomplexes bei Prokaryoten und Eukaryoten und beinhaltet auch eine ausführliche Abhandlung über DNA-bindende Proteine, die in den ersten Phasen der Genomexpression von zentraler Bedeutung sind. Die Kapitel 12 und 13 beschäftigen sich im Einzelnen mit der Synthese des Transkriptoms und des Proteoms. In Kapitel 14 geht es um die Regulation der Genomaktivität. Es hat sich als schwierig erwiesen, diesem Kapitel eine überschaubare Länge zu geben, da bei der Genomregulation sehr viele verschiedene Themen eine Rolle spielen. Ich hoffe jedoch, dass es mir mithilfe der ausgewählten spezifischen Beispiele gelungen ist, die allgemeinen Fragestellungen zu veranschaulichen und ein vernünftiges Gleichgewicht zwischen Kürze und Breite des Dargestellten zu erreichen.

**Teil IV – Die Replikation und Evolution von Genomen** – verknüpft die Replikation, Mutation und Rekombination der DNA mit der allmählichen Evolution der Genome im Lauf der Zeit. In den Kapiteln 15 bis 17 werden die Mechanismen beschrieben, die bei Replikation, Mutation, Reparatur und Rekombination eine Rolle spielen. Kapitel 18 behandelt die Art und Weise, wie diese Mechanismen die Struktur der genetischen Information in den Genomen im Verlauf der Evolution geprägt haben. Kapitel 19 schließlich widmet sich der zunehmend nutzbringenden Anwendung der molekularen Phylogenetik, um die evolutionären Beziehungen zwischen DNA-Sequenzen zu ermitteln.

## Aufbau der Kapitel

### Lernziele

Am Anfang jedes Kapitel sind Lernziele aufgeführt, die sehr sorgfältig ausformuliert wurden. Es handelt sich dabei nicht nur um eine Reihe zusammenfassender Sätze zum fachlichen Inhalt jedes Kapitels, sondern es werden Niveau und Art des Wissens aufgezeigt, das die Studierenden durch Lesen des Kapitels erwerben sollten. In den Lernzielen ist formuliert, was ein Studierender beschreiben, zeichnen, erörtern, bewerten können soll, wobei jedes Verb so gewählt wurde, dass die Anforderungen präzise formuliert sind. Auf diese Weise soll vermittelt werden, was man beim Studium der einzelnen Kapitel gelernt haben sollte, wenn man sich intensiv mit der Materie beschäftigt hat.

### Abbildungen

Eine gute Grafik ist so viel wert wie tausend Worte, eine schlechte Grafik aber kann den Leser verwirren, und eine überflüssige Grafik lenkt nur vom Wesentlichen ab. Ich habe großen Wert darauf gelegt, dass jede Abbildung notwendig ist und ihren Zweck dahingehend erfüllt, dass sie nicht nur den Text unterbricht und dafür sorgt, dass das Buch gut aussieht. Deshalb habe ich versucht, die Abbildungen reproduzierbar zu gestalten, um so gute Lernhilfen für die Studierenden zu bieten. Ich habe niemals verstanden, warum Grafiken in Lehrbüchern Kunstwerke sein sollen, denn wenn ein Studierender sie nicht nachzeichnen kann, sind es reine Illustrationen und keine Hilfe zum Verständnis. Die Abbildungen in diesem Buch sind klar verständlich, einfach und mit so wenigen Einzelheiten wie möglich ausgestattet.

## Methoden

Der Haupttext wird durch eine Reihe von Methodenbeschreibungen unterstützt und ergänzt. Jeder dieser Abschnitte ist eine eigenständige Beschreibung einer Methode oder einer Gruppe von Methoden, die für die Untersuchung von Genomen von Bedeutung sind. Die Methodenbeschreibungen sind so gestaltet, dass man sie in Verbindung mit dem Haupttext lesen kann, wobei sie jeweils dort im Buch platziert sind, wo zum ersten Mal eine Anwendung der Methode beschrieben wird.

## Fragen, Problemstellungen und Aufgaben zu Abbildungen

Am Ende von jedem Kapitel finden sich vier verschiedene Arten von Übungsaufgaben für das Selbststudium:

- **Multiple-Choice-Fragen** decken die wichtigsten Inhalte des Kapitels ab und dienen dazu festzustellen, ob man den Stoff wirklich verstanden hat. Traditionalisten bezweifeln gelegentlich den Wert von Multiple-Choice-Fragen und führen dabei formale Kriterien an, aber sie sind für eine Übersicht zweifellos wertvoll: Wenn die Studierenden jede einzelne dieser Fragen genau beantworten können, besitzen sie mit ziemlicher Sicherheit bereits ausgezeichnete Kenntnisse vom fachlichen Inhalt des Kapitels.

- **Fragen mit kurzen Antworten** erfordern Beschreibungen aus 50 bis 300 Worten oder befassen sich auch gelegentlich mit einer bestimmten Grafik oder Tabelle. Die Fragen decken den gesamten Inhalt jedes Kapitels ab, und die meisten können einfach durch Abgleich der Frage mit dem entsprechenden Textteil im Buch beantwortet werden. Die Fragen mit kurzen Antworten dienen dazu, ein Kapitel systematisch durchzuarbeiten, oder man wählt einzelne Fragen zu bestimmten Themen aus, um festzustellen, wie gut man sie beantworten kann. Die Fragen mit kurzen Antworten eignen sich auch für Klausuren.

- **Vertiefende Aufgaben** erfordern eine ausführlichere Antwort. Sie unterscheiden sich in der Form und im Schwierigkeitsgrad. Die einfachsten erfordern nicht viel mehr als ein wenig Literaturstudium. Die Absicht besteht darin, dass die Studierenden ihr Lernen ein wenig dort fortsetzen, wo dieses Buch aufhört. Andere Aufgaben erfordern die Bewertung einer Aussage oder einer Hypothese anhand des im Buch präsentierten Lernstoffs, teilweise auch unter Zuhilfenahme von Literatur zum Thema. Diese Aufgaben regen hoffentlich zum Nachdenken und zu einer Vertiefung des Themas an. Einige Aufgaben sind schwierig zu lösen, in einigen Fällen sogar so schwierig, dass auf die gestellte Frage keine eindeutige Antwort möglich ist. Diese Fragen sollen zur Diskussion und Spekulation animieren und die Studierenden dazu bringen, ihr Wissen einzusetzen und ihre Aussagen genau zu überdenken. Die vertiefenden Aufgaben können von den Studierenden im Selbststudium bearbeitet werden oder als Ausgangspunkt für Diskussionen in Gruppen dienen.

- **Aufgaben zu Abbildungen** ähneln den Fragen mit kurzen Antworten, basieren aber auf ausgewählten Abbildungen des vorausgegangenen Kapitels, die bei dieser Art von Übung im Zentrum stehen. Diese Tests sind dafür geeignet, das Fachwissen, das man sich durch den Text angeeignet hat, mit den Strukturen und Mechanismen zu verknüpfen, die in den Abbildungen dargestellt sind. Eine gute Grafik ist tatsächlich so viel wert wie tausend Worte, aber auch nur dann, wenn die Grafik genau betrachtet und vollständig verstanden wird. Die Aufgaben zu Abbildungen helfen dabei, diese Art des Verstehens zu erwerben.

Für Multiple-Choice-Fragen, Fragen mit kurzen Antworten und Aufgaben zu Abbildungen finden sich die Antworten im Anhang. Auf Anfrage können Dozenten, die das Buch über Garland Science Classwire®* erwerben, die Antworten zu allen Fragen erhalten. Für die vertiefenden Aufgaben wird eine Anleitung und weniger eine vollständige Antwort zur Verfügung gestellt.

## Weiterführende Literatur

Die Literaturlisten am Ende jedes Kapitels enthalten die Forschungsartikel, Übersichtsartikel und Bücher, die ich als die hilfreichsten Quellen für weitere Informationen erachte. Meine Absicht im gesamten Buch liegt darin, dass die Studierenden mithilfe der Literaturlisten weiteres Wissen erwerben können, wenn sie längere Aufsätze oder Abhandlungen zu bestimmten Themen schreiben. Deshalb wurden auch Forschungsartikel aufgenommen, aber nur dann, wenn ihr Inhalt für einen durchschnittlichen Leser dieses Buches auch verständlich ist. Ein besonderer Schwerpunkt wurde auf eingängige Übersichtsartikel gelegt, wie etwa *Science Perspectives*, *Nature News and Views* und Artikel aus den Zeitschriften der *Trends*-Reihe. Eine Stärke dieser allgemeinen Artikel besteht darin, dass sie die Arbeit im Zusammenhang mit ihrer Bedeutung für ein bestimmtes Fachgebiet darstellen. Die meisten Literaturlisten sind in Abschnitte eingeteilt, die dem Aufbau der Information im Kapitel entsprechen. In einigen Fällen habe ich mit wenigen Worten ergänzt, worin der besondere Wert eines bestimmten Artikels besteht, um dem Leser eine Hilfestellung für die eigene Auswahl zu geben. Die Listen sind nicht vollständig und ich ermuntere die Leser, sich die Zeit zu nehmen und in den Regalen der ihnen zur Verfügung stehenden Bibliotheken nach weiteren Büchern und Artikeln zu suchen. Schmökern ist eine ausgezeichnete Möglichkeit, Interessen zu entdecken, von denen man niemals geglaubt hat, dass man sie haben könnte.

## Glossar

Als Lernhilfen bevorzuge ich ganz besonders Glossare und ich habe für die dritte Auflage von *Genomes* ein sehr ausführliches zusammengestellt. Jeder im Text fett hervorgehobene Begriff wird im Glossar erklärt, außerdem eine Reihe weiterer Begriffe, denen der Leser möglicherweise in Artikeln oder Büchern aus den Literaturlisten begegnet. Jeder Begriff im Glossar steht auch im Index, sodass der Leser die Seiten schnell auffindet, wo der Begriff aus dem Glossar detaillierter behandelt wird.

---

\* Auf der **Website http://www.garlandscience.co.uk/textbooks/0815341385.asp** finden Sie weiterführende Informationen zur englischsprachigen Originalausgabe dieses Buches. Hochschuldozenten, die „Genome und Gene" in ihren Lehrveranstaltungen nutzen und empfehlen, können Zugang zu dem Course-Management-System **Garland Science Classwire™** erhalten, in dem ergänzende Produkte zu dem Lehrbuch online verfügbar sind, etwa elektronische Dateien der Abbildungen, Animationen, Videos und vieles mehr. Mehr Informationen zu Classwire™ finden Sie ebenfalls auf der genannten Website. Um Zugang und ein Dozenten-Passwort zu bekommen, schicken Sie bitte eine E-Mail in englischer Sprache an **science@garland.com** und beschreiben Sie kurz, für welche Veranstaltung Sie das Buch empfehlen. Sie werden dann ggf. nach weiteren Details gefragt werden. Eine **Bild-CD-ROM** für Dozenten mit den Abbildungen der deutschen Ausgabe in verschiedenen Formaten (JPEG, PDF, Power-Point) ist unter der ISBN 978-3-8274-1974-3 erhältlich.

## Wissenschaftliche Beratung

Der Autor und der Verlag des Buches *Genomes* wollen sich bei den im Folgenden aufgeführten Personen für ihren Beitrag zum Entstehen dieser Auflage bedanken:

Dean Danner, Emory University School of Medicine
Daniela Delneri, University of Manchester
Yuri Dubrova, University of Leicester
Bart Eggen, University of Groningen
Robert Fowler, San Jose State University
Adrian Hall, Sheffield Hallam University
Glyn Jenkins, University of Aberystwyth
Torsten Kristensen, University of Aarhus
Mike McPherson, University of Leeds
Andrew Read, University of Manchester
Darcy Russell, Baker College
Amal Shervington, University of Central Lancashire
Robert Slater, University of Hertfordshire
Klaas Swart, Wageningen University
John Taylor, University of Newcastle
Guido van den Ackerveken, Utrecht University
Vassie Ware, Lehigh University
Matthew Upton, University of Manchester

# Inhaltsübersicht

# Inhaltsverzeichnis

# Die Untersuchung von Genomen

## Teil I

**Teil I – Die Untersuchung von Genomen** beschreibt Methoden und wissenschaftliche Ansätze, die auf unserem Wissen über Genome beruhen. Wir beginnen mit einem Orientierungskapitel, das die Begriffe Genom, Transkriptom und Proteom einführt, und gehen dann in Kapitel 2 weiter zu den Methoden, wobei das Klonieren von DNA und die Polymerasekettenreaktion, die beide dazu dienen, kurze DNA-Segmente zu analysieren, wie etwa einzelne Gene, im Mittelpunkt stehen. In Kapitel 3 beginnt unsere Betrachtung der Genomik, indem wir beschreiben, wie genetische und physikalische Karten erstellt werden, und Kapitel 4 stellt die Verbindung zwischen Kartierung und Sequenzierung her. Wenn Sie Kapitel 4 lesen, dann werden Sie erkennen, dass eine Karte zwar eine wertvolle Hilfe beim Zusammensetzen einer langen DNA-Sequenz sein kann, aber eine Kartierung für die Genomsequenzierung nicht unbedingt erforderlich ist. In Kapitel 5 betrachten wir die unterschiedlichen Vorgehensweisen, die zu unserem Verständnis der Genomsequenz beitragen. In Kapitel 6 behandeln wir Verfahren, mit denen untersucht wird, wie ein Genom durch die gezielte Synthese eines Transkriptoms und eines Proteoms funktioniert und wie dadurch die biochemische Kapazität einer Zelle bestimmt wird.

# Genome, Transkriptome und Proteome

**1**

Leben, so wie wir es kennen, wird durch die **Genome** von Myriaden von Organismen bestimmt, mit denen wir den Planeten Erde teilen. Jeder Organismus besitzt ein Genom mit der **biologischen Information**, die notwendig ist, um ein lebendes Exemplar dieses Organismus entstehen zu lassen und am Leben zu erhalten. Die meisten Genome, das des Menschen ebenso wie die aller anderen zellulären Lebensformen, bestehen aus **DNA** (Desoxyribonucleinsäure), doch besitzen einige wenige Viren Genome aus **RNA** (Ribonucleinsäure). DNA und RNA sind polymere Moleküle, die sich aus monomeren Untereinheiten zusammensetzen, den **Nucleotiden**.

Das menschliche Genom (Humangenom), das für die Genome aller vielzelligen Tiere typisch ist, besteht aus zwei unterschiedlichen Teilen (Abb. 1.1):

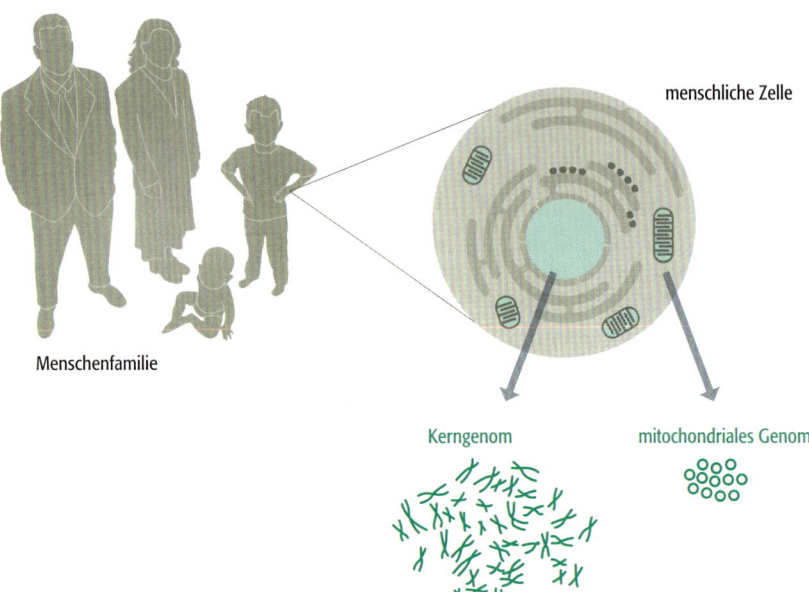

menschliche Zelle

Menschenfamilie

Kerngenom

mitochondriales Genom

1.1     Das Genom des Menschen setzt sich aus Kerngenom und mitochondrialem Genom zusammen.

- Das **Kerngenom** enthält ungefähr 3 200 000 000 DNA-Nucleotide, die auf 24 verschiedene lineare Moleküle verteilt sind. Das kürzeste hat eine Länge von 50 000 000 Nucleotiden, das längste umfasst 260 000 000 Nucleotide. Diese Moleküle liegen in der Zelle als **Chromosomen** verpackt vor. Die 24 unterschiedlichen Chromosomen bestehen aus 22 **Autosomen** und den zwei **Geschlechtschromosomen**, X und Y. Insgesamt umfasst das menschliche Kerngenom etwa 30 000 **Gene**.

- Das **mitochondriale Genom** ist ein zirkuläres, aus 16 569 Nucleotiden bestehendes DNA-Molekül, von dem in den energieliefernden Organellen der Zellen, den Mitochondrien, viele Kopien vorhanden sind. Das mitochondriale Genom des Menschen umfasst nur 37 Gene.

Jede der ungefähr $10^{13}$ Zellen im Körper eines erwachsenen Menschen hat ihren eigenen Satz an Kopien des Genoms. Die einzigen Ausnahmen sind Zelltypen wie die roten Blutkörperchen, denen im vollständig ausdifferenzierten Stadium ein Zellkern fehlt. Die große Mehrheit der Zellen ist diploid und besitzt *zwei* Kopien eines jeden Autosoms sowie zwei Geschlechtschromosomen, XX für Frauen und XY für Männer, also insgesamt 46 Chromosomen. Diese Zellen werden somatische Zellen oder **Körperzellen** genannt. Im Gegensatz dazu sind die **Keimzellen** (oder **Gameten**) **haploid** und besitzen nur 23 Chromosomen – ein Chromosom eines jeden Autosoms und ein Geschlechtschromosom. Beide Zelltypen haben ungefähr 8 000 Kopien des mitochondrialen Genoms, etwa 10 in jedem Mitochondrium.

Das Genom ist ein Speicher biologischer Information, für sich alleine vermag es jedoch nicht, diese Information an die Zelle weiterzugeben. Die Nutzung der im Genom enthaltenen Information erfordert die koordinierte Aktivität von Enzymen und anderen Proteinen, die an einer komplexen Folge biochemischer Reaktionen beteiligt sind, die man als **Genomexpression** bezeichnet (Abb. 1.2). Das erste Produkt der Genomexpression ist das **Transkriptom**. Darunter versteht man die Gesamtheit von RNA-Molekülen, die von proteincodierenden Genen stammen und deren biologische Information für die Zelle zu einem bestimmten Zeitpunkt erforderlich ist. Das Transkriptom entsteht durch einen Prozess, den man als **Transkription** bezeichnet und bei dem einzelne Gene in RNA-Moleküle umgeschrieben werden. Das zweite Produkt der Genomexpression ist das **Proteom**, die Gesamtheit aller **Proteine** einer Zelle; es bestimmt, welche biochemischen Reaktionen die Zelle durchzuführen vermag. Die Proteine, aus denen das Proteom besteht, werden durch **Translation** spezifischer, im Transkriptom enthaltener RNA-Moleküle synthetisiert.

Dieses Buch handelt von Genomen und ihrer Expression. Es erläutert, wie Genome analysiert werden (Teil I), wie sie organisiert sind (Teil II), wie sie funktionieren (Teil III) und wie sie repliziert werden und sich evolutionär entwickeln (Teil IV). Bis vor kurzem wäre es nicht möglich gewesen, dieses Buch zu schreiben. Seit den 1950er-Jahren haben Molekularbiologen einzelne Gene oder kleine Gengruppen untersucht und auf diese Weise ein umfangreiches Wissen über die Funktionsweise von einzelnen Genen erworben. Aber erst seit etwa zehn Jahren stehen Methoden zur Verfügung, mit denen man ganze Genome analysieren kann. Individuelle Gene werden immer noch intensiv untersucht, aber die Information über sie wird nun im Zusammenhang mit dem Genom als Ganzem interpretiert. Diese neue, breitere Ausrichtung betrifft nicht nur die Genetik, sondern auch die gesamte Biochemie und Zellbiologie. Es reicht nicht mehr aus, einzelne biochemische Stoffwechselwege oder subzelluläre Prozesse zu verstehen. Die **Systembiologie** stellt nun die eigentliche Herausforderung dar. Sie versucht, alle diese Stoffwechselwege und Prozesse zu Netzwerken zu verknüpfen und auf diese Weise zu beschreiben, wie lebende Zellen und Organismen insgesamt funktionieren.

Dieses Buch wird Sie durch unser Wissen über Genome führen und Ihnen zeigen, wie dieses spannende Forschungsgebiet unser Verständnis biologischer Systeme ständig erweitert. Zunächst aber müssen wir uns den allgemeinen Grundlagen der Molekularbiologie widmen. Dazu besprechen wir die Haupteigenschaften von drei Arten biologischer Moleküle, die an Genomen und an der Genomexpression beteiligt sind: DNA, RNA und Protein.

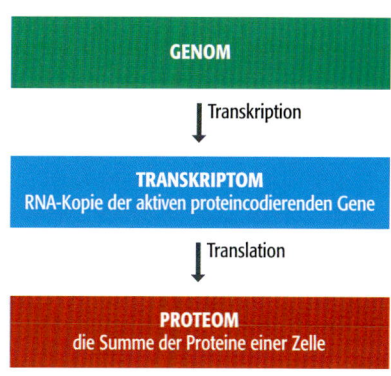

1.2    Genom, Transkriptom und Proteom.

## 1.1 DNA

Die Desoxyribonucleinsäure wurde 1869 von Johann Friedrich Miescher entdeckt, einem Schweizer Biochemiker, der in Tübingen forschte. Bei diesen ersten Extrakten, die Miescher aus weißen Blutkörperchen des Menschen herstellte, handelte es sich um Rohextrakte aus DNA und chromosomalen Proteinen. Im Jahr darauf zog er in die Schweiz, nach Basel, wo heute das nach ihm benannte Forschungsinstitut beheimatet ist. Dort extrahierte Miescher erstmals reine **Nucleinsäure** aus Lachssperma. Seine chemischen Analysen zeigten, dass DNA sauer und reich an Phosphor ist und dass die einzelnen Moleküle relativ groß sind. Doch erst in den 1930er-Jahren erkannte man die enorme Länge der polymeren Ketten durch biophysikalische Untersuchungen der DNA.

### 1.1.1 Gene bestehen aus DNA

Die Tatsache, dass Gene aus DNA bestehen, ist heutzutage so geläufig, dass man nur schwer nachvollziehen kann, wie die Funktion der DNA für die ersten 75 Jahre nach ihrer Entdeckung ungeklärt bleiben konnte. Schon im Jahr 1903 erkannte W. S. Sutton, dass das Vererbungsmuster von Genen mit dem Verhalten von Chromosomen während der Zellteilung einhergeht. Diese Beobachtung führte zur **Chromosomentheorie**, also zu der Annahme, dass Gene auf Chromosomen lokalisiert sind. Die **cytochemische Untersuchung** von Zellen durch Färben mit Farbstoffen, die sich spezifisch an eine biologische Verbindung anlagern, ergab, dass Chromosomen zu nahezu gleichen Anteilen aus DNA und Protein bestehen. Zu dieser Zeit erkannten Biologen, dass es Milliarden verschiedener Gene gibt und dass genetisches Material in der Lage sein muss, viele verschiedene Formen anzunehmen. Aber DNA schien diesen Ansprüchen nicht zu genügen, da man zu Beginn des zwanzigsten Jahrhunderts annahm, dass alle DNA-Moleküle identisch sind. Auf der anderen Seite vermutete man korrekterweise, dass Proteine sehr variabel sind; polymere Moleküle, jedes aufgebaut aus einer unterschiedlichen Kombination der 20 chemisch unterschiedlichen Aminosäuremonomere (Abschnitt 1.3.1). Daher mussten Gene aus Protein bestehen und nicht aus DNA.

Diese Fehler im Verständnis der DNA-Struktur blieben bestehen, doch setzte sich in den späten 1930er-Jahren die Auffassung durch, dass DNA, wie Protein, eine große Variabilität besitzt. Die Auffassung, dass Protein das genetische Material darstellt, hielt sich zunächst, wurde aber schließlich durch das Ergebnis zweier wichtiger Experimente verworfen:

- Oswald Avery, Colin MacLeod und Maclyn McCarty zeigten, dass DNA die aktive Komponente des **transformierenden Prinzips** ist. Ein Extrakt bakterieller Zellen, der bei Vermischen mit einem harmlosen Stamm von *Streptococcus pneumoniae* die Bakterien in eine virulente Form überführt. Injiziert in Mäuse, rufen diese Bakterien eine Lungenentzündung hervor (Abb. 1.3a). Im Jahr 1944, als das Ergebnis dieses Experiments veröffentlicht wurde, glaubten nur wenige Mikrobiologen, dass die Transformation durch den Transfer von Genen aus dem Zellextrakt in die lebenden Bakterien verursacht wird. Als dieses Erkenntnis schließlich akzeptiert wurde, konnte man die wahre Bedeutung des „Avery-Experiments" erkennen: Bakterielle Gene bestehen aus DNA.

- Alfred Hershey und Martha Chase verwendeten die **radioaktive Markierung**, um zu zeigen, dass bei der Infektion einer Bakterienkultur mit **Bakteriophagen** (eine Gruppe von **Viren**) DNA als Hauptkomponente der Bakteriophagen in die Zellen gelangt (Abb. 1.3b). Dies war eine entscheidende Beobachtung, denn es war bereits bekannt, dass die Gene des infizierenden Bakteriophagen während des Infektionszyklus nötig sind, um die Synthese neuer Bakteriophagen zu lenken, und dass diese Synthese innerhalb der Bakterien stattfindet. Wenn es ausschließlich die DNA des infizierenden Bakterionphagen ist, die in die Zellen gelangt, folgt daraus, dass die Gene des Bakteriophagen aus DNA bestehen.

Obwohl diese zwei Experimente aus unserer Sicht die beiden entscheidenden Hinweise dafür lieferten, dass Gene aus DNA bestehen, waren die Biologen der damaligen Zeit nicht so leicht zu überzeugen. Beide Versuche haben ihre Grenzen und boten Kritikern genügend Angriffsfläche, um weiterhin zu behaupten, Protein sei das genetische Material. Es gab zum Beispiel Bedenken bezüglich der Spezifität der **Desoxyribonuclease**, die Avery und seine Kollegen zur Inaktivierung des transformierenden Prinzips verwendeten. Das Ergebnis, ein zentraler Hinweis dafür, dass das transformierende Prinzip aus DNA besteht, wäre hinfällig, sollte das Enzym, wie es möglich schien, Spuren einer kontaminierenden **Protease** enthalten und daher auch Protein abbauen. Auch das Bakteriophagenexperiment ist nicht schlüssig, wie Hershey und Chase bei der Ver-

**a) transformierendes Prinzip**

**b) Hershey-Chase-Experiment**

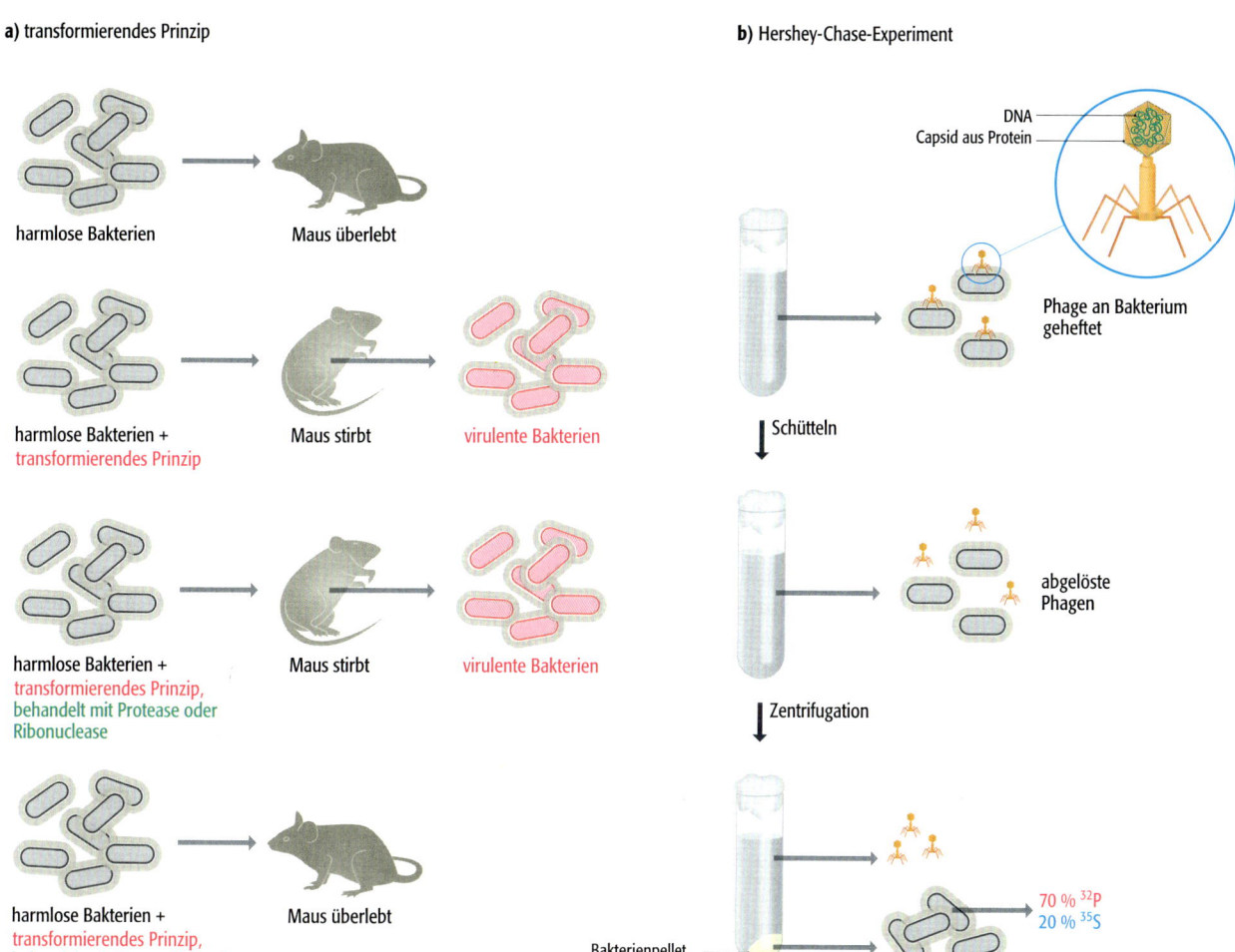

**1.3    Die zwei Experimente, die darauf hinweisen, dass Gene aus DNA bestehen.**
a) Avery und seine Kollegen zeigten, dass das transformierende Prinzip aus DNA besteht. Die beiden oberen Bilder zeigen was geschieht, wenn Mäusen harmlose *Streptococcus pneumoniae*-Bakterien injiziert werden, einmal ohne das transformierende Prinzip, einmal mit demselben, einem Zellextrakt eines virulenten Stammes von *S. pneumoniae*. Ist das transformierende Prinzip vorhanden, stirbt die Maus, da die Gene in dem transformierenden Prinzip harmlose Bakterien in die virulente Form umwandeln. Diese virulenten Bakterien können anschließend aus der Lunge der toten Maus isoliert werden. Die beiden unteren Bilder zeigen, dass die Behandlung mit Proteasen oder Ribonucleasen keine Wirkung auf das transformierende Prinzip hat, aber dass das transformierende Prinzip durch Desoxyribonucleasen inaktiviert wird.
b) Beim Hershey-Chase-Experiment wurden T2-Bakteriophagen verwendet. Jeder dieser Phagen besteht aus einem DNA-Molekül, das in ein Capsid aus Protein verpackt ist, welches wiederum mit einem „Körper" und „Beinen" verbunden ist. Mit ihnen kann sich der Bakteriophage an die Oberfläche eines Bakteriums heften und seine Gene in die Zelle injizieren. Die Bakteriophagen-DNA wurde mit $^{32}$P markiert, das Protein mit $^{35}$S. Wenige Minuten nach der Infektion schüttelte man die Kultur, um die leeren Phagenpartikel von der Zelloberfläche zu lösen. Die Kultur wurde anschließend zentrifugiert, um die Bakterien mit den Phagengenen als Pellet am Boden des Zentrifugenröhrchens zu sammeln, wobei die leichteren Phagenpartikel aber im Überstand verblieben. Hershey und Chase fanden heraus, dass das Bakterienpellet den größten Teil der $^{32}$P-markierten Phagenbestandteile (die DNA) enthielt, aber nur 20 % des $^{35}$S-markierten Materials (das Phagenprotein). In einem zweiten Experiment zeigten Hershey und Chase, dass neue Phagen, die am Ende des Infektionszyklus entstehen, weniger als 1 % des Proteins der Elternphagen enthielten. Weitere Einzelheiten über den Infektionszyklus von Bakteriophagen in Abbildung 2.19.

öffentlichung ihrer Ergebnisse selbst betonten: „Unsere Versuche zeigen eindeutig, dass es möglich ist, genetische und nichtgenetische Anteile das Phagen T2 physikalisch zu trennen... Die chemische Identifizierung des genetischen Anteils muss warten, bis einige Fragen ... geklärt sind." Rückblickend sind diese beiden Experimente für uns nicht wegen ihrer Aussage wichtig, sondern weil sie Biologen auf die Tatsache aufmerksam machten, dass DNA das genetische Material sein *könnte* und es deshalb wert war, untersucht zu werden. Das war es auch, was Watson und Crick dazu veranlasste, mit DNA zu arbeiten, und, wie wir weiter unten sehen werden, zu ihrer Entdeckung der Doppelhelixstruktur führte. Diese löste das Rätsel der Replikation von Genen, was die Wissenschaftler nun vollständig davon überzeugte, dass Gene aus DNA bestehen.

## 1.1.2 Die Struktur der DNA

Die Namen von James Watson und Francis Crick sind so eng mit der DNA verbunden, dass man leicht vergisst, dass die detaillierte Struktur des DNA-Polymers bereits bekannt war, als sie im Oktober 1951 ihre Zusammenarbeit begannen. Ihr Beitrag war nicht, die Struktur der DNA an sich aufzuklären, sondern sie zeigten, dass die DNA-Stränge in lebenden Zellen zu einer Doppelhelix gewunden sind. Deshalb sollten wir zunächst untersuchen, was Watson und Crick bereits bekannt war, als sie ihre Arbeit aufnahmen.

### *Nucleotide und Polynucleotide*

DNA ist ein lineares, unverzweigtes Polymer aus vier chemisch unterschiedlichen monomeren Untereinheiten, die in jeder beliebigen Reihenfolge zu Strängen aus Hunderten, Tausenden oder sogar Millionen Einheiten verbunden sind. Jedes Nucleotid in einem DNA-Polymer besteht aus drei Komponenten (Abb. 1.4):

- **2′-Desoxyribose**, eine **Pentose**, also ein Zucker, der aus fünf Kohlenstoffatomen besteht. Diese fünf Kohlenstoffe sind mit 1′ (sprich „eins Strich"), 2′ und so weiter nummeriert. Der Name „2′-Desoxyribose" gibt an, dass dieser Zucker ein Derivat der Ribose ist, in dem die Hydroxyl-(–OH-)Gruppe am 2′-Kohlenstoff der Ribose durch eine Wasserstoff-(–H-)Gruppe ersetzt ist.

- Eine **stickstoffhaltige Base**, entweder **Cytosin**, **Thymin** (**Pyrimidine** mit nur einem Ring), **Adenin** oder **Guanin** (**Purine** mit einem Doppelring). Die Base ist über das Stickstoffatom Nummer eins des Pyrimidins oder Nummer neun des Purins durch eine **β-N-glykosidische Bindung** mit dem 1′-Kohlenstoff des Zuckers verbunden.

- Eine **Phosphatgruppe** am 5′-Kohlenstoffatom des Zuckers, die bei freien Nucleotiden aus einem, zwei oder drei miteinander verbundenen Phosphateinheiten besteht, im DNA-Polymer jedoch nur aus einer Einheit. In der DNA verknüpft die Phosphatgruppe immer den 3′-Kohlenstoff am Zucker des einen Nucleotids mit dem 5′-Kohlenstoff des Zuckers im nächsten Nucleotid. Bei den freien Nucleotiden werden die Phosphate mit $\alpha$, $\beta$ und $\gamma$ bezeichnet, wobei das $\alpha$-Phosphat direkt mit dem Zucker verbunden ist.

Ein Molekül, das nur aus einem Zucker und einer Base besteht, wird **Nucleosid** genannt; wird ein Phosphat hinzugefügt, entsteht ein **Nucleotid**. Obwohl Zellen Nucleotide mit einem, zwei oder drei Phosphatgruppen enthalten, dienen nur die Nucleosidtriphosphate als Substrate für die DNA-Synthese. Die vollständigen chemischen Namen für die vier Nucleotide, die im Rahmen der DNA-Synthese polymerisieren, sind:

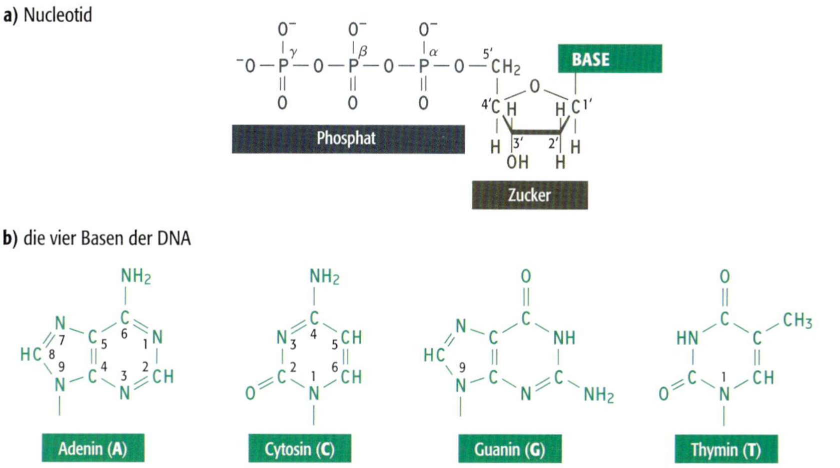

**a)** Nucleotid

**b)** die vier Basen der DNA

1.4  **Die Struktur der Nucleotide.** a) Die allgemeine Struktur eines Desoxyribonucleotids, der in der DNA vorliegende Nucleotidtyp. b) Die vier Basen, die in Desoxyribonucleotiden vorkommen.

- 2′-Desoxyadenosin-5′-triphosphat.

- 2′-Desoxycytidin-5′-triphosphat.

- 2′-Desoxyguanosin-5′-triphosphat.

- 2′-Desoxythymidin-5′-triphosphat.

Die Abkürzungen dieser vier Nucleotide sind dATP, dCTP, dGTP beziehungsweise dTTP. Die vier verschiedenen Nucleotide in einer DNA-Sequenz bezeichnet man mit A, C, G und T.

In einem Polynucleotid sind die einzelnen Nucleotide über **Phosphodiesterbindungen** zwischen ihren 5′- und ihren 3′-Kohlenstoffatomen miteinander verknüpft (Abb. 1.5). Aus der Struktur dieser Bindung erkennt man, dass bei der Polymerisierungsreaktion (Abb. 1.6) die beiden äußeren Phosphate (das β- und das γ-Phosphat) eines Nucleotids entfernt werden und dass die Hydroxylgruppe am 3′-Kohlenstoff des zweiten Nucleotids ersetzt wird. Bemerkenswert ist, dass die beiden Enden der Polynucleotide chemisch unterschiedlich sind – bei linea-

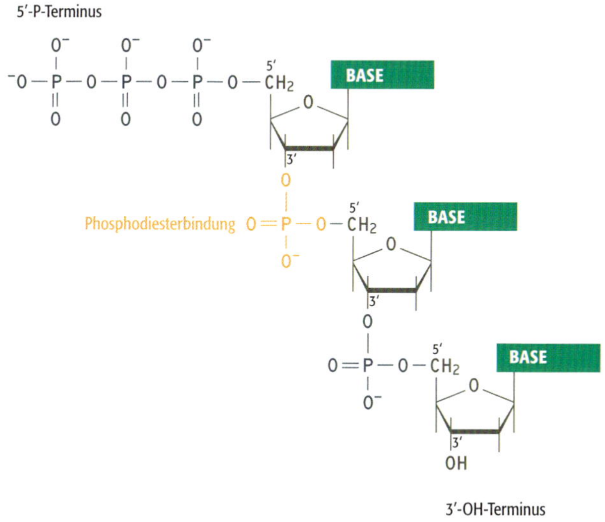

1.5  **Die Struktur der Phosphodiesterbindung in einem kurzen DNA-Polynucleotid.** Die beiden Enden des Polynucleotids sind chemisch unterschiedlich.

**1.6  Die Polymerisierungsreaktion, die zur Synthese von DNA-Polynucleotiden führt.** Die Synthese findet in 5'→3'-Richtung statt, indem das neue Nucleotid an den 3'-Kohlenstoff am Ende des existierenden Polynucleotids angefügt wird. Die $\beta$- und $\gamma$-Phosphate der Nucleotide werden als Pyrophosphate entfernt.

rer DNA trägt eines der Enden eine Phosphatgruppe, die mit dem 5'-Kohlenstoff verbunden ist (das **5'-** oder **5'-P-Ende**), und das andere besitzt eine Hydroxylgruppe, verknüpft mit dem 3'-Kohlenstoff (das **3'-** oder **3'-OH-Ende**). Das bedeutet, dass das Polynucleotid eine chemische Richtung besitzt, die entweder als 5'→3' (in Abb. 1.5 nach unten) oder als 3'→5' (in Abb. 1.5 nach oben) bezeichnet wird. Eine wichtige Folge der Polarität der Phosphodiesterbindungen ist, dass sich die chemische Reaktion, die zur Verlängerung eines DNA-Polymerase in 5'→3'-Richtung notwendig ist, von der für die 3'→5'-Verlängerung unterscheidet. Alle natürlichen DNA-Polymerase-Enzyme sind lediglich in der Lage, 5'→3'-Synthesen auszuführen, was bei der Replikation eines doppelsträngigen DNA-Moleküls zu unverkennbaren Komplikationen führt (Abschnitt 15.2).

## *Der Befund, der zur Herleitung der Doppelhelix führte*
In den Jahren vor 1950 zeigten verschiedene Befunde, dass zelluläre DNA-Moleküle aus zwei oder mehreren Polynucleotiden bestehen, die in irgendeiner Form

miteinander verbunden sind. Die Aussicht, über die Auflösung des Rätsels um die Art dieser Verknüpfung auch Einsichten über die Funktionsweise von Genen zu gewinnen, veranlasste Watson und Crick und auch andere, die Aufklärung der Struktur in Angriff zu nehmen. Wie Watson es in seinem Buch *The Double Helix* schildert, war ihre Arbeit ein anscheinend hoffnungsloser Wettlauf gegen den berühmten amerikanischen Biochemiker Linus Pauling, der aber anfangs ein nicht korrektes Tripelhelixmodell aufstellte und so Watson und Crick die benötigte Zeit verschaffte, um ihr Modell der Doppelhelixstruktur fertigzustellen. Mittlerweile ist es schwierig, Fakten von Fiktion zu unterscheiden, besonders bezüglich der Rolle von Rosalind Franklin, deren **Röntgenstrukturanalysen** die meisten experimentellen Daten für die Unterstützung des Doppelhelixmodells lieferten und die selbst sehr nahe vor der Auflösung der Struktur stand. Es ist jedoch eindeutig, dass die von Watson und Crick am Samstag den 7. März 1953 entdeckte Doppelhelix den wichtigsten Durchbruch in der Biologie im zwanzigsten Jahrhundert darstellt.

Watson und Crick verwendeten für die Herleitung der Doppelhelixstruktur vier Informationsquellen:

- **Biophysikalische Daten** verschiedener Art. Der Wassergehalt der DNA-Fasern war besonders wichtig, da es dadurch möglich war, die Dichte einer DNA-Faser abzuschätzen. Die Anzahl der Stränge in der Helix und der Abstand zwischen den Nucleotiden mussten zu der Faserdichte passen. Paulings Tripelhelixmodell basierte auf einer nicht korrekten Messung, aufgrund derer ein DNA-Molekül dichter sein sollte, als es tatsächlich ist.

- **Röntgenstrukturanalysemuster** (Methoden 11.1), von denen Rosalind Franklin viele erstellt hat. Die Muster enthüllten die helikale Struktur und gaben Hinweise auf einige grundsätzliche Abmessungen innerhalb der Helix.

- Das **Basenverhältnis**, das von Erwin Chargaff von der Columbia Universität, New York, entdeckt wurde. Chargaff führte eine lange Reihe von Chromatographien mit DNA-Proben unterschiedlicher Herkunft durch und zeigte, dass, obwohl die Werte für verschiedene Organismen unterschiedlich sind, die Menge des Adenins immer gleich der des Thymins ist, und dass die Menge des Guanins der des Cytosins entspricht (Abb. 1.7). Diese Basenverhältnisse führten zur den Regeln der **Basenpaarung**, die den Schlüssel für die Entdeckung der Doppelhelixstruktur darstellten.

- Das **Erstellen von Modellen** war die einzige Methode, die Watson und Crick selber durchführten. Maßstabsgetreue Modelle möglicher DNA-Strukturen machten es möglich, die relative Position der einzelnen Atome zueinander zu überprüfen und damit festzustellen, ob Paare, die Bindungen eingehen, nicht zu weit voneinander entfernt sind, und ob andere Atome nicht so nahe beieinander liegen, dass sie miteinander in Wechselwirkung treten.

### Die Haupteigenschaften der Doppelhelix

Die Doppelhelix ist rechtsgängig. Stellt man sich die Doppelhelix als eine Wendeltreppe vor, bedeutet der Befund, dass sich das äußere Geländer beim Hinaufgehen auf der rechten Seite befindet. Die beiden Stränge sind gegenläufig (Abb. 1.8a). Die Helix wird durch zwei Arten chemischer Bindung stabilisiert:

- Die **Basenpaarung** zwischen den beiden Strängen beruht auch **Wasserstoffbrücken** zwischen einem Adenin des einen Stranges und einem Thymin des anderen Stranges, oder zwischen einem Cytosin und einem Guanin (Abb. 1.8b). Wasserstoffbrücken beruhen auf schwacher elektrostatischer

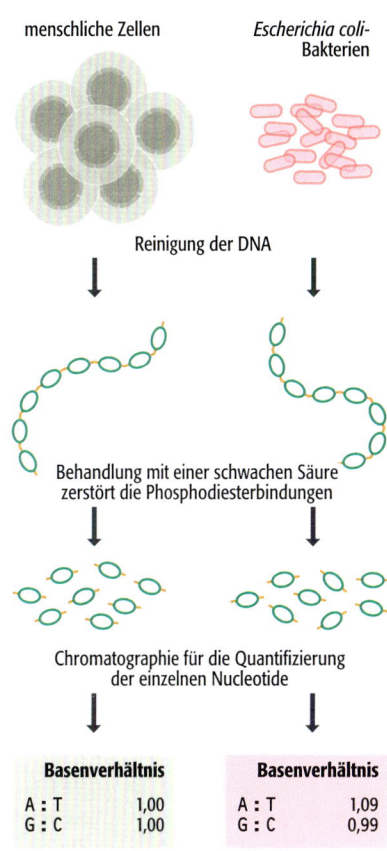

**1.7   Das von Chargaff durchgeführte Experiment zur Ermittlung des Basenverhältnisses.** Aus verschiedenen Organismen wurde DNA extrahiert und mit Säure behandelt, um die Phosphodiesterbindungen zu hydrolysieren und die einzelnen Nucleotide freizusetzen. Jedes Nucleotid wurde nun durch Chromatographie quantifiziert. Es sind einige der tatsächlich von Chargaff gewonnenen Daten dargestellt. Sie zeigen, dass die Menge von Adenin, mit einem gewissen Experimentierfehler, der Menge von Thymin entspricht, und dass die Menge des Guanins gleich der des Cytosins ist.

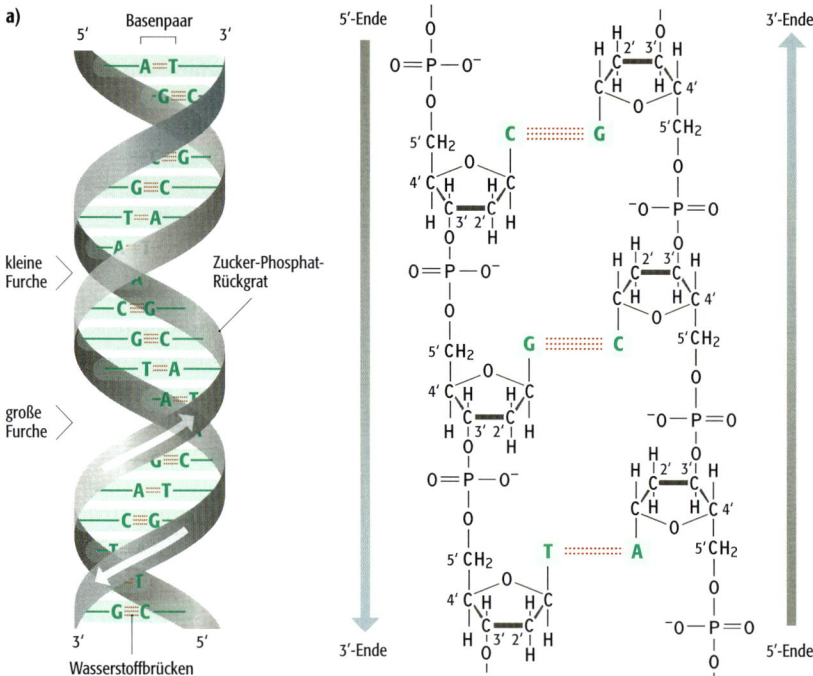

**1.8    Die Doppelhelixstruktur der DNA.**
a) Zwei Darstellungen der Doppelhelix. Links
ist die Helix mit den Zucker-Phosphat-„Rück-
graten" jedes Polynucleotids als graues Band
dargestellt, die Basenpaare sind grün eingezeichnet. Rechts ist die chemische Struktur
von drei Basenpaaren gezeigt. b) A paart mit
T und G mit C. Die Basen sind mit durchge-
zogenen, die Wasserstoffbrücken mit
gepunkteten Linien dargestellt. Das G-C-
Basenpaar bildet drei Wasserstoffbrücken
aus, das A-T-Basenpaar dagegen nur zwei.

Anziehung zwischen einem elektronegativen Atom (wie Sauerstoff oder
Stickstoff) und einem Wasserstoffatom, das mit einem zweiten elektronegativen Atom verknüpft ist. Wasserstoffbrücken sind länger und viel schwächer als kovalente Bindungen – typische Bindungsenergien sind 1–10 kcal
$mol^{-1}$ bei 25 °C verglichen mit bis zu 90 kcal $mol^{-1}$ für eine kovalente Bindung. Genauso wie in der Doppelhelix stabilisieren Wasserstoffbrücken
auch die Sekundärstrukturen von Proteinen. Die beiden Basenpaarkom-
binationen – A gepaart mit T und G gepaart mit C – erklären das durch Chargaff entdeckte Basenverhältnis. Es sind die einzig zulässigen Paarungen;
zum einen aufgrund der geometrischen Verhältnisse der Nucleotidbasen
und der relativen Positionen der an der Ausbildung der Wasserstoffbrücken
beteiligten Atome, und zum anderen, weil jeweils ein Purin und ein Pyrimidin ein Paar bilden. Ein Purin-Purin-Paar wäre zu groß, um in die Helix zu
passen, und ein Pyrimidin-Pyrimidin-Paar wäre zu klein.

● **Basenstapelung**, gelegentlich auch **π-π-Wechselwirkung** genannt, umfasst
hydrophobe Wechselwirkungen zwischen benachbarten Basenpaaren und
trägt mit zur Stabilität der Doppelhelix bei, wenn sich die Stränge erst ein-

mal durch Basenpaarung gefunden haben. Diese hydrophoben Interaktionen treten auf, weil die Wasserstoffbrücken des Wassers hydrophobe Gruppen in die inneren Molekülbereiche zwingen.

Sowohl Basenpaarung als auch Basenstapelung sind wichtig, um die beiden Polynucleotide zusammenzuhalten, jedoch hat die Basenpaarung mit ihrer biologischen Auswirkung zusätzlich eine wichtige Bedeutung. Durch die Einschränkung, dass A nur mit T und G nur mit C ein Basenpaar bilden kann, entstehen bei der DNA-Replikation perfekte Kopien der Elternmoleküle, indem die Sequenzen der bereits existierenden Stränge die Sequenzen der neu synthetisierten Stränge vorgeben. Dieser Vorgang wird als **matrizenabhängige DNA-Synthese** bezeichnet und beschreibt das Verfahren, das alle zellulären DNA-Polymerasen verwenden (Abschnitt 15.2.2). Durch die Basenpaarung können DNA-Moleküle mittels eines einfachen und eleganten Systems repliziert werden, das nach der Veröffentlichung von Watson und Crick jeden Biologen überzeugte, dass Gene tatsächlich aus DNA bestehen.

### Die Doppelhelix besitzt strukturelle Flexibilität

Die von Watson und Crick beschriebene und in Abbildung 1.8a dargestellte Doppelhelix wird als B-Form der DNA bezeichnet. Ihre charakteristischen Eigenschaften liegen in ihren Dimensionen: Der Durchmesser der Helix beträgt 2,37 nm, die Höhe pro Basenpaar ist 0,34 nm und die Ganghöhe (das heißt die Länge einer vollständigen Windung der Helix) ist 3,4 nm, was 10 Basen pro Windung entspricht. Lange Zeit vermutete man, dass die DNA in lebenden Zellen vorwiegend in der B-Form vorliegt, doch es zeigte sich, dass genomische DNA strukturell nicht einheitlich ist. Das beruht hauptsächlich darauf, dass jedes Nucleotid in der Helix flexibel ist und leicht unterschiedliche molekulare Formen annehmen kann. Um diese verschiedenen Konformationen einnehmen zu können, müssen sich die relativen Positionen der Atome in den Nucleotiden verändern. Es gibt eine Vielzahl von Möglichkeiten, aber die wichtigsten Konformationsänderungen sind die Drehung um die $\beta$-$N$-glykosidische Bindung, wodurch sich die Basenorientierung in Bezug auf den Zucker ändert, und die Drehung um die Bindung zwischen dem 3′- und dem 4′-Kohlenstoff. Die beiden Drehbewegungen haben eine signifikante Auswirkung auf die Doppelhelix: Die Veränderung der Basenorientierung beeinflusst die relative Position der beiden Polynucleotide und die Drehung um die 3′-4′-Bindung ändert die Konformation des Zucker-Phosphat-Rückgrats.

Drehbewegungen innerhalb einzelner Nucleotide ziehen daher die größten Veränderungen in der allgemeinen Struktur der Doppelhelix nach sich. Seit den

**Tabelle 1.1**  Eigenschaften verschiedener Konformatioen der DNA-Doppelhelix

| Eigenschaft | B-DNA | A-DNA | Z-DNA |
|---|---|---|---|
| Drehsinn | rechtsgängig | rechtsgängig | linksgängig |
| Helixdurchmesser (nm) | 2,37 | 2,55 | 1,84 |
| Höhe pro Basenpaar (nm) | 0,34 | 0,29 | 0,37 |
| Länge einer vollständigen Windung (Ganghöhe) (nm) | 3,4 | 3,2 | 4,5 |
| Anzahl der Basen pro vollständiger Windung | 10 | 11 | 12 |
| Topologie der großen Furche | breit, tief | eng, tief | flach |
| Topologie der kleinen Furche | eng, ziemlich tief | sehr breit, ziemlich flach | eng, tief |

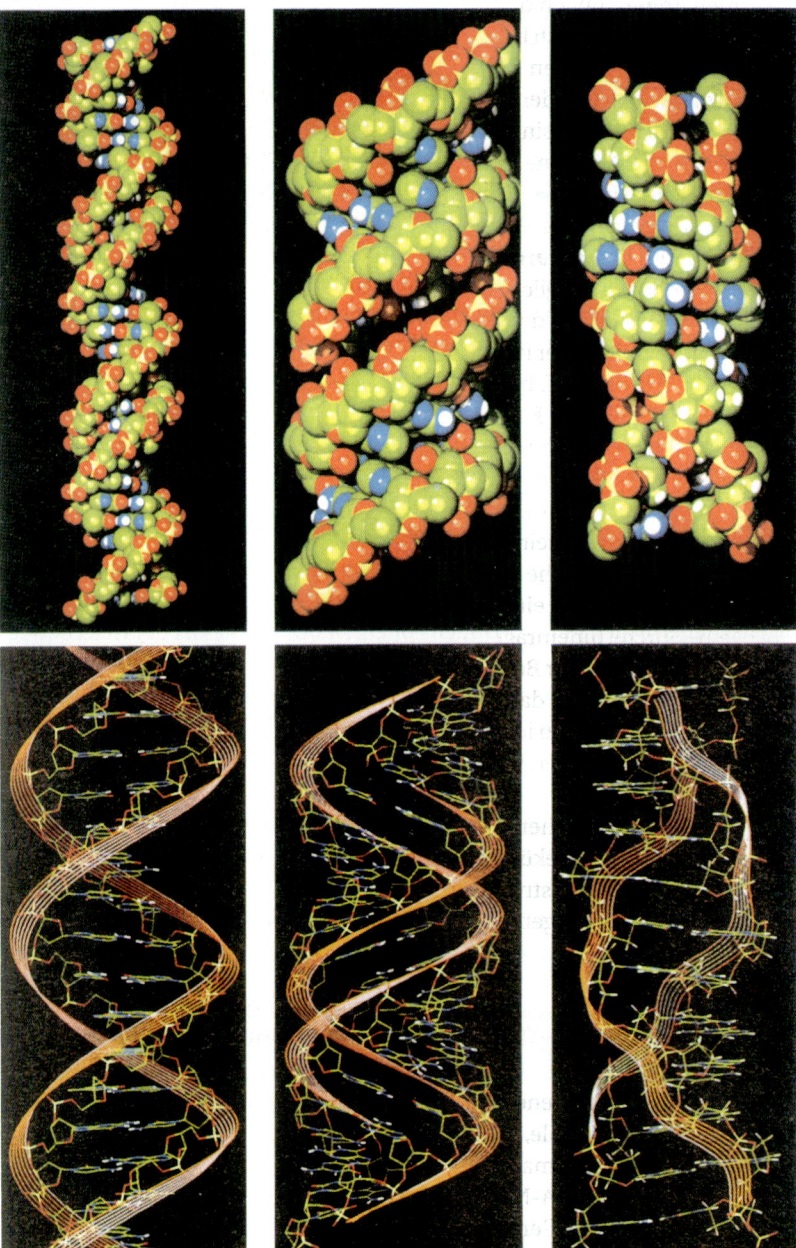

**1.9   Die Strukturen von B-DNA (links), A-DNA (Mitte) und Z-DNA (rechts).** Kalottenmodelle (oben) und Strukturmodelle (unten) zeigen die unterschiedlichen Konformationen der DNA-Moleküle. Beachten Sie die Unterschiede von Helixdurchmesser, der Anzahl der Basenpaare pro vollständiger Windung und der Topologie der großen und kleinen Furchen. Nachdruck mit Erlaubnis von Kendrew J (Hrsg) (1994) Encyclopedia of Molecular Biology. © Blackwell Publishing.

1950er-Jahren ist bekannt, dass Veränderungen in den Dimensionen der Doppelhelix auftreten, wenn die Fasern, die die DNA-Moleküle enthalten, unterschiedlicher relativer Feuchtigkeit ausgesetzt werden. So hat zum Beispiel die als A-Form (Abb. 1.9) bekannte modifizierte Struktur einen Durchmesser von 2,55 nm, eine Höhe von 0,29 nm pro Basenpaar und eine Ganghöhe von 3,2 nm, was 11 Basen pro vollständiger Windung entspricht (Tab. 1.1). Andere Varianten umfassen B'-, C-, C'-, C''-, D-, E- und T-DNAs, die alle wie die B-Form rechtsgängig sind. Doch ist auch eine drastischere Umstrukturierung der DNA möglich, die zur linksgängigen Z-DNA führt (Abb. 1.9); eine schlankere Version der Doppelhelix mit einem Durchmesser von nur 1,84 nm.

Die reinen Abmessungen der verschiedenen Formen der Doppelhelix lassen jedoch die wahrscheinlich bedeutendsten Unterschiede zwischen ihnen nicht erkennen. Diese beziehen sich nicht auf Durchmesser oder Ganghöhe, sondern auf das Ausmaß, in dem die inneren Helixbereiche von der Oberfläche der Struktur her zugänglich sind. Wie in den Abbildungen 1.8 und 1.9 gezeigt, hat die B-Form der DNA keine vollständig glatte Oberfläche; stattdessen winden sich entlang der Helix zwei Furchen. Eine dieser Furchen ist relativ breit und tief und wird als **große Furche** bezeichnet, die andere ist dagegen eng und weniger tief und wird **kleine Furche** genannt. A-DNA besitzt ebenfalls zwei Furchen (Abb. 1.9), jedoch ist, verglichen mit der B-DNA, die große Furche in dieser Konformation tiefer und die kleine Furche flacher und breiter. Z-DNA unterscheidet sich noch einmal, hier ist die eine Furche nahezu nicht vorhanden und die andere sehr eng und tief. In jeder DNA-Form wird ein Teil der inneren Oberfläche mindestens einer Furche durch chemische Gruppen gebildet, die mit den Nucleotidbasen verbunden sind. In Kapitel 11 werden wir sehen, dass die Expression der im Genom enthaltenen biologischen Information durch DNA-bindende Proteine vermittelt wird, die an die Doppelhelix binden und die Genaktivität regulieren. Um seine Funktion auszuüben, muss jedes DNA-bindende Protein an eine spezifische Position in der Nähe des Gens binden, das es regulieren soll. Dies wird mit einer gewissen Genauigkeit erreicht, indem das Protein in eine Furche hineinragt und so die DNA-Sequenz „liest“, ohne die Doppelhelix durch Lösen der Basenpaare öffnen zu müssen. Eine logische Konsequenz könnte sein, dass das DNA-bindende Protein, dessen Struktur spezifische Nucleotidsequenzen innerhalb der B-DNA erkennt, diese Sequenzen zum Beispiel bei einer anderen DNA-Konformation nicht zu erkennen vermag.

Wie wir in Kapitel 11 sehen werden, können Änderungen der Konformation entlang eines DNA-Moleküls, zusammen mit anderen durch die Nucleotidsequenz hervorgerufenen strukturellen Polymorphismen, wichtig für die Spezifität der Wechselwirkungen zwischen dem Genom und DNA-bindenden Proteinen sein.

## 1.2 RNA und das Transkriptom

Das erste Produkt der Genexpression ist das Transkriptom (Abb. 1.2), also die Menge der RNA-Moleküle, die von proteincodierenden Genen stammen und deren biologische Information für die Zelle zu einem bestimmten Zeitpunkt erforderlich ist. Die RNA-Moleküle des Transkriptoms werden, genauso wie viele andere RNAs von Genen, die keine Proteine codieren, durch einen Prozess synthetisiert, der als Transkription bezeichnet wird. In diesem Abschnitt werden wir die Struktur der RNA untersuchen und uns dann die verschiedenen RNA-Typen, die in lebenden Zellen enthalten sind, genauer ansehen.

### 1.2.1 Die Struktur von RNA

RNA ist ähnlich wie DNA ein Polynucleotid, jedoch bestehen zwei wichtige chemische Unterschiede (Abb. 1.10). Erstens ist der Zucker in einem RNA-Nucleotid die **Ribose** und zweitens enthält RNA **Uracil** statt Thymin. Die vier Nucleotidsubstrate für die RNA-Synthese sind daher:

- Adenosin-5′-triphosphat.
- Cytidin-5′-triphosphat.

**a)** Ribonucleotid

**b)** Uracil

**1.10 Die chemischen Unterschiede zwischen DNA und RNA.** a) RNA enthält Ribonucleotide, die als Zucker eine Ribose statt einer 2′-Desoxyribose besitzen. Der Unterschied liegt in der Hydroxylgruppe, die statt eines Wasserstoffatoms an den 2′-Kohlenstoff gebunden ist. b) RNA enthält statt Thymin das Pyrimidin Uracil.

- Guanosin-5′-triphosphat.

- Uridin-5′-triphosphat.

Diese Nucleotide werden mit ATP, CTP, GTP und UTP oder A, C, G beziehungsweise U abgekürzt.

Genau wie DNA enthalten RNA-Polynucleotide 3′-5′-Phosphodiesterbindungen. Diese Phosphodiesterbindungen sind jedoch wegen der indirekten Wirkung der Hydroxylgruppe an der 2′-Position des Zuckers weniger stabil als die der DNA-Polynucleotide. RNA-Moleküle bestehen selten aus mehr als wenigen tausend Nucleotiden und obwohl viele RNAs *intra*molekulare Basenpaare (Beispiel in Abb. 13.2) aufweisen, sind die meisten eher einzel- als doppelsträngig.

Die Enzyme, die für die Transkription der DNA in RNA verantwortlich sind, werden als **DNA-abhängige RNA-Polymerasen** bezeichnet. Der Name gibt an, dass die von diesen Molekülen katalysierte enzymatische Reaktion über eine Polymerisierung von Ribonucleotiden zu RNA führt und von DNA abhängt. Das bedeutet, dass die Nucleotidsequenz der DNA-Matrize die Nucleotidsequenz der entstehenden RNA bestimmt (Abb. 1.11). Man kürzt den Enzymnamen häufig mit **RNA-Polymerase** ab. Das ist zulässig, da das Enzym in dem Zusammenhang, in dem der Name verwendet wird, kaum mit **RNA-abhängigen RNA-Polymerasen** verwechselt werden kann, die für die Replikation und Expression einiger Virusgenome verantwortlich sind. Die chemische Grundlage der matrizenabhängigen RNA-Synthese entspricht der in Abbildung 1.6 gezeigten DNA-Synthese. Die Ribonucleotide werden eines nach dem anderen an das wachsende 3′-Ende des RNA-Transkripts angehängt. Die Identität jedes Nucleotids wird durch die Regeln der Basenpaarung ermittelt: A paart mit T oder U; G paart mit C. Während der Anheftung jedes Nucleotids werden genau wie bei der DNA-Polymerisierung die $\beta$- und $\gamma$-Phosphate des eintretenden Nucleotids und die Hydroxylgruppe vom 3′-Kohlenstoff des Nucleotids am Ende der Kette entfernt.

## 1.2.2 Der RNA-Gehalt der Zelle

Ein typisches Bakterium enthält 0,05–0,10 pg RNA, was einer Menge von 6 % des Gesamtgewichts entspricht. Eine viel größere Säugerzelle enthält mehr RNA, insgesamt 20–30 pg, was aber nur 1 % des Gewichts der Zelle ausmacht. Die beste Möglichkeit, den RNA-Gehalt einer Zelle zu verstehen, ist die Unterteilung der Moleküle in Kategorien und Unterkategorien in Abhängigkeit von der Funktion. Es gibt viele verschiedene Möglichkeiten der Einteilung; das aussagekräftigste Schema ist in Abbildung 1.12 dargestellt. Zunächst wird zwischen **codierender RNA** und **nichtcodierender RNA** unterschieden. Die codierende RNA umfasst das Transkriptom und besteht aus nur einer Klasse von Molekülen, den **Messenger-RNAs** (**mRNAs**), die Transkripte proteincodierender Gene darstellen und daher im zweiten Schritt der Genexpression in Protein umgeschrieben werden. Messenger-RNAs machen selten mehr als 4 % der Gesamt-RNA aus und sind kurzlebig; sie werden bereits kurz nach ihrer Synthese wieder abgebaut. Bakterielle mRNAs besitzen Halbwertszeiten von nicht mehr als ein paar Minuten, und in Eukaryoten werden die meisten mRNAs wenige Stunden nach der Synthese abgebaut. Der schnelle Umsatz bedeutet, dass die Zusammensetzung des Transkriptoms nicht konstant ist, sondern dass es schnell umstrukturiert werden kann, indem die Syntheserate bestimmter mRNAs verändert wird.

**1.11 Matrizenabhängige RNA-Synthese.** Das RNA-Transkript wird in 5′→3′-Richtung synthetisiert und die DNA in 3′→5′-Richtung abgelesen. Dabei bestimmt die Basenpaarung mit der DNA-Matrize die Sequenz des Transkripts.

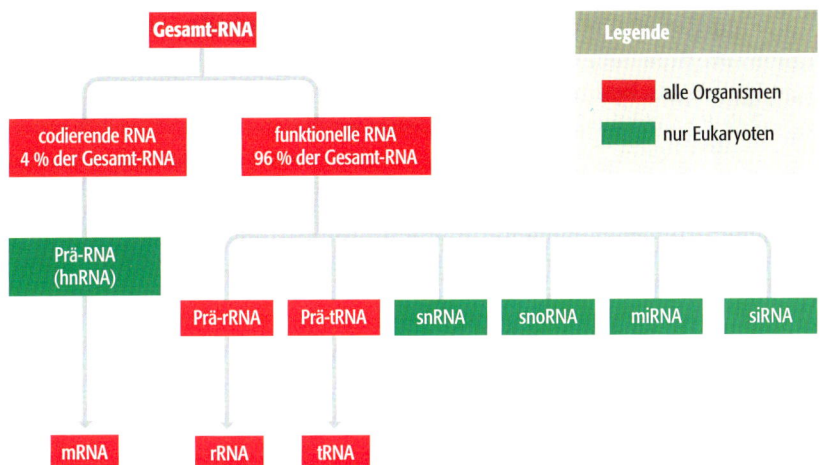

**1.12   Der RNA-Gehalt einer Zelle.** Dieses Schema zeigt RNA-Typen, die in allen Organismen vorhanden sind, und Typen, die nur in eukaryotischen Zellen vorkommen.

Der zweite RNA-Typ wird als „nichtcodierend" bezeichnet, da diese Moleküle nicht in Proteine translatiert werden. Allerdings ist **funktionelle RNA** ein geeigneterer Name, da er hervorhebt, dass nichtcodierende RNAs, obwohl sie nicht Teil des Transkriptoms sind, in der Zelle eine wichtige Funktion besitzen. Es gibt verschiedene Typen funktioneller RNA; die wichtigsten sind:

● **Ribosomale RNAs** (**rRNAs**) sind in allen Organismen enthalten und gewöhnlich die am häufigsten vorkommenden RNAs in der Zelle. Sie machen über 80 % der Gesamt-RNA in sich aktiv teilenden Bakterien aus. Diese Moleküle sind Bestandteile der Ribosomen, also der Strukturen, an denen die Proteinsynthese stattfindet (Abschnitt 13.2).

● **Transfer-RNAs** (**tRNAs**) sind kleine Moleküle, die ebenfalls in die Proteinsynthese eingebunden sind und wie rRNA in allen Organismen vorkommen. Die Funktion der tRNAs ist, die Aminosäuren zu den Ribosomen zu bringen und sicherzustellen, dass die Aminosäuren so miteinander verknüpft werden, wie es die Nucleotidsequenz der gerade translatierten RNA vorgibt (Abschnitt 13.1).

● **Kleine Kern-RNAs** (*small nuclear RNAs*, **snRNAs**; auch als **U-RNAs** bezeichnet, da diese Moleküle reich an Uridinnucleotiden sind) kommen in den Kernen von Eukaryoten vor. Diese Moleküle sind am **Spleißen** beteiligt, einem der entscheidenden prozessierenden Vorgänge, die Primärtranskripte proteincodierender Gene in mRNAs überführen (Abschnitt 12.2.2).

● **Kleine nucleoläre RNAs** (*small nucleolar RNAs*, **snoRNAs**) kommen in nucleolären Regionen des eukaryotischen Zellkerns vor. Sie spielen eine zentrale Rolle bei der chemischen Modifikation der rRNA-Moleküle, indem sie die Enzyme, die diese Modifikationen ausführen, zu den Nucleotiden leiten, die zum Beispiel durch Anhängen einer Methylgruppe verändert werden sollen (Abschnitt 12.2.5).

● **Mikro-RNAs** (**miRNAs**) und **kurze interferierende RNAs** (*short interfering RNAs*, **siRNAs**) sind kleine RNAs, die die Expression bestimmter Gene regulieren (Abschnitt 12.2.6).

### 1.2.3 Prozessierung des RNA-Vorläufermoleküls

Zellen enthalten neben den oben beschriebenen reifen RNAs Vorläufermoleküle. Viele RNAs, besonders die der Eukaryoten, werden zunächst als Vorläufer oder **Prä-RNA** synthetisiert, die prozessiert werden muss, bevor sie ihre Funktion ausüben kann. Die verschiedenen prozessierenden Ereignisse werden in Kapitel 12 beschrieben. Es handelt sich um folgende Vorgänge (Abb. 1.13):

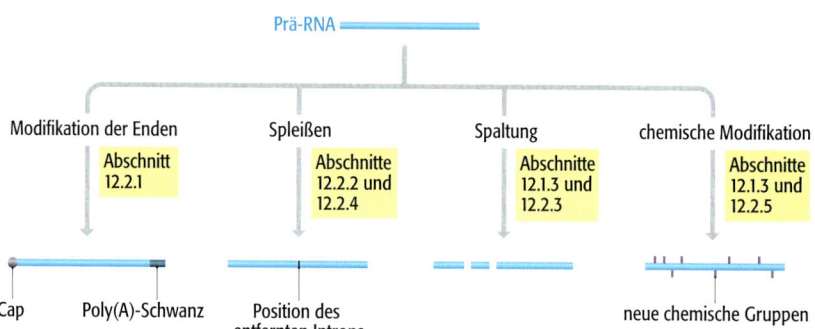

**1.13**    Schematische Darstellung der vier Arten der Prozessierung von RNA. Nicht alle kommen in allen Organismen vor.

- Die **Modifikation der Enden** findet während der Synthese eukaryotischer mRNAs statt. Viele der RNAs tragen am 5'-Ende ein einzelnes, ungewöhnliches Nucleotid, als **Cap** („Kappe") bezeichnet, und am 3'-Ende einen **Poly(A)-Schwanz**.

- **Spleißen** bezeichnet das Entfernen von Segmenten aus der Vorläufer-RNA. Viele Gene, besonders die der Eukaryoten, besitzen interne Segmente, die keine biologische Information enthalten. Diese werden **Introns** genannt und zusammen mit den informationstragenden **Exons** kopiert, wenn das Gen transkribiert wird. Die Introns werden durch Ausschneiden und Wiederverknüpfen aus der Prä-RNA entfernt. Ungespleißte **Prä-RNA** bildet die Kern-RNA-Fraktion, die auch als **heterogene Kern-RNA (*heterogenous nuclear RNA*, hnRNA**) bezeichnet wird.

- **Spaltungsvorgänge** sind für das Prozessieren von rRNAs und tRNAs besonders wichtig, da viele von ihnen zunächst in Transkriptionseinheiten mit mehr als einem Molekül synthetisiert werden. Die **Prä-rRNAs** und **Prä-tRNAs** müssen deshalb in Stücke geschnitten werden, um die reifen RNAs herzustellen. Diese Form des Prozessierens findet sowohl in Eukaryoten als auch in Prokaryoten statt.

- **Chemische Modifikationen** werden an rRNAs, tRNAs und mRNAs durchgeführt. Die rRNAs und tRNAs aller Organismen werden durch Anhängen neuer chemischer Gruppen an spezifische Nucleotide innerhalb der RNA verändert. Die chemische Modifikation der mRNA wird als **RNA-Editing** bezeichnet und findet bei vielen Eukaryoten statt.

### 1.2.4 Das Transkriptom

Obwohl das Transkriptom weniger als 4 % der gesamten RNA einer Zelle ausmacht, ist es die bedeutendste Komponente, da es die codierenden RNAs enthält, die im nächsten Schritt der Genomexpression verwendet werden. Wichtig ist, dass das Transkriptom nie *de novo* synthetisiert wird. Jede Zelle erhält einen Teil des Transkriptoms der Elternzelle, wenn sie durch Zellteilung entsteht, und sie behält ein Transkriptom während ihres gesamten Lebens. Sogar ruhende Zellen in bakteriellen Sporen oder in Samen von Pflanzen besitzen ein Transkriptom, wobei die Translation dieses Transkriptoms in Protein vollständig ausgeschaltet sein kann. Die Transkription spezifischer proteincodierender Gene führt daher nicht zur Synthese des Transkriptoms, sondern sie *erhält* stattdessen das Transkriptom *aufrecht*, indem abgebaute mRNAs ersetzt werden, und sie verändert die Zusammensetzung des Transkriptoms über das An- bzw. Abschalten verschiedener Gengruppen.

Sogar in den einfachsten Organismen wie Bakterien oder Hefen sind zur gleichen Zeit viele Gene aktiv. Die Transkriptome sind daher komplex. Sie enthalten Kopien Hunderter, wenn nicht sogar Tausender verschiedener mRNAs. Gewöhnlich macht jede mRNA nur einen Bruchteil des Ganzen aus, wobei die häufigste mit ungefähr 1 % zur Gesamt-RNA beiträgt. Ausnahmen sind Zellen mit einer hochspezialisierten Biochemie, die sich in Transkriptomen widerspiegelt, in denen nur einige wenige mRNAs dominieren. Sich entwickelnde Weizensamen sind ein Bespiel dafür: Sie synthetisieren eine große Menge des Proteins Gliadin, das sich im ruhenden Korn anreichert und für den keimenden Sämling eine Quelle für Aminosäuren darstellt. In den sich entwickelnden Samen können die Gliadin-mRNAs bis zu 30 % des Transkriptoms bestimmter Zellen ausmachen.

## 1.3 Proteine und das Proteom

Das zweite Produkt der Genomexpression ist das Proteom (Abb. 1.2), also die Ausstattung der Zelle mit Proteinen, welche die Art der biochemischen Reaktionen bestimmt, die eine Zelle auszuführen vermag. Diese Proteine werden durch Translation der im Transkriptom enthaltenen RNA-Moleküle synthetisiert.

### 1.3.1 Die Struktur der Proteine

Ein Protein ist wie ein DNA-Molekül ein lineares, unverzweigtes Molekül. Die monomeren Untereinheiten der Proteine werden als **Aminosäuren** bezeichnet (Abb. 1.14), und die daraus zusammengesetzten Polymere, oder **Polypeptide**, haben selten eine Länge von mehr als 2 000 Einheiten. Genau wie bei der DNA wurden die Haupteigenschaften der Proteinstruktur in der ersten Hälfte des zwanzigsten Jahrhunderts entdeckt. Diese Phase fand in den 1940er- und den frühen 1950er-Jahren ihren Höhepunkt, als Pauling und Corey die Hauptkonformationen, oder **Sekundärstrukturen**, von Polypeptiden aufklärten. In den vergangenen Jahren konzentrierte sich das Interesse auf die Frage, wie diese Sekundärstrukturen kombiniert werden, damit sich die komplexe, dreidimensionale Gestalt der Proteine ausbilden kann.

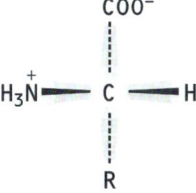

#### Die vier Ebenen der Proteinstruktur

Traditionell werden vier Ebenen der Proteinstruktur unterschieden, die hierarchisch geordnet sind. Das Protein wird Ebene für Ebene aufgebaut, wobei jede Struktur auf der vorherigen aufbaut:

- Die **Primärstruktur** des Proteins wird durch Aminosäuren definiert, die zu einem Polypeptid verknüpft sind. Die Aminosäuren werden über **Peptidbindungen** miteinander verbunden, die durch eine Kondensationsreaktion zwischen der Carboxylgruppe der einen Aminosäure und der Aminogruppe einer zweiten Aminosäure entstehen (Abb. 1.15). Bemerkenswert

**1.14 Die Grundstruktur einer Aminosäure.** Alle Aminosäuren besitzen dieselbe Grundstruktur, die aus einem zentralen $\alpha$-Kohlenstoff besteht, an den ein Wasserstoffatom, eine Carboxylgruppe, eine Aminogruppe und ein „Rest" R gebunden sind. R ist für jede Aminosäure charakteristisch (Abb. 1.18).

ist, dass sich die beiden Enden eines Polypeptids, genau wie die eines Polynucleotids, chemisch voneinander unterscheiden: Das eine Ende trägt eine freie Aminogruppe und wird als **Amino-**, **NH₂-** oder **N-Terminus** bezeichnet, das andere Ende trägt eine freie Carboxylgruppe und wird **Carboxy-**, **COOH-** oder **C-Terminus** genannt. Die Richtung eines Polypeptids kann daher N→C (in Abb. 1.15 links nach rechts) oder C→N (in Abb. 1.15 rechts nach links) sein.

- Die **Sekundärstruktur** bezieht sich auf die unterschiedlichen Konformationen, die ein Polypeptid einnehmen kann. Die beiden Hauptformen der Sekundärstrukturen sind die *α*-**Helix** und das *β*-**Faltblatt** (Abb. 1.16). Diese werden hauptsächlich durch Wasserstoffbrücken stabilisiert, die sich zwischen den verschiedenen Aminosäuren des Polypeptids ausbilden. Die meisten Polypeptide sind ausreichend lang, um zu einer Serie von aufeinander folgenden Sekundärstrukturen gefaltet zu werden.

- Die **Tertiärstruktur** entsteht durch Faltung von Sekundärstrukturen eines Polypeptids zu einer dreidimensionalen Konfiguration (Abb. 1.17). Die Tertiärstruktur wird durch unterschiedliche chemische Kräfte stabilisiert. Dazu zählen insbesondere Wasserstoffbrücken zwischen einzelnen Aminosäuren, elektrostatische Wechselwirkungen zwischen den Resten geladener Aminosäuren (Abb. 1.18) und hydrophobe Wechselwirkungen. Letztere führen dazu, dass Aminosäuren mit nichtpolaren („wasserabweisenden") Seitengruppen von Wasser abgeschirmt werden, indem sie in den inneren Bereichen des Proteins lokalisiert sind. Außerdem können sich kovalente Bindungen, die als **Disulfidbrücken** bezeichnet werden, zwischen den Cystein-Aminosäureresten an verschiedenen Positionen im Polypeptid ausbilden.

- Die **Quartärstruktur** umfasst die Assoziation von zwei oder mehreren Polypeptiden, jedes in seine Tertiärstruktur gefaltet, zu einem Proteinkomplex aus vielen Untereinheiten. Nicht alle Proteine bilden Quartärstrukturen, doch ist es eine Eigenschaft vieler Proteine, die an komplexen Funktionen wie der Genomexpression beteiligt sind. Einige Quartärstrukturen werden durch Disulfidbrücken zwischen den verschiedenen Polypeptiden zusammengehalten. Dies führt zu stabilen Komplexen aus vielen Untereinheiten, die nur schwer in ihre Bestandteile zerlegt werden können. Bei anderen Quartärstrukturen sind die Untereinheiten lockerer assoziiert und werden durch Wasserstoffbrücken und hydrophobe Wechselwirkungen stabilisiert. Das bedeutet, dass die Komplexe wieder in ihre Polypeptiduntereinheiten zerfallen oder ihre Zusammensetzung entsprechend den funktionellen Erfordernissen in der Zelle verändern können.

## Die Vielfalt der Aminosäuren bestimmt die Vielfalt der Proteine

Proteine sind funktionell sehr unterschiedlich, da die Aminosäuren, aus denen sie bestehen, chemisch sehr vielfältig sind. Verschiedene Aminosäuresequenzen führen daher zu unterschiedlichen Kombinationen chemischer Reaktionsfähigkeiten. Diese Kombinationen legen nicht nur die Gesamtstruktur des Proteins fest, sondern auch die Position reaktiver Gruppen auf der Oberfläche, wodurch wiederum die chemischen Eigenschaften des Proteins bestimmt werden.

Die Vielfalt der Aminosäuren beruht auf der Seitenkette (Rest der Aminosäuren), da diese Gruppe in jeder Aminosäure unterschiedlich ist und in der Struktur stark variiert. Proteine bestehen aus einem Repertoire von 20 Aminosäuren

**1.15   In Polypeptiden sind Aminosäuren durch Peptidbindungen miteinander verknüpft.** Die Abbildung zeigt die chemische Reaktion, die zwei Aminosäuren durch eine Peptidbindung miteinander verknüpft. Es handelt sich um eine Kondensation, da durch die Reaktion Wasser entfernt wird.

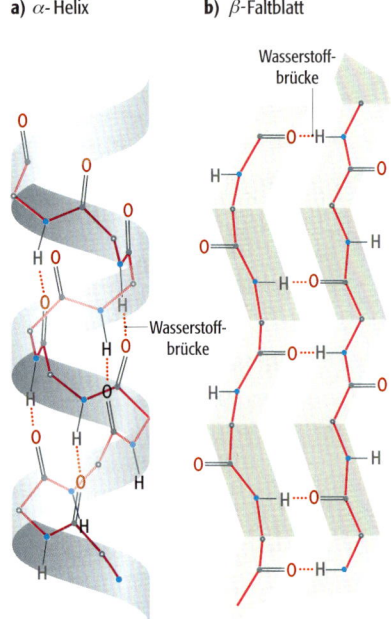

**1.16   Die beiden Hauptformen der Sekundärstrukturen von Proteinen.** a) Die *α*-Helix und b) das *β*-Faltblatt. Die Polypeptidketten sind als Striche dargestellt. Die Reste der Aminosäuren sind aus Gründen der Übersichtlichkeit nicht eingezeichnet. Jede Struktur wird durch Wasserstoffbrücken (H) zwischen den C=O- und den N–H-Gruppen verschiedener Peptidbindungen stabilisiert. Die dargestellte Konformation des *β*-Faltblatts ist antiparallel, die beiden Ketten laufen in entgegengesetzter Richtung. Jedoch gibt es auch parallele *β*-Faltblatt-Strukturen.

(Abb. 1.18; Tab. 1.2). Von diesen besitzen einige relative kleine Reste mit einfachen Strukturen wie zum Beispiel ein einzelnes Wasserstoffatom (in der Aminosäure Glycin) oder eine Methylgruppe (Alanin). Andere Reste sind große, komplexe, aromatische Seitenketten (Phenylalanin, Tryptophan, und Tyrosin). Die meisten Aminosäuren sind ungeladen; daneben gibt es zwei negativ geladene (Asparaginsäure und Glutaminsäure) und drei mit positiver Ladung (Arginin, Histidin und Lysin). Einige Aminosäuren sind polar (zum Beispiel Serin, Threonin und Cystein), andere sind unpolar (zum Beispiel Alanin, Leucin und Valin).

Die in Abbildung 1.18 dargestellten 20 Aminosäuren werden durch den genetischen Code codiert (Abschnitt 1.3.2) und miteinander verknüpft, wenn mRNA-Moleküle in Proteine umgeschrieben (translatiert) werden. Allerdings ist die chemische Vielfalt von Proteinen nicht auf diese 20 Aminosäuren beschränkt. Aufgrund zweier Faktoren ist die Vielfalt tatsächlich viel größer:

- Mindestens zwei Aminosäuren – Selenocystein und Pyrrolysin (Abb. 1.19) – können während der Proteinsynthese in die Polypeptidkette eingebaut werden. Ihr Einbau wird durch eine Abweichung beim Lesen des genetischen Codes bestimmt (Abschnitt 13.1.1).

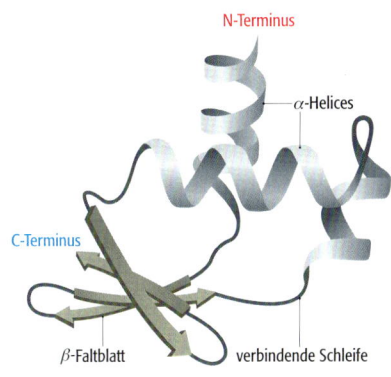

**1.17   Die Tertiärstruktur eines Proteins.** Diese imaginäre Proteinstruktur besteht aus drei $\alpha$-Helices, die als Knäuel gezeichnet sind, und einem viersträngigen $\beta$-Faltblatt, das durch die Pfeile dargestellt ist.

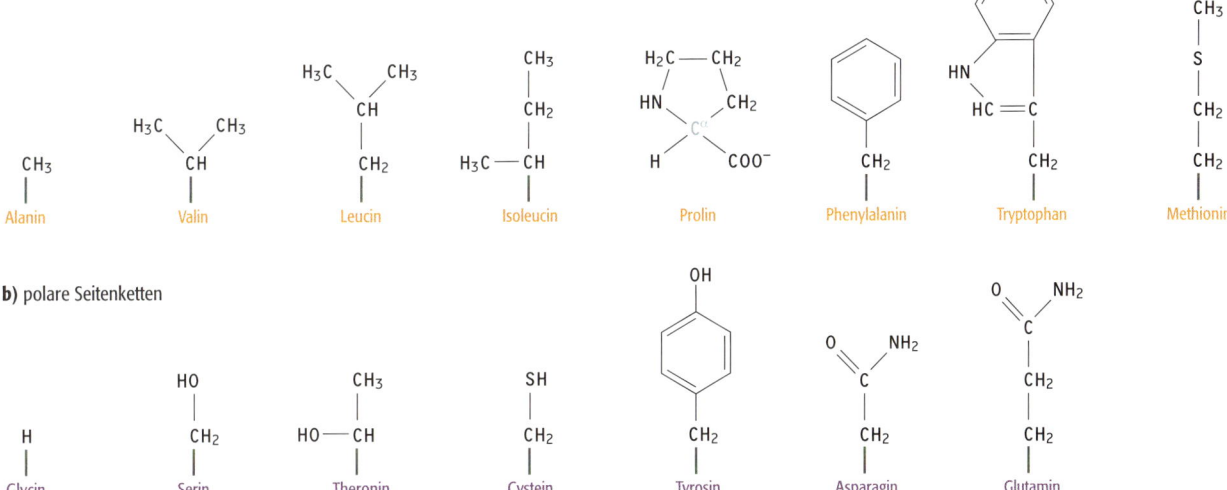

**a)** unpolare Seitenketten

Alanin    Valin    Leucin    Isoleucin    Prolin    Phenylalanin    Tryptophan    Methionin

**b)** polare Seitenketten

Glycin    Serin    Theronin    Cystein    Tyrosin    Asparagin    Glutamin

**c)** negativ geladene Seitenketten          **(d)** positiv geladene Seitenketten

Asparaginsäure    Glutaminsäure    Lysin    Arginin    Histidin

**1.18   Seitenketten von Aminosäuren.** Diese 20 Aminosäuren werden üblicherweise durch den genetischen Code codiert.

**1.19   Die Struktur von Selenocystein und Pyrrolysin.** Die rot dargestellten Bereiche zeigen die Unterschiede zwischen diesen Aminosäuren und Cystein bzw. Lysin.

**Tabelle 1.2**   Aminosäuren und ihre Abkürzungen

| Aminosäure | Abkürzung | |
|---|---|---|
| | drei Buchstaben | ein Buchstabe |
| Alanin | Ala | A |
| Arginin | Arg | R |
| Asparagin | Asn | N |
| Asparaginsäure | Asp | D |
| Cystein | Cys | C |
| Glutamin | Gln | Q |
| Glutaminsäure | Glu | E |
| Glycin | Gly | G |
| Histidin | His | H |
| Isoleucin | Ile | I |
| Leucin | Leu | L |
| Lysin | Lys | K |
| Methionin | Met | M |
| Phenylalanin | Phe | F |
| Prolin | Pro | P |
| Serin | Ser | S |
| Threonin | Thr | T |
| Tryptophan | Trp | W |
| Tyrosin | Tyr | Y |
| Valin | Val | V |

- Während des Prozessierens von Proteinen werden einige Aminosäuren durch Anhängen neuer chemischer Gruppen verändert, wie zum Beispiel durch Acetylierung, Phosphorylierung oder das Anhängen großer Seitenketten aus Zuckereinheiten (Abschnitt 13.3.3).

Aus diesen Gründen haben Proteine eine große chemische Variabilität, die zum einen direkt durch das Genom und zum anderen durch das Prozessieren der Proteine bestimmt wird.

### 1.3.2 Das Proteom

Das Proteom umfasst alle Proteine, die zu einem bestimmten Zeitpunkt in einer Zelle vorhanden sind. Man nimmt an, dass eine „typische" Säugerzelle, zum Beispiel ein Hepatocyt aus der Leber, ungefähr 10 000–20 000 verschiedene Proteine besitzt; das sind insgesamt etwa $8 \times 10^9$ einzelne Moleküle, die ca. 0,5 ng Protein und 18–20 % des Gesamtgewichts der Zelle ausmachen. Die Kopienzahl einzelner Proteine variiert stark, von weniger als 20 000 Molekülen pro Zelle für die seltensten Proteine bis zu 100 Millionen Kopien für die häufigsten. Jedes Protein, das mit einer Kopienzahl von mehr als 50 000 pro Zelle vorkommt, gilt als relativ häufig; in einer durchschnittlichen Säugerzelle sind es etwa 2 000 Proteine, die in diese Kategorie fallen. Werden Proteome verschiedener Typen von Säugerzellen analysiert, bestehen zwischen den häufigen Proteinen oft nur geringe Unterschiede. Der Befund legt nahe, dass viele von diesen Proteinen Haushaltsproteine sind, die für die allen Zellen gemeinsamen, allgemeinen biochemischen Aktivitäten verantwortlich sind. Die Proteine, welche die Zelle jedoch mit spezialisierten Funktionen ausstatten, sind in der Regel relativ selten, obwohl es hier auch Ausnahmen gibt, wie die großen Mengen an Hämoglobin, die nur in den roten Blutkörperchen vorkommen.

### Die Verbindung zwischen Transkriptom und Proteom

Der Fluss der Information von der DNA zur RNA durch Transkription stellt kein grundsätzliches Problem dar. DNA- und RNA-Polynucleotide haben ähnliche Strukturen und wir können uns leicht vorstellen, wie die RNA-Kopie eines Gens durch eine matrizenabhängige Synthese entsteht, indem die uns bekannten Regeln der Basenpaarung angewendet werden. Die zweite Phase der Genomexpression, in der die mRNA-Moleküle des Transkriptoms die Synthese von Proteinen bestimmen, ist unter Berücksichtigung der Strukturen der beteiligten Moleküle nicht so leicht nachzuvollziehen. In den frühen 1950er-Jahren, kurz nach der Entdeckung der Doppelhelixstruktur der DNA, versuchten viele Molekularbiologen Modelle zu entwickeln, wie sich Aminosäuren in geordneter Art und Weise an mRNA-Moleküle lagern. Doch musste in allen diesen Schemata mindestens eine der Bindungen kürzer oder länger sein, als es laut den Gesetzen der physikalischen Chemie möglich ist. Deshalb verwarf man jede einzelne dieser Ideen. Schließlich schlug Francis Crick im Jahr 1957 einen anderen Weg ein, indem er die Existenz eines Adaptermoleküls annahm, das eine Brücke zwischen mRNA und dem zu synthetisierenden Polypeptid herstellen sollte. Schon bald identifizierte man tRNAs als solche Adaptermoleküle, und als sich diese Erkenntnis etabliert hatte, entwickelte sich schnell ein detailliertes Verständnis vom Mechanismus der Proteinsynthese. Wie werden darauf in Abschnitt 13.1 eingehen.

Der andere Aspekt der Proteinsynthese, der Molekularbiologen in den 1950er-Jahren interessierte, war das **Problem der Informationsübertragung**. Dies bezieht sich auf die zweite wichtige Komponente der Verbindung zwischen Transkriptom und Proteom: der **genetische Code**, der festlegt, wie die Nucleotidsequenz einer mRNA in die Aminosäuresequenz eines Proteins übersetzt wird. In den 1950er-Jahren erkannte man, dass für die Codierung aller 20 Aminosäuren, die in Proteinen vorkommen, ein Triplett-Code notwendig ist, in dem jedes Codewort, oder **Codon**, aus drei Nucleotiden besteht. Ein Zwei-Buchstaben-Code hätte nur $4^2 = 16$ Codons, wäre also nicht ausreichend, um alle 20 Aminosäuren zu codieren, wohingegen ein Drei-Buchstaben-Code $4^3 = 64$ Codons liefert. Man verstand den genetischen Code in den 1960er-Jahren, teils durch die Analyse von Polypeptiden, die aus der Translation künstlicher mRNAs mit bekannten oder herleitbaren Sequenzen in zellfreien Systemen hervorgingen, und teils, indem man in einem Ansatz mit gereinigten Ribosomen ermittelte, welche Aminosäure an welche RNA-Sequenz gebunden hatte. Als diese Arbeiten abgeschlossen waren, erkannte man, dass die 64 Codons in Gruppen eingeteilt werden können (Abb. 1.20). Nur Tryptophan und Methionin besitzen jeweils nur ein einziges Codon: Alle anderen Aminosäuren werden durch zwei, drei, vier oder sechs Codons bestimmt. Diese Eigenschaft wird als **Degeneriertheit** bezeichnet. Der Code besitzt außerdem vier **Interpunktionscodons**, welche diejenigen Stellen der mRNA markieren, an denen die Translation der Nucleotidsequenz beginnt bzw. endet (Abb. 1.21). Das **Startcodon** ist in der Regel 5′-AUG-3′ und codiert Methionin, weshalb die meisten neusyn-

| | | | | | | |
|---|---|---|---|---|---|---|---|
| UUU | Phe | UCU | | UAU | Tyr | UGU | Cys |
| UUC | | UCC | Ser | UAC | | UGC | |
| UUA | Leu | UCA | | UAA | **Stopp** | UGA | **Stopp** |
| UUG | | UCG | | UAG | | UGG | Trp |
| CUU | | CCU | | CAU | His | CGU | |
| CUC | Leu | CCC | Pro | CAC | | CGC | Arg |
| CUA | | CCA | | CAA | Gln | CGA | |
| CUG | | CCG | | CAG | | CGG | |
| AUU | | ACU | | AAU | Asn | AGU | Ser |
| AUC | Ile | ACC | Thr | AAC | | AGC | |
| AUA | | ACA | | AAA | Lys | AGA | Arg |
| AUG | Met | ACG | | AAG | | AGG | |
| GUU | | GCU | | GAU | Asp | GGU | |
| GUC | Val | GCC | Ala | GAC | | GGC | Gly |
| GUA | | GCA | | GAA | Glu | GGA | |
| GUG | | GCG | | GAG | | GGG | |

**1.20    Der genetische Code.** Aminosäuren sind durch die übliche Drei-Buchstaben-Abkürzung dargestellt (Tab. 1.2).

thetisierten Polypeptide mit Methionin beginnen. Bei einigen wenigen mRNAs werden allerdings auch andere Codons wie 5′-GUG-3′ und 5′-UUG-3′ verwendet. Die drei **Stoppcodons** sind 5′-UAG-3′, 5′-UAA-3′ und 5′-UGA-3′.

### Der genetische Code ist nicht universell

Ursprünglich nahm man an, dass der genetische Code in allen Organismen identisch ist. Man hielt es für unmöglich, dass sich ein bereits etablierter Code ändert und auch nur ein einziges Codon eine neue Bedeutung bekommt, ohne die Aminosäuresequenzen von Proteinen tiefgreifend zu stören. Diese Argumentation klingt schlüssig und deshalb ist es erstaunlich, dass der genetische Code tatsächlich nicht universell ist. Der in Abbildung 1.20 dargestellte Code trifft für die große Mehrheit der Gene der meisten Organismen zu, dennoch sind Abweichungen weit verbreitet. Besonders mitochondriale Genome verwenden häufig einen Nicht-Standardcode (Tab. 1.3). Entdeckt wurde dies zuerst im Jahr 1979 durch die Gruppe von Frederick Sanger in Cambridge (Großbritannien). Sie fanden, dass etliche mitochondriale mRNAs des Menschen die normalerweise terminationscodierende Sequenz 5′-UGA-3′ an Stellen enthalten, an denen man ein Ende der Translation nicht unbedingt erwarten würde. Vergleiche mit den Aminosäuresequenzen der von diesen mRNAs codierten Proteine zeigten, dass 5′-UGA-3′ in den Mitochondrien des Menschen Tryptophan codiert und dies in dem speziellen genetischen System nur eine von vier Abweichungen des genetischen Codes darstellt. Mitochondriale Gene anderer Organismen zeigen ebenfalls Codeabweichungen, obwohl mindestens eine von ihnen – die Verwendung von 5′-CGG-3′ als Tryptophancodon in pflanzlichen Mitochondrien – wahrscheinlich noch vor der Translation durch RNA-Editing (Abschnitt 12.2.5) korrigiert wird.

Nicht-Standardcodes sind auch von Kerngenomen niederer Eukaryoten bekannt. Oft ist eine Modifikation auf eine kleine Gruppe von Organismen beschränkt und häufig beinhaltet sie eine Neuordnung der Stoppcodons (Tab. 1.3). Unter Prokaryoten sind Veränderungen weniger häufig, jedoch ist ein Beispiel aus *Mycoplasma*-Spezies bekannt. Eine bedeutendere Form der

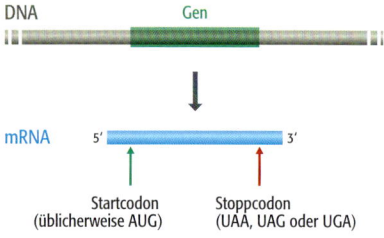

DNA          Gen

mRNA    5′              3′

Startcodon        Stoppcodon
(üblicherweise AUG)    (UAA, UAG oder UGA)

**1.21    Die Positionen der Interpunktionscodons in einer mRNA.**

**Tabelle 1.3** Abweichungen von den Standardcodons des genetischen Codes

| Organismus | Codon | sollte codieren für | codiert tatsächlich für |
|---|---|---|---|
| **Mitochondriale Genome** | | | |
| Säugetiere | UGA | Stopp | Trp |
| | AGA, AGG | Arg | Stopp |
| | AUA | Ile | Met |
| *Drosophila* | UGA | Stopp | Trp |
| | AGA | Arg | Ser |
| | AUA | Ile | Met |
| *Saccharomyces cerevisiae* | UGA | Stopp | Trp |
| | CUN | Leu | Thr |
| | AUA | Ile | Met |
| Pilze | UGA | Stopp | Trp |
| Mais | CGG | Arg | Trp |
| **Kern- und prokaryotische Genome** | | | |
| Einige Protozoen | UAA, UAG | Stopp | Gln |
| *Candida cylindracea* | CUG | Leu | Ser |
| *Micrococcus* sp. | AGA | Arg | Stopp |
| | AUA | Ile | Stopp |
| *Euplotes* sp. | UGA | Stopp | Cys |
| *Mycoplasma* sp. | UGA | Stopp | Trp |
| | CGG | Arg | Stopp |
| **kontextabhängige Umwidmung der Codons** | | | |
| verschiedene | UGA | Stopp | Selenocystein |
| Archaea | UAG | Stopp | Pyrrolysin |

Abkürzungen: N, jedes Nucleotid.

Abwandlung des Codes ist die **kontextabhängige Umwidmung der Codons** (*context-dependent codon reassignment*), die auftritt, wenn das zu synthetisierende Protein Selenocystein oder Pyrrolysin enthält. Proteine, die Pyrrolysin enthalten, sind selten und kommen wahrscheinlich nur in einer Gruppe von Prokaryoten vor, bei den Archaea (Kapitel 8). Selenoproteine sind dagegen in vielen Organismen weit verbreitet. Ein Beispiel ist das Enzym Glutathion-Peroxidase, das Zellen des Menschen oder anderen Säugern vor oxidativen Schäden schützt. Selenocystein wird durch 5′-UGA-3′ und Pyrrolysin durch 5′-UAG-3′ codiert. Diese Codons haben eine zweifache Bedeutung, da sie in den betreffenden Organismen außerdem als Stoppcodons dienen (Tab. 1.3). Ein selenocysteincodierendes 5′-UGA-3′-Codon unterscheidet sich von dem, das tatsächlich die Termination bestimmt, durch die Anwesenheit einer Haarnadelschleife in der mRNA. Diese befindet sich in Prokaryoten direkt stromabwärts des Selenocysteincodons, in Eukaryoten dagegen in der 3′-nichttranslatierten Region (das heißt in dem Bereich der RNA, der hinter dem Stoppcodon liegt). Die Erkennung des Selenocysteincodons erfordert die Wechselwirkung zwischen der Haarnadelstruktur und einem speziellen Protein, das an der Translation dieser mRNAs beteiligt ist. Ein ähnliches System existiert wahrscheinlich auch für die Codierung von Pyrrolysin.

## *Der Zusammenhang zwischen Proteom und der Biochemie der Zelle*

Die biologische Information, die durch das Genom codiert wird, wird letztendlich in Proteinen exprimiert, deren biologische Eigenschaften durch die gefaltete Struktur und die räumliche Anordnung der chemischen Gruppen auf ihrer Oberfläche bestimmt sind. Durch die Festlegung von verschiedenen Proteintypen vermag das Genom ein Proteom herzustellen und zu erhalten, dessen Gesamtheit an biologischen Eigenschaften die Grundlage des Lebens ist. Das Proteom kann diese Rolle übernehmen, da es über eine unermessliche Vielfalt von Proteinstrukturen verfügt, die synthetisiert werden können, eine Vielfalt, die die Proteine in die Lage versetzt, unterschiedlichste biologische Funktionen auszuüben. Zu diesen Funktionen gehören die folgenden:

- Die biochemische Katalyse ist die Aufgabe eines speziellen Typs von Proteinen, die man als Enzyme bezeichnet. Enzyme katalysieren die zentralen Stoffwechselwege, welche die Zelle mit Energie versorgen, ebenso wie die biochemischen Prozesse, die zur Synthese von Nucleinsäuren, Proteinen, Kohlenhydraten und Lipiden führen. Biochemische Katalyse treibt außerdem durch die Aktivität von Enzymen wie die RNA-Polymerase die Genomexpression an.

- Strukturbildung, die auf zellulärer Ebene durch die cytoskelettbildenden Proteine bestimmt wird, ist auch die Hauptfunktion einiger extrazellulärer Proteine. Ein Beispiel ist Kollagen, ein wichtiger Bestandteil von Knochen und Sehnen.

- Bewegung wird durch kontraktile Proteine vermittelt, von denen Actin und Myosin des Cytoskeletts die bekanntesten Beispiele sind.

- Der Materialtransport im Körper ist eine wichtige Funktion von Proteinen: Zum Beispiel transportiert Hämoglobin im Blut Sauerstoff und Serumalbumin Fettsäuren.

- Die Regulation zellulärer Prozesse wird vermittelt durch Signalproteine wie STATs (*signal transducers and activators of transcription*, Abschnitt 14.1.2) und Proteine wie etwa **Aktivatoren**, die an das Genom binden und das Ausmaß der Expression einzelner Gene und Gengruppen beeinflussen (Abschnitt 11.3). Die Aktivitäten in Zellgruppen werden durch extrazelluläre Hormone und Cytokine reguliert und koordiniert, von denen viele Proteine sind (zum Beispiel Insulin, ein Hormon, das den Blutzuckerspiegel kontrolliert, und Interleukine, eine Gruppe von Cytokinen, die die Zellteilung und Differenzierung regulieren).

- Der Schutz des Körpers und der einzelnen Zellen ist die Funktion einer ganzen Reihe von Proteinen, wie etwa der Antikörper und der an der Blutgerinnung beteiligten Proteine.

- Speicherfunktion haben Proteine wie Ferritin, das als Eisenspeicher in der Leber fungiert, und die Gliadine, die Aminosäuren in ruhenden Samen speichern.

Das Proteom stellt diese Vielzahl von Proteinfunktionen zur Verfügung, indem es den im Genom enthaltenen Plan in lebensnotwendige Funktionen umsetzt.

# Zusammenfassung

Das Genom ist der Speicher biologischer Information, über den jeder Organismus auf der Erde verfügt. Die große Mehrheit der Genome besteht aus DNA, die einzige Ausnahme bilden Viren mit RNA-Genomen. Unter Genomexpression versteht man den Prozess, bei dem die im Genom enthaltene Information in der Zelle freigesetzt wird. Das erste Produkt der Genomexpression ist das Transkriptom, die Summe der RNAs, die von proteincodierenden Genen stammen, die zu einer bestimmten Zeit in einer Zelle aktiv sind. Das zweite Produkt ist das Proteom. Es bildet die Ausstattung der Zelle mit Proteinen, die die biochemischen Reaktionen bestimmen, welche die Zelle durchzuführen vermag. Der experimentelle Nachweis, dass Gene aus DNA bestehen, wurde zuerst zwischen 1945 und 1952 geführt, doch war es die Entdeckung der Doppelhelixstruktur durch Watson und Crick im Jahr 1953, die die Biologen überzeugte, dass DNA tatsächlich das genetische Material ist. Ein DNA-Polynucleotid ist ein unverzweigtes Polymer, das aus unzähligen Wiederholungen von vier chemisch unterschiedlichen Nucleotiden besteht. In der Doppelhelix sind zwei Polynucleotide so umeinander gewunden, dass die Nucleotidbasen in das Innere des Moleküls gerichtet sind. Die Polynucleotide sind über Wasserstoffbrücken zwischen den Basen miteinander verbunden, dabei paart A immer mit T und G immer mit C. RNA ist ebenfalls ein Polynucleotid, doch haben die einzelnen Nucleotide eine andere Struktur als die in der DNA. Außerdem liegt RNA in der Regel einzelsträngig vor. DNA-abhängige RNA-Polymerasen schreiben die Gene in einem Prozess, der als Transkription bezeichnet wird, in RNA um. Dieser Prozess führt nicht nur zur Synthese des Transkriptoms, sondern auch zu einer Reihe anderer RNA-Moleküle. Diese RNA-Moleküle codieren zwar keine Proteine, sind jedoch für das Überleben der Zelle äußerst wichtig. Viele RNAs werden zunächst als Vorläufermoleküle synthetisiert, die anschließend geschnitten, wieder verknüpft und auch durch chemische Modifikationen prozessiert werden, damit reife Moleküle entstehen. Proteine sind ebenfalls unverzweigte Polymere, doch sind hier Aminosäuren die Untereinheiten, die durch Peptidbindungen miteinander verbunden werden. Die Aminosäuresequenz ist die Primärstruktur eines Proteins. Die nächsthöheren Strukturebenen – Sekundär-, Tertiär- und Quartärstruktur – entstehen, indem sich die Primärstruktur zu einer dreidimensionalen Konformation faltet und sich einzelne Polypeptide zu Multiproteinstrukturen zusammenlagern. Proteine sind funktionell vielfältig, da einzelne Aminosäuren verschiedene chemische Eigenschaften besitzen. Durch deren Kombination erhält man Proteine mit einer großen Spannbreite chemischer Eigenschaften. Proteine werden nach den Regeln des genetischen Codes, der bestimmt, welches Triplett von Nucleotiden welche Aminosäure codiert, durch Translation von mRNAs synthetisiert. Der genetische Code ist nicht universell; Varianten kommen in Mitochondrien und niederen Eukaryoten vor, und einzelne Codons haben sogar innerhalb eines Gens eine unterschiedliche Bedeutung.

## Multiple-Choice-Fragen

*Antworten auf die Fragen mit den ungeraden Zahlen finden Sie im Anhang

**1.1*** Welche der folgenden Aussagen über das Genom von Organismen ist *falsch*?

**a.** Das Genom enthält die genetische Information, um einen lebenden Organismus entstehen zu lassen und zu erhalten

**b.** Das Genom zellulärer Organismen besteht aus DNA

**c.** Das Genom ist in der Lage, die eigene Information ohne die Aktivität von Enzymen und Proteinen zu exprimieren

**d.** Eukaryotische Genome bestehen sowohl aus Kern-DNA als auch aus mitochondialer DNA

**1.2** Somatische Zellen sind diejenigen,

**a.** die einen haploiden Satz von Chromosomen enthalten

**b.** aus denen Gameten entstehen

**c.** die keine Mitochondrien besitzen

**d.** die einen diploiden Chromosomensatz enthalten und den größten Teil der Zellen eines Menschen ausmachen

**1.3*** Wie verläuft der Fluss der genetischen Information in Zellen?

**a.** DNA wird in RNA transkribiert, die dann in Protein translatiert wird

**b.** DNA wird in Protein translatiert, das anschließend in RNA transkribiert wird

**c.** RNA wird in DNA transkribiert, die dann in Protein translatiert wird

**d.** Proteine werden in RNA translatiert, die anschließend in DNA transkribiert wird

**1.4** Im frühen zwanzigsten Jahrhundert nahm man an, dass Proteine die genetische Information tragen. Auf welcher der folgenden Erkenntnisse beruhte diese Schlussfolgerung?

**a.** Chromosomen bestehen nahezu aus gleichen Teilen aus Protein und DNA

**b.** Es war bekannt, dass Proteine aus 20 Aminosäuren bestehen, wohingegen DNA nur aus vier Nucleotiden aufgebaut ist

**c.** Es war bekannt, dass verschiedene Proteine einzigartige Sequenzen besitzen, während man annahm, dass alle DNA-Moleküle die gleiche Sequenz haben

**d.** Alle der oben genannten Aspekte

**1.5*** Durch welche der folgenden Bindungen sind die Nucleotide in der DNA verknüpft?

**a.** Glykosidische Bindung

**b.** Peptidbindung

**c.** Phosphodiesterbindung

**d.** Elektrostatische Wechselwirkung

**1.6** Welche der folgenden Methoden wendeten Watson und Crick für die Aufklärung der DNA-Struktur an?

**a.** Sie erstellten Modelle des DNA-Moleküls, anhand derer sie überprüfen konnten, ob sich die Atome an der richtigen Position befinden

**b.** Röntgenkristallographie

**c.** Chromatographische Studien, um die relative Nucleotidzusammensetzung der DNA verschiedenen Ursprungs zu untersuchen

**d.** Genetische Studien, die zeigten, dass DNA das genetische Material ist

**1.7*** Erwin Chargaff untersuchte DNA verschiedener Organismen und fand heraus, dass:

**a.** DNA das genetische Material ist

**b.** RNA von DNA transkribiert wird

**c.** die Menge an Adenin in einem Organismus gleich der Menge an Thymin ist (und dass es sich mit Guanin und Cytosin genauso verhält)

**d.** die Doppelhelix durch Wasserstoffbrücken zwischen einzelnen Basen zusammengehalten wird

**1.8** Das Transkriptom einer Zelle ist definiert als:

**a.** alle RNA-Moleküle, die in einer Zelle vorhanden sind

**b.** die proteincodierenden RNA-Moleküle in einer Zelle

**c.** die Moleküle ribosomaler RNA in einer Zelle

**d.** die Transfer-RNA-Moleküle in einer Zelle

**1.9*** Wie synthetisieren DNA-abhängige RNA-Polymerasen RNA?

**a.** Sie verwenden DNA als Matrize für die Polymerisierung der Ribonucleotide

**b.** Sie verwenden Proteine als Matrize für die Polymerisierung der Ribonucleotide

**c.** Sie verwenden RNA als Matrize für die Polymerisierung der Ribonucleotide

**d.** Sie benötigen keine Matrize für die Polymerisierung der Ribonucleotide

**1.10** Welcher Typ von funktioneller RNA ist der Hauptbestandteil der Strukturen, die für die Proteinsynthese erforderlich sind?

**a.** Messenger-RNA

**b.** Ribosomale RNA

**c.** Kleine Kern-RNA

**d.** Transfer-RNA

**1.11*** Das Proteom einer Zelle ist definiert als:

    **a.** alle Proteine, die eine Zelle zu synthetisieren vermag

    **b.** alle Proteine, die in einer Zelle über ihren gesamten Lebenszyklus vorhanden sind

    **c.** alle Proteine, die zu einem bestimmten Zeitpunkt in einer Zelle vorhanden sind

    **d.** alle Proteine, die in einer Zelle zu einem bestimmten Zeitpunkt aktiv synthetisiert werden

**1.12** Welche Ebene der Proteinstruktur stellt eine gefaltete Konformation eines Proteins mit vielen Untereinheiten dar?

    **a.** Primärstruktur

    **b.** Sekundärstruktur

    **c.** Tertiärstruktur

    **d.** Quartärstruktur

**1.13*** Welche Art von kovalenter Bindung spielt bei der Verknüpfung von Cysteinresten, die an verschiedenen Positionen im Polypeptid lokalisiert sind, eine wichtige Rolle?

    **a.** Disulfidbrücken

    **b.** Wasserstoffbrücken

    **c.** Peptidbindungen

    **d.** Phosphodiesterbindungen

**1.14** Die meisten der sehr häufigen Proteine einer Zelle sind vermutlich Haushaltsproteine. Welche Funktion haben sie?

    **a.** Sie sind für die spezifischen Funktionen einzelner Zelltypen verantwortlich

    **b.** Sie übernehmen in Zellen die Regulation der Genomexpression

    **c.** Sie entfernen Abfallstoffe aus den Zellen

    **d.** Sie sind für die allgemeinen biochemischen Aktivitäten einer Zelle verantwortlich

**1.15*** Welche der folgenden Aussagen bezieht sich auf die Degeneriertheit des genetischen Codes?

    **a.** Jedes Codon codiert mehr als eine Aminosäure

    **b.** Die meisten Aminosäuren besitzen mehr als ein Codon

    **c.** Es gibt verschiedene Startcodons

    **d.** Das Stoppcodon kann auch Aminosäuren codieren

**1.16** Welche der folgenden biologischen Funktionen ist *keine* Funktion von Proteinen?

    **a.** Biologische Katalyse

    **b.** Regulation zellulärer Prozesse

    **c.** Tragen der genetischen Information

    **d.** Transport von Molekülen in vielzelligen Organismen

# Fragen mit kurzen Antworten    *Antworten auf die Fragen mit den ungeraden Zahlen finden Sie im Anhang

**1.1*** Erstellen Sie für die Entdeckung der DNA, die Erkenntnis, dass DNA das genetische Material ist, die Aufklärung der DNA-Struktur und die erste Charakterisierung eines Genoms einen Zeitstrahl.

**1.2** Welche beiden Arten chemischer Wechselwirkung stabilisieren die Doppelhelix?

**1.3*** Warum beruht die Genauigkeit der DNA-Replikation auf der spezifischen Paarung von A mit T und G mit C?

**1.4** Welches sind zwei wichtige chemische Unterschiede zwischen RNA und DNA?

**1.5*** Warum haben mRNA-Moleküle im Vergleich zu anderen RNA-Molekülen kürzere Halbwertszeiten?

**1.6** Liegt eine mRNA, die translatiert wird, in der gleichen Form vor wie die, die gerade durch Transkription einer DNA-Matrize entsteht?

**1.7*** Haben Zellen zu irgendeinem Zeitpunkt kein Transkriptom? Erklären Sie die Bedeutung Ihrer Antwort.

**1.8** Auf welche Weise spielen Wasserstoffbrücken, elektrostatische Wechselwirkungen und hydrophobe Kräfte eine wichtige Rolle bei der Sekundär-, Tertiär- und Quartärstruktur von Proteinen?

**1.9*** Wie ist es möglich, dass Proteine so vielfältige Strukturen und Funktionen besitzen, obwohl sie aus nur 20 Aminosäuren aufgebaut sind?

**1.10** Zusätzlich zu den 20 Aminosäuren weisen Proteine durch zwei Faktoren zusätzliche chemische Vielfalt auf. Um welche zwei Faktoren handelt es sich und welche Bedeutung haben sie?

**1.11*** Wie kann das Codon 5′-UGA-3′ sowohl als Stoppcodon als auch als Codon für die modifizierte Aminosäure Selenocystein fungieren?

**1.12** Wie lenkt das Genom die biologische Aktivität einer Zelle?

## Vertiefende Aufgaben

*Hinweise zur Beantwortung der Fragen mit den ungeraden Zahlen finden Sie im Anhang

**1.1*** Im Text (S. 11) wird behauptet, dass Watson und Crick die Doppelhelixstruktur am Samstag, den 7. März 1953, aufgeklärt haben. Bestätigen Sie diese Aussage.

**1.2** Erörtern Sie, warum die Doppelhelix bald allgemein als korrekte Struktur der DNA akzeptiert wurde.

**1.3*** Welches Experiment führte in den 1960er-Jahren zur Aufklärung des genetischen Codes?

**1.4** Transkriptom und Proteom werden als Zwischenstufe bzw. Endprodukt der Genomexpression angesehen. Beurteilen Sie die Stärken und Schwächen dieser Begriffe für unser Verständnis der Genomexpression.

## Aufgaben zu Abbildungen

*Antworten auf die Fragen mit den ungeraden Zahlen finden Sie im Anhang

**1.1*** Erörtern Sie, wie diese Experimente zu der Erkenntnis beitrugen, dass DNA und nicht Protein die genetische Information enthält.

**a) transformierendes Prinzip**

**b) Hershey-Chase-Experiment**

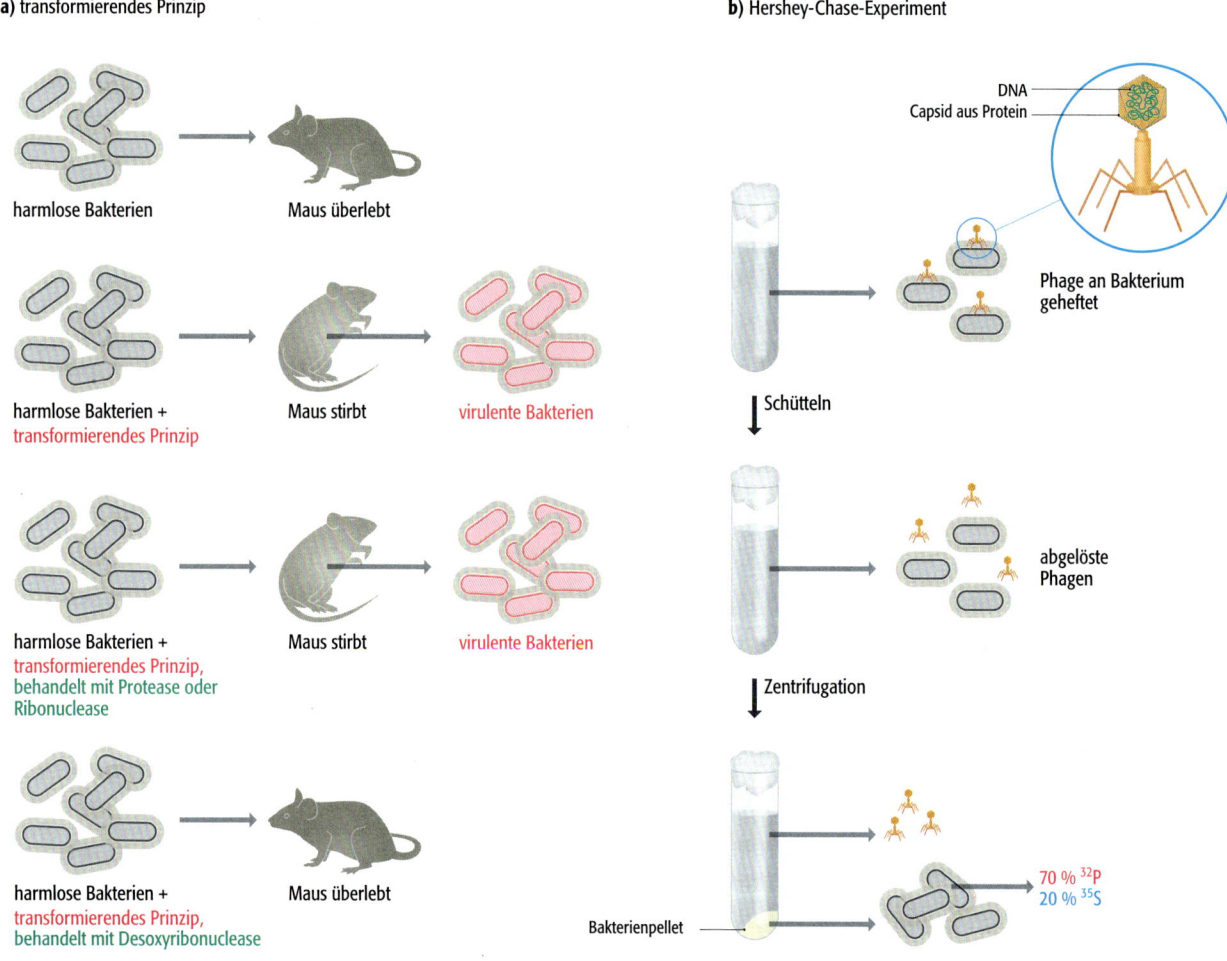

**1.2**  Identifizieren Sie die Desoxyribose, die Phosphatgruppen und die verschiedenen Stickstoffbasen. Können Sie die Kohlenstoffatome 1'- bis 5' der Desoxyribose erkennen?

**1.3***  Beschreiben Sie wichtige strukturelle Eigenschaften des DNA-Moleküls anhand dieses Kalottenmodells einer B-DNA.

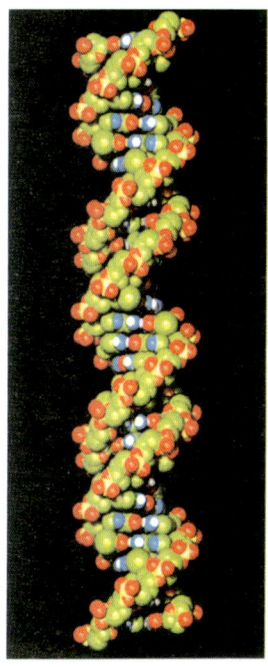

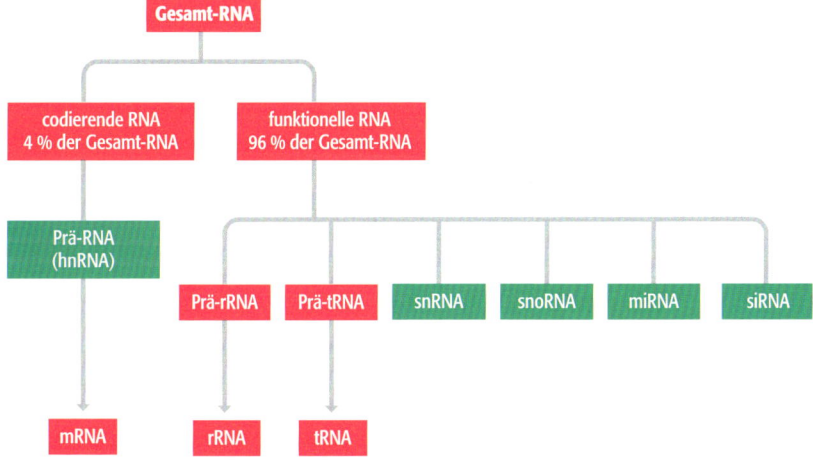

**1.4**  Erklären Sie die Unterschiede der RNA von prokaryotischen und eukaryotischen Zellen.

# Weiterführende Literatur

*Bücher und Artikel über die Entdeckung der*
*Doppelhelix und andere wichtige Meilensteine bei*
*der Erforschung der DNA*

Brock TD (1990) The Emergence of Bacterial Genetics. Cold Spring Harbour Laboratory Press, New York [eine detaillierte Geschichte, die den Zusammenhang zwischen der Arbeit am transformierenden Prinzip und dem Hershey-Chase-Experiment herstellt]

Judson HF (1979) The Eighth Day of Creation. Jonathan Cape, London [eine sehr lesenswerte Beschreibung über die Entwicklung der Molekularbiologie von den Anfängen bis in die 1970er-Jahre]

Kay LE (1993) The Molecular Vision of Life. Oxford University Press, Oxford [enthält eine besonders aufschlussreiche Erklärung, warum man einst annahm, dass Gene aus Protein bestehen]

Lander ES, Weinberg RA (2000) Genomics: journey to the center of biology. *Science* 287: 1777–1782 [eine kurze Beschreibung der Genetik und Molekularbiologie von Mendel bis zur Sequenz des menschlichen Genoms]

Maddox B (2002) Rosalind Franklin: The Dark Lady of DNA. HarperCollins, London

McCarty, M. (1985) The Transforming Principle: Discovering that Genes are Made of DNA. Norton, London

Olby R (1974) The Path to the Double Helix. Macmillan, London [ein wissenschaftlicher Bericht über die Forschung, die zur Entdeckung der Doppelhelix führte]

Watson JD (1968) The Double Helix. Atheneum, London [die wichtigste Entdeckung des 20. Jahrhunderts als Seifenoper]

# Die Untersuchung von DNA

# 2

## Wenn Sie Kapitel 2 gelesen haben, sollten Sie folgende Aufgaben lösen können:

- Beschreiben Sie die Vorgänge beim Klonieren von DNA und bei der Polymerasekettenreaktion (PCR), und erläutern Sie die Anwendungen und Grenzen dieser Verfahren.

- Zählen Sie die Aktivitäten und hauptsächlichen Anwendungsgebiete der verschiedenen Arten von Enzymen auf, die in der DNA-Rekombinationstechnologie verwendet werden.

- Benennen Sie wichtige Eigenschaften von DNA-Polymerasen, und zeigen Sie die Unterschiede der verschiedenen, in der Genomforschung verwendeten DNA-Polymerasen auf.

- Erklären Sie und nennen Sie Beispiele dafür, wie Restriktionsendonucleasen DNA schneiden und wie man das Ergebnis einer Restriktionsspaltung analysieren kann.

- Unterscheiden Sie zwischen einer Ligation mit glatten und mit kohäsiven Enden, und erklären Sie, wie die Effizienz einer Ligation mit glatten Enden gesteigert werden kann.

- Nennen Sie charakteristische Eigenschaften von Plasmiden als Klonierungsvektoren, und beschreiben Sie, wie diese Vektoren in einem Klonierungsexperiment verwendet werden.

- Beschreiben Sie, wie der Bakteriophage $\lambda$ als Vektor für die Klonierung von DNA verwendet wird.

- Nennen Sie Beispiele für Vektoren, die für die Klonierung langer DNA-Fragmente verwendet werden, und bewerten Sie die Vorteile und Grenzen jedes Typs.

- Fassen Sie zusammen, wie DNA in Hefe, Tiere und Pflanzen kloniert wird.

- Beschreiben Sie, wie eine PCR durchgeführt wird, und gehen Sie besonders auf die Bedeutung der Primer und der Temperaturen ein, die im Verlauf der Reaktion verwendet werden.

Nahezu alles, was wir über Genome und Genomexpression wissen, wurde durch praktische wissenschaftliche Forschung entdeckt: Theoretische Studien haben auf diesem wie auch auf anderen Gebieten der Molekular- oder Zellbiologie nur eine geringe Rolle gespielt. Zwar ist es möglich, „Fakten" über Genome zu kennen ohne viel über die Herkunft dieser Erkenntnisse zu wissen, doch um das Fachgebiet richtig zu verstehen, müssen wir die Methoden und wissenschaftlichen Ansätze, die bei der Erforschung der Genome angewendet wurden, ausführlich behandeln. Die kommenden fünf Kapitel beschäftigen sich mit diesen Forschungsmethoden. Als erstes untersuchen wir die Verfah-

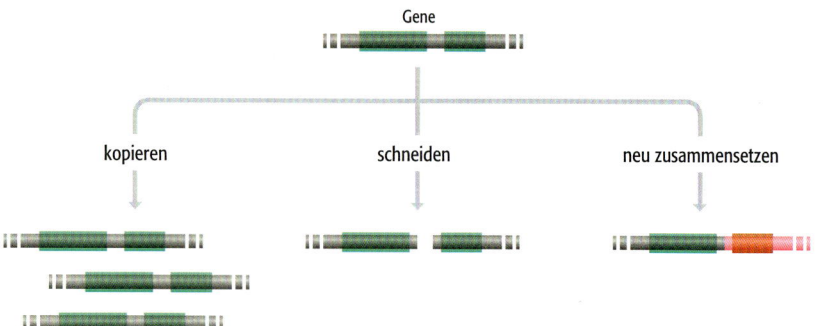

**2.1    Beispiele für die Manipulationen, die man an DNA-Molekülen durchführen kann.**

ren für die Untersuchung von DNA-Molekülen, wobei die Klonierung von DNA und die Polymerasekettenreaktion im Mittelpunkt stehen. Diese Techniken werden für kurze DNA-Fragmente einschließlich einzelner Gene angewendet und liefern auf dieser Ebene eine Flut von Informationen. Kapitel 3 fährt mit Methoden für die Erstellung genomischer Karten fort und beschreibt, wie die Techniken der genetischen Kartierung, deren Entwicklung erst ungefähr ein Jahrhundert zurückliegt, durch die ergänzenden Verfahren der physikalischen Kartierung unterstützt worden sind. Kapitel 4 stellt die Verbindung zwischen Kartierung und Sequenzierung her und zeigt, dass, obwohl eine Karte beim Zusammensetzen einer langen DNA-Sequenz eine wertvolle Hilfe darstellt, eine Kartierung für die Genomsequenzierung nicht zwingend erforderlich ist. In Kapitel 5 betrachten wir die unterschiedlichen Ansätze, welche dafür sorgen, dass wir eine Genomsequenz verstehen, und in Kapitel 6 behandeln wir Verfahren, mit denen die Genomexpression untersucht wird. Wenn Sie Kapitel 6 lesen, werden Sie begreifen, dass es eine der größten Herausforderungen der modernen Biologie ist, aufzuklären, wie ein Genom die biochemischen Fähigkeiten einer lebenden Zelle bestimmt.

Der Werkzeugkasten der Methoden, die von den Molekularbiologen für die Untersuchung von DNA-Molekülen angewendet werden, wurde während der 1970er- und 1980er-Jahre zusammengestellt. Vor diesem Zeitpunkt war das einzige Verfahren, mit dem einzelne Gene untersucht werden konnten, die klassische Genetik, deren Techniken uns in Kapitel 3 begegnen werden. Durchbrüche in der biochemischen Forschung, die den Molekularbiologen in den 1970er-Jahren Enzyme für die Manipulation von DNA-Molekülen im Reagenzglas zur Verfügung stellten, trieben die Entwicklung direkterer Methoden für die DNA-Untersuchung voran. Diese Enzyme sind natürlicherweise in lebenden Zellen enthalten und an Prozessen wie der DNA-Replikation, DNA-Reparatur und Rekombination beteiligt, die uns in den Kapiteln 15, 16 und 17 begegnen werden. Um die Funktion dieser Enzyme zu bestimmen, wurden viele von ihnen gereinigt und die von ihnen katalysierte Reaktion analysiert. Molekularbiologen übernahmen anschließend die reinen Enzyme als Werkzeuge, um DNA-Moleküle in vorher festgelegter Art und Weise zu verändern; sie stellten mit ihnen Kopien von DNA-Molekülen her, schnitten DNA-Moleküle in kürzere Fragmente und fügten sie zu neuen, in der Natur nicht vorkommenden Kombinationen wieder zusammen (Abb. 2.1). Diese Manipulationen bilden die Grundlage der **DNA-Rekombinationstechnik**, in der aus Stücken natürlich vorkommender Chromosomen und Plasmide neue oder „rekombinante" DNA-Moleküle hergestellt werden.

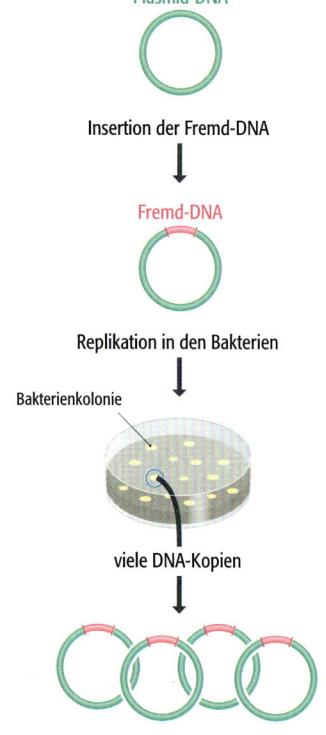

**2.2    DNA-Klonierung.** In diesem Beispiel wird das zu klonierende DNA-Fragment in ein Plasmid eingebaut, das anschließend in einer bakteriellen Wirtszelle vermehrt wird.

Die DNA-Rekombinationstechnik führte zur Entwicklung der **DNA-Klonierung**, oder **Genklonierung**, bei der kurze DNA-Fragmente, die ein einzelnes

Gen enthalten können, in ein Plasmid oder ein Virusgenom eingebaut und anschließend in einer bakteriellen oder eukaryotischen Wirtszelle repliziert werden (Abb. 2.2). Wir besprechen genau, wie man Gene kloniert und warum dieses Verfahren die Molekularbiologie revolutionierte (Abschnitt 2.2).

Ende der 1970er-Jahre war die Klonierung von Genen bereits gut etabliert. Der nächste technische Durchbruch kam Mitte der 1980er-Jahre mit der Entwicklung der **Polymerasekettenreaktion** (**PCR**, *polymerase chain reaction*). PCR ist keine komplizierte Methode – alles, was sie leistet ist, ein kurzes Segment aus einem DNA-Molekül wiederholt zu kopieren (Abb. 2.3) –, doch wurde sie in vielen Bereichen der biologischen Forschung extrem wichtig, nicht zuletzt bei der Untersuchung der Genome. Die PCR wird in Abschnitt 2.3 detailliert besprochen.

**2.3** Man wendet die Polymerasekettenreaktion (PCR) an, um ein bestimmtes DNA-Segment zu kopieren. In diesem Beispiel wird ein einzelnes Gen kopiert.

## 2.1 Enzyme für die Manipulation von DNA

Die DNA-Rekombinationstechnik trug in den 1970er- und 1980er-Jahren maßgeblich zu einem schnellen Erkenntniszuwachs über die Genexpression bei. Die Grundlage der DNA-Rekombinationstechnik ist die Fähigkeit, DNA-Moleküle im Reagenzglas zu verändern. Diese hängt wiederum von der Verfügbar-

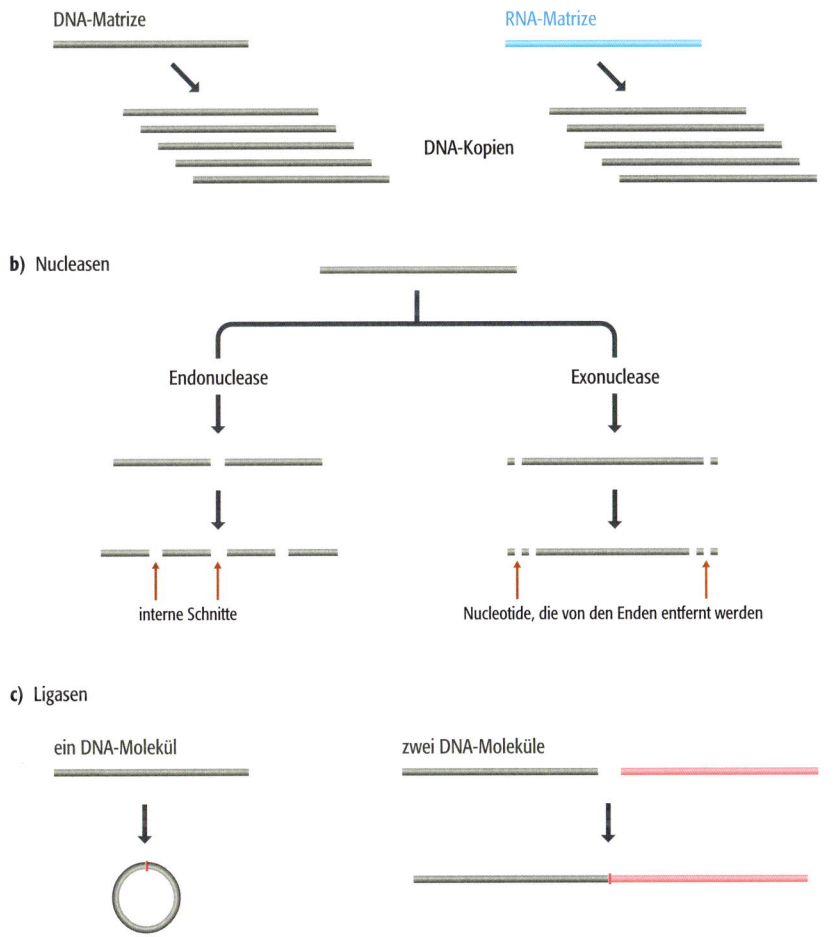

**2.4** Die Aktivitäten von (a) DNA-Polymerasen, (b) Nucleasen und (c) Ligasen. a) zeigt die Aktivität einer DNA-abhängigen DNA-Polymerase (links) und einer RNA-abhängigen DNA-Polymerase (rechts). b) zeigt die Aktivitäten von Endo- und Exonucleasen. Bei c) wird das grau dargestellte DNA-Molekül mit sich selbst (links) oder mit einem zweiten DNA-Molekül (rechts) ligiert.

keit gereinigter Enzyme ab, deren Aktivität bekannt ist und kontrolliert werden kann und die deshalb geeignet sind, spezielle Veränderungen an dem zu manipulierenden DNA-Molekül vorzunehmen. Die für die Molekularbiologen verfügbaren Enzyme werden in vier große Kategorien unterteilt:

- **DNA-Polymerasen** (Abschnitt 2.1.1) synthetisieren neue Polynucleotide, die zu einer bestehenden DNA- oder RNA-Matrize komplementär sind (Abb. 2.4a).

- **Nucleasen** (Abschnitt 2.1.2) bauen DNA-Moleküle ab, indem sie die Phosphodiesterbindung spalten, die ein Nucleotid mit dem anderen verbindet (Abb. 2.4b).

- **Ligasen** (Abschnitt 2.1.3) verbinden die DNA-Moleküle miteinander, indem sie Phosphodiesterbindungen zwischen den Nucleotiden an den Enden von verschiedenen Molekülen oder an den Enden eines einzigen Moleküls herstellen (Abb. 2.4c).

- **Enzyme zur Modifikation der Enden** (Abschnitt 2.1.4) erweitern Ligationsexperimente um eine neue Dimension und sind Hilfsmittel für die radioaktive oder auch nichtradioaktive Markierung von DNA-Molekülen.

## Methoden 2.1   Markierung von DNA

*Das Anfügen von radioaktiven, fluoreszierenden oder anderen Arten von Markermolekülen an DNA-Moleküle*

Die Markierung von DNA ist ein zentrales Element vieler molekularbiologischer Verfahren wie Southern-Hybridisierung (Abschnitt 2.1.3), FISH (Fluoreszenz-*in situ*-Hybridisierung; Abschnitt 3.3.2) und DNA-Sequenzierung (Abschnitt 4.1). Sie macht es möglich, ein bestimmtes DNA-Molekül auf einer Nitrocellulose- oder Nylonmembran, in einem Chromosom oder in einem Gel zu lokalisieren, indem man ein Signal misst, das der Marker emittiert. In einigen Verfahren werden auch markierte RNA-Moleküle verwendet (Methoden 5.1).

Für die Markierung von DNA-Molekülen werden häufig radioaktive Marker eingesetzt. Es ist möglich Nucleotide herzustellen, in denen ein Phosphoratom durch $^{32}$P oder $^{33}$P, eines der Sauerstoffatome der Phosphatgruppe durch $^{35}$S oder eines oder mehrere Wasserstoffatome durch $^{3}$H ersetzt sind (Abb. 1.4). Radioaktive Nucleotide sind jedoch weiterhin Substrate der DNA-Polymerasen und werden auf diese Weise durch jede strangsynthetisierende Reaktion, die dieses Enzym katalysiert, in das DNA-Molekül eingebaut. Markierte Nucleotide oder einzelne Phosphatgruppen können auch an eines oder beide Enden eines DNA-Moleküls gehängt werden. Dies geschieht durch Reaktionen, die von T4-Polynucleotid-Kinasen oder Terminalen Desoxynucleotidyltransferasen katalysiert werden (Abschnitt 2.1.4). Das radioaktive Signal kann durch Szintillationszählung gemessen werden, doch ist bei den meisten biologischen Anwendungen eine Lokalisierung des Signals nötig. Aus diesem Grund erfolgt die Bestimmung durch das Auflegen eines Röntgenfilms (**Autoradiographie**: siehe Abb. 2.11 als Beispiel) oder eines strahlungssensitiven Schirms (**Phosphoimaging**). Welche der ver-

schiedenen radioaktiven Markierungen gewählt wird, hängt von den Erfordernissen der angewendeten Methode ab. Mit $^{32}$P ist eine hohe Sensitivität möglich, da dieses Isotop über eine hohe Strahlungsenergie verfügt, doch ist diese hohe Sensitivität wegen der starken Streuung mit einer geringen Auflösung verbunden. Isotope mit geringer Emission wie $^{35}$S und $^{3}$H sind weniger sensitiv, haben aber eine bessere Auflösung.

Aus Gründen der Gesundheit und des Umweltschutzes ist die Verwendung radioaktiver Markersubstanzen in den vergangenen Jahren zurückgegangen. Stattdessen werden mittlerweile bei vielen Anwendungen nichtradioaktive Alternativen eingesetzt. Die nützlichste Alternative ist die Verwendung fluoreszierender Marker, welche die wichtigsten Komponenten von Methoden wie FISH (Abschnitt 3.3.2) und DNA-Sequenzierung (Abschnitt 4.1.1) darstellen. Fluoreszierende Farbstoffe, die verschiedene Wellenlängen emittieren (das heißt verschiedene Farben haben), werden in die Nucleotide eingebaut oder direkt an das DNA-Molekül gehängt und mit einem geeigneten Film, durch Fluoreszenzmikroskopie oder mit einem Fluoreszenzdetektor bestimmt. Andere Arten nichtradioaktiver Markierung verwenden die Emission von Chemilumineszenz, sie haben jedoch den Nachteil, dass das Signal nicht direkt durch die Markierung generiert wird, sondern erst durch eine Behandlung der markierten Moleküle mit bestimmten Chemikalien „entwickelt" werden muss. Eine populäre Methode ist die Markierung der DNA mit dem Enzym Alkalische Phosphatase. Es wird über die Chemilumineszenz nachgewiesen, die durch die Dephosphorylierung von zugegebenem Dioxetan durch das Enzym entsteht.

## 2.1.1 DNA-Polymerasen

Viele der für die DNA-Untersuchung verwendeten Methoden beruhen auf der Synthese von DNA-Kopien des gesamten DNA- oder RNA-Moleküls oder nur eines Teils davon. Dies ist eine notwendige Voraussetzung für die PCR (Abschnitt 2.3), die Sequenzierung von DNA (Abschnitt 4.1), die Markierung von DNA (Methoden 2.1) und viele andere wichtige Verfahren der molekularbiologischen Forschung. Ein DNA-synthetisierendes Enzym wird als **DNA-Polymerase** bezeichnet, und ein Enzym, das ein bestehendes DNA- oder RNA-Molekül kopiert, wird **matrizenabhängige DNA-Polymerase** genannt.

### *Die Wirkungsweise einer matrizenabhängigen DNA-Polymerase*

Wenn eine matrizenabhängige DNA-Polymerase ein neues DNA-Polynucleotid synthetisiert, ist dessen Sequenz entsprechend den Regeln der Basenpaarung durch die Nucleotidsequenz der DNA oder RNA vorgegeben, die kopiert wird (Abb. 2.5). Das neue Polynucleotid wird immer in 5′→3′-Richtung hergestellt: DNA-Polymerasen, die DNA in umgekehrter Richtung synthetisieren, sind aus der Natur bislang unbekannt.

Ein wichtiges Kennzeichen der matrizenabhängigen DNA-Synthese ist, dass eine DNA-Polymerase keine vollständig einzelsträngigen Moleküle als Matrize verwenden kann. Damit die DNA-Synthese eingeleitet werden kann, muss ein kurzer doppelsträngiger Bereich vorhanden sein, der ein 3′-Ende liefert, an welches das Enzym neue Nucleotide anknüpft (Abb. 2.6a). Die Art und Weise, wie dieser Voraussetzung in lebenden Zellen bei der Replikation eines Genoms Rechnung getragen wird, ist in Kapitel 15 beschrieben. Im Reagenzglas wird das Kopieren der DNA eingeleitet, indem man ein kurzes, synthetisches **Oligonucleotid** an die Matrize binden lässt. Dieses Oligonucleotid hat gewöhnlich eine Länge von etwa 20 Nucleotiden und dient als **Primer** für die DNA-Synthese. Auf den ersten Blick scheint die Notwendigkeit eines Primers eine überflüssige Komplikation bei der Verwendung von DNA-Polymerasen in der DNA-Rekombinationstechnik zu sein, doch genau das Gegenteil ist der Fall. Da die Anlagerung der Primer an die Matrize auf komplementärer Basenpaarung beruht, kann die Stelle in der Matrize, an der das Kopieren der DNA beginnen soll, durch die Synthese eines Primers mit der entsprechenden Nucleotidsequenz genau bestimmt werden (Abb. 2.6b). Von einem viel längeren Matrizenmolekül kann deshalb ein kurzes, spezifisches Segment kopiert werden, was viel sinnvoller ist, als zufällige Kopien, die bei einer DNA-Synthese ohne

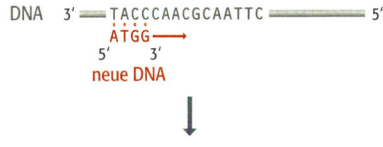

**2.5 Die Aktivität einer DNA-abhängigen DNA-Polymerase.** Neue Nucleotide werden an das 3′-Ende eines wachsenden Polynucleotids angefügt; die Sequenz dieses neuen Polynucleotids wird durch die Sequenz der Matrizen-DNA bestimmt. Vergleichen Sie diesen Prozess mit der Transkription (DNA-abhängige RNA-Synthese), die in Abbildung 1.11 dargestellt ist.

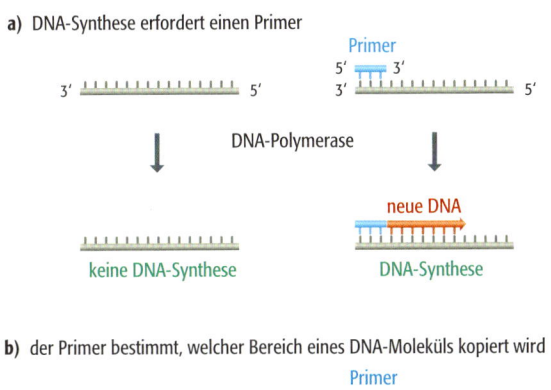

**a)** DNA-Synthese erfordert einen Primer

**b)** der Primer bestimmt, welcher Bereich eines DNA-Moleküls kopiert wird

**2.6 Die Rolle des Primers in der matrizenabhängigen DNA-Synthese.** a) Eine DNA-Polymerase benötigt einen Primer, um die Synthese eines neuen Polynucleotids einzuleiten. b) Die Sequenz dieses Oligonucleotids bestimmt die Position, an die es an die Matrizen-DNA bindet, und legt somit den Bereich der Matrize fest, der kopiert wird. Wird eine DNA-Polymerase verwendet, um neue DNA *in vitro* herzustellen, ist der Primer in der Regel ein kurzes, chemisch synthetisiertes Oligonucleotid. Weitere Information über die Art und Weise, wie die DNA-Synthese *in vivo* vorbereitet wird, in Abschnitt 15.2.2.

**a)** 5′→3′-DNA-Synthese

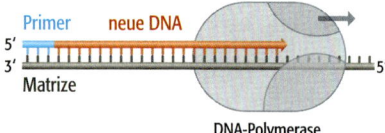

**b)** 3′→5′-Exonucleaseaktivität

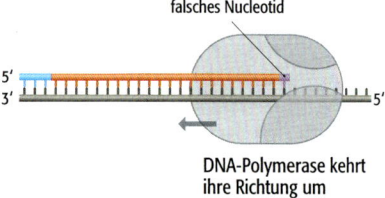

**c)** 5′→3′-Exonucleaseaktivität

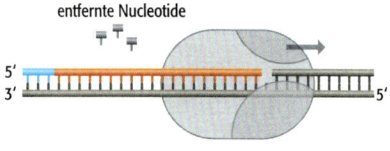

**2.7    DNA-Synthese und Exonucleaseaktivität von DNA-Polymerasen.** Alle DNA-Polymerasen können DNA synthetisieren und viele von ihnen besitzen zusätzlich eine oder beide Exonucleaseaktivitäten.

Primer entstehen würden. Sie werden die Bedeutung der Primer vollständig ermessen können, wenn wir in Abschnitt 2.3 die PCR behandeln.

Eine zweite allgemeine Eigenschaft von matrizenabhängigen DNA-Polymerasen ist, dass viele dieser Enzyme multifunktionell sind; sie synthetisieren DNA-Moleküle, bauen sie aber auch ab. Dies ist ein Spiegelbild dessen, wie DNA-Polymerasen in der Zelle während der Genomreplikation agieren (Abschnitt 15.2). Genau wie sie in 5′→3′-Richtung synthetisieren können, können sie eine oder beide der folgenden Exonucleaseaktivitäten besitzen (Abb. 2.7):

● Eine **3′→5′-Exonuclease**aktivität ermöglicht es dem Enzym, vom 3′-Ende des soeben synthetisierten Stranges Nucleotide zu entfernen. Das wird als **Korrekturlesefunktion** (*proofreading activity*) bezeichnet, die der Polymerase erlaubt, Fehler zu korrigieren, indem sie falsch eingebaute Nucleotide entfernt.

● Eine **5′→3′-Exonuclease**aktivität ist seltener vorhanden, doch besitzen einige Polymerasen diese Fähigkeit. Ihre natürliche Funktion bei der Genomreplikation erfordert, dass sie wenigstens einen Teil des Polynucleotids, das bereits an den zu kopierenden Matrizenstrang gebunden hat, entfernen können.

## Typen von DNA-Polymerasen, die in der Forschung verwendet werden

Etliche der in der molekularbiologischen Forschung verwendeten matrizenabhängigen DNA-Polymerasen (Tab. 2.1) sind Varianten der DNA-Polymerase I aus *Escherichia coli*, eines Enzyms, das bei der Replikation des bakteriellen Genoms eine zentrale Rolle spielt (Abschnitt 15.2). Dieses Enzym, gelegentlich auch nach seinem Entdecker Arthur Kornberg als Kornberg-Polymerase bezeichnet, besitzt sowohl eine 3′→5′- als auch eine 5′→3′-Exonucleaseaktivität, was ihren Nutzen für die DNA-Manipulation einschränkt. Das Hauptanwendungsgebiet ist die Markierung von DNA (Methoden 2.1).

Von den beiden Exonucleaseaktivitäten ist es die 5′→3′-Variante, die die meisten Probleme bereitet, wenn eine DNA-Polymerase für die Manipulation von Molekülen im Reagenzglas verwendet wird. Der Grund ist, dass ein Enzym mit dieser Aktivität Nucleotide von den 5′-Enden der Polynucleotide zu entfernen vermag, die gerade synthetisiert worden sind (Abb. 2.8). Es ist unwahrscheinlich, dass die Polynucleotide vollständig abgebaut werden, da die Polymerasefunktion in der Regel viel aktiver ist als die Exonucleasefunktion, doch

| **Tabelle 2.1**   Eigenschaften matrizenabhängiger DNA-Polymerasen, die in der molekularbiologischen Forschung verwendet werden | | | |
|---|---|---|---|
| **Polymerase** | **Beschreibung** | **hauptsächliche Anwendung** | **Querverweis** |
| DNA-Polymerase I | unverändertes Enzym aus *E. coli* | DNA-Markierung | Methoden 2.1 |
| Klenow-Polymerase | veränderte Form der DNA-Polymerase I aus *E. coli* | DNA-Markierung | Methoden 2.1 |
| Sequenase | veränderte Form der DNA-Polymerase aus dem Phagen T7 | DNA-Sequenzierung | Abschnitt 4.1.1 |
| *Taq*-Polymerase | DNA-Polymerase I aus *Thermus aquaticus* | PCR | Abschnitt 2.3 |
| Reverse Transkriptase | RNA-abhängige DNA-Polymerase aus verschiedenen Retroviren | cDNA-Synthese | Abschnitt 5.1.2 |

man kann einige Methoden nicht durchführen, wenn die 5′-Enden des neuen Polynucleotids in irgendeiner Form gekürzt werden. Besonders die DNA-Sequenzierung beruht auf der Synthese von neuen Nucleotiden, die alle exakt das gleiche 5′-Ende tragen, markiert durch den Primer, mit dem die Synthesereaktionen eingeleitet wurden. Werden die 5′-Enden „abgeknabbert", ist es unmöglich, die korrekte DNA-Sequenz zu ermitteln. Als die Sequenzierung von DNA in den 1970er-Jahren erstmals vorgestellt wurde, verwendete man eine veränderte Version des Kornberg-Enzyms, die **Klenow-Polymerase**. Die Klenow-Polymerase wurde ursprünglich präpariert, indem man die natürliche DNA-Polymerase I aus *E. coli* mit einer Protease in zwei Fragmente aufteilte. Eines der Fragmente behielt die Polymerase- und die 3′→5′-Exonucleaseaktivität, aber ihm fehlte die 5′→3′-Exonucleasefunktion des unbehandelten Enzyms. Das Enzym wird in Erinnerung an dieses alte Präparationsverfahren auch heute noch häufig als Klenow-*Fragment* bezeichnet, obwohl man es heutzutage fast immer aus *E. coli*-Zellen gewinnt, deren Polymerasegen derart gentechnisch verändert worden ist, dass das entstehende Enzym die gewünschten Eigenschaften besitzt. Tatsächlich wird die Klenow-Polymerase heute kaum noch zur Sequenzierung verwendet; ihre Hauptanwendung liegt in der Markierung von DNA (Methoden 2.1). In den 1980er-Jahren wurde ein Enzym entwickelt, das auch als **Sequenase** (Tab. 2.1) bezeichnet wird und welches für die Sequenzierung überragende Eigenschaften besitzt. Wir werden in Abschnitt 4.1.1 auf die Eigenschaften der Sequenase und ihre besondere Eignung für die Sequenzierung zurückkommen.

Die DNA-Polymerase I aus *E. coli* hat ein Temperaturoptimum von 37 °C, die Temperatur der natürlichen Umgebung des Bakteriums im Darmtrakt von Säugern wie dem Menschen. Reagenzglasversuche mit der Kornberg-Polymerase, der Klenow-Polymerase oder der Sequenase werden deshalb bei 37 °C durchgeführt und durch Temperaturerhöhung auf 75 °C oder darüber beendet, eine Temperatur, bei der das Protein seine gefaltete Struktur verliert, oder **denaturiert**, und somit die enzymatische Aktivität zerstört wird. Dieses Verfahren eignet sich hervorragend für die meisten molekularbiologischen Methoden, doch aus Gründen, die in Abschnitt 2.3 deutlicher werden, erfordert die PCR eine thermostabile DNA-Polymerase – eine, die bei weit höheren Temperaturen als 37 °C aktiv ist. Geeignete Enzyme lassen sich aus *Thermus aquaticus* isolieren, einem in heißen Quellen bei Temperaturen um die 95 °C lebenden Bakterium, dessen DNA-Polymerase I ein Temperaturoptimum von 72 °C besitzt. Die biochemische Grundlage für die Temperaturstabilität ist nicht vollständig aufgeklärt, doch es sind wahrscheinlich die strukturellen Eigenschaften, welche bei höheren Temperaturen das Ausmaß der Proteinentfaltung verringert.

Und noch eine Art von DNA-Polymerase ist für die molekularbiologische Forschung von Bedeutung. Es ist die Reverse Transkriptase, die eine RNA-abhängige DNA-Polymerase ist und so von RNA- statt von DNA-Matrizen DNA-Kopien herstellt. Reverse Transkriptasen sind an den Vermehrungszyklen von Retroviren beteiligt (Abschnitt 9.1.2), beispielsweise des HIV (*human immunodefiency virus*), das AIDS (*acquired immune deficiency syndrome*) auslöst. Diese Viren tragen RNA-Genome, die nach der Infektion des Wirtes in DNA umgeschrieben werden. Im Reagenzglas kann eine Reverse Transkriptase verwendet werden, um von RNA-Molekülen DNA-Kopien herzustellen. Diese Kopien werden als cDNAs (*complementary DNAs*) bezeichnet. Ihre Synthese ist bei einigen Formen der Genklonierung wichtig und wird bei Verfahren angewendet,

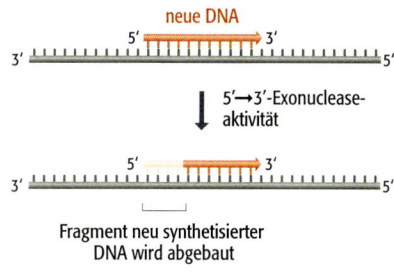

**2.8**   Die 5′→3′-Exonucleaseaktivität der DNA-Polymerase kann das 5′-Ende des soeben synthetisierten Polynucleotids abbauen.

mit denen diejenigen Bereiche des Genoms kartiert werden sollen, die bestimmte mRNAs codieren (Abschnitt 5.1.2).

## 2.1.2 Nucleasen

Eine Vielzahl von Nucleasen haben Anwendung in der DNA-Rekombinationstechnik gefunden (Tab. 2.2). Nucleasen verfügen über ein breites Spektrum von Aktivitäten, doch sind die meisten entweder **Exonucleasen** und entfernen Nucleotide von den Enden von DNA- und/oder RNA-Molekülen oder es sind **Endonucleasen**, die im Molekül liegende Phosphodiesterbindungen spalten. Einige Nucleasen sind für DNA spezifisch und andere für RNA, einige schneiden nur doppelsträngige DNA und andere nur einzelsträngige, und wiederum andere sind bezüglich ihres Substrats nicht „wählerisch". Wenn wir in späteren Kapiteln die Methoden behandeln, bei denen man Nucleasen verwendet, werden wir verschiedenen Beispielen für diese Enzyme begegnen. An dieser Stelle soll nur ein Typ von Nucleasen ausführlich besprochen werden: die **Restriktionsendonucleasen**, die in allen Bereichen der DNA-Rekombinationstechnik eine zentrale Rolle spielen.

### *Restriktionsendonucleasen können DNA-Moleküle an definierten Stellen schneiden*

Eine Restriktionsendonuclease ist ein Enzym, das ein DNA-Molekül an einer spezifischen Sequenz bindet und den Doppelstrang in dieser Sequenz oder in deren Nähe schneidet. Aufgrund der Sequenzspezifität können die Schnittstellen in einem DNA-Molekül vorhergesagt werden, vorausgesetzt, die DNA-Sequenz ist bekannt. Das erlaubt es, definierte Segmente aus einem größeren Molekül auszuschneiden. Dies bildet die Grundlage für das Klonieren von Genen und für alle anderen Bereiche der DNA-Rekombinationstechnik, in denen DNA-Fragmente mit bekannter Sequenz erforderlich sind.

Es gibt drei Typen von Restriktionsendonucleasen. Bei den Typen I und III wird die Lage der Schnittstelle relativ zu der spezifischen DNA-Sequenz, die von dem Enzym erkannt wird, nicht streng kontrolliert und ist daher nicht immer gleich. Die Sequenzen der entstehenden Fragmente sind also nicht genau bekannt; daher sind diese Enzyme weniger nützlich. Typ-II-Enzyme haben diesen Nachteil nicht, weil der Schnitt immer an der gleichen Position erfolgt, entweder innerhalb der Erkennungssequenz oder in ihrer Nähe (Abb. 2.9). So schneidet zum Beispiel das Typ-II-Enzym *Eco*RI (isoliert aus *E. coli*) die DNA nur im Hexanucleotid 5'-GAATTC-3'. Die Spaltung (der Verdau) von DNA mit einem Typ-II-Enzym liefert daher reproduzierbare Gruppen von Fragmenten, deren Sequenzen vorherzusehen sind, wenn das Ziel-DNA-Molekül bekannt

| Tabelle 2.2 | Eigenschaften wichtiger Nucleasen, die in der molekularbiologischen Forschung verwendet werden | | |
|---|---|---|---|
| **Nuclease** | **Beschreibung** | **hauptsächliche Anwendung** | **Querverweis** |
| Restriktionsendo-nucleasen | sequenzspezifische DNA-Endonucleasen aus verschiedenen Quellen | viele Anwendungen | Abschnitt 2.1.2 |
| Nuclease S1 | Endonuclease, spezifisch für einzelsträngige DNA und RNA; aus dem Pilz *Aspergillus niger* | Transkriptkartierung | Abschnitt 5.1.2 |
| Desoxyribonuclease I | Endonuclease, spezifisch für doppelsträngige DNA und RNA; aus *Escherichia coli* | Nuclease-*footprinting* | Abschnitt 11.1.2 |

ist. Bislang wurden über 2 500 Typ-II-Enzyme isoliert, und mehr als 300 stehen für die Arbeiten im Labor zur Verfügung. Viele dieser Enzyme haben Zielsequenzen aus Hexanucleotiden, andere erkennen wiederum kürzere oder auch längere Sequenzen (Tab. 2.3). Außerdem gibt es Beispiele für Enzyme mit degenerierten Erkennungssequenzen. Das bedeutet, dass sie DNA an allen Positionen schneiden, die zu einer bestimmten Familie gehören. *Hin*fI (aus *Haemophilus influenzae*) erkennt zum Beispiel 5′-GANTC-3′, wobei „N" für jedes beliebige Nucleotid steht. Dementsprechend schneidet dieses Enzym die Sequenzen 5′-GAATC-3′, 5′-GATTC-3′, 5′-GAGTC-3′ und 5′-GACTC-3′. Die meisten Enzyme spalten innerhalb der Erkennungssequenzen, aber einige wenige wie *Bsr*BI schneiden die DNA an einer spezifischen Position außerhalb dieser Sequenz.

Restriktionsenzyme spalten DNA auf zwei verschiedene Weisen. Viele schneiden glatt durch den Doppelstrang, was zu **glatten Enden** (stumpfe Enden, *blunt ends*) führt. Andere Enzyme schneiden die beiden DNA-Stränge an einer jeweils anderen Stelle, sodass die entstehenden DNA-Fragmente an jedem Ende kurze einzelsträngige Überhänge tragen. Weil sich das DNA-Molekül über Basenpaarung dieser Überhänge wieder zu seiner ursprünglichen Form zusammensetzen kann, werden solche Enden als **kohäsive Enden** („klebrige" Enden, *sticky ends*) bezeichnet (Abb. 2.10a). Einige der Enzyme, die kohäsive Enden hervorrufen, ergeben 5′-Überhänge (beispielsweise *Sau*3AI, *Hin*fI), bei anderen kommt es dagegen zu 3′-Überhängen (zum Beispiel *Pst*I) (Abb. 2.10b). Eine besonders wichtige Eigenschaft für die DNA-Rekombinationstechnik ist, dass einige Paare von Restriktionsenzymen zwar unterschiedliche Erkennungssequenzen haben, jedoch die gleichen kohäsiven Enden erzeugen. Zu diesen

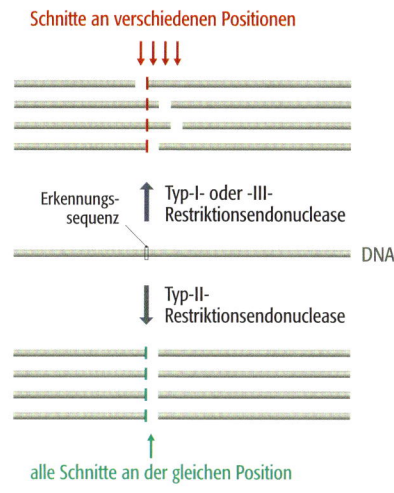

**2.9 Durch Restriktionsendonucleasen hergestellte Schnitte.** Im oberen Teil der Abbildung wird die DNA durch Typ-I- oder Typ-III-Restriktionsendonucleasen gespalten. Die Schnitte entstehen, bezogen auf die Erkennungssequenz, an unterschiedlichen Stellen, sodass die gebildeten Fragmente verschieden lang sind. Im unteren Teil der Abbildung wird ein Typ-II-Enzym verwendet. Jedes Molekül wird an exakt der gleichen Position geschnitten und es entstehen immer genau die gleichen zwei Fragmente.

| Tabelle 2.3 | Einige Beispiele für Restriktionsendonucleasen | | |
|---|---|---|---|
| **Enzym** | **Erkennungssequenz** | **Art der Enden** | **Endsequenzen** |
| *Alu*I | 5′–AGCT–3′<br>3′–TCGA–5′ | glatt (*blunt*) | 5′–AG  CT–3′<br>3′–TC  GA–5′ |
| *Sau*3AI | 5′–GATC–3′<br>3′–CTAG–5′ | kohäsiv (*sticky*),<br>5′-Überhang | 5′–  GATC–3′<br>3′–CTAG  –5′ |
| *Hin*fI | 5′–GANTC–3′<br>3′–CTNAG–5′ | kohäsiv (*sticky*),<br>5′-Überhang | 5′–G  ANTC–3′<br>3′–CTNA  G–5′ |
| *Bam*HI | 5′–GGATCC–3′<br>3′–CCTAGG–5′ | kohäsiv (*sticky*),<br>5′-Überhang | 5′–G  GATCC–3′<br>3′–CCTAG  G–5′ |
| *Bsr*BI | 5′–CCGCTC–3′<br>3′–GGCGAG–5′ | glatt (*blunt*) | 5′–  NNNC CGCTC–3′<br>3′–  NNNG GCGAG–5′ |
| *Eco*RI | 5′–GAATTC–3′<br>3′–CTTAAG–5′ | kohäsiv (*sticky*),<br>5′-Überhang | 5′–G  AATTC–3′<br>3′–CTTAA  G–5′ |
| *Pst*I | 5′–CTGCAG–3′<br>3′–GACGTC–5′ | kohäsiv (*sticky*),<br>3′-Überhang | 5′–CTGCA  G–3′<br>3′–G  ACGTC–5′ |
| *Not*I | 5′–GCGGCCGC–3′<br>3′–CGCCGGCG–5′ | kohäsiv (*sticky*),<br>5′-Überhang | 5′–GC  GGCCGC–3′<br>3′–CGCCGG  CG–5′ |
| *Bgl*I | 5′–GCCNNNNNGGC–3′<br>3′–CGGNNNNNCCG–5′ | kohäsiv (*sticky*),<br>3′-Überhang | 5′–GCCNNNN  NGGC–3′<br>3′–CGGN  NNNNCCG–5′ |

Abkürzung: N, jedes Nucleotid.
Beachten Sie, dass die meisten, aber nicht alle Erkennungssequenzen umgekehrt symmetrisch sind: liest man sie in die 5′→3′-Richtung, sind die Sequenzen beider Stränge gleich.

**a) glatte und kohäsive Enden**

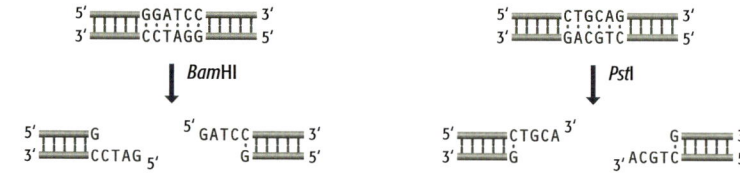

**b) 5′ und 3′-Überhänge**

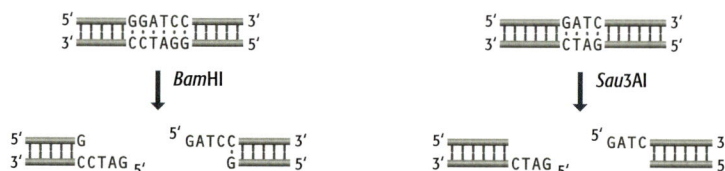

**c) unterschiedliche Enzyme produzieren die gleichen kohäsiven Enden**

**2.10 Das Ergebnis einer DNA-Spaltung mit unterschiedlichen Restriktionsendonucleasen.** a) Glatte und kohäsive Enden. b) Verschiedene Arten kohäsiver Enden: der 5′-Überhang, der durch *Bam*HI produziert wird, und der 3′-Überhang, der durch *Pst*I entsteht. c) Verschiedene Restriktionsendonucleasen stellen die gleichen kohäsiven Enden her: Ein 5′-Überhang mit der Sequenz 5′-GATC-3′ entsteht sowohl durch *Bam*HI (erkennt 5′-GGATCC-3′) als auch durch *Sau*3AI (erkennt 5′-GATC-3′).

Enzymen gehören zum Beispiel *Sau*3AI und *Bam*HI, die beide kohäsive Enden mit der Sequenz 5′-GATC-3′ entstehen lassen, obwohl *Sau*3AI eine Sequenz aus vier Basen erkennt und *Bam*HI eine aus sechs (Abb. 2.10c).

## Analyse einer Restriktionsspaltung

Nach Behandlung mit Restriktionsendonucleasen können die entstandenen DNA-Fragmente mittels einer Agarosegelelektrophorese (Methoden 2.2) aufgetrennt werden, um ihre Größen zu bestimmen. Ist die Ausgangs-DNA ein relativ kurzes Molekül und erhält man durch die Spaltung 20 oder weniger Fragmente, dann kann in der Regel eine Agarosekonzentration gewählt werden, bei der jedes Fragment als definiert sichtbare Bande im Gel zu erkennen ist. Ist die Ausgangs-DNA dagegen lang und ergibt deshalb durch Behandlung mit dem Restriktionsenzym viele Fragmente, wird das Gel unabhängig von der verwendeten Agarosekonzentration einen Schmier aus DNA zeigen, weil Banden von Fragmenten jeder erdenklichen Größe ineinander übergehen und nicht mehr einzeln sichtbar sind. Dieses ist gewöhnlich der Fall, wenn genomische DNA mit einem Restriktionsenzym geschnitten wird.

Ist die Sequenz der Ausgangs-DNA bekannt, dann können die Sequenzen und daher auch die Größen der durch Behandlung mit einem bestimmten Restriktionsenzym entstehenden Fragmente vorhergesagt werden. Die Bande des gewünschten Fragments (zum Beispiel eines, das ein Gen enthält) kann dann identifiziert, aus dem Gel geschnitten und die DNA daraus eluiert werden. Selbst wenn seine Größe unbekannt ist, kann man ein Fragment, das ein Gen oder ein anderes interessantes DNA-Segment enthält, durch die Methode der

# Methoden 2.2    Agarosegelelektrophorese

*Die Auftrennung von DNA-Molekülen mit unterschiedlichen Längen*

Gelelektrophorese ist die Standardmethode, um DNA-Moleküle unterschiedlicher Länge zu trennen. Sie wird häufig für die Größenanalyse von DNA-Fragmentens angewendet und dient ebenfalls der Auftrennung von RNA-Molekülen (Methoden 5.1).

Elektrophorese ist die Bewegung geladener Moleküle im elektrischen Feld: Negativ geladene Moleküle wandern in Richtung der positiven Elektrode und positiv geladene Moleküle in Richtung der negativen Elektrode. Ursprünglich wurde das Verfahren für wässrige Lösungen angewendet, in denen hauptsächlich die Form des Moleküls und seine elektrische Ladung die Wandergeschwindigkeit bestimmen. Für die Trennung von DNA ist das jedoch nicht besonders hilfreich, weil die meisten DNA-Moleküle dieselbe (lineare) Form besitzen. Außerdem reichen die Ladungsunterschiede zwischen den DNA-Molekülen für eine effektive Trennung nicht aus, obwohl die Ladung der Moleküle von ihrer Länge abhängt. Die Gegebenheiten ändern sich jedoch, wenn die Trennung in einem Gel durchgeführt wird. Hier sind Form und Ladung weniger wichtig, sondern das entscheidende Kriterium ist die Länge des Moleküls. Der Grund ist, dass das Gel ein Netzwerk aus Poren bildet, durch welche die DNA-Moleküle auf dem Weg zur positiven Elektrode wandern müssen. Kürzere Moleküle werden dabei durch die Poren weniger behindert als längere und bewegen sich daher schneller durch das Gel. Moleküle gleicher Länge bilden im Gel Banden.

In der Molekularbiologie werden zwei Arten von Gelen verwendet: **Agarosegele**, die an dieser Stelle beschrieben werden, und **Polyacrylamidgele**, die unter Methoden 4.1 behandelt werden. Agarose ist ein Polysaccharid, mit dem sich, abhängig von der Agarosekonzentration, Gele mit einer Porengröße zwischen 100 und 300 nm Durchmesser herstellen lassen. Die Gelkonzentration bestimmt somit das Spektrum von DNA-Fragmenten, das

aufgetrennt werden kann. Dieser Trennbereich wird außerdem durch den Elektroendosmosewert (EEO) der Agarose beeinflusst. Der Wert ist ein Maß für die Menge von gebundenen Sulfat- und Pyruvatanionen. Je höher der EEO, umso geringer ist die Wandergeschwindigkeit negativ geladener Moleküle wie DNA.

Ein Agarosegel wird hergestellt, indem die entsprechende Menge Agarosepulver in einer Pufferlösung suspendiert, erhitzt und dadurch gelöst wird. Dann wird die Lösung in eine rundherum abgedichtete Form aus Acrylglas gefüllt. Anschließend wird ein Kamm in das Gel geschoben, um Probentaschen zu formen. Das Gel kühlt ab und erstarrt. Anschließend wird das Gel in Puffer gelegt und die Gelelektrophorese durchgeführt. Um den Fortgang der Elektrophorese verfolgen zu können, werden vor dem Beladen des Gels ein oder zwei Farbstoffe zu den DNA-Proben gegeben. Die DNA-Banden selbst werden sichtbar gemacht, indem das Gel nach der Elektrophorese in eine Ethidiumbromidlösung getaucht wird. Diese Verbindung interkaliert zwischen die DNA-Basenpaare und fluoresziert nach Anregung mit UV-Licht (Abb. M2.2.1). Abhängig von der Agarosekonzentration im Gel bilden Fragmente zwischen 100 Basenpaaren (bp) und 50 kb Länge nach der Gelektrophorese scharfe Banden im Gel (Abb. M2.2.2). So wird zum Beispiel ein 0,3 %-Gel zur Auftrennung von Molekülen zwischen 5 und 50 kb verwendet, ein 5 %-Gel dagegen für Moleküle mit einer Länge von 100 bis 500 bp. Fragmente mit einer Länge von weniger als 150 bp werden in 4 %- oder 5 %-Agarosegelen getrennt. Diese machen es möglich, zwischen Banden zu differenzieren, deren Moleküle sich nur durch ein einziges Nucleotid in der Größe unterscheiden. Jedoch ist es bei größeren Fragmenten nicht immer möglich, Moleküle ähnlicher Größe zu trennen, auch nicht in Gelen mit geringerer Agarosekonzentration.

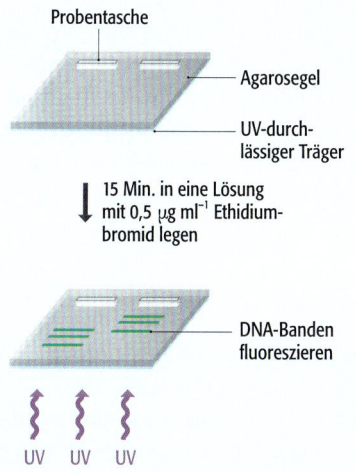

M2.2.1    DNA-Banden in einem Agarosegel werden durch Ethidiumbromidfärbung sichtbar.

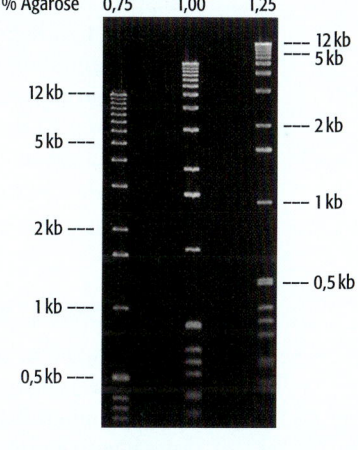

M2.2.2    Das Spektrum der Fragmentgrößen, die aufgelöst werden können, hängt von der Agarosekonzentration im Gel ab. Die Elektrophorese wurde mit drei verschiedenen Agarosekonzentrationen durchgeführt. Die Beschriftung gibt die Größen der Banden in der linken bzw. rechten Spur an. Mit freundlicher Genehmigung von BioWhittaker molecular Applications.

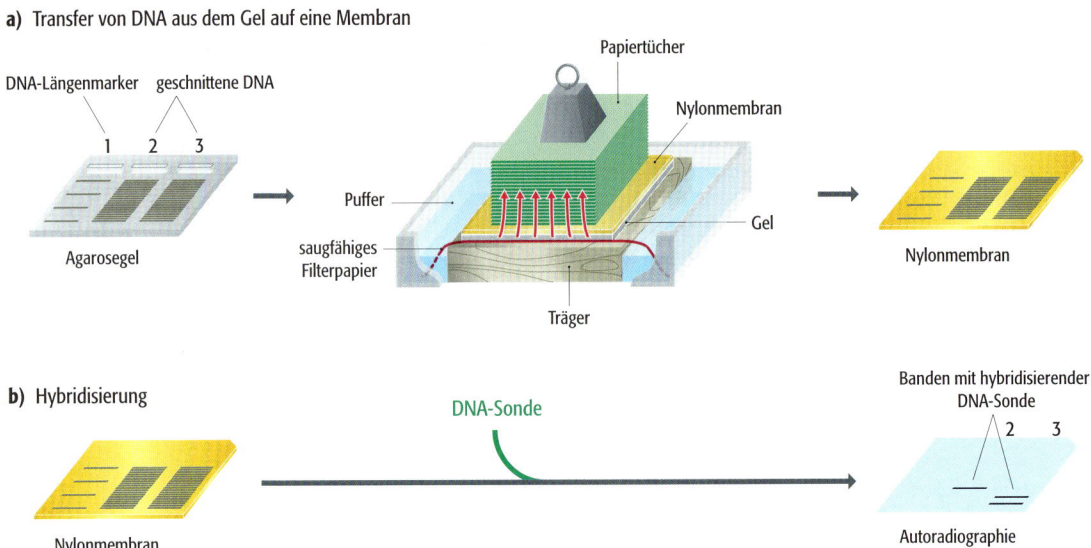

**a)** Transfer von DNA aus dem Gel auf eine Membran

DNA-Längenmarker  geschnittene DNA

1  2  3

Agarosegel

Puffer

saugfähiges
Filterpapier

Träger

Papiertücher

Nylonmembran

Gel

Nylonmembran

**b)** Hybridisierung

Nylonmembran

DNA-Sonde

Banden mit hybridisierender
DNA-Sonde

2  3

Autoradiographie

**2.11  Southern-Hybridisierung.** a) Transfer der DNA vom Gel auf die Membran. b) Die Membran wird mit einem radioaktiv markierten DNA-Molekül hybridisiert. Auf der entstehenden Autoradiographie ist in Spur 2 eine Bande mit hybridisierender DNA-Sonde zu sehen, in Spur 3 sind es zwei Banden.

**Southern-Hybridisierung** identifizieren. Voraussetzung ist jedoch, dass ein gewisser Bereich der Sequenz bekannt ist oder vorhergesagt werden kann. Der erste Schritt ist die Übertragung der Restriktionsfragmente aus dem Agarosegel auf eine Nitrocellulose- oder Nylonmembran. Dazu wird eine Membran auf das Gel gelegt und Puffer durch das Gel gesogen. Die DNA-Fragmente werden im Pufferstrom auf die Membran übertragen, an die sie binden (Abb. 2.11a). Dieser Prozess führt dazu, dass die DNA-Banden in derselben relativen Position zueinander auf der Oberfläche der Membran fixiert werden.

Der nächste Schritt ist die Herstellung der **Hybridisierungssonde**, die aus einem markierten DNA-Molekül besteht, dessen Sequenz komplementär zur Ziel-DNA ist, die nachgewiesen werden soll. Die Sonde kann zum Beispiel ein synthetisches Oligonucleotid sein, dessen Sequenz zu einem Teil des gesuchten Gens passt. Da Sonde und Ziel-DNA komplementär sind, können sie Basenpaare ausbilden, oder **hybridisieren**. Die Position der hybridisierten Sonde auf der Membran wird mithilfe des Signals ermittelt, das von dem in die Sonde eingebauten Marker abgegeben wird. Für die Hybridisierung wird die Membran mit der markierten Sonde und etwas Puffer in eine Glasflasche gegeben, die anschließend für mehrere Stunden leicht rotiert, damit die Sonde ausreichend Gelegenheit hat, an die Ziel-DNA zu binden. Die Membran wird nun gewaschen, um überschüssige Sondenmoleküle, die nicht hybridisiert haben, zu entfernen, bevor das Signal bestimmt wird (Methoden 2.1). In dem Beispiel aus Abbildung 2.11b ist die Sonde radioaktiv markiert und das Signal wird durch Autoradiographie ermittelt. Die auf dem Autoradiogramm sichtbare Bande entspricht dem Restriktionsfragment, mit dem die Sonde hybridisiert hat und das daher das gesuchte Gen enthält.

### 2.1.3 DNA-Ligasen

DNA-Fragmente, die durch die Behandlung mit einem Restriktionsenzym entstanden sind, können durch eine DNA-Ligase wieder miteinander oder mit einem neuen Partner verbunden werden. Die Reaktion erfordert Energie. Je nach verwendetem Ligasetyp wird diese Energie durch die Zugabe von ATP oder Nicotinamidadenindinucleotid (NAD) zum Reaktionsansatz geliefert.

Die weithin am häufigsten verwendeten DNA-Ligasen stammen aus *E. coli*-Zellen, die mit dem Bakteriophagen T4 infiziert sind. Dieses Enzym ist an der Replikation der Phagen-DNA beteiligt und wird von dem T4-Genom codiert. Seine natürliche Funktion ist, Phosphodiesterbindungen zwischen nicht verknüpften Nucleotiden eines Polynucleotids in einem doppelsträngigen Molekül herzustellen (Abb. 2.12a). Um zwei Restriktionsfragmente miteinander zu verbinden muss die Ligase zwei Phosphodiesterbindungen synthetisieren, eine in jedem Strang (Abb. 2.12b). Dieses überschreitet keineswegs die Kapazitäten des Enzyms, doch kann die Reaktion nur stattfinden, wenn die Enden, die verbunden werden sollen, zufällig ausreichend nahe beieinander liegen – die Ligase vermag nicht, sie zu ergreifen und zueinander zu führen. Haben die beiden Moleküle komplementäre kohäsive Enden und die Enden nähern sich einander durch zufällige Diffusion im Ligationsansatz, kann sich zwischen den beiden Überhängen eine vorübergehende Basenpaarung ausbilden. Diese Basenpaarung ist nicht besonders stabil, sie kann aber ausreichend lange bestehen, damit die Ligase an die Kontaktstelle binden und die Phosphodiesterbindungen herstellen kann, um die beiden Enden miteinander zu verbinden (Abb. 2.12c). Haben die Moleküle glatte Enden, dann ist eine Basenpaarung miteinander nicht einmal zeitweise möglich und die Ligation ist viel weniger effizient, selbst wenn die DNA-Konzentration hoch ist und die Enden deshalb relativ nahe beieinander liegen.

Die größere Effizienz der Ligation von kohäsiven Enden hat die Entwicklung von Methoden vorangetrieben, die glatte Enden in kohäsive Enden überführen. Bei einem Verfahren werden kurze doppelsträngige Moleküle, die als **Linker** oder **Adapter** bezeichnet werden, an die glatten Enden gehängt. Linker und Adapter arbeiten auf eine etwas unterschiedliche Weise, doch tragen beide eine Erkennungssequenz für eine Restriktionsendonuclease und liefern nach der Behandlung mit dem entsprechenden Enzym ein kohäsives Ende (Abb. 2.13). Eine andere Möglichkeit, ein kohäsives Ende zu schaffen, ist das **Homopolymer-Tailing**, bei dem Nucleotide nacheinander an das 3′-Ende eines glatten Endes gehängt werden (Abb. 2.14). Das an dieser Reaktion beteiligte Enzym ist die Terminale Desoxynucleotidyltransferase, der wir im nächsten Abschnitt begegnen werden. Enthält der Reaktionsansatz DNA, Enzym und nur eines der vier Nucleotide, dann entsteht ein neues Stück einzelsträngiger DNA, das nur aus genau der einen Art von Nucleotiden besteht. Es kann sich zum Beispiel um einen Poly(dG)-Schwanz handeln, der es dem Molekül ermöglichen würde, mit einem anderen Molekül mit einem Poly(dC)-Schwanz Basenpaarungen auszubilden. Dieser Poly(dC)-Schwanz könnte in genau der gleichen Art und Weise hergestellt worden sein, jedoch mit dCTP statt mit dGTP im Reaktionsansatz.

## 2.1.4 Enzyme zur Modifikation der Enden

Die Terminale Desoxynucleotidyltransferase (Abb. 2.14), die aus Kalbsthymusgewebe gewonnen wird, ist nur ein Beispiel für ein Enzym, das die Enden von DNA-Molekülen verändert. Tatsächlich handelt es sich um eine matrizen*un*abhängige DNA-Polymerase, die an einem bereits bestehen DNA- oder RNA-Strang ein neues DNA-Polynucleotid ohne Basenpaarung zu synthetisieren vermag. Ihre Hauptfunktion im Rahmen der DNA-Rekombinationstechnik besteht, wie oben beschrieben, im Homopolymer-Tailing.

**a)** die Funktion der DNA-Ligase *in vivo*

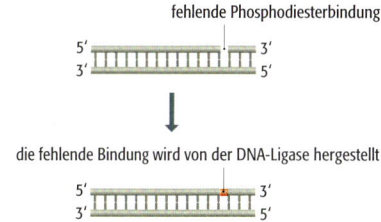

**b)** Ligation *in vitro*

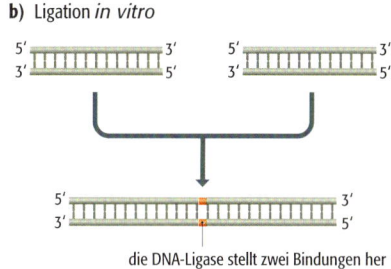

**c)** die Ligation kohäsiver Enden ist effektiver

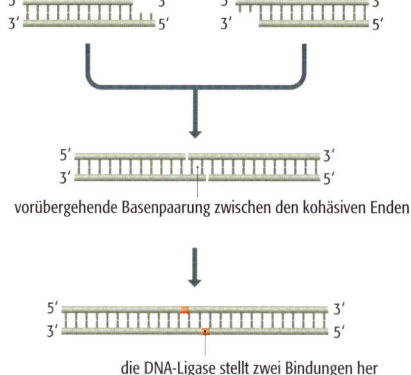

**2.12 Ligation von DNA-Molekülen mit DNA-Ligase.** a) In lebenden Zellen knüpft die DNA-Ligase eine Phosphodiesterbindung, die in einem Strang eines doppelsträngigen DNA-Moleküls fehlt. b) Um zwei Moleküle *in vitro* miteinander zu verbinden, muss die DNA-Ligase zwei Phosphodiesterbindungen herstellen, eine in jedem Strang. c) *In vitro* ist die Ligation effizienter, wenn die Moleküle kompatible kohäsive Enden tragen, weil eine vorübergehende Basenpaarung zwischen diesen Enden die Moleküle zusammenhält und es so für die DNA-Ligase besser möglich ist, zu binden und die neuen Phosphodiesterbindungen zu knüpfen. Zur Rolle der DNA-Ligase während der DNA-Replikation *in vivo* siehe Abbildung 15.18.

**2.13** Linker werden verwendet, um ein Molekül mit ursprünglich glatten Enden mit kohäsiven Enden zu versehen. In diesem Beispiel enthält jeder Linker die Erkennungssequenz der Restriktionsendonuclease *Bam*HI. Die DNA-Ligase hängt die Linker in einer relativ effizienten Reaktion an die glatten Enden des Moleküls, da die Linker in hoher Konzentration vorhanden sind. Anschließend wird das Restriktionsenzym zugegeben, um die Linker zu schneiden und die kohäsiven Enden herzustellen. Beachten Sie, dass die Linker während der Ligation aneinandergehängt werden, sodass an jedem Ende des Moleküls eine Linkerserie (ein Concatemer) entsteht. Wird das Restriktionsenzym zugegeben, werden diese Linkerconcatemere in Segmente geschnitten, wobei die Hälfte der jeweils am weitesten innen liegenden Linker an die DNA gebunden bleibt. Adapter sind den Linkern ähnlich, doch besitzt jeder von ihnen ein glattes und ein kohäsives Ende. Die DNA mit den glatten Enden erhält dadurch kohäsive Enden, indem sie einfach mit den Adaptern ligiert wird: Eine Restriktionsspaltung ist hier nicht notwendig.

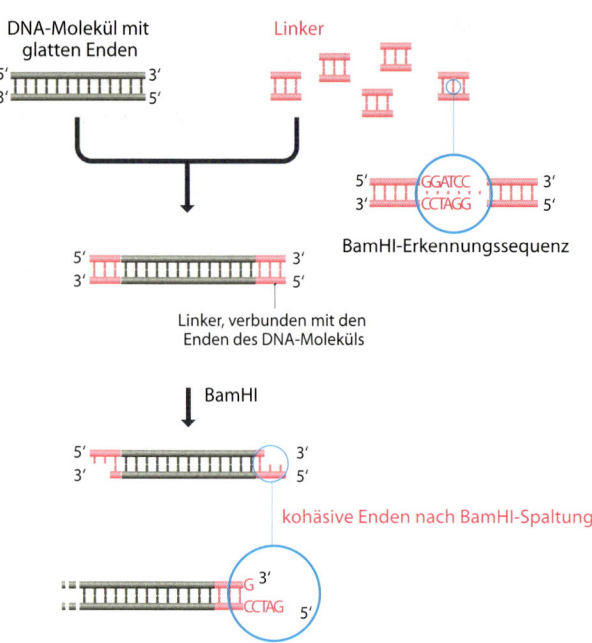

**2.14** **Homopolymer-Tailing.** In diesem Beispiel wird an jedes der glatten Enden des DNA-Moleküls ein Poly(dG)-Schwanz synthetisiert. Schwänze mit anderen Nucleotiden werden hergestellt, indem das entsprechende Nucleotid zum Reaktionsansatz gegeben wird.

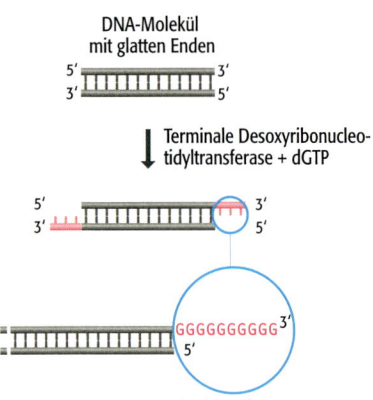

Zwei andere Enzyme, die die Enden modifizieren, werden ebenfalls häufig verwendet. Es sind die **Alkalische Phosphatase** und die **T4-Polynucleotid-Kinase**, die sich gegenseitig ergänzen. Die Alkalische Phosphatase, die aus verschiedenen Quellen wie etwa *E. coli* und Kalbsthymusgewebe gewonnen wird, entfernt Phosphatgruppen vom 5′-Ende der DNA-Moleküle und verhindert so, dass diese Moleküle miteinander ligiert werden können. Zwei Enden mit 5′-Phosphaten können miteinander verknüpft werden, ebenso ist dies mit einem phosphattragenden Ende und einem Ende ohne Phosphat möglich, doch kann eine Ligation nicht stattfinden, wenn keines der beiden Enden ein Phosphat besitzt. Der gezielte Einsatz einer Alkalischen Phosphatase kann daher die Wirkung einer DNA-Ligase lenken, sodass die gewünschten Ligaseprodukte entstehen. T4-Polynucleotid-Kinasen, die aus mit T4-Bakteriophagen infizierten *E. coli* gewonnen werden, vermitteln eine zur Alkalischen Phosphatase umgekehrte Reaktion. Phosphate werden an die 5′-Enden geknüpft. Wie die Alkalische Phosphatase wird das Enzym bei komplizierten Ligationsversuchen verwendet, doch liegt seine Hauptanwendung in der Endmarkierung von DNA-Molekülen (Methoden 2.1).

## 2.2 Das Klonieren von DNA

Das Klonieren von DNA ist die logische Erweiterung der Fähigkeiten, DNA-Moleküle mit Restriktionsendonucleasen und Ligase zu manipulieren. Stellen Sie sich vor, dass man aus der Spaltung eines größeren Moleküls mit dem Restriktionsenzym *Bam*HI, das zu kohäsiven Enden mit der Sequenz 5′-GATC-3′ führt, ein Tier-Gen als einzelnes Restriktionsfragment erhält (Abb. 2.15). Stellen Sie sich weiterhin vor, dass man über ein aus *E. coli* isoliertes **Plasmid** – ein kleines ringförmiges DNA-Molekül, das in *E. coli* vermehrt werden kann – verfügt, das mit *Bam*HI, welches das Plasmid nur an einer einzigen Stelle schneidet, behandelt wurde. Das ringförmige Plasmid wurde dadurch in ein lineares Molekül mit kohäsiven 5′-GATC-3′-Enden überführt. Vermischen Sie nun die beiden DNA-Moleküle und geben Sie DNA-Ligase hinzu. Es entstehen verschiedene Ligationsprodukte. Eines davon enthält das ringförmige Plasmid mit dem an der Position der ursprünglichen *Bam*HI-Schnittstelle eingebauten Tier-Gen. Wird das rekombinante Plasmid nun wieder in *E. coli* eingebracht und vorausgesetzt, das eingebaute Gen hat nicht Fähigkeit des Plasmids zur Replikation zerstört, dann wird das Plasmid mit dem eingebauten Gen repliziert und Kopien davon werden bei der Zellteilung an die Tochterzellen weitergegeben. Nach mehreren Runden der Plasmidreplikation und Zellteilung entsteht eine Kolonie aus rekombinanten *E. coli*-Bakterien, jedes Bakterium mit vielfachen Kopien des Tier-Gens. Dieser Ablauf verschiedener Vorgänge stellt, wie in Abbildung 2.15 gezeigt, einen Prozess dar, der als DNA- oder Gen-Klonierung bezeichnet wird.

Als das DNA-Klonieren in den frühen 1970er-Jahren entwickelt wurde, revolutionierte es die Molekularbiologie, da nun Experimente möglich wurden, die zuvor unvorstellbar waren. Der Grund liegt darin, dass das Klonieren eine reine Probe eines einzelnen Gens liefert, getrennt von allen anderen Genen einer Zelle. Betrachten Sie das Verfahren, wie es in einer leicht abgewandelten Form in Abbildung 2.16 dargestellt ist. In diesem Beispiel ist das zu klonierende DNA-Fragment nur eines aus einem Gemisch von vielen verschiedenen DNA-Fragmenten, jedes mit einem anderen Gen oder Bruchteil eines Gens. Dieses Gemisch könnte in der Realität ein vollständiges Genom sein. Jedes der Fragmente wird in ein anderes Plasmidmolekül eingebaut. So entsteht eine Familie rekombinanter Plasmide, von denen jedes einzelne das gesuchte Gen trägt. In der Regel wird nur ein einziges rekombinantes Molekül in eine Wirtszelle übertragen, sodass, obwohl die entstehenden Klone viele verschiedene rekombinante Moleküle tragen können, jeder einzelne Klon unzählige Kopien nur eines einzigen Moleküls besitzt. Das Gen wird nun von allen anderen Genen des ursprünglichen Gemisches getrennt. Die Isolierung der rekombinanten Moleküle aus der Bakterienkolonie oder aus einer Flüssigkultur dieser Bakterien ergibt Mikrogrammmengen von DNA, ausreichend für die Analyse durch Sequenzierung oder eines der anderen Verfahren, die für die Untersuchung klonierter Gene erfunden wurden und von denen uns viele in den späteren Kapiteln begegnen werden.

## 2.2.1 Klonierungsvektoren und wie sie verwendet werden

Bei den Experimenten, die in den Abbildungen 2.15 und 2.16 dargestellt sind, fungiert das Plasmid als Klonierungsvektor. Es stellt die Replikationsfähigkeit zur Verfügung, durch die das klonierte Gen in der Wirtszelle vermehrt wird. Plasmide werden in bakteriellen Wirtszellen effizient repliziert, weil jedes Plasmid einen **Replikationsursprung** (*origin of replication*, ori) besitzt, der von der DNA-Polymerase und anderen Proteinen, die normalerweise an der Replikation des Bakterienchromosoms beteiligt sind, erkannt wird (Abschnitt 15.2.1). Die Replikationsmaschinerie der Wirtszelle vermehrt daher das Plasmid, inklusive der fremden Gene, die darin eingebaut wurden. Die Genome von Bakteriophagen können ebenfalls als Klonierungsvektoren verwendet werden, da auch sie einen Replikationsursprung besitzen, der eine Vermehrung in Bakterien zulässt. Diese Vermehrung wird entweder durch wirtseigene Enzyme oder durch die von dem Phagengenom codierten DNA-Polymerasen und andere Enzyme bewerkstelligt. Die nächsten beiden Abschnitte beschreiben, wie man Plasmid- und Phagenvektoren einsetzt, um DNA in *E. coli* zu klonieren.

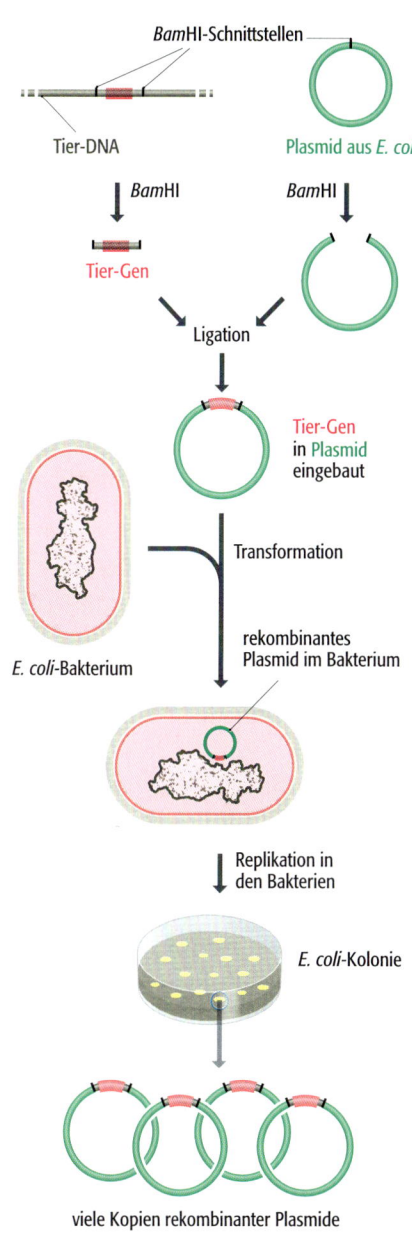

2.15   Ein Überblick über das Klonieren von Genen.

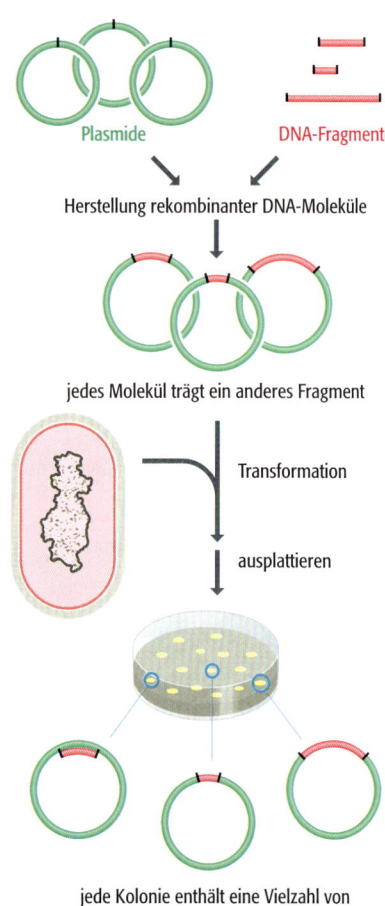

**2.16**    Klonierung kann eine reine Probe eines Gens liefern.

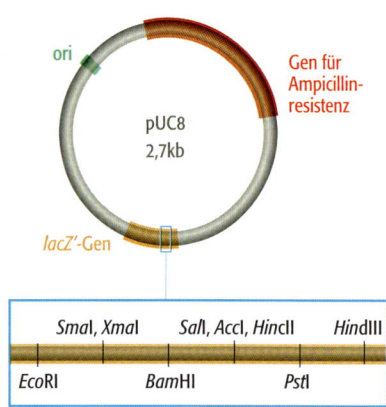

**2.17    pUC8.** Die Karte zeigt die Position des Gens für Ampicillinresistenz, des *lacZ'*-Gens, des Replikationsursprungs (*origin of replication*, ori) und einer Gruppe von Restriktionsschnittstellen innerhalb des *lacZ'*-Gens.

Plasmide sind in Eukaryoten selten, wobei *Sacharomyces cerevisiae* sogar eines besitzt, das gelegentlich für eine Klonierung verwendet wird. Die meisten Vektoren für die Anwendung in eukaryotischen Zellen beruhen daher auf Virengenomen. Alternativ umgeht man die Anforderungen an eine Replikation bei einem eukaryotischen Wirt dadurch, indem man in dem Experiment die zu klonierende DNA in eines der Wirtschromosomen einbaut. Diese Ansätze zur Klonierung in eukaryotischen Zellen werden später in dem Kapitel beschrieben.

### Vektoren, die auf E. coli-*Plasmide zurückgehen*

Wie ein Klonierungsvektor verwendet wird, ist am besten zu verstehen, wenn wir mit den einfachsten *E. coli*-Plasmidvektoren beginnen, welche die gesamten Grundprinzipien des DNA-Klonierens aufzeigen. Danach beschäftigen wir uns mit speziellen Eigenschaften von Phagenvektoren und Vektoren, die man in Eukaryoten einsetzt.

Einer der bekanntesten Plasmidvektoren ist pUC8, ein Mitglied einer Reihe von Vektoren, die zuerst in den 1980er-Jahren eingeführt wurden. Die pUC-Serie stammt von einem früheren Klonierungsvektor ab, pBR322, der ursprünglich durch die Ligation von Restriktionsfragmenten aus drei natürlich vorkommenden *E. coli*-Plasmiden konstruiert wurde: R1, R6.5 und pMB1. pUC8 ist ein kleines Plasmid, das aus nur 2,7 Kilobasen (kb) besteht. Neben dem Replikationsursprung enthält pUC8 zwei Gene (Abb. 2.17):

- Ein Gen für die Ampicillinresistenz. Die Anwesenheit dieses Gens bedeutet, dass ein Bakterium, welches ein pUC8-Plasmid enthält, ein Enzym zu synthetisieren vermag, das als *β*-Lactamase bezeichnet wird und wodurch die Zelle die wachstumshemmende Wirkung des Antibiotikums überleben kann. Zellen mit pUC8 kann man von denjenigen ohne Plasmid unterscheiden. indem man die Bakterien auf ampicillinhaltigem Agar ausplattiert. Normale *E. coli*-Zellen sind für Ampicillin sensitiv und können in Gegenwart des Antibiotikums nicht wachsen. Ampicillinresistenz ist daher ein **Selektionsmarker** für pUC8.

- Das *lacZ'*-Gen, das einen Teil des Enzyms *β*-Galactosidase codiert. *β*-Galactosidase gehört zu einer Reihe von Enzymen, die am Abbau von Lactose zu Glucose und Galactose beteiligt sind. Das Enzym wird normalerweise durch das *lacZ*-Gen codiert, welches im *E. coli*-Genom enthalten ist. Einige *E. coli*-Stämme tragen ein verändertes *lacZ*-Gen – ein Gen, dem das als *lacZ'* bezeichnete Segment fehlt und das den *α*-Peptidanteil der *β*-Galactosidase codiert. Diese Mutanten können das Enzym nur dann synthetisieren, wenn sie ein Plasmid wie pUC8 besitzen, welches das fehlende *lacZ'*-Segment des Gens trägt.

Um ein Klonierungsexperiment mit pUC8 durchzuführen, werden die in Abbildung 2.15 dargestellten Schritte zur Konstruktion eines rekombinanten Plasmids mit gereinigter DNA in einem Probenröhrchen durchgeführt. Reine pUC8-DNA kann leicht aus bakteriellen Zellen extrahiert werden (Methoden 2.3). Nach den Manipulationen werden die Plasmide über ein Verfahren, das als **Transformation** bezeichnet wird und bei dem Bakterienzellen „nackte" DNA aufnehmen, wieder in *E. coli* eingeschleust. Es handelt sich um das von Avery und seinen Kollegen untersuchte System, mit dem die Forscher zeigen konnten, dass bakterielle Gene aus DNA bestehen (Abschnitt 1.1.1). Eine Transformation verläuft bei vielen Bakterien, beispielsweise *E. coli*, nicht besonders effizient. Die Aufnahmerate kann jedoch erheblich gesteigert werden, indem man die Zellen in Calciumchlorid suspendiert, bevor man die DNA zugibt und den

## Methoden 2.3    DNA-Isolierung

*Methoden für die Präparation reiner DNA-Proben aus lebenden Zellen spielen in der molekularbiologischen Forschung eine zentrale Rolle*

Der erste Schritt bei der Isolierung und Reinigung von DNA besteht darin, die Zellen, aus denen die DNA gewonnen werden soll, aufzuschließen. Bei einigen Zellarten ist dies relativ leicht: Kultivierte tierische Zellen werden zum Beispiel einfach durch die Zugabe eines Detergens wie Natriumdodecylsulfat (*sodium dodecyl sulfate*, SDS), das die Zellmembranen zerstört und so den Inhalt freisetzt, aufgeschlossen. Andere Zellarten haben jedoch stabilere Zellwände und verlangen deshalb eine grobere Behandlung. Pflanzenzellen werden im Allgemeinen tiefgefroren und dann mit einem Mörser und einem Pistill gemahlen; die einzige Möglichkeit, die Cellulosewände aufzubrechen. Bakterien wie *Escherichia coli* können durch eine kombinierte enzymatische und chemische Behandlung lysiert werden. Als Enzym verwendet man hier Lysozym, das aus Eiklar gewonnen wird und die polymeren Bestandteile der bakteriellen Zellwand aufbricht. Die chemische Komponente ist Ethylendiamintetraessigsäure (EDTA), das mit Magnesiumionen stabile Chelatkomplexe bildet und so die Integrität der Zellwand weiter verringert. Die Zellmembran wird durch Zugabe eines Detergens zerstört und die Zelle auf diese Weise zum Platzen gebracht.

Sind die Zellen aufgeschlossen, kann die DNA über zwei unterschiedliche Ansätze aus dem Extrakt isoliert und gereinigt werden. Bei dem ersten Verfahren werden alle zellulären Bestandteile, die nicht aus DNA bestehen, abgebaut oder entfernt; eine Methode, die am besten funktioniert, wenn die Zellen nur wenig Lipide oder Kohlenhydrate enthalten. Der Extrakt wird zunächst bei geringer Geschwindigkeit zentrifugiert, um Zelldebris wie Bruckstücke der Zellwand als Pellet am Boden des Gefäßes zu sammeln (Abb. M2.3.1). Der Überstand wird in ein anderes Probengefäß überführt und mit Phenol gemischt. Durch das Phenol sammelt sich das Protein an der Interphase zwischen der organischen und der wässrigen Phase an. Die wässrige Phase mit den gelösten Nucleinsäuren wird abgezogen und eine Ribonuclease zugegeben, welche die RNA in einzelne Nucleotide und Oligonucleotide spaltet. Die DNA-Polynucleotide bleiben intakt und können nun durch die Zugabe von Ethanol gefällt, durch Zentrifugation pelletiert und anschließend in einem geeigneten Puffervolumen gelöst (resuspendiert) werden.

Im zweiten Verfahren einer DNA-Reinigung wird die DNA selber selektiv aus dem Ansatz entfernt, statt alle anderen Bestandteile, die nicht aus DNA bestehen, zu eliminieren. Eine Möglichkeit ist die **Ionenaustauschchromatographie**, die Moleküle danach trennt, wie stark sie an elektrisch geladene Partikel des **Kunstharzes** binden, das für die Chromatographie verwendet wird. DNA und RNA sind, wie auch einige Proteine, negativ geladen und binden deshalb an positiv geladenes Harz. Die einfachste Art, eine Ionenaustauschchromatographie durchzuführen, besteht darin, das Harz in eine Säule zu füllen und den Zellextrakt oben aufzutragen (Abb. M2.3.2). Der Extrakt läuft anschließend durch die Säule und die negativ geladenen Moleküle binden an das Säulenmatrial. Die Bindung erfolgt über ionische Wechselwirkungen und kann durch die Zugabe einer Salzlösung gestört werden. Dabei werden die weniger stabil gebundenen Moleküle bereits bei niedrigen Salzkonzentrationen vom Säulenmaterial gelöst. Wird eine Lösung mit einer allmählich steigenden Salzkonzentration über die Säule gegeben, werden die verschiedenen, an die Säule gebundenen Molekülarten nacheinander von der Säule **eluiert**, und zwar gemäß ihren Bindungsstärken in der Reihenfolge: Protein, RNA und DNA. Tatsächlich ist eine solch sorgfältige Reinigung häufig nicht notwendig, sodass nur zwei Salzkonzentrationen ausreichen, eine mit 1,0 M NaCl mit pH 7,0 zur Elution der Proteine und der RNA, wobei die DNA an die Säule gebunden bleibt, gefolgt von der zweiten Lösung aus 1,25 M NaCl bei pH 8,5, mit der die DNA frei von Protein- und RNA-Kontaminationen eluiert wird.

Mit den beiden oben beschriebenen Ansätzen wird die gesamte DNA einer Zelle isoliert und gereinigt. Um nur Plasmid-DNA (zum Beispiel rekombinante Klonierungsvektoren) aus Bakterienzellen zu gewinnen, sind spezielle Verfahren notwendig. Eine sehr bekannte Methode macht davon Gebrauch, dass zwar Plasmide und auch Bakterienchromosomen aus superhelikaler DNA (*supercoiled DNA*) bestehen, diese Verdrillung der Bakterien-

**M2.3.1    Die Reinigung von DNA aus einem Zellextrakt durch Abbauen oder Entfernen aller anderen Bestandteile.**

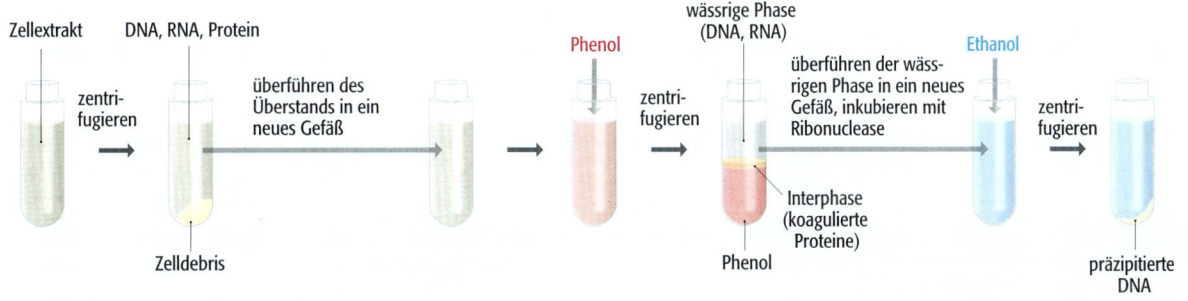

chromosomen aber zu einem bestimmten Teil durch die Lyse zerstört wird. Ein Zellextrakt besteht daher aus verdrillter Plasmid-DNA und chromosomaler *nichtverdrillter* DNA, sodass die Plasmide mittels einer Methode isoliert werden können, die zwischen DNA-Molekülen mit diesen beiden verschiedenen Konformationen unterscheidet. Ein solches Verfahren ist die Zugabe von Natriumhydroxid, bis der pH-Wert des Zellextrakts 12,0–12,5 erreicht, bei dem die Basenpaare nichtverdrillter DNA brechen. Die dadurch entstehenden einzelnen Stränge winden sich zu einem unlöslichen Netzwerk, das durch Zentrifugation entfernt werden kann, wobei die verdrillten Plasmide im Überstand bleiben.

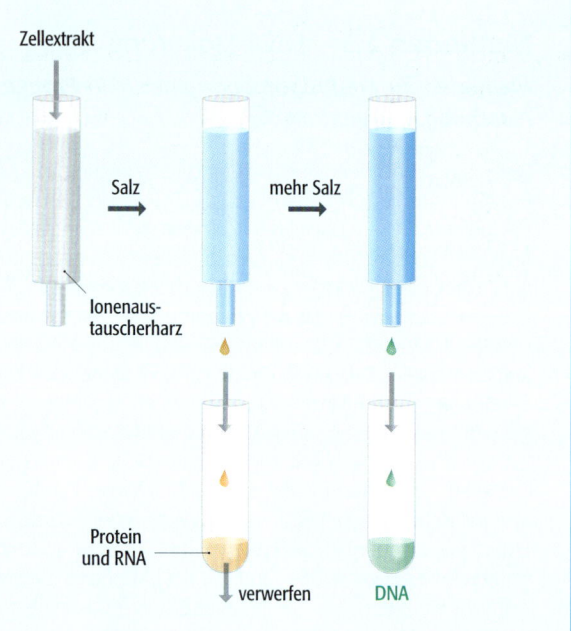

**M2.3.2    Die Reinigung von DNA durch Ionenaustausch-chromatographie.**

Ansatz bei 42 °C inkubiert. Doch auch nach dieser Verbesserung nimmt nur ein kleiner Teil der Zellen ein Plasmid auf. Aus diesem Grund ist der Marker für Ampicillinresistenz besonders wichtig – er erlaubt es, die kleine Zahl von Transformanten aus den zahlreichen nicht transformierten Zellen zu selektieren.

Die in Abbildung 2.17 dargestellte Karte von pUC8 zeigt, dass das *lacZ'*-Gen eine Reihe von Restriktionsschnittstellen enthält, die in dem Plasmid nur ein einziges Mal vorkommen. Die Ligation fremder DNA in eine dieser Stellen führt zu einer Insertionsinaktivierung des Gens und daher zum Verlust der β-Galactosidaseaktivität. Dies ist der Schlüssel zur Identifizierung eines rekombinanten Plasmids – also eines Plasmids, das ein eingebautes Stück DNA enthält – von einem nichtrekombinanten Plasmid ohne Fremd-DNA. Die Identifizierung von Rekombinanten ist sehr wichtig, da die Schritte, die in den Abbildungen 2.15 und 2.16 dargestellt sind, zu einer Vielzahl von Ligationsprodukten führen. Darunter sind

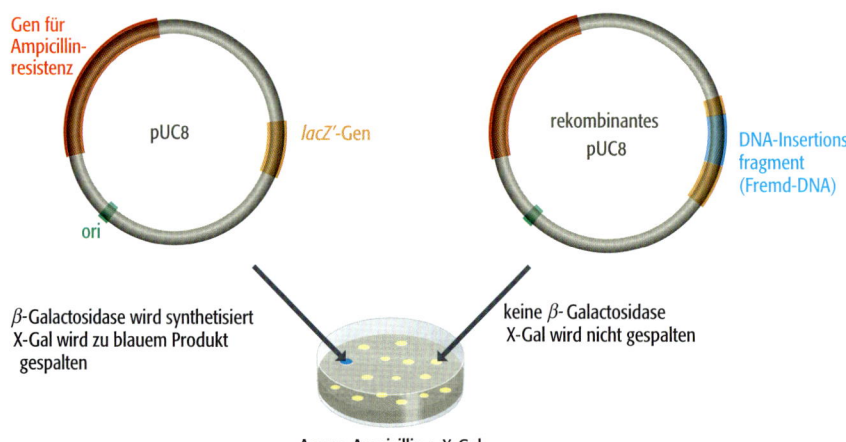

**2.18    Selektion von Rekombinanten mit pUC8.**

auch solche Plasmide, die sich wieder zu einem ringförmigen Molekül geschlossen haben, ohne dass Fremd-DNA eingebaut worden ist. Die Suche nach der An- oder Abwesenheit der β-Galactosidase ist relativ einfach. Statt Lactose nachzuweisen, die in Glucose und Galactose umgesetzt wird, überprüft man die Anwesenheit eines funktionell aktiven β-Galactosidasemoleküls in den Zellen durch einen histochemischen Test. Dabei wird eine Verbindung verwendet, die man als X-Gal (5-Brom-4-chlor-3-indolyl-β-*D*-galactopyranosid) bezeichnet und die von dem Enzym zu einem blauen Farbstoff umgesetzt wird. Werden dem Agar X-Gal (und ein Induktor des Enzyms wie Isopropylthiogalactosid, IPTG) zusammen mit dem Ampicillin zugesetzt, färben sich nichtrekombinante Kolonien, die das Enzym β-Galactosidase sythetisieren, blau. Dagegen sind die Rekombinanten mit dem unterbrochenen *lacZ'*-Gen, die die β-Galactosidase nicht herzustellen vermögen, weiß (Abb. 2.18). Dieses System wird als **Lac-Selektion** oder auch Blau-Weiß-Selektion bezeichnet.

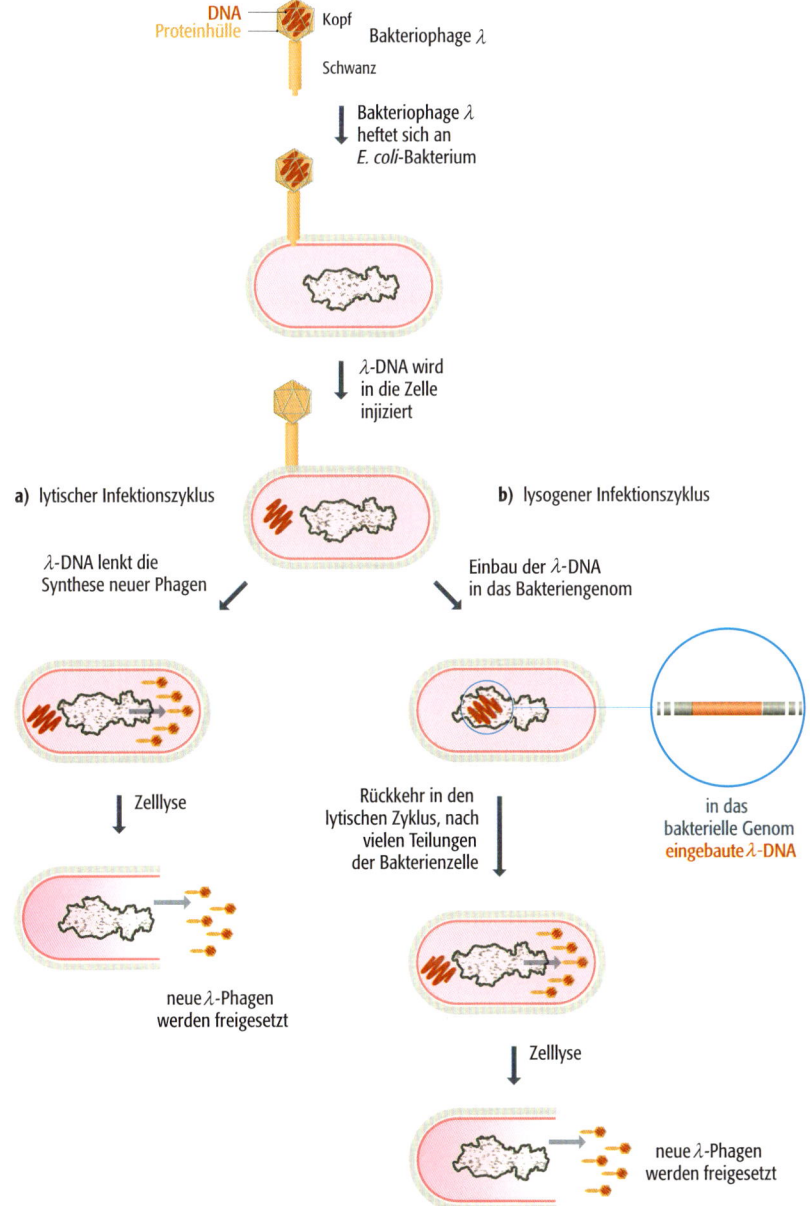

**2.19   Der lytische und der lysogene Infektionszyklus des Bakteriophagen λ.**
a) Beim lytischen Zyklus entstehen neue Phagen kurz nach der Infektion. b) Beim lysogenen Zyklus wird das Phagengenom in die chromosomale Bakterien-DNA eingebaut, wo es über viele Generationen ruhen kann.

### *Klonierungsvektoren, die auf Genome von* E. coli-*Bakteriophagen zurückgehen*

*E. coli*-Bakteriophagen wurden in den ersten Tagen der „Revolution der rekombinanten DNA" zu Klonierungsvektoren entwickelt. Der Hauptgrund, nach einem anderen Vektortyp zu suchen, war das Unvermögen von Plasmiden wie pUC8, DNA-Fragmente aufzunehmen, die größer als ca. 10 kb sind; größere Insertionsfragmente erfahren Umlagerungen oder sie wirken derart auf das Replikationssystem des Plasmids, dass die Wirtszellen die rekombinanten DNA-Moleküle verlieren. Die ersten Versuche einen Vektor zu entwickeln, der größere DNA-Fragmente bewältigen kann, konzentrierten sich auf den Bakteriophagen λ.

Um sich zu replizieren muss ein Bakteriophage in eine bakterielle Wirtszelle eindringen und die bakteriellen Enzyme so beeinflussen, dass sie die in den Phagengenen enthaltene Information exprimiert und das Bakterium neue Phagen synthetisiert. Ist die Vermehrung abgeschlossen, verlassen die neuen Phagen das Bakterium, das dadurch abstirbt, und infizieren neue Wirtszellen (Abb. 2.19a). Dieser Verlauf wird als **lytischer Infektionszyklus** bezeichnet, der in der **Lyse** des Bakteriums endet. Ebenso kann λ (im Gegensatz zu vielen anderen Bakteriophagen) auch den **lysogenen Infektionszyklus** durchlaufen, bei dem das λ-Genom in das bakterielle Genom integriert wird, wo es sich für viele Generationen ruhig verhält und bei jeder Zellteilung zusammen mit dem Wirtschromosom repliziert wird (Abb. 2.19b).

Die Größe des λ-Genoms beträgt 48,5 kb. Davon sind an die 15 kb dahingehend „entbehrlich", dass sie lediglich für die Integration der Phagen-DNA in das *E. coli*-Chromosom notwendig sind (Abb. 2.20a). Diese Segmente können deshalb entfernt werden, ohne dass die Fähigkeit des Phagen, Bakterien über den lytischen Zyklus zu infizieren und direkt neue Phagenpartikel zu synthetisieren, beeinträchtigt wird. Zwei Arten von Vektoren wurden entwickelt (Abb. 2.20b):

- **Insertionsvektoren**, bei denen ein Teil oder die gesamte entbehrliche DNA entfernt und eine nur einmal im Genom vorkommende Restriktionsschnittstelle in das „abgespeckte" Genom eingefügt wurde.

**2.20    Klonierungsvektoren, die sich vom Bakteriophagen λ ableiten.** a) Im λ-Genom sind die Gene in funktionelle Gruppen unterteilt. Zum Beispiel enthält die Region, die mit „Proteinhülle" gekennzeichnet ist, 21 Gene, welche Proteine codieren, die entweder Bestandteile des Phagencapsids oder für dessen Zusammenbau notwendig sind. „Zelllyse" enthält vier Gene, die an der Lyse des Bakteriums am Ende der lytischen Phase des Infektionszyklus beteiligt sind. Die Regionen des Genoms, die entfernt werden können, ohne dass die Fähigkeit des Phagen den lytischen Zyklus zu vollenden beeinträchtigt wird, sind grün eingezeichnet. b) Die Unterschiede zwischen einem λ-Insertions- und einem λ-Austauschvektor.

**a)** das λ-Genom enthält „entbehrliche" DNA

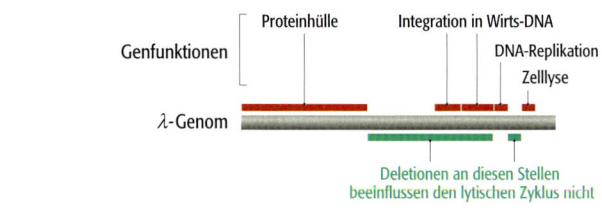

**b)** Insertions- und Austauschvektoren

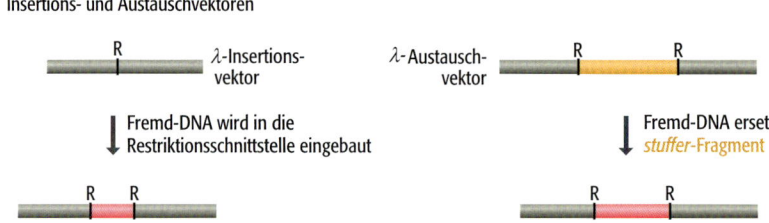

R = Restriktionsschnittstelle

- **Austauschvektoren**, bei denen die entbehrliche DNA in einem *stuffer*-(**Füll**-)**Fragment** enthalten ist, das von einem Paar Restriktionsschnittstellen flankiert und ersetzt wird, wenn die zu klonierende DNA in den Vektor ligiert wird.

Das λ-Genom ist linear, doch tragen die beiden natürlichen Enden des Moleküls einzelsträngige Überhänge aus 12 Nucleotiden, die man als ***cos*-Stellen** bezeichnet; diese sind komplementär und können deshalb miteinander Basenpaarungen eingehen. Aus diesem Grund liegt der λ-Klonierungsvektor als ringförmiges Molekül vor, das im Reaktionsgefäß wie ein Plasmid behandelt wird und durch **Transfektion** (ein Begriff für die Aufnahme nackter Phagen-DNA) in *E. coli* eingeschleust werden kann. Alternativ kann ein effizienteres Aufnahmesystem, das man als ***in vitro*-Verpackung** bezeichnet, angewendet werden. Dieses Verfahren beginnt mit einer linearen Variante des Klonierungsvektors und einer einleitenden Restriktionsspaltung, die das Molekül in zwei Segmente teilt, den rechten und den linken Arm, jeder mit einer *cos*-Stelle an einem Ende. Die Ligation wird mit genau abgemessenen Mengenverhältnissen jedes Arms und der zu klonierenden DNA durchgeführt. Das Ziel ist, Concatemere herzustellen, in denen die verschiedenen Fragmente in der Reihenfolge linker Arm–Fremd-DNA–rechter Arm angeordnet sind, wie Abbildung 2.21 zeigt. Die Concatemere werden anschließend zum *in vitro*-Verpackungsgemisch gegeben, das alle Proteine enthält, die für die Herstellung eines λ-Phagenpartikels erforderlich sind. Diese Proteine bilden spontan die Phagenpartikel und verpacken jedes DNA-Fragment, das zwischen 37 und 52 kb groß ist und von zwei *cos*-Enden flankiert wird, in die Partikel. Das Verpackungsgemisch schneidet also die Kombinationen linker Arm–Fremd-DNA–rechter Arm mit einer Länge von 37–52 kb aus dem Concatemer und stellt die λ-Phagen zusammen. Die Phagen werden anschließend mit *E. coli*-

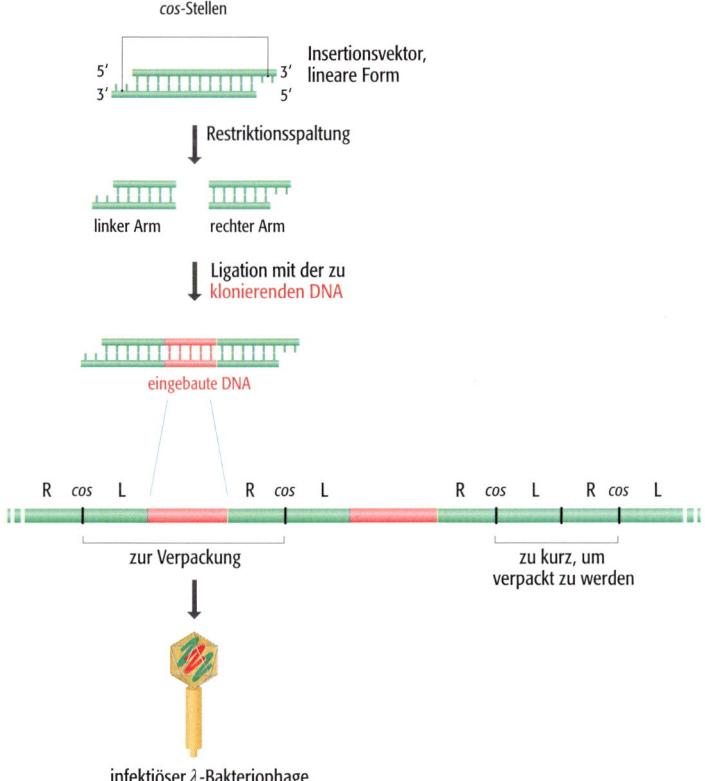

**2.21   Klonieren mit einem λ-Insertionsvektor.** Oben ist die lineare Form des Vektors gezeigt. Die Behandlung mit der entsprechenden Restriktionsendonuclease ergibt den linken und den rechten Arm, beide mit je einem glatten Ende und einem Ende mit dem Überhang der *cos*-Stelle aus 12 Nucleotiden. Die zu klonierende DNA hat glatte Enden und wird in einem Ligationsschritt zwischen die beiden Arme ligiert. Diese Arme verknüpfen sich wiederum über ihre *cos*-Enden miteinander. Auf diese Weise entsteht ein Concatemer. Einige Bereiche des Concatemers enthalten die Folge linker Arm–Fremd-DNA–rechter Arm und werden, vorausgesetzt diese Kombination besitzt eine Länge zwischen 37 und 52 kb, durch das *in vitro*-Verpackungsgemisch in das Capsid verpackt. Teile des Concatemers, die aus einem linken Arm verbunden mit einem rechten Arm ohne Fremd-DNA bestehen, sind zu kurz, um verpackt zu werden.

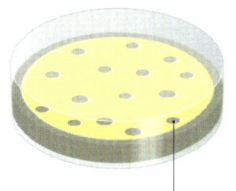

als Plaque erkennbare Infektion, ein klarer durchsichtiger Bereich in einem Bakterienrasen

**2.22    Die Infektion mit Bakteriophagen ist als Plaque im Bakterienrasen sichtbar.**

Zellen gemischt und der natürliche Infektionsprozess befördert den Vektor mit der Fremd-DNA in die Bakterien.

Nach der Infektion werden die Zellen auf einer Agarplatte ausplattiert. Hier sind jedoch nicht einzelne Kolonien das Ziel, sondern ein gleichmäßiger Bakterienrasen über die gesamte Oberfläche des Agars. Die mit dem verpackten Klonierungsvektor infizierten Bakterien sterben innerhalb von 20 Minuten, denn die in den Vektorarmen enthaltenen λ-Gene leiten die DNA-Replikation und Synthese neuer Phagenpartikel durch den lytischen Zyklus ein, wobei jeder neue Phage seine eigene Kopie des Vektors mit der klonierten DNA besitzt. Tod und Lyse des Bakteriums setzen die Phagen in das umgebende Medium frei, wo neue Zellen infiziert werden und eine neue Runde der Phagenreplikation und Lyse beginnt. Das Ergebnis ist ein klarer durchsichtiger Bereich, den man als **Plaque** bezeichnet und der im Bakterienrasen auf der Agarplatte sichtbar ist (Abb. 2.22). Bei einigen λ-Vektoren bestehen alle Plaques aus rekombinanten Phagen, weil die Ligation der beiden Arme ohne Fremd-DNA zu Molekülen führt, die zu kurz sind, um verpackt zu werden. Bei anderen Vektoren ist es notwendig zwischen rekombinanten und nichtrekombinanten Plaques zu unterscheiden. Dafür werden verschiedene Verfahren angewendet wie das oben für den Vektor pUC8 beschriebene β-Galactosidasesystem (Abb. 2.18), das auch bei den λ-Vektoren funktioniert, die ein Fragment des *lacZ*-Gens tragen, in welches die zu klonierende DNA eingebaut wird.

### Vektoren für längere DNA-Stücke

Der λ-Phagenpartikel kann sich an DNA-Längen bis zu 52 kb anpassen. Wurden also aus dem Genom also 15 kb entfernt, dann können bis zu 18 kb Fremd-DNA eingebaut werden. Zwar ist dieser Grenzwert höher als bei Plasmidvektoren, doch er ist immer noch relativ niedrig, verglichen mit der Größe intakter Genome. Ein solcher Vergleich ist wichtig, da eine Klonbibliothek – eine Sammlung von Klonen, deren Insertionsfragmente ein vollständiges Genom abdecken – häufig der Beginn eines Projekts ist, bei dem die Sequenzen dieses Genoms bestimmt werden sollen (Kapitel 4). Würde ein λ-Vektor für menschliche DNA verwendet, dann wären über eine halbe Million Klone notwendig, damit mit einer 95 %igen Wahrscheinlichkeit jeder Teil des Genoms auch in der

**Tabelle 2.4**   Größen von Bibliotheken des menschlichen Genoms, die mit verschiedenen Klonierungsvektoren hergestellt wurden

| Art des Vektors | Fragmentgröße (kb) | Anzahl der Klone* | |
| --- | --- | --- | --- |
| | | $P = 95\,\%$ | $P = 99\,\%$ |
| λ-Austausch | 18 | 532 500 | 820 000 |
| Cosmid, Fosmid | 40 | 240 000 | 370 000 |
| P1 | 125 | 77 000 | 118 000 |
| BAC, PAC | 300 | 32 000 | 50 000 |
| YAC | 600 | 16 000 | 24 500 |
| Mega-YAC | 1 400 | 6 850 | 10 500 |

* ermittelt mit der Gleichung:

$$N = \frac{\ln(1-P)}{\ln\left(1 - \dfrac{a}{b}\right)}$$

*N* ist die Zahl der erforderlichen Klone, *P* ist die Wahrscheinlichkeit, mit der ein bestimmtes Genomsegment in der Bibliothek vorhanden ist, *a* ist die durchschnittliche Größe eines DNA-Fragments, das in den Vektor eingebaut wurde, und *b* ist die Größe des Genoms.

Bibliothek vorhanden ist (Tab. 2.4). Es ist möglich Bibliotheken mit einer halben Million Klonen herzustellen, insbesondere, wenn automatisierte Verfahren verwendet werden, doch ist eine solch große Sammlung weit von den idealen Verhältnissen entfernt. Es wäre viel besser, die Klonzahl zu reduzieren, indem Vektoren verwendet werden, die DNA-Fragmente mit mehr als 18 kb bewältigen können. So haben sich in den vergangenen 20 Jahren viele Entwicklungsansätze in der Klonierungstechnologie mit dieser Fragestellung beschäftigt.

Eine Möglichkeit ist, ein Cosmid – ein Plasmid mit $\lambda$-*cos*-Stellen – zu verwenden (Abb. 2.23). Concatemere von Cosmidmolekülen, die über ihre *cos*-Stellen verbunden sind, dienen als Substrate für die *in vitro*-Verpackung; denn die *cos*-Stelle ist die einzig notwendige Sequenz, damit die Proteine, welche die DNA in $\lambda$-Phagenpartikel verpacken, ein DNA-Molekül als „$\lambda$-Genom" erkennen. Partikel mit Cosmid-DNA sind genauso infektiös wie echte $\lambda$-Phagen, doch kann das Cosmid in der Zelle nicht die Synthese neuer Phagenpartikel einleiten, sondern es wird stattdessen wie ein Plasmid repliziert. Rekombinante DNA erhält man daher aus Kolonien statt aus Plaques. Genau wie bei den anderen Typen von $\lambda$-Vektoren wird die obere Grenze für die Größe der klonierten DNA durch den Platz im Phagenpartikel festgelegt. Ein Cosmid kann 8 kb oder weniger groß sein, sodass eine Fremd-DNA von bis zu 44 kb eingebaut werden kann, bevor die Verpackungsgrenze des $\lambda$-Phagenpartikels erreicht ist. Dadurch reduziert sich die Größe für eine Genombibliothek des Menschen auf ungefähr eine viertel Million Klone. Verglichen mit einer $\lambda$-Bibliothek ist das zwar eine Verbesserung, doch es muss immer noch mit einer großen Zahl von Klonen gearbeitet werden.

Der erste große Durchbruch bei der Klonierung von DNA-Fragmenten mit einer Größe von mehr als 50 kb kam mit der Entwicklung von **künstlichen Hefechromosomen** oder **YACs** (*yeast artificial chromosomes*). Diese Vektoren werden statt in *E. coli* in *S. cerevisiae* vermehrt und leiten sich statt von Plasmiden oder Viren von Chromosomen ab. Die ersten YACs wurden hergestellt, nachdem Untersuchungen von natürlichen Chromosomen gezeigt hatten, dass jedes Chromosom, zusätzlich zu den Genen, die es trägt, über drei wichtige Komponenten verfügt (Abb. 2.24):

- Das **Centromer**, das während der Kernteilung eine wichtige Rolle spielt.

- Die **Telomere**, spezielle Sequenzen, die die Enden chromosomaler DNA-Moleküle markieren.

- Einen oder mehrere **Replikationsursprünge**, die die Synthese neuer DNA einleiten, wenn sich das Chromosom teilt.

In einem YAC sind die DNA-Sequenzen, welche die chromosomalen Komponenten bilden, mit einem oder mehreren Selektionsmarkern verknüpft und es ist mindestens eine Restriktionsschnittstelle vorhanden, in welche die Fremd-DNA eingebaut werden kann (Abb. 2.25). Alle diese Bestandteile können in einem DNA-Molekül mit einer Größe von 10–15 kb enthalten sein. Natürliche Hefechromosomen bewegen sich in der Größe von 230 kb bis über 1 700 kb, sodass YACs das Potenzial haben, DNA-Fragmente mit einer Größe von einer Megabase (Mb) aufzunehmen. Dieses Potenzial wurde tatsächlich realisiert. Mit Standard-YACs kann man bis 600 kb große Fragmente klonieren, spezielle Typen bewältigen DNA mit einer Länge von bis zu 1 400 kb. Dieses ist die größte Kapazität eines Klonierungsvektors überhaupt und viele der frühen Genomprojekte machten intensiven Gebrauch von YACs. Unglücklicherweise gibt es mit einigen YAC-Typen Probleme bezüglich der Insertionsstabilität. Die klo-

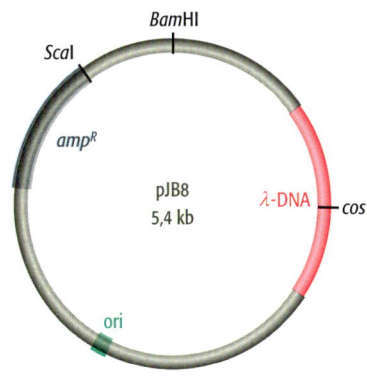

**2.23    Ein typisches Cosmid.** pJB8 ist 5,4 kb groß und trägt ein Gen für Ampicillinresistenz (*amp$^R$*), ein Element der $\lambda$-DNA, das die *cos*-Stelle enthält, und einen Replikationsursprung von *Escherichia coli* (ori).

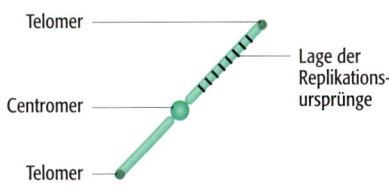

**2.24    Die Hauptstrukturelemente eines eukaryotischen Chromosoms.** Für weitere Informationen zu diesen Strukturen siehe Abschnitte 7.1.2 (Centromere und Telomere) und 15.2.1 (Replikationsursprünge).

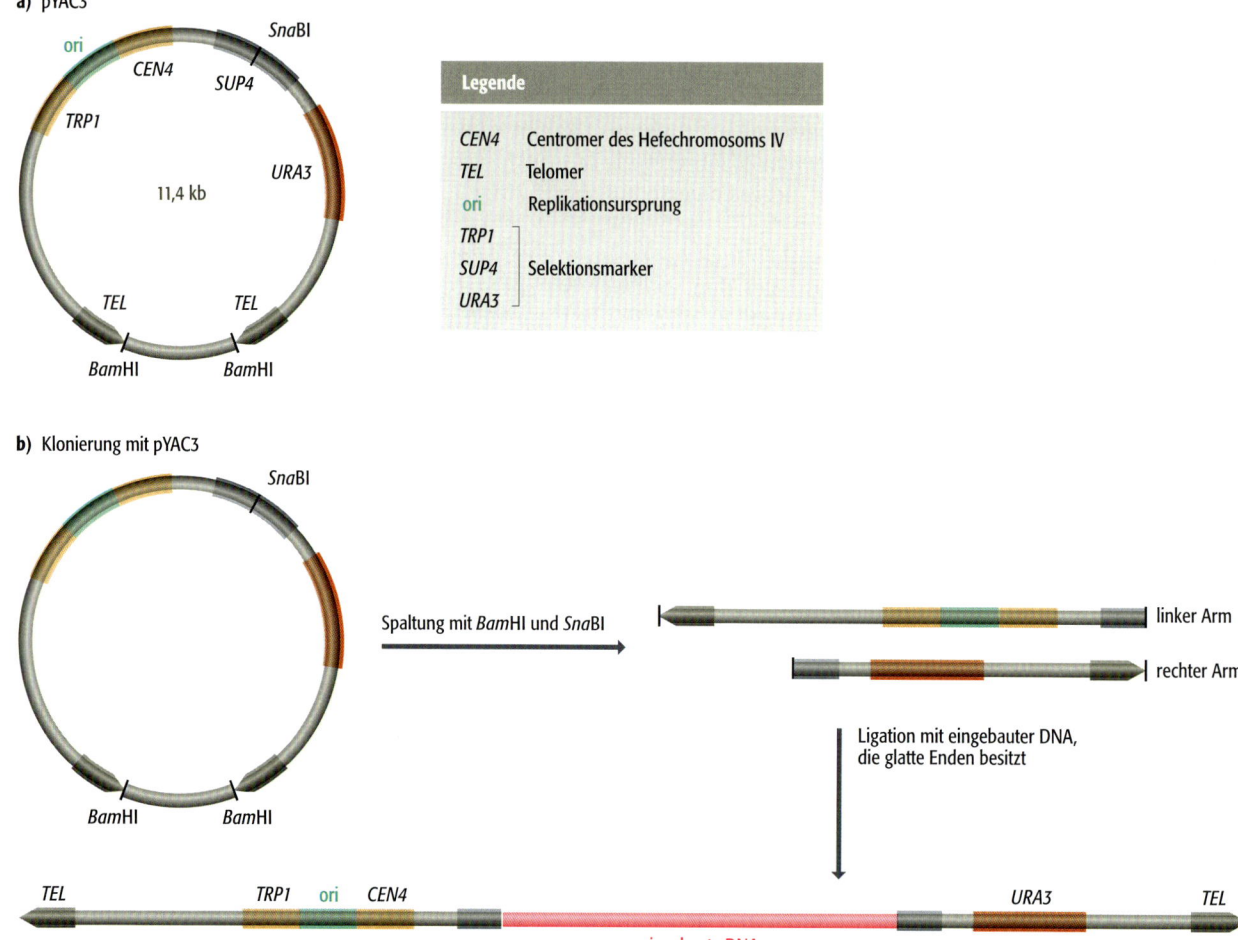

**2.25** **Arbeiten mit einem YAC.** a) Der Klonierungsvektor pYAC3. b) Um mit pYAC3 klonieren zu können, wird der ringförmige Vektor mit *Bam*HI und *Sna*BI geschnitten. Die *Bam*HI-Spaltung entfernt das *stuffer*-Fragment, das in dem ringförmigen Molekül zwischen den beiden Telomeren liegt. *Sna*BI schneidet innerhalb des *SUP4*-Gens und liefert dadurch den Ort, in den die Fremd-DNA eingebaut wird. Die Ligation der beiden Vektorarme mit der Fremd-DNA ergibt die Struktur, die unten gezeigt ist. Diese Struktur trägt funktionelle Kopien der Selektionsmarker *TRP1* und *URA3*. Der Wirtsstamm besitzt dagegen inaktivierte Kopien dieser Gene und benötigt deshalb Tryptophan und Uracil als Nährstoffe. Nach der Transformation werden die Zellen auf Minimalmedium ohne Tryptophan und Uracil ausplattiert. Hier können nur diejenigen Zellen überleben und Kolonien bilden, die den Vektor enthalten und deshalb Tryptophan und Uracil zu synthetisieren vermögen. Beachten Sie, dass ebenfalls keine Kolonien entstehen, wenn ein Vektor zwei rechte Arme oder zwei linke Arme besitzt, da die transformierten Zellen weiterhin einen der beiden Nährstoffe benötigen. Die Anwesenheit der Fremd-DNA in dem klonierten Vektormolekül wird geprüft, indem mit einem Farbtest auf Inaktivierung von *SUP4* getestet wird: Auf dem entsprechenden Medium sind Kolonien mit rekombinanten Vektoren (das heißt solchen mit Insertionsfragment) weiß, nichtrekombinante (mit Vektor, aber ohne Fragment) dagegen rot gefärbt.

nierte DNA kann umstrukturiert werden, sodass neue Sequenzkombinationen entstehen. Aus diesem Grund besteht großes Interesse an anderen Vektortypen, und zwar solchen, die zwar weniger große DNA-Fragmente aufnehmen können, aber bei denen es kein Problem mit der Stabilität gibt. Zu solchen Vektoren gehören die Folgenden:

- **Künstliche Bakterienchromosomen** (*bacterial artificial chromosomes*, **BACs**), die sich von natürlich vorkommenden F-Plasmiden von *E. coli* ableiten. Im Gegensatz zu den Plasmiden, die für die Herstellung der ersten Klonierungsvektoren verwendet wurden, ist das F-Plasmid relativ groß und darauf basierende Vektoren können größere Fremd-DNA-Fragmente aufnehmen. BACs wurden so konstruiert, dass Rekombinanten durch Blau-Weiß-Selektion (Abb. 2.18) identifiziert werden können und sie daher einfach zu handhaben sind. Sie nehmen Fragmente von 300 kb oder länger auf und die Insertionsfragmente sind sehr stabil. Die künstlichen Bakterienchromosomen wurden beim Humangenomprojekt (Abschnitt 4.3) umfangreich eingesetzt und sind zurzeit die gängigsten Vektoren für die Klonierung großer DNA-Stücke.

- **Bakteriophage-P1-Vektoren** sind den $\lambda$-Vektoren sehr ähnlich, da sie auf eine deletierte Variante eines natürlichen Phagengenoms zurückgehen. Die Kapazität des Klonierungsvektors wird durch die Größe der Deletion und den Raum im Phagenpartikel bestimmt. Das P1-Genom ist größer als das $\lambda$-Genom und der Phagenpartikel ist ebenfalls größer, sodass ein P1-Vektor größere DNA-Fragmente aufnehmen kann als der $\lambda$-Vektor. Bei der gegenwärtigen Technologie sind es bis zu 125 kb.

- **P1-abgeleitete künstliche Chromosomen** (*P1 derived artificial chromosomes*, **PACs**) vereinigen die Eigenschaften von P1-Vektoren mit denen von BACs und besitzen eine Kapazität von bis zu 300 kb.

- **Fosmide** enthalten den Replikationsursprung des F-Plasmids und eine $\lambda$-*cos*-Stelle. Sie sind Cosmiden ähnlich, haben aber in *E. coli* eine geringere Kopienzahl. Das bedeutet, dass sie weniger zu Instabilität neigen.

Die Größen von Bibliotheken des menschlichen Genoms, die mit diesen unterschiedlichen Vektoren hergestellt wurden, sind in Tabelle 2.4 aufgeführt.

### Die Klonierung in andere Organismen als *E. coli*

Klonierung ist nicht nur ein Hilfsmittel, um DNA für die Sequenzierung oder andere Analysen herzustellen. Sie bietet auch die Möglichkeit, die Expression eines Gens und deren Regulation zu analysieren und gentechnische Versuche durchzuführen, mit denen die biologischen Eigenschaften des Wirtsorganismus verändert werden. Außerdem können wichtige tierische Proteine, wie etwa Medikamente, in neuen Wirtszellen hergestellt werden, die diese Proteine in größeren Mengen produzieren, als man sie durch die konventionelle Reinigung aus tierischem Gewebe erhalten würde. Diese vielfältigen Anwendungsgebiete erfordern häufig, dass Gene in andere Organismen als *E. coli* kloniert werden müssen.

Klonierungsvektoren, die auf Plasmide oder Phagen zurückgehen, wurden für die meisten der gut untersuchten Bakterienarten wie *Bacillus*, *Streptomyces* und *Pseudomonas* entwickelt. Diese Vektoren werden genauso verwendet wie die *E. coli*-Analoga. Plasmidvektoren sind ebenfalls für Hefen und Pilze verfügbar. Einige von ihnen tragen den Replikationsursprung des **2 $\mu$m-Ringes**, ein Plasmid, das in vielen *S. cerevisiae*-Stämmen enthalten ist, doch andere Plasmidvektoren haben nur einen *E. coli*-Replikationsursprung. Ein Beispiel ist YIp5, ein *S. cerevisiae*-Vektor, der einfach ein *E. coli*-Plasmid mit einer Kopie des Hefegens *URA3* (Abb. 2.26a) ist. Die Anwesenheit des *E. coli*-Ursprungs bedeutet, dass YIp5 ein *shuttle*-Vektor ist, der sowohl mit *E. coli* als auch mit *S. cerevisiae* als Wirt zu verwenden ist. Dies ist eine nützliche Eigenschaft, weil das Klonieren in *S. cerevisiae* ein relativ ineffizienter Vorgang ist, mit dem man

**a) YIp5**

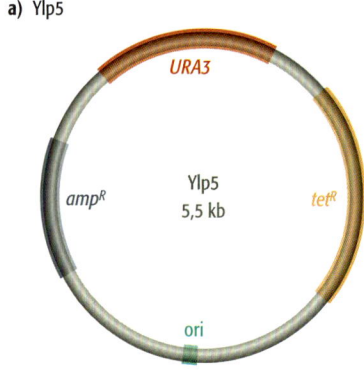

**b)** Insertion von YIp5 in die chromosomale DNA von Hefe

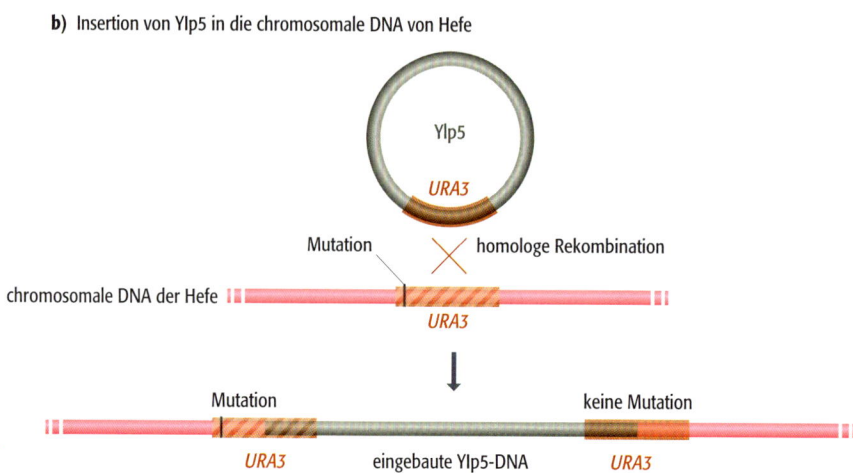

**2.26    Klonieren mit YIp.** a) YIp5, ein typisches integratives Plasmid der Hefe. Das Plasmid enthält ein Gen für Ampicillinresistenz (*amp^R*), für Tetracyclinresistenz (*tet^R*), das Hefegen *URA3* und einen Replikationsursprung aus *E. coli* (ori). Die Anwesenheit des *E. coli*-Replikationsursprungs bedeutet, dass das rekombinante YIp-Molekül in *E. coli* vermehrt werden kann, bevor es in Hefezellen übertragen wird. YIp5 ist daher ein **shuttle-Vektor** – er kann zwischen verschiedenen Arten wechseln. b) YIp5 besitzt allerdings keinen Replikationsursprung, der in Hefezellen funktioniert. Der Vektor kann jedoch bestehen, wenn er durch homologe Rekombination zwischen dem Plasmid und chromosomalen Kopien des *URA3*-Gens in die chromosomale DNA der Hefe eingebaut wird. Das chromosomale Gen trägt eine kleine Mutation, sodass es nicht funktionell ist und die Wirtszellen daher *ura3⁻* sind. Eines der Gene des *URA3*-Genpaares, das nach dem Einbau der Plasmid-DNA entsteht, ist also mutiert, das andere jedoch nicht. Rekombinante Zellen sind daher *ura3⁺* und können durch Ausplattieren auf Minimalmedium ohne Uracil selektiert werden.

nur schwer eine große Zahl an Klonen herstellen kann. Erfordert der experimentelle Aufbau, dass die gewünschte Rekombinante, wie in Abbildung 2.16 dargestellt, aus einer Mischung von Klonen zu identifizieren ist, dann könnten zu wenige Rekombinanten vorhanden sein, um die richtige herauszufinden. Um dieses Problem zu vermeiden, findet die Konstruktion des rekombinanten DNA-Moleküls und die Selektion der korrekten Rekombinante mit *E. coli* als Wirt statt. Sind die korrekten Klone identifiziert, werden die rekombinanten YIp5-Moleküle gereinigt und in *S. cerevisiae* übertragen, in der Regel durch Vermischen der DNA mit **Protoplasten** – Hefezellen, deren Wände durch enzymatische Behandlung entfernt wurden. Ohne einen Replikationsursprung kann sich der Vektor zwar nicht unabhängig in den Hefezellen vermehren, doch er kann überleben, wenn es in eines der Hefechromosomen eingebaut wird. Diese Integration erfolgt durch homologe Rekombination (Abschnitt 5.2.2) zwischen dem *URA3*-Gen des Vektors und der chromosomalen Kopie dieses Gens (Abb. 2.26b). „YIp" steht in der Tat für „*yeast integrative plasmid*" („integratives Plasmid der Hefe"). Erst einmal integriert, wird YIp und jede andere darin eingebaute DNA zusammen mit dem Wirtsgenom repliziert.

Integration in chromosomale DNA ist auch eine Eigenschaft vieler Klonierungssysteme, die in Tieren und Pflanzen verwendet werden, und sie bildet die Grundlage für **Knockout-Mäuse**, die verwendet werden, um die Funktionen bislang unbekannter Gene des menschlichen Genoms (Abschnitt 5.2.2) zu bestimmen. Die Vektoren sind Äquivalente zu YIps und stammen aus Tieren. Ist das Ziel genetische Krankheiten oder Krebs durch eine **Gentherapie** zu behandeln, werden Adenoviren und Retroviren verwendet, um Gene in Tiere zu klonieren. Ein breites Spektrum von Vektoren wurde entwickelt, um Gene auch in Pflanzen klonieren zu können. Plasmide können durch Beschuss pflanzlicher Embryonen mit DNA-beschichteten Mikroprojektilen kloniert werden, ein Prozess, der als **Biolistik** bezeichnet wird. Die Integration von Plasmid-DNA in pflanzliche Chromosomen, gefolgt vom Wachstum des Embryos, führt schließlich zu einer Pflanze, die in den meisten ihrer Zellen die klonierte DNA enthält. Einen gewissen Erfolg hat man auch mit Pflanzenvektoren auf der Grundlage von Caulimoviren und Geminiviren erzielt, doch sind die interessantesten Formen pflanzlicher Klonierungsvektoren diejenigen, die sich vom **Ti-Plasmid** ableiten, einem großen bakteriellen Plasmid aus dem im Boden lebenden Mikroorganismus *Agrobacterium tumefaciens*. Ein Teil des Ti-Plasmids, die Region, die man als T-DNA bezeichnet, wird in das Pflanzengenom integriert, wenn das Bakterium den Stängel infiziert und so Wurzelhalsgallen hervorruft. Die T-DNA enthält eine Reihe von Genen, die in der Pflanzenzelle exprimiert werden und dort als Kennzeichen für die Krankheit verschiedene physiologische Veränderungen bewirken. Um sich dieses natürliche System einer gentechnischen Veränderung zunutze zu machen, wurden Vektoren wie pBIN19 (Abb. 2.27) entwickelt. Der rekombinante Vektor wird zunächst in die *A. tumefaciens*-Zellen eingebracht, die anschließend Zellen einer Zellsuspension oder einer Pflanzenkalluskultur infizieren. Diese werden dann zu reifen transformierten Pflanzen gezogen.

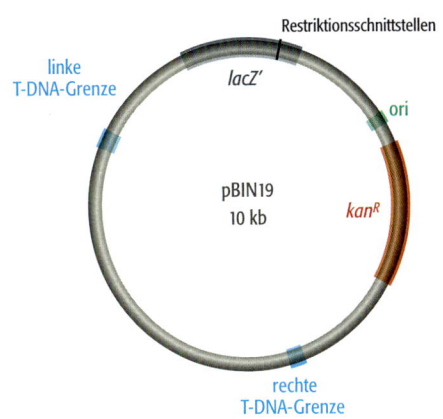

# 2.3 Die Polymerasekettenreaktion (PCR)

Die Klonierung von DNA ist ein leistungsstarkes Verfahren und seine Auswirkung auf unser Verständnis von Genen und Genomen ist außerordentlich groß. Jedoch hat Klonieren einen großen Nachteil: es ist zeitintensiv und zumindest in Teilen kompliziert. Es sind mehrere Tage erforderlich, um die Arbeiten durchzuführen, die notwendig sind, um DNA-Fragmente in einen Klonierungsvektor einzubauen, dann das ligierte Molekül in die Wirtszellen einzuführen und schließlich die Rekombinanten zu selektieren. Erfordert die experimentelle Strategie die Entwicklung einer Klonbibliothek, gefolgt vom Screening der Bibliothek nach einem Klon, der das gesuchte Gen enthält (Methoden 2.4), dann können einige Wochen oder sogar Monate vergehen, bis das Projekt beendet ist.

PCR ergänzt das Klonieren von DNA, indem sie dasselbe Ziel – die Reinigung eines bestimmten DNA-Fragments – in viel kürzerer Zeit erreicht, unter Umständen in nur ein paar Stunden. PCR ist eine Ergänzung für das Klonieren, ersetzt es jedoch nicht, weil das Verfahren seine eigenen Grenzen hat. Die wichtigste ist, dass von dem zu reinigenden Fragment die Sequenz oder wenigstens ein Teil von ihr bekannt sein muss. Trotz dieser Beschränkung hat die PCR auf vielen Gebieten der molekularbiologischen Forschung eine zentrale Bedeutung erlangt. Wir werden zunächst die Methode selber behandeln und dann auf die Anwendungen eingehen.

## 2.3.1 Durchführung einer PCR

PCR ist ein sich wiederholendes Kopieren einer bestimmten Region eines DNA-Moleküls (Abb. 2.3). Im Gegensatz zum Klonieren ist die PCR eine Reaktion, die im Probengefäß stattfindet und keine lebenden Zellen erfordert: Das Kopieren wird nicht durch zelluläre Enzyme durchgeführt, sondern durch die gereinigte thermostabile DNA-Polymerase aus *T. aquaticus* (Abschnitt 2.1.1). Der Grund für die Verwendung eines thermostabilen Enzyms wird deutlich, wenn wir die verschiedenen Schritte einer PCR genauer betrachten.

Um ein PCR-Experiment durchzuführen, wird die Ziel-DNA mit der *Taq*-DNA-Polymerase, einem Paar Oligonucleotidprimern und Nucleotiden vermischt. Die Menge der Ziel-DNA kann sehr klein sein, weil die PCR extrem sensitiv ist, sodass bereits ein einziges Startmolekül ausreicht. Die Primer werden zur Einleitung der DNA-Synthese benötigt, die von der *Taq*-Polymerase (Abb. 2.6) durchgeführt wird. Sie müssen an jeder Seite der zu kopierenden Ziel-DNA binden: Die Sequenzen der Anheftungsstellen müssen bekannt sein, um die geeigneten Primer synthetisieren zu können.

**2.27    pBIN19, ein Klonierungsvektor für Pflanzen.** pBIN19 trägt das *lacZ'*-Gen (Abb. 2.18), ein Gen für Kanamycinresistenz (*kan^R*), einen Replikationsursprung aus *Escherichia coli* (ori) und die beiden Sequenzen, welche die T-DNA-Region des Ti-Plasmids flankieren. Diese zwei flankierenden Sequenzen rekombinieren mit der pflanzlichen chromosomalen DNA und bauen auf diese Weise das zwischen ihnen liegende DNA-Segment in die pflanzliche DNA ein. Die Orientierung der flankierenden Sequenzen in pBIN19 bedeutet, dass das *lacZ'*- und das *kan^R*-Gen, wie auch jede in die Restriktionsschnittstellen innerhalb von *lacZ'* ligierte Fremd-DNA, in die Pflanzen-DNA übertragen werden. Rekombinante Pflanzenzellen werden selektiert, indem sie auf Kanamycinagar ausplattiert und dann zu ganzen Pflanzen regeneriert werden. Beachten Sie, dass pBIN19 ein weiteres Beispiel eines *shuttle*-Vektors ist, bei dem rekombinante Moleküle in *E. coli* produziert und über Blau-Weiß-Selektion (*lacZ'*-Selektionssystem) selektiert werden, bevor sie in *Agrobacterium tumefaciens* und von dort in die Pflanze übertragen werden.

## Methoden 2.4    Arbeiten mit einer Klonbibliothek

*Klonsammlungen werden als Quelle für Gene und andere DNA-Segmente vewendet*

Seit den 1970er-Jahren werden Klonbibliotheken von verschiedenen Organismen hergestellt, um einzelne Gene oder andere DNA-Segmente für weitere Untersuchungen wie DNA-Sequenzierung und andere Methoden der DNA-Rekombinationstechnik verfügbar zu machen. Bibliotheken können aus genomischer DNA und auch aus cDNA hergestellt werden, indem man ein Plasmid oder einen Bakteriophagenvektor verwendet. Die Klone werden in der Regel als Bakterienkolonien oder Plaques auf $23 \times 23$ cm²-Agarplatten mit 100 000–150 000 Klonen pro Platte aufbewahrt. Eine vollständige Bibliothek des menschlichen Genoms passt daher auf 1–8 Platten, abhängig von der Art des verwendeten Klonierungsvektors (Tab. 2.4). Der Klon, der das gesuchte Gen oder sonstige DNA-Segment enthält, kann über drei verschiedene Verfahren identifiziert werden:

Die **Hybridisierungsanalyse** kann mit einem markierten Oligonucleotid oder anderen DNA-Molekül, von dem bekannt ist, dass es mit der gesuchten Sequenz hybridisiert, durchgeführt werden. Dazu wird eine Nylon- oder Nitrocellulosemembran auf die Oberfläche der Agarplatte gelegt und danach vorsichtig mit den anhaftenden Kolonien oder Plaques abgehoben. Die anschließende Behandlung der Membran mit einer basischen Lösung und einer Protease baut zelluläres Material ab. Zurück bleibt die DNA jedes Klons, die durch Hitze oder UV-Strahlung fest an die Oberfläche der Membran gebunden wird. Anschließend wird wie bei der Southern-Hybridisierung (Abb. 2.11) eine markierte Sonde auf die Membran gebracht und die Position, an der die Sonde spezifisch hybridisiert, mit einem geeigneten Nachweis-

verfahren bestimmt. Die Stelle des Hybridisierungssignals auf der Membran entspricht der Position des entsprechenden Klons auf der Agarplatte.

**PCR** (Abschnitt 2.3) kann angewendet werden, um Klonsammlungen nach der gesuchten Sequenz zu durchsuchen. Das kann nicht *in situ* durchgeführt werden, sondern einzelne Klone müssen in die Vertiefungen von Mikrotiterplatten übertragen werden. Der PCR-Ansatz für die Klonidentifizierung ist daher relativ mühsam und nur einige wenige hundert Klone können in einem einzigen Träger untergebracht werden. Mit jedem Klon wird anschließend eine PCR mit spezifischen Primern spezifisch für die gesuchte Sequenz durchgeführt, wobei zunächst auch Klone zusammengefasst werden können, um die Zahl der PCRs zu reduzieren (Abb. 4.14).

**Immunologische Methoden** können verwendet werden, wenn die gesuchte Sequenz ein Gen ist, welches in den Zellen, mit denen die Klonbibliothek hergestellt wurde, exprimiert wird. Wird dieses Gen tatsächlich exprimiert, dann wird das entsprechende Protein in den Zellen synthetisiert. Dieses kann durch ein Screening der Bibliothek mit markierten Antikörpern, die nur an dieses Protein binden, ermittelt werden. Die Klone werden wie bei der Hybridisierungsanalyse zunächst auf eine Membran übertragen, dann werden die Zellen aufgeschlossen und die Proteine an die Membran gebunden. Die Behandlung der Membran mit dem entsprechenden Antikörper ergibt schließlich die Position des Klons, der das gesuchte Gen enthält.

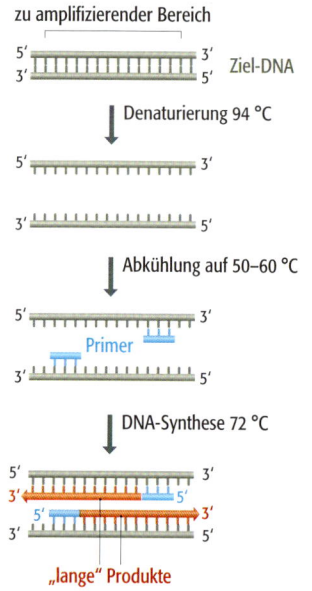

Die Reaktion wird gestartet, indem das Gemisch auf 94 °C erhitzt wird. Bei dieser Temperatur lösen sich die Wasserstoffbrücken, die die beiden Polynucleotide zu einer Doppelhelix zusammenhalten, sodass die Ziel-DNA zu zwei einzelsträngigen Molekülen denaturiert wird (Abb. 2.28). Die Temperatur wird danach auf 50–60 °C reduziert, wodurch sich die beiden einzelnen Stränge der Ziel-DNA wieder verbinden, aber auch die Primer mit ihren Bindungsstellen hybridisieren. Die DNA-Synthese kann nun beginnen und die Temperatur wird auf 72 °C angehoben, das Optimum für die *Taq*-Polymerase. In diesem ersten Stadium der PCR werden von jedem Strang der Ziel-DNA „lange" Produkte synthetisiert. Diese Polynucleotide haben identische 5'-Enden, doch unterschiedliche 3'-Enden, welche durch den zufälligen Abbruch der DNA-Synthese bestimmt werden. Wird der Zyklus aus Denaturierung-Anlagerung-Synthese wiederholt, dient das lange Produkt ebenfalls als Matrize für die DNA-Synthese und es entstehen „kurze" Produkte, deren 5'- und 3'-Enden durch die Positionen der Primerbindung bestimmt sind (Abb. 2.29). In den nachfolgenden Zyklen steigt die Zahl der kurzen Produkte durch eine Verdopplung in jedem

**2.28**   Der erste Zyklus einer PCR.

Zyklus exponentiell an, bis einer der Reaktionsbestandteile nicht mehr vorhanden ist. Das bedeutet, dass ausgehend von jedem einzelnen Startermolekül nach 30 Zyklen über 250 Millionen kurzer Produkte entstanden sind. Anders ausgedrückt ergeben wenige Nanogramm oder geringere Mengen an Ziel-DNA einige Mikrogramm PCR-Produkt.

Die Ergebnisse einer PCR können über unterschiedliche Verfahren sichtbar gemacht werden. In der Regel werden die Produkte mittels Agarosegelelektrophorese analysiert, die eine einzige Bande zeigt, wenn die PCR wie erwartet funktioniert hat und ein einziges Segment der Ziel-DNA amplifiziert wurde (Abb. 2.30). Alternativ kann die Sequenz des Produkts ermittelt werden, indem man die in Abschnitt 4.1.1 beschriebenen Methoden anwendet.

## 2.3.2 Anwendungen der PCR

Die PCR ist eine solch einfache Methode, dass man gelegentlich nur schwer nachvollziehen kann, wie sie sich zu einer für die moderne Forschung so wichtigen Methode entwickeln konnte. Zunächst werden wir uns mit ihren Grenzen befassen. Um Primer synthetisieren zu können, die genau an den richtigen Positionen binden, müssen die Sequenzen der flankierenden Bereiche der zu amplifizierenden DNA bekannt sein. Das bedeutet, dass PCR nicht verwendet werden kann, um Fragmente von Genen oder andere Bereiche des Genoms zu vermehren, die zuvor niemals untersucht worden sind. Eine zweite Einschränkung ist die Länge der DNA, die kopiert werden soll. Bereiche bis zu 5 kb können ohne größere Probleme amplifiziert werden und längere Amplifikationen – bis zu 40 kb – sind mit Modifikationen der Standardmethode möglich. Fragmente von mehr als 100 kb, die für Genomsequenzierungsprojekte notwendig sind und die man durch Klonieren in einen BAC-Vektor oder einen anderen Vektor mit hoher Kapazität erhalten kann, sind mittels PCR nicht herstellbar.

Was sind die Stärken einer PCR? Zuerst ist es das unkomplizierte Verfahren, mit dem man Produkte, die ein einziges Segment des Genoms repräsentieren, aus einer Reihe verschiedener DNA-Proben erhalten kann. Einem wichtigen Beispiel dafür werden wir im folgenden Kapitel begegnen, wenn wir uns ansehen, wie DNA-Marker in Projekten der genetischen Kartierung typisiert werden (Abschnitt 3.2.2). Die PCR wird in ähnlicher Weise verwendet, um Proben menschlicher DNA nach Mutationen zu durchsuchen, die in Zusammenhang mit genetisch bedingten Krankheiten wie Thalassämie und Cystischer Fibrose stehen. Es bildet auch die Grundlage für die Erstellung eines genetischen Fingerabdrucks, bei dem Varianten der Länge von Mikrosatelliten bestimmt werden (Abb. 7.24).

Eine zweite wichtige Eigenschaft der PCR ist, dass sie mit winzigen DNA-Mengen funktioniert. Das bedeutet, dass sie verwendet werden kann, um die

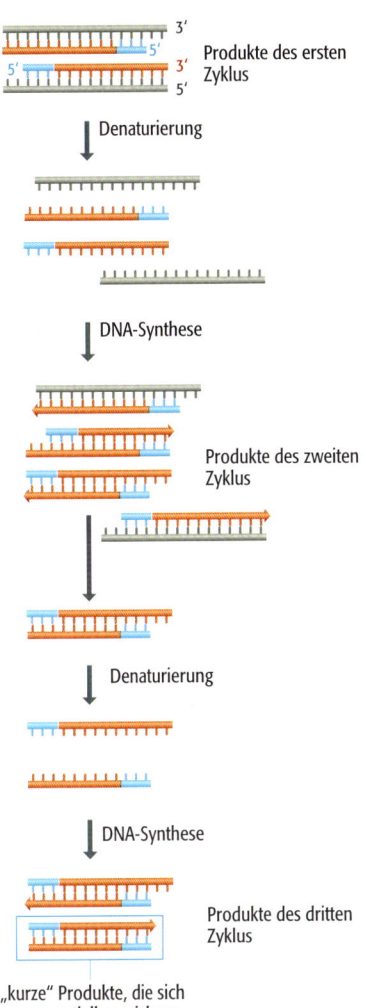

**2.29    Die Synthese „kurzer" Produkte in einer PCR.** Die Produkte des ersten Zyklus sind ganz oben dargestellt. Der nächste Zyklus aus Denaturierung, Anlagerung und Synthese führt zu vier Produkten, von denen zwei mit denen des ersten Zyklus identisch sind und zwei vollständig aus neuer DNA bestehen. Von diesen ausgehend entstehen während des dritten Zyklus die „kurzen" Produkte, die sich in den folgenden Zyklen exponentiell anreichern.

**2.30    Die Analyse der PCR-Produkte durch Agarosegelelektrophorese.** Die PCR wurde in einem kleinen Zentrifugenröhrchen durchgeführt. Eine Probe wird in Spur 2 eines Agarosegels geladen. Spur 1 enthält einen DNA-Größenmarker und Spur 3 enthält die Probe einer PCR eines Kollegen. Nach der Elektrophorese wird das Gel mit Ethidiumbromid gefärbt (Methoden 2.2). Spur 2 zeigt eine einzige Bande mit der erwarteten Größe, die PCR war demnach erfolgreich. In Spur 3 ist keine Bande zu sehen – die PCR hat nicht funktioniert.

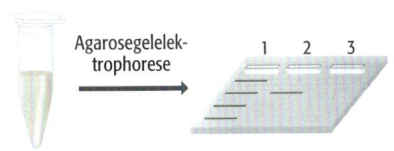

Sequenzen auch nur von Spuren von DNA zu bestimmen, wie sie in Haaren, Blutflecken und anderen gerichtsmedizinischen Proben, sowie in Knochen oder archäologischen Überresten vorkommen. In der klinischen Diagnostik kann mittels PCR die Anwesenheit viraler DNA nachgewiesen werden, noch bevor das Virus sich so stark vermehrt hat, dass es Krankheitssymptome verursacht. Dies ist besonders für die frühe Identifikation virusinduzierter Krebsformen wichtig, da die Behandlung beginnen kann, noch bevor sich die Krebserkrankung etabliert hat.

Die oben genannten Anwendungen sind nur einige wenige Beispiele für die Anwendungen der PCR. Die Methode ist heutzutage ein Hauptbestandteil des Methodenrepertoirs eines Molekularbiologen und wir werden in den übrigen Kapiteln dieses Buches viele weitere Beispiele antreffen.

## Zusammenfassung

Über die vergangenen 35 Jahre hinweg haben Molekularbiologen ein reichhaltiges Repertoire an Werkzeugen für die Analyse von DNA geschaffen. Diese Methoden bilden die Grundlage der DNA-Rekombinationstechnik und führten zur Entwicklung von DNA-Klonierung und Polymerasekettenreaktion (PCR). Eine zentrale Eigenschaft der DNA-Rekombinationstechnik ist die Verwendung gereinigter Enzyme, um DNA-Moleküle im Reagenzglas spezifisch zu manipulieren. Die vier Haupttypen von Enzymen, die auf diese Weise verwendet werden, sind DNA-Polymerasen, Nucleasen, Ligasen und Enzyme, welche die Enden von DNA-Molekülen modifizieren. DNA-Polymerasen synthetisieren neue DNA-Polynucleotide und werden für Anwendungen wie die DNA-Sequenzierung, PCR und DNA-Markierung verwendet. Die wichtigsten Nucleasen sind die Restriktionsendonucleasen, die doppelsträngige DNA-Moleküle an spezifischen Nucleotidsequenzen schneiden und somit ein DNA-Molekül in eine festgelegte Kombination von Fragmenten spalten. Die Größe der Fragmente kann mittels Agarosegelelektrophorese bestimmt werden. Ligasen verbinden Moleküle, und Enzyme, welche die Enden modifizieren, führen verschiedene Reaktionen aus, beispielsweise die Markierung von DNA-Molekülen. Die Klonierung von DNA ist ein Verfahren, mit dem reine Proben eines einzelnen Gens oder eines anderen DNA-Segments hergestellt werden können. Viele verschiedene Typen von Klonierungsvektoren wurden für die Verwendung mit *E. coli* als Wirtsorganismus entwickelt. Die einfachsten beruhen auf kleinen Plasmiden, die Marker wie das *lacZ'*-Gen enthalten. Dieses Gen ermöglicht es, rekombinante Kolonien anhand ihrer weißen Farbe zu identifizieren, während nichtrekombinante Kolonien blau sind, wenn X-Gal im Wachstumsmedium vorhanden ist. Auch der Bakteriophage λ bildet die Grundlage für eine Reihe von *E. coli*-Klonierungsvektoren, einschließlich der Plasmid-Phagen-Hybride, die man als Cosmide bezeichnet und die verwendet werden, um DNA-Fragmente mit einer Länge bis zu 44 kb zu klonieren. Mit anderen Typen von Vektoren wie künstlichen Bakterienchromosomen (BACs) ist es möglich, noch längere DNA-Stücke mit bis zu 300 kb zu klonieren. Diese Vektoren mit hoher Kapazität werden bei der Herstellung von Klonbibliotheken verwendet. Das sind Sammlungen von Klonen, deren Insertionsfragmente das Genom vollständig abdecken und die das Material für Genomsequenzierungsprojekte liefern. Organismen wie *E. coli* können ebenfalls als Wirte für die DNA-Klonierung genutzt werden. Etliche Vektortypen wurden für *Saccharomyces cerevisiae* entwickelt und spezielle Techniken stehen für das Klonieren von DNA in Tiere und Pflanzen zur Verfügung. Die PCR ist eine Ergänzung zur DNA-Klonierung, da durch sie bestimmte DNA-Segmente schnell in reiner Form hergestellt werden können. Jedoch muss mindestens ein Teil der DNA-Sequenz dieses Fragments bekannt sein. Bei der PCR stellt eine thermostabile DNA-Polymerase wiederholt Kopien her, immer wieder ausgehend von der Zielsequenz und den Fragmenten, die in den früheren Runden der Reaktion entstanden sind. Beginnt die Reaktion mit nur einem einzigen Zielmolekül, so entstehen während der 30 Zyklen einer PCR über 250 Millionen Kopien.

## Multiple-Choice-Fragen

*Antworten auf die Fragen mit den ungeraden Zahlen finden Sie im Anhang

**2.1*** Welche der folgenden Enzyme werden verwendet, um DNA-Moleküle abzubauen?

   **a.** DNA-Polymerasen

   **b.** Nucleasen

   **c.** Ligasen

   **d.** Kinasen

**2.2** Warum benötigen matrizenabhängige DNA-Polymerasen einen Primer, um die DNA-Synthese einzuleiten?

   **a.** Diese Polymerasen benötigen eine 5′-Phosphatgruppe, um neue Nucleotide anzuhängen

   **b.** Diese Polymerasen benötigen eine 3′-Hydroxylgruppe, um neue Nucleotide anzuhängen

   **c.** Der Primer wird benötigt, damit die DNA-Polymerase an die Matrize binden kann

   **d.** Der Primer wird hydrolysiert, um die für die DNA-Synthese erforderliche Energie bereitzustellen

**2.3*** Die Funktion der 3′→5′-Exonucleaseaktivität ist:

   **a.** die 5′-Enden des Polynucleotidstrangs zu entfernen, der an den zu kopierenden Matrizenstrang geheftet ist

   **b.** während der DNA-Synthese beschädigte Nucleotide aus dem Matrizenstrang zu entfernen

   **c.** Nucleotide von den Enden der DNA-Moleküle zu entfernen, um glatte Enden herzustellen

   **d.** nicht korrekt eingebaute Nucleotide aus dem neu synthetisierten DNA-Strang zu entfernen

**2.4** Die Klenow-Polymerase-Variante der *E.coli*-DNA-Polymerase I ist in der Forschung nützlich, weil ihr die 5′→3′-Exonucleaseaktivität fehlt. Das ist hilfreich, weil die 5′→3′-Exonucleaseaktivität:

   **a.** größer ist als die Polymeraseaktivität

   **b.** den Einbau radioaktiver oder fluoreszierender Marker in die DNA verhindert

   **c.** einige Anwendungen stört, weil die 5′-Enden verkürzt werden

   **d.** die Polymerase daran hindert, Fehler beim Einbau neuer Nucleotide zu finden

**2.5*** Eine Temperatur von 75 °C beendet die DNA-Synthese durch die DNA-Polymerase I aus *E. coli*, weil:

   **a.** die DNA-Polymerase I aus *E. coli* bei dieser Temperatur denaturiert wird

   **b.** die Primer bei dieser Temperatur denaturiert werden

   **c.** die DNA bei dieser Temperatur denaturiert wird

   **d.** die Temperatur für enzymatische Reaktionen zu hoch ist

**2.6** Welche der folgenden Aussagen über Reverse Transkriptasen ist richtig?

   **a.** Sie sind in allen Viren enthalten und sind RNA-abhängige DNA-Polymerasen

   **b.** Sie kommen in allen RNA-Viren vor und sind DNA-abhängige RNA-Polymerasen

   **c.** Sie kommen in allen Retroviren vor und sind RNA-abhängige DNA-Polymerasen

   **d.** Sie sind in allen Viren enthalten und sind matrizenunabhängige DNA-Polymerasen

**2.7*** Alle drei Typen von Restriktionsenzymen binden an spezifische Sequenzen der DNA-Moleküle. Warum werden die Typ-II-Enzyme von den Forschern bevorzugt?

   **a.** Typ-II-Enzyme schneiden die DNA an spezifischen Stellen

   **b.** Typ-II-Enzyme schneiden die DNA immer so, dass glatte Enden entstehen

   **c.** Typ-II-Enzyme schneiden die DNA immer so, dass kohäsive Enden entstehen

   **d.** Typ-II-Enzyme sind die einzigen Restriktionsenzyme, die doppelsträngige DNA schneiden

**2.8** Welche Methode wird angewendet, um die unterschiedlich großen DNA-Fragmente, die aus einer Restriktionsspaltung hervorgehen, zu trennen?

   **a.** DNA-Sequenzierung

   **b.** Gelelektrophorese

   **c.** Genklonierung

   **d.** PCR

**2.9**[*] DNA-Ligasen synthetisieren welche Art von Bindung?

   **a.** Die Wasserstoffbrücken zwischen den Basen

   **b.** Die Phosphodiesterbindungen zwischen Nucleotiden

   **c.** Die Bindungen zwischen den Basen und den Desoxyribosezuckern

   **d.** Die Peptidbindungen zwischen Aminosäuren

**2.10** Welche der folgenden Polymerasen benötigt keine Matrize?

   **a.** DNA-Polymerase I

   **b.** Sequenase

   **c.** Reverse Transkriptase

   **d.** Terminale Desoxyribonucleotidyltransferase

**2.11**[*] Durch welches der folgenden Verfahren nehmen *E. coli*-Zellen in Laborversuchen Plasmide auf?

   **a.** Konjugation

   **b.** Elektrophorese

   **c.** Transduktion

   **d.** Transformation

**2.12** Was ist eine genomische Bibliothek?

   **a.** Eine Sammlung rekombinanter Moleküle mit Insertionsfragmenten, die alle Gene eines Organismus umfassen

   **b.** Eine Sammlung rekombinanter Moleküle mit Insertionsfragmenten, die das gesamte Genom eines Organismus umfassen

   **c.** Eine Sammlung rekombinanter Moleküle, die alle Gene eines Organismus exprimieren

   **d.** Eine Sammlung rekombinanter Moleküle, die sequenziert worden sind

**2.13**[*] Welcher der folgenden Vektortypen ist am besten geeignet, um DNA in eine menschliche Zelle einzuschleusen?

   **a.** Plasmid

   **b.** Bakteriophage

   **c.** Cosmid

   **d.** Adenovirus

**2.14** Welches der folgenden Verfahren wird *nicht* angewendet, um rekombinante DNA-Moleküle in Pflanzen einzuschleusen?

   **a.** Biolistik

   **b.** Cosmide

   **c.** Ti-Plasmid

   **d.** Viren

**2.15**[*] Aus folgenden Gründen ist PCR für das Klonieren von Genen vorteilhaft, bis auf:

   **a.** PCR erfordert nicht, dass die Sequenz eines Gens bekannt ist

   **b.** PCR ist eine sehr schnelle Methode für die Isolierung von Genen

   **c.** PCR erfordert im Vergleich zum Klonieren von Genen nur geringe Mengen an Start-DNA

   **d.** PCR ist nützlich für das Kartieren von DNA-Markern

# Fragen mit kurzen Antworten    *Antworten auf die Fragen mit den ungeraden Zahlen finden Sie im Anhang

**2.1*** Was bedeutet der Begriff „Genklonierung"?

**2.2** Wie kann ein Forscher ein einzelnes Restriktionsfragment, welches das ihn interessierende Gen enthält, in geschnittener genomischer DNA mit Tausenden verschiedenen Restriktionsfragmenten identifizieren?

**2.3*** Nennen Sie eine hilfreiche und schnelle Methode, um die Ligationseffizienz von DNA mit glatten Enden zu erhöhen.

**2.4** Warum sind Plasmide nützliche Klonierungsvektoren?

**2.5*** Warum enthalten Plasmide Gene für Antibiotikaresistenz?

**2.6** Was ist X-Gal, das in Klonierungsexperimenten zu den Medien gegeben wird?

**2.7*** Warum ist der λ-Bakteriophage ein nützlicher Klonierungsvektor?

**2.8** Warum sind Vektoren, die größere DNA-Fragmente aufnehmen können, für die Herstellung einer Klonbibliothek vorteilhaft?

**2.9*** Welche drei Merkmale normaler Chromosomen müssen künstliche Hefechromosomen besitzen, um in den Zellen bestehen zu können?

**2.10** Warum sind die ersten PCR-Produkte – die Produkte der ersten Zyklen der Reaktion – lang und variieren in der Länge, und warum sind die Produkte der folgenden Zyklen alle kürzer und haben dieselbe Länge?

**2.11*** Auf welche Weise bestimmen die Primer die Spezifität einer PCR?

**2.12** Welche Typen von DNA-Sequenzen können nicht durch PCR amplifiziert werden?

# Vertiefende Aufgaben    *Hinweise zur Beantwortung der Fragen mit den ungeraden Zahlen finden Sie im Anhang

**2.1*** Bald nach den ersten Experimenten zur Klonierung von Genen in den frühen 1970er-Jahren forderte eine Anzahl von Wissenschaftlern eine Selbstbeschränkung für diese Form der Forschung. Was war die Grundlage für die Bedenken der Wissenschaftler und bis zu welchem Grad waren diese Sorgen berechtigt?

**2.2** Was sind die Eigenschaften eines idealen Klonierungsvektors? Inwiefern werden diese Anforderungen von den vorhandenen Klonierungsvektoren erfüllt?

**2.3*** Wie könnten Sie die Position von Restriktionsschnittstellen in einem DNA-Molekül bestimmen, ohne das Molekül zu sequenzieren?

**2.4** Untersuchen Sie die Anwendungen des Genklonierens bei der Herstellung von tierischen Proteinen in Bakterienzellen.

**2.5*** Die Spezifität von Primern ist ein entscheidendes Kriterium für eine erfolgreiche PCR. Binden die Primer an mehr als eine Position der Ziel-DNA, dann werden mehr Produkte als das eine gesuchte synthetisiert. Erschließen Sie die Faktoren, welche die Spezifität von Primern bestimmen, und bewerten Sie den Einfluss der Anlagerungs-(annealing-)Temperatur auf den Ausgang der PCR.

## Aufgaben zu Abbildungen

*Antworten auf die Fragen mit den ungeraden Zahlen finden Sie im Anhang

**2.1*** Welche Funktion haben die Primer (blau) bei der DNA-Synthese, die von der DNA-Polymerase katalysiert wird?

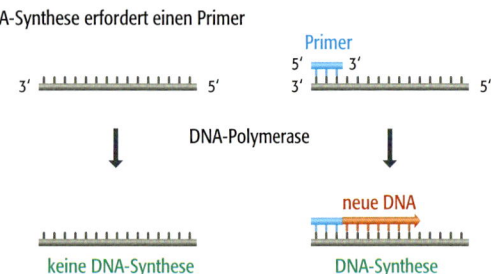

DNA-Synthese erfordert einen Primer

**2.2** Was ist passiert, wenn das mit *Bam*HI geschnittene Plasmid in großer Zahl mit sich selbst religiert und nur wenige rekombinante Plasmide isoliert werden? Wie können Sie die Ligationsreaktion verbessern, um die Ausbeute an rekombinanten Plasmiden zu erhöhen?

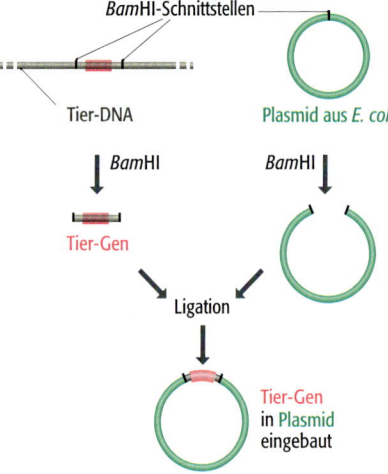

**2.3*** Dieser Klonierungsvektor besitzt einen bakteriellen Replikationsursprung, einen Selektionsmarker (Gen für Antibiotikaresistenz) und *cos*-Stellen eines Bakteriophagen. Um welchen Typ von Klonierungsvektor handelt es sich und welche Fragmentgröße kann er aufnehmen?

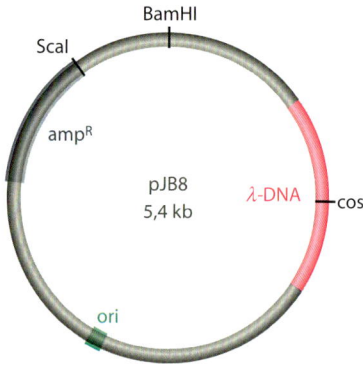

**2.4** Welche Art von Reaktion wird hier dargestellt? Beschriften Sie die Reaktionsschritte und geben Sie die Temperaturen für jeden Schritt an.

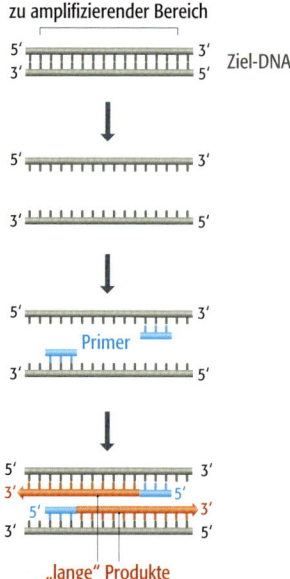

# Weiterführende Literatur

## *Bücher und praktische Tipps zu den Methoden, die für die Analyse von DNA angewendet werden.*

Brown TA (2006) Gene Cloning und DNA Analysis: An Introduction. 5. Aufl. Blackwell Scientific Publishers, Oxford.

Brown TA (Hrsg) (2000) Essential Molecular Biology: A Practical Approach. 2. Aufl. Bd. 1 und 2. Oxford University Press, Oxford [enthält ausführliche Protokolle für die Klonierung von DNA und PCR]

Dale JW (2004) Molecular Genetics of Bacteria. 4. Aufl. Wiley, Chichester [enthält eine detaillierte Beschreibung von Plasmiden und Bakteriophagen]

## *Enzyme für die DNA-Manipulation*

Brown TA (1998) Molecular Biology Labfax. Volume 1: Recombinant DNA. 2. Aufl. Academic Press, London [enthält Detailinformationen über alle Typen von Enzymen, die zur Manipulation von DNA und RNA verwendet werden]

REBASE: http://rebase.neb.com/rebase/ [eine umfangreiche Liste aller bekannten Restriktionsendonucleasen und ihrer Erkennungssequenzen]

Smith HO, Wilcox KW (1970) A restriction enzyme from *Haemophilus influenzae*. *J Mol Biol* 51: 379–391 [eine der ersten vollständigen Beschreibungen einer Restriktionsendonuclease]

## *DNA-Klonierung*

Frischauf A-M, Lehrach H, Poustka A, Murray N (1983) Lambda replacement vectors carrying polylinker sequences. *J Mol Biol* 170: 827–842

Hohn B, Murray K (1977) Packaging recombinant DNA molecules into bacteriophage particles *in vitro*. *Proc Natl Acad Sci USA* 74: 3259–3263

Vieira J, Messing J (1982) The pUC plasmids, an M13mp7-derived system for insertion mutagenesis and sequencing with synthetic universal primers. *Gene* 19: 259–268

## *Klonierungsvektoren mit hohen Kapazitäten*

Burke DT, Carle GF, Olson MV (1987) Cloning of large segments of exogenous DNA into yeast by means of artificial chromosome vectors. *Science* 236: 806–812. [YACs]

Ioannou PA, Amemiya CT, Garnes J, Kroisel PM, Shizuya H, Chen C, Batzer MA, de Jong PJ (1994) P1-derived vector for the propagation of large human DNA fragments. *Nat Genet* 6: 84–89 [PACs]

Kim U-J, Shizuya H, de Jong PJ, Birren B, Simon MJ (1992) Stable propagation of cosmid and human DNA inserts in an F factor based vector. *Nucleic Acids Res* 20: 1083–1085. [Fosmide]

Monaco AP, Larin Z (1994) YACs, BACs, PACs and MACs – artificial chromosomes as research tools. *Trends Biotechnol* 12: 280–286 [ein guter Übersichtsartikel über Klonierungsvektoren mit hoher Kapazität]

Shizuya H, Birren B, Kim UJ, Mancino V, Slepak T, Tachiiri Y, Simon M (1992) Cloning and stable maintenance of 300-kilobase-pair fragments of human DNA in *Escherichia coli* using an F-factor-based vector. *Proc Natl Acad Sci USA* 89: 8794–8797. [die erste Beschreibung eines BAC]

Sternberg N (1990) Bacteriophage P1 cloning system for the isolation, amplification, and recovery of DNA fragments as large as 100 kilobase pairs. *Proc Natl Acad Sci USA* 87: 103–107 [Bakteriophage-P1-Vektoren]

## *Klonieren in Pflanzen und Tieren*

Bevan M (1984) Binary *Agrobacterium* vectors for plant transformation. *Nucleic Acids Res* 12: 8711–8721

Colosimo A, Goncz KK, Holmes AR, Kunzelmann K, Novelli G, Malone RW, Bennett MJ, Gruenert DC (2000) Transfer and expression of foreign genes in mammalian cells. *Biotechniques* 29: 314–321

Hansen G, Wright MS (1999) Recent advances in the transformation of plants. *Trends Plant Sci* 4: 226–231

Kost TA, Condreay JP (2002) Recombinant baculoviruses as mammalian cell gene-delivery vectors. *Trends Biotechnol* 29: 173–189

## *PCR*

Mullis KB (1990) The unusual origins of the polymerase chain reaction. *Sci Am* 262 (4): 56–65

Saiki RK, Gelfand DH, Stoffel S, Scharf SJ, Higuchi R, Horn GT, Mullis KB, Erlich HA (1988) Primer-directed enzymatic amplification of DNA with a thermostable DNA polymerase. *Science* 239: 487–491

# Die Kartierung von Genomen

# 3

**Wenn Sie Kapitel 3 gelesen haben, sollten Sie folgende Aufgaben lösen können:**

- Erklären Sie, warum eine Karte ein wichtiges Hilfsmittel für die Genomsequenzierung ist.

- Unterscheiden Sie die Bezeichnungen „genetische Karte" und „physikalische Karte".

- Beschreiben Sie die unterschiedlichen Typen von Markern, die bei der Herstellung einer genetischen Karte eingesetzt werden, und erläutern Sie, wie jeder Markertyp dargestellt wird.

- Fassen Sie die Grundsätze der Vererbung zusammen, die von Gregor Mendel entdeckt worden sind, und zeigen Sie auf, wie die spätere genetische Forschung zur Entwicklung der Kopplungsanalyse führte.

- Erklären Sie, wie mithilfe der Kopplungsanalyse eine genetische Karte erstellt wird, und gehen sie ausführlich darauf ein, wie diese Analyse bei unterschiedlichen Organismen wie etwa Menschen und Bakterien durchgeführt wird.

- Zeigen Sie die Grenzen der genetischen Kartierung auf.

- Bewerten Sie die Stärken und Schwächen der verschiedenen Verfahren, mit denen man physikalische Karten von Genomen erstellt.

- Beschreiben Sie die Durchführung einer Restriktionskartierung.

- Beschreiben Sie die Anwendung von FISH (Fluoreszenz-*in situ*-Hybridisierung) bei der Herstellung einer physikalischen Karte. Beschreiben Sie auch, wie die Methode modifiziert wurde, um deren Sensitivität zu steigern.

- Erläutern Sie die Grundlagen der STS-(*sequence tagged site*-)Kartierung, und führen Sie die verschiedenen DNA-Sequenzen auf, die als STS verwendet werden.

- Beschreiben Sie, wie Bestrahlungshybridzellen und Klonbibliotheken im Rahmen der STS-Kartierung verwendet werden.

Die nächsten beiden Kapitel beschreiben die Methoden und Strategien für die Gewinnung von Genomsequenzen. Von diesen Verfahren spielt die DNA-Sequenzierung eindeutig die wichtigste Rolle, doch das Verfahren ist in einem Punkt stark beschränkt: Auch mit der fortgeschrittensten Technologie ist es kaum möglich, mehr als 750 Basenpaare (bp) in einem einzigen Experiment zu sequenzieren. Deshalb muss die Sequenz eines langen DNA-Moleküls aus einer Reihe kürzerer Sequenzen konstruiert werden. Dafür wird das Molekül in Fragmente zerteilt, deren Sequenzen man einzeln bestimmt. Am Computer werden dann Überlappungen gesucht und die Sequenzen zu einem ganzen Mole-

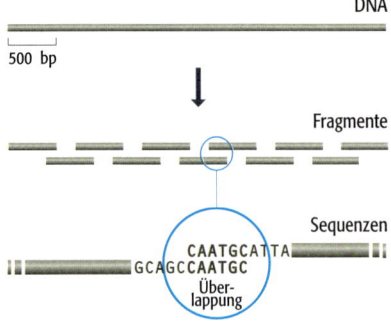

**3.1   Die Shotgun-Methode für den Zusammenbau von Sequenzen.** Das DNA-Molekül wird in kleine Fragmente geteilt, von denen man jedes einzeln sequenziert. Die vollständige Sequenz wird zusammengesetzt, indem man nach Überlappungen der einzelnen Fragmente sucht. In der Praxis ist eine Überlappung von einigen Dutzend Basenpaaren notwendig, um die Verbindung zweier Sequenzen eindeutig bestimmen zu können.

kül zusammengesetzt (Abb. 3.1). Diese Shotgun-(Schrotschuss-)Methode ist das Standardverfahren für die Sequenzierung von kleinen prokaryotischen Genomen (Abschnitt 4.2.1). Bei größeren Genomen ist das Verfahren wesentlich komplizierter, denn die erforderliche Datenanalyse wird mit der steigenden Zahl der Fragmente (für $n$ Fragmente ist die Zahl der möglichen Überlappungen $2\,n^2 - 2\,n$) überproportional komplex. Ein zweites Problem der Shotgun-Methode ist, dass sie bei der Analyse von repetitiven Sequenzen des Genoms zu Fehlern führen kann. Wird eine repetitive Sequenz in Fragmente geteilt, dann enthalten viele der entstehenden Stücke gleiche oder sehr ähnliche Sequenzmotive. Es wäre in einem solchen Fall leicht möglich, diese Sequenzen so zusammenzusetzen, dass ein Teil der repetitiven Regionen fehlt, oder zwei Stücke zu verbinden, die in der Realität in demselben Chromosom entfernt voneinander liegen oder in zwei verschiedenen Chromosomen enthalten sind. (Abb. 3.2).

Die Schwierigkeiten bei der Anwendung der Shotgun-Methode auf ein langes Molekül mit einem signifikanten Anteil repetitiver DNA bedeutet, dass dieser Ansatz alleine nicht für die Sequenzierung eines eukaryotischen Genoms verwendet werden kann. Stattdessen muss man zunächst eine genomische Karte erstellen. Da sie die Lage von Genen und anderen speziellen Merkmalen darstellt, bedeutet die genomische Karte eine Art Anleitung für das Sequenzierungsexperiment. Ist eine solche Karte erst einmal vorhanden, kann die Sequenzierungsphase eines Projekts über zwei verschiedene Wege ablaufen (Abb. 3.3):

● Die **Gesamtgenom-Shotgun-Methode** (*whole genome shotgun method*) (Abschnitt 4.2.3), die denselben Ansatz hat wie die Standard-Shotgun-Methode, sich jedoch andere charakteristische Merkmale der genomischen Karte zunutze macht, um die endgültige Sequenz aus der großen Zahl der Fragmente zusammenzusetzen. Der Bezug auf die Karte stellt sicher, dass Bereiche mit repetitiver DNA korrekt zusammengestellt werden. Diese Shotgun-Methode für das gesamte Genom ist ein rasch durchführbares Verfahren, mit dem man den Entwurf einer eukaryotischen Genomsequenz erhält.

**3.2   Probleme mit der Shotgun-Methode.** a) Das DNA-Molekül enthält direkt hintereinander wiederholte Elemente (*tandem repeats*) der Sequenz GATTA in zahlreichen Kopien. Die Untersuchung der Sequenzen ergibt eine Überlappung von zwei Fragmenten, doch stammen diese von jeden Ende der Tandemwiederholung. Wird der Fehler nicht erkannt, dann wird der mittlere Bereich der Tandemwiederholung bei der Ermittlung der endgültigen Sequenz ausgelassen. b) Im zweiten Beispiel enthält das DNA-Molekül zwei Kopien eines repetitiven Elements. Die Analyse der Fragmente ergibt, dass sich zwei Stücke scheinbar überlappen, doch enthält ein Fragment den linken Teil des einen repetitiven Elements und das andere Fragment den rechten Teil des zweiten repetitiven Elements. Wird der Fehler nicht erkannt, dann wird das DNA-Segment zwischen den beiden Wiederholungen beim Zusammensetzen der endgültigen Sequenz ausgelassen. Befänden sich die beiden Wiederholungen auf zwei unterschiedlichen Chromosomen, dann würden die Sequenzen dieser Chromosomen fälschlicherweise miteinander verbunden.

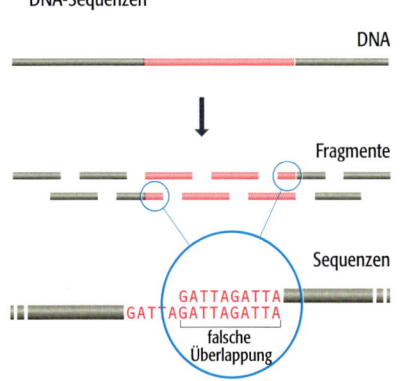

**a) Probleme mit tandemförmig wiederholten DNA-Sequenzen**

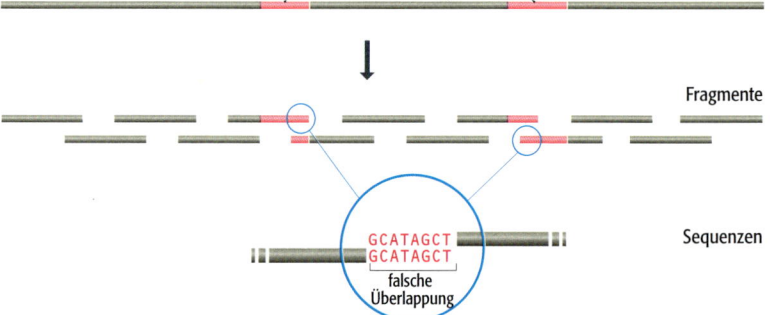

**b) Probleme mit genomweit wiederholten Sequenzen**

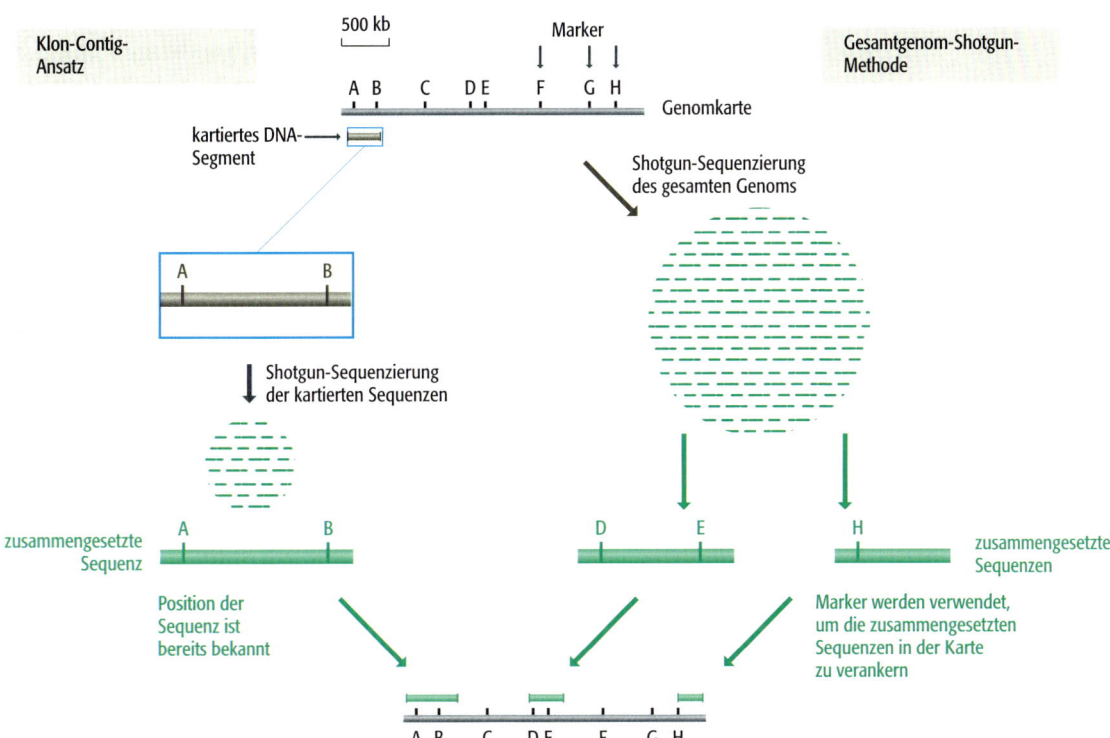

Die **Klon-Contig-Methode** (Abschnitt 4.2.2), bei der man das Genom in handliche Segmente zerteilt, jedes mit einer Länge von wenigen hundert Kilobasen oder wenigen Megabasen. Diese Sequenzen müssen ausreichend kurz sein, um sie mit der Shotgun-Methode exakt sequenzieren zu können. Ist die Sequenz eines Segments vollständig, wird seine Position in der Karte genau festgelegt. Dieses in aufeinander folgenden Phasen ablaufende Verfahren dauert länger als die Gesamtgenom-Shotgun-Methode, doch liefert es eine genauere und fehlerfreie Sequenz.

Bei beiden Methoden bildet die Karte den Rahmen für die Sequenzierungsphase eines Projekts. Zeigt die Karte die Lage von Genen an, dann kann sie auch verwendet werden, um die erste Phase eines Klon-Contig-Projekts auf interessante Regionen eines Genoms zu konzentrieren, sodass man die Sequenz wichtiger Gene so schnell wie möglich erhält.

## 3.1 Genetische und physikalische Karten

Gemäß der Konvention teilt man die Methoden der Genomkartierung in zwei Kategorien ein:

Die **genetische Kartierung** beruht auf der Anwendung genetischer Techniken für die Herstellung von Karten, welche die Lage von Genen und anderen besonderen Sequenzmerkmalen im Genom zeigen. Zu den genetischen Verfahren gehören Kreuzungsexperimente oder, wie beim Menschen, die Untersuchung von Familienstammbäumen. Die genetische Kartierung wird in Abschnitt 3.2 beschrieben.

**3.3  Alternative Ansätze für das Sequenzieren von Genomen.** Ein Genom, das aus linearen DNA-Molekülen mit einer Größe von 2,5 Mb besteht, wurde kartiert; die Positionen von acht Markern (A–H) sind bekannt. Auf der linken Seite ist die Klon-Contig-Methode dargestellt. Sie beginnt mit einem DNA-Segment, dessen Position in der genomischen Karte ermittelt werden kann, weil es die Marker A und B enthält. Das Segment wird mit der Shotgun-Methode sequenziert und die endgültige Sequenz in die Karte eingetragen. Auf der rechten Seite ist die Gesamtgenom-Shotgun-Methode dargestellt, bei der man das vollständige Genom wahllos sequenziert. Dieses Verfahren führt zu Stücken zusammenhängender (*contiguous*) Sequenzen, die bis zu mehreren hundert Kilobasen lang sein können. Enthält eine zusammenhängende Sequenz einen Marker, dann kann man ihre Position in der genomischen Karte festlegen. Beachten Sie, dass für beide Methoden eine große Zahl von Markern vorteilhaft ist. Für ausführlichere Informationen über diese Sequenzierungsstrategien siehe Abschnitt 4.2.

Die **physikalische Kartierung** wendet molekularbiologische Techniken an, mit denen DNA-Moleküle direkt untersucht werden. Auch hier ist das Ziel Karten zu erstellen, welche die Lage besonderer Sequenzmerkmale, inklusive der Gene, anzeigen. Die physikalische Kartierung wird in Abschnitt 3.3 behandelt.

## 3.2 Genetische Kartierung

Wie jede Art von Karte, muss auch eine genetische Karte die Position besonderer Merkmale darstellen. Bei einer geographischen Karte sind diese **Marker** erkennbare Elemente der Landschaft wie Flüsse, Straßen und Gebäude. Welche Marker können wir in einer genetischen Landschaft verwenden?

### 3.2.1 Gene waren die ersten Marker, die verwendet wurden

Die ersten genetischen Karten wurden in den ersten Jahrzehnten des 20. Jahrhunderts für Organismen wie die Taufliege erstellt und machten Gebrauch von Genen als Marker. Um für die genetische Analyse von Nutzen zu sein, muss ein Gen in mindestens zwei Formen, oder **Allelen**, vorliegen, von denen jede einen spezifischen Phänotyp hervorruft; ein Beispiel sind die lang- oder kurzstieligen Erbsenpflanzen, die Gregor Mendel ursprünglich untersuchte. Zu Beginn waren die einzigen Gene, die man analysieren konnte, Gene mit sichtbaren Phänotypen. So zeigten die ersten Karten der Taufliege die Positionen von Genen für Körperfarbe, Augenfarbe, Flügelform und ähnliche, also mit dem bloßen Auge oder einem schwachen Mikroskop erkennbare Phänotypen. Dieser Ansatz reichte in den ersten Tagen durchaus aus, doch die Genetiker erkannten schnell, dass die Zahl sichtbarer Phänotypen, deren Vererbung untersucht werden konnte, begrenzt war. Außerdem wurde die Analyse in vielen Fällen dadurch komplizierter, dass ein Phänotyp von mehreren Genen beeinflusst werden kann. Zum Beispiel waren um 1922 auf den vier Chromosomen der Taufliege über 50 Gene kartiert, von denen allein neun die Augenfarbe bestimmten. Zu einem späteren Zeitpunkt der Forschung mussten die Genetiker, die sich mit Taufliegen beschäftigten, lernen, rote, hellrote, zinnoberrote, granatrote, nelkenrote, rubinrote, sepiafarbene, scharlachrote, rosarote, kardinalrote, weinrote, violette oder braune Augen zu unterscheiden. Um Genkarten umfangreicher gestalten zu können, musste man besser unterscheidbare und weniger komplexe Merkmale finden, als die mit dem bloßen Auge sichtbaren.

Die Lösung war, die Biochemie in die Unterscheidung von Phänotypen einzubeziehen. Dies wurde bei zwei Formen von Organismen besonders wichtig – bei Mikroorganismen und beim Menschen. Mikroorganismen wie Bakterien und Hefe haben nur sehr wenige sichtbare Merkmale. Daher muss bei ihnen eine Genkartierung auf biochemischen Phänotypen wie den in Tabelle 3.1 aufgeführten beruhen. Beim Menschen ist die Verwendung sichtbarer Merkmale möglich, doch seit den 1920er-Jahren gehen Untersuchungen der genetischen Variabilität des Menschen weitgehend auf biochemische Phänotypen zurück, die man durch die Typisierung des Blutes feststellt. Diese Phänotypen umfassen nicht nur die Standardblutgruppen, wie die des AB0-Systems, sondern auch Varianten der Blutserumproteine und der immunologischen Proteine wie denen des HLA-(*human leukocyte antigen-*)Systems. Ein großer Vorteil dieser Marker ist, dass viele der relevanten Gene **multiple Allele** besitzen. Zum Beispiel hat das mit *HLA-DRB1* bezeichnete Gen mindestens 290 Allele und

**Tabelle 3.1**   Typische biochemische Marker, die für die genetische Analyse von *Saccharomyces cerevisiae* verwendet werden

| Marker | Phänotyp | Methode zur Identifizierung von Zellen, die den Marker tragen |
|---|---|---|
| *ADE2* | benötigt Adenin | wächst nur, wenn Adenin im Medium vorhanden ist |
| *CAN1* | resistent gegen Canavanin | wächst in Anwesenheit von Canavanin |
| *CUP1* | resistent gegen Kupfer | wächst in Anwesenheit von Kupfer |
| *CYH1* | resistent gegen Cycloheximid | wächst in Anwesenheit von Cycloheximid |
| *LEU2* | benötigt Leucin | wächst nur, wenn Leucin im Medium vorhanden ist |
| *SUC2* | kann Saccharose vergären | wächst, wenn Saccharose die einzige Kohlenstoffquelle im Medium ist |
| *URA3* | benötigt Uracil | wächst nur, wenn Uracil im Medium vorhanden ist |

*HLA-B* hat über 400. Dieses ist für die Art und Weise, wie die genetische Kartierung beim Menschen durchgeführt wird, von großer Bedeutung (Abschnitt 3.2.4). Statt geplante Kreuzungsexperimente durchzuführen, wie es bei Modellorganismen wie Taufliegen oder Mäusen der Fall ist, müssen die Daten über die Vererbung menschlicher Gene durch die Analyse von Phänotypen der Familienmitglieder gesammelt werden. Hinzu kommt, dass diese Mitglieder den Lebenspartner aus persönlichen Gründen wählen und nicht so, wie es die Genetiker bevorzugen würden. Besitzen alle Familienmitglieder das gleiche Allel des zu untersuchenden Gens, dann ergeben die Analysen keine nützlichen Daten. Um Gene kartieren zu können, ist es daher notwendig, Familien zu finden, bei denen sich durch Zufall Partner mit unterschiedlichen Allelen gefunden haben. Dies ist viel wahrscheinlicher, wenn ein Gen 290 Allele hat, als wenn es nur zwei sind.

## 3.2.2 DNA-Marker für die genetische Kartierung

Gene sind nützliche Marker, doch sie sind keineswegs ideal. Speziell bei größeren Genomen wie dem der Vertebraten und Blütenpflanzen ist es ein Problem, dass eine vollständig aus Genen bestehende Karte nicht sehr detailliert ist. Dies wäre ebenso der Fall, wenn jedes existierende Gen kartiert werden könnte, denn in den meisten eukaryotischen Genomen liegen die Gene weit verteilt und es befinden sich große Lücken zwischen ihnen (Abb. 7.12). Verstärkt wird das Problem dadurch, dass nur ein Teil der Gene leicht unterscheidbare Allelformen besitzt. Die Genkarten sind somit nicht sehr umfangreich und wir brauchen andere Typen von Markern.

Kartierte Merkmale, die keine Gene sind, werden als **DNA-Marker** bezeichnet. Wie Genmarker müssen DNA-Marker mindestens in zwei Allelen vorkommen, um bei der Kartierung eingesetzt werden zu können. Es gibt drei Typen von Sequenzmerkmalen, welche die Anforderungen erfüllen: **Restriktionsfragment-Längenpolymorphismen** (*restriction fragment length polymorphisms*, **RFLPs**), **einfache Sequenzlängen-Polymorphismen** (*simple sequence length polymorphisms*, **SSLPs**) und **Einzelnucleotid-Polymorphismen** (*single nucleotide polymorphisms*, **SNPs**).

### *Restriktionsfragment-Längenpolymorphismen*
Restriktionsfragment-Längenpolymorphismen (RFLPs) waren der erste Typ von DNA-Marker, der analysiert worden ist. Es sei daran erinnert, dass Restrik-

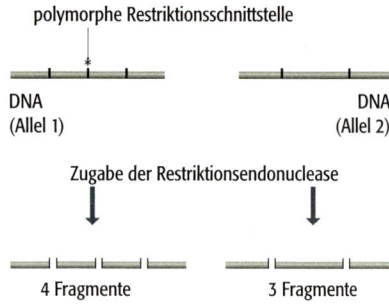

**3.4    Ein Restriktionsfragment-Längenpolymorphismus (RFLP).** Das DNA-Molekül auf der linken Seite besitzt eine polymorphe Restriktionsschnittstelle (gekennzeichnet mit einem Stern), die im Molekül auf der rechten Seite nicht vorhanden ist. Der RFLP ist nach der Behandlung mit einem Restriktionsenzym zu erkennen, weil eines der Moleküle in vier Fragmente geschnitten wird, das andere dagegen nur in drei.

tionsenzyme DNA-Moleküle an spezifischen Erkennungssequenzen schneiden (Abschnitt 2.1.2). Diese Sequenzspezifität bedeutet, dass die Behandlung eines DNA-Moleküls mit einem Restriktionsenzym immer den gleichen Satz an Fragmenten ergeben sollte. Bei genomischer DNA ist das nicht immer der Fall, weil einige Restriktionsschnittstellen polymorph sind. Sie existieren in zwei Allelen, wobei ein Allel die korrekte Sequenz der Schnittstelle besitzt und deshalb geschnitten wird, wenn die DNA mit diesem Enzym behandelt wird. Das zweite Allel ist dagegen in der Sequenz verändert, sodass die Schnittstelle nicht mehr erkannt wird. Aufgrund dieser veränderten Sequenz bleiben die beiden benachbarten Restriktionsfragmente nach einer Behandlung mit dem Enzym miteinander verbunden, was zu einem Längenpolymorphismus führt (Abb. 3.4). Dieser ist ein RFLP und seine Position in einer genomischen Karte kann ermittelt werden, indem man die Vererbung der Allele verfolgt, genauso als wenn Gene als Marker verwendet würden. Man nimmt an, dass ein Säugergenom rund $10^5$ RFLPs enthält.

Um einen RFLP darstellen zu können, ist es notwendig, die Größen von nur einem oder zwei Restriktionsfragmenten vor dem Hintergrund vieler irrelevanter Fragmente zu ermitteln. Das ist keine leichte Aufgabe: Ein Enzym wie *Eco*RI, mit einer Erkennungssequenz von sechs Nucleotiden, sollte ungefähr einmal alle $4^6 = 4096$ bp schneiden und so nahezu 800 000 Fragmente ergeben, wenn es bei menschlicher DNA angewendet wird. Nach der Trennung mittels Agarosegelelektrophorese zeigen diese 800 000 Fragmente einen Schmier aus DNA und der RFLP ist nicht zu bestimmen. Eine Möglichkeit den RFLP sichtbar zu machen, ist die Southern-Hybridisierung. Dazu wird eine Sonde verwendet, die sich über die polymorphe Restriktionsschnittstelle erstreckt (Abb. 3.5a). Heute wird jedoch am häufigsten die PCR angewendet. Die Primer für die PCR sind so gewählt, dass sie auf jeder Seite des polymorphen Bereichs binden. Der RFLP wird dargestellt, indem das amplifizierte Fragment mit dem Restriktionsenzym behandelt und die Probe anschließend über ein Agarosegel aufgetrennt wird (Abb. 3.5b).

**3.5    Zwei Verfahren für die Darstellung eines RFLP.** a) RFLPs können durch Southern-Hybridisierung dargestellt werden. Die DNA wird mit einem geeigneten Restriktionsenzym gespalten und mit einem Agarosegel aufgetrennt. Der Schmier von Restriktionsfragmenten wird auf eine Nylonmembran übertragen und mit einer DNA-Sonde hybridisiert, welche die polymorphe Restriktionsschnittstelle überspannt. Fehlt die Schnittstelle, wird nur ein einziges Fragment nachgewiesen (Spur 2); ist die Schnittstelle vorhanden, dann sind es zwei Fragmente (Spur 3). b) Der RFLP kann auch durch PCR dargestellt werden, indem man Primer verwendet, die an jeder Seite der polymorphen Restriktionsschnittstelle binden. Nach der PCR werden die Produkte mit dem geeigneten Restriktionsenzym behandelt und dann durch Agarosegelelektrophorese analysiert. Fehlt die Schnittstelle, dann ist nur eine Bande im Agarosegel zu sehen (Spur 2); ist die Schnittstelle vorhanden, sind es zwei (Spur 3).

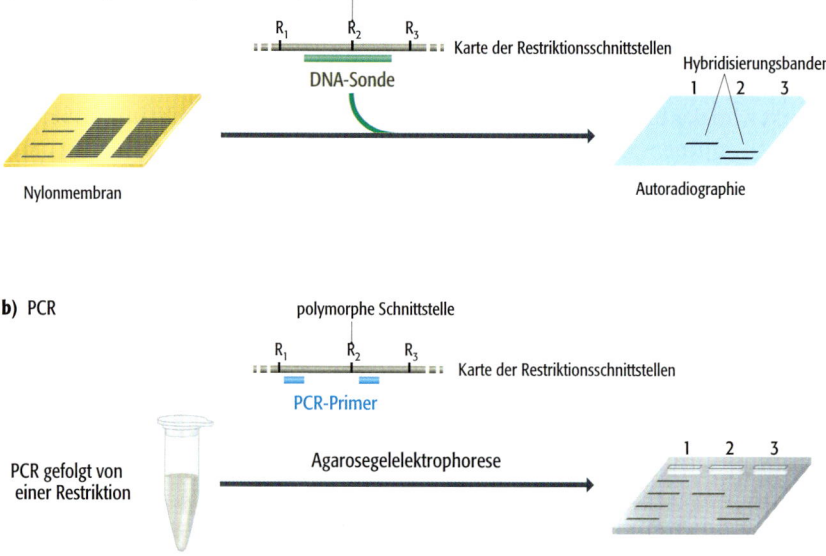

## Einfache Sequenzlängen-Polymorphismen

Einfache Sequenzlängen-Polymorphismen (SSLPs) sind Folgen sich wiederholender Sequenzen, die in ihrer Länge polymorph sind. Es handelt sich um verschiedene Allele mit einer unterschiedlichen Anzahl von Wiederholungseinheiten (Abb. 3.6a). Im Gegensatz zu RFLPs können SSLPs viele Allele besitzen, da jeder SSLP eine ganze Reihe unterschiedlicher Längen aufweisen kann. Es gibt zwei Typen von SSLPs:

- **Minisatelliten**, auch als **VNTRs** (*variable number of tandem repeats*) bekannt, bei denen die sich wiederholende Einheit eine Länge von bis zu 25 bp erreichen kann.

- **Mikrosatelliten**, oder **STRs** (*simple tandem repeats*), deren Wiederholungseinheiten mit 13 bp oder weniger viel kürzer sind.

Mikrosatelliten sind als DNA-Marker aus zwei Gründen beliebter als Minisatelliten. Erstens sind Minisatelliten nicht gleichmäßig über das Genom verteilt, sondern sie neigen dazu, sich in den Bereichen der Telomere an den Chromosomenenden anzuhäufen. Geographisch ausgedrückt ist dies gleichbedeutend damit, als ob man versucht, mit einer Karte von Leuchttürmen seinen Weg in der Mitte einer Insel zu finden. Mikrosatelliten sind dagegen gleichmäßiger über das Genom verteilt. Zweitens ist die PCR die schnellste Methode einen Längenpolymorphismus darzustellen, und diese Form der Typisierung ist noch schneller und genauer, wenn die Sequenzen weniger als 300 bp lang sind. Die meisten Allele von Minisatelliten sind jedoch länger, weil die Wiederholungseinheiten selbst relativ groß sind und viele von ihnen direkt hintereinander liegen. Das zur Darstellung notwendige PCR-Produkt hat daher eine Länge von mehreren Kilobasen. Als DNA-Marker verwendete Mikrosatelliten bestehen in der Regel aus 10–30 Kopien von Sequenzen mit nicht mehr als 6 bp und sind deshalb für eine PCR-Analyse besser geeignet. Im menschlichen Genom existieren $5 \times 10^5$ Mikrosatelliten mit einem repetitiven Motiv aus 6 bp oder weniger.

Wird ein STR mittels PCR untersucht, dann ist das entsprechende Allel an der Größe des PCR-Produkts zu erkennen (Abb. 3.6b). Die Längenvarianten kann man durch Agarosegelelektrophorese sichtbar machen. Doch eine Standardgelelektrophorese ist eine mühsame Prozedur, die sich nur schwer automatisieren lässt und daher für Analysen mit hohen Durchsatz, wie sie für die moderne Genomforschung erforderlich sind, ungeeignet. Stattdessen werden STRs mit einer **Kapillarelektrophorese** in einem Polyacrylamidgel (Methoden 4.1) dargestellt. Die meisten Kapillarelektrophoresesysteme wenden die Fluoreszenzmessung an. Deshalb markiert man einen oder sogar beide Primer vor

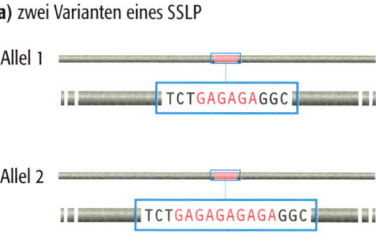

**a)** zwei Varianten eines SSLP

Allel 1

TCT GAGAGA GGC

Allel 2

TCT GAGAGAGAGA GGC

**b)** Darstellung eines SSLP durch PCR

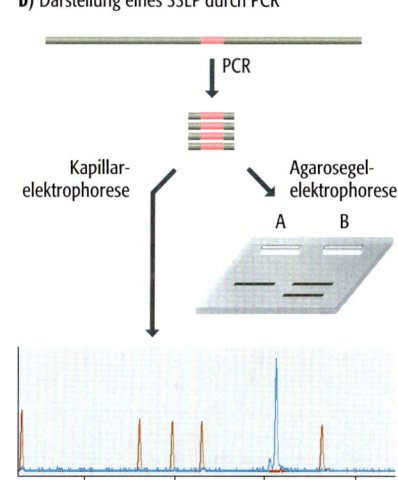

PCR

Kapillar-elektrophorese

Agarosegel-elektrophorese

A    B

120    150    180    210
Basenpaare

**3.6    STRs und deren Darstellung.** a) Zwei Allele einer kurzen, sich tandemartig (direkt hintereinander) wiederholenden Einheit, die auch als Mikrosatellit bezeichnet wird. In Allel 1 wird das Motiv „GA" dreimal wiederholt, in Allel 2 fünfmal. b) Darstellung eines STR mittels PCR. Die STR-Sequenz und ein Teil der umgebenden Sequenz wird amplifiziert und die Größe des Produkts durch Agarosegelelektrophorese oder Kapillarelektrophorese ermittelt. Im Agarosegel enthält Spur A das PCR-Produkt und Spur B den DNA-Marker, der nach der PCR der beiden Allele die Größen der Banden anzeigt. Die Größe der Bande in Spur A entspricht der des größeren DNA-Markers und zeigt so, dass die getestete DNA Allel 2 enthält. Die Ergebnisse der Kapillarelektrophorese sind als Elektrophoretogramm dargestellt. Die Lage des Peaks zeigt die Größe des PCR-Produkts an. Das Elektrophoretogramm wird automatisch mit dem Größenmarker kalibriert, sodass die exakte Länge des PCR-Produkts berechnet werden kann. Mit freundlicher Genehmigung von Susan Thaw.

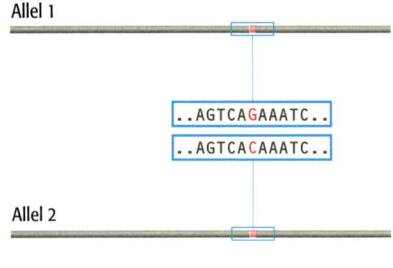

Allel 1

..AGTCAGAAATC..
..AGTCACAAATC..

Allel 2

3.7    Einzelnucleotid-Polymorphismus (SNP).

der Durchführung der PCR mit einem Fluoreszenzfarbstoff (Methoden 2.1). Das Produkt wird nach der PCR über ein Kapillarsystem aufgetrennt und wandert dann an einem Fluoreszenzdetektor vorbei. Ein mit dem Detektor verbundener Computer setzt die Zeit, die das Produkt für die Passage benötigt, mit Daten von einer Reihe von Größenmarkern in Beziehung und bestimmt anhand dessen die exakte Länge des Produkts.

### Einzelnucleotid-Polymorphismen

An bestimmten Stellen des Genoms besitzen manche Organismen ein bestimmtes Nucleotid (zum Beispiel ein G), andere dagegen ein anderes (zum Beispiel ein C) (Abb. 3.7). In jedem Genom gibt es eine Vielzahl von Einzelnucleotid-Polymorphismen (*single nucleotide polymorphism*, SNPs) (im menschlichen Genom sind es über vier Millionen), von denen einige RFLPs zur Folge haben, andere jedoch unbemerkt bleiben, weil die Sequenz, in der sie liegen, nicht von einem Restriktionsenzym geschnitten wird.

Jedes der vier Nucleotide kann an jeder Stelle des Genoms vorkommen. Daher würde man auch vermuten, dass jeder SNP vier Allele haben kann. Theoretisch ist das möglich, doch in der Praxis bestehen die meisten SNPs nur aus zwei Varianten. Der Grund hierfür ist, dass SNPs durch **Punktmutationen** (Abschnitt 16.1) im Genom entstehen, die ein Nucleotid in ein anderes überführen. Betrifft die Punktmutation eine Keimzelle eines Individuums, können ein oder mehrere Nachkommen dieses Individuums diese Mutation erben und der SNP kann sich nach mehreren Generationen in der Population etablieren. Zu diesem Zeitpunkt gibt es jedoch nur zwei Allele – die ursprüngliche Sequenz und die mutierte Variante. Damit ein drittes Allel entstehen kann, muss das Genom eines anderen Individuums erneut an genau der gleichen Stelle mutieren und dieses Individuum und seine Nachkommen müssen sich in einer Art und Weise vermehren, dass sich das neue Allel etablieren kann. Dieser Ablauf ist nicht unmöglich aber unwahrscheinlich; somit besteht die überwiegende Mehrheit der SNPs aus zwei Allelen. Dieser Nachteil wird durch die große Anzahl an SNPs in jedem Genom mehr als ausgeglichen – in den meisten Eukaryoten kommt mindestens alle 10 kb ein SNP vor. SNPs ermöglichen deshalb die Konstruktion von detaillierten genomischen Karten.

Die Bedeutung, die SNPs in der Genomforschung erlangt haben, hat die Entwicklung von Verfahren für ihre Darstellung vorangetrieben. Etliche dieser Methoden beruhen auf **Oligonucleotid-Hybridisierungsanalysen**. Ein Oligonucleotid ist ein kurzes, einzelsträngiges DNA-Molekül, in der Regel mit einer Länge von weniger als 50 Nucleotiden, das im Reagenzglas synthetisiert wird. Unter geeigneten Bedingungen hybridisiert ein Oligonucleotid nur dann mit einem anderen DNA-Molekül, wenn sich mit dem zweiten Molekül eine vollständige Basenpaarung ausbilden kann. Ist auch nur eine Fehlpaarung – eine einzige Position, die kein Basenpaar bildet – vorhanden, findet keine Hybridisierung statt (Abb. 3.8a). Oligonucleotidhybridisierung kann daher verwendet werden, um zwischen zwei Allelen eines SNP zu unterscheiden. Es wurden verschiedene Screening-Verfahren entwickelt, wie zum Beispiel folgende:

● Die **DNA-Chip-Technologie** (Methoden 3.1) verwendet einen Träger aus Glas oder Silikon, mit einer Fläche von 2,0 cm² oder weniger, auf dem viele verschiedene Oligonucleotide systematisch angeordnet und fixiert sind. Die zu testende DNA wird mit einem Fluoreszenzmarker gekennzeichnet und auf die Oberfläche des Chips pipettiert. Eine Hybridisierung weist man durch eine Analyse des Chips mit einem Fluoreszenzmikroskop nach. Dabei zeigen die Stellen, an denen das fluoreszierende Signal emittiert wird, welches Oligonucleotid mit der Test-DNA hybridisiert hat. Mit diesem Verfahren können in einem einzigen Experiment viele SNPs dargestellt werden.

- **Hybridisierungen in Lösung** werden in Vertiefungen einer Mikrotiterplatte durchgeführt, von denen jede ein anderes Oligonucleotid enthält. Das verwendete Nachweissystem kann zwischen nichthybridisierter einzelsträngiger DNA und dem doppelsträngigen Produkt, das durch Hybridisierung des Oligonucleotids mit der Test-DNA entsteht, unterscheiden. Man hat verschiedene Systeme entwickelt, von denen eines auf der Verwendung eines Markerpaars beruht. Die eine Komponente des Markerpaars ist ein Fluoreszenzfarbstoff, die andere ist eine Verbindung, die das Fluoreszenzsignal abfängt (Quencher), wenn sie in die Nähe des Farbstoffes gelangt. Der Farbstoff wird an das eine Ende des Oligonucleotids gehängt, die abfangende Verbindung an das andere. Da das Oligonucleotid so konstruiert ist, dass die beiden Enden Basenpaare ausbilden und der Farbstoff auf diese Weise in die Nähe des Quenchers gelangt, tritt im Normalfall keine Fluoreszenz auf (Abb. 3.8b). Die Basenpaarung wird jedoch durch die Hybridisierung zwischen Oligonucleotid und Test-DNA gelöst, wodurch sich der Quencher vom Farbstoff entfernt und das Fluoreszenzsignal entsteht.

Andere Darstellungsmethoden verwenden ein Oligonucleotid, dessen Hybridisierung mit dem SNP am äußersten 5′- oder 3′-Ende eine Fehlpaarung aufweist. Unter geeigneten Bedingungen hybridisiert ein solches Oligonucleotid trotz Fehlpaarung mit der Matrizen-DNA und es bildet sich ein kurzer, „Schwanz" ohne Basenpaarungen (Abb. 3.9a). Diese Eigenschaft wird von zwei unterschiedlichen Verfahren genutzt:

- Der **Oligonucleotidligationstest** (*oligonucleotide ligation assay*, **OLA**) verwendet zwei Oligonucleotide, die in direkter Nachbarschaft zueinander binden, wobei das 3′-Ende eines der Oligonucleotide genau über dem SNP liegt. Dieses Oligonucleotid bildet eine vollständige Basenpaarung aus, wenn die eine Variante des SNP in der Matrizen-DNA vorhanden ist. In einem solchen Fall kann das Oligonucleotid mit dem Partner ligiert werden (Abb. 3.9b). Enthält die untersuchte DNA jedoch das andere Allel des SNP, dann geht das 3′-Nucleotid des Testoligonucleotids keine Basenpaarung mit der Matrizen-DNA ein und die Ligation bleibt aus. Das Allel wird also typisiert, indem man feststellt, ob ein Ligationsprodukt synthetisiert wurde oder

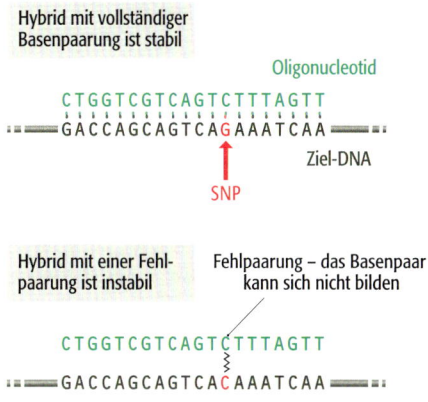

**a)** Oligonucleotidhybridisierung ist sehr spezifisch

Hybrid mit vollständiger Basenpaarung ist stabil

　　　　　　　　　　　　　　　　Oligonucleotid
C T G G T C G T C A G T C T T T A G T T
G A C C A G C A G T C A G A A A T C A A　Ziel-DNA
　　　　　　　　　　　　　SNP

Hybrid mit einer Fehlpaarung ist instabil　　Fehlpaarung – das Basenpaar kann sich nicht bilden

C T G G T C G T C A G T C T T T A G T T
G A C C A G C A G T C A C A A A T C A A

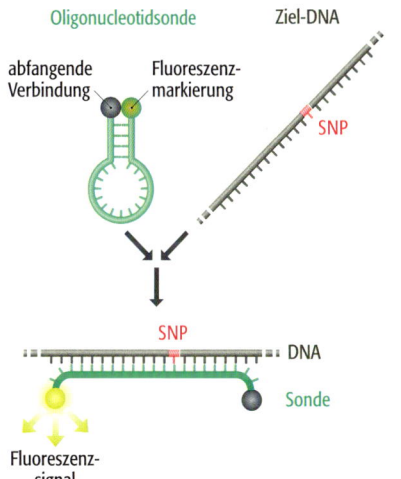

**b)** Nachweis der Hybridisierung durch Abfangen eines Fluoreszenzsignals

Oligonucleotidsonde　　　　　Ziel-DNA

abfangende Verbindung　　Fluoreszenz-markierung

　　　　　　　　　　　　SNP

SNP

DNA

Sonde

Fluoreszenz-signal

**3.8　Darstellung von SNPs durch Oligonucleotid-Hybridisierungsanalysen. a)** Unter sehr stringenten Hybridisierungsbedingungen entsteht ein stabiles Hybrid nur, wenn das Oligonucleotid eine vollständige Basenpaarung mit der Ziel-DNA ausbilden kann. Das Hybrid bildet sich dagegen nicht, wenn eine Fehlpaarung vorhanden ist. Um dieses Ausmaß an Stringenz zu erreichen, muss die Inkubationstemperatur direkt unterhalb der **Schmelztemperatur**, oder $T_m$, des Oligonucleotids liegen. Bei Temperaturen oberhalb von $T_m$ ist selbst ein Hybrid mit vollständiger Basenpaarung instabil. Bei mehr als 5 °C unter $T_m$ können auch Hybride mit Fehlpaarungen stabil sein. Die Schmelztemperatur des gezeigten Oligonucleotids liegt bei 58 °C. $T_m$ wird mit der Formel $T_m = (4 \times$ Anzahl der G- und C-Nucleotide) + $(2 \times$ Anzahl der A- und T-Nucleotide) berechnet. Diese Gleichung gibt einen Näherungswert für $T_m$ von Oligonucleotiden mit einer Länge von 15–30 Nucleotiden. **b)** Eine Möglichkeit, einen SNP darzustellen, ist die Hybridisierung in Lösung. Die Oligonucleotidsonde trägt an ihren Enden zwei Marker. Einer dieser Marker ist ein Fluoreszenzfarbstoff und der andere eine abfangende Verbindung. Die beiden Enden bilden Basenpaare miteinander aus, sodass das Fluoreszenzsignal abgefangen wird. Hybridisiert die Sonde mit der Ziel-DNA, dann werden die beiden Enden des Oligonucleotids getrennt und der Fluoreszenzfarbstoff emittiert das Signal. Diese beiden Markierungen werden auch als *„molecular beacons"* („molekulare Leuchtfeuer") bezeichnet.

# Methoden 3.1    DNA-Microarrays und Chips

*DNA-Molekül-Arrays mit hoher Dichte für die gleichzeitige Hybridisierungsanalyse*

DNA-Microarrays und Chips wurden entwickelt, um viele Hybridisierungsexperimente gleichzeitig durchführen zu können. Ihre Hauptanwendungsgebiete liegen in der Suche von Polymorphismen wie SNPs (Abschnitt 3.2.2) und dem Vergleich von RNA-Populationen verschiedener Zellen (Abschnitt 6.1.2).

Genau genommen besitzen Microarrays und Chips zwei unterschiedliche Formen von Matrices, wobei die Terminologie nicht einheitlich verwendet wird. Bei beiden wird eine große Zahl von DNA-Proben, von denen jede eine andere Sequenz besitzt, an einer definierten Stelle auf einer festen Oberfläche immobilisiert. Die Proben können synthetische Oligonucleotide oder andere kurze DNA-Moleküle wie cDNAs oder PCR-Produkte sein, die bei einem **Micorarray** auf einen Objektträger aus Glas oder eine Nylonmembran aufgetragen werden. Mit einem solchen Ansatz wird jedoch nur eine geringe Dichte erreicht – typischerweise sind es bei einem 80 × 80 Array 6 400 Punkte auf einer Fläche von 18 × 18 mm². Das reicht für die Analyse von RNA-Populationen aus, ist aber weniger geeignet, um SNPs mit hohem Durchsatz darzustellen.

Um Arrays mit wirklich hoher Dichte herzustellen, werden die Oligonucleotide auf der Oberfläche des Glas- oder Silikonträgers *in situ* synthetisiert. Auf diese Weise entsteht ein **DNA-Chip**. Die gängige Methode der Oligonucleotidsynthese umfasst das schrittweise Anfügen von Nucleotiden an das wachsende Ende eines Oligonucleotids. Dabei wird die Sequenz durch die Reihenfolge bestimmt, mit der die Nucleotidsubstrate zum Reaktionsansatz gegeben werden. Käme diese Methode für die Herstellung eines Chips zum Einsatz, hätte jedes Oligonucleotid am Ende die gleiche Sequenz. Stattdessen werden modifizierte Substrate verwendet, die durch Licht aktiviert werden müssen, bevor sie an das Ende des wachsenden Oligonucleotids binden können. Man gibt die Nucleotide nacheinander auf die Chip-Oberfläche und verwendet ein photolithographisches Verfahren, um Lichtblitze auf bestimmte Positionen des Arrays zu lenken und auf diese

Weise bei jedem Schritt zu bestimmen, welches der wachsenden Oligonucleotide durch das Anfügen eines bestimmten Nucleotids verlängert wird (Abb. M3.1.1). Mit diesem Verfahren ist eine Dichte von bis zu 300 000 Oligonucleotiden pro cm² möglich. Wird die Methode für ein SNP-Screening verwendet, können mit einem einzigen Experiment 150 000 Polymorphismen dargestellt werden, vorausgesetzt, dass Oligonucleotide für beide Allele eines SNPs vorhanden sind.

Chips und Microarrays sind in ihrer Anwendung nicht kompliziert. Der Chip oder Array wird für die Hybridisierung mit der markierten Ziel-DNA inkubiert. Man erfasst die Positionen, an denen eine solche Hybridisierung stattgefunden hat, indem man die Oberfläche absucht und die Stellen aufzeichnet, an denen das durch die Markierung emittierte Licht nachgewiesen wird. Auch radioaktive Markierungen kommen zum Einsatz. Die Signale werden durch **Phosphoimaging** elektronisch nachgewiesen, doch hat dieses Verfahren nur eine geringe Auflösung und ist nicht für Chips mit extremer Dichte geeignet. Mit fluoreszierenden Markern und dem Nachweis durch Laser Scanning Mikroskopie oder konfokaler Fluoreszenzmikroskopie erzielt man dagegen eine höhere Auflösung (Abb. M3.1.2).

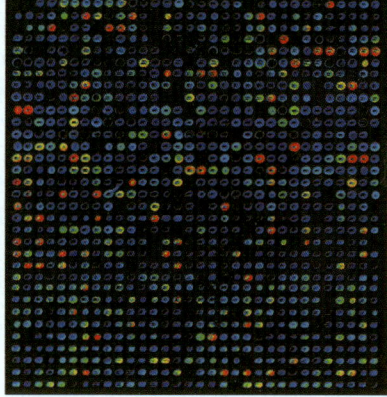

**M3.1.2    Nachweis der Hybridisierung einer fluoreszenzmarkierten Sonde mit einem Microarray.** Der Marker wird durch konfokale Laser-Scanning-Mikroskopie nachgewiesen und die Signalstärke in eine Falschfarbendarstellung umgewandelt. Dabei zeigt Rot die stärkste Hybridisierung, gefolgt von Orange, Gelb, Grün, Blau, Indigo und Violett, welches das Hintergrundsignal der Hybridisierung anzeigt. Jeder Punkt auf einem Microarray repräsentiert einen anderen cDNA-Klon, der ausgehend von der mRNA menschlicher Blutkörperchen synthetisiert wurde. Als Sonde wurde eine cDNA verwendet, die auf mRNA aus Zellen des menschlichen Knochenmarks zurückgeht. Für weitere Informationen über die Verwendung von DNA-Chips und Microarrays bei der Untersuchung von mRNA-Populationen siehe Abschnitt 6.1.2. Mit freundlicher Genehmigung von Tom Strachan, Nachdruck mit Genehmigung von *Nature*.

**lichtaktivierte Synthese**

**M3.1.1    Oligonucleotidsynthese auf der Oberfläche eines DNA-Chips.**

**a)** Hybridisierung mit einem Oligonucleotid mit einer terminalen Fehlpaarung

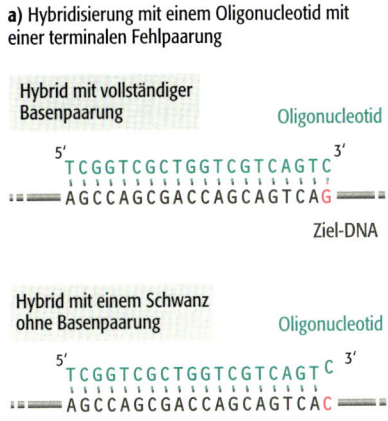

**b)** Oligonucleotidligationstest

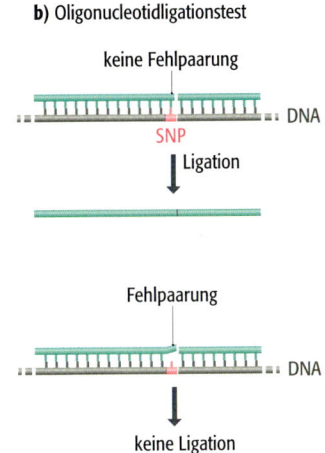

**c)** ARMS-Test

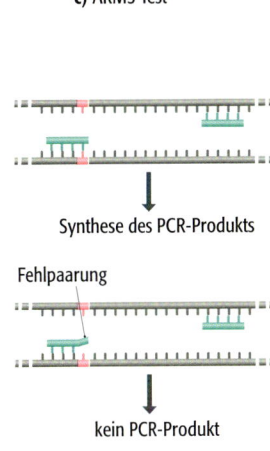

nicht. Dazu wird der Ansatz nach der Reaktion über eine Kapillarelektrophorese getrennt, wie oben für die Darstellung von STRs beschrieben wurde.

- Der **ARMS-Test** (*amplification refractory mutation system*) beruht auf demselben Prinzip wie die OLA-Methode, doch das Testoligonucleotid besteht aus einem Paar von PCR-Primern. Bindet der Test-Primer an den SNP, dann wird er durch die *Taq*-Polymerase verlängert und die PCR läuft ab. Bindet er jedoch nicht, weil die alternative Variante des SNP vorliegt, dann wird das PCR-Produkt nicht generiert (Abb. 3.9c).

### 3.2.3 Die Kopplungsanalyse ist die Grundlage für die genetische Kartierung

Jetzt, da wir eine Reihe von Markern aufgezählt haben, mit denen eine genetische Karte erstellt werden kann, können wir weitergehen und uns die Kartierungsmethoden selbst ansehen. Diese Verfahren beruhen alle auf **genetischer Kopplung**, die ihrerseits auf die bahnbrechenden Entdeckungen von Gregor Mendel Mitte des 19. Jahrhunderts zurückgeht.

#### *Die Grundsätze der Vererbung und die Entdeckung der Kopplung*

Die genetische Kartierung beruht auf den Grundsätzen der Vererbung, die zuerst von Gregor Mendel im Jahr 1865 beschrieben wurden. Aus den Ergebnissen seiner Kreuzungsversuche mit Erbsen schloss Mendel, dass jede Erbsenpflanze für jedes Gen zwei Allele besitzt, doch nur einen Phänotyp ausprägt. Das ist leicht nachzuvollziehen, wenn die Pflanze reinerbig, oder **homozygot**, für ein bestimmtes Merkmal ist, weil sie in diesem Fall zwei identische Allele hat und den entsprechenden Phänotyp besitzt (Abb. 3.10a). Mendel zeigte, dass bei einer Kreuzung von zwei homozygoten Pflanzen mit zwei unterschiedlichen Phänotypen alle Nachkommen (die F₁-Generation) denselben Phänotyp haben. Diese F₁-Pflanzen sind **heterozygot**, was bedeutet, dass sie zwei verschiedene

**3.9    Methoden für die Darstellung von SNPs.** a) Unter geeigneten Bedingungen bindet ein Oligonucleotid, dessen Fehlpaarung mit dem SNP an seinem äußersten 5'- oder 3'-Ende auftritt, trotz der Fehlpaarung an die Matrizen-DNA; dabei entsteht ein kurzer „Schwanz" ohne Basenpaarung. b) Darstellung eines SNP durch den Oligonucleotidligationstest. c) Der ARMS-Test.

**a)** Selbstbefruchtung reinerbiger Erbsenpflanzen

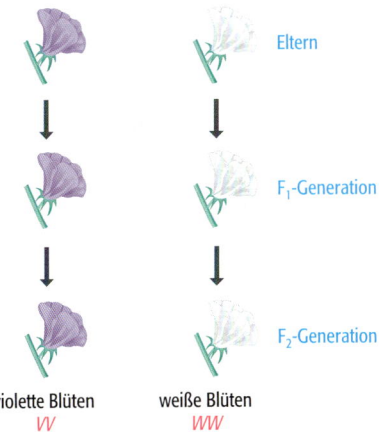

**b)** Kreuzung von zwei reinerbigen Pflanzen

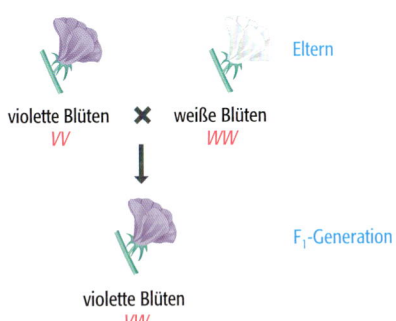

**3.10    Homozygotie und Heterozygotie.** Mendel untersuchte bei seinen Erbsenpflanzen sieben unterschiedliche Merkmalspaare, von denen eines, wie hier gezeigt, die violette und weiße Blütenfarbe war. a) Aus reinerbigen Pflanzen entstehen stets Nachkommen mit der Blütenfarbe der Eltern. Diese Pflanzen sind homozygot; jede besitzt ein Paar identischer Allele, hier bezeichnet mit *VV* für violette Blüten und *WW* für weiße Blüten. b) Werden zwei reinerbige Pflanzen gekreuzt, entsteht in der F₁-Generation nur ein Phänotyp. Mendel folgerte hieraus, dass der Genotyp der F₁-Pflanzen *VW* sein musste, mit *V* als dominantem und *W* als rezessivem Allel.

**a)** unvollständige Dominanz

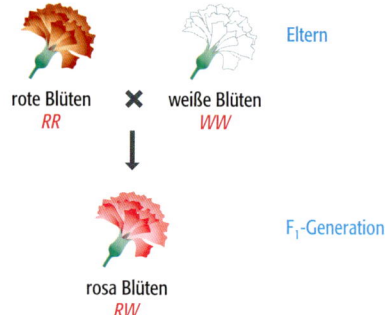

rote Blüten    **×**    weiße Blüten     Eltern
*RR*             *WW*

rosa Blüten          $F_1$-Generation
*RW*

**b)** Codominanz

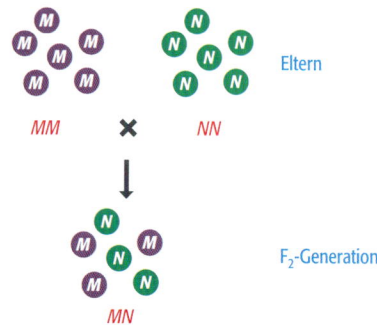

*MM*    **×**    *NN*        Eltern

                   $F_2$-Generation
*MN*

**3.11  Zwei Arten der Wechselwirkung zwischen Allelen, denen Mendel nicht begegnet ist.** a) Unvollständige Dominanz. b) Codominanz.

**3.12  Durch die Mendelschen Regeln können die Ergebnisse von Kreuzungen vorhergesagt werden.** Dargestellt sind zwei Kreuzungen mit ihrem absehbaren Ergebnis. Bei einem monohybriden Erbgang werden die Allele eines einzigen Gens betrachtet. In diesem Fall ist es das Allel *G* für große Erbsenpflanzen und das Allel *g* für kleine Erbsenpflanzen. *G* ist dominant und *g* rezessiv. Das Schema zeigt die nach Mendels erster Regel zu erwartenden Genotypen und Phänotypen der $F_1$-Generation. Die Regel besagt, dass Allele zufällig segregieren. Als Mendel diese Kreuzung durchführte, erhielt er 787 große und 277 kleine Pflanzen in einem Verhältnis von 2,84 : 1. Bei einem dihybriden Erbgang werden zwei Gene analysiert. Das zweite Gen bestimmt die Erbsenform, die Allele sind *R* (rund; das dominante Allel) und *r* (runzelig; das rezessive Allel). Die gezeigten Genotypen und Phänotypen sind die, die durch Mendels erste und zweite Regel vorhergesagt werden, wobei die zweite Regel besagt, dass die Allelpaare unabhängig voneinander segregieren.

Allele tragen, eines für jeden Phänotyp, wobei ein Allel von der Mutter vererbt wurde und eines vom Vater. Mendel postulierte, dass in diesem heterozygoten Zustand ein Allel die Wirkung des anderen überdeckt: Er bezeichnete daher den Phänotyp der $F_1$-Pflanzen als **dominant** über den zweiten, **rezessiven** Phänotyp (Abb. 3.10b).

Mendels Interpretation des heterozygoten Zustands trifft für die von ihm untersuchten Allele exakt zu, doch wissen wir mittlerweile, dass dieses einfache Schema von dominant und rezessiv bei bestimmten Konstellationen, denen Mendel nicht begegnet ist, komplizierter sein kann, wie zum Beispiel bei den Folgenden:

● Bei **unvollständiger Dominanz** zeigt die heterozygote Form einen intermediären Phänotyp zwischen den beiden homozygoten Formen. Blütenfarben von Pflanzen wie Nelken, aber nicht Erbsen, sind ein Beispiel hierfür: Werden rote Nelken mit weißen gekreuzt, dann haben die $F_1$-Heterozygoten weder rote noch weiße Blüten, sondern rosafarbene (Abb. 3.11a).

● Bei **Codominanz** zeigt die heterozygote Form beide homozygoten Phänotypen. Die Blutgruppen des Menschen liefern einige Beispiele für Codominanz. Zum Beispiel synthetisieren die zwei homozygoten Formen des MN-Systems nur M- beziehungsweise N-Glykoproteine. Heterozygote dagegen produzieren beide Proteine und werden daher als MN bezeichnet (Abb. 3.11b).

Mendel entdeckte nicht nur Dominanz und Rezessivität, sondern er führte auch weitere Experimente durch, die es ihm ermöglichten, seine zwei Regeln der Genetik abzuleiten. Die erste Regel besagt, dass die **Allele zufällig segregieren**. Mit anderen Worten, wenn *A* und *a* die elterlichen Allele sind, dann erbt ein Mitglied der $F_1$-Generation Allel *A* oder Allel *a* mit derselben Wahrscheinlichkeit. Die zweite Regel lautet, dass ein **Allelpaar unabhängig segregiert**, sodass die Vererbung der Allele von Gen A unabhängig von der Vererbung der Allele von Gen B ist. Durch diese Gesetze ist der Ausgang einer genetischen Kreuzung absehbar (Abb. 3.12).

Als Mendels Arbeit im Jahr 1900 wiederentdeckt wurde, verwirrte seine zweite Regel die frühen Genetiker, denn man erkannte bald, dass sich Gene auf Chromosomen befinden und man hatte festgestellt, dass alle Organismen viel mehr Gene als Chromosomen besitzen. Chromosomen werden als intakte Einheiten vererbt und man folgerte daraus, dass die Allele einiger Genpaare zusammen vererbt werden, weil sie auf demselben Chromosom liegen (Abb. 3.13). Dies ist das Prinzip der genetischen Kopplung und seine Richtigkeit konnte rasch

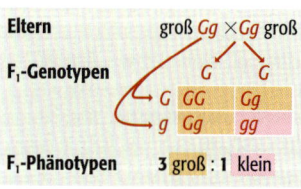

| MONOHYBRIDE KREUZUNG | | |
|---|---|---|
| **Eltern** | groß *Gg* × *Gg* groß | |
| **$F_1$-Genotypen** | *G*    *G* | |
| | *G* | *GG* | *Gg* |
| | *g* | *Gg* | *gg* |
| **$F_1$-Phänotypen** | **3** groß : **1** klein | |

| DIHYBRIDE KREUZUNG | | | | |
|---|---|---|---|---|
| **Eltern** | groß rund *GgRr* × *GgRr* groß rund | | | |
| **$F_1$-Genotypen** | *GR* | *Gr* | *gR* | *gr* |
| *GR* | *GGRR* | *GGRr* | *GgRR* | *GgRr* |
| *Gr* | *GGRr* | *GGrr* | *GgRr* | *Ggrr* |
| *gR* | *GgRR* | *GgRr* | *ggRR* | *ggRr* |
| *gr* | *GgRr* | *Ggrr* | *ggRr* | *ggrr* |
| **$F_1$-Phänotypen** | **9** groß rund : **3** groß runzelig : | | | |
| | **3** klein rund : **1** klein runzelig | | | |

bewiesen werden; allerdings trafen die Ergebnisse nicht so exakt zu, wie man erwartet hatte. Eine strenge Kopplung, wie man sie für viele Genpaare vorhergesagt hatte, ließ sich nicht zeigen. Genpaare wurden entweder unabhängig vererbt, wie man es von Genen zweier verschiedener Chromosomen kannte, oder es handelte sich, wenn eine Kopplung vorhanden war, nur um eine **partielle Kopplung**: Manchmal wurden die Paare zusammen vererbt und manchmal nicht (Abb. 3.14). Die Auflösung dieses Widerspruchs zwischen Theorie und Beobachtung war ein entscheidender Schritt in der Entwicklung von Verfahren für die genetische Kartierung.

### Partielle Kopplung erklärt sich durch das Verhalten der Chromosomen während der Meiose

Der entscheidende Durchbruch gelang Thomas Hunt Morgan, der die Verbindung zwischen partieller Kopplung und dem Verhalten der Chromosomen im Kern während der Zellteilung herstellte. Im späten 19. Jahrhundert unterschieden Cytologen zwei Arten von Kernteilung: **Mitose** und **Meiose**. Die Mitose ist der häufiger vorkommende Prozess, bei dem sich der diploide Kern einer somatischen Zelle in zwei diploide Tochterkerne teilt (Abb. 3.15). Nahezu $10^{17}$ Mitosen sind für die Produktion aller Zellen eines Menschen während seines Lebens notwendig. Bevor die Mitose beginnt, wird jedes Chromosom im Kern repliziert, doch trennen sich die Tochterchromosomen nicht unmittelbar danach voneinander, sondern sie bleiben zunächst an ihren Centromeren miteinander verbunden. Die Töchter trennen sich nicht, bis die Chromosomen zu einem

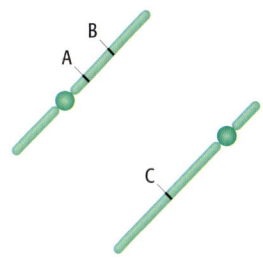

**3.13 Gene auf demselben Chromosom sollten eine Kopplung zeigen.** Die Gene A und B liegen auf demselben Chromosom und werden zusammen vererbt. Mendels zweite Regel sollte deshalb für die Vererbung von A und B nicht zutreffen. Gen C liegt auf einem anderen Chromosom, sodass die zweite Regel für die Vererbung von A und C beziehungsweise B und C zutrifft. Mendel entdeckte die Kopplung nicht, weil die sieben von ihm untersuchten Gene auf unterschiedlichen Erbsenchromosomen liegen.

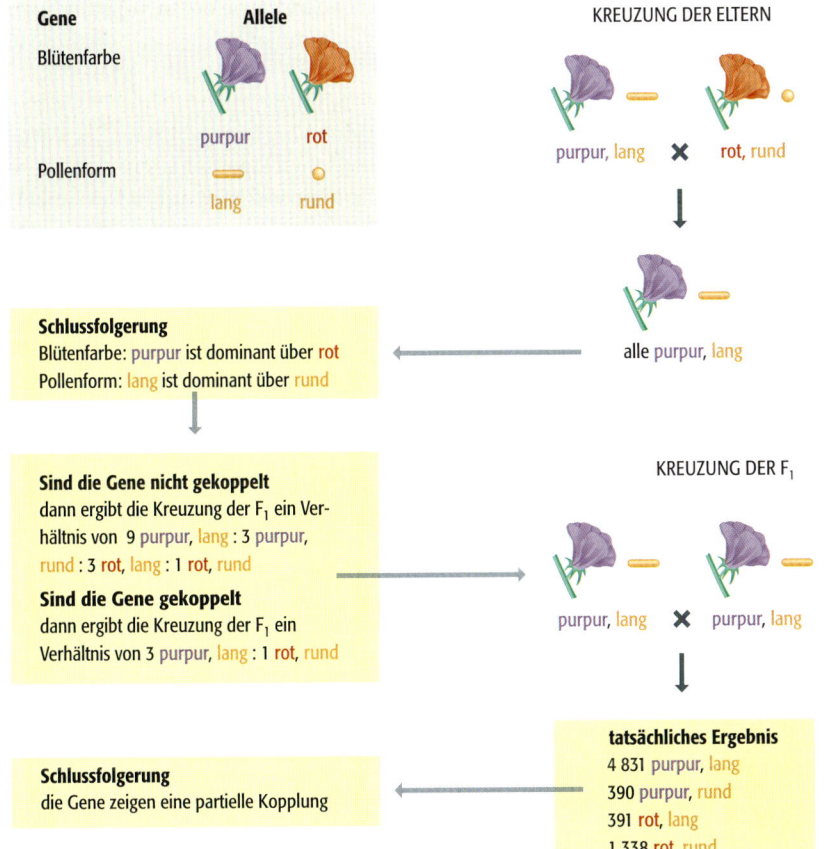

**3.14 Partielle Kopplung.** Die partielle Kopplung wurde zu Beginn des 20. Jahrhunderts entdeckt. Die hier dargestellte Kreuzung wurde von Bateson, Saunders und Punnett im Jahr 1905 mit Wicken durchgeführt. Die Kreuzung der Eltern zeigt ein typisches Ergebnis eines dihybriden Erbgangs (Abb. 3.12), bei dem alle $F_1$-Pflanzen denselben Phänotyp haben. Somit sind die dominanten Allele purpurfarbene Blüten und lange Pollen. Die Kreuzung der $F_1$-Generation lieferte unerwartete Ergebnisse, da die Nachkommen weder ein 9 : 3 : 3 : 1-Verhältnis (wie man es für Gene auf verschiedenen Chromosomen erwarten würde) noch ein 3 : 1-Verhältnis (wie es der Fall wäre, wenn die Gene vollständig gekoppelt wären) zeigten. Das ungewöhnliche Verhältnis ist das Ergebnis einer partiellen Kopplung.

**3.15   Mitose.** Während der Interphase (dem Zeitraum zwischen den Kernteilungen) liegen die Chromosomen in ihrer ausgestreckten Form vor (Abschnitt 7.1.1). Zu Beginn der Mitose kondensieren die Chromosomen und in der späten Prophase haben sie Strukturen gebildet, die man durch ein Lichtmikroskop erkennen kann. Jedes Chromosom hat bereits die DNA-Replikation vollzogen, doch werden die beiden Tochterchromosomen durch das Centromer zusammengehalten. Während der Metaphase löst sich (bei den meisten Eukaryoten) die Kernhülle auf und die Chromosomen sammeln sich in der Mitte der Zelle. Mikrotubuli ziehen die Tochterchromosomen nun zu den Zellpolen. In der Telophase bilden sich die Kernmembranen um jeden Satz Tochterchromosomen. Ausgehend von dem elterlichen Kern sind also zwei identische Tochterkerne entstanden. Der Übersichtlichkeit halber ist nur ein Paar homologer Chromosomen dargestellt, eines rot und das andere blau.

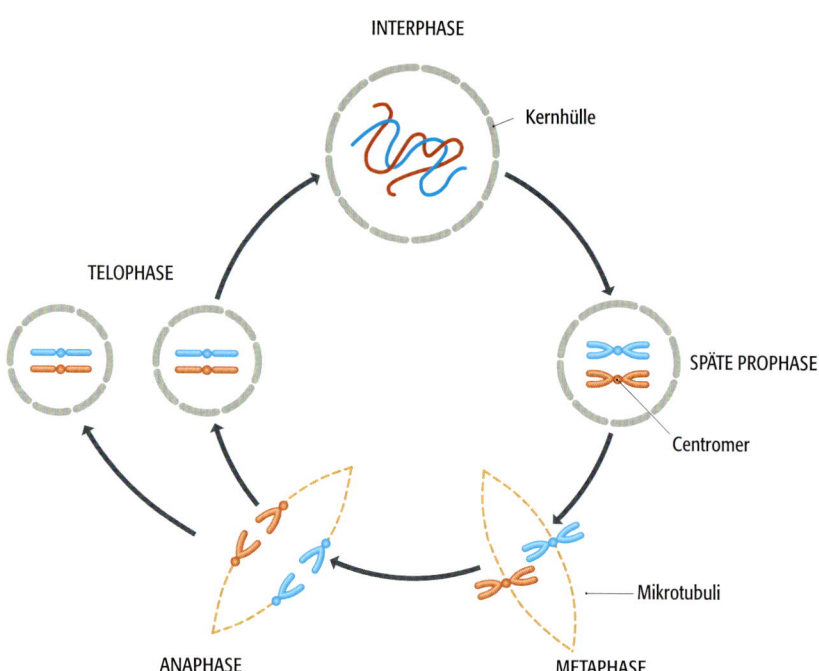

späteren Zeitpunkt der Mitose zwischen den neuen Kernen aufgeteilt werden. Offensichtlich ist es wichtig, dass jeder der neuen Kerne einen vollständigen Chromosomensatz erhält und ein Großteil der komplexen Vorgänge der Mitose ist diesem Ziel gewidmet.

Die Mitose veranschaulicht die grundlegenden Vorgänge während der Kernteilung, doch interessieren uns die charakteristischen Eigenschaften, die Meiose und Mitose voneinander unterscheiden. Die Meiose findet nur in Urkeimzellen statt und sie führt dazu, dass aus einer diploiden Zelle vier haploide **Gameten** entstehen, von denen jeder anschließend bei der sexuellen Reproduktion mit einem Gameten des anderen Geschlechts fusioniert. Die Tatsache, dass die Meiose zu vier haploiden Zellen führt, die Mitose dagegen zu zwei diploiden, ist leicht zu erklären: Die Meiose umfasst zwei aufeinander folgende Kernteilungen, die Mitose dagegen nur eine. Dies ist ein wichtiges Unterscheidungsmerkmal, doch der entscheidende Unterschied zwischen Mitose und Meiose ist subtiler. Es sei daran erinnert, dass in einer diploiden Zelle von jedem Chromosom zwei einzelne Kopien enthalten sind (Kapitel 1). Wir bezeichnen sie als Paare **homologer Chromosomen**. Während der Mitose bleiben die homologen Chromosomen getrennt voneinander. Jedes Paar wird repliziert und unabhängig von seinem Homolog an einen Tochterkern weitergegeben. In der Meiose dagegen sind die Paare homologer Chromosomen keineswegs unabhängig. Während der Prophase I lagern sich die homologen Chromosomen aneinander und bilden ein **Bivalent** (Abb. 3.16). Das geschieht, nachdem jedes Chromosom repliziert wurde und bevor sich die replizierten Strukturen voneinander trennen. Das Bivalent umfasst daher tatsächlich vier Chromosomenkopien, von denen sich jede am Ende der Meiose in einem der vier Gameten wiederfindet. Innerhalb des Bivalents können die Chromosomenarme (die **Chromatiden**) physikalisch brechen und DNA-Segmente ausgetauscht werden. Der Vorgang wird als **Crossing-over** oder **Rekombination** bezeichnet und

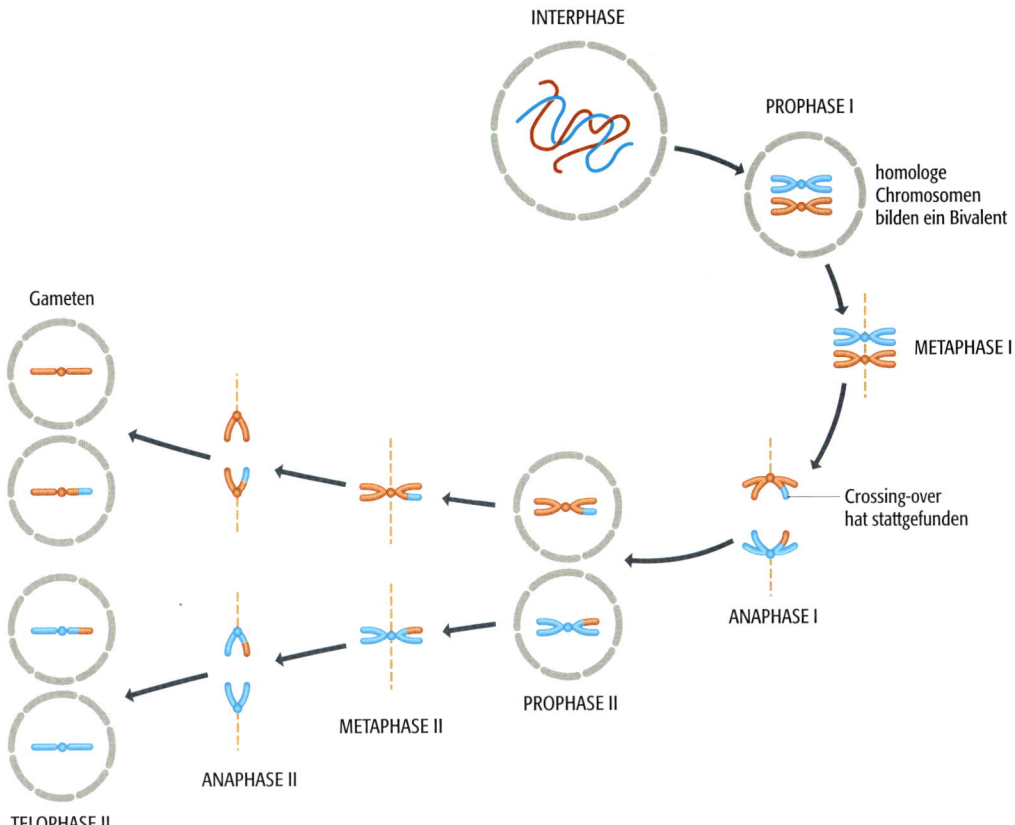

INTERPHASE

PROPHASE I

homologe
Chromosomen
bilden ein Bivalent

METAPHASE I

Crossing-over
hat stattgefunden

ANAPHASE I

PROPHASE II

METAPHASE II

ANAPHASE II

TELOPHASE II

Gameten

wurde durch den belgischen Cytologen Janssens im Jahr 1909 entdeckt; gerade zwei Jahre bevor Morgan begann, über die partielle Kopplung nachzudenken.

Doch wie half die Entdeckung des Crossing-over Morgan bei der Erklärung der partiellen Kopplung? Um das zu verstehen, müssen wir uns zunächst mit den Auswirkungen eines Crossing-over auf die Vererbung von Genen beschäftigen. Betrachten wir zwei Gene, von denen jedes zwei Allele hat. Nennen wir das erste Gen A und seine Allele $A$ und $a$, und das zweite Gen B mit den Allelen $B$ und $b$. Stellen Sie sich vor, dass die beiden Gene auf dem Chromosom Nummer 2 von *Drosophila melanogaster*, der von Morgan untersuchten Taufliegenart, liegen. Wir werden die Meiose eines diploiden Kerns verfolgen, in dem die eine Kopie des Chromosoms 2 die Allele $A$ und $B$ besitzt und die zweite die Allele $a$ und $b$. Dieser Vorgang ist in Abbildung 3.17 dargestellt. Betrachten Sie die beiden möglichen Szenarien:

- Es findet *kein* Crossing-over zwischen den Genen A und B statt. Wenn dem so ist, dann enthalten zwei der entstehenden Gameten die Chromosomenkopien mit den Allelen $A$ und $B$, und die anderen beiden enthalten die Kopien mit den Allelen $a$ und $b$. Mit anderen Worten, zwei der Gameten haben den **Genotyp** $AB$ und zwei den Genotyp $ab$.

- Es findet *ein* Crossing-over zwischen den Genen A und B statt. Dieses führt zu DNA-Segmenten, bei denen Gen B mit dem homologen Chromosom ausgetauscht wurde. Das Endergebnis ist, das jeder Gamet einen anderen Genotyp besitzt: einer $AB$, einer $aB$, einer $Ab$ und einer $ab$.

**3.16  Meiose.** Die Vorgänge sind an einem Paar homologer Chromosomen dargestellt; ein Paar ist rot gezeichnet, das andere blau. Zu Beginn der Meiose kondensieren die Chromosomen und jedes homologe Paar lagert sich zu einem Bivalent zusammen. Innerhalb des Bivalents können Crossing-over mit einem Bruch der Chromosomenarme und einem Austausch von DNA stattfinden. Es schließen sich zwei Kernteilungen an. Aus diesen gehen im ersten Schritt zwei Kerne hervor, von denen jeder zwei Kopien jedes Chromosoms besitzt, die immer noch an ihren Centromeren verbunden sind. Im zweiten Schritt entstehen insgesamt vier Kerne, von denen jeder eine einzige Kopie jedes Chromosoms enthält. Die Endprodukte der Meiose, die Gameten, sind daher haploid.

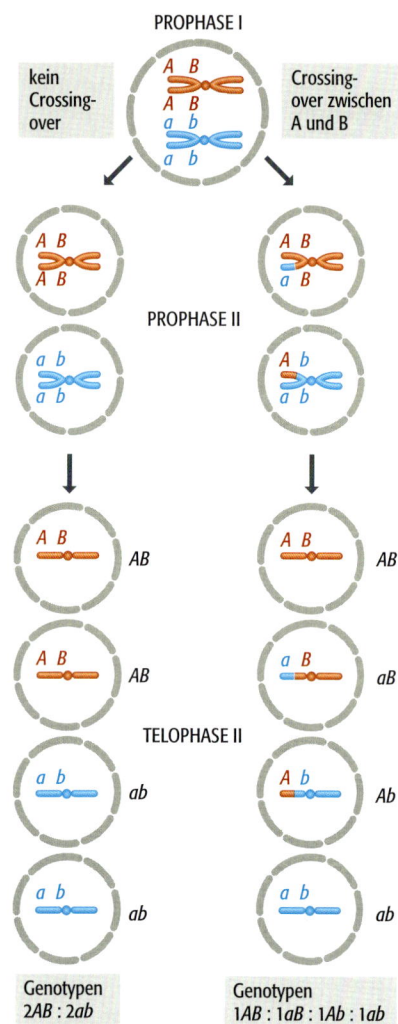

**3.17** **Die Wirkung eines Crossing-over auf gekoppelte Gene.** Die Abbildung zeigt ein Paar homologer Chromosomen; eines rot, das andere blau. A und B sind gekoppelte Gene mit den Allelen *A*, *a*, *B* und *b*. Auf der linken Seite ist die Meiose ohne Crossing-over zwischen A und B dargestellt: Zwei der entstehenden Gameten haben den Genotyp *AB* und die anderen beiden haben *ab*. Auf der rechten Seite tritt ein Crossing-over zwischen A und B auf: Die vier Gameten haben alle möglichen Genotypen – *AB*, *aB*, *Ab* und *ab*.

Nun bedenken Sie, wie das Ergebnis aussehen würde, wenn wir uns das Resultat einer Meiose von 100 identischen Zellen ansehen. Treten Crossing-over niemals auf, dann haben die entstehenden Gameten die folgenden Genotypen:

200 *AB*

200 *ab*

Das bedeutet eine vollständige Kopplung: Die Gene A und B bilden während der Meiose eine Einheit. Finden, wie es wahrscheinlicher ist, bei einigen Kernen jedoch Crossing-over zwischen A und B statt, dann werden die Allelpaare nicht als eine Einheit vererbt. Angenommen, Crossing-over treten bei 40 von 100 Meiosen auf, dann entstehen folgende Gameten:

160 *AB*

160 *ab*

40 *Ab*

40 *aB*

Die Kopplung ist nicht vollständig sondern nur partiell. Wir erhalten Gameten mit den elterlichen Genotypen (*AB*, *ab*) und solche mit rekombinanten Genotypen (*Ab*, *aB*).

## Von der partiellen Kopplung zur genetischen Kartierung

Als Morgan verstanden hatte, wie die partielle Kopplung mit dem Crossing-over während der Meiose erklärt werden kann, entwickelte er ein Verfahren, um die relativen Positionen der Gene auf einem Chromosom zu kartieren. Die wichtigste Arbeit wurde jedoch nicht von Morgan selbst, sondern von einem Studenten seines Labors, Arthur Sturtevant, durchgeführt. Sturtevant nahm an, dass ein Crossing-over ein zufälliges Ereignis ist und dass entlang eines Paares nahe beieinander liegender Chromatiden an jeder Stelle die gleiche Wahrscheinlichkeit für ein Crossing-over besteht. Wäre seine Annahme korrekt, dann würden zwei Gene mit geringem Abstand weniger häufig durch ein Crossing-over getrennt als zwei Gene, die weiter voneinander entfernt liegen. Außerdem wäre die Häufigkeit, mit der zwei Gene wegen eines Crossing-over nicht gekoppelt vererbt werden, direkt proportional zu ihrem Abstand auf dem Chromosom. Diese Rekombinationsfrequenz wäre daher ein Maß für den Abstand zweier Gene. Bestimmt man die Rekombinationsfrequenzen verschiedener Genpaare, kann man ihre relativen Positionen auf dem Chromosom ermitteln (Abb. 3.18).

Es stellte sich heraus, dass Sturtevants Annahme einer zufälligen Verteilung der Crossing-over nicht völlig korrekt war. Vergleiche zwischen genetischen Karten und den tatsächlichen Positionen von Genen in einem DNA-Molekül, wie physikalische Karten und DNA-Sequenzierung sie offenbaren, zeigten, dass in manchen Bereichen der Chromosomen, die als **Rekombinations-Hotspots** bezeichnet werden, mit größerer Wahrscheinlichkeit Crossing-over stattfinden als in anderen. Das bedeutet, dass der Abstand auf einer genetischen Karte nicht unbedingt der physikalischen Distanz von zwei Markern entspricht (Abb. 3.25). Auch wissen wir heute, dass ein Chromatid zur selben Zeit an mehr als einem Crossing-over beteiligt sein kann, doch gibt es Grenzen dafür, wie nahe diese Crossing-over beieinander liegen können. Auch diese Tatsache führt bei der Kartierung zu Ungenauigkeiten. Trotz dieser Einschränkungen sagt die Kopplungsanalyse die Reihenfolge der Gene in der Regel richtig vorher und die Abschätzungen der Abstände sind hinreichend genau, um eine genetische Karte erstellen zu können, deren Qualität für ein Gerüst eines Genomsequenzierungsprojekts ausreicht. Wir werden nun einen Schritt weiter gehen und uns ansehen, wie die Kopplungsanalyse bei unterschiedlichen Arten von Organismen durchgeführt wird.

## 3.2.4 Kopplungsanalyse bei unterschiedlichen Arten von Organismen

Um die tatsächliche Durchführung einer Kopplungsanalyse zu betrachten, müssen wir drei unterschiedliche Konstellationen berücksichtigen:

- Kopplungsanalyse bei Organismen wie der Taufliege und Mäusen, mit denen wir Kreuzungsversuche durchführen können.
- Kopplungsanalyse bei Menschen, mit denen wir zwar keine Kreuzungsversuche durchführen, doch deren Familienstammbäume wir analysieren können.
- Kopplungsanalyse bei Bakterien, die keine Meiose durchlaufen.

### Kopplungsanalyse, wenn Kreuzungsversuche durchgeführt werden können

Die erste Form von Kopplungsanalysen ist das moderne Gegenstück der Methoden, die von Morgan und seinen Kollegen angewendet wurden. Das Verfahren beruht auf der Analyse der Nachkommen einer experimentellen Kreuzung, die zwischen Eltern mit bekannten Genotypen arrangiert wurde, und ist, wenigstens in der Theorie, auf alle Eukaryoten anwendbar. Ethische Gründe schließen diesen Ansatz beim Menschen aus. Praktische Probleme, wie die Länge der Tragzeit und die Zeit, die ein Neugeborenes braucht, bis es geschlechtsreif ist (um dann bei nachfolgenden Kreuzungen eingesetzt zu werden) beschränken die effektive Durchführung dieser Methode auf einige Tiere und Pflanzen.

Wenn wir zu Abbildung 3.17 zurückkehren, dann erkennen wir, dass die Bestimmung der Genotypen der Gameten, die während der Meiose entstehen, der Schlüssel für die Kartierung von Genen ist. Zum Beispiel können die Gameten, die von einigen mikrobiellen Eukaryoten wie etwa der Hefe *Saccharomyces cerevisiae* produziert werden, zu Kolonien haploider Zellen herangezogen werden, deren Genotypen man durch biochemische Tests bestimmen kann. Die direkte Bestimmung der Genotypen von Gameten ist auch bei höheren Eukaryoten möglich, wenn DNA-Marker verwendet werden. So kann mit DNA von einzelnen Spermatozoen eine PCR durchgeführt werden, um RFLPs, SSLPs und SNPs darzustellen. Unglücklicherweise ist die Typisierung von Sperma arbeitsintensiv. Für routinemäßige Kopplungsanalysen bei höheren Eukaryoten werden deshalb nicht die Gameten direkt untersucht, sondern man bestimmt die Genotypen der diploiden Nachkommen, die durch die Fusion zweier Gameten, einer von jedem Elternteil, entstehen. Mit anderen Worten: Es wird eine genetische Kreuzung durchgeführt.

Die Schwierigkeit bei einer genetischen Kreuzung ist, dass die entstehenden diploiden Nachkommen nicht das Produkt von nur einer Meiose sind, sondern von zweien (eine von jedem Elternteil), und dass in den meisten Organismen Crossing-over-Vorgänge während der Produktion von männlichen und weiblichen Gameten gleichermaßen wahrscheinlich sind. Auf irgendeine Art und Weise müssen wir aus den Genotypen der diploiden Nachkommen Informationen über die Crossing-over-Ereignisse, die in jeder dcr beiden Meiosen

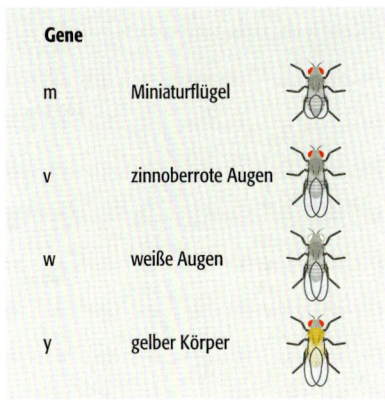

**Gene**

| m | Miniaturflügel |
| v | zinnoberrote Augen |
| w | weiße Augen |
| y | gelber Körper |

**Rekombinationsfrequenzen**

| zwischen | m | und | v | = | 3,0 % |
| zwischen | m | und | y | = | 33,7 % |
| zwischen | v | und | w | = | 29,4 % |
| zwischen | w | und | y | = | 1,3 % |

**abgeleitete Positionen auf der Karte**

y  w                                    v    m

0  1,3                                  30,7  33,7

**3.18  Entwicklung einer genetischen Karte anhand von Rekombinationsfrequenzen.** Das Beispiel stammt von dem Originalexperiment, das Arthur Sturtevant mit Taufliegen durchgeführt hat. Alle vier Gene liegen auf dem X-Chromosom der Taufliege. Gezeigt sind die Rekombinationsfrequenzen zwischen den Genen, zusammen mit der daraus abgeleiteten Position der Gene auf der Karte.

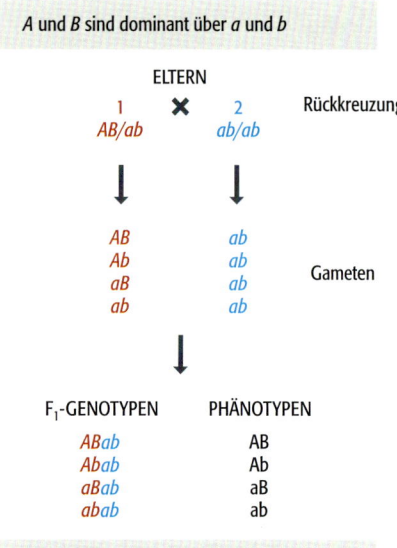

A und B sind dominant über a und b

ELTERN

1 ✗ 2  Rückkreuzung
AB/ab  ab/ab

↓  ↓

AB  ab
Ab  ab  Gameten
aB  ab
ab  ab

↓

F₁-GENOTYPEN  PHÄNOTYPEN
ABab  AB
Abab  Ab
aBab  aB
abab  ab

Jeder Phänotyp spiegelt den Genotyp der Gameten von Elter 1 wider

**3.19  Rückkreuzung zwischen Allelen, die Dominanz und Rezessivität zeigen.** A und B sind Marker mit den Allelen $A$, $a$, $B$ und $b$. Die entstehenden Nachkommen werden bezüglich ihrer Phänotypen ausgewertet. Weil der doppelt homozygote Elter (Elter 2) beide rezessive Allele – $a$ und $b$ – besitzt, beeinflusst er die Phänotypen der Nachkommen nicht. Der Phänotyp jedes einzelnen Individuums der F₁-Generation ist daher derselbe wie der Genotyp des Gameten von Elter 1, aus dem das Individuum entstanden ist.

aufgetreten sind, herausfiltern. Das bedeutet, dass die Kreuzung mit Sorgfalt vorbereitet werden muss. Standardmäßig wird deshalb eine **Rückkreuzung** (auch als Testkreuzung bezeichnet) durchgeführt. Dies ist in Abbildung 3.19 dargestellt, wo wir eine Rückkreuzung angesetzt haben, um zwei Gene zu kartieren, denen wir schon zu einem früheren Zeitpunkt begegnet sind: Gen A (Allele $A$ und $a$) und Gen B (Allele $B$ und $b$), beide auf Chromosom 2 der Taufliege. Das entscheidende Merkmal einer Rückkreuzung ist der Genotyp der beiden Eltern:

- Ein Elter ist **doppelt heterozygot**, das heißt, dass alle vier Allele in diesem Elter vorhanden sind: Sein Genotyp ist $AB/ab$. Diese Schreibweise zeigt, dass ein Paar der homologen Chromosomen die Allele $A$ und $B$ besitzt und das andere Paar die Allele $a$ und $b$.

- Der zweite Elter ist reinerbig **doppelt homozygot**. In diesem Elter sind die beiden homologen Kopien von Chromosom 2 gleich: In dem in Abbildung 3.19 gezeigten Beispiel tragen beide Kopien die Allele $a$ und $b$ und der Genotyp des Elters ist $ab/ab$.

Der doppelt heterozygote Elter besitzt denselben Genotyp wie die Zelle, deren Meiose wir in Abbildung 3.17 verfolgt haben. Unser Ziel ist daher, den Genotyp der Gameten abzuleiten, die von diesem Elter produziert werden, und ihren Anteil an allen Rekombinanten zu berechnen. Beachten Sie, dass alle Gameten, die von dem zweiten Elter (doppelt homozygot) produziert werden, den Genotyp $ab$ tragen, unabhängig davon, ob es sich um elterliche oder rekombinante Gameten handelt. Die Allele $a$ und $b$ sind beide rezessiv, und so ist die Meiose dieses Elters in Wirklichkeit nicht zu erkennen, wenn die Phänotypen der Nachkommen untersucht werden. Das bedeutet, dass die Phänotypen der diploiden Nachkommen, wie in Abbildung 3.19 gezeigt, eindeutig die Genotypen der Gameten des doppelt heterozygoten Elters widerspiegeln. Durch die Rückkreuzung können wir eine einzelne Meiose untersuchen, die Rekombinationsfrequenz bestimmen und den Abstand der beiden untersuchten Gene auf der Karte berechnen.

Die Leistungsfähigkeit dieser Art von Kopplungsanalyse wird erhöht, wenn mehr als zwei Marker in einer einzigen Kreuzung beobachtet werden. Die Rekombinationsfrequenzen werden nicht nur schneller ermittelt, sondern durch eine einfache Untersuchung der Daten ist es auch möglich, die relative Reihenfolge der Marker auf dem Chromosom zu ermitteln. Das ist möglich, weil bei einer Reihe von drei Markern zwei Rekombinationsereignisse notwendig sind, um den mittleren Marker von den beiden äußeren abzukoppeln. Dagegen kann jeder der äußeren Marker durch eine einzige Rekombination von den anderen getrennt werden (Abb. 3.20). Eine zweifache Rekombination ist weniger wahrscheinlich als eine einzelne, weshalb die Entkopplung des mittleren Markers relativ selten auftritt. Ein typischer Datensatz einer Drei-Marker-Kreuzung ist in Tabelle 3.2 aufgeführt. Es wurde eine Rückkreuzung zwischen einem

| Tabelle 3.2 | Ein typischer Datensatz einer Drei-Marker-Rückkreuzung | |
|---|---|---|
| **Genotypen der Nachkommen** | **Anzahl der Nachkommen** | **abgeleitete Rekombinantionsereignisse** |
| $ABC/abc\ abc/abc$ | 987 | keines (Genotypen der Eltern) |
| $aBC/abc\ Abc/abc$ | 51 | eines, zwischen A und B/C |
| $AbC/abc\ aBc/abc$ | 63 | eines, zwischen B und A/C |
| $ABc/abc\ abC/abc$ | 2 | zwei, eines zwischen C und A und eines zwischen C und B |

dreifach heterozygoten Elter (*ABC/abc*) und einem dreifach homozygoten Elter (*abc/abc*) durchgeführt. Am häufigsten sind Nachkommen mit einem der beiden Elterngenotypen, hervorgerufen durch fehlende Rekombinationsereignisse in der Region, welche die Marker A, B und C enthält. Auch zwei andere Klassen von Nachkommen sind relativ häufig (51 und 63 Nachkommen im gezeigten Beispiel). Vermutlich gehen beide auf eine einzelne Rekombination zurück. Die Analyse ihrer Genotypen zeigt, dass in der ersten dieser beiden Klassen Marker A von B und C abgekoppelt wurde und in der zweiten Klasse Marker B von Marker A und C. Die Schlussfolgerung ist, dass A und B die äußeren Marker darstellen. Diese Annahme wird durch die Zahl der Nachkommen, bei denen Marker C von A und B getrennt wurde, bestätigt. Von diesen existieren nur zwei, für deren Erzeugung ein zweifaches Rekombinationsereignis notwendig ist. Marker C liegt daher zwischen A und B.

Nun ist nur noch ein weiterer Aspekt zu berücksichtigen. Werden Gene, deren Allele wie in Abbildung 3.19 und Tabelle 3.2 dargestellt Dominanz und Rezessivität zeigen, mit einer Rückkreuzung untersucht, dann müssen doppelt oder dreifach homozygote Eltern Allele für den rezessiven Phänotyp besitzen. Setzt man auf der anderen Seite codominante Marker ein, dann kann der doppelt homozygote Elter jegliche Kombination von homozygoten Allelen besitzen (zum Beispiel *AB/AB*, *Ab/Ab*, *aB/aB* oder *ab/ab*). Ein Beispiel für diese Art der Rückkreuzung zeigt den Grund dafür (Abb. 3.21). DNA-Marker, die mittels PCR dargestellt werden, machen deutlich, was Codominanz im Grunde genommen bedeutet: Abbildung 3.21 zeigt somit eine typische Konstellation, der man begegnet, wenn man eine Kopplungsanalyse mit DNA-Markern durchführt.

## Genkartierung beim Menschen durch Stammbaumanalyse
Beim Menschen ist es selbstverständlich nicht möglich, die Genotypen der Eltern auszuwählen und speziell für Kartierungen Kreuzungen anzusetzen. Stattdessen stammen die Daten für die Berechnung von Rekombinationsfrequenzen aus der Untersuchung von Genotypen von Mitgliedern aufeinander folgender Generationen in bestehenden Familien. Das bedeutet, dass nur eine begrenzte Datenmenge vorhanden ist und ihre Interpretation häufig Probleme bereitet, denn die Partnersuche führt selten zu einer geeigneten Rückkreuzung und die Genotypen eines oder mehrerer Familienmitglieder stehen nicht zur Verfügung, entweder weil die Mitglieder verstorben sind oder sich nicht kooperativ zeigen.

Die Probleme sind in Abbildung 3.22 dargestellt. In dem Beispiel untersuchen wir eine genetisch bedingte Erkrankung in einer Familie mit zwei Eltern und sechs Kindern. Beim Menschen werden häufig genetisch bedingte Erkrankungen als Genmarker verwendet, wobei das eine Allel der Krankheitsstatus ist und das zweite der gesunde Zustand. Der Stammbaum in Abbildung 3.22a zeigt uns, dass die Mutter von der Krankheit betroffen ist, genau wie vier der Kinder. Von Familienberichten wissen wir, dass die Großmutter ebenfalls unter dieser Krankheit gelitten hat, doch sind sowohl sie als auch ihr Mann – der Großvater mütterlicherseits – jetzt tot. Wir können sie in den Stammbaum einbeziehen, mit dem durchgestrichenen Symbol, das anzeigt, dass sie verstorben sind, doch wir bekommen keine weiteren Informationen über ihre Genotypen. Wir wissen, dass das Krankheitsgen auf demselben Chromosom liegt wie ein Mikrosatellit, den wir mit M bezeichnen und von dem es unter den lebenden Familienmitgliedern vier Allele – $M_1$, $M_2$, $M_3$ und $M_4$ – gibt. Unser Ziel ist, die Position des Krankheitsgens relativ zu dem Mikrosatelliten zu kartieren.

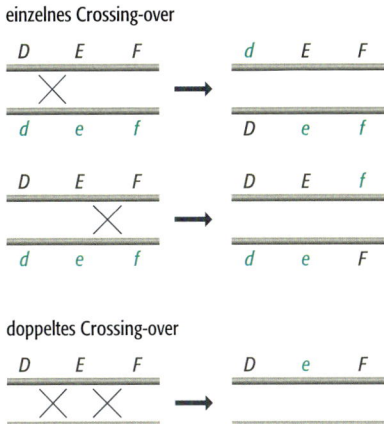

einzelnes Crossing-over

doppeltes Crossing-over

**3.20 Auswirkung der Crossing-over in einer dihybriden Kreuzung.** Jeder der beiden äußeren Marker kann durch ein einzelnes Rekombinationsereignis entkoppelt werden, doch sind zwei solcher Ereignisse notwendig, um den mittleren Marker von den beiden äußeren zu trennen.

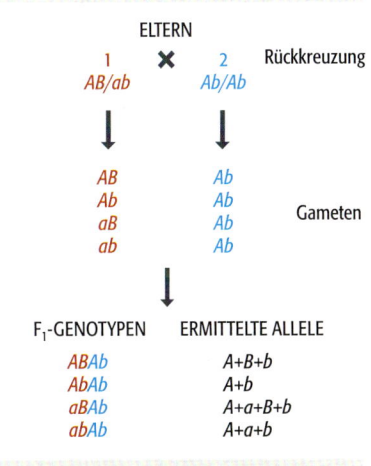

*A* und *B* sind codominant zu *a* und *b*

**3.21 Rückkreuzung zwischen codominanten Allelen.** A und B sind Marker, deren Allelpaare codominant sind. In diesem besonderen Fall hat der doppelt homozygote Elter den Genotyp *Ab/Ab*. Die Allele, die in jedem $F_1$-Individuum vorkommen, werden direkt bestimmt, zum Beispiel über PCR. Diese Allelkombinationen erlauben eine Ableitung des Gametengenotyps von Elter 1, aus dem jedes der $F_1$-Individuen entstanden ist.

**a)** Stammbaum

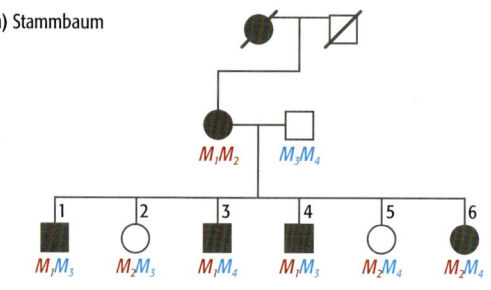

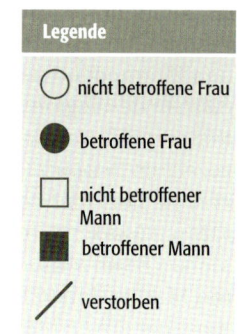

**b)** mögliche Interpretationen des Stammbaums

**3.22 Ein Beispiel für eine Stammbaumanalyse des Menschen.** a) Der Stammbaum zeigt die Vererbung einer genetisch bedingten Erkrankung in einer Familie mit zwei lebenden Eltern und sechs Kindern, mit Informationen aus Familienberichten über die Großeltern mütterlicherseits. Das Krankheitsallel (ausgefüllte Symbole) ist dominant gegenüber dem Allel für Gesundheit (leere Symbole). Das Ziel ist, den Kopplungsgrad zwischen dem Krankheitsgen und dem Mikrosatelliten M zu bestimmen, indem die Allele des Mikrosatelliten ($M_1$, $M_2$ usw.) der lebenden Familienmitglieder dargestellt werden. b) Der Stammbaum kann auf zwei unterschiedliche Arten interpretiert werden: Hypothese 1 ergibt eine geringe Rekombinationsfrequenz und deutet an, dass das Krankheitsgen eng mit dem Mikrosatelliten M gekoppelt ist. Hypothese 2 legt nahe, dass das Krankheitsgen und der Mikrosatellit weniger eng gekoppelt sind. In (c) wird dieses Problem gelöst, indem die Großmutter mütterlicherseits zur Verfügung steht, deren Mikrosatellitengenotyp nur mit der Hypothese 1 in Einklang steht.

CHROMOSOMEN DER MUTTER

|  |  | **Hypothese 1** | **Hypothese 2** |
|---|---|---|---|
|  |  | *krank $M_1$* | *gesund $M_1$* |
|  |  | *gesund $M_2$* | *krank $M_2$* |
| Kind 1 | *krank $M_1$* | wie Eltern | rekombinant |
| Kind 2 | *gesund $M_2$* | wie Eltern | rekombinant |
| Kind 3 | *krank $M_1$* | wie Eltern | rekombinant |
| Kind 4 | *krank $M_1$* | wie Eltern | rekombinant |
| Kind 5 | *gesund $M_2$* | wie Eltern | rekombinant |
| Kind 6 | *krank $M_2$* | rekombinant | wie Eltern |
| Rekombinationsfrequenz |  | 1/6 = 16,7 % | 5/6 = 83,3 % |

**c)** Auferstehung der Großmutter mütterlicherseits

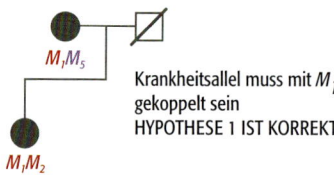

Krankheitsallel muss mit $M_1$ gekoppelt sein
HYPOTHESE 1 IST KORREKT

Um die Rekombinationsfrequenz zwischen dem Krankheitsgen und dem Mikrosatelliten M zu ermitteln, müssen wir bestimmen, wie viele Kinder Rekombinanten sind. Betrachten wir die Genotypen der sechs Kinder, dann sehen wir, dass Nummer 1, 3 und 4 das Krankheitsallel und das Mikrosatellitenallel $M_1$ tragen. Nummer 2 und 5 besitzen das gesunde Allel und $M_2$. Wir können daher zwei alternative Hypothesen formulieren. Die erste besagt, dass die beiden Kopien der relevanten homologen Chromosomen der Mutter die Genotypen *krank-$M_1$* und *gesund-$M_2$* haben; daher haben die Kinder 1, 2, 3, 4 und 5 die elterlichen Genotypen und Kind 6 ist die einzige Rekombinante (Abb. 3.22b). Dies würde nahe legen, dass das Krankheitsgen und der Mikrosatellit relativ nahe beieinander liegen und Crossing-over zwischen ihnen nur selten auftreten. Die alternative Hypothese ist, dass die Chromosomen der Mutter die Genotypen *gesund-$M_1$* und *krank-$M_2$* tragen; dies würde bedeuten, dass die Kinder 1–5 Rekombinanten sind und Kind 6 den elterlichen Genotyp besitzt. Daraus ergäbe sich, dass Gen und Mikrosatellit relativ weit voneinander entfernt auf dem Chromosom liegen. Wir können nicht festlegen, welche der beiden Hypothesen korrekt ist: Die Daten lassen beide Möglichkeiten zu.

Die am meisten zufriedenstellende Lösung des Problems, das durch den Stammbaum in Abbildung 3.22 aufgeworfen wird, wäre, den Genotyp der Großmutter zu erfahren. Tun wir so, als handele es sich um eine Familie aus einer Soap-Opera und die Großmutter ist nicht wirklich tot. Zu jedermanns Überraschung taucht sie rechtzeitig wieder auf, um den sinkenden Einschaltquoten entgegenzuwirken. Es stellt sich heraus, dass ihr Genotyp für den Mikrosatellit M $M_1M_5$ (Abb. 3.22c) ist. Dies sagt uns, dass das Chromosom, welches durch die Mutter vererbt wird, den Genotyp *krank-$M_1$* trägt. Wir können daraus mit Sicherheit schließen, dass Hypothese 1 korrekt ist und dass es sich nur bei Kind 6 um eine Rekombinante handelt.

Die Auferstehung von Schlüsselindividuen ist gewöhnlich keine Option, über die echte Genetiker verfügen, obwohl DNA auch aus alten pathologischen Proben wie Schnitten und von Guthrie-Karten, auf denen Blut von Neugeborenen für Analysen getrocknet wird, gewonnen werden kann. Unvollständige Stammbäume werden statistisch mithilfe einer Messgröße untersucht, die als **Lod-Wert** bezeichnet wird. Lod steht für *logarithm of the odds*, also den dekadischen Logarithmus für die Wahrscheinlichkeit der Kopplung von Genen. Der Logarithmus wird hauptsächlich verwendet, um zu ermitteln, ob zwei untersuchte Marker auf demselben Chromosom liegen – mit anderen Worten, ob die beiden Gene gekoppelt sind oder nicht. Wird durch die Lod-Analyse eine Kopplung festgestellt, dann dient der Wert auch als Maß für die wahrscheinlichste Rekombinationsfrequenz. Im Idealfall stammen die Daten von mehr als einem Stammbaum, wodurch die Zuverlässigkeit des Ergebnisses erhöht wird. Diese Analyse ist für Familien mit einer großen Zahl an Kindern eindeutiger als für solche mit weniger Nachkommen, und es ist wichtig, dass die Mitglieder der letzten drei Generationen genotypisiert werden können, wie wir in Abbildung 3.22 gesehen haben. Aus diesem Grund hat man von Familien eine Materialsammlung eingerichtet, wie die des Centre d'Études du Polymorphisme Humaine (CEPH) in Paris. Die CEPH-Sammlung enthält kultivierte Zelllinien von Familien, zu denen alle vier Großeltern wie auch mindestens acht Kinder der zweiten Generation gehören. Diese Sammlung steht jedem Forscher, der sich einverstanden erklärt, die gewonnenen Daten in die zentrale CEHP-Datenbank einzuspeisen, für die Kartierung von DNA-Markern zur Verfügung.

## Genetische Kartierung von Bakterien

Die letzte Form der genetischen Kartierung, die wir betrachten müssen, ist die Herangehensweise, die bei Bakterien angewendet wird. Das Hauptproblem, mit dem Genetiker bei der Entwicklung von Methoden für die genetische Kartierung von Bakterien konfrontiert werden, besteht darin, dass diese Organismen normalerweise haploid sind und daher keine Meiose durchlaufen. Deshalb muss ein anderer Weg eingeschlagen werden, um zwischen homologen Segmenten der bakteriellen DNA Crossing-over hervorzurufen. Man bedient sich dreier natürlicher Verfahren, die für die Übertragung von DNA-Stücken von einem Bakterium auf ein anderes existieren (Abb. 3.23):

- Bei der **Konjugation** haben zwei Bakterien direkten Kontakt miteinander und ein Bakterium (der Spender) überträgt DNA auf das zweite Bakterium (den Empfänger). Die übertragene DNA kann eine Kopie eines Teils oder möglicherweise des gesamten Chromosoms der Spenderzelle sein oder sie ist ein bis zu 1 Mb langes Segment der chromosomalen DNA, das in ein Plasmid eingebaut ist. Der zweite Vorgang wird als **Episomentransfer** bezeichnet.

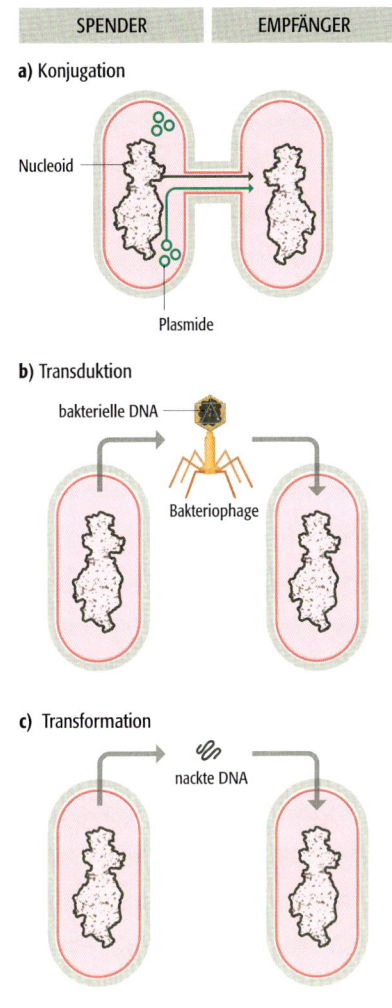

SPENDER    EMPFÄNGER

a) Konjugation

Nucleoid

Plasmide

b) Transduktion

bakterielle DNA

Bakteriophage

c) Transformation

nackte DNA

**3.23    Drei Möglichkeiten des DNA-Transfers zwischen Bakterien.** a) Durch Konjugation kann chromosomale DNA oder Plasmid-DNA von einem Spenderbakterium auf einen Empfänger übertragen werden. Für die Konjugation ist ein direkter Kontakt zwischen den beiden Bakterien notwendig. Dabei erfolgt der Transfer durch eine dünne röhrenförmige Struktur, die als Pilus bezeichnet wird. b) Transduktion ist der Transfer eines kurzen Segments der Spenderzellen-DNA über einen Bakteriophagen. c) Transformation ist der Transduktion ähnlich, jedoch wird „nackte" DNA übertragen. Die Abläufe, die in (b) und (c) dargestellt sind, gehen oft mit dem Absterben der Spenderzelle einher. Bei (b) tritt der Tod ein, wenn die Bakteriophagen von der Spenderzelle freigesetzt werden. Bei (c) ist die Freisetzung von DNA durch die Spenderzelle oft das Ergebnis eines natürlichen Zelltods.

**a)** Übertragung von DNA zwischen Spender und Empfänger

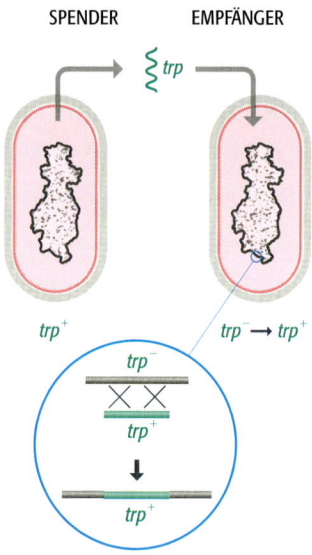

**b)** sequenzielle Übertragung von Markern während der Konjugation

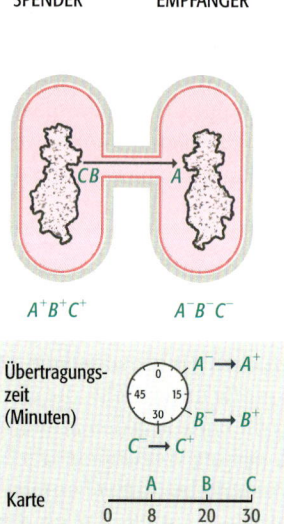

**c)** Cotransfer eng gekoppelter Marker während der Transduktion oder Transformation

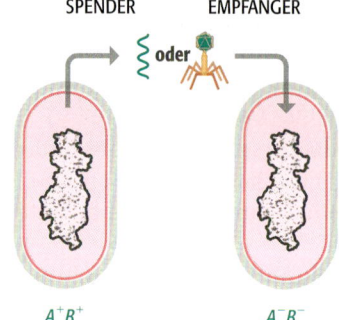

Frequenz, mit der $A^-B^-$ zu $A^+B^+$ umgewandelt wird, hängt davon ab, wie eng $A$ und $B$ auf dem Chromosom nebeneinander liegen

**3.24 Grundlagen der Genkartierung bei Bakterien.** a) Die Übertragung eines funktionellen Gens für die Tryptophanbiosynthese von einem Wildtypbakterium (Genotypbezeichnung $trp^+$) auf einen Empfänger, dem die funktionelle Kopie des Gens fehlt ($trp^-$). b) Kartierung durch Konjugation. c) Kartierung duch Transduktion und Transformation.

- **Transduktion** umfasst den Transfer eines kurzen DNA-Segments mit einer Länge von etwa 50 kb von dem Spender über einen Bakteriophagen auf den Empfänger.

- Bei der **Transformation** nimmt die Empfängerzelle ein DNA-Fragment, das selten länger als 50 kb ist und von der Spenderzelle freigesetzt wurde, aus ihrer Umgebung auf.

Es werden ausnahmslos biochemische Marker verwendet: der dominante Phänotyp oder Phänotyp des **Wildtyps**, der eine biochemische Eigenschaft vermittelt (zum Beispiel die Fähigkeit zur Tryptophansynthese) und der rezessive Phänotyp als komplementäre Eigenschaft (zum Beispiel das fehlende Vermögen, Tryptophan synthetisieren zu können). Der Gentransfer wird in der Regel so angesetzt, dass der Spenderstamm das Wildtypallel besitzt und der Empfängerstamm das rezessive Allel. Der Transfer wird verfolgt, indem man prüft, ob die von dem untersuchten Gen vermittelte biochemische Eigenschaft erworben wurde. Abbildung 3.24a zeigt diese Vorgehensweise. Ein funktionelles Gen für Tryptophanbiosynthese wird von einem Wildtypbakterium (der Genotyp wird mit $trp^+$ beschrieben) auf einen Empfänger übertragen, dem die funktionelle Kopie des Gens fehlt ($trp^-$). Der Empfänger wird als **auxotroph** für Tryptophan bezeichnet (ein Begriff, der eine Bakterienmutante beschreibt, die nur überleben kann, wenn dem Medium ein Nährstoff – in diesem Fall Tryptophan – zugegeben wird, den der Wildtyp nicht benötigt; Abschnitt 16.1.2). Nach dem Transfer sind zwei Crossing-over notwendig, um das übertragene Gen in das Chromosom der Empfängerzelle einzubauen und auf diese Weise den $trp^-$-Empfänger in $trp^+$ umzuwandeln.

Der genaue Ablauf des Kartierungsverfahrens hängt von der Art des verwendeten Gentransfers ab. Während der Konjugation wird DNA in genau der gleichen Art und Weise vom Spender auf den Empfänger übertragen, als wenn eine Schnur durch eine Röhre gezogen wird. Die relative Position der Marker auf dem DNA-Molekül wird kartiert, indem die Zeitpunkte bestimmt werden, an denen die Marker in der Empfängerzelle erscheinen. In dem in Abbildung 3.24b dargestellten Beispiel werden die Marker *A*, *B* und *C* 8, 20 beziehungsweise 30 Minuten nach Beginn der Konjugation übertragen. Das vollständige Chromosom von *Escherichia coli* braucht für den Transfer annähernd 100 Minuten. Im Gegensatz dazu ist es durch Transduktions- und Transformationskartierung möglich, auch relativ eng beieinander liegende Gene zu kartieren, weil das übertragene DNA-Fragment kurz ist (< 50 kb). Die Wahrscheinlichkeit, dass zwei Gene zusammen übertragen werden, hängt also davon ab, wie nahe sie auf dem bakteriellen Chromosom nebeneinander liegen (Abb. 3.24c).

## 3.3 Physikalische Kartierung

Eine mit genetischen Verfahren erstellte Karte reicht für die Sequenzierungsphase eines Genomprojekts aus zwei Gründen kaum aus:

- Die Auflösung einer genetischen Karte hängt von der Anzahl der ausgewerteten Crossing-over ab. Bei Mikroorganismen stellt das kein großes Problem dar, weil sie in großer Zahl erzeugt und viele Crossing-over analysiert werden können. Das führt wiederum zu einer detaillierten genetischen Karte, in der die Marker nur wenige Kilobasen auseinander liegen. Zum Beispiel enthielt die aktuellste genetische Karte von *Escherichia coli* zu Beginn des Sequenzierungsprojekts dieses Organismus im Jahr 1990 über 1 400 Marker; im Durchschnitt ein Marker pro 3,3 kb. Das war detailliert genug, um das Sequenzierungsprogramm ohne eine umfangreiche physikalische Kartierung zu unterstützen. In ähnlicher Weise wurde das Sequenzierungsprojekt von *Saccharomyces cerevisiae* durch eine fein skalierte genetische Karte (annähernd 1 150 genetische Marker; im Durchschnitt ein Marker pro 10 kb) unterstützt. Das Problem beim Menschen und den meisten anderen Eukaryoten ist, dass eine große Zahl an Nachkommen unmöglich ist. Deshalb können nur relativ wenige Meiosen untersucht werden und die Auflösung einer Kopplungsanalyse ist begrenzt. Das bedeutet, dass Gene, die Zehntausende von Basen auseinander liegen, auf der genetischen Karte unter Umständen an derselben Position eingezeichnet sind.

- Genetische Karten sind nur begrenzt genau. Wir haben diesen Aspekt in Abschnitt 3.2.3 bei der Bewertung von Sturtevants Annahme erwähnt, dass Crossing-over gleichmäßig über das Chromosom verteilt auftreten. Seine Hypothese war nur zum Teil korrekt, weil die Anwesenheit von Rekombinations-Hotspots bedeutet, dass Crossing-over in einigen Regionen mit größerer Wahrscheinlichkeit auftreten als in anderen. Die Auswirkungen auf eine genetische Karte haben sich 1992 gezeigt, als die vollständige Sequenz des Chromosoms III von *Saccharomyces cerevisiae* veröffentlicht wurde. Erstmals war ein direkter Vergleich zwischen einer genetischen Karte und den tatsächlichen Positionen von Markern möglich, die durch DNA-Sequenzierung ermittelt wurden (Abb. 3.25). Der Vergleich ergab erhebliche Abweichungen und durch die genetische Analyse hatte man ein Genpaar sogar verkehrt herum angeordnet. Bedenken Sie, dass *S. cerevisiae* einer von zwei eukaryotischen Organismen ist (die Taufliege ist der andere), deren Genome einer intensiven genetischen Kartierung unterzogen wurden. Wenn die genetische Karte der Hefe nicht korrekt ist, wie präzise sind dann genetische Karten von weniger ausführlich untersuchten Organismen?

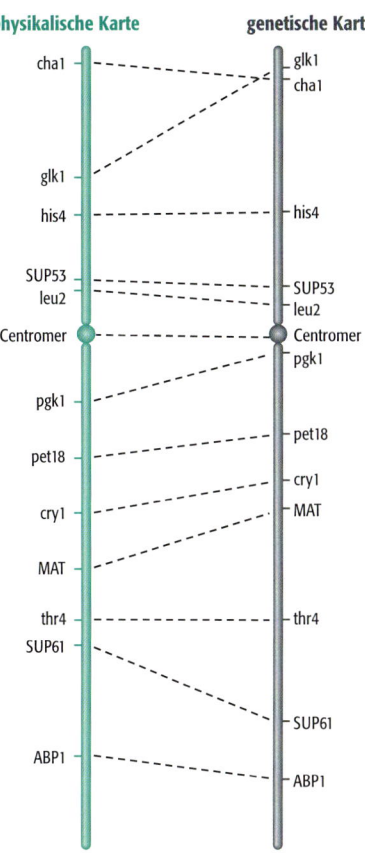

3.25   Vergleich zwischen der genetischen und der physikalischen Karte des Chromosoms III von *Saccharomyces cerevisiae*. Der Vergleich zeigt die Abweichungen zwischen der genetischen und der physikalischen Karte, letztere ermittelt durch DNA-Sequenzierung. Beachten Sie, dass die Reihenfolge der beiden obersten Marker (glk1 und cha1) auf der genetischen Karte nicht korrekt ist und dass es ebenfalls Unterschiede in der relativen Position anderer Markerpaare gibt.

Die beiden Einschränkungen der genetischen Kartierung bedeuten, dass die genetischen Karten der meisten Eukaryoten mit alternativen Kartierungsmethoden überprüft und ergänzt werden müssen, bevor die DNA-Sequenzierung im großen Maßstab beginnen kann. Um diesem Problem zu begegnen, wurde eine Unmenge von physikalischen Kartierungsverfahren entwickelt, von denen folgende die wichtigsten sind:

- **Restriktionskartierung**, durch die sich die relativen Positionen der Erkennungssequenzen von Restriktionsendonucleasen auf dem DNA-Molekül ermitteln lassen.

- **Fluoreszenz-*in situ*-Hybridisierung** (**FISH**), bei der Markerpositionen kartiert werden, indem eine Sonde, die den Marker enthält, mit dem intakten Chromosom hybridisiert.

- ***Sequence tagged site*-(STS-)Kartierung**, bei der die Positionen kurzer Sequenzen kartiert werden, indem genomische DNA-Fragmente mittels PCR und/oder Hybridisierung analysiert werden.

### 3.3.1 Restriktionskartierung

Eine genetische Kartierung, bei der RFLPs als DNA-Marker verwendet werden, kann die Positionen der polymorphen Restriktionsschnittstellen innerhalb eines Genoms lokalisieren (Abschnitt 3.2.2), doch sind nur wenige Restriktionsschnittstellen in einem Genom tatsächlich polymorph, sodass viele Stellen mit dieser Technik nicht kartiert werden (Abb. 3.26). Können wir die Markerdichte auf einer genomischen Karte erhöhen, indem wir eine alternative Methode zur Lokalisierung der Positionen einiger nichtpolymorpher Restriktionsschnittstellen anwenden? Genau das wird mit der Restriktionskartierung erreicht, doch hat diese Methode in der Praxis ihre Grenzen, denn sie ist nur bei relativ kleinen DNA-Molekülen anwendbar. Wir werden uns zunächst mit der Technik beschäftigen und dann die Bedeutung für die Genomkartierung betrachten.

#### *Grundlegende Methoden der Restriktionskartierung*

Der einfachste Weg für die Erstellung einer Restriktionskarte ist ein Vergleich von Fragmentgrößen, die durch die Spaltung eines DNA-Moleküls mit zwei verschiedenen Restriktionsenzymen entstehen, die unterschiedliche Zielsequenzen erkennen. Ein Beispiel, bei dem die Restriktionsenzyme *Eco*RI und *Bam*HI verwendet werden, ist in Abbildung 3.27 dargestellt. Zunächst spaltet man das DNA-Molekül mit nur einem der beiden Enzyme und ermittelt die Größen der entstehenden Fragmente durch Agarosegelelektrophorese. Anschließend wird das Molekül mit dem zweiten Restriktionsenzym geschnitten und die Fragmente ebenfalls im Agarosegel aufgetrennt. Anhand der Ergebnisse kann man die Zahl der Restriktionsschnittstellen für jedes Enzym ermitteln, ihre relativen Positionen zueinander sind jedoch weiterhin unbekannt. Zusätzliche Informationen liefert eine mit beiden Enzymen gleichzeitig durchgeführte Restriktionsspaltung des DNA-Moleküls. In dem in Abbildung 3.27 gezeigten Beispiel können durch diese **doppelte Restriktionsspaltung** drei der Schnittstellen kartiert werden. Allerdings besteht bei dem größeren *Eco*RI-Fragment ein Problem, weil es zwei *Bam*HI-Schnittstellen enthält und es daher zwei Alternativen für die Lokalisierung der außen liegenden Schnittstelle gibt. Gelöst wird dieses Problem, indem man zu dem ursprünglichen DNA-Molekül zurückkehrt und es nochmals nur mit *Bam*HI behandelt. Dieses Mal wird jedoch eine vollständige Spaltung verhindert, indem man den Ansatz nur für relativ kurze Zeit oder bei einer suboptimalen Temperatur inkubiert. Dieses Verfahren wird

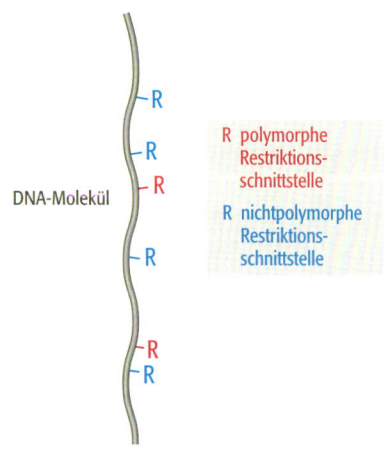

DNA-Molekül

R polymorphe Restriktions-schnittstelle

R nichtpolymorphe Restriktions-schnittstelle

**3.26**　Nicht alle Restriktionsschnittstellen sind polymorph.

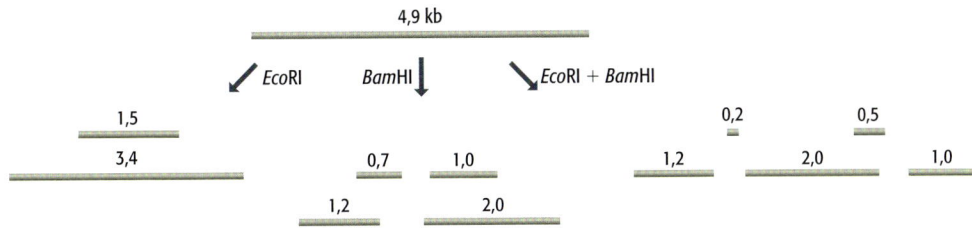

Interpretation der doppelten Restriktionsanalyse

| Fragmente | Schlussfolgerungen |
|---|---|
| 0,2 kb, 0,5 kb | Diese müssen von dem 0,7 kb langen *Bam*HI-Fragment stammen, das somit eine interne *Eco*RI-Schnittstelle besitzt. |

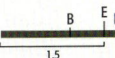

| 1,0 kb | Dies muss ein *Bam*HI-Fragment ohne interne *Eco*RI-Schnittstelle sein. Wir können das 1,5 kb-Fragment erklären, wenn wir das 1,0 kb-Fragment platzieren, daher gilt: |

| 1,2 kb, 2,0 kb | Diese müssen ebenfalls *Bam*HI-Fragmente ohne interne *Eco*RI-Schnittstelle sein. Sie müssen innerhalb des 3,4 kb *Eco*RI-Fragments liegen. Es gibt zwei Möglichkeiten: |

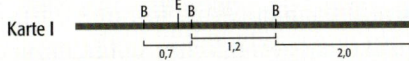   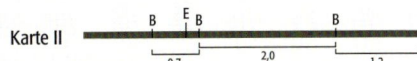

ERWARTETE ERGEBNISSE DER PARTIELLEN *Bam*HI-RESTRIKTIONSSPALTUNG

Ist Karte I korrekt, dann ist ein Fragment mit 1,2 + 0,7 = 1,9 kb Länge unter den Produkten der partiellen Restriktionsanalyse.

Ist Karte II korrekt, dann ist ein Fragment mit 2,0 + 0,7 = 2,7 kb Länge unter den Produkten der partiellen Restriktionsanalyse.

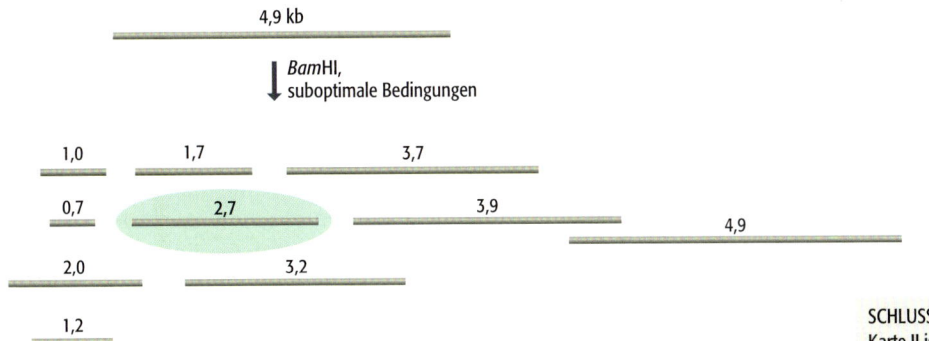

SCHLUSSFOLGERUNG
Karte II ist korrekt

---

**3.27    Restriktionskartierung.** Ziel ist, die Schnittstellen von *Eco*RI (E) *Bam*HI (B) in einem linearen DNA-Molekül mit einer Größe von 4,9 kb zu kartieren. Die Ergebnisse der einzelnen und doppelten Restriktionsspaltung sind oben dargestellt. Anhand der Größen der Fragmente, die bei der doppelten Restriktionsanalyse entstehen, können zwei alternative Karten erstellt werden, die im mittleren Bereich der Abbildung gezeigt sind. Ungelöst ist die Position einer der drei *Bam*HI-Schnittstellen. Die zwei Karten werden mithilfe einer partiellen Restriktionsspaltung mit *Bam*HI überprüft (unten); diese ergibt, dass Karte II korrekt ist.

DNA-Molekül, dessen Ende markiert ist

sichtbare Fragmente der partiellen Restriktionsanalyse

**3.28    Vereinfachung der partiellen Restriktionsanalyse durch Markierung der Enden des DNA-Moleküls vor der Restriktionsspaltung.** Ein Ende des endmarkierten DNA-Moleküls ist dargestellt. Nach der partiellen Restriktionsspaltung werden nur Produkte nachgewiesen, die das Endfragment besitzen. Das vereinfacht die Analyse sehr, denn die Positionen der Restriktionsschnittstellen können direkt anhand der Längen der markierten Produkte bestimmt werden.

als **partielle Spaltung** bezeichnet und führt zu einer komplexeren Ansammlung von Produkten: die Produkte der vollständigen Restriktionsspaltung, angereichert mit den teilweise geschnittenen Fragmenten, die immer noch eine oder mehrere nichtgeschnittene *Bam*HI-Schnittstellen enthalten. In dem Beispiel aus Abbildung 3.27 liefert die Größe eines der teilweise geschnittenen Restriktionsfragmente die entscheidende Information für die Erstellung der korrekten Karte.

Eine partielle Restriktionsspaltung liefert in der Regel die Information, die für die Vervollständigung einer Karte benötigt wird. Sind jedoch viele Restriktionsschnittstellen vorhanden, dann wird diese Art der Analyse unübersichtlich, einfach weil es so viele Fragmente zu berücksichtigen gilt. Eine alternative Strategie, bei der die meisten Fragmente ignoriert werden können, ist einfacher durchzuführen. Dazu wird vor der partiellen Restriktionsspaltung an jedes Ende des Start-DNA-Moleküls ein radioaktiver oder anderer Marker gehängt. Da viele Produkte der partiellen Spaltung kein Endfragment enthalten, bleiben sie „unsichtbar", wenn man das Agarosegel nach markierten Produkten absucht (Abb. 3.28). Über die Größen der sichtbaren Produkte der partiellen Restriktionsanalyse können nicht kartierte Bereiche relativ zu den Enden des Start-Moleküls positioniert werden.

### *Der Umfang der Restriktionskartierung wird durch die Größen der Restriktionsfragmente eingeschränkt*

Restriktionskarten sind einfach herzustellen, wenn nur wenige Enzymschnittstellen verwendet werden. Steigt allerdings die Zahl der Schnittstellen, so nimmt auch die Zahl der Produkte aus der einfachen, doppelten und partiellen Restriktionsanalyse zu, deren Größen für die Erstellung der Karte bestimmt und verglichen werden müssen. Computeranalysen sind dabei hilfreich, doch treten dennoch Probleme auf. Es wird ein Stadium erreicht, in dem die Restriktionsanalyse so viele Fragmente hervorbringt, dass einzelne Banden im Agarosegel miteinander verschmelzen. Dadurch steigt die Zahl der Fragmente, deren Größen nicht korrekt bestimmt oder die sogar ganz übersehen werden. Haben einige Fragmente dieselbe Größe, dann ist es nicht möglich, sie zu einer eindeutigen Karte zusammenzusetzen, selbst wenn man sie zu identifizieren vermag.

Restriktionskartierung ist daher eher bei kleineren Molekülen anwendbar, wobei die obere Grenze der Methode von der Häufigkeit der Restriktionsschnittstellen in dem zu kartierenden Molekül abhängt. In der Praxis bedeutet das, dass man für ein weniger als 50 kb langes Molekül in der Regel eine eindeutige Karte erstellen kann, wenn man eine Auswahl von Restriktionsenzymen mit einer Erkennungssequenz aus sechs Nucleotiden verwendet. Fünfzig Kilobasen sind weit unter der geringsten Größe eines bakteriellen oder eukaryotischen Chromosoms, doch besitzen einige wenige virale Genome und Genome von Organellen annähernd diese Größe, und tatsächlich haben Restriktionskarten die Sequenzierungsprojekte für diese kleinen Moleküle unterstützt. Restriktionskarten sind ebenfalls nützlich, wenn bakterielle oder eukaryotische DNA kloniert worden ist und die klonierten Fragmente weniger als 50 kb lang sind, weil dann vor der Sequenzierung der klonierten Region eine detaillierte Restriktionskarte erstellt werden kann. Dies ist zwar eine wichtige Anwendung der Restriktionskartierung bei Sequenzierungsprojekten großer Genome, doch besteht eine Möglichkeit, die Restriktionsanalyse für die allgemeine Kartierung ganzer Genome mit mehr als 50 kb zu nutzen?

Die Antwort ist ein eingeschränktes „Ja", da die Grenzen der Restriktionskartierung durch die Verwendung von Restriktionsenzymen, die nur wenige Schnittstellen in der Ziel-DNA haben, ein wenig hinausgeschoben werden können. Diese selten schneidenden Enzyme (*rare cutter*) werden in zwei Kategorien eingeteilt:

● Einige wenige Restriktionsenzyme schneiden in Erkennungssequenzen aus sieben oder acht Nucleotiden. Beispiele sind *Sap*I (5′-GCTCTTC-3′) und *Sgf*I (5′-GCGATCGC-3′). Die Enzyme mit Erkennungssequenzen aus sieben Nucleotiden schneiden ein DNA-Molekül mit einem GC-Gehalt von 50 % im Durchschnitt einmal alle $4^7 = 16\,384$ bp. Die Enzyme mit einer Erkennungssequenz aus acht Nucleotiden sollten einmal alle $4^8 = 65\,536$ bp schneiden. Diesen Zahlen stehen die $4^6 = 4\,096$ bp eines Enzyms mit einer Erkennungssequenz aus sechs Nucleotiden wie *Bam*HI und *Eco*RI gegenüber. Enzyme mit Erkennungssequenzen aus sieben oder acht Nucleotiden werden häufig für die Restriktionskartierung großer Moleküle verwendet, doch der Ansatz ist nicht so hilfreich, wie er sein könnte, weil einfach nicht viele solcher Enzyme bekannt sind.

● Es können Enzyme verwendet werden, deren Erkennungssequenz Motive enthält, die in der Ziel-DNA nur selten vorkommen. Genomische DNA-Moleküle besitzen keine willkürlichen Sequenzen und bestimmte Motive kommen in manchen Molekülen sehr selten vor. Zum Beispiel ist die Sequenz 5′-CG-3′ in Genomen von Wirbeltieren selten, weil Wirbeltierzellen ein Enzym besitzen, das den Kohlenstoff 5 des C-Nucleotids in dieser Sequenz methyliert. Die Desaminierung des entstehenden 5-Methylcytosins ergibt Thymin (Abb. 3.29). Die Folge ist, dass viele der ursprünglich im Genom enthaltenen 5′-CG-3′-Sequenzen während der Evolution der Wirbeltiere in 5′-TG-3′-Sequenzen umgewandelt wurden. Restriktionsenzyme, die eine 5′-CG-3′-enthaltende Stelle erkennen, schneiden Wirbeltier-DNA daher relativ selten. Beispiele hierfür sind *Sma*I (5′-CC̲C̲GGG-3′), das in menschlicher DNA durchschnittlich alle 78 kb einmal schneidet, außerdem *Bss*HII, das nur alle 390 kb schneidet. *Not*I, ein Enzym mit einer Erkennungssequenz aus acht Nucleotiden, hat ebenfalls 5′-CG-3′-Sequenzen zum Ziel (Erkennungssequenz 5′-GC̲G̲GCC̲G̲C-3′) und schneidet menschliche DNA sehr selten – ungefähr einmal alle 10 Mb.

Das Potenzial der Restriktionskartierung wird somit durch die Verwendung von selten schneidenden Restriktionsenzymen erhöht. Es ist zwar immer noch nicht möglich, Restriktionskarten von tierischen oder pflanzlichen Genomen zu erstellen, doch kann man diese Technik bei großen klonierten Fragmenten und bei den kleineren DNA-Molekülen der Prokaryoten und niederen Eukaryoten wie Hefen oder Pilze anwenden.

Wird ein selten schneidendes Enzym verwendet, dann ist für die Analyse der entstehenden Restriktionsfragmente unter Umständen eine besondere Form der Agarosegelelektrophorese notwendig. Der Grund ist, dass das Verhältnis zwischen der Länge des DNA-Moleküls und seiner Wandergeschwindigkeit im Agarosegel nicht linear ist, die Auflösung nimmt mit zunehmender Länge des Moleküls ab (Abb. 3.30a). Das bedeutet, dass Moleküle über 50 kb nicht getrennt werden können, da alle diese längeren Moleküle in einem Standardagarosegel langsam in einer einzigen Bande wandern. Um sie zu trennen muss man das lineare elektrische Feld einer konventionellen Gelelektrophorese durch ein komplexeres Feld ersetzen. Ein Beispiel für ein solches Verfahren stellt die **orthogonale Feldänderungsgelelektrophorese** (*orthogonal field alteration gel elect-*

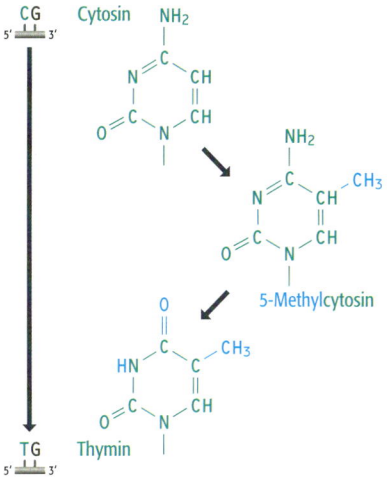

**3.29 Die Sequenz 5′-CG-3′ ist im Wirbeltiergenom selten, da C methyliert und anschließend desaminiert wird, sodass ein T entsteht.** Nichtmethyliertes Cytosin kann ebenfalls desaminiert werden, doch wird das Produkt – Uracil – vom DNA-Reparatursystem der Wirbeltierzellen erkannt (Abschnitt 16.2.2) und wieder in Cytosin umgewandelt. Im Gegensatz dazu erkennt das Reparatursystem Thymin nicht effizient, sodass diese Nucleotide im Genom bestehen bleiben.

**a) Standard-Agarosegelelektrophorese**

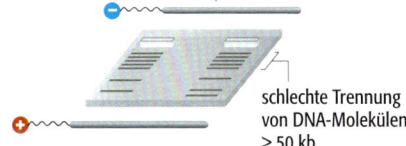

schlechte Trennung von DNA-Molekülen > 50 kb

**b) orthogonale Feldänderungsgelelektrophorese (OFAGE)**

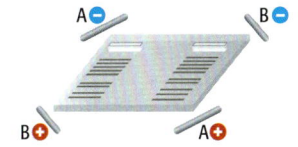

**3.30 Konventionelle und nichtkonventionelle Agarosegelelektrophorese.** a) Bei der Standard-Agarosegelelektrophorese sind die Elektroden an jedem Ende des Gels plaziert und das DNA-Molekül wandert auf direktem Weg zur positiven Elektrode. Moleküle, die länger als 50 kb sind, können durch dieses Verfahren nicht getrennt werden. b) Bei der OFAGE sind die Elektroden an den Ecken des Gels plaziert und das elektrische Feld wechselt zwischen dem A- und dem B-Elektrodenpaar. Mit OFAGE kann man DNA-Moleküle mit einer Länge von bis zu 2 Mb trennen.

*rophoresis*, **OFAGE**) dar, bei der das elektrische Feld zwischen zwei Elektrodenpaaren wechselt, die in einem Winkel von 45° zur Längsseite des Gels angeordnet sind (Abb. 3.30b). Das DNA-Molekül wandert immer noch durch das Gel, doch zwingt jeder Wechsel des elektrischen Feldes das Molekül dazu, sich neu auszurichten. Bei kürzeren DNA-Molekülen geschieht dies schneller als bei längeren und sie wandern daher schneller durch das Gel. Das Ergebnis ist, dass viel längere Moleküle aufgelöst werden können als durch die konventionelle Gelelektrophorese. Verwandte Methoden sind **CHEF** (*contour clamped homogenous electric fields*) und **FIGE** (*field inversion gel electrophoresis*).

### Direkte Untersuchung von DNA-Molekülen auf Restriktionsschnittstellen

Es ist auch möglich, andere Methoden als die Elektrophorese für die Kartierung von Restriktionsschnittstellen in DNA-Molekülen anzuwenden. Mit einem Verfahren, das als **optische Kartierung** bezeichnet wird, werden die Restriktionsschnittstellen durch eine mikroskopische Analyse der geschnittenen DNA direkt lokalisiert. Die DNA muss zunächst so auf einem Objektträger fixiert werden, dass die einzelnen Moleküle ausgestreckt nebeneinander liegen und kein ungeordnetes Konglomerat bilden. Dies erreicht man über verschiedene Methoden wie **Gelstreckung** (*gel stretching*) und „**molekulares Kämmen**" (*molecular combing*). Um DNA-Fasern mittels Gelstreckung zu präparieren, wird die chro-

**3.31   Gelstreckung und „molekulares Kämmen".** a) Um eine Gelstreckung durchzuführen, wird die geschmolzene Agarose mit den darin enthaltenen chromosomalen DNA-Molekülen auf einen Objektträger pipettiert, der mit einem Restriktionsenzym beschichtet ist. Wenn das Gel erstarrt, werden die DNA-Moleküle gestreckt. Der Grund hierfür ist unbekannt, doch vermutlich ist die Flüssigkeitsbewegung auf der Glasoberfläche beim Gelieren verantwortlich. Die Zugabe von Magnesiumchlorid aktiviert das Restriktionsenzym, das die DNA-Moleküle schneidet. Wenn sich die DNA-Moleküle zunehmend verkürzen, werden die Lücken, welche die Schnittstellen repräsentieren, sichtbar.
b) Beim molekularen Kämmen taucht man ein Deckglas in eine DNA-Lösung. Die DNA-Moleküle heften sich mit einem Ende an das Deckglas, das anschließend mit einer Geschwindigkeit von 0,3 mm s$^{-1}$ aus der Lösung gezogen wird. Dadurch entsteht ein „Kamm" paralleler Moleküle.

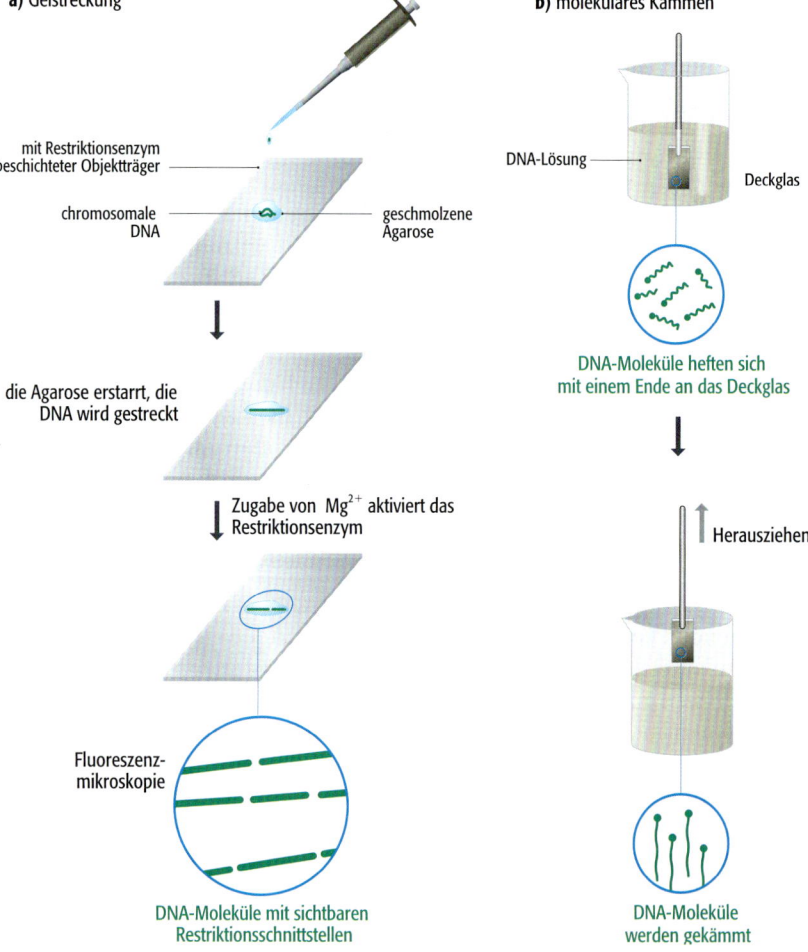

**a)** Gelstreckung

mit Restriktionsenzym beschichteter Objektträger

chromosomale DNA                                      geschmolzene Agarose

die Agarose erstarrt, die DNA wird gestreckt

Zugabe von  Mg$^{2+}$ aktiviert das Restriktionsenzym

Fluoreszenzmikroskopie

DNA-Moleküle mit sichtbaren Restriktionsschnittstellen

**b)** molekulares Kämmen

DNA-Lösung                                             Deckglas

DNA-Moleküle heften sich mit einem Ende an das Deckglas

Herausziehen

DNA-Moleküle werden gekämmt

mosomale DNA in geschmolzener Agarose suspendiert und auf einem Objektträger fixiert. Kühlt das Gel ab und erstarrt, werden die DNA-Moleküle gestreckt
(Abb. 3.31a). Beim molekularen Kämmen werden die DNA-Fasern präpariert,
indem man ein silikonbeschichtetes Deckglas in eine DNA-Lösung taucht und
für 5 Minuten darin inkubiert (währenddessen heften sich die DNA-Moleküle
mit einem Ende an das Deckglas). Anschließend wird das Deckglas mit einer
konstanten Geschwindigkeit von 0,3 mm s$^{-1}$ aus der Lösung gezogen (Abb.
3.31b). Die Kräfte, die auftreten, wenn die DNA-Moleküle durch den Flüssig-
keitsmeniskus gezogen werden, reichen aus, damit sich die Moleküle nebeneinander auf dem Deckglas anordnen. An der Luft trocknet die Oberfläche
des Deckglases und die aufgereihten DNA-Fasern bleiben zurück. Nach Streckung oder Kämmen werden die immobilisierten DNA-Moleküle mit einem
Restriktionsenzym behandelt und dann durch Zugabe eines Fluoreszenzfarb-
stoffes wie DAPI (4,6-Diamino-2-phenylindol-dihydrochlorid) angefärbt,
sodass sie unter einem hoch auflösenden Fluoreszenzmikroskop sichtbar sind.
Die Restriktionsschnittstellen in den ausgesteckten Molekülen werden nach
und nach in Form von Lücken sichtbar, je nach dem Ausmaß, in dem die Streckung der Fasern durch die natürliche Spannkraft der DNA zurückgeht. Auf
diese Weise können die relativen Positionen der Schnitte dokumentiert werden.

Die optische Kartierung wurde zuerst bei großen, in YAC- oder BAC-Vektoren
(Abschnitt 2.2.1) klonierten DNA-Fragmenten angewendet. In jüngerer Vergangenheit hat man die Umsetzbarkeit dieses Verfahrens mit genomischer DNA
durch die Analyse eines 1 Mb-Chromosoms des Malariaparasiten *Plasmodium
falciparum* und von zwei Chromosomen und einem Megaplasmid des Bakteriums *Deinococcus radiodurans* demonstriert (Tab. 8.2).

### 3.3.2 Fluoreszenz-*in situ*-Hybridisierung

Die oben beschriebene optische Kartierungsmethode stellt eine Verbindung
zur zweiten Art der physikalischen Kartierung her, die wir uns ansehen wollen
– FISH. Wie bei der optischen Kartierung kann man mit FISH die Lage eines
Markers auf einem Chromosom oder ausgestreckten DNA-Molekül direkt sichtbar machen. Bei der optischen Kartierung besteht der Marker aus einer Restriktionsschnittstelle und ist als Lücke in der ausgestreckten DNA-Faser zu
erkennen. Bei FISH ist der Marker eine DNA-Sequenz, die durch Hybridisierung mit einer fluoreszierenden Sonde sichtbar wird.

### In situ-*Hybridisierung mit radioaktiven oder fluoreszierenden Sonden*

*In situ*-Hybridisierung ist eine Variante der Hybridisierungsanalyse (Abschnitt
2.1.2), bei der man ein intaktes Chromosom durch Hybridisierung mit einem
markierten DNA-Molekül untersucht. Der Ort auf dem Chromosom, an dem
die Hybridisierung stattfindet, liefert Informationen über die Position der als
Sonde verwendeten DNA-Sequenz in der Karte (Abb. 3.32). Damit die Methode
funktioniert, muss man die DNA des Chromosoms einzelsträngig machen
(„denaturieren"), indem man die Basenpaare, welche die Doppelhelix zusammenhalten, löst. Nur dann kann die Sonde mit der chromosomalen DNA hybridisieren. Das Standardverfahren für die Denaturierung von chromosomaler
DNA ohne eine Zerstörung der Chromosomenmorphologie ist, sie auf einem
Objektträger zu trocknen und mit Formamid zu behandeln.

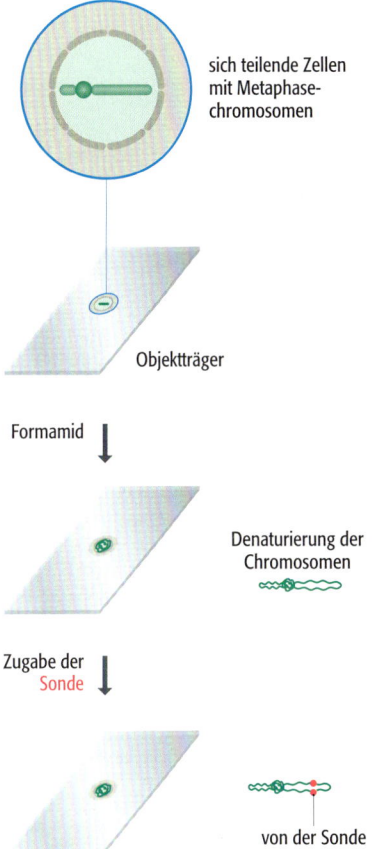

sich teilende Zellen
mit Metaphase-
chromosomen

Objektträger

Formamid

Denaturierung der
Chromosomen

Zugabe der
Sonde

von der Sonde
ausgehendes Signal

**3.32   Fluoreszenz-*in situ*-Hybridisierung.**
Eine Probe sich teilender Zellen wird auf
einem Objektträger getrocknet und mit Formamid behandelt, sodass die Chromosomen zwar denaturiert werden, doch ihre
charakteristische Metaphasenmorphologie
nicht verlieren (Abschnitt 7.1.2). Die Stelle,
an der die Sonde mit der chromosomalen
DNA hybridisiert, wird sichtbar gemacht,
indem man das von der markierten DNA
ausgesendete Signal aufnimmt.

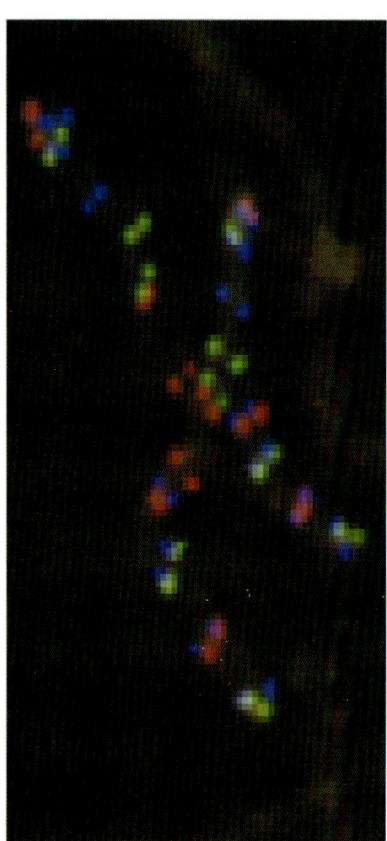

**3.33    Verwendung von FISH für die physikalische Kartierung.** Eine Gruppe von 18 unterschiedlichen Cosmidklonen wurde mit verschiedenen Fluoreszenzfarbstoffen markiert und mit einem einzelnen Paar homologer Chromosomen hybridisiert. Die Chromosomen stammen aus einem Metaphasekern und sind daher an den Centromeren miteinander verbunden. Durch die relativen Positionen der Fluoreszenzsignale können die DNA-Fragmente, die jedes Cosmid enthält, auf der Karte lokalisiert werden. Mit freundlicher Genehmigung von Octavian Henegariu.

Bei den frühen Varianten der *in situ*-Hybridisierung wurde die Sonde radioaktiv markiert, doch war dieses Verfahren nicht zufriedenstellend, weil mit der radioaktiven Markierung eine hohe Sensitivität und eine hohe Auflösung – zwei entscheidende Kriterien für eine erfolgreiche *in situ*-Hybridisierung – nicht zu vereinbaren sind. Die Sensitivität erfordert eine hohe Emissionsenergie des radioaktiven Markers (ein Beispiel für einen solchen Marker ist $^{32}$P), doch wenn ein radioaktiver Marker eine solche Eigenschaft besitzt, dann streut sein Signal und die Auflösung ist gering. Eine hohe Auflösung ist möglich, wenn man einen Marker mit einer geringen Emissionsenergie wie $^{3}$H einsetzt, doch besitzen diese Marker eine so geringe Sensitivität, dass übermäßig lange Expositionszeiten notwendig sind. Diese haben wiederum eine starke Hintergrundfärbung und Probleme bei der Erkennung des echten Signals zu Folge.

Diese Probleme wurden in den späten 1980er-Jahren mit der Entwicklung nichtradioaktiver, fluoreszierender DNA-Marker behoben. Diese Marker verbinden eine hohe Sensitivität mit einer hohen Auflösung und sind für die *in situ*-Hybridisierung ideal. Es wurden Fluoreszenzmarker, die unterschiedliche Farben emittieren, entwickelt, wodurch ein einziges Chromosom mit einer Reihe verschiedener Sonden hybridisieren kann und sich die einzelnen Hybridisierungssignale dennoch voneinander unterscheiden lassen. Dadurch ist es möglich, die relativen Positionen der Sondensequenzen zu kartieren (Abb. 3.33). Um die Sensitivität zu maximieren, müssen die Sonden so stark wie möglich markiert werden, was in der Vergangenheit bedeutete, dass es sich um relativ lange DNA-Moleküle handeln musste – in der Regel klonierte DNA-Fragmente mit einer Länge von mindestens 40 kb. Heutzutage ist diese Bedingung weniger bedeutend, da Verfahren für die starke Markierung auch kürzerer DNA-Moleküle entwickelt worden sind. Was die Erstellung einer physikalischen Karte betrifft, kann ein kloniertes DNA-Fragment einfach als eine weitere Art von Marker betrachtet werden. In der Praxis hat die Verwendung von Klonen als Marker jedoch noch eine zweite Dimension, da es *klonierte* DNA ist, deren DNA-Sequenz man bestimmt. Die Kartierung der Position von Klonen stellt somit die direkte Verbindung zwischen der genomischen Karte und ihrer DNA-Sequenz her.

Wenn es sich bei der Probe um ein langes DNA-Fragment handelt, ergibt sich zumindest bei höheren Eukaryoten das Problem, dass das Fragment mit einer gewissen Wahrscheinlichkeit repetitive DNA-Sequenzen enthält (Kapitel 9). So könnte das Fragment mit vielen Stellen auf der chromosomalen DNA hybridisieren, nicht nur mit der genau passenden. Um diese unspezifischen Hybridisierungen zu verringern, wird die Sonde vor ihrer Verwendung mit nichtmarkierter DNA des untersuchten Organismus gemischt. Diese DNA kann einfach die vollständige Kern-DNA sein (also das gesamte Genom repräsentieren). Günstiger ist jedoch die Verwendung einer Fraktion, in der zuvor die sich wiederholenden Sequenzen angereichert wurden. Das Ziel ist, dass die nichtmarkierte DNA mit den repetitiven DNA-Sequenzen der Sonde hybridisiert und diese blockiert, sodass die anschließende *in situ*-Hybridisierung ausschließlich mit nur einmal vorkommenden Sequenzen stattfindet. Mithilfe dieses Verfahrens lässt sich die unspezifische Hybridisierung reduzieren oder sogar vollständig verhindern (Abb. 3.34).

### Die Anwendung von FISH

FISH wurde ursprünglich an Metaphasechromosomen angewendet (Abschnitt 7.1). Man präpariert diese Chromosomen aus einem sich teilenden Kern. Sie sind sehr stark kondensiert und jedes Chromosom nimmt eine erkennbare

Gestalt an, die durch die Lage des Centromers und das Bandenmuster bestimmt wird, welches durch die Färbung einer Chromosomenpräparation auftritt (Abb. 7.5). Bei Metaphasechromosomen wird ein durch FISH gewonnenes Fluoreszenzsignal kartiert, indem seine Lage relativ zum Ende des kurzen Arms des Chromosoms bestimmt wird (**FLpter-Wert**). Ein Nachteil dieser Methode ist, dass die hoch kondensierte Struktur von Metaphasechromosomen nur eine Kartierung mit geringer Auflösung zulässt, bei der zwei Marker mindestens 1 Mb voneinander entfernt sein müssen, um als zwei verschiedene Hybridisierungssignale erkannt zu werden. Diese Auflösung reicht für die Herstellung nützlicher Chromosomenkarten nicht aus, und so ist es die Hauptanwendung von Metaphasen-FISH, das Chromosom zu ermitteln, auf dem ein neuer Marker lokalisiert ist, und einen groben Überblick von seiner Lage in der Karte zu liefern, sozusagen eine Vorstufe zur Feinkartierung durch andere Methoden.

Über etliche Jahre hinweg umfassten diese „anderen Methoden" keine Art von FISH, doch seit 1995 hat man eine Reihe höher auflösender FISH-Techniken entwickelt. Diese Verfahren erzielen durch eine veränderte Chromosomenpräparation eine höhere Auflösung. Wenn Metaphasechromosomen für eine Feinkartierung zu stark kondensiert sind, dann müssen wir gestrecktere Chromosomen verwenden. Es gibt zwei Möglichkeiten, dies zu erreichen:

- **Mechanisch gestreckte Chromosomen** erhält man durch eine Abwandlung der Präparationsmethode, mit der die Chromosomen aus dem Metaphasekern isoliert werden. Es wird ein Zentrifugationsschritt eingeführt, bei dem Scherkräfte auftreten, welche die Chromosomen auf bis das 20-Fache ihrer normalen Länge strecken. Einzelne Chromosomen sind immer noch erkennbar und man kann FISH-Signale auf dieselbe Art und Weise kartieren, wie bei normalen Metaphasechromosomen. Die Auflösung wird durch dieses Verfahren erheblich verbessert und Marker mit einer Entfernung von 200–300 kb können unterschieden werden.

- **Nicht-Metaphasechromosomen** können ebenfalls verwendet werden, da die Chromosomen ausschließlich während der Metaphase sehr stark kondensiert vorliegen: In anderen Stadien des Zellzyklus sind sie normalerweise nicht verdichtet. Man führte Versuche mit Prophasekernen durch (Abb. 3.15), da die Chromosomen in ihnen immer noch ausreichend kondensiert vorliegen, um einzelne Chromosomen identifizieren zu können. In der Praxis bieten diese Präparationen allerdings gegenüber mechanisch gestreckten Chromosomen keinen Vorteil. Chromosomen der Interphase sind da nützlicher, weil die Chromosomen in diesem Stadium des Zellzyklus (zwischen den Kernteilungen) am wenigsten verpackt sind. Mit ihnen ist eine Auflösung von bis zu 25 kb möglich, doch ist die Chromosomenmorphologie nicht mehr vorhanden, sodass der externe Bezugspunkt für die Kartierung der Sondenposition fehlt. Diese Methode wird somit verwendet, nachdem bereits erste Informationen über die Karte vorliegen. In der Regel bestimmt man mit diesem Verfahren die Reihenfolge einer Anzahl von Markern auf einem kurzen Chromosomenstück.

Interphasechromosomen enthalten die am wenigsten dicht gepackte DNA aller zellulären DNA-Moleküle. Um die Auflösung von FISH auf weniger als 25 kb zu verbessern, ist es somit notwendig, sich von intakten Chromosomen abzuwenden und stattdessen gereinigte DNA einzusetzen. Dieser Ansatz, als **Fiber-FISH** bezeichnet, verwendet DNA, die über Gelstreckung oder molekulares Kämmen (Abb. 3.31) präpariert wurde, und er kann Marker unterscheiden, die weniger als 10 kb auseinander liegen.

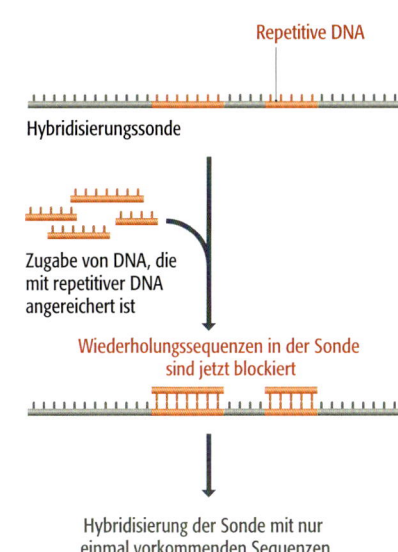

**3.34 Verfahren für die Blockierung von repetitiven DNA-Sequenzen in einer Hybridisierungssonde.** In diesem Beispiel enthält das Sondenmolekül (rot) zwei sich wiederholende Sequenzen. Werden diese Sequenzen nicht blockiert, dann wird die Sonde unspezifisch an jede Kopie dieser Wiederholungseinheiten in der Ziel-DNA binden. Um die repetitiven Sequenzen zu blockieren, wird die Sonde mit einer DNA-Fraktion prähybridisiert, die mit repetitiver DNA angereichert ist.

### 3.3.3 *Sequence tagged site*-Kartierung

Um eine detaillierte physikalische Karte einen großen Genoms erstellen zu können, brauchen wir im Idealfall ein Verfahren für eine hochauflösende Kartierung, das schnell durchzuführen und technisch nicht sehr anspruchsvoll ist. Keine der beiden Techniken, die wir bisher betrachtet haben – Restriktionskartierung und FISH – erfüllt diese Anforderungen. Die Restriktionskartierung ist schnell, einfach und liefert detaillierte Informationen, doch kann sie nicht bei großen Genomen angewendet werden. FISH steht dagegen für große Genome zur Verfügung, und modifizierte Varianten wie Fiber-FISH liefern hochaufgelöste Daten, doch FISH ist technisch anspruchsvoll und das Sammeln der Daten langsam, da man in einem einzigen Experiment die Kartenposition von nicht mehr als drei oder vier Markern bestimmen kann. Für detaillierte physikalische Karten brauchen wir also ein leistungsfähigeres Verfahren.

Bis zum jetzigen Zeitpunkt ist das für eine physikalische Kartierung leistungsfähigste und für die Erstellung der detailliertesten Karten großer Genome verwendete Verfahren die STS-Kartierung. Eine *sequence tagged site*, oder **STS**, ist eine kurze, in der Regel zwischen 100 und 500 bp lange DNA-Sequenz, die leicht zu erkennen ist und nur einmal im untersuchten Genom vorkommt. Um eine Reihe von STS-Markern kartieren zu können, ist eine Anzahl überlappender DNA-Fragmente eines einzelnen Chromosoms oder des gesamten Genoms notwendig. In dem in Abbildung 3.35 dargestellten Beispiel wurden die Fragmente von einem einzelnen Chromosom präpariert, sodass jede Stelle des Chromosoms im Schnitt fünfmal in der Fragmentsammlung vorkommt. Die Daten, von denen man die Karte ableitet, erhält man, indem man ermittelt, welches Fragment welche STS enthält. Hilfreich ist hier eine Hybridisierungsanalyse, doch wird in der Regel die schnellere und leichter automatisierbare PCR verwendet. Die Wahrscheinlichkeit, dass zwei STS-Marker auf demselben Fragment liegen, wird natürlich dadurch bestimmt, wie eng die beiden im Genom nebeneinander liegen. Sind sie sich sehr nahe, dann ist die Wahrscheinlichkeit relativ groß, dass sie immer auf demselben Fragment liegen; sind sie weiter voneinander entfernt, dann werden sie manchmal auf demselben Fragment liegen und manchmal nicht (Abb. 3.35). Die Daten können somit verwendet werden, um den Abstand zwischen zwei Markern auf dem Chromosom in einem ähnlichen Verfahren zu berechnen, wie bei der Ermittlung von Kartierungsabständen durch die Kopplungsanalyse (Abschnitt 3.2.3). Es sei daran erinnert, dass der Kartierungsabstand bei der Kopplungsanalyse berechnet

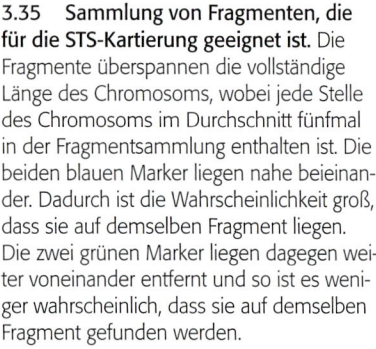

**3.35 Sammlung von Fragmenten, die für die STS-Kartierung geeignet ist.** Die Fragmente überspannen die vollständige Länge des Chromosoms, wobei jede Stelle des Chromosoms im Durchschnitt fünfmal in der Fragmentsammlung enthalten ist. Die beiden blauen Marker liegen nahe beieinander. Dadurch ist die Wahrscheinlichkeit groß, dass sie auf demselben Fragment liegen. Die zwei grünen Marker liegen dagegen weiter voneinander entfernt und so ist es weniger wahrscheinlich, dass sie auf demselben Fragment gefunden werden.

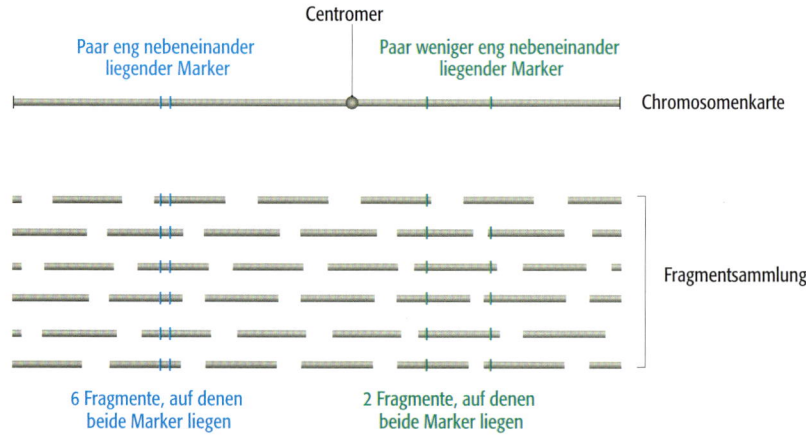

wird, indem man die Häufigkeit von Crossing-over zwischen zwei Markern bestimmt. STS-Kartierung ist im Wesentlichen gleich, außer, dass der Kartierungsabstand aus der Häufigkeit bestimmt wird, mit der *Brüche* zwischen zwei Markern auftreten.

Die oben beschriebene STS-Kartierung, lässt einige entscheidende Fragen offen: Was genau ist ein STS? Wie erhält man die Sammlung von DNA-Fragmenten?

### Jede nur einmal vorkommende DNA-Sequenz kann als STS verwendet werden

Um als STS infrage zu kommen, muss eine DNA-Sequenz zwei Kriterien erfüllen. Das erste Kriterium ist, dass ihre Sequenz bekannt sein muss, sodass man einen PCR-Ansatz entwerfen kann, um die An- oder Abwesenheit des STS auf den verschiedenen DNA-Fragmenten zu überprüfen. Die zweite Anforderung ist, dass ein STS in dem untersuchten Chromosom oder auch Genom (wenn die Sammlung von DNA-Fragmenten das gesamte Genom abdeckt) nur ein einziges Mal enthalten sein darf. Ist die STS-Sequenz an mehr als einer Position vorhanden, dann sind die Kartierungsdaten mehrdeutig. Es muss besonders sorgfältig geprüft und sichergestellt werden, dass STS-Marker keine auch in repetitiver DNA vorkommenden Sequenzen enthalten (Abb. 3.34).

Diese Kriterien sind leicht zu erfüllen und STS-Marker können auf unterschiedliche Art und Weise gewonnen werden. Die am meisten verbreiteten Quellen sind *expressed sequence tags* (**ESTs**), **SSLPs** und zufällige genomische Sequenzen (*random genomic sequences*).

**Expressed sequence tags**. ESTs sind kurze Sequenzen, die aus der Analyse von cDNA-Klonen hervorgehen. Man stellt zunächst komplementäre DNA (cDNA) her, indem man eine mRNA-Präparation revers in doppelsträngige DNA transkribiert (Abb. 3.36). Da die mRNA in einer Zelle von proteincodierenden Genen stammt, repräsentieren cDNAs und die von ihnen abstammenden ESTs die Gene einer Zelle, die zum Zeitpunkt der Isolierung der mRNA exprimiert wurden. Man betrachtet ESTs als Hilfsmittel, mit dem man rasch einen Zugang zu den Sequenzen wichtiger Gene erhält; trotz der Unvollständigkeit ihrer Sequenzen sind sie recht nützlich. Ein EST-Marker kann auch als STS verwendet werden, vorausgesetzt, dass er von einer nur einmal enthaltenen Sequenz stammt und nicht von einem Mitglied einer Genfamilie, in der alle Gene die gleichen oder sehr ähnliche Sequenzen besitzen.

**SSLPs**. In Abschnitt 3.2.2 haben wir die Verwendung von Mikrosatelliten und anderen SSLPs in der genetischen Kartierung behandelt. SSLPs können in der physikalischen Kartierung auch als STS-Marker von Nutzen sein. Besonders wertvoll sind SSLPs, die polymorph sind und bereits durch Kopplungsanalyse kartiert wurden, da sie eine direkte Verbindung zwischen genetischen und physikalischen Karten herstellen.

**Zufällige genomische Sequenzen**. Diese werden durch die Sequenzierung zufälliger Stücke von klonierter genomischer DNA gewonnen oder man verwendet Sequenzen aus Datenbanken.

### DNA-Fragmente für die STS-Kartierung

Die zweite Komponente des STS-Kartierungsverfahrens ist das Sammeln von DNA-Fragmenten, die das zu untersuchende Genom oder Chromosom ab-

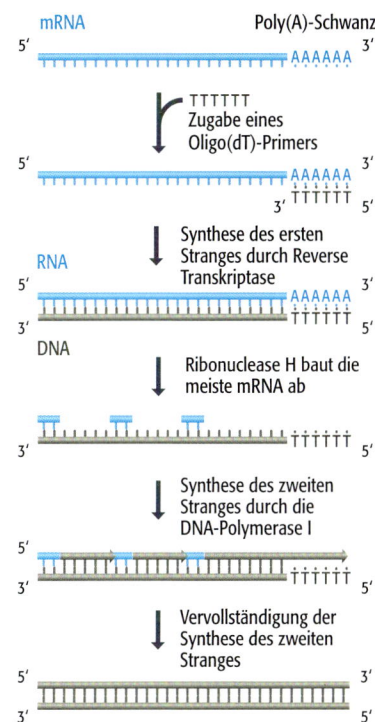

**3.36   Eine Möglichkeit der Herstellung von cDNA.** Die meisten eukaryotischen mRNAs besitzen an ihrem 3'-Ende einen Poly(A)-Schwanz (Abschnitt 12.2.1). Diese Reihe von A-Nucleotiden wird in der ersten Phase der cDNA-Synthese, die durch die Reverse Transkriptase durchgeführt wird, als Primerbindungsstelle benutzt. Bei der Reversen Transkriptase handelt es sich um eine DNA-Polymerase, die eine RNA-Matrize kopiert (Abschnitt 2.1.1). Der Primer ist ein kurzes, synthetisches DNA-Oligonucleotid, gewöhnlich mit einer Länge von 20 Nucleotiden und ausschließlich aus T-Nucleotiden aufgebaut (ein „Oligo(dT)"-Primer). Ist die Synthese des ersten Stranges abgeschlossen, behandelt man den Ansatz mit Ribonuclease H, die spezifisch die RNA-Komponente des RNA-DNA-Hybrids abbaut. Unter den gewählten Bedingungen baut das Enzym jedoch nicht die gesamte RNA ab, sondern es bleiben kurze Segmente, die bei der Synthese des zweiten Stranges als Primer dienen. Diese Reaktion wird durch die DNA-Polymerase I katalysiert.

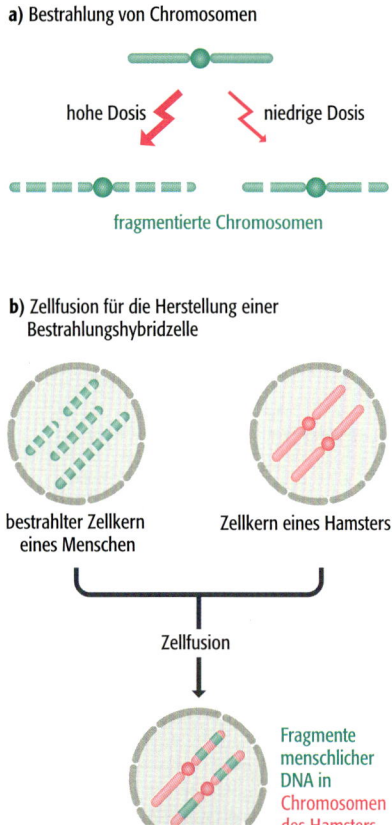

**a)** Bestrahlung von Chromosomen

hohe Dosis                niedrige Dosis

fragmentierte Chromosomen

**b)** Zellfusion für die Herstellung einer Bestrahlungshybridzelle

bestrahlter Zellkern eines Menschen

Zellkern eines Hamsters

Zellfusion

Fragmente menschlicher DNA in Chromosomen des Hamsters

Hybridkern

**3.37    Bestrahlungshybridzellen.** a) Das Ergebnis der Bestrahlung von menschlichen Zellen: Die Chromosomen zerbrechen in Fragmente, wobei durch eine höhere Dosis an Röntgenstrahlen kleinere Fragmente entstehen. b) Eine Bestrahlungshybridzelle wird hergestellt, indem man eine bestrahlte menschliche Zelle mit einer unbehandelten Hamsterzelle fusioniert. Zur Übersicht sind nur die Kerne dargestellt.

decken. Diese Sammlung wird gelegentlich als **Kartierungsreagenz** (*mapping reagent*) bezeichnet. Zum jetzigen Zeitpunkt existieren zwei Möglichkeiten für den Aufbau einer solchen Sammlung: als Klonbibliothek und als Sammlung von **Bestrahlungshybridzellen** (*radiation hybrids*). Wir werden uns zuerst die Bestrahlungshybridzellen ansehen.

Eine Bestrahlungshybridzelle ist eine Nagerzelle, die Chromosomenfragmente eines zweiten Organismus enthält. Die Technologie wurde zunächst mit menschlichen Chromosomen entwickelt. Man begann in den 1970er-Jahren mit der Entwicklung, als man entdeckte, dass Chromosomen in zufällige Fragmente zerbrechen, wenn man menschliche Zellen einer Röntgenstrahlung von 3 000–8 000 rad aussetzt, wobei die Fragmente mit zunehmender Dosis kleiner werden (Abb. 3.37a). Diese Behandlung ist natürlich für die menschlichen Zellen letal, doch die Chromosomenfragmente können vermehrt werden, wenn man die bestrahlten Zellen anschließend mit nichtbestrahlten Zellen von Hamstern oder anderen Nagetieren fusioniert. Die Fusion wird entweder chemisch mit Polyethylenglykol oder durch das Sendai-Virus stimuliert (Abb. 3.37b). Nicht alle Hamsterzellen nehmen Chromosomenfragmente auf, sodass ein Verfahren notwendig ist, um die Hybride zu identifizieren. Routinemäßig führt man den Selektionsprozess mit einer Hamsterzelllinie durch, die entweder keine Thymidin-Kinase (TK) oder keine Hypoxanthin-Phosphoribosyltransferase (HPRT) produziert. Das Fehlen eines dieser beiden Enzyme ist tödlich, wenn die Zellen in einem Medium gezogen werden, das ein Gemisch aus Hypoxanthin, Aminopterin und Thymidin (HAT-Medium) enthält. Nach der Fusion inkubiert man die Zellen daher in HAT-Medium. Die Zellen, die in diesem Medium wachsen, sind hybride Hamsterzellen, welche Fragmente menschlicher DNA mit den Genen für das menschliche TK- und HPRT-Enzym enthalten. Diese Enzyme werden in den Hybridzellen synthetisiert und erlauben es den Hamsterzellen, in dem Selektivmedium zu wachsen. Die Behandlung führt also zu Hybridzellen mit einer zufälligen Auswahl von Fragmenten menschlicher DNA, die in die Hamsterchromosomen eingebaut sind. Die Fragmente sind in der Regel 5–10 Mb lang, wobei jede Zelle ein Äquivalent von ungefähr 15–35 % des Humangenoms enthält. Die Zellsammlung wird als Bestrahlungshybridkohorte bezeichnet und kann als Kartierungsreagenz für die STS-Kartierung verwendet werden. Voraussetzung ist allerdings, dass der für die STS-Identifizierung eingesetzte PCR-Ansatz keine entsprechenden DNA-Regionen des Hamsterchromosoms amplifiziert.

Eine zweite Form von Bestrahlungshybridkohorten, die lediglich die DNA eines einzigen menschlichen Chromosoms enthält, kann man herstellen, wenn die bestrahlte Zelllinie nicht eine des Menschen ist, sondern die eines zweiten Typs von Nagerhybridzellen. Cytogenetiker haben eine Reihe von Nagerzelllinien entwickelt, bei denen sich ein einziges menschliches Chromosom stabil im Nagerzellkern vermehrt. Wird eine Zelllinie dieses Typs (zum Beispiel eine Mauszelllinie) bestrahlt und mit Hamsterzellen fusioniert, dann erhält man nach der Selektion Hybridhamsterzellen, die Chromosomenfragmente der Maus, des Menschen oder ein Gemisch aus beiden enthalten. Man kann die Zellen mit menschlicher DNA identifizieren, indem man die DNA mit einer humanspezifischen Wiederholungssequenz testet. Verwendet wird zum Beispiel das kurze, über das Genom verteilte repetitive Element (*short interspersed repetitive element*, SINE), das als *Alu* (Abschnitt 9.2.1) bezeichnet wird und das im Humangenom mit einer Kopienzahl von über 1 Million (Tab. 9.3) im Durchschnitt einmal alle 3 kb enthalten ist. Nur Zellen mit menschlicher DNA hybridisieren mit *Alu*-Sonden, sodass die nichtgesuchten Maushybride verworfen werden können und die STS-Kartierung mit den Zellen fortfahren kann, die Chromosomenfragmente des Menschen enthalten.

Die Bestrahlungshybridkartierung des menschlichen Genoms wurde ursprünglich mit chromosomenspezifischen Kohorten statt mit Kohorten des gesamten Genoms durchgeführt, da man angenommen hatte, dass für die Kartierung eines einzelnen Chromosoms weniger Hybride notwendig sind, als für das gesamte Genom. Es stellte sich heraus, das eine hochauflösende Karte eines einzelnen menschlichen Chromosoms eine Kohorte mit 100–200 Hybriden erfordert, was ungefähr die größte Menge ist, die ein PCR-Screening-Programm bewältigen kann. Doch werden Sammlungen des gesamten Genoms und einzelner Chromosomen unterschiedlich hergestellt. Die erste erhält man durch die Bestrahlung ausschließlich menschlicher DNA und die zweite erfordert die Bestrahlung von Mauszellen, die viel Maus-DNA und relativ wenig menschliche DNA enthalten. Das bedeutet, dass der Gehalt menschlicher DNA pro Hybrid bei einer Sammlung mit einzelnen Chromosomen wesentlich geringer ist, als bei einer Sammlung des gesamten Genoms. Es stellte sich heraus, dass eine detaillierte Kartierung des gesamten Humangenoms mit weniger als 100 Bestrahlungshybriden des Gesamtgenoms möglich ist, sodass die Kartierung des gesamten Genoms nicht komplizierter ist als die Kartierung eines einzelnen Chromosoms. Als man dieses erkannt hatte, wurden Bestrahlungshybridzellen des gesamten Genoms ein zentraler Bestandteil der Kartierungsphase des Humangenomprojektes (Abschnitt 4.3). Bibliotheken des gesamten Genoms wurden auch für die STS-Kartierung anderer Säugetiergenome und für die des Zebrafischs und des Huhns verwendet.

### Auch eine Klonbibliothek kann als Kartierungsreagenz für die STS-Analyse verwendet werden

Eine Vorstufe der Sequenzierungsphase eines Genomprojektes besteht darin, das Genom oder die isolierten Chromosomen in Fragmente zu teilen und jedes in einen Vektor mit hoher Aufnahmekapazität zu klonieren, der große DNA-Fragmente bewältigen kann (Abschnitt 2.2.1). Dieses Vorgehen führt zu einer Klonbibliothek, einer Sammlung von DNA-Fragmenten, die für ein Genomprojekt eine durchschnittliche Größe von einigen hundert Kilobasen besitzen. Eine solche Klonbibliothek kann sowohl die Sequenzierung unterstützen als auch im Rahmen der STS-Kartierung als Kartierungsreagenz dienen.

Eine Klonbibliothek kann wie Bestrahlungshybridkohorten ebenfalls aus genomischer DNA hergestellt werden und auf diese Weise das gesamte Genom repräsentieren, oder es handelt sich um eine chromosomenspezifische Bibliothek, die auf einen einzigen Chromosomentyp als Start-DNA zurückgeht. Letzteres ist möglich, weil man einzelne Chromosomen mittels Durchflusscytometrie trennen und sortieren kann. Für dieses Verfahren bricht man sich teilende Zellen (bei denen die Chromosomen kondensiert sind) vorsichtig auf, sodass man ein Gemisch intakter Chromosomen erhält. Die Chromosomen werden nun mit einem Fluoreszenzfarbstoff gefärbt, wobei die Menge des Farbstoffs, die an ein Chromosom bindet, von dessen Größe abhängt. So binden größere Chromosomen mehr Farbstoff und fluoreszieren stärker als kleine Chromosomen. Die Chromosomenpräparation wird verdünnt und durch eine kleine Öffnung geleitet. Auf diese Weise entsteht eine Reihe winziger Tröpfchen, jedes mit einem Chromosom. Die Tröpfchen passieren einen Detektor, der die Fluoreszenzmenge misst und so die Tröpfchen identifiziert, die das gesuchte Chro-

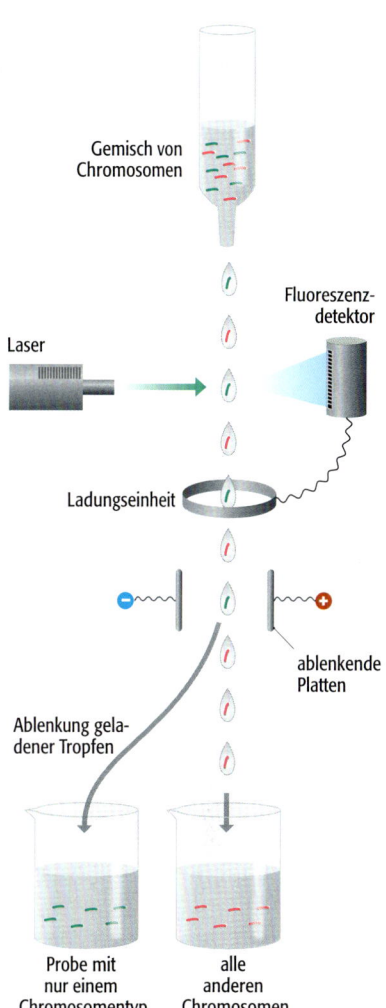

**3.38 Trennung von Chromosomen mittels Durchflusscytometrie.** Ein Gemisch aus fluoreszenzmarkierten Chromosomen strömt durch eine kleine Öffnung, sodass jeder erscheinende Tropfen nur ein einziges Chromosom enthält. Der Fluoreszenzdetektor identifiziert das Signal aus den Tröpfchen, die das gesuchte Chromosom enthalten, und legt bei diesen Tropfen eine elektrische Spannung an. Erreichen die Tröpfchen die elektrisch geladenen Platten, werden die geladenen Tröpfchen in ein separates Gefäß abgelenkt. Alle anderen fallen durch die ablenkenden Platten hindurch und werden in einem Abfallgefäß gesammelt.

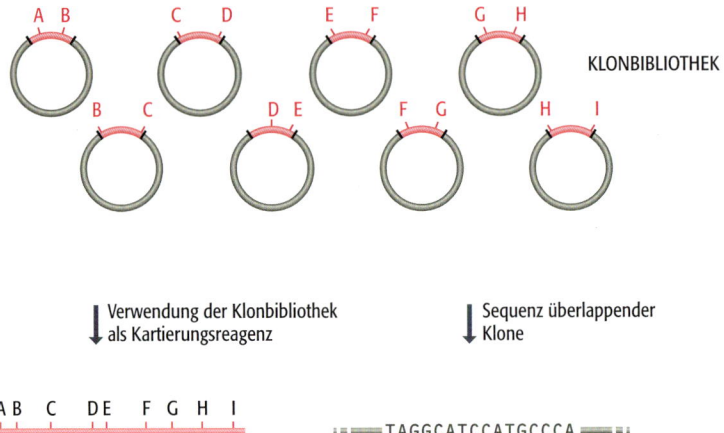

3.39   **Die Bedeutung von Klonbibliotheken in Genomprojekts.** Die hier gezeigte kleine Klonbibliothek enthält ausreichend Information für die Herstellung einer STS-Karte und kann außerdem als Quelle für zu sequenzierende DNA dienen.

mosom enthalten. Ausschließlich an diese Tropfen wird eine elektrische Spannung angelegt (Abb. 3.38), sodass sie mit dem gewünschten Chromosom abgelenkt und von den übrigen getrennt werden. Was geschieht aber, wenn zwei unterschiedliche Chromosomen die gleiche Größe besitzen, wie es bei den menschlichen Chromosomen 21 und 22 der Fall ist? Diese können getrennt werden, indem man einen Farbstoff verwendet, der nicht unspezifisch an DNA bindet, sondern der eine Präferenz für AT- oder GC-reiche Regionen besitzt. Beispiele für solche Farbstoffe sind Hoechst 33258 beziehungsweise Chromomycin $A_3$. Zwei Chromosomen derselben Größe haben selten den gleichen GC-Gehalt und können daher durch die gebundene Menge von AT- oder GC-spezifischem Farbstoff unterschieden werden.

Verglichen mit den Bestrahlungshybridkohorten haben Klonbibliotheken für die STS-Kartierung einen entscheidenden Vorteil: Die einzelnen Klone können die DNA liefern, die anschließend tatsächlich sequenziert wird. Aus den Daten einer STS-Analyse, mit denen eine physikalische Karte erstellt worden ist, kann man ebenso gut Klone mit überlappenden DNA-Fragmenten ermitteln, um ein **Klon-Contig** zu erstellen (Abb. 3.39; für Informationen über andere Methoden zur Erstellung eines Klon-Contigs siehe Abschnitt 4.2.2). Diese zusammengesetzte Sequenz aus überlappenden Klonen kann als Ausgangsmaterial für eine längere, kontinuierliche DNA-Sequenz dienen und über die STS-Daten kann man diese Sequenz später genau in eine physikalische Karte einpassen. Enthalten die STS-Marker ebenfalls mit einer genetischen Kopplungsanalyse kartierte SSLPs, dann ist es möglich, DNA-Sequenz, physikalische Karte und genetische Karte miteinander zu vernetzen.

# Zusammenfassung

Genomische Karten liefern ein Grundgerüst für Sequenzierungsprojekte, weil sie die Lage von Genen und anderen erkennbaren Merkmalen zeigen, anhand derer man die Richtigkeit einer zusammengesetzten DNA-Sequenz überprüfen kann. Genetische Karten werden durch Kreuzungsexperimente und Stammbaumanalysen erstellt, physikalische Karten dagegen durch eine direkte Untersuchung von DNA-Molekülen. In den ersten genetischen Karten bestanden die Marker aus Genen, deren Allele man durch leicht erkennbare Phänotypen wie unterschiedliche Augenfarbe oder biochemische Tests unterscheiden konnte. Heute finden DNA-Marker breite Anwendung. Dazu gehören Restriktionsfragment-Längenpolymorphismen (RFLPs), einfache Sequenzlängen-Polymorphismen (SSLPs) und Einzelnucleotid-Polymorphismen (SNPs), die alle zügig und leicht durch PCR dargestellt werden können. Die relativen Positionen von Genen und DNA-Markern auf Chromosomen werden mit einer Kopplungsanalyse bestimmt. Diese Methode beruht auf den Entdeckungen von Gregor Mendel und wurde zu Beginn des 20. Jahrhunderts zunächst für die Anwendung bei Taufliegen entwickelt. Eine Kopplungsanalyse ermöglicht es, die Rekombinationsfrequenz innerhalb eines Paars von Markern zu bestimmen. So erhält man Daten, aus denen sich die relativen Positionen der Marker auf der genetischen Karte ableiten lassen. Bei vielen Organismen wird eine Kopplungsanalyse durchgeführt, indem man die Vererbung eines Markers in geplanten Kreuzungsversuchen verfolgt, doch ist ein solches Vorgehen beim Menschen nicht möglich. Stattdessen beruht die genetische Kartierung des menschlichen Genoms auf der Untersuchung der Vererbung von Markern in großen Familien, ein Verfahren, das als Stammbaumanalyse bezeichnet wird. Genetische Karten haben eine relativ schlechte Auflösung und sind daher nicht sehr genau. Sollen solche Karten in einem Genomsequenzierungsprojekt verwendet werden, müssen sie durch physikalische Kartierung verbessert werden. Die Positionen von Restriktionsschnittstellen in einem kleinen DNA-Molekül können durch Restriktionskartierung ermittelt werden, doch ist dieses Verfahren bei eukaryotischen Genomen begrenzt. Hilfreicher ist hier die Fluoreszenz-*in situ*-Hybridisierung (FISH), bei der eine Präparation intakter Chromosomen, die eventuell durch mechanische Streckung gedehnt wurden, mit einem fluoreszenzmarkierten Marker hybridisiert wird. Der Ort der Hybridisierung wird durch Untersuchung der Präparation mit einem konfokalen Fluoreszenzmikroskop ermittelt. Die detailliertesten physikalischen Karten erhält man durch die Kartierung mit *sequence tagged sites* (STS-Marker). Verwendet wird ein Kartierungsreagenz, eine Sammlung überlappender DNA-Fragmente, die das gesamte Genom oder Chromosom überspannen. Man ermittelt die Position eines Markers in der Karte, indem man die Fragmente der Sammlung identifiziert, welche Kopien des Markers tragen. Das Kartierungsreagenz kann eine Klonbibliothek oder eine Bestrahlungshybridkohorte sein.

## Multiple-Choice-Fragen

**3.1*** Ein Hauptproblem bei dem Zusammensetzen von DNA-Sequenzen mit dem Computer ist die Anwesenheit von:

a. mehrfachen Chromosomen

b. mitochondrialer DNA

c. Introns im Genom

d. repetitiven Sequenzen

**3.2** Die erste genetische Karte verwendete Gene als Marker, weil:

a. man die Lage der Gene auf Chromosomen durch Färben der DNA mit Farbstoffen beobachten konnte

b. man die durch Gene vermittelten Phänotypen mit dem bloßen Auge beobachten und ihre Vererbungsmuster untersuchen konnte

c. einzelne Gene, die leicht identifizierbare phänotypische Eigenschaften vermitteln, leicht zu klonieren waren

d. Einzelnucleotid-Polymorphismen für die Identifizierung von Punktmutationen verwendet wurden, die zu deutlich sichtbaren phänotypischen Unterschieden führten

**3.3*** Welcher der folgenden Gründe ist *kein* Grund dafür, warum biochemische Phänotypen gemeinhin für die Herstellung genetischer Karten des Menschen verwendet werden?

a. Menschen haben keine sichtbaren Eigenschaften, die für die genetische Kartierung nützlich sind

b. Es gibt biochemische Phänotypen, die durch eine Bluttypisierung leicht zu bestimmen sind

c. Einfach zu charakterisierende biochemische Phänotypen werden durch Gene bestimmt, die eine große Zahl von Allelen haben

d. Es ist ethisch nicht korrekt, kontrollierte Kreuzungsversuche mit Menschen durchzuführen

**3.4** Eukaryotische Genome werden mit Genen und zusätzlich mit DNA-Markern kartiert, weil:

a. DNA-Marker für die Kartierung nicht die Anwesenheit von zwei oder mehreren Allelen erfordern

b. Genkarten große Bereiche des Genoms nicht abdecken könnten

c. die meisten Gene eine Vielzahl von Allelen haben, die leicht zu kartieren sind

d. DNA-Marker weniger variabel sind als genetische Marker

**3.5*** Mikrosatelliten werden häufiger als DNA-Marker verwendet als Minisatelliten, weil:

a. Minisatelliten an zu vielen Orten innerhalb des Genoms vorkommen

b. Restriktionsenzyme für die Darstellung von Mikrosatelliten verwendet werden können, nicht aber für die von Minisatelliten

c. es nur sehr wenige Mikrosatelliten in eukaryotischen Genomen gibt, sodass sie leicht zu identifizieren und zu analysieren sind

d. Mikrosatelliten über das ganze eukaryotische Genom verteilt vorliegen und leicht durch PCR amplifiziert werden können

**3.6** Welcher der folgenden genetischen Marker ist am häufigsten im Humangenom enthalten?

a. RFLPs

b. Minisatelliten

c. Mikrosatelliten

d. Einzelnucleotid-Polymorphismen

**3.7*** Das Prinzip der genetischen Kopplung ist:

a. die Tatsache, dass unterschiedliche Allele eines bestimmten Gens an derselben Position auf einem Chromosom liegen

b. die Entdeckung, dass für einige Merkmale mehrere Gene verantwortlich sind (wie die Augenfarbe bei Fliegen)

c. die Beobachtung, dass einige Gene zusammen vererbt werden, wenn sie auf demselben Chromosom liegen

d. die Beobachtung, dass dunkel gefärbte Regionen auf Chromosomen keine Gene enthalten

**3.8** Im Vergleich zur Meiose ist die Mitose charakterisiert durch:

a. die Produktion von zwei diploiden Zellen, die mit der elterlichen Zelle genetisch identisch sind

b. der Austausch von DNA (Crossing-over) zwischen homologen Chromosomen

c. die Produktion von zwei diploiden Zellen, die sich genetisch von der elterlichen Zelle unterscheiden

d. die Produktion von vier haploiden Zellen, die sich genetisch von der elterlichen Zelle unterscheiden

**3.9*** Welche der folgenden Aussagen beschreibt die Rekombinationsfrequenz zwischen zwei Genen richtig?

a. Je näher zwei Gene auf einem Chromosom beieinander liegen, umso höher wird die Rekombinationsfrequenz zwischen ihnen sein

b. Je weiter zwei Gene auf einem Chromosom voneinander entfernt sind, umso höher wird die Rekombinationsfrequenz zwischen ihnen sein

c. Liegen zwei Gene auf demselben Chromosom, dann kann keine Rekombination zwischen ihnen stattfinden

**d.** Liegen zwei Gene auf verschiedenen Chromosomen, dann gibt es eine hohe Rekombinationsfrequenz zwischen ihnen

**3.10** Bei der Analyse eines menschlichen Stammbaums, bei der ermittelt werden soll, wie eng zwei Gene miteinander gekoppelt sind, ist es am besten:

**a.** herzuleiten, dass die Genotypen der Eltern bei den Nachkommen am häufigsten vorkommen

**b.** herzuleiten, dass bei den Nachkommen am häufigsten rekombinante Genotypen vorkommen

**c.** eine Rückkreuzung durchzuführen, um die Kopplung zwischen den Genen zu bestimmen

**d.** die Genotypen der Großeltern zu bestimmen

**3.11\*** Welcher der folgenden Faktoren ist *kein* Faktor, der die Genauigkeit genetischer Karten des Menschen oder anderer komplexer eukaryotischer Organismen einschränkt?

**a.** Bei vielen eukaryotischen Organismen ist es nicht möglich, ausreichend Nachkommen zu erhalten

**b.** Rekombinations-Hotspots können die genetische Kartierung beeinflussen

**c.** Die genetische Kartierung basiert nur auf Genen und für eine Kartierung des gesamten Genoms existieren ausreichend viele Gene

**d.** Gene oder Marker, die Zehntausende von Basenpaaren voneinander entfernt sind, scheinen in einer genetischen Karte die gleiche Position zu haben

**3.12** Metaphasechromosomen wurden ursprünglich in der Fluoreszenz-*in situ*-Hybridisierung verwendet, doch die Ergebnisse waren nicht befriedigend, weil:

**a.** viele Regionen eines Chromosoms kondensiert sind und nicht mit den Sonden hybridisieren

**b.** die Sonden bevorzugt mit repetitiven Sequenzen hybridisieren, die auf vielen Chromosomen vorhanden sind

**c.** die Chromosomen im kondensierten Zustand nicht stabil sind und das Signal diffus wird, wenn die Chromosomen sich entspannen

**d.** nur eine Kartierung mit geringer Auflösung möglich ist, da die Chromosomen kondensiert sind

**3.13\*** Interphasechromosomen sind für eine Feinkartierung durch Fluoreszenz-*in situ*-Hybridisierung geeignet, weil sie:

**a.** die am wenigsten kondensierten Chromosomen sind

**b.** durch ihre Struktur leicht voneinander zu unterscheiden sind

**c.** sie aktiv transkribierte Chromatinbereiche besitzen, die für dieses Verfahren erforderlich sind

**d.** eine physikalische Kartierung des Genoms mit einer Auflösung von weniger als 1 kb erlauben

**3.14** Über welche der folgenden Merkmale verfügen *sequence tagged sites*?

**a.** Sie kommen nur ein einziges Mal im Genom vor und besitzen eine RFLP-Schnittstelle

**b.** Sie kommen nur ein einziges Mal im Genom vor und ihre Sequenz ist bekannt

**c.** Ihre Sequenz ist bekannt und sie enthalten repetitive DNA-Sequenzen

**d.** Sie enthalten die Sequenz eines Gens und es können keine repetitiven DNA-Sequenzen vorhanden sein

**3.15\*** Welche der folgenden Sequenzen können *nicht* als *sequence tagged site* verwendet werden?

**a.** ESTs (*expressed sequence tags*)

**b.** Zufällige genomische Sequenzen

**c.** SSLPs (einfache Sequenzlängen-Polymorphismen)

**d.** RFLPs (Restriktionsfragment-Längenpolymorphismen)

**3.16** Bestrahlungshybridkohorten stellen einen nützlliches Verfahren für die physikalische Kartierung dar, weil:

**a.** nur ein Teil des Humangenoms in jeder Hybridzelle vorhanden ist

**b.** den Wirtszellen des Hamsters homologe Sequenzen zu genetischen Markern des Menschen fehlen

**c.** die Wirtszellen des Hamsters gegenüber Strahlung resistent sind

**d.** eine vollständige physikalische Karte des Hamstergenoms bekannt ist

## Fragen mit kurzen Antworten

*Antworten auf die Fragen mit den ungeraden Zahlen finden Sie im Anhang

**3.1*** Warum sind für Genomsequenzierungsprojekte Karten notwendig? Welche Probleme treten hauptsächlich auf, wenn bei der Ermittlung der Genomsequenz keine Genomkarte zur Verfügung steht?

**3.2** Erklären Sie die Unterschiede zwischen einer genetischen und einer physikalischen Genomkarte.

**3.3*** Wie machte die PCR die Analyse von RFLPs schneller und einfacher? Was war notwendig, um RFLPs kartieren zu können, bevor die PCR eingesetzt wurde?

**3.4** Wie werden Restriktionsenzyme eingesetzt, um genetische und physikalische Karten eines Genoms zu erstellen?

**3.5*** Auf welche Art und Weise stellt die Kopplung zwischen Genen eine entscheidende Komponente bei der genetischen Kartierung dar? Erörtern Sie, wie genetische Marker gekoppelt sind, um Karten einzelner Chromosomen liefern zu können.

**3.6** Wie lauten die beiden Gesetze der Genetik von Mendel? Welcher Bereich der genetischen Kartierung wird nicht durch Mendels Gesetze abgedeckt?

**3.7*** Warum wird für die Rückkreuzungen im Rahmen der Kopplungsanalyse eine doppelt Homozygote verwendet? Warum sind die homozygoten Allele für die getestete Eigenschaft bevorzugt rezessiv?

**3.8** Die Restriktionskartierung von DNA-Molekülen ist häufig auf Moleküle mit einer Größe von weniger als 50 kb begrenzt. Warum ist diese Größe die Grenze für dieses Verfahren und wie kann diese Einschränkung für die Untersuchung größerer DNA-Moleküle gelockert werden?

**3.9*** Die Techniken für die genetische Kartierung erfordern von einem gegebenen Marker mindestens zwei Allele, während die physikalischen Kartierungsmethoden nicht auf die Anwesenheit von Allelen angewiesen sind. Erörtern Sie, wie die Methode der Fluoreszenz-*in situ*-Hybridisierung für die Kartierung von Positionen eingesetzt werden kann, ohne dass an dieser Position eine genetische Variabilität vorliegt.

**3.10** Warum werden bei der Kartierung von Genomen Bestrahlungshybridzellen des gesamten Genoms gegenüber Hybridzellen für ein einzelnes Chromosom bevorzugt?

**3.11*** Wie stellt ein Wissenschaftler eine Klonbibliothek mit DNA von nur einem einzigen Chromosom her?

## Vertiefende Aufgaben

*Hinweise zur Beantwortung der Fragen mit den ungeraden Zahlen finden Sie im Anhang

**3.1*** Welche sind die idealen Eigenschaften eines DNA-Markers, der bei der Herstellung einer genetischen Karte verwendet werden soll? Inwiefern stellen RFLPs, SSLPs oder SNPs ideale Marker dar?

**3.2** Recherchieren Sie nach Anwendungen der DNA-Chip-Technologie in der biologischen Forschung und beurteilen Sie sie.

**3.3*** Welche Eigenschaften sind für einen Organismus wünschenswert, der für ausführliche Untersuchungen zur Vererbung eingesetzt werden soll?

**3.4** Welche Schwierigkeiten könnten auftreten, wenn versucht würde, ein Genom ohne genetische oder physikalische Karte zu sequenzieren?

**3.5*** Was ist nützlicher – eine genetische oder eine physikalische Karte?

# Aufgaben zu Abbildungen

**3.1\*** Wie wird in einem Experiment, bei dem das Fluoreszenz-signal abgefangen wird (*dye-quenching experiment*), ermittelt, ob ein Olignucleotid mit dem DNA-Molekül hybridisiert hat, das einen Einzelnucleotid-Polymorphis-mus trägt?

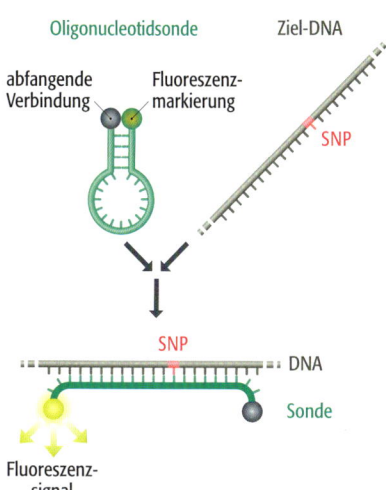

**b)** Nachweis der Hybridisierung durch Abfangen eines Fluoreszenzsignals

**3.2** Die unten aufgeführten Gene liegen alle auf einem Chromosom. Erstellen Sie anhand der angegebenen Restrikti-onsfrequenzen eine Karte, die die relativen Positionen dieser Gene auf dem Chromosom zeigt.

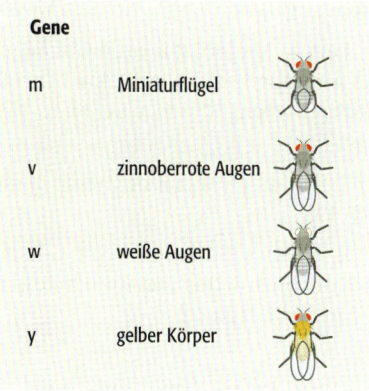

| Gene | |
|---|---|
| m | Miniaturflügel |
| v | zinnoberrote Augen |
| w | weiße Augen |
| y | gelber Körper |

**Rekombinationsfrequenzen**

| zwischen | m | und | v | = | 3,0 % |
|---|---|---|---|---|---|
| zwischen | m | und | y | = | 33,7 % |
| zwischen | v | und | w | = | 29,4 % |
| zwischen | w | und | y | = | 1,3 % |

**3.3\*** Die dargestellte Art der Elektrophorese wird verwendet, um relativ große DNA-Moleküle (größer als 50 kb) zu trennen. Was ist die Grundlage für dieses Verfahren?

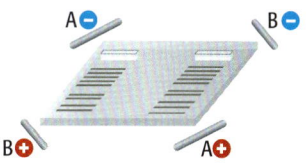

**3.4** Dieses Chromosomenpaar wurde mit klonierten Mole-külen hybridisiert, die mit unterschiedlichen Fluoreszenz-farbstoffen markiert worden sind. Um welche Methode handelt es sich und ist sie ein Beispiel für eine geneti-sche oder eine physikalische Kartierung?

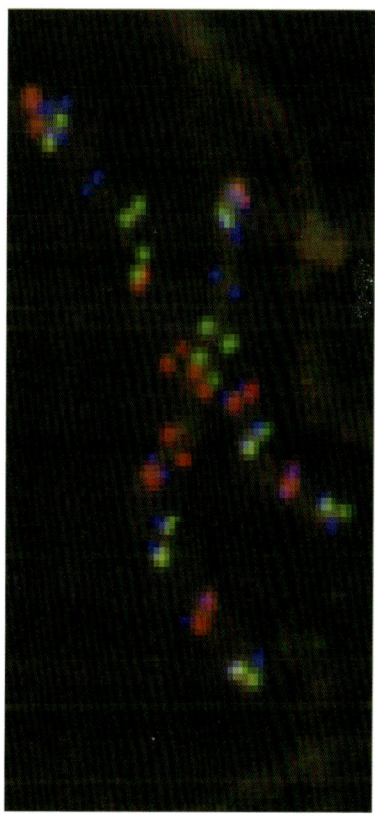

# Weiterführende Literatur

### Bücher über die Geschichte der Genetik

Orel V (1995) Gregor Mendel: The First Geneticist. Oxford University Press, Oxford

Shine I, Wrobel S (1976) Thomas Hunt Morgan: Pioneer of Genetics. University Press of Kentucky, Lexington, Kentucky

Sturtevant AH (1965) A History of Genetics. Harper and Row, New York [beschreibt frühe Arbeiten an der Genkartierung, die von Morgan und seinen Kollegen durchgeführt wurde]

### Genetische Marker und DNA-Marker

Wang DG, Fan JB, Siao CJ et al (1998) Large-scale identification, mapping, and genotyping of single nucleotide polymorphisms in the human genome. *Science* 280: 1077–1082

Yamamoto F, Clausen H, White T, Marken J, Hakamori S (1990) Molecular genetic basis of the histoblood group ABO system. *Nature* 345: 229–233

### Kopplungsanalyse

Morton NE (1955) Sequential tests fpr the detection of linkage. *Am J Hum Genet* 7: 277–318 [die Verwendung des Lod-Wertes bei der Stammbaumanalyse des Menschen]

Strachan t, Read AP (2004) Human Molecular Genetics. 3. Aufl. Garland, London [Kapitel 13 behandelt die genetische Kartierung beim Menschen]

Sturtevant AH (1913) The linear arrangement of six sexlinked factors in *Drosophila* as shown by mode of association. *J Exp Zool* 14: 39–45 [Erstellung der ersten Kopplungskarte für die Taufliege]

### Restriktionskartierung

Hosoda F, Arai Y, Kitamura E et al (1997) A complete *Not*I restriction map covering the entire long arm of human chromosome 11. *Genes Cells* 2: 345–357

Ichikawa H, Hosoda F, Arai Y, Shimizu, K, Ohira M, Ohki, M (1993) *Not*I restriction map covering the entire long arm of human chromosome 21. *Nat Genet* 4: 361–366

Jing JP, Lai ZW, Aston C et al (1999) Optical mapping of *Plasmodium falciparum* chromosome 2. *Genome Res* 9: 175–181

Lin J, Qi R, Aston C et al (1999) Whole-genome shotgun optical mapping of *Deinococcus radiodurans*. *Science* 285: 1558–1562.

Michalet X, Ekong R, Fougerousse F et al (1997) Dynamic molecular combing: stretching the whole human genome for high-resolution studies. *Science* 277: 1518–1532

Zhou SG, Kvikstad E, Kile A et al (2003) Whole-genome shotgun optical mapping of *Rhodobacter sphaeroides* strain 2.4.1 and its use for whole-genome shotgun sequence assembly. *Genome Res* 13: 214–2151

### FISH

Heiskanen M, Peltonen L, Palotie A (1996) Visual mapping by high resolution FISH. *Trend Genet* 12: 37–382

Lichter P (1997) Multicolor FISHing: what's the catch? *Trends Genet* 13: 47–479

Romanov MN, Daniels LM, Dodgson JB, Delany ME (2005) Integration of the cytogenetic and physical maps of chicken chromosome 17. *Chromosome Res* 13: 21–222 [beschreibt eine Anwendung von FISH mit BAC-Sonden]

Tsuchiya D, Taga M (2001) Application of fibre-FISH (fluorescence *in situ* hybridyzation) to filamentous fungi: visualization of the rRNA gene cluster of the ascomycete *Cochliobolus heterostrophus*. *Microbiology* 147: 1183–1187

Zelenin AV (2004) Fluorescence *in situ* hybridyzation in studying human genome. *Mol Biol* 38: 14–23

### Bestrahlungshybridzellen

Hudson TJ, Church DM, Greenaway S et al (2001) A radiation hybrid map of the mouse genome. *Nat Genet* 29: 210–205

Itoh T, Watanabe T, Ihara N, Mariani P, Beattie CW, Sugimoto Y, Takasuga A (2005) A comprehensive radiation hybrid map of the bovine genome comprising 5593 loci. *Genomics* 85: 413–424

McCarthy L (1996) Whole genome radiation hybrid mapping. *Trends Genet* 12: 491–493

Walter MA, Spillett DJ, Thomas P, Weissenbach J, Goodfellow PN (1994) A method for constructing radiation hybrid maps of whole genomes. *Nat Genet* 7: 22–28

# Die Sequenzierung von Genomen

# 4

**Wenn Sie Kapitel 4 gelesen haben, sollten Sie folgende Aufgaben lösen können:**

- Beschreiben Sie ausführlich die Kettenabbruchmethode und die *thermal cycle*-Sequenzierungsmethode für die Sequenzierung von DNA.

- Beschreiben Sie in groben Zügen die Sequenzierung durch chemischen Abbau und die Pyrosequenzierung, und nennen Sie Beispiele für ihre Anwendung.

- Nennen Sie Stärken und Schwächen der Shotgun-, der Gesamtgenom-Shotgun- und der Klon-Contig-Methode für die Genomsequenzierung.

- Beschreiben Sie, wie ein kleines Bakteriengenom mit der Shotgun-Methode sequenziert werden kann, und nehmen Sie das *Haemophilus influenzae*-Projekt als Beispiel.

- Beschreiben Sie in Grundzügen die unterschiedlichen Verfahren für die Erstellung eines Klon-Contigs.

- Erläutern Sie die Grundlage des Gesamtgenom-Shotgun-Ansatzes zur Genomsequenzierung, und konzentrieren Sie sich dabei auf die Maßnahmen, die getroffen werden, damit die daraus resultierende Sequenz korrekt ist.

- Beschreiben Sie die Entwicklung des Humangenomprojekts bis zur Veröffentlichung der fertig gestellten Chromosomensequenzen zwischen 2004 und 2005.

- Erörtern Sie die ethischen, rechtlichen und sozialen Fragen, die durch das Humangenomprojekt aufgeworfen wurden.

D as endgültige Ziel eines Genomprojektes ist die vollständige DNA-Sequenz des untersuchten Organismus, die perfekt in die genetischen und/oder physikalischen Karten des Genoms integriert ist, sodass Gene und andere interessante Merkmale in der DNA-Sequenz lokalisiert werden können. Dieses Kapitel beschreibt Techniken und Forschungsstrategien, die während der Sequenzierungsphase eines Genomprojektes, in der das endgültige Ziel direkt anvisiert wird, zum Einsatz kommen. Die Methoden der DNA-Sequenzierung haben in diesem Zusammenhang eine zentrale Bedeutung und wir werden das Kapitel mit einer ausführlichen Analyse der Sequenzierungsmethoden beginnen. Diese Methodik ist allerdings von geringem Wert, wenn man nicht die kurzen Sequenzen aus den einzelnen Sequenzierungsexperimenten miteinander in der korrekten Reihenfolge zu den endgültigen Chromosomensequenzen, die das Genom ausmachen, verknüpfen kann. Der zweite Teil dieses Kapitels beschäftigt sich daher mit den Strategien, die sicherstellen sollen, dass eine korrekt zusammengesetzte endgültige Sequenz entsteht.

## 4.1 Die Methodik der DNA-Sequenzierung

Für die Sequenzierung von DNA existieren etliche Verfahren, doch ist die von Fred Sanger und seinen Kollegen Mitte der 1970er-Jahre entwickelte **Kettenabbruchmethode** (*chain termination method*) die bekannteste. Die Kettenabbruchsequenzierung ist aus mehreren Gründen deutlich überlegen; nicht

---

### Methoden 4.1    Polyacrylamidgelelektrophorese

*Auftrennung von DNA-Molekülen, die sich in ihrer Länge nur um ein Nucleotid unterscheiden*

Für die Untersuchung der bei einem Sequenzierungsexperiment entstehenden Familien von Kettenabbruch-DNA-Molekülen verwendet man eine Polyacrylamidgelelektrophorese. Die Agarosegelelektrophorese (Methoden 2.2) ist für diesen Zweck nicht geeignet, weil sie nicht das erforderliche Auflösungsvermögen besitzt, um einzelsträngige, sich in ihrer Länge nur um ein einziges Nucleotid unterscheidende DNA-Moleküle zu trennen. Polyacrylamidgele haben kleinere Poren als Agarosegele und erlauben eine genaue Trennung von Molekülen mit einer Länge zwischen 10 und 1 500 bp. Neben der DNA-Sequenzierung setzt man Polyacrylamidgele auch für andere Anwendungen ein, bei denen eine exakte Trennung von DNA-Molekülen notwendig ist. Dazu gehört zum Beispiel die Untersuchung der Amplifikationsprodukte einer PCR von Mikrosatellitenloci, bei der die Produkte verschiedener Allele sich in der Größe möglicherweise nur um zwei oder drei Basenpaare unterscheiden (Abb. 3.6). Polyacrylamidgele können als flaches Gel zwischen zwei durch einen *spacer* auf Abstand gehaltene Glasplatten oder in langen, dünnen Säulen, die für die Kapillarelektrophorese geeignet sind, hergestellt werden (Abb. M4.1.1).

Ein Polyacrylamidgel besteht aus Ketten von Acrylamidmonomeren ($CH_2=CH–CO–NH_2$), die mit Einheiten von $N,N'$-Methylenbisacrylamid ($CH_2=CH–CO–NH–CH_2–NH–CO–CH=CH_2$), das auch als „Bis" bezeichnet wird, quervernetzt sind. Die Poren-

größe des Gels wird sowohl durch die Gesamtkonzentration an Monomeren (Acrylamid und Bis) als auch durch das Verhältnis von Acrylamid zu Bis bestimmt. Ein 1 mm dickes, für die DNA-Sequenzierung eingesetztes Flachbettgel hat in der Regel eine Konzentration von 6 % mit einem Verhältnis von Acryamid zu Bis von 19 : 1. Es vermag einzelsträngige DNA-Moleküle mit einer Länge zwischen 100 und 750 Nucleotiden aufzulösen. Von einem einzigen Gel kann ungefähr eine Sequenz von 650 Nucleotiden gelesen werden. Die Gelkonzentration kann auf 8 % erhöht werden, um näher am Primer liegende Sequenzen lesen zu können (Auflösung von Molekülen mit einer Länge von 50–400 Nucleotiden) oder die Konzentration wird für die Trennung von weiter vom Primer entfernt liegenden Sequenzen auf 4 % verringert (Auflösung 500–1 000 Nucleotide). Die Polymerisierung der Acrylamid-Bis-Lösung wird mit Ammoniumpersulfat gestartet und von TEMED ($N,N,N',N'$-Tetramethylethylendiamin) katalysiert. Sequenziergele enthalten außerdem denaturierenden Harnstoff, der verhindert, dass sich innerhalb einzelner Stränge der Kettenabbruchmoleküle Basenpaarungen ausbilden. Dies ist wichtig, weil der durch eine Basenpaarung hervorgerufene Konformationswechsel die Migrationsgeschwindigkeit eines einzelsträngigen Moleküls verändern würde und so die für das Lesen der DNA-Sequenz entscheidende, strikte Abhängigkeit zwischen der Länge des Moleküls und seiner Position im Gel nicht mehr gegeben wäre.

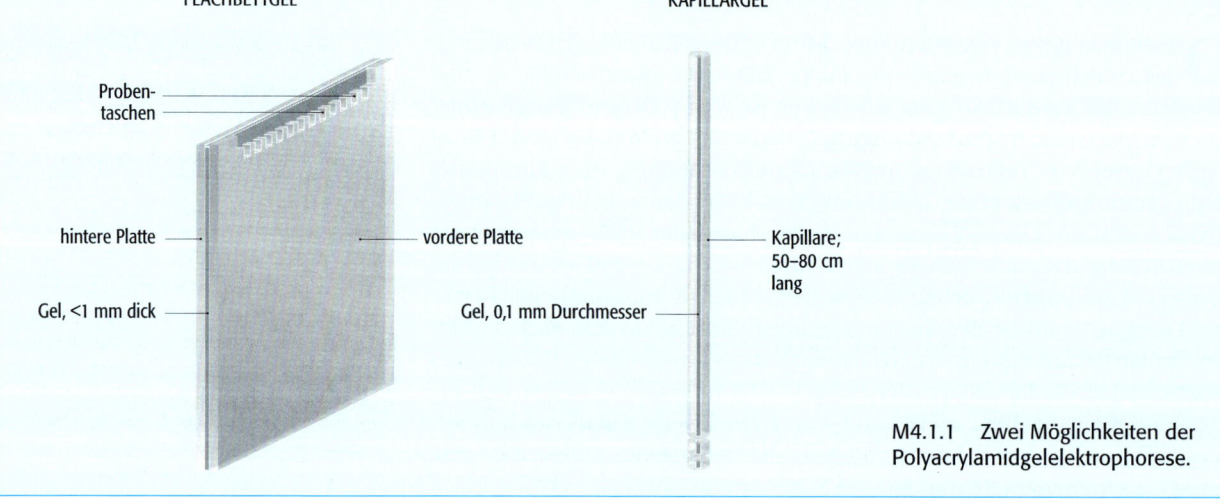

FLACHBETTGEL                                                    KAPILLARGEL

Probentaschen

hintere Platte                           vordere Platte                    Kapillare; 50–80 cm lang

Gel, <1 mm dick                          Gel, 0,1 mm Durchmesser

M4.1.1    Zwei Möglichkeiten der Polyacrylamidgelelektrophorese.

zuletzt ist es die unkomplizierte Automatisierbarkeit dieser Methode. Wie wir später in diesem Kapitel sehen werden, umfasst ein Genomprojekt eine große Zahl einzelner Sequenzierungsexperimente und es würde Jahre dauern, führte man diese per Hand durch. Automatisierte Sequenzierungsverfahren sind daher essenziell, um ein Projekt innerhalb einer vertretbaren Zeit abschließen zu können.

### 4.1.1 Kettenabbruch-DNA-Sequenzierung

Die Kettenabbruch-DNA-Sequenzierung beruht auf dem Prinzip, dass einzelsträngige DNA-Moleküle, die sich in ihrer Länge nur durch ein Nucleotid unterscheiden, durch eine **Polyacrylamid-Gelelektrophorese** voneinander getrennt werden können (Methoden 4.1). Es ist daher möglich, ein Gemisch von Molekülen mit einer Länge zwischen 10 und 1 500 Nucleotiden über ein Flachbett- oder Kapillargel in eine Reihe von Banden aufzutrennen (Abb. 4.1).

#### *Die Kettenabbruchsequenzierung im Überblick*

Das Ausgangsmaterial für ein Sequenzierungsexperiment mit der Kettenabbruchmethode ist eine Präparation identischer, einzelsträngiger DNA-Moleküle. Im ersten Schritt bindet ein kurzes Oligonucleotid in jedem Molekül an die gleiche Position. Dieses Oligonucleotid fungiert anschließend als Primer für die Synthese eines neuen DNA-Stranges, der komplementär zum Matrizenstrang ist (Abb. 4.2). Die Strangsynthese, die durch eine DNA-Polymerase katalysiert wird (siehe unten) und vier Desoxyribonucleosidtriphosphate (dNTPs –

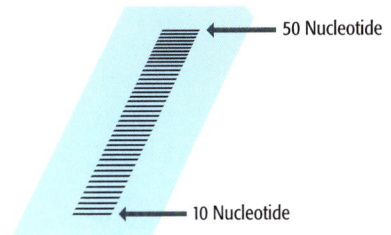

4.1    Polyacrylamid-Gelelektrophorese kann einzelsträngige DNA-Moleküle auftrennen, die sich in ihrer Länge nur durch ein Nucleotid unterscheiden. Die Grafik zeigt das Bandenmuster, das sich nach elektrophoretischer Trennung von einzelsträngigen DNA-Molekülen in einem Polyacrylamid-Flachbettgel ergibt. Die Moleküle wurden mit einem radioaktiven Marker markiert und die Banden mittels Autoradiographie sichtbar gemacht. In einem Polyacrylamidgel verbessert sich die Auftrennung der einzelnen DNA-Moleküle in Abhängigkeit von der zurückgelegten Wanderstrecke in Richtung der positiven Elektrode. Daher ist der Abstand zwischen den Banden am unteren Ende der Leiter größer als weiter oben. In der Praxis können sowohl mit dem Flachbettgel als auch mit dem Kapillargel Moleküle mit einer Länge von bis zu 1 500 Nucleotiden getrennt werden, wenn die Elektrophorese ausreichend lange durchgeführt wird.

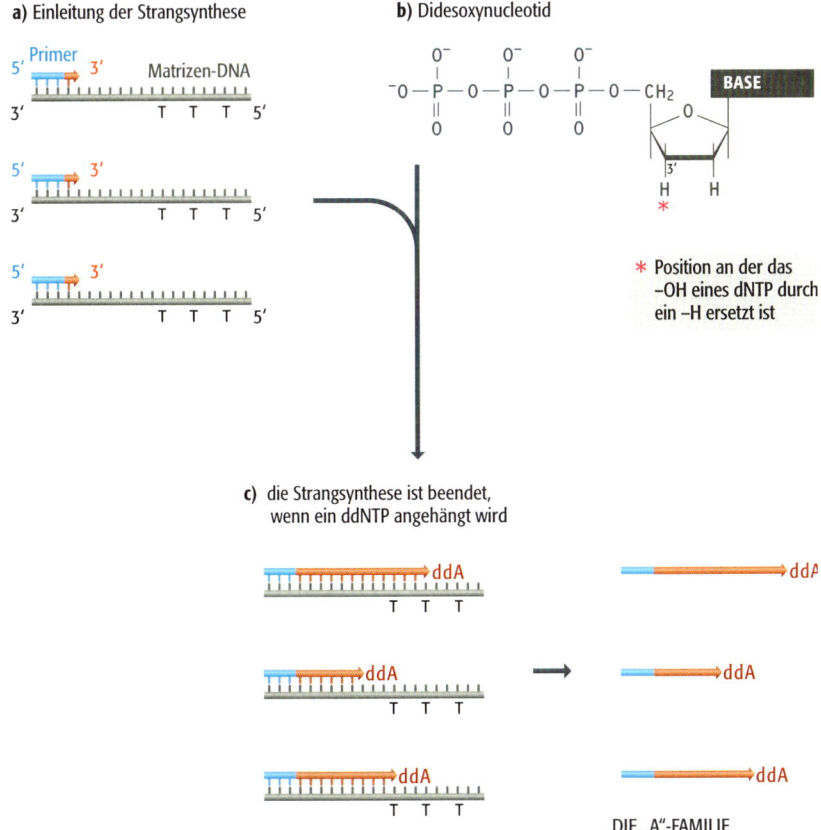

**a)** Einleitung der Strangsynthese

**b)** Didesoxynucleotid

\* Position an der das –OH eines dNTP durch ein –H ersetzt ist

**c)** die Strangsynthese ist beendet, wenn ein ddNTP angehängt wird

DIE „A"-FAMILIE

4.2    Kettenabbruch-DNA-Sequenzierung. a) Die Kettenabbruchsequenzierung umfasst die Synthese eines neuen DNA-Stranges, der zur einzelsträngigen Matrize komplementär ist. b) Die Strangsynthese läuft nicht unbegrenzt weiter, weil der Reaktionsansatz geringe Mengen von einem der vier Didesoxynucleotide enthält. Diese unterbinden eine weitere Verlängerung, da sie an ihrer 3'-Position ein Wasserstoffatom statt einer Hydroxylgruppe tragen. c) Der Einbau von ddATP führt zu Ketten, die an den Stellen abbrechen, an denen sich im Matrizenstang ein T befindet. Dadurch entsteht die „A"-Familie von terminierten Molekülen. Der Einbau eines anderen Didesoxynucleotids ergibt eine „C"-, „G"- oder „T"-Familie.

dATP, dCTP, dGTP und dTTP) als Substrate benötigt, würde sich unter normalen Umständen fortsetzen, bis einige tausend Nucleotide polymerisiert sind. In einem Sequenzierungsexperiment mit der Kettenabbruchmethode findet dies jedoch nicht statt, weil zu dem Reaktionsansatz neben den vier Desoxynucleotiden auch eine kleine Menge von jedem der vier **Didesoxyribonucleosid-triphosphate** (ddNTPs – ddATP, ddCTP, ddGTP und ddTTP) gegeben wird. Jedes dieser Didesoxynucleotide ist mit einem anderen Fluoreszenzmarker markiert.

Das Polymeraseenzym unterscheidet nicht zwischen Desoxy- und Didesoxynucleotiden. Ist ein Didesoxynucleotid einmal eingebaut, dann unterbindet es eine weitere Strangverlängerung, weil ihm die 3′-Hydroxylgruppe fehlt, die für die Verbindung mit dem nächsten Nucleotid notwendig ist (Abb. 4.2b). Weil normale Desoxynucleotide ebenfalls vorhanden sind, und zwar in größeren Mengen als die Didesoxynucleotide, bricht die Strangsynthese nicht immer in der Nähe des Primers ab: Tatsächlich können einige hundert Nucleotide polymerisiert werden, bevor schließlich ein Didesoxynucleotid eingebaut wird. Das Ergebnis ist eine Gruppe neuer Moleküle, von denen alle eine unterschiedliche Länge besitzen und jedes mit einem bestimmten Didesoxynucleotid endet; und zwar mit dem Nucleotid – A, C, G oder T – das komplementär anzeigt, welches Nucleotid an der entsprechenden Position in der Matrizen-DNA vorhanden ist (Abb. 4.2c).

Alles was wir für die Bestimmung der DNA-Sequenz tun müssen ist, die Didesoxynucleotide am Ende jedes kettenterminierten Moleküls zu ermitteln. An dieser Stelle kommt das Polyacrylamidgel ins Spiel. Für die Trennung der DNA-

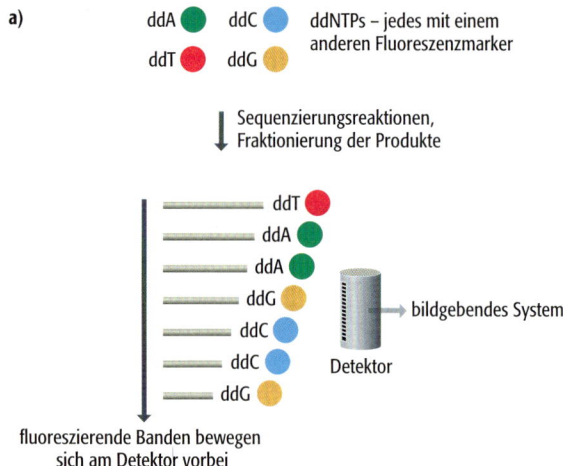

**4.3    Lesen einer Sequenz, die mit einem Kettenabbruchexperiment erstellt wurde.** a) Jedes Didesoxynucleotid wird mit einem anderen Fluorophor markiert. Während der Elektrophorese passieren die markierten Moleküle einen Fluoreszenzdetektor, der ermittelt, welches Didesoxynucleotid in jeder Bande enthalten ist. Die Information wird an ein bildgebendes System weitergeleitet. b) Der Ausdruck einer DNA-Sequenzierung. Die Sequenz wird durch eine Reihe von Peaks dargestellt, einer für jede Nucleotidposition. In diesem Beispiel steht ein grüner Peak für ein „A", ein blauer für ein „C", ein brauner für ein „G" und ein roter für ein „T".

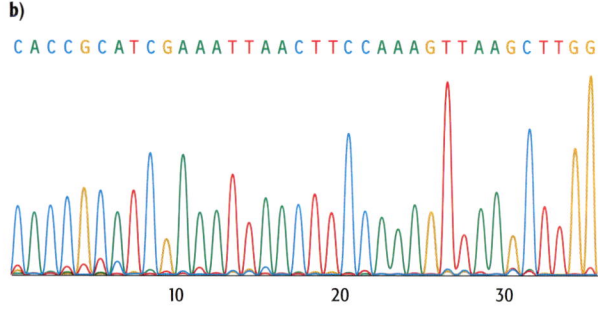

Moleküle entsprechend ihrer Länge lädt man die Probe in eine Probentasche des Polyacrylamid-Flachbettgels oder auf ein Röhrchen des Kapillargelsystems und führt die Elektrophorese durch. Nach der Trennung passieren die Moleküle einen Fluoreszenzdetektor, der die verschiedenen Markierungen der Didesoxynucleotide zu unterscheiden vermag (Abb. 4.3a). Der Detektor ermittelt auf diese Weise, ob ein Molekül mit einem A, C, G oder T endet. Der Anwender kann die Sequenz für die Analyse ausdrucken (Abb. 4.3b) oder sie wird für zukünftige Untersuchungen gespeichert. Automatisierte Sequenziergeräte mit vielen parallel arbeitenden Kapillaren können in einem Zeitraum von zwei Stunden bis zu 96 verschiedene Sequenzen lesen. Somit kann jedes Gerät bei durchschnittlich 750 bp pro Einzelexperiment an einem Tag 864 kb an Information generieren. Das erfordert eine technische Betreuung rund um die Uhr, idealerweise mit Robotereinheiten, die die Sequenzierungsreaktionen vorbereiten und die Sequenziergeräte mit den Reaktionsprodukten bestücken. Wird ein Ansatz in einem solch großen Maßstab etabliert und aufrechterhalten, dann kann man die Daten für die Sequenzierung eines vollständigen Genoms in einem Zeitraum von einigen Wochen generieren.

## Die Kettenabbruchsequenzierung erfordert eine einzelsträngige DNA-Matrize

Für ein Kettenabbruchexperiment benötigt man die einzelsträngige Form des zu sequenzierenden DNA-Moleküls als Matrize. Dieses erhält man auf verschiedene Weise:

● Die DNA kann in einen Plasmidvektor (Abschnitt 2.2.1) kloniert werden. Die daraus resultierende DNA ist doppelsträngig und daher nicht direkt für die Sequenzierung verwendbar. Sie muss also durch Denaturierung mit basischen Lösungen oder durch Kochen in einzelsträngige DNA überführt werden. Dies ist im Wesentlichen deshalb ein übliches Verfahren, Matrizen-DNA für die DNA-Sequenzierung herzustellen, weil das Klonieren in einen Plasmidvektor eine Routinetechnik ist. Ein Nachteil ist jedoch die möglicherweise problematische Präparation von Plasmid-DNA, die auch nicht mit kleinen Mengen bakterieller DNA oder RNA kontaminiert sein darf, da diese im DNA-Sequenzierungsexperiment als falsche Matrizen oder Primer fungieren können.

● Die DNA kann in einen M13-Bakteriophagenvektor kloniert werden. Vektoren, die auf M13-Bakteriophagen basieren, werden speziell für die Herstellung einzelsträngiger DNA-Matrizen für die DNA-Sequenzierung konstruiert. M13-Bakteriophagen haben ein einzelsträngiges DNA-Genom, das nach Infektion von *Escherichia coli*-Bakterien in eine doppelsträngige, **replikative Form** überführt wird. Diese replikative Form wird repliziert, bis über 100 Moleküle in der Zelle vorhanden sind, und die Kopienzahl bleibt bei einer Zellteilung in der neuen Zelle durch weitere Replikationen erhalten. Zur selben Zeit setzen die infizierten Zellen kontinuierlich neue M13-Phagenpartikel frei – ungefähr 1 000 pro Generation –, die die einzelsträngige Form des Genoms enthalten (Abb. 4.4). Auf M13-Bakteriophagen basierende Klonierungsvektoren sind doppelsträngige DNA-Moleküle, die der replikativen Form des M13-Genoms entsprechen. Sie können wie ein Plasmidklonierungsvektor manipuliert werden. Der Unterschied ist jedoch, dass mit einem rekombinanten M13-Vektor transfizierte Zellen Phagenpartikel freisetzen. Diese enthalten einzelsträngige DNA, die aus dem Vektormolekül und zusätzlicher, in diesen Vektor ligierter DNA besteht. Die Phagen liefern somit die DNA-Matrize für die Kettenabbruchsequenzierung. Der ein-

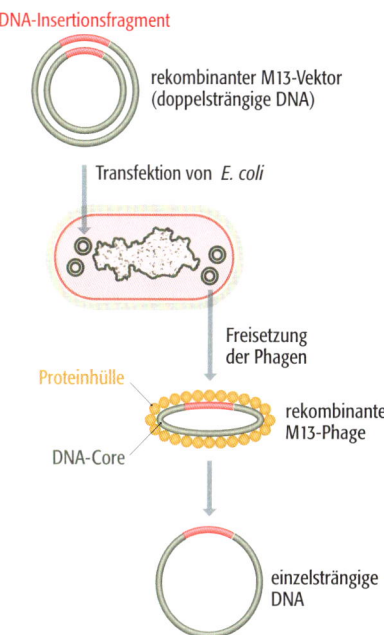

DNA-Insertionsfragment

rekombinanter M13-Vektor (doppelsträngige DNA)

Transfektion von *E. coli*

Freisetzung der Phagen

Proteinhülle

rekombinanter M13-Phage

DNA-Core

einzelsträngige DNA

**4.4    Einzelsträngige DNA durch Klonierung in einen M13-Bakteriophagenvektor.** M13-Vektoren liegen in zwei Formen vor: als doppelsträngiges, replikatives Molekül und als einzelsträngige Version, die in Bakteriophagenpartikeln enthalten ist. Die replikative Form kann wie ein Plasmidklonierungsvektor (Abschnitt 3.3.1) manipuliert werden, indem man neue DNA durch Restriktion und Ligation einbaut. Man schleust den rekombinanten Vektor durch Transfektion in *Escherichia coli*-Zellen ein. In der *E. coli*-Zelle wird der doppelsträngige Vektor repliziert und initiiert die Synthese einzelsträngiger Kopien, die in Phagenpartikel verpackt und von der Zelle freigesetzt werden. Nachdem die Bakterien durch Zentrifugation am Boden des Gefäßes gesammelt wurden, können die Phagenpartikel aus dem Kulturmedium isoliert werden. Man entfernt die Proteinhülle der Phagen durch Behandlung mit Phenol und reinigt die einzelsträngige Form des rekombinanten Vektors für die Verwendung in der DNA-Sequenzierung.

zige Nachteil ist, dass es bei DNA-Fragmenten mit einer Länge von mehr als 3 kb bei einer Klonierung in einen M13-Vektor zu Deletionen und Umlagerungen kommen kann, sodass man das System nur mit kurzen DNA-Stücken einsetzen kann.

- Die DNA kann in ein Phagemid kloniert werden. Hierbei handelt es sich um einen Plasmidklonierungsvektor, der zusätzlich zum Replikationsursprung des ursprünglichen Plasmids den Replikationsursprung von M13 oder einem anderen Bakteriophagen mit einem einzelsträngigen DNA-Genom besitzt. Enthält *E. coli* beides, ein Phagemid und die replikative Form eines **Helferphagen**, der die Gene für die Enzyme der Phagenreplikation und der Hüllproteine trägt, dann wird der Phagenreplikationsursprung des Phagemids aktiviert und es entstehen Phagenpartikel, die eine einzelsträngige Version des Phagemids enthalten. Die doppelsträngige Plasmid-DNA wird somit in einzelsträngige Matrizen-DNA für die DNA-Sequenzierung überführt. Das System vermeidet die Instabilität der M13-Klonierung und kann für Fragmente mit einer Länge von bis zu 10 kb und mehr eingesetzt werden.

### DNA-Polymerasen für die Kettenabbruchsequenzierung

Jede matrizenabhängige DNA-Polymerase vermag einen Primer zu verlängern, der an ein einzelsträngiges DNA-Molekül gebunden hat, doch nicht alle Polymerasen erfüllen ihre Aufgabe in einer für die DNA-Sequenzierung geeigneten Art und Weise. Ein Sequenzierungsenzym muss insbesondere drei Kriterien erfüllen:

- Hohe **Prozessivität**. Dieser Begriff bezieht sich auf die Länge des synthetisierten Polynucleotids bevor die Polymerase die Synthese aus natürlichen Gründen beendet. Eine Sequenzierungspolymerase muss eine hohe Prozessivität besitzen, sodass sie nicht von der Matrize dissoziiert, bevor ein Didesoxynucleotid eingebaut worden ist.

- Vernachlässigbar geringe oder keine $5' \rightarrow 3'$-Exonucleaseaktivität. Die meisten DNA-Polymerasen haben eine Exonucleaseaktivität und können daher DNA-Polynucleotide sowohl synthetisieren als auch abbauen (Abschnitt 2.1.1; Abb. 2.7). Das ist für die Sequenzierung von DNA ein eindeutiger Nachteil, weil das Entfernen von Nucleotiden vom $5'$-Ende eines neu synthetisierten Stranges die Länge dieser Stränge verändert, wodurch die Ermittlung der korrekten Sequenz unmöglich wird.

- Vernachlässigbar geringe oder keine $3' \rightarrow 5'$-Exonucleaseaktivität. Dies ist ebenfalls wünschenswert, damit die Polymerase nicht das Didesoxynucleotid am Ende eines vollständigen Stranges entfernt. Wenn dieses stattfände, könnte der Strang weiter verlängert werden. Es entstünden zu wenige kurze Stränge, sodass die Sequenz in der Nähe des Primers nicht lesbar wäre.

Dieses sind strenge Vorgaben, die von natürlich vorkommenden DNA-Polymerasen nicht vollständig erfüllt werden. So setzt man stattdessen künstlich modifizierte Enzyme ein. Das erste entwickelte Enzym war die Klenow-Polymerase, die eine Variante der *Escherichia coli*-DNA-Polymerase I darstellt. Bei ihr hat man die $5' \rightarrow 3'$-Exonucleaseaktivität des Standardenzyms entweder durch Abspalten der betreffenden Proteinregion oder durch gentechnische Veränderungen (Abschnitt 2.1.1) entfernt. Die Klenow-Polymerase besitzt eine relativ geringe Prozessivität, wodurch die Länge der Sequenz, die man aus einem einzigen Experiment erhalten kann, auf rund 250 bp begrenzt ist und wodurch in der Sequenzierungsreaktion unspezifische Produkte entstehen, das heißt Stränge, deren Synthese auf natürliche Weise beendet wurde und nicht durch den Einbau eines Didesoxynucleotids. Das Klenow-Enzym ist daher durch eine modifizierte Variante der DNA-Polymerase, die von dem Bakteriophagen T7 codiert wird und unter dem Handelsnamen „Sequenase" bekannt ist, verdrängt worden. Die Sequenase hat eine hohe Prozessivität und keine Exonucleaseaktivität und besitzt außerdem andere wünschenswerte Eigenschaften wie eine hohe Reaktionsgeschwindigkeit.

### Der Primer bestimmt die Region der Matrizen-DNA, die sequenziert wird

Zu Beginn einer Kettenabbruchsequenzierung lässt man einen Oligonucleotid-Primer an die Matrizen-DNA binden. Der Primer ist notwendig, da die matrizenabhängige DNA-Polymerase die DNA-Synthese nicht an einem vollständig einzelsträngigen Molekül einzuleiten vermag: Es muss eine kurze, doppelsträngige Region vorhanden sein, die ein 3′-Ende zur Verfügung stellt, an das das Enzym neue Nucleotide anfügen kann (Abschnitt 2.1.1).

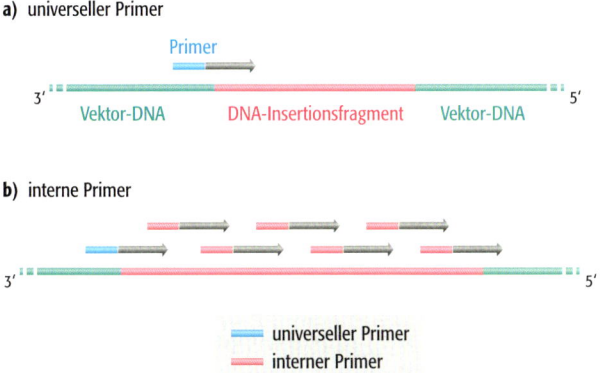

**4.5 Unterschiedliche Primertypen für die Kettenabbruchsequenzierung.** a) Ein universeller Primer bindet nahe der Stelle an die Vektor-DNA, in die die Fremd-DNA eingebaut wurde. Ein einziger universeller Primer kann daher für die Sequenzierung jedes DNA-Insertionsfragments verwendet werden, liefert jedoch nur die Sequenz eines Fragmentendes. b) Eine Möglichkeit, längere Sequenzen zu erhalten, ist die Durchführung von einer Reihe von Kettenabbruchexperimenten, jedes mit einem anderen internen Primer, der an das DNA-Insertionsfragment bindet.

Der Primer spielt ebenfalls eine entscheidende Rolle bei der Auswahl der zu sequenzierenden Region auf dem Matrizenmolekül. Für die meisten Sequenzierungsexperimente wird ein „universeller" Primer verwendet. Dieser ist komplementär zu der Region der Vektor-DNA, die direkt neben der Stelle liegt, in die die Fremd-DNA ligiert worden ist (Abb. 4.5a). Somit kann ein und derselbe universelle Primer die Sequenz jedes in den Vektor ligierten DNA-Stückes liefern. Besitzt die eingebaute DNA eine Länge von mehr als etwa 750 bp, dann erhält man nur einen Teil ihrer Sequenz. Das stellt in der Regel jedoch kein Problem dar, da es das Projekt als Solches mit sich bringt, dass eine große Zahl kurzer Sequenzen generiert und anschließend zu zusammenhängenden Sequenzen zusammengesetzt werden. Es ist unerheblich, ob die kurzen Sequenzen vollständig sind oder nur Teilsequenzen der als Matrizen verwendeten DNA-Fragmente. Wird doppelsträngige Plasmid-DNA als Matrize genutzt, dann kann man, falls erforderlich, weitere Sequenzinformation vom anderen Ende des Insertionsfragments erhalten. Alternativ ist es möglich, die Sequenz in einer Richtung zu verlängern, indem man keinen universellen, sondern einen internen Primer verwendet, der an eine Position innerhalb der Insertions-DNA bindet (Abb. 4.5b). Ein Experiment mit diesem Primer liefert eine zweite kurze Sequenz, die mit der vorherigen überlappt.

### Die thermal cycle-Sequenzierung bietet eine Alternative zu herkömmlichen Methoden

Die Entdeckung thermostabiler DNA-Polymerasen, die zur Entwicklung der PCR führte (Abschnitte 2.1.1 und 2.3), gab auch den Anstoß für neue Methoden der Kettenabbruchsequenzierung. Insbesondere eine Innovation, die als

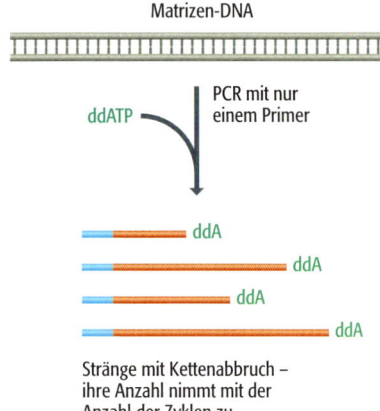

Matrizen-DNA

ddATP — PCR mit nur einem Primer

ddA
ddA
ddA
ddA

Stränge mit Kettenabbruch – ihre Anzahl nimmt mit der Anzahl der Zyklen zu

**4.6** *Thermal cycle*-Sequenzierung. Die PCR wird mit nur einem Primer und mit vier Didesoxynucleotiden im Reaktionsansatz durchgeführt. Das Ergebnis ist eine Gruppe von Strängen mit Kettenabbruch – in dem hier gezeigten Teil der Reaktion die „A"-Familie. Diese Stränge werden zusammen mit den Produkten der C-, G- und T-Reaktionen in einer Standard-Gelelektrophorese aufgetrennt (Abb. 4.3).

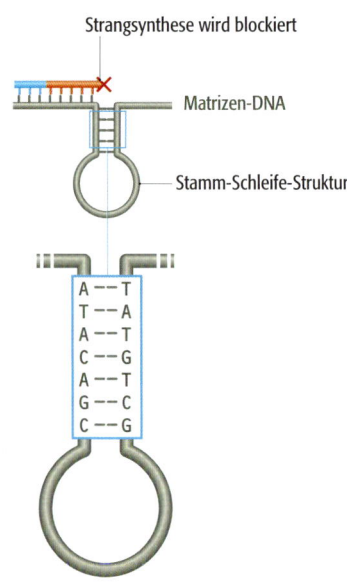

Strangsynthese wird blockiert

Matrizen-DNA

Stamm-Schleife-Struktur

A — T
T — A
A — T
C — G
A — T
G — C
C — G

**4.7** Basenpaarung innerhalb eines Stranges kann die Kettenabbruchsequenzierung beeinflussen. In diesem Beispiel bildet die Matrizen-DNA eine Stamm-Schleife-Struktur, weil ihre Sequenz eine Reihe von Basenpaarungen innerhalb des Stranges zulässt. Die Struktur blockiert die DNA-Polymerase und führt daher zu einem unspezifischen Kettenabbruch.

*thermal cycle*-**Sequenzierung** („Zyklussequenzierung") bezeichnet wird, hat zwei Vorteile gegenüber der herkömmlichen Kettenabbruchmethode. Erstens verwendet sie als Ausgangsmaterial doppel- statt einzelsträngige DNA. Zweitens ist nur sehr wenig Matrizen-DNA erforderlich, sodass die DNA vor dem Sequenzieren nicht kloniert werden muss.

Die Durchführung einer *thermal cycle*-Sequenzierung ist ähnlich der einer PCR, doch wird nur ein Primer verwendet und das Reaktionsgemisch enthält die vier Didesoxynucleotide (Abb. 4.6). Da nur ein Primer vorhanden ist, wird auch nur einer der Stränge des Startmoleküls kopiert und das Produkt reichert sich im Gegensatz zur echten PCR linear statt exponentiell an. Die Anwesenheit der Didesoxynucleotide im Reaktionsansatz verursacht wie bei der Standardmethode einen Kettenabbruch, und die entstehenden Stränge können mit dem üblichen Verfahren analysiert und gelesen werden.

### 4.1.2 Alternative Methoden für die DNA-Sequenzierung

Obwohl die meisten Sequenzierungen mit der Kettenabbruchmethode durchgeführt werden, sind für spezielle Anwendungen auch andere Verfahren von Bedeutung. Wir werden zwei dieser alternativen Techniken analysieren: die **Methode des chemischen Abbaus**, die wie das Kettenabbruchsequenzieren in den 1970er-Jahren entwickelt wurde, und die **Pyrosequenzierung**, die eine neuere Entwicklung ist.

#### Sequenzieren durch chemischen Abbau

Eine Beschränkung der Kettenabbruchsequenzierung ist, dass sie keine genauen Sequenzen zu liefern vermag, wenn sich innerhalb der Matrizen-DNA Basenpaarungen ausbilden (Abb. 4.7). Basenpaare innerhalb eines Stranges können das Fortschreiten der DNA-Polymerase und auf diese Weise die Strangsynthese unterbinden, und sie können die Beweglichkeit der kettenterminierten Moleküle während der Elektrophorese verändern. Das bedeutet, dass die Reihenfolge, in der die Moleküle den Detektor passieren, nicht nur von deren Länge bestimmt wird. Intramolekulare Basenpaare behindern dagegen die Sequenzierung durch chemischen Abbau nicht, sodass dieses Verfahren als Alternative angewendet werden kann, wenn die oben erwähnten Probleme auftreten.

Die Methode des chemischen Abbaus ist der Kettenabbruchsequenzierung ähnlich, da man die Sequenz erhält, nachdem man die Länge von Molekülen mit bekanntem Ende bestimmt hat. Allerdings werden diese Moleküle in einer vollkommen anderen Art und Weise hergestellt, und zwar durch die Behandlung mit Chemikalien, die die DNA spezifisch nach einem bestimmten Nucleotid spalten.

Das Ausgangsmaterial ist doppelsträngige DNA, die zunächst durch das Anhängen einer radioaktiven Phosphatgruppe an das 5′-Ende jedes Stranges markiert wird (Abb. 4.8a). Anschließend wird Dimethylsulfoxid (DMSO) zugegeben und die DNA auf 90 °C erhitzt. Durch diese Behandlung lösen sich die Basenpaare zwischen den Strängen, die dadurch mittels Gelelektrophorese voneinander getrennt werden können. Die Trennung ist möglich, da einer der beiden Stränge mehr Purine enthält als der andere, dadurch etwas schwerer ist und während der Elektrophorese langsamer durch das Gel wandert. Ein Strang wird aus dem Gel isoliert und die Probe in vier Fraktionen aufgeteilt, von denen jede mit einem

**a)** DNA-Markierung und Strangtrennung **b)** G-Reaktion **c)** Ablesen der Sequenz von der Autoradiographie

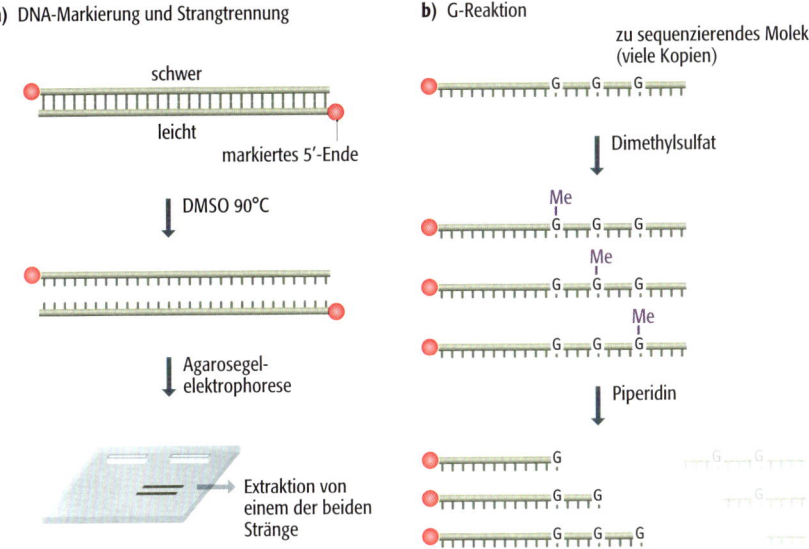

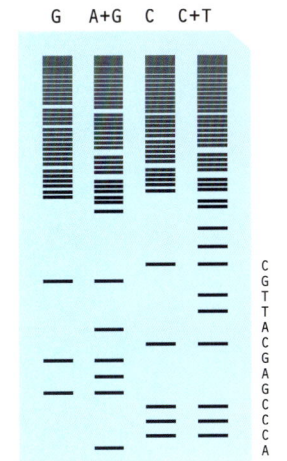

der Spaltungsreagenzien behandelt wird. Um das Verfahren zu veranschaulichen verfolgen wir die „G"-Reaktion (Abb. 4.8b). Als erstes wird das Molekül mit Dimethylsulfat behandelt, das eine Methylgruppe an den Purinring der G-Nucleotide hängt. Es wird nur eine begrenzte Menge an Dimethylsulfat zugeben, mit dem Ziel, im Schnitt nur ein G-Nucleotid pro Polynucleotid zu modifizieren. In diesem Stadium sind die DNA-Stränge immer noch intakt, eine Spaltung tritt nicht auf, bevor die zweite Chemikalie – Piperidin – zugegeben wird. Piperidin entfernt den veränderten Purinring und schneidet das DNA-Molekül an der Phosphodiesterbindung direkt stromaufwärts der soeben hergestellten basenlosen Stelle. Das Ergebnis ist ein Satz geschnittener DNA-Moleküle, von denen einige markiert sind und andere nicht. Die markierten Moleküle verfügen alle über ein gleiches Ende und ein Ende, das durch die Schnittstelle bestimmt ist, wobei letzteres die Position der G-Nucleotide in den geschnittenen DNA-Molekülen angibt. Ähnliche Ansätze werden verwendet, um zusätzliche Familien geschnittener Moleküle herzustellen. Jedoch handelt es sich nicht um einfache „A"-, „T"- und „C"-Familien, da die Entwicklung von chemischen Behandlungen, die spezifisch hinter A oder T schneiden, einige Probleme mit sich brachte. Die vier durchgeführten Reaktionen ergeben daher in der Regel „G", „A + G", „C" und „C + T". Das Verfahren wird dadurch komplizierter, die Genauigkeit der ermittelten Sequenz wird jedoch nicht beeinflusst.

Die in jeder Reaktion hergestellte Molekülfamilie wird in eine Spur eines Polyacrylamid-Flachbettgels geladen und nach der Elektrophorese werden die Positionen der Banden im Gel durch Autoradiographie sichtbar gemacht (Methoden 2.1). Die Bande, die am weitesten gewandert ist, entspricht dem kürzesten DNA-Stück. In dem in Abbildung 4.8c gezeigten Beispiel befindet sich diese Bande in der „A + G"-Spur. In der „G"-Spur gibt es keine entsprechende Bande, sodass das erste Nucleotid in der Sequenz ein „A" sein muss. Die nächste Position wird von zwei Banden besetzt, eine in der „C"-Spur und eine in der „C + T"-Spur: Das zweite Nucleotid ist daher „C" und die bis hierhin ermittelte Sequenz lautet „AC". Das Lesen der Sequenz kann sich bis in Regionen des Gels fortsetzen, in der einzelne Banden nicht mehr getrennt wurden.

**4.8**  Sequenzierung durch chemischen Abbau.

## Die Pyrosequenzierung wird für die schnelle Bestimmung sehr kurzer Sequenzen verwendet

Die Pyrosequenzierung erfordert keine Elektrophorese oder eine andere Methode zur Auftrennung von Fragmenten und ist damit schneller als die Kettenabbruchsequenzierung oder die Sequenzierung durch chemischen Abbau. Pro Experiment vermag sie nur einige Dutzend Basenpaare zu generieren, doch hat sie sich in Situationen, in denen so schnell wie möglich viele kurze Sequenzen erstellt werden müssen, zum Beispiel bei der Darstellung von SNPs (Abschnitt 3.2.2), zu einer bedeutenden Technik entwickelt.

Bei der Pyrosequenzierung wird die Matrize ohne Didesoxynucleotide durchgängig sequenziert. Man weist die Reihenfolge, in der die Desoxynucleotide eingebaut werden, nach, während der neue Strang synthetisiert wird, sodass man die Sequenz „lesen" kann, während die Reaktion abläuft. Das Anhängen eines Desoxynucleotids an das Ende des wachsenden Stranges ist messbar, weil gleichzeitig ein Pyrophosphat freigesetzt wird, das das Enzym Sulfurylase in einen Lichtblitz aus Chemilumineszenz umsetzt. Natürlich entstünden, wenn alle vier Desoxynucleotid auf einmal zugegeben würden, ständig Lichtblitze und man erhielte keine sinnvolle Sequenz. Jedes Desoxynucleotid wird daher einzeln zugegeben, eines nach dem anderen. Außerdem befindet sich in dem Reaktionsgemisch ein Nucleotidaseenzym, das nicht in das Polynucleotid eingebaute Desoxynucleotide abbaut, bevor das nächste Desoxynucleotid zugegeben wird (Abb. 4.9). Mit diesem Verfahren ist es möglich, die Reihenfolge, in der die Desoxynuceotide in den wachsenden Strang eingebaut werden, direkt zu verfolgen. Die Methode klingt kompliziert, doch sie erfordert nur sich wiederholende Zugaben zum Reaktionsgemisch; sie ist also ein leicht automatisierbares Verfahren. Der Nachweis der Chemilumineszenz ist sehr sensitiv. Daher kann jede Reaktion in einem sehr kleinen Volumen, etwa einem Picoliter, durchgeführt werden. Auf einem 6,4 cm$^2$ großen Träger können also bis zu 1,6 Millionen Reaktionen gleichzeitig stattfinden und so innerhalb von vier Stunden 25 Millionen Nucleotide als Sequenz generiert werden – eine Sequenziergeschwindigkeit, die über 100-mal höher ist als die der Kettenabbruchmethode.

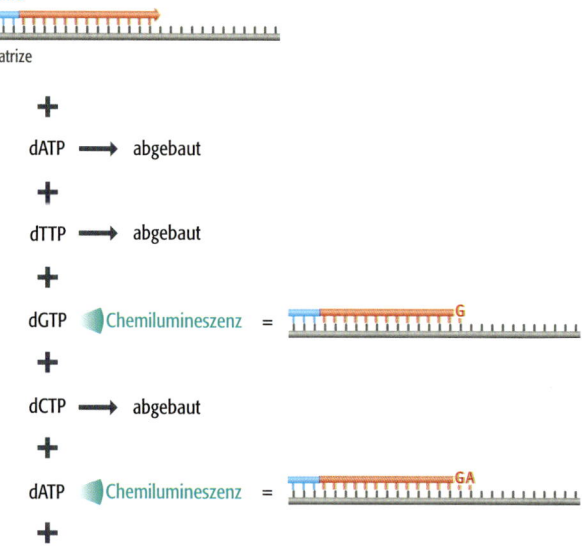

**4.9 Pyrosequenzierung.** Die Reaktion der Strangsynthese wird in Abwesenheit von Didesoxynucleotiden durchgeführt. Jedes Desoxynucleotid wird einzeln zugegeben, zusammen mit einem Nucleotidaseenzym, das die nicht in den synthetisierten Strang eingebauten Desoxynucleotide abbaut. Der Einbau wird über einen Blitz aus Chemilumineszenz nachgewiesen, der durch das von dem Desoxynucleotid freigesetzte Pyrophosphat induziert wird. Man kann daher die Reihenfolge des Einbaus der Desoxynucleotide in den wachsenden Strang direkt verfolgen.

# 4.2 Zusammensetzen einer zusammenhängenden DNA-Sequenz

Es stellt sich nun die Frage, wie man aus einer Vielzahl kurzer Sequenzen, die bei der Kettenabbruchmethode entstehen, eine zusammenhängende Sequenz eines Chromosoms, die unter Umständen eine Länge von einigen Dutzend Megabasen hat, zusammensetzt. Wir haben dieses Thema zu Beginn von Kapitel 3 angeschnitten und festgestellt, dass man die relativ kleinen Genome von Prokaryoten durch die Shotgun-Methode zusammensetzen kann. Bei diesem Verfahren werden die DNA-Moleküle in Fragmente geteilt, die Sequenz jedes Fragments bestimmt, mithilfe eines Computers Überlappungen zwischen den Sequenzen gesucht und daraus eine endgültige Sequenz erstellt (Abb. 3.1 und Abschnitt 4.2.1). Dieser Ansatz wurde bei über 200 prokaryotischen Genomen verwendet, kann jedoch bei größeren eukaryotischen Genomen zu Fehlern führen; in erster Linie, weil die Anwesenheit sich wiederholender Sequenzen die Suche nach Überlappungen schwierig macht und dazu führen kann, dass die genomischen Sequenzen falsch zusammengesetzt werden (Abb. 3.2). Um solche Fehler zu vermeiden wird für das Verfahren, das als Gesamtgenom-Shotgun-Methode bezeichnet wird, eine Karte eingesetzt, die das Zusammensetzen der vollständigen Sequenz unterstützt (Abb. 3.3 und Abschnitt 4.2.3). Die Gesamtgenom-Shotgun-Sequenzierung wurde bei etlichen eukaryotischen Genomen, einschließlich dem der Taufliege und des Humangenoms, erfolgreich eingesetzt, doch es ist allgemein anerkannt, dass die größte Genauigkeit mit der Klon-Contig-Methode erreicht wird. Bei diesem Verfahren wird das Genom vor der Sequenzierung in Segmente zerteilt, deren Positionen in der genomischen Karte bekannt sind (Abb. 3.3 und Abschnitt 4.2.2). Wir werden uns zunächst die Anwendung der Shotgun-Methode bei prokaryotischen Genomen ansehen.

## 4.2.1 Zusammensetzen einer Sequenz mit der Shotgun-Methode

Der geradlinige Ansatz für das Zusammensetzen einer Sequenz besteht darin, die endgültige Sequenz direkt aus den kurzen Sequenzen zu erstellen, die aus den Sequenzierungsexperimenten hervorgehen, indem man die Sequenzen nach überlappenden Bereichen absucht (Abb. 3.1). Dies wird als Shotgun-Methode bezeichnet. Sie erfordert keine Kenntnis des Genoms und kann daher ohne eine genetische oder physikalische Karte durchgeführt werden.

### Das Potenzial der Shotgun-Methode wurde anhand der Haemophilus influenzae-Sequenz nachgewiesen

Während der frühen 1990er-Jahre diskutierte man intensiv, ob die Shotgun-Methode in der Praxis funktionieren würde. Viele Molekularbiologen waren der Ansicht, dass die Fülle der Daten, die selbst bei kleinen Genomen bei einem Vergleich dieser Menge an kurzen Sequenzen und der Identifikation von Überlappungen anfällt, jenseits der Kapazität bestehender Computersysteme liegen würde. Diese Zweifel konnten im Jahr 1995 ausgeräumt werden, als die Sequenz des 1 830 kb-Genoms des *Haemophilus influenzae*-Bakteriums veröffentlicht wurde.

Das *H. influenzae*-Genom wurde vollständig durch die Shotgun-Methode sequenziert, ohne dass man auf irgendeine genetische oder physikalische Karte zurückgegriffen hätte. Die verwendete Strategie ist in Abbildung 4.10 darge-

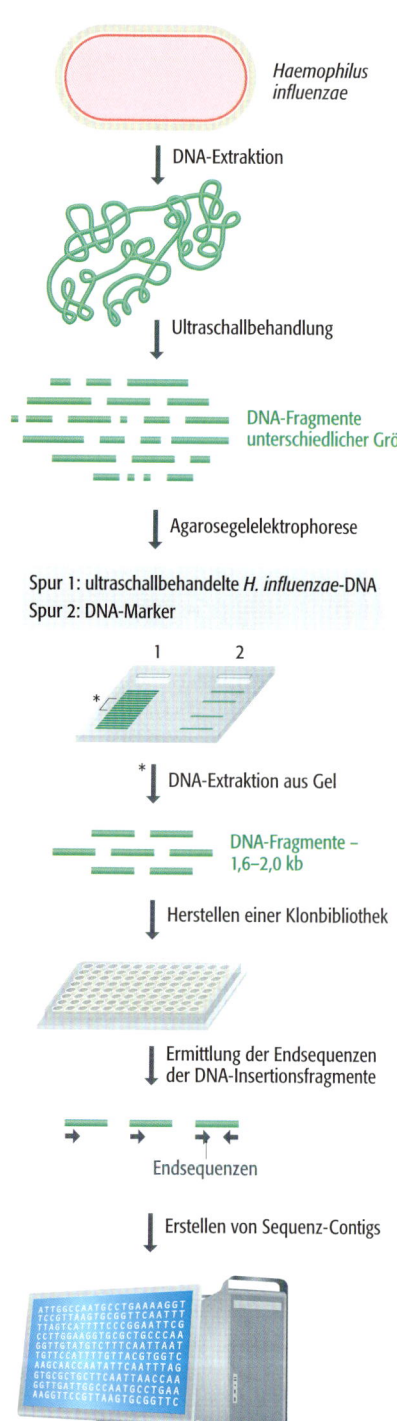

stellt. Der erste Schritt war die Zerteilung der genomischen DNA durch **Ultra-schall** in Fragmente – ein Verfahren, das die hochfrequenten Schallwellen nutzt, um in DNA-Moleküle zufällige Brüche einzuführen. Anschließend trennte man die Fragmente über Elektrophorese auf, extrahierte diejenigen mit einer Größe zwischen 1,6 und 2,0 kb aus dem Agarosegel und ligierte sie in einen Plasmid-vektor. Aus der nun vorliegenden Bibliothek wurden willkürlich 19 687 Klone entnommen und 28 643 Sequenzierungsexperimente durchgeführt, wobei die Zahl der Sequenzierungsexperimente größer war als die der Klone, weil bei einer Reihe von Insertionsfragmenten beide Enden sequenziert wurden. Von diesen Sequenzierungen stufte man 16 % als fehlerhaft ein, da sie zu Sequen-zen mit weniger als 400 bp führten. Die verbleibenden 24 304 Sequenzen erga-ben insgesamt 11 631 485 bp, was der sechsfachen Länge des *H. influenzae*-Genoms entspricht. Man erachtete dieses Ausmaß an Redundanz als notwen-dig, um eine vollständige Abdeckung des Genoms gewährleisten zu können. Es dauerte 30 Stunden, um die Sequenz auf einem Computer mit einem Arbeits-speicher (RAM) von 512 Megabyte zusammenzusetzen, und man erhielt 140 längere zusammenhängende Sequenzen, wobei jedes dieser so genannten **Sequenz-Contigs** einem Bereich des Genoms entsprach, der mit den anderen nicht überlappte.

Im nächsten Schritt setzte man die Contig-Paare zusammen, indem man die Lücken zwischen ihnen schloss (Abb. 4.11). Dazu musste man zunächst die Bibliothek nach Klonen durchsuchen, deren beide Endsequenzen auf unter-schiedlichen Contigs lagen. Mit einem solchen Klon konnte die „Sequenzlücke" zwischen den beiden Contigs mit einer zusätzlichen Sequenzierung geschlos-sen werden (Abb. 4.11a). Tatsächlich fand man 99 Klone dieser Kategorie, sodass man 99 Lücken ohne große Schwierigkeiten zu schließen vermochte.

Es blieben dennoch 42 Lücken bestehen, die mutmaßlich aus DNA-Sequen-zen bestanden, die im Klonierungsvektor nicht stabil und daher in der Biblio-thek nicht enthalten waren. Um diese „physikalischen Lücken" schließen zu können, wurde eine zweite Bibliothek mit einem anderen Vektortyp hergestellt. Statt ein anderes Plasmid zu verwenden, in dem die nicht klonierten Sequen-zen wahrscheinlich ebenfalls nicht stabil sein würden, setzte man für die zweite Bibliothek einen λ-Bakteriophagenvektor ein (Abschnitt 2.2.1). Die neue Biblio-thek wurde mit 84 einzelnen Oligonucleotiden hybridisiert. Diese Oligonucleo-tide enthielten Sequenzen, die mit den Sequenzen der Enden der nicht mitei-nander verknüpften Contigs identisch waren (Abb. 4.11b). Die Begründung hierfür war, dass die Enden zweier verschiedener Contigs, die zwei Oligonu-cleotiden entsprechen, welche mit demselben Klon hybridisieren, in diesem Klon enthalten sein müssen, und eine Sequenzierung der DNA in diesem λ-Klon die Lücke schließen kann. Auf diese Weise wurden 23 der 42 physikali-schen Lücken geschlossen.

**4.10** Einsatz der Shotgun-Methode bei der Ermittlung der DNA-Sequenz von *Haemo-philus infuenzae*. *H. influenzae*-DNA wurde mit Ultraschall behandelt, Fragmente mit einer Größe zwischen 1,6 und 2,0 kb aus einem Agarosegel isoliert und in einen Plasmidvektor klo-niert, um eine Klonbibliothek herzustellen. Aus Klonen dieser Bibliothek ermittelte man die Endsequenzen und mithilfe eines Computers identifizierte man Überlappungen zwischen den Sequenzen. Es ergaben sich 140 Sequenz-Contigs (zusammenhängende Sequenzen), die, wie in Abbildung 4.11 dargestellt, zu einer vollständigen Genomsequenz zusammengesetzt wurden.

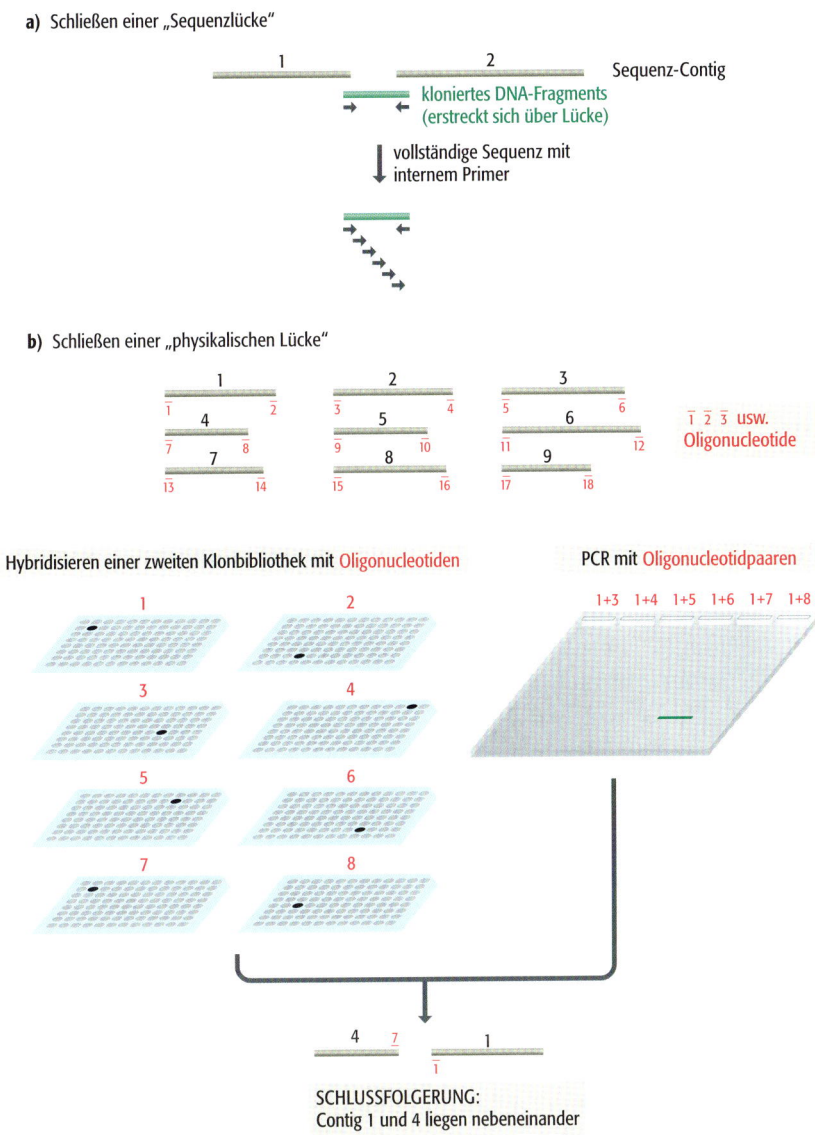

**a)** Schließen einer „Sequenzlücke"

**b)** Schließen einer „physikalischen Lücke"

$\bar{1}$ $\bar{2}$ $\bar{3}$ usw.
Oligonucleotide

Hybridisieren einer zweiten Klonbibliothek mit Oligonucleotiden

PCR mit Oligonucleotidpaaren

SCHLUSSFOLGERUNG:
Contig 1 und 4 liegen nebeneinander

**4.11  Zusammensetzen der vollständigen *Haemophilus infuenzae*-Genomsequenz durch Schließen der Lücken zwischen den einzelnen Sequenz-Contigs.**
a) „Sequenzlücken" können durch weitere Sequenzierung von Klonen, die bereits in der Bibliothek vorhanden sind, geschlossen werden. In diesem Beispiel befinden sich die Endsequenzen von Contig 1 und 2 auf demselben Plasmidklon, sodass eine weitere Sequenzierung des DNA-Insertionsfragments mit internen Primern (Abb. 4.5b) die Sequenz liefert, um die Lücke schließen zu können. b) „Physikalische Lücken" sind Bereiche der Sequenz, die nicht in der Klonbibliothek enthalten sind, wahrscheinlich weil diese Regionen in dem verwendeten Klonierungsvektor nicht stabil sind. Es sind zwei Möglichkeiten dargestellt, mit denen diese Lücken geschlossen werden können. Auf der linken Seite wird eine zweite Klonbibliothek, die mit dem λ-Bakteriophagenvektor statt mit einem Plasmidvektor hergestellt wurde, mit Oligonucleotiden hybridisiert, die den Enden der Contigs entsprechen. Die Oligonucleotide 1 und 7 hybridisieren beide mit demselben Klon, dessen Insertionsfragment daher DNA enthält, die die Lücke zwischen Contig 1 und 4 schließt. Auf der rechten Seite werden mit Oligonucleotidpaaren PCRs durchgeführt. Nur der Ansatz mit den Oligonucleotiden 1 und 7 ergibt ein PCR-Produkt, wodurch gezeigt wird, dass die beiden Contig-Enden, die durch diese beiden Oligonucleotide repräsentiert werden, in dem Genom eng beieinander liegen. Das PCR-Produkt oder die Insertionsfragmente des λ-Klons können sequenziert werden, um die Lücke zwischen Contig 1 und 4 zu schließen.

Eine zweite Strategie für das Schließen von Lücken war, Oligonucleotidpaare aus den 84 oben beschriebenen Paaren als Primer für PCRs von genomischer DNA aus *H. influenzae* zu verwenden. Dabei wurden einige Oligonucleotidpaare zufällig ausgewählt. Die Paare, die eine Lücke überspannten, erkannte man an dem PCR-Produkt, das sie ergaben (Abb. 4.11b). Die Sequenzierung dieser Produkte konnte die entsprechenden Lücken schließen. Für andere Primer-Paare stellte man mehr Überlegungen an. Zum Beispiel verwendete man Oligonucleotide als Sonden für die Southern-Hybridisierung (Abb. 2.11) mit *H. influenzae*-DNA, die mit einer Reihe von Restriktionsendonucleasen geschnitten worden war, und man identifizierte Paare, die mit ähnlichen Gruppen von Restriktionsfragmenten hybridisierten. Die beiden Oligonucleotide eines auf diese Weise ermittelten Paars mussten in denselben Restriktionsfragmenten enthalten sein und daher im Genom mit großer Wahrscheinlichkeit in enger Nachbarschaft liegen. Das bedeutete, dass das Contig-Paar, von dem die Oligonucleotide abstammten, benachbart war und die Lücke zwischen den Contigs durch eine PCR mit genomischer DNA und den beiden Oligonucleotiden als Primern überspannt werden konnte. Eine solche PCR lieferte die Matrizen-DNA, mit der die Lücke geschlossen werden konnte.

Da sich hier gezeigt hatte, dass die schnelle Sequenzierung eines kleinen Genoms mithilfe der Shotgun-Methode möglich ist, wurde plötzlich eine ganze Reihe von vollständigen mikrobiellen Genomsequenzen ermittelt. Diese Projekte zeigten, dass eine Shotgun-Sequenzierung wie am Fließband durchgeführt werden kann, wo jedes Teammitglied seine oder ihre individuelle Aufgabe in der DNA-Präparation, Durchführung der Sequenzierungsreaktion oder in der Datenanalyse hat. Durch diese Strategie bestimmte man das 580 kb-Genom von *Mycoplasma genitalium*, das von fünf Forschern in nur acht Wochen sequenziert wurde. Nun hielt man es für realistisch, dass einige wenige Monate für die Ermittlung einer vollständigen Sequenz eines Genoms mit einer Länge von nicht mehr als 5 Mb ausreichen, selbst wenn vor Projektbeginn nichts über das Genom bekannt ist. Die Stärken der Shotgun-Sequenzierung sind daher ihre Schnelligkeit und die Möglichkeit, auch ohne physikalische oder genetische Karte auszukommen.

## 4.2.2 Zusammensetzen einer Sequenz mit der Klon-Contig-Methode

Die Klon-Contig-Methode wird als herkömmliches Verfahren für die Ermittlung der Sequenz eines eukaryotischen Genoms erachtet und sie wurde bei mikrobiellen Genomen angewendet, die zuvor genetisch und/oder physikalisch kartiert worden waren. Bei der Klon-Contig-Methode zerteilt man das Genom in Fragmente mit einer Länge bis zu 1,5 Mb – in der Regel durch eine partielle Restriktionsspaltung (Abschnitt 3.3.1) – und kloniert diese Fragmente in einen Vektor mit hoher Kapazität wie einen BAC (Abschnitt 2.2.1). Man erstellt ein Klon-Contig, indem man Klone mit überlappenden Fragmenten identifiziert, die anschließend einzeln mit der Shotgun-Methode sequenziert werden. Idealerweise werden die klonierten Fragmente einer genetischen und/oder einer physikalischen Karte des Genoms zugeordnet, damit man die Sequenzdaten des Contigs prüfen und interpretieren kann, indem man die für eine bestimmte Region bekannten Merkmale (zum Beispiel STS-Marker, SSLPs oder Gene) sucht.

### Klon-Contigs können mithilfe einer Chromosomenwanderung erstellt werden, doch ist die Methode aufwendig

Der einfachste Weg, eine sich überlappende Serie klonierter DNA-Fragmente zu erstellen, besteht darin, mit einem Klon der Bibliothek zu beginnen, dann einen zweiten Klon zu identifizieren, dessen Insertionsfragment mit dem des ersten Klons überlappt, dann einen dritten Klon zu identifizieren, dessen Insertionsfragment mit dem des zweiten überlappt und so weiter. Dieses ist die Grundlage der **Chromosomenwanderung** (*chromosome walking*); die erste Methode, die man für das Zusammensetzen von Klon-Contigs entwickelt hat.

Die Chromosomenwanderung wurde ursprünglich eingesetzt, um sich über relativ kurze Distanzen auf DNA-Molekülen bewegen zu können, indem man mit λ- oder Cosmidvektoren hergestellte Klonbibliotheken verwendete. Der geradlinigste Ansatz ist, die Insertionsfragment-DNA des Startklons als Hybridisierungssonde für ein Screening aller anderen Klone der Bibliothek zu nut-

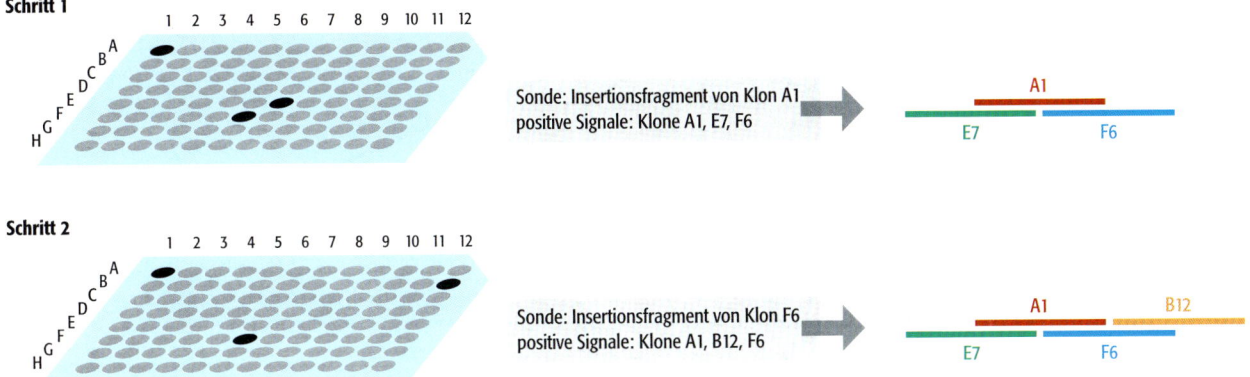

zen. Klone, deren Insertionsfragmente mit der Sonde überlappen, geben ein positives Hybridisierungssignal und ihre Insertionsfragmente können als neue Sonden eingesetzt werden, um auf der DNA weiter zu wandern (Abb. 4.12).

Das grundlegende Problem ist, dass die Sonde, wenn sie repetitive Sequenzen enthält, nicht nur mit den überlappenden Klonen hybridisiert, sondern auch mit nicht überlappenden, sofern deren Insertionsfragmente Kopien der sich wiederholenden Sequenz enthalten. Das Ausmaß dieser unspezifischen Hybridisierung kann reduziert werden, indem die repetitive Sequenz durch eine Prähybridisierung mit nicht markierter genomischer DNA blockiert wird (Abb. 3.34). Doch wird das Problem dadurch nicht vollständig beseitigt, insbesondere, wenn die Chromosomenwanderung mit langen Insertionsfragmenten aus einem Vektor mit hoher Aufnahmekapazität wie einem BAC durchgeführt wird. Aus diesem Grund verwendet man nur selten intakte Insertionsfragmente für die Chromosomenwanderung mit menschlicher DNA oder ähnlichen DNAs, die über einen hohen Anteil repetitiver Sequenzen verfügen. Stattdessen wird ein Fragment vom Ende eines Insertionsfragments als Sonde eingesetzt. Dabei ist die Wahrscheinlichkeit für eine sich wiederholende Sequenz innerhalb des kurzen Endfragments geringer, als bei Verwendung des gesamten Insertionsfragments. Ist völlige Sicherheit erforderlich, dann stellt eine Sequenzierung des Endfragments vor seinem Einsatz sicher, dass es keine repetitive DNA enthält.

Wurde das Endfragment sequenziert, dann kann man die Chromosomenwanderung beschleunigen, indem für die Identifizierung von Klonen mit überlappenden Insertionsfragmenten statt einer Hybridisierung eine PCR angewendet wird. Ausgehend von der Sequenz des Endfragments werden Primer entworfen und in Versuchs-PCRs mit allen Klonen der Bibliothek eingesetzt. Ein Klon, der ein PCR-Produkt mit der korrekten Größe ergibt, muss ein überlappendes Insertionsfragment enthalten (Abb. 4.13). Um den Prozess noch weiter zu beschleunigen, führt man die PCR statt mit jedem einzelnen Klon mit Gruppen von Klonen durch, die so gemischt sind, dass immer noch eine eindeutige Identifizierung überlappender Insertionsfragmente möglich ist. Das Verfahren ist in Abbildung 4.14 dargestellt. Eine Bibliothek aus 960 Klonen wurde mit einem Klon pro Vertiefung auf zehn Mikrotiterplatten verteilt, wobei jede Mikrotiterplatte 96 Vertiefungen in einer Anordnung von $8 \times 12$ enthält. Die PCRs werden wie folgt durchgeführt:

4.12 **Chromosomenwanderung.** Die Bibliothek besteht aus 96 Klonen, jeder mit einem anderen Insertionsfragment. Zu Beginn der Chromosomenwanderung wird das Insertionsfragment eines Klons als Hybridisierungssonde für alle anderen Klone der Bibliothek eingesetzt. In dem gezeigten Beispiel ist Klon A1 die Sonde; sie hybridisiert mit sich selbst und mit den Klonen E7 und F6. Die Insertionsfragmente dieser beiden Klone müssen daher mit dem Fragment von Klon A1 überlappen. Um mit der Chromosomenwanderung fortzufahren, wird die Hybridisierung wiederholt, doch dieses Mal mit dem Insertionsfragment von Klon F6. Die hybridisierenden Klone sind A1, F6 und B12. Das Ergebnis zeigt, dass das Insertionsfragment von B12 mit dem von F6 überlappt.

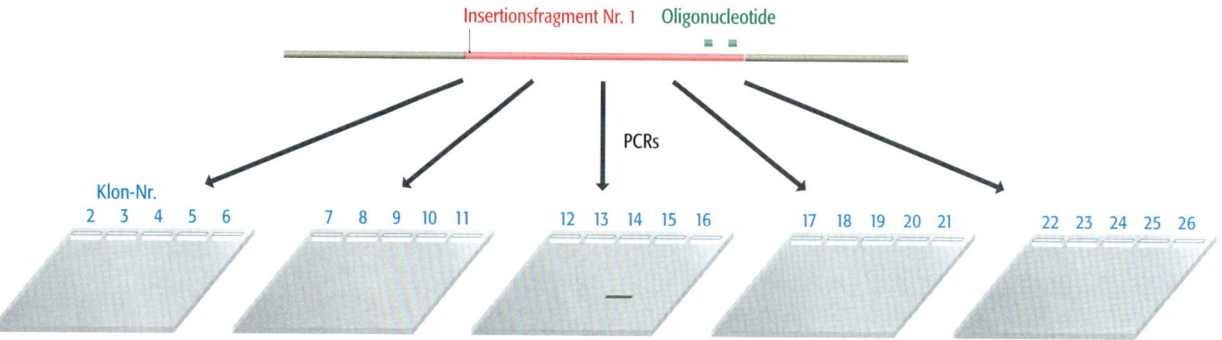

SCHLUSSFOLGERUNG: Insertionsfragmente 1 und 15 überlappen

**4.13 Chromosomenwanderung mit PCR.** Die beiden Oligonucleotide binden innerhalb der Endregion von Insertionsfragment Nummer 1. Sie werden in PCRs mit allen anderen Klonen der Bibliothek eingesetzt. Nur Klon 15 ergibt ein PCR-Produkt. Das zeigt, dass die Insertionsfragmente der Klone 1 und 15 überlappen. Die Chromosomenwanderung würde mit der Sequenzierung des Fragments vom anderen Ende von Klon 15, der Entwicklung eines zweiten Paars von Oligonucleotiden und deren Verwendung in neuen PCRs mit allen anderen Klonen fortgesetzt werden.

- Proben von jedem Klon der Reihe A der ersten Mikrotiterplatte werden gemischt und eine PCR durchgeführt. Dies wird für jede Reihe einer jeden Platte wiederholt – insgesamt 80 PCRs.

- Proben von jedem Klon der Spalte 1 der ersten Mikrotiterplatte werden gemischt und eine PCR durchgeführt. Dieses wird für jede Spalte einer jeden Platte wiederholt – insgesamt 120 PCRs.

- Klone der Vertiefung A1 aus jeder der zehn Mikrotiterplatten werden gemischt und eine PCR durchgeführt. Dieses wird für jede Vertiefung wiederholt – insgesamt 96 PCRs.

Wie in der Legende von Abbildung 4.14 beschrieben, liefern diese 296 PCRs aufreichend Informationen, um unter den 960 Klonen solche zu erkennen,

**4.14 Kombinatorisches Screening von Klonen in Mikrotiterplatten.** In diesem Beispiel muss eine Bibliothek von 960 Klonen mittels PCR durchsucht werden. Anstatt 960 einzelne PCRs durchzuführen, werden die Klone wie gezeigt zusammengefasst und nur 296 PCRs durchgeführt. In den meisten Fällen ermöglichen es die Ergebnisse, positive Klone eindeutig zu identifizieren. Die positiven Klone werden, wenn es wenige sind, alleine durch „Reihen"- und „Spalten"-PCRs identifiziert. Erhält man zum Beispiel in Platte 2 Reihe A, in Platte 6 Reihe D, in Platte 2 Spalte 7 und in Platte 6 Spalte 9 positive PCRs, dann kann auf zwei positive Klone geschlossen werden, der eine in Platte 2 Vertiefung A7 und der andere auf Platte 6 Vertiefung D9. Die „Vertiefungs"-PCRs (unten) sind notwendig, wenn zwei oder mehr positive Klone in einer Platte enthalten sind.

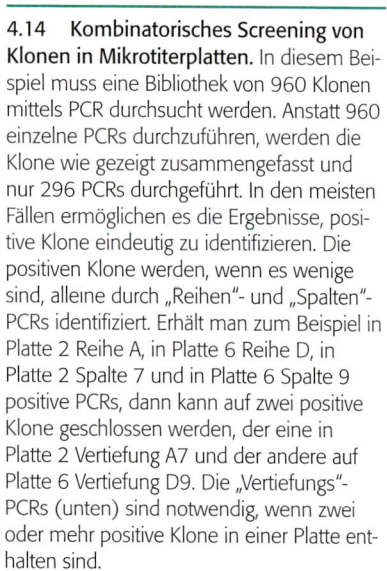

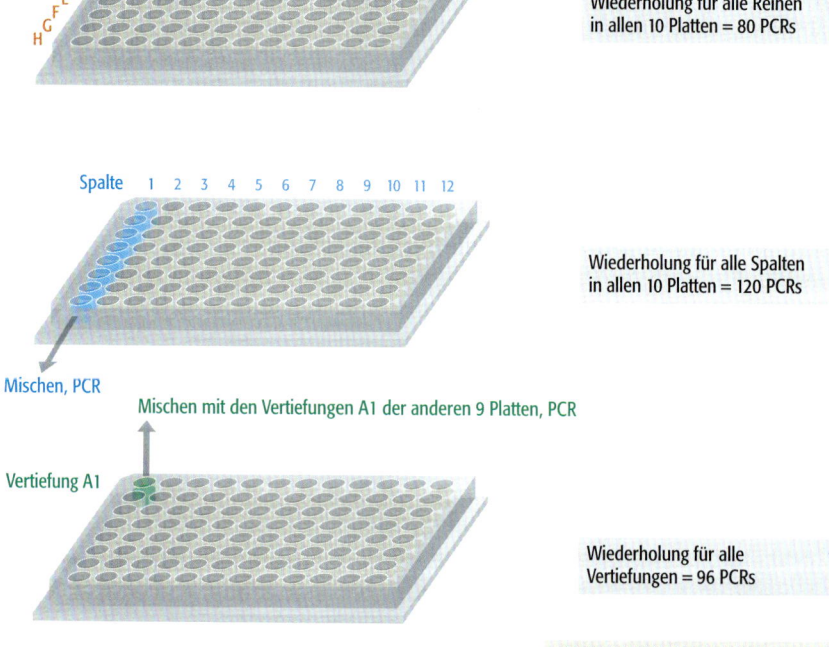

die ein Produkt ergeben. Mehrdeutige Ergebnisse treten nur dann auf, wenn sich eine erhebliche Zahl von Klonen als positiv herausstellt.

## Schnellere Methoden für das Zusammensetzen von Klon-Contigs

Selbst wenn der Screening-Schritt mit einem kombinatorischen PCR-Ansatz durchgeführt wird, wie er in Abbildung 4.14 dargestellt ist, ist die Chromosomenwanderung ein langsamer Prozess und es ist kaum möglich, mit dieser Methode Contigs von mehr als 15 bis 20 Klonen zusammenzusetzen. Das Verfahren ist sehr sinnvoll für das **positionelle Klonieren** (*positional cloning*) dessen Ziel es ist, von einer kartierten Stelle zu einem interessanten, nicht mehr als ein paar Megabasen entfernten Gen zu wandern. Das Verfahren ist jedoch weniger hilfreich beim Zusammensetzen von Klon-Contigs, die das gesamte Genom überspannen, insbesondere bei den komplexen Genomen höherer Eukaryoten. Welche alternativen Methoden gibt es hier?

Die wichtigste Alternative ist die **Klon-Fingerprint-Methode**. Ein Klon-Fingerprint liefert Informationen über die physikalische Struktur klonierter DNA-Fragmente. Diese physikalische Information oder „Fingerprint" wird mit entsprechenden Daten anderer Klone verglichen, wodurch man Ähnlichkeiten – die unter Umständen eine Überlappung anzeigen – identifizieren kann. Es wird eine der folgenden Methoden oder auch eine Kombination aus ihnen angewendet (Abb. 4.15):

- **Restriktionsmuster** können durch eine Restriktionsanalyse der Klone mit unterschiedlichen Restriktionsenzymen und anschließender Auftrennung der Produkte im Agarosegel erstellt werden. Haben zwei Klone überlappende Insertionsfragmente, dann werden ihre Restriktions-Fingerprints gleiche Banden haben, da beide Klone Fragmente aus der überlappenden Region enthalten.

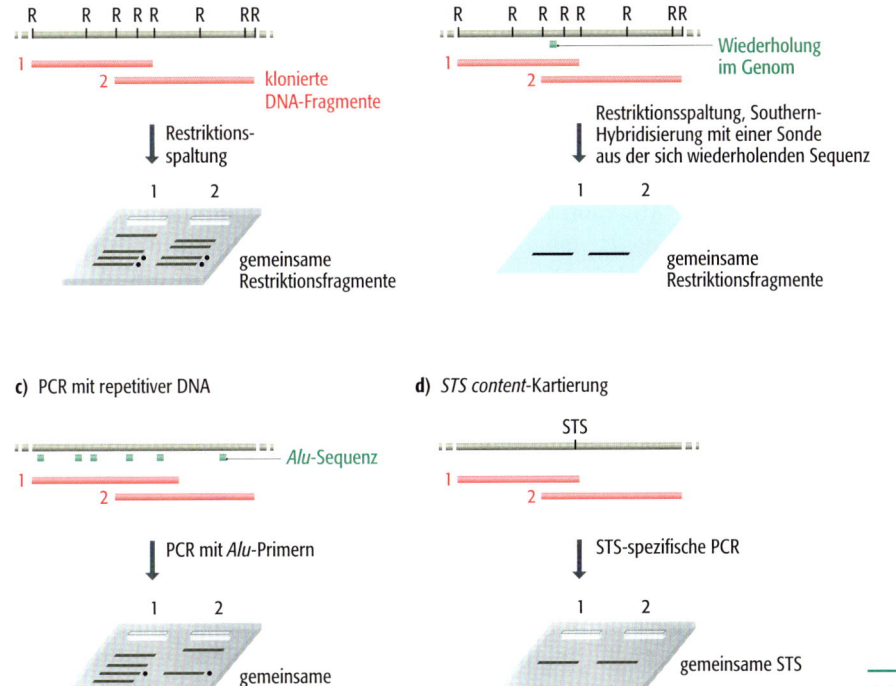

4.15   Vier Klon-Fingerprint-Methoden.

- **Fingerprints mit repetitiver DNA** werden erstellt, indem eine Gruppe von Restriktionsfragmenten mit Southern-Hybridisierung analysiert wird (Abschnitt 2.1.2), wobei man Sonden verwendet, die für einen oder mehrere Typen repetitiver Sequenzen spezifisch sind. Wie beim Restriktions-Fingerprint werden Überlappungen identifiziert, indem man zwei Klone sucht, die die gleichen Hybridisierungsbanden besitzen.

- **PCR mit repetitiver DNA** oder *interspersed repeat element*-**PCR** (**IRE-PCR**), nutzt Primer, die innerhalb von repetitiven Sequenzen binden und auf diese Weise die *single copy*-DNA zwischen den beiden benachbarten Wiederholungen amplifizieren. Da Wiederholungssequenzen nicht gleichmäßig über das Genom verteilt sind, können die Größen der Produkte, die man durch PCR mit repetitiver DNA erhält, für einen Vergleich mit anderen Klonen als Fingerprint verwendet werden, um Überlappungen zu identifizieren. Häufig werden bei menschlicher DNA als *Alu*-Elemente (Abschnitt 9.2.1) bezeichnete Wiederholungseinheiten eingesetzt, weil diese im Durchschnitt einmal alle 3 kb auftreten. Eine ***Alu*-PCR** eines menschlichen BAC-Insertionsfragments mit einer Länge von 150 kb würde ungefähr 50 PCR-Produkte verschiedener Größen und somit einen detaillierten Fingerprint ergeben.

- ***STS content*-Kartierung** ist besonders hilfreich, weil sie zu einem Klon-Contig führen kann, das über die STS-Positionen in einer physikalischen Karte verankert ist. Mit jedem Mitglied der Klonbibliothek werden PCRs durchgeführt, die auf einzelne STS-Marker (Abschnitt 3.3.3) abzielen. Vorausgesetzt, dass von einem STS nur eine einzige Kopie in einem Genom vorhanden ist, enthalten alle Klone überlappende Insertionsfragmente, die ein PCR-Produkt ergeben.

Genau wie bei der Chromosomenwanderung erfordert die effiziente Anwendung dieser Fingerprint-Methoden ein kombinatorisches Screening von Klonen in einem Raster, idealerweise mit computergestützter Analyse der resultierenden Daten.

## 4.2.3 Gesamtgenom-Shotgun-Sequenzierung

Die Gesamtgenom-Shotgun-Methode wurde zuerst von Craig Venter und Kollegen als Hilfsmittel vorgeschlagen, um den Zugang zu zusammenhängenden Sequenzdaten großer Genome wie dem des Menschen und anderer Eukaryoten zu beschleunigen. Die Erfahrungen mit dem konventionellen Shotgun-Sequenzieren (Abschnitt 4.2.1) hatten gezeigt, dass die entstehenden Sequenz-Contigs 99,8 % des Genoms abdecken, wenn die gesamte Länge der generierten Sequenz zwischen 6,5- und 8-mal größer ist, als die Länge des untersuchten Genoms. Einige wenige verbleibende Lücken können durch Methoden geschlossen werden, wie sie während des *Haemophilus influenzae*-Projekts entwickelt worden sind (Abb. 4.11). Das bedeutet, dass 70 Millionen einzelner Sequenzen, jede mit einer Länge von ungefähr 500 bp und dementsprechend insgesamt etwa 35 000 Mb, ausreichen würde, wenn man den Ansatz mit einem Säugergenom einer Größe zwischen 3 000 Mb und 3 500 Mb durchführte. 70 Millionen Sequenzen sind nicht unmöglich: Diese Aufgabe ist mit 60 automatisierten Sequenziergeräten, von denen jedes tagtäglich alle zwei Stunden 96 Sequenzen bestimmt, in drei Jahren zu bewältigen.

Könnten 70 Millionen Sequenzen korrekt zusammengesetzt werden? Die Antwort wäre sicherlich „Nein", wenn die konventionelle Shotgun-Methode bei einer größeren Zahl von Fragmenten ohne Bezug zu einer genomischen Karte eingesetzt würde. Den enormen Bedarf an Computerkapazität, den die Identifizierung der Überlappungen zwischen den Sequenzen erfordert, und die Fehler, oder im besten Fall Unsicherheiten, die durch den hohen Gehalt an repetitiver DNA in den meisten eukaryotischen Genomen entstehen (Abb. 3.2), würden die Bewältigung dieser Aufgabe unmöglich machen. Doch könnte es mit Bezug auf eine Karte möglich sein, die Minisequenzen korrekt zusammenzufügen.

## Wesentliche Eigenschaften der Gesamtgenom-Shotgun-Sequenzierung

Der zeitintensivste Teil eines Shotgun-Sequenzierungsprojekts ist die Phase, in der die einzelnen Sequenz-Contigs durch Schließen der Sequenzlücken und der physikalischen Lücken zusammengesetzt werden (Abb. 4.11). Um die Menge an nachträglich zu füllenden Lücken zu verringern, werden bei der Gesamtgenom-Shotgun-Methode mindestens zwei Klonbibliotheken verwendet, die mit unterschiedlichen Vektortypen hergestellt wurden. Es kommen mindestens zwei Bibliotheken zum Einsatz, weil abzusehen ist, dass bei jedem Klonierungsvektor einige Fragmente aus Gründen von Unverträglichkeiten nicht kloniert werden können, sodass die Vektoren diese Fragmente nicht enthalten und daher auch nicht vermehren. Verschiedene Vektortypen bereiten unterschiedliche Probleme, sodass Fragmente, die man in den einen Vektor nicht klonieren kann, trotzdem in einen zweiten Vektor kloniert werden können. Die Generierung von Sequenzen, ausgehend von Fragmenten, die in zwei unterschiedliche Vektoren kloniert wurden, kann daher die gesamte Abdeckung des Genoms verbessern.

Was ist mit den Problemen, die Wiederholungselemente für das Zusammensetzen der Sequenzen darstellen? Wir haben diesen Aspekt in Kapitel 3 als wichtigstes Argument gegen die Verwendung der Shotgun-Sequenzierung von eukaryotischen Genomen hervorgehoben, weil Sprünge zwischen Wiederholungseinheiten eventuell dazu führen, dass Teile des sich wiederholenden Bereichs ausgelassen werden oder zwischen zwei nicht zusammenhängenden Stücken desselben Chromosoms oder verschiedener Chromosomen eine Verbindung hergestellt wird (Abb. 3.2). Es wurden einige Lösungen für dieses Problem vorgeschlagen. Die erfolgreichste Strategie ist jedoch, zu gewährleisten, dass eine der Klonbibliotheken Fragmente enthält, die länger sind als die längste sich wiederholende Sequenz des untersuchten Genoms. Zum Beispiel enthielt eine der Plasmidbibliotheken, die bei der Anwendung dieser Methode auf das *Drosophila*-Genom zum Einsatz kamen, Insertionsfragmente mit einer durchschnittlichen Länge von 10 kb, weil die meisten der sich wiederholenden Sequenzen in *Drosophila* eine Länge von 8 kb oder weniger haben. Sequenzsprünge von einer repetitiven Sequenz zu einer anderen wurden verhindert, indem man sicherstellte, dass die beiden Endsequenzen jedes 10-kb-Insertionsfragments in der endgültigen Sequenz an den richtigen Positionen liegen (Abb. 4.16).

Das erste Ergebnis des Sequenzzusammenbaus ist eine Reihe von **Scaffolds** („Gerüsten") (Abb. 4.17a), wobei jedes Scaffold aus einer Gruppe von Sequenz-Contigs besteht. Die Contigs sind durch Sequenzlücken getrennt, die zwischen *paired-end reads* liegen – Minisequenzen von jedem Ende eines einzelnen klonierten Fragments. Diese Lücken können daher durch weitere Sequenzierung des Fragments leicht geschlossen werden (Abb. 4.17b). Die Scaffolds selbst sind durch physikalische Lücken voneinander getrennt, die schwieriger zu schlie-

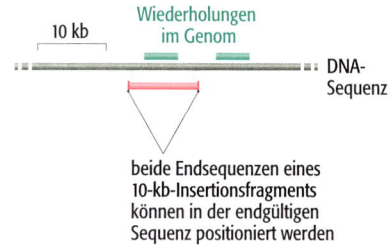

**a)** korrektes Zusammensetzen der Sequenz

beide Endsequenzen eines 10-kb-Insertionsfragments können in der endgültigen Sequenz positioniert werden

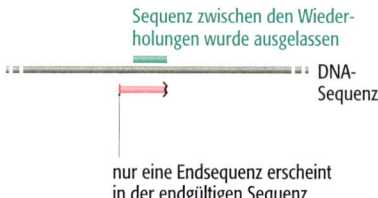

**b)** falsches Zusammensetzen der Sequenz

nur eine Endsequenz erscheint in der endgültigen Sequenz

**4.16    Fehlervermeidung bei Anwendung des Gesamtgenom-Shotgun-Ansatzes.** In Abbildung 3.2b sehen wir, wie leicht es geschieht, zwischen sich wiederholenden Sequenzen zu „springen", wenn die endgültige Sequenz durch die Shotgun-Methode zusammengesetzt wird. Das Ergebnis eines solchen Fehlers wäre, dass man alle Sequenzen verlieren würde, die zwischen zwei irrtümlich miteinander verknüpften repetitiven Sequenzen liegen. Diese Art von Fehlern wird durch die Gesamtgenom-Shotgun-Methode vermieden, bei der gewährleistet wird, dass die beiden Endsequenzen eines klonierten DNA-Fragments (mit einer ungefähren Länge von 10 kb) in der endgültigen Sequenz an ihrer erwarteten Position liegen. Fehlt eine dieser Endsequenzen, spricht dies für einen Fehler beim Zusammensetzen der endgültigen Sequenz.

**a)** Scaffolds

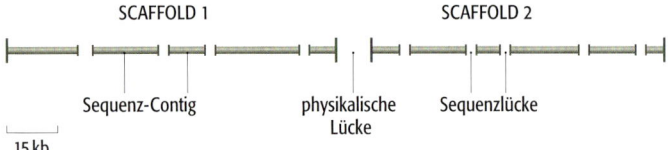

**b)** Schließen einer Sequenzlücke

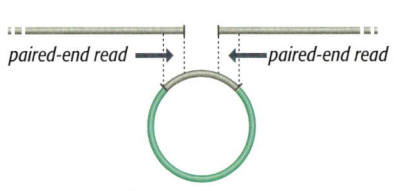

4.17　Das erste Ergebnis einer Sequenz-
zusammensetzung mit dem Gesamtgenom-Shotgun-Ansatz. a) Scaffolds stellen
Zwischenformen beim Zusammensetzen
von Sequenzen mit dem Gesamtgenom-
Shotgun-Ansatz dar. Es sind zwei Scaffolds
abgebildet. Jedes enthält eine Serie von
Sequenz-Contigs, getrennt durch Sequenzlücken, wobei die Scaffolds selber durch physikalische Lücken voneinander getrennt sind.
b) Die Sequenzlücken liegen zwischen *paired-end reads* – jeweils einem Paar von
Minisequenzen an den beiden Enden eines
einzelnen klonierten Fragments – und können daher durch weitere Sequenzierung
geschlossen werden.

ßen sind, weil es sich um nicht in der Klonbibliothek enthaltene Sequenzen
handelt. Der Markerinhalt eines jeden Scaffolds wird eingesetzt, um dessen
Position in der genomischen Karte zu bestimmen. Sind zum Beispiel die Positionen von STS-Markern in der genomischen Karte bekannt, dann kann die
Position eines Scaffolds ermittelt werden, indem man die in ihm enthaltenen
STS-Marker bestimmt. Besitzt das Scaffold STS-Marker von zwei nicht zusammenhängenden Bereichen des Genoms, ist beim Zusammensetzen der Sequenz
ein Fehler aufgetreten. Die Genauigkeit, mit der eine Sequenz zusammengesetzt wurde, kann auch über die Endsequenzen von Fragmenten mit einer
Länge von 100 kb oder mehr, die in einen Vektor mit hoher Kapazität kloniert
wurden, überprüft werden. Liegt ein Paar Endsequenzen innerhalb eines Scaffolds nicht an den erwarteten relativen Positionen zueinander, spricht dies
ebenfalls für einen Fehler beim Zusammensetzen.

Die Umsetzbarkeit der Gesamtgenom-Shotgun-Methode ließ sich mit ihrer
Anwendung auf die Taufliege und Humangenom zeigen. Doch bleiben immer
noch Fragen offen bezüglich der Richtigkeit von Genomsequenzen, die mit diesem Verfahren erstellt wurden. Vergleiche zwischen den zwei Versionen des
Humangenoms (Abschnitt 4.3) haben gezeigt, dass der mit der Gesamtgenom-
Shotgun-Methode erstellten Sequenz eine erhebliche Zahl von Segmenten fehlen, insgesamt 160 Mb. Verursacht wurde dieser Verlust durch repetitive DNA
und den damit verbundenen Schwierigkeiten. Die Fehler führten dazu, dass 36
Gene vollständig und weitere 67 zum Teil verloren gingen. Auch vermutete man,
dass die mit der Gesamtgenom-Shotgun-Methode erstellte Sequenz selbst in
korrekt zusammengesetzten Regionen nicht das gewünschte Maß an Genauigkeit haben würde. Ein Teil des Problems ist der willkürliche Charakter des Verfahrens, wie die Sequenzen erstellt werden, wodurch einige Bereiche des
Genoms durch etliche Minisequenzen abgedeckt werden, andere Bereiche
dagegen jedoch nur ein- oder zweimal vertreten sind (Abb. 4.18). Es wird allgemein anerkannt, dass jeder Teil eines Genoms mindestens viermal sequenziert werden sollte, um ein gewisses Maß an Genauigkeit zu gewährleisten, und
dass eine 8- bis 10-fache Sequenzierung notwendig ist, um eine Sequenz als
abgeschlossen erachten zu können. Eine Sequenz, die mit der Gesamtgenom-Shotgun-Methode erstellt worden ist, übertrifft diese Anforderungen
wahrscheinlich in vielen Regionen, unterschreitet sie jedoch in anderen. Bein-

4.18　Der willkürliche Charakter der Herstellung von Sequenzen mit dem
Gesamtgenom-Shotgun-Ansatz führt
dazu, dass einige Bereiche des Genoms
von mehr Minisequenzen abgedeckt werden als andere.

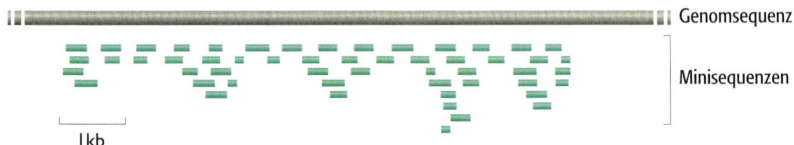

halten diese Bereiche Gene, dann kann eine fehlende Genauigkeit gravierende Probleme verursachen, wenn man versucht, diese Gene zu lokalisieren und ihre Funktion zu verstehen (Kapitel 5). Diese Schwierigkeiten wurden bei der Analyse einer *Drosophila*-Rohsequenz deutlich, die mit der Gesamtgenom-Shotgun-Methode erstellt worden ist. Die Untersuchung ergab, dass nicht weniger als 6 500 von den 13 600 Genen erhebliche Sequenzfehler enthielten.

# 4.3 Die Humangenomprojekte

Zum Abschluss unserer Beschäftigung mit der Kartierung und Sequenzierung von DNA werden wir uns ansehen, wie diese Verfahren auf das Humangenom angewendet worden sind. Obwohl jedes Genomprojekt mit seinen eigenen Herausforderungen und deren individuellen Lösungen anders ist, werfen die Humangenomprojekte doch die allgemeinen Fragen auf, die vor der Sequenzierung eines großen eukaryotischen Genoms geklärt werden müssen; und in vieler Hinsicht veranschaulichen sie die Methoden, die auf dem Gebiet der Molekularbiologie als aktueller Stand der Technik erachtet werden.

## 4.3.1 Die Kartierungsphase des Humangenomprojekts

Bis zum Beginn der 1980er-Jahre galt eine detaillierte Karte des menschlichen Genoms als unerreichbares Ziel. Obwohl umfangreiche genetische Karten für die Taufliege und einige wenige andere Organismen erstellt worden waren, riefen die Probleme bei der Analyse menschlicher Stammbäume (Abschnitt 3.2.4) und der relative Mangel an polymorphen genetischen Markern bei vielen Genetikern Zweifel daran hervor, dass man jemals eine genetische Karte des Menschen würde erstellen können. Der erste Anstoß für die genetische Kartierung des menschlichen Genoms kam mit der Entdeckung der RFLPs, der ersten hoch polymorphen DNA-Marker, die in tierischen Genomen entdeckt worden sind. Im Jahr 1987 wurde die erste menschliche RFLP-Karte veröffentlicht, bestehend aus 393 RFLPs und zehn zusätzlichen polymorphen Markern. Diese Karte, die man aus der Analyse von 21 Familien entwickelte, hatte eine durchschnittliche Markerdichte von einem Marker pro 10 Mb.

In den späten 1980er-Jahren wurde das Humangenomprojekt als eine unverbindliche, aber dennoch organisierte Zusammenarbeit zwischen Genetikern aus allen Teilen der Erde ins Leben gerufen. Eines der Ziele, die sich das Projekt selber setzte, war eine genetische Karte mit einer Dichte von einem Marker pro 1 Mb, obwohl man glaubte, dass ein Marker pro 2–5 Mb die realistischere Grenze sein würde. Im Jahr 1994 kam jedoch ein internationales Konsortium zusammen, das dank der Verwendung von SSLPs und der großen CEPH-Sammlung von Referenzfamilien (Abschnitt 3.2.4) dieses Ziel tatsächlich überschreiten konnte. Die Karte von 1994 enthielt 5 800 Marker, von denen 4 000 SSLPs waren, und sie hatte eine Dichte von einem Marker pro 0,7 Mb. In einer nachfolgenden Version ließ sich diese Karte noch etwas verbessern, indem zusätzlich 1 250 SSLPs aufgenommen wurden.

Die physikalische Kartierung lag nicht weit zurück. In den frühen 1990er-Jahren wurden erhebliche Anstrengungen unternommen, um Klon-Contig-Karten durch STS-Screening (Abschnitt 3.3.3) und andere Klon-Fingerprint-Methoden (Abschnitt 4.2.2) herzustellen. Die bedeutendste Errungenschaft dieser Phase der physikalischen Kartierung war die Veröffentlichung einer Klon-Contig-Karte

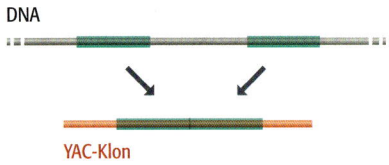

4.19  Einige YAC-Klone enthalten DNA-Segmente aus unterschiedlichen Bereichen des menschlichen Genoms.

des gesamten Genoms, die aus 33 000 YACs bestand, welche einzelne Fragmente mit einer durchschnittlichen Größe von 0,9 Mb enthielten. Als man allerdings erkannte, dass YACs zwei oder mehrere Stücke nicht zusammenhängender DNA enthalten können (Abb. 4.19), kamen Zweifel am Wert einer YAC-Contig-Karte auf. Die Verwendung dieser chimären Klone für die Konstruktion einer Contig-Karte kann dazu führen, dass im Genom weit voneinander entfernt liegende DNA-Segmente irrtümlicherweise an benachbarten Positionen kartiert werden. Diese Probleme führten zum Einsatz der Bestrahlungshybridkartierung von STS-Markern (Abschnitt 3.3.3), in erster Linie durch das Whitehead Institute / MIT Genome Center in Massachusetts, die im Jahr 1995 mit der Veröffentlichung einer STS-Karte des Menschen mit 15 086 Markern und einer durchschnittlichen Dichte von einem Marker pro 199 kb ihren Höhepunkt hatte. Diese Karte wurde später mit zusätzlichen 20 104 STS-Markern ergänzt, von denen die meisten ESTs waren und daher proteincodierende Gene in der physikalischen Karte positionierten. Die Kartendichte erreichte die Vorgabe von einem Marker pro 100 kb in einer physikalischen Karte, wie sie zu Beginn des Humangenomprojektes als Ziel formuliert worden war.

Die kombinierten STS-Karten enthielten Positionen von nahezu 7 000 polymorphen SSLPs, die durch genetische Verfahren ebenfalls auf dem Genom kartiert worden waren. Daher konnte man physikalische und genetische Karten direkt miteinander vergleichen und Klon-Contig-Karten, die STS-Daten enthielten, auf beiden Karten verankern. Das Endergebnis war eine umfangreiche integrierte Karte, die sich als Gerüst für die DNA-Sequenzierungsphase des Humangenomprojektes einsetzen ließ.

## 4.3.2 Die Sequenzierung des menschlichen Genoms

Das ursprüngliche Konzept war, dass die Sequenzierungsphase des Humangenomprojekts auf YAC-Bibliotheken beruhen sollte, weil dieser Vektortyp längere DNA-Fragmente als jedes andere Klonierungssystem bewältigen kann. Diese Strategie musste aufgegeben werden, als man entdeckte, dass manche YAC-Fragmente nichtzusammenhängende DNA-Fragmente enthielten. Das Projekt konzentrierte sich von diesem Zeitpunkt an auf BACs (Abschnitt 2.2.1). Eine Bibliothek mit 300 000 BAC-Klonen wurde erstellt und diese Klone in dem Genom kartiert. Es entstand eine so genannte *„sequence ready"*-Karte, die in der Sequenzierungsphase des Projekts, während der das Insertionsfragment eines jeden BACs vollständig mit der Shotgun-Methode sequenziert wurde, als Fundament dienen konnte.

Ungefähr zu der Zeit, als man sich im Humangenomprojekt auf die Phase der Sequenzen vorbereitete, wurde die Gesamtgenom-Shotgun-Methode erstmals als Alternative zur arbeitsintensiveren Klon-Contig-Methode, von der man bisher ausgegangen war, vorgeschlagen. Die Aussicht, dass das Humangenomprojekt nicht die erste Humangenomsequenz liefern würde, spornte die Organisatoren des Projekts an, die geplanten Termine für den Abschluss eines Sequenzentwurfs vorzuverlegen. Ein solcher erster Sequenzentwurf eines menschlichen Chromosoms (Nummer 22) wurde im Dezember 1999 veröffentlicht, der Entwurf von Chromosom 21 erschien zwei Monate später. Im Jahr 2000 verkündeten Francis Collins und Craig Venter, die zwei Leiter der beiden Projekte, in Begleitung des Präsidenten der Vereinigten Staaten von Amerika schließlich gemeinsam den Abschluss ihrer Sequenzentwürfe, die acht Monate später in gedruckter Form erschienen.

Man muss sich vor Augen führen, dass die beiden im Jahr 2001 veröffentlichten Genomsequenzen Entwürfe waren und keine vollständigen und fertig gestellten Sequenzen. So deckte zum Beispiel die Version, die man mit der Klon-Contig-Methode erhalten hatte, nur 90 % des Genom ab, wobei die fehlenden 320 Mb hauptsächlich im **konstitutiven Heterochromatin** lagen – also Regionen der Chromosomen, in denen die DNA sehr dicht gepackt vorliegt und die, wenn überhaupt, nur wenige Gene enthalten. Von den abgedeckten 90 % des Genoms ist jeder Bereich viermal sequenziert worden, wodurch ein akzeptables Maß an Genauigkeit erreicht wurde, und nur 25 % wurden acht bis zehnmal sequenziert, wie es erforderlich ist, damit die Arbeit als „fertig gestellt" (*„finished"*) betrachtet werden kann. Außerdem hatten die Entwurfssequenzen nahezu 150 000 Lücken, und man erkannte, dass einige Segmente wahrscheinlich nicht korrekt angeordnet worden waren. Das International Human Genome Sequencing Consortium, das die Endphase des Projektes organisierte, setzte sich eine **fertig gestellte Sequenz** aus mindestens 95 % des **Euchromatins** – dem Teil des Genoms, in dem die meisten Gene lokalisiert sind – zum Ziel, mit einer Fehlerrate von weniger als einem unter $10^4$ Nucleotiden und mit geschlossenen Lücken, mit Ausnahme der hartnäckigsten. Um dieses Ziel zu erreichen, mussten weitere 46 000 BAC-, PAC-, YAC-, Fosmid- und Cosmid-Klone sequenziert werden. Die ersten fertig gestellten Chromosomensequenzen erschienen im Jahr 2004 und ein Jahr später wurde die gesamte Genomsequenz als vollständig erachtet. Diese Sequenz hat eine Gesamtlänge von 2 850 Mb. Ihr fehlen nur 28 Mb des Euchromatins, das sich auf 308 Lücken verteilt, die sich bis jetzt allen Sequenzierungsversuchen widersetzen.

### 4.3.3 Die Zukunft des Humangenomprojekts

Die Vervollständigung einer fertig gestellten Sequenz ist nicht das einzige Ziel der Konsortien, die an dem Humangenom arbeiten. Eine Genomsequenz zu verstehen ist eine große Aufgabe, die viele Gruppen in der ganzen Welt beschäftigt und wofür man verschiedene Techniken und Herangehensweisen nutzt, die in den kommenden beiden Kapiteln beschrieben werden. Wichtig sind insbesondere die Methoden der **vergleichenden Genomik**. Bei ihr werden zwei vollständige Genomsequenzen miteinander verglichen, um gemeinsame Eigenschaften zu erkennen, die aufgrund ihrer Konservierung vermutlich eine Bedeutung haben (Abschnitt 5.1.1). Beim Humangenom hat die vergleichende Genomik den zusätzlichen Nutzen, dass mit ihrer Hilfe die tierischen Formen menschlicher Krankheitsgene lokalisiert werden können. Auf diese Weise sollen Tier-Gene als Modelle für Gegebenheiten beim Menschen eingesetzt und der Weg für Untersuchungen der genetischen Grundlagen dieser Krankheiten geebnet werden. Entwürfe des Maus- und des Rattengenoms wurden im Jahr 2002 veröffentlicht und der Entwurf des Schimpansengenoms folgte im Jahr 2005. Außerdem wird es zusätzliche Humangenomprojekte geben, die Sequenzvariabilitäten in verschiedenen Populationen untersuchen sollen, wobei aus den Ergebnissen möglicherweise die Ursprünge dieser Populationen abgeleitet werden können (Abschnitt 19.3.2).

Diese Projekte über die menschliche Diversität lenken uns zu den kontroversen Ansichten über die Genomsequenzierung. Die meisten Wissenschaftler rechnen damit, dass die Sequenzdaten von verschiedenen Populationen die Einheit der menschlichen Rasse unterstreichen werden, da die Muster der genetischen Variabilität nicht die geographischen und politischen Gruppierungen widerspiegeln, welche die Menschen in den vergangenen Jahrhunderten eingenommen haben. Doch werden die Ergebnisse dieser Projekte sicherlich Diskussionen in nichtwissenschaftlichen Kreisen anregen. Zusätzliche kontroverse Diskussionen konzentrieren sich auf die Frage, wer, wenn überhaupt jemand, die Rechte an den Sequenzen der menschlichen DNA besitzt. Für viele ist die Bezeichnung des Eigentums von DNA-Sequenzen etwas merkwürdig, doch kann man mit den Informationen, die im menschlichen Genom enthalten sind, viel Geld verdienen, zum Beispiel, indem Gensequenzen für die Entwicklung neuer Medikamente und Therapien gegen Krebs und andere Krankheiten eingesetzt werden. Die an der Genomsequenzierung beteiligte pharmazeutische Industrie hat selbstverständlich ein großes Interesse daran, ihre Investitionen zu schützen, wie sie es bei jedem anderen Forschungsvorhaben auch tun würde, und zur Zeit führt der einzige Weg, dieses zu tun, über die Patentierung der von ihr entdeckten DNA-Sequenzen. Unglücklicherweise wurden in der Vergangenheit bei den finanziellen Angelegenheiten bezüglich der Forschung mit biologischem Material des Menschen Fehler gemacht und die Person, die das Material zur Verfügung gestellt hat, wurde nicht am Gewinn beteiligt. Diese Probleme müssen immer noch gelöst werden.

Die öffentliche Nutzung der Humangenomsequenzen ist noch umstrittener. Eine große Sorge ist, dass, wenn man die Sequenz erst einmal verstanden hat, einzelne Individuen, deren Sequenzen aus irgendwelchen Gründen als „unter dem Standard" erachtet werden, diskriminiert werden. Die Gefahren reichen dabei von höheren Versicherungsbeiträgen einzelner, deren Sequenzen Mutationen enthalten, wodurch sie für eine genetisch bedingte Erkrankung veranlagt sind, bis zu der Möglichkeit, dass Rassisten versuchen könnten, „gute" und „schlechte" genetische Eigenschaften zu definieren, mit bedrückend vorhersehbaren Auswirkungen für den Einzelnen, der unglücklicherweise in die Kategorie „schlecht" fällt.

Besonders in den Vereinigten Staaten unterstützen die beiden Humangenomprojekte Forschung und Diskussion von ethischen, rechtlichen und sozialen Fragen, die durch die Genomsequenzierung aufgeworfen werden. Insbesondere wird dafür Sorge getragen, dass die aus einem Projekt resultierende Genomsequenz nicht auf ein einzelnes Individuum zurückzuführen ist. Die klonierte und sequenzierte DNA stammt ausschließlich von Individuen, die ihr Einverständnis für die Verwendung ihres Materials für diese Zwecke gegeben haben und deren Anonymität garantiert wird. Als entsprechende Richtlinien erstmals verabschiedet wurden, war eine gewisse Neuordnung der wissenschaftlichen Vorarbeiten notwendig, da ältere Klonbibliotheken vernichtet und bestehende physikalische Karten mit dem neuen Material überprüft werden mussten. Man akzeptierte, dass diese zusätzliche Arbeit notwendig war, um das öffentliche Vertrauen in diese Projekte zu erhalten und zu stärken.

# Zusammenfassung

Verfahren für das rasche Sequenzieren von DNA wurden zuerst in den 1970er-Jahren entwickelt. Die heutzutage am häufigsten angewendete Technik ist das Kettenabbruchverfahren, das weite Verbreitung fand, weil es leicht zu automatisieren ist und dadurch eine große Zahl einzelner Experimente innerhalb einer kurzen Zeit durchgeführt werden können. Dies ist ein wichtiger Aspekt, da ein einziges Experiment nur eine Sequenz von 750 bp oder weniger ergibt, sodass für die Ermittlung der Sequenz eines ganzen Genoms Tausende wenn nicht sogar Millionen einzelner Versuche durchgeführt werden müssen. Andere Methoden für die Sequenzierung von DNA, wie die Methode des chemischen Abbaus und die Pyrosequenzierung, kommen in speziellen Fällen zum Einsatz. Die schwierigste Aufgabe bei der Sequenzierung eines Genoms ist, die Minisequenzen, die man aus der Vielzahl der Sequenzierversuche erhält, in der korrekten Reihenfolge zusammenzusetzen. Bei bakteriellen Genomen werden die Sequenzen mit der Shotgun-Methode aneinandergehängt, bei der nach Überlappungen zwischen den einzelnen Sequenzen gesucht wird. Dieser Ansatz, der keine Kenntnis des Genoms erfordert, wurde zuerst im Jahr 1995 auf das 1 830 kb lange Genom von *Haemophilus influenzae* angewendet und anschließend für die Sequenzierung bakterieller Genome zur Standardmethode. Die Anwesenheit von sich wiederholenden DNA-Sequenzen macht es schwierig, das Verfahren auf größere eukaryotische Genome anzuwenden, denn die Wiederholungen können dazu führen, dass Segmente des Genoms nicht korrekt zusammengesetzt werden. Der Klon-Contig-Ansatz umgeht diese Probleme, indem man mithilfe eines Vektors mit hoher Aufnahmekapazität, wie etwa einem BAC, Klone mit überlappenden Fragmenten identifiziert, die bereits in einer physikalischen und/oder genetischen Karte des untersuchten Organismus verankert wurden. Kurze Klon-Contigs werden durch eine Chromosomenwanderung erstellt, doch längere Contigs, wie sie bei Sequenzierungsprojekten Verwendung finden, setzt man in der Regel mit verschiedenen Klon-Fingerprint-Techniken zusammen. Die in den einzelnen Klonen vorhandenen Fragmente werden anschließend mit der Shotgun-Methode sequenziert. Dies ist auch der Ansatz, der ursprünglich für das offizielle Humangenomprojekt gewählt worden war, doch als sich das Projekt dem Ende der Sequenzierungsphase näherte, zeigten Craig Venter und seine Kollegen, dass das menschliche Genom und andere große Genome mit der Gesamtgenom-Shotgun-Methode schneller sequenziert werden können. Dieses Verfahren verfolgt denselben Ansatz wie die Standard-Shotgun-Methode, doch es umfasst mehrere Sicherheitsvorkehrungen, wie die starke Orientierung an einer physikalischen Karte, die gewährleisten sollen, dass an repetitive DNA-Regionen grenzende Sequenzen korrekt zusammengesetzt werden. Ein Vergleich von zwei Rohsequenzen des menschlichen Genoms legte nahe, dass die Klon-Contig-Methode zwar genauere Sequenzen liefert, die Gesamtgenom-Shotgun-Methode aufgrund ihrer Schnelligkeit für die Herstellung einer ersten Rohsequenz eines Genoms jedoch überlegen ist. Die Humangenomprojekte sind nun in der Phase, in der die fertig gestellten Chromosomensequenzen, die mindestens 95 % des Euchromatins jedes Chromosom mit einer Fehlerrate von nicht mehr als einem auf $10^4$ Nucleotide abdecken, veröffentlicht wurden. Die ethischen, rechtlichen und sozialen Fragen, die durch die Vervollständigung der Humansequenz aufgeworfen wurden, betreffen Eigentums- und Patentrechte und eine mögliche genetische Diskriminierung.

# Multiple-Choice-Fragen

**4.1*** Was würde passieren, wenn die Konzentration von Didesoxynucleotiden bei einer Kettenabbruchsequenzierreaktion zu hoch wäre?

a. Die Reaktion führte zu sehr langen Molekülen und es gäbe nur wenige Sequenzdaten aus der Nähe des Primers

b. Die Reaktion würde sehr viele kurze Moleküle hervorbringen

c. Die Reaktionen liefen nicht ab, da die hohen Konzentrationen von Didesoxynucleotiden die DNA-Polymerase hemmen würden

d. Die Fluoreszenz der Sequenzierungsprodukte wäre zu stark und daher schwierig zu lesen

**4.2** Wie sind die verschiedenen Nucleotide (A, C, G oder T) bei der Kettenabbruchsequenzierreaktion markiert?

a. Die Primer der Reaktionen sind mit Fluoreszenzfarbstoffen markiert

b. Von den unterschiedlichen Desoxynucleotiden ist jedes mit einem anderen Fluoreszenzfarbstoff markiert

c. Von den unterschiedlichen Didesoxynucleotiden ist jedes mit einem anderen Fluoreszenzfarbstoff markiert

d. Die unterschiedlichen Sequenzierungsprodukte werden mit Antikörpern gefärbt, die die verschiedenen Didesoxynucleotide erkennen

**4.3*** Warum ist es vorteilhaft, ein DNA-Fragment zu klonieren, bevor es mit der Kettenabbruchmethode sequenziert wird?

a. Die Kettenabbruchsequenzierung erfordert einzelsträngige DNA-Moleküle als Matrize

b. Die Kettenabbruchsequenzierung erfordert doppelsträngige DNA-Moleküle als Matrize

c. Die Kettenabbruchsequenzierung erfordert einen Vektor zur Stabilisierung der Matrizen-DNA

d. Die Didesoxynucleotide werden nur in klonierte DNA-Fragmente eingebaut

**4.4** Warum ist das Klenow-Enzym eine schlechte Wahl für Kettenabbruchsequenzierreaktionen?

a. Das Enzym hat eine hohe 5'→3'-Exonucleaseaktivität und verändert die Länge der Produkte

b. Das Enzym hat eine hohe 3'→5'-Exonucleaseaktivität und entfernt die 3'-Didesoxynucleotide von den Produkten

c. Das Enzym baut keine Didesoxynucleotide in die Matrizenkette ein

d. Das Enzym hat eine geringe Prozessivität, wodurch die Länge der erhaltenen Sequenzen begrenzt wird

**4.5*** Welches der folgenden Probleme taucht bei der Kettenabbruchsequenzierung auf?

a. Die Sequenzen sind weniger als 100 bp lang

b. Die Sequenzen enthalten häufig Fehler

c. Basenpaarungen innerhalb des Stranges blockieren die DNA-Polymerase und können auch die Wanderung der Moleküle während der Gelelektrophorese beeinflussen

d. Es ist nicht möglich, beide Stränge des DNA-Moleküls zu synthetisieren

**4.6** Warum wird bei der Pyrosequenzierung eine Nucleotidase eingesetzt?

a. Sie wandelt das Pyrophosphat in ein Produkt um, das Licht abstrahlt

b. Sie baut das DNA-Molekül ab und setzt die Nucleotide frei, die dann über Chemilumineszenz nachgewiesen werden

c. Sie stabilisiert die kurzen DNA-Produkte, die durch dieses Verfahren entstehen

d. Sie baut nichteingebaute Nucleotide im Reaktionsansatz ab

**4.7*** Viele Wissenschaftler glaubten, dass die Shotgun-Sequenzierung sogar mit kleinen Genomen nicht funktionieren würde, weil:

a. zwischen den verschiedenen Minisequenzen keine Überlappungen auftreten würden

b. Computer die große Menge der in einem Shotgun-Sequenzierungsprojekt generierten Daten nicht bewältigen würden

c. kleine prokaryotische Genome große Mengen an repetitiver DNA enthalten

d. kein Verfahren existierte, mit dem genomische DNA in willkürliche Fragmente zerteilt werden konnte

**4.8** Weshalb ist die Klon-Contig-Methode für die Sequenzierung eukaryotischer Genome hilfreich?

a. Die Genome sind einfach zu groß, um mit der Shotgun-Methode sequenziert werden zu können

b. Die repetitiven Sequenzen eukaryotischer Genome würden den Zusammenbau der nur durch die Shotgun-Methode erhaltenen Contigs zu einer schwierigen und fehleranfälligen Aufgabe machen

c. Es wären einfach zu viele rekombinante Plasmide, die man bei der Shotgun-Methode isolieren müsste

d. Die Klon-Contig-Methode erleichtert es den Forschern, Gene zu identifizieren

**4.9*** Die Chromosomenwanderung wird am besten beschrieben durch:

a. Abgleich von DNA-Sequenzen durch einen Computer, um Contigs herzustellen

b. schrittweise Herstellung einer Karte entlang eines Chromosoms

c. Identifizierung von Klonen mit überlappenden Insertionsfragmenten für die Herstellung einer Klonbibliothek, die ein bestimmtes DNA-Segment abdeckt

d. Sequenzieren eines Genoms, ein Klon nach dem anderen, um sicherzustellen, dass am Ende des Projekts keine Lücken vorhanden sind

**4.10** Welcher der folgenden Vorgänge beschreibt das positionelle Klonieren?

a. Wandern entlang eines Chromosoms von einem Marker zu einem nahe gelegenen Gen

b. Zusammensetzen von Klon-Contigs zu einem vollständigen Genom

c. Identifizieren von Genen einer genomischen Sequenz

d. Fingerprint eines Chromosoms oder DNA-Fragments, um eine Karte für die Sequenzierung zu erstellen

**4.11*** Welche Methoden wenden Forscher in der Regel an, um sicherzustellen, dass nur eine kleine Zahl von Sequenzlücken und physikalischen Lücken in der Rohsequenz eines Genoms vorhanden sind?

a. Die Gesamtzahl an sequenzierten Nucleotiden entspricht der Größe des Genoms

b. Das komplette Genom wird durch eine Chromosomenwanderung kloniert, um eine vollständige Abdeckung zu erreichen

c. Es ist nicht notwendig, die Zahl der Lücken zu minimieren, da sie nach der ersten Sequenzierungsphase leicht geschlossen werden können

d. Es werden mindestens zwei Klonbibliotheken mit zwei unterschiedlichen Vektoren hergestellt und sequenziert

**4.12** Welches ist der schwierigste und zeitintensivste Teil eines Shotgun-Sequenzierungsprojektes?

a. Das Erstellen der Klonbibliotheken

b. Die Sequenzierung der Klonbibliotheken

c. Das Erstellen der Contigs aus den DNA-Sequenzen

d. Das Schließen der Sequenzlücken oder der physikalischen Lücken zwischen den sequenzierten Contigs

**4.13*** Welche der folgenden Methoden lieferte in der Mitte der 1990er-Jahre die beste Karte des menschlichen Genoms?

a. Genetische Kartierung von RFLPs

b. Genetische Kartierung von SSLPs

c. Physikalische Kartierung von STS-Markern

d. Physikalische Kartierung durch FISH

**4.14** Warum wurden künstliche Chromosomen der Hefe (YACs) nicht in der Sequenzierungsphase des Humangenomprojektes eingesetzt?

a. Man hatte entdeckt, dass einige YACs klonierte DNA-Fragmente aus verschiedenen Bereichen des Genoms enthalten

b. Die YAC-Insertionsfragmente waren zu groß, um eine handliche Klonbibliothek für die Sequenzierung zu liefern

c. Es wurde genomische DNA von Hefe gefunden, die in den YACs mit der menschlichen DNA rekombiniert hatte

d. Man entdeckte, dass YACs mit der Zeit große Segmente eingebauter DNA verlieren

**4.15*** Welche der folgenden Aussagen über die Vervollständigung der menschlichen Genomsequenz im Jahr 2000 ist *falsch*?

a. Nur 90 % des Genoms waren zu dieser Zeit sequenziert

b. Die genomischen Sequenzen, die im Jahr 2000 erstellt wurden, waren Entwurfsversionen

c. Die gesamte euchromatische Sequenz war fertig gestellt

d. Eine erhebliche Menge an konstitutivem Heterochromatin war nicht sequenziert

## Fragen mit kurzen Antworten    *Antworten auf die Fragen mit den ungeraden Zahlen finden Sie im Anhang

**4.1*** Welches ist die Funktion der Didesoxynucleotide in einer Kettenabbruchsequenzierungsreaktion?

**4.2** Wie werden die verschiedenen Produkte der Kettenabbruchsequenzierung während der Elektrophorese nachgewiesen?

**4.3*** Wäre es möglich, ein PCR-Produkt direkt (ohne Klonierung) zu sequenzieren? Wie würde das bewerkstelligt?

**4.4** Welche drei Eigenschaften sollten die für die DNA-Sequenzierung verwendeten DNA-Polymerasen besitzen?

**4.5*** Welche Vorteile hat die automatische Sequenzierung mit der Kettenabbruchmethode?

**4.6** Welches sind die Anwendungen und die Grenzen der Pyrosequenzierung?

**4.7*** Warum erfordert es die Shotgun-Sequenzierungsmethode, dass die Zahl der sequenzierten Nucleotide mehrfach höher ist als die Größe des Genoms?

**4.8** Erklären Sie die Klon-Contig-Methode der Genomsequenzierung.

**4.9*** Welche Methoden können angewendet werden, um mit Klonen eines großen zu sequenzierenden DNA-Fragments einen DNA-Fingerprint durchzuführen.

**4.10** Wie werden Scaffolds beim Zusammensetzen genomischer Sequenzen eingesetzt?

**4.11*** Welche Fehler entstehen bei der Shotgun-Sequenzierung komplexer eukaryotischer Genome?

**4.12** Welchen Nutzen hat ein Vergleich der Genome von Mäusen, Ratten und Schimpansen mit dem Humangenom?

## Vertiefende Aufgaben    *Hinweise zur Beantwortung der Fragen mit den ungeraden Zahlen finden Sie im Anhang

**4.1*** In den späten 1970er-Jahren schienen die Kettenabbruchmethode und das Verfahren des chemischen Abbaus für die Sequenzierung von DNA gleichermaßen wirkungsvoll. Heutzutage wird jedoch offenbar die gesamte Sequenzierung mit der Kettenabbruchmethode durchgeführt. Warum überwiegt nun die Kettenabbruchsequenzierung?

**4.2** Sie haben eine neue Bakterienart isoliert, deren Genom aus einem einzigen DNA-Molekül mit einer Länge von 2,6 Mb besteht. Erstellen Sie einen detaillierten Projektplan für die Ermittlung der Genomsequenz dieses Bakteriums.

**4.3*** Bewerten Sie den Klon-Contig-Ansatz als Mittel zur Sequenzierung einer großen eukaryotischen Sequenz kritisch.

**4.4** Erörtern Sie, wie das Humangenomprojekt von dem Zeitpunkt an voranschritt, an dem die Forscher erstmals den Einsatz einer genomischen Karte in Erwägung zogen, um die Sequenz zu vervollständigen. Durch welche entscheidenden Fortschritte konnten die Forscher eine detaillierte Karte des Genoms erstellen und dann die Sequenz vervollständigen?

**4.5*** Ein Pharmakonzern hat viel Zeit und Geld in die Isolierung des Gens für eine genetisch bedingte Krankheit investiert. Die Firma untersucht das Gen und sein Proteinprodukt und arbeitet an der Entwicklung von Medikamenten für die Behandlung der Krankheit. Hat dieses Unternehmen ihrer Ansicht nach das Recht, dieses Gen zu patentieren? Begründen Sie Ihre Antwort.

# Aufgaben zu Abbildungen

*Antworten auf die Fragen mit den ungeraden Zahlen finden Sie im Anhang

**4.1\*** Welche Vorteile bietet die Verwendung eines universellen oder eines internen Primers bei Sequenzierungsprojekten?

**4.2** Die Methode der *thermal cycle*-Sequenzierung ist bei der DNA-Sequenzierung weit verbreitet. Welche Vorteile hat dieses Verfahren?

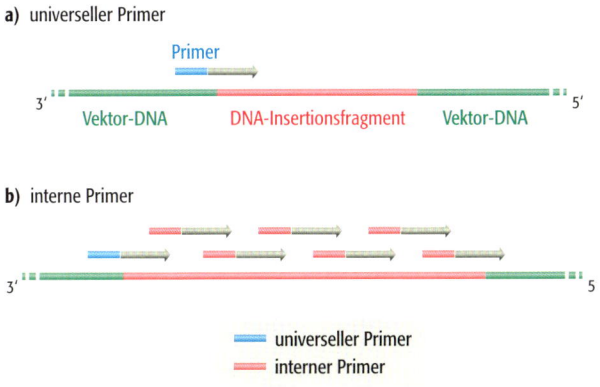

**a)** universeller Primer

**b)** interne Primer

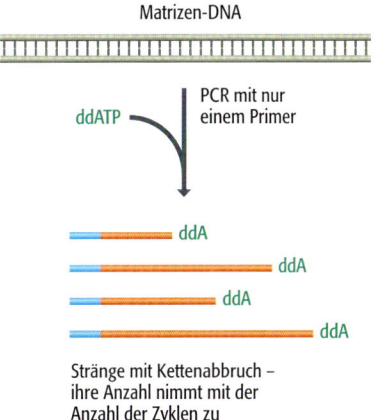

**4.3\*** Um welche Art von Sequenzierungsreaktion handelt es sich und was ist ihr Vorteil?

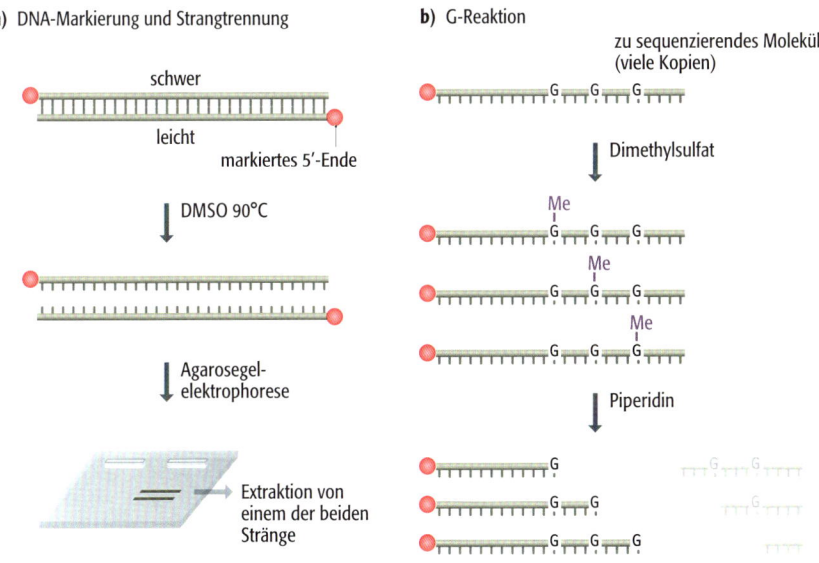

**a)** DNA-Markierung und Strangtrennung

**b)** G-Reaktion

**c)** Ablesen der Sequenz von der Autoradiographie

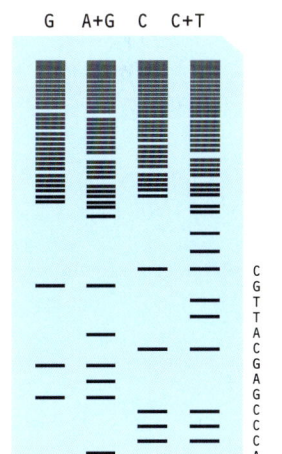

**4.4** Erörtern Sie, wie die unterschiedlichen hier abgebildeten Methoden eingesetzt werden können, um den Fingerprint eines Klons zu erstellen.

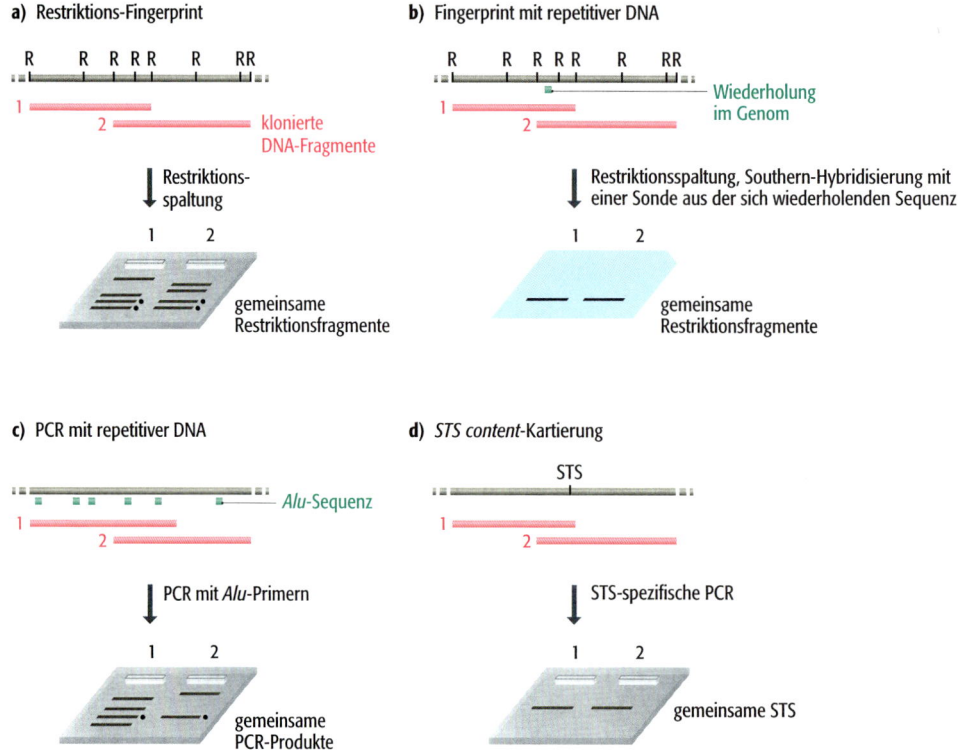

**a)** Restriktions-Fingerprint

klonierte DNA-Fragmente

Restriktions-spaltung

gemeinsame Restriktionsfragmente

**b)** Fingerprint mit repetitiver DNA

Wiederholung im Genom

Restriktionsspaltung, Southern-Hybridisierung mit einer Sonde aus der sich wiederholenden Sequenz

gemeinsame Restriktionsfragmente

**c)** PCR mit repetitiver DNA

*Alu*-Sequenz

PCR mit *Alu*-Primern

gemeinsame PCR-Produkte

**d)** *STS content*-Kartierung

STS

STS-spezifische PCR

gemeinsame STS

# Weiterführende Literatur

### Methoden der DNA-Sequenzierung

Brown TA (Hrsg) (2000) Essential Molecular Biology: A Practical Approach. 2. Aufl. Bd. 1 und 2. Oxford University Press, Oxford [Enthält ausführliche Protokolle für die Sequenzierung von DNA]

Maxam AM, Gilbert W (1977) A new method for sequencing DNA. *Proc Natl Acad Sci USA* 74: 560–564 [die Methode des chemischen Abbaus]

Prober JM, Trainor GL, Dam RJ, Hobbs FW, Robertson CW, Zagursky RJ, Cocuzza AJ, Jensen MA, Baumeister K (1987) A system for rapid DNA sequencing with fluorescent chain-terminating dideoxynucleotides. *Science* 238: 336–341 [die Methode des Kettenabbruchs, wie sie heute verwendet wird]

Rogers Y-H, Venter JC (2005) Massively parallel sequencing. *Nature* 437: 326–327 [beschreibt, wie über eine Million Sequenzierungsreaktionen gleichzeitig durchgeführt werden können]

Ronaghi M, Ehleen M, Nyrn P (1998) A sequencing method based on real-time pyrophosphate. *Science* 281: 363–365 [Pyrosequenzierung]

Sanger F, Nicklen S, Coulson AR (1977) DNA sequencing with chain terminating inhibitors. *Proc Natl Acad Sci USA* 74: 5463–5467 [die erste Beschreibung einer Kettenabbruchsequenzierung]

Sears LE, Moran LS, Kisinger C, Creasey T, Perry-O'Keefe H, Roskey M, Sutherland E, Slatko BE (1992) CircumVent thermal cycle sequencing and alternative manual and automated DNA sequencing protocols using the highly thermostable Vent (exo⁻) DNA polymerase. *Biotechniques* 13: 626–633

### Beispiele für die Shotgun-Methode, mit der Sequenzen zusammengesetzt werden

Fleischmann RD, Adams MD, White O et al (1995) Whole-genome random sequencing and assembly of *Haemophilus influenzae* Rd. *Science* 269: 496–512

Fraser CM, Cocayne JD, White O et al (1995) The minimal gene complement of *Mycoplasma genitalium*. *Science* 270: 397–403

### Der Klon-Contig-Ansatz

IHGSC (International Human Genome Sequencing Consortium) (2001) Initial sequencing and analysis of the human genome. *Nature* 409: 860–921

### Die Gesamtgenom-Shotgun-Methode

Adams MA, Celniker SE, Holt RA et al (2000) The genome sequence of *Drosophila melanogaster*. *Science* 287: 2185–2195

She X, Jiang Z, Clark RA et al (2004) Shotgun sequence assembly and recent segmental duplications within the human genome. *Nature* 431: 927–930 [untersucht die Genauigkeit des Gesamtgenom-Shotgun-Ansatzes beim Zusammensetzen von Sequenzen mit repetitiver DNA]

Venter JC, Adams MD, Myers EW et al (2001) The sequence of the human genome. *Science* 291: 1304–1351

Venter JC, Adams MD, Sutton GG, Kerlavage AR, Smith HO, Hunkapiller M (1998) Shotgun sequencing of the human genome. *Science* 280: 1540–1542

Weber JL, Myers EW (1997) Human whole-genome shotgun sequencing. *Genome Res* 7: 401–409

### Meilensteine des Humangenomprojekts

Cohen D, Chumakov I, Weissenbach J (1993) A first-generation map of the human genome. *Nature* 366: 698–701 [die erste YAC-Contig-Karte]

Deloukas P, Schuler GD, Gyapay G et al (1998) A physical map of 30 000 genes. *Science* 282: 744–746 [die integrierte Karte, die als Gerüst für die DNA-Sequenzierung verwendet wurde]

Dib C, Fauré, S, Fizames C et al (1996) A comprehensive genetic map of the human genome based on 5 264 microsatellites. *Nature* 380: 152–154 [die umfangreichste genetische Karte]

Donis-Keller H, Green P, Helms C et al (1987) A genetic map of the human genome. *Cell* 51: 319–337 [die erste genetische Karte mit einer Markerdichte von mehr als einem Marker pro 10 Mb]

Hudson TJ, Stein LD, Gerety SS et al (1995) An STS-based map of the human genome. *Science* 270: 1945–1954 [die physikalische Karte mit einer Dichte von einem Marker pro 199 kb]

IHGSC (International Human Genome Sequencing Consortium) (2004) Finishing the euchromatic sequence of the human genome. *Nature* 431: 931–945 [Übersichtsartikel über den Abschluss des Verfahrens und sein Ergebnis]

IHGSC (International Human Genome Sequencing Consortium) (2001) Initial sequencing and analysis of the human genome. *Nature* 409: 860–921 [der Sequenzentwurf des "offiziellen" Humangenomprojekts]

Murray JC, Buetow KH, Weber JL et al (1994) A comprehensive human linkage map with centimorgan density. *Science* 265: 2049–2054 [die genetische Karte mit einer Dichte von einem Marker pro 0,7 Mb]

Ross MT, Grafham DV, Coffey AJ et al (2005) The DNA sequence of the human X chromosome. *Nature* 434: 325–337 [Beschreibung der endgültigen Sequenz eines menschlichen Chromosoms]

Schuler GD, Boguski MS, Stewart EA et al (1996) A gene map of the human genome. *Science* 274: 540–546 [Verfeinerung der Hudson-Karte; die Markerdichte liegt nahe bei einem pro 100 kb]

Venter JC, Adams MD, Myers EW et al (2001) The sequence of the human genome. *Science* 291: 1304–1351 [der Sequenzentwurf, den man mit dem Gesamtgenom-Shotgun-Ansatz erhielt]

### Fragen, die von dem Humangenomprojekt aufgeworfen wurden

Davies K (2001) Cracking the Genome: Inside the Race to Unlock Human DNA. Free Press, New York (Veröffentlicht in Großbritannien als The Sequence: Inside the Race for the Human Genome. Weidenfeld and Nicholson, London) [eine Geschichte des Humangenomprojekts]

Garver KL, Garver B (1994) The Human Genome Projekt and eugenic concerns. *Am J Hum Genet* 54: 148–158

Wilkie T (1993) Perilous Knowledge: The Human Genome Project and its Implications. Faber and Faber, New York [eine Darstellung der sozialen Aspekte des Humangenomprojekts]

# Das Verstehen einer Genomsequenz

# 5

**Wenn Sie Kapitel 5 gelesen haben, sollten Sie folgende Aufgaben lösen können:**

- Beschreiben Sie die Stärken und Schwächen der computergestützen und experimentellen Methoden, die bei der Analyse einer genomischen Sequenz angewendet werden.

- Erläutern Sie die Grundlagen dafür, wie man offene Leseraster (ORFs) ausfindig machen kann, und erklären Sie, warum dieser Ansatz bei der Lokalisierung von Genen in eukaryotischen Genomen nicht immer erfolgreich ist.

- Erklären Sie, wie Gene für funktionelle RNA in einer Genomsequenz lokalisiert werden.

- Definieren Sie den Begriff „Homologie", und erläutern Sie, wie man Homologie und vergleichende Genomik einsetzt, um Gene in einer genomischen Sequenz zu lokalisieren.

- Geben Sie einen Überblick über die unterschiedlichen experimentellen Verfahren, mit denen man diejenigen Bereiche der genomischen Sequenz ausfindig macht, die RNA-Moleküle codieren.

- Bewerten Sie die Stärken und Schwächen der Homologieanalyse als Methode, mit der man Genen Funktionen zuweist.

- Beschreiben Sie die Methoden, mit denen einzelne Gene in Hefe oder Säugetieren inaktiviert oder überexprimiert werden, und erklären Sie, wie diese Methoden zur Ermittlung der Genfunktion beitragen.

- Fassen Sie die Verfahren zusammen, die bei der Annotierung der genomischen Sequenz von *Saccharomyces cerevisiae* eingesetzt wurden, und gehen Sie dabei auf die Fortschritte ein.

Eine Genomsequenz wird nicht zum Selbstzweck erstellt. Eine der größten Herausforderungen besteht noch immer darin, nachvollziehen zu können, welche Information ein Genom genau enthält und wie es exprimiert wird. Um herauszufinden, was ein Genom enthält, bedient man sich einer Kombination aus Computeranalysen und Experimenten, wobei das primäre Ziel darin besteht, Gene zu lokalisieren und ihre Funktionen zu bestimmen. Dieses Kapitel widmet sich den Methoden, mit denen entsprechende Fragen beantwortet werden sollen. Das zweite Problem – nachvollziehen zu können, wie ein Genom exprimiert wird – ist in gewisser Weise nur eine andere Formulierung der Ziele der Molekularbiologie in den vergangenen 30 Jahren. In der Vergangenheit konzentrierte man sich jedoch auf Expressionswege einzelner Gene; Gruppen von Genen wurden nur betrachtet, wenn die Expression eines einzelnen Gens deutlich an die eines anderen gekoppelt war. Mittlerweile ist die Fragestellung allgemeiner und bezieht sich auf die Expression des Genoms als Ganzes. Die in diesem Rahmen eingesetzten Methoden werden in Kapitel 6 behandelt.

## 5.1 Lokalisierung von Genen in einer genomischen Sequenz

Ist die DNA-Sequenz eines einzelnen klonierten Fragments oder die des gesamten Genoms erst einmal generiert, dann können für die Lokalisierung der enthaltenen Gene verschiedene Methoden eingesetzt werden. Man unterteilt die Verfahren in diejenigen, die eine Sequenz mit dem bloßen Auge oder, wie es häufiger der Fall ist, mit dem Computer analysieren, um spezielle, mit Genen assoziierte Sequenzmerkmale ausfindig zu machen, und diejenigen, die Gene über eine experimentelle Analyse der DNA-Sequenz lokalisieren. Die computergestützten Verfahren bilden einen Bereich der Methodik, der als **Bioinformatik** bezeichnet wird und mit dem wir beginnen werden.

### 5.1.1 Genlokalisierung durch Sequenzuntersuchung

Gene können mit einer Sequenzuntersuchung lokalisiert werden, weil sie keine zufällige Reihe von Nucleotiden darstellen, sondern unverkennbare Eigenschaften haben. Zum jetzigen Zeitpunkt verstehen wir den Charakter dieser spezifischen Merkmale nicht vollständig und die Sequenzanalyse ist daher für die Ermittlung eines Genortes nicht unbedingt ein leichter Weg, doch sie ist immer noch eine leistungsfähige Methode, die in der Regel bei der Analyse einer neuen genomischen Sequenz als Erstes angewendet wird.

#### Die codierenden Bereiche von Genen sind offene Leseraster

Proteincodierende Gene enthalten offene Leseraster (*open reading frames*, ORFs), die aus einer Reihe von Codons bestehen, die die Aminosäuresequenz des von dem Gen codierten Proteins bestimmen (Abb. 5.1). Der ORF beginnt mit dem Startcodon – gewöhnlich (aber nicht immer) ATG – und endet mit einem Stoppcodon: TAA, TAG oder TGA (Abschnitt 1.3.2). Ein Weg, nach Genen zu suchen ist daher, eine DNA-Sequenz nach ORFs abzusuchen, die mit einem ATG beginnen und mit einem Terminationstriplett enden. Die Analyse wird dadurch komplizierter, dass jede DNA-Sequenz sechs **Leseraster** besitzt, drei in die eine Richtung und drei auf dem komplementären Strang in die andere Richtung (Abb. 5.2), doch Computer vermögen alle sechs Leseraster problemlos zu prüfen. Wie leistungsfähig ist dieses Verfahren für die Lokalisierung von Genen?

Der Schlüssel zum Erfolg bei der Suche nach ORFs, dem **ORF-Scanning**, ist die Häufigkeit von Stoppcodons in der DNA-Sequenz. Besteht die DNA aus einer zufälligen Sequenz und liegt der GC-Gehalt bei 50 %, dann ist jedes der drei Stoppcodons – TAA, TAG und TGA – im Durchschnitt einmal alle $4^3 = 64$ bp enthalten. Ist der GC-Gehalt höher als 50 %, dann sind die AT-reichen Stoppcodons zwar weniger häufig, doch ist immer noch eines in 100–200 bp zu erwarten. Das bedeutet, dass eine zufällige DNA-Sequenz nicht viele ORFs mit einer Länge von mehr als 50 Codons aufweisen sollte, insbesondere, wenn auch die Anwesenheit eines ATG-Start-Tripletts als Teil der Definition eines ORFs beach-

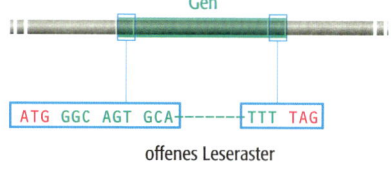

**5.1  Ein proteincodierendes Gen ist ein offenes Leseraster von Triplettcodons.** Dargestellt sind die ersten vier und die letzten zwei Codons des Gens. Die ersten vier Codons codieren Methionin/Start–Glycin–Serin–Alanin und die letzten zwei Phenylalanin–Stopp.

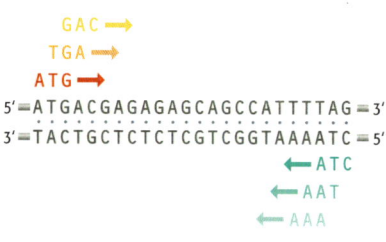

**5.2  Ein doppelstängiges DNA-Molekül hat sechs Leseraster.** Beide Stränge werden in 5'→3'-Richtung gelesen. Jeder Strang besitzt drei Leseraster, abhängig davon, welches Nucleotid als Startposition angegeben wird.

tet wird. Auf der anderen Seite sind die meisten Gene länger als 50 Codons: Die durchschnittliche Länge beträgt 317 Codons bei *Escherichia coli*, 483 Codons bei *Saccharomyces cerevisiae* und etwa 450 Codons beim Menschen. ORF-Scanning in seiner einfachsten Form nimmt daher eine Zahl von 100 Codons als kürzeste Länge für ein mutmaßliches Gen an und wertet alle längeren als positive Treffer.

Wie gut funktioniert diese Vorgehensweise in der Praxis? Bei bakteriellen Genomen ist das einfache ORF-Scanning eine effektive Möglichkeit zur Lokalisierung der meisten Gene in einer DNA-Sequenz. Dies ist in Abbildung 5.3 dargestellt, die ein Segment des *E. coli*-Genoms zeigt, bei dem alle ORFs mit einer Länge von mehr als 50 Codons hervorgehoben sind. Die echten Gene in dieser Sequenz können nicht übersehen werden, denn sie sind viel länger als 50 Codons. Bei Bakterien wird die Analyse dadurch weiter vereinfacht, dass die Gene sehr dicht beieinander liegen und daher relativ wenig **intergenische DNA** im Genom enthalten ist (bei *E. coli* nur 11 %; Abschnitt 8.2.1). Nehmen wir an, dass echte Gene, wie es für die meisten bakteriellen Gene zutrifft, nicht überlappen, dann sind es nur die intergenischen Regionen, in denen möglicherweise ein kurzer, falscher ORF enthalten ist, der fälschlicherweise als echtes Gen angesehen wird. Ist also der intergenische Anteil eines Genoms klein, dann ist ein Fehler bei der Interpretation eines ORF-Scans unwahrscheinlich.

### Einfache ORF-Scans sind bei DNA höherer Eukaryoten weniger effektiv
ORF-Scanning funktioniert zwar bei bakteriellen Genomen sehr gut, ist aber bei der Lokalisierung von Genen in DNA-Sequenzen höherer Eukaryoten weniger effektiv. Zum Teil liegt das an den wesentlich größeren Bereichen zwi-

**5.3   ORF-Scanning ist eine wirkungsvolle Methode, um Gene in einem bakteriellen Genom zu lokalisieren.** Die Abbildung zeigt 4 522 bp des Lactoseoperons von *Escherichia coli*, wobei alle ORFs mit einer Länge von mehr als 50 Codons markiert sind. Die Sequenz enthält zwei echte Gene – *lacZ* und *lacY* – angedeutet durch die roten Linien. Diese echten Gene können nicht übersehen werden, denn sie sind viel länger als falsche ORFs, gelb dargestellt. Siehe Abbildung 8.8a für die detaillierte Struktur des Lactoseoperons.

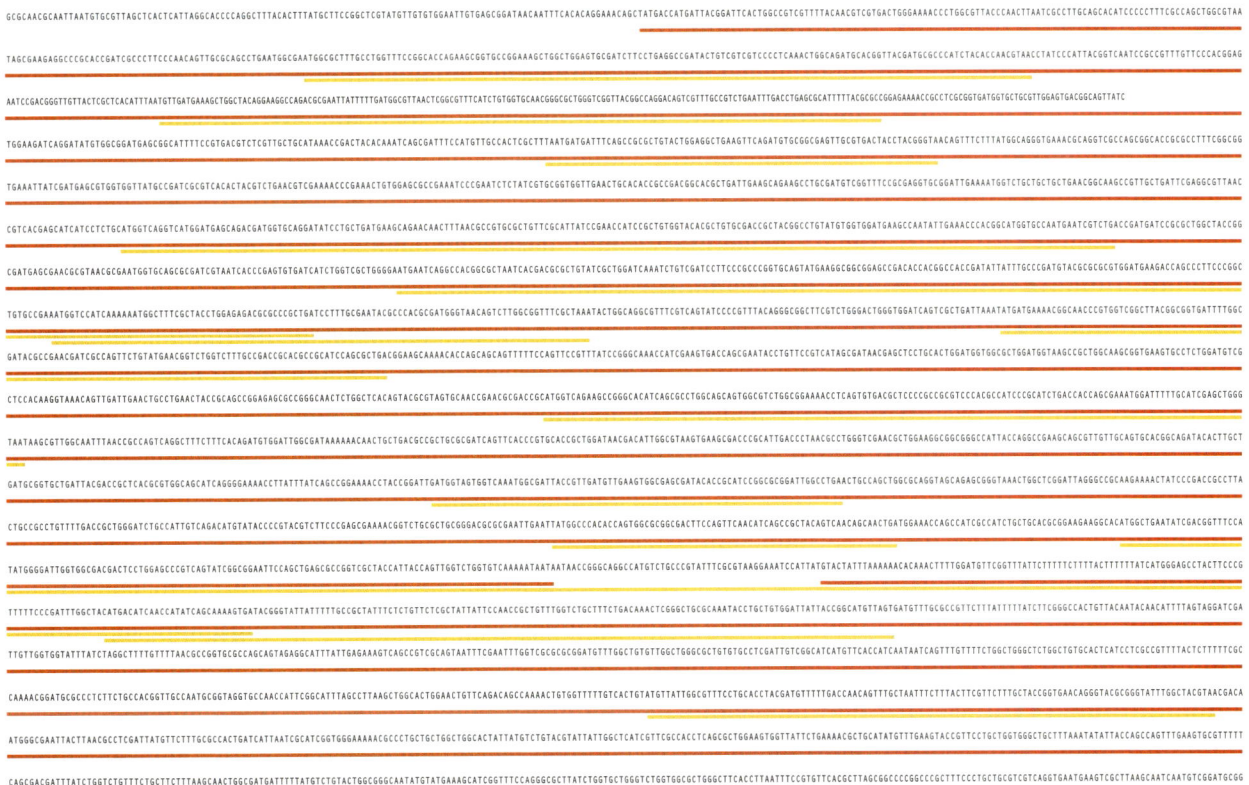

schen den echten Genen im eukaryotischen Genom (etwa 62 % des menschlichen Genoms sind zum Beispiel intergenisch), wodurch die Wahrscheinlichkeit zunimmt, dass man falsche ORFs identifiziert. Beim menschlichen Genom und den Genomen höherer Eukaryoten ist jedoch das Hauptproblem, dass ihre Gene häufig von Introns unterbrochen sind (Abschnitt 1.2.3) und daher in der DNA-Sequenz nicht als durchgängige ORFs vorliegen. Viele Exons sind kürzer als 100 Codons, einige bestehen aus weniger als 50 Codons, und die Weiterführung eines Leserasters in ein Intron hinein führt in der Regel zu einer Stoppsequenz, die den ORF scheinbar beendet (Abb. 5.4). Mit anderen Worten: Die Gene höherer Eukaryoten erscheinen in der genomischen Sequenz nicht als lange ORFs und einfaches ORF-Scanning kann sie nicht ausfindig machen.

Für Bioinformatiker, die neue Softwareprogramme für die Lokalisierung von ORFs erstellen, ist es eine der größten Herausforderungen, die durch die Introns auftretenden Probleme zu lösen. Drei Modifikationen des Standard-ORF-Scanning-Verfahrens werden eingesetzt:

- Die **Bevorzugung von Codons** (*codon usage* oder *codon bias*) wird berücksichtigt. Der Begriff bezieht sich auf die Tatsache, dass in den Genen eines bestimmten Organismus nicht alle Codons gleich häufig vorkommen. Leucin wird zum Beispiel im genetischen Code durch sechs Codons bestimmt (TTA, TTG, CTT, CTC, CTA und CTG, Abb. 1.20), doch in menschlichen Genen wird Leucin am häufigsten durch CTG codiert und nur selten von TTA oder CTA. In ähnlicher Weise nutzen menschliche Gene von den vier Valincodons das Codon GTG viermal häufiger als GTA. Die biologische Begründung für die Bevorzugung von Codons ist nicht geklärt, doch haben alle Organismen eine Vorliebe, die bei verschiedenen Spezies unterschiedlich ist. Von echten Exons erwartet man, dass sie bestimmte Codons bevorzugen, wohingegen zufällige Serien von Tripletts keine Vorlieben zeigen. Die Bevorzugung von Codons bei dem untersuchten Organismus ist daher in der ORF-Scanning-Software verankert.

- **Exon-Intron-Grenzen** können aufgrund ihrer ausgeprägten Sequenzmerkmale ebenfalls gesucht werden. Unglücklicherweise sind diese Sequenzen jedoch nicht so unverwechselbar, dass ihre Lokalisierung eine leicht lösbare Aufgabe wäre. Die Sequenz der stromaufwärts liegenden Exon-Intron-Grenze wird in Regel umschrieben mit:

5′-AG↓GTAAGT-3′

wobei der Pfeil die genaue Grenze angibt. Allerdings ist nur das „GT" direkt hinter dem Pfeil nicht variabel. An anderen Stellen der Sequenz sind relativ häufig andere Nucleotide zu finden. Mit anderen Worten: Die Sequenz ist eine **Consensussequenz**, was besagt, dass die Sequenz diejenigen Nucleotide wiedergibt, die bei allen bekannten stromaufwärts liegenden Exon-Intron-Grenzen an der jeweiligen Position am häufigsten vertreten sind. Jede einzelne Grenzsequenz kann jedoch an einer oder mehreren Posi-

**5.4 ORF-Scans werden durch Introns kompliziert.** Dargestellt ist die Nucleotidsequenz eines kurzen Gens mit einem Intron. Die korrekte Aminosäuresequenz des ausgehend von dem Gen translatierten Proteins ist direkt unter der Nucleotidsequenz abgebildet. Bei dieser Sequenz fehlt das Intron, weil es vor der Translation der mRNA in Protein aus dem Transkript entfernt wurde. In der unteren Reihe wurde die Sequenz translatiert, ohne die Anwesenheit der Intronsequenz zu berücksichtigen. Durch diesen Fehler endet die Aminosäuresequenz scheinbar innerhalb des Introns. Die Aminosäuresequenzen sind im Ein-Buchstaben-Code dargestellt (Tabelle 1.2). Die Sterne markieren die Positionen der Stoppcodons. Introns werden detailliert in Abschnitt 12.2.2 behandelt.

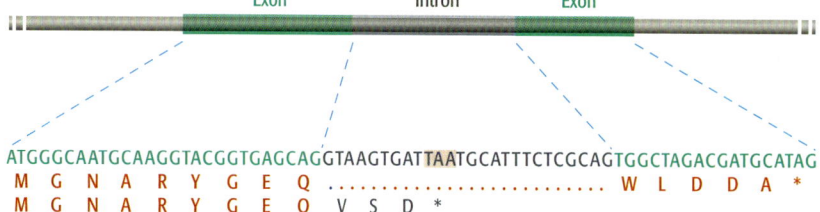

tionen ein anderes Nucleotid enthalten (Abb. 5.5). Die stromabwärts liegende Intron-Exon-Grenze ist sogar noch weniger gut definiert:

5′-PyPyPyPyPyPyNCAG↓-3′

wobei „Py" für eines der Pyrimidinnucleotide (T oder C) und „N" für jedes Nucleotid stehen. Die einfache Suche nach diesen Consensussequenzen ergibt jedoch nur einige wenige Exon-Intron-Grenzen, weil die meisten Grenzen andere Sequenzen als die oben erwähnten besitzen. Es hat sich als sehr problematisch erwiesen, eine Software zu erstellen, die die bekannten Variablen berücksichtigt. Daher werden Exon-Intron-Grenzen bei Sequenzanalysen zurzeit mit eher wechselndem Erfolg erkannt.

- **Stromaufwärts liegende regulatorische Sequenzen** können herangezogen werden, um die Regionen zu lokalisieren, in denen Gene beginnen. Der Grund ist, dass regulatorische Sequenzen, ähnlich wie Exon-Intron-Grenzen, bestimmte Sequenzmerkmale haben, um im Rahmen der Genexpression für DNA-bindende Proteine als Erkennungssignale wirken zu können (Kapitel 11). Unglücklicherweise sind die regulatorischen Sequenzen, genau wie die Exon-Intron-Grenzen, variabel, und zwar in Eukaryoten noch mehr als in Prokaryoten. Zudem haben in Eukaryoten nicht alle Gene das gleiche Repertoire an regulatorischen Sequenzen. Es ist daher schwierig, solche Bereiche für die Lokalisierung von Genen einzusetzen.

Diese drei Erweiterungen des einfachen ORF-Scannings können trotz ihrer Einschränkungen im Allgemeinen auf die Genome aller höherer Eukaryoten angewendet werden. Bei einzelnen Organismen sind zusätzliche Vorgehensweisen möglich, die auf den speziellen Eigenschaften ihrer Genome beruhen. Das Vertebratengenom enthält zum Beispiel stromaufwärts von vielen Genen CpG-Inseln. Das sind Sequenzen mit einer Länge von ungefähr 1 kb, in denen der GC-Gehalt höher als der Durchschnitt des gesamten Genoms ist. Bei etwa 40–50 % der menschlichen Gene gibt es eine stromaufwärts liegende CpG-Insel. Diese Sequenzen sind unverwechselbar. Wird eine solche Sequenz in der Vertebraten-DNA ausfindig gemacht, weist das stark darauf hin, dass unmittelbar stromabwärts von dieser Region ein Gen beginnt.

## Lokalisierung von Genen für funktionelle RNA

ORF-Scanning ist geeignet für proteincodierende Gene, doch was ist mit den Genen für funktionelle RNAs wie rRNA und tRNA (Abschnitt 1.2.2)? Diese Gene enthalten keine offenen Leseraster und werden daher durch die oben beschriebenen Methoden nicht erkannt. Allerdings verfügen funktionelle RNA-Moleküle über eigene unverkennbare Merkmale, die man nutzen kann, um sie in einer genomischen Sequenz ausfindig zu machen. Das wichtigste dieser Kennzeichen ist die Fähigkeit, sich zu Sekundärstrukturen wie dem Kleeblatt der tRNA-Moleküle falten zu können (Abb. 5.6a). Diese Sekundärstrukturen werden durch Basenpaarungen zusammengehalten, die nicht, wie in der DNA-Doppelhelix, zwischen verschiedenen Polynucleotiden auftreten, sondern zwischen unterschiedlichen Bereichen desselben Polynucleotids, und die man als **intramolekulare Basenpaarung** bezeichnet. Um solche intramolekularen Basenpaarungen bilden zu können, müssen die Nucleotidsequenzen in den beiden Bereichen des Moleküls komplementär sein, und die Bestandteile dieser Paare komplementärer Sequenzen müssen für eine so komplexe Struktur wie das Kleeblatt innerhalb der RNA in charakteristischer Art und Weise angeordnet sein (Abb. 5.6b). Diese Merkmale stellen eine Fülle von Informationen dar, die man für die Lokalisierung von tRNA-Genen in der genomischen

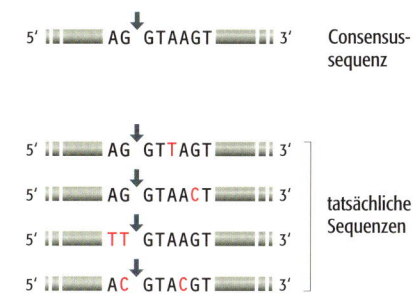

**5.5** Die Beziehung zwischen der Consensussequenz für eine stromaufwärts liegende Exon-Intron-Grenze und den Sequenzen, wie sie tatsächlich in echten Genen zu finden sind. Abweichungen von der Consensussequenz sind rot dargestellt. An stromaufwärts liegenden Exon-Intron-Grenzen ist nur das „GT" unmittelbar hinter der Spleißstelle (durch Pfeile markiert) nicht variabel.

Sequenz nutzen kann, und für diesen speziellen Zweck entwickelte Programme arbeiten in der Regel sehr erfolgreich.

Genau wie tRNAs nehmen rRNAs und einige der kleinen funktionellen RNAs (Abschnitt 1.2.2) ebenfalls Sekundärstrukturen ein, die ausreichend komplex sind, um ihre Gene mit nicht allzu großen Schwierigkeiten identifizieren zu können. Andere Gene für funktionelle RNAs sind dagegen weniger leicht zu lokalisieren, weil die RNAs Strukturen bilden, die nur relativ wenige Basenpaare erfordern, oder die Basenpaarung besitzt kein regelmäßiges Muster. Es gibt drei Ansätze, um die Gene solcher RNAs zu lokalisieren:

● Obwohl einige funktionelle RNAs keine komplexen Sekundärstrukturen annehmen, enthalten die meisten eine oder mehrere **Stamm-Schleife-Strukturen** (*stem-loop structure*, oder **Haarnadelstrukturen**, *hairpins*), die auf dem einfachsten Typ von intramolekularen Basenpaarungen beruhen (Abb. 5.7). Programme, die DNA-Sequenzen nach solchen Strukturen absuchen, erkennen somit Regionen, in denen Gene für funktionelle RNAs enthalten sein können. Diese Programme beziehen thermodynamische Gesetze ein, mit deren Hilfe man die Stabilität einer Stamm-Schleife-Struktur abschätzen kann, und sie berücksichtigen Merkmale wie die Größe der Schleife, die Zahl der Basenpaare im Stamm und das Verhältnis der G–C-Basenpaare (die stabiler als die A–T-Paare sind, weil sie drei statt zwei Wasserstoffbrücken enthalten; Abb. 1.8). Eine mutmaßliche Stamm-Schleife-Struktur mit einer geschätzten Stabilität, die über einer festgelegten Grenze liegt, wird als Indikator für das mögliche Vorhandensein von Genen für funktionelle RNA erachtet.

**5.6    Unverkennbare Merkmale von tRNAs unterstützen die Lokalisierung von Genen für diese funktionellen RNAs.**
a) Alle tRNAs falten sich zu einer Kleeblattstruktur, deren vier hervorgehobene Regionen durch intramolekulare Basenpaare stabilisiert werden. b) Die DNA-Sequenz des Gens für eine *Escherichia coli*-tRNA, die für die Aminosäure Leucin spezifisch ist. Die hervorgehobenen Segmente entsprechen den Regionen mit intramolekularen Basenpaarungen, die in Teil (a) dargestellt sind. Die Sequenzvariabilität ist eingeschränkt, weil diese Segmente Basenpaarungen miteinander eingehen müssen. Auf diese Weise entstehen Sequenzmerkmale, nach denen speziell für die Lokalisierung von tRNA-Genen erstellte Computerprogramme suchen. Für weitere Informationen über die tRNA-Struktur siehe Abbildung 13.1.1.

**a)** Kleeblattstruktur einer tRNA

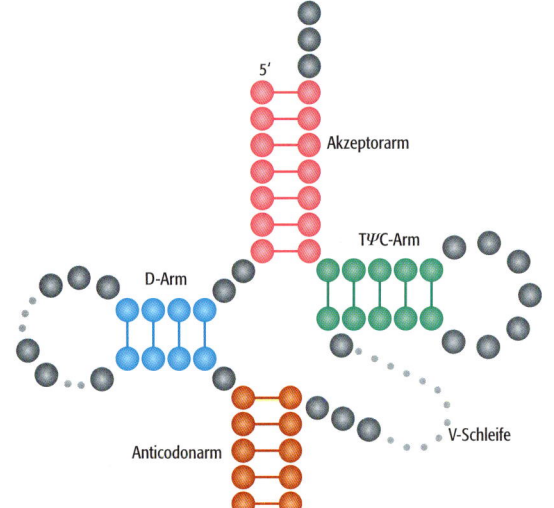

**b)** Sequenz eines der tRNA^Leu-Gens von *Escherichia coli*

5′ GCCGAAGTGGCGAAATCGGTAGTCGCAGTTGATTCAAAATCAACCGTAGAAATACGTGCCGGTTCGAGTCCGGCCTTCGGCACCA 3′

- Wie bei proteincodierenden Genen kann auch nach regulatorischen Sequenzen gesucht werden, die mit Genen für funktionelle RNAs verknüpft sind. Diese regulatorischen Sequenzen unterscheiden sich von denen der proteincodierenden Gene und können sowohl *innerhalb* eines Gens für funktionelle RNA liegen als auch stromaufwärts.

- In kompakten Genomen gilt die Aufmerksamkeit den Regionen, die nach einer umfangreichen Suche nach proteincodierenden Genen übrig bleiben. Diese „leeren Bereiche" sind häufig nicht leer und eine sorgfältige Untersuchung zeigt das Vorhandensein von einem oder mehreren funktionellen RNA-Genen.

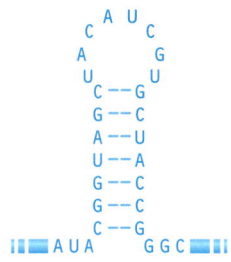

5.7 Eine typische Stamm-Schleife-Struktur der RNA.

### Homologiesuche und vergleichende Genomik geben der Untersuchung von Sequenzen eine neue Dimension

Die meisten der vielen Softwareprogramme, die für die Lokalisierung von Genen durch ORF-Scanning zur Verfügung stehen, können über 95 % der codierenden Regionen in einem eukaryotischen Genom ausfindig machen. Doch selbst die leistungsfähigsten Programme neigen bei der Positionierung von Exon-Intron-Grenzen häufig zu Fehlern und die Klassifizierung von falschen ORFs als echte Gene ist immer noch ein großes Problem. Diese Fehler können bis zu einem gewissen Maß durch eine **Homologiesuche** ausgeglichen werden, die prüft, ob eine Serie von Tripletts ein echtes Exon darstellt oder eine zufällige Sequenz ist. Bei dieser Analyse werden die DNA-Datenbanken durchsucht, um festzustellen, ob die geprüfte Sequenz mit irgendeinem anderen, bereits sequenzierten Gen identisch ist oder ob Ähnlichkeiten bestehen. Es ist liegt nahe, dass die beiden Sequenzen völlig übereinstimmen, wenn die Testsequenz ein Teil eines bereits untersuchten Gens ist, doch das ist nicht das Ziel einer Homologiesuche. Stattdessen soll festgestellt werden, ob eine völlig neue Sequenz anderen bekannten Genen *ähnlich* ist. In einem solchen Fall besteht die Möglichkeit, dass Testsequenz und passende Sequenzen **homolog** sind und evolutionsgeschichtlich verwandte Gene repräsentieren. Homologiesuche wird in erster Linie angewendet, um neu entdeckten Genen Funktionen zuzuweisen, und wir werden darauf zurückkommen, wenn wir uns später in diesem Kapitel mit diesem Aspekt der Genomanalyse beschäftigen (Abschnitt 5.2.1). Das Verfahren ist auch ein zentraler Aspekt bei der *Lokalisierung von Genen*, weil vorläufige, durch ORF-Scanning lokalisierte Exonsequenzen auf Funktionalität geprüft werden können. Ergibt eine vorläufige Exonsequenz bei einer Homologiesuche ein oder mehrere positive Übereinstimmungen, dann handelt es sich wahrscheinlich um ein echtes Exon, bestehen jedoch keine Übereinstimmungen, dann muss seine Echtheit weiterhin bezweifelt werden, bis es durch eine experimentelle Genlokalisierung charakterisiert worden ist.

Eine genauere Homologiesuche ist möglich, wenn Genomsequenzen von zwei oder mehreren verwandten Spezies zur Verfügung stehen. Verwandte Spezies besitzen Genome, die Gemeinsamkeiten aufweisen, die sie von einem gemeinsamen Vorfahren geerbt haben. Diese werden von artspezifischen Unterschieden überlagert, die von dem Zeitpunkt an entstanden sind, an dem sich die Spezies unabhängig voneinander entwickelt haben (Abb. 5.8). Aufgrund der natürlichen Selektion (Abschnitt 19.3.2) sind die Sequenzähnlichkeiten zwischen verwandten Genomen innerhalb der Gene am größten und in den intergenischen Regionen am geringsten. Homologe Sequenzen können daher bei einem Vergleich verwandter Genome leicht identifiziert werden, weil sie eine hohe Sequenzähnlichkeit aufweisen. Jeder ORF, der in dem zweiten Genom keine eindeutiges Homolog besitzt, kann verworfen werden, denn es handelt

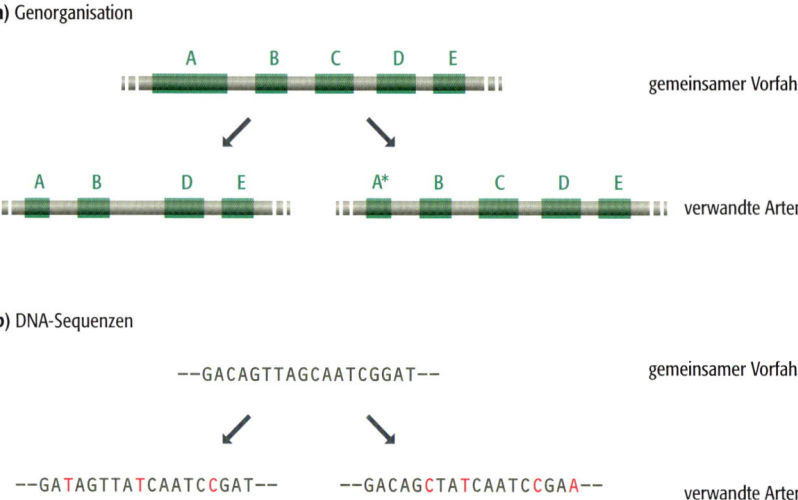

a) Genorganisation

gemeinsamer Vorfahr

verwandte Arten

b) DNA-Sequenzen

--GACAGTTAGCAATCGGAT--  gemeinsamer Vorfahr

--GATAGTTATCAATCCGAT--  --GACAGCTATCAATCCGAA--  verwandte Arten

**5.8  Verwandte Arten haben ähnliche Genome.** a) Darstellung einer möglichen Veränderung der Genorganisation, wenn sich zwei Arten aus ihrem gemeinsamen Vorfahren entwickeln. Der gemeinsame Vorfahr besitzt fünf Gene, markiert mit A bis E. In einer der entstandenen Arten ist Gen C nicht länger vorhanden und in der anderen Art wurde Gen A verkürzt. b) Verwandte Spezies zeigen Ähnlichkeiten in ihrer DNA-Sequenz. Das Diagramm zeigt einen kurzen Abschnitt der Gensequenz eines Vorfahren, zusammen mit den homologen Sequenzen dieses Gensegments in den von ihm abstammenden Arten. Für eine ausführlichere Beschreibung der Genomevolution siehe Kapitel 18.

sich mit an Sicherheit grenzender Wahrscheinlichkeit um eine zufällige Sequenz und nicht um ein echtes Gen. Diese Art der Analyse – als **vergleichende Genomik** bezeichnet – erweist sich bei der Lokalisierung von Genen im Genom von *Saccharomyces cerevisiae* als sehr hilfreich (Abschnitt 5.3), da nun vollständige oder partielle Sequenzen nicht nur von dieser Hefe, sondern auch von 16 anderen Mitgliedern der Hemiascomyceten zur Verfügung stehen, beispielsweise der Arten *Saccharomyces paradoxus*, *Saccharomyces mikatae* und *Saccharomyces bayanus*, die mit *S. cerevisiae* am engsten verwandt sind. Vergleiche zwischen diesen Genomen haben die Authentizität einer Reihe von *S. cerevisiae*-ORFs bestätigt. Außerdem konnten nahezu 500 mutmaßliche ORFs mit der Begründung, dass sie in den verwandten Genomen keine Äquivalente besitzen, aus dem *S. cerevisiae*-Katalog gestrichen werden.

Die Analyse wird durch eine Untersuchung der **Syntänie** – also der Konservierung der Genreihenfolge, wie die Genome der verwandten Hefen zeigen – noch leistungsfähiger. Obwohl jedes Genom die eigenen, artspezifischen Umstrukturierungen durchlaufen hat, sind immer noch viele Regionen vorhanden, in denen die Anordnung der Gene im *S. cerevisiae*-Genom die gleiche ist wie in einem oder mehreren der verwandten Genome. Dadurch können homologe Gene leicht identifiziert werden. Noch wichtiger ist aber, dass ein falscher ORF, insbesondere ein kurzer, mit an Sicherheit grenzender Wahrscheinlichkeit verworfen werden kann, wenn man den erwarteten Genort in einem verwandten Genom ausgiebig und vergeblich gesucht hat (Abb. 5.9).

### Automatische Annotierung von genomischen Sequenzen

Ein großer Vorteil der computergestützten Ansätze für die Genlokalisierung ist die Möglichkeit, eine Reihe analytischer Programme in einem einzigen inte-

**5.9  Vergleich von Genomen mit Syntänie, um die Echtheit eines kurzen ORFs zu prüfen.** In diesem Beispiel ist der ORF in drei von vier verwandten Genomen vorhanden und daher mit großer Wahrscheinlichkeit ein echtes Gen.

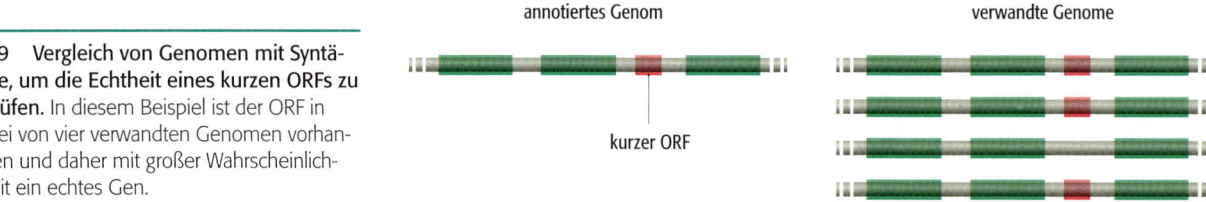

annotiertes Genom  verwandte Genome

kurzer ORF

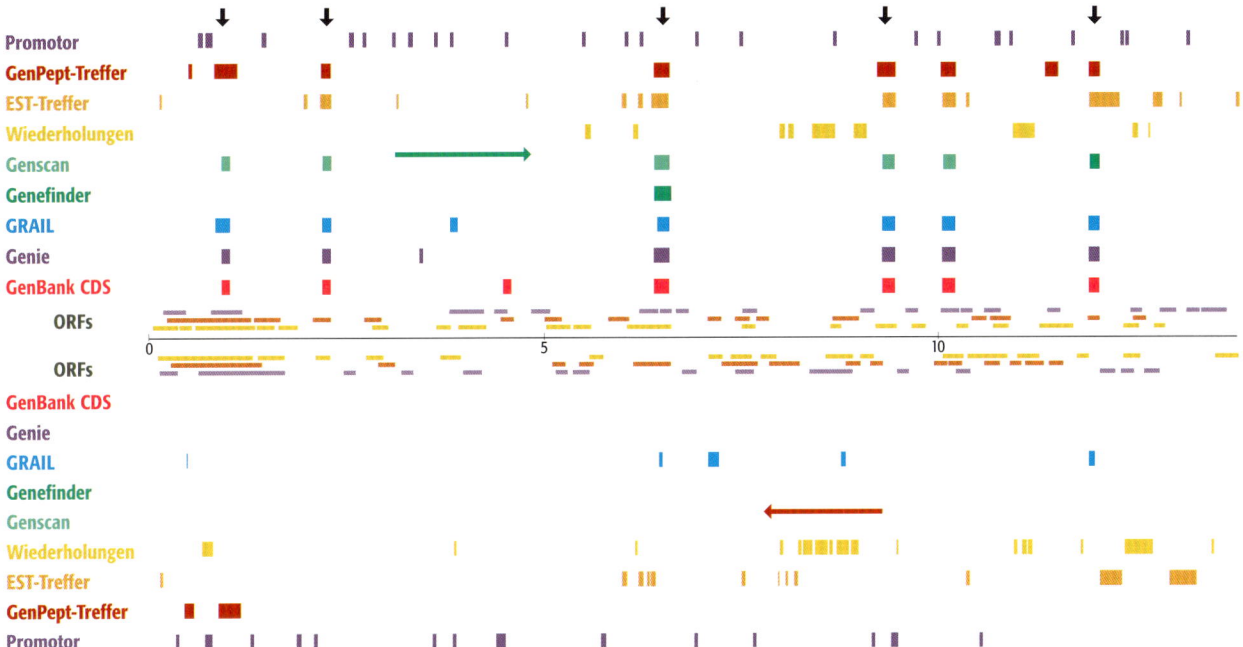

**5.10 Darstellung eines typischen Genomannotierungssystems.** Das Beispiel zeigt eine Annotierung eines 15 kb langen Segments des Humangenoms, das ein Gen für einen Gewebefaktor enthält, mithilfe des Browsers Genotator. Die Analysen von oben nach unten: Ort eines möglichen Promotors (regulatorische Elemente stromaufwärts); Sequenzen in der GenPept-Datenbank, die Proteinen entsprechen; Sequenzen, die bekannten ESTs entsprechen (Abschnitt 3.3.3); Positionen von bekannten repetitiven Sequenzen des Menschen; Vorhersage von Exons durch die Programme Genscan, Genefinder, GRAIL und Genie; Sequenzen, die bekannten Genen in der GenBank-Datenbank entsprechen, und ORFs in jedem der drei Leseraster. Unter dem Strich sind die Ergebnisse der Analysen für die komplementäre DNA-Sequenz dargestellt. Die Annotierung lässt die Positionen der fünf möglichen Exons erkennen, die durch die schwarzen Pfeile oben in der Abbildung markiert sind. (Mit freundlicher Genehmigung von Nomi Harris.)

grierten System miteinander kombinieren zu können. In einem solchen Verfahren können unterschiedliche Verfahren für die Ortsbestimmung von Genen parallel durchgeführt und die Ergebnisse automatisch verglichen werden, sodass das untersuchte Genom schnell und umfangreich annotiert („mit Vermerken versehen") wird. Eine Genomannotierung mit diesen Systemen beginnt mit Sequenzanalysen durch Programme, die nach ORFs, Exon-Intron-Grenzen und stromaufwärts liegenden regulatorischen Sequenzen suchen, die ORFs auf Homologien zu Genen aus den Datenbanken prüfen und nach sich wiederholenden Sequenzen und charakteristischen Merkmalen der Gene für funktionelle RNAs suchen. Datenbanken von cDNA-Sequenzen (siehe unten) können ebenfalls nach Segmenten durchsucht werden, die zu der genomischen Sequenz passen, wobei jeder „Treffer" auf eine Region hinweist, die in mRNA transkribiert wird. Die Informationen werden anschließend in einer Computergrafik dargestellt, welche die Positionen der verschiedenen Sequenzmerkmale zeigt, wie sie von den unterschiedlichen Programmen ermittelt worden sind (Abb. 5.10). Die resultierenden Informationen sind häufig im Internet verfügbar und können somit von anderen Wissenschaftlern für die Planung ihrer eigenen, ausführlichen, computergestützten oder experimentellen Analysen spezieller Bereiche eines Genoms verwendet werden.

## 5.1.2 Experimentelle Verfahren zur Genlokalisierung

Die meisten experimentellen Methoden für die Lokalisierung von Genen basieren nicht auf der direkten Untersuchung von DNA-Molekülen, sondern sie beruhen auf dem Nachweis von RNA-Molekülen, die von Genen transkribiert werden. Alle Gene werden in RNA transkribiert, und ist ein Gen nicht kontinuierlich, dann wird das Primärtranskript anschließend prozessiert, um die Introns zu entfernen und die Exons miteinander zu verknüpfen (Abschnitte 1.2.3 und 12.2.2). Um Exons und vollständige Gene ausfindig zu machen, können daher Verfahren angewendet werden, welche die Positionen transkribierter Sequenzen in einem DNA-Fragment kartieren. Die einzige zu beachtende Schwierigkeit besteht darin, dass das Transkript in der Regel länger ist als der codierende Teil des Gens, weil es Dutzende von Nucleotiden stromaufwärts des Startcodons beginnt und Dutzende oder Hunderte von Nucleotiden stromabwärts des Stoppcodons endet. Die Transkriptanalyse gibt daher keine genaue Auskunft über Start und Ende der codierenden Region eines Gens; sie macht jedoch eine Aussage darüber, ob ein Gen in einer bestimmten Region vorhanden ist, und man kann damit die Exon-Intron-Grenzen lokalisieren. Häufig reicht diese Information für eine Beschreibung der codierenden Region aus.

### Hybridisierungstests können feststellen, ob ein Fragment transkribierte Sequenzen enthält

Die einfachsten Verfahren für die Untersuchung transkribierter Sequenzen beruhen auf Hybridisierungsanalysen. RNA-Moleküle können durch spezielle Formen der Agarosegelelektrophorese getrennt, auf eine Nylonmembran übertragen und anschließend durch einen Prozess, der als **Northern-Hybridisierung** bezeichnet wird, analysiert werden (Methoden 5.1). Diese Methode unterscheidet sich nur in den einzelnen Transferbedingungen von der Southern-Hybridisierung (Abschnitt 2.1.2), und sie wurde nicht, wie man vielleicht vermuten würde, von einem Dr. Northern entwickelt. Hybridisiert man einen Northern-Blot von zellulärer RNA mit einem markierten Fragment des Genoms, dann kann man RNAs nachweisen, die von Genen transkribiert werden, die in dem Fragment enthalten sind (Abb. 5.11). Northern-Hybridisierung ist daher theoretisch ein Werkzeug, um die in einem DNA-Fragment vorhandene Zahl an Genen und die Größe jedes codierenden Bereichs zu bestimmen. Dieser Ansatz hat jedoch zwei Nachteile:

● Von bestimmten Genen entstehen zwei oder mehr Transkripte unterschiedlicher Länge, weil einige der Exons optional sind und gelegentlich in der reifen RNA verbleiben (Abschnitt 12.2.2). Ist das der Fall, dann kann ein Fragment mit nur einem Gen zwei oder mehrere Hybridisierungsbanden im Northern-Blot ergeben. Ein ähnliches Problem kann auftreten, wenn das Gen Mitglied einer Multigenfamilie ist (Abschnitt 7.2.3).

● Bei vielen Spezies ist es praktisch nicht möglich, mRNA aus dem gesamten Organismus zu präparieren, sodass der Extrakt aus einem einzelnen Organ oder Gewebe isoliert werden muss. Folglich sind alle Gene, die in diesem Organ oder Gewebe nicht exprimiert werden, auch nicht in der RNA-Population vertreten und werden somit auch nicht nachgewiesen, wenn man die RNA mit dem zu testenden DNA-Fragment hybridisiert. Selbst wenn man den gesamten Organismus verwendet, liefern nicht alle Gene Hybridisierungssignale, weil viele nur in einem bestimmten Entwicklungsstadium exprimiert werden. Andere werden nur sehr schwach exprimiert, sodass ihre RNA-Produkte für einen Nachweis durch eine Hybridisierungsanalyse in zu geringen Mengen vorliegen.

Eine zweite Form der Hybridisierungsanalyse vermeidet Probleme mit gering exprimierten und gewebespezifischen Genen, da man keine RNAs sucht, sondern verwandte Sequenzen in den DNAs von anderen Organismen. Dieser Ansatz beruht ähnlich wie die Homologiesuche auf der Tatsache, dass homologe Gene verwandter Organismen ähnliche Sequenzen besitzen, wohingegen die intergenische DNA in der Regel recht unterschiedlich ist. Wird ein DNA-Fragment einer bestimmten Spezies verwendet, um einen Southern-Transfer von DNAs verwandter Spezies zu testen, und erhält man ein oder mehrere Hybridisierungssignale, dann enthält die Sonde wahrscheinlich ein

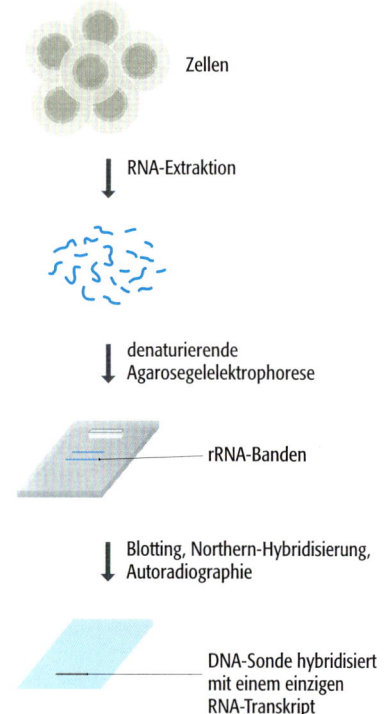

Zellen

↓ RNA-Extraktion

↓ denaturierende
Agarosegelelektrophorese

— rRNA-Banden

↓ Blotting, Northern-Hybridisierung,
Autoradiographie

— DNA-Sonde hybridisiert
mit einem einzigen
RNA-Transkript

**5.11   Northern-Hybridisierung.** Ein RNA-Extrakt wird durch eine Elektrophorese in einem Agarosegel unter denaturierenden Bedingungen aufgetrennt (Methoden 5.1). Nach Ethidiumbromidfärbung sind zwei Banden zu erkennen. Es handelt sich um die beiden größten rRNA-Moleküle (Abschnitt 1.2.2), die in den meisten Zellen reichlich enthalten sind. Die ebenfalls häufig vorkommenden kleineren rRNAs sieht man nicht, weil sie aufgrund ihrer geringen Größe unten aus dem Gel gelaufen sind. In den meisten Zellen ist keine der mRNAs so häufig, dass die Moleküle eine nach der Ethidiumbromidfärbung sichtbare Bande ergeben würden. Die RNAs werden auf eine Nylonmembran übertragen (geblottet) und, in diesem Beispiel, mit einem radioaktiv markierten DNA-Fragment hybridisiert. Auf der Autoradiographie ist eine einzige Bande zu erkennen. Sie zeigt an, dass das als Sonde verwendete DNA-Fragment Teil einer transkribierten Sequenz ist.

oder mehrere Gene (Abb. 5.12). Dieses Verfahren wird als **Zoo-Blotting** bezeichnet.

## Durch cDNA-Sequenzierung können Gene in DNA-Fragmenten kartiert werden

Mit Northern-Hybridisierung und Zoo-Blotting kann das Vorhandensein oder Fehlen von Genen in einem DNA-Fragment ermittelt werden, doch geben die beiden Verfahren keine Informationen bezüglich der Position solcher Gene in der DNA-Sequenz. Diese Information erhält man am einfachsten, indem man die relevanten cDNAs sequenziert. Eine cDNA ist eine Kopie einer mRNA (Abb. 3.36) und entspricht daher der codierenden Region eines Gens, einschließlich der Leitsequenzen, die ebenfalls transkribiert werden. Ein Vergleich einer cDNA-Sequenz mit einer genomischen DNA-Sequenz grenzt daher die Position des relevanten Gens ein und lässt die Exon-Intron-Grenzen erkennen.

Um eine einzelne cDNA zu erhalten, muss zunächst eine cDNA-Bibliothek von allen in dem zu untersuchenden Gewebe vorhandenen mRNAs hergestellt werden. Ist die cDNA-Bibliothek vorhanden, hängt der Erfolg der cDNA-Sequenzierung als Hilfsmittel zur Lokalisierung von Genen von zwei Faktoren ab. Der erste betrifft die Häufigkeit der gewünschten cDNAs in der Bibliothek. Wie bei der Northern-Hybridisierung geht das Problem auf die unterschiedlichen Expressionsstärken verschiedener Gene zurück. Enthält das untersuchte DNA-Fragment ein oder mehrere schwach exprimierte Gene, dann sind die relevanten cDNAs in der Bibliothek selten und es müssen unter Umständen viele Klone untersucht werden, bevor der gewünschte Klon gefunden wird. Um dieses Problem zu umgehen, wurden verschiedenartige Methoden der **cDNA-Selektion** (auch *cDNA-capture*) entwickelt, bei denen das untersuchte DNA-Fragment wiederholt mit dem Pool von cDNAs hybridisiert wird, um diese Sammlung mit dem gewünschten Klon anzureichern. Weil der cDNA-Pool viele unterschiedliche Sequenzen enthält, werden durch diese wiederholten Hybridisierungen im Allgemeinen nicht alle irrelevanten Klone entfernt, doch können solche Klone, die spezifisch mit dem DNA-Fragment hybridisieren, stark angereichert werden. Dadurch reduziert sich die Größe der Bibliothek, die anschließend unter stringenten Bedingungen nach den gewünschten Klonen durchsucht werden muss.

Ein zweiter Faktor, der über Erfolg oder Misserfolg entscheidet, ist die Vollständigkeit der einzelnen cDNA-Moleküle. Gewöhnlich werden cDNAs hergestellt, indem eine Reverse Transkriptase RNA-Moleküle in einzelsträngige DNA kopiert und dann die einzelsträngige DNA durch eine DNA-Polymerase in doppelsträngige DNA umgewandelt wird (Abb. 3.36). Es besteht immer die Möglichkeit, dass die eine oder andere Strangsynthesereaktion nicht vollständig abläuft, wodurch eine verkürzte cDNA entsteht. Die Anwesenheit intramolekularer Basenpaare in der RNA kann ebenfalls zu einem unvollständigen Kopiervorgang führen. Den verkürzten cDNAs fehlt unter Umständen ein Teil der Information, die notwendig ist, um die Start- und Endpunkte eines Gens und die gesamte Exon-Intron-Grenzen festlegen zu können.

## Methoden für eine genaue Kartierung der Transkriptenden

Aufgrund der Schwierigkeiten mit unvollständigen cDNAs sind für die Lokalisierung von Start- und Endpunkten der Gentranskripte weniger anfällige Methoden notwendig. Eine Möglichkeit ist eine spezielle Form der PCR, die RNA statt DNA als Ausgangsmaterial verwendet. Der erste Schritt bei diesem

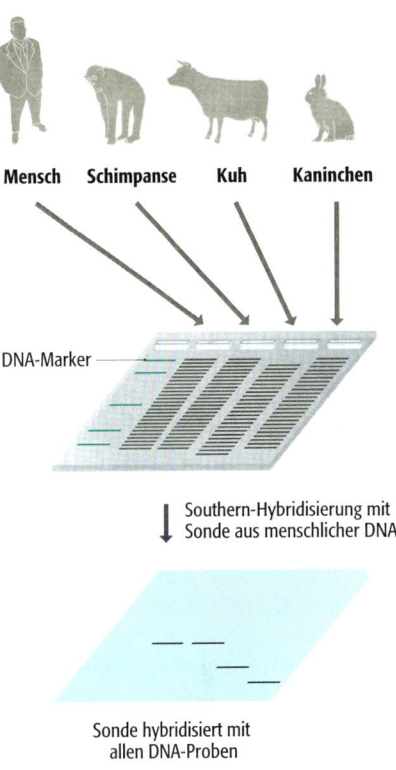

**5.12 Zoo-Blotting.** Das Ziel ist, zu ermitteln, ob ein Fragment menschlicher DNA mit der DNA verwandter Arten hybridisiert. Darum werden zunächst DNA-Proben von Mensch, Schimpanse, Kuh und Kaninchen präpariert, mit Restriktionsenzymen geschnitten und mittels Agarosegelelektrophorese getrennt. Anschließend führt man eine Southern-Hybridisierung mit einem Fragment menschlicher DNA als Sonde durch. Mit jeder der Tier-DNAs entsteht ein positives Hybridisierungssignal. Das lässt vermuten, dass das DNA-Fragment des Menschen ein exprimiertes Gen enthält. Beachten Sie, dass die hybridisierenden Fragmente von Kuh und Kaninchen kleiner sind als die in den DNA-Proben von Mensch und Schimpanse. Das weist darauf hin, dass die Restriktionskarte in der Umgebung der transkribierten Sequenz bei Kühen und Kaninchen anders ist. Das Ergebnis beeinflusst jedoch nicht die Schlussfolgerung, dass ein homologes Gen in allen vier Arten vorliegt.

## Methoden 5.1    Verfahren zur Untersuchung von RNA

*Viele der Methoden für die Untersuchung von DNA können für die Verwendung von RNA angepasst werden*

Vor einer **Agarosegelelektrophorese** von RNA muss die RNA denaturiert werden, sodass die Wandergeschwindigkeit jedes Moleküls ausschließlich von seiner Länge abhängt und nicht von intramolekularen Basenpaaren, die in vielen RNAs vorhanden sind (zum Beispiel Abb. 13.2). Das denaturierende Agens, in der Regel Formaldehyd oder Glyoxal, wird zu der Probe gegeben, bevor sie auf das Gel geladen wird.

Mit **Northern-Hybridisierung** bezeichnet man den Prozess, bei dem die RNA-Moleküle auf eine Nylonmembran übertragen (geblottet) und mit einer markierten Sonde hybridisiert werden (Abb. 5.11). Dies entspricht der Southern-Hybridisierung (Abb. 2.11) und wird in ähnlicher Weise durchgeführt.

**Markierte RNA-Moleküle** stellt man in der Regel dadurch her, dass eine DNA-Matrize in Anwesenheit von markierten Ribonucleotiden in RNA umgeschrieben wird. Dafür verwendet man die RNA-Polymeraseenzyme von SP6-, T3- und T7-Bakteriophagen, weil sie aus 1 $\mu$g DNA in 30 Minuten bis zu 30 $\mu$g RNA herstellen können. Man kann die RNA auch durch die Behandlung mit gereinigter Poly(A)-Polymerase an ihren Enden markieren (Abschnitt 12.2.1).

**PCR** von RNA-Molekülen erfordert eine Modifikation des ersten Schrittes einer normalen Reaktion. Die *Taq*-Polymerase kann keine RNA-Moleküle kopieren, sodass der erste Schritt von einer Reversen Transkriptase katalysiert wird, die von der RNA-Matrize DNA-Kopien herstellt. Die DNA-Kopie wird anschließend von der *Taq*-Polymerase amplifiziert. Die Methode wird als **Reverse-Transkriptase-PCR** oder **RT-PCR** bezeichnet. Durch die Entdeckung von thermostabilen Enzymen, die DNA-Kopien sowohl von RNA- als auch von DNA-Matrizen erstellen (zum Beispiel die *Tth*-DNA-Polymerase aus dem Bakterium *Thermus thermophilus*), kann

man eine RT-PCR auch in einer einzigen Reaktion mit nur einem Enzym durchführen.

**Methoden zur RNA-Sequenzierung** gibt es zwar, doch sie sind schwierig auszuführen und nur auf kleine Moleküle anwendbar. Die Methoden sind der DNA-Sequenzierung durch chemischen Abbau ähnlich (Abschnitt 4.1.2), doch um die Moleküle zu spalten, erfordern sie statt der Chemikalien sequenzspezifische Endonucleasen. In der Praxis erhält man die Sequenz eines RNA-Moleküls in der Regel, indem man es in eine cDNA umschreibt (Abb. 3.36) und mit der Kettenabbruchmethode sequenziert (Abschnitt 4.1.1).

Für die Kartierung der Positionen von RNA-Molekülen in DNA-Sequenzen hat man spezielle Methoden entwickelt. Dadurch sollen zum Beispiel die Start- und Endpunkte der Transkription bestimmt und die Positionen von Introns in einer DNA-Sequenz ermittelt werden. Diese Methoden werden in Abschnitt 5.1.2 beschrieben.

Der einzige entscheidende Mangel in der RNA-Werkzeugkiste besteht darin, dass Enzyme fehlen, die eine Sequenzspezifität ähnlich der von Restriktionsendonucleasen besitzen, die bei der künstlichen Veränderung von DNA-Molekülen eine so große Bedeutung haben. Etwas anders verhält es sich mit einem anderen Nachteil, der die Arbeit mit RNA-Molekülen betrifft. Die Moleküle werden sehr leicht durch Ribonucleasen abgebaut, die bei der Zerstörung der Zellen freigesetzt werden (wie sie bei der RNA-Extraktion vorkommt), die aber auch an den Händen der Laboranten zu finden sind und Glaswaren und Lösungen kontaminieren. Das bedeutet, dass man rigorose Maßnahmen (zum Beispiel die Reinigung von Glaswaren mit Chemikalien, welche die Ribonucleasen zerstören) ergreifen muss, um die RNA-Moleküle zu erhalten.

PCR-Typ besteht darin, die RNA mit einer Reversen Transkriptase in cDNA umzuschreiben. Anschließend wird die cDNA mit der *Taq*-Polymerase in ähnlicher Weise amplifiziert, wie bei der normalen PCR. Diese Methoden werden unter dem Namen **Reverse-Transkriptase-PCR** (**RT-PCR**) zusammengefasst, doch hier ist für uns eine besondere Form von Interesse, die **schnelle Amplifikation von cDNA-Enden** (*rapid amplification of cDNA ends*, **RACE**). Bei der einfachsten Form dieser Methode ist einer der Primer spezifisch für eine interne Region nahe des Anfangs des zu untersuchenden Gens. Dieser Primer bindet an die mRNA und leitet die erste, durch die Reverse Transkriptase katalysierte Phase des Prozesses ein, in der eine dem Startbereich der mRNA entsprechende cDNA hergestellt wird (Abb. 5.13). Da nur ein kleines Segment der mRNA kopiert wird, ist zu erwarten, dass die DNA-Synthese nicht vorzeitig abbricht und ein Ende der cDNA daher genau dem Beginn der mRNA entspricht. Ist die cDNA synthetisiert, wird an deren 3′-Ende ein Poly(A)-Schwanz angehängt. Der zweite

Primer bindet an diese Poly(A)-Sequenz und wandelt die einzelsträngige cDNA in der ersten Runde der normalen PCR in ein doppelsträngiges Molekül um, das anschließend mit fortschreitender PCR amplifiziert wird.

Eine andere Methode für die genaue Transkriptkartierung ist die **Heteroduplexanalyse**. Kloniert man die untersuchte DNA-Region als Restriktionsfragment in einen M13-Vektor (Abschnitt 4.1.1), dann steht sie als einzelsträngige DNA zur Verfügung. Wird dieser Ansatz mit einer geeigneten RNA-Präparation gemischt, dann hybridisiert die transkribierte Sequenz in der klonierten DNA mit dem entsprechenden mRNA-Gegenstück und es bildet sich eine doppelsträngige Heteroduplexnucleinsäure (ein Hybrid aus RNA und DNA). In dem in Abbildung 5.14 gezeigten Beispiel liegt der Start dieser mRNA in dem klonierten Restriktionsfragment, sodass einige Bereiche des Fragments an der Ausbildung der Heteroduplexnucleinsäure beteiligt sind, andere Bereiche jedoch nicht. Diese einzelsträngigen Regionen können durch eine Behandlung mit einer einzelstrangspezifischen Nuclease wie S1 gespalten werden. Man ermittelt die Größe des Heteroduplex-Bereichs, indem man die RNA-Komponente mit alkalischen Lösungen abbaut und die verbleibende einzelsträngige DNA in einem Agarosegel auftrennt. Diese Größenbestimmung wird anschließend verwendet, um den Beginn des Transkripts relativ zur Restriktionsschnittstelle zu ermitteln, die sich am Ende des klonierten Fragments befindet.

## Exon-Intron-Grenzen können ebenfalls genau lokalisiert werden

Die Heteroduplexanalyse kann auch eingesetzt werden, um die Grenzen zwischen Introns und Exons ausfindig zu machen. Die Methode ist mit der in Abbildung 5.14 dargestellten nahezu identisch, jedoch enthält das klonierte Restriktionsfragment die zu kartierende Exon-Intron-Grenze statt den Anfang des Transkripts.

Eine zweite Methode, mit der man Exons in einer genomischen Sequenz ermitteln kann, wird als **Exon-*trapping*** bezeichnet. Dieses Verfahren erfordert einen speziellen Vektortyp, der ein **Minigen** mit zwei Exons enthält, die eine Intronsequenz flankieren. Dem ersten Exon sind Sequenzsignale vorangestellt, die für die Einleitung der Transkription in eukaryotischen Zellen notwendig sind (Abb. 5.15). Bei der Verwendung dieses Vektors wird ein Stück der zu untersuchenden DNA in eine Restriktionsschnittstelle kloniert, die innerhalb der Intronregion des Vektors liegt. Der Vektor wird dann in eine geeignete eukaryotische Zelllinie eingeschleust, in der er transkribiert und die entstehende RNA gespleißt wird. Das Ergebnis ist, dass sich jedes im genomischen Fragment enthaltene Exon zwischen den stromaufwärts und den stromabwärts liegenden Exons des Minigens befindet. Nun führt man eine RT-PCR mit Primern durch, die innerhalb der beiden Exons des Minigens binden, und amplifiziert so ein

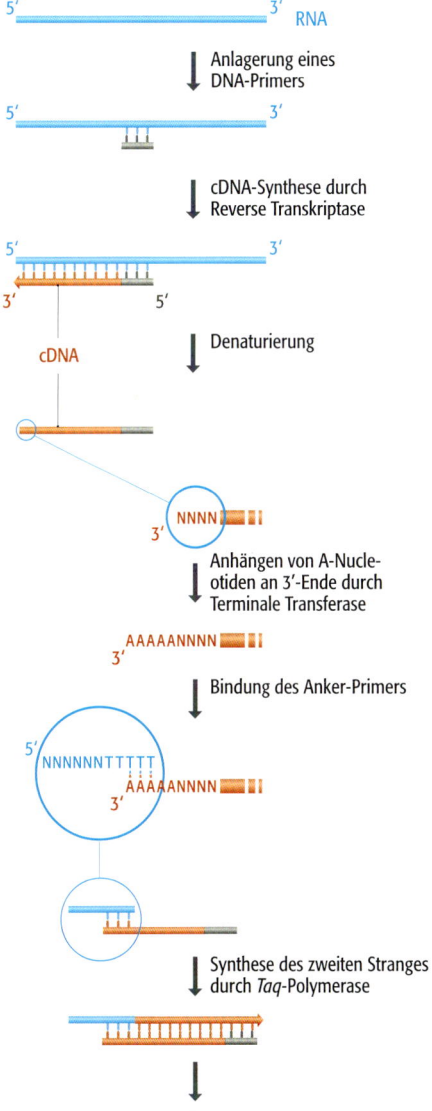

**5.13 RACE – schnelle Amplifikation von cDNA-Enden.** Die untersuchte RNA wird zum Teil in eine cDNA umgeschrieben, indem ein DNA-Primer, der an eine interne Position nahe des 5′-Endes des Moleküls gebunden hat, verlängert wird. Das 3′-Ende der cDNA wird durch die Behandlung mit einer Terminalen Desoxynucleotidyltransferase (Abschnitt 2.1.4) in Anwesenheit von dATP verlängert, indem eine Reihe von A-Nucleotiden an die cDNA angehängt werden. Diese Nucleotidfolge dient als Bindungsstelle für den Anker-Primer. Die Verlängerung des Anker-Primers führt zu einem doppelsträngigen DNA-Molekül, das nun durch eine Standard-PCR amplifiziert wird. Es handelt sich hierbei um 5′-RACE, ein Verfahren, das so bezeichnet wurde, weil es das 5′-Endes der Ausgangs-RNA amplifiziert. Eine ähnliche Methode – 3′-RACE – wird eingesetzt, wenn das 3′-Ende gewünscht ist.

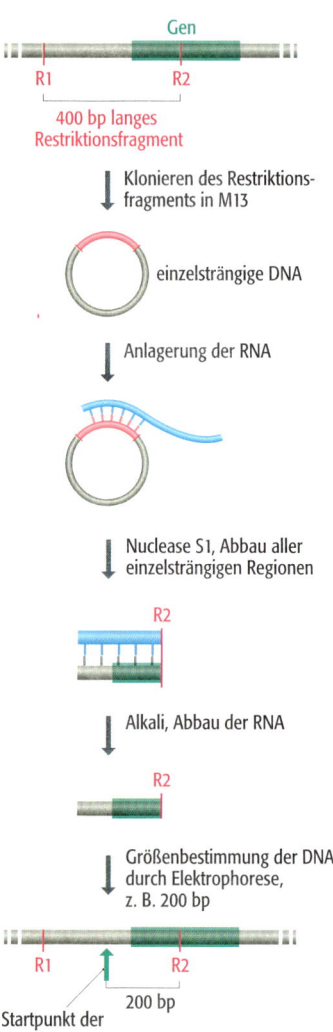

**5.14  Nuclease-S1-Kartierung.** Bei dieser Methode der Transkriptkartierung wird die Nuclease S1 eingesetzt. Das Enzym baut einzelsträngige DNA- oder RNA-Polynucleotide ab, beispielsweise auch die einzelsträngigen Regionen in vorwiegend doppelsträngigen Molekülen, doppelsträngige DNA oder DNA-RNA-Hybride bleiben jedoch unversehrt. In dem gezeigten Beispiel wird ein Restriktionsfragment, das den Anfang der Transkriptionseinheit enthält, in einen M13-Vektor kloniert und die entstehende einzelsträngige DNA mit einer RNA-Präparation hybridisiert. Nach der Behandlung mit Nuclease S1 ist ein Ende der resultierenden Heteroduplex-Nucleinsäure durch den Anfang des Transkripts markiert und das andere durch eine stromabwärts liegende Restriktionsschnittstelle (R2). Die Größe des nichtabgebauten DNA-Fragments wird durch eine Gelelektrophorese ermittelt, um den Anfang der Transkriptionseinheit relativ zu der stromabwärts liegenden Restriktionsschnittstelle zu bestimmen.

DNA-Fragment, das anschließend sequenziert wird. Da die Sequenz des Minigens bereits bekannt ist, kann man die Nucleotidpositionen ermitteln, an denen das eingebaute Exon beginnt und endet, und so das Exon genau eingrenzen.

# 5.2 Funktionsbestimmung von einzelnen Genen

Ist ein neues Gen in einer genomischen Sequenz lokalisiert, stellt sich die Frage nach seiner Funktion. Dies ist ein wichtiger Bereich der genomischen Forschung, weil die abgeschlossenen Sequenzierungsprojekte deutlich gemacht haben, dass wir weniger über den Inhalt einzelner Genome wissen als wir dachten. Zum Beispiel wurden *Escherichia coli* und *Saccharomyces cerevisiae* bereits vor Etablierung der Sequenzierungsprojekte eingehend mit den herkömmlichen genetischen Analysen untersucht, und die Genetiker waren damals zuversichtlich, dass sie die meisten Gene ausfindig gemacht hatten. Die Genomsequenzen deckten jedoch große Wissenslücken auf. Von den 4 288 proteincodierenden Genen der Genomsequenz von *E. coli* hatte man vorher nur 1 853 (43 % der gesamten Sequenzen) identifiziert. Bei *S. cerevisiae* lag dieser Anteil sogar nur bei 30 %. Genau wie bei der Lokalisierung von Genen werden für die Ermittlung Computeranalysen und experimentelle Untersuchungen zur Funktion unbekannter Gene harangezogen.

## 5.2.1 Computeranalyse der Genfunktion

Wir haben bereits gesehen, dass die Computeranalyse eine wichtige Rolle bei der Lokalisierung von Genen spielt. Eines der leistungsfähigsten Werkzeuge, die für diesen Zweck zur Verfügung stehen, ist die Homologiesuche, mit der Gene durch einen Vergleich der untersuchten DNA-Sequenz mit allen anderen in den Datenbanken vorhandenen DNA-Sequenzen lokalisiert werden. Die Grundlage der Homologiesuche ist, dass verwandte Gene ähnliche Sequenzen besitzen und so ein neues Gen aufgrund seiner Ähnlichkeit mit einem entsprechenden, bereits sequenzierten Gen eines anderen Organismus identifiziert werden kann. Jetzt werden wir uns mit der Homologiesuche genauer beschäftigen und untersuchen, wie mit ihrer Hilfe einem neuen Gen eine Funktion zugewiesen werden kann.

*Homologie spiegelt eine evolutionäre Verwandtschaft wider*

Homologe Gene haben in der Evolution einen gemeinsamen Vorfahren, was sich anhand der Sequenzähnlichkeiten zwischen den Genen zeigt. Diese Ähnlichkeiten bilden die Daten, auf denen die molekulare Phylogenese (Stammesentwicklung) beruht, wie wir in Kapitel 19 sehen werden. Homologe Gene werden in zwei Gruppen unterteilt (Abb. 5.16):

- **Orthologe** Gene sind Homologe, die in verschiedenen Organismen vorkommen und auf einen gemeinsamen Vorfahren zurückgehen, der vor der Aufspaltung der Art existierte. Orthologe Gene haben in der Regel die gleichen oder sehr ähnliche Funktionen. Zum Beispiel sind die Myoglobingene des Menschen und des Schimpansen Orthologe.

- **Paraloge** Gene sind in demselben Organismus vorhanden, häufig als Mitglieder einer bereits bekannten Multigenfamilie (Abschnitt 7.2.3), deren gemeinsamer Vorfahr entweder vor oder nach der Spezies entstanden ist, in der diese Gene nun vorkommen. Zum Beispiel sind die Myoglobin- und die β-Globingene des Menschen Paraloge: Sie entstanden durch Duplikation eines Urgens vor ungefähr 550 Millionen Jahren (Abschnitt 18.2.1).

Ein Paar von homologen Genen besitzt gewöhnlich keine identischen Nucleotidsequenzen, weil die beiden Gene unterschiedliche, zufällige Veränderungen durch Mutationen erfahren haben. Doch die Sequenzen ähneln sich, da diese zufälligen Veränderungen in der gleichen Ausgangssequenz stattgefunden haben, dem gemeinsamen Ursprungsgen. Die Homologiesuche nutzt diese Sequenzähnlichkeiten aus. Ist ein neu sequenziertes Gen einem bereits sequenzierten relativ ähnlich, dann wird eine evolutionäre Verwandtschaft angenommen und die Funktion des neuen Gens ist mit der des bekannten Gens wahrscheinlich identisch oder ähnelt ihr zumindest.

Es ist wichtig, die zwei Begriffe *Homologie* und *Ähnlichkeit* (*similarity*) nicht zu verwechseln. Es nicht korrekt, ein Paar verwandter Gene als zu „80 % homolog" zu bezeichnen, wenn ihre Sequenzen zu 80 % identische Nucleotide besitzen (Abb. 5.17). Ein Genpaar ist entweder evolutionär verwandt oder nicht; es existieren keine Zwischenstufen und der Homologie kann daher kein Prozentwert zugeschrieben werden.

## *Die Homologieanalyse liefert Informationen über die Funktion eines gesamten Gens oder von Teilen eines Gens*

Eine Homologiesuche kann mit einer DNA-Sequenz durchgeführt werden, doch in der Regel schreibt man die vorläufige Gensequenz in eine Aminosäuresequenz um, bevor man nach Homologien sucht. Ein Grund dafür ist, dass in Proteinen 20 unterschiedliche Aminosäuren enthalten sind, in der DNA jedoch nur vier Nucleotide. Daher erscheinen nichtverwandte Gene gewöhnlich unterschiedlicher, wenn ihre Aminosäuresequenzen miteinander verglichen werden (Abb. 5.18). Falsche Ergebnisse in der Homologiesuche sind daher bei der Verwendung von Aminosäuresequenzen weniger wahrscheinlich.

Ein Programm für die Homologiesuche beginnt, indem Alignments zwischen der zu untersuchenden Sequenz (*query*) und der Sequenz aus der Datenbank erstellt werden. Für jedes Alignment wird nach einem Bewertungsschema eine Punktzahl (*score*) berechnet, anhand der der Anwender die Wahrscheinlichkeit beurteilen kann, mit der die zu untersuchende Sequenz und die Sequenz der Datenbank homolog sind. Es gibt zwei Wege, diese Punktzahl zu ermitteln:

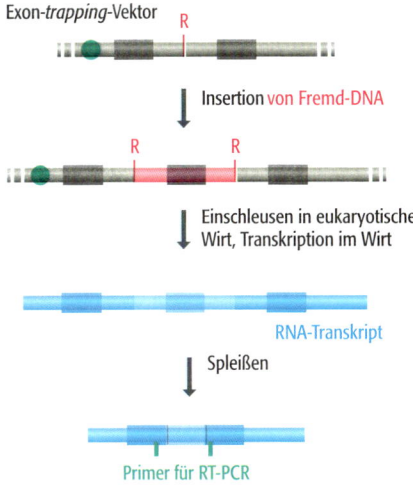

Exon-*trapping*-Vektor

Insertion von Fremd-DNA

Einschleusen in eukaryotischen Wirt, Transkription im Wirt

RNA-Transkript

Spleißen

Primer für RT-PCR

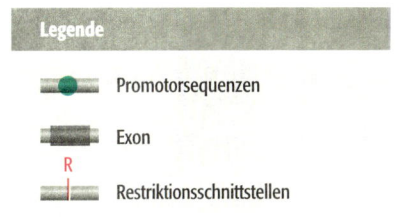

**Legende**

Promotorsequenzen

Exon

R   Restriktionsschnittstellen

**5.15   *exon trapping*.** Der Vektor für das *exon trapping* besteht aus zwei Exonsequenzen, denen eine Promotorsequenz vorangestellt ist – die Sequenz, die für eine Genexpression in einem eukaryotischen Wirt erforderlich ist (Abschnitt 11.2.2). Fremd-DNA, die ein nichtkartiertes Exon enthält, wird in den Vektor ligiert und das rekombinante DNA-Molekül in eine Wirtszelle geschleust. Das entstehende RNA-Transkript wird anschließend mit einer RT-PCR untersucht, um die Grenzen des nichtkartierten Exons zu ermitteln.

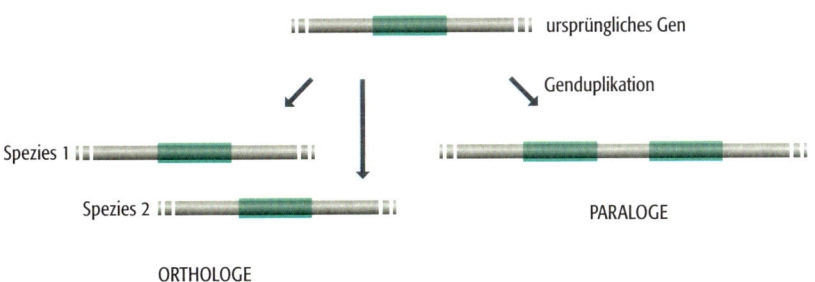

ursprüngliches Gen

Genduplikation

Spezies 1

Spezies 2

PARALOGE

ORTHOLOGE

**5.16   Orthologe und paraloge Gene.**

| Sequenz 1 | GGTGAGGGTATCATCCCATCTGACTACACCTCATCGGGAGACGGAGCAGT |
| Sequenz 2 | GGTCAGGATATGATTCCATCACACTACACCTTATCCCGAGTCGGAGCAGT |
| Übereinstimmungen (*identities*) | *** *** *** ** ***** ********* *** *** ******** |

**5.17   Zwei DNA-Sequenzen mit zu 80 % identischen Sequenzen.**

**5.18 Eine fehlende Homologie zwischen zwei Sequenzen ist häufig deutlicher zu erkennen, wenn der Vergleich auf der Ebene der Aminosäuren durchgeführt wird.** Es sind zwei Nucleotidsequenzen gezeigt, wobei die in beiden Sequenzen identischen Nucleotide grün dargestellt sind und die nichtidentischen rot. Die beiden Nucleotidsequenzen sind zu 76 % gleich, wie durch die Sterne angedeutet wird. Das könnte auf eine Homologie der beiden Sequenzen hinweisen. Werden die Sequenzen jedoch in die Aminosäuresequenz translatiert, verringert sich die Übereinstimmung auf 28 %. Identische Aminosäuren sind gelb dargestellt und nichtidentische braun. Der Vergleich zwischen den Aminosäuresequenzen legt nahe, dass die Gene nicht homolog sind und dass die Ähnlichkeit auf der Nucleotidebene zufällig war. Die Aminosäuresequenzen sind im Ein-Buchstaben-Code dargestellt (Tab. 1.2).

```
                G  A  P  G  M  W  L  R  L  A  A  G  S  F  E  H  A  G
Sequenz 1   GGTGCACCCGGTATGTGACTGCGATTAGCAGCGGGATCATTTCAGCATGCAGGG
             *  *  *****  ****  ****  **  ***  ****  *****  ***  **  ****  **  *
Sequenz 2   GATACACCCGTATTTGACAGCAATTTGCAGGGGGATGATTGCACCATGGAGCG
                D  T  P  R  I  W  E  E  F  A  G  G  W  L  H  H  G  A
```

- Die einfachsten Programme zählen die Positionen, an denen beide Sequenzen die gleiche Aminosäure besitzen. Die Zahl gibt, in Prozent umgerechnet, das Ausmaß der Übereinstimmung (*identity*) zwischen den Sequenzen an.

- Technisch ausgefeiltere Programme berücksichtigen die chemische Verwandtschaft zwischen den nichtidentischen Aminosäuren, um jeder Position des Alignments eine Punktzahl zuzuweisen, und zwar eine höhere Punktzahl für identische oder nahe verwandte Aminosäuren (zum Beispiel Leucin und Isoleucin oder Asparaginsäure und Asparagin) und eine geringere Punktzahl für wenig verwandte Aminosäuren (zum Beispiel Cystein und Tyrosin oder Phenylalanin und Serin). Diese Analyse ermittelt das Ausmaß der Ähnlichkeit (*similarity*) zwischen einem Sequenzpaar.

Um die größtmögliche Punktzahl zu erreichen, führt ein Algorithmus in eine oder beide Sequenzen und bis zu einem vom Anwender bestimmten Ausmaß an verschiedenen Positionen Lücken (*gaps*) ein. Durch diesen Vorgang werden Prozesse simuliert, die vermutlich während der Evolution von Genen stattfinden, wenn Blöcke von Nucleotiden, die einzelne oder nebeneinander liegende Aminosäuren codieren, in ein Gen eingefügt oder aus ihm entfernt werden.

In der Praxis ist die Homologiesuche keineswegs kompliziert. Für diese Form der Analyse existieren etliche Softwareprogramme, von denen das bekannteste **BLAST** (*Basic Local Alignment Search Tool*) ist. Die Analyse kann einfach durchgeführt werden, indem man die Sequenz auf der Internetseite von einer der Online-DNA-Datenbanken in die Suchmaske eingibt. Das Standard-BLAST-Programm ist für die Identifizierung homologer Gene mit einer Sequenzähnlichkeit von mehr als 30–40 % gut geeignet, bei geringerer Ähnlichkeit ist jedoch das Erkennen einer evolutionären Verwandtschaft weniger effektiv. Die modifizierte Version, als **PSI-BLAST** (*position-specific iterated BLAST*) bezeichnet, erkennt entfernter verwandte Sequenzen, indem von homologen Sequenzen des normalen BLAST-Suchlaufs ein Profil erstellt wird, mit dessen Merkmalen zusätzliche, im ersten Suchlauf nicht erkannte, homologe Sequenzen identifiziert werden können.

Die Homologiesuche mit BLAST und ähnlichen Programmen hat in der Genomforschung enorm an Bedeutung gewonnen, doch muss man auch ihre Grenzen erkennen. Ein wachsendes Problem ist das Vorhandensein von Genen in den Datenbanken, deren zugewiesene Funktion nicht korrekt ist. Wird ein solches Gen als Homolog der zu untersuchenden Sequenz (*query*) ermittelt, dann wird die nichtkorrekte Funktion auch dieser neuen Sequenz zugewiesen und das Problem auf diese Weise verstärkt. Es gibt außerdem einige Fälle, in denen homologe Sequenzen recht unterschiedliche biologische Funktionen haben. Ein Beispiel hierfür sind die Crystalline der Augenlinsen, von denen einige zu Stoffwechselenzymen homolog sind. Homologie zwischen einer *query*-Sequenz und einem Crystallin bedeutet daher nicht, dass die zu untersuchende Sequenz ein Crystallin ist. Ebenso besagt eine vermeintlich eindeutige Homologie der *query*-Sequenz mit einem Stoffwechselenzym nicht, dass es sich bei der untersuchten Sequenz um ein solches Enzym handelt.

Auch gibt es Beispiele von Genen mit ähnlichen Sequenzen, die jedoch evolutionsgeschichtlich scheinbar nicht verwandt sind. Gelegentlich ist dies darin begründet, dass die Proteine ähnliche Funktionen haben, obwohl die Gene nicht verwandt sind, und dass die in den beiden Sequenzen vorhandene Region in jedem Protein eine Domäne codiert, die für die von beiden ausgeübte Funktion entscheidend ist. Die Gene selbst haben keinen gemeinsamen Vorfahren, bei den Domänen ist das jedoch der Fall. Es handelt sich um einen sehr weit zurückliegenden Vorfahren, von dem ausgehend sich die homologen Domänen entwickelt haben. Dabei wurden nicht nur einzelne Nucleotide verändert, sondern eine komplexe Umstrukturierung führte zu neuen Genen, in denen die Domänen heute enthalten sind (Abschnitt 18.2.1). Diese Form der Homologie kann außerordentlich informativ sein. Ein typisches Beispiel ist die Tudor-Domäne, ein Motiv aus ungefähr 120 Aminosäuren, das zuerst in der Sequenz des *tudor*-Gens aus *Drosophila melanogaster* entdeckt wurde. Das von dem *tudor*-Gen codierte Protein, dessen Funktion unbekannt ist, besteht aus zehn aneinander gereihten Kopien der Tudor-Domäne (Abb. 5.19). Eine Homologiesuche, bei der die Tudor-Domäne als *query*-Sequenz eingesetzt wurde, ergab, dass mehrere bekannte Proteine diese Domäne besitzen. Die Sequenzen dieser Proteine sind einander nicht sehr ähnlich und es gibt keine Anzeichen dafür, dass es sich um echte Homologe handelt, doch sie enthalten alle die Tudor-Domäne. Von diesen Proteinen ist eines am Transport von RNA während der Oogenese von *Drosophila* beteiligt, eines ist ein menschliches Protein mit einer Funktion im RNA-Metabolismus, und es gibt andere, deren Aktivitäten in der einen oder anderen Weise mit RNA verknüpft sind. Die Homologieanalyse weist daher darauf hin, dass die Tudor-Sequenz an der Wechselwirkung zwischen dem Protein und seinem RNA-Substrat beteiligt ist. Die Informationen der Computeranalyse sind an sich unvollständig, doch sie geben die Richtung für die Art der zukünftigen Experimente vor, mit denen man eindeutigere Daten über die Funktion der Tudor-Domäne gewinnen könnte.

## Die Anwendung der Homologiesuche, um menschlichen Krankheitsgenen Funktionen zuzuordnen

Um die Bedeutung der Homologiesuche in der Genomik zu veranschaulichen, werden wir untersuchen, wie dieses Verfahren die Erforschung von genetisch bedingten Krankheiten des Menschen unterstützt hat. Einer der Hauptgründe für die Sequenzierung des menschlichen Genoms war, Zugang zu Genen zu erhalten, die an Krankheiten des Menschen beteiligt sind. Die Hoffnung ist, dass die Sequenz eines Krankheitsgens einen Einblick in die biochemische Ursache der Krankheit gibt und auf diese Weise einen Weg zeigt, den Ausbruch dieser Krankheit zu verhindern oder sie zu behandeln. Die Homologiesuche spielt bei der Analyse von Krankheitsgenen eine wichtige Rolle, weil die Entdeckung von einem Homolog des menschlichen Krankheitsgens in einem zweiten Organismus oft den Schlüssel zum Verständnis der biochemischen Funktion des menschlichen Gens darstellt. Wurde das Homolog bereits charakterisiert, dann ist die Information, die für das Verständnis der biochemischen Funktion des menschlichen Gens benötigt wird, möglicherweise schon vorhanden; wurde es noch nicht charakterisiert, dann kann das Homolog gezielt erforscht werden.

*Drosophila*, Tudor

*Drosophila*, Homeless

Mensch, AKAP149

**5.19    Die Tudor-Domäne.** Die obere Abbildung zeigt die Struktur des Tudor-Proteins aus *Drosophila*, das zehn Kopien der Tudor-Domäne enthält. Die Domäne ist auch in einem zweiten, als Homeless bezeichneten *Drosophila*-Protein enthalten und in dem A-Kinase-Ankerprotein (AKAP149) des Menschen, das im RNA-Metabolismus eine Rolle spielt. Die Proteine besitzen, abgesehen von den Tudor-Domänen, unterschiedliche Strukturen. Die Aktivität jedes Proteins hat in irgendeiner Weise mit RNA zu tun.

Um die Erforschung von Erkrankungen des Menschen zu unterstützen, ist es unwichtig, ob das Homolog in einem nahe verwandten Organismus vorkommt. *Drosophila* ist als Untersuchungsobjekt sehr gut geeignet, weil die phänotypischen Auswirkungen vieler *Drosophila*-Gene bekannt sind. Daher existieren bereits Daten, mit deren Hilfe man auf die Wirkungsweise von menschlichen Krankheitsgenen schließen kann, die Homologe im *Drosophila*-Genom besitzen. Den größten Erfolg erzielte man jedoch mit der Hefe. Etliche menschliche Krankheitsgene haben Homologe im *S. cerevisiae*-Genom (Tab. 5.1). Darunter sind Gene, die an Krebs, Cystischer Fibrose und neurologischen Syndromen beteiligt sind, und in vielen Fällen hat das Hefehomolog eine bekannte Funktion, die eindeutig auf die biochemische Aktivität des menschlichen Gens hinweist. In manchen Fällen konnte man sogar zeigen, dass die Genaktivität im Menschen und in der Hefe physiologisch ähnlich ist. Zum Beispiel ist das Hefegen *SGS1* ein Homolog des menschlichen Gens, das an Krankheiten beteiligt ist, die als Bloom- und als Werner-Syndrom bezeichnet werden und die durch Wachstumsstörungen charakterisiert sind. Hefen mit einem mutierten *SGS1*-Gen haben eine kürzere Lebensdauer als normale Hefen und zeigen vermehrt Anzeichen von Alterung, zum Beispiel Sterilität. Man konnte zeigen, dass das Hefegen eine von zwei verwandten DNA-Helikasen codiert, die für die Transkription von rRNA-Genen und für die DNA-Replikation notwendig sind. Die Verbindung zwischen *SGS1* und den Genen für Bloom- und Werner-Syndrom, hergestellt durch die Homologiesuche, wies auf die mögliche biochemische Ursache der menschlichen Krankheiten hin.

## 5.2.2 Zuordnung von Genfunktionen durch experimentelle Analysen

Es leuchtet ein, dass eine Homologieanalyse kein Patentrezept darstellt, mit dem die Funktionen aller neuen Gene ermittelt werden können. Die Ergebnisse von Homologiestudien werden daher mithilfe von experimentellen Methoden ergänzt und erweitert. Dies ist, wie sich herausstellt, eine der größten Herausforderungen der Genomforschung. Und viele Biologen sind der Ansicht, dass Methodik und aktuelle Strategien, mit denen man den vielen, in den Sequenzierungsprojekten entdeckten unbekannten Genen Funktionen zuweist, nicht gänzlich geeignet sind. Das Problem ist, dass das Ziel – den Weg vom Gen zur Funktion aufzuzeigen – der umgekehrte Weg ist, den man normalerweise mit der genetischen Analyse beschreitet. Dieser Weg beginnt mit

**Tabelle 5.1.** Beispiele von Krankheitsgenen des Menschen, die Homologe in *Saccharomyces cerevisiae* besitzen

| Krankheitsgen des Menschen | Homolog aus der Hefe | Funktion des Hefegens |
|---|---|---|
| Amyotrophe Lateralsklerose | *SOD1* | Schutz gegen Superoxid ($O_2^-$) |
| Ataxia telangiectasia | *TEL1* | codiert eine Proteinkinase |
| Darmkrebs | *MSH2, MLH1* | DNA-Reparatur |
| Cystische Fibrose | *YCF1* | Metallresistenz |
| Myotone Dystrophie | *YPK1* | codiert eine Proteinkinase |
| Typ-1-Neurofibromatose | *IRA2* | codiert ein regulatorisches Protein |
| Bloom-Syndrom, Werner-Syndrom | *SGS1* | DNA-Helikase |
| Wilson-Krankheit | *CCC2* | Kupfertransport? |

dem Phänotyp und hat die Entschlüsselung zugrunde liegender Gene zum Ziel. Die aktuelle Fragestellung führt uns aber in die entgegen gesetzte Richtung: sie beginnt mit einem neuen Gen und endet hoffentlich mit der Identifizierung des zugehörigen Phänotyps.

## Funktionelle Analyse durch Geninaktivierung

Bei konventionellen genetischen Analysen wird die genetische Grundlage eines Phänotyps in der Regel analysiert, indem man Mutanten mit einem veränderten Phänotyp ausfindig macht. Man erhält die Mutanten auf experimentellem Weg, zum Beispiel indem man eine Organismenpopulation (wie eine Bakterienkultur) mit ultravioletter Strahlung oder mutagenen Chemikalien behandelt (Abschnitt 16.1.1), oder die Mutanten können in einer natürlichen Population vorhanden sein. Das in der Mutante veränderte Gen wird anschließend durch genetische Kreuzungen analysiert (Abschnitt 3.2.4) (wobei es sich auch um mehrere Gene handeln kann). Dadurch lässt sich die Position eines solchen Gens in einem Genom lokalisieren und bestimmen, ob das Gen mit einem bereits charakterisierten identisch ist. Mit molekularbiologischen Techniken wie Klonierung und Sequenzierung wird das Gen anschließend gegebenenfalls weiter untersucht.

Das allgemeine Prinzip dieser konventionellen Analyse ist, dass man Gene, die einen Phänotyp hervorrufen, ausfindig machen kann, wenn man die inaktivierten Gene eines Organismus ermittelt, der eine mutierte Form des Phänotyps ausprägt. Ist der Ausgangspunkt der Untersuchungen das Gen und nicht der Phänotyp, dann lautet die entsprechende Strategie, das Gen zu mutieren und die Veränderung des resultierenden Phänotyps zu ermitteln. Dies ist die Grundlage der meisten Methoden, mit denen man unbekannten Genen Funktionen zuweisen kann.

## Einzelne Gene können durch homologe Rekombination inaktiviert werden

Der einfachste Weg für die Inaktivierung eines einzelnen Gens ist seine Zerstörung mit einem nichtverwandten DNA-Segment (Abb. 5.20). Eine solche Zerstörung erreicht man durch **homologe Rekombination** zwischen der chromosomalen Kopie des Gens und einem zweiten DNA-Stück, dass eine mit dem Zielgen übereinstimmende Sequenz aufweist. Rekombinationen in homologer oder anderer Form sind komplexe Vorgänge, die wir im Einzelnen in Kapitel 17 behandeln werden. An dieser Stelle reicht die Information aus, dass eine Rekombination zu einem Austausch von Molekülsegmenten führen kann, wenn zwei DNA-Moleküle ähnliche Sequenzen besitzen.

Wie wird die Geninaktivierung in der Praxis durchgeführt? Wir wollen zwei Beispiele betrachten, das erste mit *S. cerevisiae*. Seit die Genomsequenz im Jahr 1996 fertig gestellt wurde, haben Hefegenetiker auf international koordinierte Weise damit begonnen, so vielen Genen wie möglich eine Funktion zuzuweisen (Abschnitt 5.3). Eine dafür eingesetzte Methode ist in Abbildung 5.21 dargestellt. Die wichtigste Komponente ist die „Deletionskassette", die ein Gen für Antibiotikaresistenz trägt. Dieses Gen ist kein natürlicher Bestandteil des Hefegenoms, doch in ein Hefechromosom eingebaut ist es ist funktionell aktiv, sodass transformierte Hefezellen wachsen können, die gegenüber dem Antibiotikum Geneticin resistent sind. Bevor man die Deletionskassette einsetzt, werden neue DNA-Segmente als Schwänze an jedes Ende gehängt. Diese Segmente tragen Sequenzen, die mit Teilen des zu inaktivierenden Hefegens iden-

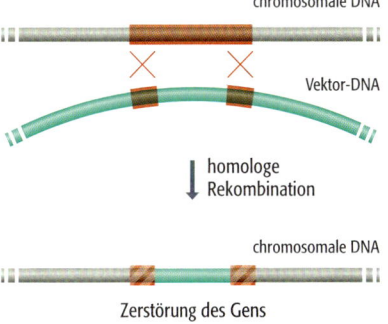

chromosomale DNA

Vektor-DNA

↓ homologe Rekombination

chromosomale DNA

Zerstörung des Gens

**5.20 Geninaktivierung durch homologe Rekombination.** Die chromosomale Kopie des Zielgens rekombiniert mit einer zerstörten Version des Gens in einem Klonierungsvektor. Dadurch wird das Zielgen inaktiviert.

Deletionskassette

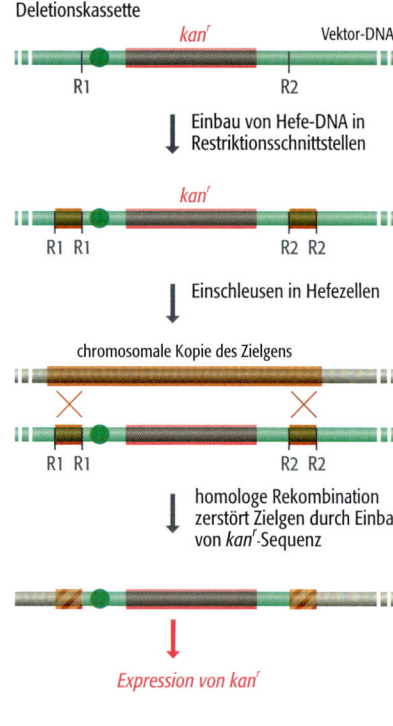

Vektor-DNA

↓ Einbau von Hefe-DNA in
Restriktionsschnittstellen

↓ Einschleusen in Hefezellen

chromosomale Kopie des Zielgens

↓ homologe Rekombination
zerstört Zielgen durch Einbau
von kan^r^-Sequenz

↓ Expression von kan^r^

**Legende**

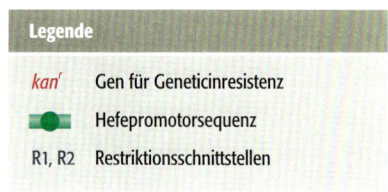

kan^r^  Gen für Geneticinresistenz

Hefepromotorsequenz

R1, R2  Restriktionsschnittstellen

**5.21    Verwendung einer Hefedeletions-
kassette.** Die Deletionskassette besteht aus
einem Gen für Antibiotikaresistenz, das von
Promotorsequenzen reguliert wird, die für
die Expression in Hefe notwendig sind, und
das von zwei Restriktionsschnittstellen flankiert wird. Die Start- und die Endsegmente
des Zielgens werden in die Restriktionsschnittstellen kloniert und der Vektor in
Hefezellen eingeschleust. Durch Rekombination zwischen den Gensegmenten und der
chromosomalen Kopie des Zielgens wird
das Zielgen zerstört. Zellen, in denen die
Zerstörung stattgefunden hat, exprimieren
nun das Gen für die Antibiotikaresistenz und
wachsen daher auf geneticinhaltigem Agar.
Die Genbezeichnung „kan^r^" ist eine Abkürzung für „Kanamycinresistenz", wobei Kanamycin der Familienname einer Gruppe von
Antibiotika einschließlich Geneticin ist.

tisch sind. Nachdem die modifizierte Kassette in die Hefezelle eingeschleust
wurde, erfolgt eine homologe Rekombination zwischen den DNA-Schwänzen
und der chromosomalen Kopie des Hefegens, sodass letztere durch das Gen
für die Antibiotikaresistenz ersetzt wird. Man selektiert Zellen, in denen der
Austausch stattgefunden hat, indem man die Kultur auf geneticinhaltigem Agar
ausplattiert. Den entstehenden Kolonien fehlt die Aktivität des Zielgens und
ihre Phänotypen können untersucht werden, um einen Einblick in die Funktion des Gens zu erhalten.

Im zweiten Beispiel für eine Genaktivierung wird ein analoges Verfahren angewendet, doch bei Mäusen statt bei der Hefe. Die Maus wird häufig als **Modellorganismus** für den Menschen benutzt, weil das Mausgenom dem menschlichen Genom ähnlich ist und viele gleiche Gene enthält. Die funktionelle Analyse unbekannter Gene des Menschen wird daher zum Großteil durch Inaktivierung der entsprechenden Gene in der Maus durchgeführt – Experimente,
die beim Menschen aus ethischen Gründen nicht denkbar wären. Die homologe Rekombination ist ein Teil des Verfahrens und stimmt mit den Vorgängen
überein, wie sie für die Hefe beschrieben wurden. Auch hier entsteht eine Zelle,
in der das Zielgen inaktiviert wurde. Die Schwierigkeit ist jedoch, dass wir nicht
nur eine einzige mutierte Zelle benötigen, wir hätten gerne eine vollständig
mutierte Maus, denn nur mit dem gesamten Organismus können wir die Wirkung der Genaktivierung auf den Phänotyp beurteilen. Um dies zu erreichen,
ist ein spezieller Typ von Mauszellen erforderlich: **embryonale Stammzellen**
oder **ES-Zellen**. ES-Zellen sind im Gegensatz zu den meisten Mauszellen **totipotent**, ihre Entwicklung ist also noch nicht in einer bestimmten Richtung festgelegt, weshalb alle Typen von differenzierten Zellen aus ihnen entstehen können. Die gentechnisch veränderte ES-Zelle wird in einen Mausembryo injiziert,
der sich schließlich zu einer **Chimäre** entwickelt, also einer Maus, die aus einem
Gemisch von Zellen besteht. Die Maus enthält zum einen mutierte Zellen, die
aus den gentechnisch veränderten ES-Zellen entstanden sind, und zum anderen nicht mutierte Zellen, die von den anderen Zellen des Embryos abstammen. Das entspricht immer noch nicht genau unserem Ziel. Die chimären
Mäuse müssen nun miteinander gekreuzt werden. Einige der Nachkommen
entstehen aus der Fusion von zwei mutierten Gameten und sind daher keine
Chimären, da jede ihrer Zellen das inaktivierte Gen trägt. Es handelt sich um
**Knockout-Mäuse**, und mit ein wenig Glück liefern ihre Phänotypen die
gewünschte Information über die Funktion des untersuchten Gens. Das Verfahren wird bei vielen Geninaktivierungen erfolgreich angewendet, doch einige
dieser Inaktivierungen sind letal und können daher nicht an einer homozygoten Knockout-Maus untersucht werden. Stattdessen züchtet man eine heterozygote Maus, das Ergebnis der Fusion zwischen einem normalen und einem
mutierten Gameten, in der Hoffnung, dass die phänotypische Auswirkung der
Geninaktivierung sichtbar wird, obwohl die Maus auch eine normale Kopie des
untersuchten Gens besitzt.

## Geninaktivierung ohne homologe Rekombination

Die homologe Rekombination ist nicht die einzige Möglichkeit ein Gen zu zerstören, um seine Funktion zu testen. Eine Alternative ist die **Transposonmarkierung** (*transposon tagging*), beim dem die Inaktivierung erreicht wird, indem
man ein transponierbares Element (*transposable element*), oder Transposon,
in das Gen integriert. Die meisten Genome enthalten transponierbare Elemente
(Abschnitt 9.2) und obwohl der Großteil von ihnen inaktiv ist, gibt es in der
Regel einige wenige, die ihre Fähigkeit behalten haben, ihre Lage innerhalb des

Genoms zu verändern, zu „springen". Unter normalen Bedingungen ist eine Transposition ein relativ seltenes Ereignis, doch kann man mithilfe der DNA-Rekombinationstechnik modifizierte Transposons entwickeln, die ihre Position auf einen externen Reiz hin verändern. Ein mögliches Verfahren, das von dem Hefetransposon *Ty1* Gebrauch macht, ist in Abbildung 5.22 dargestellt. Die Transposonmarkierung spielt ebenfalls bei der Analyse des Genoms der Fruchtfliege eine wichtige Rolle, bei der das endogene *Drosophila*-Transposon, als **P-Element** bezeichnet, eingesetzt wird. Der Nachteil der Transposonmarkierung besteht darin, dass es schwierig ist, einzelne Zielgene zu treffen, weil die Transposition ein mehr oder weniger zufälliges Ereignis ist und man nicht vorherzusagen vermag, wohin ein Transposon springen wird. Soll ein bestimmtes Gen inaktiviert werden, dann muss man eine beträchtliche Anzahl von Transpositionen induzieren und anschließend alle entstehenden Organismen untersuchen, um einen Organismus mit der gewünschten Insertion zu finden. Die Transposonmarkierung ist daher eher bei allgemeinen Untersuchungen der Genomfunktion einzusetzen, bei denen Gene zufällig inaktiviert und Gengruppen mit ähnlichen Funktionen ermittelt werden sollen, indem man die Nachkommen auf relevante phänotypische Veränderungen hin untersucht.

Einen völlig anderen Ansatz der Geninaktivierung bietet die RNA-Interferenz, oder RNAi, die zu einer Reihe natürlicher Vorgänge gehört, bei denen kurze RNA-Moleküle die Genexpression in lebenden Zellen beeinflussen (Abschnitt 12.2.6). In der Genomforschung stellt RNAi ein Werkzeug zur Inaktivierung eines Zielgens dar, nicht indem das Gen selber unterbrochen wird, sondern indem man seine mRNA zerstört. Dazu schleust man ein kurzes, doppelsträngiges RNA-Molekül, dessen Sequenz zu der anvisierten mRNA passt, in die Zelle. Die doppelsträngigen RNA-Moleküle werden zu kürzeren Molekülen abgebaut, die wiederum den Abbau der mRNA veranlassen (Abb. 5.23). Man führte das Verfahren das erste Mal mit dem Wurm *Caenorhabditis elegans* durch, dessen Genom vollständig sequenziert ist und der als wichtiger Modellorganismus für höhere Eukaryoten betrachtet wird (Abschnitt 14.3.3). Nahezu alle der 19 000 vorhergesagten Gene des *C. elegans*-Genoms wurden einzeln durch RNA-Interferenz inaktiviert. Der maßgebliche Schritt in jedem RNAi-Experiment ist das Einschleusen des doppelsträngigen RNA-Moleküls, aus dem die einzelsträngigen interferierenden RNAs entstehen, in den Testorganismus. Bei *C. elegans* wird dies bewerkstelligt, indem man den Wurm mit der RNA füttert. *C. elegans* frisst Bakterien, beispielsweise *Escherichia coli*, und wird häufig auf einer Agarplatte mit einem Bakterienrasen gehalten. Wenn die Bakterien ein kloniertes Gen enthalten, das die Expression eines doppelsträngigen RNA-Moleküls bewirkt, welches die gleiche Sequenz hat wie das *C. elegans*-Gen, dann wird nach Aufnahme der Bakterien der RNAi-Weg aktiviert. Alternativ kann die doppelsträngige RNA direkt durch Mikroinjektion in den Wurm gebracht werden, doch ist dieses Verfahren zeitaufwendiger.

RNA-Interferenz kommt bei einer Reihe von Eukaryoten natürlich vor, doch man hatte erwartet, dass ihre Anwendung bei Säugerzellen problematisch sein würde, weil diese Organismen gleichzeitig eine Reaktion auf doppelsträngige RNA zeigen, bei der die Proteinsynthese allgemein gehemmt wird und die so zum Zelltod führt. Dieses Problem umgeht man, indem man doppelsträngige RNAs mit einer Länge von nur 21–25 bp einsetzt. Sie sind ausreichend lang, um spezifisch für ein bestimmtes Zielgen zu sein und den RNAi-Prozess zu aktivieren, sie sind jedoch zu kurz, um die Hemmung der Proteinsynthese auszulösen. Mit diesem Ansatz, bei dem die klonierten RNA-exprimierenden Gene

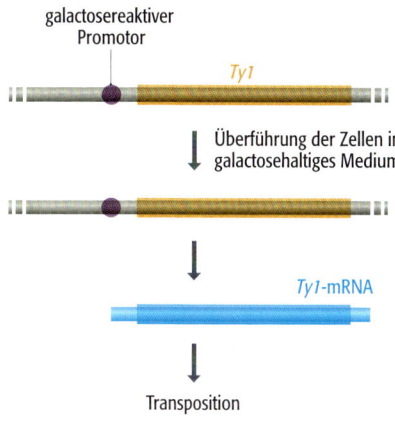

**5.22    Künstliche Induktion der Transposition.** Mithilfe der DNA-Rekombinationstechnik wurde eine galactosereaktive Promotorsequenz stromaufwärts des *Ty1*-Elements in das Hefegenom kloniert. Fehlt Galactose, dann wird das *Ty1*-Element nicht transkribiert und bleibt im Ruhezustand. Überträgt man die Zellen in ein galactosehaltiges Kulturmedium, wird der Promotor aktiviert und das *Ty1*-Element transkribiert, wodurch der Transpositionsprozess eingeleitet wird. Für weitere Informationen über die Aktivierung eukaryotischer Promotoren siehe Abschnitt 11.3 und Einzelheiten des *Ty1*-Transpositionsprozesses finden sich in Abschnitt 17.3.2.

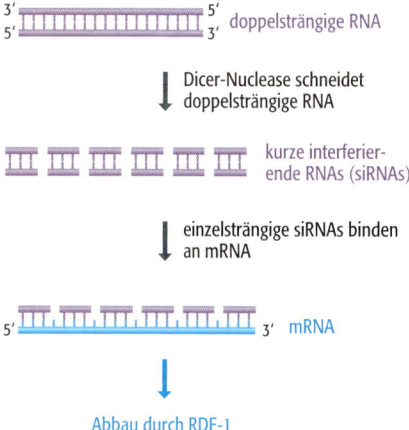

**5.23    RNA-Interferenz.** Die doppelsträngigen RNA-Moleküle werden durch die Dicer-Ribonuclease in kurze, interferierende RNAs (*short interfering RNAs*, siRNAs) mit einer Länge von 21–25 bp abgebaut. Ein Strang jeder siRNA geht Basenpaarungen mit der Ziel-mRNA ein, die anschließend durch die Nuclease RDE-1 abgebaut wird.

mithilfe von retroviralen Vektoren in die kultivierten Zellen eingeschleust werden, vermochte man über 8 000 der etwa 30 000 menschlichen Gene einzeln zu inaktivieren. Die aktuelle Herausforderung im Zusammenhang mit RNAi bei Säugerzellen besteht darin, von den zellbasierten Systemen, mit denen nur bestimmte Phänotypen untersucht werden können, zu Knockout-Mäusen überzugehen, mit denen eine große Bandbreite von Phänotypen analysiert werden kann. Dafür müssen Klonierungssysteme entwickelt werden, mit denen interferierende RNAs, die für die dauerhafte Inaktivierung des Zielgens in einer gleichbleibend hohen Konzentration vorhanden sein müssen, langfristig und stabil synthetisiert werden können.

## Auch mithilfe einer Überexpression kann man einem Gen eine Funktion zuordnen

Bis jetzt haben wir uns auf Methoden konzentriert, die zu einer Inaktivierung des untersuchten Gens („*loss of function*") führen. Bei dem komplementären Ansatz wird ein Organismus hergestellt, in dem das Testgen viel aktiver ist als normal („*gain of function*"), und man ermittelt die möglicherweise dadurch verursachten phänotypischen Veränderungen. Die Ergebnisse dieser Experimente müssen mit Vorsicht behandelt werden, denn man muss zwischen phänotypischen Veränderungen unterscheiden, die auf der spezifischen Funktion des überexprimierten Gens beruhen, und weniger spezifischen Veränderungen, welche die anomale Situation widerspiegeln, die entsteht, wenn ein einziges Genprodukt in großem Überschuss produziert wird, und das möglicherweise in Geweben, in denen das Gen in der Regel inaktiv ist. Trotz dieser Einschränkungen lieferte die Überexpression einige wichtige Informationen über die Funktion von Genen.

Um ein Gen zu überexprimieren muss man einen speziellen Typ von Klonierungsvektor einsetzen, der so konstruiert ist, dass von dem klonierten Gen so viel Protein wie möglich synthetisiert wird. Es muss sich also um einen ***multicopy***-Vektor handeln, was bedeutet, dass er sich innerhalb des Wirtsorganismus auf 40–200 Kopien pro Zelle vervielfacht und somit viele Kopien des Testgens vorliegen. Der Vektor enthält außerdem einen starken, hoch aktiven Promotor (Abschnitt 11.2.2), sodass jede Kopie des Testgens zu einer großen Anzahl von mRNA-Molekülen führt, die wiederum sicherstellt, dass so viel Protein wie möglich entsteht. In dem in Abbildung 5.24 gezeigten Beispiel besitzt der Klonierungsvektor einen hoch aktiven Promotor, der nur in der Leber aktiv ist,

**5.24 Funktionelle Analyse durch Überexpression von Genen.** Das Ziel ist, den Einfluss einer Überexpression des untersuchten Gens auf den Phänotyp einer transgenen Maus zu untersuchen. Dazu wird die cDNA des Gens in einen Klonierungsvektor kloniert, der eine hoch aktive Promotorsequenz besitzt, welche die Expression des klonierten Gens in den Leberzellen der Maus steuert. Statt der genomischen Kopie des Gens kommt cDNA zum Einsatz, weil letztere keine Introns enthält und daher kürzer und leichter im Reagenzglas zu manipulieren ist.

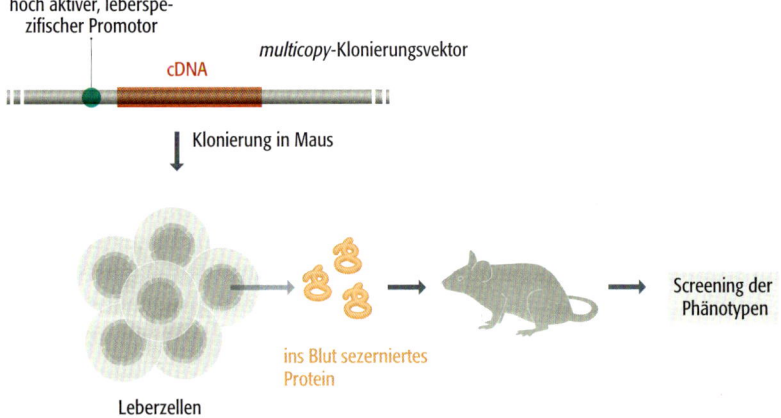

sodass jede **transgene Maus** das Testgen in der Leber überexprimiert. Dieser Ansatz wurde für Gene eingesetzt, deren Sequenzen bereits vermuten ließen, dass die codierten Proteine in das Blut sezerniert werden. Nachdem das Testprotein in der Leber der transgenen Maus synthetisiert wurde, wird es dort freigesetzt und der Phänotyp der transgenen Maus kann auf Hinweise untersucht werden, die auf die Funktion des klonierten Gens schließen lassen. Besonders interessant war die Entdeckung, dass eine transgene Maus Knochen besaß, die im Vergleich zu normalen Mäusen eine deutlich höhere Dichte aufwiesen. Dies war aus zwei Gründen von Bedeutung: Erstens konnte gezeigt werden, dass das betreffende Gen an der Knochensynthese beteiligt ist; zweitens eröffnete die Entdeckung eines Proteins, das die Knochendichte erhöht, neue Möglichkeiten zur Entwicklung von Therapien der Osteoporose beim Menschen, einer Krankheit, bei der die Knochen brüchig werden.

### Die phänotypische Wirkung von Geninaktivierung oder -überexpression ist unter Umständen schwierig zu erkennen

Eine Schwierigkeit bei einem Experiment zur Inaktivierung oder Überexpression eines Gens besteht darin, die phänotypische Veränderung zu erkennen, deren Charakter Auskunft über die Funktion des manipulierten Gens gibt. Dies kann viel problematischer sein, als es zunächst den Anschein hat. Bei jedem Organismus ist die Spannbreite der zu untersuchenden Phänotypen enorm groß. Selbst bei einem einzelligen Organismus wie der Hefe ist die Liste relativ lang (Tab. 5.2a) und bei vielzelligen Eukaryoten ist sie noch länger (Tab. 5.2b). Bei höheren Organismen sind einige Phänotypen (zum Beispiel solche, die das Verhalten betreffen) schwer, wenn nicht sogar überhaupt nicht zu beurteilen. Darüber hinaus kann die Wirkung der Geninaktivierung sehr gering ausgeprägt sein und wird bei der Untersuchung des Phänotyps möglicherweise nicht erfasst. Ein gutes Beispiel für solche Schwierigkeiten sind die Analysen des längsten Gens auf Hefechromosom III, das mit 2 167 Codons und einer für die Hefe typischen Bevorzugung von Codons ein funktionelles Gen und kein falscher ORF sein musste. Dennoch hatte die Inaktivierung dieses Gens scheinbar keine Wirkung; die mutierten Hefezellen hatten offensichtlich denselben Phänotyp wie die normale Hefe. Eine Zeit lang glaubte man, das Gen sei möglicherweise entbehrlich und sein Protein entweder an einer vollkommen unnötigen Reaktion beteiligt oder mit einer Funktion ausgestattet, die ebenfalls von einem zweiten Gen ausgeübt wird. Schließlich konnte man zeigen, dass Mutanten sterben, wenn sie bei einem niedrigen pH-Wert in der Anwesenheit von Glucose und Essigsäure gezogen werden; Bedingungen, die normalerweise von der Hefe toleriert werden. Daraus schloss man, dass das Gen ein Protein codiert, welches Acetat aus der Zelle pumpt. Dies ist zweifellos eine essenzielle Funktion, da das Gen beim Schutz der Hefe vor essigsäureinduzierten Schäden eine wichtige Rolle spielt. Wie wichtig seine Funktion ist, war mit den phänotypischen Tests offenbar nur schwer zu festzustellen.

Selbst bei den sorgfältigsten Untersuchungen ergeben viele Geninaktivierungen keine erkennbaren phänotypischen Veränderungen. Nahezu 5 000 der 6 000 Hefegene können einzeln inaktiviert werden, ohne dass die Zellen absterben, und die Inaktivierung von vielen dieser 5 000 Gene hat unter normalen Wachstumsbedingungen keine erkennbare Wirkung auf die Stoffwechseleigenschaften der Zelle. Bei *C. elegans* hat man bei im großen Maßstab durchgeführten Geninaktivierungsprojekten weniger als 10 % der 19 000 vorhergesagten Gene Phänotypen zuordnen können. Die logische Schlussfolgerung ist, dass in beiden Organismen die Mehrzahl der Gene spezialisierte Funktionen haben.

**Tabelle 5.2**   Typische Phänotypen, die bei der Untersuchung von Genen aus *Saccharomyces cerevisiae* oder *Caenorhabditis elegans* beurteilt werden

|   | **Phänotyp** |
|---|---|
| a) | **Alle Gene von *Saccharomyces cerevisiae*** |
|   | DNA-Synthese und Zellzyklus |
|   | RNA-Synthese und -Prozessierung |
|   | Proteinsynthese |
|   | Reaktionen auf Stress |
|   | Zellwandsynthese und Morphogenese |
|   | Transport von biochemischen Molekülen innerhalb der Zelle |
|   | Energie- und Kohlenhydratstoffwechsel |
|   | Lipidstoffwechsel |
|   | DNA-Reparatur und Rekombination |
|   | Entwicklung |
|   | Meiose |
|   | Chromosomenstruktur |
|   | Zellarchitektur |
|   | Sekretion und Proteintransport |
| b) | **Gene, die in der frühen Embryogenese von *Caenorhabditis elegans* eine Rolle spielen** |
|   | Sterilität/beeinträchtigte Fertilität der Eltern |
|   | osmotische Integrität |
|   | Abschnüren des Polkörpers |
|   | Verlauf der Meiose |
|   | Eintreten in die Interphase |
|   | cortikale Dynamik |
|   | Erscheinungsbild von Vorkern und Kern |
|   | Centrosomanheftung |
|   | Wanderung des Vorkerns |
|   | Spindelbildung |
|   | Spindelverlängerung / -integrität |
|   | Trennung der Schwesterchromatiden |
|   | Chromosomensegregation |
|   | Cytokinese |
|   | Asymmetrie der Teilung |
|   | Geschwindigkeit der Zellteilung |
|   | allgemeine Geschwindigkeit der Entwicklung |
|   | schwere pleiotrope Defekte |
|   | Integrität der von Membranen umgebenen Organellen |
|   | Eigröße |
|   | anormale cytoplasmatische Strukturen |
|   | komplexe Kombinationen von Defekten |

Und die Identifizierung dieser Funktionen für jedes einzelne Gen ist ein langwieriges und schwieriges Unterfangen.

### 5.2.3 Genauere Untersuchungen der Aktivität eines Proteins, das von einem unbekannten Gen codiert wird

Die Inaktivierung und Überexpression von Genen sind die grundlegenden Methoden, die von den Genomforschern eingesetzt werden, um die Funktionen neuer Gene zu ermitteln, doch es sind nicht die einzigen Verfahren, die Informationen über die Genaktivität liefern. Andere Techniken können die Ergebnisse von Geninaktivierung und -überexpression ergänzen. Mit ihrer Hilfe gewinnt man zusätzliche Information, die die Identifizierung einer Genfunktion unterstützt, oder die Methoden bilden die Grundlage für eine ausführlichere Untersuchung der Aktivität eines Proteins, dessen Gen bereits charakterisiert worden ist.

#### *Gezielte Mutagenese kann eingesetzt werden, um eine Genfunktion im Einzelnen zu analysieren*

Durch Inaktivierung und Überexpression lässt sich die allgemeine Funktion eines Gens ermitteln, doch man erhält dadurch keine ausführlichen Informationen über die Aktivität des von dem Gen codierten Proteins. Zum Beispiel könnte man vermuten, dass ein Teil des Gens eine Aminosäuresequenz codiert, die das Protein zu einem bestimmten Zellkompartiment dirigiert oder die für die Reaktivität des Proteins auf ein chemisches oder physikalisches Signal verantwortlich ist. Um diese Hypothese zu überprüfen wäre es notwendig, den betreffenden Teil der Gensequenz zu entfernen oder zu verändern, das meiste aber unverändert zu belassen, sodass das Protein noch synthetisiert wird und den Hauptteil seiner Aktivität behält. Um diese geringfügigen Veränderungen durchzuführen, eignen sich die verschiedenen Verfahren der **ortsspezifischen** oder *in vitro*-**Mutagenese** (Methoden 5.2). Es handelt sich um wichtige Methoden, deren Anwendung nicht nur in der Untersuchung der Genaktivität liegt, sondern auch auf dem Gebiet der **Proteinmanipulation**, die zum Ziel hat, neue Proteine mit Eigenschaften herzustellen, die für industrielle oder klinische Anwendungen besser geeignet sind.

Nach der Mutagenese muss man die Gensequenz in eine Wirtszelle einschleusen, sodass eine homologe Rekombination stattfinden kann und die bestehende Kopie des Gens durch eine veränderte ersetzt wird. Dies stellt ein Problem dar, weil wir einen Weg finden müssen, mit dem man feststellen kann, welche Zellen die homologe Rekombination durchlaufen haben. Sogar bei Hefe ist das nur ein Teil der gesamten Zellen, und bei Mäusen ist dieser Anteil extrem gering. Normalerweise würden wir dieses Problem lösen, indem wir ein Markergen (zum Beispiel eines für Antibiotikaresistenz) in die Nähe des mutierten Gens klonieren und dann nach Zellen suchen, die den von diesem Markergen vermittelten Phänotyp angenommen haben. In den meisten Fällen bauen Zellen, die das Markergen in ihr Genom aufnehmen, auch das in enger Nachbarschaft liegende mutierte Gen ein und sind daher die gewünschten Zellen. Das Problem ist jedoch, dass wir bei einem ortsspezifischen Mutageneseexperiment sicher sein müssen, dass jegliche Veränderung in der Aktivität des untersuchten Gens das Ergebnis der ortsspezifischen Mutation ist, die in das Gen eingeführt wurde, und nicht die indirekte Auswirkung einer durch das benachbarte Markergen veränderten Umgebung in dem Genom. Die Lösung für dieses Problem besteht darin, einen komplexeren Genaustausch in zwei

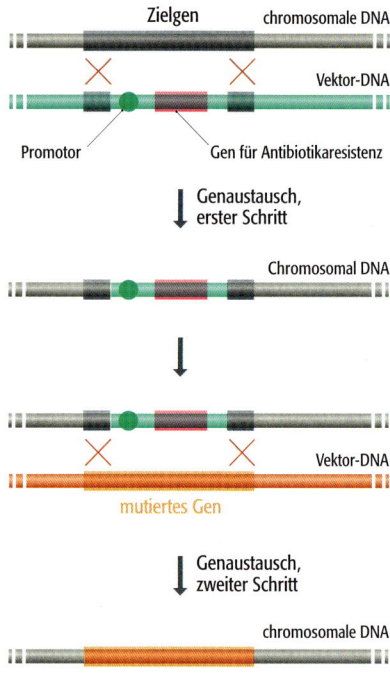

5.25 Genaustausch in zwei Schritten.

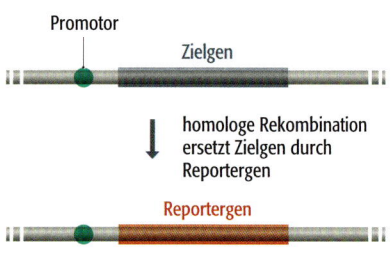

**5.26 Ein Reportergen.** Das offene Leseraster des Reportergens ersetzt das offene Leseraster des untersuchten Gens. Das Ergebnis ist, dass das Reportergen der Kontrolle von regulatorischen Sequenzen unterliegt, die ursprünglich das Expressionsmuster des Testgens bestimmt haben. Weitere Informationen über diese regulatorischen Sequenzen finden sich in den Abschnitten 11.2 und 11.3. Beachten Sie, dass die Reportergenstrategie voraussetzt, dass die entscheidenden regulatorischen Sequenzen tatsächlich stromaufwärts des Gens liegen. Bei eukaryotischen Genen ist das jedoch nicht immer der Fall.

Schritten durchzuführen (Abb. 5.25). Bei diesem Verfahren wird das Zielgen zunächst durch das Markergen allein ersetzt, wobei die Zellen, in denen eine solche Rekombination stattgefunden hat, durch Selektion des Markerphänotyps identifiziert werden. Diese Zellen werden in einer zweiten Phase des Genaustauschs verwendet, in der das Markergen durch das mutierte Gen ersetzt wird. Der Erfolg wird nun festgestellt, indem man nach Zellen sucht, die den Markerphänotyp verloren haben. Diese Zellen enthalten das mutierte Gen und ihr Phänotyp kann untersucht werden, um die Auswirkung der gezielten Mutation auf die Aktivität des Proteins zu bestimmen.

## Mit Reportergenen und Immuncytochemie kann man Ort und Zeitpunkt der Genexpression ermitteln

Hinweise auf die Funktion eines Gens erhält man häufig, indem man ermittelt, wo und wann Gene aktiv sind. Ist die Genexpression auf ein bestimmtes Organ oder Gewebe eines vielzelligen Organismus oder auf eine Gruppe einzelner Zellen innerhalb eines Organs oder Gewebes beschränkt, dann kann man diese Ortsinformation für die Ableitung der allgemeinen Funktion des Genprodukts nutzen. Das gleiche gilt für die Information bezüglich des Entwicklungsstadiums, in dem ein Gen exprimiert wird. Diese Form der Analyse hat sich für das Verständnis der Genaktivitäten, die in den frühesten Entwicklungphasen von *Drosophila* eine Rolle spielen (Abschnitt 14.3.4), als besonders aufschlussreich erwiesen und wird zunehmend eingesetzt, um die Genetik der Säugetierentwicklung zu entschlüsseln. Sie ist auch auf einzellige Organismen anwendbar, die in ihrem Lebenszyklus unverkennbare Entwicklungsstadien durchlaufen wie die Hefe.

Die Bestimmung von Genexpressionsmustern in einem Organismus ist mithilfe eines **Reportergens** möglich. Es handelt sich dabei um ein Gen, dessen Expression leicht zu ermitteln ist, idealerweise durch eine visuelle Untersuchung (Tab. 5.3), da sich Zellen, die das Reportergen exprimieren, blau färben, zu fluoreszieren beginnen oder ein anderes sichtbares Signal abgeben. Damit das Reportergen zuverlässig Auskunft darüber gibt, wo und wann ein untersuchtes Gen exprimiert wird, muss es denselben regulatorischen Signalen unterliegen wie das untersuchte Gen. Das erreicht man, indem man das offene Leseraster (ORF) des Testgens durch das Leseraster des Reportergens ersetzt (Abb. 5.26). Die meisten regulatorischen Signalsequenzen, die die Genexpression kontrollieren, sind in DNA-Regionen stromaufwärts des ORF enthalten, sodass das Reportergen nun dasselbe Expressionsmuster zeigen sollte wie das untersuchte Gen. Man kann daher das Expressionsmuster ermitteln, indem man den Organismus auf ein Signal des Reportergens hin untersucht.

| Tabelle 5.3 | Beispiele für Reportergene | |
|---|---|---|
| **Gen** | **Genprodukt** | **Ansatz** |
| *lacz* | β-Galactosidase | histochemischer Test |
| *uidA* | β-Glucuronidase | histochemischer Test |
| *lux* | Luciferase | Biolumineszenz |
| *GFP* | grün fluoreszierendes Protein | Fluoreszenz |

Genauso wie es wichtig ist zu wissen, in welchen Zellen das Gen exprimiert wird, ist es oft hilfreich, den Ort in den Zellen zu ermitteln, wo das von dem Gen codierte Protein vorhanden ist. Zum Beispiel erhält man wichtige, die Genfunktion betreffende Daten, indem man zeigt, ob das Genprodukt in den Mitochondrien, im Kern oder auf der Zelloberfläche lokalisiert ist. Reportergene können für eine solche Untersuchung nicht eingesetzt werden, weil die DNA-Sequenz, welche stromaufwärts des Gens liegt und in deren Nachbarschaft das Reportergen kloniert wird, nicht an dem zielgerichteten Transport von Proteinen in der Zelle beteiligt ist. Die einzige Möglichkeit für die Lokalisierung eines Proteins in der Zelle ist daher, direkt nach ihm suchen. Ein solches Verfahren ist die **Immuncytochemie**, bei der man einen Antikörper einsetzt, der für das gewünschte Protein spezifisch ist und daher ausschließlich an dieses Protein bindet. Durch eine Markierung des Antikörpers wird dessen Position in der Zelle und dadurch auch die Position des Zielproteins in der Zelle sichtbar gemacht (Abb. 5.27). Für Untersuchungen mit geringer Auflösung werden Fluoreszenzmarkierung und konfokale Mikroskopie eingesetzt; alternativ kann eine hoch auflösende Immuncytochemie mithilfe von Elektronenmikroskopie durchgeführt werden, bei der eine Markierung mit hoher Elektronendichte wie kolloidales Gold eingesetzt wird.

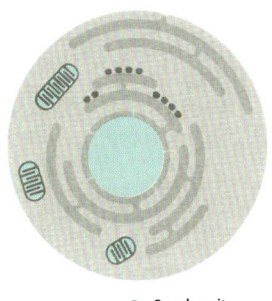

↓ Sonde mit markiertem Antikörper

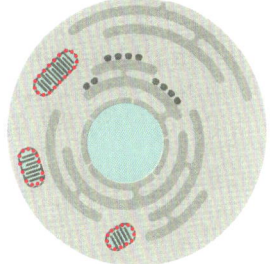

Markierung in den Mitochondrien

## 5.3 Fallstudie: Annotierung der genomischen Sequenz von *Saccharomyces cerevisiae*

In diesem Kapitel haben wir uns eine Reihe sowohl computergestützter als auch experimenteller Verfahren angesehen, die der Lokalisierung von Genen in einer genomischen Sequenz und der Zuordnung von Funktionen dienen. Nicht jede Technik wird für jeden Organismus eingesetzt. Bei der Wahl spielen häufig technische Überlegungen eine Rolle – zum Beispiel wurde bei *C. elegans* RNAi umfassend verwendet, weil es relativ leicht ist, die doppelsträngige RNA durch Verfüttern in den Wurm einzuschleusen (Abschnitt 5.2.2). Um zu veranschaulichen, wie man diese unterschiedlichen Methoden kombinieren kann, werden wir dieses Kapitel abschließen, indem wir den Fortschritt der Genomannotierung bei der Hefe *S. cerevisiae* betrachten. Nach eukaryotischen Maßstäben ist das Hefegenom verhältnismäßig wenig komplex, da es relativ wenig intergenische DNA und wenige Introns enthält. Dadurch vereinfacht sich die Identifizierung von offenen Leserastern, doch es besteht so kein Vorteil, wenn einzelnen Genen eine Funktion zugewiesen werden soll.

**5.27    Immuncytochemie.** Die Zelle wird mit einem Antikörper behandelt, der mit einem rot fluoreszierenden Marker gekennzeichnet ist. Die Untersuchung der Zelle ergibt, dass das fluoreszierende Signal mit der inneren Mitochondrienmembran assoziiert ist. Eine Arbeitshypothese wäre daher, dass das Zielprotein am Elektronentransport und der oxidativen Phosphorylierung beteiligt ist, da diese die vorherrschenden biochemischen Funktionen der inneren Mitochondrienmembran sind.

### 5.3.1 Annotierung der Sequenz des Hefegenoms

Das *S. cerevisiae*-Sequenzierungsprojekt wurde im Jahre 1996 beendet. Man legte in einer ersten Analyse für ein potenzielles Gen einen Umfang von durchschnittlich 100 Codons fest und bestimmte 6 274 offene Leseraster, von denen ungefähr 30 % als echte Gene bekannt waren, weil man sie bereits vor Beginn des Projekts durch konventionelle genetische Analysen identifiziert hatte. Als die genomische Sequenz schließlich vollständig war, analysierte man die übrigen 70 % der ORFs über Homologieuntersuchungen mit folgendem Ergebnis (Abb. 5.28):

- Nahezu 30 % der Gene des Genoms konnte man nach einer Homologiesuche in den Datenbanken Funktionen zuweisen. Etwa die Hälfte von ihnen waren eindeutige Homologe von Genen, deren Funktionen bereits zuvor

## Methoden 5.2    Ortsspezifische Mutagenese

*Methoden, mit denen man eine Gensequenz präzise modifizieren kann, um die Struktur und möglicherweise die Aktivität des Proteins zu verändern*

Die Proteinstruktur kann durch Methoden der ortsspezifischen Mutagenese modifiziert werden, welche die Nucleotidsequenz des Gens, das das zu untersuchende Protein codiert, spezifisch verändern. Durch diese Verfahren ist es möglich, unterschiedliche Bereiche eines Proteins zu untersuchen. Außerdem besitzen sie für die Entwicklung neuer Enzyme für biotechnologische Zwecke eine immense Bedeutung.

Die herkömmliche Mutagenese ist ein zufälliger Prozess, der an unspezifischen Stellen Veränderungen in ein DNA-Molekül einführt und so ein Screening vieler mutierter Organismen erfor-

derlich macht, um die gewünschte Mutation zu finden. Sogar bei den in großem Maßstab analysierbaren Mikroorganismen ist das erreichbare Maximum eine Reihe von Mutationen in dem richtigen Gen, von denen eine den Bereich des untersuchten Proteins beeinflussen könnte. Die ortsspezifische Mutagenese stellt ein Werkzeug dar, mit dem spezifisch mutagenisiert werden kann. Die wichtigsten dieser Verfahren sind:

● **Ortsspezifische Mutagenese mit Oligonucleotiden.** Bei diesem Verfahren lässt man ein Oligonucleotid mit der gewünschten Mutation an eine einzelsträngige Kopie des relevanten

**a) DNA-Strangsynthese**

einzelsträngige DNA → Anlagerung des fehlgepaarten Oligonucleotids → Strangsynthese → doppelsträngige DNA

Fehlpaarung          Fehlpaarung

**b) Identifizierung der mutierten Phagen**

infizierte *E. coli*-Zelle          Phagenpartikel werden ausplattiert, Bildung von Plaques          Blot, Hybridisierung          Hybridisierungssignal – Plaque mit mutierten Phagen

M5.2.1    Ortsspezifische Mutagenese mit Oligonucleotiden.

aufgeklärt worden waren. Die andere Hälfte, einschließlich der vielen Gene, bei denen sich die Ähnlichkeiten auf bestimmte Domänen beschränkten, zeigte weniger auffällige Ähnlichkeiten. Bei allen diesen Genen war die Homologieanalyse zwar erfolgreich, doch unterschiedlich hilfreich. Bei einigen Genen konnte man die Funktion des Hefegens durch Identifizierung eines Homologs umfassend bestimmen: Ein Beispiel ist die Identifizierung der Hefegene für die Untereinheiten der DNA-Polymerase. Bei anderen Genen jedoch war die Funktion nur ungefähr zuzuordnen, wie etwa „Gen für eine Proteinkinase". Mit anderen Worten: Man konnte auf die biochemischen Eigenschaften eines Genprodukts schließen, doch nicht auf die exakte Rolle des Proteins in der Zelle. Einige Entdeckungen verwirrten zunächst auch. Das beste Beispiel hierfür ist die Entdeckung eines Hefehomologs für ein bakterielles Gen, das bei der Stickstofffixierung eine Rolle

Gens binden, wobei man letztere durch Klonierung in einen M13-Vektor (Abschnitt 4.1.1) erhält. Das Oligonucleotid leitet eine Strangsynthesereaktion ein, die entlang des gesamten ringförmigen Matrizenmoleküls verläuft (Abb. M5.2.1a). Nach dem Einschleusen in *Escherichia coli* entstehen durch DNA-Replikation zahlreiche Kopien dieses rekombinanten DNA-Moleküls, wobei die Hälfte der Kopien von dem Original-DNA-Strang ausgehend gebildet wird und die andere Hälfte der Kopien von dem Strang mit der mutierten Sequenz. Alle diese doppelsträngigen Moleküle bewirken die Synthese von Phagenpartikeln, sodass die Hälfte der von den infizierten Bakterien freigesetzten Phagen eine einzelsträngige Kopie des mutierten Moleküls besitzt. Die Phagen werden auf festem Agar ausplattiert und es bilden sich Plaques, wobei man die mutierten durch Hybridisierung mit dem verwendeten Oligonucleotid von den nichtmutierten unterscheiden kann. (Abb. M5.2.1b). Das mutierte Gen wird anschließend, wie in Abschnitt 5.2.3 beschrieben, durch homologe Rekombination in seine ursprüngliche Wirtszelle übertragen. Eine andere Möglichkeit ist die Klonierung in einen *E. coli*-Vektor, der für die Synthese von Protein aus klonierter DNA konstruiert wurde, sodass man eine Probe des mutierten Proteins gewinnen kann.

- **Synthese künstlicher Gene.** Das Verfahren umfasst die Herstellung eines Gens im Reagenzglas, wobei an allen gewünschten Positionen Mutationen eingeführt werden. Das Gen wird konstruiert, indem man eine Reihe teilweise überlappender Oligonucleotide synthetisiert, von denen jedes bis zu 150 Nucleotide lang ist. Man setzt das Gen zusammen, indem man die Lücken zwischen den Überlappungen mithilfe einer DNA-Polymerase auffüllt. Anschließend wird das Fragment in einen Klonierungsvektor ligiert und dann in einen Wirtsorganismus oder in *E. coli* eingeschleust.

- **PCR.** Diese Methode kann man ebenfalls für die Einführung von Mutationen in fremde Gene einsetzen, obwohl, ähnlich wie bei der ortsspezifischen Mutagenese mit Oligonucleoti-

den, nur eine Mutation pro Experiment erzeugt werden kann. Das in Abbildung M5.2.2 dargestellte Verfahren umfasst zwei PCRs, jede mit einem normalen Primer (der mit der Matrizen-DNA eine vollständige Basenpaarung ausbildet) und einem mutagenen Primer (der eine einzige, die Mutation repräsentierende Fehlpaarung ausbildet). Diese Mutation ist daher anfangs in zwei PCR-Produkten vorhanden, von denen jedes zur Hälfte dem Start-DNA-Molekül entspricht. Die zwei PCR-Produkte werden anschließend miteinander gemischt und in einem letzten PCR-Schritt ein mutiertes DNA-Molekül mit voller Länge hergestellt.

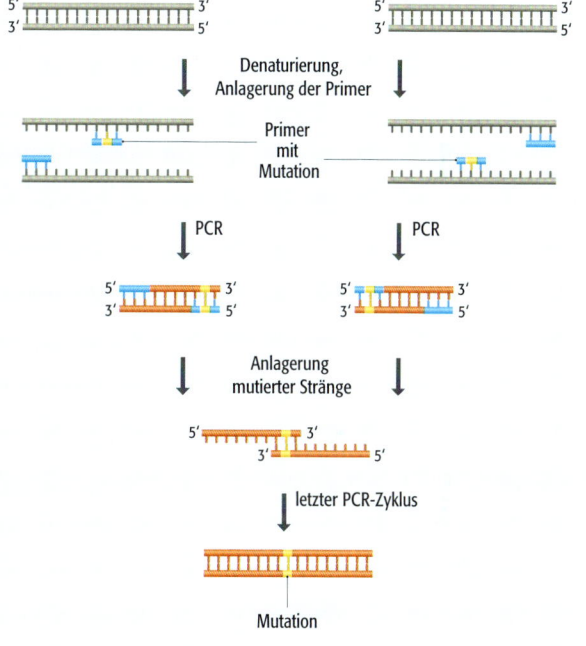

**M5.2.2    Ein Verfahren für die ortsspezifische Mutagenese mittels PCR.**

spielt. Hefen fixieren keinen Stickstoff, daher konnte das Hefegen nicht daran beteiligt sein. In diesem Fall lenkte die Entdeckung des Hefegens die Aufmerksamkeit wieder auf das zuvor charakterisierte bakterielle Gen. Man erkannte, dass das bakterielle Genprodukt zwar an der Stickstofffixierung beteiligt ist, aber primär bei der Synthese von metallhaltigen Proteinen mitwirkt, die in allen Organismen eine wichtige Rolle spielen, nicht nur in denen, die Stickstoff fixieren.

- Bei ungefähr 10 % aller Hefegene fanden sich Homologe in den Datenbanken, doch die Funktionen dieser Homologen waren unbekannt. Die Homologieanalyse konnte daher bei der Zuordnung von Funktionen keinen Aufschluss geben. Diese Hefegene und ihre Homologe wurden als ***orphan*-Familien** (*orphan*, englisch für Waise) bezeichnet.

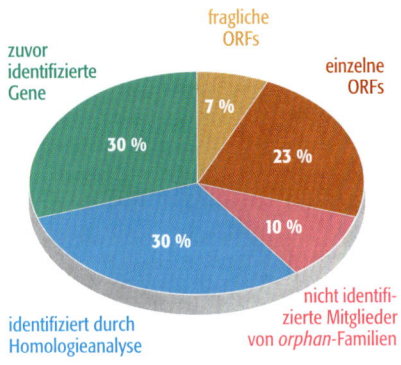

5.28 Zusammenfassung der Ergebnisse für die erste Annotierung des Hefegenoms.

- Für die übrigen Hefegene, die etwa 30 % der gesamten Gene ausmachen, gab es in den Datenbanken keine Homologe. Ein Teil dieser Gene (ungefähr 7 % von allen) waren fragwürdige ORFs, die vermutlich keine echten Gene sind, da sie relativ kurz sind oder eine ungewöhnliche Bevorzugung von Codons zeigen. Die übrigen Sequenzen sehen wie Gene aus, kommen jedoch nur einmal im Genom vor. Sie werden daher als **einzelne *orphan*-Gene** bezeichnet.

Im Anschluss an die erste Annotierung der Hefegenomsequenz mussten folgende Fragen bedacht werden: Erstens, wie viele einzelne *orphan*-Gene sind echte Gene? Zweitens, gibt es echte Gene mit einer Länge von weniger als 100 Codons, die daher in der ersten Analyse nicht berücksichtigt wurden? Die letzte Frage wirft einen wichtigen Aspekt auf: Obgleich das Hefegenom 6 274 ORFs mit einer Länge von 100 Codons oder mehr umfasst, gibt es über 100 000 ORFs mit 15 Codons oder mehr, die meisten mit einer Bevorzugung von Codons, die von dem der echten Hefegene nicht zu unterscheiden ist. Das Potenzial neue, kürzere Gene zu finden, war daher hoch.

Mithilfe von drei Verfahren, denen wir bereits in diesem Kapitel begegnet sind, verbesserte man die Zusammenstellung der Hefegene:

- **Vergleichende Genomik**. Dabei geht man von der Abfolge der genomischen Sequenzen in verwandten Hefearten aus und beurteilt damit die Echtheit vieler kurzer ORFs.

- Hinweise für eine Transkription wurden durch Sequenzierung von cDNAs gesucht, einschließlich der ESTs (*expressed sequence tags*), die kurze und gewöhnlich unvollständige cDNAs darstellen und die sich von den Enden der transkribierten Sequenzen ableiten (Abschnitt 3.3.3). Außerdem wurden serielle Analysen der Genexpression (*serial analysis of gene expression*, SAGE; Abschnitt 6.1.1) und Microarray-Studien durchgeführt.

- **Transposonmarkierung**. Die Methode wird als Teil der funktionellen Analyse für die Inaktivierung von Genen angewendet und diente hier ebenfalls der Identifizierung von ORFs echter Gene. Man setzte ein Transposon ein, das eine Kopie des *lacZ*-Gens ohne sein Startcodon enthielt (Abb. 5.29). In normalen Zellen ist das *lacZ*-Gen daher inaktiv und die Kolonien bleiben bei einem X-Gal-Test weiß (Abschnitt 2.2.1). Das *lacZ*-Gen wird aktiviert, wenn es durch Transposition an einen Ort innerhalb eines echten Hefegens gelangt und der Einbau des *lacZ*-Gens in das Hefegen im Leseraster stattfindet. Nun erscheinen die Kolonien blau. Fragwürdige ORFs können daher an der Farbe der Kolonien beurteilt werden, nachdem der ORF mit einem Transposon markiert wurde.

Diese Experimente laufen noch, doch die bisherigen Ergebnisse reduzierten die Zahl der Hefegene auf ungefähr 6 120 ORFs, etwa 150 weniger als die erste Schätzung ergeben hatte. Diese Verringerung kommt zustande, weil viele der ursprünglichen einzelnen *orphan*-Gene abgezogen werden mussten, da sie nicht mehr als mögliche Gene betrachtet werden. Doch es kommen auch einige wenige ORFs hinzu, die kürzer als 100 Codons sind und sich dennoch als echte Gene herausstellten.

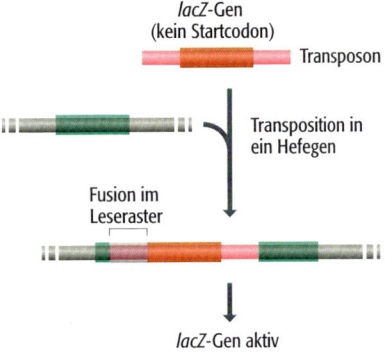

5.29 **Anwendung der Transposonmarkierung für die Identifizierung von Hefegenen.** Springt das Transposon in ein funktionelles Hefegen, sodass zwischen dem Beginn des Hefegens und dem *lacZ*-Gen des Transposons ein offenes Leseraster entsteht, dann kann das *lacZ*-Gen exprimiert werden. Das entstehende β-Galactosidprotein enthält an seinem N-Terminus ein Segment des Proteins, das von dem Hefegen codiert wird, doch dieses hat häufig keinen Einfluss auf die Enzymaktivität. Daher kann die Transposition in ein funktionelles Hefegen mit des X-Gal-Test (Blau/Weiß-Selektion) nachgewiesen werden.

## 5.3.2 Funktionszuweisung bei Hefegenen

Zwei Merkmale von *S. cerevisiae* unterstützen die Zuweisung von Funktionen bei unbekannten Genen des Genoms. Das erste ist eine starke natürliche Neigung zur homologen Rekombination, wodurch man einzelne Gene relativ leicht inaktivieren kann (Abb. 5.20). Das zweite ist die *Ty*-Familie der Transposons, die in dem Genom vorhanden ist, sodass die Transposonmarkierung als alternatives Werkzeug der Genzerstörung eingesetzt werden kann. Beide Ansätze wurden intensiv von den Forschern verwendet. Nun besteht die Aufgabe nicht darin, Methoden für die Inaktivierung einzelner Hefegene zu entwickeln, sondern man muss Wege finden, mit denen die große Zahl von entstehenden Mutanten auf neue phänotypische Eigenschaften untersucht werden kann, die auf die Funktion des inaktivierten Gens hinweisen. Die gleichzeitige Durchführung vieler Experimente, jedes mit einer anderen Mutante, dauert lange, insbesondere, wenn eine solch große Zahl von Phänotypen beurteilt werden muss. Es werden daher Strategien für ein Screening im großen Maßstab benötigt.

Die erfolgreichste dieser Screening-Methoden ist das **Barcode-Deletionssystem**. Es handelt sich dabei um ein modifiziertes Deletionskassettensystem, das in Abbildung 5.21 dargestellt ist. Der Unterschied besteht darin, dass die Kassette zusätzlich zwei „Barcode"-Sequenzen enthält, die 20 Nucleotide lang und für jede Deletion unterschiedlich sind. So können sie als Markierung einer speziellen Mutante dienen (Abb. 5.30). Jeder Barcode wird von demselben Sequenzpaar flankiert und kann auf diese Weise mit einer einzigen PCR amplifiziert werden. Das bedeutet, dass Gruppen mutierter Hefestämme, jeder mit einem anderen inaktivierten Gen, gemischt und ihre Phänotypen mit einem einzigen Experiment festgestellt werden können. Um zum Beispiel Gene zu identifizieren, die für das Wachstum in glucosereichem Medium notwendig sind, werden Mutanten gemischt und unter diesen Bedingungen kultiviert. Nach einer Inkubationsphase wird die DNA aus der Kultur isoliert und eine Barcode-PCR durchgeführt. Das Ergebnis sind unterschiedliche PCR-Produkte, jedes mit einem anderen Barcode, wobei die relative Häufigkeit jedes Barcodes auf die Häufigkeit jeder Mutante nach dem Wachstum in glucosereichem Medium hinweist. Fehlende oder nur in einer geringen Zahl vertretene Barcodes zeigen Mutanten an, deren inaktivierte Gene für das Wachstum unter diesen Bedingungen notwendig sind.

Wie die Genidentifizierung dauert auch die funktionelle Charakterisierung der Hefegene noch an und es werden noch einige Jahre vergehen, bis sich dieses Projekt dem Ende nähert. Doch die Fortschritte sprechen für sich. Nahezu 55 % von allen Hefegenen konnte durch eine oder mehrere experimentelle Methoden eine gut charakterisierte Funktion zugewiesen werden. Das sind etwa 1 500 Gene mehr, als es zur Zeit der ersten Genomsequenzierung der Fall war. Noch einmal 2 000 Genen – 33 % von allen – konnte man über Homologieanalyse eine Funktion zuordnen. Es bleiben nur rund 500 ORFs, von denen man annimmt, dass es echte Gene sind, denen sich jedoch bisher keine Funktion zuweisen ließ, und noch einmal 300 fragwürdige ORFs, die möglicherweise keine echten Gene sind.

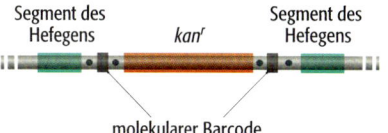

Bindungsstellen für PCR-Primer

**5.30   Eine Deletionskassette, die beim Barcode-System verwendet wird.** Vergleichen Sie diese mit der Kassette, die in Abbildung 5.21 dargestellt ist. Die beiden molekularen Barcodes sind Sequenzen mit einer Länge von 20 Nucleotiden, die in jeder Kassette unterschiedlich sind und mithilfe der PCR amplifiziert werden können. Während der homologen Rekombination werden die Barcodes zusammen mit dem Gen für Kanamycinresistenz in das Hefegenom eingebaut. Die Barcodes dienen somit bei jeder einzelnen Gendeletion als spezifische Markierung.

# Zusammenfassung

Man hat eine Vielfalt von Methoden entwickelt, um Gene in einem Genom zu identifizieren und ihre Funktion zu bestimmen. Einige Verfahren sind computergestützt, andere beruhen auf experimentellen Ansätzen. Sobald eine genomische Sequenz bekannt ist, besteht das erste Ziel darin, die Positionen aller Gene zu ermitteln. Für proteincodierende Gene kann man dieses Ziel erreichen, indem man offene Leseraster (ORFs) ausfindig macht. In Eukaryoten wird ein solches Vorgehen allerdings durch die Anwesenheit von Introns erschwert, deren Sequenzen an den Grenzen variabel sind und daher nicht genau identifiziert werden können. Ebenfalls kann man Gene für funktionelle RNAs lokalisieren, indem man ihre charakteristischen Merkmale ausfindig macht. Dabei handelt es sich in erster Linie um das Vermögen von RNAs, sich unter Bildung von Basenpaaren zu Stamm-Schleife-Sekundärstrukturen zu falten. Gene können auch durch Homologieanalyse lokalisiert werden, die die Anwesenheit eines entsprechenden Gens in einem zweiten Genom als Hinweis auf die Echtheit des mutmaßlichen Gens in dem getesteten Genom nutzt. Die Homologieanalyse ist noch leistungsfähiger, wenn die vollständige Sequenz eines verwandten Genoms zur Verfügung steht. Experimentelle Methoden für die Genlokalisierung beruhen auf dem Nachweis von RNA-Molekülen, die von dem Genom transkribiert werden. Diese Verfahren umfassen die cDNA-Sequenzierung und die Transkriptkartierung durch Reverse-Transkriptase-PCR (RT-PCR) oder die Heteroduplexanalyse. Genfunktionen können, allerdings nur vorläufig, über Homologieanalysen zugewiesen werden, weil Homologe evolutionsgeschichtlich verwandt sind und häufig, jedoch nicht immer, ähnliche Funktionen besitzen. Bei den meisten experimentellen Methoden für die Bestimmung von Genfunktionen wird die Wirkung einer Geninaktivierung auf den Phänotyp eines Organismus untersucht. Die Inaktivierung kann über eine Vielzahl von Wegen erreicht werden: durch homologe Rekombination mit einer defekten Kopie des Gens, durch Einbau eines Transposons in das Gen oder durch RNA-Interferenz, wobei der letzte der erwähnten Ansätze insbesondere bei *Caenorhabditis elegans* erfolgreich war. Auch die Überexpression eines Gens wird für die Zuweisung von Funktionen eingesetzt, doch sowohl bei der Inaktivierung als auch bei der Überexpression ist es unter Umständen problematisch, phänotypische Veränderungen festzustellen, und die genaue Funktion des Gens kann ungeklärt bleiben. Genauere Untersuchungen der Genfunktion sind durch ortsspezifische Mutagenese möglich, und die zelluläre Lokalisierung eines Proteins kann man mithilfe von Reportergenen oder Immuncytochemie bestimmen. Als die genomische Sequenz von *Saccharomyces cerevisiae* im Jahre 1996 vollständig war, wurden 6 274 ORFs identifiziert, die Gene sein konnten, doch diese Zahl musste nun aufgrund von experimentellen Analysen und Vergleichen mit anderen Hefegenomen auf 6 120 nach unten korrigiert werden. Ursprünglich hatten nur 30 % dieser Gene gut charakterisierte Funktionen, doch diese Zahl hat sich durch Homologiesuche und die Anwendung von funktionellen Hochdurchsatzanalysen wie dem Barcode-Deletionssystem schrittweise erhöht.

# Multiple-Choice-Fragen

**5.1*** Was versteht man unter einem offenen Leseraster (ORF)?

   **a.** Alle Nucleotide eines transkribierten Gens

   **b.** Die Nucleotide eines Gens, die die Codons bilden, die wiederum die Aminosäuren spezifizieren

   **c.** Die Nucleotide eines mRNA-Moleküls vor der Entfernung der Introns

   **d.** Die Aminosäuresequenz eines Polypeptids

**5.2** „Bevorzugung von Codons" bezieht sich auf welche der folgenden Aussagen?

   **a.** Alle Spezies verwenden für eine Aminosäure einige Codons häufiger als andere Codons

   **b.** Einige Aminosäuren sind in den Proteinen mancher Organismen selten

   **c.** In unterschiedlichen Spezies werden einige Codons für eine Aminosäure häufiger verwendet und die Bevorzugung von Codons variiert zwischen den Spezies

   **d.** Einige Codons codieren in manchen Arten seltene Aminosäuren wie Selenocystein

**5.3*** Eine Consensussequenz für eine Exon-Intron-Grenze oder einen Genpromotor bezieht sich auf:

   **a.** die genaue Nucleotidsequenz, die erforderlich ist, damit die Sequenz funktionieren kann

   **b.** die Sequenz von Nucleotiden, die am häufigsten an diesen Stellen vorkommen

   **c.** die kürzeste Sequenz, die notwendig ist, damit die Sequenz funktionieren kann

   **d.** die Sequenz von Nucleotiden um die Stellen, an denen Intronspleißen stattfindet und die Transkription beginnt

**5.4** Warum kann man ORF-Scanning nicht einsetzen, wenn man funktionelle RNA-Moleküle ausfindig machen möchte?

   **a.** Die Codons für funktionelle RNA-Moleküle variieren von Spezies zu Spezies

   **b.** Gene für funktionelle RNA enthalten Introns, die ORF-Scanning unmöglich machen

   **c.** Die Codons in Genen für funktionelle RNAs haben nur eine Länge von zwei Nucleotiden

   **d.** Gene für funktionelle RNAs enthalten keine Codons

**5.5*** Was bezweckt eine Homologiesuche mit einer DNA-Sequenz?

   **a.** zu prüfen, ob irgendwelche Gene mit ähnlicher Sequenz in den DNA-Datenbanken enthalten sind

   **b.** zu ermitteln, ob die Sequenz bereits in der Datenbank enthalten ist

   **c.** nach einer Consensussequenz für Exon-Intron-Grenzen zu suchen

   **d.** die Bevorzugung von Codons eines speziellen Gens zu bestimmen

**5.6** Welche der folgenden Definitionen für Syntänie ist korrekt?

   **a.** Der Prozentsatz der bei zwei Genomen identischen Nucleotidsequenz

   **b.** Der Prozentsatz der bei zwei Genomen identischen Aminosäuresequenz

   **c.** Die Konservierung der Genreihenfolge in zwei Genomen

   **d.** Die Konservierung der Genfunktionen in zwei Genomen

**5.7*** Die Amplifikation von mRNA durch PCR wird genannt:

   **a.** Real-Time-PCR

   **b.** Reverse-Transkriptase-PCR

   **c.** transkriptionelle PCR

   **d.** translationelle PCR

**5.8** Per Definition bezeichnet man Gene als homolog, wenn sie:

   **a.** die gleiche Funktion besitzen

   **b.** den gleichen gemeinsamen Vorfahren haben

   **c.** unter ähnlichen Bedingungen exprimiert werden

   **d.** zu mindestens 50 % identische Nucleotidsequenzen besitzen

**5.9*** Die Aminosäuresequenz des $\alpha$-Polypeptids von Hämoglobin ist der Aminosäuresequenz des $\beta$-Polypeptids ähnlicher als der Aminosäuresequenz von Myoglobin. Alle diese Gene haben einen gemeinsamen Vorfahren. Welche der folgenden Aussagen beschreibt die Beziehung zwischen den Genen, die diese Polypeptide codieren, korrekt?

   **a.** Das Gen, das das $\alpha$-Polypeptid codiert, hat eine größere Homologie zu dem $\beta$-Gen als das Myoglobingen

   **b.** Die Gene, die diese drei Polypeptide codieren, sind Homologe

   **c.** Das Myoglobingen ist kein Homolog der anderen beiden Gene

   **d.** Diese Gene sind nur dann Homologe, wenn sie in derselben Art vorkommen

**5.10** Warum ist die Inaktivierung eine hilfreiche Methode für die Bestimmung einer Genfunktion?

   **a.** Eine Geninaktivierung liefert Informationen über die Expression eines Gens

**b.** Eine Geninaktivierung liefert Informationen über die zelluläre Lokalisierung eines Genprodukts

**c.** Eine Geninaktivierung bietet eine Möglichkeit für die Identifizierung von phänotypischen Veränderungen, die mit dem Verlust eines Gens verbunden sind

**d.** Eine Geninaktivierung liefert Informationen über die Struktur eines Genprodukts

**5.11\*** Embryonale Stammzellen der Maus werden für Geninaktivierungsexperimente verwendet, weil sie:

a. kloniert werden können, damit aus ihnen eine stabile Zelllinie entsteht

b. chimär sind und für das Gen heterozygote Zellen produzieren

c. die einzigen Mauszellen sind, die für die Inaktivierung von Genen gentechnisch verändert werden können

d. totipotent sind und aus ihnen alle Typen differenzierter Zellen entstehen können

**5.12** Welche der folgenden Methoden wird bei RNA-Interferenz angewendet?

**a.** Es werden Antisense-RNA-Moleküle eingesetzt, um die Translation von mRNA-Molekülen zu verhindern

**b.** Es werden RNA-Polymerase-Inhibitoren eingesetzt, um die Transkription spezifischer Gene zu blockieren

**c.** Es werden kurze, doppelsträngige RNA-Moleküle eingesetzt, die den Abbau eines mRNA-Moleküls bewirken

**d.** Mithilfe veränderter tRNA-Moleküle wird die Translation von mRNA-Molekülen gehemmt

**5.13\*** Welche ist die beste Methode zur Bestimmung der zellulären Lokalisierung eines Proteins?

**a.** Ein Reportergen wird in direkte Nachbarschaft des Promotors des Gens kloniert, das das zu untersuchende Protein codiert, und es wird die zelluläre Position des Reporterproteins bestimmt

**b.** Es wird ein markierter Antikörper verwendet, um die zelluläre Position des Proteins zu ermitteln

**c.** Die zellulären Kompartimente werden mittels Zentrifugation aufgetrennt und die einzelnen Kompartimente anschließend mit einem Antikörper getestet

**d.** Das Protein wird mit fluoreszierenden Aminosäuren markiert und die zelluläre Position durch Fluoreszenzmikroskopie bestimmt

**5.14** *Orphan*-Familien sind Familien von Genen, die:

**a.** in anderen Arten keine Homologe besitzen

**b.** keine bekannte Funktion haben

**c.** keine phänotypische Veränderung nach einer Genaktivierung zeigen

**d.** noch nicht untersucht worden sind

# Fragen mit kurzen Antworten

**5.1\*** Warum ist es relativ leicht, ORFs in prokaryotischen Genomen durch eine Computeranalyse zu bestimmen?

**5.2** Welches sind die beiden hauptsächlichen Schwierigkeiten, die auftreten, wenn man versucht, ORFs mittels Computeranalyse in den Genomen höherer Eukaryoten ausfindig zu machen?

**5.3\*** Was sind die drei wichtigsten Modifikationen, mit denen die Lokalisierung von ORFs durch Computeranalyse verbessert werden kann?

**5.4** Nach welchen strukturellen Eigenschaften von funktionellen RNA-Molekülen wie tRNA und rRNA kann man in einer Genomsequenz suchen, um die Gene, die diese RNA-Moleküle codieren, zu identifizieren?

**5.5\*** Welches sind die beiden Einschränkungen, die bestehen, wenn die Zahl von Genen in einem DNA-Fragment mit einer Northern-Analyse bestimmt wird?

**5.6** Beschreiben Sie, wie die Methode der schnellen Amplifikation von cDNA-Enden (*rapid amplification of cDNA ends*, RACE) eingesetzt wird, um die Stelle des Transkriptionsstarts eines Gens zu kartieren.

**5.7\*** Was ist der Unterschied zwischen orthologen und paralogen Genen?

**5.8** Warum treten gelegentlich Fehler auf, wenn man eine Genfunktion aufgrund einer BLAST-Suche zuweist?

**5.9\*** Wie kann die Untersuchung homologer Gene Informationen über menschliche Krankheiten liefern?

**5.10** Was ist die nahe liegende Erklärung, wenn nach einer Kreuzung zwischen heterozygoten Eltern keine Knockout-Mäuse entstehen?

**5.11\*** Mit welchen Ansätzen kann man bei der Analyse einer genomischen Sequenz echte Gene mit einer Länge von 100 Codons oder weniger identifizieren?

# Vertiefende Aufgaben

**5.1\*** Bis zu welchem Ausmaß wird es Ihrer Meinung nach möglich sein, die Positionen und Funktionen von proteincodierenden Genen in eukaryotischen Genomsequenzen mithilfe der Bioinformatik vollständig zu beschreiben?

**5.2** Geninaktivierungsanalysen deuten darauf hin, dass wenigstens einige Gene in einem Genom redundant sind, also dieselbe Funktion haben wie ein zweites Gen, und deshalb inaktiviert werden können, ohne den Phänotyp des Organismus zu beeinflussen. Welche Fragen bezüglich der Evolution werden durch genetische Redundanz aufgeworfen? Was sind die möglichen Antworten auf diese Fragen?

**5.3\*** Führen Sie eine BLAST-Suche mit der folgenden Aminosäuresequenz durch: IRLFKGHPETLEKFDKFKHL. Welches Protein verfügt über diese Sequenz? Sind die homologen Sequenzen, die durch diese Suche identifiziert werden, meist Orthologe oder Paraloge? (Eine BLAST-Suche kann auf folgender Internetseite durchgeführt werden: www.ncbi.nlm.nih.gov/BLAST/).

**5.4** Die Überexpression von Genen hat bisher nur begrenzte aber wichtige Informationen über die Funktion unbekannter Gene liefern können. Beurteilen Sie das Potenzial dieses Ansatzes für die Funktionsanalyse.

## Aufgaben zu Abbildungen

*Antworten auf die Fragen mit den ungeraden Zahlen finden Sie im Anhang

**5.1\*** Wie kann ein Computerprogramm den Unterschied zwischen dem Stoppcodon im Intron und dem tatsächlichen Stoppcodon im Exon bestimmen?

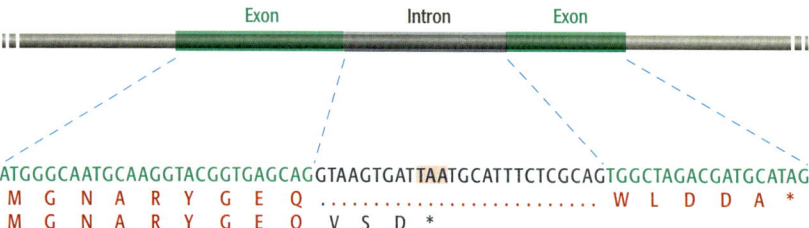

**5.2** Welchen Zweck hat die Southern-Hybridisierung mit genomischer DNA von verschiedenen Organismen?

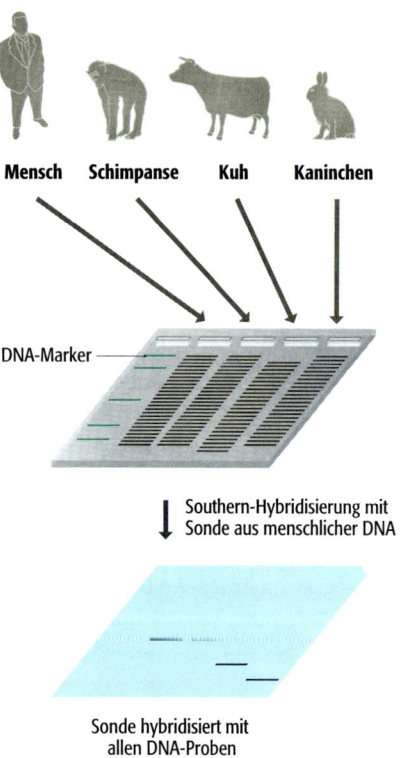

**5.3\*** Welchen Zweck hat die Klonierung des Gens für GFP (grün fluoreszierendes Protein) stromabwärts des Promotors des interessierenden Gens?

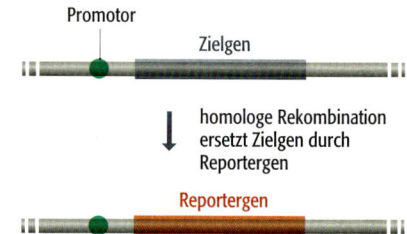

**5.4** Erläutern Sie, wie das Barcode-Deletionssystem eingesetzt wird, um phänotypische Eigenschaften von Hefedeletionsmutanten zu identifizieren.

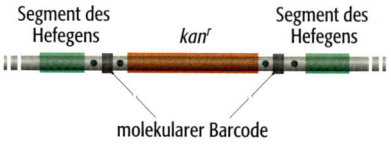

# Weiterführende Literatur

## Genlokalisierung durch Computeranalyse

Fickett JW (1996) Finding genes by computer: the state of the art. *Trends Genet* 12: 316–320

Kellis M, Patterson N, Birren B, Lander ES (2003) Sequencing and comparison of yeast species to identify genes and regulatory elements. *Nature* 423: 241–254 [die Anwendung der vergleichenden Genomik für die Annotierung der Hefegenomsequenz]

Ohler U, Niemann H (2001) Identification and analysis of eukaryotic promoters: recent computational approaches. *Trends Genet* 17: 56–60

Pavesi G, Mauri G, Stefani M, Pesole G (2004) RNAProfile: an algorithm for finding conserved secondary structure motifs in unaligned RNA sequences. *Nucleic Acids Res* 32: 3258–3269 [die Lokalisierung von Genen für funktionelle RNA]

## Experimentelle Methoden der Genlokalisierung

Church DM, Stotler CJ, Rutter JL, Murrell JR, Trofatter JA, Buckler AJ (1994) Isolation of genes from complex sources of mammalian genomic DNA using exon amplification. *Nat Genet* 6: 98–105 [Exon-*trapping*]

Frohmann MA, Dush MK, Martin GR (1988) Rapid production of full-length cDNAs form rare transcripts: amplification using a single gene-specific oligonucleotide primer. *Proc Natl Acad Sci USA* 85: 8998–9002 [RT-PCR]

Lovett M (1994) Fishing for complements: finding genes by direct selection. *Trends Genet* 10: 352–357 [cDNA-Selektion]

## Zuordnung der Funktion durch Homologieanalyse

Altschul SF, Gich W, Miller W, Myers EW, Lipmann DJ (1990) Basic local alignment search tool. *J Mol Biol* 215: 403–410 [das BLAST-Programm]

Bassett DE, Boguski MS, Hieter P (1996) Yeast gene and human disease. *Nature* 379: 589–590 [Untersuchung menschlicher Krankheitsgene]

Henikoff S, Henikoff JG (1992) Amino acid substitution matrices from protein blocks. *Proc Natl Acad Sci USA* 89: 10915–10919 [beschreibt die chemische Beziehung zwischen Aminosäuren, aufgrund derer Punktzahlen für Sequenzähnlichkeit berechnet werden]

## RNA-Interferenz-Studien

Fraser AG, Kamath RS, Zipperlen P, Martinez-Campos M, Sohrmann M, Ahringer J (2000) Functional genomic analysis of *C. elegans* chromosome I by systematic RNA interference. *Nature* 408: 325–330

Kittler R, Putz G, Pelletier L et al (2004) An endoribonuclease-prepared siRNA screen in human cells identifies genes essential for cell division. *Nature* 432: 1036–1040

Novina CD, Sharp PA (2004) The RNAi revolution. *Nature* 430: 161–164

Sönnichsen B, Koski LB, Walsh A et al (2005) Full-genome RNAi profiling of early embryogenesis in *Caenorhabditis elegans*. *Nature* 434: 462–469

## Andere Methoden der Geninaktivierung

Evans, MJ, Carlton MBL, Russ AP (1997) Gene trapping and functional genomics. *Trends Genet* 13: 370–374 [die Verwendung von ES-Zellen]

Ross-Macdonald P, Coelho PSR, Roemer T et al (1999) Large-scale analysis of the yeast genome by transposon tagging and gene disruption. *Nature* 402: 413–418

Wach A, Brachat A, Pohlmann R, Philippsen P (1994) New heterologous modules for classical or PCR-based gene disruptions in *Saccharomyces cerevisiae*. *Yeast* 10: 1793–1808 [Geninaktivierung durch homologe Rekombination]

## Annotierung der Sequenz des Hefegenoms

Dujon B (1996) The yeast genome project: what did we learn? *Trends Genet* 12: 263–270 [eine Zusammenfassung der ursprünglichen Annotierung]

Giaever G, Chu AM, Connelly C et al (2002) Functional profiling of the *Saccharomyces cerevisiae* genome. *Nature* 418: 387–391 [das Barcode-Deletionssystem]

Snyder M, Gerstein M (2003) Defining genes in the genomics era. *Science* 300: 258–260 [fasst die Methoden zusammen, die bei der Annotierung des Hefegenoms eingesetzt wurden und geht auf den Fortschritt bis zum Jahr 2003 ein]

# Verstehen, wie ein Genom funktioniert

# 6

**Wenn Sie Kapitel 6 gelesen haben, sollten Sie folgende Aufgaben lösen können:**

- Beschreiben Sie, wie sich ein Transkriptom durch Analyse der cDNA-Sequenzen untersuchen lässt.
- Beurteilen Sie Stärken und Schwächen der Microarray- und Chip-Technologie für die Untersuchung von Transkriptomen, und erläutern Sie, wie Expressionsmuster, die man durch diese Verfahren erhält, miteinander verglichen werden.
- Nennen Sie Beispiele dafür, wie Transkriptomanalysen zu unserem Verständnis der Hefebiologie und der Krebserkrankungen beim Menschen beigetragen haben.
- Unterscheiden Sie zwischen den unterschiedlichen Formen der Information, die man durch Transkriptom- und Proteomanalyse erhält.
- Beschreiben Sie, wie ein Protein-Profiling durchgeführt wird.
- Stellen Sie die Methoden gegenüber, mit denen man Paare und Gruppen von Proteinen, die miteinander in lebenden Zellen interagieren, ausfindig machen kann, und vergleichen Sie sie. Unterscheiden Sie insbesondere zwischen Verfahren, die direkte Interaktionen erkennen und solchen, mit denen sich funktionelle Wechselwirkungen identifizieren lassen.
- Nennen Sie Beispiele für Proteininteraktionskarten und erörtern Sie wichtige Eigenschaften.
- Erläutern Sie die Grundlagen und die Bedeutung des biochemischen Profiling.
- Beschreiben Sie in Grundzügen die Prinzipien und Ziele der Systembiologie.



In dem vorherigen Kapitel haben wir erfahren, wie man unterschiedliche computergestützte und experimentelle Verfahren einsetzen kann, um Genen, die man in einer genomischen Sequenz ausfindig gemacht hat, eine Funktion zuzuweisen. Und wir haben gelernt, wie die Anwendung dieser Methoden auf das Genom von *Saccharomyces cerevisiae* die Zahl der Hefegene, für die eine eindeutige Funktion bekannt ist, nahezu verdoppelt hat. Diese Form der Genomannotierung ist ein groß angelegtes Unterfangen, doch selbst wenn man jedes Gen eines Genoms identifizieren und ihm eine Funktion zuweisen kann, bleibt immer noch ein Problem zu bewältigen, und zwar zu verstehen, wie ein Genom als Ganzes in der Zelle agiert, wie es die Vielfalt der stattfindenden biochemischen Aktivitäten bestimmt und koordiniert. Diese allgemeinen Untersuchungen der Genomaktivität müssen sich nicht unbedingt auf das Genom selbst beschränken, sondern können sich auch auf das Transkriptom und das

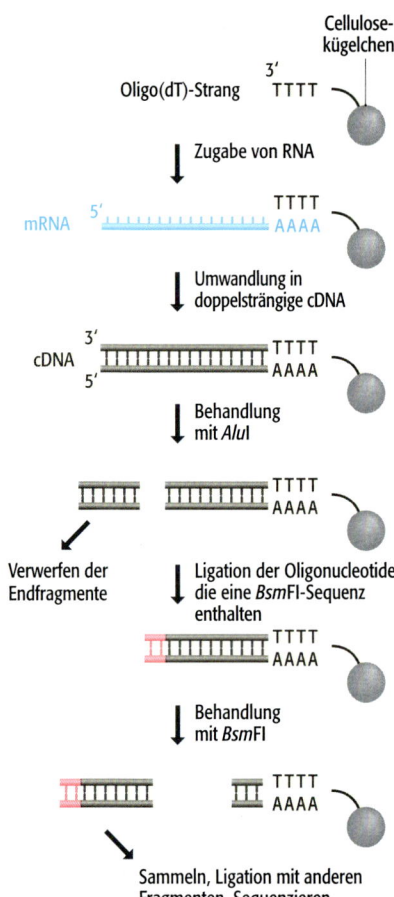

**6.1 SAGE.** In diesem Beispiel ist *Alu*I das erste verwendete Restriktionsenzym, das die 4 bp lange Sequenz 5′-AGCT-3′ erkennt. Das an die cDNA ligierte Oligonucleotid enthält eine Erkennungssequenz für *Bsm*FI, das 10–14 Nucleotide stromabwärts schneidet und so ein cDNA-Fragment abspaltet. Man ligiert die Fragmente unterschiedlicher cDNAs und es entsteht ein Concatemer, das anschließend sequenziert wird. Wendet man diese Methode an, dann besteht das entstehende Concatemer teilweise aus Sequenzen, die aus den *Bsm*FI-Oligonucleotiden stammen. Um dieses zu vermeiden und ein Concatemer zu erhalten, das ausschließlich cDNA-Fragmente enthält, kann man die Oligonucleotide so konstruieren, dass das an die cDNA ligierte Ende eine Erkennungssequenz für ein drittes Restriktionsenzym enthält. Die Behandlung mit diesem Enzym entfernt die Oligonucleotide von dem cDNA-Fragment.

Proteom beziehen, die von dem Genom synthetisiert und aufrechterhalten werden. Ebenfalls muss geklärt werden, wie Transkriptom und Proteom die definitiv letzte Ebene der Genomexpression – das Netzwerk der miteinander verknüpften biochemischen Wege und Prozesse, die eine lebende Zelle ausmachen – etablieren und koordinieren. In diesem Kapitel werden wir uns die Methoden ansehen, die für diese allgemeinen Untersuchungen der Genomaktivität eingesetzt werden.

# 6.1 Untersuchung des Transkriptoms

Das Trankriptom besteht aus den mRNAs, die zu einem bestimmten Zeitpunkt in einer Zelle vorhanden sind. Die Zusammensetzung der Transkriptome kann hoch komplex sein, mit Hunderten oder Tausenden von unterschiedlichen mRNAs, von denen jede einen Teil der gesamten Population ausmacht (Abschnitt 1.2.4). Um ein Transkriptom zu analysieren muss man daher die enthaltenen mRNAs identifizieren und, im Idealfall, ihre relativen Häufigkeiten ermitteln.

## 6.1.1 Die Untersuchung des Transkriptoms durch Sequenzanalyse

Die direkteste Art und Weise ein Transkriptom zu charakterisieren ist, seine mRNA in cDNA zu überführen (Abb. 3.36) und dann jeden Klon der entstehenden cDNA-Bibliothek zu sequenzieren. Gene, deren mRNAs im Transkriptom vorhanden sind, werden durch Vergleiche zwischen cDNA-Sequenzen und den genomischen Sequenzen identifiziert. Dieser Ansatz ist leicht durchzuführen, doch er ist arbeitsintensiv, da viele verschiedene cDNA-Sequenzen benötigt werden, bevor ein nahezu vollständiges Bild von der Transkriptomzusammensetzung entsteht. Werden zwei oder mehrere Transkriptome miteinander verglichen, dann vergeht bis zum Abschluss des Projektes noch mehr Zeit. Lässt sich das Verfahren in irgendeiner Art und Weise abkürzen, um schneller an die entscheidende Sequenzinformation zu gelangen?

Eine Lösung ist die **serielle Analyse der Genexpression** (*serial analysis of gene expression*, **SAGE**). Anstatt vollständige cDNAs zu untersuchen, ergibt SAGE kurze Sequenzen mit einer Länge von 12 bp, von denen jede eine mRNA des Transkriptoms repräsentiert. Die Methode beruht darauf, dass diese 12-bp-Sequenzen trotz ihrer Kürze ausreichen, um das mRNA-codierende Gen zu identifizieren. Die Begründung ist, dass jede einzelne Sequenz aus 12 bp in dem Genom einmal alle $4^{12} = 16\ 777\ 216$ bp vorkommen sollte. Die durchschnittliche Länge einer eukaryotischen mRNA ist etwa 1 500 bp; so entsprechen $4^{12}$ bp einer aufsummierten Länge von über 11 000 Transkripten. Diese Zahl ist größer als die Zahl der Transkripte, die man für nahezu alle komplexen Genome erwartet. Daher sollte es möglich sein, über das 12 bp lange, so genannte Sequenz-*tag* die Gene zu identifizieren, die die vorhandenen mRNAs codieren.

Das Verfahren, mit dem die 12-bp-*tags* hergestellt werden, ist in Abbildung 6.1 dargestellt. Zuerst wird die mRNA in einer Chromatographiesäule immobilisiert, indem man den Poly(A)-Schwanz vom 3′-Ende dieser Moleküle an Oligo(dT)-Stränge binden lässt, die wiederum an Cellulosekügelchen fixiert sind. Die mRNA wird in doppelsträngige cDNA umgeschrieben und dann mit einem Restriktionsenzym behandelt, das eine 4 bp lange Erkennungssequenz besitzt und daher jede cDNA häufig schneidet. Das terminale Restriktionsfragment jeder cDNA bleibt an die Cellulosekügelchen gebunden, sodass alle anderen Fragmente von der Säule gewaschen und verworfen werden können. Nun wird ein kurzes Oligonucleotid, das eine Erkennungssequenz für *Bsm*FI besitzt, an das freie Ende jeder cDNA gebunden. *Bsm*FI ist ein unübliches Restriktionsenzym, das die DNA nicht innerhalb der Erkennungssequenz spaltet, sondern 10–14 Nucleotide stromabwärts davon. Die Behandlung mit *Bsm*FI entfernt daher ein Fragment mit einer durchschnittlichen Länge von 12 bp vom Ende jeder cDNA. Die Fragmente werden gesammelt, miteinander „Kopf an Schwanz" zu einem so genannten Concatemer ligiert und sequenziert. Die einzelnen *tag*-Sequenzen in einem Concatemer werden ermittelt und mit den Gensequenzen des Genoms verglichen.

## 6.1.2 Untersuchung eines Transkriptoms durch Microarray-oder Chip-Analyse

DNA-Chips und Microarrays (Methoden 3.1) können auch für Transkriptomanalysen eingesetzt werden. Es sei daran erinnert, dass der Unterschied zwischen beiden darin besteht, dass ein Chip eine Sammlung von immobilisierten Oligonucleotiden trägt, die *in situ* auf der Oberfläche des Glas- oder Silikonträgers synthetisiert werden, und dass Microarrays aus DNA-Molekülen – in der Regel PCR-Produkte oder cDNAs – bestehen, die auf die Oberfläche des Glasobjektträgers oder der Nylonmembran aufgetragen werden. Microarrays und Chips werden beide in derselben Art und Weise verwendet (Abb. 6.2). Die Population von mRNAs, die ein Transkriptom ausmacht, wird in ein Gemisch von cDNAs umgewandelt, die dann (in der Regel mit einem Fluoreszenzmarker) markiert und mit dem Microarray oder Chip hybridisiert werden. Anschließend ermittelt man die Positionen, an denen eine Hybridisierung stattgefunden hat. Verglichen mit SAGE hat dieser Ansatz den Vorteil, dass die Unterschiede zwischen zwei oder mehreren Transkriptomen schnell beurteilt werden können, indem man verschiedene cDNA-Präparationen mit identischen Arrays hybridisiert und die Hybridisierungsmuster miteinander vergleicht. Eine Verfeinerung lässt sich erzielen, wenn man den Array mit cDNA hybridisiert, die von der mRNA-Fraktion stammt, die in den untersuchten Zellen an die Ribosomen gebunden ist, und nicht nur mit cDNA aus Gesamt-mRNA. Die gebundenen mRNAs entsprechen dem Teil des Transkriptoms, der aktiv in Protein translatiert wird, wodurch ein etwas anderes Bild der Genomaktivität entsteht.

Als Erstes werden wir die technischen Fragen behandeln, die bei Microarray- und Chip-Analysen auftreten, und anschließend einige Anwendungen dieser Analysemethode kennen lernen.

### *Der Einsatz von Microarray oder Chip für die Analyse von einem oder mehreren Transkriptomen*

Bei der Transkriptomanalyse sind die beiden Hauptziele die Identifikation von Genen, deren mRNA vorhanden ist, und die Bestimmung der relativen Mengen dieser unterschiedlichen mRNAs. Um das erste Ziel erreichen zu können, muss jedes relevante Gen durch mindestens eine Probe im Array vertreten sein. Bei einem Microarray erreicht man dies durch die Verwendung von PCR-Produkten oder cDNAs, die sich von den gewünschten Genen ableiten, und bei einem DNA-Chip wird an jeder Position ein Gemisch von Oligonucleotiden synthetisiert, insgesamt etwa 20 unterschiedliche, deren Sequenzen unterschiedlichen Regionen des relevanten Gens entsprechen (Abb. 6.3). Das zweite

Microarray

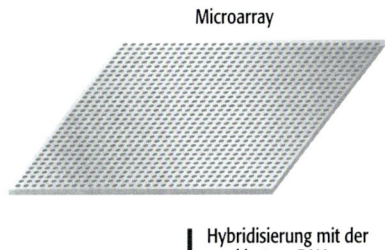

↓ Hybridisierung mit der markierten cDNA

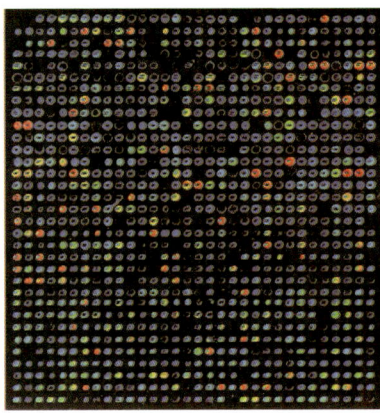

**6.2 Microarray-Analyse.** Eine cDNA-Präparation wird mit einem Fluoreszenzmarker markiert und mit einem Microarray hybridisiert. Die Markierung wird mit konfokaler Laser-Scanning-Mikroskopie nachgewiesen und die Signalintensität in ein Falschfarbenbild umgewandelt. Bei dieser Art der Darstellung gibt Rot die stärkste Hybridisierung an, gefolgt von Orange, Gelb, Grün, Blau, Indigo und Violett, welches das Hintergrundsignal der Hybridisierung anzeigt. Für mehr Information über die Herstellung und die Anwendung von Microarrays siehe Methoden 3.1. Mit freundlicher Genehmigung von Macmillan Publishers Ltd© *Nature*.

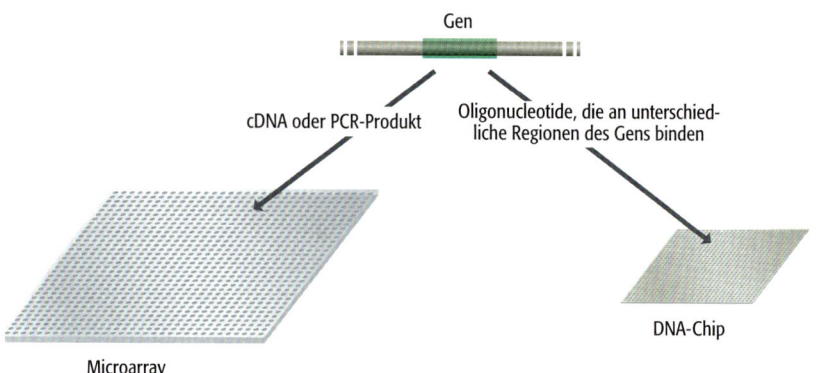

**6.3 Microarrays und DNA-Chips.** Jede Position in einem Microarray enthält eine cDNA oder ein PCR-Produkt eines gewünschten Gens. Dagegen enthält jede Position auf einem DNA-Chip ein Gemisch von Oligonucleotiden, deren Sequenzen zu unterschiedlichen Segmenten der relevanten Gene passen.

Ziel – die Bestimmung der relativen Mengen der einzelnen mRNAs im Transkriptom – erreicht man, weil jede Position auf dem Micorarray oder Chip bis zu $10^9$ Kopien des Zielmoleküls enthält. Diese Zahl ist höher als die erwartete Kopienzahl für jede mRNA, die in der geringen Transkriptommenge enthalten ist, mit der man den Array hybridisiert. Daher wird keine Position jemals abgesättigt, sondern jedes Sondenmolekül kann mit seinem Zielmolekül eine Basenpaarung eingehen. Das Ausmaß der Hybridisierung ist daher variabel und die Signalintensität hängt an jeder Position von der Menge jeder einzelnen mRNA im Transkriptom ab (Abb. 6.4).

Der obige Abschnitt vermittelt den Eindruck, Microarray- und Chip-Analyse seien einfache Methoden. In der Praxis existieren jedoch einige Schwierigkeiten. Die erste ist, dass die Hybridisierungsanalyse bei fast allen Transkriptomen, bis auf die einfachsten, nicht ausreichend spezifisch ist, um zwischen allen vorhandenen mRNAs zu unterscheiden. Der Grund liegt darin, dass zwei verschiedene mRNAs ähnliche Sequenzen besitzen und daher mit der spezifischen Zielsequenz der jeweils anderen mRNA auf dem Array kreuzhybridisieren können. Bei zwei oder mehreren paralogen Genen (Abschnitt 5.2.1), die in demselben Gewebe aktiv sind, geschieht dies relativ häufig. Das Transkriptom enthält dann eine Gruppe von verwandten mRNAs, von denen jede bis zu einem gewissen Ausmaß mit den Mitgliedern der Genfamilie hybridisiert. Die Unterscheidung der relativen Mengen jeder mRNA oder selbst der sichere Nachweis bestimmter mRNAs, kann in einem solchen Fall sehr schwie-

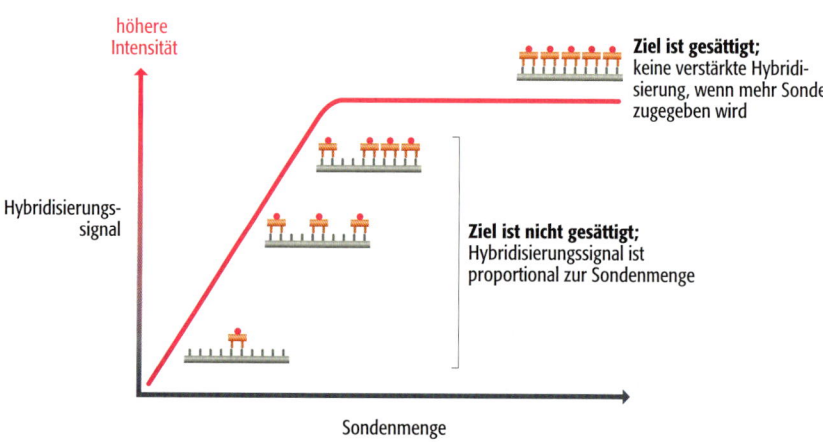

**6.4** Die Beziehung zwischen Hybridisierungsstärke und der Menge des jeweiligen Sondenmoleküls.

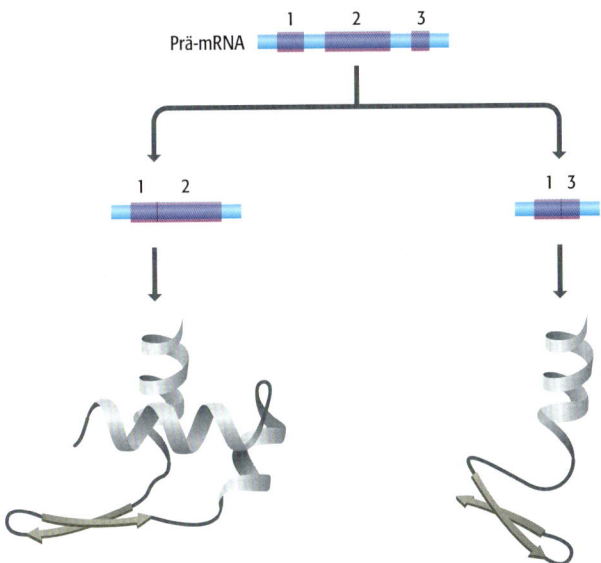

Prä-mRNA

1  2  3

1  2        1  3

6.5    **Alternatives Spleißen.** Beim alternativen Spleißen werden Exons in unterschiedlichen Kombinationen miteinander verbunden. Daher werden von der gleichen Prä-mRNA unterschiedliche Proteine synthetisiert.

rig sein. Ein ähnliches Problem tritt auf, wenn zwei oder mehrere unterschiedliche mRNAs von demselben Gen abstammen. Dieses ist Vertebraten relativ verbreitet, weil **alternatives Spleißen** stattfindet. Bei diesem Prozess werden Exons von einer Prä-mRNA in unterschiedlichen Kombinationen zusammengesetzt und ergeben dann eine Reihe von verwandten, aber dennoch unterschiedlichen mRNAs (Abb. 6.5). Der Array muss sorgfältig angelegt werden, wenn diese Varianten nachgewiesen und genau quantifiziert werden sollen.

Der Vergleich von zwei oder mehreren Transkriptomen – wie wir unten sehen werden eine häufige Fragestellung – wirft weitere Probleme auf. Damit ein Vergleich auch aussagekräftig ist, müssen die Hybridisierungsintensitäten für dasselbe Gen bei zwei unterschiedlichen Microarrays oder Chips die tatsächlichen Unterschiede in der mRNA-Menge repräsentieren und dürfen nicht von experimentellen Faktoren wie der Menge der Ziel-DNA auf dem Array, der Effizienz der Sondenmarkierung oder der Effektivität des Hybridisierungsprozesses abhängen. Doch selbst in nur einem einzigen Labor können diese Faktoren kaum mit absoluter Genauigkeit kontrolliert werden, und die exakte Reproduzierbarkeit zwischen unterschiedlichen Labors ist nahezu unmöglich. Daher sind bei der Datenanalyse Normalisierungsverfahren notwendig, damit man die Ergebnisse unterschiedlicher Array-Experimente genau miteinander vergleichen kann. Die Arrays enthalten daher sowohl Negativkontrollen, mit deren Hilfe man in jedem Experiment die Hintergrundhybridisierung bestimmen kann, als auch Positivkontrollen, die stets identische Signale geben sollten. Für die Transkriptome von Vertebraten wird häufig das Actingen als Positivkontrolle eingesetzt, da seine Expressionsstärke in einem bestimmten Gewebe, unabhängig von Entwicklungsstadium oder Krankheitszustand, relativ konstant ist. Eine etwas zufriedenstellendere Alternative ist die Durchführung eines Experiments, mit dem die beiden Transkriptome direkt, in einer einzigen Analyse und mit einem einzigen Array, miteinander verglichen werden können. Dazu kennzeichnet man die cDNA-Präparationen mit unterschiedlich fluoreszierenden Markern und analysiert den Array anschließend bei den entsprechenden Wellenlängen, um die relativen Intensitäten der beiden Fluo-

Microarray, hybridisiert
mit zwei cDNA-Präparationen

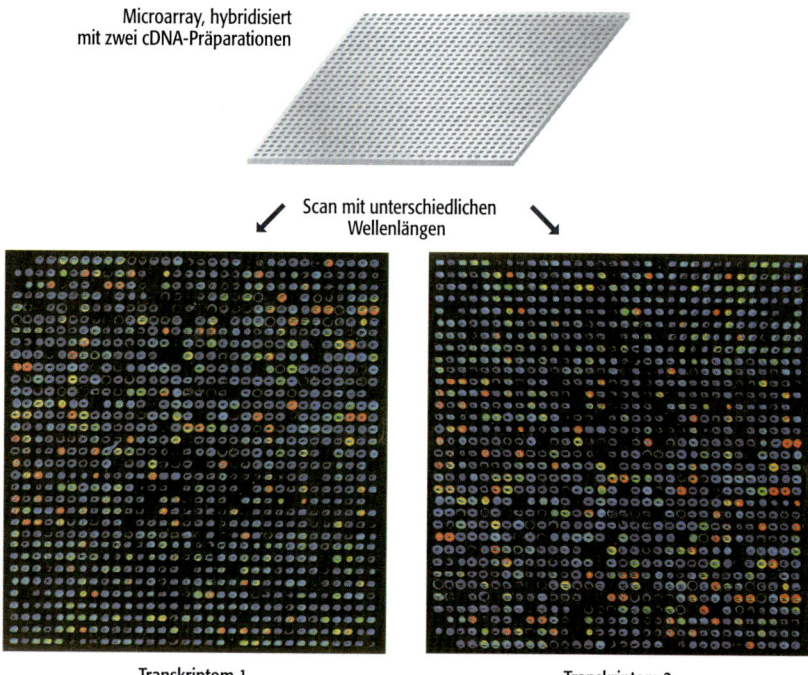

Scan mit unterschiedlichen
Wellenlängen

Transkriptom 1                     Transkriptom 2

**6.6   Vergleich von zwei Transkriptomen in einem einzigen Experiment.** Mit freundlicher Genehmigung von Macmillan Publishers Ltd© *Nature*.

reszenzsignale an jeder Position und somit die Unterschiede zwischen den mRNA-Gehalten in den beiden Transkriptomen zu bestimmen (Abb. 6.6).

Vorausgesetzt zwei oder mehrere Transkriptome können genau miteinander verglichen werden, dann sind die festgestellten Unterschiede im Genexpressionsmuster relativ komplex. Gene mit ähnlichen Expressionsprofilen haben vermutlich miteinander in Beziehung stehende Funktionen und es sind stringente Verfahren notwendig, um diese Gruppen zu unterscheiden. Das Standardverfahren wird als **hierarchische Cluster-Bildung** bezeichnet und umfasst einen Vergleich der Expressionsstärken von jedem Genpaar in jedem der analysierten Transkriptome. Man weist jedem Paar einen Wert zu, der das Ausmaß der Beziehung zwischen diesen Expressionsniveaus beschreibt. Diese Daten können in einem Dendrogramm dargestellt werden, in dem Gene mit verwandten Expressionsprofilen zu Clustern zusammengefasst werden (Abb. 6.7). Das Dendrogramm liefert deutlich sichtbare Hinweise für eine funktionelle Beziehung zwischen Genen.

## Untersuchungen des Hefetranskriptoms

Mit etwas über 6 000 Genen ist die Hefe *Saccharomyces cerevisiae* für Untersuchungen des Transkriptoms sehr gut geeignet und an diesem Organismus wurde viel Pionierarbeit geleistet. Eine der ersten Entdeckungen war, dass sich

**6.7   Vergleich der Expressionsprofile von fünf Genen in sieben Transkriptomen.** Aus Zellen wurden zu unterschiedlichen Zeitpunkten nach Zugabe von energiereichen Nährstoffen zum Wachstumsmedium sieben Transkriptome präpariert. Nach der Datenanalyse durch hierarchische Cluster-Bildung erstellte man ein Dendrogramm, das das Ausmaß der Beziehung zwischen den Expressionsprofilen von fünf Genen darstellt.

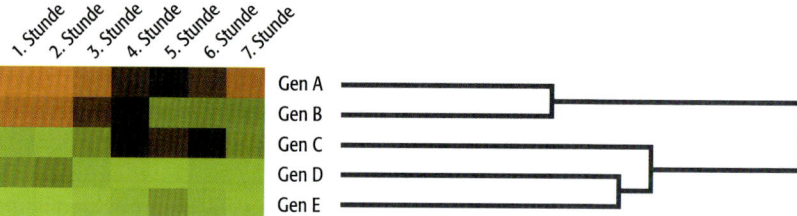

die Zusammensetzung des Hefetranskriptoms unter konstanten biochemischen Bedingungen relativ wenig verändert, obwohl mRNAs ständig abgebaut und neu synthetisiert werden. Wächst Hefe in glucosehaltigem Medium und teilen sich die Zellen dadurch mit einer maximalen Rate, dann ist das Transkriptom fast völlig stabil. Nur die Häufigkeit von 19 mRNAs nimmt über einen Zeitraum von zwei Stunden um mehr als das Zweifache zu. Das Transkripton verändert sich nur dann signifikant, wenn die Glucose im Wachstumsmedium aufgebraucht ist, wodurch die Zellen gezwungen werden zwischen aerober Atmung und anaerober Gärung zu wechseln und zu einer anderen Kohlenstoffquelle überzugehen. Während dieser Veränderung steigt die Menge von über 700 mRNAs um den Faktor zwei oder mehr, und die Menge von noch einmal 1 000 mRNAs nimmt auf weniger als die Hälfte ihres ursprünglichen Niveaus ab. Die veränderten äußeren Bedingungen führen zu einer Umstrukturierung des Transkriptoms und so zu einer Anpassung an die neuen biochemischen Bedürfnisse der Zellen.

Das Hefetranskriptom durchläuft auch während der Zelldifferenzierung eine Umstrukturierung. Dieses wurde bei Untersuchungen der Sporulation (Sporenbildung) entdeckt, die durch Nährstoffmangel und andere umweltbedingte Stressfaktoren eingeleitet wird. Der Ablauf der Sporulation wird anhand der morphologischen und biochemischen Vorgänge in vier Phasen unterteilt – die frühe, mittlere, mittelspäte und späte Phase (Abb. 6.8). Frühere Untersuchungen haben, wie erwartet, gezeigt, dass jede Phase durch die Expression unterschiedlicher Gruppen von Genen charakterisiert ist. Transkriptomanalysen ergänzten unser Verständnis der Sporulation auf unterschiedliche Art

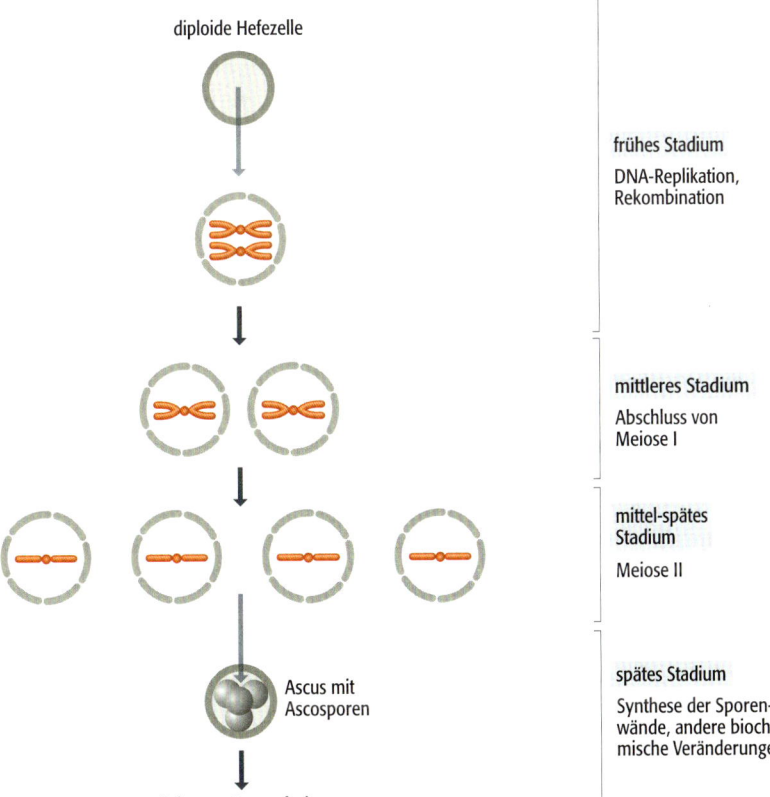

diploide Hefezelle

**frühes Stadium**

DNA-Replikation,
Rekombination

**mittleres Stadium**

Abschluss von
Meiose I

**mittel-spätes
Stadium**

Meiose II

Ascus mit
Ascosporen

**spätes Stadium**

Synthese der Sporen-
wände, andere bioche-
mische Veränderungen

Keimung, Sporenfusion

**6.8   Die Sporulation von *Saccharomyces cerevisiae*.** Die mittleren drei Abbildungen zeigen die Kernteilungen, die während der Sporulation stattfinden. Siehe Abbildung 3.16 für weitere Einzelheiten der Vorgänge bei Meiose I und Meiose II.

und Weise. Höchst bemerkenswert ist, dass die Veränderungen der Transkriptomzusammensetzung eine Einteilung des frühen Stadiums der Sporulation in drei unterschiedliche Phasen zeigen, die als frühe (I), frühe (II) und frühmittlere Phase bezeichnet werden. Während der frühen Sporulation steigt die Menge von über 250 mRNAs signifikant an und die von weiteren 158 mRNAs nimmt spezifisch während der mittleren Phase zu. Bei noch einmal 61 mRNAs erhöht sich die Häufigkeit während der mittel-späten Phase und weitere 5 mRNAs kommen in der späten hinzu. Außerdem nimmt die Häufigkeit von 600 mRNAs, die vermutlich für das vegetative Wachstum notwendige Proteine codieren, deren Synthese jedoch während der Sporenbildung abgeschaltet wird, während der Sporulation ab.

Die Erforschung der Hefesporulation ist aus zwei Gründen wichtig. Erstens ebnen Transkriptomanalysen den Weg für Untersuchungen der Wechselwirkungen zwischen Genom und Umweltsignalen, die die Sporulation auslösen, indem sich mit solchen Analysen Veränderungen der Genomexpression während der Sporulation beschreiben lassen. Untersuchungen dieser Art, durchgeführt an einem relativ einfachen Organismus wie der Hefe, dienen als wichtiges Modell für komplexere Entwicklungsprozesse in höheren Eukaryoten, einschließlich dem Menschen. Zweitens sind einige der mRNAs, deren Häufigkeit während der Sporulation signifikant ansteigt, Transkripte von zuvor unbekannten Genen. Die Transkriptomanalysen sind daher für die Annotierung einer genomischen Sequenz hilfreich und unterstützen die Identifizierung von Genen, deren Funktion im Genom bisher durch andere Verfahren nicht ermittelt werden konnte.

### Das Transkriptom des Menschen

Mit fünfmal so vielen Genen ist das menschliche Genom erheblich komplexer als das der Hefe, und Untersuchungen seiner Zusammensetzung stecken immer noch in den Kinderschuhen. Dennoch hat man bereits einige interessante Ergebnisse zusammentragen können. Zum Beispiel wurden die Transkriptome unterschiedlicher Zelltypen in der Genomsequenz des Menschen kartiert. Das Ergebnis ist ein Überblick über das Genexpressionsmuster entlang eines vollständigen Chromosoms. Diese Erkenntnisse führten zu der wichtigen Entdeckung, dass Transkripte von Chromosomenregionen synthetisiert werden, in denen bislang keine Gene bekannt waren. Für die Untersuchungen wurden zum Beispiel DNA-Chips hergestellt, deren einzelne Oligonucleotidsonden auf Bereiche abzielten, die auf den Chromosomen 21 und 22 einen Abstand von durchschnittlich 35 Nucleotiden haben. Diese so genannten *tiling*-**Arrays** (*tiling* deckend) enthalten über eine Million Zielsequenzen, doch liegen davon nur 26 000 in Exons dieser Chromosomen. Allerdings konnte man über 350 000 Zielsequenzen eine mRNA in mindestens einem von 11 menschlichen Transkriptomen zuordnen, die aus den unterschiedlichen untersuchten Zelllinien stammten (Abb. 6.9). Genomweit wurden etwa 10 500 transkribierte Sequenzen ausfindig gemacht, die aus Regionen des Genoms stammen, von denen man zuvor angenommen hatte, dass sie keine Gene einhalten. Diese Arbeit zeigt, dass die Transkriptomanalyse bei der Genomannotierung eine wichtige Rolle spielt.

Die Transkriptomanalyse hat auch auf die Untersuchungen von Krankheiten des Menschen einen großen Einfluss. Im Jahr 1997 entdeckte man die Umstrukturierung des Transkriptoms als Folge einer Krebserkrankung. Ein Vergleich von normalen Epithelzellen des Dickdarms mit Krebszellen ergab signifi-

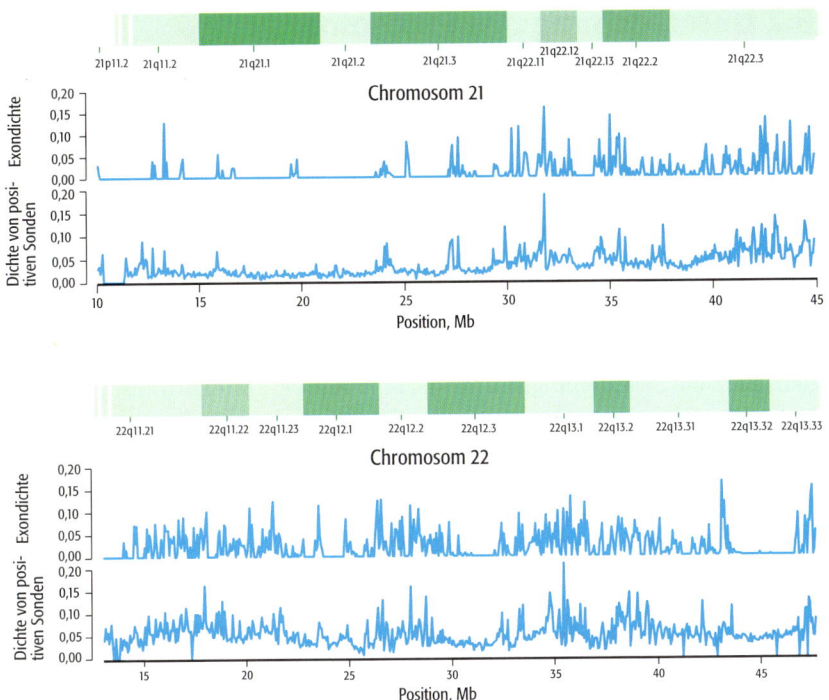

**6.9 Transkriptomanalyse der Chromosomen 21 und 22 des Menschen.** Ein Teil jedes Chromosoms ist mit seinem G-Bandenmuster (Abschnitt 7.1.2) und mit den Kartenpositionen (21p11.2 usw.) dargestellt. Bei jedem Chromosom zeigt die obere Grafik die Lokalisierung der bekannten Exons, ausgedrückt als Exondichte für ein 5,7 Mb großes „Fenster" der DNA. Die untere Abbildung zeigt die Positionen, an denen in 11 untersuchten Transkriptomen mRNAs nachgewiesen werden konnten, ebenfalls ausgedrückt als Dichte pro 5,7-Mb-Fenster. Nachdruck mit Genehmigung von Kapranov et al (2002) *Science* 296: 916–919, © AAAS.

kante Unterschiede in der Häufigkeit von 289 mRNAs. Ungefähr die Hälfte dieser mRNAs zeigte diese Tendenz auch in Krebszellen der Bauchspeicheldrüse. Durch diese wichtige Beobachtung von Unterschieden zwischen den Transkriptomen von normalen Zellen und Krebszellen wird die Etablierung neuer Therapieformen für Krebserkrankungen unterstützt. Transkriptomanalysen werden aber auch in der Krebsdiagnostik eingesetzt. Der Durchbruch in diesem Bereich fand im Jahr 1999 statt, als man zeigen konnte, dass sich das Transkriptom aus entarteten Zellen der akuten lymphatischen Leukämie von dem aus Zellen der akuten myeloischen Leukämie unterscheidet. Die Untersuchung von 27 lymphatischen und 11 myeoloischen Krebserkrankungen ergab, dass trotz leichter Unterschiede zwischen allen Transkriptomen die Differenzen zwischen diesen beiden Formen ausreichten, um die Krebserkrankungen eindeutig voneinander abgrenzen zu können. Die Bedeutung dieser Arbeit liegt in den verbesserten Remissionsraten, die man durch eine frühzeitige Erkennung einer Krebserkrankung erreichen kann, noch bevor klare morphologische Anzeichen zu sehen sind. Bei diesen beiden Formen der Leukämie ist diese Erkenntnis zwar nicht relevant, weil sie durch nicht genetische Verfahren voneinander unterschieden werden können, doch bei anderen Krebsformen wie dem Non-Hodgkin-Lymphom ist ein früher eindeutiger Befund durchaus von Bedeutung. Die am weitesten verbreitete Form dieser Erkrankung wird als diffuses großzelliges B-Zell-Lymphom bezeichnet. Viele Jahre nahm man an, dass alle Tumoren dieses Typs gleich sind. Nach Transkriptomanalysen musste man diese Auffassung jedoch revidieren, denn es zeigte sich, dass B-Zell-Lymphome in zwei Subtypen unterteilt werden können. Durch die Unterscheidung zwischen den Transkriptomen dieser Subtypen konnte jeder einer bestimmten Klasse von B-Zellen zugeordnet werden, was die gezielte Suche nach spezifischen Behandlungsformen ermöglichte, die auf das jeweilige Lymphom zugeschnitten sind.

# 6.2 Untersuchung des Proteoms

Untersuchungen des Proteoms sind wichtig, weil es die zentrale Rolle des Proteoms ist, die Verbindung zwischen Genom und biochemischen Fähigkeiten einer Zelle herzustellen (Abschnitt 1.3.2). Die Charakterisierung der Proteome unterschiedlicher Zellen ist der Schlüssel zum Verständnis, wie ein Genom agiert und wie dysfunktionelle Genomaktivitäten zu Krankheiten führen können. Transkriptomanalysen können diese Fragestellungen nur zu einem Teil beantworten. Die Untersuchung des Transkriptoms gibt einen genauen Hinweis auf die aktiven Gene in einer Zelle, doch was die in ihr enthaltenen Proteine betrifft, sind die Angaben weniger genau. Der Grund dafür ist, dass nicht nur die vorhandene Menge an mRNA den Proteingehalt beeinflusst, sondern auch die Geschwindigkeit, mit der die mRNA in Proteine translatiert wird und mit der diese abgebaut werden. Außerdem ist das ursprüngliche Proteinprodukt der Translation unter Umständen nicht aktiv, sodass manche Proteine eine physikalische und/oder chemische Modifikation durchlaufen müssen, bevor sie funktionell aktiv sind (Abschnitt 13.3). Die Bestimmung der Menge der *aktiven* Form eines Proteins ist daher für das Verständnis der Biochemie einer Zelle oder eines Gewebes entscheidend.

Die Methodik, die für die Analyse von Proteomen angewendet wird, bezeichnet man als Proteomik. Genau genommen ist die **Proteomik** eine Sammlung von verschiedenen Techniken, die über ihre Eigenschaft Informationen über das Proteom zu liefern, miteinander in Beziehung stehen. Diese Informationen umfassen nicht nur die Identität der vorhandenen Proteine, sondern auch Faktoren wie die Funktionen einzelner Proteine und ihre Lokalisierung innerhalb der Zelle. Die besondere Methodik zur Ermittlung der Zusammensetzung des Proteoms wird als **Protein-Profiling** oder **Expressionsproteomik** bezeichnet.

## 6.2.1 Protein-Profiling – Methodik zur Identifizierung von Proteinen in einem Proteom

Das Protein-Profiling beruht auf zwei Techniken – **Proteinelektrophorese** und **Massenspektrometrie** –, die beide schon seit langem etabliert sind, doch in der prägenomischen Ära selten zusammen angewendet wurden. Heutzutage werden sie in einem der am schnellsten wachsenden Bereiche der modernen Forschung miteinander kombiniert.

### Die Trennung der Proteine eines Proteoms

Um ein Proteom zu charakterisieren ist es zunächst notwendig, reine Proben der vorhandenen Proteine herzustellen. Dies ist im Hinblick auf die Komplexität eines durchschnittlichen Proteoms kein triviales Unterfangen: Erinnern Sie sich daran, dass eine Säugerzelle 10 000–20 000 unterschiedliche Proteine enthalten kann (Abschnitt 1.3.2).

Die Standardmethode für die Trennung eines Proteingemisches ist die Polyacrylamidgelelektrophorese (Methoden 4.1). Abhängig von der Gelzusammensetzung und den Bedingungen, unter denen die Gelelektrophorese durchgeführt wird, macht man sich für die Trennung unterschiedliche chemische und physikalische Eigenschaften der Proteine zunutze. Das am häufigsten angewendete Verfahren macht von dem Detergens Natriumdodecylsulfat (*sodium dodecyl sulfate*, SDS) Gebrauch, das Proteine denaturiert und ihnen eine nega-

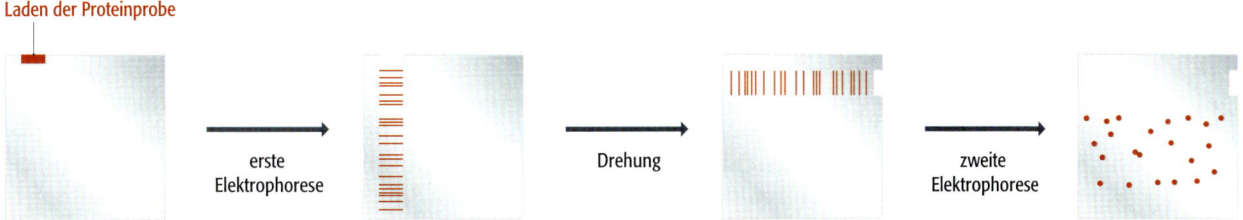

Laden der Proteinprobe

erste Elektrophorese → Drehung → zweite Elektrophorese

tive Ladung vermittelt, die ungefähr der Länge des nichtgefalteten Polypeptids entspricht. Unter diesen Bedingungen trennen sich die Proteine entsprechend ihrer molekularen Masse, wobei die kleinsten Proteine am schnellsten zur positiv geladenen Elektrode wandern. Alternativ können die Proteine auch durch **isoelektrische Fokussierung** in einem Gel getrennt werden, das Chemikalien enthält, die unter elektrischer Spannung einen pH-Gradienten aufbauen. In dieser Art von Gel wandert ein Protein bis zu seinem **isoelektrischen Punkt**, also der Position, an der seine Nettoladung gleich null ist. Beim Protein-Profiling werden diese Methoden zu einer **zweidimensionalen Gelelektrophorese** miteinander kombiniert. In der ersten Dimension werden die Proteine durch isoelektrische Fokussierung getrennt. Das Gel wird anschließend in eine SDS-Lösung gelegt, danach um 90 Grad gedreht und dann einer zweiten Elektrophorese unterzogen, bei der die Proteine entsprechend ihrer Größe im rechten Winkel zu der ersten Elektrophorese voneinander separiert werden (Abb. 6.10). Mithilfe dieses Ansatzes lassen sich in einem einzigen Gel Tausende von Proteinen trennen.

Nach der Elektrophorese zeigt die Färbung des Gels ein komplexes Muster von Spots, von denen jeder ein anderes Protein enthält (Abb. 6.11). Bei einem Vergleich von zwei Gelen weisen Unterschiede im Muster und in der Intensität der Spots auf Unterschiede in der Identität und den relativen Mengen der einzel-

**6.10** Zweidimensionale Gelelektrophorese.

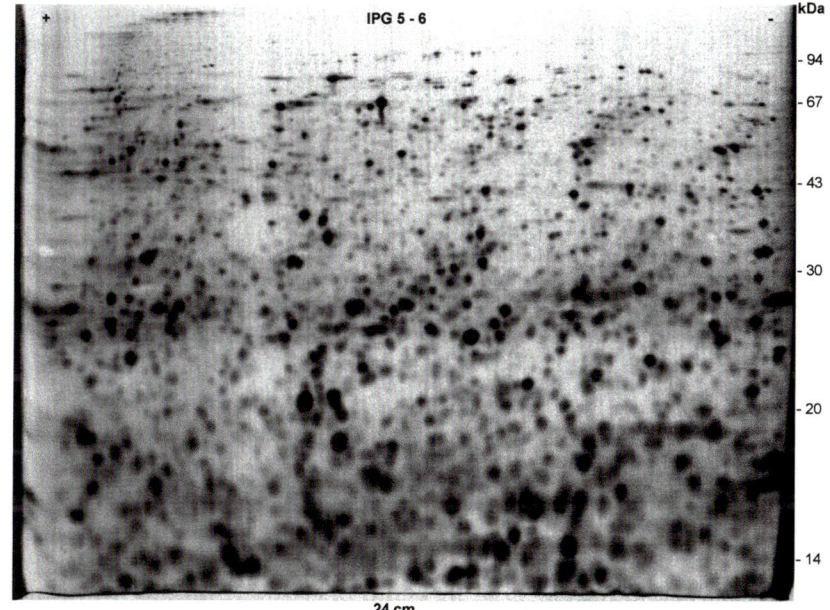

IPG 5 - 6

kDa
- 94
- 67
- 43
- 30
- 20
- 14

24 cm

**6.11 Das Ergebnis einer zweidimensionalen Gelelektrophorese**. Proteine aus der Mausleber wurden durch isoelektrische Fokussierung mit einem pH-Bereich von 5–6 in der ersten Dimension und entsprechend ihrer molekularen Masse in der zweiten Dimension aufgetrennt. Die Protein-Spots wurden durch Silberfärbung sichtbar gemacht. Nachdruck mit Genehmigung von Görg et al (2000) *Electrophoresis* 21: 1037–1053 Wiley-VCH Verlag.

nen Proteine in den beiden untersuchten Proteomen hin. Auf diese Weise können für die zweite Phase der Proteomanalyse, in der die tatsächlich vorhandenen Proteine wie unten beschrieben identifiziert werden, interessante Spots ausgewählt werden. Doch bevor wir zu dieser Phase übergehen, müssen wir die Grenzen der zweidimensionalen Gelelektrophorese kennen lernen, die einen entscheidenden Einfluss auf die Anwendbarkeit des Protein-Profiling als Hilfsmittel für die Untersuchung von Proteomen hat. Das größte Problem ist, dass nicht alle Proteine des Proteoms in dem Gel sichtbar sind. Insbesondere fehlen die Proteine, die sich nicht in einem wässrigen Puffer lösen, wie viele der in der Zellmembran vorhandenen Proteine. Um diese Bestandteile des Proteoms untersuchen zu können, muss man spezielle Puffer und Gelzusammensetzungen verwenden. Das bedeutet wiederum, dass etliche Experimente erforderlich sind, wenn man das Proteom in seiner Gesamtheit untersuchen möchte. Außerdem gibt es Probleme mit der Reproduzierbarkeit der zweidimensionalen Gelelektrophorese, und es ist schwierig, entsprechende Kontrollen zu etablieren, um die Daten eines solchen Gels so zu standardisieren, dass zwei Proteome miteinander verglichen werden können. Aus diesen Gründen wurden alternative Trennmethoden entwickelt, von denen zurzeit die Hochleistungsflüssigkeitschromatographie (*high perfomance liquid chromatography*, HPLC) und die *free flow*-isoelektrische Fokussierung eine zentrale Rolle spielen.

### Identifizierung der Proteine eines Proteoms

Zweidimensionale Gelelektrophorese führt zu einem komplexen Muster von Spots, von denen jeder ein anderes Protein enthält. Wie können wir ein Protein in einem Spot identifizieren? Dieses war stets eine schwierige Aufgabe doch durch Fortschritte in der Massenspektrometrie steht nun ein schnelles und genaues Erkennungsverfahren zur Verfügung, das den Anforderungen der Genomanalysen genügt. Die Massenspektrometrie wurde ursprünglich als Hilfsmittel für die Identifizierung einer Verbindung durch das Masse-Ladungs-Verhältnis ihrer ionisierten Form entwickelt, die man erhält, wenn man Moleküle der Verbindung einem starken elektrischen Feld aussetzt. Das Standardverfahren konnte bei Proteinen nicht eingesetzt werden, weil sie für eine effektive Ionisierung zu groß sind. Doch eine neue Methode, die als **MALDI-TOF** (*matrix-assisted laser desorption ionization time-of-flight*) bezeichnet wird, umging dieses Problem zumindest bei Peptiden bis zu einer Länge von 50 Aminosäuren. Tatsächlich sind die meisten Proteine viel länger als 50 Aminosäuren, wodurch es notwendig ist, sie vor der Untersuchung mit MALDI-TOF in Fragmente zu zerteilen. Üblicherweise wird das Protein aus einem Spot isoliert und dann mit einer sequenzspezifischen Protease wie Trypsin, die das Protein unmittelbar hinter Arginin- oder Lysinresten spaltet, abgebaut. Bei den meisten Proteinen führt diese Behandlung zu einer Serie von Peptiden mit einer Länge zwischen 5 und 75 Aminosäuren.

Ist das Peptid ionisiert, dann wird das Masse-Ladungs-Verhältnis durch seine „Flugzeit" („*time of flight*") ermittelt, die es innerhalb des Massenspektrometers für die Strecke zwischen Ionisierungsquelle und Detektor braucht (Abb. 6.12). Ist das Masse-Ladungs-Verhältnis bekannt, lässt sich die molekulare Masse bestimmen, aus der man die Aminosäurezusammensetzung des Peptids ableiten kann. Wurde eine Anzahl von Peptiden eines einzelnen Proteins aus einem Spot des zweidimensionalen Gels untersucht, dann können die resultierenden Informationen über die Zusammensetzung mit der genomischen Sequenz abgeglichen werden, um die Identität des proteincodierenden Gens zu ermitteln. Die Aminosäurezusammensetzungen der von einem einzelnen

**a)** MALDI-TOF-Massenspektrometrie

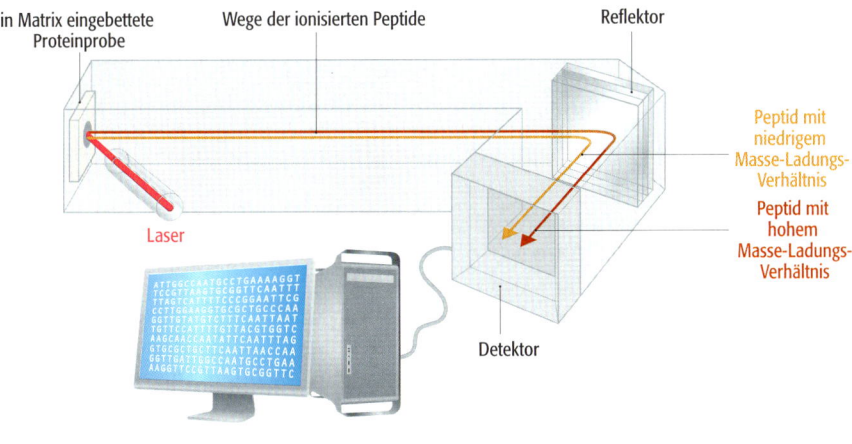

**b)** MALDI-TOF-Spektrum

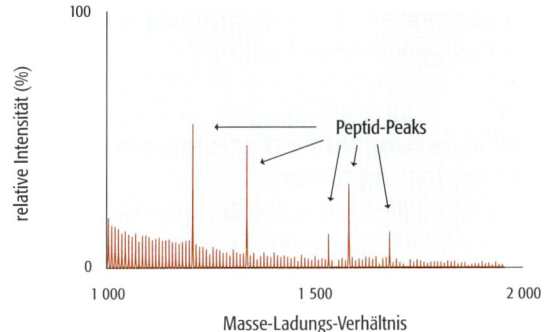

**6.12    Die Verwendung von MALDI-TOF beim Protein-Profiling.** Nach der zweidimensionalen Gelelektrophorese wird das gewünschte Protein aus dem Gel geschnitten und mit einer Protease wie Trypsin gespalten. Diese schneidet das Protein in eine Reihe von Peptiden, die man mittels MALDI-TOF analysieren kann (a). In dem Massenspektrometer werden die Peptide durch einen Puls mit einem Laserstrahl ionisiert, sie durchfliegen ein Rohr bis zu einem Reflektor und landen anschließend auf einen Detektor. Die Flugzeit jedes Peptids hängt von seinem Masse-Ladungs-Verhältnis ab. Die Daten werden in Form eines Spektrums sichtbar gemacht (b). Der Computer enthält eine Datenbank mit den erwarteten molekularen Massen von allen Trypsinfragmenten, die aus den Proteinen entstehen, die von dem Genom des untersuchten Organismus codiert werden. Der Computer vergleicht die Massen der nachgewiesenen Peptide mit der Datenbank und identifiziert das wahrscheinlichste Ursprungsprotein.

Protein abstammenden Peptide können auch für die Überprüfung der Gensequenz und der korrekten Lokalisierung der Exon-Intron-Grenzen eingesetzt werden. Dies ist nicht nur hilfreich, um die Position eines Gens in einem Genom zu beschreiben (Abschnitt 5.1.1), sondern es können auch alternative Spleißvorgänge in den Fällen nachgewiesen werden, in denen zwei oder mehr Proteine von demselben Gen abstammen.

Werden zwei Proteome miteinander verglichen, dann ist es in erster Linie notwendig, Proteine zu identifizieren, die in unterschiedlichen Mengen vorhanden sind. Relativ große Unterschiede sind durch einfache Betrachtung der gefärbten Gele nach der zweidimensionalen Gelelektrophorese zu erkennen. Jedoch können wichtige Veränderungen der biochemischen Kapazität eines Proteoms auch von relativ geringen Veränderungen in der Menge einzelner Proteine ausgehen, wodurch entsprechende Nachweisverfahren für die Messung kleiner Änderungen erforderlich sind. Eine Möglichkeit, dies zu bewerkstelligen, ist die Markierung der Bestandteile der beiden Proteome mit unterschiedlich fluoreszierenden Markern und die anschließende Auftrennung der Proteome in einem einzigen zweidimensionalen Gel. Hierbei handelt es sich um die gleiche Strategie wie etwa bei dem Vergleich von Transkriptomen (Abb. 6.6). Wird das zweidimensionale Gel unterschiedlichen Wellenlängen ausgesetzt, kann man die Intensitäten der entsprechenden Spots genauer bewerten, als es bei zwei getrennten Gelen möglich wäre. Eine noch genauere Alternative ist, jedes der beiden Proteome mit einem **isotopencodierten Affinitäts-**

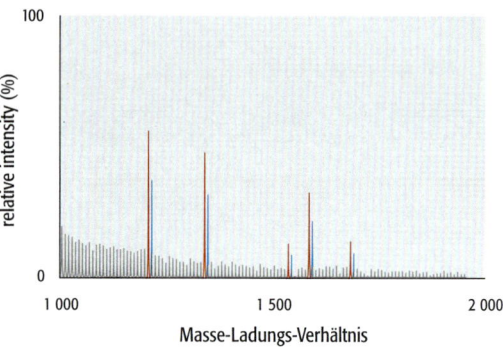

**6.13** **Die Analyse von zwei Proteomen durch ICAT.** In dem MALDI-TOF-Spektrum werden Peaks, die von Peptiden mit normalen Wasserstoffatomen stammen, blau dargestellt, diejenigen, die von Peptiden mit Deuterium stammen, dagegen rot. Das untersuchte Protein ist etwa 1,5-mal häufiger in dem Genom enthalten, das mit Deuterium markiert wurde.

**marker** (*isotope coded affinity tag*, **ICAT**) zu kennzeichnen. Diese Marker liegen in zwei Formen vor, die eine enthält normale Wasserstoffatome und die andere Deuterium, das schwere Isotop des Wasserstoffs. Die normale und die schwere Form können durch Massenspektrometrie unterschieden werden. Dadurch ist eine Bestimmung der relativen Mengen eines Proteins in den beiden miteinander gemischten Proteomen während der „MALDI-TOF-Phase" des Protein-Profilings möglich (Abb. 6.13).

## 6.2.2 Die Identifizierung von Proteinen, die miteinander in Wechselwirkung treten

Wichtige Daten bezüglich der Genomaktivität erhält man auch durch die Identifizierung miteinander interagierender Paare und Gruppen von Proteinen. Im Einzelnen betrachtet ist diese Information oft sehr aufschlussreich, wenn einem neu entdeckten Gen oder Protein eine Funktion zugewiesen werden soll (Abschnitt 5.2), weil die Interaktion mit einem zweiten, gut charakterisierten Protein häufig auf die Funktion des unbekannten Proteins hinweist. Zum Beispiel deutet eine Wechselwirkung mit einem auf der Zelloberfläche lokalisierten Protein darauf hin, dass das unbekannte Protein in die Signalweiterleitung von Zelle zu Zelle eingebunden ist (Abschnitt 14.1). Etwas globaler betrachtet ist die Konstruktion einer **Proteininteraktionskarte** ein wichtiger Schritt bei der Verknüpfung das Proteom mit der zellulären Biochemie.

### Die Identifizierung von Paaren miteinander interagierender Proteine durch Phagen-Display und two-hybrid-Analysen

Für die Untersuchung von Protein-Protein-Wechselwirkungen existiert eine Vielzahl von Methoden, von denen die beiden nützlichsten das so genannte **Phagen-Display** und das *two-hybrid*-**System** in Hefe sind. Beim Phagen-Display wird ein spezieller Typ eines Klonierungsvektors eingesetzt, der auf einen λ-Bakteriophagen oder einen filamentösen Bakteriophagen wie M13 zurückgeht. Der Vektor wurde so konstruiert, dass ein in diesen Vektor kloniertes Fremd-Gen als Fusionsprodukt mit einem der Phagenhüllproteine exprimiert wird (Abb. 6.14a). Dadurch bringt das Phagenprotein das Fremdprotein in die Phagenhülle, wo es so präsentiert wird, dass es mit anderen Proteinen aus der Umgebung des Phagen interagieren kann. Es gibt viele Möglichkeiten der Analyse von Proteininteraktionen mithilfe des Phagen-Display-Systems. Bei einem der Verfahren wird das Testprotein präsentiert und man sucht nach Wechselwirkungen mit einer Reihe von gereinigten Proteinen oder Proteinfragmenten mit bekannter Funktion. Dieser Ansatz ist jedoch nur eingeschränkt verwendbar, da die Durchführung der Tests relativ zeitintensiv ist. Ein Einsatz ist nur sinnvoll, wenn im Vorfeld Informationen über wahrscheinlich stattfindende Wechselwirkungen zur Verfügung stehen. Eine leistungsfähigeres Verfahren ist die Herstellung einer **Phagen-Display-Bibliothek**, also einer Klonsammlung, die eine Reihe von Proteinen repräsentiert. Die Aufgabe besteht in diesem Fall darin, den Klon ausfindig zu machen, der mit dem Testprotein interagiert (Abb. 6.14b).

Das *two-hybrid*-System in Hefe weist Proteinwechselwirkungen auf eine komplexere Art und Weise nach. In Abschnitt 11.3.2 werden wir sehen, dass Proteine, die als **Aktivatoren** bezeichnet werden, für die Kontrolle der Genexpression in Eukaryoten notwendig sind. Um diese Funktion ausüben zu können, muss ein Aktivator an DNA-Sequenzen stromaufwärts eines Gens binden und die RNA-Polymerase dazu stimulieren, das Gen in RNA zu umzuschreiben. Diese zwei Fähigkeiten – Binden der DNA und Aktivieren der Polymerase – werden durch zwei unterschiedliche Bereiche des Aktivators vermittelt, wobei manche Aktivatoren sogar aktiv sind, wenn man sie in zwei Teile schneidet, von denen ein Segment die DNA-bindende Domäne enthält und das andere die Aktivierungsdomäne. In der Zelle interagieren beide Segmente, sodass ein funktioneller Aktivator entsteht.

Bei dem *two-hybrid*-System wird ein Stamm von *Saccharomyces cerevisiae* eingesetzt, dem ein Aktivator für ein Reportergen fehlt. Dieses Gen ist daher abgeschaltet. Ein künstliches Gen, das die DNA-bindende Domäne des Aktivators codiert, wird mit dem Gen für das Protein ligiert, dessen Interaktionen wir untersuchen möchten. Dieses Protein kann von jedem Organismus stammen, nicht

**a)** Herstellung eines Phagen-Displays

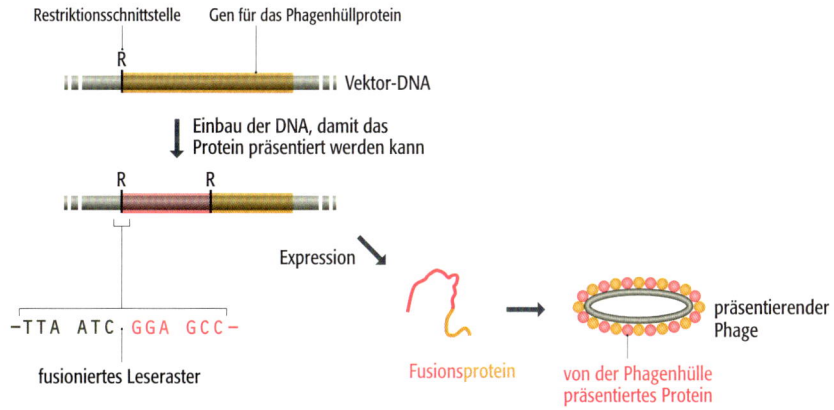

**b)** Verwendung einer Phagen-Display-Bibliothek

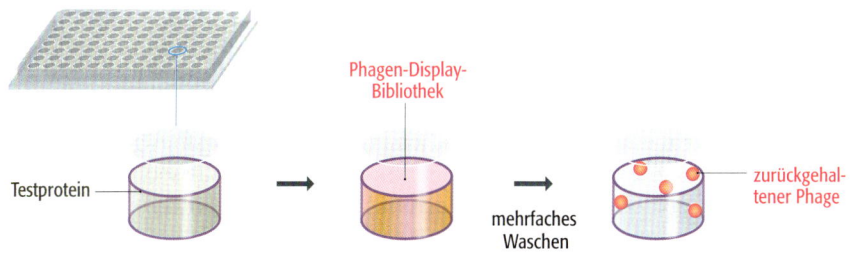

**6.14 Phagen-Display.** a) Der beim Phagen-Display eingesetzte Klonierungsvektor ist ein Bakteriophagengenom mit einer nur einmal vorkommenden Restriktionsschnittstelle innerhalb eines Gens für ein Hüllprotein. Die Methode wurde ursprünglich mit dem Gen III, das ein Hüllprotein des filamentösen Phagen f1 codiert, durchgeführt, doch erweiterte man das Spektrum, sodass nun auch andere Phagen wie λ eingesetzt werden können. Für das Phagen-Display wird die DNA-Sequenz, die das Testprotein codiert, in die Restriktionsschnittstelle ligiert, sodass ein fusioniertes Leseraster entsteht – eines, bei dem die Reihe der Codons von dem Testgen bis zum Hüllproteingen bestehen bleibt. Nach Transformation in *Escherichia coli* führt das rekombinante Molekül zur Synthese eines Hybridproteins, einer Fusion des Testproteins mit dem Hüllprotein. Die von dem transformierten Bakterium produzierten Phagenpartikel präsentieren daher das Testprotein auf ihren Hüllen. b) Die Verwendung einer Phagen-Display-Bibliothek. Das Testprotein wird in einer Vertiefung einer Mikrotiterplatte immobilisiert und die Phagen-Display-Bibliothek zugegeben. Nach einem Waschschritt werden in den Vertiefungen Phagen zurückgehalten, die ein Protein präsentieren, das mit dem Testprotein interagiert.

**a)** *two-hybrid*-System

**b)** Suche nach Proteininteraktionen mit dem *two-hybrid*-System

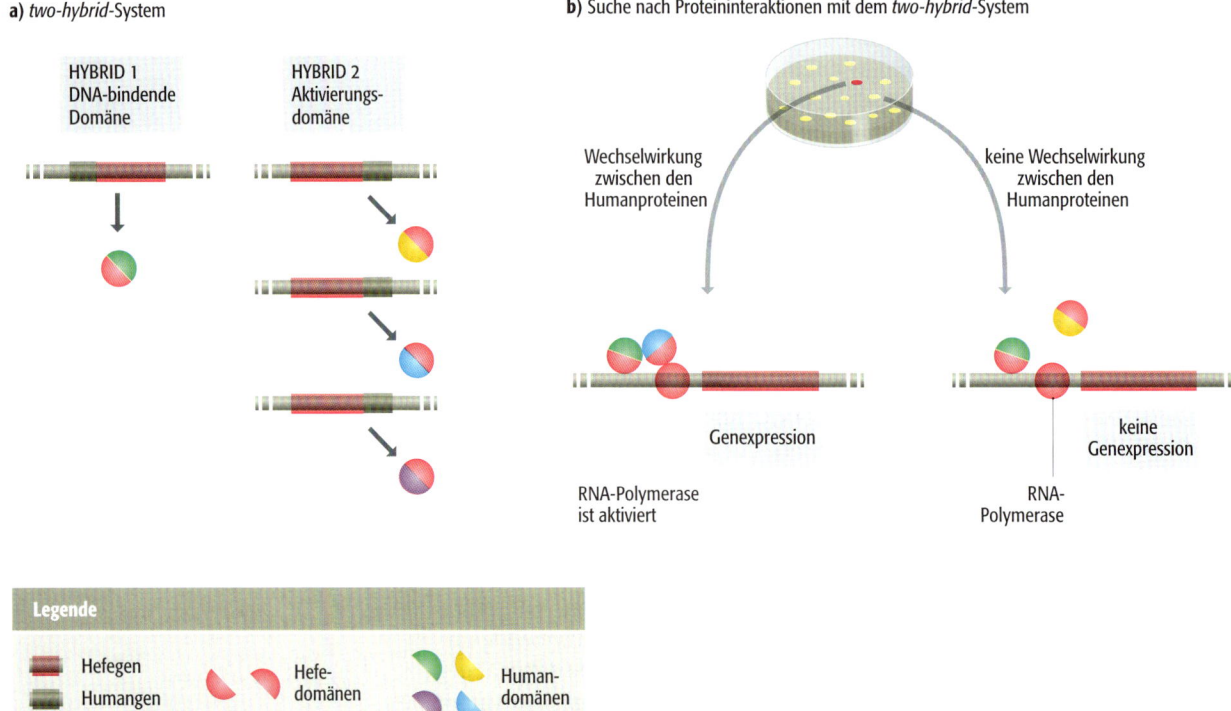

**Legende**

| Hefegen | | Hefe- | | Human- |
| Humangen | | domänen | | domänen |

### 6.15    Das *two-hybrid*-System in Hefe.

a) Auf der linken Seite wurde ein Protein des Menschen mit dem Gen für die DNA-bindende Domäne eines Hefeaktivators ligiert. Nach Transformation der Hefe vermittelt dieses Konstrukt ein Fusionsprotein, das zum Teil aus dem Humanprotein und zum Teil aus der DNA-bindende Domäne des Hefeaktivators besteht. Auf der rechten Seite wurden verschiedene Human-DNA-Fragmente mit einem Gen für die Aktivierungsdomäne des Hefeaktivators ligiert: Diese Konstrukte codieren eine Vielzahl von Fusionsproteinen. b) Die beiden Gruppen von Konstrukten werden gemischt und Hefezellen mit dem Gemisch cotransformiert. Eine Kolonie, in der das Reportergen exprimiert wird, enthält Fusionsproteine, deren Humansegmente miteinander in Wechselwirkung treten, sodass die DNA-bindende Domäne in die Nähe der Aktivierungsdomäne gebracht und die RNA-Polymerase stimuliert wird. Siehe Abschnitt 11.3.2 für weitere Informationen über Aktivatoren.

nur aus der Hefe: In dem in Abbildung 6.15a gezeigten Beispiel ist es ein Humanprotein. Nachdem das Konstrukt in Hefe eingebracht wurde, vermittelt es die Synthese eines Fusionsproteins aus der DNA-bindende Domäne des Aktivators, verbunden mit dem Humanprotein. Der rekombinante Hefestamm kann zu diesem Zeitpunkt das Reportergen nicht exprimieren, weil der modifizierte Aktivator lediglich an die DNA bindet, die RNA-Polymerase jedoch nicht beeinflusst. Eine Aktivierung findet nur statt, wenn der Hefestamm mit einem zweiten Konstrukt cotransformiert wird, das die codierende Sequenz der Aktivierungsdomäne besitzt. Diese Aktivierungsdomäne muss mit einem DNA-Fragment fusioniert sein, das ein Protein codiert, welches mit dem zu testenden Humanprotein interagiert (Abb. 6.15b). Wie beim Phagen-Display können einzelne DNA-Fragmente nacheinander mit *two-hybrid*-Systemen getestet werden, wenn mögliche Wechselwirkungen bereits im Vorfeld bekannt sind. Gewöhnlich wird die Aktivierungsdomäne jedoch mit einem Gemisch von DNA-Fragmenten ligiert, sodass viele unterschiedliche Konstrukte entstehen. Nach der Transformation werden die Zellen ausplattiert und diejenigen, die das Reportergen exprimieren, ausfindig gemacht. Diese Zellen enthalten eine Kopie des Gens für die Aktivierungsdomäne, die mit einem DNA-Fragment fusioniert ist, das wiederum ein mit dem Testgen interagierendes Protein codiert.

### Die Identifizierung der Komponenten von Multiproteinkomplexen

Das Phagen-Display und das *two-hybrid*-System in Hefe sind effektive Methoden, um miteinander interagierende Paare von Proteinen ausfindig zu machen, doch die Identifizierung solcher Verbindungen ist nur die Basis für die Protein-Protein-Interaktionen. Viele der zellulären Aktivitäten werden durch Multiproteinkomplexe ausgeführt, wie der Mediatorkomplex, der bei der Gentranskription eine zentrale Rolle spielt (Abschnitt 11.3.2), oder das Spleißosom, das die Introns aus der Prä-mRNA entfernt (Abschnitt 12.2.2). Komplexe wie diese bestehen typischerweise aus einigen Kernproteinen (Core), die ständig anwesend sind, zusammen mit einer Vielfalt von zusätzlichen Proteinen, die nur unter bestimmten Bedingungen mit dem Komplex verbunden sind. Die Identifizierung von Core-Proteinen und zusätzlichen Proteinen ist ein entscheidender Schritt, um zu verstehen, wie diese Komplexe ihre Funktionen ausüben. Diese Proteine können, Paar für Paar, durch eine lange Reihe von *two-hybrid*-Experimenten identifiziert werden, doch wäre ein direkterer Weg zur Bestimmung der Zusammensetzung der Multiproteinkomplexe wünschenswert.

Grundsätzlich lassen sich mithilfe einer Phagen-Display-Bibliothek die Mitglieder eines Multienzymkomplexes identifizieren, da bei diesem Verfahren alle Proteine, die mit dem Testprotein interagieren, in einem einzigen Experiment ausfindig gemacht werden (Abb. 6.14). Es besteht jedoch die Schwierigkeit, dass große Proteine nicht effizient präsentiert werden, da sie den Replikationszyklus des Phagen stören. Um dieses Problem zu umgehen, ist es im Allgemeinen notwendig, statt des vollständigen Proteins ein kurzes Peptid zu präsentieren, das einen Teil des zellulären Proteins darstellt. Da dem Peptid ein in der intakten Form vorhandener Bereich für die Protein-Protein-Wechselwirkung fehlt, ist es möglich, dass das präsentierte Peptid nicht mit allen Mitgliedern des Komplexes interagiert, in dem das intakte Protein lokalisiert ist (Abb. 6.16). Ein Verfahren, das mit intakten Proteinen arbeitet und dieses Problem somit umgeht, ist die **Affinitätschromatographie**. Bei der Affinitätschromatographie wird das an Trägermaterial für die Chromatographie gebundene Testprotein in eine Säule gegeben (Methoden 2.3). Der Zellextrakt passiert die Säule in einem Niedrigsalzpuffer, der die Bildung von Wasserstoffbrücken erlaubt, die die Proteine zu einem Komplex zusammenhalten (Abb. 6.17a). Die mit dem gebundenen Testprotein interagierenden Proteine werden daher in der Säule zurückgehalten, während alle anderen von der Säule gewaschen werden. Anschließend löst (eluiert) man die interagierenden Proteine mit einem Hochsalzpuffer von der Säule. Der Nachteil dieses Verfahrens ist, dass das Testprotein gereinigt werden muss; ein für ein in großem Maßstab angelegtes Screening-Programm zeitintensiver und schwieriger Prozess. Ein Ausweg stellt die als **Tandem-Affinitätsreinigung** (*tandem affinity purification*, **TAP**) bezeichnete, technisch anspruchsvollere Methode dar, die für die Untersuchung von Proteinkomplexen in *S. cerevisiae* entwickelt wurde. Bei diesem Verfahren wird das testproteincodierende Gen so modifiziert, dass das synthetisierte Protein eine C-terminale Verlängerung trägt, die an ein zweites Protein, Calmodulin, bindet. Der Zellextrakt wird unter moderaten Bedingungen hergestellt, sodass Multiproteinkomplexe nicht auseinander brechen. Anschließend passiert der Extrakt eine Affinitätschromatographiesäule, die mit Säulenmaterial gefüllt ist, an das Calmodulinmoleküle gebunden sind. Auf diese Weise werden sowohl das Testprotein als auch die mit ihm assoziierten Proteine gebunden (Abb. 6.17b). Bei beiden Verfahren bestimmt man die Identität der gereinigten Proteine durch Massenspektrometrie. Bei der Sichtung von 1 739 Hefegenen in einem großen Ansatz ließen sich mithilfe des TAP-Systems 232 Multiproteinkomplexe identifizieren und man gewann neue Erkenntnisse über die Funktion von 344 Genen, von denen zuvor viele durch experimentelle Verfahren nicht charakterisiert werden konnten.

Ein Nachteil der Affinitätschromatographiemethoden ist, dass ein einzelnes Mitglied eines Multiproteinkomplexes als „Köder" eingesetzt wird, um andere

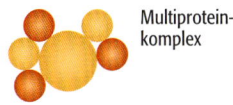

Multiprotein-komplex

nicht nach-gewiesene Proteine

präsentiertes Peptid interagiert nicht mit allen Mitgliedern des Komplexes

**6.16    Mit dem Phagen-Display-System werden unter Umständen nicht alle Mitglieder eines Multiproteinkomplexes ausfindig gemacht.** Der Komplex besteht aus einem zentralen Protein, das mit fünf kleineren Proteinen interagiert. In der unteren Darstellung wird ein Peptid des zentralen Proteins in einem Phagen-Display-Experiment eingesetzt. Mithilfe des Peptids lassen sich zwei interagierende Proteine nachweisen, die anderen drei jedoch nicht, weil ihre Bindungsstellen in einem anderen Bereich des zentralen Proteins lokalisiert sind.

Proteine des Komplexes zu isolieren. Daraus folgt in der Praxis, dass sich ein Mitglied des Komplexes nicht isolieren lässt, wenn es nicht direkt mit dem „Köder" interagiert (Abb. 6.18). Die Methoden weisen daher in einem Komplex enthaltene Gruppen von Proteinen nach, doch liefern sie nicht unbedingt das gesamte Spektrum der im Komplex vorhandenen Proteine. Die Entwicklung von Verfahren für die Reinigung intakter Komplexe ist daher ein wesentliches Ziel der aktuellen Forschung. Bei der **Coimmunpräzipitation** stellt man einen Zellextrakt unter moderaten Bedingungen her, sodass die Komplexe intakt bleiben. Anschließend gibt man einen für das Testprotein spezifischen Antikörper zu. Dadurch werden dieses Protein und alle Mitglieder des Komplexes, in dem es enthalten ist, gefällt. Eine technisch anspruchsvollere Methode für die Isolierung intakter Komplexe ist die **mehrdimensionale Proteinidentifizierungstechnologie** (*multi-dimensional protein identification technique*, **MudPIT**), die unterschiedliche Chromatographieverfahren miteinander kombiniert, zum Beispiel Umkehrphasen-Flüssigkeitschromatographie (*reversed-phase liquid chromatography*) entweder mit Kationenaustausch- oder mit Größenausschlusschromatographie. Die Komponenten eines Komplexes werden mittels Massenspektrometrie identifiziert. Diese Methode wurde zunächst für die Untersuchung der großen Untereinheit des Heferibosoms eingesetzt: Mit ihrer Hilfe wurden elf Proteine identifiziert, von denen zuvor nicht bekannt war, dass sie mit diesem Komplex assoziiert sind.

### Die Identifizierung von Proteinen mit funktionellen Wechselwirkungen

Proteine müssen nicht unbedingt direkt miteinander assoziiert sein, um funktionell in Wechselwirkung zu treten. Zum Beispiel zeigen die Enzyme Lactose-Permease und β-Galactosidase in Bakterien wie *Escherichia coli* eine funktionelle Wechselwirkung, da sie beide an der Verwertung von Lactose als Kohlenstoffquelle beteiligt sind. Diese beiden Proteine interagieren jedoch nicht direkt: Die Permease ist in der Zellmembran lokalisiert und transportiert Lactose in die Zelle, die β-Galactosidase spaltet Lactose im Cytoplasma in Glucose und Galactose (Abb. 8.8a). Viele Enzyme, die in demselben Stoffwechselweg zusammenarbeiten, haben zu keinem Zeitpunkt direkten Kontakt, und wenn Untersuchungen einzig darauf abzielten, direkte Assoziationen zwischen Proteinen nachzuweisen, dann würde man viele funktionelle Wechselwirkungen übersehen.

Für die Identifizierung von Proteinen mit funktionellen Wechselwirkungen stehen diverse Methoden zur Verfügung. Die meisten von ihnen untersuchen nicht die Proteine direkt und gehören daher, streng genommen, nicht unter die allgemeine Überschrift „Proteomik". Doch es bietet sich an, sie an dieser Stelle zu behandeln, da die Informationen, die sie liefern, zusammen mit den Ergebnissen der Proteomik in Proteininteraktionskarten einfließen. Zu diesen Verfahren gehören:

**a)** Standardverfahren der Affinitätschromatographie

Zellextrakt

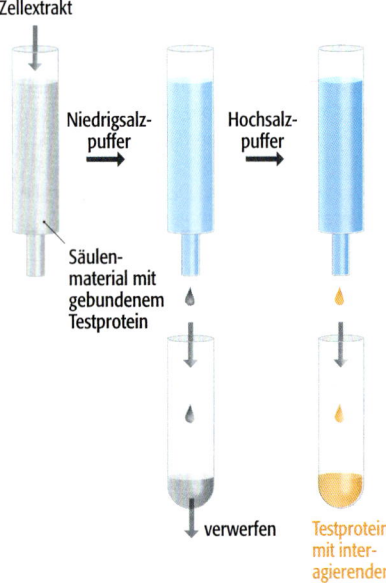

Niedrigsalz-
puffer

Hochsalz-
puffer

Säulen-
material mit
gebundenem
Testprotein

verwerfen

Testprotein
mit inter-
agierenden
Proteinen

**b)** Tandem-Affinitätsreinigung

Zellextrakt

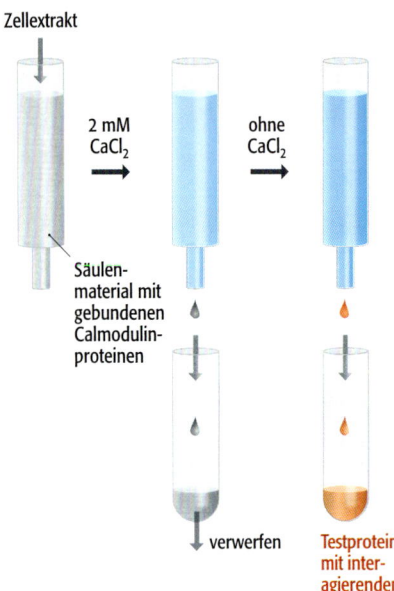

2 mM
$CaCl_2$

ohne
$CaCl_2$

Säulen-
material mit
gebundenen
Calmodulin-
proteinen

verwerfen

Testprotein
mit inter-
agierenden
Proteinen

**6.17 Verfahren der Affinitätschromatographie für die Reinigung von Multiproteinkomplexen.** a) Bei dem Standardverfahren der Affinitätschromatographie wird das Testprotein an das Säulenmaterial gebunden. Der Zellextrakt wird in einem Niedrigsalzpuffer auf die Säule gegeben, sodass die Mitglieder des Multiproteinkomplexes an das Testprotein binden. Die Proteine werden anschließend mit einem Hochsalzpuffer von der Säule abgelöst (eluiert). b) Bei der Tandem-Affinitätsreinigung (TAP) wird der Zellextrakt in einem Puffer mit 2 mM $CaCl_2$ auf die Säule gegeben, also unter Bedingungen, die die Bindung des modifizierten Testproteins zusammen mit den damit assoziierten Proteinen an die säulengebundenen Calmodulinmoleküle fördern. Anschließend eluiert man die Proteine mit einem $CaCl_2$-freien Puffer von der Säule.

- **Vergleichende Genomik** kann auf unterschiedliche Art und Weise für die Identifizierung von Proteingruppen mit funktionellen Beziehungen eingesetzt werden. Ein Ansatz beruht auf der Beobachtung, dass Paare von Proteinen, die in manchen Organismen als getrennte Moleküle vorliegen, in anderen Organismen zu einer einzigen Polypeptidkette fusioniert sind. Ein Beispiel ist das Hefegen *HIS2*, das ein an der Histidinbiosynthese beteiligtes Enzym codiert. *E. coli* besitzt zwei zu *HIS2* homologe Gene. Eines von ihnen, als *his2* bezeichnet, hat Sequenzähnlichkeit mit der 5′-Region des Hefegens, und das zweite, *his10*, ist der 3′-Region ähnlich (Abb. 6.19). Die logische Schlussfolgerung ist, dass die von *his2* und *his10* codierten Proteine in dem *E. coli*-Proteom miteinander interagieren und dabei zur Histidinbiosyntheseaktivität beitragen. Die Analyse von Datenbanksequenzen ergibt viele Beispiele dieser Art, bei der zwei Proteine des einen Organismus in einem anderen Organismus zu einem einzigen Protein fusioniert sind. Ein ähnlicher Ansatz beruht auf der Untersuchung bakterieller Operons. Ein Operon besteht aus zwei oder mehreren Genen, die zusammen transkribiert werden und die in der Regel in funktioneller Beziehung stehen (Abschnitt 8.2). Zum Beispiel befinden sich die Gene der Lactose-Permease und der β-Galactosidase in *E. coli* in demselben Operon, zusammen mit dem Gen für ein drittes Protein, das an der Verwertung der Lactose beteiligt ist. Die Identität von Genen in bakteriellen Operons können daher verwendet werden, um funktionelle Wechselwirkungen zwischen den Proteinen abzuleiten, die in eukaryotischen Genomen durch homologe Gene codiert werden.

- Mithilfe von Transkriptomanalysen lassen sich funktionelle Wechselwirkungen zwischen Proteinen identifizieren, da die mRNAs funktionell miteinander in Beziehung stehender Proteine oft unter verschiedenen Bedingungen ähnliche Expressionsprofile zeigen.

- Genaktivierungsstudien können ebenfalls informativ sein. Wird eine Veränderung des Phänotyps schon dann beobachtet, wenn von zwei oder mehr Genen jedes einzeln inaktiviert wird, dann lässt sich daraus schließen, dass diese Gene zusammen die Ausbildung des unveränderten Phänotyps bewirken.

## Proteininteraktionskarten

Proteininteraktionskarten, auch als **Interaktome** oder **Proteininteraktionsnetzwerke** bezeichnet, zeigen alle Wechselwirkungen, die zwischen den Komponenten eines Proteoms bestehen. Die ersten Karten wurden im Jahr 2001 für relativ einfache Proteome fast ausschließlich durch *two-hybrid*-Experimente erstellt. Zu diesen Karten gehörten die von *Helicobacter pylori* mit über 1 200 Wechselwirkungen, an denen nahezu die Hälfte der Proteine des Proteoms beteiligt sind, und die des *S. cerevisiae*-Proteoms mit 2 240 Interaktionen zwischen 1 870 Proteinen (Abb. 6.20a). Vor nicht allzu langer Zeit führte die Anwendung zusätzlicher Verfahren zu detaillierteren Versionen der *S. cerevisiae*-Karte. Zu diesen gehört auch eine Karte, in der auch die Interaktionen zwischen den Multiproteinkomplexen und nicht nur die innerhalb der Komplexe vermerkt sind (Abb. 6.20b). Auch erstellte man Karten von komplexeren Organismen wie *Caenorhabditis elegans*.

Zu welchen interessanten Erkenntnissen führten diese Proteininteraktionskarten? Die verblüffendste Entdeckung ist, dass sich jedes Netzwerk um eine kleine Anzahl von Proteinen arrangiert, die viele Interaktionen eingehen und die im

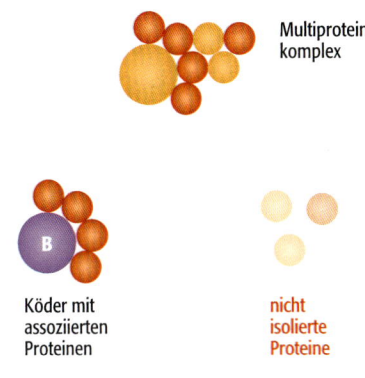

**6.18 Ein Nachteil der Affinitätschromatographie.** Interagiert das so genannte Köderprotein (mit einem „B" für *bait* gekennzeichnet) nicht direkt mit einem oder mehreren Proteinen des Komplexes, dann können diese Proteine unter Umständen nicht isoliert werden.

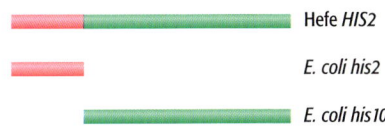

**6.19 Die Verwendung der Homologieanalyse für die Ableitung von Protein-Protein-Interaktionen.** Die 5′-Region des *HIS2*-Gens der Hefe ist homolog zu *his2* aus *Escherichia coli* und die 3′-Region ist homolog zu *his10* aus *E. coli*.

a)

b)

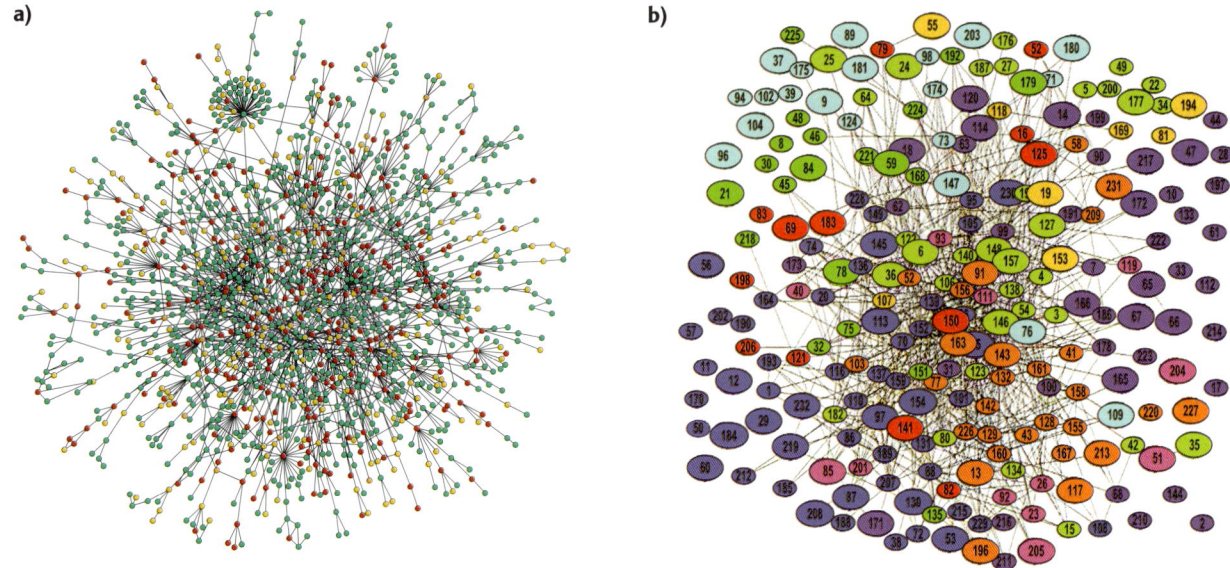

---

6.20 Versionen von Proteininteraktionskarten von *Saccharomyces cerevisiae*. a)
Die ursprüngliche Karte wurde im Jahr 2001
veröffentlicht. Jeder Punkt repräsentiert ein
Protein, wobei die Verbindungslinien Interaktionen zwischen Proteinpaaren darstellen.
Rote Punkte sind essenzielle Proteine: Eine
inaktivierende Mutation des Gens für dieses
Protein ist letal. Mutationen in Genen für Proteine, die durch grüne Punkte dargestellt
sind, sind nicht letal, Mutationen in Genen für
Proteine, die in orange eingezeichnet sind,
führen zu verlangsamtem Wachstum. Die
Auswirkungen von Mutationen in Genen für
gelb dargestellte Proteine waren zu dem Zeitpunkt, als die Karte erstellt wurde, nicht
bekannt. b) Eine ausführlichere Karte wurde
im Jahr 2002 veröffentlicht. In dieser Karte
steht jedes Oval für einen Proteinkomplex
und die Verbindungslinien zeigen Komplexe
an, die mindestens ein Protein miteinander
gemeinsam haben. Die Komplexe besitzen
den folgenden, ihrer Funktion entsprechenden Farbcode: rot, Zellzyklus; dunkelgrün, Signalweiterleitung; dunkelblau, Transkription
und Aufrechterhaltung der DNA und/oder
der Chromatinstruktur; rosa, Protein- und/
oder RNA-Transport; orange, RNA-Metabolismus; hellgrün, Proteinsynthese und/oder -
umsatz; braun, Zellpolarität und/oder Struktur; violett, Intermediär- und/oder Energiestoffwechsel; hellblau, Membranbiogenese
und/oder Membranumbau. Abbildung a
wurde freundlicherweise zur Verfügung
gestellt von Hawond Jeong. Mit freundlicher
Genehmigung von Macmillan Publishers
Ltd© *Nature*. (Abb. a: Jeong et al (2001)
*Nature* 411: 41–41; Abb. b: Gavin et al
(2002) *Nature* 415: 141–147).

Netzwerk so genannte **hubs** (Knotenpunkte mit vielen Verbindungen) bilden,
zusammen mit einer viel größeren Zahl von Proteinen mit nur wenigen Wechselwirkungen (Abb. 6.21a). Man nimmt an, dass diese Organisation die Auswirkungen von Mutationen minimiert, die einzelne Proteine inaktivieren. Nur
wenn die Mutation eines der Proteine eines stark verknüpften Knotens betrifft,
nimmt das Netzwerk als Ganzes Schaden. Diese Hypothese steht im Einklang
mit Erkenntnissen aus Geninaktivierungsanalysen (Abschnitt 5.2.2), die zeigten, dass eine erhebliche Zahl von Hefeproteinen offenbar redundant ist.
Wird die Aktivität eines solchen Proteins gestört, funktioniert das Proteom als
Ganzes weiterhin normal, ohne dass eine Veränderung des Phänotyps zu erkennen wäre. Durch die Untersuchung der Expressionsprofile von *hub*-Proteinen
und ihren direkten Partnern konnten *hubs* in zwei Gruppen eingeteilt werden. Die erste Gruppe von *hub*-Proteinen interagiert mit allen ihren Partnern
gleichzeitig. Diese werden als „*party*" *hubs* bezeichnet und ihre Entfernung hat
nur eine geringe Wirkung auf die Gesamtstruktur des Netzwerkes (Abb. 6.21b).
Im Gegensatz dazu spaltet die Entfernung der zweiten Gruppe von *hub*-Pro-
teinen, der „*date*"- *hubs*, die zu verschiedenen Zeitpunkten mit ihren unterschiedlichen Partnern interagieren, das Netzwerk in eine Reihe kleiner Unter-
netzwerke (Abb. 6.21c). Die logische Schlussfolgerung ist, dass die *party hubs*
innerhalb von individuellen biologischen Prozessen agieren und nur in einem
geringen Umfang zur allgemeinen Organisation des Proteoms beitragen. Die
*date hubs* dagegen sind die Schaltstellen für die Organisation das Proteoms,
indem sie biologische Prozesse miteinander verbinden.

## 6.3 Jenseits des Proteoms

Das Proteom wird traditionell als Endprodukt der Genomexpression angesehen, doch diese Sicht verschleiert seine wahre Bedeutung als Teil der endgültigen Verbindung zwischen Genom und Biochemie der Zelle (Abb. 6.22). Die
Erforschung der Eigenschaften dieser Verbindung erweist sich als einer der
spannendsten und produktivsten Bereiche der modernen Biologie.

**a)** das vollständige Netzwerk

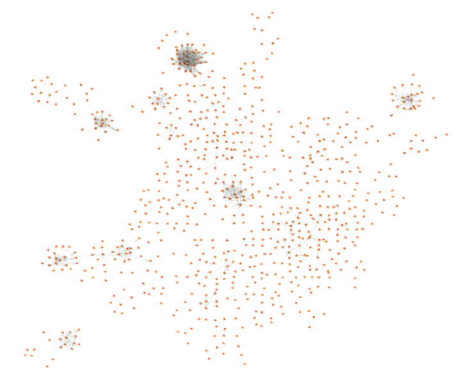

**b)** Entfernen der *party hubs*

**c)** Entfernen der *date hubs*

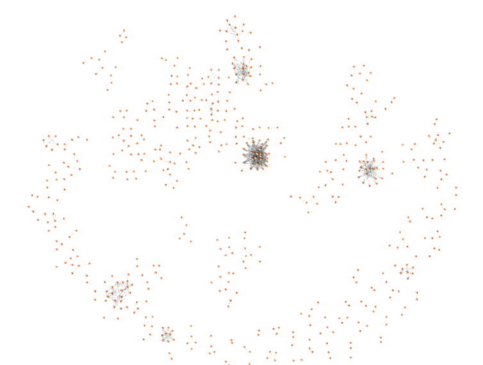

6.21    *Hubs* in der Proteininteraktionskarte von *Saccharomyces cerevisiae*. Die Karte wurde im Jahr 2004 veröffentlicht. In der vollständigen Karte (a) sind die *hubs* deutlich zu erkennen. Nach Entfernen der *party hubs* bleibt das Netzwerk nahezu vollständig intakt (b). Werden jedoch die *date hubs* entfernt, spaltet sich das Netzwerk in nicht miteinander verbundene Subnetzwerke (c). Mit freundlicher Genehmigung von Macmillan Publishers Ltd© *Nature* (Han et al (2004) *Nature* 430: 88–93).

## 6.3.1 Das Metabolom

In der Biologie stammen die wichtigsten Fortschritte meist nicht von den bahnbrechenden Experimenten, sondern sie wurden möglich, weil Biologen begonnen haben, auf eine andere Art und Weise über eine Fragestellung nachzudenken. Ein Beispiel hierfür ist die Einführung des Konzepts des **Metaboloms**. Das Metabolom ist definiert als die vollständige Sammlung von Metaboliten in einer Zelle oder einem Gewebe unter bestimmten Bedingungen. Mit anderen Worten: Ein Metabolom ist eine biochemische Blaupause, und seine Untersuchung, die als **Metabolomik** oder **biochemisches Profiling** bezeichnet wird. Sie liefert eine detaillierte Beschreibung der Biochemie, die den unterschiedlichen physiologischen Zuständen, beispielsweise Krankheiten, zugrunde liegt, die von einer Zelle oder einem Gewebe angenommen werden können. Durch die Umdeutung der Biochemie einer Zelle in eine gegliederte Reihe von Metaboliten liefert die Metabolomik einen Datensatz, den man direkt mit den entsprechenden Informationen verknüpfen kann, die von der Proteomik und anderen Untersuchungen der Genomexpression zur Verfügung gestellt werden.

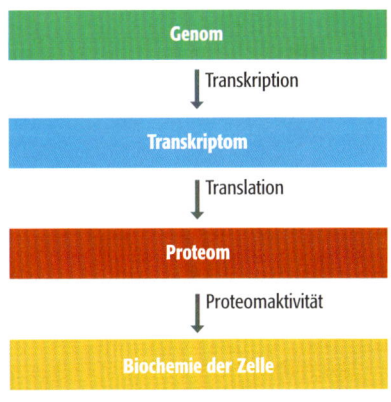

6.22    Das Proteom ist Teil der letzten Verbindung, die das Genom mit der Biochemie der Zelle verknüpft.

Ein Metabolom kann durch einzelne und in Kombination angewendete chemische Methoden charakterisiert werden, beispielweise Infrarotspektroskopie, Massenspektrometrie und Kernresonanzspektroskopie. Mit ihrer Hilfe ist die Identifizierung und Quantifizierung verschiedener kleiner Moleküle möglich, die die Metaboliten einer Zelle ausmachen. Werden diese Daten mit dem Wissen um die Reaktionsgeschwindigkeiten für die unterschiedlichen Reaktionsschritte bei gut untersuchten Stoffwechselwegen wie Glykolyse und Citratzyklus kombiniert, dann lässt sich ein Modell des **metabolischen Stoffflusses** (*metabolic flux*) aufstellen – ein Modell, das die Flussrate von Metaboliten durch das Netzwerk von Stoffwechselwegen darstellt, die die zelluläre Biochemie ausmachen. Veränderungen des Metaboloms können dann als Störungen in dem Metabolitenfluss durch einen oder mehrere Teile des Netzwerkes definiert werden, und es entsteht ein differenziertes Bild von den biochemischen Ursachen für die Veränderungen des physiologischen Zustands. Dadurch werden Möglichkeiten für das *metabolic engineering* eröffnet, bei denen man das Genom durch Mutation oder DNA-Rekombinationtechnik verändert, um die zelluläre Biochemie in einer bestimmten Art und Weise zu beeinflussen. Ein Beispiel ist die Steigerung der Syntheserate eines Antibiotikums in einem Mikroorganismus.

Zurzeit ist die Metabolomik am weitesten bei Organismen mit relativ einfacher Biochemie wie Bakterien und Hefe fortgeschritten. Ein erheblicher Forschungsaufwand zielt derzeit auf das Metabolom des Menschen ab, mit dem Ziel, metabolische Profile von gesundem und krankem Gewebe und von Gewebe aus medikamentös behandelten Patienten zu erstellen. Man hofft, dass es mithilfe der Informationen über den Stoffwechsel, die man aus diesen Studien in fortgeschrittenerem Stadium erhalten wird, möglich sein kann, Wirkstoffe zu entwickeln, die die einzelnen anormalen, im Krankheitszustand auftretenden Stoffflüsse umkehren oder abschwächen. Auch könnte biochemisches Profiling auf unerwünschte Nebenwirkungen einer medikamentösen Behandlung hinweisen, sodass die chemische Struktur des Arzneistoffes oder die Form seine Anwendung gezielt verändert werden könnten, um diese Nebenwirkungen zu minimieren.

## 6.3.2 Das Verstehen biologischer Systeme

Das Thema Proteininteraktionskarten und Metabolomik führt uns zu dem letzten Aspekt der Genomfunktion, den wir betrachten müssen. Es ist die Notwendigkeit, die Expression eines Genoms nicht auf Ebene der Moleküle – RNAs, Proteine und Metaboliten – zu beschreiben und zu verstehen, sondern im Zusammenhang mit dem biologischen System, das aus der koordinierten Aktivität dieser Moleküle entsteht. Es handelt sich im Wesentlichen um den Sprung von den Genen zu den Genomen, der in den vergangenen Jahren vollzogen wurde. Eines der grundlegenden Prinzipien der prägenomischen Ära der Molekularbiologie war die „ein Gen, ein Enzym"-Hypothese, die zuerst von George Beadle und Edward Tatum in den 1940er-Jahren aufgestellt wurde. Durch den Ausdruck „ein Gen, ein Enzym" betonten Beadle und Tatum, dass ein einzelnes Gen ein einzelnes Protein codiert, welches, für den Fall, dass es ein Enzym ist, eine einzige biochemische Reaktion vermittelt. Das *trpC*-Gen aus *Escherichia coli* zum Beispiel codiert das Enzym Indol-3-glycerinphosphat-Synthase, das 1-(*o*-Carboxyphenylamine)-1′-desoxyribulose-5′-phosphat zu Indol-3-glycerinphosphat umsetzt. Allerdings arbeitet dieses Enzym nicht isoliert: Seine Aktivität ist ein Teil des Stoffwechselweges, der zur Synthese von Tryptophan

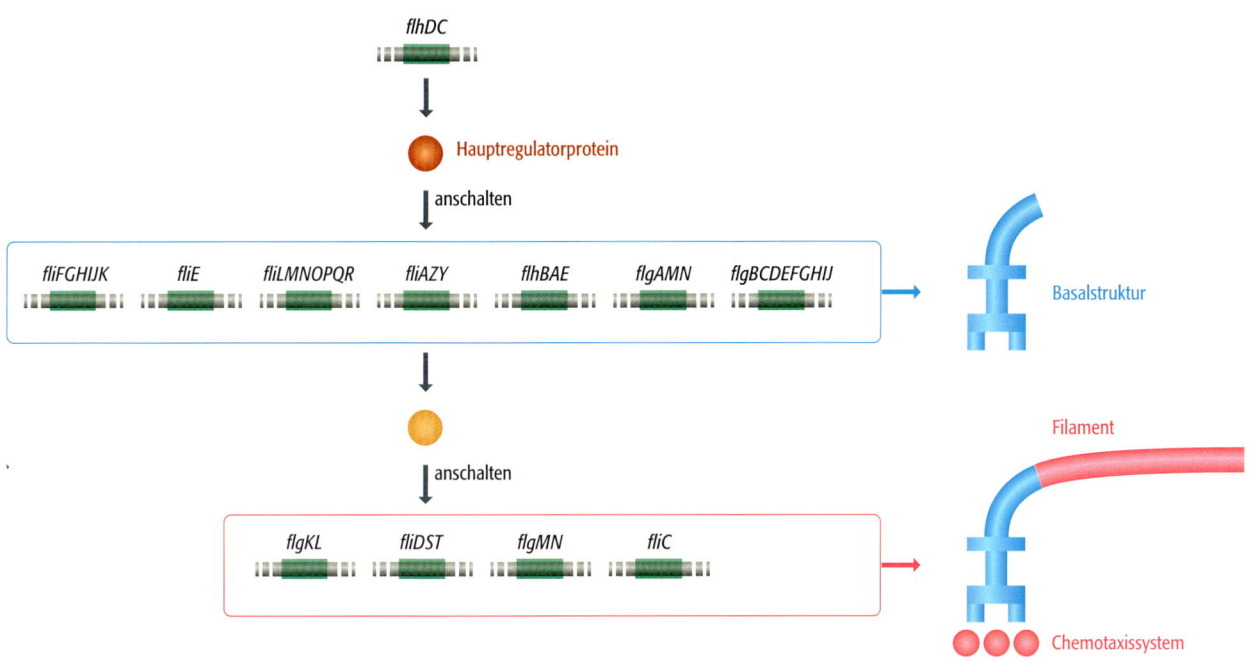

6.23 Das System, das in *Escherichia coli* an der Biosynthese der Geißel beteiligt ist.

führt, wobei die anderen Enzyme dieses Weges durch die Gene *trpA, B, D* und *E* codiert werden, die zusammen mit *trpC* das Tryptophanoperon in *E. coli* bilden (Abb. 8.8b). Der Biosyntheseweg für Tryptophan ist daher ein einfaches biologisches System und das Tryptophanoperon ist die Reihe von Genen, welche diesen Weg genau bestimmen. Jedoch führt die einfache Transkription und Translation der Gene nicht zur Synthese von Tryptophan. Soll dieses System erfolgreich funktionieren, dann sind zur entsprechenden Zeit an den entsprechenden Orten in der Zelle biosynthetische Enzyme in den geeigneten relativen Mengen notwendig. Das System hängt daher von Faktoren ab, wie etwa der Syntheserate von Proteinen, die durch die Gene codiert werden, der korrekten Faltung der Proteine zu funktionellen Enzymen, der Abbaurate der Enzymmoleküle, ihrer Lokalisierung in der Zelle und der Anwesenheit geeigneter Mengen von Metaboliten, die als Substrate und Cofaktoren für die Tryptophansynthese dienen. Dieses einfache biologische System beginnt, recht komplex zu werden. Und mit diesem System betrachten wir nur 5 der 4 405 Gene im Genom von *E. coli*.

Bis heute konnte man in der **Systembiologie** auf einer ganzen Reihe von Gebieten Fortschritte erzielen, beispielsweise bei der Untersuchung des biologischen Systems, das für die Synthese der Geißel von *E. coli* verantwortlich ist. Prägenomische Untersuchungen hatten gezeigt, dass die Geißelsynthese 51 Gene erfordert, die in 12 Operons organisiert sind, welche in drei Gruppen aktiviert werden (Abb. 6.23). Die erste zu aktivierende Gruppe enthält ein einziges Operon aus zwei Genen, die ein Protein codieren, das als Hauptregulator dient und das die Expression der zweiten Gruppe aus sieben Operons anschaltet, deren Gene zusammen die Komponenten des Basalkörpers der Geißel codieren. Eines dieser Gene codiert ein sekundäres Regulatorprotein, das die übrigen vier Operons anschaltet. Diese dirigieren die Synthese des Geißelfilaments und das biochemische System, das es dem Bakterium erlaubt, durch Geißelschlag auf chemische Reize zu reagieren und auf einen Lockstoff zu zu schwimmen. Die gezielte Verwendung von Reportergenen, die mit einzelnen Operons verbunden wurden, zeigte die genaue Reihenfolge, in der die Operons jeder Gruppe aktiviert werden. Außerdem konnte man jedem Operon einen Aktivierungskoeffizient – ein Maß für die relativen Expressionsraten – zuweisen. Die erhaltene Information reichte aus, um das System am Computer modellieren und die genauen Funktionen der beiden regulatorischen Proteine ermitteln zu können. Diese Computermodelle bieten nun die Möglichkeit, die Auswirkung auch nur kleiner Systemveränderungen (wie die Modifikation der Eigenschaften eines der Regulatoren) vorherzusagen, die man durch weitere Experimente an dem biologischen System überprüfen kann. Das ist genau die Art von Forschung, von der wir hoffen, sie eines Tages mit menschlichen Zellen durchführen zu können, um die Ursache von Anormalitäten zu verstehen und Möglichkeiten zu entwickeln, um eine Krankheit in einen Normalzustand umzukehren. Die Übertragung der Erkenntnisse auf diese viel größeren biologischen Systeme mit dem großen Ziel, eines Tages die Funktionsweise einer bakteriellen oder eukaryotischen Zelle zu verstehen, wird die Genialität und Kreativität der Biologen in den kommenden Jahrzehnten auf die Probe stellen. Der erste Schritt wurde allerdings bereits durch eine veränderte Gewichtung vollzogen, weg von der Funktion einzelner Gene in Richtung auf die Funktionsweise des gesamten Genoms, und durch die Etablierung von Verfahren für die Untersuchung von Transkriptomen, Proteomen und Metabolomen, die zusammen die Komponenten dieser biologischen Systeme ausmachen.

# Zusammenfassung

Die hauptsächliche Herausforderung der Postgenomik ist, ein Verständnis davon zu entwickeln, wie ein Genom die Vielzahl der in lebenden Zellen stattfindenden biochemischen Aktivitäten spezifiziert und koordiniert. Ein zentrales Thema in diesem Zusammenhang ist die Untersuchung des Transkriptoms und des Proteoms, die durch das Genom synthetisiert und aufrechterhalten werden. Obwohl Transkriptome durch cDNA-Sequenzierung, beispielsweise von Methoden wie SAGE, die in einem einzigen Experiment Minisequenzen von vielen cDNAs liefert, analysiert werden können, brachte die Anwendung der Microarray- und Chip-Technologie die wichtigsten Fortschritte. Die Hybridisierung unterschiedlich markierter cDNAs, die aus zwei oder mehreren Transkriptomen präpariert wurden, mit einem Microarray oder Chip, liefert Informationen über Genexpressionsmuster, die durch hierarchische Cluster-Bildung analysiert werden und so auf eine funktionelle Beziehung hinweisen können. Die Transkriptionsanalysen helfen uns, die genetische Grundlage von Entwicklungsvorgängen und Krankheiten des Menschen, beispielsweise verschiedenen Krebsformen zu verstehen. Proteomanalysen sind gleichermaßen wichtig, weil die Untersuchung des Transkriptoms lediglich Auskunft darüber gibt, welche Gene in einer bestimmten Zelle exprimiert werden und kein genaues Bild der in der Zelle enthaltenen Proteine entsteht. Für die Charakterisierung der Proteine eines Proteoms nutzt man bei einem Protein-Profiling die zweidimensionale Gelelektrophorese, gefolgt von einer MALDI-TOF der isolierten Peptidfragmente. Damit wir die Funktionsweise eines Proteoms innerhalb einer Zelle verstehen können, ist die Kenntnis der in Wechselwirkung tretenden Proteine sehr nützlich. Das Phagen-Display und *two-hybrid*-System sind die am häufigsten eingesetzten Methoden für die Identifizierung von Proteinpaaren, die direkt miteinander assoziiert sind, und man kann Methoden wie Comimmunpräzipitation einsetzen, um Multiproteinkomplexe zu isolieren. Für funktionelle Interaktionen ist es allerdings nicht immer erforderlich, dass ein Proteinpaar in direktem Kontakt steht. Solche indirekten Wechselwirkungen lassen sich aus vergleichenden genomischen Analysen, aus Untersuchungen der Genexpressionsprofile und aus Geninaktivierungsstudien ableiten. Mit den gewonnenen Informationen können Proteininteraktionskarten erstellt werden, die alle Wechselwirkungen zwischen Proteinen innerhalb eines einzigen Proteoms darstellen. Im Zentrum dieser Karten steht üblicherweise eine geringe Anzahl von Proteinen mit vielen Interaktionen, die im Netzwerk so genannte *hubs* (Knotenpunkte mit vielen Verbindungen) bilden, von denen einige einzelne biologische Prozesse repräsentieren und andere die biologischen Prozesse miteinander verbinden. Das Proteom erhält das Metabolom aufrecht – die vollständige Sammlung von Metaboliten in einer Zelle oder einem Gewebe – und aus den Untersuchungen des Metaboloms erhofft man sich Hinweise auf die genaue biochemische Grundlage von Krankheitszuständen oder unerwünschten Nebenwirkungen von Medikamenten. Die Arbeit mit Transkriptomen, Proteomen und Metabolomen führt die Biologen zur Systembiologie. Deren Anliegen ist es, die Expression eines Genoms nicht unter dem Aspekt der einzelnen Moleküle zu betrachten, deren Synthese das Genom vermittelt, sondern hinsichtlich der biologischen Systeme, die aus der koordinierten Aktivität dieser Moleküle entstehen.

## Multiple-Choice-Fragen

*Antworten auf die Fragen mit den ungeraden Zahlen finden Sie im Anhang

**6.1\*** Welchen Vorteil hat die Hybridisierung eines Transkriptoms mit mRNAs, die an Ribosomen gebunden sind?

**a.** Eukaryotische mRNA-Moleküle sind schwierig zu isolieren, wenn sie nicht im Komplex mit einem Ribosom vorliegen

**b.** Von Ribosomen isolierte mRNA-Moleküle werden aktiv zu Proteinen translatiert

**c.** Von Ribosomen isolierte mRNA-Moleküle sind stabiler als andere mRNA-Moleküle

**d.** mRNA-Moleküle, die nicht durch Ribosomen translatiert werden, enthalten immer noch ihre Intronsequenzen

**6.2** Warum ist es möglich, Microarrays für die Messung der Expressionsstärke einzelner Gene einzusetzen?

**a.** Jede Position auf einem Microarray enthält mehr Kopien der Probensequenz, als die Zahl entsprechender mRNA-Moleküle, die in dem Transkriptom vermutet wird

**b.** Jede Probensequenz eines Microarrays ist an vielen Positionen auf dem Array vorhanden

**c.** Nach der Hybridisierung werden die cDNA-Moleküle abgelöst und für jede Position des Microarrays quantifiziert

**d.** Die cDNA-Moleküle werden nach der Hybridisierung sequenziert und die Fluoreszenz des Sequenziersignals wird quantifiziert

**6.3\*** Warum wird Actin als Kontrolle für Transkriptionsanalysen von Vertebraten eingesetzt?

**a.** Es wird als Negativkontrolle verwendet, da das Gen in Vertebraten nicht exprimiert wird

**b.** Es wird als Negativkontrolle verwendet, weil die mRNA von Actin schnell abgebaut wird

**c.** Es wird als Positivkontrolle eingesetzt, weil die Actinexpression in unterschiedlichen Zelltypen nahezu konstant ist

**d.** Es wird als Positivkontrolle verwendet, weil es in allen Zelltypen das am stärksten exprimierte Gen ist

**6.4** Wie können zwei unterschiedliche Transkriptome mit einem einzigen Microarray analysiert werden?

**a.** Zunächst wird ein Transkriptom hybridisiert, analysiert und seine Sequenzen entfernt, bevor das zweite Transkriptom mit demselben Microarray untersucht wird.

**b.** Nur eines der Transkriptome wird markiert und konkurriert mit dem zweiten, nichtmarkierten um die Bindung an die Probensequenz

**c.** Die Transkriptome werden vor der Microarray-Analyse miteinander hybridisiert, um die aus beiden Zelltypen stammenden cDNAs zu entfernen

**d.** Die beiden Transkriptome werden mit unterschiedlich fluoreszierenden Markierungen gekennzeichnet und gleichzeitig mit dem Array hybridisiert

**6.5\*** Wie werden Gene mittels hiercharchischer Cluster-Bildung klassifiziert?

**a.** Durch Expressionsmuster

**b.** Durch Homologie

**c.** Durch Sequenzübereinstimmung

**d.** Durch Ähnlichkeiten in den Proteindomänen

**6.6** In welcher Weise verändert sich das Transkriptom von *Saccharomyces cerevisiae*, wenn die Zellen dauerhaft mit energiereichen Nährstoffen kultiviert werden?

**a.** Es gibt deutliche Veränderungen in der Häufigkeit von mRNAs durch veränderte Abbau- und Syntheseraten

**b.** Die Häufigkeit der meisten mRNAs bleibt unverändert, doch einige schwanken während des Zellzyklus deutlich

**c.** Nahezu alle mRNA-Mengen bleiben konstant, nur einige wenige verändern sich

**d.** Die Häufigkeiten aller mRNAs bleiben unter diesen Bedingungen konstant

**6.7\*** Wie können Transkriptomanalysen die Diagnose von Krebs beim Menschen unterstützen?

**a.** Alle Krebsformen zeigen eine verstärkte Expression einer spezifischen Reihe von Genen

**b.** Jeder Krebs besitzt sein eigenes einzigartiges Transkriptom

**c.** Die Gene, die Tumoren auslösen, werden nicht in gesunden Zellen exprimiert

**d.** Transkriptionsanalysen können auf die Zellteilungsrate hinweisen

**6.8** Auf der Grundlage welches folgenden Faktors werden in der Polyacrylamidgelelektrophorese mit Natriumdodecylsulfat (SDS) Proteine getrennt?

**a.** Verhältnis von Masse zu Ladung

**b.** Konformation

**c.** isoelektrischer Punkt

**d.** Größe

**6.9\*** Der isoelektrische Punkt eines Proteins ist definiert als:

**a.** pH-Wert, bei dem ein Protein keine Nettoladung besitzt

**b.** pH-Wert, bei dem ein Protein seine Aktivität verliert

**c.** pH-Wert, bei dem ein Protein seine maximale Aktivität besitzt

**d.** pH-Wert, bei dem die Aminosäuren eines Proteins alle in ionischer Form vorliegen

**6.10** Welche folgenden Bestandteile lassen sich mit dem *two-hybrid*-System in Hefe identifizieren?

**a.** alle Komponenten eines Multiproteinkomplexes

**b.** Proteine des Menschen, die für die Bindung der RNA-Polymerase erforderlich sind

**c.** zwei direkt miteinander interagierende Proteine

**d.** zwei an demselben Stoffwechselweg beteiligte Proteine

**6.11\*** Die Art der Chromatographie, bei der für die Ermittlung der bindenden Proteine ein Protein an Säulenmaterial gebunden und in einer Säule platziert wird, bezeichnet man als:

**a.** Gelfiltrationschromatographie

**b.** Ionenaustauschchromatographie

**c.** Affinitätschromatographie

**d.** Isoelektrische Chromatographie

**6.12** Was sind *hubs* in einem Proteininteraktionsnetzwerk?

**a.** Es handelt sich um Proteine, die die Aktivitäten der Zelle regulieren

**b.** Es sind Proteine, die das Gerüst der Zelle bilden

**c.** Es sind Proteine, die mit vielen anderen Proteinen der Zelle interagieren

**d.** Es sind Proteine, die die Genexpression in der Zelle kontrollieren

**6.13\*** Was versteht man unter dem Metabolom einer Zelle?

**a.** Alle Proteine und Nucleinsäuren einer Zelle

**b.** Alle Metaboliten einer Zelle unter bestimmten Bedingungen

**c.** Alle potenziellen Metaboliten, die von einer Zelle hergestellt werden können

**d.** Alle Makromoleküle einer Zelle

# Fragen mit kurzen Antworten

*Antworten auf die Fragen mit den ungeraden Zahlen finden Sie im Anhang

**6.1\*** Aus welchen Gründen sind Forscher an der Untersuchung von Genomen interessiert, selbst wenn allen Genen bereits eine Funktion zugewiesen worden ist?

**6.2** Erläutern Sie, warum man für die Identifizierung eines codierenden Gens eine 12 bp kurze cDNA-Sequenz einsetzen kann.

**6.3\*** Erörtern Sie die Probleme, die paraloge Gene in Microarray-Analysen verursachen. Durch welche experimentellen Bedingungen könnte man solche Schwierigkeiten umgehen?

**6.4** Auf welche Weise kann alternatives Spleißen bei der Charakterisierung eines Gewebetranskriptoms Probleme bereiten? Mit welchen Verfahren lassen sich die unterschiedlichen Spleißprodukte eines Gens ausfindig machen?

**6.5\*** Wie können Transkriptomanalysen Informationen über die Funktionen von Genen liefern?

**6.6** Wie werden *tiling*-Arrays eingesetzt, um Chromosomen nach exprimierten Sequenzen abzusuchen?

**6.7\*** Warum liefert das Transkriptom keinen absolut genauen Hinweis auf das Proteom einer Zelle?

**6.8** Wie können kleine Unterschiede in der Proteinhäufigkeit durch eine zweidimensionale Gelelektrophorese quantifiziert werden?

**6.9\*** Auf welche Weise prüfen Phagen-Display-Experimente Wechselwirkungen zwischen Proteinen?

**6.10** Was ist der Unterschied zwischen Proteinen, die als „party" *hubs* fungieren, und denjenigen, die in einem Proteininteraktionsnetzwerk die „date" *hubs* darstellen?

**6.11\*** Auf welche Weise können Untersuchungen des Metaboloms die Behandlung von menschlichen Krankheiten beeinflussen?

**6.12** Was steht im Mittelpunkt der Systembiologie und wie unterscheidet sie sich von molekularen Untersuchungen der Genregulation, die man vor der Sequenzierung von Genomen durchgeführt hat?

## Vertiefende Aufgaben

*Hinweise zur Beantwortung der Fragen mit den ungeraden Zahlen finden Sie im Anhang

**6.1\*** Forscher sind häufig an einem Vergleich der Genomexpression in Organismen oder Geweben in unterschiedlichen Entwicklungsstadien oder unter verschiedenen Umweltbedingungen interessiert. Welche Ansätze sind für diese Form der vergleichenden Untersuchung am besten geeignet?

**6.2** Nachdem Sie eine zweidimensionale Gelelektrophorese mit zwei Proteomen eines Organismus, der unter verschiedenen Bedingungen kultiviert wurde, durchgeführt haben, weisen Sie ein Protein nach, das in dem einen Proteom enthalten ist, in dem anderen jedoch nicht. Welche Versuche sollten Sie durchführen, um das Gen zu identifizieren, das dieses Protein codiert?

**6.3\*** Unter welchen Umständen können zwei Proteine in funktioneller Beziehung stehen, ohne direkt miteinander zu interagieren? Gibt es Situationen, in denen auch der umgekehrte Fall auftritt – ein Proteinpaar mit direkter Interaktion doch ohne funktionelle Beziehung?

**6.4** Erörtern Sie die Bedeutung von *hubs* in einer Proteininteraktionskarte.

**6.5\*** Erläutern Sie, warum die Systembiologie zurzeit so viel Aufmerksamkeit auf sich zieht.

## Aufgaben zu Abbildungen

*Antworten auf die Fragen mit den ungeraden Zahlen finden Sie im Anhang

**6.1\*** Beschreiben Sie den experimentellen Ansatz, mit dem ein Transkriptom wie in der Abbildung gezeigt sichtbar gemacht werden kann.

**6.2** Aufgrund welcher Eigenschaft wurden die Gene in diesem Dendrogramm gruppiert?

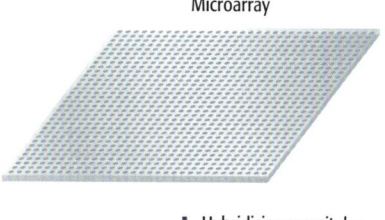

Microarray

↓ Hybridisierung mit der markierten cDNA

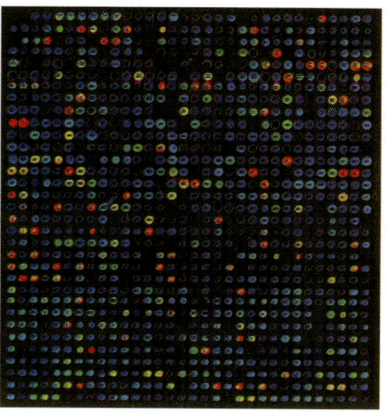

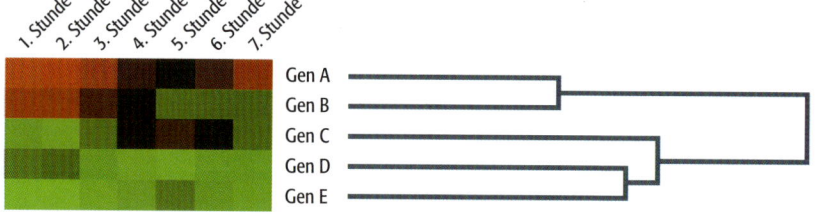

**6.3*** Erklären Sie, wie Proteinmoleküle in der zweidimensionalen Gelelektrophorese getrennt werden.

**6.4** Wie prüft das *two-hybrid*-System in Hefe Interaktionen zwischen zwei unterschiedlichen Proteinen? Erläutern Sie die Aktivierung der RNA-Polymerase in diesem Experiment.

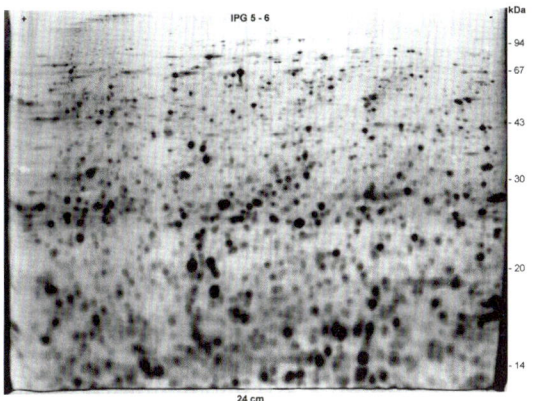

Suche nach Proteininteraktionen mit dem *two-hybrid*-System

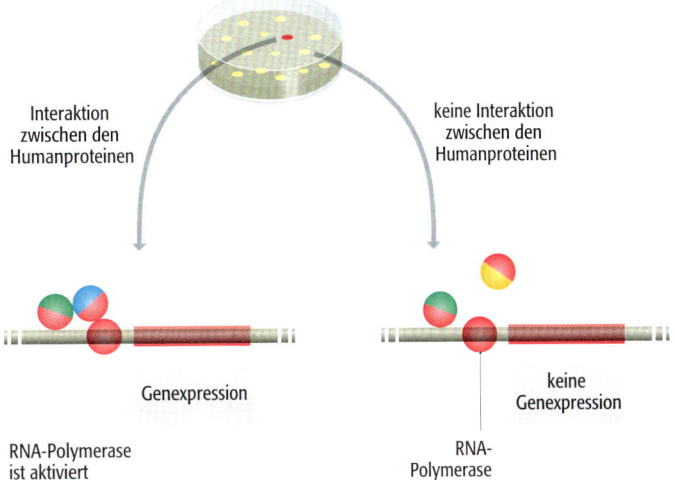

# Weiterführende Literatur

## Methodik der Transkriptomanalyse

Leung YF, Cavaliere G (2003) Fundamentals of cDNA microarray data analysis. *Trends Genet* 19: 649–659

Velculescu VE, Vogelstein B, Kintzler KW (2000) Analyzing uncharted transcriptomes with SAGE. *Trends Genet* 16: 423–425

## Beispiele für Transkriptomanalysen

Alizadeh AA, Eisen MB, Davis RE et al (2000) Distinct types of diffuse large B-cell lymphoma identified by gene expression profiling. *Nature* 403: 503–511

Chu S, DeRisi J, Eisen M, Mulholland J, Botstein D, Brown PO, Herskowitz I (1988) The transcriptional program of sporulation in budding yeast. *Science* 282: 699–705

DeRisi JL, Iyer VR, Brown PO (1997) Exploring the metabolic and genetic control of gene expression on a genomic scale. *Science* 278: 680–686 [eine der ersten Untersuchungen des Hefetranskriptoms]

Golub TR, Slonim DK, Tamayo P et al (1999) Molecular classification of cancer: class discovery and class prediction by gene expression monitoring. *Science* 286: 531–537

Zhang L, Zhou W, Velculescu VE, Kern SE, Hruban RH, Hamilton SR, Vogelstein B, Kinzler KW (1997) Gene expression in normal and cancer cells. *Science* 276: 1268–1272

## Protein-Profiling

Fields S (2001) Proteomics in genomeland. *Science* 291: 1221–1224 [erläutert die Bedeutung der Proteomik für das Verständnis der Humangenomsequenz]

Mann M, Hendrickson RC, Pandey A (2001) Analysis of proteins and proteomes by mass spectrometry. *Annu Rev Biochem* 70: 437–473

Phizicky E, Bastiaens PIH, Zhu H, Snyder M, Fields S (2003) Protein analysis on a proteomics scale. *Nature* 422: 208–215 [gibt einen Überblick über alle Aspekte der Proteomik]

Yates JR (2000) Mass spectrometry: from genomics to proteomics. *Trends Genet* 16: 5–8

Zhu H, Bilgin M, Snyder M (2003) Proteomics. *Annu Rev Biochem* 72: 783–812

## Untersuchung der Wechselwirkungen zwischen Proteinen

Clackson T, Wells JA (1994) *In vitro* selection from protein and peptide libraries. *Trends Biotechnol* 12: 173–184. [Phagen-Display]

Enright AJ, Iliopoulos I, Kyrpides, NC, Ouzounis CA (1999) Protein interaction maps for complete genomes based on gene fusion events. *Nature* 402: 86–90 [der Einsatz vergleichender Genomik bei der Identifizierung funktioneller Wechselwirkungen]

Fields S, Sternglanz R (2994) The two-hybrid system: an assay for protein-protein interactions. *Trends Genet* 10: 286–292

## Proteininteraktionskarten

Gavin A-C, Bösche M, Krause R et al (2002) Functional organization of the yeast proteome by systematic analysis of protein complexes. *Nature* 415: 141–147 [eine neue Hefeproteininteraktionskarte]

Han JDJ, Bertin N, Hao T et al (2004) Evidence for dynamicallyorganized modularity in the yeast protein-protein interaction network. *Nature* 430: 88–93 [definiert „party" und „date" hubs]

Jeong H, Mason SP, Barabási A-L, Oltvai ZN (2001) Lethality and centrality in protein networks. *Nature* 411: 41–42 [die erste Version der Proteininteraktionskarte der Hefe]

Lee I, Date SV, Adai AT, Marcotte EM (2004) A probabalystic functional network of yeast genes. *Science* 306: 1555–1558

Legrain P, Wojcik J, Gauthier J-M (2001) Protein-protein interaction maps: a lead towards cellular functions. *Trends Genet* 17: 346–352

## Metabolomik und Systembiologie

Covert MW, Schilling CH, Famili I, Edwards JS, Goryanin II, Selkov E, Palsson BO (2001) Metabolic modelling of microbial strains *in silico*. *Trends Biochem Sci* 26: 179–186 [erläutert den Begriff des metabolischen Flusses]

Kalir S, Alon U (2004) Using a quantitative blue-print to reprogram the dynamics of the flagella gene network. *Cell* 117: 713–720

Kirchner MW (2005) The meaning of systems biology. *Cell* 121: 503–504

# Die Organisation von Genomen

Teil **II**

**Teil II – Die Organisation von Genomen** behandelt jene Informationen über die Genomorganisation, die insbesondere in den vergangenen Jahren durch die Anwendung der in Teil I beschriebenen Methoden zusammengetragen wurden. Kapitel 7 befasst sich mit eukaryotischen Kerngenomen, wobei der Schwerpunkt auf dem menschlichen Genom liegt, welches das komplexeste bisher sequenzierte Genom und eben auch unser eigenes Genom ist. Kapitel 8 analysiert die Genome von Prokaryoten und eukaryotischen Organellen, wobei letztere dort behandelt werden, weil sie prokaryotischen Ursprungs sind. Kapitel 9 befasst sich mit Virusgenomen und mobilen genetischen Elementen, die man zusammenfasst, weil einige mobile Elemente mit Virusgenomen verwandt sind.

# Eukaryotische Kerngenome

# 7

## Wenn Sie Kapitel 7 gelesen haben, sollten Sie folgende Aufgaben lösen können:

- Beschreiben Sie die DNA-Protein-Wechselwirkungen, die zu Nucleosomen, Chromatosomen und der 30-nm-Chromatinfaser führen.

- Erklären Sie die Funktionen von Centromeren und Telomeren, und beschreiben Sie die spezifischen DNA-Protein-Wechselwirkungen, die in diesen Strukturen vorkommen.

- Erläutern Sie, warum die Bänderung von Chromosomen und das Isochorenmodell vermuten lassen, dass Gene nicht gleichmäßig über eukaryotische Chromosomen verteilt sind.

- Vergleichen Sie die Organisation von Genen in verschiedenen eukaryotischen Kerngenomen, und erörtern Sie die Beziehung zwischen Genorganisation und Genomgröße.

- Fassen Sie zusammen, woraus ein menschliches Genom besteht.

- Beschreiben Sie unterschiedliche Verfahren zur Kategorisierung der Funktionen von eukaryotischen Genen, und geben Sie einen Überblick über die wichtigsten Eigenschaften, die durch einen Vergleich der Genkataloge verschiedener Eukaryoten aufgezeigt werden.

- Erklären Sie, mit Beispielen, was mit der Bezeichnung „Multigenfamilie" gemeint ist.

- Unterscheiden Sie zwischen konventionellen und prozessierten Pseudogenen und anderen Formen von evolutionären Relikten.

- Unterscheiden Sie zwischen tandemartig wiederholter DNA und genomweit verteilter repetitiver DNA, und beschreiben Sie wichtige Merkmale von Satelliten-, Minisatelliten- und Mikrosatelliten-DNA.

In den folgenden drei Kapiteln werden wir die Anatomie von verschiedenen auf unserem Planeten vorkommenden Typen von Genomen genau betrachten. Es sind drei Kapitel, weil es drei Genomtypen zu berücksichtigen gilt:

- **Eukaryotische Kerngenome** (in diesem Kapitel), von denen uns das Humangenom am meisten interessiert.

- **Genome von Prokaryoten und eukaryotischen Organellen** (Kapitel 8), die wir zusammen betrachten, weil sich eukaryotische Organellen von prokaryotischen Vorfahren ableiten.

- **Virusgenome und mobile genetische Elemente** (Kapitel 9), die zusammen gruppiert wurden, weil einige mobile genetische Elemente mit Virusgenomen verwandt sind.

## 7.1 Kerngenome liegen in Form von Chromosomen vor

Das Kerngenom teilt sich in eine Reihe von linearen DNA-Molekülen auf, von denen jedes in einem Chromosom enthalten ist. Es sind keine Ausnahmen bekannt: Alle bisher untersuchten Eukaryoten haben mindestens zwei Chromosomen und die DNA-Moleküle sind stets linear. Die einzige Variabilität auf dieser Ebene der eukaryotischen Genomstruktur ist die Anzahl der Chromosomen, die nicht mit den biologischen Eigenschaften eines Organismus zusammenzuhängen scheint. Zum Beispiel hat die Hefe 16 Chromosomen, viermal mehr als die Taufliege. Auch steht die Chromosomenzahl nicht in Beziehung zur Genomgröße: Einige Salamander haben 30-fach größere Genome als der Mensch, die jedoch im Vergleich zum Menschen nur auf halb so viele Chromosomen aufgeteilt sind. Diese Vergleiche sind interessant, doch liefern sie im Moment keine nützlichen Informationen über die Genome selber. Sie spiegeln lediglich die Uneinheitlichkeit der evolutionären Prozesse wider, die die Genomarchitektur in verschiedenen Organismen geschaffen haben.

### 7.1.1 Die Verpackung der DNA in Chromosomen

Chromosomen sind viel kürzer als die DNA-Moleküle, die sie enthalten: Ein durchschnittliches menschliches Chromosom besitzt etwas unter 5 cm DNA. Es ist also ein hoch organisiertes Verpackungssystem notwendig, damit das DNA-Molekül in sein Chromosom passt. Wir müssen dieses System verstehen, bevor wir damit beginnen, über die Funktionsweise von Genomen nachzudenken, weil die Art der Verpackung einen Einfluss auf die an der Expression einzelner Gene beteiligten Prozesse hat (Kapitel 10).

In den 1970er-Jahren gelangen durch die Kombination von biochemischen Analysen und Elektronenmikroskopie wichtige Durchbrüche beim Verständnis der DNA-Verpackung. Es war bereits bekannt, dass Kern-DNA mit DNA-

**7.1 Nucleaseschutzanalyse von Chromatin aus menschlichen Zellkernen.** Chromatin wird vorsichtig aus Zellkernen isoliert und mit einer Nuclease behandelt. Auf der linken Seite ist die Nucleasebehandlung unvollständig, sodass die DNA im Durchschnitt einmal in jeder Linker-Region zwischen den gebundenen Proteinen geschnitten wird. Anschließend entfernt man die Proteine und analysiert die DNA-Fragmente mittels einer Agarosegelelektrophorese. Durch diese Behandlung entstehen Fragmente mit einer Länge von 200 bp oder einem Vielfachen davon. Auf der rechten Seite läuft die Nucleasebehandlung vollständig ab, sodass die gesamte DNA der Linker-Regionen gespalten wird. Die verbleibenden DNA-Fragmente haben eine Länge von 146 bp. Das Ergebnis zeigt die regelmäßige Verteilung der Proteinkomplexe auf der DNA bei dieser Art des Chromatins. Alle 200 bp kommt ein Komplex vor, wobei 146 bp der DNA eng mit dem Proteinkomplex verbunden sind.

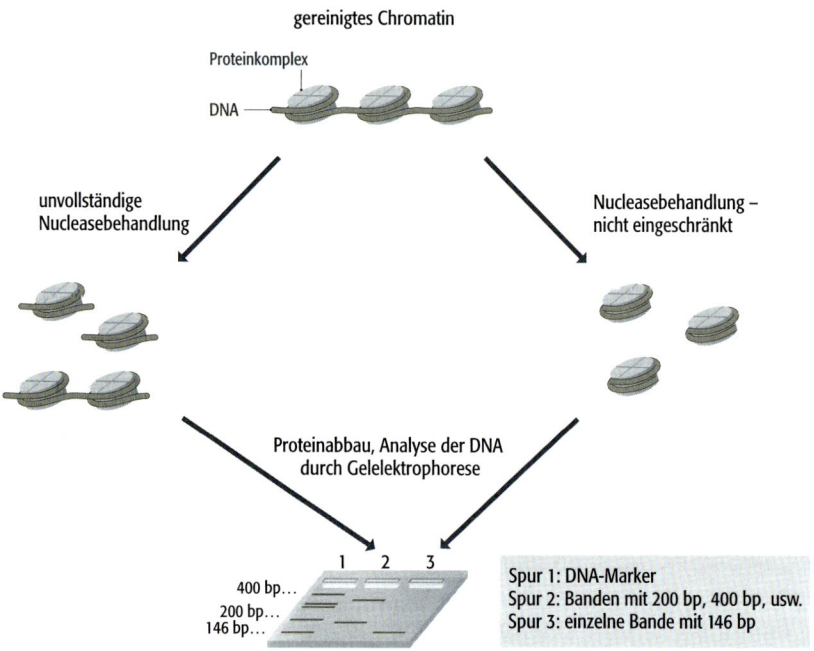

bindenden Proteinen, die man als **Histone** bezeichnet, assoziiert ist, doch die genaue Art der Verbindung war noch nicht beschrieben. Zwischen 1973 und 1974 führten verschiedene Gruppen **Nucleaseschutzexperimente** mit **Chromatin** (Komplex aus DNA und Histonen) durch, das vorsichtig durch Methoden aus den Kernen isoliert worden war, mit denen sich so viel wie möglich von der Chromatinstruktur erhalten lässt. In einem Nucleaseschutzexperiment behandelt man den Komplex mit einem Enzym, das DNA an Positionen schneidet, die nicht durch die Anhaftung eines Proteins „geschützt" sind. Die Größen der entstehenden DNA-Fragmente weisen auf die Position der Proteinkomplexe auf dem ursprünglichen DNA-Molekül hin (Abb. 7.1). Nach unvollständiger Nucleasebehandlung von gereinigtem Chromatin hatten die meisten DNA-Fragmente eine Länge von ungefähr 200 bp und einem Vielfachen davon, was auf einen regelmäßigen Abstand der Histonproteine auf der DNA schließen ließ.

Im Jahre 1974 wurden diese biochemischen Ergebnisse durch elektronenmikroskopische Aufnahmen von gereinigtem Chromatin ergänzt. Durch die Untersuchungen war es möglich, den regelmäßigen Abstand, der bereits aus den Schutzexperimenten abgeleitet worden war, in Form von Proteinperlen auf einer DNA-Kette sichtbar zu machen (Abb. 7.2a). Weitere biochemische Analysen wiesen darauf hin, dass jede Perle, oder **Nucleosom**, acht Histonproteinmoleküle enthält; zwei von jedem der vier Histone H2A, H2B, H3 und H4. Strukturanalysen ergaben weiterhin, dass diese acht Proteine ein fassähnliches so genanntes **Core-Oktamer** bilden, um das die DNA zweimal gewunden ist (Abb. 7.2b). Mit dem Nucleosompartikel sind, abhängig von der Spezies, zwischen 140 und 150 bp DNA assoziiert, und die Nucleosomen werden durch 50–70 bp lange Linker-DNA-Sequenzen voneinander getrennt. Somit ergibt sich eine Länge von 190–220 bp, wie bereits die Nucleaseschutzexperimente gezeigt hatten.

Es gibt eine weitere Gruppe von Histonen, die genau wie die Proteine des Core-Oktamers eng miteinander verwandt sind und als **Linker-Histone** bezeichnet werden. Bei den Wirbeltieren umfassen diese Proteine die Histone H1a–e, H1$^0$, H1t und H5. An jedes Nucleosom bindet ein einzelnes Linker-Histon und es entsteht das **Chromatosom**, wobei die genaue Position dieses Linker-Histons unbekannt ist. Strukturanalysen unterstützen die herkömmliche Vorstellung, dass das Linker-Histon als eine Art Klemme fungiert, die verhindert, dass sich die verdrillte DNA von dem Nucleosom löst (Abb. 7.2c). Allerdings lassen andere Ergebnisse vermuten, dass das Linker-Histon, wenigstens in manchen Organismen, nicht auf der Oberfläche des Nucleosom-DNA-Aggregats zu finden ist, wie es zu erwarten wäre, wenn es tatsächlich als Klemme fungieren würde, sondern zwischen dem Core-Oktamer und der DNA.

Von der in Abbildung 7.2a dargestellten „Perlenketten"-Struktur nimmt man an, dass sie eine nicht verpackte Form des Chromatins darstellt, die nur gelegentlich in Kernen lebender Zellen zu finden ist. Die Mitte der 1970er-Jahre entwickelten, sehr sanften Zellaufschlussmethoden führten zur Entdeckung einer stärker kondensierten Version des Komplexes, die als 30-nm-Faser (ihr Durchmesser beträgt etwa 30 nm) bezeichnet wird. Die genau Art und Weise, wie Nucleosomen für die Ausbildung der 30-nm-Faser miteinander assoziieren, ist nicht bekannt, doch es wurden einige Modelle vorgeschlagen, von denen zwei in Abbildung 7.3 dargestellt sind. Die einzelnen Nucleosomen innerhalb der 30-nm-Faser könnten über Wechselwirkungen zwischen den Linker-Histo-

a)

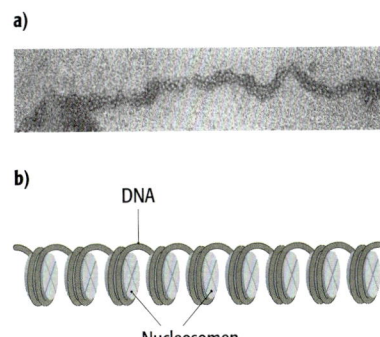

b)

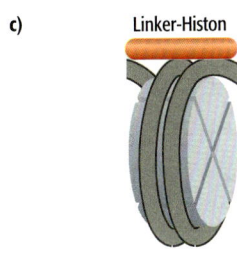

c)

**7.2  Nucleosomen.** a) Elektronenmikroskopische Aufnahme eines gereinigten Chromatinstranges als „Perlenketten"-Struktur. b) Das Modell der „Perlenketten"-Struktur, bei dem jede Perle ein fassähnliches Nucleosom darstellt, um das die DNA zweimal gewunden ist. Jedes Nucleosom besteht aus acht Proteinen: einem zentralen Tetramer aus je zwei Histon-H3- und Histon-H4-Untereinheiten, plus einem Paar von H2A-H2B-Dimeren, eines über und eines unter dem zentralen Tetramer (Abb. 10.13). c) Die genaue Position der Linker-Histone relativ zum Nucleosom ist nicht bekannt, doch das Linker-Histon kann, wie hier gezeigt, als eine Art Klemme fungieren, die verhindert, dass sich die DNA von der Nucleosomenoberfläche löst. Bild (a) mit freundlicher Genehmigung von Dr. Barbara Hamkalo.

**a)** Solenoid-Modell  **b)** Helixbandmodell

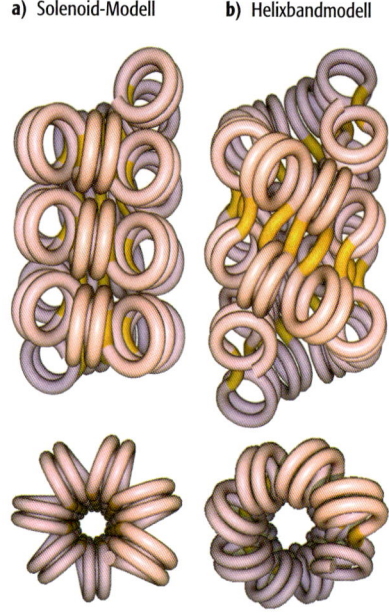

7.3  **Zwei Modelle der 30-nm-Chromatinfaser.** Das Solenoid-Modell (a) wurde viele Jahre favorisiert, doch neuere Erkenntnisse unterstützen die Zick-Zack-Anordnung des Helixbandmodells (b). Nachdruck mit Genehmigung von Dorigo et al (2004) *Science* 306: 1571–1573. AAAS©.

nen zusammengehalten werden: Möglicherweise sind auch Core-Histone an der Zusammenlagerung beteiligt, deren Protein-„Schwänze" aus dem Nucleosom heraus ragen (Abb. 10.13). Die zweite Hypothese ist sehr schlüssig, da chemische Modifikationen an diesen Schwänzen zu einer Öffnung der 30-nm-Faser führen, wodurch an diesen Stellen vorkommende Gene aktiviert werden können (Abschnitt 10.2.1).

## 7.1.2 Die speziellen Eigenschaften von Metaphasechromosomen

Die 30-nm-Faser ist vermutlich die Hauptform des Chromatins im Kern während der Interphase, also der Zeit zwischen den Kernteilungen. Teilt sich der Kern, dann wird die DNA dichter verpackt. Es entstehen hochkondensierte **Metaphasechromosomen**, die unter dem Lichtmikroskop betrachtet werden können und deren Aussehen man allgemein mit dem Begriff „Chromosom" verbindet (Abb. 7.4). Die Metaphasechromosomen bilden sich in einem Stadium des **Zellzyklus**, nachdem die DNA repliziert wurde, sodass jedes Chromosom zwei Kopien des chromosomalen DNA-Moleküls enthält. Die beiden Kopien sind am **Centromer**, das in jedem Chromosom eine spezifische Position einnimmt, miteinander verbunden. Die Arme der Chromosomen werden als **Chromatiden** bezeichnet, die in den verschiedenen Chromosomen eine unterschiedliche Länge haben und terminale Strukturen besitzen, die **Telomere**. Die einzelnen Chromosomen können anhand der Länge ihrer Chromatiden und der Lage des Centromers in Bezug auf die Telomere unterschieden werden. Weitere Unterscheidungsmerkmale ergeben sich, wenn man die Chromosomen färbt. Es gibt eine Reihe von verschiedenen Färbemethoden (Tab. 7.1), von denen jede ein für jedes Chromosom charakteristisches Bandenmuster ergibt. Das bedeutet, dass sich der Chromosomensatz eines Organismus mit einem **Karyogramm** darstellen lässt, in dem die Bänderung jedes Chromosoms eingezeichnet ist. Das Karyogramm des Menschen ist in Abbildung 7.5 gezeigt.

Centromer

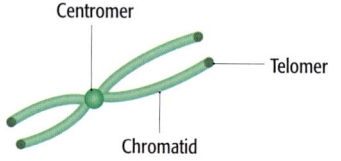

Telomer

Chromatid

7.4  **Das typische Erscheinungsbild eines Metaphasechromosoms.** Metaphasechromosomen bilden sich, nachdem die Replikation der DNA abgeschlossen ist, sodass jedes letztendlich aus zwei Chromosomen besteht, die über das Centromer miteinander verbunden sind. Die Arme werden als Chromatiden bezeichnet, der Endbereich eines Chromatids als Telomer.

| Tabelle 7.1 | Färbemethoden, die für die Herstellung von chromosomalen Bandenmustern eingesetzt werden | |
|---|---|---|
| **Technik** | **Darstellungsverfahren** | **Bandenmuster** |
| G-Bänderung | milde Proteolyse, gefolgt von Färbung mit Giemsa | dunkle Banden sind AT-reich  helle Banden sind GC-reich |
| R-Bänderung | Hitzedenaturierung, gefolgt von Färbung mit Giemsa | dunkle Banden sind GC-reich  helle Banden sind AT-reich |
| Q-Bänderung | Färbung mit Quinacrin | dunkle Banden sind AT-reich  helle Banden sind GC-reich |
| C-Bänderung | Denaturierung mit Bariumhydroxid, gefolgt von Färbung mit Giemsa | dunkle Banden enthalten konstitutives Heterochromatin (siehe Abschnitt 10.1.2) |

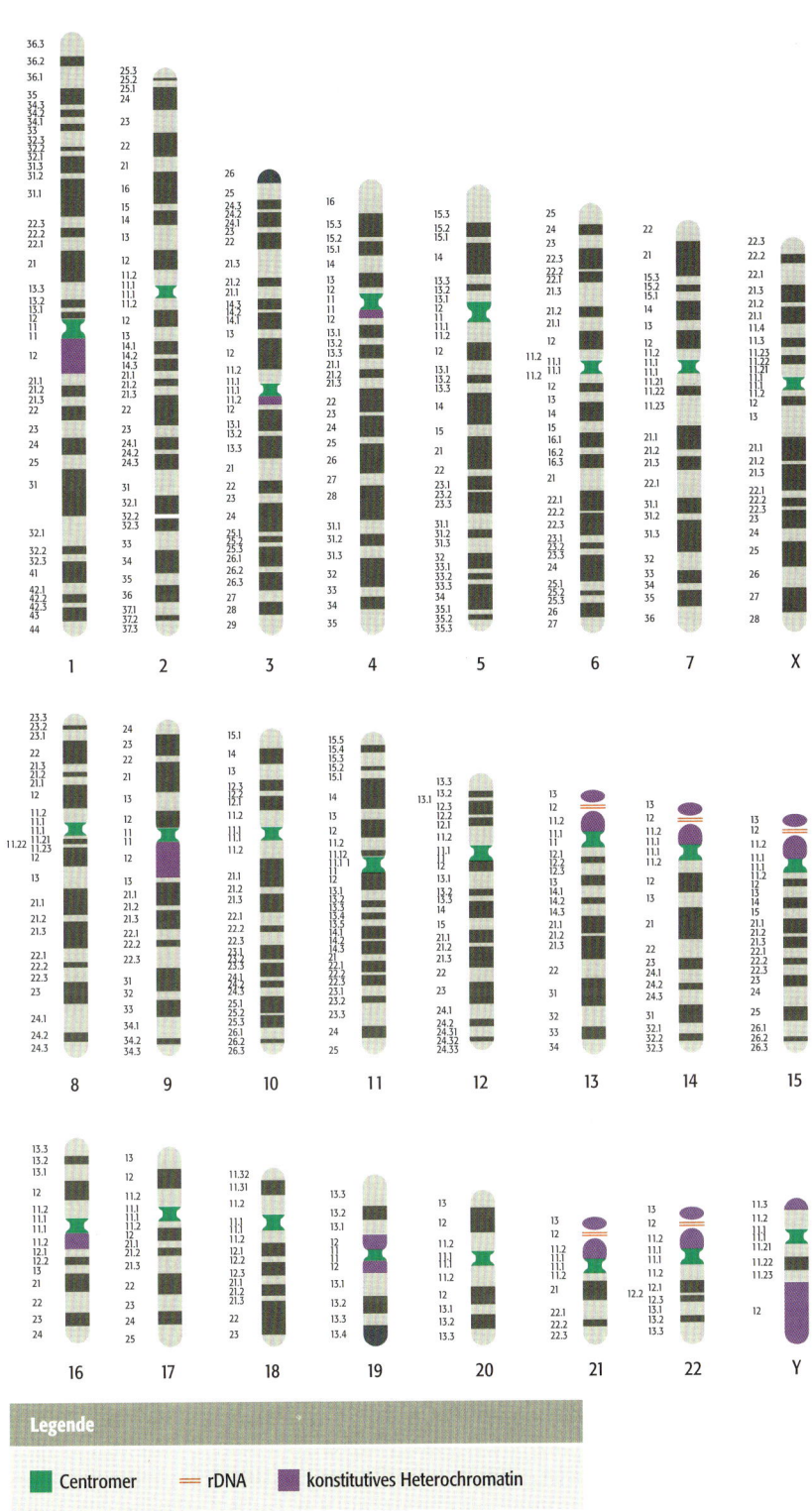

**7.5    Das Karyogramm des Menschen.**
Es ist eine G-Bänderung der Chromosomen dargestellt, die man durch Färbung mit Giemsa erhält. Unter jeder Struktur ist die Nummer des Chromosoms aufgeführt, die Bandennummer steht an der linken Seite. „rDNA" ist eine Region, die eine Häufung von sich wiederholenden Einheiten von ribosomalen RNA-Genen aufweist (Abschnitt 1.2.2). „Konstitutives Heterochromatin" ist sehr kompaktes Chromatin, mit wenigen oder keinen Genen (Abschnitt 10.1.2).

**Legende**

■ Centromer      ═ rDNA      ■ konstitutives Heterochromatin

**7.6 Das Centromer von *Saccharomyces cerevisiae*.** CDEI hat eine Länge von 9 bp, CDEII von 80–90 bp und CDEIII von 11 bp. Zusätzliche Sequenzen, die die hier dargestellte Region flankieren, werden als Teil der Centromer-DNA angesehen, deren vollständige Länge ungefähr 125 bp beträgt.

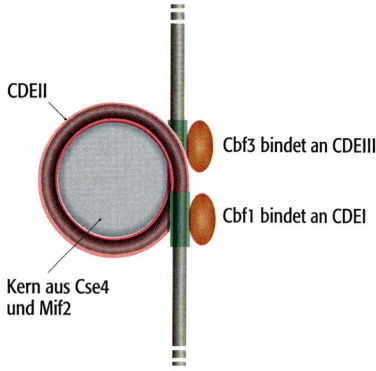

**7.7 DNA-Protein-Wechselwirkungen im Hefecentromer.** Die Abbildung ist rein schematisch, da die genaue Position der Proteine und der DNA-Komponenten unbekannt ist.

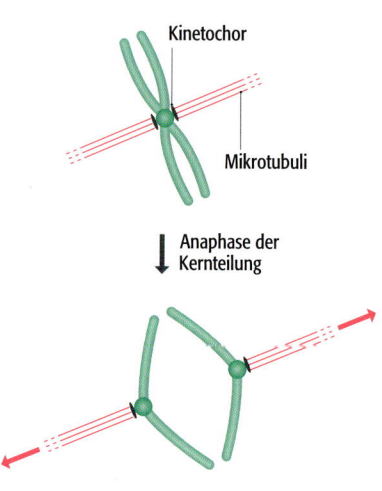

**7.8 Die Funktion der Kinetochore während der Zellkernteilung.** Während der Anaphase der Kernteilung werden die einzelnen Chromosomen durch die Kontraktion der Mikrotubuli, die an den Kinetochoren befestigt sind, auseinandergezogen.

Das Karyogramm des Menschen ist typisch für die Mehrzahl der Eukaryoten, doch einige Organismen zeigen ungewöhnliche Merkmale, die bei der menschlichen Variante nicht vorkommen. Dazu gehören:

- **Minichromosomen**, die relativ kurz und doch reich an Genen sind. Das Hühnergenom teilt sich zum Beispiel in 39 Chromosomen auf: sechs **Makrochromosomen**, die 66 % der DNA enthalten, doch nur 25 % der Gene, und 33 Minichromosomen, die das verbleibende Drittel des Genoms und 75 % der Gene enthalten. Die Gendichte in den Minichromosomen ist daher um das Sechsfache höher als in den Makrochromosomen.

- **B-Chromosomen**, die zusätzliche Chromosomen darstellen, die bei einigen, doch nicht allen Individuen einer Population vorkommen. Sie sind in Pflanzen verbreitet und auch aus Pilzen, Insekten und Tieren bekannt. B-Chromosomen scheinen Bruchstücke von normalen Chromosomen zu sein, die aus ungewöhnlichen Vorgängen bei der Kernteilung stammen. Einige enthalten Gene, oft für rRNAs, doch es ist nicht bekannt, ob diese Gene aktiv sind. Die Anwesenheit von B-Chromosomen kann die biologischen Eigenschaften des Organismus beeinflussen. Dies ist besonders bei Pflanzen der Fall, bei denen die B-Chromosomen mit einer reduzierten Lebensfähigkeit einhergehen. Man nimmt an, dass B-Chromosomen in Zelllinien durch Unregelmäßigkeiten bei ihrer Vererbung nach und nach verloren gehen.

- **Holozentrische Chromosomen**, die nicht nur ein Centromer besitzen, sondern eine Vielzahl von Strukturen, die über ihre ganze Länge verteilt sind. Der Nematode *Caenorhabditis elegans* besitzt holozentrische Chromosomen.

### *DNA-Protein-Wechselwirkungen in Centromeren und Telomeren*

DNA, die in den Centromeren und Telomeren enthalten ist, und die an diese DNA bindenden Proteine haben spezielle Eigenschaften, die mit den besonderen Funktionen dieser Strukturen zusammenhängen.

Die Nucleotidsequenz der Centromer-DNA von höheren Eukaryoten ist bei der Pflanze *Arabidopsis thaliana* sehr gut verstanden. Durch deren Vorzüge bei der genetischen Analyse war es möglich, die Positionen der Centromere in der DNA-Sequenz mit relativ hoher Genauigkeit zu bestimmen. Ebenfalls wurden Anstrengungen unternommen, diese Centromerregionen zu sequenzieren, die in Genomsequenzen mitunter fehlen, weil sie durch ihren charakteristisch hohen Gehalt an repetitiven Sequenzen oft nur schwer zu lesen sind. Die Centromere von *Arabidopsis* umfassen 0,9–1,2 Mb an DNA und jedes Centromer besteht zum großen Teil aus 180 bp langen, sich wiederholenden Sequenzen. Beim Menschen haben die entsprechenden Sequenzen eine Länge von 171 bp und werden als **alphoide DNA** bezeichnet, die mit 1 500–30 000 Kopien pro Centromer vorkommt. Bevor die *Arabidopsis*-Sequenzen vorlagen, hatte man angenommen, dass diese sich wiederholenden Einheiten den weitaus größten Anteil der Centromer-DNA ausmachen. Allerdings enthalten *Arabidopsis*-Centromere ebenfalls vielfache Kopien von genomweiten Sequenzwiederholungen und auch einige wenige Gene, wobei letztere mit einer Dichte von 7–9 pro 100 kb vorkommen, im Gegensatz zu 25 Genen pro 100 kb in nichtcentromerischen Regionen von *Arabidopsis*-Chromosomen. Die Entdeckung, dass Centromer-DNA Gene enthält, war eine große Überraschung, weil man bislang angenommen hatte, dass diese Regionen genetisch inaktiv sind.

*Arabidopsis* und der Mensch zeigen ein Grundmuster für Centromer-DNA, das in nahezu allen Eukaryoten zu finden ist. Eine interessante Variante tritt jedoch in der Hefe *Saccharomyces cerevisiae* auf, deren Centromer durch eine einzige Sequenz mit einer Länge von etwa 125 bp definiert ist. Diese Sequenz besteht aus zwei kurzen Elementen, die man mit CDEI und CDEIII bezeichnet, welche ein längeres Element, CDEII, flankieren (Abb. 7.6). Die Sequenz von CDEII ist variabel, doch immer sehr reich an A- und T-Nucleotiden, wohingegen CDEI und CDEIII hochkonserviert sind, was bedeutet, dass ihre Sequenzen in allen 16 Hefechromosomen sehr ähnlich sind. Mutationen in CDEII beeinflussen die Funktion des Centromers kaum, doch eine Mutation in CDEI oder CDEIII verhindert in der Regel, dass sich ein Centromer bildet. Der kurze nichtrepetitive Charakter der DNA des Hefecentromers unterstützte das Verständnis der Wechselwirkung von DNA mit Proteinen bei der Bildung von funktionellen Centromeren. Eine Schlüsselrolle spielt ein spezielles chromosomales Protein, das als Cse4 bezeichnet wird und eine ähnliche Struktur wie Histon H3 besitzt. Cse4 bildet mit einem zweiten Protein, Mif2, einen Kern (Core), um den die CDEII-Sequenz gewunden ist (Abb. 7.7). Die DNA scheint durch zwei weitere Proteine an Ort und Stelle fixiert zu werden: Cbf1, das die CDEI-Sequenz erkennt und an sie bindet, und Cbf3 (in Wahrheit ein Tetramer aus vier Proteinen), das an CDEIII bindet. Cbf1 und Cbf3 binden außerdem an wenigstens einige der ungefähr 20 zusätzlichen Proteine, die das **Kinetochor** bilden, also die Struktur, die als Anheftungsstelle für die Mikrotubuli dient, welche die geteilten Chromosomen vor der Bildung der Tochterkerne auseinanderziehen (Abb. 7.8). In welchem Ausmaß dieses Modell der Hefecentromere auch auf andere Eukaryoten zutrifft, ist nicht geklärt. Die Centromere höherer Eukaryoten unterscheiden sich relativ stark von Hefecentromeren, da sie Nucleosomen besitzen, die denen aus anderen Regionen des Chromosoms ähnlich sind. Jedoch enthalten einige von ihnen anstelle des Histons H3 das Protein CENP-A. CENP-A-enthaltende Nucleosomen sind kompakter und strukturell stabiler als solche mit H3 und man vermutet, dass CENP-A- und H3-Nucleosomen so über die DNA verteilt liegen, dass die CENP-A-Versionen auf der Oberfläche der Centromere lokalisiert sind, wo sie eine äußere Hülle bilden, an der das Kinetochor synthetisiert wird (Abb. 7.9).

Der zweite wichtige Teil des Chromosoms ist die terminale Region. das **Telomer**. Telomere sind wichtig, da sie die Enden der Chromosomen kennzeichnen und es dadurch den Zellen ermöglichen, zwischen einem echten Ende und einem unnatürlichen Ende, verursacht durch einen Chromosomenbruch, zu unterscheiden – eine grundlegende Notwendigkeit, weil die Zelle letzteres reparieren muss, ersteres jedoch nicht. Telomer-DNA besteht aus Hunderten von Kopien eines einfachen Sequenzmotivs, beim Menschen 5′-TTAGGG-3′, mit einer kurzen Verlängerung am 3′-Ende des doppelsträngigen DNA-Moleküls (Abb. 7.10). Zwei spezielle Proteine binden an die Sequenzwiederholung in menschlichen Telomeren. Es sind TRF1, das die Längenregulierung der Telomere unterstützt, und TRF2, das die einzelsträngige Verlängerung aufrechthält. Wird TRF2 inaktiviert, dann geht die Verlängerung verloren und die beiden Polynucleotide fusionieren über eine kovalente Bindung miteinander. Von anderen Telomerproteinen nimmt man an, dass sie die Bindung zwischen dem Telomer und der Peripherie des Kerns ausbilden, also dem Bereich, in dem die Chromosomenenden lokalisiert sind. Weitere Proteine sind für die enzymatische Aktivität zuständig, die bei der DNA-Replikation die Länge jedes Telomers aufrechterhält. Wir werden zu dieser letzten Aktivität in Abschnitt 15.2.4 zurückkehren: Sie ist entscheidend für den Fortbestand des Chromosoms und könnte auch ein Schlüssel zum Verständnis von Altern und Tod bedeuten.

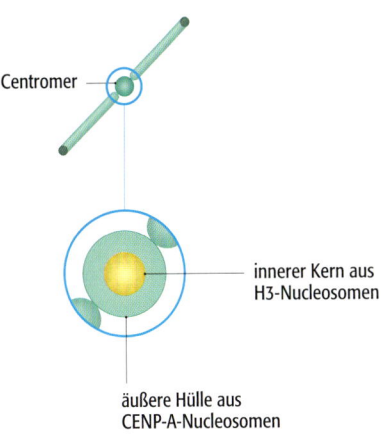

**7.9    Centromere von Säugetieren enthalten CENP-A- und H3-Nucleosomen.** Eine Möglichkeit ist, dass die H3-Nucleosomen hauptsächlich im zentralen Kern der Centromere lokalisiert sind. Die CENP-A-Versionen bilden dagegen eine äußere Hülle, an der das Kinetochor synthetisiert wird.

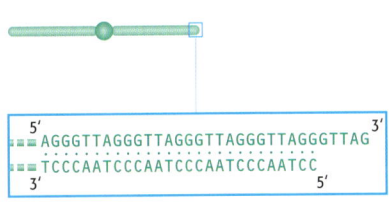

**7.10    Telomere.** Die Sequenz am Ende eines menschlichen Telomers. Die Länge der 3′-Verlängerung ist bei jedem Telomer anders. Siehe Abschnitt 15.2.4 für weitere Einzelheiten über die DNA der Telomere.

## 7.2 Die genetischen Eigenschaften von eukaryotischen Kerngenomen

In Kapitel 5 haben wir das Spektrum von bioinformatischen und experimentellen Methoden untersucht, mit deren Hilfe sich Gene in einer genomischen Sequenz lokalisieren und ihre Funktionen ermitteln lassen. Nun wenden wir uns Methoden zu, die uns mehr über die genetischen Eigenschaften eukaryotischer Kerngenome verraten.

### 7.2.1 Wo liegen Gene in einem Kerngenom?

Im vorherigen Abschnitt haben wir erfahren, dass *Arabidopsis*-Centromere Gene enthalten, doch in einer geringeren Dichte als der Rest der Chromosomen. Dies macht uns bewusst, dass Gene über die Länge eines Chromosoms nicht gleichmäßig verteilt sind. In den meisten Organismen scheinen sie mehr oder weniger zufällig verteilt zu sein, doch mit erheblichen Unterschieden in der Gendichte an verschiedenen Stellen des Chromosoms. Die durchschnittliche Dichte in *Arabidopsis* ist 25 Gene pro 100 kb, doch sogar außerhalb der Centromere und Telomere variiert die Dichte zwischen 1 und 38 Genen auf 100 kb, wie Abbildung 7.11 für das größte der fünf Chromosomen dieser Pflanze zeigt. Das Gleiche gilt für Chromosomen des Menschen, bei denen die Dichte zwischen 0 und 64 Genen pro 100 kb liegt.

Die ungleichmäßige Genverteilung innerhalb der Chromosomen des Menschen wurde bereits vermutet, bevor die Sequenz vollständig war. Es gab zwei Indizien, von denen eines die durch eine Färbung der Chromosomen entstehende Bänderung betraf. Die bei diesen Verfahren verwendeten Farbstoffe (Tab. 7.1) binden an DNA-Moleküle, haben jedoch in den meisten Fällen eine Präferenz für bestimmte Basenpaare. Giemsa hat zum Beispiel eine höhere Affinität zu DNA-Regionen, die reich an A- und T-Nucleotiden sind. Man nimmt daher an, dass die dunklen G-Banden im menschlichen Karyogramm (Abb. 7.5) AT-reiche Regionen des Genoms sind. Die Basenzusammensetzung im gesamten Genom ist 59,7 % A + T, sodass die dunklen G-Banden einen AT-Gehalt von wesentlich mehr als 60 % haben müssen. Cytogenetiker sagten daher voraus, dass die dunklen G-Banden weniger Gene enthalten, weil Gene im Allgemeinen einen AT-Gehalt von 45–50 % besitzen. Die Vorhersage bestätigte sich, als man die genomische Sequenz mit dem Karyogramm des Menschen verglich.

Das zweite Indiz bezog sich auf die ungleichmäßige Genverteilung, die von dem **Isochorenmodell** der Genomorganisation abgeleitet wurde. Entsprechend dieses Modells sind die Genome von Wirbeltieren und Pflanzen (und möglicherweise auch von anderen Eukaryoten) Mosaike von DNA-Segmenten, jedes mit einer Länge von mindestens 300 kb, wobei jedes Segment eine einheitliche Basenzusammensetzung hat, die sich von der benachbarter Segmente unter-

**7.11    Gendichte entlang des größten der fünf *Arabidopsis thaliana*-Chromosomen.** Die Abbildung zeigt Chromosom 1, das eine Länge von 29,1 Mb besitzt, mit den hellgrün dargestellten sequenzierten Bereichen und den dunkelgrün eingezeichneten Centromeren und Telomeren. Die Genkarte darunter stellt die Gendichte in Falschfarben dar, sie reicht von dunkelblau (geringe Dichte) bis rot (hohe Dichte). Die Dichte variiert zwischen 1 und 38 Genen auf 100 kb. Nachdruck mit Genehmigung von AGI (The Arabidopsis Genome Initiative) und Macmillan Publishers Ltd© *Nature*. (*Nature* 408: 797–815).

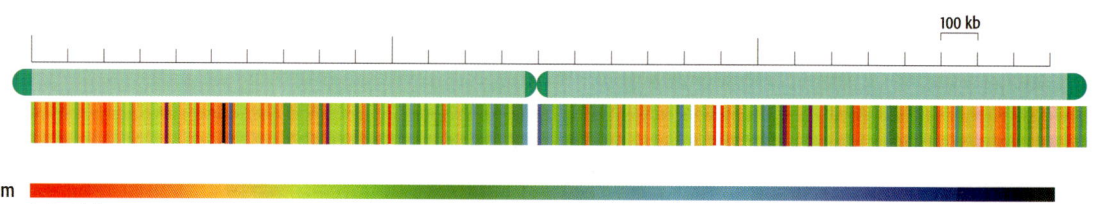

Falschfarbenspektrum

hohe Dichte                                                                                                geringe Dichte

# Methoden 7.1 Ultrazentrifugationstechniken

*Methodik für die Trennung von Zellkomponenten und großen Molekülen*

Die Entwicklung von Hochgeschwindigkeitszentrifugen in den 1920er-Jahren führte zu Techniken für die Trennung von Organellen und anderen Fraktionen von aufgebrochenen Zellen. Die erste angewendete Methode war die **differenzielle Zentrifugation**, bei der nacheinander Pellets von immer leichteren Zellkomponenten durch Zentrifugation von Zellextrakten mit unterschiedlichen Geschwindigkeiten gesammelt werden. So sind zum Beispiel intakte Kerne relativ groß und können durch eine zehnminütige Zentrifugation bei 1 000 g von dem Zellextrakt getrennt werden; Mitochondrien sind leichter und erfordern eine Zentrifugation bei 20 000 g für 20 Minuten. Durch sorgfältige Veränderungen der Zentrifugationsparameter erhält man relativ reine Fraktionen von unterschiedlichen Zellkomponenten.

Die **Dichtegradientenzentrifugation** wurde zuerst im Jahre 1951 angewendet. Bei diesem Verfahren wird die Zellfraktion nicht in einer normalen wässrigen Lösung zentrifugiert. Stattdessen schichtet man eine Saccharoselösung so in ein Röhrchen, dass sich ein Dichtegradient ausbildet, wobei sich die konzentriertere und daher dichtere Lösung am Boden des Röhrchens befindet. Die Zellfraktion wird oben auf den Gradienten gegeben und das Röhrchen anschließend bei einer sehr hohen Geschwindigkeit zentrifugiert: für mehrere Stunden bei mindestens 500 000 g. Unter diesen Bedingungen ist die Migrationsgeschwindigkeit einer Zellkomponente proportional zu deren Sedimentationskoeffizient, der wiederum von der molekularen Masse und der Form abhängt. Eukaryotische Ribosomen haben zum Beispiel einen Sedimentationskoeffizienten von 80S (S steht für Svedberg-Einheiten, nach dem schwedischen Wissenschaftler Svedberg, der mit den ersten biologischen Anwendungen der Ultrazentrifugation Pionierarbeit geleistet hat), wohingegen die kleineren bakteriellen Ribosomen einen Sedimentationskoeffizient von 70S haben.

Bei einem zweiten Typ der Dichtegradientenzentrifugation wird für die Ermittlung der S-Werte eine Lösung aus 8 M Cäsiumchlorid eingesetzt, die wesentlich dichter ist als die Saccharoselösung. Die Lösung ist zu Beginn der Zentrifugation gleichförmig, der Gradient bildet sich erst während der Zentrifugation aus. Zelluläre Komponenten wandern durch das Zentrifugenröhrchen nach unten, doch Moleküle wie DNA und Proteine erreichen den Boden nicht; stattdessen verbleiben sie an der Position im Röhrchen, an der die Matrixdichte ihrer eigenen **Schwimmdichte** (Abb. 7.23) entspricht. Diese Technik hat in der Molekularbiologie viele Anwendungen, da sich mit ihrer Hilfe DNA-Fragmente mit unterschiedlichen Basenzusammensetzungen und DNA-Moleküle mit unterschiedlichen Konformationen (zum Beispiel superspiralisierte, ringförmige und lineare DNA) trennen lassen. Auch lässt sich zwischen normaler DNA und DNA, die mit einem schweren Stickstoffisotop markiert wurde, unterscheiden (Abschnitt 15.1.1).

scheidet. Das Isochorenmodell wird durch Experimente gestützt, in denen genomische DNA in Fragmente mit einer Länge von etwa 100 kb zerteilt wird, die anschließend mit Farbstoffen behandelt werden, welche spezifisch an AT- oder GC-reiche Regionen binden. Die Fragmente werden danach durch Dichtegradientenzentrifugation (Methoden 7.1) getrennt. Wird dieses Experiment mit menschlicher DNA durchgeführt, erkennt man fünf Fraktionen, von denen jede einen anderen Isochorentyp mit einer anderen Basenzusammensetzung darstellt: zwei AT-reiche Isochoren, als L1 und L2 bezeichnet, und drei GC-reiche Klassen, die H1, H2 und H3 genannt werden. Die letzte von ihnen, H3, ist die seltenste im menschlichen Genom und macht nur 3 % des gesamten Genoms aus, sie enthält jedoch über 25 % der Gene. Dies ist ein klarer Hinweis für die ungleichmäßige Verteilung der Gene im menschlichen Genom. Zwar zeigt die Untersuchung der genomischen Sequenz, dass die Isochorentheorie das in der Realität viel komplexere Muster in der Basenverteilung entlang jedes menschlichen Chromosoms vereinfacht. Doch selbst wenn sie sich als falsch erweist, wird die Theorie eine nützliche falsche Auffassung gewesen sein, da sie für die Molekularbiologen in der Zeit vor der Sequenzierung eine wichtige Hilfe war, ein Verständnis der genomischen Struktur zu entwickeln.

## 7.2.2 Wie sind Gene in einem Kerngenom organisiert?

Die unterschiedliche Gendichte entlang eines eukaryotischen Chromosoms bringt es mit sich, dass diejenigen Regionen nur schwer ausfindig zu machen sind, in denen die Organisation der Gene als „typisch" für das Genom als Ganzes gelten kann. Trotz dieser Schwierigkeit wird deutlich, dass das Gesamtmuster der Genorganisation zwischen den einzelnen Eukaryoten erheblich variiert, und wir müssen diese Unterschiede verstehen, weil sie wichtige Abgrenzungen zwischen den genetischen Eigenschaften und der Evolutionsgeschichte dieser Genome widerspiegeln. Um die Unterschiede deutlich zu machen, werden wir uns in diesem Abschnitt einen kleinen Bereich des menschlichen Genoms genau ansehen und dieses Segment mit ähnlich kleinen Bereichen aus den Genomen anderer Organismen vergleichen. Wenn Sie dieses Material bearbeiten, sollten sie sich auf die abgrenzenden Eigenschaften konzentrieren, die herausgearbeitet werden. Behalten Sie aber in Erinnerung, dass es wegen der Variabilität entlang eines einzigen Chromosoms nicht möglich ist, schnelle und eindeutige Aussagen über die Muster der Genorganisation zu machen, die in einem bestimmten Genom vorhanden sind oder auch fehlen.

### Gene machen nur einen kleinen Teil des menschlichen Genoms aus

Wie sind Gene im Kerngenom des Menschen organisiert? Um diese Frage zu beantworten, werden wir ein 50-kb-Segment von Chromosom 12 (Abb. 7.12) untersuchen. Dieses Segment besitzt die folgenden genetischen Eigenschaften:

**7.12   Ein Segment des menschlichen Genoms.** Diese Karte zeigt die Lokalisierung von Genen, Gensegmenten, genomweiten Sequenzwiederholungen und Mikrosatelliten in einem 50-kb-Segment von Chromosom 12 des Menschen.

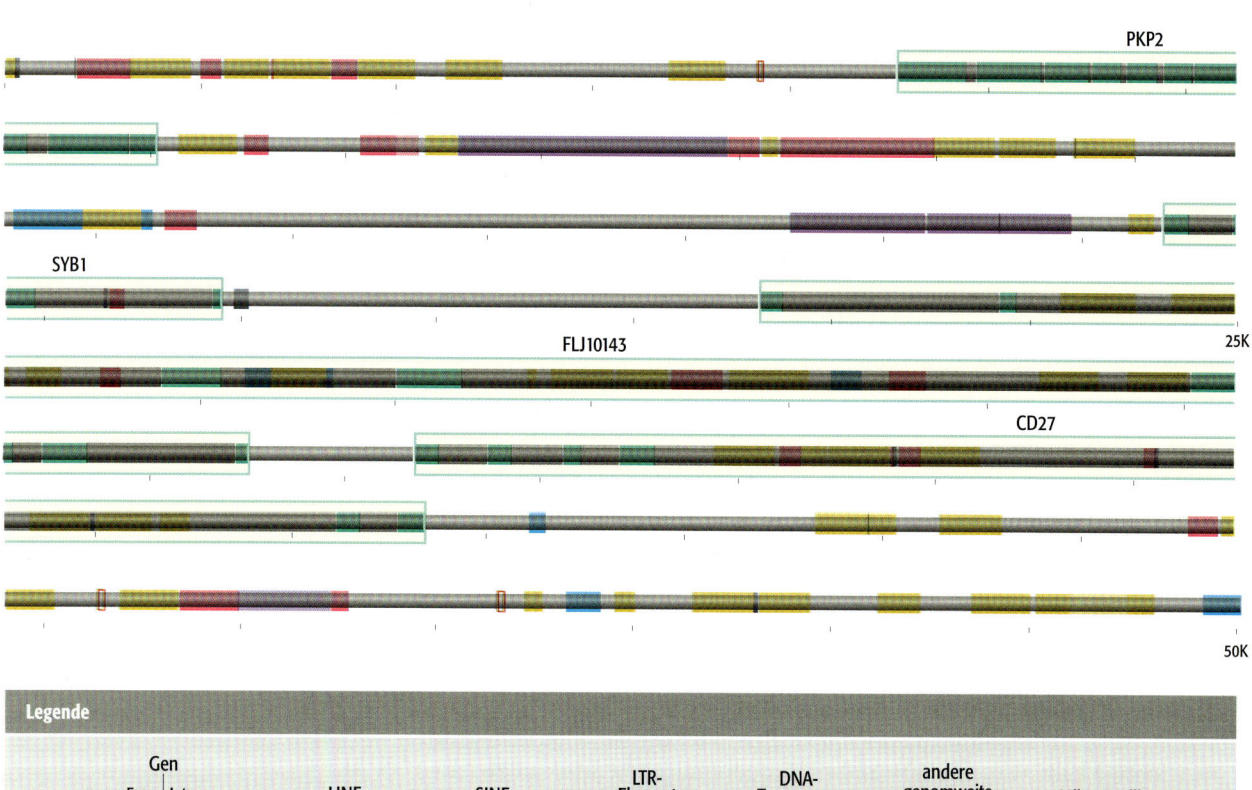

- Es enthält vier Gene. Es handelt sich um:

  - *PKP2*, das Plakophilin 2 codiert, ein Protein, das an der Synthese von Desmosomen beteiligt ist, also von Strukturen, die als Verbindungsstellen zwischen benachbarten Säugetierzellen dienen.

  - *SYB1*, das ein vesikelassoziiertes Membranprotein codiert, welches in der Zelle die Fusion von Vesikeln mit den richtigen Zielmembranen gewährleistet.

  - Ein Gen, dessen Funktion bisher nicht identifiziert werden konnte und das als *FLJ10143* bezeichnet wird.

  - *CD27*, das ein Mitglied der Superfamilie der Tumornekrosefaktoren codiert, also einer Gruppe von Proteinen, die Signaltransduktionswege regulieren, welche an der **Apoptose** (dem programmierten Zelltod) und der Zelldifferenzierung beteiligt sind.

  Beachten Sie, dass jedes dieser vier Gene diskontinuierlich ist, wobei die Zahl der Introns zwischen zwei bei *SYB1* und acht bei *PKP2* liegt.

- 88 genomweite Sequenzwiederholungen. Dabei handelt es sich um Sequenzen, die sich an vielen Stellen des Genoms wiederholen. Es gibt vier Haupttypen der genomweiten Sequenzwiederholungen, die als **LINEs** (*long interspersed nuclear elements*), **SINEs** (*short interspersed nuclear elements*), **LTR-** (*long terminal repeat*)-**Elemente** und **DNA-Transposons** bezeichnet werden. Dieses kurze Genomsegment enthält Beispiele für jeden Typ. Die meisten genomweiten Sequenzwiederholungen sind in intergenischen Regionen lokalisiert, doch viele befinden sich innerhalb von Introns.

- Sieben Mikrosatelliten, bei denen es sich, wie in Abschnitt 3.2.2 beschrieben wurde, um Sequenzen mit einem sich tandemartig (direkt hintereinander) wiederholenden kurzen Motiv handelt. Einer der Mikrosatelliten, die hier zu sehen sind, besteht aus dem zwölfmal wiederholten Motiv CA. Dadurch entsteht folgende Sequenz:

  5′-CACACACACACACACACACACACA-3′
  3′-GTGTGTGTGTGTGTGTGTGTGTGT-5′

  Die anderen sechs Mikrosatelliten bestehen aus den Sequenzwiederholungen CAAA, CCTG, CTGGGG, CAAAA, TG beziehungsweise TTTG. Vier der sieben Mikrosatelliten sind innerhalb von Introns lokalisiert.

- Letztendlich bestehen ungefähr 30 % von unserem 50-kb-Segment des menschlichen Genoms aus Strecken von nichtgenischer, nichtrepetitiver *single copy*-DNA mit unbekannter Funktion oder Bedeutung.

Das auffälligste Merkmal dieses 50-kb-Segments des menschlichen Genoms ist der relativ geringe Raum, der von den Genen beansprucht wird. Aufsummiert ergibt sich für die Exons – den Bereichen der vier Gene, die die biologischen Information enthalten – eine Gesamtlänge von 4 745 bp, was 9,5 % des 50-kb-Segments entspricht. In Wirklichkeit enthält dieses Segment sogar eher viele Gene: Alle Exons zusammen machen im menschlichen Genom nur 48 Mb aus, das sind nur 1,5 % des gesamten Genoms. Im Vergleich dazu werden 44 % des Genoms von genomweiten Sequenzwiederholungen eingenommen (Abb. 7.13).

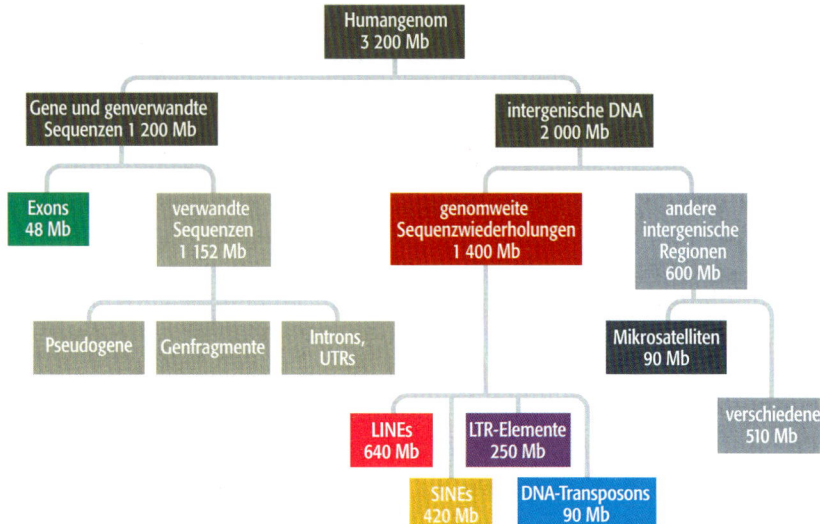

**7.13 Die Zusammensetzung des menschlichen Genoms.** Abkürzung: UTRs, nichttranslatierte Regionen (*untranslated regions*).

## Das Hefegenom ist sehr kompakt

Wie groß sind die Unterschiede in der Genorganisation bei Eukaryoten? Es gibt sicherlich erhebliche Unterschiede in der Genomgröße, wobei die kleinsten eukaryotischen Genome eine Länge von weniger als 10 Mb haben und die größten über 100 000 Mb. Wie in Abbildung 7.14 und Tabelle 7.2 dargestellt, spiegelt dieses Größenspektrum bis zu einem gewissen Ausmaß die Komplexität der Organismen wider. Dementsprechend haben die einfachsten Eukaryoten wie Pilze die kleinsten Genome und höhere Eukaryoten wie Wirbeltiere und Blütenpflanzen die größten. Dies scheint sinnvoll zu sein, denn man würde erwarten, dass die Komplexität eines Organismus mit der Anzahl der Gene in seinem Genom in Beziehung steht – höhere Eukaryoten brauchen größere Genome, um die zusätzlichen Gene aufnehmen zu können. Allerdings ist die Korrelation bei weitem nicht exakt: Wenn sie genau wäre, dann dürfte das Kerngenom der Hefe *Saccharomyces cerevisiae*, das mit 12 Mb 0,004-mal so groß wie das menschliche Kerngenom ist, 0,004 × ~30 000 Gene, also nur 120 Gene, besitzen. In Wahrheit enthält das *S. cerevisiae*-Genom aber rund 6 000 Gene.

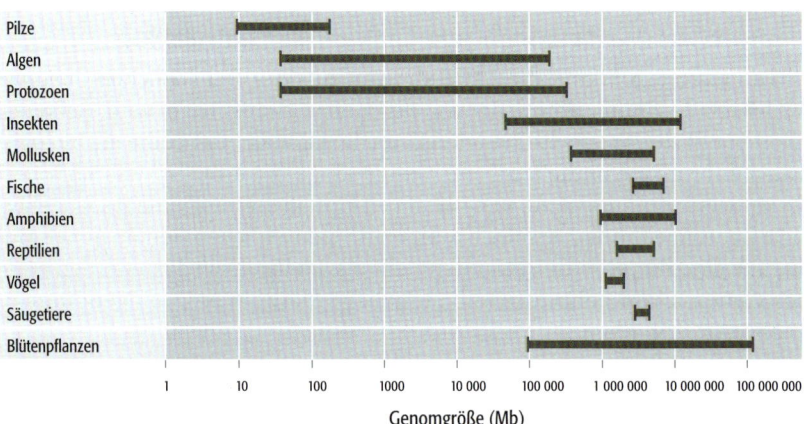

**7.14 Die Spannweite der Genomgrößen von unterschiedlichen Gruppen von Eukaryoten.**

| Tabelle 7.2 Größen von eukaryotischen Genomen | |
|---|---|
| **Art** | **Genomgröße (Mb)** |
| **Pilze** | |
| Saccharomyces cerevisiae | 12,1 |
| Aspergillus nidulans | 25,4 |
| **Protozoa** | |
| Tetrahymena pyriformis | 190 |
| **Invertebraten** | |
| Caenorhabditis elegans | 97 |
| Drosophila melanogaster | 180 |
| Bombyx mori (Seidenraupe) | 490 |
| Strongylocentrotus purpuratus (Seeigel) | 845 |
| Locusta migratoria (Languste) | 5 000 |
| **Vertebraten** | |
| Takifugu rubripes (Kugelfisch) | 400 |
| Homo sapiens | 3 200 |
| Mus musculus (Maus) | 3 300 |
| **Pflanzen** | |
| Arabidopsis thaliana (Ackerschmalwand) | 125 |
| Oryza sativa (Reis) | 466 |
| Zea mays (Mais) | 2 500 |
| Pisum sativum (Erbse) | 4 800 |
| Triticum aestivum (Weizen) | 16 000 |
| Fritillaria assyriaca (Fritillarie) | 120 000 |

Die fehlende strikte Korrelation zwischen der Komplexität eines Organismus und der Größe seines Genoms, das so genannte **C-Wert-Paradoxon**, war für viele Jahre ein Rätsel. Die Antwort ist jedoch relativ einfach: In den Genomen von weniger komplexen Organismen wird Platz gespart, weil die Gene dichter gepackt sind. Das Genom von *S. cerevisiae* veranschaulicht diese dichtere Anordnung, wie wir in den oberen beiden Darstellungen von Abbildung 7.15 erkennen können, in denen das eben angesprochene 50-kb-Segment des menschlichen Genoms mit einem 50-kb-Segment aus dem Hefegenom verglichen wird. Das von Chromosom III (dem ersten eukaryotischen Chromosom, das sequenziert wurde) stammende Segment des Hefegenoms hat die folgenden charakteristischen Merkmale:

- Es enthält mehr Gene als das Segment des menschlichen Genoms. Diese Region des Hefechromosoms III enthält 26 Gene, von denen man annimmt, dass sie Proteine codieren, und zwei Gene, die tRNAs codieren.

- Relativ wenige der Hefegene sind diskontinuierlich. In diesem Segment des Chromosoms III ist keines der Gene diskontinuierlich. Im gesamten Hefegenom gibt es nur 239 Introns, verglichen mit über 300 000 im Humangenom.

● Es gibt weniger genomweite Sequenzwiederholungen. Dieser Teil von Chromosom III enthält ein einziges LTR-Element, als *Ty2* bezeichnet, und vier verkürzte LTR-Elemente, die δ-Sequenzen genannt werden. Diese fünf genomweiten Sequenzwiederholungen machen etwa 13,5 % des 50-kb-Segments aus, doch ist diese Zahl nicht typisch für das gesamte Hefegenom. Werden alle 16 Hefechromosomen berücksichtigt, dann beträgt die Länge an Sequenzen, die von genomweiten Wiederholungen eingenommen wird, nur 3,4 % des gesamten Genoms.

Es entsteht der Eindruck, dass die genetische Organisation des Hefegenoms viel ökonomischer ist als die Variante des Menschen. Die Gene selber sind viel kompakter, haben weniger Introns, und der Raum zwischen den Genen ist relativ klein, mit weniger Platz, der von genomweiten Sequenzwiederholungen und anderen nichtcodierenden Sequenzen eingenommen wird.

### Die Genorganisation bei anderen Eukaryoten

Die Hypothese, dass komplexere Eukaryoten ein weniger kompaktes Genom besitzen, trifft auch zu für andere Arten zu. Der dritte Teil von Abbildung 7.15 zeigt ein 50-kb-Segment des Taufliegengenoms. Wenn wir uns darüber einig sind, dass eine Taufliege komplexer als eine Hefezelle ist, aber weniger komplex als ein Mensch, dann erwarten wir, dass die Organisation des Taufliegengenoms zwischen der Organisation der Hefe und der des Menschen angesiedelt ist. Genau das ist in Abbildung 7.15c dargestellt. Das 50-kb-Segment des Taufliegengenoms enthält 11 Gene, mehr als im Segment des Humangenoms, doch weniger als in dem der Hefe. Alle diese Gene sind diskontinuierlich, doch sieben haben jeweils nur ein Intron. Das Bild ist ähnlich, wenn wir die vollstän-

**7.15** Vergleich zwischen den Genomen von Mensch, Hefe, Taufliege und Mais. a) Das 50-kb-Segment von Chromosom 12 wurde bereits beschrieben. Es wird mit den Genomen von *Saccharomyces cerevisiae* (b), *Drosophila melanogaster* (c) und Mais (d) verglichen.

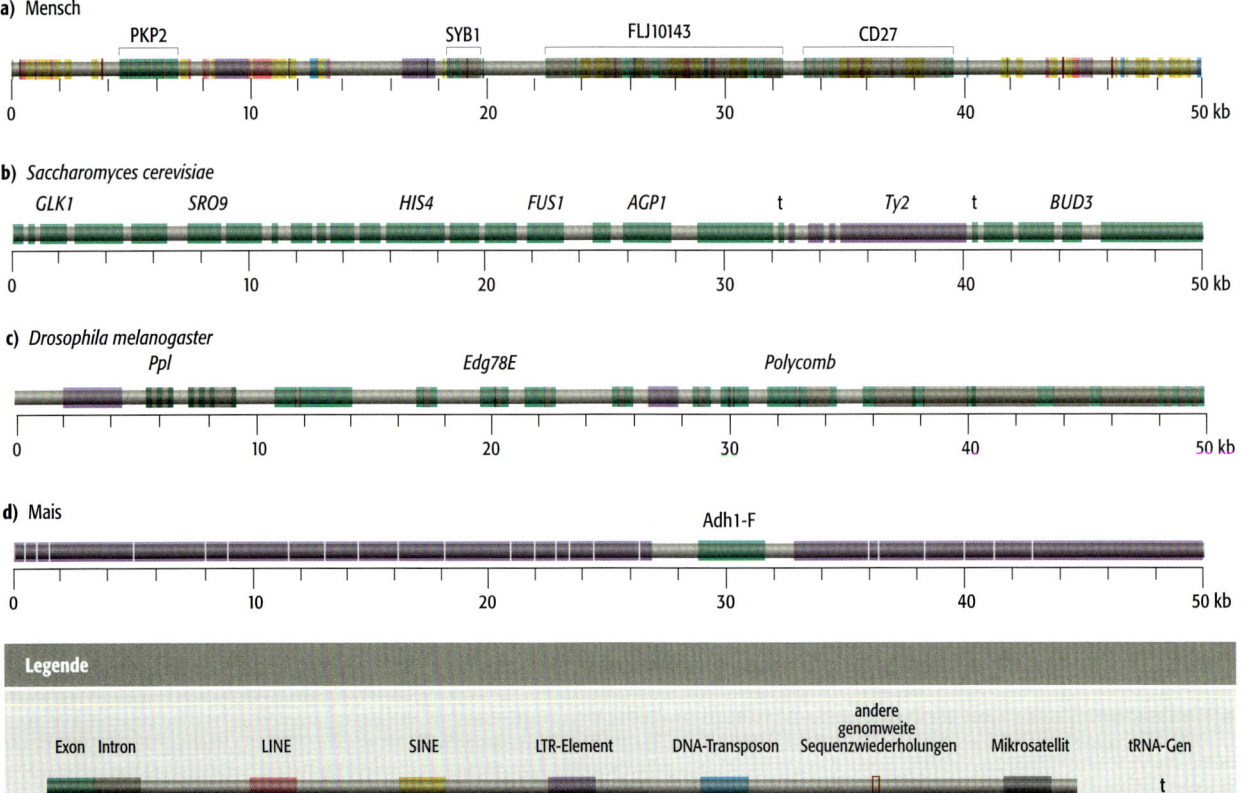

**a)** Mensch

**b)** *Saccharomyces cerevisiae*

**c)** *Drosophila melanogaster*

**d)** Mais

| Tabelle 7.3    Kompaktheit der Genome von Hefe, Fruchtfliege und Mensch | | | |
|---|---|---|---|
| Eigenschaft | Hefe | Taufliege | Mensch |
| Gendichte (durchschnittliche Anzahl pro Mb) | 496 | 76 | 11 |
| Introns pro Gen (Durchschnitt) | 0,04 | 3 | 9 |
| Anteil des Genoms, der von genomweiten Sequenzwiederholungen eingenommen wird | 3,4 % | 12 % | 44 % |

digen Genomsequenzen der drei Organismen miteinander vergleichen (Tab. 7.3). Die Gendichte im Taufliegengenom liegt zwischen der Gendichte der Hefe und der des Menschen, und ein Taufliegengen hat im Durchschnitt viel mehr Introns als ein durchschnittliches Hefegen, aber immer noch dreimal weniger als ein durchschnittliches Gen des Menschen.

Der Vergleich zwischen Hefe-, Taufliegen- und Humangenom hat auch Bestand, wenn wir die genomweiten Sequenzwiederholungen betrachten (Tab. 7.3). Diese machen im Hefegenom etwas 3,4 % aus, im Genom der Taufliege jedoch rund 12 % und im Humangenom 44 %. Es wird langsam deutlich, dass die genomweiten Wiederholungen auf interessante Weise die Kompaktheit eines Genoms bestimmen. Dieses wird durch das Maisgenom veranschaulicht, das mit 2 500 Mb für ein Genom einer Blütenpflanze relativ klein ist. Nur ein paar Regionen des Maisgenoms wurden bisher sequenziert, doch einige bemerkenswerte Ergebnisse erzielt, die deutlich machen, dass das Genom von repetitiven Elementen dominiert wird. Abbildung 7.15d zeigt ein 50-kb-Segment des Genoms, beidseitig eines Mitglieds einer Genfamilie, die Alkohol-Dehydrogenasen codiert. Es handelt sich dabei um das einzige Gen in dieser 50-kb-Region, doch ungefähr 100 kb hinter dem rechten Ende der hier gezeigten Sequenz gibt es noch ein zweites Gen mit unbekannter Funktion. Statt der Gene sind die genomweiten Sequenzwiederholungen die dominanten Merkmale, die als das Meer beschrieben wurden, in dem Gene wie Inseln liegen. Die genomweiten Wiederholungen sind vom LTR-Element-Typ und machen nahezu den gesamten nichtcodierenden Teil des Segments und schätzungsweise allein ungefähr 50 % des gesamten Maisgenoms aus. Es wird deutlich, dass sich eine oder mehrere Familien der genomweiten Sequenzwiederholungen in den Genomen bestimmter Arten massiv vermehrt haben. Dieses könnte auch eine Erklärung für das rätselhafte C-Wert-Paradoxon sein, das keine allgemeine Zunahme der Genomgröße in zunehmend komplexeren Organismen feststellt, sondern die Tatsache, dass sich die Genomgrößen von ähnlichen Organismen erheblich unterscheiden können. Ein gutes Beispiel ist der Einzeller *Amoeba dubia*, von dem man annehmen könnte, dass sein Genom, ähnlich dem anderer Protozoen wie *Tetrahymena pyriformis*, 100–500 kb groß ist (Tab. 7.2). Tatsächlich umfasst das *Amoeba*-Genom über 200 000 Mb. In ähnlicher Weise könnte man annehmen, dass die Genome von Grillen ähnlich groß sind wie die anderer Insekten, doch Grillen haben Genome von ungefähr 2 000 Mb, etwa 11-mal größer als das der Taufliege.

### 7.2.3 Wie viele Gene gibt es und welche Funktionen haben sie?

Die detailliertesten Annotierungen der endgültigen Sequenz eines menschlichen Chromosoms weisen darauf hin, dass das menschliche Genom etwa 30 000 Gene enthält. Die Ungenauigkeit dieser Angabe resultiert aus den in

Abschnitt 5.1.1 erwähnten Schwierigkeiten bei der Zuordnung, welche Sequenzen Gene sind und welche nicht. Die Zahl ist viel geringer als die ursprünglich angenommenen 80 000–100 000 Gene, eine Schätzung, die bis einige Monate vor der Fertigstellung der Rohsequenzen im Jahr 2000 kursierte. Diese frühen Schätzungen waren so hoch, weil sie auf der Annahme beruhten, dass in den meisten Fällen ein einzelnes Gen nur eine mRNA und auch nur ein einzelnes Protein spezifiziert. Entsprechend dieses Modells sollte die Anzahl der Gene im menschlichen Genom ähnlich der Anzahl von Proteinen in einer menschlichen Zelle sein, was zu der Schätzung von 80 000–100 000 Genen führte. Die Entdeckung der viel niedrigeren Anzahl von Genen zeigt, dass alternatives Spleißen, der Prozess, bei dem Exons der Prä-mRNA in unterschiedlichen Kombinationen aneinander gereiht werden, sodass von einem einzigen Gen mehr als ein Protein entsteht (Abb. 6.5), eine viel größere Rolle spielt, als ursprünglich angenommen. Die Anzahl von Genen in verschiedenen eukaryotischen Kerngenomen ist in Tabelle 7.4 dargestellt. Sie sollten jedoch bedenken, dass die Frage „Wie viele Gene gibt es?" wegen des alternativen Spleißens keine relevante biologische Bedeutung besitzt, denn die Zahl der Gene gibt nicht die Zahl der Proteine an, die synthetisiert werden können, und ist daher kein Maß für die biologische Komplexität eines Genoms.

Obwohl ein Gen durch alternatives Spleißen mehrere verschiedene Proteine spezifizieren kann, werden diese Proteine in einem Teil ihrer Aminosäuresequenz identisch sein und daher ähnliche oder miteinander verwandte Funktionen besitzen. Die Einteilung von Genen entsprechend ihren Funktionen kann daher wichtige Informationen über das von einem Genom bestimmte Spektrum der biochemischen Aktivitäten liefern, auch wenn die Spleißvarianten bei vielen Genen bisher entweder nicht ermittelt worden sind oder einzelne Funktionen noch nicht zugewiesen werden konnten. Bei Genkatalogen besteht allerdings das Problem, dass die Kataloge selbst von relativ einfachen Organismen wie *Saccharomyces cerevisiae* wegen der Schwierigkeiten beim Zuweisen von Funktionen unvollständig sind. Es ist ziemlich wahrscheinlich, dass bestimmte Kategorien von Genen in bestehenden Katalogen unterrepräsentiert sind, weil solche Gene besonders schwer erkennbare Funktionen besitzen. Mit diesen Einschränkungen im Hinterkopf werden wir uns zunächst den Genkatalog des Menschen ansehen.

| **Tabelle 7.4** Genomgrößen und Anzahl von Genen in verschiedenen Eukaryoten | | |
|---|---|---|
| **Art** | **Genomgröße (Mb)** | **ungefähre Anzahl von Genen** |
| *Saccharomyces cerevisiae* (knospende Hefe) | 12,1 | 6 100 |
| *Schizosaccharomyces pombe* (Spalthefe) | 12,5 | 4 900 |
| *Caenorhabditis elegans* (Nematode) | 97 | 19 000 |
| *Arabidopsis thaliana* (Pflanze) | 125 | 25 500 |
| *Drosophila melanogaster* (Taufliege) | 180 | 13 600 |
| *Oryza sativa* (Reis) | 466 | 40 000 |
| *Gallus gallus* (Huhn) | 1 200 | 20 000–23 000 |
| *Homo sapiens* (Mensch) | 3 200 | etwa 30 000 |

## Der Genkatalog des Menschen

Die Funktionen von über der Hälfte der etwa 30 000 Gene des Menschen sind bekannt oder können mit einer gewissen Zuverlässigkeit abgeleitet werden. Der überwiegende Teil codiert Proteine und weniger als 2 500 Gene spezifizieren unterschiedliche Typen funktioneller RNA. Nahezu ein Viertel der proteincodierenden Gene sind an der Expression, Replikation und Erhaltung des Genoms beteiligt (Abb. 7.16) und noch einmal 21 % codieren Komponenten der **Signaltransduktionswege**, die die Genomexpression und andere zelluläre Aktivitäten als Antwort auf Signale aus der Umgebung der Zelle regulieren (Abschnitt 14.1.2). Jedes dieser Gene hat also im weitesten Sinne eine Funktion, die in irgendeiner Form mit der Genomaktivität verknüpft ist. Enzyme, die für allgemeine biochemische Funktionen der Zelle verantwortlich sind, nehmen noch einmal 17,5 % der bekannten Gene ein, und der Rest ist beteiligt an Aktivitäten wie Transport von Verbindungen in die Zelle oder aus ihr heraus, die Faltung von Proteinen in ihre korrekten dreidimensionalen Strukturen, die Immunantwort und die Synthese von Strukturproteinen wie denen, die im Cytoskelett und Muskeln enthalten sind. Es ist möglich, dass die relativen Anteile der in Abbildung 7.16 dargestellten drei Hauptkategorien mit der weiteren Vervollständigung des menschlichen Genkatalogs abnehmen. Der Grund hierfür liegt darin, dass diese drei Hauptkategorien die am meisten untersuchten Gebiete der Zellbiologie repräsentieren, wodurch viele der relevanten Gene identifiziert werden können, weil ihre Proteinprodukte bekannt sind. Gene, deren Produkte bisher nicht ermittelt werden konnten, sind vermutlich an weniger gut untersuchten Reaktionen der zellulären Aktivität beteiligt.

Ein Aspekt, über den der Genkatalog keine Auskunft geben kann, und auch nicht wird, selbst wenn er vollständig ist, ist die Frage, was einen Menschen ausmacht. Die Sequenz des menschlichen Genoms versetzte dem minimalistischen Ansatz der Molekularbiologie, demzufolge die Untersuchung von individuellen Genen oder Gengruppen letzten Endes zu einer vollständigen biomolekularen Beschreibung der Konstruktion und Funktionsweise eines Menschen führen wird, einen heftigen Schlag. Die Sequenz lieferte keine verblüffenden Enthüllungen über das, was den Mensch vom Affen unterscheidet. Und obwohl das Schimpansengenom vollständig sequenziert ist, lässt sich durch einfache Genomvergleiche immer noch nicht bestimmen, was uns zu Menschen macht (Abschnitt 18.4). Auf der Grundlage der Genzahl sind wir nur dreimal so komplex wie eine Taufliege und nicht zweimal so komplex wie der mikroskopisch kleine Wurm *Caenorhabditis elegans*. Doch könnten detailliertere Untersuchungen der Funktionsweise des Humangenoms entscheidende Merkmale enthüllen, die den charakteristischen menschlichen Eigenschaften zugrunde liegen. Die Genomik wird allerdings niemals Menschlichkeit erklären können.

## Genkataloge enthüllen Unterscheidungsmerkmale von verschiedenen Organismen

Es gibt verschiedene Vorgehensweisen, um Gene in eukaryotischen Genomen in Kategorien einzuteilen. Eine Möglichkeit ist, Gene entsprechend ihrer Funktion zu klassifizieren, wie Abbildung 7.16 für das Genom des Menschen zeigt. Dieses System hat den Vorteil, dass sich die relativ weit gefassten funktionellen Kategorien, die in Abbildung 7.16 verwendet wurden, weiter unterteilen lassen, um eine Hierarchie mit zunehmend genaueren Beschreibungen für immer kleiner werdende Gruppen von Genen zu schaffen. Nachteil dieses

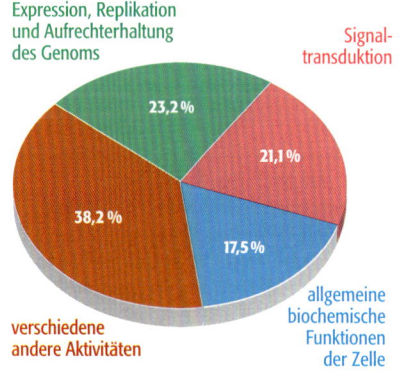

**7.16    Kategorisierung des menschlichen Genkatalogs.** Das Tortendiagramm zeigt die Kategorisierung von bereits identifizierten, proteincodierenden Genen des Menschen. Es fehlen ungefähr 13 000 Gene, deren Funktionen bislang unbekannt sind. Das Segment, das mit „verschiedene andere Aktivitäten" bezeichnet ist, umfasst unter anderem Proteine, die an biochemischen Transportprozessen und an der Proteinfaltung beteiligt sind, wie auch immunologische Proteine und Strukturproteine.

Ansatzes ist, dass vielen eukaryotischen Genen bisher keine Funktion zugewiesen werden konnte, sodass diese Art der Klassifizierung einen Teil der gesamten Ausstattung mit Genen ausschließt. Eine leistungsfähigere Methode stützt sich bei der Klassifizierung nicht auf die Funktionen der Gene, sondern auf die Strukturen der von ihnen spezifizierten Proteine. Ein Proteinmolekül besteht aus einer Reihe von **Domänen**, von denen jede eine bestimmte biochemische Funktion besitzt. Beispiele sind der **Zinkfinger**, der eine von vielen Domänen darstellt, mit denen Proteine ein DNA-Molekül binden (Abschnitt 11.1.1), und die „Death-Domäne", die in vielen an der Apoptose beteiligten Proteinen enthalten ist. Jede Domäne hat eine charakteristische Aminosäuresequenz, die möglicherweise nicht bei jeder dieser Domänen genau gleich ist, doch sie ist ausreichend ähnlich, um die Anwesenheit einer Domäne durch eine Aminosäuresequenzanalyse des Proteins feststellen zu können. Die Aminosäuresequenz eines Proteins wird durch die Nucleotidsequenz seines Gens bestimmt. Daher lassen sich die in einem Protein enthaltenen Domänen ausgehend von der Nucleotidsequenz des proteincodierenden Gens ermitteln. Die Gene eines Genoms können somit anhand der Proteindomänen, die sie spezifizieren, eingeteilt werden. Diese Methode hat den Vorteil, dass man sie auch auf Gene anwenden kann, deren Funktion nicht bekannt ist, und sie schließt auf diese Weise einen größeren Anteil der Gene eines Genoms in die Kategorisierung ein.

Klassifizierungen, die für die Ableitung von Genfunktionen Proteindomänen berücksichtigen, weisen darauf hin, dass alle Eukaryoten die gleiche Grundausstattung an Genen besitzen, doch dass komplexere Arten in jeder Kategorie eine größere Anzahl von Genen haben. Zum Beispiel besitzen Menschen die größte Anzahl von Genen in allen in Abbildung 7.17 dargestellten Kategorien. Eine Ausnahme ist die Kategorie „Metabolismus", bei der *Arabidopsis* wegen der Fähigkeit zur Photosynthese an erster Stelle steht. Photosynthese ist eine Leistung, die eine große Gruppe von Genen erfordert, die in den anderen vier, hier verglichenen Genomen nicht vorhanden sind. Diese funktionelle Klassifizierung weist auf andere interessante Eigenschaften hin, insbesondere, dass *C. elegans* eine relativ große Zahl von Genen enthält, die an der

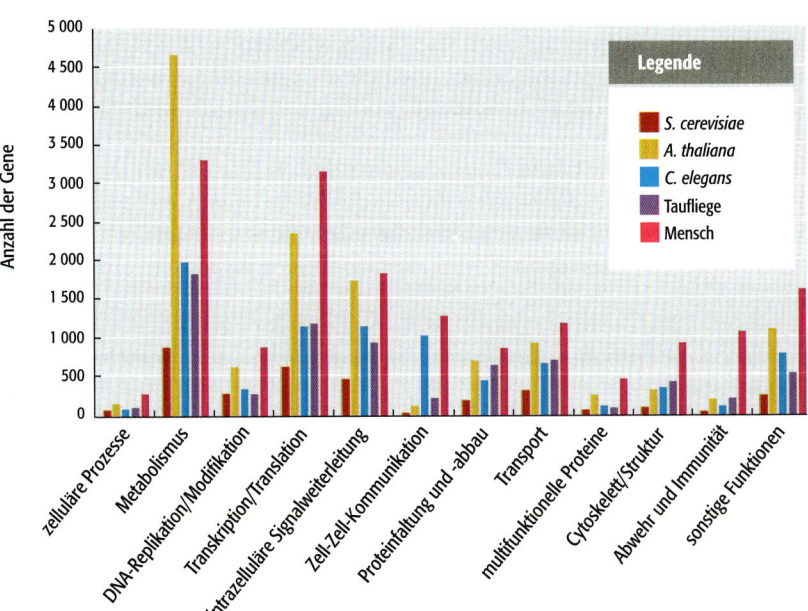

**7.17** Vergleich der Genkataloge von *Saccharomyces cerevisiae, Arabidopsis thaliana, Caenorhabditis elegans*, der **Taufliege und vom Menschen.** Die Gene werden nach ihren Funktionen eingeteilt, die sich von den Proteindomänen ableiten, welche von jedem Gen spezifiziert werden.

**Tabelle 7.5**    Beispiele für Proteindomänen, die von verschiedenen Genomen spezifiziert werden

| Domäne | Funktion | Mensch | Taufliege | *Caenorhabditis elegans* | *Arabidopsis* | Hefe |
|---|---|---|---|---|---|---|
| Zinkfinger, $C_2H_2$-Typ | Bindung an DNA | 564 | 234 | 68 | 21 | 34 |
| Zinkfinger, GATA-Typ | Bindung an DNA | 11 | 5 | 8 | 26 | 9 |
| Homöobox | Genregulation während der Entwicklung | 160 | 100 | 82 | 66 | 6 |
| Death | programmierter Zelltod | 16 | 5 | 7 | 0 | 0 |
| Connexin | elektrische Kopplung von Zellen | 14 | 0 | 0 | 0 | 0 |
| Ephrin | Wachstum von Nervenzellen | 7 | 2 | 4 | 0 | 0 |

Zell-Zell-Kommunikation beteiligt sind, was verwundert, denn der Organismus besitzt nur 959 Zellen. Menschen, die über $10^{13}$ Zellen verfügen, haben dagegen nur weitere 250 Gene für die Signalübertragung zwischen den Zellen. Im Allgemeinen ergibt diese Art der Analyse Ähnlichkeiten zwischen Genomen, doch man erhält keine Informationen über die genetische Grundlage für die sehr unterschiedlichen Arten von biologischer Information, die in den Genomen zum Beispiel von Taufliegen und Menschen enthalten ist. Allerdings ist der Domänenansatz in dieser Hinsicht vielversprechend, weil er zeigt, dass das menschliche Genom eine Reihe von Proteindomänen spezifiziert, die in den Genomen anderer Organismen fehlen. Von diesen Domänen sind einige an Aktivitäten wie Zelladhäsion, der elektrischen Kopplung zwischen Zellen und am Wachstum von Nervenzellen beteiligt (Tab. 7.5). Diese Funktionen sind interessant, sind es doch genau diejenigen, die charakteristische Eigenschaften vermitteln, welche Wirbeltiere von den anderen Eukaryoten abgrenzen.

Ist es möglich Gruppen von Genen zu identifizieren, die in Wirbeltieren vorkommen, in anderen Eukaryoten jedoch nicht? Eine solche Analyse kann zurzeit nur näherungsweise durchgeführt werden, weil nur ein paar genomische Sequenzen zur Verfügung stehen. Zum jetzigen Zeitpunkt stellt es sich so dar, dass ungefähr ein Fünftel bis zu einem Viertel der Gene des menschlichen Genoms ausschließlich in Wirbeltieren vorkommen und ein weiteres Viertel ist in Wirbeltieren und anderen Tieren enthalten (Abb. 7.18).

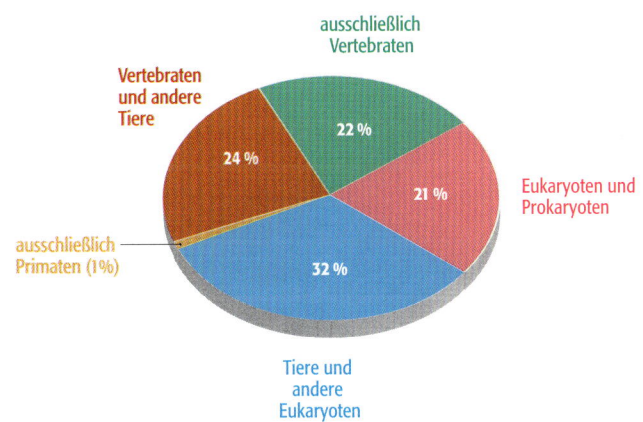

**7.18    Verwandtschaft zwischen dem Genkatalog des Menschen und den Katalogen anderer Organismengruppen.** Das Tortendiagramm unterteilt den Genkatalog des Menschen nach der Anwesenheit einzelner Gene in anderen Organismen. Die Grafik zeigt, dass zum Beispiel 22 % des menschlichen Genkatalogs aus Genen bestehen, die für Wirbeltiere spezifisch sind, und noch einmal zu 24 % aus Genen, die für Wirbeltiere und andere Tiere charakteristisch sind.

## Genfamilien

Bereits seit den ersten Tagen der DNA-Sequenzierung ist bekannt, dass viele Genome **Multigenfamilien** enthalten – Gruppen von Genen mit identischer oder ähnlicher Sequenz. So besitzt jeder untersuchte eukaryotische Organismus (genauso wie alle Bakterien, bis auf die einfachsten) vielfache Kopien von Genen für ribosomale RNAs. Dieses wird am Beispiel des menschlichen Genoms deutlich, das über ungefähr 2 000 Gene für die 5S-rRNA (die Bezeichnung leitet sich von ihrem Sedimentationskoeffizient von 5S ab, Methoden 7.1) verfügt, die alle in einem Cluster auf Chromosom 1 lokalisiert sind. Außerdem existieren rund 280 Kopien einer sich wiederholenden Sequenzeinheit, die die 28S-, 5,8S- und 18S-rRNA-Gene enthält. Diese sind in fünf Clustern mit 50–70 Wiederholungen gruppiert, von denen je eines auf den Chromosomen 13, 14, 15, 21 und 22 liegt (Abb. 7.5). Ribosomale RNAs sind Bestandteile der als Ribosomen bezeichneten proteinsynthetisierenden Partikel, deren Gene vermutlich in vielen Kopien vorliegen, weil der Bedarf an rRNAs während der Zellteilung extrem hoch ist, wenn mehrere Zehntausend Ribosomen neu synthetisiert werden müssen.

Die rRNA-Gene sind Beispiele für „einfache" oder „klassische" Multigenfamilien, in denen alle Mitglieder identische oder nahezu identische Sequenzen haben. Man nimmt an, dass diese Familien durch Genduplikation entstanden sind, wobei die Sequenzen der einzelnen Mitglieder durch einen noch nicht völlig verstandenen evolutionären Prozess in einem identischen Zustand gehalten wurden (Abschnitt 18.2.1). Andere Multigenfamilien, die in höheren Eukaryoten verbreiteter sind als in niederen, werden als „komplex" bezeichnet, weil sich die einzelnen Mitglieder trotz ähnlicher Sequenzen in ihren Genprodukten ausreichend unterscheiden, um unterschiedliche Eigenschaften vermitteln zu können. Eines der besten Beispiele für diesen Typ der Multigenfamilie sind die Globingene von Säugetieren. Globine sind Blutproteine, die miteinander kombiniert Hämoglobin bilden, wobei in jedem Hämoglobinmolekül je zwei Globine des $\alpha$-Typs und zwei des $\beta$-Typs enthalten sind. Beim Menschen werden die Globine des $\alpha$-Typs von einer kleinen Multigenfamilie auf Chromosom 16 codiert und die Globine des $\beta$-Typs durch eine zweite Familie auf Chromosom 11 (Abb. 7.19). Diese Gene gehören zu den ersten, die in den späten 1970er-Jahren sequenziert wurden. Die Sequenzdaten haben gezeigt, dass die Gene in jeder Familie einander zwar ähnlich, doch bei weitem nicht identisch sind. Tatsächlich sind die Nucleotidsequenzen der beiden Gene, die im $\beta$-Typ-Cluster am unterschiedlichsten sind und die $\beta$- und $\varepsilon$-Globine codieren, nur zu 79,1 % identisch. Obwohl das ausreichend ähnlich ist, damit man beide Proteine den Globinen des $\beta$-Typs zuordnen kann, ist es doch auf der anderen Seite so unterschiedlich, dass verschiedene biochemische Eigenschaften vermittelt werden. Ähnliche Variationen existieren in dem $\alpha$-Cluster.

**7.19   Die Cluster von $\alpha$- und $\beta$-Globingenen des Menschen.** Das $\alpha$-Globin-Cluster ist auf Chromosom 16 lokalisiert und das $\beta$-Globin-Cluster auf Chromosom 11. Beide Cluster enthalten Gene, die in unterschiedlichen Entwicklungsstadien exprimiert werden und jedes Cluster besitzt mindestens ein Pseudogen. Beachten Sie, dass die Expression des $\alpha$-Typ-Gens $\xi_2$ im Embryo beginnt und sich in der Fetalphase weiter fortsetzt; es gibt kein $\alpha$-Typ-Globin, das für den Fetus spezifisch ist. Das $\theta$-Pseudogen wird exprimiert, doch ist das Genprodukt inaktiv. Von den anderen Pseudogenen wird keines exprimiert. Für weiterführende Informationen über die entwicklungsabhängige Regulation der $\beta$-Globingene siehe Abschnitt 10.1.2.

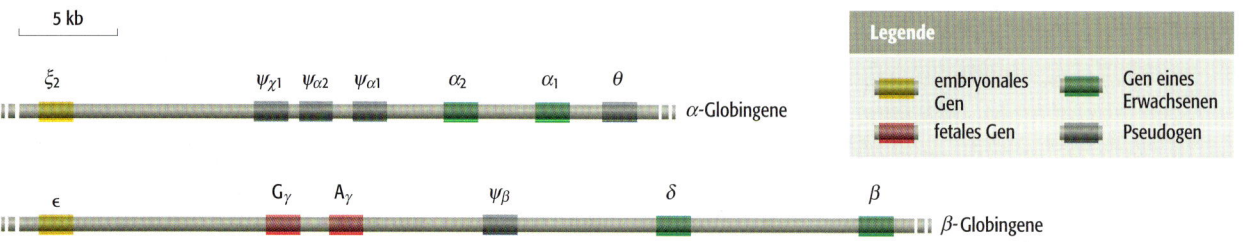

Warum unterscheiden sich die Mitglieder der Globingenfamilien so stark voneinander? Einen Hinweis auf die Antwort erhielt man, als man die Expressionsmuster der einzelnen Gene untersuchte. Man entdeckte, dass die Gene in unterschiedlichen Stadien der menschlichen Entwicklung exprimiert werden: So wird zum Beispiel $\varepsilon$ im $\beta$-Typ-Cluster im frühen embryonalen Stadium exprimiert, $G\gamma$ und $A_\gamma$ (deren Genprodukte sich nur in einer Aminosäure unterscheiden) im Fetus und $\delta$ und $\beta$ im Erwachsenen (Abb. 7.19). Man nimmt an, dass die unterschiedlichen biochemischen Eigenschaften der entstehenden Globinproteine leichte Veränderungen in der physiologischen Funktion des Hämoglobins während der menschlichen Entwicklung widerspiegeln.

In einigen Genfamilien liegen die einzelnen Mitglieder als Cluster vor wie bei den Globingenen, doch in anderen sind die Gene über das gesamte Genom verteilt. Ein Beispiel für eine verstreut liegende Familie sind die fünf Gene des Menschen für die Aldolase, ein Enzym, das an der Energiegewinnung beteiligt ist und dessen Gene auf den Chromosomen 3, 9, 10, 16 und 17 lokalisiert sind. Wichtig ist, dass die Mitglieder der Multigenfamilie über Sequenzähnlichkeiten verfügen, die trotz der Verteilung der Gene auf einen gemeinsamen evolutionären Ursprung hinweisen. Bei der Durchführung derartiger Sequenzvergleiche lassen sich Verwandtschaften gelegentlich nicht nur innerhalb einer Genfamilie erkennen, sondern auch zwischen verschiedenen Familien. Alle Gene der $\alpha$- und $\beta$-Globinfamilien haben zum Beispiel eine Sequenzähnlichkeit und man nimmt an, dass sie sich aus einem einzigen Urgen entwickelt haben. Aus diesem Grund werden die beiden Multigenfamilien zu einer einzigen **Superfamilie** von Globingenen zusammengefasst, und anhand der Ähnlichkeiten der einzelnen Gene können wir die Duplikationsereignisse auswerten, die zu der heute existierenden Serie von Genen geführt haben (Abschnitt 18.2.1).

### Pseudogene und andere evolutionäre Relikte
Die Globingen-Cluster des Menschen enthalten fünf Gene, die nicht mehr aktiv sind. Es handelt sich um **Pseudogene**, also nichtfunktionelle Kopien. Pseudogene sind eine Art evolutionäres Relikt und ein Hinweis dafür, dass sich Genome fortlaufend verändern. Es gibt zwei Haupttypen von Pseudogenen:

- Ein **konventionelles Pseudogen** ist ein Gen, das inaktiviert wurde, weil sich seine Nucleotidsequenz durch eine **Mutation** verändert hat (Kapitel 16). Viele Mutationen haben nur geringe Auswirkungen auf die Aktivität von Genen, doch einige sind bedeutender und es ist durchaus möglich, dass die Veränderung eines einzigen Nucleotids dazu führt, dass das Gen seine Funktionalität vollständig verliert. Hat ein Pseudogen seine Funktionalität erst einmal verloren, dann wird es durch die Anhäufung von Mutationen weiter zerstört und ist dann möglicherweise nicht länger als Genrelikt zu erkennen. Die Globinpseudogene sind Beispiele für konventionelle Pseudogene.

- Ein **prozessiertes Pseudogen** entsteht nicht durch Verfall während der Evolution, sondern durch eine anormale Genexpression. Ein prozessiertes Pseudogen stammt von der mRNA-Kopie eines Gens, die in eine cDNA-Kopie umgeschrieben und anschließend wieder in das Genom integriert wurde (Abb. 7.20). Da ein prozessiertes Pseudogen die Kopie eines mRNA-Moleküls ist, enthält es keine Introns, die in dem ursprünglichen Gen vorhanden sind. Ihm fehlen auch unmittelbar stromaufwärts vom ursprünglichen Gen liegende Nucleotidsequenzen, die die Region mit den Signalsequenzen bilden, über welche die Genexpression eingeschaltet werden kann. Da diese Sequenzen fehlen, ist das Pseudogen inaktiv.

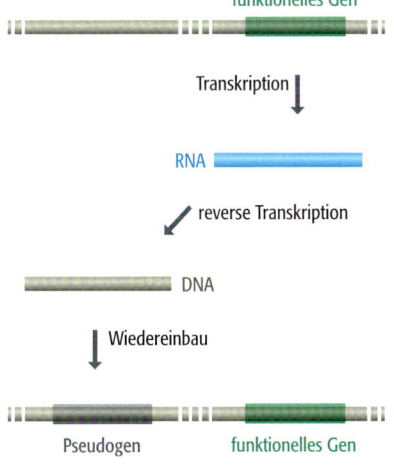

**7.20   Der Ursprung eines prozessierten Pseudogens.** Man nimmt an, dass ein prozessiertes Pseudogen entsteht, weil die Kopie einer mRNA, die von einem funktionellen Gen transkribiert wurde, in das Genom eingebaut wurde. Die mRNA wird revers in eine cDNA-Kopie transkribiert, die dann in das gleiche Chromosom wie das funktionsfähige Ursprungsgen oder auch in ein anderes Chromosom eingebaut werden kann.

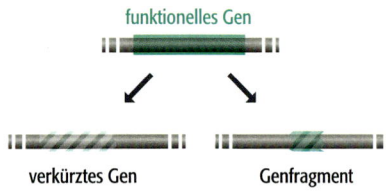

funktionelles Gen

verkürztes Gen　　　　Genfragment

**7.21**　Ein verkürztes Gen und ein Genfragment.

Neben den Pseudogenen enthalten Genome auch andere evolutionäre Relikte in Form von **verkürzten Genen**, denen ein mehr oder weniger großer Bereich von einem Ende des vollständigen Gens fehlt, und **Genfragmente**, die kurze, isolierte Regionen aus dem Inneren eines Gens darstellen (Abb. 7.21).

## 7.2.4 Die Gehalt an repetitiver DNA in eukaryotischen Kerngenomen

Die Sequenzen des menschlichen Genoms weisen darauf hin, dass ungefähr 62 % des Humangenoms aus **intergenischen Regionen** bestehen, also den Teilen des Genoms, die zwischen den Genen liegen und die keine bekannten Funktionen haben. Diese Sequenzen wurden früher als *junk*-DNA bezeichnet, doch der Begriff ist ein wenig aus der Mode gekommen. Das liegt zum Teil an der Anzahl von Überraschungen, die es in den letzten Jahren in der Genomforschung gegeben hat. Sie führten dazu, dass Molekularbiologen vorsichtig sein müssen, irgendeinen Genomabschnitt als unwichtig zu bewerten, wenn das Urteil damit begründet wird, dass wir dem Abschnitt zurzeit keine Funktion zuweisen können. Wie wir gesehen haben, besteht der Großteil der intergenischen DNA in den meisten Organismen aus sich wiederholenden Sequenzen. Repetitive DNA wird in zwei Kategorien eingeteilt (Abb. 7.22): **genomweite Wiederholungen** (*interspersed repeats*), deren einzelne, sich wiederholende Einheiten nach einem Zufallsmuster über das gesamte Genom verteilt sind, und sich **tandemartig wiederholende DNA** (*tandemly repeated DNA*), deren Wiederholungseinheiten direkt hintereinander liegen.

**7.22**　Die beiden Typen von repetitiver DNA: genomweite Wiederholungen (*interspersed repeats*) und sich tandemartig wiederholende DNA (*tandemly repeated DNA*).

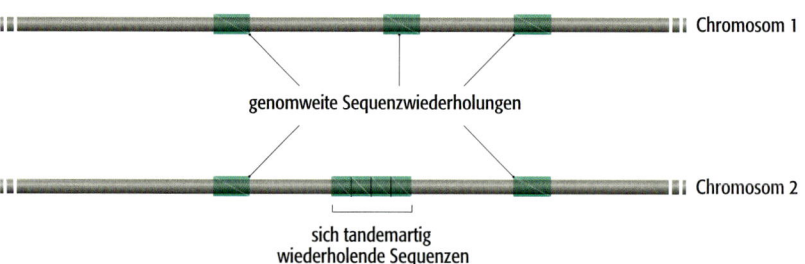

genomweite Sequenzwiederholungen

Chromosom 1

Chromosom 2

sich tandemartig
wiederholende Sequenzen

*Sich tandemartig wiederholende DNA kommt an den Centromeren und an anderen Stellen der eukaryotischen Chromosomen vor*

Sich tandemartig wiederholende DNA wird auch als Satelliten-DNA bezeichnet, weil DNA-Fragmente mit solchen Sequenzen „Satelliten"-Banden bilden, wenn genomische DNA mittels Dichtegradientenzentrifugation fraktioniert wird (Methoden 7.1). Wird menschliche DNA zum Beispiel in Fragmente zwischen 50 und 100 kb zerteilt, dann bildet die DNA eine Hauptbande (Schwimmdichte 1,701 g cm$^{-3}$) und drei Satellitenbanden (1,687, 1,693 und 1,697 g cm$^{-3}$). Die Hauptbande enthält DNA-Fragmente, die in erster Linie aus *single copy*-Sequenzen bestehen, mit einem GC-Gehalt von ungefähr 40,3 %, dem Durchschnittswert für das Humangenom. Die Satellitenbanden enthalten Fragmente mit repetitiver DNA und haben daher einen GC-Gehalt und eine Schwimmdichte, die von den Durchschnittswerten des Genoms insgesamt abweichen (Abb. 7.23). Diese repetitive DNA besteht aus langen Serien von Tandemwiederholungen, mit einer potenziellen Länge von Hunderten von Kilobasen. Ein einziges Genom kann eine Vielzahl unterschiedlicher Typen von Satelliten-DNA enthalten, jede mit einer anderen Wiederholungseinheit, wobei diese Einheiten weniger als 5 und mehr als 200 bp lang sein können. Die drei Satelliten-banden in menschlicher DNA enthalten mindestens vier unterschiedliche Wiederholungstypen.

Ein Typ menschlicher Satelliten-DNA ist uns bereits begegnet, die alphoiden DNA-Wiederholungen, die in den centromeren Regionen der Chromosomen auftreten (Abschnitt 7.1.2). Obwohl einige Satelliten-DNAs über das Genom verteilt sind, liegen die meisten in der Nähe der Centromere, wo sie eine strukturelle Rolle spielen könnten, möglicherweise als Bindungsstellen für ein oder mehrere spezielle Centromerproteine.

### Minisatelliten und Mikrosatelliten

Obwohl sie nicht in den Satellitenbanden von Dichtegradienten auftreten, werden zwei weitere Typen von sich tandemartig wiederholenden DNA-Sequenzen als „Satelliten"-DNA bezeichnet. Es handelt sich um **Minisatelliten** und **Mikrosatelliten**. Minisatelliten bilden Cluster bis zu einer Länge von 20 kb, mit 25 bp langen repetitiven Einheiten; Mikrosatelliten-Cluster sind kürzer, in der Regel weniger als 150 bp, und die sich wiederholende Einheit hat eine Länge von 13 bp oder weniger.

Minisatelliten-DNA ist ein zweiter Typ von repetitiver DNA, der uns bereits vertraut ist, weil er mit strukturellen Merkmalen von Chromosomen einhergeht. Telomer-DNA, die beim Menschen aus Hunderten von Kopien des Motivs 5′-TTAGGG-3′ besteht (Abb. 7.10) ist ein Beispiel für einen Minisatelliten. Wir wissen ein wenig über die Synthese von Telomer-DNA und dass sie eine wichtige Rolle bei der DNA-Replikation spielt (Abschnitt 15.2.4). Zusätzlich zu den Minisatelliten der Telomere enthalten einige eukaryotische Genome verschiedene andere Cluster aus Minisatelliten-DNA, von denen sich viele, aber nicht alle, in der Nähe von Chromosomenenden befinden. Die Funktionen dieser anderen Minisatellitensequenzen sind bislang nicht geklärt.

Mikrosatelliten sind ebenfalls Beispiele für tandemartig wiederholte DNA. In Mikrosatelliten ist die Wiederholungseinheit mit 13 bp kurz. Der beim Menschen am meisten verbreitete Typ von Mikrosatelliten sind Wiederholungen aus zwei Nucleotiden mit ungefähr 140 000 Kopien im gesamten Genom, wobei etwa die Hälfte davon Wiederholungen des Motivs „CA" sind. Wiederholungen von einzelnen Nucleotiden (zum Beispiel AAAAA) sind die zweithäufigsten (insgesamt etwa 120 000 Kopien). Wie bei den genomweiten Wiederholungen ist nicht geklärt, ob Mikrosatelliten eine Funktion haben. Man weiß, dass sie durch einen Fehler bei dem Prozess entstehen, der für das Kopieren des Genoms während der Zellteilung verantwortlich ist (Abschnitt 16.1.1) und sie könnten daher einfach unvermeidbare Produkte der Genomreplikation sein.

Obwohl ihre Funktion, wenn es eine gibt, unbekannt ist, erwiesen sich Mikrosatelliten für Genetiker als sehr nützlich. Viele Mikrosatelliten sind variabel, was bedeutet, dass die Zahl der sich wiederholenden Einheiten in einer Sequenzgruppe bei verschiedenen Mitgliedern einer Art unterschiedlich ist. Ein Grund dafür ist ein „Weitergleiten", das gelegentlich auftritt, wenn ein Mikrosatellit während der DNA-Replikation kopiert wird. Die Folge ist eine Insertion oder, weniger häufig, eine Deletion von einer oder mehreren Wiederholungseinheiten (Abb. 16.5). Keine zwei der heute lebenden Menschen haben exakt dieselbe Kombination von Längenvarianten der Mikrosatelliten: Werden ausreichend viele Mikrosatelliten untersucht, dann lässt sich für jede Person

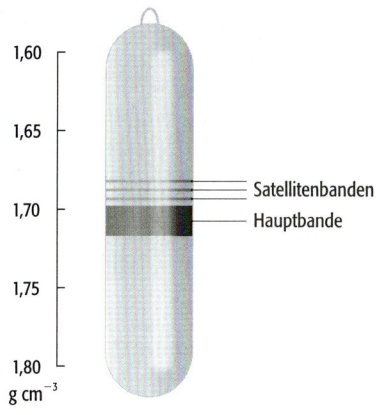

**7.23 Satelliten-DNA des Humangenoms.** Menschliche DNA hat einen durchschnittlichen GC-Gehalt von 40,3 % und eine durchschnittliche Schwimmdichte von 1,701 g cm$^{-3}$. Fragmente, die hauptsächlich aus *single copy*-DNA bestehen, haben einen nahezu durchschnittlichen GC-Gehalt und sind in der Hauptbande im Dichtegradienten enthalten. Die Satellitenbanden bei 1,687, 1,693 und 1,697 g cm$^{-3}$ bestehen aus Fragmenten, die repetitive DNA enthalten. Der GC-Gehalt dieser Fragmente hängt von deren sich wiederholenden Sequenzmotiven ab und unterscheidet sich vom Genomdurchschnitt. Das bedeutet, dass diese Fragmente eine im Vergleich zur *single copy*-DNA verschiedene Schwimmdichte besitzen und im Dichtegradienten zu unterschiedlichen Positionen wandern.

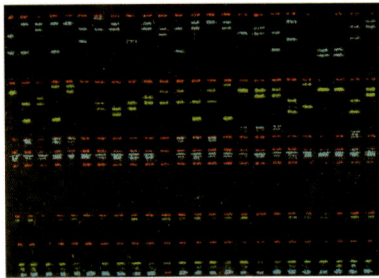

**7.24 Die Verwendung der Mikrosatelli-
tenanalyse bei genetischen Profiling.** In
diesem Beispiel hat man auf dem kurzen
Arm von Chromosom 6 lokalisierte Mikrosatelliten durch PCR amplifiziert. Die PCR-Produkte wurden anschließend mit einem grünen oder blauen Fluoreszenzfarbstoff markiert und über ein Polyacrylamidgel aufgetrennt, wobei jede Spur das genetische Profil
einer einzelnen Person zeigt. Keine zwei
Individuen haben das gleiche genetische
Profil, weil jede Person einen anderen Satz
von Längenvarianten von Mikrosatelliten
besitzt, zu erkennen an den PCR-Banden mit
unterschiedlicher Größe. Die roten Banden
sind DNA-Größenmarker. Die Abbildung
wurde freundlicherweise zur Verfügung
gestellt von Applied Biosystems, Warrington,
UK.

ein charakteristisches genetisches Profil erstellen. Die einzigen Ausnahmen
sind genetisch identische Zwillinge. Die Erstellung eines genetischen Profils ist
als Werkzeug der Forensik sehr verbreitet (Abb. 7.24), doch ist die Identifizierung von Kriminellen eine ziemlich triviale Anwendung der Mikrosatellitenva-
riabilität. Eine ausgefeiltere Methodik macht sich die Tatsache zunutze, dass
das genetische Profil einer Person zum einem Teil von der Mutter und zum
anderen Teil vom Vater vererbt wird. Das bedeutet, dass Mikrosatelliten für
die Klärung von Verwandtschaftsverhältnissen und Ähnlichkeiten von Populationen eingesetzt werden können, nicht nur beim Menschen, sondern auch
bei anderen Tieren und bei Pflanzen.

## Genomweit verteilte Wiederholungen

Man nimmt an, dass direkt hintereinander wiederholte DNA-Sequenzen durch
die Ausdehnung einer Vorläufersequenz entstanden sind, entweder durch ein
Weitergleiten bei der Replikation, wie es für Mikrosatelliten beschrieben wurde,
oder durch einen DNA-Rekombinationsprozess (Kapitel 17). Beide Ereignisse
führen vermutlich zu einer Reihe von miteinander verbundenen Wiederholungen und nicht zu einzelnen, über das Genom verteilten Einheiten. Genomweite
Wiederholungen müssen daher über einen anderen Mechanismus entstanden
sein, und zwar über einen, der zu einer Kopie der sich wiederholenden Folge
an einer von der Orginalsequenz weit entfernten Stelle führt. Der häufigste Vorgang mit einem solchen Ergebnis ist die **Transposition**, und die meisten genomweiten Wiederholungen haben eine eigene Transpositionsaktivität. Die Transposition ist ebenfalls ein Kennzeichen einiger viraler Genome, die in der Lage
sind, sich in das Genom der infizierten Zelle zu integrieren und dann von Ort
zu Ort zu springen. Einige genomweite Wiederholungssequenzen stammen
eindeutig von transponierbaren Viren ab, und genau wegen dieser Verwandtschaft werden wir diese und andere Typen von genomweiten Sequenzwiederholungen erst in Kapitel 9 besprechen, nachdem wir uns die Eigenschaften viraler Genome genau angesehen haben.

# Zusammenfassung

Das eukaryotische Kerngenom ist in einen Satz linearer DNA-Moleküle unterteilt, von denen jedes in einem Chromosom enthalten ist. Innerhalb eines Chromosoms ist die DNA durch Assoziierung mit Histonproteinen zu Nucleosomen verpackt, die miteinander in Wechselwirkung treten, wodurch die 30-nm-Faser und höhere Strukturen des Chromatins entstehen. Die kompakteste Organisation führt zu Metaphasechromosomen, die in sich teilenden Zellen auch mit dem Lichtmikroskop beobachtet werden können und nach Färbung eine charakteristische Bänderung zeigen. Die Centromere, die in Metaphasechromosomen zu erkennen sind, enthalten spezielle Proteine, die die Kinetochore bilden. An diese Kinetochore binden die Mikrotubuli, welche die geteilten Chromosomen vor der Bildung der Tochterkerne auseinander ziehen. In *S. cerevisiae* hat die Centromer-DNA, die als Bindungsstelle für diese Proteine fungiert, eine Länge von ungefähr 125 bp, doch in den meisten anderen Eukaryoten ist diese DNA-Region viel länger und besteht aus repetitiver DNA. Telomere sind die Strukturen, die die chromosomalen Enden bilden. Telomere enthalten ebenfalls repetitive DNA und spezielle daran bindende Proteine. Die Gene sind nicht gleichmäßig über die Chromosomen verteilt, die Dichte variiert in menschlichen Chromosomen zwischen 0 und 64 Genen pro 100 kb. Die codierenden Bereiche der Gene umfassen mit weniger als 1,5 % nur einen kleinen Teil des Humangenoms, wobei 44 % des Genoms von verschiedenen Typen von repetitiven DNA-Sequenzen eingenommen werden. Im Gegensatz dazu ist das Genom von *S. cerevisiae* mit nur 3,4 % Sequenzwiederholungen wesentlich kompakter. Im Allgemeinen sind größere Genome weniger kompakt, weshalb Organismen mit einer ähnlichen Anzahl von Genen Genome von sehr unterschiedlicher Größe haben können. Menschen besitzen etwa 35 000 Gene. Das sind etwa zweimal so viele wie der Nematode *Caenorhabditis elegans* besitzt und ungefähr gleich viele wie die von Reis. Vergleiche der Genkataloge, die die Funktionen der Gene eines Genoms aufführen, weisen darauf hin, dass alle Eukaryoten die gleiche Grundausstattung an Genen besitzen, doch dass komplexere Arten in jeder funktionellen Kategorie eine größere Anzahl von Genen aufweisen. Viele Gene sind in Multigenfamilien organisiert, deren Mitglieder ähnliche oder identische Sequenzen haben. In einigen Familien, wie in der Familie der Globingene von Wirbeltieren, werden die Mitglieder in verschiedenen Entwicklungsstadien exprimiert. Eukaryotische Kerngenome enthalten ebenfalls evolutionäre Relikte, wie nichtfunktionelle Pseudogene und Genfragmente. Der Anteil an repetitiver DNA kann in genomweit verteilte DNA, von der ein Großteil Transpositionsaktivität besitzt, und in tandemartig wiederholte DNA eingeteilt werden. Zu Letzterer gehören Satelliten-DNA in der Nähe der Centromere, Minisatelliten wie Telomer-DNA und Mikrosatelliten, die von Forensikern für genetisches Profiling eingesetzt wird.

## Multiple-Choice-Fragen

*Antworten auf die Fragen mit den ungeraden Zahlen finden Sie im Anhang

**7.1** * Wie werden die Proteine bezeichnet, die im Nucleosom an die DNA binden und ein Core-Oktamer bilden?

   **a.** Histidine

   **b.** Histone

   **c.** Chromatin

   **d.** Chromatosom

**7.2** Wie ist die DNA vermutlich während der Interphase verpackt?

   **a.** In einzelne Nucleosomen, wie auf den „Perlenketten"-Bildern zu sehen ist

   **b.** In der 30-nm-Faser

   **c.** In einem hochkondensierten Zustand, der durch das Lichtmikroskop zu erkennen ist

   **d.** Die DNA ist in der Interphase nicht verpackt oder mit den Nucleosomen assoziiert

**7.3** * Was ist das Centromer eines Chromosoms?

   **a.** Es ist das Ende eines Chromosoms

   **b.** Es ist die nichtkondensierte Region eines Chromosoms, die aktive Gene enthält

   **c.** Es ist die verengte Region eines Chromosoms, wo die beiden Kopien zusammengehalten werden

   **d.** Es ist die kondensierte, transkriptionell inaktive Region eines Chromosoms

**7.4** Welche der folgenden Beschreibungen trifft auf holozentrische Chromosomen zu?

   **a.** Chromosomen mit vielen Centromeren

   **b.** Zusätzliche Chromosomen, die nur einzelne Individuen einer Population besitzen

   **c.** Kurze Chromosomen mit vielen Genen, wie man sie in Hühnern findet

   **d.** Ringförmige Chromosomen, die in niederen Eukaryoten vorkommen

**7.5** * Weshalb sind Centromere in Rohsequenzen von Genomen häufig nicht enthalten?

   **a.** Es ist extrem schwierig, diese DNA zu klonieren, weil sie sehr kondensiert ist

   **b.** Forscher sind nicht daran interessiert, DNA-Regionen zu sequenzieren, die keine Gene enthalten

   **c.** Centromere haben in allen Organismen die gleichen Sequenzen

   **d.** Es ist schwierig, von diesen langen Regionen mit repetitiver DNA eine genaue Sequenz zu erhalten

**7.6** Was haben die Wissenschaftler bezüglich der Verteilung von Genen in eukaryotischen Genomen beobachtet?

   **a.** Die Gene sind gleichmäßig über eukaryotische Genome verteilt

   **b.** Die Gene sind auf spezielle Orte in eukaryotischen Genomen verteilt

   **c.** In eukaryotischen Genomen kommen immer mindestens 10 Gene auf 100 kb

   **d.** Die Gene scheinen zufällig über das Genom verteilt zu sein und ihre Dichte variiert stark

**7.7** * Das Hefegenom ist nur 0,004-mal so groß wie das menschliche Genom und enthält ungefähr 0,2-mal so viele Gene. Welche Erklärung gibt es hierfür?

   **a.** Die Gene der Hefe umfassen im Vergleich zu menschlichen Genen viel weniger Codons

   **b.** Hefechromosomen enthalten viel kleinere Centromere und Telomere

   **c.** Das Hefegenom besitzt viel weniger intergenische DNA und weniger Introns

   **d.** Das Hefegenom enthält viele überlappende Gene

**7.8** Was versteht man unter dem C-Wert-Paradoxon?

   **a.** Eine fehlende Korrelation zwischen der Komplexität eines Organismus und der Größe seines Genoms

   **b.** Eine fehlende Korrelation zwischen der Komplexität eines Organismus und der Zahl seiner Chromosomen

   **c.** Eine fehlende Korrelation zwischen der Komplexität eines Organismus und der Zahl seiner Gene

   **d.** Eine fehlende Korrelation zwischen der Zahl der Gene und der Anzahl von Chromosomen in einem Organismus

**7.9** * Wobei handelt es sich um ein Beispiel für eine Proteinstruktur?

   **a.** $\beta$-Faltblatt

   **b.** Zinkfinger

   **c.** Exon

   **d.** Globindomäne

**7.10** Welche Schlüsse über verschiedene eukaryotische Organismen kann ein Forscher aus Klassifizierungsmethoden ziehen, die auf der Genfunktion beruhen?

   **a.** Alle eukaryotischen Organismen haben in jeder funktionellen Kategorie dieselbe Anzahl von Genen; komplexe Organismen haben eine größere Zahl unbekannter Gene

   **b.** Komplexe Organismen besitzen in jeder funktionellen Kategorie eine größere Anzahl von Genen

   **c.** Einfachere Organismen enthalten im Vergleich zu komplexeren Organismen weniger Gentypen

   **d.** Alle eukaryotischen Organismen haben ungefähr dieselbe Anzahl von Genen

**7.11*** Welche Aussage über das menschliche Genom ist durch die Klassifizierung von Genen, die auf Proteindomänen beruht, möglich?

   **a.** Das menschliche Genom enthält keine Proteindomänen, die nur beim Menschen vorkommen

   **b.** Das Humangenom enthält eine kleine Zahl von Proteindomänen, die nur in Wirbeltieren vorkommen

   **c.** Das menschliche Genom enthält viele Proteindomänen, die nur beim Menschen vorkommen

   **d.** Die Proteindomänen des menschlichen Genoms sind einzigartig für Menschen und in anderen Organismen nicht enthalten

**7.12** Welche der folgenden Merkmale sind *nicht* für die Multigenfamilien von ribosomaler RNA im menschlichen Genom charakteristisch?

   **a.** Die Genfamilien für jede ribosomale Untereinheit sind über das ganze Genom verteilt auf jedem Chromosom vorhanden

   **b.** Die verschiedenen Mitglieder der Genfamilien haben alle identische oder nahezu identische Sequenzen

   **c.** Man nimmt an, dass diese Genfamilien durch Genduplikation entstanden sind

   **d.** Es gibt eine solch große Zahl dieser Gene, weil während der Zellteilung ein hoher Bedarf an neuen Ribosomen besteht

**7.13*** Was versteht man unter einem Pseudogen?

   **a.** Ein Gen, das nur in bestimmten Entwicklungsstadien exprimiert wird

   **b.** Ein nichtfunktionelles Gen

   **c.** Ein Gen, das eine Mutation enthält, aber immer noch funktionell ist

   **d.** Eine DNA-Sequenz, die sich langsam zu einem aktiven Gen entwickelt

**7.14** Welche Region eines eukaryotischen Chromosoms besitzt die höchste Gendichte?

   **a.** Centromere

   **b.** Kondensiertes Heterochromatin

   **c.** Euchromatin

   **d.** Telomere

# Fragen mit kurzen Antworten   *Antworten auf die Fragen mit den ungeraden Zahlen finden Sie im Anhang

**7.1*** Was sagt die Behandlung von eukaryotischem Chromatin mit Nucleasen über die Verpackung von eukaryotischer DNA aus?

**7.2** Was ist über die 30-nm-Faser des Chromatins bekannt? Was weiß man über die Packung der Nucleosomen in dieser Faser?

**7.3*** Wie unterscheiden sich Minichromosomen von Makrochromosomen?

**7.4** Was fanden Forscher, als sie die Centromere von *Arabidopsis* sequenzierten? Warum war die Entdeckung überraschend?

**7.5*** Warum ist es wichtig, dass Chromosomen Telomere an ihren Enden besitzen?

**7.6** Welche zwei Beobachtungen haben Forscher vor der vollständigen Sequenzierung zu der Vermutung veranlasst, dass Gene ungleichmäßig über das menschliche Genom verteilt sind?

**7.7*** Welche Unterschiede in der Genverteilung und dem Gehalt an repetitiver DNA sind zu erkennen, wenn Hefechromosomen mit Chromosomen des Menschen verglichen werden?

**7.8** Das menschliche Genom enthält etwa 50 000 Gene weniger als von vielen Forschern vorhergesagt wurde. Warum waren die ersten Schätzungen so hoch?

**7.9*** Welche unterschiedlichen Methoden werden für die Katalogisierung von Genen eingesetzt? Was sind die Vor- und Nachteile dieser Methoden?

**7.10** Was ist die Funktion der unterschiedlichen Gene in den Familien der menschlichen Globingene?

**7.11*** Was ist der Unterschied zwischen einem konventionellen und einem prozessierten Pseudogen?

**7.12** Welche Typen von repetitiver DNA sind im menschlichen Genom enthalten?

## Vertiefende Aufgaben

*Hinweise zur Beantwortung der Fragen mit den ungeraden Zahlen finden Sie im Anhang

**7.1\*** Welche Einfluss hat die DNA-Verpackung wahrscheinlich auf die Expression einzelner Gene?

**7.2** Kritisieren Sie das Isochorenmodell oder verteidigen Sie es.

**7.3\*** Erörtern Sie mögliche Funktionen der intergenischen Komponente des menschlichen Genoms.

**7.4** Bis zu welchem Ausmaß lassen sich die „typischen" Merkmale eines eukaryotischen Genoms beschreiben?

## Aufgaben zu Abbildungen

*Antworten auf die Fragen mit den ungeraden Zahlen finden Sie im Anhang

**7.1\*** Was stellt diese Abbildung dar? Wie unterscheidet man die verschiedenen Chromosomen voneinander?

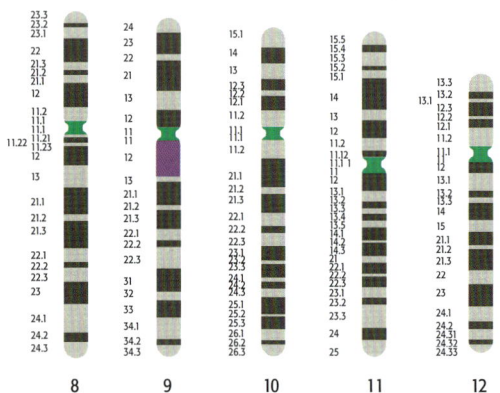

**7.3\*** Welche Art von Pseudogen ist in dieser Abbildung dargestellt? Warum ist die neu integrierte Kopie des Gens nicht funktionell?

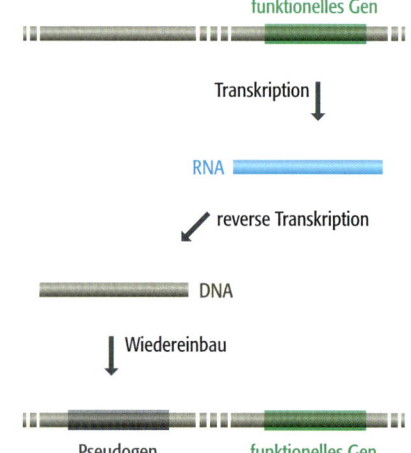

**7.2** Dies ist eine schematische Darstellung von einem Hefe-centromer und den mit ihm assoziierten Proteinen. Welche Funktion haben die Sequenzen und die Proteine?

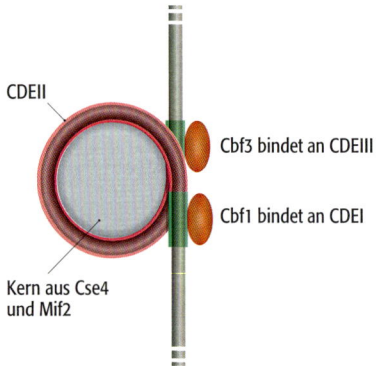

**7.4** Diese Abbildung zeigt die Ergebnisse der Analyse eines genetischen Profils, wie sie in der Kriminalistik und bei Vaterschaftstests eingesetzt werden könnte. Welche Sequenztypen werden für die Erstellung eines DNA-Profils untersucht und warum sind sie für diesen Zweck geeignet?

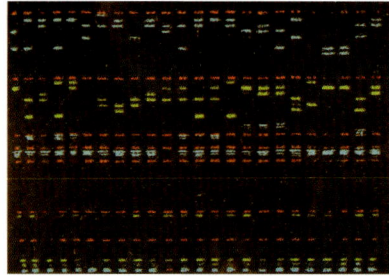

# Weiterführende Literatur

## Wichtige Veröffentlichungen der Genomsequenz einschließlich des ursprünglichen Genkatalogs

Adams MA, Celniker SE, Holt RA et al (2000) The genome sequence of *Drosophila melanogaster. Science* 287: 2185–2195

AGI (The Arabidopsis Genome Initiative) (2000) Analysis of the genome sequence of the flowering plant *Arabidopsis thaliana. Nature* 408: 796–815

CESC (The *C. elegans* Sequencing Consortium) (1998) Genome sequence of the nematode *C. elegans*: a platform for investigating biology. *Science* 282: 2012–2018

ICGSC (International Chicken Genome Sequencing Consortium) (2004) Sequence and comparative analysis of the chicken genome provide unique perspectives on vertebrate evolution. *Nature* 432: 695–716

IHGSC (International Human Genome Sequencing Consortium) (2001) Initial sequencing and analysis of the human genome. *Nature* 409: 860–921

Venter JC, Adams MD, Myers EW et al (2001) The sequence of the human genome. *Science* 291: 1304–1351

## Chromosomenstruktur

Cleveland DW, Mao Y, Sullivan KF (2003) Centromeres and kinetochores: from epigenetics to mitotic checkpoint signalling. *Cell* 112: 407–423 [beschreibt die DNA-Protein-Wechselwirkungen in den Hefe- und Säugetiercentromeren]

Copenhaver GP, Nickel K, Kuromori T et al (1999) Genetic definition and sequence of *Arabidopsis* centromeres. *Science* 286: 2468–2474

Dorigo B, Schalch T, Kulangara A, Duda S, Schroeder RR, Richmond TJ (2004) Nucleosome arrays reveal the two-start organization of the chromatin fiber. *Science* 306: 1571–1573 [neue Modelle der 30-nm-Faser]

Ramakrishnan V (1997) Histone H1 and chromatin higher-order structure. *Crit Rev Eukaryot Gene Expr* 7: 215–230 [detaillierte Beschreibungen der Modelle der 30-nm-Chromatinfaser]

Schueler MG, Higgins AW, Rudd MK, Gustashaw K, Willard HW (2001) Genomic and genetic definition of a functional human centromere. *Science* 294: 109–115 [Einzelheiten der Sequenzmerkmale von Centromeren des Menschen]

Travers A (1999) The location of the linker histone on the nucleosome. *Trends Biochem Sci* 24: 4–7

van Steensel B, Smogorzewska A, de Lange T (1998) TRF2 protects human telomeres from end-to-end fusions. *Cell* 92: 401–413

## Genetische Merkmale

Balakirev, ES, Ayala FJ (2003) Pseudogenes: are they "junk" or functional DNA? *Annu Rev Biochem* 37: 123–151

Csink AK, Henikoff S (1998) Something from nothing: the evolution and utility of satellite repeats. *Trend Genet* 14: 200–204

Fritsch EF, Lawn RM, Maniatis T (1980) Molecular cloning and characterization of the human α-like globin gene cluster. *Cell* 19: 959–972

Gardiner K (1996) Base composition and gene distribution: critical patterns in mammalian genome organization. *Trends Genet* 12: 519–524 [das Isochorenmodell]

Petrov DA (2001) Evolution of genome size: new approaches to an old problem. *Trends Genet* 17: 23–28 [Gibt einen Überblick über das C-Wert-Paradoxon und die genetischen Prozesse, die zu unterschiedlichen Genomgrößen führen können]

# Genome von Prokaryoten und eukaryotischen Organellen

**Wenn Sie Kapitel 8 gelesen haben, sollten Sie folgende Aufgaben lösen können:**

- Beschreiben Sie, wie bakterielle DNA in einem Nucleoid verpackt ist, und nennen Sie experimentelle Befunde für das Domänenmodell des *Escherichia coli*-Nucleoids.

- Nennen Sie Beispiele für prokaryotische Genome, die linear sind und/oder aus vielen Teilen bestehen, und erklären Sie, warum eine Definition, was ein „Genom" ausmacht, durch die Anwesenheit von Plasmiden in einigen Prokaryoten schwierig ist.

- Geben Sie einen Überblick über die wichtigen Merkmale der Genorganisation in prokaryotischen Genomen.

- Definieren Sie den Begriff „Operon", und geben Sie Beispiele an.

- Erörtern Sie die Beziehung zwischen der Anzahl von Genen und der Genomgröße in Prokaryoten, und spekulieren Sie über die minimale Zusammensetzung eines prokaryotischen Genoms und die Identität von so genannten Abgrenzungsgenen.

- Erörtern Sie die Endosymbiontenhypothese über den Ursprung von Organellengenomen.

- Beschreiben Sie die physikalischen Eigenschaften und den Gengehalt von Genomen in Mitochondrien und Chloroplasten.

P rokaryoten sind Organismen, deren Zellen eine aufwendige interne Kompartimentierung fehlt. Es gibt zwei verschiedene Gruppen von Prokaryoten, die sich durch charakteristische genetische und biochemische Eigenschaften voneinander abgrenzen:

- **Bakterien**, die die meisten der Prokaryoten ausmachen, die uns üblicherweise begegnen, wie die gramnegativen (zum Beispiel *Escherichia coli*), die grampositiven (zum Beispiel *Bacillus subtilis*), die Cyanobakterien (zum Beispiel *Anabaena*) und viele mehr.

- **Archaea**, die weniger gut untersucht sind und meistens in einer Umgebung mit extremen Bedingungen vorkommen, wie in heißen Quellen, Salzwassertümpeln und anaeroben Seesedimenten.

In diesen Kapitel werden wir die Genome von Prokaryoten untersuchen und uns auch die Genome von eukaryotischen Mitchondrien und Chloroplasten ansehen, die Genome mit vielen prokaryotischen Eigenschaften haben, da sie von Bakterien abstammen. Aufgrund der relativ geringen Größe von prokaryotischen Genomen, wurden in den vergangenen Jahren einige Hundert vollständige genomische Sequenzen von verschiedenen Bakterien und Archaea

**8.1   Das Nucleoid von *Escherichia coli*.** Dieses Bild, das mit einem Transmissionselektronenmikroskop aufgenommen wurde, zeigt einen Querschnitt einer sich teilenden *E. coli*-Zelle. Das Nucleoid ist die hell gefärbte Region in der Zellmitte. Mit freundlicher Genehmigung von Conrad Woldringh.

veröffentlicht. Das führte dazu, dass wir mittlerweile eine Menge von der Anatomie von prokaryotischen Genomen verstehen und in gewisser Weise mehr über diese Organismen wissen, als über die Eukaryoten. Unsere aktuelle Vorstellung ist von der großen Variabilität der Prokaryoten geprägt, die in einigen Fällen sogar zwischen nahe verwandten Arten existiert.

# 8.1 Die physikalischen Eigenschaften von prokaryotischen Genomen

Prokaryotische Genome unterscheiden sich sehr stark von eukaryotischen, insbesondere hinsichtlich der physikalischen Organisation des Genoms in der Zelle. Obwohl die Bezeichnung „Chromosom" verwendet wird, um DNA-Protein-Strukturen in der prokaryotischen Zelle zu beschreiben, trifft dieser Begriff eigentlich nicht zu, da die Struktur nur geringe Ähnlichkeit mit einem eukaryotischen Chromosom hat.

## 8.1.1 Die Chromosomen von Prokaryoten

Aus traditioneller Sicht besteht ein typisches prokaryotisches Genom aus einem einzigen ringförmigen DNA-Molekül, das in dem **Nucleoid** – der hellgefärbten Region in einer ansonsten strukturlosen prokaryotischen Zelle – enthalten ist (Abb. 8.1). Dieses trifft mit Sicherheit auf *E. coli* und viele andere der üblicherweise untersuchten Bakterien zu. Unsere zunehmende Kenntnis über prokaryotische Genome führt, wie wir sehen werden, jedoch dazu, etliche der in der Prägenomära der Mikrobiologie etablierten Auffassungen infrage zu stellen. Diese Ansichten beziehen sich sowohl auf die physikalische Struktur des prokaryotischen Genoms als auch auf seine genetische Organisation.

### Die traditionelle Sicht auf das prokaryotische Genom

Wie die eukaryotischen Chromosomen muss sich auch das prokaryotische Genom auf einen relativ kleinen Raum beschränken (das ringförmige *E. coli*-Chromosom hat einen Umfang von 1,6 mm, eine *E. coli*-Zelle misst dagegen nur $1,0 \times 2,0 \ \mu m^2$). Wie bei Eukaryoten wird dies mithilfe von DNA-bindenden Proteinen erreicht, die das Genom in organisierter Art und Weise verpacken.

Der Großteil unserer Kenntnisse über die Organisation der DNA im Nucleoid stammt aus Untersuchungen von *E. coli*. Die erste Eigenschaft, die man ent-

**8.2   Superspiralisierung.** Die Abbildung zeigt, wie die Unterwindung eines ringförmigen, doppelsträngigen DNA-Moleküls zu einer negativen Superspiralisierung führt.

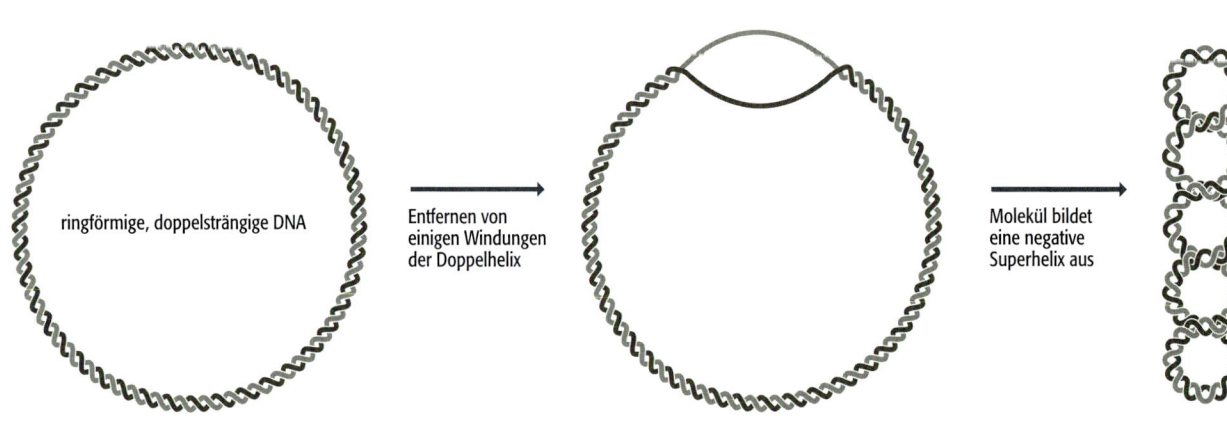

ringförmige, doppelsträngige DNA

Entfernen von einigen Windungen der Doppelhelix

Molekül bildet eine negative Superhelix aus

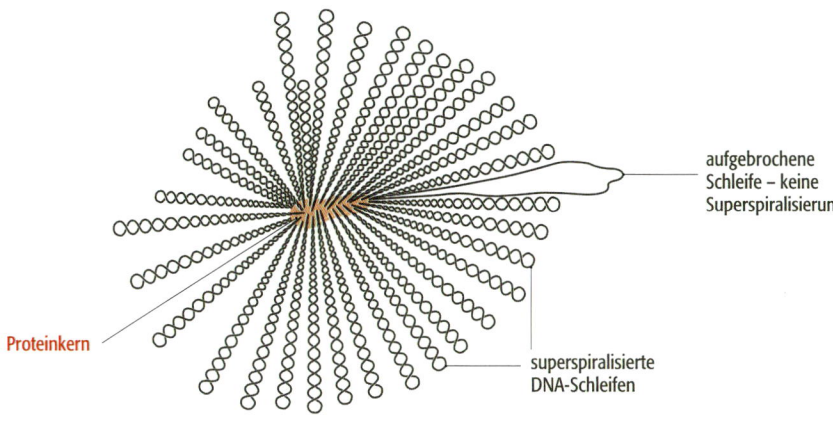

aufgebrochene
Schleife – keine
Superspiralisierung

Proteinkern

superspiralisierte
DNA-Schleifen

**8.3    Ein Modell der Struktur des *Escherichia coli*-Nucleoids.** Von dem zentralen Proteinkern ragen zwischen 40 und 50 superspiralisierte DNA-Schleifen strahlenförmig in die Zelle. Eine der Schleifen ist ringförmig dargestellt, was anzeigt, dass in diesem Segment ein Bruch in der DNA aufgetreten ist, der zu einem Verlust der Superspiralisierung führt.

deckte, war die **Superspiralisierung** (auch Verdrillung; *supercoiling*) des ringförmigen *E. coli*-Genoms. Diese Superspiralisierung entsteht durch zusätzliche Windungen, die in die DNA-Doppelhelix eingeführt werden (positive Superspiralisierung) oder auch, wenn Windungen entfernt werden (negative Superspiralisierung). Bei linearen Molekülen wird die durch Überdrehung oder Unterwindung entstehende Torsionsspannung durch eine Drehung der Enden des DNA-Moleküls aufgelöst, doch ein ringförmiges Molekül besitzt keine Enden und kann daher die Spannung auf diese Weise nicht beseitigen. Stattdessen windet sich das ringförmige Molekül um sich selbst und bildet eine kompaktere Struktur aus (Abb. 8.2). Die Superspiralisierung ist daher ein ideales Verfahren, um ein ringförmiges DNA-Molekül auf kleinem Raum zu verpacken. Hinweise auf eine Beteiligung der Superspiralisierung an der Verpackung des ringförmigen *E. coli*-Genoms erhielt man zuerst in den 1970er-Jahren aus der Untersuchung von isolierten Nucleoiden. Im Jahre 1981 wurde diese Eigenschaft der DNA schließlich auch für lebende Zellen bestätigt. Man nimmt an, dass die Superspiralisierung in *E. coli* durch zwei Enzyme generiert und kontrolliert wird, DNA-Gyrase und DNA-Topoisomerase I, die wir in Abschnitt 15.1.2 ausführlicher behandeln, wenn wir die Funktion dieser Enzyme bei der DNA-Replikation betrachten.

Untersuchungen an isolierten Nucleoiden lassen vermuten, dass sich das DNA-Molekül aus *E. coli* nach Einführung eines Bruches nicht unbegrenzt drehen kann. Die am wahrscheinlichsten zutreffende Erklärung dafür ist, dass die bakterielle DNA an Proteine gebunden ist, die ihre Fähigkeit sich zu entspannen einschränken, sodass die Drehung an einer Bruchstelle nur in einem kleinen Bereich des Moleküls zu einem Verlust der Superspiralisierung führt (Abb. 8.3). Der stärkste Hinweis für dieses Domänenmodell kam von Experimenten, die die Fähigkeit von Trimethylpsoralen untersuchten, superspiralisierte von entspannter DNA zu unterscheiden. Wird Trimethylpsoralen durch Lichtblitze mit einer Wellenlänge von 360 nm photoaktiviert, dann bindet das Molekül mit einer Geschwindigkeit an doppelsträngige DNA, die proportional zur Stärke der Torsionsspannung im DNA-Molekül ist. Der Grad der Superspiralisierung kann daher untersucht werden, indem man die Menge an gebundenem Trimethylpsoralen pro Zeiteinheit ermittelt. Bestrahlt man *E. coli*-Zellen, um Einzelstrangbrüche in ihre DNA-Moleküle einzuführen, ist die Menge an gebundenem Trimethylpsoralen proportional zur Strahlungsdosis (Abb. 8.4). Dies ist die von dem Domänenmodell vorhergesagte Reaktion – die gesamte Superspi-

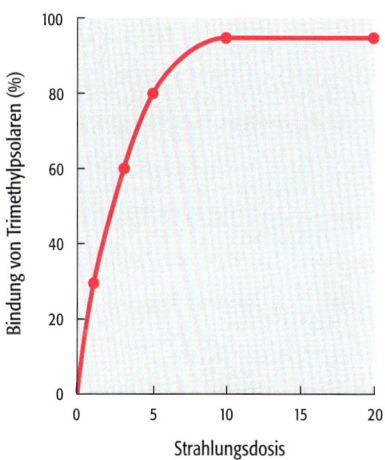

**8.4    Die Grafik zeigt die Beziehung zwischen Strahlungsdosis und der Bindung von Trimethylpsoralen.**

ralisierung des Moleküls entspannt sich nach und nach, wenn mit einer zunehmenden Strahlungsdosis in zunehmend mehr Domänen Brüche eingeführt werden. Wäre das *E. coli*-Nucleoid nicht in Domänen eingeteilt, dann würde ein einziger Bruch im DNA-Molekül ausreichen, um den vollständigen Verlust der Superspiralisierung herbeizuführen: Die Strahlung hätte somit einen Alles-oder-Nichts-Effekt auf die Bindung von Trimethylpsolaren.

Bei dem zurzeit aktuellen Modell ist die *E. coli*-DNA an einen Proteinkern gebunden, von dem aus 40–50 superspiralisierte Schleifen strahlenförmig in die Zelle ragen. Jede Schleife enthält ungefähr 100 kb an superspiralisierter DNA, was der DNA-Menge entspricht, die nach einem einzigen Bruch entwunden wird. Die Proteinkomponente enthält DNA-Gyrase und DNA-Topoisomerase I, die beiden Enzyme, die in erster Linie für die Aufrechterhaltung der Superspiralisierung verantwortlich sind. Außerdem enthält sie einen Satz von mindestens vier Proteinen, denen man eine spezielle Funktion bei der Verpackung der bakteriellen DNA zuschreibt. Das häufigste dieser Verpackungsproteine ist HU, das sich strukturell sehr stark von den eukaryotischen Histonen unterscheidet, aber in einer ähnlichen Weise funktioniert, indem es ein Tetramer bildet, um das sich etwa 60 bp der DNA winden. Es gibt ungefähr 60 000 HU-Proteine in einer *E. coli*-Zelle, genug, um ungefähr ein Fünftel des DNA-Moleküls abzudecken; doch es nicht bekannt, ob die Tetramere gleichmäßig über die DNA verteilt oder auf die Kernregion des Nucleoids beschränkt sind.

Die obigen Ausführungen beziehen sich speziell auf das *E. coli*-Chromosom, das wir allgemein als typisches bakterielles Chromosom betrachten. Doch wir müssen zwischen den Chromosomen von Bakterien und denen der zweiten Gruppe von Prokaryoten, den Archaea, unterscheiden. Ein Grund, warum die Archaea als eine eigenständige, von den Bakterien abgegrenzte Organismengruppe betrachtet werden, ist, dass die Archaea keine Verpackungsproteine wie HU, sondern histonähnliche Proteine enthalten. Diese bilden ein Tetramer, das mit ungefähr 80 bp DNA assoziiert ist, sodass eine dem eukaryotischen Nucleosom ähnliche Struktur entsteht (Abb. 7.2). Zurzeit haben wir nur wenig Information über das Nucleoid der Archaea, doch man nimmt an, dass diese histonähnlichen Proteine eine zentrale Rolle bei der DNA-Verpackung spielen.

### Einige Bakterien haben lineare, einige haben vielteilige Genome

Das *E. coli*-Genom, wie es oben beschrieben wurde, ist ein einzelnes ringförmiges DNA-Molekül. Dies ist auch bei der überwiegenden Mehrheit der untersuchten Genome von Bakterien und Archaea der Fall, doch man findet ebenfalls eine zunehmende Zahl von linearen Varianten. Die erste wurde im Jahr 1989 für *Borrelia burgdorferi* beschrieben, dem Organismus, der die Lyme-Borreliose hervorruft. In den folgenden Jahren kamen mit *Streptomyces coelicolor* und *Agrobacterium tumefaciens* weitere Organismen hinzu. Lineare Moleküle besitzen freie Enden, die von DNA-Brüchen abgegrenzt werden müssen. Daher müssen diese Chromosomen über terminale Strukturen verfügen, die denen der Telomere in eukaryotischen Genomen ähnlich sind (Abschnitt 7.1.2). In *Borrelia* und *Agrobacterium* sind echte Chromosomenenden zu erkennen, weil eine kovalente Bindung zwischen den 5′- und 3′-Enden der Polynucleotide der DNA-Doppelhelix ausgebildet wird, und in *Streptomyces* scheinen die Enden durch spezielle daran bindende Proteine gekennzeichnet zu sein.

Eine zweite, weiter verbreitete Variante der *E. coli*-Version sind die in manchen Prokaryoten enthaltenen vielteiligen Genome – Genome, die in zwei oder meh-

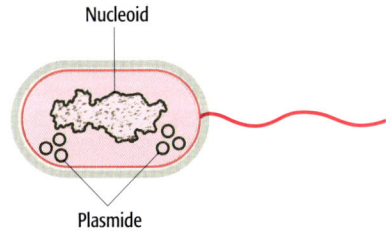

Nucleoid

Plasmide

**8.5**  Plasmide sind kleine, ringförmige DNA-Moleküle, die in einigen prokaryotischen Zellen enthalten sind.

| Tabelle 8.1 | Eigenschaften von typischen Plasmiden | |
|---|---|---|
| **Plasmidtyp** | **Genfunktionen** | **Beispiele** |
| Resistenz | Antibiotikaresistenz | Rbk von *Escherichia coli* und anderen Bakterien |
| Fertilität | Konjugation und DNA-Transfer zwischen Bakterien | F von *E. coli* |
| Abtötung | Synthese von Toxinen, die andere Bakterien abtöten | Col von *E. coli* |
| Abbau | Enzyme für die Metabolisierung ungewöhnlicher Moleküle | TOL von *Pseudomonas putida*, für die Verwertung von Toluen |
| Virulenz | Pathogenität | Ti von *Agrobacterium tumefaciens*, vermittelt die Fähigkeit, die Wurzelhalsgallenkrankheit bei dikotylen Pflanzen auszulösen |

rere Moleküle aufgeteilt sind. Bei diesen vielteiligen Genomen tritt häufig das Problem auf, dass die Teile des echten Genoms schwer von Plasmiden zu unterscheiden sind. Ein Plasmid ist ein kleines DNA-Stück, das oft, aber nicht immer, ringförmig ist und das neben dem Hauptchromosom in der Bakterienzelle existiert (Abb. 8.5). Einige Plasmidtypen können sich in das Hauptgenom integrieren, doch von anderen nimmt man an, dass sie ständig unabhängig vorliegen. Plasmide tragen gewöhnlich nicht im Hauptchromosom enthaltene Gene, doch in vielen Fällen sind diese Gene für das Bakterium nicht essenziell, da sie Eigenschaften wie Antibiotikaresistenz codieren, die das Bakterium unter entsprechenden Bedingungen nicht braucht (Tab. 8.1). Ebenso wie diese scheinbare Entbehrlichkeit können sich viele Plasmide aber auch von einer Zelle auf eine andere übertragen und man findet die gleichen Plasmide manchmal in Bakterien, die verschiedenen Arten angehören. Diese unterschiedlichen Plasmideigenschaften weisen darauf hin, dass sie unabhängige Einheiten sind und dass man die in prokaryotischen Zellen enthaltenen Plasmide in den meisten Fällen nicht in die Definition des Genoms mit einschließen sollte.

Bei einem Bakterium wie *E. coli* K12, das ein Chromosom von 4,6 Mb besitzt und unterschiedliche Kombinationen von Plasmiden enthält, von denen keines mehr als ein paar Kilobasen groß ist und die alle entbehrlich sind, kann das Hauptchromosom als „Genom" definiert werden. Bei anderen Prokaryoten ist das dagegen nicht so einfach (Tab. 8.2). *Vibrio cholerae*, das choleraverursachende pathogene Bakterium, besitzt zwei ringförmige DNA-Moleküle, eines mit 2,96 Mb und eines mit 1,07 Mb, wobei 71 % der 3 885 Gene dieses Organismus auf dem größeren DNA-Molekül liegen. Es scheint offensichtlich, dass diese beiden DNA-Moleküle zusammen das *Vibrio*-Genom bilden, doch zeigt eine genauere Untersuchung, dass die meisten Gene für die zentralen zellulären Aktivitäten wie Genomexpression und Energiegewinnung und auch die Gene, die für die Pathogenität verantwortlich sind, auf dem größeren Molekül liegen. Das kleinere Molekül enthält dagegen viele essenzielle Gene, doch es hat auch bestimmte Eigenschaften, die als charakteristisch für Plasmide angesehen werden. So verfügt es über ein **Integron** – eine Gruppe von Genen und anderen DNA-Sequenzen, durch die Plasmide Gene von Bakteriophagen und anderen Plasmiden aufzunehmen vermögen. Das kleinere Genom ist daher möglicherweise ein „Megaplasmid", das irgendwann in der evolutionären Vergangenheit von einem Vorfahren von *Vibrio* erworben wurde. *Deinococcus radiodurans* R1, dessen Genom von besonderem Interesse ist, weil es viele Gene enthält, die diesem Bakterium zur Resistenz gegenüber den Auswirkungen von radioaktiver Strahlung verhelfen, ist ähnlich aufgebaut, wobei essenzielle Gene auf zwei ringförmige Chromosomen und zwei Plasmide verteilt sind. Allerdings sind die Genome von *Vibrio* und *Deinococcus*, verglichen mit dem von *Borrelia burgdorferi* B31, relativ wenig komplex. Neben dessen 911 kb langen linearen Genom mit 853 Genen existieren ebenfalls 17 oder 18 lineare und ringförmige Plasmide, die zusammen noch einmal 533 kb und mindestens 430 Gene beisteuern. Die Funktionen der meisten dieser Gene sind unbekannt, doch haben viele von den identifizierten Genen Funktionen, die normalerweise nicht als entbehrlich eingestuft werden, wie die Gene für Membranproteine und Purinbiosynthese. Die logische Schlussfolgerung ist, dass zumindest manche der *Borrelia*-Plasmide essenzielle Bestandteile des Genoms sind. Dadurch sind in einigen Prokaryoten Genome aus sehr vielen Teilen mit einer Reihe von getrennten DNA-Molekülen möglich, die eher dem ähneln, was wir in eukaryotischen Kernen antreffen, als dem, was wir als „typisch" prokaryotisch betrachten. Diese Interpretation des *Borrelia*-Genoms ist immer noch umstritten, und sie wird noch komplizierter durch die Tatsache, dass das verwandte Bakterium *Treponema pallidum*, dessen Genom ein einzelnes ringförmiges DNA-Molekül von 1 138 kb ist und 1 041 Gene enthält, nicht eines der Gene besitzt, die auf den *Borrelia*-Plasmiden vorkommen.

**Tabelle 8.2**   Beispiele für die Genomorganisation in Prokaryoten

| Art | DNA-Molekül | Genomorganisation Größe (Mb) | Anzahl der Gene |
|---|---|---|---|
| *Escherichia coli* K12 | ein ringförmiges Molekül | 4,639 | 4 405 |
| *Vibrio cholerae* El Tor N 16961 | zwei ringförmige Moleküle | | |
| | Hauptchromosom | 2,961 | 2 770 |
| | Megaplasmid | 1,073 | 1 115 |
| *Deinococcus radiodurans* R1 | vier ringförmige Moleküle | | |
| | Chromosom 1 | 2,649 | 2 633 |
| | Chromosom 2 | 0,412 | 369 |
| | Megaplasmid | 0,177 | 145 |
| | Plasmid | 0,046 | 40 |
| *Borrelia burgdorferi* B31 | sieben oder acht ringförmige Moleküle, elf lineare Moleküle | | |
| | lineares Chromosom | 0,911 | 853 |
| | ringförmiges Plasmid cp9 | 0,009 | 12 |
| | ringförmiges Plasmid cp26 | 0,026 | 29 |
| | ringförmiges Plasmid cp32* | 0,032 | unbekannt |
| | lineares Plasmid lp17 | 0,017 | 25 |
| | lineares Plasmid lp25 | 0,024 | 32 |
| | lineares Plasmid lp28-1 | 0,027 | 32 |
| | lineares Plasmid lp28-2 | 0,030 | 34 |
| | lineares Plasmid lp28-3 | 0,029 | 41 |
| | lineares Plasmid lp28-4 | 0,027 | 43 |
| | lineares Plasmid lp36 | 0,037 | 54 |
| | lineares Plasmid lp38 | 0,039 | 52 |
| | lineares Plasmid lp54 | 0,054 | 76 |
| | lineares Plasmid lp56 | 0,056 | unbekannt |

* Es gibt in jedem Bakterium fünf oder sechs ähnliche Versionen von Plasmid cp32.

## 8.2 Die genetischen Eigenschaften von prokaryotischen Genomen

Die Lokalisierung von Genen durch Sequenzuntersuchungen ist bei Prokaryoten viel einfacher als bei Eukaryoten (Abschnitt 5.1.1) und für die meisten der sequenzierten prokaryotischen Genome haben wir halbwegs genaue Angaben der Genzahl und eine relativ umfangreiche Aufstellung der Genfunktionen. Die Ergebnisse dieser Untersuchungen waren überraschend und zwangen die Mikrobiologen dazu, den Begriff der „Art" bei Prokaryoten neu zu überdenken. Wir werden diese evolutionären Aspekte in Abschnitt 8.2.3 untersuchen. Zuerst müssen wir die Form der Genorganisation in einem prokaryotischen Genom behandeln.

### 8.2.1 Wie sind Gene in einem prokaryotischen Genom organisiert?

Wir sind bereits mit der Auffassung vertraut, dass bakterielle Genome eine kompakte genetische Organisation mit wenig Raum zwischen den Genen besitzen, da sie ein wichtiger Teil unserer Besprechung der Stärken und Schwächen des ORF-Scannings als Hilfsmittel zur Identifizierung der Gene in einer genomischen Sequenz war (Abb. 5.3). Um diesen Aspekt nochmals aufzugreifen, ist die vollständige ringförmige Genkarte des Genoms von *E. coli* K12 in Abbildung 8.6 dargestellt. Es gibt *nicht*codierende DNA im *E. coli*-Genom, doch sie macht nur 11 % des gesamten Genoms aus und ist bei einer maßstabsgetreuen Zeich-

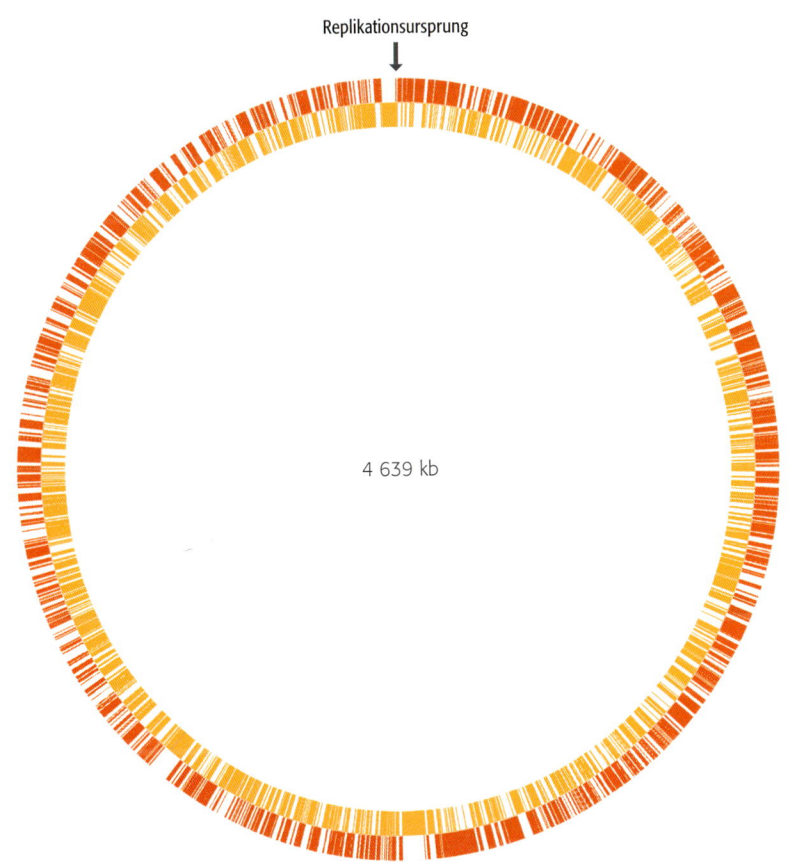

Replikationsursprung

4 639 kb

**8.6    Das Genom von *Escherichia coli* K12.** Die Karte ist so dargestellt, dass der Replikationsursprung (Abschnitt 15.2.1) oben liegt. Die Gene auf der Außerseite des Kreises werden im Uhrzeigersinn abgelesen und die auf der Innenseite gegen den Uhrzeigersinn. Mit freundlicher Genehmigung von Dr. F. R. Blattner.

nung der Karte mit kleinen unauffälligen Segmenten über das Genom verteilt. In dieser Hinsicht ist *E. coli* typisch für alle Prokaryoten, deren Genome bislang sequenziert worden sind – es sind prokaryotische Genome mit einer sehr geringen Platzverschwendung. Es existieren Theorien darüber, dass diese kompakte Organisation für Prokaryoten vorteilhaft ist, zum Beispiel weil sich das Genom dadurch relativ zügig replizieren lässt, doch diese Vorstellungen werden nicht durch klare experimentelle Befunde gestützt.

### Die Genorganisation im E. coli-Genom

Betrachten wir das *E. coli*-Genom genauer. Ein typisches Segment mit einer Länge von 50 kb ist in Abbildung 8.7 dargestellt. Vergleichen wir dieses Segment mit einem typischen Bereich des menschlichen Genoms (Abb. 7.12), wird sofort deutlich, dass in dem *E. coli*-Segment mehr Gene enthalten sind und weniger Platz zwischen ihnen ist, wobei 43 Gene 85,9 % des Segments einnehmen. Einige Gene haben nahezu keinen Zwischenraum: *thrA* und *thrB* sind zum Beispiel nur durch ein einziges Nucleotid voneinander getrennt, und *thrC* beginnt direkt hinter dem letzten Nucleotid von *thrB*. Diese drei Gene sind ein Beispiel für ein **Operon**, eine Gruppe von Genen, die an einem einzelnen biochemischen Stoffwechselweg beteiligt sind (in diesem Fall der Synthese der Aminosäure Threonin) und im Verbund exprimiert werden. Im Allgemeinen sind die prokaryotischen Gene kürzer als ihre eukaryotischen Pendants; die durchschnittliche Länge eines bakteriellen Gens ist ungefähr zwei Drittel von der eines eukaryotischen Gens, selbst nach Entfernen der Introns aus dem Letzteren. Bakterielle Gene scheinen noch etwas länger zu sein als die der Archaea.

Zwei andere Merkmale von prokaryotischen Genomen können aus Abbildung 8.7 abgeleitet werden. Das erste ist das Fehlen von Introns in den Genen, die in diesem Segment des *E. coli*-Genome enthalten sind. Tatsächlich hat *E. coli* überhaupt keine diskontinuierlichen Gene und man nimmt allgemein an, dass diskontinuierliche Gene in nahezu allen Prokaryoten fehlen, mit ein paar Ausnahmen, die hauptsächlich bei den Archaea auftreten. Das zweite Merkmal sind die wenigen repetitiven Sequenzen. Die meisten prokaryotischen Genome haben kein entsprechendes Gegenstück zu den in Eukaryoten vorkommenden Familien der genomweiten Sequenzwiederholungen mit ihren hohen Kopienzahlen. Allerdings besitzen sie gewisse Sequenzen, die an anderen Stellen des Genoms wiederholt werden können. Beispiele dafür sind die **Insertionssequenzen** IS1 und IS186, die in dem 50-kb-Segment in Abbildung 8.7 enthalten sind. Es handelt sich um Beispiele für transponierbare Elemente, also Sequenzen, die im Genom von einem Ort zum anderen springen können und wie im Fall der Insertionselemente von einem Organismus auf einen anderen und sogar gelegentlich zwischen zwei Arten übertragen werden (Abschnitt

**8.7**    Ein 50-kb-Segment des *Escherichia coli*-Genoms.

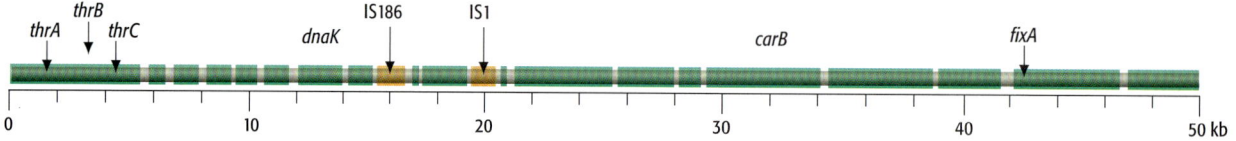

9.2.2). Die in Abbildung 8.7 dargestellten Positionen der IS1- und IS186-Elemente treffen nur auf das *E. coli*-Isolat zu, von dem die Sequenz gewonnen wurde: Wird ein anderes Isolat untersucht, dann können sich die IS-Sequenzen sehr wohl an einer anderen Position befinden oder in dem Genom überhaupt nicht vorhanden sein. Die meisten prokaryotischen Genome haben sehr wenige repetitive Sequenzen – in dem 1,64 Mb großen Genom von *Campylobacter jejuni* NCTC11168 gibt es nahezu keine – doch es gibt auch Ausnahmen, insbesondere das Meningitis-Bakterium *Neisseria meningitidis* Z2491, das über 3 700 Kopien von 15 verschiedenen Typen repetitiver Sequenzen enthält, die zusammen fast 11 % des 2,18 Mb großen Genoms ausmachen.

## Operons sind charakteristische Merkmale von prokaryotischen Genomen

Ein charakteristisches Merkmal von prokaryotischen Genomen, das bei *E. coli* deutlich wird, sind die Operons. In den Jahren, bevor Genomsequenzen bekannt wurden, waren wir der Ansicht, Operons gut verstanden zu haben; jetzt sind wir davon nicht mehr so überzeugt.

Ein Operon ist eine Gruppe von Genen, die im Genom in Nachbarschaft zueinander liegen, mit eventuell nur einem oder zwei Nucleotiden zwischen dem Ende des einen Gens und dem Beginn des nächsten. Alle Gene in einem Operon werden als eine Einheit exprimiert. Diese Form der Anordnung ist in prokaryotischen Genomen weit verbreitet. Ein typisches Beispiel aus *E. coli* ist das Lactoseoperon, das erste entdeckte Operon. Es umfasst drei Gene, die an der Umwandlung des Disaccharids Lactose in seine monomeren Untereinheiten – Glucose und Galactose – beteiligt ist (Abb. 8.8a). Die Monosaccharide sind

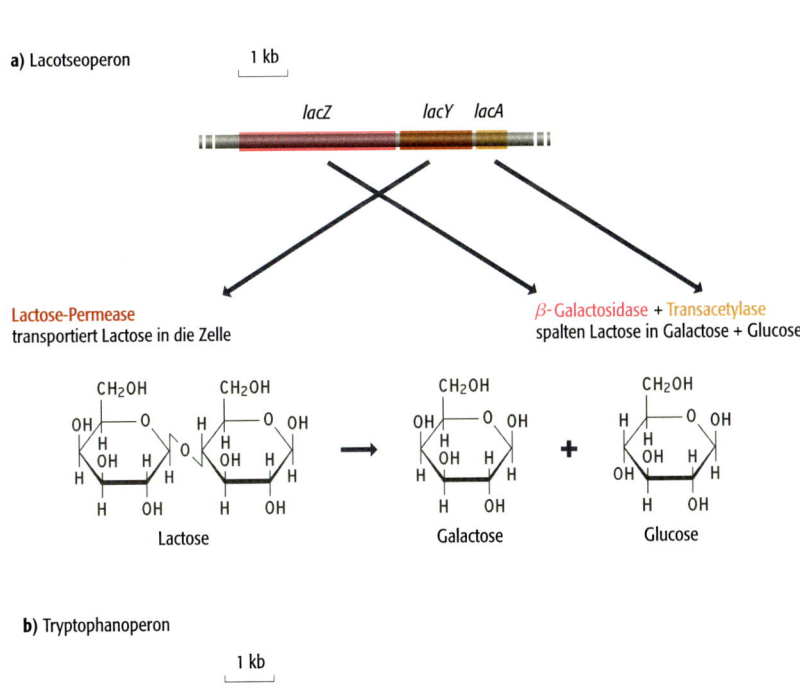

**8.8 Zwei Operons von *Escherichia coli*.** a) Das Lactoseoperon. Die drei Gene werden als *lacZ*, *lacY* und *lacA* bezeichnet, wobei die ersten beiden durch 52 bp voneinander getrennt sind und die zweiten durch 64 bp. Alle drei Gene werden zusammen exprimiert. *lacY* codiert eine Lactose-Permease, die Lactose in die Zelle transportiert, und *lacZ* und *lacA* codieren Enzyme, die Lactose in die Zucker Galactose und Glucose spalten. b) Das Tryptophanoperon. Es umfasst fünf Gene, die Enzyme codieren, die den mehrstufigen Biosyntheseweg von Chorisminsäure zur Aminosäure Tryptophan katalysieren. Die Gene im Tryptophanoperon liegen dichter beisammen als die des Lactoseoperons: *trpE* und *trpD* überlappen mit 1 bp, wie auch *trpB* und *trpA*; *trpD* und *trpC* sind durch 4 bp getrennt und *trpC* und *trpB* durch 12 bp. Für mehr Details über die Regulierung dieser Operons siehe Abschnitte 11.3.1 und 14.1.1.

Substrate für die an der Energiegewinnung beteiligte Glykolyse. Daher ist die Funktion der Gene im Lactoseoperon die Umwandlung von Lactose in eine Form, die von *E. coli* als Energiequelle verwendet werden kann. Lactose kommt in der natürlichen Umgebung von *E. coli* üblicherweise nicht vor. Somit wird das Operon die meiste Zeit nicht exprimiert und das Bakterium synthetisiert keine Enzyme für die Lactoseverwertung. Ist Lactose aber verfügbar, dann schaltet das Molekül das Operon an; alle drei Gene werden zusammen exprimiert, was zu einer koordinierten Synthese von allen lactoseverwertenden Enzymen führt. Dies ist das klassische Beispiel für die Genregulation in Bakterien und wird genau in Abschnitt 11.3.1 untersucht.

Insgesamt gibt es im Genom von *E. coli* K12 nahezu 600 Operons, von denen jedes zwei oder mehrere Gene enthält, und eine ähnliche Anzahl kommt in *Bacillus subtilis* vor. In den meisten Fällen stehen die Gene in einem Operon funktionell miteinander in Beziehung, da sie eine Gruppe von Genen codieren, die an einer einzelnen biochemischen Aktivität wie der Verwendung von Zucker als Energiequelle oder der Synthese einer Aminosäure beteiligt sind. Ein Beispiel für das letztere ist das Tryptophanoperon von *E. coli* (Abb. 8.8b). Genetiker der Mikroorganismen finden die Einfachheit eines Systems bemerkenswert, mit dem ein Bakterium seine verschiedenen biochemischen Aktivitäten durch die Regulation von Gruppen in Beziehung stehender Gene, die in Operons zusammengefasst sind, kontrollieren kann. Das mag die korrekte Interpretation der Funktion von Operons in *E. coli*, *Bacillus subtilis* und vielen anderen Prokaryoten sein, doch bei einigen Arten in das Bild weniger deutlich. Das Archaeon *Methanococcus jannaschii* und das Bakterium *Aquifex aeolicus* besitzen Operons, doch die Gene in den einzelnen Operons stehen selten in einer biochemischen Beziehung zueinander. Zum Beispiel enthält eines der Operons im Genom von *A. aeolicus* sechs miteinander verbundene Gene. Von diesen Genen werden zwei Proteine codiert, die an der DNA-Rekombination beteiligt sind, ein Enzym, das in die Proteinsynthese eingebunden ist, ein Protein, das für die Beweglichkeit erforderlich ist, ein Enzym, das an der Nucleotidsynthese beteiligt ist und eines für die Lipidsynthese (Abb. 8.9). Dies ist eine typische Operonstruktur in den Genomen von *A. aeolicus* und *M. jannaschii*. Mit anderen Worten: Die Auffassung, dass die Expression eines Operons zur koordinierten Synthese von Enzymen führt, die an einem einzelnen biochemischen Stoffwechselweg beteiligt sind, trifft für diese Spezies nicht zu.

**8.9**  **Ein typisches Operon im Genom von *Aquifex aeolicus*.** Die Gene codieren die folgenden Proteine: *gatC*, Glutamyl-tRNA-Aminotransferaseuntereinheit C, die eine Rolle in der Proteinsynthese spielt; *recA*, Rekombinationsprotein A; *pilU*, twitching mobility-Protein; *cmk*, Cytidylat-Kinase, die für die Synthese von Cytidinnucleotiden verantwortlich ist; *pgsA*, Phosphatidylglycerinphosphatsynthase, ein an der Lipidbiosynthese beteiligtes Enzym; *recJ*, einzelstrangspezifische Endonuclease RecJ, die ein weiteres Rekombinationsprotein verkörpert.

| gatC | recA | pilU | cmk | pgsA | recJ |

Genomprojekte haben daher unsere Vorstellung von Operons etwas durcheinander gebracht. Es ist sicherlich zu früh, um sich von dem Glauben zu verabschieden, dass Operons eine zentrale Rolle in der biochemischen Regulation vieler Bakterien spielen, doch wir müssen die unvorhergesehenen Eigenschaften der Operons von *A. aeolicus* und *M. jannaschii* erklären. Es wurde bereits darauf hingewiesen, dass sowohl *A. aeolicus* als auch *M. jannaschii* autotroph sind, was bedeutet, dass sie im Gegensatz zu vielen Prokaryoten organische Verbindungen aus Kohlendioxid zu synthetisieren vermögen, doch wie diese Gemeinsamkeit der beiden Spezies dazu dienen kann, ihre Operonstrukturen zu erklären, ist bisher nicht geklärt.

## 8.2.2 Wie viele Gene gibt es und welche Funktionen haben sie?

Zwischen den größten prokaryotischen und den kleinsten eukaryotischen Genomen gibt es einige Überlappungen in der Größe, doch im Großen und Ganzen sind prokaryotische Genome viel kleiner als eukaryotische (Tab. 8.3). Zum Beispiel umfasst das Genom von *E. coli* K12 mit nur ungefähr 4 639 kb zwei Fünftel der Größe des Hefegenoms, und es besitzt nur 4 405 Gene. Die meisten prokaryotischen Genome haben eine Größe von weniger als 5 Mb, doch das Spektrum der sequenzierten Genome reicht von 491 kb für *Nanoarchaeum equitans* bis 9,1 Mb für *Bradyrhizobium japonicum*, und einige wenige nichtsequenzierte Genome sind sehr viel größer als dieses: *Bacillus megaterium* hat mit 30 Mb zum Beispiel ein riesiges Genom.

Die meisten dieser Genome sind wie das von *E. coli* organisiert, das heißt, die Genomgröße ist mit durchschnittlich 950 Genen pro 1 Mb DNA proportional zur Anzahl der Gene. Die Genzahl variiert daher über eine sehr große Spannbreite, wobei diese Zahlen die Art der ökologischen Nischen widerspiegeln, in denen die unterschiedlichen Prokaryoten leben. Die größten Genome gehören zu freilebenden bodenbewohnenden Arten. Beim Boden handelt es sich um eine Umgebung, die der allgemeinen Auffassung zufolge das breiteste Spektrum von physikalischen und biologischen Bedingungen bietet, auf die die Genome dieser Spezies zu reagieren in der Lage sein müssen. Am anderen Ende der Skala stehen viele der kleinsten Genome, die zu obligaten Parasiten wie *Mycoplasma genitalium* gehören, das nur etwas 470 Gene in einem 0,58 Mb großen Genom besitzt. Die begrenzte Codierungskapazität dieser kleinen Genome zieht es nach sich, dass diese Arten viele Nährstoffe nicht zu synthetisieren vermögen und diese daher von ihrem Wirt erhalten müssen. Dies ist in Tabelle 8.4 dargestellt, die den Genkatalog von *M. genitalium* mit dem von *E. coli* vergleicht. Wir können erkennen, dass *E. coli* zum Beispiel 131 Gene für die Biosynthese von Aminosäuren besitzt, *M. genitalium* dagegen nur eines, und dass *E. coli* über 103 Gene für die Synthese von Cofaktoren verfügt, verglichen mit fünf aus *M. genitalium*, und so weiter.

| Tabelle 8.3 | Genomgrößen und Anzahl von Genen in verschiedenen Prokaryoten | |
| --- | --- | --- |
| Art | Genomgröße (Mb) | Ungefähre Anzahl von Genen |
| **Bakterien** | | |
| *Mycoplasma genitalium* | 0,58 | 500 |
| *Streptococcus pneumoniae* | 2,16 | 2 300 |
| *Vibrio cholerae* El Tor N 16961 | 4,03 | 4 000 |
| *Mycobacterium tuberculosis* H37Rv | 4,41 | 4 000 |
| *Escherichia coli* K12 | 4,64 | 4 400 |
| *Yersinia pestis* CO92 | 4,65 | 4 100 |
| *Pseudomonas aeruginosa* PA01 | 6,26 | 5 700 |
| **Archaea** | | |
| *Methanococcus jannaschii* | 1,66 | 1 750 |
| *Archaeglobus fulgidus* | 2,18 | 2 500 |

Bei den Bakterienarten ist die Stammbezeichnung (zum Beispiel „K12") angegeben, wenn sie durch die Arbeitsgruppe festgelegt wurde, die das Genom sequenziert hat. Bei vielen Bakterienarten haben verschiedene Stämme unterschiedliche Genomgrößen und Gehalt an Genen (Abschnitt 8.2.3).

**Tabelle 8.4**    Teil der Genkataloge von *Escherichia coli* K12 und *Mycoplasma genitalium*

| Kategorie | *E. coli* K12 | *M. genitalium* |
|---|---|---|
| Gesamtzahl proteincodierender Gene | 4 288 | 470 |
| Biosynthese von Aminosäuren | 131 | 1 |
| Biosynthese von Cofaktoren | 103 | 5 |
| Biosynthese von Nucleotiden | 58 | 19 |
| Proteine der Zellhülle | 237 | 17 |
| Energiestoffwechsel | 243 | 31 |
| Intermediärstoffwechsel | 188 | 6 |
| Lipidstoffwechsel | 48 | 6 |
| DNA-Replikation, -Rekombination und -Reparatur | 115 | 32 |
| Proteinfaltung | 9 | 7 |
| regulatorische Proteine | 178 | 7 |
| Transkription | 55 | 12 |
| Translation | 182 | 101 |
| Aufnahme von Molekülen aus der Umgebung | 427 | 34 |

Die angegeben Zahlen beziehen sich nur auf die Gene, denen man bereits eine Funktion zuweisen konnte, als die Genome sequenziert wurden. Funktionszuordnungen, die seitdem stattgefunden haben, haben das Gesamtbild nicht verändert.

Diese Vergleiche führten zu Spekulationen über die kleinste Anzahl von Genen, die eine freilebende Zelle spezifiziert. Theoretische Betrachtungen führten zunächst zu der Annahme, dass mindestens 256 Gene erforderlich sind, doch Experimente, bei denen eine wachsende Zahl von *Mycoplasma*-Genen mutiert wurde, ergaben, dass es 265–350 Gene sein müssen. Ein ähnliches Interesse bestand an der Suche nach „Abgrenzungsgenen" – also solchen, die eine Art von einer anderen abgrenzen. Von den 470 Genen des *M. genitalium*-Genoms, sind 350 auch in dem entfernt verwandten Bakterium *Bacillus subtilis* vorhanden, was nahe legt, dass die biochemischen und strukturellen Merkmale, die *Mycoplasma* von *Bacillus* unterscheiden, durch die ungefähr 120 anderen Gene codiert werden, die nur im Ersteren enthalten sind. Unglücklicherweise gibt die Identität dieser mutmaßlichen Abgrenzungsgene keine eindeutigen Hinweise darauf, was ein Bakterium zu *Mycoplasma* gehören lässt und nicht zu irgendetwas anderem.

### 8.2.3 Prokaryotische Genome und der Artbegriff

Die Genomprojekte haben unsere Auffassung davon, was in der prokaryotischen Welt eine Art ausmacht, durcheinander gebracht. Dies war in der Mikrobiologie zu allen Zeiten ein Problem, weil die übliche biologische Definition einer Art auf Mikroorganismen nur schwierig anzuwenden ist. Die frühen Taxonomen wie Linné beschrieben Arten mit morphologischen Begriffen, wobei alle Mitglieder einer Art dieselben oder sehr ähnliche strukturelle Merkmale besitzen. Diese Form der Klassifizierung war bis in das frühe 20. Jahrhundert üblich und wurde zuerst in den 1880er-Jahren durch Robert Koch und andere eingesetzt, die Färbungen und biochemische Tests verwendeten, um die Bakterienarten zu unterscheiden. Man erkannte allerdings, dass diese Form der Klassifizierung nicht genau war, weil viele der resultierenden Arten aus einer Vielfalt von Formen mit relativ unterschiedlichen Eigenschaften bestanden. Ein Beispiel ist das *E. coli*-Bakterium, das wie viele Bakterienarten Stämme mit charakteristischen pathogenen Eigenschaften umfasst, die von harmlos bis tödlich reichen. Im Verlauf des 20. Jahrhunderts definierten Biologen den Artbegriff neu, und zwar auf Ebene der Evolution, und wir betrachten eine Art nun als eine Gruppe von Organismen, die miteinander gekreuzt werden können. Dies ist für Mikroorganismen sogar noch problematischer, weil es vielfältige Vorgänge gibt, über die Prokaryoten, die entsprechend ihren biochemischen und physiologischen Eigenschaften zu unterschiedlichen Arten gehören, Gene miteinander austauschen können (Abb. 3.23). Die Grenze des **Genflusses**, die beim Artbegriff eine zentrale Rolle spielt, trifft daher auf Prokaryoten nicht zu.

Die Genomsequenzierung hat die Schwierigkeiten bei der Anwendung des Artbegriffs auf Prokaryoten aufgezeigt. Es wurde deutlich, dass die verschiedenen Stämme einer einzelnen Art sehr unterschiedliche genomische Sequenzen enthalten und sogar über eigene Gruppen von stammspezifischen Genen verfügen können. Gezeigt wurde dies erstmals durch einen Vergleich zwischen zwei Stämmen von *Helicobacter pylori*, das Magengeschwüre und andere Erkrankungen des menschlichen Verdauungstraktes verursachen kann. Die beiden Stämme wurden in Großbritannien und den Vereinigten Staaten isoliert und haben Genome von 1,67 beziehungsweise 1,64 Mb. Das größere Genom enthält 1 552 und das kleinere 1 495 Gene, von denen 1 406 Gene in beiden Stämmen enthalten sind. Mit anderen Worten, etwa 6–9 % der Gene jedes Genoms kommen einzig und allein in dem betreffenden Stamm vor. Ein noch extremerer Unterschied zwischen Stämmen zeigte sich, als man die genomische Sequenz des weit verbreiteten Laborstamms von *E. coli* K12 mit dem Genom von einem der am stärksten pathogenen Stämme O157:H7 verglich. Die Länge der beiden Genome ist signifikant unterschiedlich – 4,64 Mb für K12 und 5,53 Mb für O157:H7 – wobei die zusätzliche DNA in dem pathogenen Stamm auf ungefähr 200 einzelne Stellen im gesamten Genom verteilt ist. Diese „O-Inseln" enthalten 1 287 Gene, die in *E. coli* K12 nicht vorkommen und von denen viele Toxine und andere Proteine codieren, die eindeutig an den pathogenen Eigenschaften von O157:H7 beteiligt sind. Doch es ist nicht nur der Stamm O157:H7, der zusätzliche Gene enthält. K12 besitzt ebenfalls 234 Segmente, die einzig nur in diesem Stamm vorkommen, und obwohl diese „K-Inseln" im Durchschnitt kleiner sind als die O-Inseln, enthalten sie doch 528 Gene, die in O157:H7 fehlen. Die Situation stellt sich daher so dar, dass *E. coli* O157:H7 und *E. coli* K12 einen Satz stammspezifischer Gene enthalten, die 26 % beziehungsweise 12 % ihres jeweiligen Genkatalogs ausmachen. Dies ist eine erheblich stärkere Variabilität, als sie von dem auf höhere Organismen angewendeten Artbegriff toleriert werden kann, und sie kann auch nur schwer mit einer Artdefinition, die für Mikroorganismen gelten könnte, in Einklang gebracht werden.

Die Schwierigkeiten werden sogar noch gravierender, wenn Genome von anderen Bakterien und Archaea untersucht werden. Aufgrund des unproblematischen Austauschs von Genen zwischen unterschiedlichen prokaryotischen Arten erwartete man, dass in den verschiedenen Arten gelegentlich die gleichen Gene auftreten würden. Doch das Ausmaß des durch die Sequenzierung offengelegten **lateralen Gentransfers** hat alle überrascht. Die meisten Genome

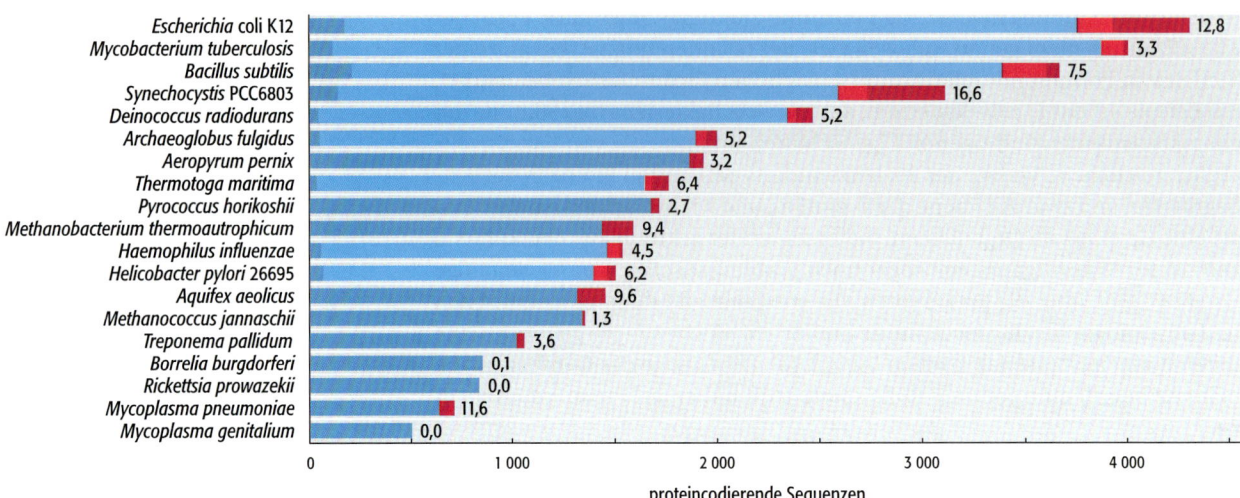

**8.10 Der Einfluss des lateralen Gentransfers auf den Inhalt von prokaryotischen Genomen.** In der Grafik ist die DNA, die nur in einer bestimmten Art vorkommt, blau und die DNA, die durch lateralen Gentransfer erhalten wurde, rot dargestellt. Die Zahl am Ende jedes Balkens gibt den Anteil des Genoms in Prozent wieder, der von dem lateralen Gentransfer stammt. Beachten Sie, dass intergenische Regionen bei dieser Analyse ausgelassen wurden.

bestehen aus ein paar hundert Kilobasen an DNA, die direkt von einer anderen Art erworben wurden, und in manchen Fällen ist die Zahl noch höher: *E. coli* K12 hat 12,8 % seines Genoms, das sind 0,59 Mb, auf diese Weise erhalten (Abb. 8.10). Eine zweite Überraschung ist, dass der Transfer zwischen sehr unterschiedlichen Spezies stattgefunden hat, sogar zwischen Bakterien und Archaea. So besitzt beispielsweise das thermophile Bakterium *Thermogata maritima* 1 877 Gene, von denen 451 von Archaea zu stammen scheinen. Der Transfer in die andere Richtung, also von Bakterien zu Archaea, kommt ebenso häufig vor. Es entsteht ein Bild, in dem Prokaryoten, die in ähnlichen ökologischen Nischen leben, Gene miteinander austauschen, um ihre individuelle Fitness für das Überleben unter bestimmten Umweltbedingungen zu verbessern. Viele der von den Archaea stammenden *Thermogata*-Gene haben diesem Bakterium wahrscheinlich dabei geholfen, eine Toleranz gegenüber hohen Temperaturen zu entwickeln.

Die Genomsequenzierung hat außerdem gezeigt, dass viele Bakterienarten bisher unentdeckt geblieben sind. Mikrobiologen vermuten dies schon seit Jahren, weil sie erkannt haben, dass die künstlichen Kulturbedingungen für die Isolierung von Bakterien aus ihrem natürlichen Habitat nicht allen Arten gerecht werden und dass viele unter diesen Bedingungen nicht wachsen und daher unentdeckt bleiben. Fachleute auf dem Gebiet der Metagenomik nahmen sich dieses Problems an, indem sie DNA-Sequenzen von allen Genomen eines bestimmten Habitats untersuchten, zum Beispiel aus Meerwasser oder aus saurem Boden. In einer Analyse erhielt man aus 1 500 Litern Oberflächenwasser der Sargassosee über eine Megabase an bakteriellen DNA-Sequenzen. Die Sequenzen enthielten Segmente von Genomen von über 1 800 Arten, von denen 148 vollkommen neu waren. Die Metagenomik bietet die faszinierende Perspektive, dass wir zukünftig Kenntnis von Genomsequenzen von Organismen haben könnten, die niemand jemals zu Gesicht bekommen hat.

## 8.3 Die Genome von eukaryotischen Organellen

Wir kehren jetzt in die eukaryotische Welt zurück, um die Genome zu untersuchen, die in Mitochondrien und Chloroplasten enthalten sind. Die Möglichkeit, dass manche Gene außerhalb des Kerns lokalisiert sind – **extrachromo-**

**somale Gene**, wie man sie zunächst bezeichnet hat –, wurde zuerst in den 1950er-Jahren in Betracht gezogen. Anlass dafür waren ungewöhnliche Vererbungsmuster bestimmter Gene des Pilzes *Neurospora crassa*, der Hefe *Saccharomyces cerevisiae* und der photosynthetisch aktiven Alge *Chlamydomonas reinhardtii*. Etwa gleichzeitig durchgeführte elektronenmikroskopische und biochemische Untersuchungen wiesen auf die Anwesenheit von DNA-Molekülen in Mitochondrien und Chloroplasten hin. In den frühen 1960er-Jahren trug man diese Hinweise schließlich zusammen und vom eukaryotischen Kerngenom unabhängige Genome der Mitochondrien und Chloroplasten wurden allgemein akzeptiert.

## 8.3.1 Die Ursprünge der Organellengenome

Die Entdeckung der Organellengenome führte zu vielen Spekulationen über ihren Ursprung. Heutzutage wird die **Endosymbiontentheorie** zumindest in groben Zügen von den meisten Biologen anerkannt, obwohl sie, als man sie in den 1960er-Jahren formulierte, als sehr unkonventionell galt. Die Endosymbiontentheorie beruht auf der Beobachtung, dass die in Organellen stattfindenden Genexpressionsprozesse den entsprechenden Vorgängen in Bakterien in vieler Hinsicht ähneln. Außerdem zeigte ein Vergleich von Nucleotidsequenzen, dass Organellengene entsprechenden Genen aus Bakterien ähnlicher sind als den Genen aus dem eukaryotischen Kerngenom. Laut Endosymbiontentheorie sind daher Mitochondrien und Chloroplasten Relikte von freilebenden Bakterien, die zu einem sehr frühen Zeitpunkt der Evolution eine symbiontische Verbindung mit dem Vorläufer der eukaryotischen Zelle eingegangen sind.

Die Endosymbiontentheorie erhielt Unterstützung als man Organismen entdeckte, die frühe Stadien von Endosymbiosen sind, welche weniger fortgeschritten sind als die von Mitochondrien und Chloroplasten. Ein solch frühes Stadium zeigt zum Beispiel das Protozoon *Cyanophora paradoxa*, dessen als **Cyanellen** bezeichnete photosynthetische Strukturen sich von Chloroplasten unterscheiden und stattdessen an aufgenommene Cyanobakterien erinnern. In ähnlicher Weise könnten in eukaryotischen Zellen lebende Rickettsien moderne Formen von Bakterien sein, aus denen Mitochondrien hervorgegangen sind. Auch vermutete man, dass die Hydrogenosome von Trichomonaden (einzelligen Mikroben, von denen viele Parasiten sind), eine fortgeschrittene Form von mitochondrialer Endosymbiose darstellen, da manche Hydrogenosomen ein Genom enthalten, andere jedoch nicht.

Wenn Mitochondrien und Chloroplasten einst freilebende Bakterien waren, dann muss seit dem Eintritt in das endosymbiontische Stadium ein Gentransfer aus dem Organell in den Kern stattgefunden haben. Wir wissen nicht, wie dieser Transfer vor sich gegangen ist und ob viele Gene auf einmal übertragen wurden oder eines nach dem anderen. Doch wir wissen, dass dieser DNA-Transfer vom Organell in den Kern und auch zwischen den Organellen immer noch stattfindet. Dies entdeckte man in den frühen 1980er-Jahren, als man die ersten Teilsequenzen von Chloroplastengenomen erhielt. Es stellt sich heraus, dass die Chloroplastengenome mancher Pflanzen DNA-Segmente mit oft vollständigen Genen enthalten, die Kopien von Teilen des mitochondrialen Genoms sind. Die logische Schlussfolgerung war, dass diese so genannte **promiske** (*promiscuous*) **DNA** von einem Organell auf das andere übertragen worden ist. Heutzutage wissen wir, dass dies nicht die einzige Form von Transfer ist, die auftreten kann. Das mitochondriale Genom von *Arabidopsis* enthält verschiedene Segmente der Kern-DNA sowie 16 Fragmente des Chloroplastengenoms, beispielsweise sechs tRNA-Gene, deren Aktivität nach dem Transfer in das Mitochondrium erhalten geblieben ist. Das Kerngenom dieser Pflanze umfasst etliche kurze Segmente des Chloroplasten- und des Mitochondriengenoms, außerdem ein 270 kb langes Stück mitochondrialer DNA, das in der Centromerregion von Chromosom 2 enthalten ist. Ebenso wurde ein Transfer von mitochondrialer DNA in die Kerngenome von Wirbeltieren nachgewiesen.

## 8.3.2 Physikalische Eigenschaften von Organellengenomen

Nahezu alle Eukaryoten haben mitochondriale Genome und alle photosynthetisch aktiven Eukaryoten haben Chloroplastengenome. Ursprünglich war man der Ansicht, dass praktisch alle Organellengenome ringförmige DNA-Moleküle sind. Elektronenmikroskopische Aufnahmen zeigten jedoch, dass in einigen Organellen sowohl ringförmige als auch lineare DNA enthalten ist. Man nahm an, dass die linearen Moleküle lediglich Fragmente von ringförmigen Genomen sind, die während der Präparation für die Elektronenmikroskopie zerteilt wurden. Und wir sind immer noch der Auffassung, dass die meisten Genome der Mitochondrien und Chloroplasten ringförmig sind, doch wir wissen jetzt, dass es in verschiedenen Organismen eine hohe Variabilität gibt. In vielen Eukaryoten existieren in den Organellen neben den ringförmigen Genomen ebenso lineare Formen und, wie im Fall der Chloroplasten, auch kleine Ringe, die Teile des gesamten Genoms enthalten. Letztere Variante ist in Meeresalgen, die als Dinoflagellaten bezeichnet werden, besonders ausgeprägt, da die Chloroplastengenome in viele kleine Ringe aufgeteilt sind, von denen jeder ein einzelnes Gen enthält. Und wir stellen nun fest, dass die mitochondrialen Genome von einigen mikrobiellen Eukaryoten (zum Beispiel *Paramecium*, *Chlamydomonas* und einigen Hefen) immer linear vorliegen.

Über die Anzahl der Kopien in Organellengenomen wissen wir nur wenig. Jedes menschliche Mitochondrium enthält ungefähr zehn identische Moleküle; das bedeutet, dass in jeder Zelle etwa 8 000 Moleküle enthalten sind. In *S. cerevisiae* ist die Gesamtzahl vermutlich geringer (weniger als 6 500 Moleküle), obwohl in jedem Mitochondrium über 100 Genome vorkommen können. Photosynthetisch aktive Mikroorganismen wie *Chlamydomonas* besitzen ungefähr 1 000 Chloroplastengenome pro Zelle, also etwa ein Fünftel der in höheren Pflanzen vorkommenden Anzahl. Ein Mysterium, das in den 1950er-Jahren aufkam und nie zufriedenstellend geklärt werden konnte, ergibt sich bei Untersuchungen von Organellengenen in genetischen Kreuzungen. Sie deuten darauf hin, dass in jeder Zelle nur eine Kopie des Mitochondrien- oder Chloroplastengenoms enthalten sein muss, was eindeutig nicht der Fall ist. Das zeigt, dass unser Wissen über die Weitergabe der Organellengenome von den Eltern an die Nachkommen bei weitem nicht vollständig ist.

Die Größen von mitochondrialen Genomen sind variabel (Tab. 8.5) und unabhängig von der Komplexität eines Organismus. Die meisten vielzelligen Tiere haben kleine mitochondriale Genome mit einer kompakten genetischen Organisation, bei der die Gene dicht beieinander liegen und nur wenig Platz zwischen ihnen vorhanden ist. Die mitochondriale Genom des Menschen (Abb. 8.11) ist mit 16 569 bp typisch für diese Organisation. Die meisten niederen Eukaryoten wie *S. cerevisiae* (Abb. 8.12) und auch die Blütenpflanzen besitzen größere und weniger kompakte mitochondriale Genome, mit einer Reihe von Genen, die Introns enthalten. Chloroplastengenome sind in ihrer Größe weni-

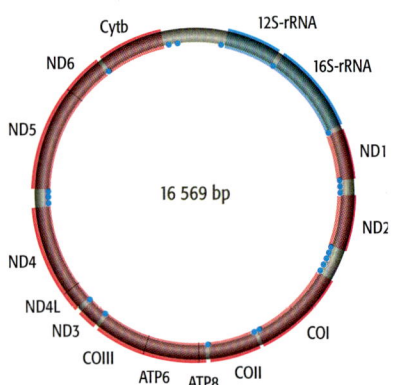

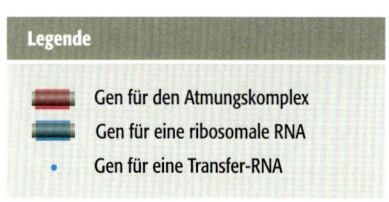

**Legende**

— Gen für den Atmungskomplex
— Gen für eine ribosomale RNA
• Gen für eine Transfer-RNA

**8.11  Das mitochondriale Genom des Menschen.** Das mitochondriale Genom des Menschen ist klein und kompakt, mit wenig verschwendetem Platz – und zwar so, dass die Gene ATP6 und ATP8 überlappen. Abkürzungen: ATP6, ATP8, Gene für die Untereinheiten 6 und 8 der ATPase; COI, COII, COIII, Gene für die Untereinheiten I, II und III der Cytochrom-*c*-Oxidase; Cytb, Gen für das Apocytochrom *b*; ND1–ND6, Gene für die Untereinheiten 1–6 der NADH-Dehydrogenase.

| Tabelle 8.5    Größen von Mitochondrinen- und Chloroplastengenomen | | |
|---|---|---|
| **Arten** | **Art des Organismus** | **Genomgröße (kb)** |
| **Mitochondriengenome** | | |
| *Plasmodium falciparum* | Einzeller (Malariaerreger) | 6 |
| *Chlamydomonas reinhardtii* | Grünalge | 16 |
| *Mus musculus* | Wirbeltier (Maus) | 16 |
| *Homo sapiens* | Wirbeltier (Mensch) | 17 |
| *Metridium senile* | Wirbellose (Seeanemone) | 17 |
| *Drosophila melanogaster* | Wirbellose (Taufliege) | 19 |
| *Chondrus crispus* | Rotalge | 26 |
| *Aspergillus nidulans* | Ascomycet (Pilz) | 33 |
| *Reclinomonas americana* | Einzeller | 69 |
| *Saccharomyces cerevisiae* | Hefe | 75 |
| *Suillus grisellus* | Basidiomycet (Pilz) | 121 |
| *Brassica oleracea* | Blütenpflanze (Kohlrabi) | 160 |
| *Arabidopsis thaliana* | Blütenpflanzen (Kraut) | 367 |
| *Zea mays* | Blütenpflanze (Mais) | 570 |
| *Cucumis melo* | Blütenpflanze (Melone) | 2 500 |
| **Chloroplastengenome** | | |
| *Pisum sativum* | Blütenpflanze (Erbse) | 120 |
| *Marchantia polymorpha* | Lebermoos | 121 |
| *Oryza sativa* | Blütenpflanze (Reis) | 136 |
| *Nicotiana tabacum* | Blütenpflanze (Tabak) | 156 |
| *Chlamydomonas reinhardtii* | Grünalge | 195 |

ger variabel (Tab. 8.5) und die meisten besitzen eine Struktur, die ähnlich der in Abbildung 8.13 gezeigten Struktur des Chloroplastengenoms aus Reis ist.

## 8.3.3 Der genetische Inhalt von Organellengenomen

Organellengenome sind viel kleiner als ihre Gegenstücke im Kern und wir können deshalb annehmen, dass ihr Gengehalt sehr beschränkt ist, was tatsächlich der Fall ist. Auch hier zeigen die Mitochondriengenome eine größere Variabilität; ihr Gengehalt variiert zwischen fünf für den Malariaparasiten *P. falicparum* und bis zu 92 für den Einzeller *Reclinomonas americana* (Tab. 8.6). Alle mitochondrialen Genome enthalten Gene für nichtcodierende rRNAs und mindestens ein paar Proteinkomponenten der Atmungskette, die das primäre biochemische Kennzeichen eines Mitochondriums ist. Genreichere Genome codieren auch tRNAs, ribosomale Proteine und Proteine, die an Transkription, Translation und am Transport von anderen Proteinen aus dem umgebenden Cytoplasma in das Mitochondrium beteiligt sind (Tab. 8.6). Die meisten Chloroplastengenome scheinen den gleichen Satz von etwa 200 Genen zu besitzen, die ebenfalls rRNAs und tRNAs, wie auch ribosomale Proteine und an der Photosynthese beteiligte Proteine codieren (Abb. 8.13).

**8.12 Das mitochondriale Genom von**
*Saccharomyces cerevisiae.* Aufgrund ihrer
relativ geringen Größe sind viele mitochondriale Genome vollständig sequenziert. Im
mitochondrialen Genom der Hefe liegen die
Gene weniger dicht beieinander als in dem
des Menschen und einige Gene besitzen
Introns. Diese Form der Organisation ist
typisch für viele niedere Eukaryoten und
Pflanzen. Das Mitochondriengenom der
Hefe enthält fünf zusätzliche offene Leseraster (in dieser Karte nicht dargestellt), von
denen bisher keine funktionellen Genprodukte nachgewiesen werden konnten, und
es existieren etliche Gene, die innerhalb der
Introns von diskontinuierlichen Genen lokalisiert sind. Von den letzteren codieren die
meisten Maturaseproteine, die am Spleißen
der Introns aus den Transkripten dieser
Gene beteiligt sind. Abkürzungen: ATP6,
ATP8, ATP9, Gene für die Untereinheiten 6,
8 und 9 der ATPase; COI, COII, COIII, Gene
für die Untereinheiten I, II und III der Cyto-
chrom-*c*-Oxidase; Cytb, Gen für das Apocytochrom *b*; var1, Gen für ein ribosomenas-
soziiertes Protein. Das 9S-rRNA-Gen spezifiziert die RNA-Komponente des Enzyms
Ribonuclease P (Abschnitt 12.1.3).

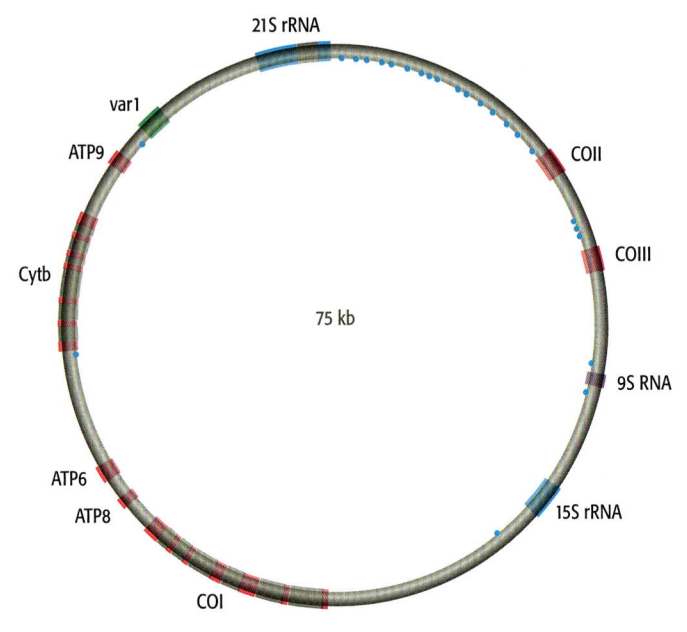

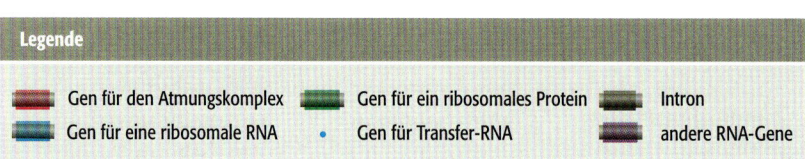

| Tabelle 8.6 | Eigenschaften von mitochondrialen Genomen | | | | | |
|---|---|---|---|---|---|---|
| **Eigenschaft** | *Plasmodium falciparum* | *Chlamydomonas reinhardtii* | *Homo sapiens* | *Saccharomyces cerevisiae* | *Arabidopsis thaliana* | *Reclinomonas americana* |
| **Gesamtzahl an Genen** | **5** | **12** | **37** | **35** | **52** | **92** |
| **Gentypen** | | | | | | |
| proteincodierende Gene | 3 | 7 | 13 | 8 | 27 | 62 |
| respiratorischer Komplex | 3 | 7 | 13 | 7 | 17 | 24 |
| ribosomale Proteine | 0 | 0 | 0 | 1 | 7 | 27 |
| Transportproteine | 0 | 0 | 0 | 0 | 3 | 6 |
| RNA-Polymerase | 0 | 0 | 0 | 0 | 0 | 4 |
| Translationsfaktor | 0 | 0 | 0 | 0 | 0 | 1 |
| Gene von funktionellen RNAs | 2 | 5 | 24 | 27 | 25 | 30 |
| Gene für ribosomale RNAs | 2 | 2 | 2 | 2 | 3 | 3 |
| Gene für Transfer-RNAs | 0 | 3 | 22 | 24 | 22 | 26 |
| andere RNA-Gene | 0 | 0 | 0 | 1 | 0 | 1 |
| Anzahl der Introns | 0 | 1 | 0 | 8 | 23 | 1 |
| Genomgröße (kb) | 6 | 16 | 17 | 75 | 367 | 69 |

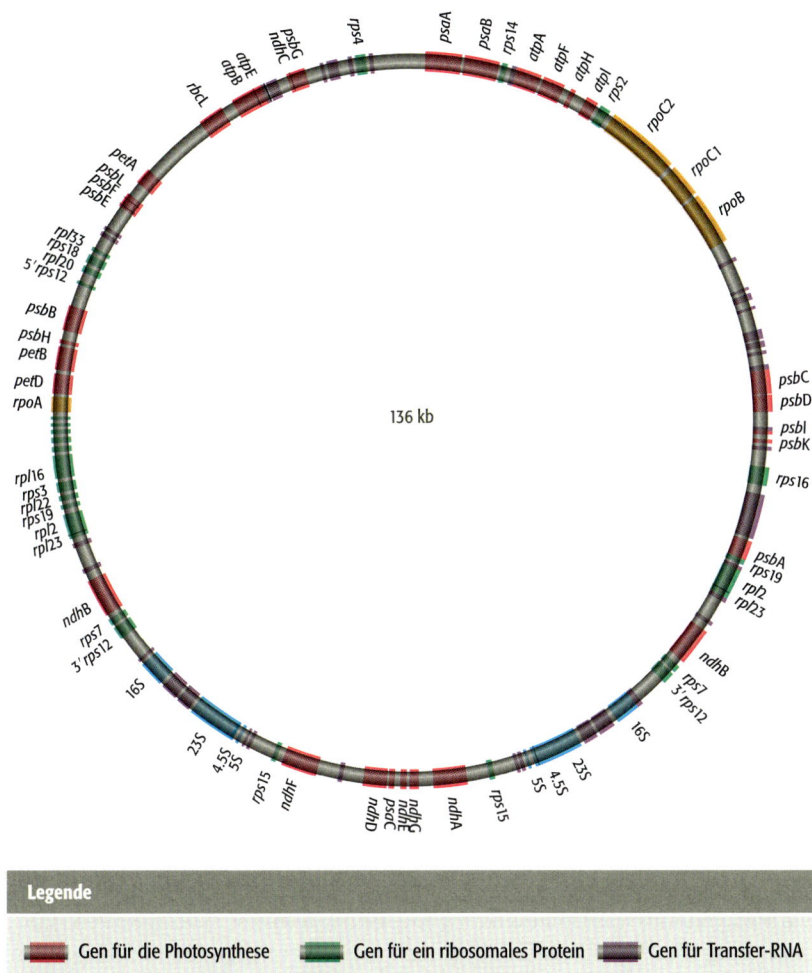

**Legende**

■ Gen für die Photosynthese    ■ Gen für ein ribosomales Protein    ■ Gen für Transfer-RNA

■ Gen für eine ribosomale RNA    ■ Gen für die RNA-Polymerase

**8.13 Das Chloroplastengenom von Reis.**
Es sind nur Gene mit bekannten Funktionen
dargestellt. Eine gewisse Zahl der Gene enthält Introns, die in dieser Karte nicht gekennzeichnet sind. Zu diesen diskontinuierlichen
Genen gehören mehrere Gene für tRNAs,
weshalb die tRNA-Gene unterschiedliche
Längen aufweisen, obwohl die von ihnen
spezifizierten tRNAs alle ähnlich groß sind.

Ein generelles Merkmal von Organellengenomen ist aus Tabelle 8.6 ersichtlich.
Diese Genome spezifizieren einige der in einem Organell enthaltenen Proteine,
doch nicht alle. Die anderen Proteine werden durch Kerngene codiert, im Cytoplasma synthetisiert und in das Organell transportiert. Wenn die Zelle Mechanismen für den Transport von Proteinen in die Mitochondrien und Chloroplasten besitzt, warum werden dann nicht alle Organellenproteine vom Kerngе-
nom codiert? Wir haben zurzeit keine überzeugende Antwort auf diese Frage.
Vorgeschlagen wurde, dass wenigstens einige der vom Organellengenom
codierten Proteine extrem hydrophob sind und nicht durch die Membranen
transportiert werden können, die die Mitochondrien und Chloroplasten umgeben. Sie können daher nicht einfach aus dem Cytoplasma aufgenommen werden. Die einzige Möglichkeit für eine Zelle, diese Proteine in das Organell zu
bekommen, ist, sie von vornherein dort zu synthetisieren.

# Zusammenfassung

Prokaryoten bestehen aus zwei unterschiedlichen Formen von Organismen, Bakterien und Archaea. Das bakterielle Genom ist im Nucleoid lokalisiert – der hell gefärbten Region in der ansonsten kontrastarmen prokaryotischen Zelle. Die DNA ist an einem Kern aus Bindungsproteinen befestigt, von denen ausgehend 40–50 superspiralisierte Schleifen aus DNA strahlenförmig in die Zelle ragen. Viel weniger wissen wir über entsprechende Strukturen in den Archaea, doch unterscheiden sie sich wahrscheinlich recht stark, da Archaea über Proteine verfügen, die eukaryotischen Histonen ähnlicher sind als den Proteinen des bakteriellen Nucleoids. Das Genom von *E. coli* ist ein einzelnes ringförmiges DNA-Molekül, doch besitzen einige Prokaryoten lineare Genome und manche haben vielteilige Genome aus zwei oder mehreren ringförmigen und/oder linearen Molekülen. In komplexeren Fällen lässt sich unter Umständen schwer unterscheiden, welche Moleküle Teile des eigentlichen Genoms sind und welche entbehrliche Plasmide darstellen. Prokaryotische Genome sind mit wenig repetitiver DNA sehr kompakt. Viele Gene sind in Operons organisiert, deren Mitglieder zusammen exprimiert werden und in funktioneller Beziehung stehen können. Die Anzahl der Gene steht in Beziehung zur Genomgröße. Die größten Genome besitzen im Boden vorkommende freilebende Spezies, also in einer Umgebung, die ein breites Spektrum von physikalischen und biologischen Bedingungen bietet, auf die eine Art in der Lage sein muss zu reagieren. Die kleinsten Genome gehören zu Spezies, die als obligate Parasiten leben wie *Mycoplasma genitalium* mit nur 470 Genen. Die Mindestzahl von Genen, die für eine freilebende Zelle erforderlich sind, liegt wahrscheinlich zwischen 250 und 350. Untersuchungen von prokaryotischen Genomen haben den Artbegriff für diese Organismen komplizierter gemacht, da die Genome von unterschiedlichen Stämmen derselben Art oft einen verschiedenen Geninhalt haben und lateraler Gentransfer zwischen unterschiedlichen Arten auftreten kann. Die Metagenomik, die Untersuchung aller Genome in einem bestimmten Habitat (etwa in Meerwasser) zeigt, dass man einen erheblichen Anteil der in einem bestimmten Habitat lebenden Arten noch nicht identifiziert hat. Die Genome von Mitochondrien und Chloroplasten in eukaryotischen Zellen haben prokaryotische Merkmale, weil sie von einem freilebenden Bakterium abstammen, das mit dem Vorläufer einer eukaryotischen Zelle eine Symbiose eingegangen ist. Die meisten Genome der Mitochondrien und Chloroplasten sind ringförmig und möglicherweise vielteilig, mit 1 000–10 000 Kopien pro Zelle. Mitochondriale Genome variieren in der Größe von 6–2 500 kb und enthalten 5–100 Gene, darunter Gene für mitochondriale rRNAs, tRNAs und Proteine, wie die Komponenten des Atmungskomplexes. Die Genome von Chloroplasten sind weniger variabel. Die meisten sind 100–200 kb groß und besitzen einen ähnlichen Satz von ungefähr 200 Genen, von denen die meisten funktionelle RNAs und an der Photosynthese beteiligte Proteine codieren.

# Multiple-Choice-Fragen

**8.1*** Wie ist die DNA in einer Bakterienzelle verpackt, zum Beispiel bei *E. coli*?

   **a.** Sie ist in Nucleosomenkomplexen verpackt, die Histonproteine enthalten

   **b.** Sie ist in Nucleoidstrukturen verpackt, die Histonproteine enthalten

   **c.** Sie ist in Nucleosomenkomplexen verpackt, die DNA-Gyrase und DNA-Topoisomerase enthalten

   **d.** Sie wird durch DNA-Gyrase und DNA-Topoisomerase superspiralisiert

**8.2** Was versteht man unter dem bakteriellen Nucleoid?

   **a.** Es ist ein membrangebundenes Organell, das genomische DNA enthält

   **b.** Es ist eine hell gefärbte Region in der Bakterienzelle, die genomische DNA enthält

   **c.** Es ist ein Proteinkomplex in einer Bakterienzelle, der genomische DNA bindet

   **d.** Es ist ein membrangebundener Komplex, der die Ribosomen des Bakteriums enthält

**8.3*** Was ist ein Plasmid?

   **a.** Ein kleines, in der Regel ringförmiges DNA-Molekül, das vom Hauptchromosom unabhängig ist

   **b.** Ein kleines, in der Regel ringförmiges DNA-Molekül, das essenzielle Gene enthält

   **c.** Ein kleines, in der Regel ringförmiges DNA-Molekül, welches das bakterielle Chromosom stabilisiert

   **d.** Ein prokaryotisches Virus, das Bakterienzellen infiziert

**8.4** Was ist ein Integron?

   **a.** Ein Plasmid, das sich in das bakterielle Chromosom integrieren kann

   **b.** Ein Plasmid, das auf andere Bakterien übertragen werden kann

   **c.** Eine Gruppe von Genen und DNA-Sequenzen, durch die ein Plasmid Gene von Bakteriophagen und anderen Plasmiden aufnehmen kann

   **d.** Ein Klonierungsvektor, der Sequenzen aus Plasmiden und Bakteriophagen enthält

**8.5*** Was in ein bakterielles Operon?

   **a.** Eine Gruppe von Genen, deren biochemische Funktionen miteinander in Beziehung stehen

   **b.** Eine Gruppe von Genen, die evolutionär verwandt sind

   **c.** Eine Gruppe von Genen, die an einem einzelnen biochemischen Stoffwechselweg beteiligt sind und zusammen exprimiert werden

   **d.** Eine Gruppe von Genen, die ausgehend von verschiedenen Promotoren exprimiert, doch durch die gleichen Repressorproteine reguliert werden

**8.6** Welche Typen von repetitiven Sequenzen kommen in bakteriellen Genomen vor?

   **a.** Sowohl Mikrosatelliten als auch Minisatelliten

   **b.** Transponierbare Elemente

   **c.** LINEs (*long interspersed nuclear elements*)

   **d.** Prokaryotische Genome besitzen keinerlei repetitive Sequenzen

**8.7*** Welche der folgenden Eigenschaften ist *keine* Eigenschaft eines typischen bakteriellen Operons?

   **a.** Die Gene werden alle in ein Polypeptid translatiert

   **b.** Die Gene eines Operons werden alle in ein mRNA-Molekül transkribiert

   **c.** Die Gene codieren häufig Proteine, die alle an einem biochemischen Stoffwechselweg beteiligt sind

   **d.** Die Gene stehen unter der Kontrolle von nur einem Promotor

**8.8** Welches Verfahren wurde zunächst angewendet, um prokaryotische Organismen in Arten einzuteilen?

   **a.** Färbung und biochemische Tests

   **b.** Genetische Tests

   **c.** Mikroskopische Untersuchungen

   **d.** DNA-Sequenzanalyse

**8.9*** Der laterale Gentransfer beinhaltet die folgenden Formen das DNA-Austausches, bis auf:

   **a.** den Transfer von Genen von Bakterien auf Archaea

   **b.** den Transfer von Genen von Archaea auf Bakterien

   **c.** die Fusion von zwei Bakterienarten zur Produktion von diploiden Nachkommen

   **d.** den Gentransfer von einer Art auf eine andere

**8.10** Welcher der folgenden Befunde ist kein Hinweis auf die Symbiontentheorie?

   **a.** Mitochondrien und Chloroplasten haben äußere Strukturen, die bakteriellen Zellwänden ähneln

   **b.** Gene in diesen Organellen sind bakteriellen Genen ähnlich

   **c.** Die Vorgänge bei der Genexpression in diesen Organellen sind denen in Bakterien ähnlich

   **d.** Die Ribosomen der Organellen ähneln den Ribosomen von Bakterien

**8.11\*** Das kleinste bakterielle Genom umfasst einige hunderttausend Basenpaare während das mitochondriale Genom des Menschen weniger als 17 000 Basenpaare groß ist. Die Mitochondriengenom hat eine geringere Größe, weil:

  **a.** das Mitochondriengenom des Menschen seine proteincodierenden Gene verloren hat

  **b.** das Mitochondriengenom des Menschen seine Gene für funktionelle RNA verloren hat

  **c.** das Mitochondriengenom des Menschen nichtfunktionell und ein evolutionäres Relikt ist

  **d.** Gene aus dem Mitochondriengenom des Menschen in den Kern übertragen worden sind

**8.12** Wie viele identische Kopien des DNA-Moleküls enthält ein typisches Mitochondrium des Menschen?

  **a.** Eines

  **b.** Zehn

  **c.** Einhundert

  **d.** Achttausend

**8.13\*** Welche der folgenden Gentypen kommen in Mitochondriengenomen nicht vor?

  **a.** tRNA-Gene

  **b.** Gene der Atmungskette

  **c.** Gene für die Glykolyse

  **d.** rRNA-Gene

**8.14** Was ist der wahrscheinliche Grund dafür, dass im Mitochondrium einige Gene vorhanden sind und nicht alle Gene auf den Kern übertragen wurden?

  **a.** Einige Proteine sind zu groß, um in die Mitochondrien transportiert zu werden

  **b.** Einige Proteine haben viele Untereinheiten

  **c.** Einige Proteine würden vor dem Transport in die Mitochondrien abgebaut

  **d.** Einige Proteine sind zu hydrophob, um in die Mitochondrien transportiert werden zu können

# Fragen mit kurzen Antworten

*\*Antworten auf die Fragen mit den ungeraden Zahlen finden Sie im Anhang*

**8.1\*** Welche sind die Unterschiede zwischen einem eukaryotischen Chromosom und dem Chromosom von *E. coli*?

**8.2** Welche experimentellen Befunde weisen darauf hin, dass das *E. coli*-Chromosom in superspiralisierte Domänen unterteilt und an Proteine gebunden ist, die seine Entspannung verhindern?

**8.3\*** Welche Ähnlichkeiten bestehen zwischen den HU-Proteinen von *E. coli* und den Histonproteinen aus Eukaryoten?

**8.4** Das Genom von *E. coli* ist ein einzelnes, ringförmiges DNA-Molekül. Welche anderen Formen der Genomstruktur sind bei den Prokaryoten anzutreffen?

**8.5\*** Wie sind Gene und andere Sequenzeigenschaften in einem typischen prokaryotischen Genom organisiert? Welche Unterschiede in der Gendichte, Zahl der Introns und im Gehalt von repetitiver DNA fallen bei einem Vergleich von prokaryotischen Genomen mit den Genomen von Säugetieren auf?

**8.6** Wie unterscheiden sich Operons von *Methanococcus jannaschii* und *Aquifex aeolicus* von denen von *E. coli*?

**8.7\*** Das obligat intrazellulär lebende Bakterium *Mycoplasma genitalium* besitzt nur 470 Gene. Warum reichen diesem Organismus so wenige Gene aus?

**8.8** Worauf beruht die Beziehung zwischen Genomgröße und Anzahl der Gene in Prokaryoten?

**8.9\*** Warum trifft der auf Eukaryoten angewendete Artbegriff – der besagt, dass eine Gruppe von Organismen innerhalb einer Art miteinander gekreuzt werden können – nicht auf Prokaryoten zu?

**8.10** Wie ist es möglich, das Genom eines Organismus zu sequenzieren, der nie isoliert worden ist?

# Vertiefende Aufgaben

*Hinweise zur Beantwortung der Fragen mit den ungeraden Zahlen finden Sie im Anhang

**8.1\*** Sollte die traditionelle Sichtweise bezüglich des prokaryotischen Genoms als einzelnes, ringförmiges DNA-Molekül aufgegeben werden? Wenn ja, wie müsste die neue Definition für „prokaryotische Genome" lauten?

**8.2** Spekulieren Sie über die Identität der 250–350 Gene, die die minimale Ausstattung einer freilebenden Zelle darstellen.

**8.3\*** Kann der Begriff der Bakterienspezies im Zuge der Genomsequenzierungen seine Gültigkeit behalten?

**8.4** Warum gibt es Organellengenome?

# Aufgaben zu Abbildungen

*Antworten auf die Fragen mit den ungeraden Zahlen finden Sie im Anhang

**8.1\*** Diese Abbildung stellt ein Modell des *E. coli*-Nucleoids dar. Wie wird das *E. coli*-Genom im Nucleoid verpackt?

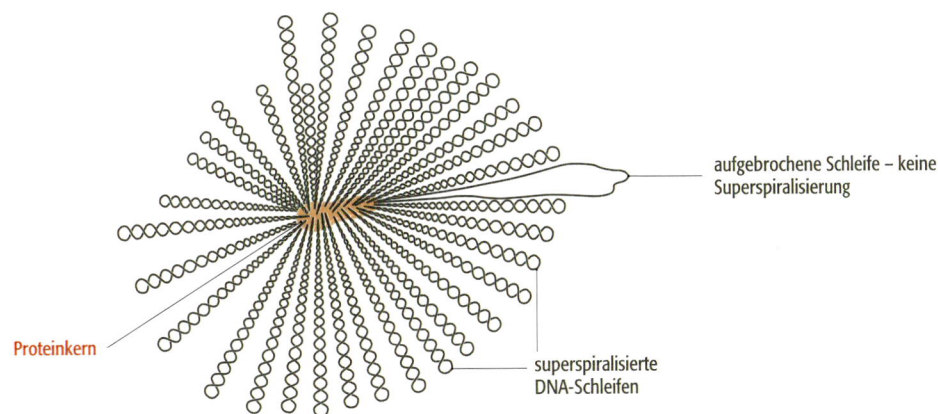

**8.2** Diese Abbildung zeigt ein 50-kb-Segment des Genoms von *E. coli*. Welche sind die hauptsächlichen Merkmale dieser Sequenz und welches Ergebnis hat ein Vergleich mit einem typischen 50-kb-Segment des menschlichen Genoms?

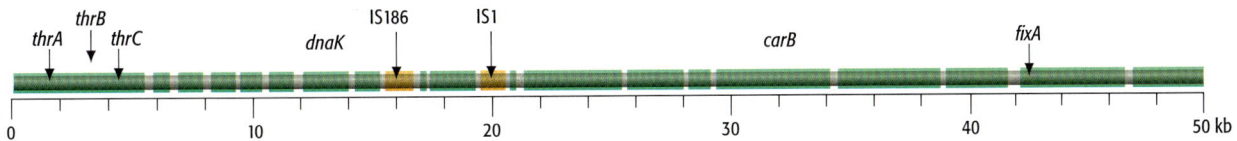

**8.3**[*]   Alle diese Gene sind an der Biosynthese von Tryptophan beteiligt. Wie wird ihre Expression in *E. coli* koordiniert?

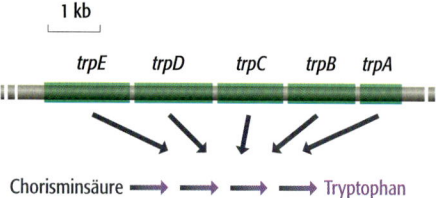

**8.4**   Diese Abbildung zeigt das Genom eines menschlichen Mitochondriums. Welche sind die hauptsächlichen Merkmale dieses Genoms? Wo sind die anderen Gene lokalisiert, die mitochondriale Proteine codieren?

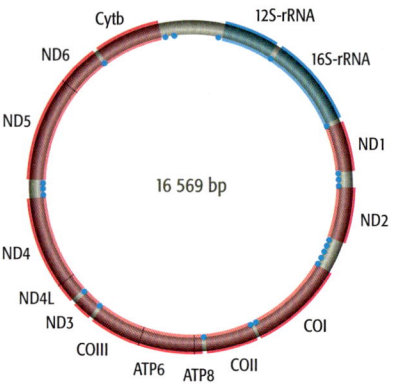

# Weiterführende Literatur

### Prokaryotische Nucleoide

Drlica K, Riley M (1990) The Bacterial Chromosome. American Society for Microbiology, Washington, DC [eine Informationsquelle für alle Aspekte der bakteriellen DNA]

Sinden RR, Pettijohn DE (1981) Chromosomes in living *Escherichia coli* cells are segregated into domains of supercoiling. *Proc Natl Acad Sci USA* 78: 224–228

White MF, Bell SD (2002) Holding it all together: chromatin in the Archaea. *Trends Genet* 18: 621–626

### Vielteilige Genome

Bentley SD, Parkhill J (2004) Comparative genome structure of prokaryotes. *Annu Rev Genet* 38: 771–791. [Übersichtsartikel zu vielen Merkmalen prokaryotischer Genome, die in diesem Kapitel besprochen wurden]

Fraser CM, Casjens S, Huang WM et al (1997) Genomic sequence of a Lyme disease spirochaete, *Borrelia burgdorferi*. *Nature* 390: 580–586

Heidelberg JF, Eisen JA, Nelson WC et al (2000) DNA sequence of both chromosomes of the cholera pathogen *Vibrio cholerae*. *Nature* 406: 477–483

White O, Eisen JA, Heidelberg JF et al (1999) Genome sequence of the radioresistant bacterium *Deinococcus radiodurans* R1. *Science* 286: 1571–1577

### Beispiele der Genorganisation

Blattner FR, Plunkett G, Bloch CA et al (1997) The complete genome sequence of *Escherichia coli* K-12. *Science* 277: 1453–1462

Bult CJ, White O, Olsen GJ et al (1996) Complete genome sequence of the methanogenic archaeon *Methanococcus jannaschii*. *Science* 273: 1058–1073

Deckert G, Warren PV, Gaasterland T et al (1998) The complete genome of the hyperthermophile bacterium *Aquifex aeolicus*. *Nature* 392: 353–358

Parkhill J, Achtman M, James KD et al (2000) Complete genome sequence of a serogroup A strain of *Neisseria meningitidis* Z2491. *Nature* 404: 502–506

Parkhill J, Wren BW, Mungall K et al (2000) The genome sequence of the food-borne pathogen *Campylobacter jejuni* reveals hypervariable sequences. *Nature* 403: 665–668

### Minimaler Genomgehalt

Koonin EV (2000) How many genes can make a cell: the minimal-gene-set concept. *Annu Rev Genomics Hum Genet* 1: 99–116 [beschreibt die experimentellen und theoretischen Arbeiten, die mit dem Minimalgenom ausgeführt worden sind]

### Probleme mit dem Artbegriff

Alm RA, Ling L-SL, Moir DT et al (1999) Genomic-sequence comparison of two unrelated isolates of the human gastric pathogen *Helicobacter pylori*. *Nature* 397: 176–180

Boucher Y, Douady, CJ, Papke RT, Walsh DA, Boudreau ME, Nesbo CL, Case RJ, Doolittle WE (2003) Lateral gene transfer and die origins of prokaryotic groups. *Annu Rev Genet* 37: 283–328

Nelson KE, Clayton RA, Gill SR et al (1999) Evidence for lateral gene transfer between Archaea and bacteria from genome sequence of *Thermotoga maritima*. *Nature* 399: 323–329

Ochman H, Lawrence JG, Groisman EA (2000) Lateral gene transfer and the nature of bacterial innovation. *Nature* 405: 299–304

Perna NT, Plunkett G, Burland V et al (2001) Genome sequence of enterohaemorrhagic *Escherichia coli* O157:H7. *Nature* 409: 529–532

### Metagenomik

Riesenfeld CS, Schloss PD, Handelsman J (2004) Metagenomics: genomic analysis of microbial communities. *Annu Rev Genet* 38: 525–552

Venter JC, Remington K, Heidelberg JF et al (2004) Environmental genome shotgun sequencing of the Sargasso Sea. *Science* 304: 66–74

### Organellengenome

Lang BV, Gray MW, Burger G (1999) Mitochondrial genome evolution and the origin of eukaryotes. *Annu Rev Genet* 33: 351–397

Margulis L (1970) Origin of Eukaryotic Cells. Yale University Press, New Haven, Connecticut [die erste Beschreibung der Endosymbiontentheorie für den Ursprung der Mitochondrien und Chloroplasten]

Palmer JD (1985) Comparative organization of chloroplast genomes. *Annu Rev Genet* 32: 437–459

# Virusgenome und mobile genetische Elemente

# 9

## Wenn Sie Kapitel 9 gelesen haben, sollten Sie folgende Aufgaben lösen können:

- Beschreiben Sie die verschiedenen Typen von Capsidstrukturen bei Bakteriophagen und anderen Virustypen.

- Geben Sie einen Überblick über die unterschiedlichen Formen der Organisation eines Bakteriophagengenoms.

- Unterscheiden Sie zwischen dem lytischen und dem lysogenen Infektionsweg und beschreiben Sie die wesentlichen Schritte jedes Weges ausführlich.

- Beschreiben Sie die wichtigsten Replikationsmechanismen, die bei eukaryotischen Viren, insbesondere den viralen Retroelementen, vorkommen.

- Erörtern Sie die Eigenschaften von Satelliten-RNAs, Virusoiden, Viroiden und Prionen.

- Unterscheiden Sie zwischen konservativer und replikativer Transposition.

- Stellen Sie die Strukturen der verschiedenen Typen von LTR-Retroelementen und ihre Beziehungen zueinander ausführlich dar.

- Erörtern Sie, unter Angabe von Beispielen, die wesentlichen Merkmale von LINEs und SINEs.

- Beschreiben Sie die verschiedenen Formen der in Prokaryoten vorkommenden DNA-Transposons.

- Erklären Sie, warum DNA-Transposons von Eukaryoten für unser Verständnis der Transposition wichtig waren.

- Nennen Sie Beispiele von DNA-Transposons bei Pflanzen und *Drosophila melanogaster*.

Die Viren sind die letzte und einfachste Lebensform, deren Genome wir untersuchen. In der Tat sind Viren in biologischen Dimensionen so einfach, dass wir uns fragen müssen, ob sie tatsächlich als lebende Organismen angesehen werden können. Es bestehen zum Teil Zweifel, wegen ihres von allen anderen Lebensformen stark abweichenden Bauplans – Viren sind keine Zellen – und zum Teil wegen der Art des viralen Lebenszyklus. Viren sind obligate Parasiten in der extremsten Form: Sie reproduzieren sich nur innerhalb der Wirtszelle und für ihre Vermehrung und die Expression ihrer Genome müssen sie sich wenigstens einen Teil der genetischen Maschinerie des Wirtes zunutze machen. Einige Viren besitzen Gene, die die eigene DNA-Polymerase und RNA-Polymerase codieren, doch viele sind für die Genomreplikation und die Transkription von den Wirtsenzymen abhängig. Alle Viren machen sich für die Poly-

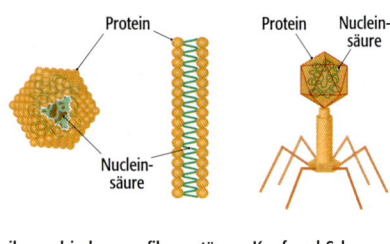

9.1   Die drei Formen von Capsidstrukturen, die üblicherweise bei Bakteriophagen vorkommen.

peptidsynthese die Ribosomen und den Translationsapparat des Wirtes zunutze, um die Proteinhüllen ihrer Nachkommen herzustellen. Das bedeutet, dass Virusgene dem genetischen System des Wirtes angepasst sein müssen. Viren sind daher auf bestimmte Organismen relativ spezialisiert und einzelne Formen vermögen nicht, ein breites Wirtsspektrum zu infizieren.

In diesem Kapitel werden wir auch mobile genetische Elemente betrachten, die einen erheblichen Anteil der repetitiven Komponenten des eukaryotischen und prokaryotischen Genoms ausmachen. Wir bringen diese Elemente mit Virusgenomen in Verbindung, weil in den vergangenen Jahren deutlich wurde, dass wenigstens ein paar dieser repetitiven Sequenzen von Viren abstammen und eigentlich virale Genome sind, die ihre Fähigkeit die Wirtszelle zu verlassen verloren haben.

# 9.1 Die Genome von Bakteriophagen und eukaryotischen Viren

Es gibt eine Vielzahl von unterschiedlichen Virenformen, doch insbesondere diejenigen, die Bakterien infizieren, zogen die meiste Aufmerksamkeit der Genetiker auf sich. Sie werden als Bakteriophagen bezeichnet und wurden in den 1930er-Jahren ausführlich analysiert, als die ersten Molekularbiologen, allen voran Max Delbrück, Phagen zu geeigneten Modellorganismen für die Untersuchung von Genen erklärten. Wir werden der Anleitung von Delbrück folgen und Bakteriophagen als Ausgangspunkt für unsere Untersuchungen der viralen Genome wählen.

## 9.1.1 Genome von Bakteriophagen

Bakteriophagen bestehen aus zwei Hauptkomponenten: Protein und Nucleinsäure. Das Protein bildet eine Hülle, oder **Capsid**, in der das Nucleinsäuregenom enthalten ist. Es gibt drei grundlegende Capsidstrukturen (Abb. 9.1):

● Bei der ikosaedrischen Form sind die einzelnen Polypeptiduntereinheiten (**Protomere**) zu einer dreidimensionalen geometrischen Struktur angeordnet, die die Nucleinsäure umgibt. Beispiele sind der *Escherichia coli*-infizierende MS2-Phage und PM2, der *Pseudomonas aeruginosa* infiziert.

● Bei der filamentösen (oder helikalen) Form sind die Protomere in einer Helix angeordnet und bilden auf diese Weise eine stäbchenähnliche Struktur. Der als M13 bezeichnete *E. coli*-Phage ist ein Beispiel.

● Die Kopf-und-Schwanz-Form ist eine Kombination aus einem ikosaedrischen Kopf, der die Nucleinsäure enthält, und einem filamentösen Schwanz, an den möglicherweise zusätzliche Strukturen gebunden sind, die den Eintritt der Nucleinsäure in die Wirtszelle unterstützen. Dies ist eine verbreitete Struktur, die zum Beispiel die *E. coli*-Phagen T4 und λ sowie der Phage SPO1 von *Bacillus subtilis* besitzen.

### *Bakteriophagengenome haben viele verschiedene Strukturen und Organisationsformen*

Für Phagengenome muss die allgemeine Bezeichnung „Nucleinsäure" verwendet werden, weil diese Moleküle nicht nur aus DNA, sondern in manchen Fällen aus RNA bestehen. Viren sind die einzige „Lebensform", die der Schlussfol-

gerung von Avery und seinen Kollegen und von Hershey und Chase widersprechen, und zwar, dass genetisches Material aus DNA besteht (Abschnitt 1.1.1).
Phagen und andere Viren brechen allerdings noch eine zweite Regel: Ihre
Genome, ob nun DNA oder RNA, können genauso einzelsträngig wie auch doppelsträngig sein. Bei Phagen ist ein ganzes Spektrum von unterschiedlichen
Genomstrukturen bekannt, die in Tabelle 9.1 zusammengefasst sind. Bei den
meisten Phagentypen enthält ein einzelnes DNA- oder RNA-Molekül das
gesamte Genom. Allerdings ist dieses nicht immer der Fall. So haben einige
RNA-Phagen **segmentierte Genome**, was bedeutet, dass ihre Gene auf einer
Anzahl unterschiedlicher RNA-Moleküle liegen. Die Größen der Phagengenome variieren stark, von etwa 1,6 kb für die kleinsten bis über 150 kb für die
größten, wie die von T2, T4 und T6.

Die Genome von Bakteriophagen sind relativ klein und gehörten daher zu
den ersten, die man mit den in den späten 1970er-Jahren entwickelten, schnellen und effizienten DNA-Sequenzierverfahren umfangreich analysiert hat. Die
Zahl der Gene variiert von nur drei bei MS2 bis über 200 für komplexere Kopf-
und-Schwanz-Phagen (Tab. 9.1). Die kleineren Phagengenome enthalten relativ wenige Gene, doch diese können dennoch sehr komplex organisiert sein.
Zum Beispiel bringt der Phage $\Phi$X174 in seinem Genom „zusätzliche" biologische Information unter, weil etliche seiner Gene überlappen (Abb. 9.2). Diese
**überlappenden Gene** teilen sich Nucleotidsequenzen (beispielsweise liegt Gen
$B$ vollständig in Gen $A$), codieren jedoch unterschiedliche Genprodukte, da die
Transkripte von unterschiedlichen Startpunkten aus und in unterschiedlichen
Leserastern translatiert werden. Überlappende Gene sind in Viren nicht unüblich. Die größeren Phagengenome enthalten mehr Gene, was eine komplexere Capsidstruktur dieser Phagen und eine Abhängigkeit von einer größeren
Zahl von phagencodierten Enzymen während des Infektionszyklus widerspiegelt. Das T4-Genom umfasst beispielsweise etwa 50 Gene, die einzig am Aufbau des Phagencapsids beteiligt sind (Abb. 9.3). Trotz ihrer Komplexität benötigen selbst diese großen Phagen wenigstens ein paar wirtscodierte Proteine
und RNAs, um ihren Infektionszyklus durchlaufen zu können.

| Tabelle 9.1 | Eigenschaften von einigen typischen Bakteriophagen und ihren Genomen | | | | |
|---|---|---|---|---|---|
| **Phage** | **Wirt** | **Capsidstruktur** | **Genomstruktur** | **Genomgröße (kb)** | **Anzahl von Genen** |
| λ | *Escherichia coli* | Kopf-und-Schwanz | doppelsträngige lineare DNA | 49,5 | 48 |
| $\Phi$X174 | *E. coli* | ikosaedrisch | einzelsträngige lineare DNA | 5,4 | 11 |
| f6 | *Pseudomonas phaseolicola* | ikosaedrisch | doppelsträngige segmentierte lineare RNA | 2,9, 4,0, 6,4 | 13 |
| M13 | *E. coli* | filamentös | einzelsträngige ringförmige DNA | 6,4 | 10 |
| MS2 | *E. coli* | ikosaedrisch | einzelsträngige lineare RNA | 3,6 | 3 |
| PM2 | *Pseudomonas aeruginosa* | ikosaedrisch | doppelsträngige lineare DNA | 10,0 | ungefähr 21 |
| SPO1 | *Bacillus subtilis* | Kopf-und-Schwanz | doppelsträngige lineare DNA | 150 | 100+ |
| T2, T4, T6 | *E. coli* | Kopf-und-Schwanz | doppelsträngige lineare DNA | 166 | 150+ |
| T7 | *E. coli* | Kopf-und-Schwanz | doppelsträngige lineare DNA | 39,9 | 55+ |

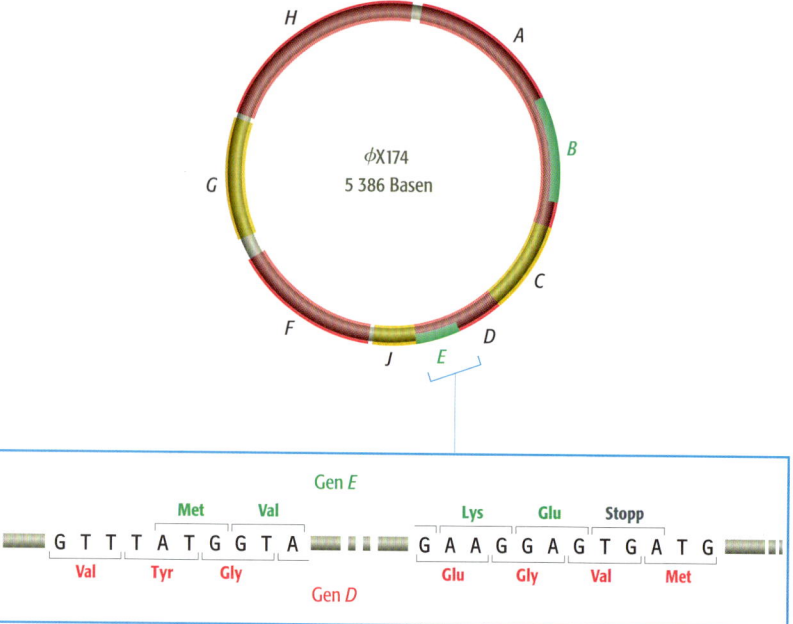

**9.2 Das Genom von *ΦX174* enthält überlappende Gene.** Das Genom besteht aus einzelsträngiger DNA. Der vergrößert dargestellte Bereich zeigt den Beginn und das Ende der Überlappung zwischen den Genen *E* und D.

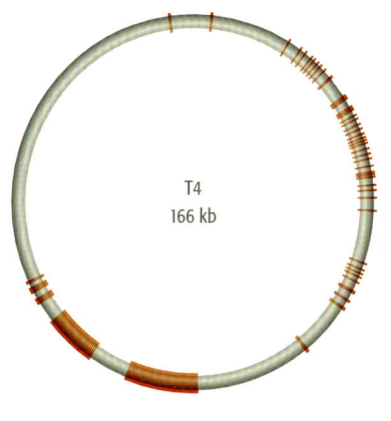

**9.3 Das T4-Genom.** Das Genom besteht aus doppelsträngiger DNA und ist in der ringförmigen Form dargestellt, wie sie in der Wirtszelle zu finden ist. Nur die Gene, die Komponenten des Phagencapsids codieren, sind eingezeichnet; ungefähr 100 weitere Gene, die an anderer Stelle im Lebenszyklus des Phagen eingebunden sind, sind nicht dargestellt.

## Replikationsmechanismen von Bakteriophagengenomen

Bakteriophagen werden nach ihrem Infektionszyklus in zwei Gruppen eingeteilt: lytische und lysogene. Der grundsätzliche Unterschied zwischen diesen beiden Gruppen ist, dass ein lytischer Phage sein Wirtsbakterium sehr schnell nach der ersten Infektion abtötet, während sich ein lysogener Phage in seinem Wirt lange Zeit passiv verhalten kann, auch über zahlreiche Generationen der Wirtszelle hinweg. Diese beiden Infektionszyklen werden durch zwei *E. coli*-Phagen repräsentiert: den lytischen (oder **virulenten**) T4-Phagen und den lysogenen (oder **temperenten**) λ-Phagen.

Die T-Reihe von *E. coli*-Phagen (T1 bis T7) war die erste, die den Molekulargenetikern zur Verfügung stand und sie war Gegenstand intensiver Forschung. Ihr lytischer Infektionszyklus wurde zuerst im Jahre 1939 durch Emory Ellis und Max Delbrück untersucht. Sie gaben T4-Phagen zu einer *E. coli*-Kultur, warteten drei Minuten, in denen sich die Phagen an die Bakterien heften konnten, und bestimmten anschließend die Zahl der infizierten Zellen über einen Zeitraum von 60 Minuten. Ihre Ergebnisse (Abb. 9.4a) zeigten, dass sich die Zahl der infizierten Zellen in den ersten 22 Minuten der Infektion nicht ändert, wobei diese **Latenzphase** die Zeit ist, die die Phagen für die Reproduktion in den Wirtszellen benötigen. Nach 22 Minuten steigt die Zahl der infizierten Zellen an, was zeigt, dass nun die ursprünglichen Wirtszellen lysieren und neu produzierte Phagen damit beginnen, andere Zellen in der Kultur zu infizieren. Die molekularen Ereignisse in den verschiedenen Phasen dieser **Ein-Schritt-Wachstumskurve** (*one-step growth curve*) sind in Abbildung 9.4b dargestellt. Das erste Ereignis ist die Anheftung des Phagenpartikels an ein Rezeptorprotein auf der Außenseite des Bakteriums. Unterschiedliche Typen von Phagen haben dabei unterschiedliche Rezeptoren: Beispielsweise wird das Rezeptorprotein für T4 als OmpC bezeichnet (wobei „Omp" für „*outer membrane protein*" steht), das eine Art von Porin ist und somit zu den Proteinen gehört, die Kanäle durch die

**a)** Ein-Schritt-Wachstumskurve

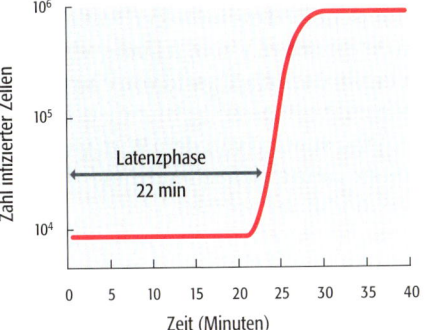

**b)** lytischer Infektionsszyklus

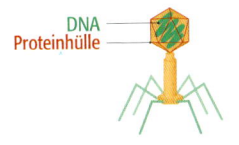

DNA
Proteinhülle

Bakteriophage T4

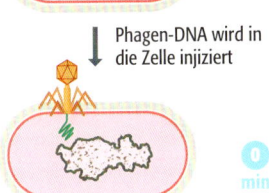

Bakteriophage T4
heftet sich an
*E. coli*-Bakterium

Rezeptorprotein

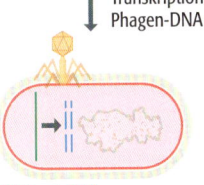

Phagen-DNA wird in
die Zelle injiziert

0 min

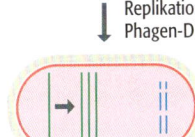

Transkription der
Phagen-DNA beginnt

1 min

DNA → RNA

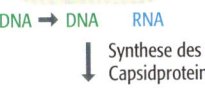

Replikation der
Phagen-DNA

5 min

DNA → DNA    RNA

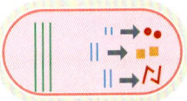

Synthese des
Capsidproteins

12 min

RNA → Protein

Wirtszelle platzt,
neue Phagen werden
freigesetzt

22 min

äußere Zellmembran ausbilden und die Aufnahme von Nährstoffen erleichtern. Nach der Anheftung schleust der Phage sein DNA-Genom durch die Schwanzstruktur in die Zelle. Unmittelbar nachdem die Phagen-DNA in das Zellinnere gelangt ist, stoppt die Synthese von Wirts-DNA, -RNA und -Proteinen und die Transkription des Phagengenoms beginnt. Innerhalb von 5 Minuten wird das bakterielle DNA-Molekül depolymerisiert und die freigesetzten Nucleotide werden für die Replikation des T4-Genoms verwendet. Nach 12 Minuten erscheinen die ersten Phagencapsidproteine und die ersten Phagenpartikel werden vollständig zusammengebaut. Am Ende der latenten Phase platzt die Zelle schließlich und die neuen Phagen werden freigesetzt. Ein typischer Infektionszyklus produziert pro Zelle 200 bis 300 T4-Phagen, die alle die Infektion von neuen Zellen fortsetzen können.

Die meisten Phagen verfolgen den lytischen Infektionszyklus, doch einige, wie der λ-Phage, können auch den lysogenen Weg einschlagen. In Abschnitt 2.2.1, als wir uns die Verwendung des λ-Phagen als Klonierungsvektor angesehen haben, konnten wir feststellen, dass das Phagengenom während des lysogenen Zyklus in die Wirts-DNA integriert wird. Dies geschieht unmittelbar nach dem Eintritt der Phagen-DNA in die Zelle und führt zu einer passiven Form des Bakteriophagen, die als **Prophage** bezeichnet wird (Abb. 9.5A). Der Einbau erfolgt durch **ortsspezifische Rekombination** (*site-specific recombination*) (Abschnitt 17.2) zwischen identischen 15 bp langen Sequenzen, die sowohl im λ- als auch im *E. coli*-Genom enthalten sind. Dabei ist zu beachten, dass das λ-Genom deshalb stets an der gleichen Position in das DNA-Molekül von *E. coli* eingebaut wird. Der integrierte Prophage kann für viele Generationen im DNA-Molekül des Wirtes verbleiben, zusammen mit dem bakteriellen Genom repliziert und an die Tochterzellen weitergegeben werden. Der Übergang in den lytischen Infektionsmodus erfolgt, wenn der Prophage durch einen chemischen oder physikalischen Reiz **induziert** wird. Jeder dieser Stimuli scheint mit einer Schädigung der DNA einherzugehen und signalisiert daher vermutlich den unmittelbar bevorstehenden Tod der Wirtszelle. Als Antwort auf diese Reize wird das Phagengenom durch ein zweites Rekombinationsereignis aus der Wirts-DNA geschnitten, die DNA-Replikation beginnt und Phagenhüllproteine werden synthetisiert (Abb. 9.5b). Schließlich platzt die Zelle und die neuen λ-Phagenpartikel werden freigesetzt. Die Lysogenie stellt eine weitere Ebene der Komplexität im Infektionszyklus eines Phagen dar und sie stellt sicher, dass ein Phage eine Infektionsstrategie verfolgen kann, die für die vorherrschenden Bedingungen am besten geeignet ist.

**9.4 Der lytische Infektionszyklus des Bakteriophagen T4.** a) Die Ein-Schritt-Wachstumskurve, wie sie bei dem Experiment von Ellis und Delbrück zu beobachten war. b) Die molekularen Ereignisse während des lytischen Infektionszyklus.

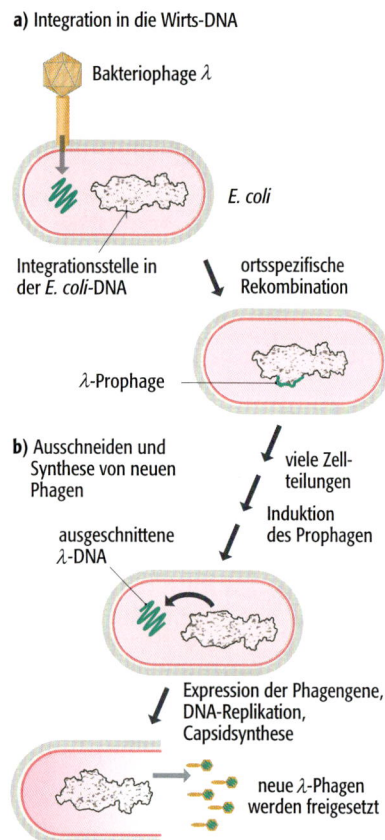

**a)** Integration in die Wirts-DNA

Bakteriophage λ

E. coli

Integrationsstelle in der E. coli-DNA

ortsspezifische Rekombination

λ-Prophage

**b)** Ausschneiden und Synthese von neuen Phagen

viele Zellteilungen

ausgeschnittene λ-DNA

Induktion des Prophagen

Expression der Phagengene, DNA-Replikation, Capsidsynthese

neue λ-Phagen werden freigesetzt

**9.5 Der lysogene Infektionszyklus des Bakteriophagen λ.** Nach der Induktion verläuft die Infektion ähnlich wie beim lytischen Zyklus. In Abschnitt 14.3.1 findet sich eine Beschreibung, wie die Expression des λ-Genoms während der Lysogenie reguliert wird.

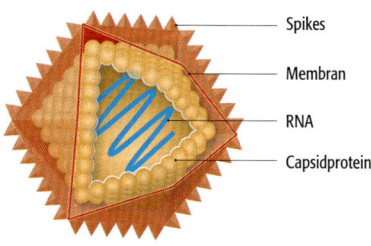

**9.6 Die Struktur eines Retrovirus der Eukaryoten.** Das Capsid ist von einer Lipidmembran umgeben, an die zusätzliche Virusproteine angeheftet sind.

Spikes

Membran

RNA

Capsidprotein

## 9.1.2 Die Genome von eukaryotischen Viren

Die Capside von eukaryotischen Viren sind entweder ikosaedrisch oder filamentös, die Kopf-und-Schwanz-Struktur ist den Bakteriophagen vorbehalten. Ein Unterscheidungsmerkmal von eukaryotischen Viren, insbesondere von denen mit einem Tier als Wirt, besteht darin, dass das Capsid von einer Lipidmembran umgeben sein kann, die eine zusätzliche Komponente der Virusstruktur darstellt (Abb. 9.6). Diese Membran stammt von dem Wirt, wenn das neue Viruspartikel die Zelle verlässt, und sie kann anschließend durch die Integration von virusspezifischen Proteinen modifiziert werden.

### Strukturen und Replikationsmechanismen der Genome von Viren mit eukaryotischen Wirten

Genome von Viren mit eukaryotischen Wirten zeigen eine große strukturelle Variabilität (Tab. 9.2). Sie können aus DNA oder aus RNA bestehen, einzel- oder doppelsträngig (oder auch teilweise doppelsträngig mit einzelsträngigen Bereichen) sein, linear oder ringförmig, segmentiert oder nichtsegmentiert. Aus noch ungeklärten Gründen hat die überwiegende Mehrheit der Pflanzenviren RNA-Genome. Die Genomgrößen umfassen annähernd den gleichen Bereich wie bei den Phagen, obwohl die größten viralen Genome (beispielsweise das des Vaccinia-Virus mit 240 kb) eher größer sind als die größten Phagengenome.

Obwohl die meisten Viren von Eukaryoten den lytischen Infektionsweg einschlagen, übernehmen doch ein paar wenige die genetische Maschinerie der Zelle in einem Ausmaß, wie es eigentlich für einen Bakteriophagen typisch ist. Viele Viren bleiben in ihrer Wirtszelle über einen langen Zeitraum in einer Coexistenz erhalten, möglicherweise für Jahre, wobei die Wirtszellfunktionen erst gegen Ende des Infektionszyklus aussetzen, wenn die in der Zelle gespeicherten Virennachkommen freigesetzt werden. Andere Viren haben Infektionszyklen, die dem von M13 in *E. coli* ähnlich sind (Abschnitt 4.1.1), bei denen fortlaufend neue Viruspartikel synthetisiert und aus der Zelle geschleust werden. Diese lange andauernden Infektionen können sogar dann auftreten, wenn das Virusgenom nicht in die Wirts-DNA integriert wird. Doch bedeutet das nicht, dass es unter den Viren, welche Eukaryoten infizieren, keine gibt, die den lysogenen Bakteriophagen entsprechen. Eine Zahl von DNA- und RNA-Viren vermögen sich in die Genome ihrer Wirte zu integrieren, manchmal mit dramatischen Folgen für die Wirtszelle. Die **viralen Retroelemente** sind Beispiele für integrative Viren von Eukaryoten. Ihre Replikation umfasst einen neuen Schritt, bei dem eine RNA-Form des viralen Genoms in DNA umgeschrieben wird. Es gibt zwei Arten von viralen Retroelementen: die **Retroviren**, deren Capside RNA-Formen des Genoms enthalten, und die **Pararetroviren**, deren Genom aus DNA besteht. Die Fähigkeit der viralen Retroelemente RNA in DNA umzuschreiben wurde im Jahre 1970 von Howard Temin und, unabhängig von ihm, von David Baltimore entdeckt. Sowohl Temin als auch Baltimore arbeiteten mit Zellen, die mit Retroviren infiziert waren, und sie isolierten das Enzym, das heute als **Reverse Transkriptase** bezeichnet wird. Dieses Enzym kann von einer RNA-Matrize eine DNA-Kopie herstellen und ist von unglaublichem Nutzen für die experimentelle Analyse von Genomen (Abschnitt 2.1.1). Das typische Genom eines Retrovirus ist ein einzelsträngiges RNA-Molekül mit einer Länge von 6 000–9 000 Nucleotiden. Nach dem Eintritt in die Zelle wird das Genom nur durch einige wenige Moleküle der Reversen Transkriptase, die das Virus in seinem Capsid enthält, in eine doppelsträngige DNA umgeschrieben. Die doppelsträngige Version des Genoms integriert sich anschließend in die Wirts-DNA (Abb. 9.7). Im Gegensatz zum λ-Phagen besitzt das retrovirale

**Tabelle 9.2**  Eigenschaften von einigen typischen eukaryotischen Viren und ihren Genomen

| Virus | Wirt | Genomstruktur | Genomgröße (kb) | Anzahl von Genen |
|---|---|---|---|---|
| Adenovirus | Säugetiere | doppelsträngige lineare DNA | 36,0 | 30 |
| Hepatitis B | Säugetiere | teilweise doppelsträngige ringförmige DNA | 3,2 | 4 |
| Influenza-Virus | Säugetiere | einzelsträngige segmentierte lineare RNA | 22,0 | 12 |
| Parvovirus | Säugetiere | einzelsträngige lineare DNA | 1,6 | 5 |
| Poliovirus | Säugetiere | einzelsträngige lineare RNA | 7,6 | 8 |
| Reovirus | Säugetiere | doppelsträngige segmentierte lineare RNA | 22,5 | 22 |
| Retroviren | Säugetiere, Vögel | einzelsträngige lineare RNA | 6,0–9,0 | 3 |
| SV40 | Affen | doppelsträngige ringförmige DNA | 5,0 | 5 |
| Tabak-Mosaik-Virus | Pflanzen | einzelsträngige lineare RNA | 6,4 | 6 |
| Vaccinia-Virus | Säugetiere | doppelsträngige ringförmige DNA | 240 | 240 |

Die angegebene Genomstruktur bezieht sich auf die im Capsid vorhandene Form; einige Genome können in der Wirtszelle andere Formen annehmen.

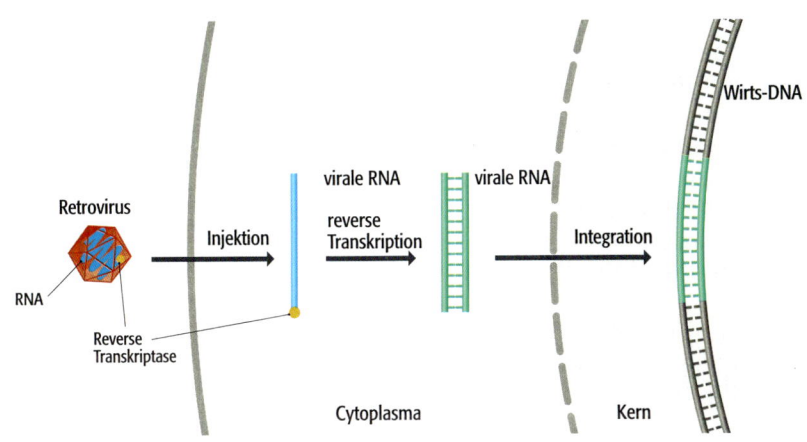

**9.7**  Insertion eines retroviralen Genoms in das Wirtschromosom.

Genom keinerlei Sequenzähnlichkeit mit seiner Insertionsstelle in der Wirts-DNA. Die Integration des viralen Genoms in die Wirts-DNA ist die Voraussetzung für die Expression der retroviralen Gene, von denen es drei gibt – *gag, pol* und *env* (Abb. 9.8). Jedes codiert ein **Polyprotein**, das nach der Translation in zwei oder mehrere funktionelle Genprodukte gespalten wird. Zu diesen Produkten gehören die viralen Hüllproteine (von *env*) und die Reverse Transkriptase (von *pol*). Die Genprodukte finden sich mit vollständigen RNA-Transkripten des Retrovirusgenoms zusammen und es entstehen neue Virenpartikel.

In den Jahren 1983–84 konnten Retroviren als Erreger von AIDS (*acquired immune deficiency syndrome*) nachgewiesen werden. Das erste AIDS-Virus wurde von zwei Gruppen, geleitet von Luc Montagnier und Robert Gallo, unabhängig voneinander isoliert. Dieses Virus wird als menschliches Immunschwächevirus (*human immunodeficiency virus*) oder HIV-1 bezeichnet, und ist für die am häufigsten vorkommende und pathogene Form von AIDS verantwortlich. Ein verwandtes Virus, HIV-2, wurde im Jahr 1985 von Montagnier entdeckt. Es ist weniger weit verbreitet und verursacht eine mildere Form der Erkran-

**9.8  Ein Retrovirusgenom.** LTR bezeichnet jeweils eine lange terminale Sequenzwiederholung mit einer Länge von 250–1 400 bp; diese spielen eine wichtige Rolle bei der Replikation des Genoms (Abschnitt 17.3.2).

**a)** selbstkatalysierte Spaltung von Viroid- und Virusoid-RNAs

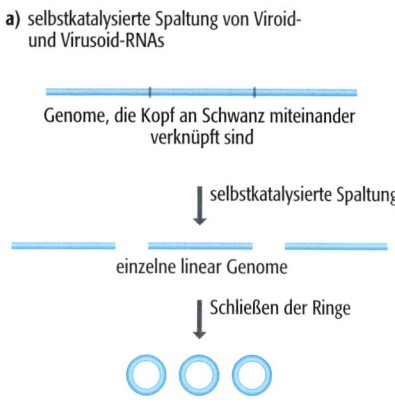

Genome, die Kopf an Schwanz miteinander verknüpft sind

↓ selbstkatalysierte Spaltung

einzelne linear Genome

↓ Schließen der Ringe

**b)** Struktur bei der Spaltung

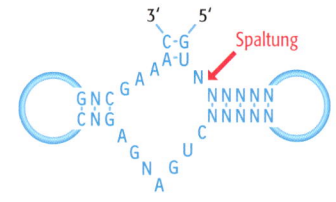

9.9 Selbstkatalysierte Reaktion der miteinander verbundenen Genome während der Replikation von Viroiden und Virusoiden. a) Der Ablauf der Replikation. b) Die „Hammerkopf"-Struktur, die sich an jeder Spaltstelle ausbildet und die enzymatische Aktivität besitzt. N, beliebiges Nucleotid.

kung. Die HIVs greifen bestimmte Formen von Lymphocyten im Blut an und unterdrücken dadurch die Immunantwort des Wirtes. Diese Lymphocyten tragen auf ihrer Oberfläche vielfache Kopien eines als CD4 bezeichneten Proteins, die als Rezeptoren für das Virus dienen. Ein HIV-Partikel bindet an ein CD4-Protein und dringt in den Lymphocyten ein, nachdem die Lipidhülle des Virus mit der Zellmembran fusioniert hat.

### Genome an der Grenze zum Leben

Viren besetzen die Grenzen zwischen der belebten und unbelebten Welt. An deren äußerster Grenze – oder vielleicht auch dahinter – befinden sich vielfältige Nucleinsäuremoleküle, die man als Genome ansehen kann oder auch nicht. Beispiele sind die **Satelliten-RNAs** oder **Virusoide**. Dabei handelt es sich um RNA-Moleküle mit einer Länge von etwa 320–400 Nucleotiden, die nicht ihre eigenen Capsidproteine codieren, sondern sich stattdessen in den Capsiden von Helferviren von Zelle zu Zelle bewegen. Das Unterscheidungsmerkmal zwischen den beiden Gruppen ist, dass ein Satellitenvirus das Capsid mit dem Genom des Helfervirus teilt, wohingegen ein Virusoid-RNA-Molekül alleine eingekapselt wird. Sie werden im Allgemeinen als Parasiten ihres Helfervirus betrachtet. Allerdings gibt es anscheinend einige Fälle, in denen sich der Helfer nicht ohne die Satelliten-RNA oder das Virusoid zu replizieren vermag, was vermuten lässt, dass wenigstens manche Beziehungen als symbiotisch einzustufen sind. Sowohl Satelliten-RNAs als auch Virusoide finden sich vorwiegend in Pflanzen, genau wie eine noch extremere Form, die als **Viroid** bezeichnet wird. Dieses RNA-Molekül mit einer Länge von 240–375 Nucleotiden enthält keine Gene, wird zu keinem Zeitpunkt in ein Capsid verpackt und verbreitet sich als nackte RNA von Zelle zu Zelle. Zu den Viroiden gehören einige ökonomisch bedeutende Pathogene wie das Citrus-Exocortis-Viroid, das das Wachstum von Bäumen der Zitrusfrüchte hemmt. Viroid- und Virusoidmoleküle sind ringförmig, einzelsträngig und werden durch Enzyme repliziert, die vom Genom des Wirtes oder des Helfervirus codiert werden. Der Replikationsprozess führt zu einer Reihe von RNAs, die miteinander „Kopf an Schwanz" verbunden sind und, zumindest bei einigen Viroiden und Virusoiden, durch eine selbstkatalysierte Reaktion, bei der die RNA-Moleküle als Enzyme fungieren, geschnitten werden (Abb. 9.9). Wir werden diese RNA-Enzyme in Abschnitt 12.2.4 ausführlicher untersuchen.

Nucleinsäuremoleküle, die sich in Pflanzenzellen replizieren, können eventuell als Genome betrachtet werden, obwohl sie keine Gene enthalten. Das gilt allerdings nicht für **Prionen**, da diese infektiösen, krankheitsauslösenden Partikel nicht über eine Nucleinsäure verfügen. Prionen sind verantwortlich für Scrapie (Traberkrankheit) bei Schafen und Ziegen und ihre Übertragung auf Rinder führte zu der neuen Krankheit, die als BSE (*bovine spongiform encephalopathy*) – Rinderwahnsinn – bezeichnet wird. Ob ihre weitere Übertragung auf den Menschen eine Variante der Creutzfeld-Jakob-Krankheit (*Creutzfeld-Jakob disease*, CJD) verursacht, ist umstritten, wird jedoch von vielen Biologen als erwiesen angesehen. Zunächst war man der Ansicht, dass Prionen Viren sind, doch nun ist eindeutig geklärt, dass sie ausschließlich aus Protein bestehen. Die normale Form des Prionproteins, als PrP$^C$ bezeichnet, wird durch Kerngene von Säugetieren codiert und im Gehirn synthetisiert, doch seine Funktion ist unbekannt. PrP$^C$ wird leicht durch Proteasen abgebaut. Die infektiöse Variante, PrP$^{SC}$, besitzt dagegen in ihrer Struktur mehr $\beta$-Faltblätter, die gegenüber Proteasen resistent sind, und sie bildet in dem infizierten Gewebe sichtbare faserige Aggregate. Sind PrP$^{SC}$-Moleküle erst einmal in die Zelle gelangt, wandeln sie neu synthetisierte PrP$^C$-Proteine durch einen noch nicht vollständig geklärten Mechanismus in die infektiöse Form um, was zu der Erkrankung führt. Die Übertragung eines oder mehrerer dieser PrP$^{SC}$-Proteine auf ein anderes Tier führt zu einer Anreicherung von PrP$^{SC}$-Proteinen im Gehirn dieses Tieres und überträgt somit die Krankheit (Abb. 9.10). Infektiöse Proteine mit ähnlichen Eigenschaften sind auch von niederen Eukaryoten bekannt. Beispiele sind Ure3- und Psi$^+$-Prionen von *Saccharomyces cerevisiae*. Allerdings ist geklärt, dass Prionen *Genprodukte,* aber kein genetisches Material sind und trotz ihrer infektiösen Eigenschaften, die bezüglich ihres Status zunächst für Verwirrung sorgten, nicht mit Viren oder subviralen Partikeln wie Viroiden und Virusoiden verwandt sind.

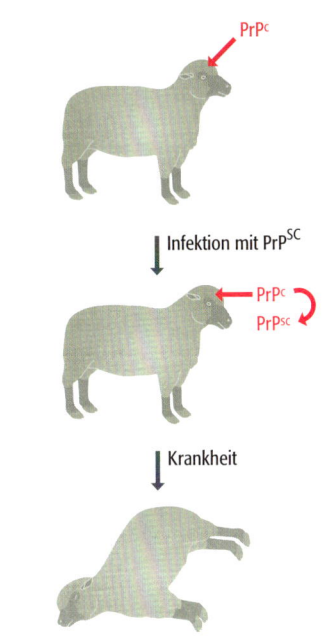

9.10    Die Wirkungsweise eines Prions. Ein normales, gesundes Schaf enthält in seinem Gehirn PrP$^C$-Proteine. Die Infektion mit PrP$^{SC}$-Molekülen wandelt neu synthetisierte PrP$^C$-Proteine in PrP$^{SC}$-Proteine um und führt zu der Erkrankung Scrapie bei Schafen.

## 9.2 Mobile genetische Elemente

In den Kapiteln 7 und 8 haben wir erfahren, dass eukaryotische Genome, und in einem geringeren Ausmaß auch Genome von Prokaryoten, genomweite oder verstreute Sequenzwiederholungen besitzen; einige mit einer Kopienzahl von etlichen Tausend pro Genom, wobei die einzelnen Wiederholungseinheiten scheinbar zufällig über das Genom verteilt sind (Abschnitt 7.2.4). Bei vielen verstreuten Wiederholungen wird das genomweite Verteilungsmuster durch **Transposition** bestimmt, ein Prozess, durch den ein DNA-Segment von einer Position im Genom zu einer anderen springen kann. Diese beweglichen Elemente werden als transponierbare Elemente oder **Transposons** bezeichnet. Einige Typen springen durch einen **konservativen** Mechanismus, bei dem die Sequenz aus ihrer ursprünglichen Position ausgeschnitten und woanders wieder eingebaut wird. Die konservative Transposition führt daher zu einem einfachen Ortswechsel des Transposons im Genom, ohne dass sich die Anzahl der Transposons verändert (Abb. 9.11). Dagegen erhöht die **replikative Transposition** die Kopienzahl, weil das Element an seinem ursprünglichen Platz verbleibt und an der neuen Position eine Kopie eingebaut wird. Durch diesen replikativen Prozess vermehrt sich das Transposon und verteilt sich über das Genom.

Beide Transpositionsformen beinhalten eine Rekombination und wir werden diese Prozesse ausführlich behandeln, wenn wir die Rekombination und verwandte Arten der Genomumstrukturierung in Kapitel 17 besprechen. An dieser Stelle interessieren uns die Vielfalt von Strukturen der in eukaryotischen und prokaryotischen Genomen vorkommenden transponierbaren Elemente und die Verbindung zwischen diesen Elementen und viralen Genomen.

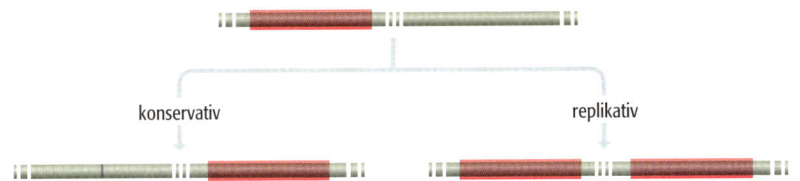

9.11    Konservative und replikative Transposition.

### 9.2.1 Transposition über ein RNA-Intermediat

Replikative Transposons können weiter unterteilt werden in die, die über ein RNA-Zwischenprodukt transponieren und die, bei denen ein solches Intermediat nicht notwendig ist. Der Prozess über eine RNA-Zwischenstufe wird als **Retrotransposition** bezeichnet und beginnt mit der Synthese einer RNA-Kopie

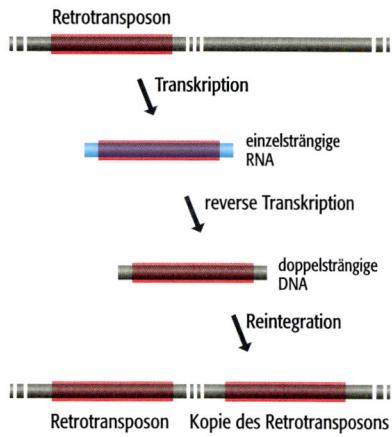

Retrotransposon

Transkription

einzelsträngige RNA

reverse Transkription

doppelsträngige DNA

Reintegration

Retrotransposon    Kopie des Retrotransposons

**9.12    Retrotransposition.** Ein Vergleich mit Abbildung 7.20 zeigt, dass die Vorgänge nahezu mit denen identisch sind, die zu einem prozessierten Pseudogen führen.

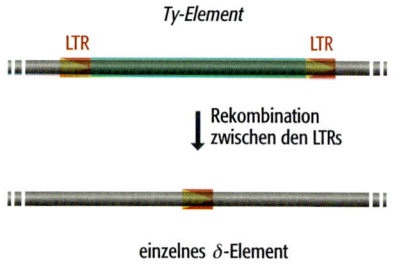

Ty-Element

LTR                              LTR

Rekombination zwischen den LTRs

einzelnes δ-Element

**9.13    Durch homologe Rekombination zwischen den LTRs an jedem Ende eines *Ty*-Elements können *δ*-Sequenzen entstehen.**

des Transposons durch einen normalen Transkriptionsvorgang (Abb. 9.12). Das Transkript wird anschließend in doppelsträngige DNA umgeschrieben, die zunächst als unabhängiges Molekül außerhalb des Genoms vorliegt. Schließlich integriert sich die DNA-Kopie des Transposons in das Genom, entweder in das Chromosom, in dem auch die ursprüngliche Einheit liegt, oder in ein anderes. Das Ergebnis sind zwei Kopien des Transposons an unterschiedlichen Stellen im Genom.

Wenn wir den Mechanismus der Retrotransposition mit dem der Replikation eines viralen Retroelements, wie er in Abbildung 9.7 gezeigt ist, vergleichen, dann erkennen wir eine große Ähnlichkeit der Prozesse. Jedoch besteht ein wichtiger Unterschied. Bei der Retrotransposition wird das RNA-Molekül, das den Prozess einleitet, von einer endogenen genomischen Sequenz ausgehend transkribiert, während das Molekül bei der Replikation des viralen Retroelements von einem exogenen viralen Genom stammt. Die große Ähnlichkeit macht uns auf die Verwandtschaft zwischen diesen beiden Arten von Elementen aufmerksam.

## RNA-Transposons mit langen terminalen Sequenzwiederholungen sind mit viralen Retroelementen verwandt

RNA-Transposons, oder **Retroelemente**, sind Merkmale von eukaryotischen Genomen und ließen sich bisher in Prokaryoten nicht nachweisen. Sie können in zwei Gruppen unterteilt werden: Die eine enthält **lange terminale Sequenzwiederholungen** (*long terminal repeats*, **LTRs**) und die andere nicht. LTRs, die eine zentrale Rolle bei dem Prozess spielen, durch den die RNA-Kopie eines LTR-Elements revers in doppelsträngige DNA transkribiert wird (Abschnitt 17.3.2), sind auch in viralen Retroelementen enthalten (Abb. 9.8). Diese Viren sind Mitglieder einer Superfamilie von Elementen, zu der auch endogene LTR-Transposons gehören. Das erste dieser endogenen Elemente, das man entdeckte, war die *Ty*-Sequenz der Hefe, die 6,3 kb lang ist und in den meisten Genomen von *Saccharomyces cerevisiae* eine Kopienzahl von 25–35 erreicht – denken Sie nur an das Element, das in dem von uns in Abschnitt 7.2.2 untersuchten 50-kb-Segment des Hefegenoms enthalten ist (Abb. 7.15b). Hefegenome beinhalten außerdem etwa 100 zusätzliche Kopien der 330 bp langen LTRs von *Ty*-Elementen. Diese einzelnen „δ"-Sequenzen entstehen wahrscheinlich durch homologe Rekombination zwischen den beiden LTRs eines *Ty*-Elements, durch die der größte Teil des Elements herausgeschnitten wird und ein einzelnes LTR zurückbleibt (Abb. 9.13). Dieses Ausschneiden steht vermutlich in keiner Beziehung zur Transposition eines *Ty*-Elements, die durch den in Abbildung 9.12 dargestellten RNA-vermittelten Prozess erfolgt.

In Hefegenomen kommen verschiedene Typen von *Ty*-Elementen vor. Das häufigste, *Ty1*, ist den *copia*-Retroelementen der Taufliege ähnlich. Diese Elemente werden daher als *Ty1/copia*-Familie bezeichnet. Wenn wir die Struktur eines *Ty1/copia*-Retroelements mit einem viralen Retroelement vergleichen, dann erkennen wir eine klare familiäre Verwandtschaft (Abb. 9.14a und b). Jedes *Ty1/copia*-Element enthält zwei Gene, in Hefe als *TyA* und *TyB* bezeichnet, die den *gag*- und *pol*-Genen eines viralen Retroelements ähnlich sind. Insbesondere *TyB* codiert ein Polyprotein, das die Reverse Transkriptase beinhaltet, die eine wichtige Rolle bei der Transkription des *Ty1/copia*-Elements besitzt. Allerdings ist zu beachten, dass dem *Ty1/copia*-Element ein dem viralen *env*-Gen entsprechendes Gen fehlt, das virale Hüllproteine codiert. Das heißt, dass *Ty1/copia*-Retroelemente keine infektiösen Viruspartikel synthetisieren und daher nicht aus der Wirtszelle entweichen können. Sie bilden allerdings virusähnliche Partikel (*virus-like particles*, VLPs), die aus RNA- und DNA-Kopien der Retroelemente bestehen. Diese sind an Core-Proteine geheftet, die aus dem *TyA*-Polyprotein stammen. Im Gegensatz dazu haben die Mitglieder der zweiten Familie von LTR-Retrotransposons, die man als *Ty3/gypsy* (wieder nach der Hefe und der Taufliegenvariante) bezeichnet, ein dem *env*-Gen entsprechendes Gen (Abb. 9.14c), und zumindest einige von ihnen bilden infektiöse Viren. Obwohl als endogene Transposons eingruppiert, sollten diese infektiösen Formen als virale Retroelemente betrachtet werden.

LTR-Retroelemente machen einen erheblichen Teil vieler eukaryotischer Genome aus und sind besonders häufig in den größeren Pflanzengenomen zu finden, insbesondere in denen von Gräsern und Mais (Abb. 7.15d). Auch in den Genomen von Wirbellosen und einigen Wirbeltieren sind sie ein wichtiger Bestandteil, doch in den Genomen von Mensch und anderen Säugetieren scheinen LTR-Elemente eher ehemalige virale Retroelemente zu sein als echte Transposons. Diese Sequenzen werden als **endogene Retroviren** (**ERVs**) bezeichnet, sie kommen in ungefähr 240 000 Kopien vor und machen 4,7 % des menschlichen Genoms aus (Tab. 9.3). ERVs des Menschen haben eine Länge zwischen 6 und 11 kb und enthalten Kopien des *gag*-, *pol*- und *env*-Gens. Obwohl die meisten Mutationen oder Deletionen aufweisen, die eines oder mehrere dieser Gene inaktivieren, haben einige wenige Mitglieder der Human-ERV-Gruppe HERV-K funktionelle Sequenzen. Aus einem Vergleich der Positionen der HERV-K-Elemente in den Genomen einzelner Individuen lässt sich ableiten, dass wenigstens ein paar von ihnen aktive Transposons darstellen. Menschliche ERVs sind allerdings in der Mehrzahl inaktive Sequenzen, die sich nicht weiter zu verbreiten vermögen.

### RNA-Transposons ohne LTRs

Nicht alle Typen von RNA-Transposons haben LTR-Elemente. In Säugetieren sind die wichtigsten Typen von Nicht-LTR-Retroelementen, oder **Retroposons**, die **LINEs** (*long interspersed nuclear elements*) und **SINEs** (*short interspersed nuclear elements*). SINEs umfassen mit über 1,7 Millionen Kopien, die 14 % des Gesamtgenoms ausmachen, die höchste Anzahl von Kopien, die bei genomweit verstreuten repetitiven DNA-Sequenzen im menschlichen Genom bekannt ist (Tab. 9.3). LINEs sind mit nur einer Million Kopien weniger häufig, doch da

**a)** virales Retroelement

~7 kb

**b)** *Ty1/copia*-Retroelement

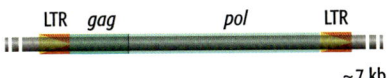

~7 kb

**c)** *Ty3/gypsy*-Retroelement

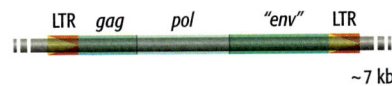

~7 kb

**9.14** Genomstrukturen von LTR-Retroelementen.

| Tabelle 9.3 | Transponierbare Elemente im menschlichen Genom | | |
|---|---|---|---|
| **Klasse** | **Familie** | **ungefähre Anzahl der Kopien** | **Anteil am Genom (%)** |
| SINE | Alu | 1 200 000 | 10,7 |
| | MIR | 450 000 | 2,5 |
| | MIR3 | 85 000 | 0,4 |
| LINE | LINE-1 | 600 000 | 17,3 |
| | LINE-2 | 370 000 | 3,3 |
| | LINE-3 | 44 000 | 0,3 |
| LTR-Retroelemente | ERV | 240 000 | 4,7 |
| | MaLR | 285 000 | 3,8 |
| DNA-Transposons | MER-1 | 213 000 | 1,4 |
| | MER-2 | 68 000 | 1,0 |
| | andere | 60 000 | 0,4 |

**a)** LINE

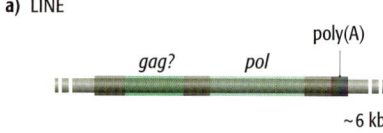

~6 kb

**b)** SINE

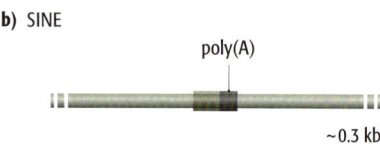

~0.3 kb

**9.15 Nicht-LTR-Retroelemente.** Sowohl LINEs als auch SINEs besitzen Poly(A)-Sequenzen an ihren 3′-Enden.

sie länger sind, machen sie mit über 20 % den größeren Teil des Gesamtgenoms aus. Die Häufigkeit von LINEs und SINEs im menschlichen Genom spiegelt sich in der Häufigkeit in dem 50-kb-Segment wider, das wir in Abschnitt 7.2.2 betrachtet haben (Abb. 7.12).

Im Genom des Menschen gibt es drei Familien von LINEs, von denen eine Gruppe, LINE-1, sowohl die häufigste ist als auch zu transponieren vermag, während die LINE-2- und die LINE-3-Familie aus inaktiven Relikten bestehen. Ein vollständiges LINE-1-Element ist 6,1 kb lang und enthält zwei Gene, von denen eines ein Polyprotein codiert, das dem Produkt des viralen *pol*-Gens ähnlich ist (Abb. 9.15a). Es gibt keine LTRs, doch das 3′-Ende des LINE ist durch eine Reihe von A–T-Basenpaaren markiert, die allgemein als eine Art Poly(A)-Sequenz bezeichnet wird (obwohl sie natürlich in dem anderen DNA-Strang eine Poly(T)-Sequenz ist). Nicht alle Kopien von LINE-1 haben die vollständige Länge, weil die durch LINEs codierte Reverse Transkriptase von dem ursprünglichen RNA-Transkript nicht immer eine vollständige DNA-Kopie herstellt, wodurch das 3′-Ende des LINE verloren gehen kann. Diese Verkürzung ist so verbreitet, dass nur 1 % der LINE-1-Elemente im menschlichen Genom vollständig ist und die durchschnittliche Länge der Kopien nur 900 bp beträgt. Obwohl die Transposition von LINE-1 ein seltenes Ereignis ist, wurde es in kultivierten Zellen beobachtet. Diese Transposition scheint außerdem bei manchen Hämophiliepatienten für die Erkrankung verantwortlich zu sein, da die LINE-1-Sequenz in ein Faktor-VIII-Gen springt, dadurch das Gen zerstört und die Synthese dieses wichtigen Blutgerinnungsfaktors verhindert.

SINEs sind mit 100–400 bp viel kürzer als LINEs und enthalten keine Gene, was bedeutet, dass SINEs keine eigenen Reverse-Transkriptase-Enzyme synthetisieren können (Abb. 9.15b). Stattdessen „leihen“ sie die von den LINEs hergestellte Reverse Transkriptase aus. Das im Primatengenom am weitesten verbreitete SINE ist *Alu*, das im Menschen in einer Kopienzahl von ungefähr 1,2 Millionen vorliegt (Tab. 9.3). Ein *Alu*-Element besteht aus zwei Hälften, von denen jede eine ähnliche 120-bp-Sequenz enthält, mit einer Insertion von 31–32-bp in der rechten Hälfte (Abb. 9.16). Das Mausgenom verfügt über ein verwandtes Element, das als B1 bezeichnet wird, 130 bp lang ist und einer Hälfte einer *Alu*-Sequenz entspricht. Einige *Alu*-Elemente werden aktiv in RNA kopiert, wodurch sich das Element ausbreiten kann.

*Alu* stammt von dem Gen für die 7SL-RNA ab; eine nichtcodierende RNA, die an der Bewegung von Proteinen in der Zelle beteiligt ist. Das erste *Alu*-Element könnte durch eine zufällige reverse Transkription der 7SL-RNA und eine anschließende Integration der DNA-Kopie in das menschliche Genom entstanden sein. Andere SINEs stammen von tRNA-Genen ab, die wie das Gen der 7SL-RNA in eukaryotischen Zellen durch die RNA-Polymerase III transkribiert werden (Abschnitt 11.2.1). Das lässt vermuten, dass irgendeine Eigenschaft der von dieser Polymerase synthetisierten Transkripte genau diese Moleküle für eine gelegentliche Umwandlung in Retrotransposons anfällig macht.

linke Hälfte     rechte Hälfte

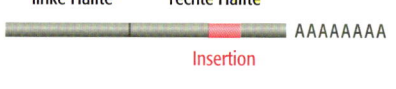

AAAAAAAA

Insertion

**9.16 Die Struktur eines *Alu*-Elements.** Das Element besteht aus zwei Hälften, jede 120 bp lang, mit einer Insertion von 31–32 bp in der rechten Hälfte und einem Poly(A)-Schwanz am 3′-Ende. Die beiden Hälften (ohne die Insertion) haben eine Sequenzübereinstimmung von 85 %.

## 9.2.2 DNA-Transposons

Nicht alle Transposons erfordern ein RNA-Zwischenprodukt. Viele vermögen auf einem direkteren DNA-zu-DNA-Weg zu transponieren. In Eukaryoten sind diese DNA-Transposons weniger verbreitet als die Retrotransposons, doch haben sie in der Genetik eine besondere Stellung, weil eine Familie von pflanzlichen DNA-Transposons – die Ac/Ds-Elemente von Mais – die transponierba-ren Elemente waren, die Barbara McClintock erstmals in den 1950er-Jahren entdeckte. Ihre Schlussfolgerungen – dass einige Gene mobil sind und im Chromosom von einer Position zu einer anderen springen – beruhten auf ausgezeichneten genetischen Experimenten, die molekulare Grundlage der Transposition blieb jedoch bis in die späten 1970er-Jahre ungeklärt.

### DNA-Transposons sind in prokaryotischen Genomen weit verbreitet

DNA-Transposons sind ein wichtiger Bestandteil von vielen prokaryotischen Genomen. Die Insertionssequenzen IS1 und IS186, die in dem von uns in Abschnitt 8.2.1 untersuchten 50-kb-DNA-Segment von *E. coli* enthalten sind (Abb. 8.7), sind Beispiele für DNA-Transposons, und ein einzelnes *E. coli*-Genom kann 20 verschiedene Typen davon aufweisen. Der größte Teil einer Insertionssequenz wird von einem oder zwei Genen eingenommen, die die **Transposase** codieren – ein Enzym, das die Transposition der Sequenz katalysiert (Abb. 9.17a). An jedem Ende eines IS-Elements gibt es ein Paar umgekehrter Sequenzwiederholungen (*inverted repeats*), die abhängig vom IS-Typ 9–41 bp lang sind. Außerdem entsteht durch die Insertion des Elements in die Ziel-DNA im Wirtsgenom ein Paar kurzer gleichgerichteter Sequenzwiederholungen (*direct repeats*). IS-Elemente können entweder replikativ oder konservativ transponieren.

IS-Elemente sind ebenfalls Bestandteile eines zweiten Typs von DNA-Transposon, das zuerst in *E. coli* charakterisiert wurde und von dem mittlerweile bekannt ist, dass es in Prokaryoten weit verbreitet ist. Diese **zusammengesetzten Transposons** bestehen aus einem Paar von IS-Elementen, die ein DNA-Seg-

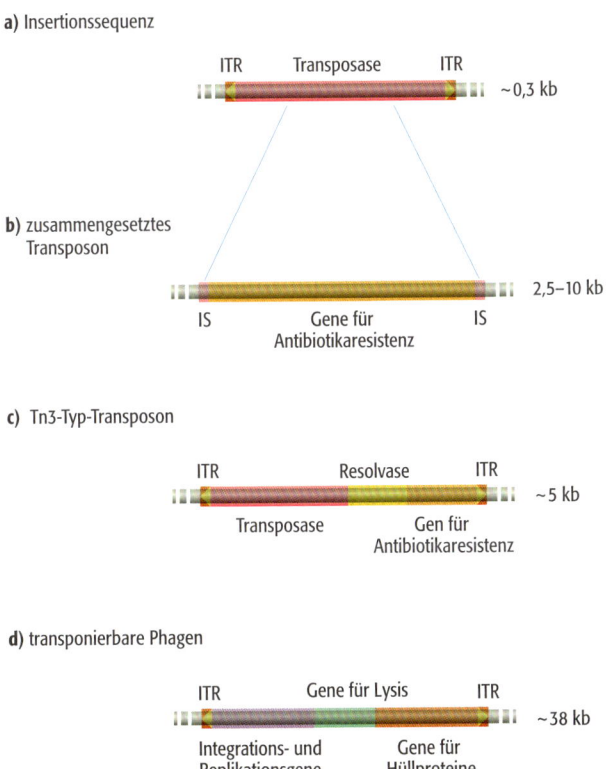

**a)** Insertionssequenz
ITR   Transposase   ITR
~0,3 kb

**b)** zusammengesetztes Transposon
IS   Gene für Antibiotikaresistenz   IS
2,5–10 kb

**c)** Tn3-Typ-Transposon
ITR   Resolvase   ITR
Transposase   Gen für Antibiotikaresistenz
~5 kb

**d)** transponierbare Phagen
ITR   Gene für Lysis   ITR
Integrations- und Replikationsgene   Gene für Hüllproteine
~38 kb

**9.17   DNA-Transposons von Prokaryoten.** Vier Typen sind dargestellt. Insertionssequenzen, Transposons vom Tn3-Typ und transponierbare Phagen, die von kurzen (< 50 bp), umgekehrten Sequenzwiederholungen an den Enden (*inverted terminal repeat*, ITR) flankiert werden. Das Resolvasegen des Tn3-Typ-Transposons codiert ein Protein, das an dem Transpositionsprozess beteiligt ist.

ment flankieren, das in der Regel ein oder mehrere Gene enthält – oft codieren sie eine Antibiotikaresistenz (Abb. 9.17b). Tn10 trägt zum Beispiel ein Gen für die Resistenz gegen Tetracyclin, und Tn5 und Tn903 besitzen beide ein Gen für Kanamycinresistenz. Einige zusammengesetzte Transposons haben an beiden Enden identische IS-Elemente und andere tragen an einem Ende ein Element des einen Typs und am anderen Ende ein Element des anderen. In manchen Fällen sind die IS-Elemente als direkte Wiederholungen orientiert und manchmal als umgekehrte Wiederholungen. Diese Variabilität scheint den Transpositionsmechanismus eines zusammengesetzten Transposons nicht zu beeinflussen – er ist konservativ und wird durch die Transposase katalysiert, die von einem oder beiden IS-Elementen codiert wird.

Es sind viele andere Klassen von DNA-Transposons in Prokaryoten bekannt. Zwei zusätzliche wichtige Typen aus *E. coli* sind:

- **Tn3-Typ-Transposons** besitzen ihr eigenes Transposasegen und benötigen daher keine flankierenden IS-Elemente, um transponieren zu können (Abb. 9.17c). Tn3-Elemente transponieren replikativ.

- **Transponierbare Phagen** stellen bakterielle Viren dar, die als Teil einer normalen Infektion replikativ transponieren (Abb. 9.17d).

### DNA-Transposons sind in eukaryotischen Genomen weniger verbreitet

Das menschliche Genom enthält ungefähr 350 000 DNA-Transposons verschiedener Typen (Tab. 9.3), von denen alle mit umgekehrten Wiederholungen an den Enden ausgestattet sind und ein Gen für ein Transposaseenzym enthalten, das die Transposition katalysiert. Die überwiegende Mehrheit dieser Elemente ist allerdings inaktiv, entweder weil das Transposasegen funktionslos ist oder weil die Sequenzen an den Enden des Transposons, die für die aktive Transposition erforderlich sind, fehlen oder mutiert sind.

Weiter verbreitet sind aktive DNA-Transposons in Pflanzen. Zu diesen Transposons gehört zum Beispiel das Ac/Ds-Transposon, das erste, das jemals entdeckt wurde, und zwar von Barbara McClintock, und das Spm-Element, die beide in Mais vorkommen. Eine interessante Eigenschaft dieser Pflanzentransposons ist, dass sie in Gruppen zusammenwirken. Beispielsweise codiert das Ac-Element eine aktive Transposase, die sowohl Ac-Elemente als auch Ds-Sequenzen erkennt. Letztere sind Varianten von Ac mit internen Deletionen, durch die ein Teil des Transposasegens verlorengegangen ist. Ein Ds-Element vermag daher nicht seine eigene Transposase zu produzieren, sondern kann einzig durch die Aktivität der von einem vollständigen Ac-Element codierten Transposase springen (Abb. 9.18). In ähnlicher Weise kommen vollständige Spm-Elemente in Begleitung von deletierten Formen vor, die nur durch die von den intakten Elementen codierten Transposasen transponieren können. Die Aktivität von Ac-Elementen wird während des normalen Lebenszyklus einer Maispflanze sichtbar, denn die Transposition in somatischen Zellen führt zu einer veränderten Genexpression, die sich zum Beispiel in einer gemischten Pigmentierung der Maiskörner äußert (Abb. 9.19).

Mc Clintocks Feststellung, dass das Maisgenom transponierbare Elemente enthält, resultierte aus ihren Untersuchungen zur genetischen Ursache für die unterschiedlichen Farbmuster der Körner. Das P-Element, ein DNA-Transposon in *Drosophila melanogaster,* wurde durch Untersuchungen eines sehr unüblichen genetischen Ereignisses entdeckt, das, wie sich herausstellte, auf einer Trans-

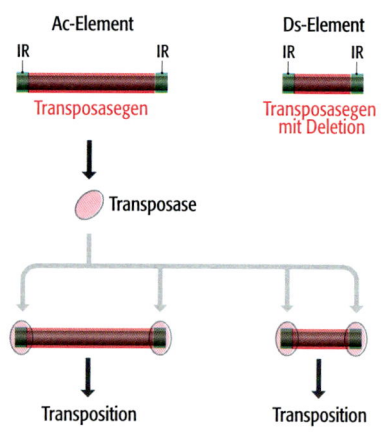

**9.18 Die Familie der Ac/Ds-Transposons aus Mais.** Das vollständige Ac-Element ist 4,2 kb lang und enthält ein funktionelles Transposasegen. Die Transposase erkennt die 11 bp langen umgekehrten Wiederholungen (IRs) an jedem Ende der Ac-Sequenz und katalysiert seine Transposition. Das Ds-Element trägt eine interne Deletion und synthetisiert daher keine eigene Transposase. Doch es enthält immer noch IR-Sequenzen, die die durch das Ac-Element codierte Transposase erkennt. Daher vermag auch das Ds-Element zu transponieren. Es gibt im Maisgenom etwa zehn unterschiedliche Typen von Ds-Elementen, mit Deletionen, die 194 bp bis einige Kilobasen lang sind.

**9.19    Gemischte Pigmentierung in Maiskörnern, verursacht durch Transposition in somatischen Zellen.** Die stark gefärbten Formen von *Zea mays* werden gemeinhin als bunter Mais bezeichnet. Mit freundlicher Genehmigung von Lena Struwe.

position beruht. Dieses Ereignis wird als **Hybriddysgenese** bezeichnet und tritt auf, wenn weibliche Individuen von Laborstämmen von *D. melanogaster* mit männlichen Tieren aus Wildpopulationen gekreuzt werden. Die aus solchen Kreuzungen hervorgehenden Nachkommen sind steril, zeigen Chromosomenabnormalitäten und verschiedene andere Fehlfunktionen. Die Erklärung ist, dass die Genome des Wildtyps inaktive Formen des P-Elements enthalten – ein typisches DNA-Transposon, das ein Transposasegen besitzt, flankiert von umgekehrten Wiederholungen – und dass den Laborstämmen diese Elemente fehlen. Nach der Kreuzung werden die von der Wildfliege vererbten Elemente in den befruchteten Eiern aktiv, transponieren an unterschiedliche neue Positionen und zerstören auf diese Weise Gene, was für die Hybriddysgenese charakteristisch ist (Abb. 9.20). Weshalb die Aktivierung stattfindet, ist nicht genau bekannt, doch eine interessantere Frage ist, warum das Genom von Wildpopulationen von *D. melanogaster* P-Elemente enthält, die Laborstämme jedoch nicht. Die meisten Laborstämme stammen von Fliegen ab, die Thomas Hunt Morgan etwa 90 Jahre zuvor gesammelt hat und die von Morgan und seinen Kollegen für die ersten Genkartierungsexperimente verwendet worden sind (Abschnitt 3.2.3). Anscheinend fehlten den Wildpopulationen zu dieser Zeit

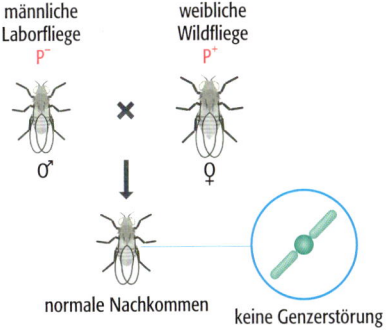

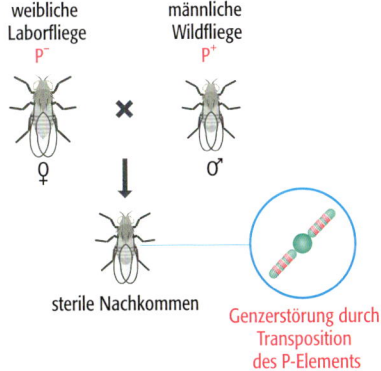

**9.20    Hybriddysgenese.** Die Kreuzung zwischen männlichen Laborfliegen und weiblichen Wildfliegen ergibt normale Nachkommen, doch wenn der männliche Partner eine Wildfliege ist, sind die Nachkommen steril. Eine mögliche Erklärung dieser Hybriddysgenese ist, dass das Cytoplasma von Fliegen mit P-Elementen (in der Abbildung P$^+$) einen Repressor enthält, der die Transposition des P-Elements verhindert. Die befruchteten Eier, die aus einer Kreuzung zwischen einer weiblichen P$^+$-Fliege mit einer männlichen P$^-$-Fliege entstehen, enthalten diesen Repressor, weshalb die Nachkommen normal sind. Allerdings ist der Repressor nicht in dem Sperma einer männlichen P$^+$-Fliege vorhanden, sodass den befruchteten Eiern, die aus einer Kreuzung zwischen einer männlichen P$^+$-Fliege und einer weiblichen P$^-$-Fliege hervorgehen, der Repressor fehlt. Dadurch kann das P-Element transponieren und es entstehen Nachkommen, die eine Hybriddysgenese zeigen.

P-Elemente, die sich in den vergangenen 90 Jahren in den Wildgenomen ausgebreitet haben. Das mangelnde Vermögen von Wild- und Laborfliegen, lebensfähige Nachkommen zu produzieren, bedeutet, dass diese beiden Populationen eines der wichtigsten Kriterien für eine biologische Art – die Fähigkeit aller Individuen sich produktiv zu paaren – nicht erfüllen. Es scheint möglich, dass eine Spezialisierung, zumindest in manchen Organismen, durch die unterschiedliche Ausbreitung von transponierbaren Elementen in den Genomen der Mitglieder verschiedener Populationen angetrieben wird.

## Zusammenfassung

Frühe Untersuchungen von Viren konzentrierten sich zu einem großen Teil auf Bakteriophagen, also Viren, die Bakterien infizieren. Bakteriophagen bestehen aus Protein und Nucleinsäure, wobei das Protein ein Capsid bildet, das das Genom enthält. Es gibt drei grundlegende Typen von Capsidstrukturen und viele Formen der Genomorganisation; verschiedene Phagen besitzen Genome aus einzel- oder doppelsträngiger DNA oder RNA, bei einigen besteht das ganze Genom aus einem einzigen Molekül, andere haben dagegen segmentierte Genome. Bakteriophagen folgen zwei unterschiedlichen Infektionszyklen. Alle Phagen können über den lytischen Zyklus infizieren, bei dem die neuen Bakteriophagen unmittelbar synthetisiert werden und die Wirtszelle in der Regel stirbt. Einige Phagen folgen außerdem dem lysogenen Zyklus, bei dem eine Kopie des Phagengenoms in die Wirts-DNA integriert wird und dort für viele Generationen in einem passiven Zustand verharrt. Viren von Eukaryoten sind, was die Genomorganisation betrifft, ebenso vielfältig, doch sie zeigen nur zwei Capsidstrukturen. Die meisten dieser Viren folgen dem lytischen Infektionszyklus, was jedoch nicht immer zum unmittelbaren Tod der Wirtszelle führt. Verschiedene DNA- und RNA-Viren können ihr Genom in eukaryotische Chromosomen integrieren, und das auf eine Weise, die einem lysogenen Phagen ähnlich ist. Die viralen Retroelemente, zu denen auch HIV zählt, der Erreger von AIDS, sind Beispiele für integrative RNA-Viren. Satelliten-RNAs und Virusoide sind unterschiedliche Formen von infektiösen RNA-Molekülen, die keine Gene enthalten und für ihre Übertragung von anderen Viren abhängig sind. Bei Viroiden handelt es sich um kleine infektiöse RNA-Moleküle, die zu keinem Zeitpunkt eingekapselt werden, und Prionen sind infektiöse Proteine. Einige mobile genetische Elemente – DNA-Sequenzen, die innerhalb eines Genoms transponieren, die Zelle aber nicht verlassen können – sind mit RNA-Viren verwandt. Diese Elemente transponieren in einer ähnlichen Weise über eine RNA-Zwischenstufe, wie es beim Infektionsprozess der viralen Retroelemente der Fall ist. Das *Ty1/copia*- und das *Ty3/gypsy*-Retroelement und auch die endogenen Retroelemente von Säugetieren sind mobile genetische Elemente, die mit den RNA-Viren am nächsten verwandt sind. Die Genome von Säugetieren enthalten noch andere Typen von RNA-Transposons, die als LINEs und SINEs bezeichnet werden und von denen die meisten ihre Fähigkeit zu transponieren verloren haben. DNA-Transposons verwenden bei ihrer Transposition kein RNA-Zwischenprodukt. Diese Transposons sind in Bakterien verbreitet, innerhalb derer sie auch für die Verbreitung von Genen verantwortlich sind, die eine Antibiotikaresistenz codieren. In Eukaryoten sind DNA-Transposons weniger verbreitet, doch zu ihnen gehören zwei wichtige Beispiele, etwa das Ac/Ds-Transposon aus Mais, das erste Transposon, das jemals detailliert untersucht worden ist, und das P-Element von *Drosophila melanogaster*. Es ist für die Hybriddysgenese verantwortlich, die bei einer Kreuzung von weiblichen Taufliegen aus dem Labor mit männlichen Wildfliegen auftritt.

# Multiple-Choice-Fragen

*Antworten auf die Fragen mit den ungeraden Zahlen finden Sie im Anhang

**9.1*** Welcher Typ von Capsidstruktur eines Bakteriophagen enthält zu einer spezifischen Struktur angeordnete Polypeptiduntereinheiten, die den Nucleinsäurekern umgibt und einen filamentösen Schwanz besitzt, der das Eindringen in die Zelle erleichtert?

   **a.** Ikosaedrisch
   **b.** Filamentös
   **c.** Kopf-und-Schwanz
   **d.** Segmentiert

**9.2** Welcher Typ von Capsidstruktur eines Bakteriophagen enthält Polypeptiduntereinheiten, die zu einer Helix angeordnet sind, sodass eine stäbchenähnliche Struktur entsteht?

   **a.** Ikosaedrisch
   **b.** Filamentös
   **c.** Kopf-und-Schwanz
   **d.** Segmentiert

**9.3*** Bei welcher Form von Infektionszyklus eines Bakteriophagen wird die Wirtszelle kurz nach der Infektion abgetötet?

   **a.** Lytisch
   **b.** Lysogen
   **c.** Temperent
   **d.** Prophage

**9.4** Ein Prophage wird definiert als:

   **a.** ein neues Phagenpartikel, das während der Infektion in der Wirtszelle zusammengesetzt wird
   **b.** ein RNA-Molekül, das nicht seine eigenen Capsidproteine codiert
   **c.** ein Phage mit einem RNA-Genom, das durch das Enzym Reverse Transkriptase in DNA umgewandelt wird
   **d.** eine passive, ruhende Form eines Bakteriophagen, die in das Wirtszellgenom integriert ist

**9.5*** Auf welche Weise erhalten Viren von Eukaryoten Lipidmembranen?

   **a.** Die Lipide werden durch Proteine synthetisiert, die von viralen Genen codiert werden
   **b.** Das virale Capsid erhält die Membran, wenn es die Wirtszelle verlässt
   **c.** Das virale Capsid erhält die Membran, wenn es in der Wirtszelle zusammengebaut wird
   **d.** Das virale Capsid erhält die Membran, wenn es erstmals an die Wirtszelle bindet

**9.6** In welcher Art von Viren ist das Enzym Reverse Transkriptase enthalten?

   **a.** Prionen
   **b.** Prophagen
   **c.** Retroviren
   **d.** Virusoide

**9.7*** Bei welchem der folgenden Moleküle handelt es sich um RNA-Moleküle, die nicht ihr eigenes Capsid codieren und sich stattdessen mithilfe eines Helfervirus von Zelle zu Zelle bewegen?

   **a.** Prionen
   **b.** Prophagen
   **c.** Retroviren
   **d.** Virusoide

**9.8** Wie können sich Viroide replizieren und von Zelle zu Zelle übertragen werden, wenn sie keine Gene enthalten und niemals eine Capsidhülle haben?

   **a.** Sie werden mithilfe eines Helfervirus repliziert und von Zelle zu Zelle übertragen
   **b.** Sie werden durch Wirtszellenzyme repliziert und mithilfe eines Helfervirus von Zelle zu Zelle übertragen
   **c.** Sie werden durch Wirtszellenzyme oder ein Helfervirus repliziert und als nackte RNA von Zelle zu Zelle übertragen
   **d.** Sie werden mithilfe eines Helfervirus repliziert und als nackte DNA von Zelle zu Zelle übertragen

**9.9*** Prionen werden definiert als infektiöse, krankheitsauslösende Partikel, die:

   **a.** nur RNA enthalten
   **b.** nur DNA enthalten
   **c.** nur Proteine enthalten (keine Nucleinsäuren)
   **d.** nur Lipide enthalten (keine Nucleinsäuren)

**9.10** Durch welche der folgenden Aussagen wird die konservative Transposition charakterisiert?

   **a.** Ausschneiden eines Transposons an einem Ort und anschließenden Einbau an einem anderen
   **b.** Replikation eines Transposons, sodass die Originalsequenz an ihrer ursprünglichen Stelle bleibt und die neue Sequenz an einer anderen Stelle eingebaut wird
   **c.** Übertragung eines Transposons von einer Zelle auf eine andere
   **d.** Replikation von sich wiederholenden DNA-Sequenzen durch Weitergleiten der DNA-Polymerase

**9.11*** Welches der folgenden Enzyme wird durch ein Gen spezifiziert, das in RNA-Transposons enthalten ist?

   **a.** DNA-Polymerase
   **b.** RNA-Polymerase
   **c.** Reverse Transkriptase
   **d.** Telomerase

**9.12** Welches der folgenden RNA-Transposons besitzt keine LTRs (lange terminale Sequenzwiederholungen) und vermag keine eigene Reverse Transkriptase zu synthetisieren?

    **a.** Retroelemente

    **b.** Endogene Retroviren (ERVs)

    **c.** *Long interspersed nuclear elements* (LINEs)

    **d.** *Short interspersed nuclear elements* (SINEs)

**9.13\*** Welchen Ursprung hat das *Alu*-RNA-Transposon vermutlich?

    **a.** Man nimmt an, dass es von einem Retrovirus abstammt

    **b.** Vermutlich stammt es von einem proteincodierenden Gen ab

    **c.** Es wird angenommen, dass es von einem zellulären nichtcodierenden RNA-Molekül abstammt

    **d.** Wahrscheinlich stammt es von einem DNA-Virus ab

**9.14** Welches Enzym wird durch das in DNA-Transposons enthaltene Gen spezifiziert?

    a. DNA-Polymerase

    b. RNA-Polymerase

    c. Reverse Transkriptase

    d. Transposase

**9.15\*** Nennen Sie den Wissenschaftler, der zuerst Transposons identifizierte, und geben Sie den Organismus an, den er untersuchte.

    **a.** David Baltimore und Retroviren

    **b.** Barbara McClintock und Mais

    **c.** Thomas Hunt Morgan und Taufliegen

    **d.** Craig Venter und Menschen

## Fragen mit kurzen Antworten     *Antworten auf die Fragen mit den ungeraden Zahlen finden Sie im Anhang

**9.1\*** Inwiefern unterscheiden sich Viren von Zellen? Ist es angemessen, Viren als lebende Organismen zu betrachten?

**9.2** Wie unterscheiden sich die Genome von Viren von zellulären Genomen?

**9.3\*** Was sind überlappende Gene, die in einigen viralen Genomen vorkommen?

**9.4** Wie lange dauert es, bis ein lytischer Bakteriophage eine Wirtzelle infolge einer Infektion lysiert hat? Wie sieht der zeitliche Verlauf des lytischen Infektionszyklus eines T4-Phagen aus?

**9.5\*** Erörtern Sie die Unterschiede zwischen den Capsiden von Bakteriophagen und Viren von Eukaryoten.

**9.6** Erörtern Sie den Lebenszyklus eines Retrovirus.

**9.7\*** Was ist ein Transposon?

**9.8** Welche sind die Charakteristika der LTR-Retroelemente, die im menschlichen Genom enthalten sind?

**9.9\*** Erörtern Sie die Eigenschaften und Typen von Retroposons, die im menschlichen Genom vorhanden sind.

**9.10** Welche sind die allgemeinen Eigenschaften von zusammengesetzten Transposons?

**9.11\*** Welche sind die wichtigen Merkmale von DNA-Transposons bei Pflanzen?

**9.12** Beschreiben Sie die Ursache der Hybriddysgenese bei Taufliegen.

## Vertiefende Aufgaben     *Hinweise zur Beantwortung der Fragen mit den ungeraden Zahlen finden Sie im Anhang

**9.1\*** Bis zu welchem Grad können Viren als Lebensformen angesehen werden?

**9.2** Bakteriophagen mit kleinen Genomen (zum Beispiel *Φ*X174) vermögen sich sehr erfolgreich in ihren Wirten zu replizieren. Warum haben dann andere Bakteriophagen wie T4 große und komplizierte Genome?

**9.3\*** Genetische Elemente, die sich zusammen mit dem Wirtsgenom replizieren, doch dem Wirt keinen Vorteil verschaffen, werden gelegentlich als „eigennützige" DNA

bezeichnet. Erörtern Sie diesen Ansatz, insbesondere, inwiefern er auf ein Transposon zutrifft.

**9.4** Einige Bakteriophagen wie T4 modifizieren nach der Infektion die RNA-Polymerase des Wirtes, sodass diese Polymerase nicht länger *E. coli*-Gene erkennt, sondern stattdessen Bakteriophagengene. Wie könnte diese Modifikation ausgeführt werden?

**9.5\*** Warum besitzen LTR-Retrolelemente lange terminale Sequenzwiederholungen?

# Aufgaben zu Abbildungen

*Antworten auf die Fragen mit den ungeraden Zahlen finden Sie im Anhang

**9.1*** Identifizieren Sie die drei Typen von Capsidstrukturen bei Bakteriophagen.

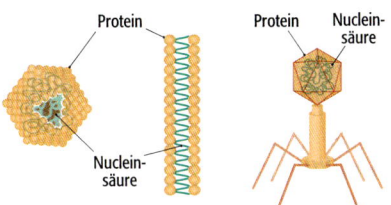

**9.2** Welche Form von Lebenszyklus eines Bakteriophagen ist in dieser Abbildung dargestellt?

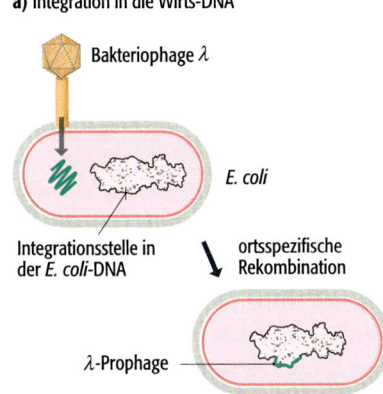

**9.3*** Welche Art der Virusinfektion ist in dieser Abbildung dargestellt?

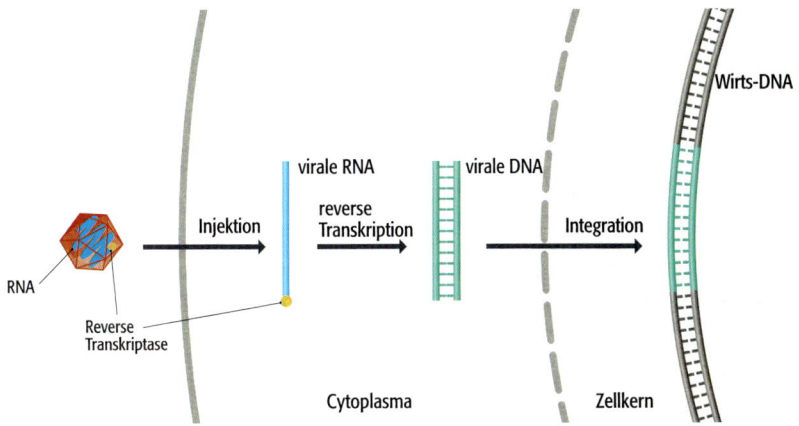

**9.4** Welchen Virustyp besitzt das in dieser Abbildung dargestellte Genom? Welche Funktionen besitzen die LTR-Sequenzen?

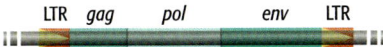

**9.5** Benennen Sie den Wissenschaftler, der zuerst die Ac- und Ds-Elemente beschrieben hat. Welche Unterschiede bestehen zwischen diesen Elementen?

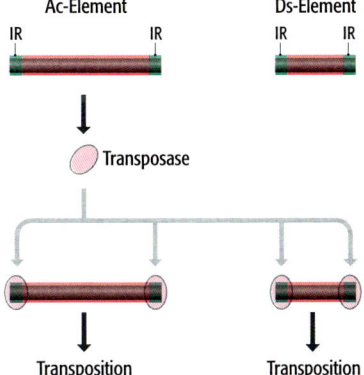

# Weiterführende Literatur

### Klassische Veröffentlichungen über Bakteriophagengenetik

Delbrück M (1940) The growth of bacteriophage and lysis of the host. *J Gen Physiol* 23: 643–660

Doermann AH (1952) The intracellular growth of bacteriophage. *J Gen Physiol* 35: 645–656

Ellis EL, Delbrück M (1939) The growth of bacteriophage. *J Gen Physiol* 22: 365 –383

Lwoff A (1953) Lysogeny. *Bacteriol Rev* 17: 269–337

### Genomsequenzen von Bakteriophagen

Dunn JJ, Studier FW (1983) Complete nucleotide sequence of bacteriophage T7 DNA and the locations of T7 genetic elements. *J Mol Biol* 166: 477–535

Sanger F, Air GM, Barrell BG, Brown NL, Coulson AR, Fiddes CA, Hutchison CA, Slocombe PM, Smith M (1977) Nucleotide sequence of bacteriophage *Φ*X174 DNA. *Nature* 265: 687–695

Sanger F, Coulson AR, Hong GF, Hill DF, Petersen GB (1982) Nucleotide sequence of bacteriophage *λ* DNA. *J Mol Biol* 162: 729–773

### Eukaryotische Viren

Baltimore D (1970) RNA-dependent DNA polymerase in virions of RNA tumor viruses. *Nature* 226: 1209–1211

Dimmock NJ, Easton AJ, Leppard KN (2001) An Introduction to Modern Virology. 5. Aufl. Blackwell Scientific Publishers, Oxford. [Der beste allgemein gehaltene Artikel über Viren].

Temin HM, Mizutani S (1970) RNA-dependent DNA polymerase in virions of Rous sarcoma virus. *Nature* 226: 1211–1213

Varmus H, Brown P (1989) Retroviruses. In: Mobile DNA (Hrsg. DE Berg und M Howe). American Society for Microbiology, Washington, DC S. 3–108

### Prionen

Prusiner SB (1996) Molecular biology and pathogenesis of prion diseases. *Trends Biochem Sci* 21: 482–487

### RNA-Transposons

Kumar A, Bennetzen JL (1999) Plant retrotransposons. *Annu Rev Genet* 33: 479–532. [Detaillierter Übersichtsartikel zu diesem Thema].

Ostertag EM, Kazazian HH (2005) LINEs in mind. *Nature* 435: 890–891. [Kurzer Übersichtsartikel über die neueste Forschung über LINEs].

Patience C, Wilkinson DA, Weiss RA (1997) Our retroviral heritage. *Trends Genet* 13: 116–120. [ERVs].

Peterson-Burch, BD, Wright DA, Laten HM, Voytas DF (2000) Retroviruses in plants? *Trends Genet* 16: 151–152

Song SU, Gerasimova T, Kurkulos M, Boeke JD, Corces VG (1994) An env-like protein encoded by a *Drosophila* retroelement: evidence that *gypsy* is an infectious retrovirus. *Gene Dev* 8: 2046–2057

Volff J-N, Bouneau L, Ozouf-Costaz C, Fischer C (2003) Diversity of retrotransposable elements in compact pufferfish genomes. *Trends Genet* 19: 674–678

### DNA-Transposons

Comfort NC (2001) The tangles Field: Barbara McClintock`s Search for the Patterns of Genetic Control. Harvard University Press, Cambridge, MA. [eine Biografie der Genetikerin, die die transponierbaren Element entdeckte; eine Kurzversion in *Trends Genet* 17: 475–478]

Engels WR (1983) The P family of transposable elements in *Drosophila*. *Annu Rev Genet* 17: 315–344

Gierl A, Saedler H, Peterson PA (1989) Maize transposable elements. *Annu Rev Genet* 23: 71–85

Kleckner N (1981) Transposable elements in prokaryotes. *Annu Rev Genet* 15: 341–404

# Die Funktionsweise von Genomen

## Teil III

**Teil III – Die Funktionsweise von Genomen** untersucht die Ereignisse, die zu einer Übertragung des Genoms über ein Transkriptom in ein Proteom führen. Wir beginnen mit dem Genom selbst und der Art und Weise, in der die Chromatinstruktur das allgemeine Muster der Genomexpression beeinflusst (Kapitel 10). Danach analysieren wir die Strukturen der Transkriptionsinitiationskomplexe von Eukaryoten und Prokaryoten und untersuchen, wie diese Strukturen zusammengesetzt werden (Kapitel 11), bevor wir zu den Prozessen kommen, die für die Synthese und das Prozessieren der Bestandteile des Transkriptoms (Kapitel 12) und des Proteoms (Kapitel 13) verantwortlich sind. Zum Schluss, in Kapitel 14, werden wir die verschiedenen Strategien genau betrachten, die von Zellen zur Regulation der Expression ihrer Genome verfolgt werden. Diese Strategien ermöglichen es der Genomaktivität, auf extrazelluläre Signale zu reagieren und Vielzellern komplexe Entwicklungsvorgänge zu durchlaufen.

# Der Zugang zum Genom

# 10

## Wenn Sie Kapitel 10 gelesen haben, sollten Sie folgende Aufgaben lösen können:

- Erklären Sie, wie die Chromatinstruktur die Genomexpression beeinflusst.

- Beschreiben Sie die interne Architektur des eukaryotischen Zellkerns.

- Unterscheiden Sie zwischen den Begriffen „konstitutives Heterochromatin", „fakultatives Heterochromatin" und „Euchromatin".

- Erörtern Sie die wichtigsten Merkmale von funktionellen Domänen, Isolatoren und Locuskontrollregionen, und beschreiben Sie die experimentellen Befunde, die unser aktuelles Wissen über diese Strukturen stützen.

- Beschreiben Sie detailliert, wie Histonacetylierung und Deacetylierung ausgeführt werden und wie diese Modifikationen die Genomexpression beeinflussen.

- Beschreiben Sie die anderen Arten von chemischen Modifikationen an Histonproteinen und stellen Sie einen Zusammenhang zwischen dieser Information und dem Begriff des „Histon-Codes" her.

- Stellen Sie dar, warum die Positionierung von Nucleosomen wichtig für die Genomexpression ist, und beschreiben Sie detailliert die Proteinkomplexe, die an der Nucleosomenumformung beteiligt sind.

- Erklären Sie, wie DNA-Methylierung erfolgt, und beschreiben Sie die Bedeutung der Methylierung beim Genom-Silencing.

- Nennen Sie Einzelheiten über die Beteiligung der DNA-Methylierung bei der genomischen Prägung und der X-Inaktivierung.

Damit eine Zelle die in ihrem Genom gespeicherte biologische Information verwerten kann, müssen Gruppen von Genen, von denen jedes eine einzelne Informationseinheit darstellt, koordiniert exprimiert werden. Diese koordinierte Genexpression bestimmt die Zusammensetzung des Transkriptoms, das wiederum den Charakter des Proteoms und die Aktivitäten spezifiziert, welche die Zelle auszuüben vermag. In Teil III von *Gene und Genome* werden wir die Vorgänge untersuchen, die zu der Übertragung der biologischen Information des Genoms auf Proteine führen. Unser Wissen über diese Prozesse stammt ursprünglich von den Untersuchungen einzelner Gene, oft als „nackte" DNA in Reagenzglasversuchen eingesetzt. Diese Experimente lieferten eine Interpretation der Genexpression. Diese wurde in den vergangenen Jahren durch ausgefeiltere Untersuchungen verfeinert, die mehr Gewicht darauf legten, dass es in Wirklichkeit das Genom ist, das exprimiert wird, und keine einzelnen Gene, und dass diese Expression in lebenden Zellen stattfindet anstatt im Reagenzglas.

Wir beginnen unsere Untersuchungen der Genomexpression hier in Kapitel 10, indem wir den erheblichen und wichtigen Einfluss analysieren, den die Umgebung im Zellkern auf die Verwendung der biologischen Information in den Genomen von Eukaryoten hat. Ebenso untersuchen wir die Zugänglichkeit dieser Information, die anhängig ist von der Art und Weise, wie die DNA in Chromatin verpackt ist, und die auf Prozesse reagiert, die einen Teil oder das ganze Chromosom stilllegen oder aktivieren können. Kapitel 11 beschreibt anschließend die Vorgänge, die an der Initiation der Transkription beteiligt sind, und verdeutlicht die entscheidende Funktion der DNA-bindenden Proteine in der frühen Phase der Genomexpression. Die Synthese von Transkripten und ihre anschließende Prozessierung zu funktionsfähigen RNAs wird in Kapitel 12 behandelt, und Kapitel 13 deckt entsprechende Ereignisse ab, die zur Synthese des Proteoms führen. Wenn Sic Kapitcl 10–13 lesen, dann werden Sie entdecken, dass die Zusammensetzung von Transkriptom und Proteom in unterschiedlichen Phasen der Genomexpression kontrolliert werden kann. Diese regulatorischen Fäden werden in Kapitel 14 zusammengezogen, wo wir untersuchen, wie sich die Genomaktivität als Reaktion auf extrazelluläre Signale und während der Differenzierung und Entwicklung verändert.

## 10.1 Im Inneren des Zellkerns

Betrachtet man eine genomische Sequenz, ausgeschrieben als eine Reihe von As, Cs, Gs und Ts, oder als eine Karte gezeichnet (wie zum Beispiel in Abbildung 7.12), dann neigt man dazu sich vorzustellen, dass alle Teile des Genoms für DNA-bindende und für die Expression verantwortliche Proteine leicht zugänglich sind. Tatsächlich ist die Situation jedoch anders. Die DNA im Zellkern einer eukaryotischen Zelle oder im Nucleoid eines Prokaryoten ist mit einer Vielzahl von Proteinen verknüpft, die nicht unmittelbar an der Genomexpression beteiligt sind und die verschoben werden müssen, damit die RNA-Polymerase und andere Expressionsproteine Zugang zu den Genen erhalten. Bei den Prokaryoten wissen wir nur sehr wenig über diese Vorgänge, was unser allgemein geringes Verständnis von der physikalischen Organisation des prokaryotischen Genoms widerspiegelt (Abschnitt 8.1.1), doch bei den Eukaryoten beginnen wir zu verstehen, wie die Verpackung von DNA in Chromatin (Abschnitt 7.1.1) die Genomexpression beeinflusst. Dieses ist ein spannendes Gebiet der Molekularbiologie, und erst kürzlich hat die Forschung gezeigt, dass Histone und andere Verpackungsproteine nicht einfach inerte Strukturen sind, um die sich die DNA windet, sondern dass sie aktiv an dem Prozess teilhaben, der bestimmt, welche Teile des Genoms in einer einzelnen Zelle exprimiert werden. Viele der Entdeckungen auf diesem Gebiet wurden durch neue Einblicke in die Substruktur von Zellkernen möglich und genau mit diesem Thema werden wir das Kapitel beginnen.

### 10.1.1 Die innere Architektur des eukaryotischen Zellkerns

Die Architektur des Zellkerninnenraums wurde zuerst durch Licht- und Elektronenmikroskopie analysiert. Auf diesen Untersuchungen beruhte die Annahme, dass offensichtlich keine Strukturen vorhanden sind, und diese führte zu der Auffassung, dass das Innere des Zellkerns relativ homogen ist, im herkömmlichen Sprachgebrauch eine typische „Black Box". In den vergangenen Jahren verwarf man diese Interpretation und wir erkennen nun, dass der Zellkern eine komplexe interne Struktur besitzt, die mit der Vielfalt an biochemischen Aktivitäten zusammenhängt, die er auszuführen vermag. Das Innere

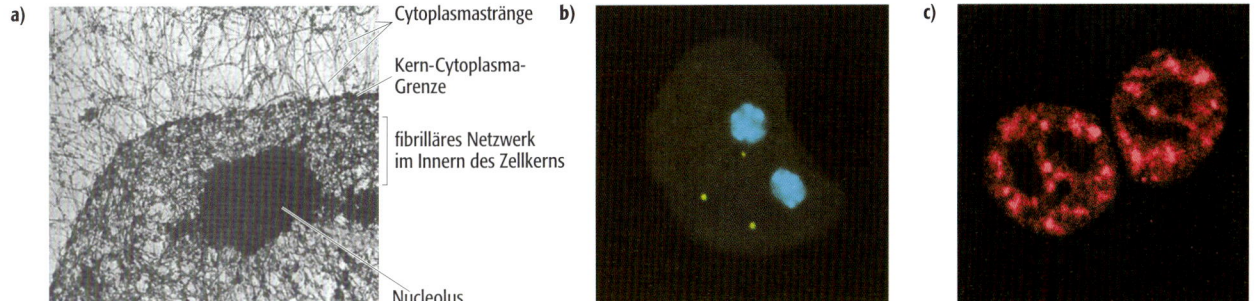

a) Cytoplasmastränge

Kern-Cytoplasma-Grenze

fibrilläres Netzwerk im Innern des Zellkerns

Nucleolus

**10.1    Die interne Architektur des eukaryotischen Kerns.** a) Die transmissionselektronenmikroskopische Aufnahme zeigt die Kernmatrix von einer menschlichen HeLa-Zelle in Kultur. Die Zellen wurden mit einem nichtionischen Detergens und einer Desoxyribnuclease behandelt, um die Membranen beziehungsweise den Großteil der DNA zu entfernen, und mit Ammoniumsulfat extrahiert, um die Histone und andere, mit dem Chromatin assoziierte Proteine zu beseitigen. b) und c) Aufnahmen von lebenden Kernen, die fluoreszenzmarkierte Proteine enthalten (Methoden 10.1). In Bild b ist der Zellkern blau dargestellt und die Cajal-Körper gelb. Die pinkfarbenen Bereiche in Bild c zeigen die Positionen der Proteine, die am RNA-Spleißen beteiligt sind. Nachdruck von Bild a mit Genehmigung von Penman et al (1982) *Symp Quant Biol* 46: 1013. © 1982 Cold Spring Harbor Laboratory Press. b und c aus Misteli (2001) *Science* 291: 843–847.

des Zellkerns ist tatsächlich so komplex aufgebaut wie das Cytoplasma der Zelle, mit dem einzigen Unterschied, dass die funktionellen Kompartimente, im Gegensatz zum Cytoplasma, nicht einzeln von Membranen umhüllt und daher nicht sichtbar sind, wenn die Zelle mithilfe von herkömmlichen licht- oder elektronenmikroskopischen Verfahren untersucht wird.

## Der Zellkern besitzt eine hochorganisierte innere Struktur

Dieses neue Bild der Strukturen im Zellkern beruht auf zwei neuen Arten der mikroskopischen Analyse. Zuerst hat man die konventionelle Elektronenmikroskopie durch die Untersuchung von Säugerzellen ergänzt, die mit einem speziellen Verfahren präpariert wurden. Nach Auflösen von Membranen durch Eintauchen in ein mildes, nichtionisches Detergens, wie es zum Beispiel eine der Tween-Verbindungen darstellt, gefolgt von der Behandlung mit einer Desoxyribonuclease, um die Kern-DNA abzubauen, und einer anschließenden Salzextraktion, um die chemisch basischen Histonproteine zu entfernen, konnte man die Substrukturen des Zellkerns als ein komplexes Netzwerk von Protein- und RNA-Fibrillen erkennen, das als **Kernmatrix** bezeichnet wird (Abb. 10.1a). Diese Matrix zieht sich durch den gesamten Zellkern und umfasst Regionen, die als **Chromosomengerüst** (*chromosome scaffold*) definiert werden, das seine Struktur während der Zellteilung verändert und so die Kondensierung der Chromosomen zu ihren Metaphaseformen herbeiführt (Abb. 7.4).

Ein zweiter neuer Typ von Mikroskopie arbeitet mit der Fluoreszenzmarkierung, die speziell entwickelt wurde, um Bereiche im Zellkern sichtbar zu machen, in denen bestimmte biochemische Aktivitäten stattfinden. Nur der **Nucleolus** (Abb. 10.1b), der das Zentrum der Synthese und Prozessierung von rRNA-Molekülen darstellt, ist schon seit vielen Jahren bekannt, da er die einzige Struktur innerhalb des Zellkerns ist, die man durch herkömmliche Elektronenmikroskopie beobachten kann. Die Fluoreszenzmarkierung von Proteinen, die am RNA-Spleißen beteiligt sind (Abschnitt 12.2.2) zeigte, dass diese Aktivität auch auf abgegrenzte Bereiche beschränkt ist (Abb. 10.1c). Allerdings sind diese Bereiche großräumiger verteilt und weniger gut definiert als die Nucleoli. Andere Strukturen wie die Cajal-Körper (sichtbar in Abb. 10.1b), die vermutlich an der Synthese kleiner Kern-RNAs (*small nuclear RNAs*) beteiligt sind (Abschnitt 12.2.2), lassen sich ebenfalls nach Fluoreszenmarkierung erkennen.

Die Komplexität der Kernmatrix, wie sie in Abbildung 10.1a dargestellt ist, könnte ein Hinweis darauf sein, dass der Zellkern ein statisches inneres Milieu besitzt, in dem sich Moleküle nur eingeschränkt von einem Ort zum anderen bewegen. Ein anderes neues Mikroskopieverfahren, **FRAP** (*fluorescence recovery after photobleaching*, „Wiederherstellung der Fluoreszenz nach Photoblei-

## Methoden 10.1 FRAP (*fluorescence recovery after photobleaching*)
### *Darstellung der Proteinmobilität in lebenden Zellkernen*

FRAP ist vielleicht die informativste der verschiedenen Mikroskopiemethoden, die die Zellkernsubstruktur für uns zugänglich gemacht haben. Durch dieses Verfahren ist es erstmals möglich, die Bewegung von Proteinen innerhalb von lebenden Zellkernen sichtbar zu machen, und die resultierenden Daten erlauben die Überprüfung biophysikalischer Modelle der Proteindynamik.

Der Ausgangspunkt für ein FRAP-Experiment ist ein Zellkern, in dem jede Kopie eines interessierenden Proteins eine Fluoreszenzmarkierung trägt. Eine Markierung des Proteinmoleküls *in vitro* und eine anschließende Übertragung in den Zellkern ist nicht möglich. Daher muss der Wirtsorganismus gentechnisch verändert werden, sodass die Fluoreszenzmarkierung fester Bestandteil des *in vivo* synthetisierten Proteins ist. Erreicht wird dies durch die Ligation der codierenden Sequenz für das **grün fluoreszierende Protein** mit dem Gen des zu untersuchenden Proteins. Anschließend werden Standardklonierungsverfahren angewendet, um das modifizierte Gen in das Wirtsgenom zu integrieren. Die Beobachtung der Zelle mittels eines Fluoreszenz-

mikroskops zeigt nun die Verteilung des markierten Proteins innerhalb des Kerns.

Um die Beweglichkeit des Proteins zu untersuchen, wird ein kleiner Bereich des Zellkerns **gebleicht**, indem man ihn genau fokussierten Blitzen eines Laserstrahls aussetzt. Der Laserstrahl inaktiviert das Fluoreszenzsignal in dem exponierten Bereich und lässt die Region im mikroskopischen Bild gebleicht erscheinen. Dieser gebleichte Bereich erlangt nach und nach sein Fluoreszenzsignal zurück, nicht durch eine Umkehr der Bleichung, sondern dadurch, dass fluoreszierende Proteine aus der nichtexponierten Region des Zellkerns in den gebleichten Bereich einwandern. Eine schnelle Rückkehr des Fluoreszenzsignals in dem gebleichten Bereich deutet daher darauf hin, dass die markierten Proteine sehr mobil sind, wohingegen eine langsame Rückkehr anzeigt, dass die Position der Proteine relativ statisch ist. Die Kinetik der Signalrückkehr lässt sich verwenden, um theoretische Modelle der Proteindynamik zu überprüfen, die man mithilfe von biophysikalischen Parametern wie Bindungskonstanten und Flussraten erstellt hat.

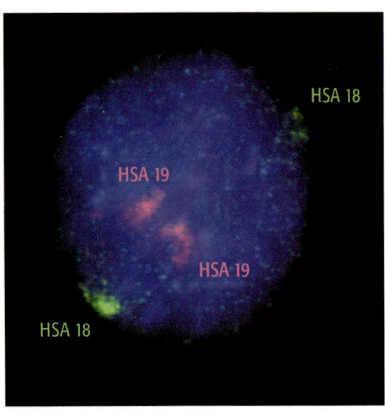

10.2 Chromosomenterritorien. Die menschlichen Chromosomen 18 (HSA 18) und 19 (HSA 19) sind grün bzw. rot gefärbt. Jedes besetzt sein eigenes abgegrenztes Territorium innerhalb des Zellkerns. Mit freundlicher Genehmigung von Wendy Bickmore.

chung"; Methoden 10.1), das die Bewegung von Proteinen innerhalb des Zellkerns sichtbar macht, zeigt, dass dies nicht der Fall ist. Die Wanderung der Kernproteine ist nicht so schnell, wie man bei einer völlig uneingeschränkten Bewegung erwarten würde, was im Hinblick auf die große Menge an DNA und RNA im Zellkern verständlich ist. Doch ein Protein kann immer noch den gesamten Durchmesser des Zellkerns in wenigen Minuten durqueren. An der Genomexpression beteiligte Proteine haben daher den erforderlichen Freiraum, um sich von einem Aktivitätszentrum zu einem anderen zu bewegen, wie es die wechselnden Bedingungen in der Zelle vorgeben. Insbesondere die Linker-Histone (Abschnitt 7.1.1) lagern sich kontinuierlich an ihre Bindungsstellen im Genom an und lösen sich wieder. Diese Entdeckung ist bedeutend, weil sie hervorhebt, dass die DNA-Protein-Komplexe, die das Chromatin ausmachen, dynamisch sind; eine Beobachtung, die für die Genomexpression entscheidend ist, wie wir später in diesem Kapitel sehen werden.

### *Jedes Chromosom besitzt sein eigenes Territorium innerhalb des Zellkerns*

Ursprünglich hatte man angenommen, dass Chromosomen innerhalb eines eukaryotischen Zellkerns zufällig verteilt sind. Wir wissen nun, dass diese Sichtweise nicht korrekt ist und dass jedes Chromosom seinen eigenen Platz, oder sein **Territorium**, einnimmt. Dieses kann man durch **Chromosomenfluoreszenzfärbung** (*chromosome painting*) sichtbar machen, die eine Variante der Fluoreszenz-*in situ*-Hybridisierung (FISH; Abschnitt 3.3.2) darstellt und bei der die Hybridisierungssonde aus einem Gemisch von DNA-Molekülen besteht, jedes spezifisch für unterschiedliche Regionen eines einzelnen Chromosoms. Bei der Anwendung auf Interphasekerne offenbart die Chromosomenfluoreszenzfärbung von den einzelnen Chromosomen besetzte Territorien (Abb. 10.2).

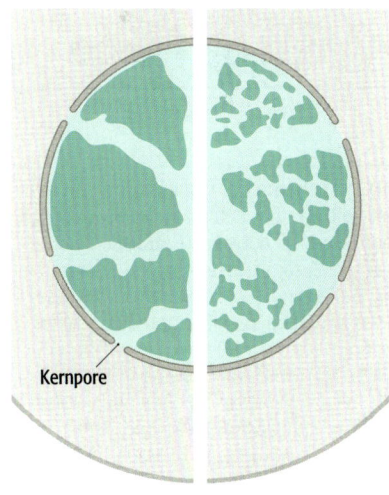

**10.3**    **Produkte der Translokation zwischen den menschlichen Chromosomen 9 und 22.**
Die normalen Chromosomen 9 und 22 sind auf der linken Seite dargestellt, die Translokationsprodukte auf der rechten. Das Philadelphia-Chromosom ist das kleinere der beiden Translokationsprodukte. Die Chromosomen 9 und 22 brechen in der Regel an den markierten Stellen. Oft werden solche Brüche wieder korrekt repariert, doch führt eine gelegentlich vorkommende falsche Reparatur zu Hybridprodukten. Die relativ große Häufigkeit, mit der Philadelphia-Chromosomen entstehen, deutet darauf hin, dass die Chromosomen 9 und 22 im menschlichen Zellkern benachbarte Territorien besetzen. Die Bruchstelle in Chromosom 9 liegt innerhalb des *ABL*-Gens, dessen Produkt an der Signalübertragung zwischen Zellen beteiligt ist (Abschnitt 14.1.2). Die Translokation hängt eine neue codierende Sequenz an den Start dieses Gens und führt so zu einem anormalen Protein, das die Transformation der Zelle auslöst und eine chronische myeloische Leukämie zur Folge hat.

Diese Bereiche nehmen den Großteil des im Zellkern zur Verfügung stehenden Platzes ein, doch werden sie durch **Nichtchromatinregionen** voneinander getrennt, innerhalb derer die Enzyme und andere, an der Genomexpression beteiligte Proteine lokalisiert sind.

Chromosomenterritorien scheinen innerhalb des Zellkerns relativ statisch zu sein. Hinweise dafür lieferten Experimente, bei denen man CENP-B-Proteine, Komponenten der Centromere (Abschnitt 7.1.2), mit grün fluoreszierendem Protein markiert hat (Methoden 10.1) und anschließend die Position dieser Proteine, und daher die der Centromere, über einen gewissen Zeitraum beobachtete. Im Großen und Ganzen verbleiben die einzelnen Centromere während des Zellzyklus fest am Ort verankert, wobei es jedoch gelegentliche „Ausbrüche" von relativ langsamen Bewegungen gibt. Obwohl die relativen Positionen der Territorien zu Lebzeiten einer Zelle relativ statisch sind, lassen die meisten Untersuchungen vermuten, dass diese nach der Zellteilung nicht erhalten bleiben, da unterschiedliche Muster in den Kernen von Tochterzellen zu beobachten sind. Allerdings könnte die Lage der Territorien gewissen Regeln unterworfen sein. So ist seit langem bekannt, dass **Chromosomentranslokationen**, durch die ein Segment des einen Chromosoms an ein anderes Chromosom gehängt wird, zwischen bestimmten Chromosomenpaaren häufiger auftreten als zwischen anderen. Zum Beispiel ist eine Translokation zwischen den menschlichen Chromosomen 9 und 22, die zu einem anormalen Produkt führt, das man als **Philadelphia-Chromosom** bezeichnet, eine verbreitete Ursache für die chronische myeloische Leukämie (Abb. 10.3). Das wiederholte Auftreten der gleichen Translokation weist darauf hin, dass die Territorien des miteinander interagierenden Chromosomenpaars im Zellkern häufig dicht beieinander liegen. Außerdem gibt es Hinweise darauf, dass, wenigstens in ein paar Organismen, bestimmte Chromosomen bevorzugt Territorien in der Nähe der Peripherie des Zellkerns einnehmen. In diesen Regionen findet relativ wenig Genomexpression statt und hier findet man häufig Chromosomen mit nur wenigen aktiven Genen, beispielsweise die Makrochromosomen des Hühnergenoms (Abschnitt 7.1.2).

Die Positionierung aktiver Gene in den einzelnen Chromosomenterritorien ist ein weiteres Diskussionsthema. Einst war man der Überzeugung, dass die akti-

**10.4**    **Chromatinterritorien.** Die linke Ansicht zeigt das ursprüngliche Modell, bei dem jedes Territorium einen Block bildet und das voraussetzt, dass aktive Gene an der Oberfläche des Territoriums liegen. Die rechte Ansicht zeigt das überarbeitete Modell, bei dem die Territorien von Kanälen durchzogen sind.

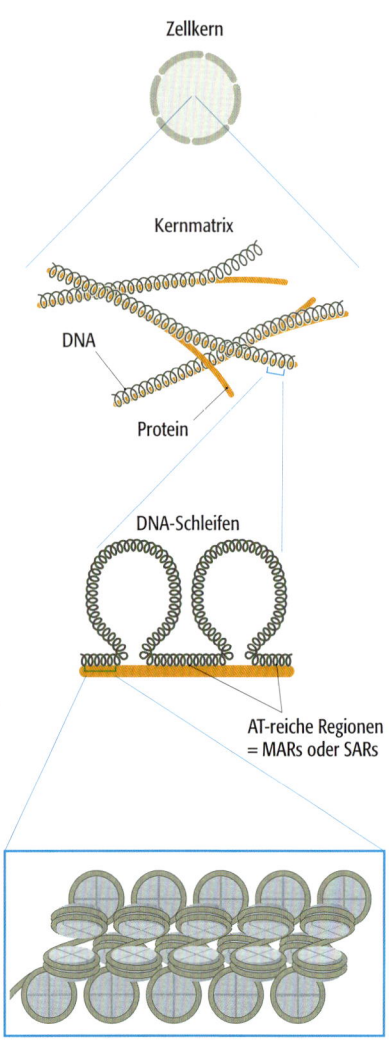

Zellkern

Kernmatrix

DNA

Protein

DNA-Schleifen

AT-reiche Regionen
= MARs oder SARs

30-nm-Chromatinfaser

**10.5 Schema der Organisation von DNA im Zellkern.** Die Kernmatrix ist eine faserige, aus Proteinen aufgebaute Struktur, deren genaue Zusammensetzung und Anordnung im Zellkern noch nicht beschrieben wurde. Man nimmt an, dass Euchromatin, vorwiegend in Form der 30-nm-Chromatinfaser (Abb. 7.3), durch AT-reiche Sequenzen, die als matrixassoziierte Regionen oder Gerüstanheftungsregionen (MARs oder SARs) bezeichnet werden, an die Matrix gebunden ist.

ven Gene an der Oberfläche eines Territoriums lokalisiert sind, benachbart zu den Nichtchromatinregionen, und daher leicht von den Enzymen und Proteinen zu erreichen sein würden, die an der Gentranskription beteiligt sind (Abb. 10.4). Diese Sichtweise wird nun infrage gestellt, zum Teil infolge der Experimente, die RNA-Transkripte sowohl in den Territorien als auch an deren Oberfläche nachweisen konnten. Eine mikroskopische Untersuchung mit höherer Auflösung zeigte Kanäle, die die Chromosomenterritorien durchziehen und verschiedene Bereiche der Nichtchromatinregionen miteinander verbinden. Über sie kann die Transkriptionsmaschinerie in die inneren Bereiche der Territorien gelangen.

## 10.1.2 Chromatindomänen

In Abschnitt 7.1.1 haben wir erfahren, dass Chromatin ein im eukaryotischen Zellkern enthaltener Komplex aus genomischer DNA und chromosomalen Proteinen ist. Die Chromatinstruktur unterliegt einer Hierarchie, die von den niedrigsten Stufen der DNA-Verpackung – dem Nucleosom und der 30-nm-Chromatinfaser (Abb. 7.2 und 7.3) – bis zu den Metaphasechromosomen reicht, die die kompakteste Form des Chromatins in Eukaryoten darstellen und nur während der Kernteilung auftreten. Nach der Teilung sind die Chromosomen weniger dicht verpackt und können nur durch spezielle Techniken wie die Chromosomenfärbung als einzelne Strukturen aufgelöst werden. Untersucht man sich nicht teilende Zellkerne mittels Lichtmikroskopie, ist ein Gemisch von hell und dunkel gefärbten Bereichen innerhalb des Kerns alles, was man erkennen kann. Die dunklen Bereiche werden als **Heterochromatin** bezeichnet und enthalten immer noch relativ kompakt organisierte DNA, die allerdings weniger dicht verpackt ist als in der Metaphasestruktur. Man unterscheidet zwei Typen von Heterochromatin:

● **Konstitutives Heterochromatin** ist immer in den Zellen vorhanden und es handelt sich um DNA, die keine Gene enthält und daher ständig kompakt organisiert vorliegt. Dazu gehört Centromer- und Telomer-DNA, wie auch bestimmte Regionen einiger Chromosomen. Beispielsweise besteht der größte Teil des menschlichen Y-Chromosoms aus konstitutivem Heterochromatin (Abb. 7.5).

● **Fakultatives Heterochromatin** ist nicht immer vorhanden; es tritt in manchen Zellen zeitweise auf. Man nimmt an, dass fakultatives Heterochromatin Gene enthält, die in manchen Zellen oder in bestimmten Phasen des Zellzyklus inaktiv sind. Sind diese Gene inaktiv, dann werden ihre DNA-Regionen zu Heterochromatin verdichtet.

Man nimmt an, dass die Organisation von Heterochromatin derart kompakt ist, dass diese DNA-Form für die an der Genomexpression beteiligten Proteine nicht zugänglich ist. Im Gegensatz dazu sind die Bereiche der chromosomalen DNA, in denen die aktiven Gene lokalisiert sind, weniger kompakt und erlauben Expressionsproteinen den Zutritt. Diese Regionen werden als **Euchromatin** bezeichnet. Die genaue Organisation der DNA im Euchromatin ist nicht bekannt, doch unter dem Elektronenmikroskop erkennt man in den euchromatischen Bereichen DNA-Schleifen, wobei jede Schleife zwischen 40 und 100 kb lang ist und hauptsächlich als 30-nm-Chromatinfaser vorkommt. Die Schleifen sind über AT-reiche Segmente, die man als **matrixassoziierte Regionen** (*matrix-associated regions*, **MARs**) oder **Gerüstanheftungsregionen** (*scaffold attachment regions*, **SARs**) bezeichnet, an die Kernmatrix gebunden (Abb. 5.10).

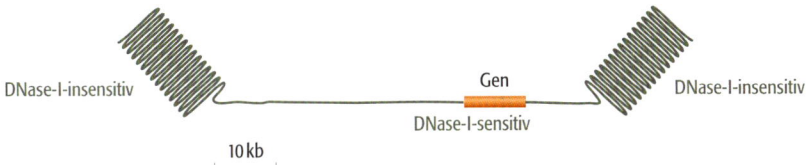

10.6   Eine funktionelle Domäne in einer DNase-I-sensitiven Region.

Die DNA-Schleifen zwischen den Anheftungsstellen an die Kernmatrix werden als **strukturelle Domänen** bezeichnet. Eine interessante Frage ist die nach der genauen Beziehung zwischen diesen Domänen und den **funktionellen Domänen**, die man erkennt, wenn man die DNA-Region um ein exprimiertes Gen oder um eine Gruppe von Genen herum untersucht. Eine funktionelle Domäne lässt sich erkennen, indem man einen Bereich von gereinigtem Chromatin mit Desoxyribonuclease I (DNase I) behandelt, die als DNA-bindendes Protein zu kompakteren DNA-Regionen keinen Zugang hat (Abb. 10.6). DNase-I-sensitive Bereiche befinden sich an beiden Seiten eines exprimierten Gens oder einer Gruppe von Genen, was darauf hindeutet, dass das Chromatin in diesem Bereich offener organisiert ist. Allerdings hat man noch nicht klären können, ob es sich bei dieser Organisationsform um die 30-nm-Faser oder die „Perlenkettenstruktur" handelt (Abb. 7.2a). Der Eingebung folgend sollten strukturelle und funktionelle Domänen übereinstimmen; eine Sichtweise, die durch die Lokalisierung einiger MARs gestützt wird, die die Grenzen einer strukturellen Domäne an den Grenzen einer funktionellen Domäne kennzeichnen. Doch die Übereinstimmung scheint nicht exakt zu sein, da einige strukturelle Domänen Gene enthalten, die nicht gleichzeitig exprimiert werden, und die Grenzen von einigen strukturellen Domänen innerhalb von Genen liegen.

### Funktionelle Domänen werden durch Isolatoren definiert

Die Grenzen von funktionellen Domänen sind durch Sequenzen mit einer Länge von 1–2 kb gekennzeichnet, die man als **Isolatoren** bezeichnet. Isolatorsequenzen wurden zuerst in *Drosophila* entdeckt und bis heute auch in einer Reihe von Eukaryoten nachgewiesen. Die am besten untersuchten Isolatoren sind Sequenzpaare, die scs und scs' (*specialized chromatin structure*) genannt werden und die im Taufliegengenom an jeder Seite der beiden *hsp70*-Gene liegen (Abb. 10.7).

Isolatoren haben zwei wichtige Eigenschaften, die mit ihrer Funktion als Grenzen funktioneller Domänen zusammenhängen. Die erste ist ihre Fähigkeit, den **Positionseffekt** außer Kraft zu setzen, der bei der Klonierung von Genen in einen eukaryotischen Wirt zu beobachten ist. Der Positionseffekt bezieht sich auf die Variabilität der Genexpression, die auftritt, nachdem ein Fremd-Gen in ein eukaryotisches Chromosom eingebaut wurde. Man nimmt an, dass diese Variabilität die Folge des zufälligen Einbaus ist, wodurch das Gen entweder in eine dicht gepackte Region des Chromatins integriert werden kann, wo es inaktiv sein wird, oder in einen Bereich des offenen Chromatins, in dem es exprimiert wird (Abb. 10.8a). Das Vermögen von scs und scs', den Positionseffekt unwirksam werden zu lassen, konnte man zeigen, indem man sie auf die beiden Seiten eines Taufliegengens für Augenfarbe platzierte. Flankierten die Isolatoren das Gen, dann war seine Expression nach Integration in das *Drosophila*-Genom stets sehr stark. Die Expressionsstärke war dagegen unterschiedlich, wenn man das Gen ohne die Isolatoren klonierte (Abb. 10.8b). Die logische Schlussfolgerung aus diesem und ähnlichen Experimenten ist, dass Iso-

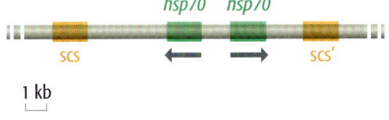

10.7   **Isolatorsequenzen im Genom der Taufliege.** Die Abbildung zeigt die Region im Genom von *Drosophila*, die die beiden *hsp70*-Gene enthält. Die Isolatorsequenzen scs und scs' liegen jeweils auf einer Seite des Genpaars. Die Pfeile unter den beiden Genen zeigen an, dass sie auf unterschiedlichen Strängen der Doppelhelix liegen und daher in entgegengesetzten Richtungen transkribiert werden.

**a)** Positionseffekt

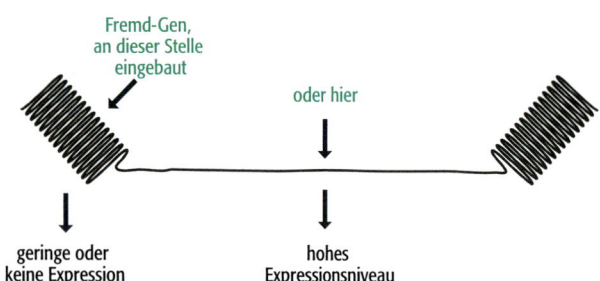

**b)** Isolatoren machen den Positionseffekt unwirksam

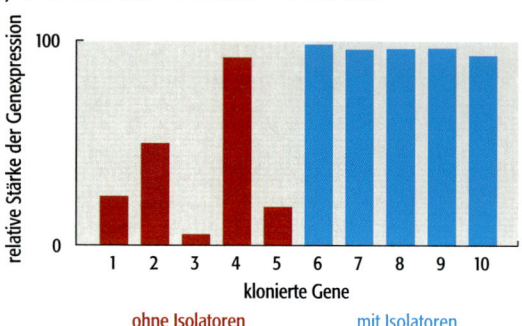

**10.8   Der Positionseffekt.** a) Ein kloniertes Gen, das in eine Region mit stark verpacktem Chromatin integriert wird, ist inaktiv, doch ein in offenes Chromatin eingebautes Gen wird exprimiert. b) Die Ergebnisse von Klonierungsexperimenten ohne (rot) und mit (blau) Isolatorsequenzen. Fehlen Isolatoren, dann variiert das Expressionsniveau des klonierten Gens, abhängig davon, ob es in verpacktes oder offenes Chromatin eingebaut wurde. Sind flankierende Isolatoren vorhanden, dann ist das Expressionsniveau gleichmäßig hoch, weil die Isolatoren an der Insertionsstelle eine funktionelle Domäne schaffen.

latoren eine Veränderung der Chromatinverpackung hervorrufen und daher eine funktionelle Domäne schaffen, wenn sie an einer neuen Stelle im Genom integriert werden.

Isolatoren erhalten ebenso die Unabhängigkeit von jeder funktionellen Domäne aufrecht, indem sie die „Kommunikation" zwischen benachbarten Domänen unterbinden. Werden scs oder scs' aus der normalen Position entfernt und wieder zwischen ein Gen und seine stromaufwärts liegenden Regulationsmodule, die die Expression dieses Gens kontrollieren, integriert, dann reagiert dieses Gen nicht mehr auf seine Regulationsmodule: Es wird von ihrer Wirkung „isoliert" (Abb. 10.9a). Diese Beobachtung lässt vermuten, dass Isolatoren in ihren normalen Positionen verhindern, dass die Gene innerhalb einer Domäne von

**a)** Isolatoren blockieren regulatorische Signale, die die Genexpression kontrollieren

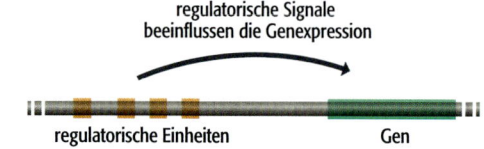

**10.9   Isolatoren halten die Unabhängigkeit einer funktionellen Domäne aufrecht.** a) Wird ein Isolator zwischen ein Gen und sein stromaufwärts liegendes Regulationsmodul platziert, dann verhindert die Isolatorsequenz, dass regulatorische Signale das Gen erreichen. b) In ihrer normalen Position verhindern Isolatoren die Kommunikation zwischen funktionellen Domänen, sodass die regulatorischen Module des einen Gens die Expression eines Gens in einer anderen Domäne nicht beeinflussen.

**b)** Isolatoren verhindern die Kommunikation zwischen funktionellen Domänen

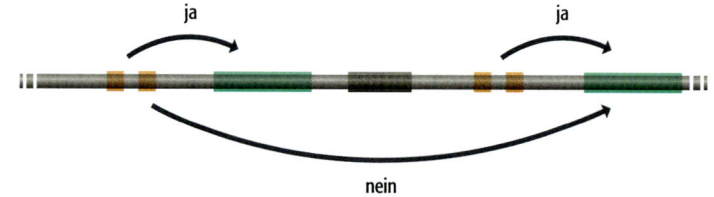

den Regulationsmodulen der benachbarten Domäne beeinflusst werden (Abb. 10.9b).

Auf welche Weise Isolatoren ihre Funktion ausüben, ist bislang nicht bekannt, doch man vermutet, dass die funktionelle Komponente nicht die isolierende Sequenz selbst, sondern DNA-bindende Proteine sind, wie Su(Hw) aus *Drosophila*, das spezifisch an Isolatoren bindet. Diese Proteine binden nicht nur an Isolatoren, sondern assoziieren auch mit der Kernmatrix, was möglicherweise darauf hinweist, dass die funktionellen Domänen, die sie definieren, auch strukturelle Domänen innerhalb des Chromatins darstellen. Dieses ist eine reizvolle Hypothese, die an die Fähigkeit von Isolatoren anknüpft, offene Chromatinbereiche zu schaffen und eine Kommunikation zwischen funktionellen Domänen zu verhindern, doch sie setzt voraus, dass Isolatoren MAR-Sequenzen enthalten, was bisher nicht bewiesen wurde. Ob sich funktionelle und strukturelle Domänen entsprechen, ist daher schwierig zu klären.

### Einige funktionelle Domänen enthalten Locuskontrollregionen

Die Bildung und Erhaltung einer offenen funktionellen Domäne wird, zumindest bei manchen Domänen, durch eine DNA-Sequenz übernommen, die als **Locuskontrollregion** oder **LCR** bezeichnet wird. Wie Isolatoren kann eine LCR den Positionseffekt unwirksam machen, wenn man sie mit einem Fremd-Gen gekoppelt in ein eukaryotisches Chromosom integriert. Im Gegensatz zu Isolatoren stimuliert eine LCR auch die Expression von Genen innerhalb der funktionellen Domäne.

LCRs wurden erstmals während einer Untersuchung der menschlichen $\beta$-Globingene entdeckt (Abschnitt 7.2.3) und man nimmt an, dass sie an der Expression von vielen Genen beteiligt sind, die nur in einigen Geweben oder während bestimmter Entwicklungsphasen aktiv sind. Die Globin-LCR befindet sich in einem DNA-Stück von etwa 12 kb Länge, das stromaufwärts von den Genen liegt, die zu der 60 kb langen, funktionellen Domäne des $\beta$-Globins gehören (Abb. 10.10). Die LCR wurde ursprünglich während der Untersuchungen von Menschen mit Thalassämie identifiziert, eine Blutkrankheit, die auf Defekte in den $\alpha$- oder $\beta$-Globinproteinen zurückgeht. Viele Thalassämien entstehen durch Mutationen in den codierenden Bereichen der Globingene, doch konnte man für einige wenige zeigen, dass sie in einer 12 kb langen, stromaufwärts liegenden Region des $\beta$-Globingenclusters liegen, also in der Region, die heute als LCR bezeichnet wird. Das Vermögen von Mutationen in der LCR, eine Thalassämie zu verursachen, ist ein klarer Hinweis für einen Verlust der Genexpression durch die Zerstörung der LCR.

Eine ausführlichere Untersuchung der $\beta$-Globin-LCR zeigte, dass sie fünf separate **hypersensitive Stellen für DNase I** besitzt – kurze DNA-Bereiche, die leichter durch DNase I gespalten werden können als andere Regionen der funktionellen Domäne. Vermutlich stimmen diese Stellen mit den Positionen überein, an denen Nucleosomen modifiziert wurden oder ganz fehlen und die daher für

**10.10    DNase-I-hypersensitive Stellen zeigen die Position der Locuskontrollregion im menschlichen $\beta$-Globingencluster an.** In dem 20 kb langen DNA-Segment stromaufwärts vom Beginn des $\beta$-Globingenclusters befindet sich eine Reihe hypersensitiver Stellen. Diese Stellen markieren die Position der Locuskontrollregion. Zusätzliche hypersensitive Bereiche liegen unmittelbar stromaufwärts von jedem Gen, an einer Stelle, an die die RNA-Polymerase an die DNA bindet. Diese hypersensitiven Bereiche sind spezifisch für unterschiedliche Entwicklungsphasen; sie sind nur vorhanden, wenn das benachbarte Gen in einer bestimmten Phase aktiv ist. Die hier dargestellte 60 kb lange Region umfasst die vollständige funktionelle Domäne des $\beta$-Globins. Siehe Abbildung 7.19 für weitere Informationen über die entwicklungsabhängige Regulation der Expression des $\beta$-Globingenclusters.

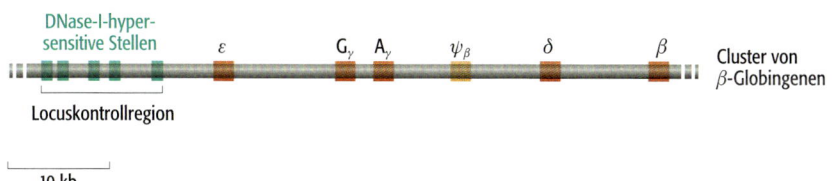

DNase-I-hypersensitive Stellen — $\varepsilon$ — $G_\gamma$  $A_\gamma$ — $\psi_\beta$ — $\delta$ — $\beta$ — Cluster von $\beta$-Globingenen

Locuskontrollregion

10 kb

DNA-bindende Proteine zugänglich sind. Es sind diese Proteine und nicht die DNA-Sequenz der LCR, die die Chromatinstruktur innerhalb der funktionellen Domäne kontrollieren. Wie das genau geschieht und aufgrund welcher biochemischer Signale, ist nicht bekannt.

DNase-I-hypersensitive Stellen liegen auch unmittelbar stromaufwärts von jedem Gen in der funktionellen Domäne des $\beta$-Globingens (Abb. 10.10), und zwar an Positionen, an denen der Trankriptionsinitiationskomplex auf der DNA zusammengesetzt wird (Abschnitt 11.2.2). Diese Orte des Zusammenbaus zeigen eine interessante Eigenschaft der DNase-I-hypersensitiven Stellen: Sie sind keine unveränderlichen Bestandteile einer funktionellen Domäne. Erinnern Sie sich daran, dass die unterschiedlichen Globingene des $\beta$-Typs in unterschiedlichen Phasen der menschlichen Entwicklung exprimiert werden, wobei $\varepsilon$ im frühen Embryo aktiv ist, $G_\gamma$ und $A_\gamma$ im Fetus und $\delta$ und $\beta$ im Erwachsenen (Abb. 7.19). Nur wenn das Gen aktiv ist, ist die zu ihm gehörende Position für den Zusammenbau des Transkriptionsinitiationskomplexes durch eine hypersensitive Stelle gekennzeichnet. Ursprünglich hatte man angenommen, dass dies eine Wirkung der differenziellen Expression dieser Gene ist, mit anderen Worten: Nucleosomen decken bei fehlender Genaktivität die Stelle des Zusammenbaus ab, um vermutlich zur Seite geschoben zu werden, wenn der Zeitpunkt für die Expression des Gens gekommen ist. Heutzutage ist man der Auffassung, dass die An- oder Abwesenheit von Nucleosomen der Grund für die Genexpression ist, wobei das Gen ausgeschaltet wird, wenn Nucleosomen die Stelle für den Zusammenbau bedecken, und es wird angeschaltet, wenn der Zugang zu diesem Bereich offen ist.

## 10.2 Chromatinmodifikationen und Genomexpression

Die vorherigen Abschnitte haben uns zwei Wege näher gebracht, über die die Chromatinstruktur die Genomexpression beeinflussen kann (Abb. 10.11):

- Das Ausmaß der Chromatinverpackung in einem Chromosomensegment bestimmt, ob Gene innerhalb des Segments exprimiert werden oder nicht.

- Ist ein Gen zugänglich, dann wird seine Transkription durch die Beschaffenheit der Nucleosomen und ihre genaue Position in der Region be-

**10.11 Zwei Mechanismen, über die die Chromatinstruktur die Genexpression beeinflussen kann.** Eine Region mit nichtverpacktem Chromatin, in der die Gene zugänglich sind, wird durch zwei kompaktere Segmente flankiert. Innerhalb der nichtverpackten Region beeinflusst die Position der Nucleosomen die Genexpression. Auf der linken Seite haben die Nucleosomen einen regelmäßigen Abstand, wie die typische „Perlenkettenstruktur" zeigt. Auf der rechten Seite hat sich die Position des Nucleosoms verändert und ein kurzes Stück DNA mit einer Länge von ungefähr 300 bp wird freigelegt.

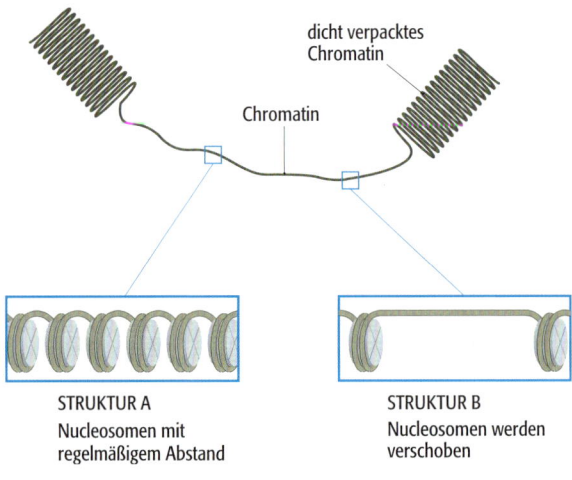

dicht verpacktes Chromatin

Chromatin

**STRUKTUR A**
Nucleosomen mit regelmäßigem Abstand

**STRUKTUR B**
Nucleosomen werden verschoben

einflusst, in der der Transkriptionsinitiationskomplex zusammengesetzt wird.

In den vergangenen Jahren hat man deutliche Fortschritte beim Verständnis der beiden Chromatinmodifikationen gemacht. Wir werden mit den Prozessen beginnen, die die Chromatinverpackung beeinflussen.

### 10.2.1 Chemische Modifikation von Histonen

Nucleosomen scheinen die wichtigsten Determinanten der Genomaktivität in Eukaryoten zu sein, nicht nur wegen ihrer Position auf einem DNA-Strang, sondern auch, weil die chemische Struktur der Histonproteine in Nucleosomen der bedeutendste Faktor für das Ausmaß der Verpackung eines Chromatinsegments ist.

#### Acetylierung von Histonen beeinflusst viele Aktivitäten des Zellkerns, inklusive der Genomexpression

Histonproteine können verschiedene Modifikationen durchlaufen, wobei die am besten untersuchte die **Histonacetylierung** ist – die Übertragung von Acetylgruppen auf die Lysinreste in den N-terminalen Regionen jedes Core-Moleküls (Abb. 10.12). Diese N-Termini bilden Schwänze, die aus dem Nucleosom-Core-Oktamer herausragen (Abb. 10.13) und ihre Acetylierung verringert die Affinität der Histone für DNA und verringert möglicherweise auch die Wechselwirkung zwischen einzelnen Nucleosomen, wodurch die 30-nm-Chromatinfaser destabilisiert wird. Die Histone sind in Heterochromatin in der Regel nicht acetyliert, in den funktionellen Domänen dagegen liegen sie acetyliert vor; ein klarer Hinweis darauf, dass diese Art der Modifikation mit der DNA-Verpackung verknüpft ist.

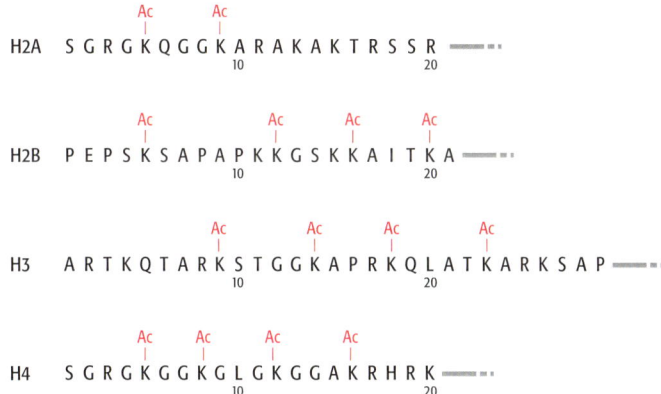

10.12    Die Positionen, an denen Acetylgruppen innerhalb der N-terminalen Regionen der vier Core-Histone binden. Jede Sequenz beginnt mit der N-terminalen Aminosäure.

Die Bedeutung der Histonacetylierung für die Genomexpression wurde 1996 unterstrichen, als nach etlichen Jahren vergeblicher Suche die ersten Beispiele von **Histon-Acetyltransferasen** (**HATs**) – die Enzyme, die Acetylgruppen auf Histone übertragen – identifiziert werden konnten. Man erkannte, dass einige Proteine, deren wichtiger Einfluss auf die Genomexpression bereits bekannt war, HAT-Aktivität besitzen. Beispielsweise stellte sich eine der ersten entdeckten HATs, das als p55 bezeichnete Protein aus *Tetrahymena*, als Homolog des Hefeproteins GCN5 heraus, das bereits als Aktivator für den Zusammenbau des Transkriptionsinitiationskomplexes bekannt war (Abschnitt 11.3.2). In ähnlicher Weise identifizierte man ein als p300/CBP bezeichnetes Säugerprotein,

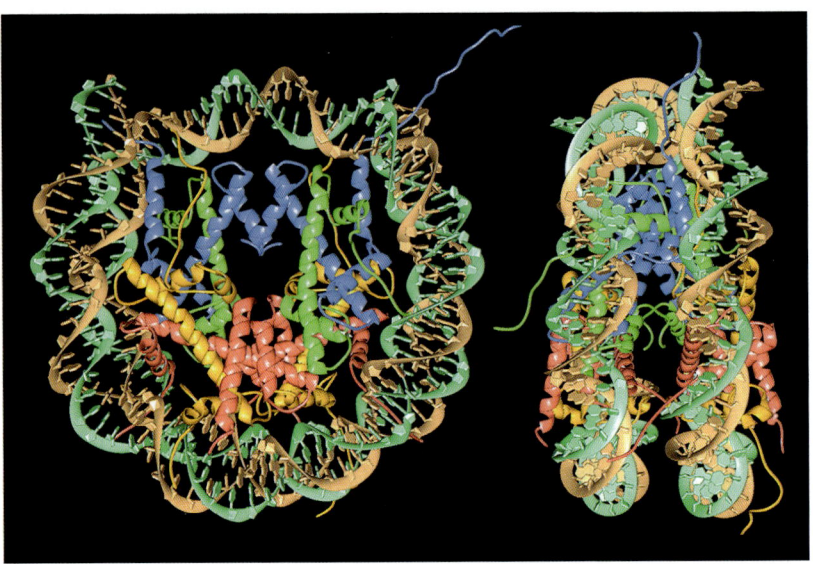

**10.13 Zwei Ansichten des Nucleosom-Core-Oktamers.** Die Ansicht auf der linken Seite ist von der Spitze des fassförmigen Oktamers abwärts gerichtet, die Ansicht rechts ist eine Seitenansicht. Die beiden um das Oktamer gewundenen Stränge der DNA-Doppelhelix sind braun und grün dargestellt. Das Oktamer besteht aus einem zentralen Tetramer aus je zwei Untereinheiten aus Histon-H3 (blau) und Histon-H4 (hellgrün) mit einem Paar H2A-H2B-Dimere (gelb beziehungsweise rot), von denen eines über und eines unter dem zentralen Tetramer lokalisiert ist. Die N-terminalen Schwänze der Histonproteine ragen aus dem Core-Oktamer heraus. Mit freundlicher Genehmigung von Macmillan Publishers Ltd (©) *Nature*. (Luger et al (1997) *Nature* 389: 251–260).

dem man bereits eine klar definierte Funktion bei der Aktivierung verschiedener Gene zugesprochen hatte, als eine HAT. Diese Beobachtungen unterstreichen, zusammen mit der Tatsache, dass unterschiedliche Zelltypen verschiedene Muster der Histonacetylierung aufweisen, die herausragende Bedeutung der Histonacetylierung bei der Regulation der Genomexpression.

Einzelne HATs können Histone zwar im Reagenzglas acetylieren, doch die meisten zeigen bei intakten Nucleosomen eine verschwindend geringe Aktivität. HATs funktionieren daher im Zellkern mit großer Wahrscheinlichkeit nicht unabhängig, sondern sie bilden Multiproteinkomplexe wie die SAGA- und ADA-Komplexe der Hefe und der TFTC-Komplex des Menschen. Diese Komplexe sind typisch für große Multiproteinstrukturen, die unterschiedliche Schritte der Genomexpression katalysieren und regulieren und von denen wir im Verlauf der nächsten Kapitel vielen Beispielen begegnen werden. Beispielsweise enthält SAGA mindestens 15 Proteine, mit einer molekularen Masse von zusammen 2,8 Millionen. Der Komplex ist $18 \times 28$ nm groß. Er ist damit größer als das Nucleosomen-Core-Oktamer, das zusammen mit der assoziierten DNA $11 \times 13$ nm groß ist, und er ist in der eindimensionalen Ausdehnung vergleichbar mit der 30-nm-Chromatinfaser. Neben GCN5 – dem Protein mit HAT-Aktivität – enthält der SAGA-Komplex eine Reihe von Proteinen, die mit dem TATA-bindenden Protein (TBP) verwandt sind, das die Transkription eines Gens einleitet (Abschnitt 11.2.3), sowie fünf der TBP-assoziierten Faktoren (TAFs), die TBP bei der Ausübung seiner Funktion unterstützen. Die Komplexität von SAGA und anderen HAT-Komplexen und die Anwesenheit von Proteinen mit bestimmten Funktionen bei der Initiation der Genexpression in diesen Komplexen weisen darauf hin, dass die einzelnen zur Genaktivierung führenden Ereignisse eng miteinander verbunden sind. Dabei ist die Histonacetylierung zwar ein integraler Bestandteil, doch auch nur ein Teil des Gesamtprozesses.

Es existieren mindestens fünf unterschiedliche Familien von HAT-Proteinen. Die GCN5-verwandten Acetyltransferasen, oder GNATs, die Bestandteile von SAGA, ADA und TFTC sind, sind eindeutig mit der Aktivierung der Gentranskription verbunden, doch sie sind ebenfalls an der Reparatur einiger Formen von DNA-Schädigungen beteiligt, insbesondere von Doppelstangbrüchen und Läsionen, verursacht durch ultraviolette Strahlung (Abschnitt 16.2.4). Eine zweite Familie von HATs, nach den Anfangsbuchstaben der vier Proteine dieser Familie als MYST bezeichnet, ist in ähnlicher Weise an der Aktivierung der Transkription und an der DNA-Reparatur beteiligt. Außerdem wird sie mit der Kontrolle des Zellzyklus in Verbindung gebracht, obwohl dies lediglich einen anderen Aspekt der DNA-Reparaturfunktion darstellen kann, da der Zellzyklus innehält, wenn das Genom umfassend geschädigt ist (Abschnitt 15.3.2). Verschiedene Komplexe scheinen unterschiedliche Histone zu acetylieren, und einige können ebenfalls andere, an der Genomexpression beteiligte Proteine acetylieren, etwa die allgemeinen Transkriptionsfaktoren TFIIE und TFIIF, die uns in Abschnitt 11.2.3 begegnen werden. HATs treten daher als vielseitige Proteine auf, die in der Genexpression, Replikation und der Aufrechterhaltung des Genoms diverse Funktionen ausüben können.

## Histondeacetylierung reprimiert aktive Regionen des Genoms

Die Genaktivierung muss reversibel sein, sonst bleiben Gene, die einmal angeschaltet wurden, ständig aktiv. Es ist daher nicht verwunderlich, dass es eine Reihe von Enzymen gibt, die Acetylgruppen von den Histonschwänzen entfernen können und so der transkriptionsaktivierenden Funktion der oben beschriebenen HATs entgegenwirken. Dies ist die Funktion der **Histondeacetylasen** (**HDACs**). Die Verknüpfung zwischen HDAC-Aktivität und dem Gen-Silencing erkannte man 1996. Man konnte zeigen, dass die HDAC1 aus Säugetieren als das erste dieser Enzyme, das man entdeckt hatte, mit einem als Transkriptionsrepressor bekannten Hefeprotein namens Rpd3 verwandt ist. Der Zusammenhang zwischen Histondeacetylierung und Transkriptionsrepression wurde auf dem gleichen Weg ermittelt wie der Zusammenhang zwischen Acetylierung und Aktivierung – und zwar indem man zeigte, dass zwei Proteine, von denen man bislang angenommen hatte, dass sie unterschiedliche Aktivitäten besitzen, tatsächlich jedoch miteinander verwandt sind. Dieses sind sehr gute Beispiele für die Bedeutung der Homologieanalysen von Gen- und Proteinfunktionen (Abschnitt 5.2.1).

HDACs sind, wie HATs, in Multiproteinkomplexen enthalten. Einer von ihnen ist der mindestens sieben Proteine umfassende Sin3-Komplex aus Säugetieren. Zu den Proteinen im Komplex gehören HDAC1 und HDAC2 und andere Proteine, die zwar keine Deacetylaseaktivität besitzen, sondern für den Prozess wichtige Hilfsfunktionen ausüben. Beispiele für solche Hilfsproteine sind RbAp46 und RbAp48, die Mitglieder des Sin3-Komplexes sind und von denen man angenommen hatte, dass sie die Bindung der Histone vermitteln. RbAp46 und RbAp48 wurden erstmals durch ihre Assoziierung mit dem Retinoblastomprotein erkannt, das die Zellteilung durch Hemmung verschiedener Proteine kontrolliert, bis deren Aktivität erforderlich ist, und das in mutierter Form zu Krebs führt. Die Verbindung zwischen Sin3 und einem an der Krebsentstehung beteiligten Protein ist ein gutes Argument für die Bedeutung der Histondeacetylierung beim Gen-Silencing. Andere Deacetylierungskomplexe sind NuRD aus Säugetieren, das HDAC1 und HDAC2 mit unterschiedlichen Gruppen von Hilfsproteinen kombiniert, und Sir2 aus Hefe, das sich von anderen HDACs unterscheidet, da es Energie benötigt. Die verschiedenen Eigenschaften von Sir2 zeigen, dass HDACs vielfältiger sind, als zunächst angenommen. Das weist möglicherweise auf neue Funktionen der Histondeacetylierung hin, die nur darauf warten entdeckt zu werden.

Durch die Untersuchungen von HDAC-Komplexen ist man nun in der Lage, Verbindungen zwischen den unterschiedlichen Mechanismen zur Genomaktivierung und -inaktivierung zu erkennen. Sowohl Sin3 als auch NuRD enthalten Proteine, die an methylierte DNA binden (Abschnitt 10.3.1), und NuRD verfügt über Proteine, die den Komponenten des Nucleosom-*remodeling*-Komplexes Swi/Snf sehr ähnlich sind (Abschnitt 10.2.2). NuRD fungiert *in vitro* tatsächlich als Nucleosom-*remodeling*-Apparat. Weitere Forschung wird mit relativ großer Wahrscheinlichkeit weitere Zusammenhänge zwischen den momentan als unterschiedliche Formen eingestuften Chromatinmodifikationssystemen enthüllen, die in Wahrheit lediglich unterschiedliche Facetten eines einzigen großartigen Konzepts sein könnten.

### Acetylierung ist nicht die einzige Form von Histonmodifikation

Acetylierung und Deacetylierung von Lysin ist die am besten untersuchte Form der Histonmodifikation, doch sie ist bei weitem nicht die Einzige. Drei andere Arten kovalenter Veränderung sind bekannt:

- Die Methylierung von Lysin- und Argininresten in der N-terminalen Region von Histon H3 und H4. Man nahm ursprünglich an, dass die Methylierung irreversibel und daher für eine permanente Veränderung der Chromatinstruktur verantwortlich ist. Diese Auffassung hat sich zwar durch die Entdeckung von Enzymen, die Lysin- und Argininreste demethylieren, geändert, doch man schätzt die Wirkung einer Methylierung wird immer noch als längerfristig ein.

- Die Phosphorylierung von Serinresten in den N-terminalen Regionen von H2A, H2B, H3 und H4.

- Die Ubiquitinierung von Lysinresten an den C-Termini von H2A und H2B. Bei dieser Modifikation handelt es sich um das Anhängen eines kleinen, ubiquitären Proteins, das als **Ubiquitin** bezeichnet wird, oder eines verwandten Proteins, das man, wenig hilfreich, **SUMO** nennt.

Wie die Acetylierung beeinflussen auch diese anderen Formen der Modifikation die Chromatinstruktur und haben einen bedeutenden Einfluss auf die Zellaktivität. Beispielsweise geht die Phosphorylierung von Histon H3 und des Linker-Histons mit der Bildung von Metaphasechromosomen einher, und die Ubiquitinierung von Histon H2B ist Teil der allgemeinen Funktion, die Ubiquitin bei der Kontrolle des Zellzyklus spielt. Die Auswirkung der Methylierung eines Paars von Lysinresten an der vierten oder neunten Position des N-Terminus von Histon H3 ist besonders interessant. Die Methylierung von Lysin-9 erzeugt eine Bindungsstelle für das HP1-Protein, das die Chromatinverpackung induziert und die Genexpression stilllegt, doch dieses Ereignis wird durch zwei oder drei an Lysin-4 gebundene Methylgruppen verhindert. Die Methylierung von Lysin-4 fördert daher eine offene Chromatinstruktur und ist mit aktiven Genen korreliert. Innerhalb der funktionellen Domäne von $\beta$-Globin, und wahrscheinlich auch noch an anderer Stelle, verhindert die Lysin-4-Methylierung auch die Bindung der NuRD-Deacetylase an Histon H3 und stellt so sicher, dass dieses Histon nicht acetyliert wird. Die Lysin-4-Methylierung könnte daher mit der Histonacetylierung Hand-in-Hand arbeiten, um bestimmte Chromatinregionen zu aktivieren.

Insgesamt sind in den N- und C-terminalen Regionen der vier Core-Histone 29 Stellen bekannt, die kovalent modifiziert werden können (Abb. 10.14). Unser wachsendes Bewusstsein bezüglich der Vielfalt der vorkommenden Histonmodifikationen und der Art und Weise, wie diese unterschiedlichen Formen zusam-

10.14    Modifikationen von N-terminalen Regionen der Säugetierhistone H3 und H4. Es sind alle Modifikationen dargestellt, die für diese Regionen bekannt sind. Abkürzungen: Ac, Acetylierung; Me, Methylierung; P, Phosphorylierung.

menwirken, führte zu der Annahme, dass ein **Histon-Code** existieren muss. Durch ihn würde das Muster der chemischen Modifikation von Genomregionen festgelegt, die zu einem bestimmten Zeitpunkt exprimiert werden, und es würden andere Aspekte der Genombiologie bestimmt, wie die Reparatur beschädigter Stellen und die Koordinierung der Genomreplikation mit dem Zellzyklus. Diese Vorstellung ist bislang nicht bewiesen, doch es leuchtet ein, dass das Muster von spezifischen Histonmodifikationen innerhalb des Genoms eng an die Genaktivität gekoppelt ist. Untersuchungen der Chromosomen 21 und 22 des Menschen haben zum Beispiel gezeigt, dass in diesen Chromosomen die Regionen, in denen Lysin-4 von Histon H3 trimethyliert vorliegt und Lysin-9 und Lysin-14 acetyliert sind, Transkriptionsstartpunkten von aktiven Genen entsprechen, und dass dimethyliertes Lysin-4 ebenfalls gelegentlich in diesen Bereichen vorkommt (Abb. 10.15). Wie bei allen Aspekten der Chromatinmodifikation ist es entscheidend, zwischen Ursache und Wirkung zu differenzieren: Sind diese Muster der Histonmodifikation die Ursache für die Aktivität bestimmter Gene oder handelt es eher um eine Nebenwirkung der Vorgänge, die für die Aktivierung verantwortlich sind?

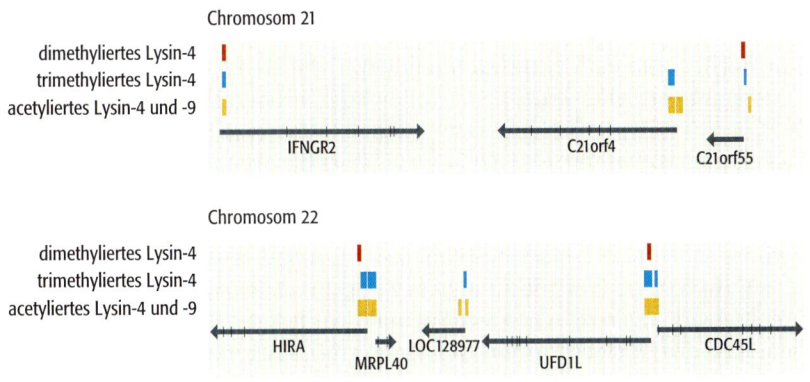

10.15    Das Muster der Histonmodifikationen ist mit der Genaktivität verbunden. Es sind Segmente der menschlichen Chromosomen 21 und 22 dargestellt, jedes Segment mit einer Länge von 100 kb. Regionen, in denen in Lungenfibroblasten dimethyliertes Lysin-4, trimethyliertes Lysin-4 und acetyliertes Lysin-9 und Lysin-14 häufig sind, sind relativ zu den Positionen bekannter Gene dargestellt. Die Pfeile geben die Richtung an, in der die Gene transkribiert werden.

## 10.2.2 Der Einfluss des Nucleosom-*remodeling* auf die Genomexpression

Die zweite Form der Chromatinmodifikation, die die Genomexpression beeinflussen kann, ist das **Nucleosom-*remodeling***. Dieser Begriff bezieht sich auf die Modifikation oder neue Anordnung von Nucleosomen innerhalb einer kurzen Region im Genom, sodass DNA-bindende Proteine Zugang zu ihren Bindungsstellen erhalten. Dieser Vorgang scheint nicht bei allen Genen eine notwendige Voraussetzung für die Transkription zu sein und in einigen wenigen Fällen vermag ein Protein die Genexpression anzuschalten, indem es entweder an die Oberfläche der Nucleosomen bindet oder auf irgendeine andere Weise mit der Linker-DNA in Wechselwirkung tritt, ohne die Positionen der Nucleosomen zu beeinflussen. In anderen Fällen konnte man eindeutig zei-

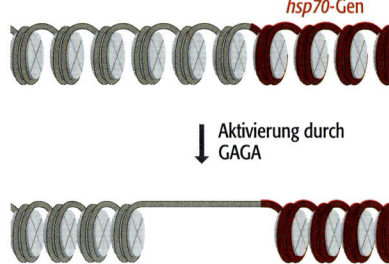

*hsp70*-Gen

↓ Aktivierung durch GAGA

**10.16 Die Aktivierung des *hsp70*-Gens ist mit der Bildung einer DNase-I-hypersensitiven Region verbunden.** Das Diagramm zeigt unmittelbar stromaufwärts vom Genstart liegende Nucleosomen, die bei Aktivierung des Gens veschoben werden.

gen, dass die Positionsänderung der Nucleosomen eine Voraussetzung für die Genaktivierung ist. So wird beispielsweise die Transkription des *hsp70*-Gens von *Drosophila melanogaster*, das ein Protein codiert, welches an der Faltung anderer Proteine beteiligt ist (Abschnitt 13.3.1), als Reaktion auf einen Hitzeschock durch das GAGA-Protein aktiviert. Die Aktivierung ist mit der Bildung einer DNase-I-hypersensitiven Region (Abschnitt 10.1.2) stromaufwärts von *hsp70* verbunden, ein eindeutiger Hinweis dafür, dass die Nucleosomen in diesem Bereich bewegt und ein Segment nackter DNA erzeugt worden ist (Abb. 10.16).

Im Gegensatz zur Acetylierung und den anderen chemischen Modifikationen, die im vorherigen Abschnitt beschrieben wurden, umfasst das Nucleosom-*remodeling* keine kovalenten Veränderungen der Histonmoleküle. Stattdessen wird das *remodeling* durch einen energieabhängigen Prozess induziert, der den Kontakt zwischen dem Nucleosom und der mit ihm verbundenen DNA schwächt. Es existieren drei unterschiedliche Veränderungen, die auftreten können (Abb. 10.17):

- *Remodeling* im engeren Sinne, das eine strukturelle Veränderung des Nucleosoms bedeutet, doch keine Veränderung seiner Position. Der Charakter der strukturellen Veränderung ist nicht bekannt, doch bei einer Induktion *in vitro* verdoppelt sich die Größe des Nucleosoms und die mit ihm verbundene DNA ist sensitiver für DNase I.

- Durch Gleiten, oder *cis*-**Verschiebung**, bewegt sich das Nucleosom physikalisch an der DNA entlang.

- Durch Transfer, oder *trans*-**Verschiebung**, wird das Nucleosom auf ein zweites DNA-Molekül oder einen nicht direkt benachbarten Bereich desselben Moleküls übertragen.

Wie bei den Histonacetyltransferasen wirken die für das Nucleosom-*remodeling* verantwortlichen Proteine in großen Komplexen zusammen. Einer dieser Komplexe ist Swi/Snf, der aus mindestens 11 Proteinen besteht und in vielen Eukaryoten vorkommt. Bis jetzt ist wenig über die Art und Weise bekannt, wie Swi/Snf oder andere Nucleosom-*remodeling*-Komplexe ihre Funktion bei der Verbesserung des Zugangs zum Genom ausüben. Keiner der Bestandteile von Swi/Snf scheint DNA-bindende Fähigkeiten zu besitzen, sodass der Komplex durch zusätzliche Proteine zu seinem Ziel gebracht werden muss. Es wurden Wechselwirkungen zwischen Swi/Snf und HATs festgestellt, die darauf hinweisen, dass das Nucleosom-*remodeling* in Verbindung mit der Histonacetylierung auftreten könnte. Dies ist eine naheliegende Hypothese, weil sie die bei-

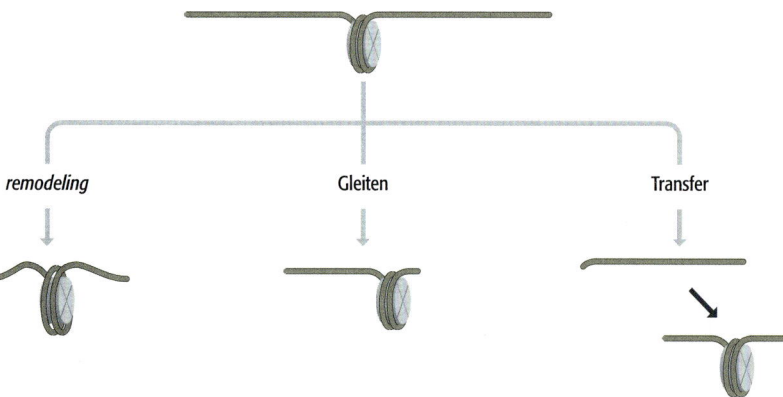

*remodeling*      Gleiten      Transfer

**10.17 Nucleosom-*remodeling*, -Gleiten und -Transfer.**

den Aktivitäten miteinander verbindet, die zurzeit als Grundlage der Genomaktivierung angesehen werden. Doch es gibt Schwierigkeiten mit dieser Hypothese, da Swi/Snf nicht allgemein auf das gesamte Genom zu wirken scheint,
sondern die Genexpression lediglich an einer begrenzten Zahl von Positionen
beeinflusst: Im Fall der Hefe sind das vielleicht nicht mehr als 6 % aller Gene
des Genoms. Diese Beobachtung weist darauf hin, dass die wichtigen Wechselwirkungen von Swi/Snf nicht mit den im gesamten Genom wirkenden HATs
stattfinden, sondern mit anderen Proteinen, die nur eine beschränkte Gruppe
von Genen zum Ziel haben. Die wahrscheinlichsten Kandidaten für diese anderen Proteine sind Transkriptionsaktivatoren (Abschnitt 11.3.2), von denen jeder
spezifisch für eine kleine Anzahl von Genen ist und einige *in vitro* mit Swi/Snf
assoziieren.

# 10.3 DNA-Modifikation und Genomexpression

Eine bedeutende Veränderung der Genomaktivität kann ebenfalls durch chemische Veränderung der DNA selbst erreicht werden. Diese Veränderungen
sind verbunden mit dem vorübergehenden Abschalten von Regionen des
Genoms, möglicherweise auch von ganzen Chromosomen, und häufig wird
der modifizierte Zustand an die durch Zellteilung entstehenden Nachkommen
vererbt. Die Modifikationen erfolgen durch **DNA-Methylierung**.

### 10.3.1 Genom-Silencing durch DNA-Methylierung

In Eukaryoten sind Cytosinbasen in den chromosomalen DNA-Molekülen gelegentlich zu 5-Methylcytosin umgewandelt, da als **DNA-Methyltransferasen**
bezeichnete Enzyme Methylgruppen anhängen (Abb. 3.29). Die Methylierung
von Cytosin ist in niederen Eukaryoten ein relativ seltenes Ereignis, doch in
Wirbeltieren sind bis zu 10 % der Cytosinbasen eines Genoms methyliert und
in Pflanzen können es sogar 30 % sein. Das Methylierungsmuster ist nicht zufällig, sondern auf das Cytosin in Kopien der Sequenz 5'-CG-3' bzw. in Pflanzen
5'-CNG-3' beschränkt. Man unterscheidet zwei Arten von Methylierungsakti-
vität (Abb. 10.18). Die erste ist die **Erhaltungsmethylierung** (*maintenance
methylation*), die nach der Genomreplikation für die Anheftung von Methylgruppen an den neu synthetisierten DNA-Strang verantwortlich ist, und zwar
an Positionen, die sich gegenüber den methylierten Stellen des Elternstran-
ges befinden (Abschnitt 16.2.3). Die erhaltende Aktivität stellt sicher, dass die
Tochter-DNA-Moleküle das Methylierungsmuster der Elternmoleküle beibehalten, wodurch das Muster nach der Zellteilung weitervererbt werden kann.
Die zweite Aktivität ist die ***de novo*-Methylierung**, die Methylgruppen in völlig neue Positionen einführt und auf diese Weise das Methylierungsmuster an
einer bestimmten Position des Genoms verändert.

### *DNA-Methyltransferasen und die Repression der Genomaktivität*

DNA-Methyltransferasen wurden ausgiebig untersucht und sind in allen Organismen ähnlich, angefangen bei den Bakterien (die ihre DNA methylieren,
um sie vor dem Abbau durch Restriktionsendonucleasen zu schützen, wodurch
sich diese Enzyme ausschließlich gegen eindringende Bakteriophagen-DNA
richten), bis zu Säugetieren wie dem Menschen. Obwohl diese Enzyme mit
hohem Aufwand untersucht wurden, blieb die offenbar einzige DNA-Methyltransferase in Säugerzellen jahrelang ein Rätsel. Dieses Enzym, mittlerweile als
DNA-Methyltransferase 1 (Dnmt1) bezeichnet, ist für die Erhaltungsmethylie-

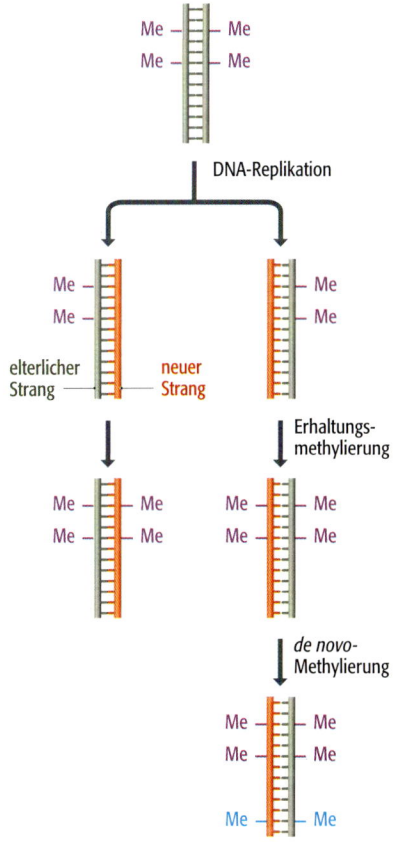

**10.18**   Erhaltungs- und *de novo*-Methy-
lierung.

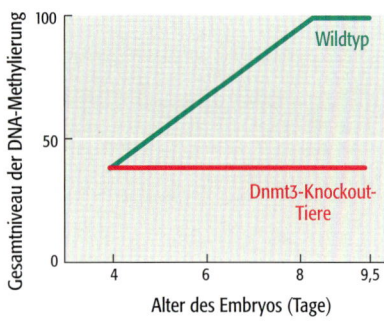

**10.19 Experimenteller Befund, dass die DNA-Methyltransferasen 3a und 3b** *de novo*-**Methylasen sind.** Die Grafik zeigt des gesamte Ausmaß der DNA-Methylierung in normalen (Wildtyp-) Mausembryonen und in Dnmt3-Knockout-Mäusen. In den normalen Embryonen steigt das Ausmaß der DNA-Methylierung durch die *de novo*-Methylierung an, vermittelt durch die DNA-Methyltransferasen 3a und 3b, doch in den Knockout-Embryonen bleibt das Ausmaß der DNA-Methylierung auf seinem ursprünglichen Niveau.

rung aber nicht für die *de novo*-Methylierung verantwortlich. Gezeigt wurde dies an Knockout-Mäusen mit inaktivierten Dnmt1-Genen, die immer noch *de novo*-Methylierungen auszuführen vermochten, denn Genome von infizierenden Retroviren wurden weiterhin an den entsprechenden Stellen mit Methylgruppen versehen. Während der späten 1990er-Jahre, eine Zeit, in der die meisten Gene des menschlichen Genoms wie auch des Genoms der Maus als ESTs (*expressed sequence tags*; Abschnitt 3.3.3) verfügbar waren, ergab die Homologiesuche in den entsprechenden Datenbanken zwei zu Dnmt1 homologe Gene – Dnmt3a und Dnmt3b –, von denen mittlerweile bekannt ist, dass sie *de novo*-Methyltransferasen codieren. Mäuse, bei denen diese Gene ausgeschaltet sind, entwickeln sich nicht vollständig. Tiere, bei denen Dnmt3b inaktiviert ist, sterben nur wenige Tage nach der Geburt und die Tiere, denen Dnmt3a fehlt, überleben nur ein bis zwei Wochen länger. Die Analyse der DNA-Methylierungsmuster in der embryonalen DNA kurz vor dem Tod zeigte, dass das Ausmaß der DNA-Methylierung in den Knockout-Tieren nur halb so groß ist wie das in normalen Mäusen (Abb. 10.19). Das weist darauf hin, dass die aus der Aktivität von Dnmt1 resultierende Erhaltungsmethylierung vorhanden ist, die *de novo*-Methylierung jedoch fehlt, und daher das Gesamtniveau der DNA-Methylierung in den Mäusen mit der Zeit nicht zunimmt.

Sowohl die Erhaltungsmethylierung als auch die *de novo*-Methylierung führt zu einer Repression der Genaktivität. Man führte Experimente durch, bei denen methylierte und nichtmethylierte Gene in Zellen kloniert und ihre Expressionsniveaus bestimmt wurden: Eine methylierte DNA-Sequenz wurde nicht exprimiert. Die Verknüpfung mit der Genexpression wird ebenfalls deutlich, wenn man die DNA-Methylierungsmuster in chromosomalen DNAs untersucht, die zeigen, dass aktive Gene in nichtmethylierten Regionen lokalisiert sind. So befinden sich zum Beispiel beim Menschen 40–50 % aller Gene in der Nähe von CpG-Inseln (Abschnitt 5.1.1), wobei das Methylierungsmuster der CpG-Insel das Expressionsmuster des benachbarten Gens widerspiegelt. Haushaltsgene – also Gene, die in allen Geweben exprimiert werden – haben nichtmethylierte CpG-Inseln, wohingegen die mit gewebespezifischen Genen assoziierten CpG-Inseln nur in solchen Geweben nichtmethyliert vorliegen, in denen das betreffende Gen exprimiert wird. Es ist zu beachten, dass aufgrund der Erhaltung des Methylierungsmusters nach der Zellteilung, die Information darüber, welche Gene exprimiert werden sollten, an die Tochterzellen weitergegeben wird. So wird sichergestellt, dass in einem differenzierten Gewebe das Genexpressionsmuster beibehalten werden kann, obwohl die Zellen in dem Gewebe ersetzt werden und/oder neue Zellen hinzukommen.

Die Bedeutung der DNA-Methylierung wird durch Untersuchungen von Krankheiten des Menschen unterstrichen. Das als ICF (Immundefekt, Centromerinstabilität und faciale Dysmorphien) bezeichnete Syndrom, das, wie der Name schon vermuten lässt, ein breites Spektrum an phänotypischen Auswirkungen zeigt, ist mit der unzureichenden Methylierung verschiedener genomischer Regionen assoziiert und wird durch eine Mutation im Dnmt3b-Gen verursacht. Die entgegengesetzte Situation – die Hypermethylierung – wird in CpG-Inseln von Genen beobachtet, die bei bestimmten Krebsformen ein verändertes Expressionsmuster zeigen, wobei die anormale Methylierung in diesen Fällen genauso gut *Folge* statt *Ursache* des Krankheitszustandes sein kann.

Wie die Methylierung die Genomexpression beeinflusst, war viele Jahre lang ein Rätsel. Nun ist bekannt, dass **Methyl-CpG-bindende Proteine** (**MeCPs**)

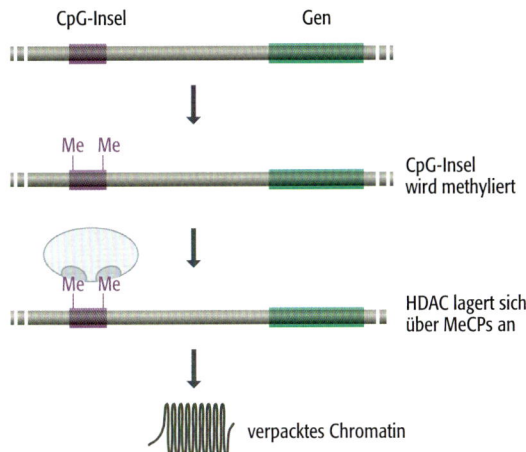

**10.20 Ein Modell für die Verknüpfung von DNA-Methylierung und Genomexpression.** Die Methylierung von CpG-Inseln stromaufwärts eines Gens liefert Erkennungssignale für Methyl-CpG-bindende Proteine (MeCP), die Bestandteile eines Histondeacetylasekomplexes (HDAC) sind. HDAC modifiziert das Chromatin im Bereich der CpG-Insel und inaktiviert dadurch das Gen. Die relativen Positionen und Größen der CpG-Insel und des Gens sind nicht maßstabsgetreu wiedergegeben.

Bestandteile sowohl des Sin3- als auch des NuRD-Histondeacetylasekomplexes sind. Diese Entdeckung führte zu einem Modell, in dem methylierte CpG-Inseln die Ziele für die Anheftung von HDAC-Komplexen sind, die das umgebende Chromatin modifizieren, um benachbarte Gene zu inaktivieren (Abb. 10.20).

### Methylierung ist an der genomischen Prägung und an der X-Inaktivierung beteiligt

Weitere Hinweise für eine Verbindung zwischen DNA-Methylierung und Genom-Silencing, wenn sie überhaupt noch notwendig sind, liefern zwei faszinierende Phänomene, die als **genomische Prägung** (*genomic imprinting*) und **X-Inaktivierung** bezeichnet werden.

Die genomische Prägung ist eine relativ seltene, aber wichtige Eigenschaft von Säugetiergenomen, in denen nur ein Gen eines Genpaars, das auf homologen Chromosomen in einem diploiden Zellkern liegt, exprimiert wird, während das andere durch Methylierung inaktiviert ist. Prägung tritt auch in manchen Insekten (anscheinend jedoch nicht in *Drosophila melanogaster*) und einigen Pflanzen auf. Es handelt sich stets um das gleiche Mitglied eines Genpaars, das geprägt und daher inaktiv ist: Bei einigen Genen ist es die von der Mutter, und bei anderen ist es die vom Vater vererbte Variante. Gerade 60 Gene vom Menschen und von Mäusen, zu denen sowohl proteincodierende Gene wie auch Gene für funktionelle RNAs gehören, zeigen eine Prägung. Geprägte Gene sind im Genom verteilt, kommen jedoch vorzugsweise in Clustern vor. Beim Menschen gibt es zum Beispiel auf Chromosom 15 ein 2,2 Mb langes Segment, in dem mindestens zehn geprägte Gene lokalisiert sind, und eine kürzere, 1 Mb lange Region auf Chromosom 11, mit acht geprägten Genen.

Ein Beispiel für ein geprägtes Gen des Menschen ist *Igf2*, das einen Wachstumsfaktor codiert, also ein Protein, das an der Signalübertragung zwischen Zellen beteiligt ist (Abschnitt 14.1). Nur das väterliche Gen ist aktiv (Abb. 10.21), weil auf dem von der Mutter vererbten Chromosom verschiedene DNA-Segmente im Bereich von *Igf2* methyliert sind, was eine Expression dieser Genkopie verhindert. Ein zweites geprägtes Gen, *H19*, liegt etwa 90 kb von *Igf2* entfernt, doch die Prägung ist genau anders herum: Die mütterliche Variante von *H19* ist aktiv und die des Vaters ist stillgelegt. Die Prägung wird durch **Prägungskontrollele-**

Chromosom 11 des Vaters

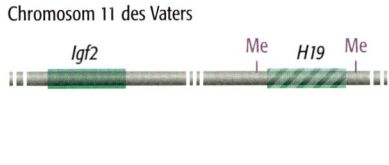

Chromosom 11 der Mutter

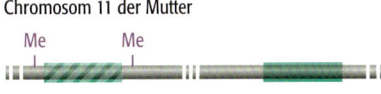

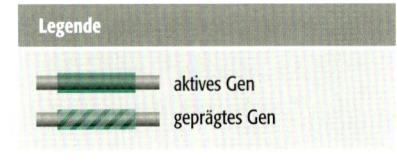

**Legende**

aktives Gen

geprägtes Gen

**10.21 Ein geprägtes Genpaar auf Chromosom 11 des Menschen.** *Igf2* ist auf dem von der Mutter geerbten Chromosom geprägt, *H19* dagegen auf dem vom Vater geerbten. Die Zeichnung ist nicht maßstabsgetreu: Die beiden Gene liegen etwa 90 kb auseinander.

**a)** Inaktivierung von unüblichen Karyotypen

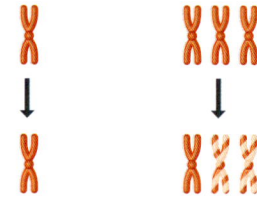

**b)** Inaktivierung beinhaltet das Zählen der Chromosomen

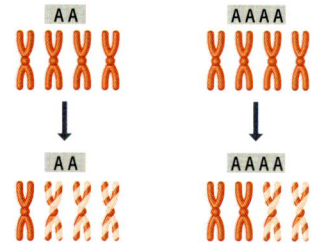

10.22  **X-Inaktivierung.** a) Ist ein einziges X-Chromosom vorhanden, dann findet keine Inaktivierung statt; sind dagegen drei X-Chromosomen anwesend, dann werden zwei inaktiviert. b) Drei X-Chromosomen werden in einer Zelle inaktiviert, die eine diploide Ausstattung von Autosomen (AA), jedoch vier X-Chromosomen besitzt. Im Gegensatz dazu werden nur zwei X-Chromosomen inaktiviert, wenn die Zelle tetraploid ist (AAAA).

**mente** kontrolliert, also durch DNA-Sequenzen, die innerhalb weniger Kilobasen im Bereich von Clustern von geprägten Genen zu finden sind. Diese Elemente vermitteln die Methylierung der geprägten Regionen, doch die Mechanismen konnten bisher nicht detailliert beschrieben werden. Außerdem ist man bezüglich der Bedeutung der Prägung unsicher. Eine Möglichkeit ist, dass sie eine Rolle in der Entwicklung spielt, weil sich künstlich durch Parthenogenese erzeugte Mäuse, die zwei Kopien des mütterlichen Genoms besaßen, nicht normal entwickelten. Eine etwas spitzfindigere Erklärung beruht auf den evolutionären Konflikten zwischen männlichen und weiblichen Individuen einer Art.

Die X-Inaktivierung ist weniger rätselhaft. Es handelt sich um eine spezielle Form der Prägung, die zu einer nahezu vollständigen Inaktivierung des X-Chromosoms in Zellen von weiblichen Säugetieren führt. Sie tritt auf, weil weibliche Tiere zwei X-Chromosomen besitzen, die männlichen dagegen nur eines. Wären beide weiblichen X-Chromosomen aktiv, würden in weiblichen Tieren doppelt so viele Proteine synthetisiert, die durch X-chromosomale Gene codiert werden, wie in männlichen Tieren. Um diesen unerwünschten Zustand zu vermeiden, wird eines der weiblichen X-Chromosomen stillgelegt und ist im Kern als kondensierte, vollständig aus Heterochromatin bestehende Struktur, bezeichnet als **Barr-Körperchen**, zu erkennen. Die meisten Gene des inaktivierten X-Chromosoms werden inaktiviert, doch aus unbekannten Gründen entkommen ungefähr 20 % von ihnen diesem Vorgang und behalten ihre Funktion.

Diese Inaktivierung findet in der frühen embryonalen Entwicklung statt und wird durch das X-Inaktivierungszentrum (*X-inactivation center*, Xic) kontrolliert, eine abgegrenzte Region, die auf jedem X-Chromosom vorhanden ist. In einer Zelle, die die X-Inaktivierung durchläuft, leitet das Inaktivierungszentrum auf einem der X-Chromosomen die Bildung von Heterochromatin ein, die sich von einem Startpunkt aus ausbreitet bis das gesamte Genom kondensiert ist. Ausgenommen hiervon sind einige wenige kurze Segmente mit Genen, die aktiv bleiben. Dieser Prozess dauert mehrere Tage. Der genaue Mechanismus ist nicht verstanden, doch er umfasst, obwohl er nicht völlig davon abhängig ist, ein Gen, das als *Xist* bezeichnet wird. Es liegt in dem Inaktivierungszentrum und wird zu einer 25 kb langen, nichtcodierenden RNA transkribiert, deren Kopien das Chromosom umhüllen, wenn das Heterochromatin gebildet wird. Zur selben Zeit werden Histone auf unterschiedliche Art und Weise modifiziert. Lysin-9 des Histons H3 wird methyliert (diese Modifikation ist mit der Genominaktivierung verknüpft – Abschnitt 10.2.1), Histon H4 wird deacetyliert (wie es für Heterochromatin die Regel ist) und Histon-H2A-Moleküle werden durch ein spezielles Histon, MakroH2A1, ersetzt. Die DNA-Methyltransferase 3a hypermethyliert bestimmte DNA-Sequenzen, wobei sich dieser Vorgang erst abzuspielen scheint, nachdem der inaktivierte Zustand bereits etabliert ist. Die X-Inaktivierung ist vererbbar und zeigt sich in allen Zellen, die von der ursprünglichen Zelle abstammen, in der die Inaktivierung stattgefunden hat.

In einem normalen diploiden weiblichen Tier ist ein X-Chromosom inaktiviert und das andere bleibt aktiv. Bemerkenswerterweise führt der Prozess auch in diploiden weiblichen Tieren mit ungewöhnlicher Ausstattung an Geschlechtschromosomen zu nur einem einzigen aktiv bleibenden X-Chromosom. So findet zum Beispiel in den seltenen Individuen, die nur ein einziges X-Chromosom besitzen, keine Inaktivierung statt, und in den Individuen mit einem

XXX-Karyotyp werden zwei der drei X-Chromosomen inaktiviert (Abb. 10.22a). Das bedeutet, dass ein Mechanismus existieren muss, durch den die X-Chromosomen im Zellkern gezählt und die entsprechende Anzahl an Chromosomen stillgelegt wird. In der Realität zählt dieser Mechanismus nicht einfach die X-Chromosomen; er zählt auch die Autosomen und vergleicht die beiden Zahlen miteinander. Dies wird deutlich, weil in einer Zelle mit vier X-Chromosomen aber einem ansonsten diploiden Chromosomensatz drei X-Chromosomen inaktiviert werden, in einer tetraploiden Zelle (das heißt mit vier X-Chromosomen und vier Kopien jedes Autosoms) sind es jedoch zwei stillgelegte X-Chromosomen (Abb. 10.22b). Wie die Zelle ihre Chromosomen zählt, war für die Cytogenetiker lange Zeit ein Rätsel und es bleibt für uns auch weiterhin rätselhaft, doch die neuesten Forschungsergebnisse weisen darauf hin, dass zwei Gene innerhalb des X-Inaktivierungszentrums, als *Tsix* und *Xite* bezeichnet, diesen Prozess kontrollieren. Die Deletion oder Überexpression von einem oder beiden Genen zieht eine nicht korrekte Zahl an inaktivierten Chromosomen nach sich.

## Zusammenfassung

Die Umgebung im Zellkern hat einen erheblichen und wichtigen Einfluss auf die Genomexpression. Ein eukaryotischer Zellkern besitzt eine hoch organisierte innere Struktur aus einem komplexen Netzwerk aus Protein- und RNA-Fibrillen, das als Kernmatrix bezeichnet wird. Jedes Chromosom hat sein eigenes Territorium innerhalb des Zellkerns, wobei die verschiedenen Territorien durch Nichtchromatinregionen voneinander getrennt werden, in denen Enzyme und andere an der Genomexpression beteiligte Proteine lokalisiert sind. Die kompakteste Form des Chromatins ist das Heterochromatin, in dem Gene nicht zugänglich sind und nicht exprimiert werden. Konstitutives Heterochromatin ist permanent in den Zellen enthalten und stellt DNA dar, die keine Gene enthält, wohingegen fakultatives Heterochromatin nur zeitweise vorhanden ist. Man geht davon aus, dass es Gene enthält, die in manchen Geweben und Phasen des Zellzyklus inaktiv sind. Die offenere Form des Chromatins, die als Euchromatin bezeichnet wird, ist in Schleifen organisiert, die mit der Kernmatrix verbunden sind, wobei die Schleifen möglicherweise den funktionellen Domänen entsprechen, in denen die Gene eines Genoms organisiert sind. Jede funktionelle Domäne ist durch ein Paar Isolatoren flankiert und manche enthalten Locuskontrollregionen, die an der Regulation von in der Domäne enthaltenen Genen beteiligt sind. Nucleosomen scheinen in Eukaryoten die primären bestimmenden Faktoren der Genomaktivität zu sein, und zwar nicht nur aufgrund ihrer Position auf einem DNA-Strang, sondern auch, weil die konkrete chemische Struktur von in den Nucleosomen enthaltenen Histonproteinen als wichtigster Faktor das Ausmaß der Verpackung eines Chromatinsegments bestimmt. Die Acetylierung von Lysinaminosäuren in den N-terminalen Regionen der Core-Histone ist mit der Aktivierung einer Region des Genoms verknüpft, während Deacetylierung zum Genom-Silencing führt. Histone können aber auch durch Methylierung, Phosphorylierung und Ubiquitinierung modifiziert werden, wobei jede dieser Veränderungen eine andere, spezifische Wirkung auf die Aktivität der benachbarten Gene hat. Es könnte eine Art Histon-Code geben, durch den die Kombination dieser vielfältigen Modifikationen von dem Genom interpretiert werden könnte. Die neue Anordnung von Nucleosomen ist für die Expression einiger, aber nicht aller Gene notwendig. Regionen des Genoms können ebenfalls durch DNA-Methylierung stillgelegt werden, wobei die relevanten Enzyme möglicherweise mit Histondeacetylasen zusammenarbeiten. Methylierung ist verantwortlich für die genomische Prägung, durch die ein Gen eines Genpaars auf homologen Chromosomen stillgelegt wird, und sie ist verantwortlich für die X-Inaktivierung, die zu einer nahezu vollständigen Inaktivierung von einem der X-Chromosomen im Zellkern weiblicher Tiere führt.

# Multiple-Choice-Fragen

*Antworten auf die Fragen mit den ungeraden Zahlen finden Sie im Anhang

**10.1\*** Worum handelt es sich bei der Kernmatrix?

  **a.** Sie ist ein Komplex aus Histonproteinen und DNA, der ein strukturelles Netzwerk bildet, das den Zellkern durchzieht

  **b.** Sie ist ein homogenes Gemisch von DNA, RNA und Proteinen, das den Zellkern ausmacht

  **c.** Es handelt sich um Mikrotubuli, die die Basis für die Struktur des Zellkerns darstellen

  **d.** Die Kernmatrix ist ein komplexes Netzwerk aus Protein und RNA-Fasern, das eine Substruktur des Zellkerns darstellt

**10.2** Welche Funktion besitzt der Nucleolus?

  **a.** Er ist der Ort, wo proteincodierende Gene exprimiert werden

  **b.** Er ist das chromosomale Gerüst, das seine Struktur verändert, um die Chromosomen während der Zellteilung zu kondensieren

  **c.** Er ist der Ort für die Synthese und das Prozessieren von rRNA-Moleküle

  **d.** Er ist der Ort, an dem mRNA-Moleküle prozessiert werden

**10.3\*** Welche der folgenden Methoden ist bei der Bestimmung der Proteinbewegung innerhalb des Zellkerns hilfreich?

  **a.** Elektronenmikroskopie

  **b.** FRAP (*fluorescence recovery after photobleaching*)

  **c.** FISH (Fluoreszenz-*in situ*-Hybridisierung)

  **d.** Konfokale Lichtmikroskopie

**10.4** Heterochromatin ist definiert als:

  **a.** Chromatin, das aus heterogenen Nucleotidsequenzen besteht

  **b.** Chromatin, das heterogene Proteine enthält

  **c.** Chromatin, das relativ stark kondensiert ist und inaktive Gene enthält

  **d.** Chromatin, das relativ entspannt ist und aktive Gene enthält

**10.5\*** Welche Form des Chromatins enthält exprimierte Gene?

  **a.** Euchromatin

  **b.** Fakultatives Heterochromatin

  **c.** Konstitutives Heterochromatin

  **d.** Alle der oben erwähnten Formen

**10.6** Welche der folgenden Regionen mit einem oder mehreren aktiven Genen kommt in eukaryotischer DNA vor und kann durch Behandlung mit DNase I bestimmt werden?

  **a.** Euchromatin

  **b.** Heterochromatin

  **c.** Funktionelle Domäne

  **d.** Strukturelle Domäne

**10.7\*** Welcher der folgenden Bereiche vermag die Genexpression zu unterbinden, wenn er zwischen ein Gen und seine regulatorischen Sequenzen integriert wird?

  **a.** Funktionelle Domäne

  **b.** Strukturelle Domäne

  **c.** Isolatorsequenz

  **d.** Locuskontrollregion

**10.8** Welche Rolle spielen die Locuskontrollregionen (LCRs) bei der Regulation der Genexpression?

  **a.** DNA-bindende Proteine lagern sich an die LCRs an und verändern die Chromatinstruktur

  **b.** Transkriptionsfaktoren binden an die LCRs und fördern die Genexpression

  **c.** DNA-bindende Proteine lagern sich an die LCRs an und stimulieren die DNA-Methylierung

  **d.** LCRs stellen Verbindungen zur Kernmatrix her

**10.9\*** Welche Aminosäure wird in der N-terminalen Region der Histonproteine acetyliert?

  **a.** Arginin

  **b.** Lysin

  **c.** Serin

  **d.** Tyrosin

**10.10** Welche der folgenden Reaktionen kommt bei der Histonmodifikation nicht vor?

  **a.** Acetylierung

  **b.** ADP-Ribosylierung

  **c.** Methylierung

  **d.** Phosphorylierung

**10.11\*** Welches der folgenden *remodeling*-Ereignisse führt dazu, dass ein Nucleosom auf ein zweites DNA-Molekül übertragen wird?

  **a.** Acetylierung

  **b.** *remodeling*

  **c.** Gleiten

  **d.** Transfer

**10.12** Durch welche der folgenden Formen der DNA-Modifikation wird eine Region des Genoms derart stillgelegt, dass die Inaktivierung an die Nachkommen weitergegeben werden kann?

  **a.** Acetylierung
  **b.** Methylierung
  **c.** Phosphorylierung
  **d.** Ubiquitinierung

**10.13*** *De novo*-Methylierung von DNA ist definiert als:

  **a.** Anhängen von Methylgruppen an DNA an neuen Positionen, um das Methylierungsmuster des Genoms zu verändern
  **b.** Anhängen von Methylgruppen an neu synthetisierte DNA-Stränge, um sicherzustellen, dass die Tochterstränge das gleiche Methylierungsmuster besitzen wie die elterlichen Stränge
  **c.** Anhängen von Methylgruppen an die Promotoren von Genen, um die Genexpression zu aktivieren
  **d.** Anhängen von Methylgruppen an Isolatorregionen, um die Genexpression zu unterbinden

**10.14** Wie ist der Methylierungszustand der CpG-Inseln von Haushaltsgenen?

  **a.** Sie besitzen hypermethylierte CpG-Inseln
  **b.** Sie sind in einigen aber nicht allen Geweben methyliert
  **c.** Sie haben nichtmethylierte CpG-Inseln
  **d.** Diesen Genen fehlen CpG-Inseln

**10.15*** Eine genomische Prägung findet statt, wenn:

  **a.** DNA-Methylierungsmuster in einem Genom an den Nachkommen weitergegeben werden
  **b.** Gene wegen DNA-Methylierung nicht korrekt inaktiviert werden, was zu veränderten Phänotypen führt
  **c.** nur ein Gen eines Genpaars exprimiert wird, während das andere methyliert und stillgelegt ist
  **d.** DNA-Methylierung entfernt wird und daher Gene, die stillgelegt werden sollten, exprimiert werden

**10.16** Wenn ein diploider Organismus drei X-Chromosomen enthält, wie viele der X-Chromosomen werden inaktiviert?

  **a.** Eines
  **b.** Zwei
  **c.** Drei
  **d.** Es ist unterschiedlich, entweder eines oder zwei

## Fragen mit kurzen Antworten

*Antworten auf die Fragen mit den ungeraden Zahlen finden Sie im Anhang

**10.1*** Welche Arten der mikroskopischen Analyse führten zu einem Fortschritt in unserem Verständnis der strukturellen Organisation im Zellkern?

**10.2** Was enthüllte die Chromosomenfluoreszenzfärbung über die Lokalisierung der Chromosomen im Zellkern?

**10.3*** Translokationen treten zwischen bestimmten Chromosomenpaaren besonders häufig auf. Was sagt uns das über die Verteilung der Chromosomen im Zellkern?

**10.4** Welche Unterschiede bestehen zwischen konstitutivem und fakultativem Heterochromatin?

**10.5*** Wie lässt sich der Positionseffekt erklären, der gelegentlich auftritt, wenn ein Gen in einen eukaryotischen Wirt kloniert wird?

**10.6** Was versteht man unter Isolatorsequenzen und welche gemeinsamen Merkmale haben sie?

**10.7*** Erörtern Sie Ähnlichkeiten und Unterschiede zwischen Isolatorsequenzen und Locuskontrollregionen.

**10.8** Was kann man aus dem Befund schließen, dass Histonacetyltransferasen (HATs) bei intakten Nucleosomen eine geringe Aktivität zeigen?

**10.9*** Welche Funktion haben Histondeacetylasen (HDACs) bei der Regulation der Genomexpression?

**10.10** Was ist der „Histon-Code"?

**10.11*** Warum wird DNase I verwendet, um Veränderungen in der Chromatinstruktur zu untersuchen? Was bedeutet die Empfindlichkeit von DNA für eine Spaltung durch DNase I für die Genexpression?

**10.12** Welche Veränderungen finden während der X-Inaktivierung in den Nucleosomen statt?

## Vertiefende Aufgaben

*Hinweise zur Beantwortung der Fragen mit den ungeraden Zahlen finden Sie im Anhang

**10.1*** Inwieweit kann man davon ausgehen, dass das Bild von der Architektur des Zellkerns, das man durch die moderne Elektronenmikroskopie erhält, der tatsächlichen Struktur des Zellkerns entspricht und kein Artefakt der Zellpräparation ist?

**10.2** In vielen Gebieten der Biologie ist es schwierig, zwischen Ursache und Wirkung zu unterscheiden. Beurteilen Sie diesen Aspekt im Hinblick auf das Nucleosom-*remodeling* und die Genomexpression – verursacht das Nucleosom-*remodeling* Veränderungen in der Genomexpression oder ist es die Wirkung dieser Expressionsveränderungen?

**10.3*** Informieren Sie sich über die Histon-Code-Hypothese und bewerten Sie sie.

**10.4** Die Erhaltungsmethylierung stellt sicher, dass das Muster der DNA-Methylierung von zwei Tochter-DNA-Molekülen dasselbe ist, wie das Muster in dem Elternmolekül. Mit anderen Worten: Das Methylierungsmuster und die Information über die Genexpression, die es vermittelt, wird vererbt. Andere Merkmale der Chromatinstruktur könnten in ähnlicher Weise vererbt werden. Wie beeinflussen diese Phänomene die mendelsche Betrachtungsweise, dass Vererbung durch Gene vermittelt wird?

**10.5*** Auf welche Weise könnte die Anzahl der X-Chromosomen und Autosomen in einem Kern bestimmt werden, sodass die korrekte Zahl von X-Chromosomen inaktiviert wird?

## Aufgaben zu Abbildungen

*Antworten auf die Fragen mit den ungeraden Zahlen finden Sie im Anhang

**10.1\*** Diese Abbildung zeigt zwei Orte, an denen ein Gen in ein Genom integriert werden kann. Welches Genexpressionsniveau erwartet man nach dem Einbau in die Region mit dicht gepacktem Chromatin und welche nach dem Einbau in offenes Chromatin?

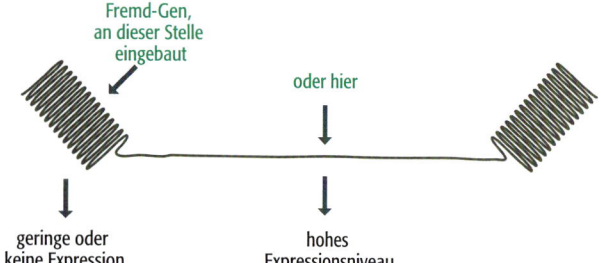

Fremd-Gen, an dieser Stelle eingebaut

oder hier

geringe oder keine Expression

hohes Expressionsniveau

**10.2** Erörtern Sie, wie Isolatorsequenzen das Ausmaß der Genexpression erhöhen, wenn sie an ein kloniertes, in ein Genom integriertes Gen gekoppelt werden.

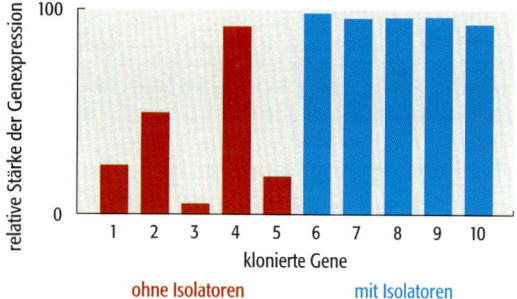

**10.3\*** Wie beeinflusst die Methylierung der CpG-Insel die Genexpression?

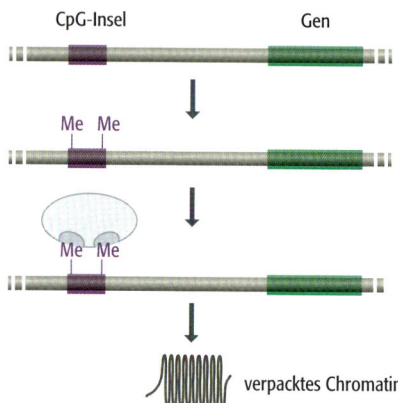

CpG-Insel          Gen

Me  Me

Me  Me

verpacktes Chromatin

**10.4** Erörtern Sie die unterschiedlichen Genexpressionsmuster, die von jedem Elter vererbt werden.

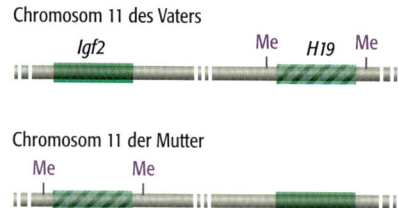

Chromosom 11 des Vaters

*Igf2*          Me   *H19*   Me

Chromosom 11 der Mutter

Me      Me

# Weiterführende Literatur

## Die innere Struktur des Kerns

Gerlich D, Beaudouin J, Kalbfuss B, Daigle N, Eils R, Ellenberg J (2003) Global chromosome positions are transmitted through mitosis in mammalian cells. *Cell* 112: 751–764

Misteli T (2001) Protein dynamics: implications for nuclear architecture and gene expression. *Science* 291: 843–847

Williams RRE (2003) Transcription and the territory: the ins and outs of gene positioning. *Trends Genet* 19: 298–302 [Chromosomenterritorien]

## Chromatindomänen

Bell AC, West AG, Felsenfeld G (2001) Insulators ands boundaries: versatile regulatory elements in the eukaryotic genome. *Science* 291: 447–450

Gerasimova TI, Byrd K, Corces VG (2000) A chromatin insulator determines the nuclear localization of DNA. *Mol Cell* 6: 1025–1035

Li Q, Harju S, Peterson KR (1999) Locus control regions: coming of age at a decade plus. *Trends Genet* 15: 403–408

## Kovalente Modifikation von Histonen

Ahringer J (2000) NuRD and SIN3: histone deacetylase complexes in development. *Trends Genet* 16: 351–356

Bannister AJ, Kouzarides T (2005) Reversing histone methylation. *Nature* 436: 1103–1106

Bernstein BE, Kamal M, Lindblad-Toh K et al (2005) Genomic maps and comparative analysis of histone modifications in human and mouse. *Cell* 120: 169–181 [korreliert die Orte der Histonmodifikationen auf Chromosom 21 und 22 mit Genaktivität]

Carrozza MJ, Utley RT, Workman JL, Côté J (2003) The diverse functions of histone acetyltransferase complexes. *Trends Genet* 19: 321–329

Imai S, Armstrong CM, Kaeberlein M, Guarente L (2000) Transcriptional silencing and longevity protein Sir2 ist an NAD-dependent histone deacetylase. *Nature* 403: 795–800

Jenuwein T, Allis CD (2001) Translating the histone code. *Science* 293: 1074–1080

Khorasanizedeh S (2004) The nucleosome from genomic organization to genomic regulation. *Cell* 116: 259–272 [Übersichtsartikel über Histonmodifizierung, Nucleosom-*remodeling* und DNA-Methylierung]

Lachner M, O'Carroll D, Rea S, Mechtler K, Jenuwein T (2001) Methylation of histone H3 Lysine 9 creates a binding site for HP1 proteins. *Nature* 410: 116–120

Sims RJ, Nishioka K, Reinberg D (2003) Histone lysine methylation: a signature for chromatin function. *Trends Genet* 19: 629–639

Strahl BD, Allis D (2000) The language of covalent histone modifications. *Nature* 403: 41–45

Taunton J, Hassig CA, Schreiber SL (1996) A mammalian histone deacetylase related to the yeast transcriptional regulator Rpd3p. *Science* 272: 408–411

Timmers HT, Tora L (2005) SAGA unveiled. *Trends Biochem Sci* 30: 7–10

Verdin E, Dequiedt F, Kasler HG (2003) Class II histone deacetylases: versatile regulators. *Trends Genet* 19: 286–293

## Nucleosom-remodeling

Aalfs JD, Kingston RE (2000) What does "chromatin remodelling" mean? *Trends Biochem Sci* 25: 548–555 [regt eine Diskussion über Histonmodifikation und Nucleosom-*remodelling* an]

Sudarsanam P, Winston F (2000) The Swi/Snf family: nucleosome-remodelling complexes and transcriptional control. *Trends Genet* 16: 345–351

## Entdeckung von Methyltransferasen in Säugetieren

Bird A (1999) DNA methylation *de novo*. *Science* 286: 2287–2288

Okano M, Bell DW, Haber DA, Li E (1999) DNA methyltransferases Dnmt3a and Dnmt3b are essential for *de novo* methylation and mammalian development. *Cell* 99: 247–257

Xu GL, Bestor TH, Bourc'his D et al (1999) Chromosome instability and immunodeficiency syndrome caused by mutations in a DNA methyltransferase gene. *Nature* 402: 187–191

## Prägung

Feil R, Khosia S (1999) Genomic imprinting in mammals: an interplay between chromatin and DNA-methylation? *Trends Genet* 15: 431–434

Jeppesen P, Turner BM (1993) The inactive X chromosome in female mammals is distinguished by a lack of histone H4 acetylation, a cytogenetic marker for gene expression. *Cell* 74: 281–289

## X-Inaktivierung

Ballabio A, Willard HF (1992) Mammalian X-chromosome inactivation and the XIST gene. *Curr Opin Genet Devel* 2: 439–448

Brown CJ, Greally JM (2003) A strain upon the silence: genes escaping X inactivation. *Trends Genet* 19: 432–438

Costanzi C, Pehrson JR (1998) Histone macroH2A1 is concentrated in the inactive X chromosome of female mammals. *Nature* 393: 599–601

Heard E, Clerc P, Avner P (1997) X-chromosome inactivation in mammals. *Annu Rev Genet* 31: 571–610

Lee JT (2005) Regulation of X-chromosome counting by *Tsix* and *Xite* sequences. *Science* 309: 768–771

# Die Bildung des Transkriptionsiniti-ationskomplexes

# 11

Das erste Produkt der Genomexpression ist das Transkriptom, die Summe aller RNA-Moleküle, die von denjenigen proteincodierenden Genen abge-lesen wurden, deren biologische Information für die Zelle zu einem bestimm-ten Zeitpunkt erforderlich ist (Abb. 1.2). Das Transkriptom wird durch den Vor-gang der Transkription aufrechterhalten, bei der einzelne Gene in RNA-Mole-küle umgeschrieben werden. Früher hat man die Transkription einfach als „DNA macht RNA" betrachtet, und das ist auch das, was im Grunde passiert. Wir erkennen jedoch jetzt, dass der Vorgang, der vom Genom zum Transkriptom führt, viel komplizierter ist als diese banale Feststellung. Dieser Abschnitt der Genomexpression wird jetzt in zwei Hauptphasen eingeteilt (Abb. 11.1):

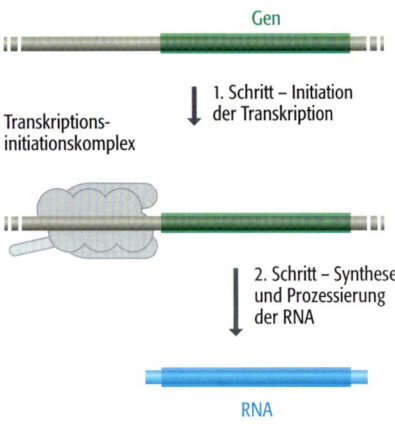

**11.1** Die beiden Phasen des Vorgangs, der vom Genom zum Transkriptom führt.

● Die Initiation der Transkription führt stromaufwärts des Gens zur Bildung des Proteinkomplexes, zu dem das Enzym RNA-Polymerase und seine verschiedenen Hilfsproteine gehören, die anschließend das Gen in ein RNA-Transkript umschreibt. Bei diesem (ersten) Schritt finden auch die Ereignisse statt, die darüber entscheiden, ob ein Gen überhaupt transkribiert wird oder nicht.

● Die Phase der Synthese und Prozessierung der RNA beginnt, wenn die RNA-Polymerase den Initiationsbereich verlässt und anfängt, eine RNA-Kopie des Gens herzustellen. Die Phase endet nach Abschluss der Prozessierungs- und Modifikationsreaktionen, die das ursprüngliche Transkript in ein reifes RNA-Molekül überführen, welches in der Zelle seine Funktion erfüllen kann.

Dieses Kapitel beschäftigt sich mit der Initiation der Transkription, und Kapitel 12 behandelt die Synthese und Prozessierung der RNA. Bevor wir uns jedoch diesen Themen zuwenden, müssen wir uns etwas mit den Grundlagen befassen. Die zentralen Faktoren bei der DNA-Replikation sind die **DNA-bindenden Proteine**, die sich am Genom anheften, um ihre biochemischen Funktionen auszuführen (Tab. 11.1). Histone sind Beispiele für DNA-bindende Proteine, und wir werden weiter hinten in diesem Kapitel noch vielen anderen begegnen, wenn wir die Bildung der Initiationskomplexe bei Prokaryoten und Eukaryoten betrachten. DNA-bindende Proteine gibt es auch bei der Replikation, Reparatur und Rekombination der DNA, außerdem kennt man eine große Gruppe von verwandten Proteinen, die an RNA und nicht an DNA binden (Tab. 11.1). Viele DNA-bindende Proteine erkennen spezifische Nucleotidsequenzen und lagern sich bevorzugt an diese Zielstrukturen. Andere binden hingegen unspezifisch an verschiedene Positionen im Genom.

Die Funktionsweise von DNA-bindenden Proteinen ist für die Initiation der Transkription von zentraler Bedeutung, und ohne diese Funktionsweise zu kennen, würden wir niemals verstehen, wie die Informationen im Genom genutzt werden. Deshalb werden wir uns einige Zeit mit dem beschäftigen, was über DNA-bindende Proteine bekannt ist und wie sie mit dem Genom in Wechselwirkung treten.

## 11.1 DNA-bindende Proteine und ihre Bindungsstellen

Unser größtes Interesse gilt den Proteinen, die eine spezifische Nucleotidsequenz ansteuern und dadurch nur an eine begrenzte Anzahl von Positionen in einem DNA-Molekül binden können. Diese Art der Wechselwirkung ist bei der Expression des Genoms am wichtigsten. Damit ein Protein auf diese spezifische Weise binden kann, muss es mit der Doppelhelix so in Kontakt treten, dass es die Nucleotidsequenz erkennen kann. Dies erfordert im Allgemeinen, dass ein Teil des Proteins in die kleine und/oder große Furche der Helix eindringt (Abb. 1.8a und 1.9), um ein **direktes Auslesen** der Sequenz zu ermöglichen (Abschnitt 11.1.3). Das wird normalerweise begleitet von allgemeineren Wechselwirkungen mit der Oberfläche des DNA-Moleküls, die einfach den DNA-Protein-Komplex stabilisieren oder indirekte Informationen über die Nucleotidsequenz liefern, die in der Konformation der Helix enthalten ist.

## 11.1.1 Die besonderen Merkmale von DNA-bindenden Proteinen

Mithilfe von Methoden wie der **Röntgenstrukturanalyse** und der **Kernspinresonanzspektroskopie** (**NMR**) (Methoden 11.1) hat man die Strukturen von zahlreichen Proteinen bestimmt. Dazu gehören auch über 100 Proteine, die an DNA oder RNA binden. Vergleicht man die Strukturen von sequenzspezifischen DNA-bindenden Proteinen miteinander, kann man sofort erkennen, dass sich die Proteinfamilie insgesamt in eine begrenzte Zahl unterschiedlicher Gruppen einteilen lässt. Grundlage ist dabei die Struktur des Proteinabschnitts, der mit dem DNA-Molekül in Wechselwirkung tritt (Tab. 11.2). Jedes dieser **DNA-bindenden Strukturmotive** kommt in einer Reihe von Proteinen vor, die häufig aus sehr verschiedenen Organismen stammen, und mindestens eines dieser Motive ist in der Evolution mehr als einmal entstanden. Wir werden zwei davon genauer untersuchen – das **Helix-Kehre-Helix-Motiv** (*helix-turn-helix*-, **HTH-**

| **Tabelle 11.1**    Funktionen von DNA- und RNA-bindenden Proteinen | |
|---|---|
| **Funktion** | **Beispiele** |
| **DNA-bindende Proteine**<br>Genomexpression | |
| Initiation der Transkription | eukaryotisches TATA-bindendes Protein (Abschnitt 11.2.3) |
| | σ-Untereinheit der bakteriellen RNA-Polymerase (Abschnitt 11.2.3) |
| RNA-Synthese | RNA-Polymerasen (Abschnitt 11.2.1) |
| Regulierung der Transkription | eukaryotische Aktivatoren und Repressoren (Abschnitt 11.3.2) |
| | bakterielle Repressoren (Abschnitt 11.3.1) |
| DNA-Verpackung | eukaryotische Histone (Abschnitt 7.1.1) |
| | bakterielle Nucleoidproteine (Abschnitt 8.1.1) |
| DNA-Rekombination | RecA (Abschnitt 17.1.2) |
| DNA-Reparatur | DNA-Glykosylasen, Nucleasen (Abschnitt 16.2.2) |
| DNA-Replikation | Proteine, die den Replikationsursprung erkennen (Abschnitt 15.2.1) |
| | DNA-Polymerasen und -Ligasen (Abschnitte 2.1.1, 2.1.3 und 15.2.2) |
| | einzelstrangbindende Proteine (Abschnitt 15.2.2) |
| | DNA-Topoisomerasen (Abschnitt 15.1.2) |
| Andere | prokaryotische Restriktionsendonucleasen (Abschnitt 2.1.2) |
| **RNA-bindende Proteine**<br>Genomexpression | |
| Intron-Spleißen | snRNP-Proteine (Abschnitt 12.2.2) |
| mRNA-Polyadenylierung | CPSF, CstF (Abschnitt 12.2.1) |
| mRNA-Editing | Adenosindesaminasen (Abschnitt 12.2.5) |
| rRNA- und tRNA-Prozessierung | Ribonucleasen (Abschnitte 12.1.3 und 12.2.4) |
| Translation | Aminoacyl-tRNA-Synthetasen (Abschnitt 13.1.1) |
| | Translationsfaktoren (Abschnitte 13.2.2, 13.2.3 und 13.2.4) |
| RNA-Abbau | Ribonucleasen (Abschnitte 12.1.4 und 12.2.6) |
| Ribosomenstruktur | ribosomale Proteine (Abschnitt 13.2.1) |

# Methoden 11.1 Röntgenstrukturanalyse und Kernspinresonanzspektroskopie

*Methoden für die Untersuchung der Strukturen von Proteinen und Protein-Nucleinsäure-Komplexen*

Nach der Reinigung eines DNA- oder RNA-bindenden Proteins kann man versuchen, seine Struktur aufzuklären, entweder isoliert oder mit der Bindungsstelle verknüpft. Letzteres ermöglicht es, die genaue Struktur des nucleinsäurebindenden Proteinabschnitts zu bestimmen, sowie die Art der Kontaktstellen mit dem DNA- oder RNA-Molekül herzuleiten. In diesem Forschungsgebiet sind zwei Verfahren von zentraler Bedeutung – die Röntgenstrukturanalyse (Röntgenkristallographie) und die Kernspinresonanzspektroskopie (*nuclear magnetic resonance spectroscopy*).

Die Röntgenstrukturanalyse ist ein seit langer Zeit etabliertes Verfahren, wobei ihre Wurzeln bis in das 19. Jahrhundert zurückreichen, und sie basiert auf der **Beugung von Röntgenstrahlen**. Diese besitzen sehr kurze Wellenlängen zwischen 0,01 und 10 nm und sind damit 4 000-mal kürzer als die von sichtbarem Licht, vergleichbar mit den Abständen zwischen Atomen in chemischen Strukturen. Wenn ein Röntgenstrahl auf einen Kristall gerichtet wird, geht ein Teil der Strahlung direkt hindurch,

ein Teil wird jedoch gebeugt und tritt in einem Winkel, der sich von dem Eintrittswinkel unterscheidet, aus dem Kristall aus (Abb. M11.1.1a). Besteht der Kristall aus zahlreichen Kopien desselben Moleküls, die sich alle in einer regelmäßigen Anordnung befinden, werden die verschiedenen Röntgenstrahlen auf ähnliche Weise gebeugt. Das führt zu überlappenden Kreisen von gebeugten Wellen, die miteinander in Interferenz treten. Ein quer zum Strahl angebrachter Röntgenfilm oder elektronischer Detektor zeigt eine Folge von Punkten (Abb. M11.1.1b), ein so genann-

**M11.1.1 Röntgenstrukturanalyse.** a) Wenn ein Röntgenstrahl durch einen Kristall des untersuchten Moleküls gelenkt wird, entsteht ein Röntgenbeugungsmuster. b) Das Beugungsmuster, das man mit Kristallen der Ribonuclease erhält. c) Teil der Elektronendichtekarte, die aus diesem Beugungsmuster abgeleitet wurde. d) Wenn die Elektronendichtekarte eine genügende Auflösung besitzt, kann man Seitenketten einzelner Aminosäuren bestimmen, hier die von Tyrosin.

**a)** Erzeugung eines Beugungsmusters

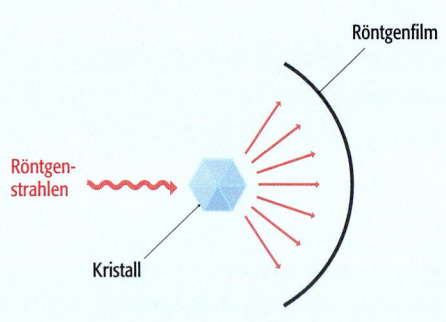

**b)** Röntgenstrahlenbeugungsmuster der Ribonuclease

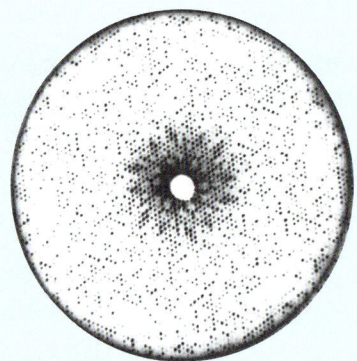

**c)** Ausschnitt aus der Elektronendichtekarte der Ribonuclease

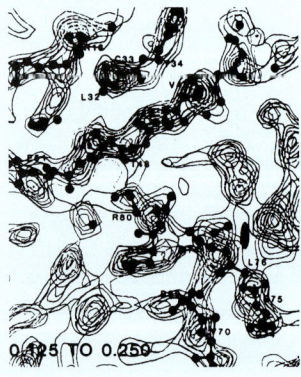

**d)** Interpretation einer Elektronendichtekarte: Bei einer Auflösung von 0,2 nm ist eine Tyrosinseitenkette zu erkennen

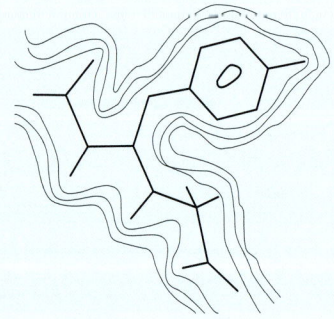

tes **Röntgenbeugungsmuster**. Daraus lässt sich die Struktur des Moleküls in dem Kristall ableiten, da die relativen Positionen der Punkte die Anordnung der Moleküle im Kristall anzeigen und die relativen Intensitäten der Punkte Informationen über die Struktur des Moleküls liefern. Je komplexer das Molekül ist, umso größer ist die Anzahl der Punkte und umso mehr Vergleiche muss man zwischen ihnen ziehen. Deshalb ist – außer für die einfachsten Moleküle – immer eine Computerunterstützung erforderlich. Bei erfolgreicher Durchführung erhält man als Ergebnis eine Elektronendichtekarte (Abb. M11.1.1c und d). Diese liefert für ein Protein eine Art Karte des gefalteten Polypeptids, aus der sich die Positionen von Strukturmerkmalen wie $\alpha$-Helices oder $\beta$-Faltblätter bestimmen lassen. Ist die Abbildung ausreichend genau, kann man die Seitenketten der einzelnen Aminosäuren des Polypeptids und ihre relative Orientierung zueinander erkennen, sodass Rückschlüsse auf Wasserstoffbrücken und andere chemische Wechselwirkungen möglich sind. Mit etwas Glück führen diese Rückschlüsse zu einem genauen dreidimensionalen Modell des Proteins.

Die Kernspinresonanzspektroskopie ist wie die Röntgenstrukturanalyse als Verfahren schon lange Zeit etabliert. Ihre Ursprünge reichen in das frühe 20. Jahrhundert zurück, die Technik selbst wurde das erste Mal 1936 beschrieben. Das Verfahren beruht darauf, dass die Drehbewegung eines geladenen chemischen Kerns ein magnetisches Moment erzeugt. Setzt man den rotierenden Atomkern einem angelegten elektromagnetischen Feld aus, orientiert sich der Kern in einer von zwei Möglichkeiten, die man als $\alpha$ oder $\beta$ bezeichnet (Abb. M11.1.2). Die $\alpha$-Orientierung (die wie das magnetische Feld orientiert ist) besitzt eine etwas geringere Energie. Bei der NMR-Spektroskopie wird das Ausmaß dieser energetischen Aufspaltung dadurch bestimmt, dass man die Frequenz der elektromagnetischen Strahlung misst, die erforderlich ist, um den Übergang von $\alpha$ zu $\beta$ zu induzieren. Diesen Wert bezeichnet man als Resonanzfrequenz des untersuchten Kerns. Entscheidend ist dabei, dass zwar jede Art von Atomkern (beispielsweise $^1H$, $^{13}C$, $^{15}N$) eine eigene spezifische Resonanzfrequenz besitzt, die gemessene Frequenz sich aber häufig geringfügig vom Standardwert unterscheidet (normalerweise weniger als 10 ppm), da die Elektronen in der Nähe des rotierenden Atomkerns diesen zu einem gewissen Maß vom angelegten magnetischen Feld abschirmen. Diese **chemische Verschiebung** (die Differenz zwischen der gemessenen Resonanzenergie und dem Standardwert für den untersuchten Kern) lässt Rückschlüsse auf die chemische Umgebung des Kerns zu und liefert so Informationen über die Struktur. Besondere Arten der Analyse, die man als COSY und TOCSY bezeichnet), ermöglichen es, Atome zu identifizieren, die miteinander über chemische Bindungen verknüpft sind. Durch andere Analysen (zum Beispiel NOESY) kann man Atome erkennen, die räumlich nahe an dem rotierenden Kern liegen, aber nicht direkt mit ihm verbunden sind. Nicht alle chemischen Kerne sind für die NMR geeignet. Die meisten NMR-Projekte für Proteine sind $^1H$-Untersuchungen, bei denen man die chemischen Umgebungen und

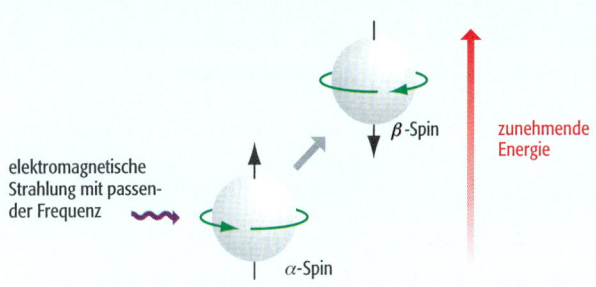

**M11.1.2  Die Grundlagen der NMR.** Ein rotierender Atomkern kann in einem angelegten elektromagnetischen Feld eine von zwei Orientierungen annehmen. Die energetische Aufspaltung zwischen dem $\alpha$- und dem $\beta$-Spin-Zustand wird durch Messung der Frequenz der elektromagnetischen Strahlung bestimmt, die den $\alpha \rightarrow \beta$-Übergang induziert.

die kovalenten Verknüpfungen von jedem Wasserstoffatom bestimmen will, um so Informationen über die Gesamtstruktur des Proteins zu erhalten. Diese Untersuchungen werden häufig ergänzt durch Analysen von substituierten Proteinen, bei denen mindestens einige Kohlenstoff- oder Stickstoffatome durch die seltenen Isotope $^{13}C$ oder $^{15}N$ ersetzt wurden, die bei einer NMR ebenfalls gute Ergebnisse liefern.

Bei erfolgreicher Durchführung besitzen NMR-Ergebnisse denselben Auflösungsgrad wie eine Röntgenstrukturanalyse und man erhält sehr genaue Informationen über die Proteinstruktur. Der größte Vorteil der NMR besteht darin, dass man mit Molekülen in Lösung arbeitet und dadurch Probleme vermeidet, die manchmal bei der Erzeugung von Kristallen aus Proteinen für die Röntgenstrukturanalyse auftreten. Untersuchungen mit Lösungen bieten auch eine größere Flexibilität, wenn das Ziel darin besteht, Veränderungen der Proteinstruktur zu untersuchen, wie sie bei der Proteinfaltung oder als Reaktion auf die Zugabe eines Substrats erfolgen. Der Nachteil der NMR ist, dass das Verfahren nur für relativ kleine Proteine geeignet ist. Dafür gibt es mehrere Gründe. So muss man beispielsweise für alle (oder möglichst viele) $^1H$- beziehungsweise andere Atomkerne, die man untersucht, die Resonanzfrequenzen bestimmen. Das hängt von den verschiedenen Kernen ab, die unterschiedliche chemische Verschiebungen aufweisen müssen, damit sich ihre Frequenzen nicht überlagern. Je größer ein Protein ist, umso größer ist die Anzahl der Atomkerne, und umso größer ist die Wahrscheinlichkeit, dass sich Frequenzen überlagern und Strukturinformationen verloren gehen. Das begrenzt zwar die Anwendbarkeit der NMR, das Verfahren ist jedoch weiterhin von großer Bedeutung. Es gibt viele interessante Proteine, die für eine NMR-Analyse klein genug sind. Wichtige Informationen kann man auch durch die Strukturanalyse von Peptiden erhalten, die als Modelle für bestimmte Einzelheiten bei der Aktivität von Proteinen dienen können, obwohl sie selbst keine vollständigen Proteine sind, beispielsweise bei der Bindung an Nucleinsäuren.

**Tabelle 11.2** Funktionen von DNA- und RNA-bindenden Proteinen

| Strukturmotiv | Beispiele für Proteine mit diesem Motiv |
| --- | --- |
| **Motive für sequenzspezifische DNA-Bindung** | |
| Helix-Kehre-Helix-Familie | |
|    Helix-Kehre-Helix (Standard) | Lactoserepressor, Tryptophanrepressor bei *Escherichia coli* |
|    Homöodomäne | Antennapedia-Protein bei *Drosophila* |
|    Homöodomänenpaar | Pax-Transkriptionsfaktor bei Vertebraten |
|    POU-Domäne | regulatorische Proteine Pit-1, Oct-1 und Oct-2 bei Vertebraten |
|    „geflügeltes" Helix-Kehre-Helix-Motiv | regulatorisches Protein GABP bei höheren Eukaryoten |
|    HMG-Domäne (*high mobility group*) | geschlechtsbestimmendes SRY-Protein bei Säugern |
| Zinkfingerfamilie | |
|    $Cys_2His_2$-Familie | Transkriptionsfaktor TFIIIA bei Eukaryoten |
|    Multicystein-Zinkfinger | Steroidrezeptorfamilie bei höheren Eukaryoten |
| binucleärer Zink-Cluster | Transkriptionsfaktor GAL4 bei Hefe |
| basische Domäne | Transkriptionsfaktor GCN4 bei Hefe |
| Band-Helix-Helix | bakterielle Repressoren MetJ, Arc und Mnt |
| TBP-Domäne | eukaryotisches TATA-bindendes Protein |
| $\beta$-Fass-Dimer | E2-Protein des Papillomavirus |
| Rel-homologe Domäne (RHB) | Transkriptionsfaktor NF-$\kappa$B |
| **Motive für nicht-sequenzspezifische DNA-Bindung** | |
| Histonfaltung | eukaryotische Histone |
| HU/IHF-Motiv* | bakterielle HU- und IHF-Proteine |
| Polymerasespalt | DNA- und RNA-Polymerasen |

*Das HU/IHF-Motiv ist ein Strukturmotiv für nicht-sequenzspezifische DNA-Bindung in bakteriellen HU-Proteinen (Verpackungsproteine des Nucleoids; Abschnitt 8.1.1), es steuert jedoch die sequenzspezifische Bindung des IHF-Proteins (*integration host factor*) (Abschnitt 17.2.1).

**Motiv**) und der **Zinkfinger**. Danach verschaffen wir uns noch einen kurzen Überblick über die anderen.

### Das Helix-Kehre-Helix-Motiv kommt in prokaryotischen und eukaryotischen Proteinen vor

Das HTH-Motiv (*helix-turn-helix*) war die erste DNA-bindende Struktur, die identifiziert wurde. Wie die Bezeichnung andeutet, besteht das Motiv aus zwei $\alpha$-Helices, die durch eine Kehre (*turn*) getrennt sind (Abb. 11.2). Letztere ist keine Zufallskonformation, sondern eine spezifische Struktur, die man als $\beta$-Kehre bezeichnet. Diese besteht aus vier Aminosäuren, von denen die zweite im Allgemeinen ein Glycin ist. In Verbindung mit der ersten $\alpha$-Helix positioniert

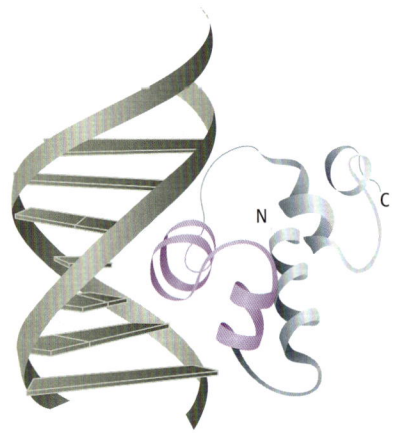

**11.2** **Das Helix-Kehre-Helix-Motiv.** Die Zeichnung zeigt die Orientierung des Helix-Kehre-Helix-Motivs (violett) im Bakteriophagen-434-Repressor von *Escherichia coli* in der großen Furche der DNA-Doppelhelix. Der N- und der C-Terminus des Strukturmotivs sind mit „N" beziehungsweise „C" gekennzeichnet.

diese Kehre die zweite $\alpha$-Helix in einer solchen Orientierung an der Oberfläche des Proteins, dass sie in die große Furche des DNA-Moleküls hineinpasst. Diese zweite $\alpha$-Helix ist deshalb die **Erkennungshelix**, die die entscheidenden Kontaktstellen bildet, damit die DNA-Sequenz ausgelesen werden kann. Die HTH-Struktur ist normalerweise etwa 20 Aminosäuren lang und bildet deshalb nur einen kleinen Teil des gesamten Proteins. Einige der übrigen Proteinabschnitte heften sich an die Oberfläche des DNA-Moleküls, vor allem um die korrekte Positionierung der Erkennungshelix in der großen Furche zu unterstützen.

Viele prokaryotische und eukaryotische DNA-bindende Proteine besitzen das HTH-Motiv. Bei Bakterien kommen HTH-Motive in einigen der am besten untersuchten regulatorischen Proteine vor, die die Expression bestimmter Gene an- und abschalten. Ein Beispiel dafür ist der **Lactoserepressor**, der die Expression des Lactoseoperons reguliert (Abschnitt 11.3.1). Zu den verschiedenen eukaryotischen HTH-Proteinen gehören viele, deren DNA-bindende Eigenschaften für die Regulation der Genexpression während der Entwicklung von Bedeutung sind, etwa die Proteine in einer **Homöodomäne**, deren Funktion wir in Abschnitt 14.3.4 behandeln. Diese Homöodomäne ist ein erweitertes HTH-Motiv, das jedes dieser Proteine besitzt. Es besteht aus 60 Aminosäuren, die vier $\alpha$-Helices bilden. Die Helices 2 und 3 sind durch eine $\beta$-Kehre getrennt, wobei Helix 3 als Erkennungshelix fungiert und Helix 1 in der kleinen Furche Kontaktstellen ausbildet (Abb. 11.3). Bei Eukaryoten gibt es beispielsweise folgende weitere Formen des HTH-Motivs:

- Die **POU-Domäne** kommt im Allgemeinen in Proteinen vor, die auch eine Homöodomäne besitzen. Die beiden Motive wirken wahrscheinlich zusammen, indem sie an verschiedene Regionen auf der Doppelhelix binden. Die Bezeichnung „POU" leitet sich aus den Anfangsbuchstaben der zuerst entdeckten Proteine ab, in denen dieses Motiv vorkommt.

- Das **„geflügelte" Helix-Kehre-Helix**-Motiv ist eine andere erweiterte Form der HTH-Grundstruktur., wobei sich hier an der einen Seite des HTH-Motivs eine dritte Helix und an der anderen Seite ein $\beta$-Faltblatt befindet.

Viele prokaryotische und eukaryotische Proteine enthalten ein HTH-Motiv, aber die Einzelheiten der Wechselwirkung der Erkennungshelix mit der großen Furche stimmen nicht in allen Fällen überein. Die Länge der Erkennungshelix variiert, ist aber bei eukaryotischen Proteinen im Allgemeinen größer. Die Orientierung der Helix in der großen Furche ist nicht immer gleich, und die Positionen der Aminosäuren innerhalb der Erkennungshelix, die mit den Nucleotiden in Kontakt treten, unterscheiden sich ebenfalls.

### In eukaryotischen Proteinen kommen häufig Zinkfinger vor

Die zweite Form eines DNA-bindenden Strukturmotivs, das wir hier genauer betrachten wollen, ist der Zinkfinger, der bei Proteinen der Prokaryoten selten vorkommt, bei Proteinen der Eukaryoten hingegen sehr weit verbreitet ist. Es gibt anscheinend in dem Wurm *Caenorhabditis elegans*, der insgesamt 19 000 Proteine besitzt, über 500 verschiedene Zinkfingerproteine. Schätzungsweise codiert ein Prozent aller Gene von Säugetieren Zinkfingerproteine.

Es gibt mindestens sechs verschiedene Formen von Zinkfingern. Der erste, der genauer untersucht wurde, war der **Cys$_2$His$_2$-Finger**. Er besteht aus einer Folge von etwa 12 Aminosäuren, zu denen zwei Cysteine und zwei Histidine gehören, und umfasst einen $\beta$-Faltblatt-Anteil und eine $\alpha$-Helix. Diese beiden Struk-

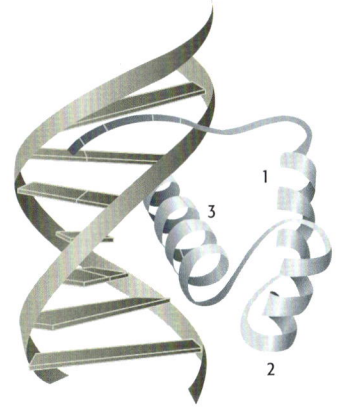

**11.3    Das Strukturmotiv der Homöodomäne.** Dargestellt sind die ersten drei Helices einer typischen Homöodomäne, wobei Helix 3 in die große Furche ausgerichtet ist und Helix 1 Kontaktstellen mit der kleinen Furche bildet. Die Helices 1 bis 3 verlaufen im Strukturmotiv in der N→C-Richtung.

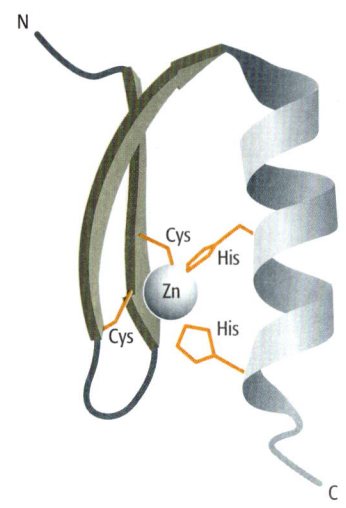

**11.4    Der Cys₂His₂-Zinkfinger.** Dieses Beispiel eines Zinkfingers stammt aus dem SW15-Protein der Hefe. Das Zinkatom wird zwischen zwei Cysteinen im β-Faltblatt und zwei Histidinen in der α-Helix festgehalten. Die orangefarbenen Linien heben die Seitenketten dieser Aminosäuren hervor. Der N- und der C-Terminus des Strukturmotivs sind mit „N" beziehungsweise „C" gekennzeichnet.

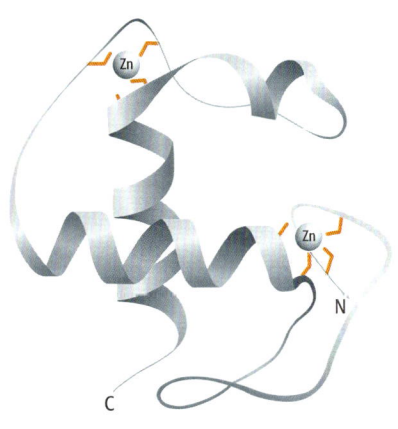

**11.5    Der Zinkfinger des Steroidrezeptors.** Die Seitenketten der Aminosäure, die an der Wechselwirkung mit den Zinkatomen mitwirken, sind durch orangefarbene Linien dargestellt. Der N- und der C-Terminus des Strukturmotivs sind mit „N" beziehungsweise „C" gekennzeichnet.

turen bilden den Finger, der aus der Proteinoberfläche herausragt, und halten zwischen sich ein gebundenes Zinkatom fest, das durch die beiden Cysteine und Histidine in Position gehalten wird (Abb. 11.4). Die α-Helix ist der Teil des Motivs, der die entscheidenden Kontaktstellen mit der großen Furche bildet. Die Positionierung der Helix in der Furche wird durch das β-Faltblatt bestimmt, das mit dem Zucker-Phosphat-Rückgrat der DNA in Wechselwirkung tritt, und außerdem durch das Zinkatom, das das β-Faltblatt und die α-Helix in den passenden relativen Positionen stabilisiert. Andere Formen des Zinkfingers zeigen eine andere Struktur. Einigen fehlt der β-Faltblatt-Anteil und sie bestehen einfach aus einer oder mehreren α-Helices, außerdem unterscheidet sich der genaue Mechanismus, durch den das Zinkatom in der Position festgehalten wird. So fehlen beispielsweise den **Multicystein-Zinkfingern** die Histidine, und das Zinkatom wird durch vier Cysteine positioniert.

Ein interessantes Merkmal des Zinkfingers besteht darin, dass in einem einzigen Protein häufig mehrfache Kopien des Fingers vorkommen. Mehrere Proteine besitzen zwei, drei oder vier Finger, es gibt jedoch auch Beispiele mit viel mehr Kopien – etwa 37 in einem Protein einer Kröte. In den meisten Fällen treten die einzelnen Zinkfinger vermutlich unabhängig voneinander in Kontakt mit dem DNA-Molekül, in einigen Fällen ist die Beziehung zwischen verschiedenen Fingern komplizierter. Bei einer bestimmten Gruppe von Proteinen – der Kern- oder Steroid-Rezeptor-Familie – wirken zwei α-Helices, die sechs Cysteine enthalten, zusammen und positionieren zwei Zinkatome in einer einzigen DNA-bindenden Domäne, die größer ist als der normale Zinkfinger (Abb. 11.5). Offenbar dringt eine der α-Helices aus diesem Motiv in die große Furche ein, während die zweite Helix mit anderen Proteinen in Kontakt tritt.

### *Andere Strukturmotive für die Bindung an Nucleinsäuren*

Zu den verschiedenen anderen entdeckten Strukturmotiven bei der DNA-Bindung gehören beispielsweise die Folgenden:

- Bei der **basischen Domäne** ist die DNA-Erkennungsstruktur eine α-Helix, die eine große Anzahl von basischen Aminosäuren enthält (zum Beispiel Arginin, aber auch die polaren Aminosäuren Serin und Threonin). Eine Besonderheit dieses Motivs besteht darin, dass die α-Helix sich nur dann bildet, wenn das Protein mit der DNA in Wechselwirkung tritt. Im ungebundenen Zustand besitzt die Helix eine ungeordnete Struktur. Basische Domänen kommen in einer Reihe von eukaryotischen Proteinen vor, die bei der Transkription von DNA zu RNA beteiligt sind.

- Das **Band-Helix-Helix**-Motiv (*ribbon-helix-helix*) ist eines der wenigen Strukturmotive, die eine sequenzspezifische DNA-Bindung bewirken, ohne dass eine α Helix die Erkennungsstruktur bildet. Stattdessen tritt ein Band (das heißt zwei Stränge eines β-Faltblattes) mit der großen Furche in Kontakt (Abb. 11.6). Band-Helix-Helix-Motive kommen in einigen Genregulationsproteinen von Bakterien vor.

- Die **TBP-Domäne** wurde bis jetzt nur im **TATA-bindenden Protein** entdeckt (Abschnitt 11.2.3), nach der sie auch bezeichnet wurde. Wie beim Band-Helix-Helix-Motiv ist auch die Erkennungsstruktur ein β-Faltblatt, das jedoch in diesem Fall nicht mit der großen, sondern mit der kleinen Furche der DNA in Wechselwirkung tritt.

Bei RNA-bindenden Proteinen gibt es ebenfalls spezifische Strukturmotive, die die Anheftung an das RNA-Molekül bewerkstelligen. Dies sind die Wichtigsten:

- Die **Ribonucleoprotein-(RNP-)Domäne** besteht aus vier $\beta$-Strängen und zwei $\alpha$-Helices in der Reihenfolge $\beta$-$\alpha$-$\beta$-$\beta$-$\alpha$-$\beta$. Die beiden mittleren $\beta$-Stränge bewirken die eigentliche Anheftung an das RNA-Molekül. Die RNP-Domäne ist das häufigste Strukturmotiv der RNA-Bindung und man hat es in mehr als 250 Proteinen gefunden.

- Die **doppelsträngige-RNA-bindende Domäne** (**dsRBD**) ist der RNP-Domäne ähnlich, besitzt aber die Struktur $\alpha$-$\beta$-$\beta$-$\beta$-$\alpha$. Die RNA-Bindungsfunktion liegt zwischen dem $\beta$-Strang und der $\alpha$-Helix am Ende der Struktur. Wie die Bezeichnung andeutet, kommt das Strukturmotiv in Proteinen vor, die an doppelsträngige RNA binden.

- Die **$\kappa$-homologe Domäne** besitzt die Struktur $\beta$-$\alpha$-$\alpha$-$\beta$-$\beta$-$\alpha$, wobei die Bindungsfunktion zwischen dem Paar der $\alpha$-Helices liegt. Das Motiv ist relativ selten, kommt aber in mindestens einem RNA-bindenden Protein des Zellkerns vor.

Darüber hinaus kann die DNA-bindende Homöodomäne von einigen Proteinen auch eine RNA-Bindungsaktivität besitzen. Ein ribosomales Protein enthält eine Struktur, die der Homöodomäne ähnlich ist und bindet damit an rRNA. Auch einige Homöodomänenproteine wie Bicoid von *Drosophila melanogaster* (Abschnitt 14.3.4) können sowohl an DNA als auch RNA binden.

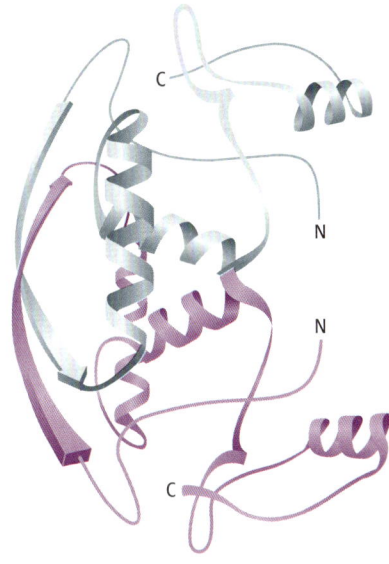

**11.6 Das Band-Helix-Helix-Motiv.** Dargestellt ist das Band-Helix-Helix-Motiv des MetJ-Repressors von *Escherichia coli*, der aus einem Dimer von zwei identischen Proteinen besteht (grau und violett). Die $\beta$-Stränge auf der linken Seite der Struktur treten mit der großen Furche der Doppelhelix in Kontakt. Der N- und der C-Terminus des Strukturmotivs sind mit „N" beziehungsweise „C" gekennzeichnet.

## 11.1.2 Die Lokalisierung von Bindungsstellen für Proteine in der DNA eines Genoms

Häufig entdeckt man bei einem DNA-bindenden Protein nicht zuerst das Protein selbst, sondern die Merkmale der DNA-Sequenz, die das Protein erkennt. Das liegt daran, dass genetische und molekularbiologische Experimente, mit denen wir uns in diesem Kapitel noch beschäftigen werden, gezeigt haben, dass viele Proteine, die an der Genomexpression beteiligt sind, an kurze DNA-Sequenzen unmittelbar stromaufwärts der Gene binden, auf die sie wirken (Abb. 11.7). Das bedeutet, dass die Sequenz eines neu entdeckten Gens die unmittelbare Bestimmung der Bindungsstellen von mindestens einigen Proteinen ermöglicht, die für die Expression dieses Gens zuständig sind – wenn man voraussetzt, dass die Gensequenz sowohl die codierende DNA als auch die stromaufwärts liegenden Bereiche enthält. Deshalb hat man eine Reihe von Methoden entwickelt, um Proteinbindungsstellen in DNA-Fragmenten mit einer Länge von bis zu mehreren Kilobasen zu lokalisieren. Diese Methoden sind sehr effektiv, selbst wenn die zugehörigen DNA-bindenden Proteine noch nicht bekannt sind.

### *DNA-Fragmente, die an ein Protein binden, lassen sich durch eine Gelretardierung identifizieren*

Die erste dieser Methoden beruht auf dem grundlegenden Unterschied zwischen den elektrophoretischen Eigenschaften eines „nackten" DNA-Fragments und eines DNA-Fragments, an das ein Protein gebunden hat. Zur Erinnerung: DNA-Fragmente lassen sich mithilfe einer Gelelektrophorese auftrennen, da die kleineren Fragmente schneller durch die porenähnliche Struktur des Gels wandern als größere Fragmente (Methoden 2.2). Wenn ein Protein an ein DNA-Fragment gebunden hat, ist seine Beweglichkeit im Gel eingeschränkt: Der DNA-Protein-Komplex bildet also eine Bande, die näher am Startpunkt liegt

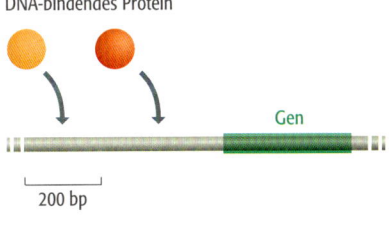

**11.7 Anheftungsstellen für DNA-bindende Proteine liegen unmittelbar stromaufwärts von einem Gen.**

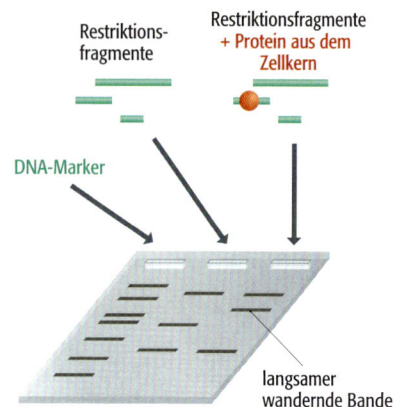

**11.8 Gelretardierungsanalyse.** Ein DNA-Restriktionsansatz wird mit einem Zellkernextrakt gemischt und ein DNA-bindendes Protein aus dem Extrakt bindet an eines der Restriktionsfragmente. Der DNA-Protein-Komplex besitzt eine größere Molekülmasse als die „nackte" DNA und wandert daher während der Gelelektrophorese langsamer durch das Gel. Das führt dazu, dass die Bande für dieses Fragment „retardiert" wird. Sie lässt sich durch Vergleich mit dem Bandenmuster der Restriktionsfragmente identifizieren, denen kein Zellkernextrakt zugesetzt wurde.

(Abb. 11.8). Das bezeichnet man als **Gelretardierung**. In der Praxis führt man diese Methode mit einer Kombination von Restriktionsfragmenten durch, die den gesamten Bereich abdecken, in dem man eine Proteinbindungsstelle vermutet. Der Restriktionsansatz wird mit einem Extrakt von Zellkernproteinen gemischt (wenn ein Eukaryot untersucht wird), und langsamer wandernde Fragmente lassen sich nach der Elektrophorese durch einen Vergleich des Bandenmusters der Fragmente mit und ohne zugesetzte Proteine erkennen. Man verwendet einen Zellkernextrakt, da in dieser Phase des Projekts das DNA-bindende Protein normalerweise noch nicht isoliert wurde. Steht jedoch das Protein zur Verfügung, lässt sich das Experiment mit dem reinen Protein genauso einfach durchführen wie mit dem gesamten Extrakt.

## Schutzexperimente zeigen Bindungsstellen mit größerer Genauigkeit

Durch Gelretardierung erhält man allgemeinere Hinweise auf die Position einer Proteinbindungsstelle in einer DNA-Sequenz, aber die Stelle lässt sich nicht ausreichend genau lokalisieren. Ein retardiertes Fragment ist häufig mehrere Hundert Basenpaare lang, die erwartete Länge einer Bindungsstelle im Vergleich dazu höchstens einige Dutzend Basenpaare, und es gibt keinen Hinweis darauf, wo die Bindungsstelle in einem solchen Fragment liegt. Wenn das retardierte Fragment lang ist, kann es außerdem getrennte Bindungsstellen für verschiedene Proteine enthalten. Oder es ist kurz und es besteht die Wahrscheinlichkeit, dass einige Nucleotide der Bindungsstelle auf angrenzenden Fragmenten liegen, die von sich aus aber keinen stabilen Komplex mit dem Protein bil-

**11.9 DNase-I-Footprinting.** Die Restriktionsfragmente, die bei der Methode am Anfang eingesetzt werden, dürfen nur an einem Ende markiert sein. Das erreicht man normalerweise, indem man eine Reihe längerer Restriktionsfragmente mit einem Enzym behandelt, das an *beiden* Enden eine Markierung anbringt, und dann diese Fragmente mit einem zweiten Restriktionsenzym schneidet und eine der Kombinationen von endmarkierten Fragmenten isoliert. Die Behandlung mit DNase I wird in Gegenwart eines Mangansalzes durchgeführt, was dazu führt, dass das Enzym in den Zielmolekülen zufällige Doppelstrangschnitte verursacht, die glatte Enden besitzen.

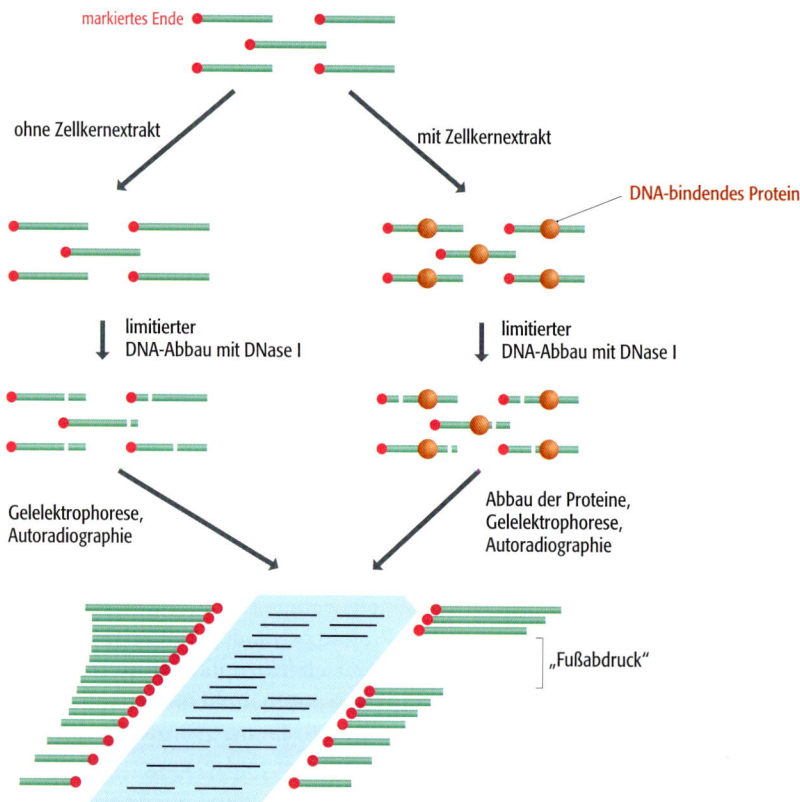

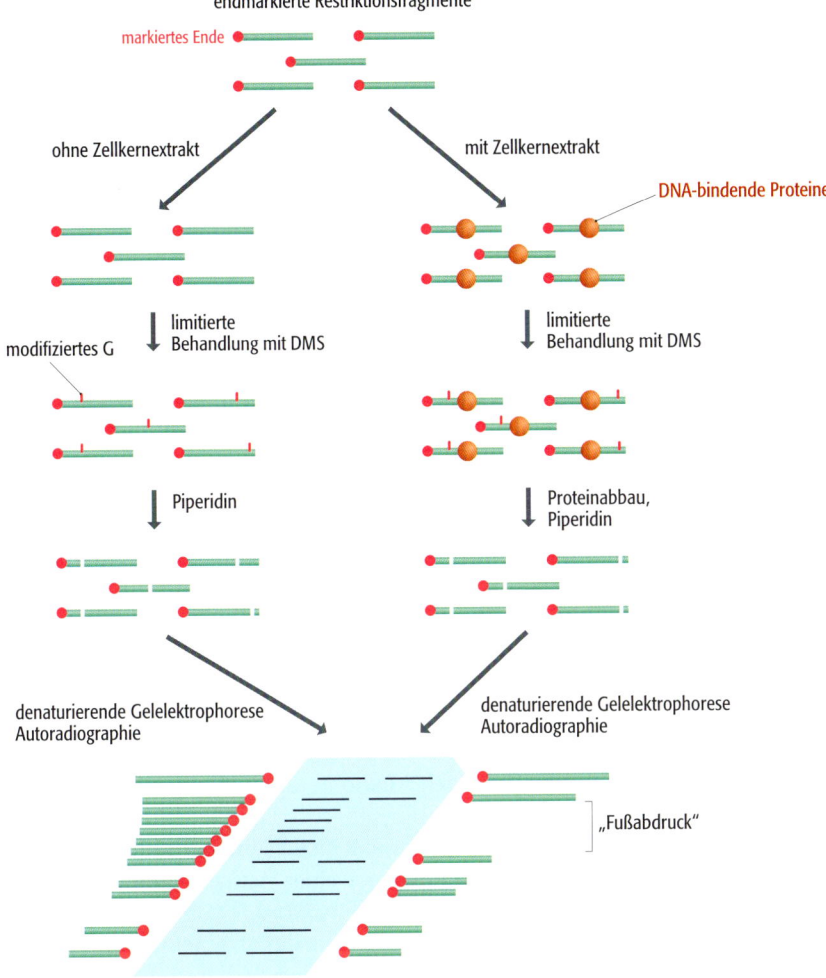

endmarkierte Restriktionsfragmente

markiertes Ende

ohne Zellkernextrakt

mit Zellkernextrakt

DNA-bindende Proteine

modifiziertes G

limitierte
Behandlung mit DMS

limitierte
Behandlung mit DMS

Piperidin

Proteinabbau,
Piperidin

denaturierende Gelelektrophorese
Autoradiographie

denaturierende Gelelektrophorese
Autoradiographie

„Fußabdruck"

**11.10    Modifikationsschutztest mit Dimethylsulfat (DMS).** Das Verfahren ist dem DNase-I-Footprinting ähnlich. Die Fragmente werden jedoch nicht mit DNase I geschnitten, sondern mit begrenzten Mengen von DMS behandelt, sodass in jedem Fragment nur eine einzige Guaninbase methyliert wird. Guanine, die durch das gebundene Protein geschützt sind, können nicht modifiziert werden. Nach Entfernen des Proteins wird die DNA mit Piperidin behandelt, das die DNA an den Positionen der modifizierten Nucleotide schneidet. Zur Vereinfachung ist in der Grafik dargestellt, dass in dieser Phase die doppelsträngigen Moleküle gespalten werden. Tatsächlich wird jedoch nur ein Strang geschnitten, da Piperidin nur die modifizierten Stellen angreift und nicht den gesamten Doppelstrang des Moleküls durchtrennt. Die Proben werden deshalb in einer *denaturierenden* Gelelektrophorese untersucht, sodass die beiden Stränge getrennt werden. Die resultierende Autoradiographie zeigt die Größen der Stränge, die nur an einem Ende markiert sind und am anderen Ende durch Piperidin geschnitten wurden. Das Bandenmuster der Kontroll-DNA-Stränge – die nicht mit einem Zellkernextrakt inkubiert worden sind – zeigt die Positionen der Guanine im Restriktionsfragment an, und der „Fußabdruck" im Bandenmuster der Testprobe zeigt, welche G-Nucleotide geschützt waren.

den und keine Gelretardierung auftritt. Untersuchungen zur Gelretardierung sind deshalb nur ein Ausgangspunkt. Um genauere Informationen zu erhalten, sind andere Verfahren erforderlich.

Wenn die Gelretardierung nicht mehr ausreicht, können **Modifikationsschutzexperimente** an ihre Stelle treten. Die Grundlage dieser Methoden besteht darin, dass ein Teil der Nucleotidsequenz eines DNA-Moleküls, das ein gebundenes Protein trägt, vor einer Modifikation geschützt ist. Es gibt zwei Möglichkeiten, eine solche Modifikation durchzuführen:

- Durch die Behandlung mit einer Nuclease werden alle Phosphodiesterbindungen gespalten, außer denen, die durch das gebundene Protein geschützt sind.

- Durch ein methylierendes Agens, wie etwa Dimethylsulfat, werden Methylgruppen an G-Nucleotide angehängt. Nur G-Nucleotide, die durch das gebundene Protein geschützt sind, werden nicht methyliert.

Einzelheiten zur praktischen Durchführung sind in den Abbildungen 11.9 und 11.10 dargestellt. Beide beruhen auf dem experimentellen Prinzip des so genannten **Footprinting**. Beim Nuclease-Footprinting wird das zu untersu-

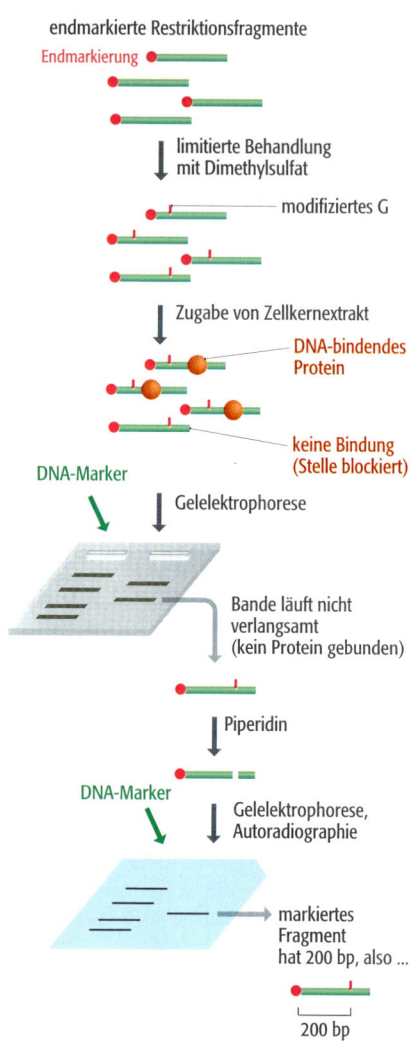

endmarkierte Restriktionsfragmente

Endmarkierung

limitierte Behandlung
mit Dimethylsulfat

modifiziertes G

Zugabe von Zellkernextrakt

DNA-bindendes
Protein

keine Bindung
(Stelle blockiert)

DNA-Marker

Gelelektrophorese

Bande läuft nicht
verlangsamt
(kein Protein gebunden)

Piperidin

DNA-Marker

Gelelektrophorese,
Autoradiographie

markiertes
Fragment
hat 200 bp, also ...

200 bp

**11.11    Modifikationsinterferenztest mit Dimethylsulfat (DMS).** Beschreibung der Methode für die Herstellung von DNA-Fragmenten, die nur an einem Ende markiert sind, siehe Legende der Abbildung 11.9.

chende DNA-Fragment an einem Ende markiert, mit dem Bindungsprotein (in Form eines Zellkernextrakts oder als reines Protein) in einen Komplex gebracht und mit Desoxyribonuclease I (DNase I) behandelt. DNase I spaltet normalerweise jede Phosphodiesterbindung, sodass nur der DNA-Abschnitt übrig bleibt, der durch das gebundene Protein geschützt ist. Das ist nicht sehr sinnvoll, da es schwierig sein kann, so ein kurzes Fragment zu sequenzieren. Schneller geht es mit einem besser durchdachten Ansatz, wie er in Abbildung 11.9 beschrieben wird. Die Nucleasebehandlung wird unter limitierenden Bedingungen durchgeführt, etwa bei niedriger Temperatur und/oder mit sehr wenig Enzym, sodass im Durchschnitt jede Kopie des DNA-Fragments nur einen einzigen „Treffer" erhält – also auf seiner ganzen Länge nur an einer einzigen Stelle geschnitten wird. Dennoch werden dann in der gesamten Population alle Bindungen gespalten, außer denen, die durch das Protein geschützt sind. Das Protein wird nun entfernt, das Gemisch elektrophoretisch aufgetrennt und die markierten Fragmente werden sichtbar gemacht. Jedes der Fragmente trägt an einem Ende eine Markierung, am anderen die Schnittstelle. Das Ergebnis ist eine Leiter aus Banden. Diese entsprechen den DNA-Fragmenten, die sich um jeweils ein Nucleotid unterscheiden. Die Leiter wird durch einen leeren Bereich unterbrochen (den „Fußabdruck"), der den Positionen der geschützten Phosphodiesterbindungen und damit dem gebundenen Protein auf der Ausgangs-DNA entspricht.

### Durch Modifikationsinterferenz lassen sich Nucleotide identifizieren, die für die Proteinbindung entscheidend sind

Modifikationsschutz ist nicht mit **Modifikationsinterferenz** zu verwechseln. Hierbei handelt es sich um eine andere Methode, die bei der Untersuchung der Proteinbindung eine weitere Dimension einführt. Die Modifikationsinterferenz basiert darauf, dass die Veränderung eines Nucleotids, das für Proteinbindung entscheidend ist – etwa durch Anhängen einer Methylgruppe –, diese Bindung verhindern kann. Ein Beispiel aus dieser Gruppe von Methoden ist in Abbildung 11.11 dargestellt. Das DNA-Fragment, das an einem Ende markiert ist, wird mit dem modifizierenden Agens behandelt, in diesem Fall mit Dimethylsulfat. Das geschieht unter limitierenden Bedingungen, sodass nur ein Guanin pro Fragment methyliert wird. Dann setzt man das bindende Protein oder ein Zellkernextrakt zu und trennt die Fragmente elektrophoretisch auf. Zu sehen sind zwei Banden, von denen eine dem DNA-Protein-Komplex und die andere der DNA ohne gebundenes Protein entspricht. Diese Bande enthält Moleküle, deren Bindung an das Protein verhindert wurde, da die Methylierung ein oder mehrere G-Nucleotide modifiziert hat, die für die Bindung entscheidend sind. Um die Nucleotide zu identifizieren, wird das Fragment aus dem Gel isoliert und mit Piperidin behandelt; diese Verbindung spaltet DNA an methylierten Guaninnucleotiden. Das führt dazu, dass jedes Fragment in zwei Stücke geteilt wird, von denen eines die Markierung trägt. Die Längen der markierten Stücke werden mithilfe einer zweiten Elektrophorese bestimmt. Daraus lässt sich ableiten, welche Nucleotide im ursprünglichen Fragment methyliert waren und wo sich andererseits die Positionen der G-Nucleotide in der DNA-Sequenz befinden, die an der Bindungsreaktion beteiligt sind. Entsprechende Verfahren lassen sich auch für die Identifizierung von A-, C- und T-Nucleotiden anwenden, die bei der Bindung mitwirken.

### 11.1.3 Die Wechselwirkung zwischen DNA und den daran bindenden Proteinen

Unsere Vorstellungen von der Rolle des DNA-Moleküls bei der Wechselwirkung mit einem daran bindenden Protein haben in den letzten Jahren begonnen, sich zu wandeln. Man war immer davon überzeugt, dass Proteine, die eine spezifische Sequenz als ihre Bindungsstelle erkennen, diese Stelle ansteuern können, indem sie mit den chemischen Gruppen in Kontakt treten, die von den Basen in die kleine und große Furche hineinragen, welche sich um die Doppelhelix winden (Abb. 1.8). Jetzt hat man jedoch erkannt, dass die Nucleotidsequenz auch die genaue Konformation in jeder Region der Helix beeinflusst. Diese Konformationsmerkmale ermöglichen einen zweiten, weniger direkten Mechanismus, durch den die DNA-Sequenz die Proteinbindung beeinflusst.

#### *Direktes Auslesen der Nucleotidsequenz*

Aufgrund der Doppelhelixstruktur, wie sie Watson und Crick beschrieben haben (Abschnitt 1.1.2), war deutlich geworden, dass die Nucleotidbasen nicht vollständig verdeckt sind, obwohl sie sich an der Innenseite des DNA-Moleküls befinden, und dass einige der chemischen Gruppen an den Purin- und Pyrimidinbasen von der Außenseite der Helix aus zugänglich sind. Deshalb sollte ein **direktes Auslesen** (*direct readout*) der Nucleotidsequenz möglich sein, ohne Basenpaare auftrennen zu müssen und das Molekül zu öffnen.

Um mit Gruppen, die an den Nucleotidbasen befestigt sind, chemische Bindungen auszubilden, muss ein bindendes Protein in einer oder in beiden Furchen an der Oberfläche der Helix Kontaktstellen bilden. Bei der B-Form der DNA gestalten sich Art und Orientierung der exponierten Bereiche in der großen Furche so, dass die meisten Sequenzen spezifisch erkannt werden können. In der kleinen Furche hingegen ist es zwar möglich, zwischen einem A–T- und einem G–C-Basenpaar zu unterscheiden, nicht jedoch, welches Nucleotid eines Paares sich in welchem Strang der Helix befindet (Abb. 11.12). Das direkte Auslesen der B-Form erfolgt deshalb vor allem über Wechselwirkungen in der großen Furche. Bei den anderen DNA-Formen liefern die Wechselwirkungen mit bindenden Proteinen viel weniger Informationen, wobei sich die Situation wahrscheinlich deutlich anders darstellt. Bei der A-Form ist beispielsweise die große Furche tief und eng, sodass ein beliebiger Teil eines Proteinmoleküls weniger leicht eindringen kann (Tab. 1.1). Wahrscheinlich kommt für das direkte Auslesen der flacheren kleinen Furche die größte Bedeutung zu. Bei der Z-DNA existiert praktisch keine große Furche, und ein direktes Auslesen ist zu einem gewissen Grad möglich, ohne unter die Oberfläche der Helix gehen zu müssen.

#### *Die Nucleotidsequenz hat eine Reihe von indirekten Auswirkungen auf die Helixstruktur*

Ursprünglich hatte man angenommen, dass die DNA-Moleküle in der Zelle eine ziemlich einheitliche Struktur besitzen. die vor allem aus der B-Form der DNA besteht. Einige kurze Abschnitte könnten als A-Form vorliegen, und auch einige Z-DNA-Sequenzen könnten vorhanden sein, besonders in der Nähe der Molekülenden. Der größte Teil einer Doppelhelix musste jedoch konstant aus B-DNA bestehen. Wir erkennen aber jetzt, dass DNA viel polymorpher ist und dass A-, B- und Z-DNA-Konfigurationen sowie deren Zwischenformen innerhalb eines einzigen DNA-Moleküls gleichzeitig existieren können, wobei verschiedene Abschnitte des Moleküls unterschiedliche Strukturen aufweisen. Diese Konformationsvarianten sind sequenzabhängig und zu einem großen

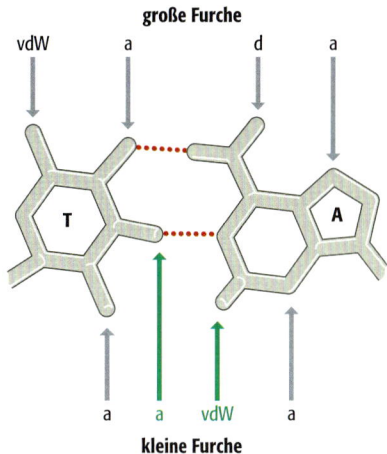

**11.12    Erkennung eines A–T-Basenpaares in einer Doppelhelix der B-Form.** Das A–T-Paar ist als Umriss dargestellt (Abb. 1.8b). Die Pfeile markieren die chemischen Merkmale, die durch einen Zugriff auf das Basenpaar über die große Furche (oben) und die kleine Furche (unten) erkannt werden können. In der großen Furche sind die chemischen Gruppen asymmetrisch angeordnet und das bindende Protein kann die Orientierung des A–T-Paares erkennen. Eine Zeit lang hatte man angenommen, dass das in der kleinen Furche nicht möglich sei, da man nur von den beiden grau eingezeichneten chemischen Gruppen ausging, die symmetrisch sind. Aufgrund dieser Gruppen kann das bindende Protein zwar das A–T-Paar erkennen, nicht jedoch, welches Nucleotid zu welchem Strang der Helix gehört. Die asymmetrischen Gruppen (grün) wurden erst vor kurzem entdeckt. Sie deuten darauf hin, dass die Orientierung des Basenpaares tatsächlich über die kleine Furche zu unterscheiden sein müsste. Abkürzungen: a, Wasserstoffbrückenakzeptor; vdW, van-der-Waals-Wechselwirkung.

Teil die Folge von Wechselwirkungen zwischen benachbarten Basenpaaren, die durch das Stapeln der Basen (*base stacking*) entstehen. Die Basenstapelung ist neben der Basenpaarung für die Stabilität der Helix verantwortlich und beeinflusst auch das Ausmaß der Drehbewegung, die um kovalente Bindungen innerhalb einzelner Nucleotide möglich ist. Das bestimmt wiederum die Konformation der Helix an jeder einzelnen Position. Die möglichen Drehbewegungen innerhalb eines Basenpaares werden über die Wechselwirkungen der gestapelten Basen durch die Art der benachbarten Basenpaare beeinflusst. Das bedeutet, dass sich die Nucleotidsequenz indirekt auf die Gesamtkonformation der Helix auswirkt und so möglicherweise Strukturinformationen liefert, die ein bindendes Protein nutzen kann, um die korrekte Anheftungsstelle auf einem DNA-Molekül zu finden. Zurzeit ist dies nur ein hypothetischer Mechanismus, da man bis jetzt kein Protein entdeckt hat, das eine Nicht-B-Form der Doppelhelix spezifisch erkennt. Viele Forscher vermuten jedoch, dass die Konformation der Helix bei der Wechselwirkung zwischen DNA und Protein wahrscheinlich eine Rolle spielt.

Eine zweite Art der Konformationsänderung ist das Biegen der DNA (**DNA-*bending***). Damit ist nicht die natürliche Flexibilität gemeint, die es der DNA ermöglicht, Ringe und Superspiralisierungen auszubilden, sondern der Begriff bezieht sich auf lokale Bereiche, in denen die Nucleotidsequenz zu einem Verbiegen der DNA führt. Wie andere Konformationsänderungen ist auch das Biegen der DNA sequenzabhängig. Ein DNA-Molekül, in dem ein Polynucleotid zwei oder mehr Gruppen von wiederholten Adeninen enthält – wobei jede Gruppe aus drei bis fünf Adeninen besteht und die Gruppen durch zehn oder elf Nucleotide getrennt sind –, biegt sich am 3′-Ende der adeninreichen Region. Wie bei der Helixkonformation ist auch hier bis jetzt nicht bekannt, inwieweit das Biegen der DNA die Proteinbindung beeinflusst. Allerdings ließ sich zweifelsfrei zeigen, dass das proteininduzierte Biegen von flexiblen DNA-Bereichen eine Funktion bei der Regulation einiger Gene besitzt (Abschnitt 11.3.2).

### Wechselwirkungen zwischen DNA und Protein

Die Kontaktstellen, die zwischen DNA und Protein entstehen, sind nichtkovalent. In der großen Furche bilden sich zwischen den Nucleotidbasen und den Seitenketten der Aminosäuren in der Erkennungsstruktur des Proteins Wasserstoffbrücken, während in der kleinen Furche hydrophobe Wechselwirkungen wichtiger sind. An der Oberfläche der DNA-Helix besitzen elektrostatische Wechselwirkungen zwischen den negativen Ladungen des Phosphatanteils jedes Nucleotids und den positiven Ladungen der Seitenketten von Aminosäuren wie Lysin und Arginin die größte Bedeutung, wobei auch einige Wasserstoffbrücken auftreten. In einigen Fällen erfolgt die Bindung über Wasserstoffbrücken direkt zwischen DNA und Protein; in anderen Fällen wird sie durch Wassermoleküle vermittelt. Es sind nur wenige allgemeine Aussagen möglich: Auf dieser Ebene der DNA-Protein-Wechselwirkung gelten für jedes Beispiel ganz spezifische Merkmale, und die Einzelheiten der Bindungen wurden über Strukturanalysen bestimmt und nicht durch Vergleich mit anderen Proteinen.

Die meisten Proteine, die spezifische Nucleotidsequenzen erkennen, können unspezifisch auch an andere Stellen eines DNA-Moleküls binden. Tatsächlich vermutet man, da die DNA-Menge in der Zelle so groß und die Menge von jedem DNA-bindenden Protein so gering ist, dass die Proteine die meiste (wenn nicht die gesamte) Zeit ihrer Existenz unspezifisch an die DNA gebunden sind. Die Unterscheidung zwischen der unspezifischen und der spezifischen Form der Bindung erfolgt so, dass Letztere thermodynamisch günstiger ist. Deshalb kann ein Protein selbst dann an seine spezifische Stelle binden, wenn es praktisch Millionen von anderen Stellen gibt, an die es unspezifisch bindet. Um diese thermodynamische Bevorzugung zu erreichen, muss der Vorgang der spezifischen DNA-Bindung die größtmögliche Anzahl von Protein-DNA-Kontaktstellen ermöglichen. Das erklärt teilweise, warum sich die Erkennungsstrukturen von vielen DNA-bindenden Motiven in der Evolution so entwickelt haben, dass sie genau in die große Furche der Helix passen, wo die Möglichkeiten für DNA-Protein-Wechselwirkungen am besten sind. Das erklärt auch, warum einige DNA-Protein-Wechselwirkungen bei dem einen oder anderen Partner zu Konformationsänderungen führen, da sich dadurch die Komplementarität der interagierenden Oberflächen noch verstärkt und weitere Bindungen möglich sind.

Die Notwendigkeit, die Kontaktstellen zu maximieren, um die Spezifität sicherzustellen, ist auch einer der Gründe, warum viele DNA-bindende Proteine Dimere sind, die aus zwei miteinander verknüpften Proteinen bestehen. Das gilt für die meisten HTH- und viele Zinkfinger-Proteine. Eine Dimerisierung tritt dadurch ein, dass die DNA-bindenden Strukturmotive der beiden Proteine jeweils Zugang zur Helix haben, möglicherweise mit einem gewissen Maß an Kooperativität zwischen ihnen. Die resultierende Anzahl von Kontaktstellen ist größer als die Anzahl für das jeweilige Monomer. Neben ihrem DNA-bindenden Strukturmotiv enthalten viele Proteine weitere charakteristische Domänen, die bei den Kontakten zwischen den Proteinen mitwirken, durch die es zur Dimerbildung kommt. Eine dieser Domänen bezeichnet man als **Leucin-Zipper**. Dabei handelt es sich um eine $\alpha$-Helix, die enger gedreht ist als im Normalfall und aus der an einer Seite eine Reihe von Leucinresten ragen. Diese können mit den Leucinresten in der Zipper-Struktur eines anderen Proteins in Kontakt treten und ein Dimer bilden (Abb. 11.13) Eine zweite Dimerisierungsdomäne bezeichnet man etwas unglücklich als **Helix-Schleife-Helix**-Motiv, das aber mit dem DNA-bindenden Helix-Kehre-Helix-Motiv nicht verwechselt werden darf.

Eine wichtige Frage besteht darin, ob man die Spezifität der DNA-Bindung in ausreichendem Maß bis in die Einzelheiten verstehen kann, um aus der Struktur der Erkennungshelix eines DNA-bindenden Motivs die Zielsequenz des Proteins vorhersagen zu können. Dieses Ziel haben wir bis heute größtenteils nicht erreicht, es war jedoch möglich, für bestimmte Typen von Zinkfingern einige Regeln für die Wechselwirkung abzuleiten. Bei diesen Proteinen bilden vier Aminosäuren – drei in der Erkennungshelix und unmittelbar daran anschließend eine – die entscheidenden Wechselwirkungen mit den Nucleotidbasen der Bindungsstelle. Einige der Kontaktstellen beinhalten eine einzige Aminosäure und eine einzige Base, bei anderen sind es zwei Aminosäuren und eine Base. Durch Vergleich der Aminosäuresequenzen in den Erkennungshelices verschiedener Zinkfinger mit den Nucleotidsequenzen an den Bindungsstellen war es möglich, für diese Wechselwirkung eine Reihe von Regeln aufzustellen. Damit kann man die Nucleotidsequenzspezifität eines neuen Zinkfingerproteins vorhersagen, wenn die Aminosäuresequenz der Erkennungshelix bekannt ist, wobei die Ergebnisse nicht immer ganz eindeutig sind.

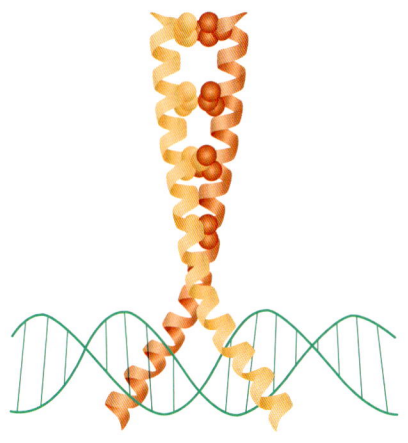

**11.13    Leucin-Zipper.** Dies ist ein Leucin-Zipper des bZIP-Typs. Die roten und orangefarbenen Strukturen sind Teile von verschiedenen Proteinen. Jede Gruppe von Kugeln zeigt die Seitenketten der Aminosäure Leucin an. Die Leucine in den beiden Helices assoziieren miteinander über hydrophobe Wechselwirkungen und halten so die beiden Proteine in einem Dimer zusammen. Bei diesem Beispiel sind die Dimerisierungshelices ausgestreckt und bewirken die Bildung einer basischen Domäne als DNA-bindendes Strukturmotiv. Wie sich zeigen ließ, stellt dieses Motiv Wechselwirkungen mit der großen Furche her.

## 11.2 DNA-Protein-Wechselwirkungen bei der Initiation der Transkription

Nachdem wir uns nun damit vertraut gemacht haben, dass die Wechselwirkungen zwischen DNA und Protein für das Verstehen der Transkriptionsinitiation von grundlegender Bedeutung ist, können wir unsere Untersuchungen zur Bildung des Transkriptionsinitiationskomplexes fortsetzen. Das soll in zwei Phasen erfolgen. Zuerst untersuchen wir die DNA-Protein-Wechselwirkungen, die bei der Initiation der Transkription eine Rolle spielen. In Abschnitt 11.3 beschäftigen wir uns damit, wie die Bildung des Initiationskomplexes und seine Fähigkeit, die Transkription in Gang zu setzen, durch verschiedene zusätzliche Proteine kontrolliert wird, die auf Reize von innerhalb und außerhalb der Zelle reagieren und sicherstellen, dass die richtigen Gene zu den passenden Zeiten transkribiert werden.

### 11.2.1 RNA-Polymerasen

In Abschnitt 1.2.1 haben wir erfahren, dass die Enzyme für die Transkription der DNA in RNA als DNA-abhängige RNA-Polymerasen bezeichnet werden. Die Transkription von Genen im eukaryotischen Zellkern erfordert drei verschiedene RNA-Polymerasen: **RNA-Polymerase I**, **RNA-Polymerase II** und **RNA-Polymerase III**. Jede ist ein Protein mit mehreren (8–12) Untereinheiten und einer Molekülmasse von über 500 kd. Die Strukturen dieser RNA-Polymerasen sind einander ziemlich ähnlich, die drei größten Untereinheiten sind eng miteinander verwandt und einige der kleineren Untereinheiten kommen nicht nur in einem Enzym vor. In der Funktion unterscheiden sie sich jedoch recht deutlich. Jedes Enzym wirkt auf eine bestimmte Gruppe von Genen und ist in keiner Weise austauschbar (Tab. 11.3). Der RNA-Polymerase II galt in der Forschung die größte Aufmerksamkeit, da dieses Enzym die Gene transkribiert, die Proteine codieren. Die RNA-Polymerase II wirkt auch auf eine Gruppe von Genen, die snRNAs codieren, die wiederum an der RNA-Prozessierung beteiligt sind. Auch die Gene für miRNAs werden von dieser RNA-Polymerase transkribiert. Die RNA-Polymerase III transkribiert andere Gene für kleine RNAs, darunter auch die Gene für tRNAs. Die RNA-Polymerase I transkribiert die 28S-, 5,8S- und 18S-rRNA-Gene, die in Wiederholungseinheiten mit mehrfachen Kopien vorliegen. Die Funktionen aller dieser RNAs sind Abschnitt 1.2.2 zusammengefasst und werden im Einzelnen in den Kapiteln 12 und 13 beschrieben.

Archaea besitzen eine einzige RNA-Polymerase, deren Struktur den eukaryotischen Enzymen sehr ähnlich ist. Das ist jedoch nicht charakteristisch für die Prokaryoten im Allgemeinen, da sich die bakteriellen RNA-Polymerasen mit ihrer Zusammensetzung $\alpha_2\beta\beta'\sigma$ (zwei $\alpha$-Untereinheiten, jeweils eine Unter-

| Tabelle 11.3 | Funktionen der drei eukaryotischen RNA-Polymerasen |
|---|---|
| **Polymerase** | **Transkribierte Gene** |
| RNA-Polymerase I | Gene der ribosomalen 28S-, 5,8S- und 18S-RNA (rRNA) |
| RNA-Polymerase II | proteincodierende Gene, die meisten Gene der kleinen Kern-RNAs (snRNA), Gene für Mikro-RNAs (miRNA) |
| RNA-Polymerase III | Gene für Transfer-RNAs (tRNA), 5S-rRNA, U6-snRNA, kleine nucleoläre RNAs (snoRNA) |

einheit β und die verwandte Untereinheit β′ sowie eine σ-Untereinheit) davon deutlich unterscheiden. Die α-, β- und β′-Untereinheiten entsprechen den drei größten Untereinheiten der eukaryotischen RNA-Polymerasen, die σ-Untereinheit besitzt jedoch besondere Eigenschaften, sowohl in Bezug auf die Struktur als auch die Funktion (wie wir im nächsten Abschnitt sehen werden). In Chloroplasten gibt es eine RNA-Polymerase, die dem bakteriellen Enzym sehr ähnlich ist, was auf den bakteriellen Ursprung dieser Organellen hindeutet (Abschnitt 8.3.1). Interessant ist hier, dass die RNA-Polymerase der Mitochondrien, die aus einer einzigen Untereinheit mit einer Molekülmasse von 140 kd besteht, mit den RNA-Polymerasen bestimmter Bakteriophagen näher verwandt ist als mit dem normalen Enzym der Bakterien.

## 11.2.2 Erkennungssequenzen der Transkriptionsinitiation

Es ist von grundlegender Bedeutung, dass die Transkriptionsinitiationskomplexe an den korrekten Positionen auf den DNA-Molekülen gebildet werden. Diese Positionen sind gekennzeichnet durch Zielsequenzen, die entweder die RNA-Polymerase selbst erkennt oder ein DNA-bindendes Protein, das eine Plattform für die Bindung der RNA-Polymerase bildet, sobald es selbst an die DNA gebunden hat (Abb. 11.14).

### *Bakterielle RNA-Polymerasen binden an Promotorsequenzen*

Bei Bakterien bezeichnet man die Zielsequenz für die Bindung der RNA-Polymerase als **Promotor**. Dieser Begriff wurde von Genetikern zuerst im Jahr 1964 angewendet, um die Funktion eines Locus zu beschreiben, der sich im Lactoseoperon unmittelbar stromaufwärts von drei Genen befindet (Abb. 11.15). Wenn dieser Locus durch eine Mutation inaktiviert wurde, wurden die Gene im Operon nicht exprimiert; der Locus „fördert" (*promote*) offenbar die Expression der Gene. Wir wissen heute, dass das daran liegt, dass der Locus die Bindungsstelle für die RNA-Polymerase ist, die das Operon transkribiert.

Die Sequenzen, aus denen ein Promotor bei *Escherichia coli* besteht, wurden das erste Mal entschlüsselt, als man bei über 100 Genen die stromaufwärts liegenden Bereiche miteinander verglich. Man nahm an, dass Promotorsequenzen bei allen Genen sehr ähnlich sind und deshalb bei einem Vergleich dieser Regionen zu erkennen sein sollten. Diese Analysen zeigten, dass der Promotor von *E. coli* aus zwei Abschnitten aufgebaut ist, die jeweils aus sechs Nucleotiden bestehen (Abb. 11.5):

–35-Sequenz: 5′-TTGACA-3′

–10-Sequenz: 5′-TATAAT-3′

Das sind die Consensussequenzen, die den „Durchschnitt" aller Promotorsequenzen bei *E. coli* wiedergeben: Die tatsächlichen Sequenzen, die sich stromaufwärts der einzelnen Gene befinden, weichen jeweils geringfügig davon ab

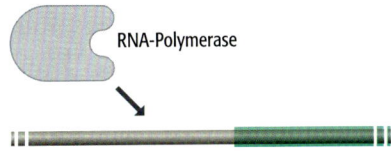

**a)** direkte Bindung der RNA-Polymerase

RNA-Polymerase

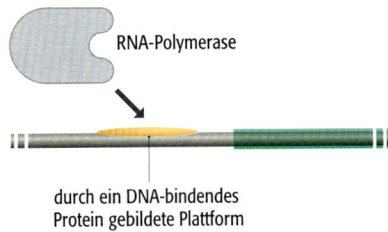

**b)** indirekte Bindung der RNA-Polymerase

RNA-Polymerase

durch ein DNA-bindendes Protein gebildete Plattform

**11.14    Zwei Mechanismen, durch die RNA-Polymerasen an ihre Promotoren binden. a)** Direkte Erkennung des Promotors durch die RNA-Polymerase bei Bakterien. **b)** Erkennung des Promotors durch ein DNA-bindendes Protein, das eine Plattform bildet, an die wiederum die RNA-Polymerase bindet. Dieser indirekte Mechanismus kommt bei RNA-Polymerasen der Eukaryoten und Archaea vor.

**11.15    Der Promotor des Lactoseoperons von *Escherichia coli*.** Der Promotor liegt unmittelbar stromaufwärts von *lacZ*, dem ersten Gen im Operon. In der DNA-Sequenz sind die Positionen der –35- und –10-Sequenzen dargestellt, der beiden getrennten Bestandteile des Promotors. Vergleichen Sie diese Sequenzen mit den Consensussequenzen im Text. Weitere Informationen über das Lactoseoperon finden sich in Abbildung 8.8a.

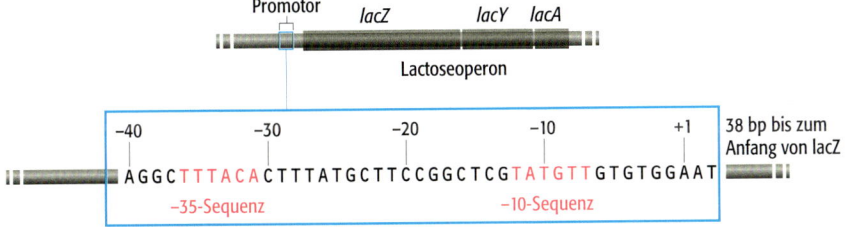

(Tab. 11.4). Die Bezeichnungen der Teilsequenzen geben ihre Positionen relativ zum Startpunkt der Transkription an. Das Nucleotid an dieser Stelle wird mit +1 bezeichnet; es liegt irgendwo zwischen 20 und 600 Nucleotiden stromaufwärts des Beginns der codierenden Genregion. Der Abstand zwischen den beiden Teilsequenzen ist wichtig, da die beiden Sequenzmotive dadurch an derselben Seite der Doppelhelix platziert werden. Dies ermöglicht ihre Wechselwirkung mit der DNA-bindenden Komponente der RNA-Polymerase (Abschnitt 11.2.3).

**Tabelle 11.4**    Sequenzen von Promotoren bei *Escherichia coli*

| Promotor | Sequenz | |
|---|---|---|
| | **−35-Sequenz** | **−10-Sequenz** |
| Consensus | 5′-TTGACA-3′ | 5′-TATAAT-3′ |
| Lactoseoperon | 5′-TTTACA-3′ | 5′-TATGTT-3′ |
| Tryptophanoperon | 5′-TTGACA-3′ | 5′-TTAACT-3′ |

## Eukaryotische Promotoren sind komplex

Bei Eukaryoten bezeichnet man alle Sequenzen, die für die Transkriptionsinitiation eines Gens von Bedeutung sind, als Promotor. Bei einigen Genen kann es zahlreiche dieser Sequenzen geben, die sich auch in ihrer Funktion unterscheiden. Dazu gehört nicht nur der **Core-Promotor**, den man auch als **basalen Promotor** bezeichnet und an dem der Initiationskomplex gebildet wird, sondern außerdem ein oder mehrere **stromaufwärts liegende Promotorelemente**, die sich entsprechend ihrer Bezeichnung stromaufwärts des Core-Promotors befinden. Die Bildung des Initiationskomplexes am Core-Promotor kann normalerweise ohne diese Promotorelemente erfolgen, allerdings nur wenig effizient. Das deutet darauf hin, dass zu den Proteinen, die an die stromaufwärts liegenden Elemente binden, mindestens einige Transkriptionsaktivatoren gehören, die also die Genexpression fördern (*promote*). Demnach können diese Sequenzen zum Promotor zählen.

Jede der drei eukaryotischen RNA-Polymerasen erkennt eine andere Art von Promotorsequenz. Tatsächlich sind es die Unterschiede zwischen den Promotoren, die festlegen, welche Gene durch welche Polymerase transkribiert werden. Bei Wirbeltieren stellt sich das im Einzelnen so dar (Abb. 11.16):

- Promotoren der RNA-Polymerase I bestehen aus einem Core-Promotor, der den Startpunkt der Transkription enthält und zwischen den Positionen −45 und +20 liegt, sowie einem **stromaufwärts liegenden Kontrollelement** (*upstream control element*, **UCE**) etwa 100 bp stromaufwärts.

- Die Promotoren der RNA-Polymerase II sind unterschiedlich. Sie können sich über mehrere Kilobasen stromaufwärts des Transkriptionsstartpunktes erstrecken. Der Core-Promotor besteht aus zwei Hauptelementen: die −25- oder **TATA-Box** (Consensus 5′-TATAWAAR-3′ (wobei W für A oder T steht und R für A oder G) und die **Initiatorsequenz** (**Inr**) (Consensussequenz bei Säugern 5′-YCANTYY-3′, wobei N für ein beliebiges Nucleotid und Y für C oder T steht). Beide Sequenzelemente sind um das Nucleotid +1 angeordnet. Einige Gene, die von der RNA-Polymerase II transkribiert werden, besitzen nur eines der beiden Elemente des Core-Promotors, einige erstaunlicherweise sogar keines. Letztere bezeichnet man als „Nullgene". Sie wer-

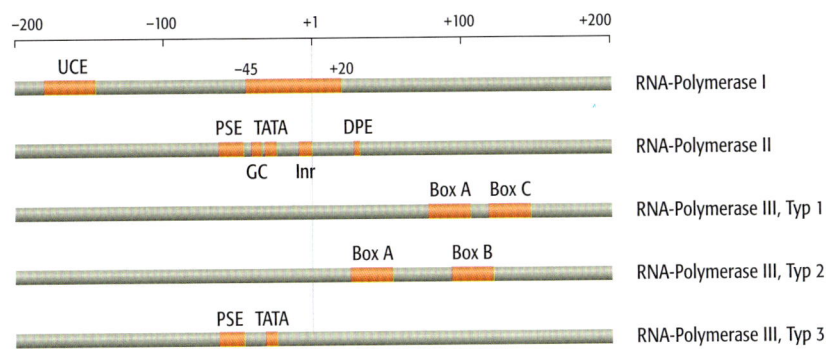

**11.16 Strukturen der eukaryotischen Promotoren.** Abkürzungen werden im Text erklärt.

den noch transkribiert, wobei die Startposition der Transkription variabler ist als bei Genen mit einer TATA-Box und/oder einer Inr-Sequenz. Einige wenige Gene besitzen zusätzliche Sequenzen, die man manchmal auch als Teil des Core-Promotors auffasst. Im Folgenden einige Beispiele:

– Das stromabwärts liegende Promotorelement (*downstream promoter element*, DPE; an den Positionen +28 bis +32) besitzt eine variable Sequenz, konnte jedoch aufgrund der Bindung von TFIID identifiziert werden. TFIID ist ein Proteinkomplex, der im Präinitiationskomplex eine wichtige Rolle spielt (Abschnitt 11.2.3).

– Unmittelbar stromaufwärts der TATA-Box liegt ein GC-reiches Sequenzmotiv von 7 bp, das durch TFIIB erkannt wird, einem weiteren Bestandteil des Präinitiationskomplexes.

– Das proximale Sequenzelement (PSE) liegt zwischen den Positionen –45 und –60 stromaufwärts von snRNA-Genen, die von der RNA-Polymerase II transkribiert werden.

Neben den Bestandteilen des Core-Promotors besitzen Gene, die durch die RNA-Polymerase II transkribiert werden, verschiedene Upstream-Promotorelemente, deren Funktionen in Abschnitt 11.3.2 beschrieben werden.

● Promotoren der RNA-Polymerase III sind unterschiedlich und gliedern sich in mindestens drei Gruppen. Zwei davon sind ungewöhnlich, da die wichtigen Sequenzen innerhalb der Gene liegen, deren Transkription sie fördern. Diese Sequenzen umfassen normalerweise 50–100 bp; sie bestehen aus zwei konservierten Teilsequenzen, die durch eine variable Region getrennt sind. Die dritte Gruppe von Promotoren der RNA-Polymerase III ist denen der RNA-Polymerase II ähnlich; sie besitzen eine TATA-Box und eine Reihe von zusätzlichen Promotorelementen (einige mit PSE, siehe oben), die stromaufwärts des zugehörigen Gens liegen. Interessanterweise kommt diese Anordnung beim U6-Gen vor, das als einziges snRNA-Gen von der RNA-Polymerase III transkribiert wird, alle anderen snRNA-Gene von der RNA-Polymerase II.

## 11.2.3 Bildung des Transkriptionsinitiationskomplexes

Allgemein betrachtet folgt die Initiation der Transkription bei allen vier Typen von RNA-Polymerasen, die wir hier untersuchen, demselben Schema (Abb. 11.17). Die bakterielle Polymerase und die drei eukaryotischen Enzyme beginnen damit, dass sie sich direkt oder mit der Unterstützung durch Hilfspro-

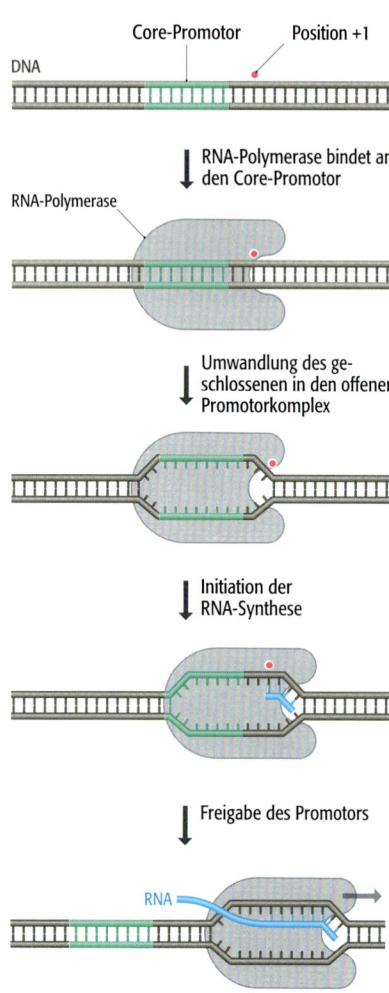

**11.17 Allgemeines Schema für die Ereignisse der Transkriptionsinitiation.** Der Core-Promotor ist grün dargestellt, die Transkriptionsinitiationsstelle durch einen roten Punkt markiert. Nach Bindung der RNA-Polymerase wird der geschlossene Komplex durch Auftrennen von Basenpaaren in einem kurzen Bereich der DNA-Doppelhelix in die offene Form überführt. Die RNA-Synthese beginnt, aber die Initiation ist nicht erfolgreich abgeschlossen, solange sich die Polymerase nicht von der Promotorregion weg bewegt.

teine an ihre Promotor- oder Core-Promotorsequenzen heften. Als Nächstes wird dieser **geschlossene Promotorkomplex** in einen **offenen Promotorkomplex** umgewandelt, indem eine begrenzte Anzahl von Basenpaaren im Bereich der Transkriptionsinitiationsstelle aufgetrennt werden. Schließlich bewegt sich die RNA-Polymerase vom Promotor weg. Der letzte Schritt ist komplizierter, als er vielleicht erscheint, da einige „Versuche" der Polymerase, den Promotor freizugeben (*promotor clearance*), nicht zum Ziel führen. Dadurch kommt es zur Bildung von verkürzten Transkripten, die sofort nach ihrer Synthese abgebaut werden. Das tatsächliche Ende der Initiationsphase ist daher die Ausbildung eines stabilen Transkriptionskomplexes, der das Gen aktiv transkribiert, an dem er befestigt ist.

Das in Abbildung 11.17 dargestellte Schema trifft in Grundzügen auf alle vier RNA-Polymerasen zu, wobei sich die Einzelheiten jeweils unterscheiden. Wir beginnen mit den einfacheren Ereignissen bei *E. coli* und anderen Bakterien und wenden uns dann dem komplexeren Ablauf der Transkriptionsinitiation bei den Eukaryoten zu.

### Initiation der Transkription bei *E. coli*

Bei *E. coli* kommt es zu einer direkten Wechselwirkung zwischen dem Promotor und der RNA-Polymerase. Die Sequenzspezifität der Polymerase ist in der σ-Untereinheit angesiedelt. Das „Core-Enzym", dem diese Komponente fehlt, kann nur lose und unspezifisch an die DNA binden.

Mutationsexperimente mit Promotoren von *E. coli* haben gezeigt, dass Veränderungen in der –35-Sequenz die Bindungsfähigkeit der RNA-Polymerase beeinflussen, während Veränderungen der –10-Sequenz die Umwandlung des geschlossenen Promotorkomplexes in die offene Form betreffen. Diese Ergebnisse führten zum Modell der Transkriptionsinitiation bei *E. coli*, das in Abbildung 11.18 dargestellt ist. Hier erfolgt die Erkennung des Promotors durch eine Wechselwirkung zwischen der σ-Untereinheit und der –35-Sequenz. Dadurch entsteht ein geschlossener Promotorkomplex, bei dem sich die RNA-Polymerase über 80 bp erstreckt, von stromaufwärts der –35-Sequenz bis stromabwärts der –10-Sequenz. Der geschlossene Promotorkomplex wird durch die gemeinsame Aktivität der β'- und der σ-Untereinheit, die die Basenpaare innerhalb der –10-Sequenz auftrennen, in die offene Form umgewandelt. Das Modell passt zu dem Befund, dass die –10-Sequenzen von verschiedenen Promotoren größtenteils oder vollständig aus AT-Paaren bestehen, die schwächer sind als GC-Paare, da sie nur über zwei Wasserstoffbrücken miteinander verknüpft sind und nicht über drei (Abb. 1.8b).

Bei der Öffnung der Helix kommt es zu Wechselwirkungen zwischen der Polymerase und dem Nicht-Matrizenstrang (also dem Strang, der nicht in RNA umkopiert wird). Auch hier spielt die σ-Untereinheit eine entscheidende Rolle. Die σ-Untereinheit ist jedoch nicht für alles zuständig, da sie normalerweise (aber nicht immer) kurz nach Abschluss der Initiation dissoziiert und das Holoenzym ($\alpha_2\beta\beta'\sigma$) in das Core-Enzym ($\alpha_2\beta\beta'$) umwandelt, das die Elongationsphase der Transkription bewerkstelligt (Abschnitt 12.1.1). Zu Beginn bedeckt das Core-Enzym etwa 60 bp der DNA, kurz nach dem Beginn der Elongation durchläuft die Polymerase eine zweite Konformationsänderung, wodurch sich ihr „Fußabdruck" auf nur noch 30–40 bp verringert.

## Initiation der Transkription bei der RNA-Polymerase II

Wie lässt sich die einfach zu verstehende Abfolge der Ereignisse bei *E. coli* mit den entsprechenden Vorgängen bei den Eukaryoten vergleichen? Die Untersuchung der RNA-Polymerase II zeigt, dass bei der eukaryotischen Transkriptionsinitiation mehr Proteine beteiligt sind und sich die Verhältnisse komplizierter darstellen.

Der erste Unterschied zwischen der Initiation der Transkription bei *E. coli* und bei Eukaryoten besteht darin, dass die eukaryotische RNA-Polymerase ihre Core-Promotorsequenzen nicht direkt erkennt. Bei Genen, die von der RNA-Polymerase II transkribiert werden, entsteht der erste Kontakt über den **allgemeinen Transkriptionsfaktor** (*general transcription factor*, **GTF**) TFIID. Dieser ist ein Komplex aus dem **TATA-bindenden Protein** (**TBP**) und mindestens 12 **TBP-assoziierten Faktoren** (**TAF**). TBP ist ein sequenzspezifisches Protein, das über seine ungewöhnliche TBP-Domäne an die DNA bindet (Abschnitt 11.1.1). Die Domäne tritt in der TATA-Box in Kontakt mit der kleinen Furche. Röntgenstrukturanalysen von TBP zeigten, dass es eine sattelförmige Struktur besitzt, die sich teilweise um die Doppelhelix wickelt und so eine Plattform bildet, auf der der Rest des Initiationskomplexes zusammengefügt werden kann (Abb. 11.19).

Die TAF-Proteine unterstützen die Bindung von TBP an die TATA-Box. Sie sind möglicherweise auch unter Mitwirkung von anderen Proteinen, die man als **TAF- und initiatorabhängige Cofaktoren** (**TIC**) bezeichnet, an der Erkennung der Inr-Sequenz beteiligt, besonders bei solchen Promotoren, denen eine TATA-Box fehlt. TAF-Proteine sind interessant, da sie während der Transkriptionsinitiation und während anderer Vorgänge, bei denen sich auf dem Genom Multiproteinkomplexe bilden, offenbar eine Reihe verschiedener Aufgaben erfüllen. Fünf der TAF-Proteine aus der Hefe kommen auch in SAGA vor, einem der Histonacetyltransferasekomplexe (Abschnitt 10.2.1). TAF1 von *Drosophila melanogaster* besitzt eine Kinaseaktivität, mit der das Protein Serin-33 des Histons H2B phosphorylieren kann und so die Expression angrenzender Gene aktiviert (Abschnitt 10.2.1). TAFs sind offensichtlich auch bei verschiedenen Eukaryoten an der Kontrolle des Zellzyklus beteiligt und wirken während der Entwicklungsphase von Tieren bei der Regulation von Veränderungen mit, die zur Gametenbildung führen. Ein Anhaltspunkt, wie die TAFs ihre vielfältigen Funktionen ausführen, erhielt man über Strukturuntersuchungen. Dabei zeigte sich, dass mindestens drei dieser Proteine eine Histonfaltung enthalten – ein nichtsequenzspezifisches DNA-bindendes Strukturmotiv, das aus einer langen $\alpha$-Helix und zwei kürzeren $\alpha$-Helices besteht, die die lange Helix an zwei Seiten flankieren. Dies ist ein charakteristisches Merkmal von Histonen (Tab. 11.2). In dem Komplex, der sich zwischen TAF$_{II}$42 und TAF$_{II}$62 bildet, sind die beiden Histonfaltungen etwa genauso orientiert wie im Histon-H3/H4-Dimer, das im zentralen Tetramer des Core-Partikels im Nucleosom vorliegt (Abb. 11.20). Man vermutet, dass diese TAFs eine DNA-bindende Struktur bilden können, die einem Nucleosom ähnlich ist, und dass dieses Pseudonucleosom die Plattform zur Bildung des Initiationskomplexes ist. Die Vorstellung ist interessant, es sind aber noch weitere Forschungen notwendig, um herauszufinden, ob sich

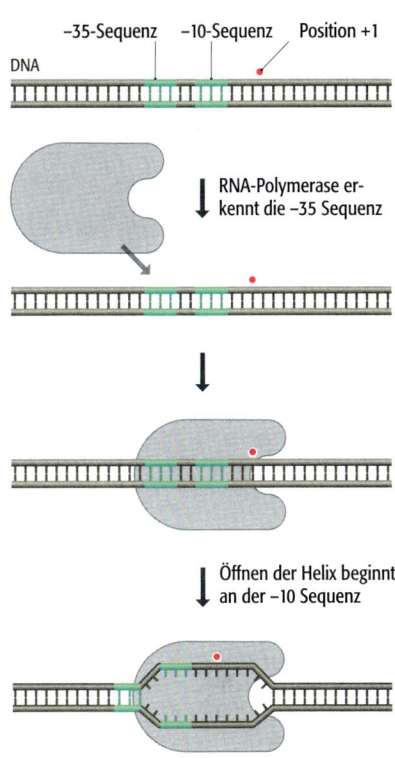

11.18 **Initiation der Transkription bei** *Escherichia coli.* Die RNA-Polymerase von *E. coli* erkennt die –35-Sequenz als Bindungsstelle. Nach Anheften an die DNA wird die Umwandlung des geschlossenen Komplexes in die offene Form durch Auftrennen von Basenpaaren in der AT-reichen –10-Sequenz eingeleitet. Die RNA-Polymerase ist hier zwar als Einzelstruktur dargestellt, aber es ist die $\sigma$-Untereinheit, die die sequenzspezifische DNA-Bindungsaktivität besitzt und deshalb die –35-Sequenz erkennt. Die anschließenden Ereignisse, die zur Freigabe des Promotors führen, sind in Abbildung 11.17 dargestellt.

11.19 **Durch Bindung von TBP an die TATA-Box entsteht eine Plattform, auf der der Initiationskomplex zusammengefügt werden kann.** Das Monomer des TBP-Proteins ist braun dargestellt, die DNA hellgrau. Mit freundlicher Genehmigung von Song Tan, Penn State University.

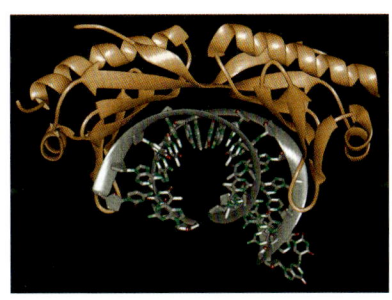

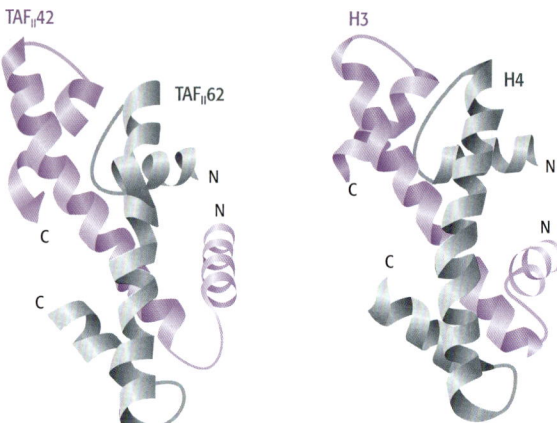

**11.20   Dimere von TAF$_{II}$42/TAF$_{II}$62 und den Histonen H3/H4.** Dargestellt ist die Orientierung der Histonfaltung des Proteinpaares in jedem der Komplexe.

die Ähnlichkeiten zwischen TAFs und Histonen auch auf Einzelheiten der Bindung des Initiationskomplexes an die Ziel-DNA erstrecken. Den TAF-Proteinen fehlen bestimmte Aminosäuren, die man als unbedingt notwendig erachtet, um Wechselwirkungen zwischen den Nucleosomen und der DNA zu stabilisieren. Und die Ähnlichkeiten könnten damit zusammenhängen, dass Wechselwirkungen zwischen Proteinen innerhalb des Initiationskomplexes und des Nucleosoms zwar äquivalent sind, für die DNA-Bindung an sich aber keine Bedeutung besitzen.

Nachdem TBP an den Core-Promotor gebunden hat, bildet sich der **Präinitiationskomplex** (**PIC**) durch Mobilisierung von weiteren GTFs, deren Funktionen in Tabelle 11.5 zusammengefasst sind. Die TBP-Bindung induziert eine Biegung der DNA um etwa 80°, wodurch die kleine Furche im Bereich der TATA-Box erweitert wird (Abb. 11.21). Nun bindet TFIIB an den Komplex und stellt dabei über die verbreiterte kleine Furche Wechselwirkungen mit der TATA-Box her, außerdem entstehen über die große Furche Kontakte mit dem TFIIB-Erkennungsmotiv stromaufwärts der TATA-Box (Abschnitt 11.2.2). Diese Bindungen bewirken, dass die RNA-Polymerase II, die durch TFIIF an den Komplex gebracht wird, relativ zum Startpunkt der Transkription korrekt positioniert ist.

| **Tabelle 11.5**   Funktionen der allgemeinen Transkriptionsfaktoren (GTFs) beim Menschen | |
|---|---|
| **GTF** | **Funktion** |
| TFIID (TBP-Komponente) | Erkennung der TATA-Box und möglicherweise der Inr-Sequenz; bildet eine Plattform für die Bindung von TFIIB |
| TFIID (TAFs) | Erkennung des Core-Promotors |
| TFIIA | stabilisiert die Bindung von TBP und TAF |
| TFIIB | Zwischenstufe bei der Mobilisierung der RNA-Polymerase II; beeinflusst die Festlegung des Transkriptionsstartpunktes |
| TFIIF | Mobilisierung der RNA-Polymerase II; Wechselwirkung mit Nicht-Matrizenstrang |
| TFIIE | Zwischenstufe bei der Mobilisierung von TFIIH; stimmt die verschiedenen Aktivitäten von TFIIH ab |
| TFIIH | die Helikaseaktivität bewirkt die Umwandlung vom geschlossenen zum offenen Promotorkomplex; beeinflusst möglicherweise Freigabe des Promotors durch Phosphorylierung der C-terminalen Domäne der größten Untereinheit der RNA-Polymerase II |

Der Präinitiationskomplex wird durch Anfügen von TFIIE und TFIIH vervollständigt. TFIIH besitzt eine Helikaseaktivität und man nimmt an, dass der Faktor die Basenpaarungen der DNA auftrennt und so den Promotor in die offene Form überführt. TFIIH ist ein interessantes Protein, da es auch bei bestimmten Mechanismen der DNA-Reparatur, die mit der Transkription verbunden sind, von Bedeutung ist. Wir werden dem Protein noch einmal begegnen, wenn wir uns mit den Mechanismen der DNA-Reparatur beschäftigen (Abschnitt 16.2.2).

Die Aktivierung des Initiationskomplexes erfordert das Anhängen von Phosphatgruppen an die **C-terminale Domäne** (**CTD**) der größten Untereinheit der RNA-Polymerase II. Bei Säugern besteht diese Domäne aus 52 Wiederholungen der Sequenz mit sieben Aminosäuren Tyr–Ser–Pro–Thr–Ser–Pro–Ser. Zwei der drei Serinreste in jeder Wiederholungseinheit können durch Anhängen einer Phosphatgruppe modifiziert werden; das führt zu einer deutlichen Veränderung der ionischen Eigenschaften der Polymerase. Sobald die Polymerase phosphoryliert ist, kann sie den Initiationskomplex verlassen und mit der RNA-Synthese beginnen. Die Phosphorylierung erfolgt möglicherweise durch TFIIH, der eine geeignete Proteinkinaseaktivität besitzt. Möglicherweise ist dies auch die Funktion des **Mediatorproteins** (Abschnitt 11.3.2), das Signale von Aktivatorproteinen überträgt, die die Expression einzelner Gene regulieren. Nach Fortbewegen der Polymerase lösen sich zumindest einige der GTFs vom Core-Promotor, aber TFIID, TFIIA und TFIIH bleiben dort und ermöglichen so eine erneute Initiation, ohne dass die gesamte Struktur wieder von Anfang an aufgebaut werden muss. Die Reinitiation ist deshalb ein schnellerer Vorgang als die erste Initiation. Das bedeutet, dass Transkripte relativ einfach am Promotor initiiert werden können, sobald das Gen einmal angeschaltet wurde und bis eine neue Kombination von Signalen das Gen wiederum abschaltet.

### Die Initiation der Transkription bei den RNA-Polymerasen I und III

Bei der Initiation der Transkription an Promotoren der RNA-Polymerasen I und III kommt es zu ähnlichen Ereignissen wie bei der RNA-Polymerase II, bei den Einzelheiten bestehen jedoch Unterschiede. Eine der auffälligsten Übereinstimmungen besteht darin, das TBP, das ursprünglich als zentrale sequenzspezifische DNA-bindende Komponente des Präinitiationskomplexes der RNA-Polymerase II identifiziert wurde, auch bei der Transkriptionsinitiation der beiden anderen eukaryotischen RNA-Polymerasen mitwirkt.

Der Initiationskomplex der RNA-Polymerase I umfasst neben der Polymerase selbst vier Proteinkomplexe. Einer davon ist UBF, ein Dimer aus identischen Proteinen, das sowohl mit dem Core-Promotor als auch mit dem stromaufwärts liegenden Kontrollelement in Wechselwirkung tritt (Abb. 11.16). UBF ist ein weiteres Protein, das wie einige TAFs der RNA-Polymerase II einem Histon ähnelt und möglicherweise eine im Promotorbereich nucleosomenähnliche Struktur bildet. Den zweiten Proteinkomplex bezeichnet man beim Menschen als SL1, bei der Maus als TIFIB. Er enthält TBP und lenkt zusammen mit UBF die RNA-Polymerase I und die beiden übrigen Komplexe TIFIA und TIFIC an den Promotor. Ursprünglich hatte man angenommen, dass der Initiationskomplex schrittweise aufgebaut wird, neuere Ergebnisse deuten jedoch darauf hin, dass die RNA-Polymerase I vor der Erkennung des Promotors die vier Proteinkomplexe aufnimmt und das gesamte Gebilde in einem einzigen Schritt an die DNA bindet.

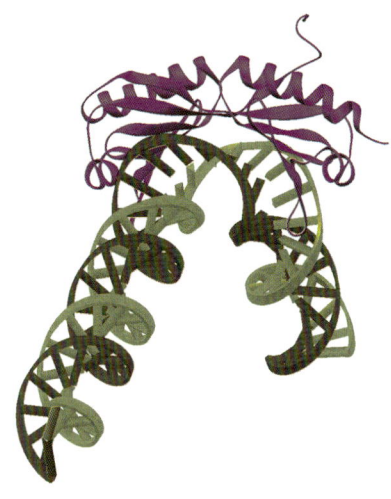

**11.21    Durch Bindung von TBP kommt es zu einem Verbiegen des DNA-Moleküls.** TBP ist violett dargestellt, die DNA grün. Das Biegen der DNA öffnet die kleine Furche und ermöglicht das Anheften von TFIIB. Das Bild wurde freundlicherweise von Stephen K. Burley zur Verfügung gestellt.

Die Promotoren der RNA-Polymerase III besitzen unterschiedliche Strukturen (Abb. 11.16). Das zeigt sich auch dadurch, dass die Vorgänge bei ihrer Erkennung nicht einheitlich verlaufen. Die Initiation an den verschiedenen Gruppen von RNA-Polymerase-III-Promotoren erfordern unterschiedliche Kombinationen von GTFs. TFIIIB ist jedoch immer beteiligt, wobei TBP eine der Untereinheiten dieses Faktors ist. Bei Promotoren eines bestimmten Typs, die eine TATA-Box enthalten, wie etwa beim Gen für die U6-snRNA, bindet TBP wahrscheinlich direkt an die DNA. Bei Promotoren der RNA-Polymerase III, die innerhalb von Genen liegen und keine TATA-Sequenz aufweisen, erfolgt die Bindung von TBP wahrscheinlich über ein Paar von Bindungsfaktoren, die man mit TFIIIA und TFIIIC bezeichnet. Die Bezeichnung „Bindungsfaktor" (*assembly factor*) deutet darauf hin, dass diese zwei Proteine nur für die Bindung von TBP an den Promotor erforderlich sind, nicht jedoch für die anschließende Bindung der RNA-Polymerase III.

## 11.3 Regulation der Transkriptionsinitiation

Im Verlauf der nächsten Kapitel werden wir einer Reihe von Mechanismen begegnen, mit deren Hilfe Organismen die Expression der einzelnen Gene regulieren. Wir werden feststellen, das praktisch jeder Schritt auf dem Weg vom Genom zum Proteom zu einem gewissen Grad einer Kontrolle unterliegt. Von allen diesen regulatorischen Systemen ist die Initiation der Transkription offenbar diejenige Phase, an der die entscheidenden Kontrollen über die Expression (das heißt die Kontrollen mit den größten Auswirkungen auf die biochemischen Eigenschaften einer Zelle) ansetzen. Das ist vollkommen nachvollziehbar. Es ist sinnvoll, dass die Transkriptionsinitiation, die den ersten Schritt in der Genomexpression bildet, die Phase ist, in der die „primäre" Regulation stattfindet, also festgelegt wird, welche Gene exprimiert werden. Von späteren Schritten auf diesem Weg ist zu erwarten, dass sie einer „sekundären" Regulation unterliegen. Dabei handelt es sich nicht um eine Funktion, die Gene an- und abschaltet, sondern sie stimmt die Expression ab, indem die Syntheserate eines Proteins leicht modifiziert oder die Art des Produkts auf gewisse Weise verändert wird (Abb. 11.22).

In Kapitel 10 haben wir uns damit beschäftigt, wie die Chromatinstruktur die Genexpression beeinflussen kann, indem dadurch die Zugänglichkeit von Promotorsequenzen für die RNA-Polymerase und ihre assoziierten Proteine kon-

**11.22  Primäre und sekundäre Regulationsebene.** Nach diesem Schema setzt die „primäre" Regulation der Genomexpression auf der Ebene der Transkriptionsinitiation an. Dieser Schritt legt fest, welche Gene in einer bestimmten Zelle und zu einer bestimmten Zeit exprimiert werden. Auch werden die relativen Expressionsraten dieser Gene festgelegt. Die „sekundäre" Regulation umfasst alle Schritte in der Genomexpression nach der Transkriptionsinitiation. Sie dient dazu, die synthetisierten Mengen der Proteine abzustimmen oder die Eigenschaften von Proteinen auf gewisse Weise zu verändern, etwa durch chemische Modifikation.

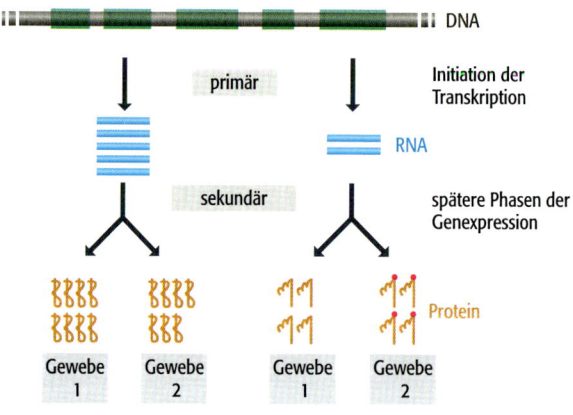

trolliert wird. Dies ist nur ein möglicher Weg, die Transkriptionsinitiation zu regulieren. Um unsere Vorstellungen zu erweitern, wollen wir nun bei den Bakterien einige allgemeine Grundlagen erläutern und uns dann den Vorgängen bei Eukaryoten zuwenden.

## 11.3.1 Mechanismen für die Kontrolle der Transkriptionsinitiation bei Bakterien

Bei Bakterien wie etwa *E. coli* gibt es zwei unterschiedliche Mechanismen zur Kontrolle der Transkriptionsinitiation:

- Die **konstitutive Kontrolle** basiert auf der Struktur des Promotors.

- Die **regulatorische Kontrolle** basiert auf der Wirkung von regulatorischen Proteinen.

### Die Struktur des Promotors bestimmt die Basisrate der Transkriptionsinitiation

Die Consensussequenz für den Promotor von *E. coli* (Abschnitt 11.2.2) ist relativ variabel. Es gibt eine Reihe verschiedener permissiver Sequenzmotive, sowohl für die –10- als auch für die –35-Sequenz (Tab. 11.4). Diese Varianten sowie weniger genau definierte Sequenzmerkmale im Bereich des Transkriptionsstartpunktes und etwa der ersten 50 Nucleotide beeinflussen die Effizienz des Promotors. Die Effizienz ist definiert als die Anzahl der produktiven Initiationen pro Sekunde, wobei eine produktive Initiation dann vorliegt, wenn die RNA-Polymerase den Promotor freigibt und mit der Synthese eines vollständigen Transkripts beginnt. Der genaue Mechanismus, durch den die Promotorsequenz die Initiation bestimmt, ist nicht bekannt. Aufgrund der besprochenen Ereignisse bei der Initiation der Transkription (Abschnitt 11.2.3) können wir jedoch davon ausgehen, dass die genaue Sequenz im –35-Bereich die Erkennung durch die $\sigma$-Untereinheit und damit die Anheftungsrate der RNA-Polymerase beeinflusst. Außerdem ist anzunehmen, dass die Umwandlung vom geschlossenen zum offenen Promotorkomplex von der Sequenz im –10-Bereich abhängt und dass die Häufigkeit der Initiationsabbrüche (wenn die Transkription abbricht, bevor sie in der Transkriptionseinheit weit vorangeschritten ist) durch die Sequenz bei +1 und mittelbar stromabwärts bestimmt wird. Das alles ist Spekulation, kann aber als stimmige „Arbeitshypothese" gelten. Gesichert ist jedoch, dass sich unterschiedliche Promotoren in ihrer Effizienz um den Faktor 1 000 unterscheiden können. Die wirksamsten Promotoren (die man als **starke Promotoren** bezeichnet) bewirken 1 000-mal so viele produktive Initiationen wie die schwächsten Promotoren. Das bezeichnen wir als unterschiedliche **Basisrate** der Transkriptionsinitiation.

Hier ist zu beachten, dass die Rate der Transkriptionsinitiation für ein Gen durch die Sequenz des Promotors vorgegeben ist und deshalb unter normalen Umständen nicht verändert werden kann. Eine Mutation, die ein wichtiges Nucleotid in einem Promotor umwandelt, kann jedoch eine solche Änderung herbeiführen. Solche Ereignisse treten zweifelsfrei gelegentlich auf, doch das Bakterium kann sie nicht kontrollieren. Das Bakterium kann jedoch bestimmen, welche Promotorsequenzen durch Veränderung der $\sigma$-Untereinheit seiner RNA-Polymerase bevorzugt werden. Die $\sigma$-Untereinheit ist der Teil der Polymerase, der die sequenzspezifische DNA-Bindungsaktivität besitzt (Abschnitt 11.2.3). So können verschiedene Kombinationen von Promotoren erkannt werden, wenn das Bakterium eine Form der Untereinheit gegen eine andere mit

**a)** Hitzeschockgen von *E. coli*

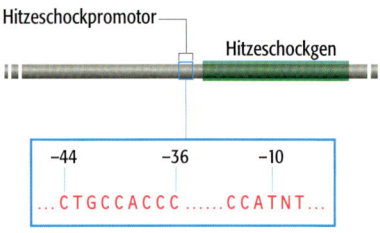

**b)** Erkennung durch die $\sigma^{32}$-Untereinheit

$\sigma^{70}$-RNA-Polymerase kann nicht binden

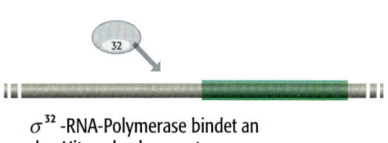

$\sigma^{32}$-RNA-Polymerase bindet an den Hitzeschockpromotor

**11.23    Erkennung eines Hitzeschock-gens von *Escherichia coli* durch die $\sigma^{32}$-Untereinheit.** a) Die Sequenz des Hitze-schockpromotors unterscheidet sich vom normalen *E. coli*-Promotor (Tab. 11.4). b) Der Hitzeschockpromotor wird durch die normale RNA-Polymerase von *E. coli*, die die $\sigma^{70}$-Untereinheit enthält, nicht erkannt, aber durch die $\sigma^{32}$-RNA-Polymerase, die bei einem Hitzeschock aktiv ist. Abkürzung: N, beliebiges Nucleotid. Weitere Einzelheiten über die Verwendung von neuen $\sigma$-Faktoren bei Bakterien finden sich im Abschnitt 14.3.2.

einem etwas unterschiedlichen DNA-bindenden Strukturmotiv austauscht, das eine veränderte Sequenzspezifität aufweist. Bei *E. coli* bezeichnet man die normale $\sigma$-Untereinheit, die die Promotor-Consensussequenz erkennt, als $\sigma^{70}$ (sie besitzt eine Molekülmasse von 70 kd). *E. coli* besitzt aber auch eine zweite $\sigma$-Untereinheit ($\sigma^{32}$), die dann synthetisiert wird, wenn das Bakterium einem Hitzeschock ausgesetzt ist. Während des Hitzeschocks schaltet *E. coli* (wie andere Organismen auch) auf einen Satz von Genen um, die spezielle Proteine codieren, welche es dem Bakterium ermöglichen, der Stresssituation zu widerstehen (Abb. 11.23). Diese Gene besitzen besondere Promotorsequenzen, die von der $\sigma^{32}$-Untereinheit spezifisch erkannt werden. Das Bakterium kann demnach ein ganzes Spektrum von verschiedenen Genen anschalten, indem es einfach die Struktur seiner RNA-Polymerase ändert. Dieses System kommt bei Bakterien häufig vor. So kontrolliert beispielsweise *Klebsiella pneumoniae* dadurch die Expression der Gene, die an der Stickstofffixierung beteiligt sind, über eine $\sigma^{54}$-Untereinheit. Und *Bacillus*-Spezies verfügen über ein ganzes Spektrum von verschiedenen $\sigma$-Untereinheiten, um Gruppen von Genen an- und abzuschalten, wenn die Bakterien vom normalen Wachstum zur Sporenbildung wechseln (Abschnitt 14.3.2).

## Regulation der Transkriptionsinitiation von Bakterien

Die Promotorstruktur bestimmt die Basisrate der Transkriptionsinitiation für ein bakterielles Gen. Mit Ausnahme der Erkennung durch alternative $\sigma$-Untereinheiten ist es jedoch nicht allgemein möglich, dass die Expression der Gene auf Veränderungen der Umgebung oder der biochemischen Anforderungen der Zelle reagiert. Es sind also andere Arten der regulatorischen Kontrolle notwendig.

Die Grundlagen für unsere Vorstellungen von der regulatorischen Kontrolle der Transkriptionsinitiation bei Bakterien entwickelten François Jacob, Jacques Monod und andere Genetiker, die das Lactoseoperon und andere Modellsysteme untersuchten, in den frühen 1960er-Jahren. Wir haben bereits erfahren, dass diese Arbeiten zur Entdeckung des Promotors für das Lactoseoperon geführt haben (Abschnitt 11.2.2). Auch der **Operator**, eine Region neben dem Promotor, die die Transkriptionsinitiation für das Operon reguliert (Abb. 11.24a), wurde auf diese Weise entdeckt. Das ursprüngliche Modell besagte, dass ein DNA-bindendes Protein – der **Lactoserepressor** – an den Operator gebunden ist und die RNA-Polymerase daran hindert, an den Promotor zu binden, einfach indem ein wichtiger DNA-Abschnitt auf diese Weise unzugänglich gemacht wird (Abb. 11.24b). Die Bindung des Repressors hängt davon ab, ob in der Zelle Allolactose, ein Isomer der Lactose, vorhanden ist. Lactose ist das Substrat für den biochemischen Reaktionsweg, den die Enzyme katalysieren, die von den drei Genen des Operons codiert werden. Allolactose ist der **Induktor** des Lactoseoperons. Wenn Allolactose vorhanden ist, bindet das Molekül an den Lactoserepressor und verursacht dort eine geringe Veränderung der Struktur, die verhindert, dass die HTH-Strukturmotive des Repressors den Operator als Bindungsstelle auf der DNA erkennen. Der Allolactose-Repressor-Komplex kann deshalb nicht an den Operator binden. So ist der Promotor wieder für die RNA-Polymerase zugänglich. Wenn die Lactose verbraucht ist und keine Allolactose mehr zur Verfügung steht, die an den Repressor binden könnte, heftet sich der Repressor wieder an den Operator und verhindert die Transkription. Das Operon wird also nur dann exprimiert, wenn die von dem Operon codierten Enzyme benötigt werden.

**a)** Lactoseoperator

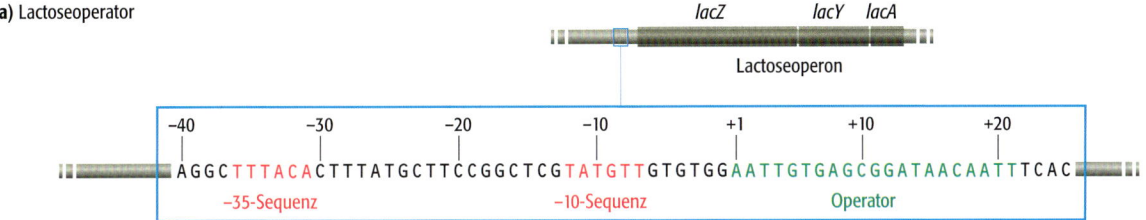

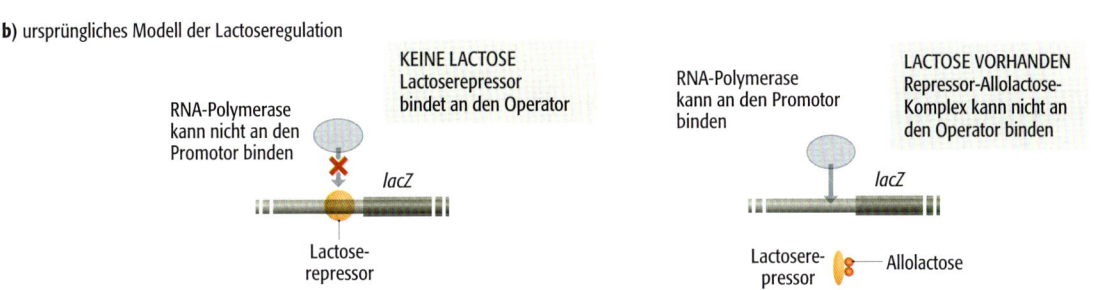

**b)** ursprüngliches Modell der Lactoseregulation

**11.24    Regulation des Lactoseoperons von *Escherichia coli*.** a) Die Operatorsequenz liegt unmittelbar stromabwärts des Promotors für das Lactoseoperon. Die Sequenz besitzt eine umgekehrte Symmetrie: Wenn man sie in 5'→3'-Richtung liest, erhält man für beide Stränge dieselbe Nucleotidfolge. So können zwei Untereinheiten des tetrameren Repressorproteins mit einer einzigen Operatorsequenz in Kontakt treten. b) Im ursprünglichen Modell der Lactoseregulation betrachtet man den Lactoserepressor als einfachen Blockadefaktor, der an den Operator bindet und die RNA-Polymerase daran hindert, an den Promotor zu gelangen. Die drei Gene des Operons sind dadurch abgeschaltet. Das ist die Situation bei Abwesenheit von Lactose, wobei jedoch die Transkription nicht vollständig blockiert ist, da sich der Repressor ab und zu von der DNA löst, sodass einige wenige Transkripte synthetisiert werden können. Aufgrund dieser Transkriptionsbasisrate enthält das Bakterium immer einige wenige Kopien von jedem der drei Enzyme, die von dem Operon codiert werden (Abb. 8.8a), wahrscheinlich weniger als jeweils fünf. Das bedeutet, dass das Bakterium, sobald es auf eine Lactosequelle trifft, in der Lage ist, einige wenige Moleküle in die Zelle zu transportieren und diese in Galactose und Glucose aufzuspalten. Ein Zwischenprodukt dieser Reaktion ist Allolactose, ein Isomer der Lactose, das die Expression des Lactoseoperons induziert, indem es an den Repressor bindet und dort eine Konformationsänderung hervorruft, sodass der Repressor nicht mehr an den Operator binden kann. Dadurch kann nun die RNA-Polymerase an den Promotor gelangen und die drei Gene transkribieren. Bei vollständiger Induktion liegen etwa 5 000 Kopien von jedem Proteinprodukt in der Zelle vor. Wenn die Lactose verbraucht ist und Allolactose nicht länger zur Verfügung steht, bindet der Repressor wieder an den Operator und das Operon wird abgeschaltet. Die Transkripte des Operons, die eine Halbwertszeit von unter drei Minuten aufweisen, zerfallen, und die Enzyme werden nicht mehr produziert. Hinweis: Die Darstellung der Strukturen von Repressor und Polymerase sind rein schematisch.

Der größte Teil des ursprünglich ermittelten Mechanismus für die Regulation des Lactoseoperons ließ sich durch die DNA-Sequenzierung der Kontrollregion und Strukturuntersuchungen mit dem an den Operator gebundenen Repressor bestätigen. Eine Schwierigkeit ergab sich durch die Entdeckung, dass der Repressor drei potenzielle Bindungsstellen besitzt, deren jeweiliges Zentrum an den Nucleotidpositionen –82, +11 beziehungsweise +412 liegt. Der Operator, der aufgrund von genetischen Untersuchungen identifiziert wurde, ist die Sequenz bei +11 (Abb. 11.24a). Dies ist die einzige Sequenz, von der man erwarten sollte, dass der Zugang der RNA-Polymerase an den Promotor blockiert wird, wenn der Repressor gebunden hat. Die anderen beiden Stellen spielen jedoch bei der Repression auch eine Rolle, da die Fähigkeit des Repressors, die Genexpression abzuschalten, gestört ist, wenn eine oder beide Stellen fehlen. Der Repressor ist ein Tetramer aus vier identischen Untereinheiten, die paarweise zusammenwirken, um an einen einzigen Operator zu binden. Der Repressor kann demnach auf einmal an zwei der drei Operatorstellen binden. Eine Möglichkeit besteht darin, dass die Bindung von einem Paar der

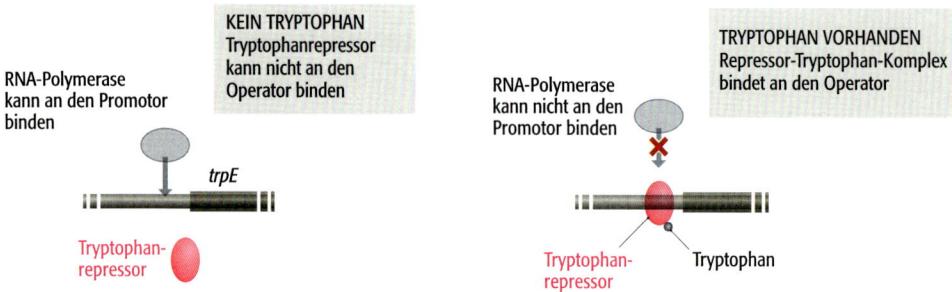

**11.25   Regulation des Tryptophanoperons von *Escherichia coli*.** Die Regulation erfolgt über ein Repressor-Operator-System ähnlich dem beim Lactoseoperon. Der Unterschied besteht darin, dass in diesem Fall das Operon durch das regulatorische Molekül Tryptophan reprimiert wird. Tryptophan ist das Produkt des biochemischen Reaktionsweges, den die Gene des Operons codieren (Abb. 8.8b). Wenn Tryptophan vorhanden ist und demnach nicht synthetisiert zu werden braucht, wird das Operon abgeschaltet, da der Repressor-Tryptophan-Komplex an den Operator bindet. Bei Abwesenheit von Tryptophan kann der Repressor nicht an den Operator binden und das Operon wird exprimiert.

Untereinheiten an die +11-Stelle durch die Bindung des anderen Untereinheitenpaares an die –82- oder +412-Stelle verstärkt beziehungsweise stabilisiert wird. Der Repressor könnte auch so an ein Paar von Operatorsequenzen binden, dass das Anheften der Polymerase an den Promotor nicht blockiert ist, aber ein späterer Schritt der Initiation verhindert wird, etwa die Bildung des offenen Promotorkomplexes.

Das zugrundeliegende Prinzip der regulatorischen Kontrolle bei der Transkriptionsinitiation, wie es sich am Lactoseoperon veranschaulichen lässt, besteht darin, dass die Anheftung eines DNA-bindenden Proteins an seine spezifische Erkennungssequenz die Ereignisse beeinflussen kann, die bei der Bildung des Transkriptionsinitiationskomplexes und/oder der Initiation einer produktiven RNA-Synthese durch die RNA-Polymerase stattfinden. Bei anderen bakteriellen Genen treten folgende Varianten auf:

- Einige Repressoren reagieren nicht auf einen Induktor, sondern auf einen **Corepressor**. Ein Beispiel dafür ist das Tryptophanoperon bei *E. coli*. Dieses Operon codiert eine Gruppe von Genen, die mit der Synthese von Tryptophan zusammenhängen (Abb. 8.8a). Im Gegensatz zum Lactoseoperon ist das regulatorische Molekül für das Tryptophanoperon nicht ein Substrat des zugehörigen Reaktionsweges, sondern das Produkt Tryptophan selbst (Abb. 11.25). Nur wenn Tryptophan an den Repressor gebunden hat, kann dieser an den Operator binden. Das Tryptophanoperon ist deshalb in Gegenwart von Tryptophan abgeschaltet und wird nur dann angeschaltet, wenn Tryptophan benötigt wird.

- Einige DNA-bindende Proteine sind **Aktivatoren** und keine Repressoren der Transkriptionsinitiation. Das am besten untersuchte Beispiel bei *E. coli* ist das **Katabolitaktivatorprotein**, das bei mehreren Operons an stromaufwärts liegende Stellen bindet und die Effizienz der Transkriptionsinitiation erhöht, wahrscheinlich, indem es direkt mit der RNA-Polymerase in Kontakt tritt (beispielsweise beim Lactoseoperon). Die biologische Funktion des Katabolitaktivatorproteins wird in Abschnitt 14.1.1 beschrieben.

- Derselbe Repressor oder Aktivator kann zwei oder mehr Promotoren kontrollieren. So kontrolliert beispielsweise bei *E. coli* der Tryptophanrepressor das Tryptophanoperon, das *aroH*-Gen (das ein Enzym für einen frühen Schritt des biochemischen Syntheseweges für Tryptophan codiert) und das *trpR*-Gen (das Gen des Tryptophanrepressors selbst, sodass das Repressorprotein nur bei Bedarf synthetisiert wird) (Abb. 11.26).

- Die Erkennungssequenzen für DNA-bindende Proteine können einzeln oder gemeinsam wirken und die Transkription von Genen verstärken oder

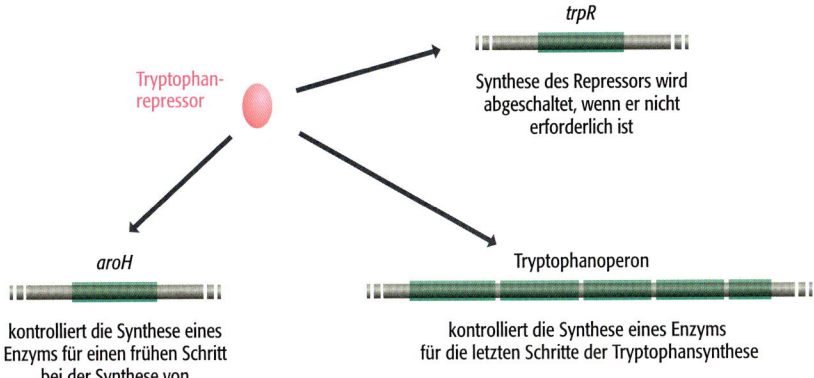

**11.26** Der Tryptophanrepressor hat mehrere Zielsequenzen.

abschwächen, an die sie gar nicht gekoppelt sind. Diese **Enhancer** und **Silencer** sind bei Bakterien nicht häufig, aber es sind einige wenige Beispiele bekannt, beispielsweise ein Enhancer, der auf die Hitzeschockgene wirkt, deren Promotoren von der $\sigma^{32}$-Form der RNA-Polymerase erkannt werden. Da diese Elemente von den Genen so weit entfernt sind, die sie kontrollieren, können sie nur dann mit der RNA-Polymerase in Kontakt treten, wenn die DNA eine Schleife bildet. Ein charakteristisches Merkmal besteht darin, das ein einziger Enhancer oder Silencer die Expression von mehr als einem Gen kontrollieren kann.

Alle diese Prinzipien der Genregulation treffen nicht nur auf Bakterien zu, sondern gelten auch bei Eukaryoten, wie wir im nächsten Abschnitt feststellen werden.

## 11.3.2 Kontrolle der Transkriptionsinitiation bei Eukaryoten

Das Wichtigste, das wir bei unserer Untersuchung der Transkriptionskontrolle bei Bakterien erfahren haben, ist, dass die Transkriptionsinitiation durch DNA-bindende Proteine beeinflusst werden kann, die spezifische Sequenzen in der Nähe der Bindungsstelle der RNA-Polymerase erkennen. Dies ist auch die Grundlage der Transkriptionskontrolle bei den Eukaryoten, wobei es zwei Unterschiede gibt: Der erste betrifft die Basisrate der Transkriptionsinitiation. Die bakterielle RNA-Polymerase besitzt eine starke Affinität für ihren Promotor und die Basisrate der Transkriptionsinitiation ist relativ hoch, fast auch für die schwächsten Promotoren. Bei den meisten eukaryotischen Genen gilt das Gegenteil. Die Bildung der Präinitiationskomplexe von RNA-Polymerase II und III erfolgt nicht effizient, und die Basisrate der Transkriptionsinitiation ist deshalb sehr gering, unabhängig davon, wie „stark" der Promotor ist. Um eine effiziente Initiation zu erreichen muss die Bildung des Komplexes durch zusätzliche Proteine aktiviert werden. Das bedeutet, dass Eukaryoten im Vergleich zu Bakterien andere Mechanismen verwenden, um die Transkriptionsinitiation zu kontrollieren. Aktivatoren spielen hier eine viel größere Rolle als Repressorproteine.

Der zweite Unterschied besteht darin, dass die Vorgänge, die die Transkriptionsinitiation regulieren, wie alle anderen Aspekte der Genomexpression bei Eukaryoten grundlegend komplexer sind als bei Bakterien.

## Eukaryotische Promotoren enthalten regulatorische Module

Diese größere Komplexität wird offensichtlich, wenn wir eukaryotische Promotoren untersuchen. Die Transkriptionsinitiation für ein normales proteincodierendes Gen wird durch eine Reihe verschiedener biochemischer Signale beeinflusst, die gemeinsam sicherstellen, dass das Gen genau in dem Maß exprimiert wird, das für die vorherrschenden Bedingungen innerhalb und außerhalb der Zelle geeignet ist, in der sich das Gen befindet. Ein Promotor der RNA-Polymerase II lässt sich als Folge von Modulen auffassen. Jedes dieser Module besteht aus einer kurzen Nucleotidsequenz und fungiert als Bindungsstelle für ein Protein, das die Bildung des Transkriptionsinitiationskomplexes beeinflusst. Die RNA-Polymerase II transkribiert viele verschiedene Gene (beim Menschen etwa 30 000), aber es gibt nur eine begrenzte Anzahl von Promotormodulen für diese Polymerase. Das Expressionsmuster eines Gens wird demnach nicht durch ein einzelnes Modul bestimmt, sondern durch eine Kombination von Modulen innerhalb seines Promotors, möglicherweise auch durch ihre relativen Positionen. Die Stärke der Transkriptionsinitiation, die dann erfolgt, hängt davon ab, welche Module durch ihre Bindungsproteine zu einem bestimmten Zeitpunkt besetzt sind.

Die Module für einen Promotor der RNA-Polymerase II lassen sich auf verschiedene Weise in Gruppen einteilen, etwa folgendermaßen:

- Die **Core-Promotor**-Module (Abschnitt 11.2.2) mit der TATA-Box und der Inr-Sequenz als wichtigste Vertreter.

- **Basale Promotorelemente** sind Module, die in vielen Promotoren der RNA-Polymerase II vorkommen. Sie bestimmen die Basisrate der Transkriptionsinitiation, ohne auf gewebe- oder entwicklungsspezifische Signale zu reagieren. Zu diesen Elementen gehören die **CAAT-Box** (Consensussequenz 5′-GGCCAATCT-3′), die von den Aktivatoren NF-1 und NF-Y erkannt wird; die **GC-Box** (Consensussequenz 5′-GGGCGG-3′), die vom Sp1-Aktivator erkannt wird; sowie das **Oktamer**-Modul (Consensussequenz 5′-ATGCAAAT-3′), das von Oct-1 erkannt wird.

- **Response-Module** kommen stromaufwärts von verschiedenen Genen vor und ermöglichen, dass die Transkriptionsinitiation auf allgemeine Signale von außerhalb der Zelle reagiert. Beispiele sind das cAMP-Response-Modul CRE (Consensussequenz 5′-WCGTCA-3′, W steht für A oder T), das vom CREB-Aktivator erkannt wird; das Hitzeschockmodul (Consensussequenz 5′-CTNGAATNTTCTAGA-3′, N steht für ein beliebiges Nucleotid), das von Hsp70 und anderen Aktivatoren erkannt wird; sowie das Serum-Response-Modul (Consensussequenz 5′-CCWWWWWWGG-3′), das vom Serum-Response-Faktor erkannt wird.

- **Zellspezifische Module** liegen in den Promotoren von Genen, die nur von einem bestimmten Zelltyp oder Gewebe exprimiert werden. Beispiele sind das Erythroidmodul (Consensussequenz 5′-WGATAR-3′, R steht für A oder G), die Bindungsstelle für den GATA-1-Aktivator; das Hypophysenzellmodul (Consensussequenz 5′-ATATTCAT-3′), das von Pit-1 erkannt wird; das Myoblastenmodul (Consensussequenz 5′-CAACTGAC-3′), das von MyoD erkannt wird; sowie das *lymphoid cell*-Modul (auch κB-Sequenz genannt, Consensussequenz 5′-GGGACTTTCC-3′), erkannt durch NF-κB. Hinweis: In lymphatischen Zellen wird das Oktamermodul durch den gewebespezifischen Oct-2-Aktivator erkannt.

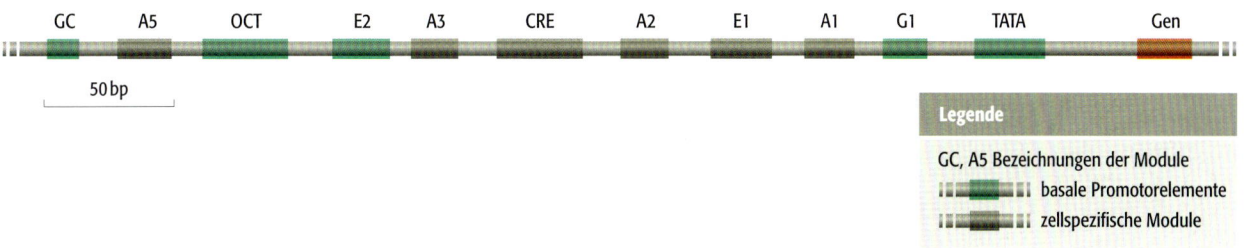

11.27 Die modulare Struktur des Promotors beim menschlichen Insulingen.

- Module für **Entwicklungsregulatoren** steuern die Expression von Genen, die in bestimmten Entwicklungsphasen aktiv sind. Zwei Beispiele aus *Drosophila* sind das Bicoidmodul (Consensussequenz 5′-TCCTAATCCC-3′) und das Antennapedia-Modul (Consensussequenz 5′-TAATAATAATAATAA-3′) (Abschnitt 14.3.4).

Die modulare Struktur eines normalen Promotors der RNA-Polymerase II ist in Abbildung 11.27 dargestellt. Die Module in der Region unmittelbar stromaufwärts des Gens können, genauso wie andere Module, auch in Enhancern vorkommen, die eine Länge von 200–300 bp aufweisen und in einiger Entfernung stromauf- oder -abwärts ihres Zielgens liegen können. Silencer sind Enhancern ähnlich, ihre Module haben jedoch, wie die Bezeichnung verdeutlicht, auf die Transkriptionsinitiation eine negative und keine verstärkende Wirkung.

Eine zusätzliche Komplexität ergibt sich dadurch, dass einige Gene über **alternative Promotoren** verfügen, sodass ausgehend von einem Gen verschiedene Transkriptvarianten gebildet werden können. Ein Beispiel dafür ist das menschliche Dystrophingen, das umfassend untersucht wurde, da Defekte dieses Gens zu einer genetisch bedingten Krankheit führen, die man als Duchenne-Muskeldystrophie bezeichnet. Das Dystrophingen ist eines der größten Gene, die man im menschlichen Genom kennt. Es erstreckt sich über 2,4 Mb und enthält 78 Introns. Es besitzt mindestens sieben alternative Promotoren (Abb. 11.28). Drei der Promotoren liegen stromaufwärts des Gens, sie liefern Transkripte mit der vollständigen Länge, die sich nur durch die Art des ersten Exons unterscheiden. Diese drei Promotoren sind in der Hirnrinde, in der Muskulatur beziehungsweise im Kleinhirn aktiv. Die anderen vier Promotoren liegen innerhalb des Gens und führen zu kürzeren Transkripten, die ebenfalls gewebespezifisch synthetisiert werden. Jeder Promotor besitzt eine eigene modulare Struktur, wobei alle Promotoren von denselben Enhancer- und Silencersequenzen beeinflusst werden. Alternative Promotoren dienen auch dazu, in verschiedenen Entwicklungsphasen verwandte Varianten desselben Proteins zu erzeugen. Eine einzige Zelle kann auf die Weise ähnliche Proteine mit geringfügig unterschiedlichen biochemischen Eigenschaften erzeugen. Die üblicherweise so genannten „alternativen" Promotoren sind korrekterweise eigentlich

alternative Promotoren

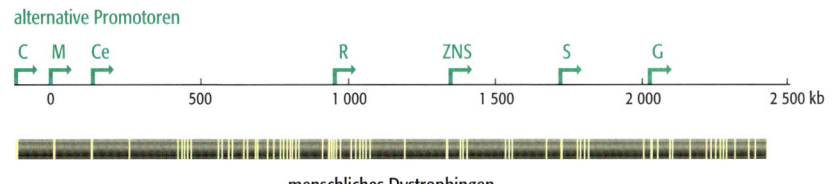

menschliches Dystrophingen

11.28 Alternative Promotoren. Dargestellt sind die Positionen von sieben alternativen Promotoren des menschlichen Dystrophingens. Die Abkürzungen geben das Gewebe an, in dem der jeweilige Promotor aktiv ist: C, Hirnrinde (Cortex); M, Muskulatur; Ce, Kleinhirn (Cerebellum), R, Retinagewebe (auch im Gehirn und Herzgewebe); ZNS, Zentrales Nervensystem (und Niere); S, Schwann-Zellen; A, allgemein (die meisten Gewebe außer der Muskulatur).

als „multiple" Promotoren aufzufassen, da mehr als einer gleichzeitig aktiv sein kann. Wahrscheinlich ist das bei vielen Genen sogar die normale Situation. So hat beispielsweise eine Untersuchung des gesamten Genoms ergeben, dass in menschlichen Fibroblasten etwa 10 500 Promotoren aktiv sind, dass diese Promotoren aber nur die Expression von 8 000 Genen kontrollieren. Das deutet darauf hin, dass eine wesentliche Anzahl von Genen in diesen Zellen von zwei oder mehr Promotoren gleichzeitig exprimiert werden.

### Aktivatoren und Coaktivatoren der eukaryotischen Transkriptionsinitiation

Ein Protein, das die Transkription stimuliert, bezeichnet man als **Aktivator**, wenn es ein sequenzspezifisches DNA-bindendes Protein ist, oder als **Coaktivator**, wenn es unspezifisch an DNA bindet oder über Protein-Protein-Wechselwirkungen aktiv ist. Einige Aktivatoren erkennen stromaufwärts liegende Promotorelemente und beeinflussen die Transkriptionsinitiation nur an dem Promotor, zu dem diese Elemente gehören. Andere Aktivatoren hingegen finden ihre Zielstellen innerhalb von Enhancern und beeinflussen so die Transkription von mehreren Genen auf einmal (Abb. 11.29). Wie bei den Bakterien können auch eukaryotische Enhancer in einiger Entfernung von ihren Genen liegen und ihre Spezifität wird durch Isolatoren gewährleistet, die sich an beiden Seiten von jeder funktionellen Domäne befinden. Das verhindert, dass die Enhancer innerhalb einer solchen Domäne die Genexpression in benachbarten Domänen beeinflussen können (Abschnitt 10.1.2). Der Aktivator stabilisiert den Präinitiationskomplex, unabhängig davon, ob er an ein stromaufwärts liegendes Promotorelement oder an einen Enhancer gebunden ist, der sich in größerer Entfernung befindet.

Coaktivatoren zeigen viel größere Unterschiede. Zu ihnen gehören Histonacetylierungskomplexe wie SAGA (Abschnitt 10.2.1) und Nucleosom-*remodeling*-Komplexe wie Swi/Snf (Abschnitt 10.2.2). Andere Proteine, die den Coaktivatoren zugeordnet wurden, beeinflussen die Genexpression, indem sie die DNA biegen oder auf andere Weise verformen, möglicherweise als Einleitung einer Chromatinumstrukturierung. Ein weiterer möglicher Mechanismus von Coaktivatoren besteht darin, dass sie Proteine zusammenführen, die an nicht benachbarten Stellen auf der DNA gebunden sind, sodass diese gebundenen Faktoren in einer Struktur, die man als **Enhanceosom** bezeichnet, gemeinsam wirken können. Ein Beispiel für einen Coaktivator, der auf diese Weise wirkt, ist SRY, das primäre Protein für die Geschlechtsbestimmung bei Säugetieren.

Aktivatoren wurden bereits als wichtige Faktoren für die Transkriptionsinitiation der RNA-Polymerasen II und III erkannt, ihre Funktion bei Promotoren der RNA-Polymerase I ist jedoch weniger geklärt. Das Ungewöhnliche der RNA-Polymerase I besteht darin, dass das Enzym nur eine einzige Gruppe von Genen transkribiert: die vielfachen Kopien der Transkriptionseinheit, die die Sequenzen der 28S-, 5,8S- und 18S-rRNA enthält (Abschnitt 7.2.3). Diese Gene werden

**11.29   Aktivatoren der eukaryotischen Transkriptionsinitiation.** Der eine Aktivator (blau) ist an das regulatorische Modul stromaufwärts eines Gens gebunden und beeinflusst die Transkriptionsinitiation nur bei diesem einen Gen. Der andere Aktivator (grün) ist an einen Bereich innerhalb eines Enhancers gebunden und beeinflusst die Transkription von allen drei Genen.

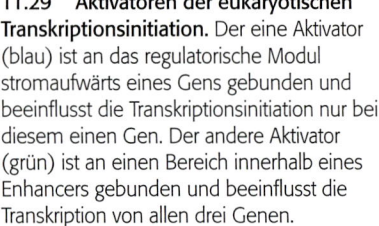
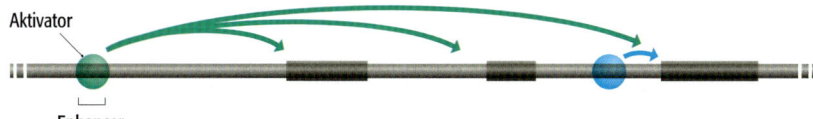

in den meisten Zellen ständig exprimiert, aber die Transkriptionsrate verändert sich im Verlauf des Zellzyklus und unterliegt zu einem gewissen Grad einer gewebespezifischen Regulation. Der Regulationsmechanismus ist noch nicht im Einzelnen bekannt, aber vor kurzem durchgeführte Untersuchungen deuteten auf die Funktion eines **Terminationsfaktors** der RNA-Polymerase I hin. Dieser Faktor, der bei der Maus als TTF-1 und bei *Saccharomyces cerevisiae* als Reb1p bezeichnet wird, wurde ursprünglich als Transkriptionaktivator für die RNA-Polymerase II identifiziert. Der Terminationsfaktor kann also offenbar auch die Transkription der RNA-Polymerase I aktivieren; unmittelbar stromaufwärts vom Promotor der rRNA-Transkriptionseinheit hat man inzwischen eine Bindungsstelle lokalisiert.

### Der Mediator stellt den Kontakt zwischen dem Aktivator und dem Präinitiationskomplex der RNA-Polymerase II her

Ein entscheidendes Merkmal von „traditionellen" Aktivatoren – die an stromaufwärts liegende Promotorelemente oder an Enhancer binden – ist die Herstellung des Kontakts zum Präinitiationskomplex. Den Teil des Aktivators, der an diesem Kontakt beteiligt ist, bezeichnet man als **Aktivierungsdomäne**. Strukturuntersuchungen haben gezeigt, dass sich Aktivierungsdomänen trotz ihrer Verschiedenheit größtenteils drei Gruppen zuordnen lassen.

- **Saure Domänen** enthalten einen relativ hohen Anteil an sauren Aminosäuren (Asparaginsäure und Glutaminsäure). Dies ist die häufigste Form von Aktivierungsdomänen.

- **Glutaminreiche Domänen** kommen häufig in Aktivatoren vor, deren DNA-bindendes Strukturmotiv zum Homöodomänen- oder POU-Typ gehört (Abschnitt 11.1.1).

- **Prolinreiche Domänen** kommen seltener vor.

Mehrere Jahre lang waren Einzelheiten der Wechselwirkung zwischen den Aktivatoren und dem Präinitiationskomplex der RNA-Polymerase II unklar, wobei sich die Ergebnisse, die mit verschiedenen Organismen gewonnen wurden, anscheinend widersprachen. Eine Reihe von Untersuchungen der Protein-Protein-Wechselwirkungen haben darauf hingedeutet, dass zwischen den verschiedenen Aktivatoren und einigen Teilen des Komplexes direkte Wechselwirkungen möglich sind, wobei TBP, mehrere TAFs, TFIIB, TFIIH und die RNA-Polymerase II als mögliche Partner von verschiedenen Wechselwirkungen infrage kamen. Die Lösung dieses Verwirrspiels deutete sich an, als man bei der Hefe einen großen Proteinkomplex identifizieren konnte, den man als **Mediator** bezeichnete. Der Mediatorkomplex der Hefe besteht aus 21 Untereinheiten, die eine definierte Struktur mit Kopf-, Mittel- und Schwanzdomäne bilden. Der Schwanz stellt eine physikalische Wechselwirkung mit einem Aktivatorprotein her, das an seine Erkennungssequenz in der DNA gebunden ist. Der Mittelteil und der Kopfabschnitt treten mit dem Präinitiationskomplex in Wechselwirkung (Abb. 11.30). Die Assoziation des Aktivators mit dem Präinitiationskomplex erfolgt demnach indirekt, wobei das Aktivierungssignal durch den Mediator übertragen wird. Ursprünglich hatte man angenommen, dass der Mediator die Transkriptionsinitiation direkt durch Phosphorylierung der CTD der RNA-Polymerase II bewirkt und dadurch die Freigabe des Promotors stimuliert (Abschnitt 11.2.3). Heute weiß man jedoch, dass diese Kinaseaktivität auf Kin28 zurückzuführen ist, eine Untereinheit von TFIIH. Es gibt Hinweise darauf, dass der Mediator die Kin28-Aktivität stimulieren kann, aber das ist nicht die einzige Wechselwirkung mit dem Präinitiationskomplex, und der genaue Mechanismus, durch den die Transkriptionsinitiation reguliert wird, ist noch unklar.

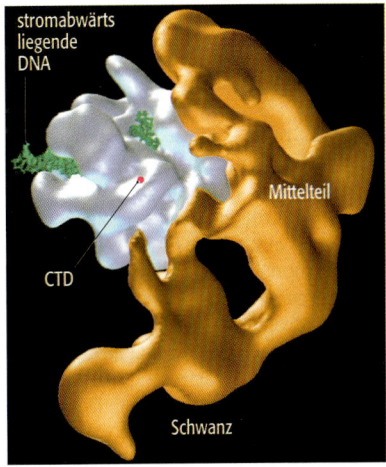

**11.30   Wechselwirkung zwischen dem Mediator und dem Präinitiationskomplex der RNA-Polymerase II bei der Hefe.** Der Präinitiationskomplex ist weiß dargestellt, der Mediator orangefarben. Nach Davis et al (2002) Structure of the yeast RNA polymerase II holoenzyme. Nachdruck aus *Molecular Cell*, Band 10, 409–415, mit freundlicher Genehmigung von Elsevier.

Der Mediator ist vorhanden, wenn TBP an die TATA-Box bindet, und er könnte Teil der Plattform sein, auf der sich der übrige Präinitiationskomplex bildet. Das Ganze wird dadurch noch komplizierter, dass der Mediator nicht nur Signale von Aktivatoren überträgt, sondern auch von Repressoren; sein Einfluss auf den Präinitiationskomplex kann demnach sowohl positiv als auch negativ sein.

Die Mediatoren der höheren Eukaryoten sind größer als der Komplex bei der Hefe, beim Menschen handelt es sich beispielsweise mindestens um 30 Untereinheiten. Ein Merkmal des Mediators bei Säugern besteht darin, dass die Proteinzusammensetzung unterschiedlich ist. Möglicherweise gibt es also mehrere Varianten, die jeweils auf eine andere Kombination von Aktivatoren reagieren, wobei es hier durchaus Überlappungen geben kann. Aktuell geht man teilweise davon aus, dass ein Mediator ein obligatorischer Bestandteil des Präinitiationskomplexes der RNA-Polymerase II ist und dass die stimulierenden Effekte aller Aktivatoren über einen Mediator laufen. Allerdings lässt sich nicht ausschließen, dass einige Aktivatoren den Mediator umgehen und direkt auf den einen oder anderen Teil des Präinitiationskomplexes einwirken.

### Repressoren der eukaryotischen Transkriptionsinitiation

Die Erforschung der Regulation der Transkriptionsinitiation bei den Eukaryoten befasste sich größtenteils nur mit der Aktivierung, teilweise weil die geringe Basisrate der Initiation bei den Promotoren der RNA-Polymerasen II und III darauf hindeutet, dass die Repression der Initiation, die bei Bakterien sehr wichtig ist (Abschnitt 11.3.1), wahrscheinlich bei der Kontrolle der eukaryotischen Transkription keine große Rolle spielt. Diese Sichtweise ist wahrscheinlich nicht korrekt, da man immer mehr DNA-bindende Proteine entdeckt, die die Transkriptionsinitiation hemmen. Diese Proteine binden an stromaufwärts liegende Promotorelemente oder an weiter entfernt liegende Stellen in Silencern. Einige beeinflussen die Genomexpression allgemein durch Deacetylierung von Histonen (Abschnitt 10.2.1) oder DNA-Methylierung (Abschnitt 10.3.1), andere jedoch zeigen spezifischere Effekte auf einzelne Promotoren. Die Repressoren

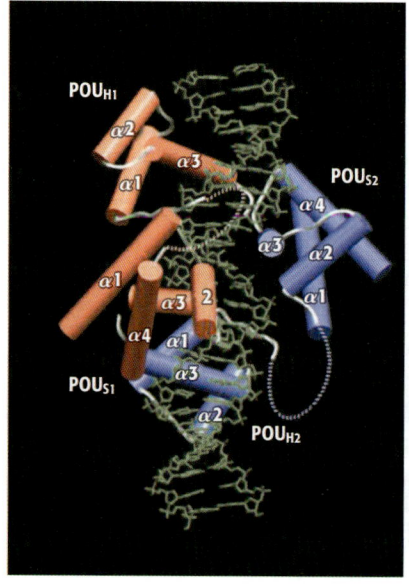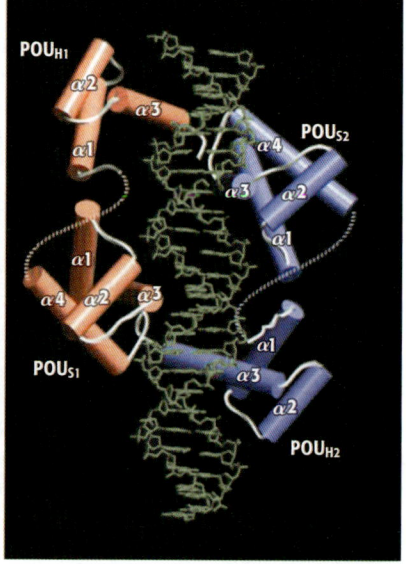

**11.31   Konformation der POU-Domänen im Aktivator Pit-1, der an seine Zielsequenzen stromaufwärts des Prolactingens (links) und eines Gens für ein Wachstumshormon (rechts) gebunden ist.** Pit-1 ist ein Dimer und jedes Monomer enthält zwei POU-Domänen. Die beiden Domänen des einen Monomers sind rot, die des anderen Monomers blau dargestellt. Die Zylinder sind $\alpha$-Helices, wobei $\alpha$3 in jeder Domäne die Erkennungshelix ist. Beachten Sie die unterschiedlichen Konformationen der Domänen bei der Bindung an die jeweilige Bindungsstelle. Die offenere Struktur, die Pit-1 bei dem Gen für das Wachstumshormon annimmt, ermöglicht es dem Dimer, mit N-CoR und anderen Proteinen zu interagieren, um die Transkription des Gens zu blockieren. Pit-1 aktiviert also das Prolactingen, hemmt aber das Gen für den Wachstumsfaktor. Nachdruck mit freundlicher Genehmigung aus Scully et al (2000) *Science* 290: 1127–1131,© AAAS.

Mot1 und NC2 der Hefe zum Beispiel hemmen die Bildung des Präinitiationskomplexes, indem sie direkt an TBP binden und seine Aktivität stören. Mot1 führt dazu, dass TBP von der DNA dissoziiert, und NC2 verhindert die weitere Bildung des Komplexes am gebundenen TBP. Beide Repressoren zeigen ein breites Aktivitätsspektrum. Sie können eine große Zahl von Genen inaktivieren, ähnlich wie der Ssn6-Tup1-Repressor, der bei der Hefe *Schizosaccharomyces pombe* zu den wichtigsten Silencing-Faktoren für Gene zählt und zu dem es bei vielen anderen Eukaryoten homologe Proteine gibt.

Ein weiterer Hinweis auf die Bedeutung der Repression bei der eukaryotischen Transkription zeigt sich daran, dass manche Proteine, abhängig von den Bedingungen, sowohl aktivierend als auch reprimierend wirken können. So hemmt NC2 beispielsweise die Initiation der Transkription an Promotoren mit einer TATA-Box, aktiviert jedoch Promotoren, denen eine TATA-Sequenz fehlt. Pit-1, das erste der drei Proteine, nach denen die POU-Domäne benannt wurde (Abschnitt 11.1.1), aktiviert einige Gene und hemmt andere, abhängig vom Vorhandensein der Bindungsstelle auf der DNA. Wenn an dieser Stelle zwei zusätzliche Nucleotide vorhanden sind, kommt es zu einer Konformationsänderung von Pit-1, sodass es mit einem zweiten Protein, N-CoR, in Wechselwirkung treten kann und die Transkription des Zielgens unterdrückt (Abb. 11.31).

## *Die Kontrolle der Aktivitäten von Aktivatoren und Repressoren*

Die Aktivität der einzelnen Aktivatoren und Repressoren muss kontrolliert werden, damit eine Zelle immer die passende Kombination von Genen exprimiert. Wir werden uns diesem Thema erneut in Kapitel 14 zuwenden, wenn die verschiedenen Mechanismen im Mittelpunkt stehen, durch die die Aktivität eines Genoms reguliert wird, als Reaktion auf extrazelluläre Signale während der Differenzierung und Entwicklung.

Es gibt verschiedene Mechanismen, einen Aktivator oder Repressor zu regulieren. Eine Möglichkeit besteht darin, seine Synthese zu kontrollieren. Das lässt jedoch keine schnellen Veränderungen der Genomexpression zu, da es eine Zeit lang dauert, bis ein Aktivator oder Repressor in der Zelle akkumuliert oder wieder abgebaut wird, sobald er nicht mehr erforderlich ist. Diese Art der Kontrolle betrifft deshalb Aktivatoren und Repressoren, die für die Aufrechterhaltung von stabilen Genomexpressionsmustern verantwortlich sind, beispielsweise Faktoren, die bei der zellulären Differenzierung und bei einigen Aspekten der Entwicklung mitwirken. Eine andere Möglichkeit, einen Aktivator oder Repressor zu kontrollieren, ist die chemische Modifikation, beispielsweise durch Phosphorylierung oder durch Auslösen einer Konformationsänderung. Diese Veränderungen erfolgen viel schneller als eine *de novo*-Synthese; sie ermöglichen es der Zelle, auf extrazelluläre Signalmoleküle zu reagieren, die vorübergehende Veränderungen der Genomexpression bewirken. Wir werden uns mit den Einzelheiten dieser verschiedenen Regulationsmechanismen in Kapitel 14 beschäftigen.

# Zusammenfassung

Die zentralen Faktoren bei der Transkription und bei anderen Aspekten der Genomaktivität sind DNA-bindende Proteine, die sich an das Genom heften, um dort ihre biochemischen Funktionen auszuführen. Viele dieser Proteine können mithilfe von DNA-bindenden Strukturmotiven, wie etwa das Helix-Kehre-Helix- oder das Zinkfingermotiv, an spezifische DNA-Sequenzen binden. Ihre Bindungspositionen auf DNA-Molekülen lassen sich durch eine Gelretardierungsanalyse identifizieren und durch Modifikationsschutz- oder Modifikationsinterferenztests genauer eingrenzen. Einige Proteine erkennen ihre Bindungsstellen über ein direktes Auslesen der DNA-Sequenz, was mithilfe von Wechselwirkungen zwischen der großen Furche der Doppelhelix erfolgen kann, da hier die Erkennung der Nucleotide über die Positionen von chemischen Gruppen möglich ist, die sich an den Purin- und Pyrimidinnucleotiden befinden. Das direkte Auslesen kann durch verschiedene indirekte Effekte beeinflusst werden, die die Nucleotidsequenz auf die Helixkonformation hat, etwa das Biegen der DNA in adeninreichen Abschnitten. Viele DNA-bindende Proteine wirken als Dimere und treten dadurch an zwei Positionen gleichzeitig mit der Helix in Kontakt. Spezielle Strukturen an der Helixoberfläche wie etwa der Leucin-Zipper tragen zur Dimerisierung bei. Bakterien verfügen über eine einzige RNA-Polymerase, die alle Gene des Genoms transkribiert. Eukaryoten besitzen jedoch drei verschiedene RNA-Polymerasen im Zellkern, und in den Mitochondrien gibt es ein weiteres Enzym. Promotorsequenzen bestimmen die Positionen, an denen der Transkriptionsinitiationskomplex gebildet werden muss. Der bakterielle Promotor besteht aus zwei Sequenzabschnitten, während eukaryotische Promotoren viel komplexer sind. Sie besitzen eine modulare Struktur. Diese umfasst Sequenzen, die vom Initiationskomplex erkannt werden, sowie andere Sequenzen, die als Bindungsstellen für regulatorische Proteine fungieren. Die bakterielle RNA-Polymerase bindet direkt an ihren Promotor. Hingegen enthalten die Initiationskomplexe von allen Typen der eukaryotischen RNA-Polymerasen Hilfsproteine und die Komplexe müssen in einer bestimmten Reihenfolge zusammengefügt werden. Eine erfolgreiche Initiation führt zu einem Polymerasekomplex, der den Promotor freigeben kann und mit der Transkription beginnt. Die Transkriptionsinitiation ist ein entscheidender Schritt, an dem die Genomexpression reguliert wird. Einige Bakterien können die Struktur ihrer RNA-Polymerase ändern, sodass das Enzym eine andere Art von Promotoren erkennt und dadurch eine andere Gruppe von Genen exprimiert. Bei Bakterien kann die Expression bestimmter Gene auch durch Repressor- und Aktivatorproteine reguliert werden. Das gleiche trifft auch auf Eukaryoten zu, wobei Aktivatorproteine anscheinend bedeutsamer sind als Repressoren. Die regulatorischen Proteine binden an Stellen in der Nähe der Promotoren, die sie kontrollieren, oder an Stellen in einem gewissen Abstand. Bei Eukaryoten erfolgt die Aktivierung des Transkriptionsinitiationskomplexes über den Mediator, ein Protein aus mehreren Untereinheiten, das zwischen dem Aktivator und der RNA-Polymerase als physikalische Brücke fungiert.

# Multiple-Choice-Fragen

**11.1\*** Wie können Proteine an spezifische Sequenzen der DNA binden?

    **a.** Durch Wechselwirkung mit dem Zucker-Phosphat-Rückgrat

    **b.** Durch Öffnen der Doppelhelix und Ausbildung von Bindungen mit den Basen

    **c.** Durch Wechselwirkung mit den Basen über Histonproteine

    **d.** Durch Wechselwirkung mit den Basen in der großen und kleinen Furche der Doppelhelix

**11.2** Welche der folgenden DNA-bindenden Domänen bildet ihre wichtigste Wechselwirkung mit den Nucleotidbasen über die kleine Furche der Doppelhelix?

    **a.** Helix-Kehre-Helix

    **b.** Zinkfinger

    **c.** Basische Domäne

    **d.** TBP-Domäne

**11.3\*** Welche der folgenden Methoden, die darauf beruhen, dass DNA-Fragmente bei Vorhandensein oder Nichtvorhandensein von Proteinen in einem Gel wandern, dient die Identifizierung von DNA-bindenden Proteinen?

    **a.** Kernspinresonanzspektroskopie

    **b.** Gelretardierung

    **c.** Nucleaseschutz

    **d.** DNA-Footprinting

**11.4** Auf welcher der folgenden Methoden zur Identifizierung von Nucleotiden, die bei der Bindung von Proteinen eine zentrale Rolle spielen, basieren Modifikationsinterferenztests?

    **a.** Der DNA-Proteinkomplex wird mit Nucleasen behandelt, um ungeschützte Phosphodiesterbindungen abzubauen

    **b.** Der DNA-Protein-Komplex wird mit methylierenden Agenzien behandelt, um die Bindungsstelle einzugrenzen

    **c.** Die DNA wird vor der Bindung des Proteins mit methylierenden Agenzien behandelt

    **d.** Das Protein wird vor der Bindung an die DNA mit methylierenden Agenzien behandelt

**11.5\*** Welche der folgenden RNA-Polymerasen ist bei Eukaryoten für die Transkription von proteincodierenden Genen zuständig?

    **a.** RNA-Polymerase I

    **b.** RNA-Polymerase II

    **c.** RNA-Polymerase III

    **d.** RNA-Polymerase IV

**11.6** Die Bindungsstelle für die RNA-Polymerase bei Bakterien bezeichnet man als:

    **a.** Initiatorstelle

    **b.** Operator

    **c.** Promotor

    **d.** Startcodon

**11.7\*** Auf welcher Untereinheit beruht die Spezifität der bakteriellen RNA-Polymerasen für ihre Promotoren?

    **a.** $\alpha$

    **b.** $\beta$

    **c.** $\gamma$

    **d.** $\sigma$

**11.8** Welcher Proteinkomplex bindet zuerst an den Core-Promotor eines proteincodierenden Gens bei Eukaryoten?

    a. RNA-Polymerase II

    b. Allgemeiner Transkriptionsfaktor TFIIB

    c. Allgemeiner Transkriptionsfaktor TFIID

    d. Allgemeiner Transkriptionsfaktor TFIIE

**11.9\*** Auf welche Weise muss die RNA-Polymerase II modifiziert werden, um den Präinitiationskomplex zu aktivieren?

    **a.** Acetylierung

    **b.** Methylierung

    **c.** Phosphorylierung

    **d.** Verknüpfung mit Ubiquitin

**11.10** Warum erfolgt die Reinitiation der Transkription an einem Promotor der RNA-Polymerase II schneller als der primäre Initiationsvorgang?

    **a.** Alle allgemeinen Transkriptionsfaktoren bleiben an den Promotor gebunden

    **b.** Einige allgemeine Transkriptionsfaktoren bleiben am Promotor, um die Reinitiation zu erleichtern

    **c.** Alle allgemeinen Transkriptionsfaktoren dissoziieren vom Promotor, der Promotor bleibt jedoch zugänglich und ermöglicht die schnelle Bildung des Initiationskomplexes

    **d.** Keine der obigen Antworten trifft zu

**11.11\*** Wie bezeichnet man die DNA-Sequenz, die bei *E. coli* in der Nähe des Promotors des Lactoseoperons liegt und die Expression des Operons reguliert?

    **a.** Aktivator

    **b.** Induktor

    **c.** Operator

    **d.** Repressor

**11.12** Auf welche Weise wirkt Allolactose bei der Expressions-regulation des Lactoseoperons?

    **a.** Aktivator

    **b.** Induktor

    **c.** Operator

    **d.** Repressor

**11.13\*** Welches der folgenden Sequenzmodule ist kein basales Promotorelement?

    **a.** CAAT-Box

    **b.** GC-Box

    **c.** Oktamermodul

    **d.** TATA-Box

**11.14** Welche der folgenden Typen von Sequenzmodulen ermöglichen es, dass die Transkription auf allgemeine Signale von außerhalb der Zelle reagieren kann?

    **a.** Zellspezifische Module

    **b.** Regulatorische Module der Entwicklung

    **c.** Repressormodule

    **d.** Response-Module

**11.15\*** Welche der folgenden DNA-Sequenzen kann die Rate der Transkriptionsinitiation erhöhen und Hunderte von Kilobasen stromaufwärts oder stromabwärts von den Genen liegen, die dadurch reguliert werden?

    **a.** Aktivatoren

    **b.** Enhancer

    **c.** Silencer

    **d.** Terminatoren

**11.16** Welche der folgenden Domänen sind keine Aktivie-rungsdomänen?

    **a.** Saure Domänen

    **b.** Glutaminreiche Domänen

    **c.** Leucin-Zipper-Domänen

    **d.** Prolinreiche Domänen

# Fragen mit kurzen Antworten

*Antworten auf die Fragen mit den ungeraden Zahlen finden Sie im Anhang

**11.1\*** Wie bindet das Strukturmotiv der Homöodomäne an spezifische DNA-Sequenzen?

**11.2** Welche allgemeinen Eigenschaften besitzt das $Cys_2His_2$-Zinkfingermotiv und wie bindet es an die DNA?

**11.3\*** Welche zwei Varianten des Modifikationsschutztests gibt es?

**11.4** Schildern Sie die verschiedenen Mechanismen, durch die Proteine bei A-, B- und Z-DNA mit den Basen in Kontakt treten.

**11.5\*** Beschreiben Sie die Arten von Bindungen und Wechselwirkungen, die zwischen Proteinen und DNA-Molekülen auftreten.

**11.6** Was würde geschehen, wenn die −10- und die −35-Sequenz eines Promotors bei *E. coli* enger zusammen oder weiter auseinander liegen würden? Begründen Sie Ihre Antwort.

**11.7\*** Unterscheiden Sie die Funktionen des Core-Bereichs und der stromaufwärts liegenden Elemente eines eukaryotischen Promotors.

**11.8** Welche Faktoren kontrollieren die Basisrate der Transkriptionsinitiation bei einem bakteriellen Promotor?

**11.9\*** Wie interagiert Allolactose mit dem Repressorprotein bei der Regulation der Transkription am Lactoseoperon?

**11.10** Nennen Sie zwei grundlegende Unterschiede zwischen der Transkriptionskontrolle bei Bakterien und den entsprechenden Vorgängen bei Eukaryoten.

**11.11\*** Warum besitzen einige Gene alternative oder multiple Promotoren?

**11.12** Wie unterscheiden sich Aktivator- und Coaktivatorproteine?

# Vertiefende Aufgaben

*Hinweise zur Beantwortung der Fragen mit den ungeraden Zahlen finden Sie im Anhang

**11.1\*** Entwickeln Sie anhand Ihrer Kenntnisse über DNA-Chip- und Mikroarray-Methoden (Methoden 3.1) ein Verfahren, um die Bindungsstellen für DNA-bindende Proteine auf einem ganzen Chromosom zu bestimmen, und stellen Sie es dem Verfahren gegenüber, das man für die Untersuchung der Region stromaufwärts eines Gens anwendet.

**11.2** Entwickeln Sie eine Hypothese, die erklärt, warum Eukaryoten drei RNA-Polymerasen besitzen. Lässt sich die Hypothese überprüfen?

**11.3\*** Inwieweit ist *E. coli* ein gutes Modell für die Regulation der Transkriptionsinitiation bei Eukaryoten? Begründen Sie Ihre Auffassung, indem sie passende Beispiele dafür nennen, wie hilfreich oder wenig hilfreich Rückschlüsse aus *E. coli* waren, unsere Vorstellungen über die Vorgänge bei Eukaryoten zu entwickeln.

**11.4** François Jacob und Jacques Monod waren 1961 die Ersten, die ein Modell für die Transkriptionskontrolle des Lactoseoperons bei *E. coli* formulierten (Weiterführende Literatur). Erklären Sie, inwieweit ihre Arbeiten, die fast vollständig auf genetischen Analysen beruhten, eine genaue Beschreibung der molekularen Vorgänge lieferten, wie man sie heute kennt.

**11.5\*** Bewerten Sie die Genauigkeit und Brauchbarkeit des Modulprinzips für die Struktur eines Promotors der RNA-Polymerase II.

# Aufgaben zu Abbildungen

*Antworten auf die Fragen mit den ungeraden Zahlen finden Sie im Anhang

**11.1\*** Die Abbildung zeigt die Wechselwirkung zwischen dem Repressor des Bakteriophagen 434 von *E. coli* und der DNA-Sequenz, an die er bindet. Nennen Sie die Art des DNA-bindenden Strukturmotivs in diesem Protein und beschreiben Sie, wie die Domäne mit der DNA in Wechselwirkung tritt.

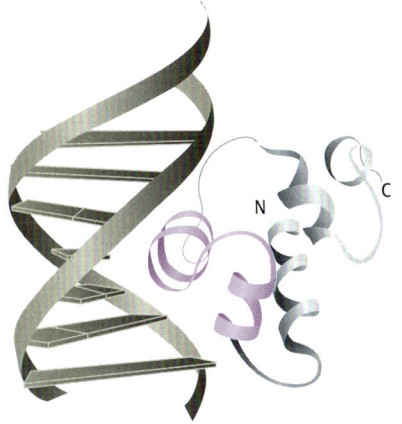

**11.2** Schildern Sie die Art des Experiments, das in der Abbildung dargestellt ist. Wie ist das Experiment aufgebaut und was ist das Ziel?

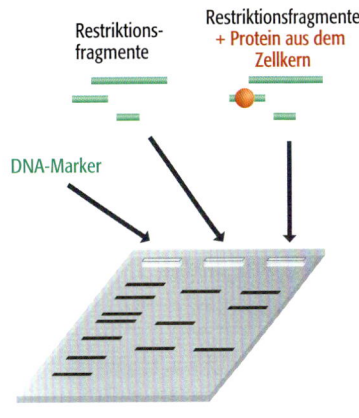

**11.3\*** Welche Bedeutung haben die Kontaktstellen, die in der Abbildung für das A–T-Basenpaar angegeben sind?

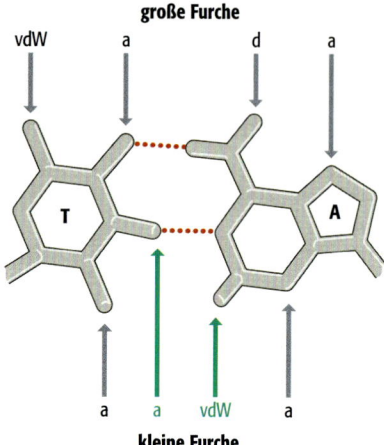

**große Furche**

vdW   a   d   a

T   A

a   a   vdW   a

**kleine Furche**

**11.4** Die Abbildung zeigt zwei Mechanismen, durch die eine RNA-Polymerase an ihren Promotor binden kann. Welcher Mechanismus wird von der bakteriellen RNA-Polymerase verwendet, welcher von der RNA-Polymerase II der Eukaryoten?

**a)** direkte Bindung der RNA-Polymerase

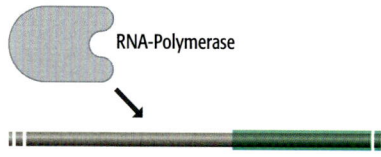

RNA-Polymerase

**b)** indirekte Bindung der RNA-Polymerase

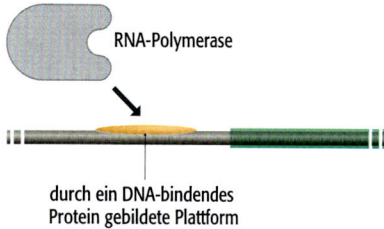

RNA-Polymerase

durch ein DNA-bindendes Protein gebildete Plattform

**11.5\*** Beschreiben Sie die Bindung der bakteriellen RNA-Polymerase an einen Promotor, wie sie in der Abbildung dargestellt ist.

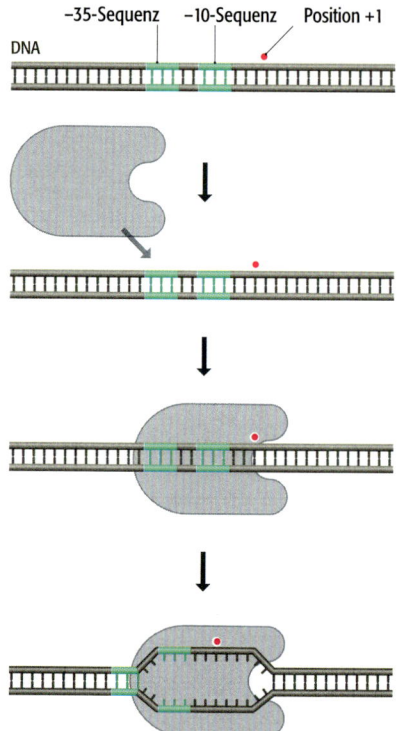

−35-Sequenz   −10-Sequenz   Position +1

DNA

# Weiterführende Literatur

## DNA- und RNA-bindende Strukturmotive

Fierro-Monti I, Mathews MB (2000) Proteins binding to duplexed RNA: one motif, multiple functions. *Trends Biochem Sci* 25: 241–246

Gangloff YG, Romier C, Thuault S, Werten S, Davidson I (2001) The histone fold is a key structural motif of transcription factor TFIID. *Trends Biochem Sci* 26: 250–257

Harrison SC, Aggarwal AK (1990) DNA recognition by proteins with the helix-turn-helix motif. *Annu Rev Biochem* 59: 933–969

Herr W, Sturm RA, Clerc RG et al (1988) The POU domain: a large conserved region in the mammalian *pit*-1, *oct*-1, *oct*-2, and *Caenorhabditis elegans unc*-86 gene products. *Genes Dev* 2: 1513–1516

Mackay JP, Crossley M. (1998) Zinc fingers are sticking together. *Trends Biochem Sci* 23: 1–4

## Methoden für die Untersuchung von DNA-bindenden Proteinen

Galas D, Schmitz A (1978) DNase footprinting: a simple method for the detection of protein-DNA binding specificity. *Nucleic Acids Res* 5: 3157–3170

Garner MM, Revzin A (1981) A gel electrophoretic method for quantifying the binding of proteins to specific DNA regions: application to components of the *Escherichia coli* lactose operon regulatory system. *Nucleic Acids Res* 9: 3047–3060. [Gelretardierung]

## Wechselwirkungen zwischen DNA und DNA-bindenden Proteinen

Kielkopf CL, White S, Szewczyk JW, Turner JM, Baird EE, Dervan PB, Rees DC (1998) A structural basis for recognition of A•T and T•A base pairs in the minor groove of B-DNA. *Science* 282: 111–115

Stormo GD, Fields DS (1998) Specificity, free energy and information content in protein-DNA interactions. *Trends Biochem Sci* 23: 109–113

## RNA-Polymerasen und ihre Promotoren

Geiduschek EP, Kassavetis GA (2001) The RNA polymerase III transcription apparatus. *J Mol Biol* 310: 1–26

Kim TH, Barrera LO, Zheng M, Qu C, Singer MA, Richmond TA, Wu Y, Green RD, Ren B. (2005) A high-resolution map of active promoters in the human genome. *Nature* 436: 876–880. [Beschreibt, inwieweit alternative Promotoren im menschlichen Genom Verwendung finden]

Russell J, Zomerdijk JCBM (2005) RNA-polymerase-I-directed rDNA transcription, life and works. *Trends Biochem Sci* 30: 87–96

Seither R, lben S, Grummt I (1998) Mammalian RNA polymerase I exists as a holoenzyme with associated basal transcription factors. *J Mol Biol* 275: 43–53.

Smale ST, Kadonaga JT (2003) The RNA polymerase 11 core promoter. *Annu Rev Biochem* 72: 449–479

Young BA, Gruber TM, Gross CAL (2004) Minimal machinery of RNA polymerase holoenzyme sufficient for promoter melting. *Science* 303: 1382–1384. [Untersuchung der Feinstruktur der bakteriellen RNA-Polymerase]

## Bildung des Transkriptionsinitiationskomplexes

Dieci G, Sentenac A (2003) Detours and shortcuts to transcription reinitiation. *Trends Biochem Sci* 28: 202–209

Green MR (2000) TBP-associated factors (TAF$_{II}$s): multiple, selective transcriptional mediators in common complexes. *Trends Biochem Sci* 25: 59–63

Kadonaga JT (2004) Regulation of RNA polymerase II transcription by sequence-specific DNA binding factors. *Cell* 116: 247–257

Kim T-K, Ebright RH, Reinberg D (2000) Mechanism of ATP-dependent promoter melting by transcription factor IIH. *Science* 288: 1418–1421

Verrijzer CP (2001) Transcription factor IID – not so basal after all. *Science* 293: 2010–2011

Xie X, Kokubo T, Cohen SL, Mirza UA, Hoffmann A, Chait BT, Roeder RG, Nakatani Y, Burley SK (1996) Structural similarity between TAFs and the heterotetrameric core of the histone octamer. *Nature* 380: 316–322

## Kontrolle der Transkriptionsinitiation bei Bakterien

Jacob F, and Monod J (1961) Genetic regulatory mechanisms in the synthesis of proteins. *J Mol Biol* 3: 318–389. [Die ursprüngliche Formulierung der Operontheorie für die Kontrolle der Genexpression bei Bakterien]

Oehler S, Eismann ER, Krämer H, Müller-Hill B (1990) The three operators of the lac operon cooperate in repression. *EMBO J* 9: 973–979

Schleif R (2000) Regulation of the L-arabinose operon of *Escherichia coli*. *Trends Genet* 16: 559–565. [Einzelheiten zu einem Beispiel der Genregulation bei Bakterien]

## Kontrolle der Transkriptionsinitiation bei Eukaryoten

Hanna-Rose W, Hansen U (1996) Active repression mechanisms of eukaryotic transcription repressors. *Trends Genet* 12: 229–234

Kim, Y-J, Us JT (2005) Interactions between subunits of Drosophila Mediator and activator proteins. *Trends Biochem Sci* 30: 245–249

Latchman DS (2001) Transcription factors: bound to activate or repress. *Trends Biochem Sci* 26: 211–213. [Kurze Übersicht der Proteine, bei denen Aktivierung und Repression kombiniert sind]

Scully KM, Jacobson EM, Jepsen K et al (2000) Allosteric effects of Pit-1 DNA sites on long-term repression in cell type specification. *Science* 290: 1127–1131. [Beschreibung der Aktivität von Pit-1 als Aktivator für bestimmte Gene und Repressor von anderen Genen]

Wolffe AP (1994) Architectural transcription factors. *Science* 264: 1100–1101. [Proteine wie zum Beispiel SRY, die die DNA biegen können]

# Die Synthese und Prozessierung von RNA

**12**

**Wenn Sie Kapitel 12 gelesen haben, sollten Sie folgende Aufgaben lösen können:**

- Beschreiben Sie im Einzelnen die Phasen der Transkriptionselongation und -termination bei *Escherichia coli*, und erläutern Sie, wie diese durch Antitermination, Attenuation und transkriptspaltende Proteine reguliert werden.

- Beschreiben Sie, wie bei Bakterien funktionelle RNA geschnitten und chemisch modifiziert wird.

- Fassen Sie zusammen, was bis jetzt über den RNA-Abbau bei Bakterien bekannt ist.

- Beschreiben Sie im Einzelnen die Elongation und Termination der Transkripte von Eukaryoten, einschließlich der Vorgänge beim Anbringen der Cap-Struktur und der Polyadenylierung von eukaryotischen mRNAs.

- Unterscheiden Sie zwischen den Spleißmechanismen der verschiedenen Arten von Introns und beschreiben Sie im Einzelnen das Spleißen von GU–AG-Introns. Nennen Sie dabei auch Beispiele für das alternative Spleißen und *trans*-Spleißen.

- Beschreiben Sie die Synthese und Prozessierung von funktioneller RNA bei Eukaryoten.

- Erklären Sie den Begriff „Ribozym" und nennen Sie Beispiele.

- Erläutern Sie, wie eukaryotische rRNAs an spezifischen Nucleotidpositionen chemisch modifiziert werden.

- Nennen Sie Beispiele für das RNA-Editing bei Säugern, und geben Sie einen Überblick über die komplexeren Arten des RNA-Editing bei verschiedenen anderen Eukaryoten.

- Beschreiben Sie die Mechanismen des RNA-Abbaus bei Eukaryoten, vor allem im Hinblick auf die Bedeutung von siRNAs und miRNAs beim RNA-Silencing (RNA-Inaktivierung).

- Schildern Sie in Grundzügen die Vorgänge beim Transport von eukaryotischen RNAs aus dem Zellkern in das Cytoplasma.

Die Initiation der Transkription, die damit endet, dass die RNA-Polymerase den Promotor verlässt und mit der Synthese eines RNA-Moleküls beginnt, ist nur der erste Schritt auf dem Weg zur Genomexpression. In diesem und im nächsten Kapitel werden wir diesen Vorgang weiter verfolgen und untersuchen, wie Transkription und Translation schließlich zur Synthese des Proteoms führen. Zu Beginn befassen wir uns mit der Synthese und der Prozessierung der RNAs. Das betrifft die mRNAs, die das Transkriptom ausmachen und den Proteingehalt der Zelle bestimmen, sowie die funktionellen RNAs, die bei der

Genomexpression und anderen Bereichen der Zellbiologie grundlegende Funktionen besitzen (Abschnitt 1.2.2). Die zugrundeliegenden Vorgänge sind bei Prokaryoten und Eukaryoten ähnlich, bei einigen Einzelheiten bestehen jedoch wesentliche Unterschiede. Und wie in anderen Bereichen der Genomexpression sind die Vorgänge bei den Eukaryoten komplexer. Deshalb beschäftigen wir uns zuerst mit der Synthese und Prozessierung der RNA bei Bakterien.

## 12.1 Synthese und Prozessierung von RNA bei Bakterien

Da es bei Bakterien nur eine RNA-Polymerase gibt (Abschnitt 11.2.1), ist der allgemeine Mechanismus der RNA-Synthese bei allen bakteriellen Genen gleich. Unterschiede werden dann deutlich, wenn wir die Mechanismen betrachten, durch die einzelne Gene reguliert werden.

**12.1 Die chemischen Grundlagen der RNA-Synthese.** Vergleichen Sie diese Reaktion mit der Polymerisierung von DNA, wie sie in Abbildung 1.6 dargestellt ist.

## 12.1.1 Transkriptsynthese bei Bakterien

Die chemischen Grundlagen der matrizenabhängigen Synthese von RNA ist in Abbildung 12.1 dargestellt. Ribonucleotide werden nacheinander an das wachsende 3′-Ende des RNA-Transkripts gehängt, wobei jedes aufgrund der Regeln der Basenpaarung spezifisch definiert ist: A bildet ein Basenpaar mit T oder U, G mit C. Bei jedem Anhängen eines Nucleotids werden das $\beta$- und das $\gamma$-Phosphat vom ankommenden Nucleotid entfernt, und am 3′-Kohlenstoffatom des bereits vorhandenen Nucleotids wird die Hydroxylgruppe entfernt.

### Verlängerung eines Transkripts durch die bakterielle RNA-Polymerase

Während der Elongationsphase der Transkription besteht die RNA-Polymerase in Form des Core-Enzyms aus vier Proteinen: zwei relativ kleine $a$-Untereinheiten (jeweils etwa 35 kd) und je eine der verwandten Untereinheiten $\beta$ und $\beta'$ (jeweils etwa 150 kd). Die $\sigma$-Untereinheit, die bei der Transkriptionsinitiation eine zentrale Rolle spielt, hat in dieser Phase den Komplex verlassen (Abschnitt 11.2.3). Die RNA-Polymerase bedeckt etwa 30 bp der Matrizen-DNA. Darin ist auch die **Transkriptionsblase** von 12–14 bp enthalten, innerhalb das wachsende Transkript am Matrizenstrang der DNA durch etwa acht RNA-DNA-Basenpaare festgehalten wird (Abb. 12.2).

Die RNA-Polymerase muss sowohl die DNA-Matrize als auch die RNA, die sie synthetisiert, festhalten, damit der Transkriptionskomplex nicht abfällt, bevor das Ende des Gens erreicht ist. Dieses Festhalten darf jedoch auch nicht zu stark sein, damit sich die RNA-Polymerase überhaupt die DNA entlangbewegen kann. Um zu verstehen, wie diese offensichtlich widersprüchlichen Anforderungen gelöst werden, hat man die Wechselwirkungen zwischen Polymerase, DNA-

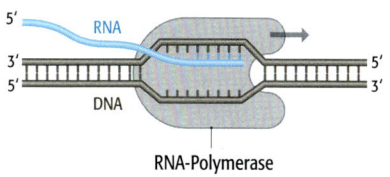

**12.2 Schematische Darstellung des Transkriptionselongationskomplexes bei** *Escherichia coli.* Die RNA-Polymerase bedeckt etwa 30 bp der DNA, einschließlich der Transkriptionsblase von 12–14 bp, wobei die RNA über etwa acht RNA-DNA-Basenpaare am Matrizenstrang der DNA befestigt ist. Der Pfeil gibt die Richtung an, in der sich die RNA-Polymerase die DNA entlangbewegt.

**12.3 Wechselwirkung innerhalb der bakteriellen RNA-Polymerase.** Die $\beta$- und die $\beta'$-Untereinheit sind orangefarben dargestellt; die Zahlen geben die Positionen der Aminosäuren an, die nach den Ergebnissen der Quervernetzungsexperimente im Komplex in der Nähe von einem oder mehreren Nucleotiden der DNA/RNA liegen. Die durch die Quervernetzung ermittelten Wechselwirkungen sind durch dünne rosa Linien dargestellt.

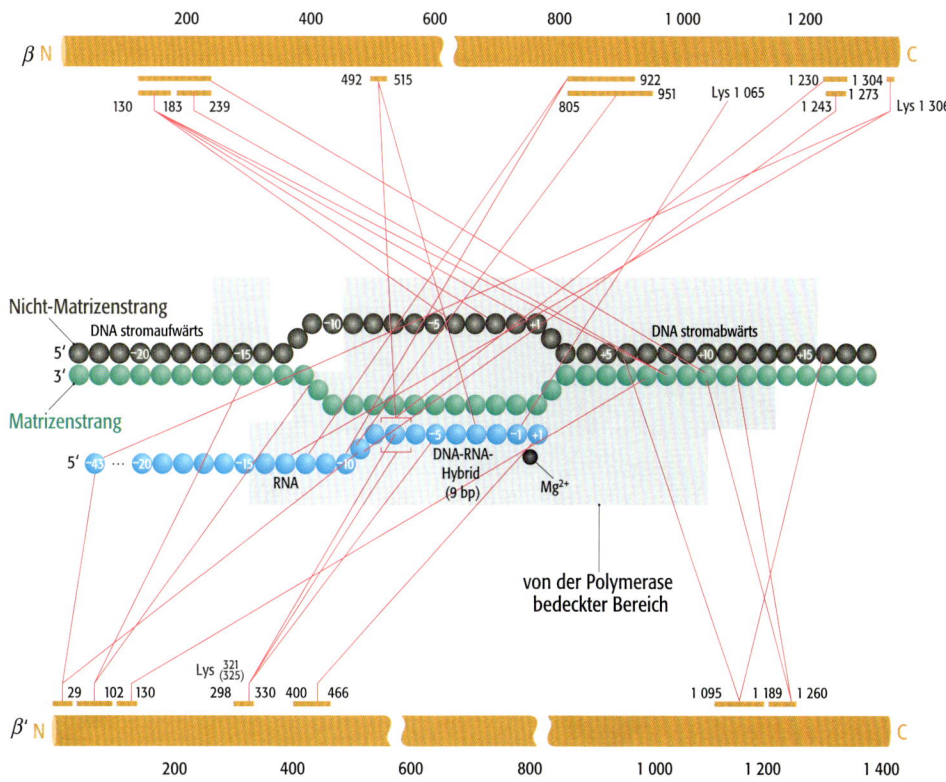

Matrize und RNA-Transkript mithilfe von Röntgenstrukturanalysen untersucht (Methoden 11.1). Hinzu kamen Quervernetzungsexperimente, bei denen zwischen der DNA oder RNA und der Polymerase kovalente Bindungen erzeugt werden, sodass man die Aminosäuren, die der DNA oder RNA am nächsten sind, identifizieren kann. Bei diesen Quervernetzungsexperimenten verwendet man eine Reihe von photoreaktiven Verbindungen, die an synthetischen DNA- oder RNA-Molekülen befestigt werden können. Nach Bildung des Komplexes werden die Markierungen durch einen Lichtimpuls aktiviert, sodass sie zwischen der Nucleinsäure und allen Aminosäuren in der Polymerase, die sich in der Nähe der Position der chemischen Markierung befinden, Quervernetzungen bilden. Einige dieser chemischen Gruppen bilden mit jeder Aminosäure eine Querverbindung, während andere spezifischer sind und beispielsweise nur mit Lysinresten Verknüpfungen bilden. Nach der Quervernetzung wird die RNA-Polymerase in ihre Untereinheiten zerlegt, und jede Untereinheit wird mit Bromcyan behandelt, das Polypeptide spezifisch an Methioninresten spaltet und dadurch ein charakteristisches Fragmentmuster erzeugt. So lassen sich Fragmente identifizieren, die an Nucleinsäuren gebunden sind. Diese Fragmente müssen Aminosäuren enthalten, die sich im intakten Transkriptionsinitiationskomplex in Nachbarschaft zur chemischen Markierungsgruppe befunden haben. Durch die Identifizierung möglichst vieler Quervernetzungen lässt sich eine detaillierte Karte erstellen (Abb. 12.3). Diese Informationen kann man mit den Daten aus der Röntgenstrukturanalyse kombinieren, um so zu einem Modell des Transkriptionselongationskomplexes zu gelangen, das die genauen Positionen der einzelnen Teile der DNA-Doppelhelix und des RNA-Transkripts innerhalb der Polymerase enthält (Abb. 12.4). Diese Experimente zeigten, dass die Doppelhelix zwischen der $\beta$- und der $\beta'$-Untereinheit liegt. Das aktive Zentrum der RNA-Synthese liegt ebenfalls zwischen diesen beiden Untereinheiten, wobei der Nicht-Matrizenstrang der DNA eine Schleife bildet, die vom aktiven Zentrum weg zeigt und in der $\beta$-Untereinheit festgehalten wird. Das RNA-Transkript gelangt durch einen Kanal, der teilweise von der $\beta$- und teilweise von der $\beta'$-Untereinheit gebildet wird (in den Strukturen in Abbildung 12.4 unten rechts) aus dem Komplex.

Die Polymerase synthetisiert ihr Transkript nicht mit konstanter Geschwindigkeit. Die Synthese erfolgt stattdessen diskontinuierlich in Zeitabschnitten mit schneller Elongation und kurzen Pausen dazwischen, in denen das aktive Zen-

**12.4 Ein Modell des Transkriptionselongationskomplexes bei Bakterien.** Die $\beta$- und die $\beta'$-Untereinheit der RNA-Polymerase sind in blau/grün beziehungsweise rosa dargestellt, die Doppelhelix rot (Matrizenstrang) und gelb (Nicht-Matrizenstrang), das RNA-Transkript in ocker. Die beiden Ansichten zeigen, dass die Doppelhelix zwischen der $\beta$- und der $\beta'$-Untereinheit liegt, innerhalb einer Mulde der einbezogenen Oberfläche von $\beta'$. Die Pfeile geben die Richtung an, in der sich die DNA durch die Polymerase bewegt. (Nachdruck mit freundlicher Genehmigung von Korzheva et al (2000) *Science* 289, 619–625; © AAAS)

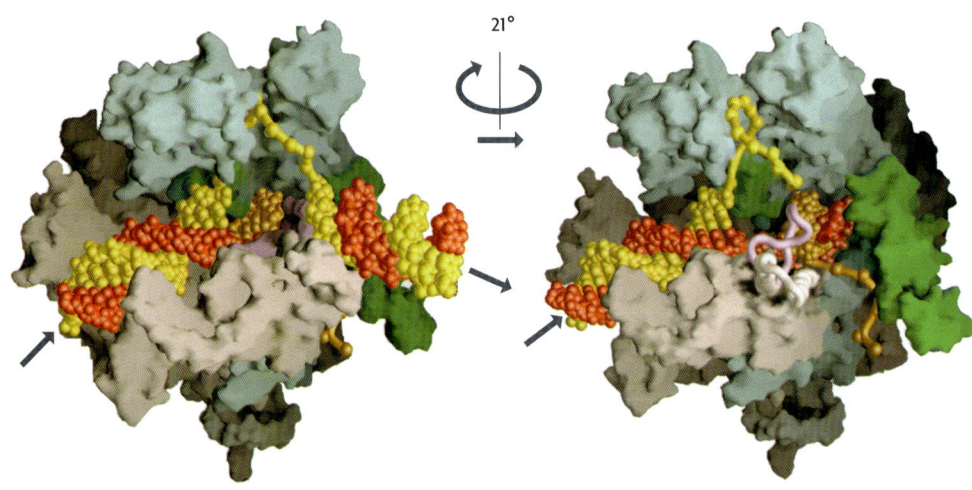

trum der Polymerase eine geringe Umstrukturierung erfährt. Ein solches Anhalten dauert selten länger als sechs Millisekunden und kann mit einer **Rückwärtsbewegung der Polymerase** (*backtracking*) entlang der Matrize einhergehen. Die Pausen erfolgen zufällig und werden nicht durch besondere Merkmale der Matrizen-DNA beeinflusst. Dieses Anhalten spielt eine wichtige Rolle bei der Termination der Transkription (siehe unten), ob das jedoch der einzige Grund ist, weiß man bis jetzt noch nicht.

## Die Termination der Transkription bei Bakterien

Nach gegenwärtiger Vorstellung ist die Transkription ein diskontinuierlicher Vorgang, wobei die Polymerase regulär pausiert und „sich entscheidet" zwischen einem Fortführen der Elongation durch Anhängen weiterer Ribonucleotide an das Transkript oder der Termination durch Dissoziation der Polymerase von der Matrize. Diese „Entscheidung" hängt davon ab, welche Alternative im Hinblick auf die Thermodynamik günstiger ist. Dieses Modell besagt also, dass die Polymerase auf der Matrize eine Position erreichen muss, an der eine Dissoziation günstiger ist als die Fortführung der RNA-Synthese, damit es zu einer Termination kommen kann.

Bei Bakterien gibt es offenbar zwei verschiedene Mechanismen für die Termination der Transkription. Etwa an der Hälfte der Positionen, an denen die Transkription endet, liegen DNA-Sequenzen, in denen der Matrizenstrang ein umgekehrtes Palindrom aufweist, an das sich eine Folge Desoxyadenosinnucleotiden anschließt (Abb. 12.5). Dass diese **intrinsischen Terminatoren** das Abdissoziieren der RNA-Polymerase fördern und die Befestigung des wachsenden Transkripts an der Matrize destabilisieren, basiert wahrscheinlich auf zwei Mechanismen. Zum einen faltet sich die RNA-Sequenz zu einer stabilen Haarnadelstruktur, wenn das umgekehrte Palindrom transkribiert wird, und diese Basenpaarung innerhalb der RNA wird gegenüber der DNA-RNA-Paarbildung bevorzugt, die normalerweise in der Transkriptionsblase auftritt. Dadurch verringert sich die Anzahl der Kontaktstellen zwischen der Matrize und dem Transkript, was zu einer Schwächung der Wechselwirkung insgesamt führt und die Dissoziation fördert. Zum anderen wird die Wechselwirkung noch mehr geschwächt, wenn die A-Folge in der Matrize transkribiert wird, da die entstehenden A–U-Basenpaare jeweils nur zwei Wasserstoffbrücken aufweisen, im Gegensatz zu drei Brücken bei jedem G–C-Paar. Das führt insgesamt dazu, dass

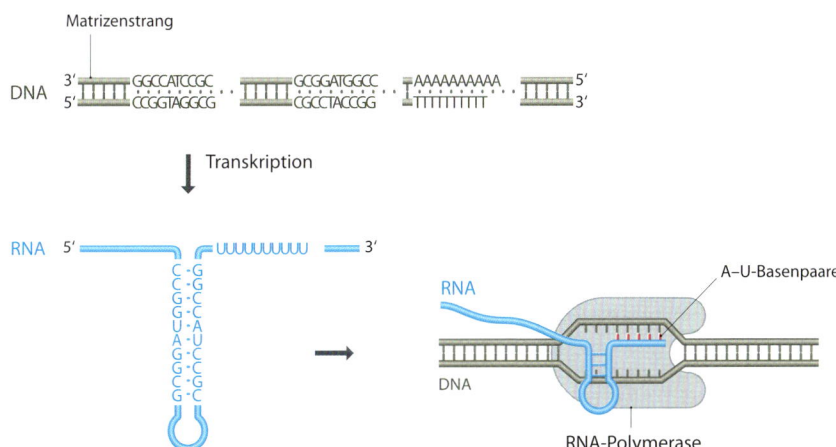

**12.5  Termination am intrinsischen Terminator.** Das Vorhandensein eines umgekehrten Palindroms in der DNA-Sequenz führt zur Bildung einer Haarnadelschleife im Transkript.

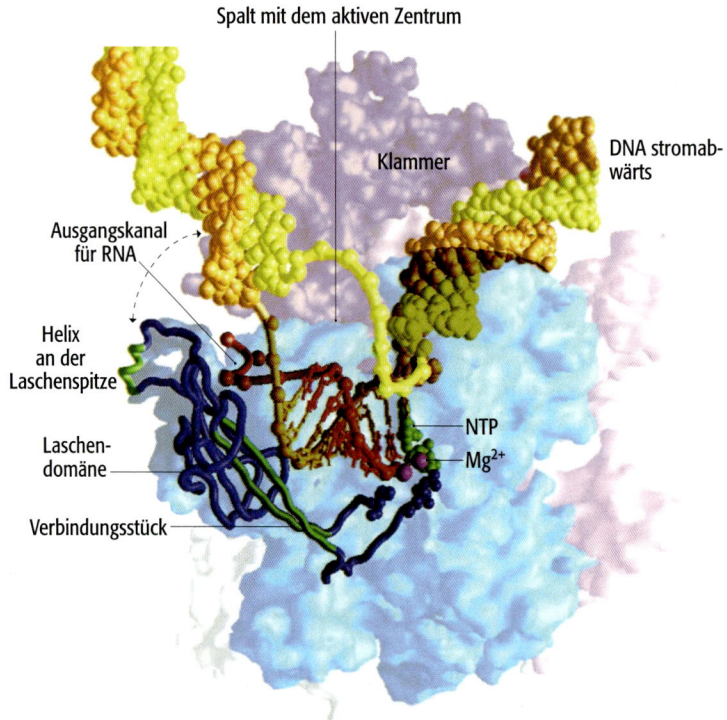

Spalt mit dem aktiven Zentrum

Klammer

DNA stromab-
wärts

Ausgangskanal
für RNA

Helix
an der
Laschenspitze

Laschen-
domäne

Verbindungsstück

NTP
Mg$^{2+}$

**12.6    Eine Lasche an der Oberfläche der RNA-Polymerase kann die Termination vermitteln.** Die Haarnadelstruktur, die sich im RNA-Transkript bildet, wenn die Terminationsregion erreicht wird, tritt mit einer Lasche an der äußeren Oberfläche der β-Untereinheit der RNA-Polymerase in Wechselwirkung. Das geschieht unmittelbar neben dem Ende des Kanals, durch den die RNA aus dem Komplex austritt. Der Polypeptidabschnitt der β-Untereinheit, der die Lasche bildet, ist dunkelblau dargestellt, das übrige Polypeptid hellblau, die β′-Untereinheit rosa und die α-Untereinheit weiß. Die Lasche liegt zwar an der Oberfläche der Polymerase, aber der Bereich des β-Polypeptids, der die Lasche bildet, ist direkt mit dem aktiven Zentrum verknüpft. Das aktive Zentrum ist durch das Magnesiumion (magenta) und das Nucleosid-5′-Triphosphat (grün) angedeutet. Eine Wechselwirkung zwischen der Haarnadelschleife der RNA und der Lasche kann deshalb die Positionierung von Aminosäuren im aktiven Zentrum beeinflussen und möglicherweise dazu führen, dass DNA-RNA-Basenpaare getrennt werden und die Transkription endet. (Nachdruck mit freundlicher Genehmigung von Toulokhonov et al (2001) *Science* 292: 730–733; © AAAS)

die Termination gegenüber einer Fortführung der Transkription bevorzugt wird. Dieses Modell ist einfach nachzuvollziehen, wenn man die Eigenschaften von DNA-RNA-Hybriden betrachtet. Eine andere Hypothese entwickelte sich jedoch aufgrund der Quervernetzungsexperimente. Diese hatten gezeigt, dass die RNA-Haarnadelstruktur mit einer Lasche an der äußeren Oberfläche der β-Untereinheit der RNA-Polymerase in Kontakt tritt, wo in unmittelbarer Nähe der Kanal endet, durch den die RNA aus dem Komplex austritt (Abb. 12.6). Diese Lasche liegt zwar in relativer Entfernung (6,5 nm) zum aktiven Zentrum der Polymerase, aber es besteht zwischen beiden eine direkte Verbindung in Form einer β-Faltblattstruktur in der β-Untereinheit. Eine Bewegung der Lasche kann deshalb die Positionierung von Aminosäuren im aktiven Zentrum beeinflussen. Dadurch werden möglicherweise die Basenpaare zwischen DNA und RNA aufgetrennt und die Transkription endet. Dieses Modell wird durch die Beobachtung unterstützt, dass das Protein NusA, das die Termination an intrinsischen Terminatoren verstärkt, mit der Haarnadelstruktur und der Lasche interagiert und wahrscheinlich die Wechselwirkung zwischen beiden stabilisiert.

Die andere Art von bakteriellen Terminationssignalen ist **Rho-abhängig**. Bei diesen Signalen bleibt die Haarnadelstruktur von intrinsischen Terminatoren normalerweise bestehen, obwohl die Haarnadelstruktur weniger stabil ist und es in der Matrize keine A-Folge gibt. Die Termination erfordert die Aktivität des Proteins Rho, das an das Transkript bindet und sich entlang der RNA auf die Polymerase zu bewegt. Wenn die Polymerase die RNA-Synthese fortsetzt, behält sie gegenüber dem nachfolgenden Rho-Faktor einen Vorsprung, aber am Terminationssignal bleibt die Polymerase stehen (Abb. 12.7). Warum das so ist, weiß man noch nicht – vermutlich ist die Haarnadelschleife, die sich in der RNA bildet, in gewisser Weise die Ursache –, aber das Ergebnis ist eindeutig. Rho kann aufholen. Rho ist eine **Helikase**; das bedeutet, das der Faktor Basenpaare aktiv trennt, in diesem Fall zwischen der Matrize und dem Transkript, und so die Termination der Transkription herbeiführt.

## 12.1.2 Kontrolle der Entscheidung zwischen Elongation und Termination

Kann die Entscheidung, ob die angehaltene Polymerase die Elongation fortsetzt oder von der Matrize dissoziiert und die Transkription endet, irgendwie beeinflusst werden? Die Antwort ist ja, und primär wird so die Synthese der bakteriellen Transkripte reguliert (anders als bei der Transkriptionsinitiation).

### Die Antitermination führt dazu, dass Terminationssignale ignoriert werden

Den ersten dieser Regulationsmechanismen bezeichnet man als **Antitermination**. Er tritt auf, wenn die RNA-Polymerase ein Terminationssignal überliest und die Elongation des Transkripts fortsetzt, bis ein zweites Signal erreicht ist (Abb. 12.8). Dadurch entsteht ein Mechanismus, über den ein oder mehrere Gene am Ende eines Operons durch die Polymerase an- oder abgeschaltet werden können, die ein Terminationssignal stromaufwärts dieser Gene erkennt oder nicht erkennt. Die Antitermination wird durch ein **Antiterminatorprotein** kontrolliert, das nahe dem Beginn des Operons an die DNA bindet und dann auf die RNA-Polymerase übertragen wird, wenn diese sich daran vorbei auf das erste Terminationssignal zu bewegt. Wenn das Antiterminatorprotein vorhanden ist, überliest das Enzym das Terminationssignal, vermutlich weil es der Destabilisierung durch einen intrinsischen Terminator entgegenwirkt oder indem es verhindert, dass die Polymerase an einem Rho-abhängigen Terminator stehen bleibt.

Der Mechanismus der Antitermination ist noch unklar, aber die möglichen Auswirkungen auf die Genexpression wurden bereits im Einzelnen beschrieben, insbesondere beim Infektionszyklus des Bakteriophagen $\lambda$. Die Transkription des $\lambda$-Genoms durch die bakterielle RNA-Polymerase wird sofort nach dessen Eindringen in die *E. coli*-Zelle gestartet. Die Polymerase bindet an die zwei Promotoren $P_L$ und $P_R$ und synthetisiert zwei „unmittelbar frühe" mRNAs, die an

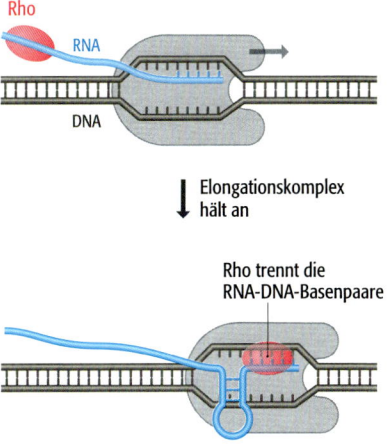

**12.7 Rho-abhängige Termination.** Rho ist eine Helikase, die der RNA-Polymerase entlang des Transkripts folgt. Wenn die Polymerase an einer Haarnadelstruktur stehen bleibt, holt Rho die Polymerase ein und trennt die RNA-DNA-Basenpaare, sodass das Transkript freigesetzt wird. Die Darstellung ist nur schematisch, die Größenverhältnisse von Rho und RNA-Polymerase wurden nicht berücksichtigt.

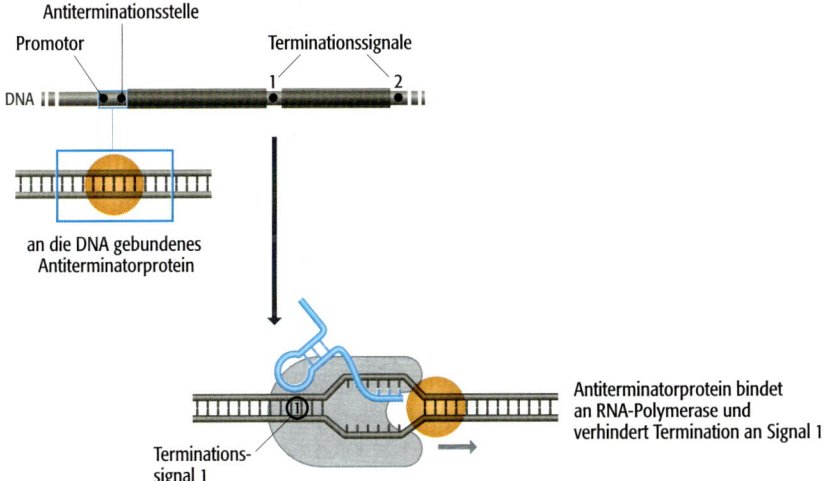

**12.8 Antitermination.** Das Antiterminatorprotein bindet an die DNA und wird auf die RNA-Polymerase übertragen, wenn diese die Bindungsstelle passiert. In der Folge kann die Polymerase die Transkription über das Terminationssignal I hinaus fortsetzen, sodass das zweite Gen des Genpaars in diesem Operon transkribiert wird.

a)

Gene

*N*      *cro*

$t_{L1}$   *nutL*   $P_L$      $P_R$   *nutR*   $t_{R1}$

„unmittelbar frühe"
Transkripte

b)

Gene

*N*      *cro*    *CII OP*   *Q*

$t_{L1}$   *nutL*   $P_L$      $P_R$   *nutR*   $t_{R1}$    $t_{R2}$   $t_{R3}$

„verzögert frühe"
Transkripte

**12.9**    Antitermination während des Infektionszyklus des Bakteriophagen λ.

den Positionen $t_{L1}$ und $t_{R1}$ terminiert werden (Abb. 12.9a). Die mRNA, die von $P_R$ bis $t_{R1}$ transkribiert wird, codiert ein Protein, das man als Cro bezeichnet. Es ist eines der wichtigsten Regulationsproteine im λ-Infektionszyklus. Die zweite mRNA codiert das N-Protein, einen Antiterminator. Das N-Protein bindet an den Stellen *nutL* und *nutR* an das λ-Genom und wird auf die RNA-Polymerase übertragen, wenn sie die Stellen passiert. Die RNA-Polymerase überliest jetzt die Terminatoren $t_{L1}$ und $t_{R1}$ und setzt die Transkription stromabwärts dieser Stellen fort. Die entstehenden mRNAs codieren die „verzögert frühen" Proteine (Abb. 12.9b). Die Antitermination wird durch das N-Protein kontrolliert, das so sicherstellt, dass die „unmittelbar frühen" und „verzögert frühen" Proteine während des λ-Infektionszyklus zu den richtigen Zeiten synthetisiert werden. Das verzögert frühe Protein Q ist ein zweiter Antiterminator, der das Umschalten auf die späte Phase des Infektionszyklus bewirkt.

### Die Attenuation führt zu einer vorzeitigen Termination

Die mRNAs der Bakterien unterliegen keiner besonderen Form der Prozessierung: Das Primärtranskript, das die RNA-Polymerase synthetisiert, ist selbst die reife mRNA, und ihre Translation beginnt, bevor die Transkription abgeschlossen ist (Abb. 12.10). Diese Kopplung von Transkription und Translation ist wichtig, da sie für die Regulation der bakteriellen mRNA-Synthese eine besondere Art der Kontrolle ermöglicht, die man als **Attenuation** bezeichnet.

Die Attenuation betrifft vor allem die Operons, die Enzyme für die Biosynthese der Aminosäuren codieren, aber es gibt auch einige andere Beispiele. Am Tryptophanoperon von *E. coli* (Abschnitt 11.3.1) lässt sich die Funktionsweise veranschaulichen. Bei diesem Operon können sich im Bereich zwischen dem Anfang des Transkripts und dem Anfang von *trpE* zwei Haarnadelschleifen bilden. Die kleinere Schleife wirkt als Terminationssignal, aber die größere Schleife, die näher am Anfang des Transkripts liegt, ist stabiler. Die größere Schleife überlappt mit der Terminationshaarnadelschleife, sodass nur jeweils eine der beiden gebildet werden kann. Um welche Schleife es sich handelt, hängt von der relativen Positionierung der RNA-Polymerase und einem Ribosom ab, das an das 5'-Ende des Transkripts bindet, sobald es synthetisiert wurde, um mit der Translation der Gene zu Proteinen zu beginnen (Abb. 12.11). Wenn das Ribosom stehen bleibt, sodass es der Polymerase nicht nachkommt, bildet sich die größere Haarnadelschleife und die Transkription setzt sich fort. Folgt das Ribosom der RNA-Polymerase jedoch genau, stört es die Bildung der größeren Haarnadelschleife, indem es an den Abschnitt der RNA bindet, der einen Teil des Stammes der Haarnadelschleife bildet. Wenn das geschieht, kann die Terminationshaarnadelschleife entstehen, und die Transkription endet. Zum Anhalten des Ribosoms kann es kommen, weil sich stromaufwärts des Terminationssignals ein kurzes offenes Leseraster (*open reading frame*, ORF) befindet, das ein Peptid mit 14 Aminosäuren codiert, von denen zwei Tryptophan sind. Ist die Menge an freiem Tryptophan begrenzt, bleibt das Ribosom stehen, wenn es dieses Peptid zu synthetisieren beginnt, während aber die Polymerase die

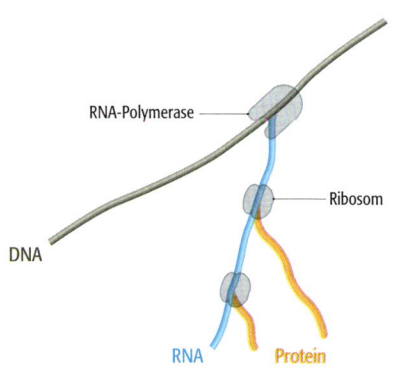

RNA-Polymerase

Ribosom

DNA

RNA     Protein

**12.10**    Bei Bakterien sind Transkription und Translation häufig gekoppelt.

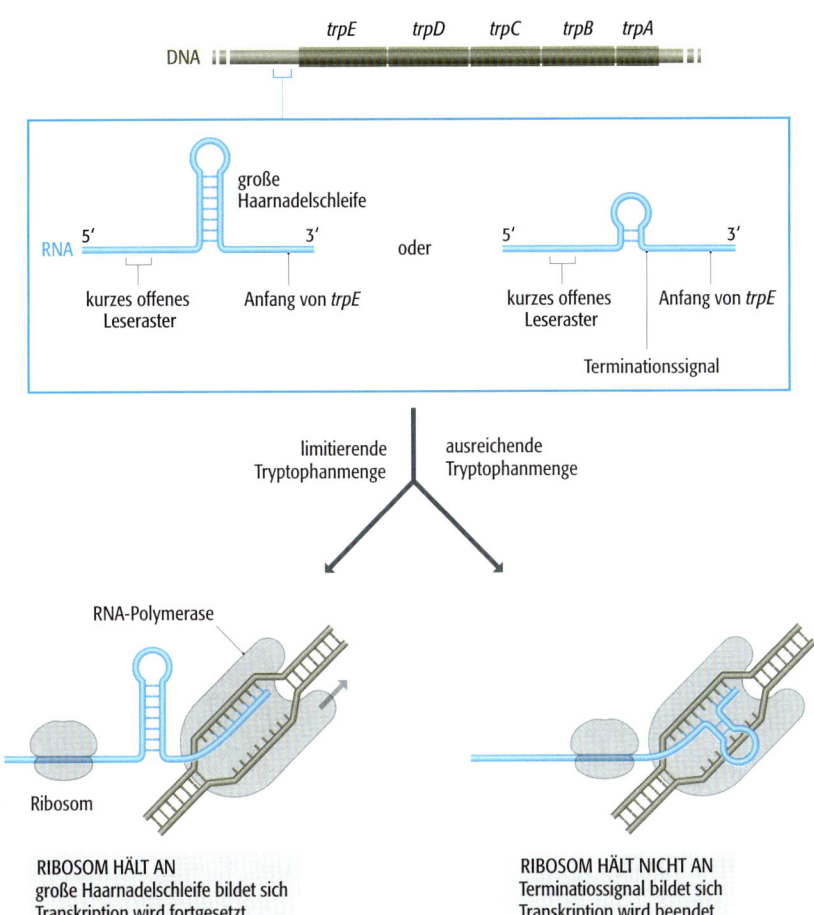

12.11    Attenuation am Tryptophan-operon.

Transkriptsynthese fortsetzt. Da dieses Transkript Kopien der Gene enthält, die Proteine für die Biosynthese von Tryptophan codieren, bedeutet eine Fortsetzung der Transkription, dass für diese Aminosäure in der Zelle ein Bedarf vorhanden ist. Erreicht die Tryptophankonzentration in der Zelle einen ausreichenden Wert, verhindert das Attenuationssystem, dass das Tryptophanoperon weiter transkribiert wird. In diesem Fall bleibt das Ribosom nicht stehen, während es das kurze Peptid erzeugt, sondern hält stattdessen mit der Polymerase Schritt, sodass sich das Terminationssignal bilden kann.

Das Tryptophanoperon von *E. coli* wird nicht nur über die Attenuation kontrolliert, sondern auch durch einen Repressor (Abschnitt 11.3.1). Wie Attenuation und Repression zusammenwirken, um die Expression zu regulieren, ist nicht bekannt, aber man nimmt an, dass die Repression der eigentliche Ein-Aus-Schalter ist, während die Attenuation das genaue Ausmaß der stattfindenden Genexpression feinreguliert. Andere Operons von *E. coli*, wie für die Biosynthese von Histidin, Leucin und Threonin, werden nur über Attenuation kontrolliert. Interessanterweise gehört bei einigen Bakterien wie beispielsweise *Bacillus subtilis* das Tryptophanoperon zu denjenigen Operons, die kein Repressorsystem aufweisen und deshalb ausschließlich durch Attenuation reguliert werden. Bei diesen Bakterien erfolgt die Attenuation nicht über die Geschwindigkeit, mit der sich das Ribosom die mRNA entlang bewegt, sondern über ein RNA-bindendes Protein, das man als ***trp*-RNA-bindendes Attenuationspro-**

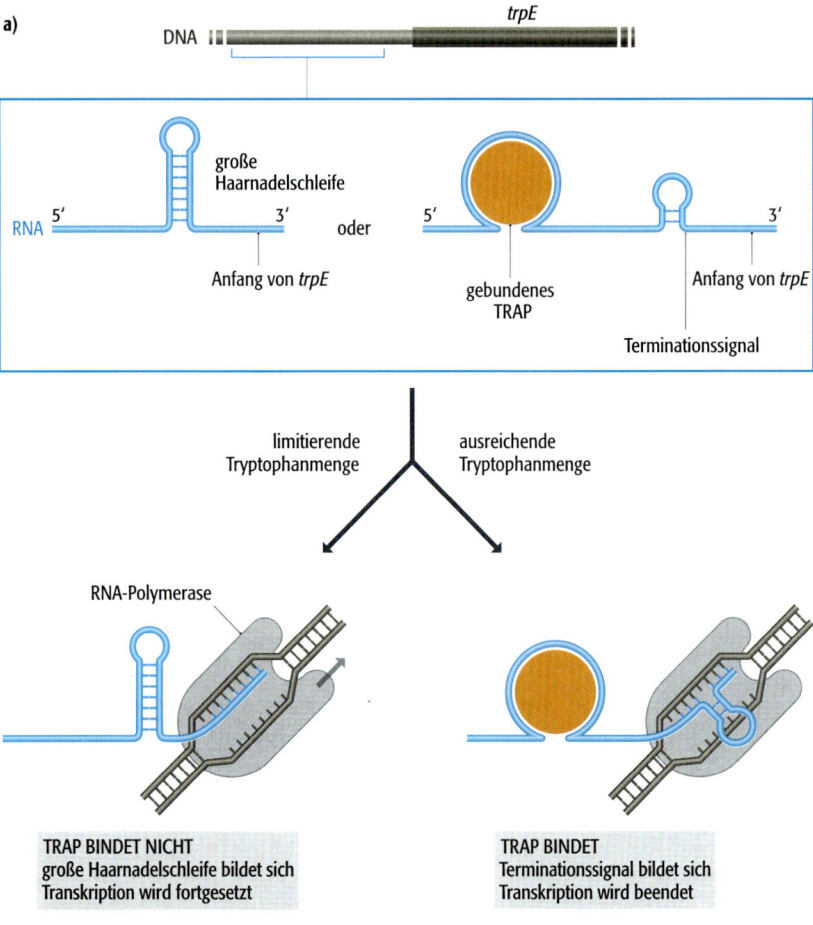

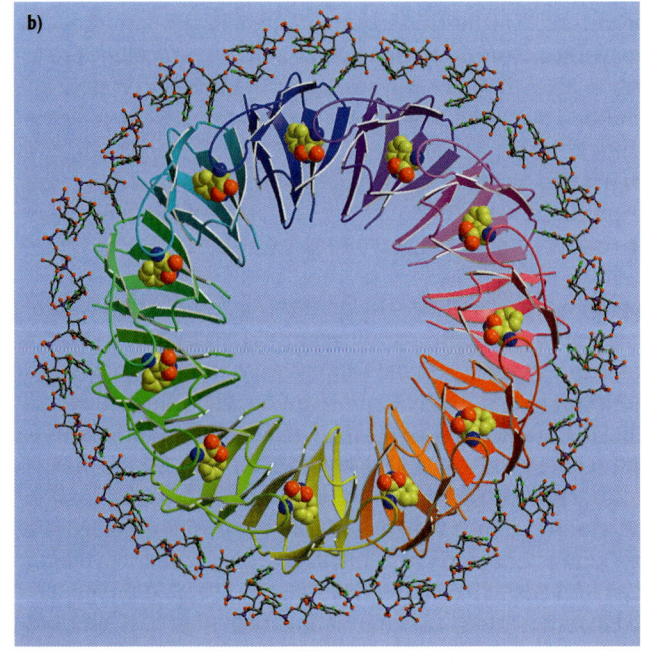

**12.12 Regulation des Tryptophanoperons bei _Bacillus subtilis._** a) Im Zentrum der Regulation steht das TRAP-Protein, das an die Leader-Sequenz des Transkripts bindet, wenn genügend Tryptophan vorhanden ist. Durch die Bindung _verhindert_ TRAP, dass sich die große Haarnadelschleife bildet, und _ermöglicht_ so die Bildung des Terminationssignals. Vergleichen Sie den Mechanismus mit Abbildung 12.11. b) Struktur des TRAP-RNA-Komplexes. TRAP besteht aus elf identischen Untereinheiten, die jeweils vor allem aus β-Faltblättern bestehen. Diese assoziieren und bilden eine ringförmige Struktur mit einem Durchmesser von 8 nm. Die elf TRAP-Untereinheiten sind in verschiedenen Farben dargestellt, wobei an jede Untereinheit ein Tryptophan (rot-gelb-blaue Kugelstrukturen) gebunden ist. Das RNA-Molekül, das sich um den TRAP-Komplex windet, ist als Kugelstabmodell dargestellt. (b: Nachdruck mit freundlicher Genehmigung von Antson et al (1999) _Nature_ 401: 235–242.)

tein (**TRAP**) bezeichnet. TRAP bindet bei Vorhandensein von Tryptophan in dem Bereich, der dem kurzen ORF des *E. coli*-Transkripts entspricht, an die mRNA (Abb. 12.12). Die Bindung von TRAP führt zur Bildung des Terminationsignals und zum Abbruch der Transkription.

### Proteine, die Transkripte spalten, können das Anhalten einer zurückgewanderten RNA-Polymerase verhindern

Das Rückwärtswandern (*backtracking*) tritt auf, wenn sich die pausierende Polymerase ein kurzes Stück auf dem DNA-Matrizenstrang rückwärts bewegt (Abschnitt 12.1.1). Dadurch wird das gerade synthetisierte RNA-Molekül aus seiner Position verdrängt und so das 3′-Ende des RNA-Moleküls von der Matrize abgelöst. Um zu verhindern, dass die Polymerase an dieser Stelle anhält (*stalling*), muss das entfernte Stück des RNA-Moleküls abgeschnitten werden (Abb. 12.13). Die Polymerase besitzt die notwendige Aktivität zur RNA-Spaltung, diese Aktivität ist jedoch normalerweise unterdrückt, sodass das Enzym mit einer gewissen Wahrscheinlichkeit anhält. Das wird durch ein Paar von Transkriptspaltungsfaktoren verhindert, die man als GreA und GreB bezeichnet. Obwohl es die Bezeichnung nahelegt, schneiden sie die RNA nicht wirklich, sondern stimulieren nur die RNA-Polymerase, das selbst zu tun. Die beiden Proteine verlagern wahrscheinlich eines der beiden Magnesiumionen, die im aktiven Zentrum der RNA-Polymerase vorhanden sind, in eine andere Position.

Die Funktion von GreA und GreB, ein Anhalten der Polymerase zu verhindern, konnte erst vor kurzem aufgeklärt werden, und man hat noch keine Verbindung zwischen diesen beiden Faktoren und irgendeinem spezifischen regulatorischen Prozess entdeckt. Es gibt jedoch auffällige Merkmale ihrer Funktionsweise, die darauf hindeuten, dass sie als Mediatoren für bestimmte regulatorische Signale wirken. Die wichtigsten Bereiche von GreA und GreB sind zwei α-Helices, die über eine kurze Kehre verbunden sind. Diese beiden α-Helices bilden eine nadelförmige Struktur, die über den **Sekundärkanal** in die RNA-Polymerase eindringt. Dieser Kanal führt von der Oberfläche des Enzyms zum aktiven Zentrum innerhalb des Proteinkomplexes (Abb. 12.14). Die beiden Aminosäuren an der Nadelspitze interagieren wahrscheinlich mit einem Paar von Magnesiumionen im aktiven Zentrum und stimulieren so das Abspalten des abgelösten RNA-Fragments. Die Struktur von GreA und GreB ähnelt in bemerkenswerter Weise der Struktur eines dritten Proteins mit der Bezeichnung DksA, das bei *E. coli* und anderen Bakterien die **stringente Kontrolle** vermittelt. Diese Reaktion wird aktiviert, wenn ein Bakterium schlechten Wachstumsbedingungen ausgesetzt ist, wie etwa geringen Konzentrationen von essenziellen Aminosäuren. Um Ressourcen zu sparen, verringert das Bakterium seine Transkriptionsrate, besonders die Synthese von rRNA und tRNA auf etwa fünf Prozent der normalen Menge. Die Aktivierung der stringenten Kontrolle erfolgt über ppGpp und pppGpp (Abb. 12.15). Diese beiden ungewöhnlichen Moleküle bezeichnet man als **Alarmone** und sie werden durch das RelA-Protein als Reaktion auf Aminosäuremangel erzeugt. Die Alarmone wirken mit DksA zusammen, um die Transkriptionsrate abzusenken. Über den zugehörigen Mechanismus wird noch spekuliert, aber die Übereinstimmung zwischen den Strukturen von DskA und GreA beziehungsweise GreB deutet darauf hin, dass DskA wie die Transkriptspaltungsfaktoren eine nadelförmige Struktur in den Sekundärkanal der Polymerase einführt und über die beiden Aminosäuren an der Spitze (hier zwei Asparaginsäuren) die Polymeraseaktivität beeinflusst. Auch hier sollte dann eine Wechselwirkung mit den essenziellen Magnesiumionen im aktiven Zentrum stattfinden. Ein vor kurzem entwickeltes Modell weist den

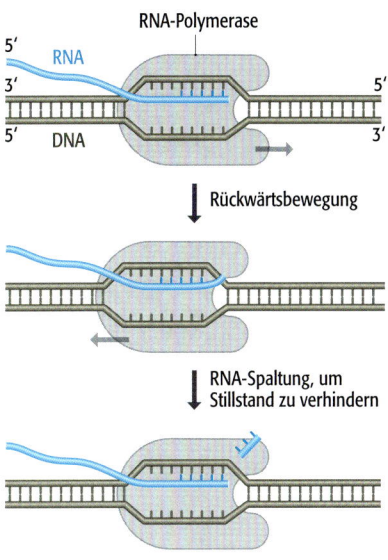

**12.13 Wie verhindert wird, dass eine zurückgewanderte RNA-Polymerase anhält.** Durch das Zurückwandern wird ein kurzer Abschnitt der neu synthetisierten RNA von der Matrize entfernt. Die Abspaltung dieses kurzen Abschnitts ist notwendig, damit die Polymerase nicht anhält.

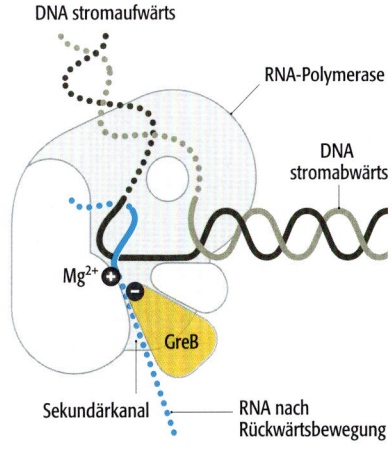

**12.14 Die Wechselwirkung zwischen GreB und der bakteriellen RNA-Polymerase.**

**a)** ppGpp

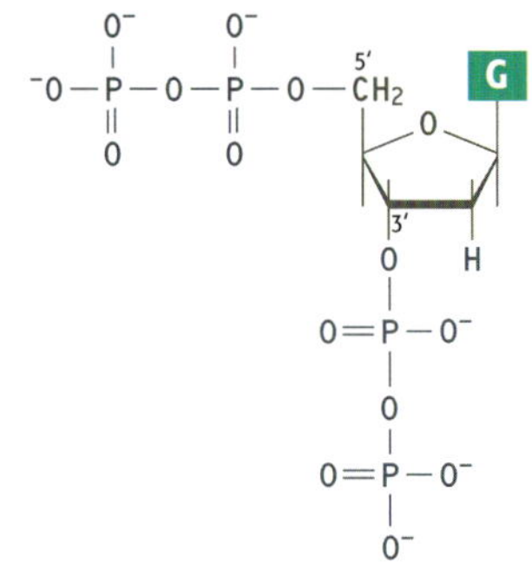

**a)** pppGpp

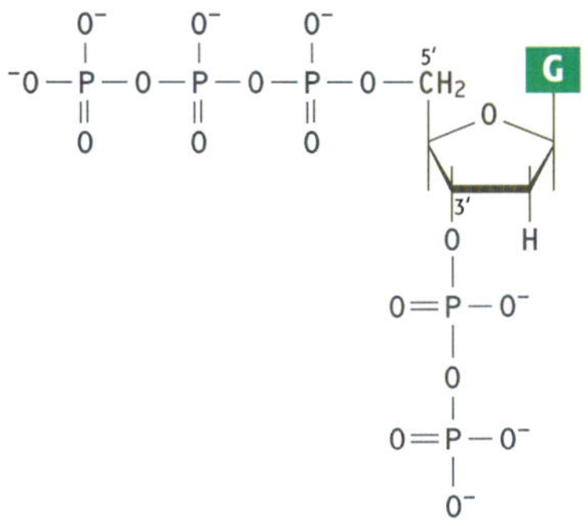

**12.15   Die Strukturen der Alarmone ppGpp und pppGpp.** Vergleichen Sie diese mit den Strukturen der Standardnucleotide in Abbildung 1.4.

Alarmonen bei diesem Vorgang eine direkte Funktion zu, wobei man sich vorstellt, dass ppGpp an der Spitze der DskA-Nadel in den Kanal eindringt und an der Wechselwirkung mit den Magnesiumionen beteiligt ist.

Welcher Schritt der Transkription bei der stringenten Kontrolle gehemmt wird, ist nicht genau bekannt. Einige Befunde deuten darauf hin, dass es sich um Vorgänge während der Transkriptionsinitiation handelt, während es aufgrund anderer Ergebnisse möglich erscheint, dass die Polymerase angehalten werden soll. Die Funktionsweise von DskA bei diesem Regulationsvorgang weist darauf hin, dass GreA und GreB, deren Funktionsweise sich davon kaum unterscheidet, auch bei anderen, bis jetzt unbekannten Mechanismen für die Regulation der bakteriellen RNA-Synthese beteiligt sind.

## 12.1.3 Prozessierung der RNAs von Bakterien

In Abschnitt 1.2.3 haben wir erfahren, dass die meisten RNA-Moleküle als Vorstufen synthetisiert werden, die prozessiert werden müssen, bevor sie in der Zelle ihre Funktion ausführen können. Die bakterielle RNA bildet eine der Ausnahmen von dieser Regel – bei den meisten proteincodierenden Genen von Bakterien sind die Transkripte schon in ihrer ersten Form funktionsfähige mRNAs, die sofort translatiert werden können (Abb. 12.10). Bakterielle tRNAs und rRNAs werden hingegen erst als Prä-mRNAs transkribiert, die nur nach einer Abfolge von Spaltungsreaktionen und chemischen Modifikationen ihre Funktionsfähigkeit erlangen.

### *Durch Spaltungsereignisse entstehen aus den Vorstufen reife rRNAs und tRNAs*

Bakterien synthetisieren drei verschiedene rRNAs, die man als 5S-, 16S- und 23S-rRNA bezeichnet. Die Bezeichnungen geben die Größen der Moleküle an, wie sie bei **Sedimentationsanalysen** (Methoden 7.1) gemessen wurden. Die drei Gene für diese rRNAs sind in einer einzigen Transkriptionseinheit miteinander verknüpft (die normalerweise in mehrfachen Kopien vorliegt, bei *E. coli* sind es sieben). Deshalb sind Spaltungsreaktionen erforderlich, um die reifen rRNAs zu erzeugen. Die Schnitte werden von den Ribonucleasen III, P und F an Positionen ausgeführt, die durch doppelsträngige Bereiche spezifiziert werden. Diese Bereiche entstehen durch Basenpaarung zwischen verschiedenen Abschnitten der Prä-rRNA (Abb. 12.16). Die geschnittenen Enden werden anschließend noch durch die Exonucleaseaktivität der Ribonucleasen M16, M23 und M5 verkürzt, wodurch die reifen rRNAs entstehen.

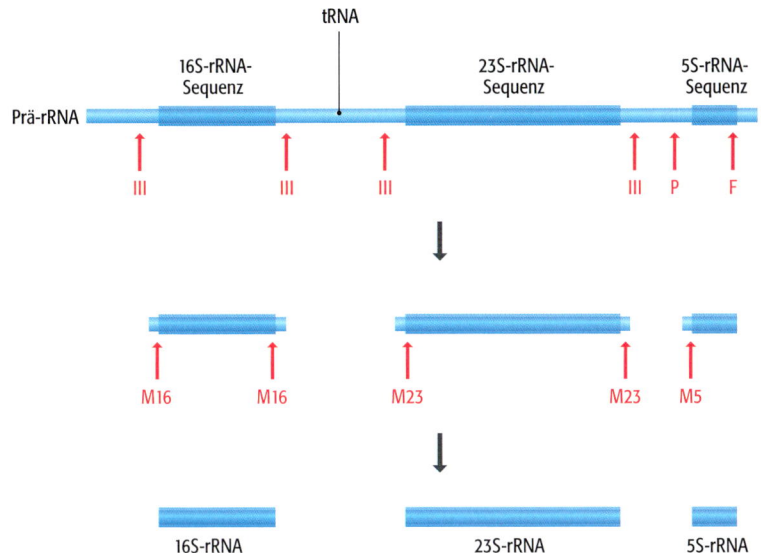

**12.16 Prozessierung der Prä-rRNA bei** *Escherichia coli*. In dieser Prä-rRNA von *E. coli* liegt zwischen der 16S- und der 23S-rRNA eine tRNA, die gemäß Abbildung 12.17 prozessiert wird.

Gene für die tRNAs sind in bakteriellen Genomen überall verteilt, einige liegen isoliert und andere bilden Tandemfolgen in Form von Multi-tRNA-Transkriptionseinheiten. Bei einigen Bakterien kommen tRNA-Gene auch als „Eindringlinge" in rRNA-Transkriptionseinheiten vor. Das ist beispielsweise bei *E. coli* der Fall, wo in jeder der sieben rRNA-Transkriptionseinheiten entweder ein oder zwei tRNA-Gene zwischen dem 16S- und dem 23S-Gen liegen (Abb. 12.16). Alle Prä-tRNAs werden durch ähnliche, aber nicht identische Mechanismen prozessiert. In Abbildung 12.17 ist als Beispiel der Vorläufer der tRNA$^{Tyr}$ von *E. coli* dargestellt. Die tRNA-Sequenz im Vorläufermolekül nimmt bereits aufgrund der Basenpaarung die Kleeblattstruktur an (Abb. 13.2), außerdem bilden sich zwei zusätzliche Haarnadelstrukturen, eine an jeder Seite der tRNA. Die Prozessierung beginnt mit einem Schnitt durch die Ribonuclease E oder F,

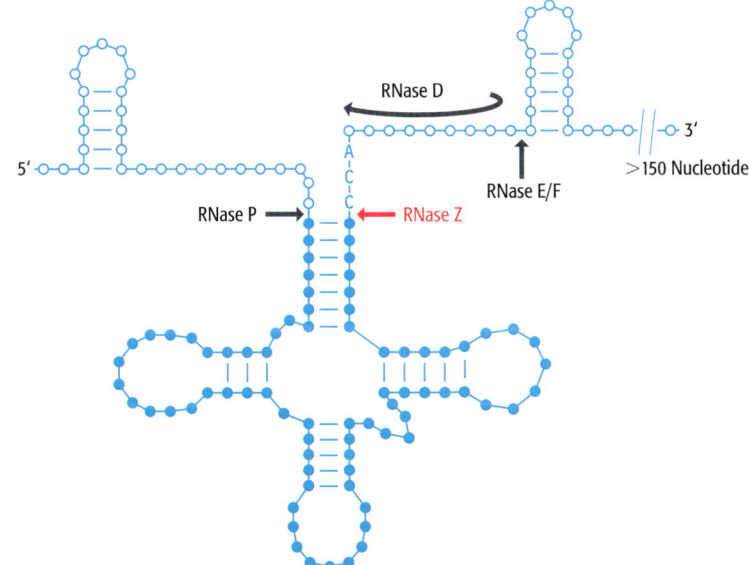

**12.17 Prozessierung einer Prä-tRNA bei** *E. coli*. Als Beispiel ist die Synthese der tRNA$^{Tyr}$ dargestellt. Der Schnitt, der auch bei anderen Prä-tRNAs durch die RNase Z erzeugt wird, ist rot markiert. Abkürzung: RNase, Ribonuclease.

wodurch direkt stromaufwärts von einer der Haarnadelstrukturen ein neues 3′-Ende entsteht. Die Ribonuclease D, eine Exonuclease, entfernt von dem neuen 3′-Ende sieben Nucleotide und hält dann an, während die Ribonuclease P am Anfang der Kleeblattstruktur schneidet und so das 5′-Ende der reifen tRNA entsteht. Ribonuclease D entfernt dann zwei weitere Nucleotide und erzeugt dadurch das 3′-Ende des reifen Moleküls. Alle reifen tRNAs müssen mit dem Trinucleotid 5′-CCA-3′ enden. Bei der tRNA$^{Tyr}$ ist das endständige CCA bereits in der Prä-tRNA vorhanden und wird nicht durch die Ribonuclease D entfernt, während die Sequenz bei anderen Prä-tRNAs fehlt. Das ist etwa bei den meisten tRNAs der Fall, deren 3′-Enden durch eine Endonuclease mit der Bezeichnung Ribonuclease Z erzeugt werden, die neben dem ersten Basenpaar des tRNA-Kleeblatts schneidet (Abb. 12.17). Dadurch wird der Bereich entfernt, der die endständige CCA-Sequenz enthält. Wenn CCA fehlt, muss es durch eine oder mehrere *matrizenunabhängige* RNA-Polymerasen angehängt werden, beispielsweise durch die **tRNA-Nucleotidyltransferase**.

Von den verschiedenen Ribonucleasen, die oben erwähnt wurden, ist die Ribonuclease P besonders interessant, da zu den verschiedenen Untereinheiten des Enzyms auch eine RNA gehört. RNA-Untereinheiten kommen in verschiedenen Enzymen der RNA-Prozessierung vor, etwa die Ribonuclease MRP, die bei der Prozessierung von eukaryotischen Prä-tRNAs mit der Ribonuclease P zusammenwirkt (Abschnitt 12.2.4). Diese hybriden Protein-RNA-Enzyme sind möglicherweise Überbleibsel aus der **RNA-Welt**, einem frühen Zeitabschnitt der Evolution, als bei allen biologischen Reaktionen RNA von zentraler Bedeutung war (Abschnitt 18.1.1).

### Die Modifikation von Nucleotiden erweitert die chemischen Eigenschaften von tRNAs und rRNAs

Die abschließende Prozessierung der Prä-RNAs erfolgt durch chemische Modifikation von Nucleotiden innerhalb des Transkripts. Das betrifft sowohl Prä-rRNAs als auch Prä-tRNAs. Inzwischen kennt man bei den verschiedenen Prä-RNAs ein breites Spektrum an chemischen Veränderungen – insgesamt 50 Modifikationen wurden bis jetzt entdeckt (Abb. 12.18). Die meisten davon werden innerhalb des Transkripts direkt an einem vorhandenen Nucleotid erzeugt, mit Ausnahme von den zwei Nucleotiden Queosin und Wyosin, die dadurch an ihre Position gelangen, dass ein ganzes Nucleotid herausgeschnitten und durch das modifizierte ersetzt wird.

**12.18 Beispiele für chemische Modifikationen, die bei Nucleotiden in rRNA und tRNA auftreten.** Bei der Methylierung werden eine oder mehrere −CH$_3$-Gruppen an die Base oder den Zucker gehängt. Bei der Desaminierung wird eine −NH$_2$-Gruppe von der Base entfernt: Inosin ist die desaminierte Form des Adenosins. Bei der Schwefelsubstitution wird ein Sauerstoffatom durch Schwefel ersetzt. Zu einer Isomerisierung von Basen kommt es, wenn Atome im Ringbestandteil einer Base ihre Positionen tauschen: Aus Uridin wird Pseudouridin. Durch eine Sättigungsreaktion wird eine Doppelbindung in eine Einfachbindung umgewandelt: beispielsweise bei der Umwandlung von Uridin zu Dihydrouridin. Bei einer Nucleotidsubstitution wird ein vorhandenes Nucleotid durch ein anderes ersetzt, beispielsweise durch Queosin.

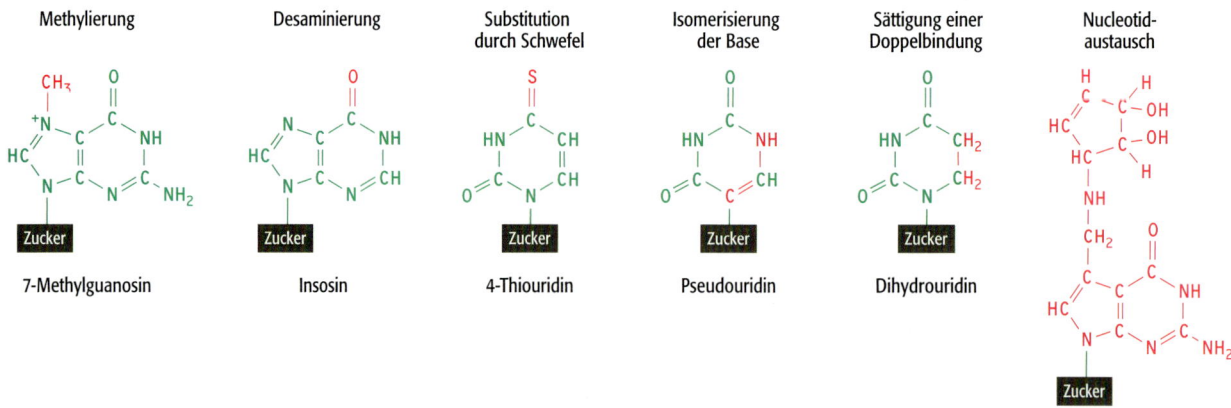

Viele dieser ungewöhnlichen Nucleotide wurden zuerst in tRNAs entdeckt, bei denen etwa ein von zehn Nucleotiden verändert wird. Diese Modifikationen bewirken wahrscheinlich, dass die Enzyme, die Aminosäuren an tRNAs befestigen (Abschnitt 13.1.1), die tRNAs erkennen können. Außerdem sind so während der Translation mehr verschiedene Wechselwirkungen zwischen den tRNAs und den Codons möglich, sodass eine einzelne tRNA mehr als ein Codon erkennt (Abschnitt 13.1.2). Wir wissen relativ wenig darüber, wie die tRNA-Modifikationen im Einzelnen erfolgen, außer dass es sich um zahlreiche Enzyme handelt, die diese Veränderungen bewerkstelligen. Man nimmt an, dass diese Enzyme spezifische Merkmale der Basenpaarstruktur einer tRNA nutzen, um die richtigen Nucleotide zu erkennen, die modifiziert werden sollen.

Ribosomale RNAs werden auf zwei Weisen modifiziert: durch Anhängen von Methylgruppen, vor allem an die 2′-OH-Gruppe von Nucleotidzuckern, und durch Umwandlung von Uridin zu Pseudouridin (Abb. 12.18). Bei allen Kopien einer rRNA kommt dieselbe Modifikation an der gleichen Stelle vor, und diese Modifikationen stimmen in einem gewissen Maß bei den verschiedenen Spezies überein. Selbst bei einem Vergleich zwischen Bakterien und Eukaryoten sind noch einige Übereinstimmungen festzustellen, wobei bakterielle RNAs weniger stark modifiziert sind als eukaryotische. Eine Funktion konnte den Modifikationen noch nicht zugeordnet werden, wobei die meisten in den rRNA-Abschnitten auftreten, die wahrscheinlich für die Funktion dieser Moleküle in den Ribosomen am wichtigsten sind (Abschnitt 13.2.1). Modifizierte Nucleotide könnten beispielsweise bei rRNA-katalysierten Reaktionen eine Rolle spielen, etwa bei der Bildung der Peptidbindung. Bei Eukaryoten gibt es ein komplexes System für die Modifikation von rRNA-Molekülen (Abschnitt 12.2.5). Ein solches System kommt jedoch bei Bakterien nicht vor. Deren rRNAs werden durch Enzyme modifiziert, die die Sequenz und/oder Strukturen der rRNA-Region, die modifiziert werden soll, direkt erkennen. Häufig werden zwei oder mehr Nucleotide in einer Region auf einmal verändert. Die bakterielle rRNA-Modifikation ähnelt daher den Systemen zur Modifikation von tRNAs sowohl bei Bakterien als auch bei Eukaryoten.

## 12.1.4 Abbau von RNAs bei Bakterien

Bis jetzt haben wir uns in diesem Kapitel mit der Synthese der RNAs beschäftigt. Ihr Abbau ist jedoch gleichermaßen von Bedeutung, vor allem im Hinblick auf mRNAs, deren Vorhandensein oder Nichtvorhandensein in der Zelle bestimmt, welche Proteine synthetisiert werden. Der Abbau von spezifischen mRNAs könnte sogar ein wirksamer Mechanismus sein, um die Genomexpression zu regulieren.

Die Abbaugeschwindigkeit von mRNA lässt sich abschätzen, wenn man ihre Halbwertszeit in der Zelle bestimmt. Die Schätzungen zeigen, dass es hier zwischen den einzelnen Spezies und auch innerhalb eines Organismus beträchtliche Unterschiede gibt. Bakterielle mRNAs werden allgemein sehr schnell umgesetzt, ihre Halbwertszeiten sind selten länger als einige Minuten. Das spiegelt die schnellen Veränderungen der Proteinsynthesemuster wider, die ein aktiv wachsendes Bakterium mit einer Generationszeit von etwa 20 Minuten durchläuft. Eukaryotische mRNAs sind langlebiger, sie besitzen bei der Hefe eine Halbwertszeit von durchschnittlich zehn bis 20 Minuten und bei Säugern von mehreren Stunden.

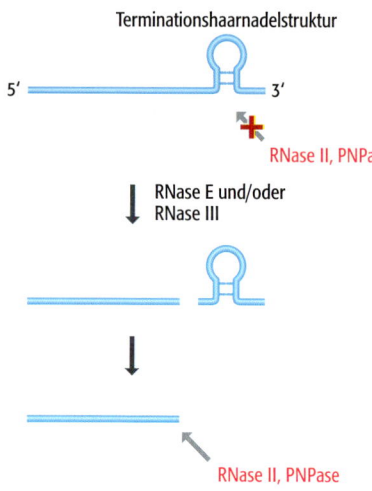

**12.19 RNA-Abbau bei Bakterien.**
Die Terminationshaarnadelstruktur blockiert
die Exonucleaseaktivität der RNase II und
der PNPase und muss deshalb durch eine
Endonuclease (RNase E oder RNase III) entfernt werden, bevor es zu einem Abbau
kommen kann.

## Die mRNAs von Bakterien werden in 3′→5′-Richtung abgebaut

Untersuchungen an mutierten Bakterien, deren mRNAs längere Halbwertszeiten aufweisen, führten zur Identifizierung von einer Reihe von Ribonucleasen und anderen RNA-abbauenden Enzymen, die beim mRNA-Abbau
mitwirken, beispielsweise:

- RNase E und RNase III sind Endonucleasen, die RNA-Moelküle intern
  schneiden.

- RNase II ist eine Exonuclease, die Nucleotide in 3′→5′-Richtung entfernt.

- Die Polynucleotidphosphorylase (PNPase) entfernt ebenfalls Nucleotide
  nacheinander vom 3′-Ende einer mRNA, erfordert jedoch im Gegensatz
  zu den wirklichen Nucleasen anorganisches Phosphat als Cosubstrat.

Bis jetzt konnte man aus Bakterien kein Enzym isolieren, das RNA in 5′→3′-
Richtung abbaut. Dieses Fehlen führt zu der Annahme, dass der wichtigste
Abbauprozess für mRNAs bei Bakterien das Entfernen von Nucleotiden am 3′-
Ende ist. Das ist normalerweise nicht möglich, da die meisten mRNAs in der
Nähe des 3′-Endes eine Haarnadelstruktur aufweisen. Dabei handelt es sich
um die Struktur, die die Termination der Transkription bewirkt hat (Abbildungen 12.5 und 12.7). Die Haarnadelstruktur blockiert das Fortschreiten der RNase
II und der PNPase und verhindert, dass der codierende Teil der mRNA für diese
Enzyme zugänglich ist (Abb. 12.19). Der RNA-Abbau beginnt dem Modell
zufolge deshalb damit, dass die Region am 3′-Ende einschließlich der Haarnadelstruktur durch eine der Endonucleasen entfernt wird. Dadurch wird ein
neues 3′-Ende an der RNA zugänglich, sodass die RNase II und die PNPase in
die codierende Region vordringen und die funktionelle Aktivität der mRNA zerstören können. Auch eine Polyadenylierung ist hier möglicherweise von Bedeutung. Diese Modifikation gilt zwar vor allem als Merkmal von eukaryotischen
mRNAs (Abschnitt 12.2.1), man weiß jedoch seit 1975, dass viele bakterielle Transkripte in bestimmten Phasen ihres Bestehens Poly(A)-Schwänze aufweisen, die
jedoch schnell wieder abgebaut werden. Zurzeit ist unklar, ob dem Abbau einer
mRNA die Polyadenylierung vorangeht oder ob diese in verschiedenen Zwischen-
stadien auftritt, nachdem der Abbau begonnen hat.

In der Zelle liegen die RNase E und die PNPase in einem Multiproteinkomplex
vor, den man als **Degradosom** bezeichnet. Andere Komponenten des Degradosoms sind eine RNA-Helikase, die wahrscheinlich beim Abbau mitwirkt,
indem sie Doppelhelixabschnitte in Stamm-Schleife-Strukturen der RNA ent-
windet. Gelegentlich erhält man bei der Aufreinigung von Degradosomen auch
rRNA-Fragmente, was darauf schließen lässt, dass der Komplex sowohl am
rRNA- als auch am mRNA-Abbau beteiligt ist. Die genaue Funktion des Degradosoms ist jedoch weiterhin unklar. Einige Forscher bezweifeln sogar, dass es
überhaupt existiert, weil auch Proteine, die offensichtlich nicht beim mRNA-
Abbau mitwirken, als Komponenten des Degradosoms erscheinen, wie etwa
das Enzym Enolase aus der Glykolyse. Das deutet möglicherweise darauf hin,
dass der Komplex nur ein Artefakt ist, der bei der Extraktion von Proteinen
aus Bakterienzellen entsteht. Eine noch deutlichere Lücke in unseren Erkenntnissen betrifft den Mechanismus, der dafür sorgt, dass die einzelnen mRNAs
spezifisch abgebaut werden. Wir wissen, dass ein spezifischer mRNA-Abbau
erfolgt, da dieser Abbau offensichtlich bei bestimmten Gruppen von bakteriellen Genen Teil der Regulation ist. Das ist etwa beim *pap*-Operon von *E. coli*
der Fall, das die Proteine der Pili an der Zelloberfläche codiert. Leider ist der
Mechanismus, der eine solche Kontrolle bewerkstelligen könnte, noch gänzlich unbekannt.

# 12.2 Synthese und Prozessierung von RNA bei Eukaryoten

Auf unterster Ebene stimmt die Transkription bei Bakterien und Eukaryoten überein. Die Chemie der RNA-Polymerisierung ist bei allen Spezies identisch, und die drei eukaryotischen RNA-Polymerasen im Zellkern sind alle strukturell mit der RNA-Polymerase von *E. coli* verwandt, ihre drei größten Untereinheiten entsprechen den Untereinheiten $\alpha$, $\beta$ und $\beta'$ des bakteriellen Enzyms. Die Kontaktstellen zwischen der eukaryotischen RNA-Polymerase II, der Matrizen-DNA und dem RNA-Transkript, wie sie durch Röntgenstrukturanalysen und Quervernetzungsexperimente ermittelt wurden, entsprechen den Wechselwirkungen, die für die bakterielle Transkription beschrieben wurden (Abschnitt 12.1.1). Und das Grundprinzip der Transkription als schrittweise Konkurrenz zwischen Elongation und Termination besteht ebenfalls.

## 12.2.1 Synthese eukaryotischer mRNAs durch die RNA-Polymerase II

Trotz der zugrundeliegenden Übereinstimmungen unterscheiden sich die Vorgänge bei der mRNA-Synthese in Bakterien und Eukaryoten insgesamt doch ziemlich deutlich. Der auffälligste Unterschied betrifft das Ausmaß der Prozessierung von eukaryotischen mRNAs während der Transkription. Bei Bakterien werden die Transkripte von proteincodierenden Genen überhaupt nicht prozessiert: Die Primärtranskripte sind reife mRNAs. Im Gegensatz dazu tragen alle eukaryotischen mRNAs eine Cap-Struktur an ihrem 5′-Ende, die meisten werden auch durch Anhängen einer Folge von Adenosinen am 3′-Ende polyadenyliert, viele mRNAs enthalten Introns und werden gespleißt, und einige wenige unterliegen einem RNA-Editing. Der Cap-Struktur konnte eine Funktion zugeordnet werden, während der Grund für die Polyadenylierung weiterhin unbekannt ist. Beim RNA-Spleißen und -Editing lässt sich erkennen, warum diese Reaktionen ablaufen: Die zuerst genannte entfernt Introns, die eine Translation der mRNA verhindern würden, die zweite verändert die Codierung der mRNA. Allerdings wissen wir nicht, warum diese Mechanismen in der Evolution entstanden sind. Warum besitzen Gene überhaupt Introns? Warum wird eine mRNA editiert und nicht einfach die notwendige Sequenz als DNA codiert?

Eukaryotische mRNAs werden während der Synthese prozessiert. Die Cap-Struktur wird bald nach der Transkriptionsinitiation angehängt (Capping), das RNA-Spleißen und -Editing beginnt bereits, während das Transkript noch entsteht, und die Polyadenylierung ist ein wichtiger Bestandteil des Terminationsmechanismus der RNA-Polymerase II. Wenn man sich mit all diesen Vorgängen gleichzeitig beschäftigen wollte, wäre das nur verwirrend, da zu viele Aspekte gleichzeitig beschrieben werden müssten. Wir werden daher das RNA-Editing erst im hinteren Teil des Kapitels aufgreifen, und dieses Thema zusammen mit ähnlichen Formen der chemischen Modifikationen bei der rRNA- und tRNA-Prozessierung behandeln. Dem Spleißen wollen wir einen eigenen Abschnitt widmen, nachdem wir uns mit Capping-Reaktion, Elongation und Polyadenylierung beschäftigt haben.

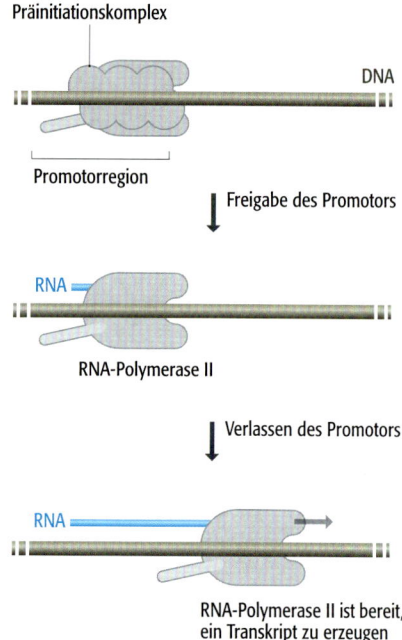

Präinitiationskomplex

DNA

Promotorregion

Freigabe des Promotors

RNA

RNA-Polymerase II

Verlassen des Promotors

RNA

RNA-Polymerase II ist bereit,
ein Transkript zu erzeugen

**12.20** **Freigabe des Promotors und Verlassen des Promotors.** Die Freigabe des Promotors (*promotor clearance*) ist der Übergang vom Präinitiationskomplex zu einem Komplex, der mit der RNA-Synthese begonnen hat. Zum Verlassen des Promotors (*promotor escape*) kommt es, wenn sich die Polymerase von der Promotorregion entfernt und für die Transkriptsynthese eingerichtet ist. Hinweis: Es handelt sich hier um eine schematische Darstellung, ohne Form und Untereinheitenzusammensetzung der RNA-Polymerase II, die das Transkript erzeugt, zu berücksichtigen.

## Transkripte der RNA-Polymerase II erhalten unmittelbar nach der Initiation eine Cap-Struktur

Die Phosphorylierung der C-terminalen Domäne (CTD) der größten Untereinheit der RNA-Polymerase II ist zwar der letzte Schritt der Transkriptionsinitiation bei mRNA-codierenden Genen der Eukaryoten (Abschnitt 11.2.3), aber die Elongation setzt nicht unmittelbar danach ein. In unseren Vorstellungen von den Vorgängen, durch die sich die **Freigabe des Promotors** (*promoter clearance*) vom **Verlassen des Promotors** (*promoter escape*) unterscheidet, gibt es einen undeutlichen Bereich. Bei der zuerst genannten Reaktion wandelt sich der Präinitiationskomplex in einen Komplex um, der mit der RNA-Synthese begonnen hat, bei der zweiten Reaktion bewegt sich die RNA-Polymerase II von der Promotorregion weg und ist bereit, das Transkript zu synthetisieren (Abb. 12.20). Die einander entgegen wirkenden Effekte der negativen und positiven Elongationsfaktoren beeinflussen die Fähigkeit der RNA-Polymerase, mit einer produktiven RNA-Synthese zu beginnen. Herrschen negative Faktoren vor, stoppt die Transkription, bevor sich die Polymerase mehr als 30 Nucleotide von der Initiationsstelle entfernt hat. Das Verlassen des Promotors ist also möglicherweise eine wichtige Kontrollstelle, wie aber hier die Regulation erfolgt, ist noch unbekannt.

Das erfolgreiche Verlassen des Promotors ist möglicherweise mit der Capping-Reaktion verknüpft, da diese Form der Prozessierung abgeschlossen ist, bevor das Transkript 30 Nucleotide lang ist. Beim ersten Schritt des Capping wird am äußersten 5′-Ende der RNA ein zusätzliches Guanosin angehängt. Dabei handelt es sich nicht um eine normale RNA-Polymerisierungsreaktion, sondern um die Reaktion zwischen dem 5′-Triphosphat des endständigen Nucleotids und dem Triphosphat des GTP-Nucleotids. Die γ-Phosphatgruppe des endständigen Nucleotids (die äußerste Phosphatgruppe) wird wie die β- und γ-Phosphatgruppe des GTP entfernt, was zu einer 5′-5′-Bindung führt (Abb. 12.21). Die Reaktion wird durch das Enzym **Guanylyltransferase** katalysiert. Der zweite Schritt der Capping-Reaktion wandelt das neue endständige Guanosin in ein 7-Methylguanosin um, indem an das Stickstoffatom 7 des Purinringes eine Methylgruppe gehängt wird; diese Modifikation katalysiert die **Guaninmethyltransferase**. Die beiden Capping-Enzyme binden an die CTD; möglicherweise sind sie sogar während der Freigabe des Promotors integrale Bestandteile des RNA-Polymerase-II-Komplexes.

Das 7-Methylguanosin bezeichnet man als **Typ-0-Cap**; dieser Typ kommt am häufigsten bei der Hefe vor. Bei höheren Eukaryoten können weitere Modifikationen auftreten (Abb. 12.21):

● Eine weitere Methylgruppe ersetzt das Proton in der 2′-OH-Gruppe des nun zweiten Nucleotids im Transkript. Diese Struktur bezeichnet man als **Typ-1-Cap**.

● Wenn dieses zweite Nucleotid ein Adenosin ist, kann auch die Aminogruppe am Kohlenstoffatom 6 des Purinringes methyliert werden.

● An der dritten Nucleotidposition kann eine weitere 2′-OH-Methylierung erfolgen; das Ergebnis bezeichnet man als **Typ-2-Cap**.

Alle RNAs, die die RNA-Polymerase II synthetisiert, erhalten in der einen oder anderen Form eine Cap-Struktur. Das bedeutet, dass sowohl die mRNAs als auch die snRNAs, die von diesem Enzym transkribiert werden, ebenfalls eine Cap-Struktur tragen (Tab. 11.3). Die Cap-Struktur kann für den Export von mRNAs und snRNAs aus dem Zellkern von Bedeutung sein (Abschnitt 12.2.7),

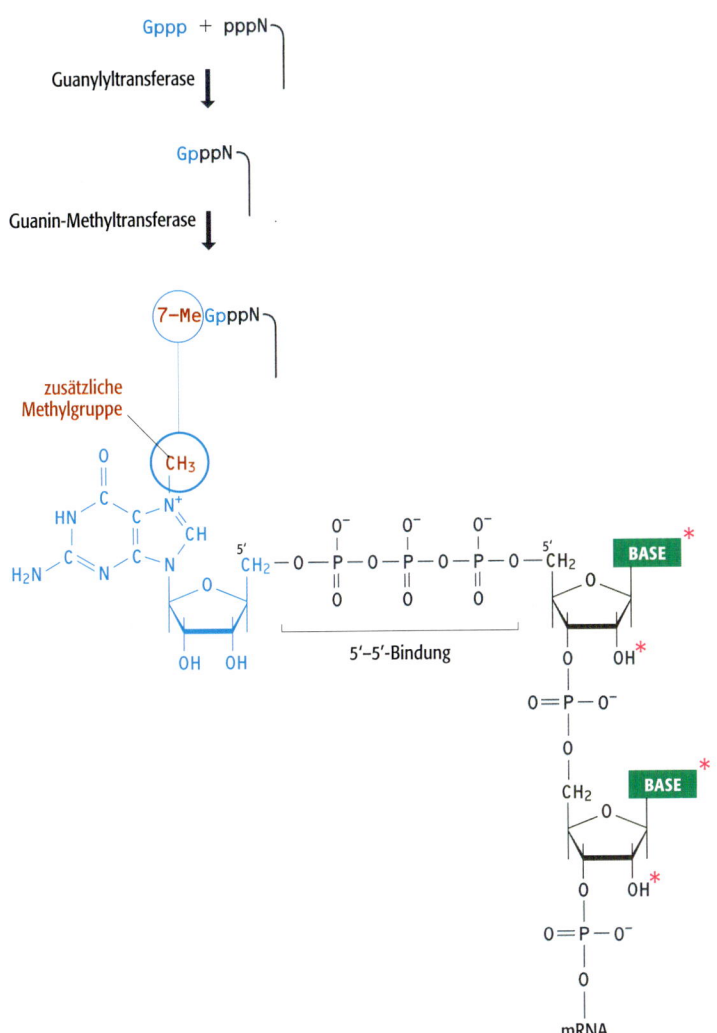

**12.21  Capping-Reaktion an der mRNA von Eukaryoten.** Der obere Teil der Darstellung zeigt die Capping-Reaktion im Überblick. Ein GTP-Molekül (Gppp) reagiert mit dem 5'-Ende der mRNA, wobei eine Triphosphatverknüpfung entsteht. Im zweiten Schritt der Reaktion wird das endständige G am Stickstoffatom 7 methyliert. Der untere Teil der Abbildung zeigt die chemische Struktur des Typ-0-Cap, wobei die Positionen mit Sternen markiert sind, an denen zusätzliche Methylierungen auftreten können (für Cap-Strukturen vom Typ 1 beziehungsweise 2)

am besten erkennbar ist jedoch ihre Funktion bei der Translation von mRNAs (Abschnitt 13.2.2).

## Elongation der mRNAs bei Eukaryoten

Wie bereits erwähnt, stimmen die Grundlagen der Transkriptionselongation bei Bakterien und Eukaryoten überein. Der Hauptunterschied betrifft die Länge der Transkripte, die synthetisiert werden müssen. Die längsten Gene der Bakterien umfassen nur einige Kilobasen und sie können durch die bakterielle RNA-Polymerase innerhalb von Minuten transkribiert werden, da das Enzym eine Polymerisierungsrate von mehreren Hundert Nucleotiden pro Minute besitzt. Im Gegensatz dazu kann die RNA-Polymerase II mehrere Stunden brauchen, um ein einziges Gen zu transkribieren, obwohl sie mit einer Geschwindigkeit von bis zu 2 000 Nucleotiden pro Minute arbeitet. Das liegt daran, dass in vielen eukaryotischen Genen eine Reihe von Introns vorhanden ist (Abschnitt 12.2.2) und dadurch DNA-Abschnitte von beträchtlicher Länge kopiert werden müssen. So ist beispielsweise die Prä-mRNA des menschlichen Dystrophingens 2 400 kb lang und ihre Synthese benötigt 20 Stunden.

Die extreme Länge von eukaryotischen Genen stellt Anforderungen an die Stabilität des Transkriptionskomplexes. Die RNA-Polymerase II allein könnte diese nicht erfüllen: Wenn man dass gereinigte Enzym *in vitro* untersucht, beträgt die Polymerisierungsrate weniger als 300 Nucleotide pro Minute, da das Enzym auf der Matrize häufig pausiert und manchmal ganz zum Stillstand kommt. Im Zellkern pausiert die RNA-Polymerase II weniger und sie hält auch weniger häufig ganz an. Das liegt an der Aktivität von einer Reihe von **Elongationsfaktoren**, die mit der RNA-Polymerase II assoziieren, nachdem sie den Promotor freigegeben und die Transkriptionsfaktoren der Initiation hinter sich gelassen hat. Zurzeit sind in Säugerzellen 13 Elongationsfaktoren bekannt, die eine Reihe von Funktionen besitzen (Tab. 12.1). Ihre Bedeutung lässt sich anhand von Mutationen aufzeigen, die die Aktivität des einen oder anderen Faktors zerstören. So führt beispielsweise die Inaktivierung von CBS zum Cockayne-Syndrom, das durch Entwicklungsstörungen wie geistige Behinderung gekennzeichnet ist, während die Zerstörung von ELL eine akute myeloische Leukämie verursacht.

Ein zweiter Unterschied zwischen der Transkriptelongation bei Bakterien und Eukaryoten besteht darin, dass die RNA-Polymerase II, wie auch andere Polymerasen im Zellkern der Eukaryoten, die Nucleosomen überwinden muss, die an der zu transkribierenden DNA-Matrize befestigt sind. Auf den ersten Blick kann man sich nur schwer vorstellen, wie die Polymerase ihr Transkript in einer DNA-Region verlängern kann, die um ein Nucleosom gewickelt ist (Abb. 7.2). Wahrscheinlich sind Elongationsfaktoren, die auf bestimmte Weise die Chromatinstruktur verändern können, die Lösung dieses Problems. Wie sich gezeigt hat, tritt der Elongationsfaktor FACT der Säuger mit den Histonen H2A und H2B in Wechselwirkung und beeinflusst möglicherweise die Positionierung der Nucleosomen. Für andere Faktoren ließen sich weitere, allerdings weniger eindeutige Wechselwirkungen zeigen. Bei der Hefe gibt es einen Faktor, der als **Elongator** bezeichnet wird und offensichtlich bei der Modifikation des Chromatins eine Rolle spielt, da eine seiner Untereinheiten eine Histon-Acetyltransferase-Aktivität enthält. Allerdings hat man bis jetzt bei den Säugern noch keinen dazu homologen Komplex gefunden. Eine interessante Frage lautet, ob das erste Polymerasemolekül, das ein bestimmtes Gen transkribiert, eine Art „Pionier" darstellt und über eine besondere Kombination von zusätzlichen Elongationsfaktoren verfügt. Diese würden dann die Chromatinstruktur öffnen, während die weiteren Transkriptionsdurchläufe von „normalen" Komplexen der Polymerase ausgeführt werden, die von den Veränderungen durch den „Pionier" profitieren.

**Tabelle 12.1** Beispiele für Elongationsfaktoren der RNA-Polymerase II bei Säugern

| Elongationsfaktor | Funktion |
| --- | --- |
| TFIIF, CSB, ELL, Elongin | diese Faktoren unterdrücken das Pausieren der RNA-Polymerase II, das auftreten kann, wenn das Enzym eine Region transkribiert, in der Basenpaarungen innerhalb des Stranges möglich sind (etwa durch eine Haarnadelschleife) |
| TFIIS | verhindert Stillstand (das vollständige Anhalten der Elongation) |
| FACT | verändert vermutlich das Chromatin und unterstützt dadurch die Elongation |

## Die Termination der Synthese geht bei den meisten mRNAs einher mit der Polyadenylierung

Die meisten eukaryotischen mRNAs tragen an ihren 3'-Enden eine Folge von bis zu 250 Adenosinen. Diese Nucleotide werden nicht durch DNA codiert, sondern durch eine matrizenunabhängige RNA-Polymerase angehängt, die man als **Poly(A)-Polymerase** bezeichnet. Die Polymerase wirkt nicht auf das äußerste 3'-Ende, sondern beginnt mit der Reaktion an einer internen Stelle. Diese wird geschnitten, um ein neues 3'-Ende zu erzeugen, an das der Poly(A)-Schwanz dann angehängt wird.

Das Grundprinzip der Polyadenylierung ist nun seit einiger Zeit bekannt. Bei Säugern wird die Polyadenylierung durch eine Signalsequenz in der mRNA ausgelöst, die fast unveränderlich aus 5'-AAUAAA-3' besteht. Diese Sequenz liegt zehn bis 30 Nucleotide stromaufwärts der Polyadenylierungsstelle, die häufig unmittelbar auf das Dinucleotid 5'-CA-3' folgt und an die sich nach zehn bis 20 weiteren Nucleotiden eine GU-reiche Region anschließt. Sowohl die Poly(A)-Signalsequenz als auch die GU-reiche Region sind Bindungsstellen für Proteinkomplexe aus diversen Untereinheiten. Bei diesen handelt es sich um den **Spaltungs- und Polyadenylierungs-Spezifitätsfaktor** (*cleavage and polyadenylation specifity factor*, **CPSF**) und den **Spaltungsstimulationsfaktor** (*cleavage stimulation factor*, **CstF**). Die Poly(A)-Polymerase und mindestens zwei weitere Proteinfaktoren müssen mit den gebundenen Komplexen CPSF und CstF assoziieren, damit die Polyadenylierung stattfinden kann (Abb. 12.22). Zu diesen zusätzlichen Faktoren gehören das **Polyadenylatbindungsprotein** (**PADP**), das die Polymerase beim Anhängen der Adenosine unterstützt, dabei möglicherweise die Länge des synthetisierten Poly(A)-Schwanzes beeinflusst und offensichtlich bei der Stabilisierung des Schwanzes nach der Synthese eine Rolle spielt. Bei der Hefe sind die Signalsequenzen im Transkript etwas unterschiedlich, aber die Proteinkomplexe ähneln denen der Säuger, und die Polyadenylierung erfolgt möglicherweise durch einen in etwa gleichen Mechanismus.

Die Polyadenylierung galt zuerst als „posttranskriptionales" Ereignis, aber man hat nun erkannt, dass der Prozess ein integraler Bestandteil des Terminationsmechanismus der Transkription durch die RNA-Polymerase II ist. CPSF interagiert mit TFIID und wird während der Transkriptionsinitiation in den Polymerasekomplex gebracht. Da sich CPSF zusammen mit der RNA-Poly-

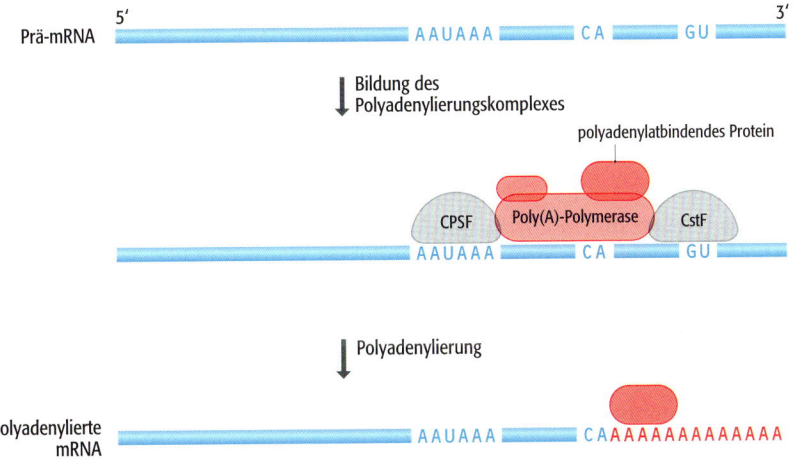

**12.22 Polyadenylierung der mRNA bei Eukaryoten.** Hinweis: Die Größen und Formen der Proteinkomplexe in der schematischen Darstellung entsprechen nicht den tatsächlichen Verhältnissen. Auch die relativen Positionen sind nur ungefähr angegeben, wobei CPSF und CstF entsprechend der Abbildung wahrscheinlich an die Sequenz 5'-AAUAAA-3' beziehungsweise GU-reiche Sequenzen binden. „GU" bezeichnet eine GU-reiche Sequenz und nicht allein das Dinucleotid 5'GU-3'.

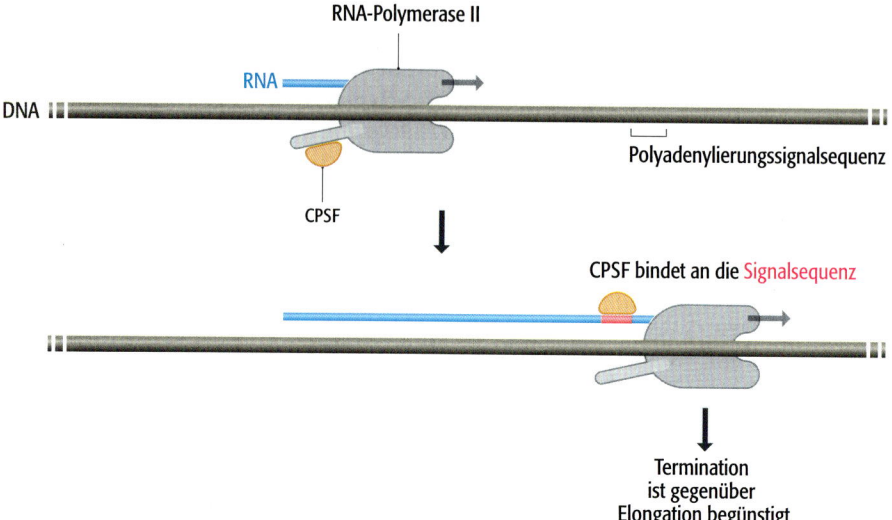

**12.23 Die Verknüpfung zwischen der Polyadenylierung und der Termination der Transkription durch die RNA-Polymerase II.** Dargestellt ist CPSF, gebunden an den RNA-Polymerase-II-Elongationskomplex, der gerade RNA synthetisiert. CPSF bindet an die Polyadenylierungssignalsequenz, sobald diese transkribiert wird. Dadurch verändert sich die Wechselwirkung zwischen CPSF und der CTD der RNA-Polymerase II, sodass die Termination der Elongation nun gegenüber einer Fortsetzung der Elongation begünstigt wird. Hinweis: In der schematischen Darstellung ist nicht berücksichtigt, dass CstF auch ein Bestandteil des Elongationskomplexes sein kann. In der Abbildung ist ebenfalls zu sehen, wie CPSF den Komplex verlässt, um an das Polyadenylierungssignal zu binden, während in der Realität die Bindung von CPSF an die RNA-Polymerase auch bestehen bleiben kann.

merase II an der Matrize entlang bewegt, kann der Faktor an die Poly(A)-Signalsequenz binden, sobald diese transkribiert wird, und setzt so die Polyadenylierungsreaktion in Gang (Abb. 12.23). Sowohl CPSF als auch CstF treten mit der CTD der Polymerase in Wechselwirkung. Man nimmt an, dass sich die Art dieser Wechselwirkung ändert, wenn die Poly(A)-Signalsequenz erreicht wird, und dass diese Veränderung die Eigenschaften des Elongationskomplexes ebenfalls abwandelt und dadurch die Termination gegenüber der Fortsetzung der RNA-Synthese begünstigt wird. Das führt dazu, dass die Transkription endet, kurz nachdem die Poly(A)-Signalsequenz transkribiert wurde.

Die Polyadenylierung ist zwar als integraler Bestandteil des Terminationsvorgangs erkennbar, aber damit ist nicht erklärt, warum es erforderlich ist, dass an ein Transkript ein Poly(A)-Schwanz angehängt wird. Mehrere Jahre hat man bereits nach einer Funktion des Poly(A)-Schwanzes gesucht, aber es gab bis jetzt keinen überzeugenden Beweis für einen der verschiedenen Vorschläge. So soll beispielsweise dadurch die Stabilität der mRNA beeinflusst werden; das erscheint jedoch unwahrscheinlich, da einige stabile Transkripte sehr kurze Poly(A)-Schwänze aufweisen. Auch eine Funktion bei der Translationsinitiation erscheint möglich. Diese Vermutung wird dadurch gestützt, dass die Aktivität der Poly(A)-Polymerase während denjenigen Phasen im Zellzyklus gehemmt ist, in denen nur eine relativ geringe Proteinsynthese stattfindet.

Die Funktion, die man letztendlich der Polyadenylierung zuordnet, muss berücksichtigen, dass nicht alle eukaryotischen mRNAs einen Poly(A)-Schwanz aufweisen. Die nichtpolyadenylierten mRNAs bilden eine kleine Gruppe, aber dazu gehören einige wichtige Moleküle, deren namhafteste Vertreter wohl die mRNAs sind, die die Histonproteine codieren. Die 3′-Enden dieser nichtpolyadenylierten mRNAs entstehen wie bei den polyadenylierten mRNAs durch Spaltung des Primätranskripts an einer spezifischen Position, aber die Spaltungssignale und die beteiligten Proteine unterscheiden sich deutlich. Es gibt offenbar zwei Spaltungssignale im Transkript, das erste ist eine Haarnadelschleife, die sich stromabwärts der codierenden Region bildet (Abb. 12.24a). Die Haarnadelschleife umfasst immer sechs Basenpaare im Stamm und vier Nucleotide

**a)** Spaltungssignale

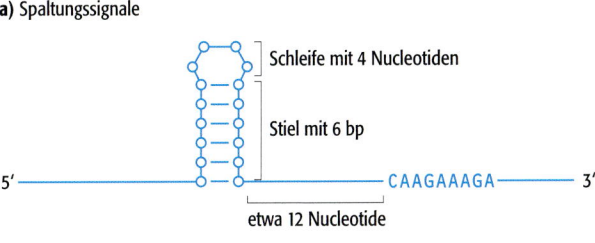

etwa 12 Nucleotide

**b)** Spaltung erfordert U7-snRNA

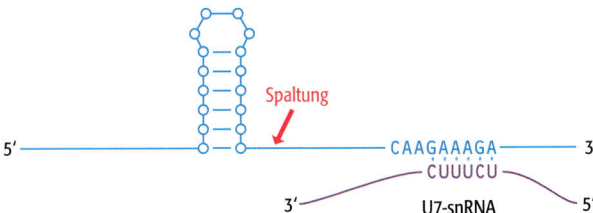

**12.24    Prozessierung der 3'-Enden bei den Histon-mRNAs.** a) Struktur der 3'-Region einer Histon-mRNA. Erkennbar ist die Haarnadelschleife und die neun Nucleotide lange Consensussequenz. b) Die Consensussequenz bildet Basenpaare mit einem kurzen Bereich der U7-snRNA. Die Bindung wird durch ein haarnadelschleifenbindendes Protein stabilisiert (nicht dargestellt). Der Schnitt erfolgt durch ein unbekanntes Protein an einer Position, die vier oder fünf Nucleotide stromabwärts der Haarnadelschleife liegt.

in der Schleife. Diese besondere Struktur ist essenziell für eine korrekte Spaltung, wobei die genaue Sequenz der Struktur variieren kann. Das zweite Signal ist eine Sequenz aus neun Nucleotiden (Consensussequenz 5'-CAAGAAAGA-3'), die etwa 12 Nucleotide stromabwärts der Haarnadelschleife liegt. Diese Sequenz bildet Basenpaare mit einem Abschnitt der U7-snRNA (Abb. 12.24b), die zur Familie der kleinen Kern-RNAs gehört, deren Vertreter bei verschiedenen Reaktionen der RNA-Prozessierung mitwirken. Dazu gehört auch das Spleißen von Introns, wie wir im nächsten Abschnitt erfahren werden. Die Paarung wird durch ein haarnadelschleifenbindendes Protein stabilisiert, und der Schnitt erfolgt vier oder fünf Nucleotide stromabwärts der Haarnadelstruktur. Wie der Schnitt im Einzelnen ausgeführt wird, ist nicht bekannt: Bis jetzt hat man kein Protein mit der notwendigen Aktivität identifiziert.

### Regulation der mRNA-Synthese bei Eukaryoten

Als wir uns mit der mRNA-Synthese bei Bakterien befasst haben, konnten wir eine Reihe von Mechanismen kennen lernen, die die Genomexpression kontrollieren, indem sie die bei der Transkription die Termination der Elongation regulieren (Abschnitt 12.1.2). Bei den Eukaryoten hat man bis jetzt noch keine entsprechenden Regulationsmechanismen gefunden, und die Transkriptionskontrolle erfolgt nach unseren derzeitigen Vorstellungen offenbar fast ausschließlich in der Initiationsphase (Abschnitt 11.3.2) und nicht während der Elongation oder Termination der mRNA-Synthese.

Drei potenzielle Regulationsmechanismen sollen hier jedoch genannt sein. Erstens wirkt der Elongationsfaktor TFIIS der RNA-Polymerase II auf ähnliche Weise wie die bakteriellen Gre-Proteine (Abschnitt 12.1.2), obwohl er sich in der Struktur von ihnen unterscheidet. TFIIS wirkt auf das aktive Zentrum der RNA-Polymerase II ein, indem er durch einen Kanal, der von der Oberfläche des Enzymkomplexes ausgeht, eine nadelförmige Struktur einführt. Auf diese Weise kann TFIIS wie GreA und GreB eine stehen gebliebene RNA-Polymerase II neu starten, indem der Faktor die Abspaltung des abgelösten 3'-Abschnitts des RNA-Transkripts stimuliert. In Abschnitt 12.1.2 haben wir festgestellt, dass zwar die Gre-Proteine noch keinem Regulationsprozess zugeordnet werden konnten, eine solche Funktion aber denkbar ist, und entsprechend trifft diese Schlussfolgerung auch auf TFIIS zu.

Der zweite mögliche Mechanismus für die Regulation der Elongation und/oder Termination der eukaryotischen mRNA-Synthese hängt mit dem Phosphorylierungszustand der CTD der RNA-Polymerase II zusammen. Wie wir wissen, aktiviert die Phosphorylierung von Serinen im Wiederholungsabschnitt der CTD die Polymerase und stimuliert die Freigabe des Promotors (Abschnitt 11.2.3). Das lässt den Schluss zu, dass eine phosphorylierte CTD für eine effiziente RNA-Synthese unerlässlich ist. Die Beobachtung, dass der Phosphorylierungszustand der CTD während der Transkription nicht konstant ist, deutet deshalb darauf hin, dass Veränderungen dieses Zustands bei der Regulation der Transkription eine gewisse Rolle spielen können. Man hat mehrere Kinaseproteine identifiziert, die die CTD phosphorylieren, außerdem kennt man mindestens drei Phosphatasen, die die entgegengesetzte Reaktion ausführen und Phosphate aus der Struktur entfernen. Das System zur Modifizierung des Phosphorylierungszustandes der CTD während der Elongation und Termination ist also vorhanden, aber man hat noch keinen Zusammenhang mit der Regulation der Transkription herstellen können.

Schließlich gibt es zunehmend Hinweise, dass die Kontrolle der mRNA-Polyadenylierung bei Eukaryoten ein wichtiger Regulationsmechanismus sein könnte. Viele eukaryotische Gene besitzen mehr als eine Polyadenylierungssignalsequenz. Das bedeutet, dass die Termination an verschiedenen Positionen erfolgen kann, sodass mRNAs entstehen, die zwar denselben codierenden Teil besitzen, aber ungleiche 3'-Enden. Die unterschiedlichen Polyadenylierungssignale werden anscheinend in unterschiedlichen Geweben verwendet. Das deutet darauf hin, dass die **alternative Polyadenylierung** ein wichtiger Mechanismus für die Etablierung gewebespezifischer Muster der Genomexpression sein kann.

## 12.2.2 Das Entfernen von Introns aus der Prä-mRNA des Zellkerns

Das Vorhandensein von Introns hatte bis 1977 niemand vermutet, als zum ersten Mal eukaryotische Gene sequenziert wurden und man feststellte, dass viele dieser Gene „dazwischenliegende (*intervening*) Sequenzen" enthalten, die verschiedene Abschnitte der codierenden DNA voneinander trennen (Abb. 12.25). Wir kennen nun bei den Eukaryoten sieben verschiedene Typen von Introns sowie weitere Formen bei den Archaea (Tab. 12.2). Zwei dieser Typen – GU–AG- und AU–AC-Introns – kommen in proteincodierenden Genen der Eukaryoten vor; sie werden in diesem Abschnitt behandelt, die übrigen weiter hinten im Kapitel.

Für die Verteilung von Introns in proteincodierenden Genen lassen sich nur wenige Regeln aufstellen, abgesehen von der Tatsache, dass Introns bei den niederen Eukaryoten weniger häufig sind: Die 6 000 Gene des Hefegenoms enthalten insgesamt nur 239 Introns, während viele Gene der Säuger 50 oder mehr Introns enthalten. Wenn man dasselbe Gen bei verwandten Spezies vergleicht, findet man normalerweise einige Introns an identischen Positionen, aber bei jeder Spezies auch ein oder mehrere ganz eigene Introns. Daraus folgt, dass einige Introns für Jahrmillionen an derselben Stelle bleiben, während sich die

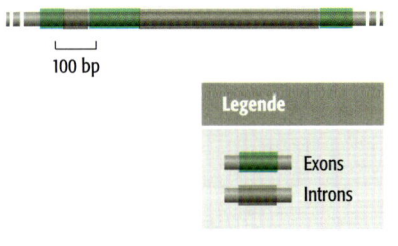

100 bp

**Legende**

Exons

Introns

**12.25    Introns.** Dargestellt ist die Struktur des menschlichen β-Globingens. Dieses Gen hat eine Länge von 1 423 bp und enthält zwei Introns, eines mit 131 bp und eines mit 851 bp. Beide machen zusammen 69 % der Länge des Gens aus.

| Tabelle 12.2 | Typen von Introns |
|---|---|
| **Introntyp** | **Vorkommen** |
| GU–AG-Introns | eukaryotische Prä-mRNA im Zellkern |
| AU–AC-Introns | eukaryotische Prä-mRNA im Zellkern |
| Gruppe I | eukaryotische Prä-rRNA im Zellkern, RNA in Organellen, einige bakterielle RNAs |
| Gruppe II | RNA in Organellen, einige prokaryotische RNAs |
| Gruppe III | RNA in Organellen |
| Twintrons | RNA in Organellen, |
| Prä-tRNA-Introns | eukaryotische Prä-tRNA im Zellkern |
| Introns der Archaea | verschiedene RNAs |

Spezies auseinander entwickeln, andere Introns hingegen im selben Zeitraum neu auftauchen oder verschwinden. Diese Beobachtungen haben Auswirkungen auf die Theorien über die molekulare Evolution (Abschnitt 18.3.2). Wichtig ist dabei jedoch, dass eine eukaryotische Prä-mRNA viele Introns enthalten kann, möglicherweise sogar über 100, die eine beträchtliche Länge des Transkripts ausmachen (Tab. 12.3). Diese Introns müssen herausgeschnitten und die Exons in der richtigen Reihenfolge miteinander verknüpft werden, bevor das Transkript seine Funktion als reife mRNA ausüben kann.

| Tabelle 12.3 | Introns in Genen des Menschen | | |
|---|---|---|---|
| **Gen** | **Länge (kb)** | **Anzahl der Introns** | **Anteil der Introns im Gen (%)** |
| Insulin | 1,4 | 2 | 69 |
| β-Globin | 1,6 | 2 | 61 |
| Serumalbumin | 18 | 13 | 79 |
| Typ-VII-Kollagen | 31 | 117 | 72 |
| Faktor VIII | 186 | 25 | 95 |
| Dystrophin | 2 400 | 78 | 98 |

## *Konservierte Sequenzmotive zeigen die entscheidenden Stellen in GU–AG-Introns an*

Bei der überwiegenden Mehrzahl der Prä-mRNA-Introns sind die ersten zwei Nucleotide der Intronsequenz 5′-GU-3′ und die letzten beiden 5′-AG-3′. Man bezeichnet sie deshalb als „GU–AG-Introns", und alle Vertreter dieser Gruppe werden auf dieselbe Weise gespleißt. Diese konservierten Sequenzmotive wurden kurz nach der Entdeckung der Introns identifiziert und man nahm sofort an, dass sie für den Spleißvorgang von Bedeutung sein müssen. Als sich die Intronsequenzen in den Datenbanken ansammelten, erkannte man, dass die GU–AG-Motive nur Teile von längeren Consensussequenzen sind, die sich an den 5′- und 3′-Spleißstellen befinden. Diese Consensussequenzen variieren bei den verschiedenen Eukaryoten, bei den Vertebraten lassen sie sich folgendermaßen darstellen:

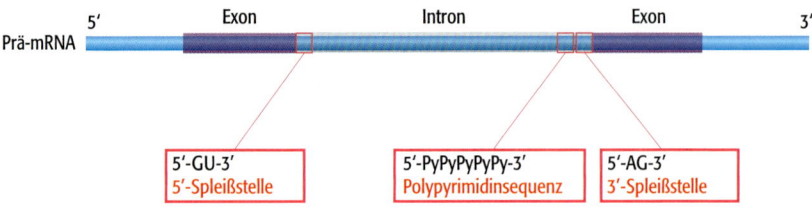

**12.26 Konservierte Sequenzen in den Introns der Vertebraten.** Die längeren Consensussequenzen im Bereich der Spleißstellen sind im Text angegeben. Abkürzung: Py, Pyrimidinnucleotid (U oder C).

5′-Spleißstelle: 5′-AG↓GUAAGU-3′

3′-Spleißstelle: 5′-PyPyPyPyPyPyNCAG↓-3′

Dabei steht „Py" für eines der Pyrimidinnucleotide (U oder C), „N" für ein beliebiges Nucleotid, und der Pfeil markiert die Grenze zwischen Exon und Intron. Die 5′-Spleißstelle bezeichnet man auch als **Donorstelle** und die 3′-Spleißstelle als **Akzeptorstelle**.

Bei einigen, aber nicht bei allen Eukaryoten kommen weitere konservierte Sequenzen vor. Introns der höheren Eukaryoten enthalten eine **Polypyrimidinsequenz**, eine pyrimidinreiche Region direkt stromaufwärts des 3′-Endes der Intronsequenz (Abb. 12.26). Eine solche Sequenz kommt in Introns der Hefe seltener vor, hier gibt es jedoch eine invariable 5′-UACUAAC-3′-Sequenz, die zwischen 18 und 140 Nucleotide stromaufwärts der 3′-Spleißstelle liegt und bei höheren Eukaryoten nicht vorkommt. Der Polypyrimidinbereich und die 5′-UACUAAC-3′-Sequenz sind in der Funktion nicht äquivalent, wie wir in den nächsten beiden Abschnitten feststellen werden.

### Der Spleißmechanismus der GU–AG-Introns im Überblick

Die konservierten Sequenzmotive weisen auf wichtige Regionen der GU–AG-Introns hin, und es ist zu erwarten, dass sie entweder als Erkennungssequenzen für RNA-bindende Proteine dienen, die beim Spleißvorgang mitwirken, oder dabei eine andere wichtige Rolle spielen. Frühe Versuche, das Spleißen zu untersuchen, wurden durch technische Probleme behindert (insbesondere gab es Schwierigkeiten bei der Entwicklung eines zellfreien Spleißsystems, mit dem man die Reaktion im Einzelnen verfolgen wollte), aber während der 1990er-Jahre kam es zu einer explosionsartigen Zunahme an Informationen. Diese Arbeiten zeigten, dass man den Spleißvorgang in zwei Schritte einteilen kann (Abb. 12.27):

**12.27 Schematische Darstellung der Spleißreaktion.** Die Spaltung der 5′-Spleißstelle geht von der Hydroxylgruppe am 2′-Kohlenstoff des Adenosinnucleotids innerhalb der Intronsequenz aus. Dadurch bildet sich eine Lassostruktur, anschließend induziert die 3′-Hydroxylgruppe des stromaufwärts liegenden Exons die Spaltung der 3′-Spleißstelle. So können die beiden Exons verknüpft werden, das freigesetzte Intron wird linearisiert und abgebaut.

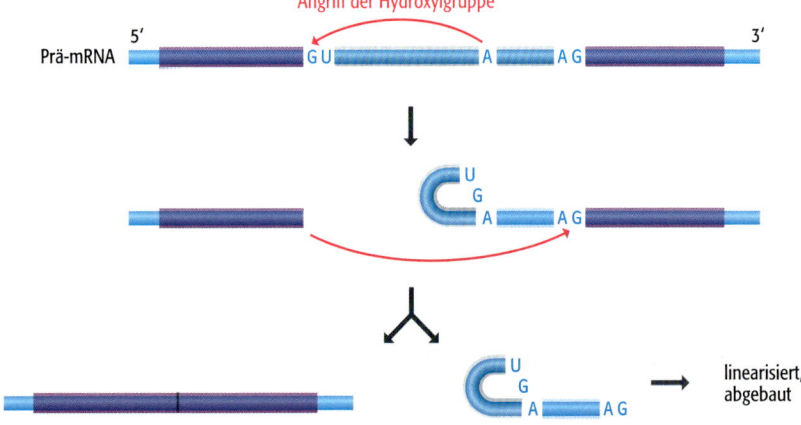

- Die Spaltung der 5′-Spleißstelle erfolgt als Umesterung, die von der Hydroxylgruppe am 2′-Kohlenstoff eines Adenosinnucleotids innerhalb der Intronsequenz ausgeht. Bei der Hefe handelt es sich dabei um das letzte Adenosin in der konservierten 5′-UACUAAC-3′-Sequenz. Der Angriff dieser Hydroxylgruppe führt zur Spaltung der Phosphodiesterbindung an der 5′-Spleißstelle, was mit der Bildung einer neuen 2′-5′-Phosphodiesterbindung einhergeht. Dadurch wird das erste Nucleotid des Introns (das G im 5′-GU-3′-Motiv) mit dem internen Adenosin verknüpft. Das Intron bildet also nun mit sich selbst eine rückwärts gerichtete Schleife, eine **Lassostruktur** (Lariat).

- Durch eine zweite Umesterung kommt es zur Spaltung der 3′-Spleißstelle und die Verknüpfung der Exons. Die Reaktion geht von der 3′-OH-Gruppe am Ende des stromaufwärts liegenden Exons aus. Diese Gruppe greift die Phosphodiesterbindung an der 3′-Spleißstelle an, spaltet sie und setzt so das Intron als Lassostruktur frei. Das Intron wird anschließend in eine lineare RNA umgewandelt und abgebaut. Gleichzeitig wird das 3′-Ende des stromaufwärts liegenden Exons mit dem neu gebildeten 5′-Ende des stromabwärts liegenden Exons verknüpft, und der Spleißvorgang ist abgeschlossen.

In chemischer Hinsicht ist das Spleißen von Introns keine schwere Aufgabe für die Zelle. Es handelt sich einfach um eine doppelte Umesterung, die nicht komplizierter ist als viele andere biochemische Reaktionen, die die verschiedenen Enzyme bewerkstelligen. Es hat sich jedoch in der Evolution ein komplexes System entwickelt, das für das Spleißen zuständig ist. Die Schwierigkeiten liegen in topologischen Problemen begründet. Das erste ist die beträchtliche Entfernung zwischen den Spleißstellen von bis zu einigen Dutzend Kilobasen, was einer Strecke von 100 nm oder mehr in der RNA entspricht. Daher ist ein Mechanismus erforderlich, der die Spleißstellen zusammenführt. Das zweite topologische Problem betrifft die Auswahl der richtigen Spleißstelle. Alle Spleißstellen sind gleich; wenn also eine Prä-mRNA zwei oder mehr Introns enthält, besteht die Möglichkeit, dass die falschen Spleißstellen verknüpft werden, was zu einem **Auslassen von Exons** (*exon skipping*) beziehungsweise zum Fehlen von Exons in der reifen RNA führt (Abb. 12.28a). Ebenso ungünstig wäre die Verwendung einer **kryptischen Spleißstelle**, die innerhalb eines Exons oder Introns liegen kann und ähnliche Sequenzen wie das Consensusmotiv der tatsächlichen Spleißstellen aufweist (Abb. 12.28b). Kryptische Spleißstellen kommen in den meisten Prä-mRNAs vor und sie müssen vom Spleißapparat überlesen werden.

### snRNAs und ihre assoziierten Proteine sind die zentralen Bestandteile des Spleißapparats

Die wichtigsten Komponenten des Spleißapparats für GU–AG-Introns sind die snRNAs, die man mit U1, U2, U4, U5 und U6 bezeichnet. Es handelt sich dabei um kurze Moleküle (bei Vertebraten zwischen 106 Nucleotiden bei der U6- und 185 Nucleotiden bei der U2-snRNA), die mit Proteinen zu **kleinen nucleären Ribonucleoproteinen** (**snRNPs**) assoziieren (Abb. 12.29). Die snRNPs heften sich zusammen mit weiteren Hilfsproteinen an das Transkript und bilden eine Folge von Komplexen, an deren Ende das **Spleißosom** steht – die Struktur, in der die Spleißreaktionen ablaufen. Dabei ergibt sich folgender Mechanismus (Abb. 12.30):

- Der **Commitment-Komplex** setzt die Spleißaktivität in Gang. Dieser Komplex besteht aus U1-snRNP, das teilweise über RNA-RNA-Wechselwirkungen an die 5′-Spleißstelle bindet, und den Proteinfaktoren SF1, U2AF[35] und

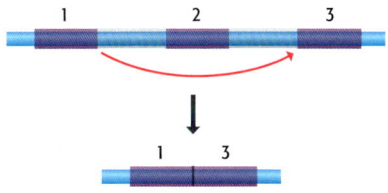

**a)** Auslassen eines Exons

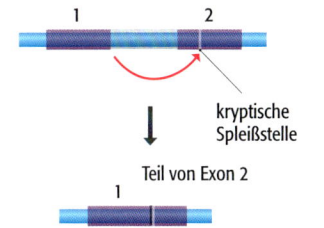

**b)** Verwendung einer kryptischen Spleißstelle

kryptische Spleißstelle

Teil von Exon 2

**12.28 Zwei Formen von fehlerhaftem Spleißen.** a) Beim Auslassen von Exons führt das fehlerhafte Spleißen zum Verlust eines Exons aus der mRNA. b) Wenn eine kryptische Spleißstelle verwendet wird, können, wie hier dargestellt, Teile eines Exons aus der mRNA verloren gehen. Wenn die kryptische Spleißstelle jedoch in einem Intron liegt, bleibt ein Fragment dieses Introns in der mRNA erhalten.

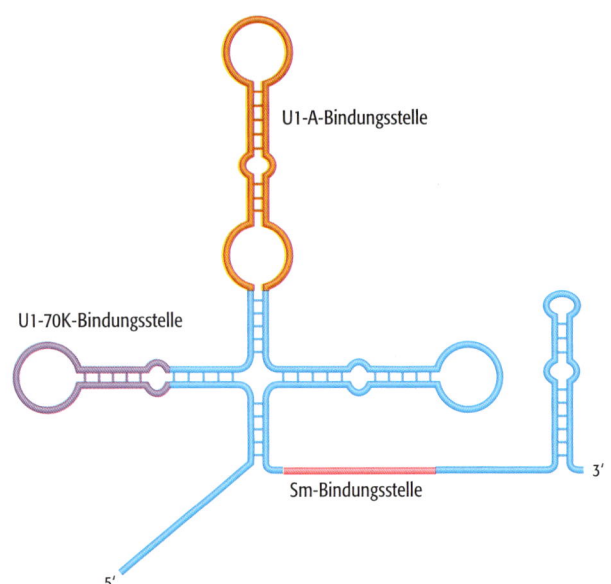

**12.29 Struktur des U1-snRNP.**
Das snRNP der Säuger besteht aus der 165 Nucleotide umfassenden U1-snRNA und zehn Proteinen. Drei dieser Proteine (U1-70K, U1-A und U1-C) sind für dieses snRNP spezifisch, die übrigen sieben sind Sm-Proteine, die in allen snRNPs vorkommen, die beim Spleißen mitwirken. Die U1-snRNA bildet über Basenpaarungen die dargestellte Struktur, und U1-C bindet über Protein-Protein-Wechselwirkungen. Die Sm-Proteine binden an die Sm-Bindungsstelle.

U2AF[65], die entsprechend mit der Verzweigungsstelle (*branch site*), der Polypyrimidinsequenz beziehungsweise der 3′-Spleißstelle Protein-RNA-Kontaktstellen bilden.

- Der **Präspleißosomkomplex** besteht aus dem Commitment-Komplex und U2-snRNP, wobei Letzteres an die 5′-Spleißstelle bindet. In dieser Phase bringt die Zusammenlagerung von U1-snRNP und U2-snRNP die 5′Spleißstelle dicht an die Verzweigungsstelle.

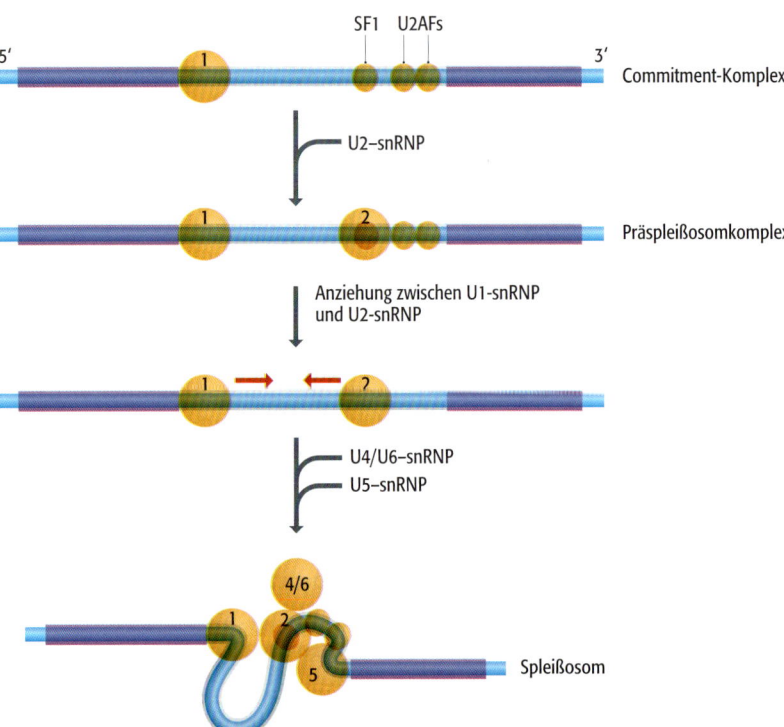

**12.30 Die Funktion der snRNPs und der assoziierten Proteine während der Spleißreaktion.** Die Abfolge der Ereignisse bei der Spleißreaktion beinhaltet noch mehrere unbeantwortete Fragen und wahrscheinlich ist das abgebildete Schema nicht vollkommen korrekt. Wichtig ist dabei, dass die Assoziationen zwischen den snRNPs offenbar die drei entscheidenden Bestandteile des Introns – die beiden Spleißstellen und die Verzweigungsstelle – in unmittelbare Nähe zueinander bringt.

● Das **Spleißosom** bildet sich, wenn U4/U6-snRNP (ein einziges snRNP, das zwei snRNAs enthält) und U5-snRNP an den Präspleißosomkomplex binden. Das führt zu weiteren Wechselwirkungen, die die 3′-Spleißstelle in die Nähe der 5′-Spleißstelle und der Verzweigungsstelle bringen. So befinden sich nun die drei entscheidenden Positionen des Introns in unmittelbarer Nähe zueinander und die beiden Umesterungen erfolgen in Form einer gekoppelten Reaktion, möglicherweise katalysiert durch U6-snRNP, und der Spleißvorgang ist abgeschlossen.

Die Abfolge von Reaktionen, die in Abbildung 12.30 dargestellt sind, liefert keinen Hinweis darauf, wie die richtigen Spleißstellen ausgewählt werden, sodass beim Spleißen keine Exons verloren gehen und keine kryptischen Spleißstellen verwendet werden. Dieser Aspekt des Spleißens ist weiterhin nur schwer erklärbar, aber es hat sich herausgestellt, dass eine Gruppe von Spleißfaktoren, die man als **SR-Proteine** bezeichnet, bei der Auswahl der Spleißstellen von großer Bedeutung sind. Die SR-Proteine – sie enthalten in ihrer C-terminalen Domäne einen Bereich mit einem erhöhten Anteil von Serin- (S) und Arginin (R)-resten – wurden das erste Mal dem Spleißvorgang zugeordnet, als man entdeckt hatte, dass sie Teil des Spleißosoms sind. Sie besitzen offenbar mehrere Funktionen, so stellen sie beispielsweise im Commitment-Komplex eine Verbindung zwischen dem gebundenen U1-snRNP und den gebundenen U2AF-Proteinen her. Das ist möglicherweise der Hinweis auf ihre Funktion bei der Auswahl der Spleißstelle, wobei die Bildung des Commitment-Komplexes die entscheidende Phase des Spleißvorgangs ist, da bei dieser Reaktion festgestellt wird, welche Stellen zu verknüpfen sind.

SR-Proteine interagieren auch mit **Exon-Spleiß-Enhancern** (**ESE**). Dies sind purinreiche Sequenzen in den Exonbereichen eines Transkripts. Unsere Vorstellungen von den ESE-Sequenzen und ihren Gegenspielern, den **Exon-Spleiß-Silencern** (ESS) stehen erst am Anfang, aber die Bedeutung dieser Sequenzen bei der Kontrolle der Spleißreaktion ist eindeutig. Man hat entdeckt, dass mehrere Krankheiten des Menschen durch Mutationen in ESE-Sequenzen ausgelöst werden. Die Positionen von ESE- und ESS-Sequenzen deuten darauf hin, dass die Bildung des Spleißosoms nicht einfach durch Kontakte innerhalb des Introns zustande kommt, sondern auch durch Wechselwirkungen mit den benachbarten Exons. Tatsächlich ist es möglich, weil ein einzelner Commitment-Komplex nicht innerhalb eines Introns gebildet wird, wie es in Abbildung 12.30 dargestellt ist, sondern zu Beginn ein Exon überbrückt (Abb. 12.31). Dieses Modell ist nicht nur deswegen interessant, weil es einen Mechanismus liefert, durch den eine Wechselwirkung zwischen ESE- und ESS-Sequenz und einem SR-Protein die Spleißreaktion beeinflusst, sondern es berücksichtigt auch die großen Längenunterschiede zwischen Exons und Introns in den Genen der Vertebraten. Im menschlichen Genom beispielsweise haben die Exons eine

**12.31    Ein alternatives Modell für die Bildung des Commitment-Komplexes.**
Bei diesem Modell wird jeder einzelne Commitment-Komplex über ein Exon hinweg gebildet, sodass der Komplex mit einem Exon-Spleiß-Enhancer oder -Silencer und die daran gebundenen SR-Proteine eine enge Wechselwirkung eingeht. Sobald sich die Komplexe über benachbarten Exons gebildet haben, erfolgt die Spleißreaktion nach dem Mechanismus, wie er in Abbildung 12.30 dargestellt ist. Der einzige Unterschied besteht darin, dass das resultierende Spleißosom aus Komponenten von benachbarten Commitment-Komplexen zusammengesetzt ist und nicht aus einem einzigen Commitment-Komplex hervorgeht, wie es Abbildung 12.30 zeigt.

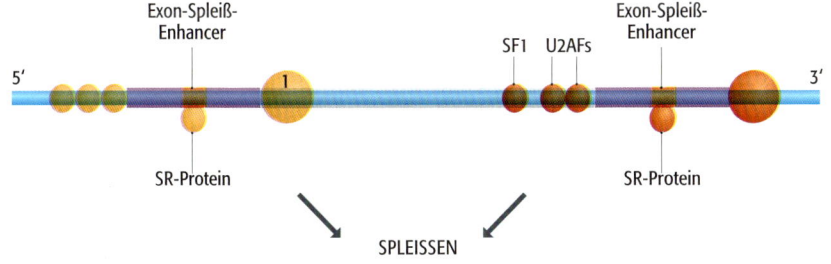

durchschnittliche Länge von 185 Nucleotiden, während es bei den Introns 3 365 Nucleotide sind. Die erste Bildung eines Commitment-Komplexes über ein Exon hinweg ist möglicherweise einfacher als bei einem viel längeren Intron.

Abschließend wollen wir noch einen weiteren Aspekt der SR-Proteine behandeln. Dieser betrifft die Möglichkeit, dass eine Untergruppe der SR-Proteine, die man als **CTD-assoziierte SR-ähnliche Proteine** (**CASP**) oder **SR-ähnliche CTD-assoziierte Faktoren** (**SCAF**) bezeichnet, eine physikalische Verbindung zwischen dem Spleißosom und der CTD des RNA-Polymerase-II-Transkriptionskomplexes herstellt und so eine Kopplung zwischen Transkriptelongation und -prozessierung erlaubt. Wie bei einigen Polyadenylierungsproteinen (Abschnitt 12.2.1) ist es wahrscheinlich, dass diese Spleißfaktoren zusammen mit der Polymerase wandern, während das Enzym das Transkript synthetisiert, und an den passenden Positionen der Intronspleißstellen abgesetzt werden, sobald diese transkribiert sind. Elektronenmikroskopische Untersuchungen haben gezeigt, dass Transkription und Spleißen zusammen erfolgen, und die Entdeckung von Spleißfaktoren, die eine Affinität zur RNA-Polymerase II besitzen, bietet die biochemische Grundlage für diese Beobachtung.

### Alternatives Spleißen kommt bei vielen Eukaryoten häufig vor

Als man die Introns entdeckt hatte, nahm man ursprünglich an, dass aus jedem Gen immer die gleiche mRNA hervorgeht. Anders ausgedrückt ging man davon aus, dass es für jedes Primärtranskript einen einzigen (singulären) **Spleißweg** gibt (Abb. 12.32a). In den 1980er-Jahren stellte man fest, dass diese Annahme nicht richtig war. Denn man konnte zeigen, dass die Primärtranskripte von einigen Genen zwei oder mehr **alternativen Spleißwegen** folgen. Dadurch kann ein einziges Transkript zu verwandten, aber unterschiedlichen mRNAs prozessiert werden und es kommt zur Synthese von einer Reihe verschiedener Proteine (Abb. 12.32b). Bei einigen Organismen ist alternatives Spleißen selten, so sind bei *Saccharomyces cerevisiae* nur drei Beispiele bekannt, aber bei höheren Organismen kommt es viel häufiger vor. Das wurde zuerst deutlich, als man die Rohsequenz des Genoms von *Drosophila melanogaster* untersuchte und entdeckte, dass Taufliegen weniger Gene besitzen als der mikroskopisch kleine Wurm *Caenorhabditis elegans* (Tab. 7.4), trotz der offensichtlich größeren physischen Komplexität von *Drosophila*, die sich auch in einem vielfältigeren Proteom ausdrücken sollte. Die wahrscheinlichste Erklärung für diesen Widerspruch zwischen der Anzahl der Gene im *Drosophila*-Genom und der Anzahl der Proteine im Proteom besagt, dass eine wesentliche Anzahl der Gene über alternatives Spleißen jeweils mehrere Proteine hervorbringt. Etwa zur selben Zeit, als man diese Beobachtungen machte, erhielt man auch die ersten Sequenzen der menschlichen Chromosomen und erkannte, dass der Mensch anstelle der 80 000 bis 100 000 Gene, die man aufgrund der Größe des menschlichen Proteoms erwartet hatte, nur etwa 30 000 Gene besitzt. Man geht jetzt davon aus, dass mindestens 35 % der Gene im menschlichen Genom einem alternativen Spleißen unterliegen. Das Prinzip „ein Gen, ein Protein", das seit 1940 als biologisches Dogma galt, war vollständig überholt.

Heute betrachtet man das alternative Spleißen als entscheidende „Innovation" der Genomexpression. Zwei Beispiele sollen genügen, um seine Wirksamkeit zu veranschaulichen. Das erste betrifft die Festlegung des Geschlechts, die in der Biologie jedes Lebewesens von grundlegender Bedeutung ist. Bei *Drosophila* erfolgt diese Festlegung durch eine alternative Spleißkaskade. Das erste Gen dieser Kaskade ist *sxl*, dessen Transkript ein optionales Exon enthält. Wenn

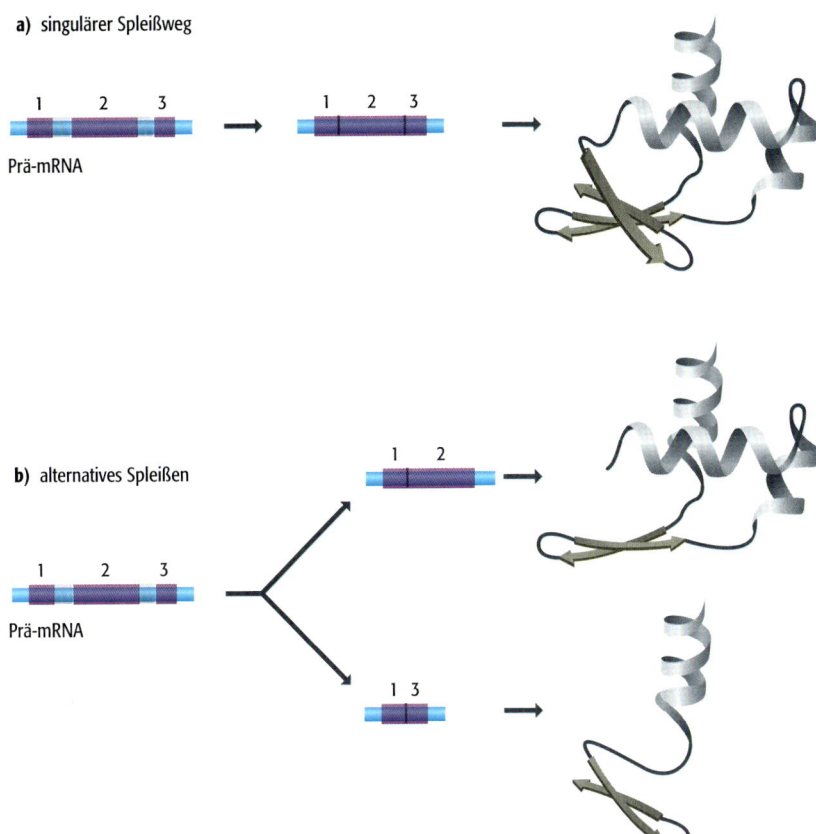

**a)** singulärer Spleißweg

Prä-mRNA

**b)** alternatives Spleißen

Prä-mRNA

**12.32** Die Annahme, dass jede Prä-mRNA nur einem einzigen Spleißweg unterliegt, erwies sich als nicht zutreffend, als man das alternative Spleißen entdeckt hatte.

dieses Exon an das davor befindliche gespleißt wird, entsteht eine inaktive Form des SXL-Proteins. Bei Weibchen erfolgt der Spleißweg so, dass das Exon ausgelassen wird und ein funktionsfähiges SXL entsteht (Abb. 12.33). SXL bewirkt die Verwendung einer kryptischen Spleißstelle im *tra*-Transkript, indem es U2AF[65] von der normalen 3′-Spleißstelle zu einer zweiten Stelle weiter stromabwärts dirigiert. Das so entstehende weibchenspezifische TRA-Protein ist selbst wiederum an einer alternativen Spleißreaktion beteiligt. Dabei tritt es in Wechselwirkung mit SR-Proteinen und bildet einen Multifaktorkomplex, der an eine ESE-Sequenz innerhalb eines Exons der *dsx*-Prä-mRNA bindet und dort die sekundäre, weibchenspezifische Spleißstelle aktiviert. Die weibliche beziehungsweise die männliche Form des DSX-Proteins sind dann die primären Determinanten des Geschlechts von *Drosophila*.

Das zweite Beispiel für alternatives Spleißen veranschaulicht die mögliche Vielfalt von mRNAs, die aus einigen Primärtranskripten entstehen können. Das menschliche *slo*-Gen codiert ein Membranprotein, das bei den Zellen den Ein- und Ausstrom von Kaliumionen reguliert. Das Gen enthält 35 Exons, von denen acht an alternativen Spleißreaktionen beteiligt sind (Abb. 12.34). Die alternativen Spleißwege führen zu verschiedenen Kombinationen der acht optionalen Exons, sodass über 500 verschiedene mRNAs gebildet werden, die jeweils ein Membranprotein mit etwas unterschiedlichen Funktionseigenschaften codieren. Die menschlichen *slo*-Gene sind im Innenohr aktiv und bestimmen die Schallwahrnehmung der Haarzellen auf der Basilarmembran der Cochlea.

Die verschiedenen Haarzellen reagieren auf unterschiedliche Klangfrequenzen zwischen 20 und 20 000 Hz, wobei die jeweilige Kapazität teilweise durch die Eigenschaften der SLO-Proteine festgelegt wird. Das alternative Spleißen der *slo*-Gene in den Haarzellen der Cochlea legt also den menschlichen Gehörumfang fest.

**a)** geschlechtsspezifisches alternatives Spleißen der *sxl*-Prä-mRNA

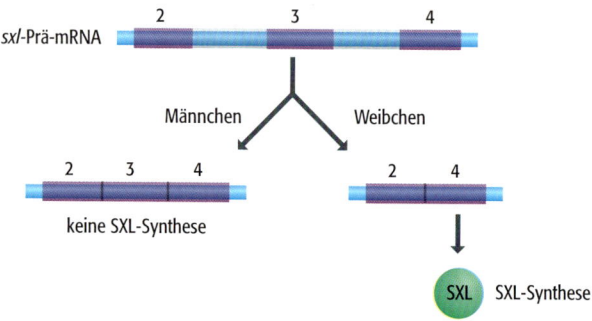

**12.33   Regulation des Spleißens bei der Expression von Genen, die bei der Festlegung des Geschlechts von *Drosophila* eine Rolle spielen.** a) Die Kaskade beginnt mit einem geschlechtsspezifischen alternativen Spleißen der *sxl*-Prä-mRNA. Bei Männchen sind in der mRNA alle Exons vorhanden. Das führt jedoch zur Erzeugung eines verkürzten Proteins, da Exon 3 ein Stoppcodon enthält. Bei Weibchen wird Exon 3 ausgelassen, sodass ein vollständiges und funktionsfähiges SXL-Protein gebildet wird. b) Bei Weibchen blockiert SXL die 3′-Spleißstelle im ersten Intron der *tra*-Prä-mRNA. Und U2AF⁶⁵ kann diese Stelle nicht ansteuern und aktiviert eine kryptische Spleißstelle in Exon 2 für die Spleißreaktion. Das führt zu einer mRNA, die ein funktionsfähiges TRA-Protein codiert. Bei Männchen gibt es kein SXL-Protein, sodass die Spleißstelle nicht blockiert ist und eine funktionslose mRNA entsteht. c) Bei Männchen wird Exon 4 der *dsx*-Prä-mRNA ausgelassssen. Die so gebildete mRNA codiert ein männchenspezifisches DSX-Protein. Bei Weibchen stabilisiert TRA die Bindung von SR-Proteinen an einen Exon-Spleiß-Enhancer in Exon 4, sodass dieses Exon nicht ausgelassen wird und eine mRNA entsteht, die das weibchenspezifische DSX-Protein codiert. Die beiden Formen des DSX-Proteins sind die primären Determinanten für die männliche beziehungsweise weibliche Physiologie. Die weibliche *dsx*-mRNA endet mit Exon 4, da das Intron zwischen den Exons 4 und 5 keine 5′-Spleißstelle enthält und Exon 5 deshalb nicht mit dem Ende von Exon 4 verknüpft werden kann. Stattdessen wird bei Weibchen am Ende von Exon 4 ein Polyadenylierungssignal erkannt. Hinweis: Aufgrund der schematischen Darstellung sind die Introns nicht in ihrer maßstäbliche Länge abgebildet.

**b)** SXL induziert die Verwendung einer kryptischen Spleißstelle in der *tra*-Prä-mRNA

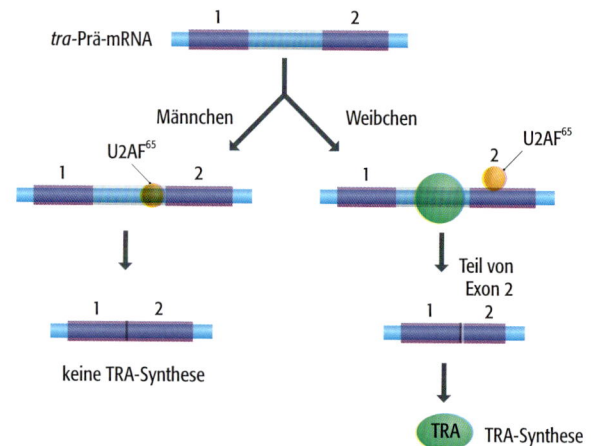

**c)** TRA induziert alternatives Spleißen der *dsx*-Prä-mRNA

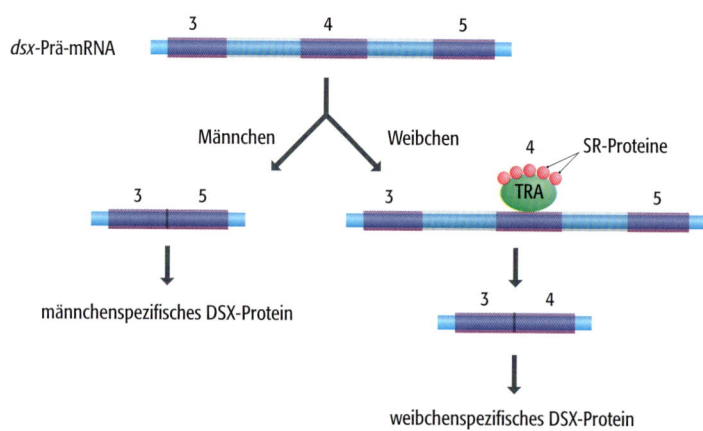

Zurzeit wissen wir noch nicht, wie das alternative Spleißen reguliert wird und können auch nicht den Prozess beschreiben, der bei den einzelnen Transkripten festlegt, welcher alternative Spleißweg beschritten wird. Vermutlich sind jedoch SR-Proteine in Zusammenwirkung mit ESE- und ESS-Sequenzen beteiligt, aber der Mechanismus, durch den die Verwendung der verschiedenen Spleißstellen kontrolliert wird, ist nicht bekannt.

### Durch trans-*Spleißen werden Exons von verschiedenen Transkriptionseinheiten miteinander verknüpft*

In den bis jetzt behandelten Beispielen für die Spleißreaktion liegen die beiden verknüpften Exons immer auf demselben Transkript. Bei einigen Organismen werden jedoch auch Exons zusammengespleißt, die aus verschiedenen RNA-Molekülen stammen. Dieses so genannte **trans-Spleißen** kommt in den Chloroplasten einiger Pflanzen, bei *C. elegans* und bei den Trypanosomen vor, die als parasitäre Protozoen der Vertebraten beim Menschen die Schlafkrankheit verursachen.

Die bis jetzt untersuchten Beispiele für *trans*-Spleißen stimmen darin überein, dass in allen Fällen das gleiche kurze Leader-Segment an das 5′-Ende bestimmter mRNAs gehängt wird. (Abb. 12.35). Das Transkript, dass dieses Leader-Segment liefert, bezeichnet man als **gespleißte Leader-RNA** (**SL-RNA**). Bei *C. elegans* ist diese SL-RNA etwa 100 Nucleotide lang und enthält eine Sequenz von 22 Nucleotiden, die an die 5′-Enden der Ziel-mRNAs gehängt werden. Diese Spleißreaktion verläuft auf sehr ähnliche Weise wie das normale Schema, das in Abbildung 12.27 dargestellt ist, allerdings entsteht anstelle der Lasso- eine gabelförmige Struktur, da die Spleißpartner verschiedene Moleküle sind. Die Reaktion wird alleine dadurch komplizierter, dass die SL-RNA eine Struktur mit Basenpaarungen bilden kann, die einer snRNA ähnlich ist; und bei einigen Modellen für das *trans*-Spleißen ersetzt die SL-RNA im Spleißvorgang das U1-snRNP.

Das *trans*-Spleißen bei *C. elegans* ist noch aus einem anderen Grund interessant. Einige mRNAs, die dem *trans*-Spleißen unterliegen, enthalten zwei Gene, die von einem einzigen Promotor zusammen „Kopf an Schwanz" transkribiert werden. Nur dann, wenn bei *C. elegans* eine dieser mRNAs mit zwei Genen nicht *trans*-gespleißt wird, kann das stromaufwärts liegende Gen translatiert werden, da das Ribosom, das eine eukaryotische mRNA translatiert, am äußersten 5′-Ende des Moleküls bindet und normalerweise vom Transkript dissoziiert, wenn es auf ein Stoppcodon trifft (Kapitel 13). Deshalb ist das stromabwärts liegende Gen bei einer ungespleißten mRNA für den Translationsapparat nicht zugänglich. Bei diesen mRNAs ist es daher durch *trans*-Splei-

**12.34** Das menschliche *slo*-Gen. Das Gen enthält 35 Exons (als Kästchen dargestellt), von denen acht (grün) optional sind und in den verschiedenen *slo*-mRNAs in unterschiedlichen Kombinationen vorkommen. Es gibt 8! = 40 320 mögliche Spleißwege und damit genau so viele mRNAs, aber es werden wahrscheinlich etwa 500 in der menschlichen Cochlea synthetisiert.

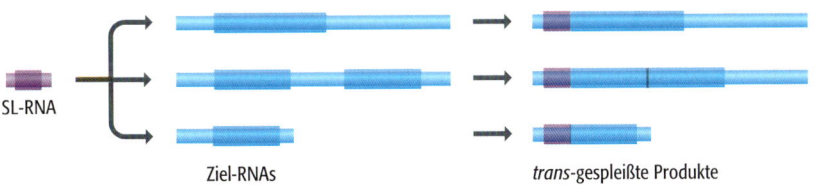

SL-RNA          Ziel-RNAs         *trans*-gespleißte Produkte

**12.35** *trans*-Spleißen. Das Leader-Exon von einer einzelnen SL-RNA wird durch Spleißen mit einer Reihe von Ziel-RNAs verknüpft.

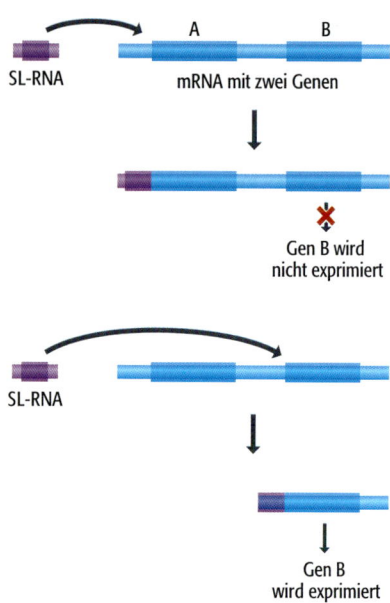

**12.36 Genregulation durch *trans*-Splei-ßen.** In der oberen Abbildung wird das Leader-Exon durch *trans*-Spleißen auf Gen A übertragen. Das führt dazu, dass Gen B nicht exprimiert wird, da das Ribosom die Lücke zwischen dem Ende von Gen A und dem Beginn von Gen B nicht überwinden kann. In der unteren Abbildung richtet sich das *trans*-Spleißen auf Gen B, das nun exprimiert wird.

ßen möglich, dass die Translation des stromabwärts liegenden Gens aktiviert wird. Dabei wird ein neues 5'-Ende erzeugt, an das ein Ribosom binden kann (Abb. 12.36).

### AU–AC-Introns sind den GU–AG-Introns ähnlich, erfordern jedoch einen anderen Spleißapparat

Eine der größten Überraschungen der letzten Jahre war die Entdeckung von einigen wenigen Introns in den mRNAs der Eukaryoten, die nicht zur GU–AG-Gruppe gehören und an ihren Spleißstellen andere Consensussequenzen aufweisen. Das sind die so genannten **AU–AC-Introns**, die man bis heute in etwa 20 Genen gefunden hat, und das in sehr unterschiedlichen Organismen wie Mensch, Pflanzen und *Drosophila*.

AU–AC-Introns besitzen konservierte Sequenzmotive an ihren Spleißstellen sowie eine (wenn auch nicht unveränderliche) Verzweigungsstelle mit der Consensussequenz 5'-UCCUUAAC-3', in der das letzte Adenosin bei der ersten Umesterung beteiligt ist. Damit kommen wir zu einem besonderen Merkmal der AU–AC-Introns: Ihre Spleißreaktion ist der Reaktion der GU–AG-Introns sehr ähnlich, allerdings sind andere Spleißfaktoren beteiligt. Nur das U5-snRNP ist bei beiden Introntypen in den Spleißmechanismus eingebunden. Bei den AU–AC-Introns werden die Funktionen von U1-snRNP und U2-snRNP durch U11/U12-snRNP übernommen. Dieser Komplex wurde erst vor kurzem entdeckt, man konnte ihm aber bisher keine Funktion zuordnen. Außerdem ließ sich in der Folge noch ein vollkommen neues U4atac/U6atac-snRNP isolieren, sodass das Bild nun vollständiger ist.

Die Spleißreaktionen des „Haupt"- und des „Nebentyps" der Introns stimmen nicht überein, aber viele Wechselwirkungen zwischen Transkript und snRNPs sind sich bemerkenswert ähnlich. Das bedeutet, dass AU–AC-Introns nicht nur eine Kuriosität darstellen, sondern dass man hier Modelle für Wechselwirkungen testen kann, die beim Spleißen von GU–AG-Introns auftreten. Das Argument besteht darin, dass eine vorhergesagte Wechselwirkung zwischen zwei Komponenten beim GU–AG-Spleißosom überprüft werden kann, wenn dieselbe Wechselwirkung bei den entsprechenden AU–AC-Komponenten möglich ist. Dadurch hat man bereits Informationen erhalten und konnte so die Basenpaarungsstruktur zwischen der U2- und U6-snRNA im GU–AG-Spleißosom bestimmen.

## 12.2.3 Synthese von funktionellen RNAs bei Eukaryoten

Wir wissen generell weniger über die Elongation und Termination von Transkripten durch die RNA-Polymerasen I und III als über die entsprechenden Reaktionen der RNA-Polymerase II. Die Wechselwirkung der Polymerase mit der Matrize und dem Transkript während der Elongationsphase ist bei allen drei Enzymen anscheinend ähnlich; was die strukturelle Verwandtschaft der drei größten Untereinheiten in jeder RNA-Polymerase widerspiegelt. Ein Unterschied ist die Transkriptionsrate. So ist beispielsweise die RNA-Polymerase I mit einer Geschwindigkeit von nur 20 Nucleotiden pro Minute viel langsamer als die RNA-Polymerase II mit bis zu 2 000 Nucleotiden pro Minute. Ein zweiter Unterschied besteht darin, dass weder die Transkripte der RNA-Polymerase I noch die der RNA-Polymerase III eine Cap-Struktur erhalten. Man hat eine Reihe verschiedener Proteine isoliert, die als Elongationsfaktoren der RNA-Polymerasen I oder III in Frage kommen, etwa SGS1 und SRS2, zwei verwandte

Helikasen der Hefe. Mutationen in den Genen für SGS1 und SRS2 verringern die Transkription durch die RNA-Polymerase I und die DNA-Replikation. SGS1 ist ein interessantes Protein, da es zu einem Paar von menschlichen Proteinen homolog ist, die bei den Wachstumsstörungen Bloom- beziehungsweise Werner-Syndrom (Abschnitt 5.2.1) defekt sind. Allerdings ist die genaue Funktionsweise von SGS1 und SRS2 sowie weiterer mutmaßlicher Transkriptionsfaktoren der RNA-Polymerasen I und III nicht bekannt.

Die Hauptunterschiede zwischen den drei RNA-Polymerasen werden deutlich, wenn man die Terminationsprozesse vergleicht. Das Polyadenylierungssystem der RNA-Polymerase-II-Termination (Abschnitt 12.2.1) ist für dieses Enzym einzigartig, und es gibt bei den anderen beiden RNA-Polymerasen keinen entsprechenden Mechanismus. Bei der RNA-Polymerase I erfolgt die Termination der Transkription mithilfe eines DNA-bindenden Proteins (Reb1p bei *Saccharomyces cerevisiae* und TTF-I bei Mäusen), das auf der DNA an eine Erkennungssequenz bindet, die 12–20 bp stromabwärts der Stelle liegt, an der die Transkription endet (Abb. 12.37). Wie nun das gebundene Protein genau die Termination bewirkt, ist nicht bekannt, aber nach einem Modell bleibt die Polymerase stehen, weil Reb1p beziehungsweise TTF-I als Blockade wirken. Ein zweites Protein mit der Bezeichnung PTRF (*polymerase and transcript release factor*) induziert wahrscheinlich die Dissoziation der Polymerase und des Transkripts von der DNA-Matrize. Über die Termination der RNA-Polymerase III weiß man sogar noch weniger: Vermutlich spielt eine Folge von Adenosinen in der Matrize eine Rolle, aber die Reaktion erfolgt nicht über die Bildung einer Haarnadelschleife und entspricht demnach nicht der Termination bei Bakterien.

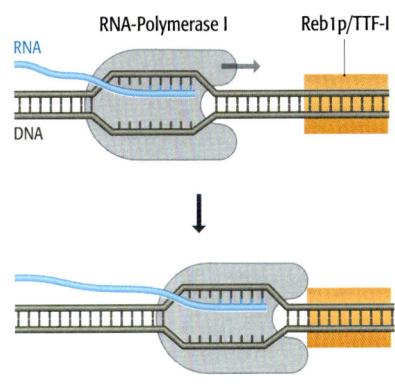

**12.37** Möglicher Mechanismus für die Termination der Transkription bei der RNA-Polymerase I.

## 12.2.4 Spleißen der Prä-rRNA und Prä-tRNA bei Eukaryoten

Bei Eukaryoten gibt es vier rRNAs. Eine davon wird durch die RNA-Polymerase III transkribiert und unterliegt keiner Prozessierung. Die übrigen drei (5,8S-, 18S- und 23S-rRNA) transkribiert die RNA-Polymerase I von einer einzigen Sequenzeinheit. Dabei entsteht zuerst eine Prä-rRNA, die wie bei den Bakterien durch Spaltung und Verkürzung der Enden prozessiert wird. Dafür sind mehrere Nucleasen erforderlich, beispielsweise die multifunktionelle **Ribonuclease MRP**, die sowohl bei der Prozessierung der 5,8S-rRNA mitwirkt als auch bei der Replikation der Mitochondrien-DNA und bei der Kontrolle des Zellzyklus. Gene für tRNAs liegen einzeln und als Transkriptionseinheiten mit mehreren Genen vor. Sie werden ähnlich wie in Bakterien prozessiert (Abb. 12.17). Der Hauptunterschied zwischen der Prozessierung von funktionellen RNAs bei Bakterien und Eukaryoten besteht darin, dass die Primärtranskripte von einigen eukaryotischen rRNAs und tRNAs Introns enthalten. Kein einziger dieser Introntypen entspricht den GU–AG- oder AU–AC-Introns der Prä-mRNA, sodass wir uns ein wenig mit ihnen beschäftigen müssen.

### Introns in eukaryotischen Prä-rRNAs sind autokatalytisch

Introns sind in eukaryotischen rRNAs ziemlich selten, aber es gibt bei mikrobiellen Eukaryoten wie etwa *Tetrahymena* einige wenige Beispiele. Diese Introns gehören zur Gruppe-I-Familie (Tab. 12.2). Sie kommen auch in den Genomen von Chloroplasten und Mitochondrien vor, sowohl in Prä-mRNA als auch in Prä-rRNA. Bei Bakterien sind auch einige wenige Einzelbeispiele bekannt, etwa in einem tRNA-Gen des Cyanobakteriums *Anabaena* und im Thymidylatsynthasegen des Bakteriophagen T4 von *E. coli*.

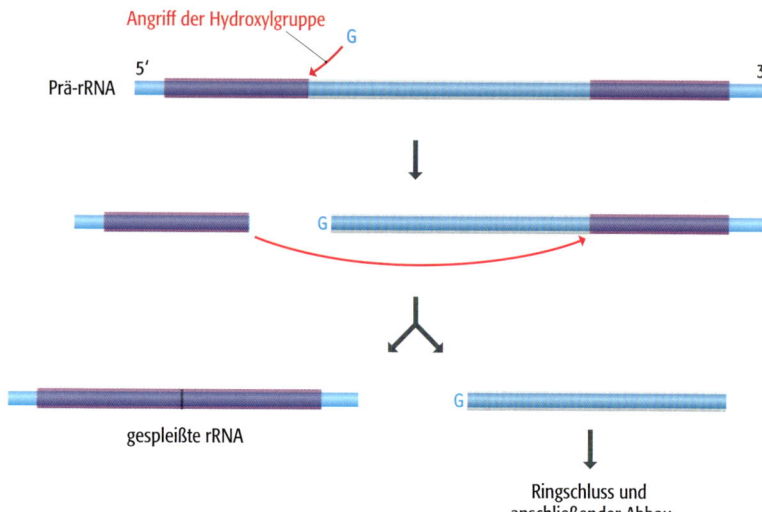

**12.38** Der Spleißmechanismus für das rRNA-Intron bei *Tetrahymena.*

Das Spleißen der Gruppe-I-Introns ist dem Mechanismus bei den Prä-mRNA-Introns ähnlich, da es zu zwei Umesterungen kommt. Die erste wird nicht durch ein Nucleotid innerhalb des Introns ausgelöst, sondern durch ein freies Nucleosid oder Nucleotid, entweder Guanosin oder Guanosinmono-, -di- oder -triphosphat (Abb. 12.38).

Die 3'-OH-Gruppe dieses Cofaktors greift die Phosphodiesterbindung an der 5'-Spleißstelle an, spaltet sie, wobei das Guanosin auf das 5'-Ende des Introns übertragen wird. Die zweite Umesterung betrifft das 3'-OH-Ende des Exons, das die Phosphodiesterbindung an der 3'-Spleißstelle angreift und diese spaltet. Anschließend werden die beiden Exons verknüpft und das Intron freigesetzt. Das freie Intron ist linear, im Gegensatz zur Lassostruktur bei den Prä-mRNA-Introns, kann jedoch weitere Umesterungen durchlaufen, wobei im Zuge des Abbauvorgangs auch ringförmige Produkte entstehen.

Ein besonderes Merkmal der Spleißreaktion bei Gruppe-I-Introns besteht darin, dass dafür keine Proteine notwendig sind und der Ablauf demnach autokatalytisch erfolgt, also die RNA selbst die enzymatische Aktivität besitzt. Dies war in den frühen 1980er-Jahren das erste entdeckte Beispiel für ein RNA-Enzym oder **Ribozym**. Zuerst gab es deswegen ein gewisses Aufsehen, aber inzwischen hat man festgestellt, dass Ribozyme zwar nicht häufig sind, es aber doch schon mehrere Beispiele dafür gibt (Tab. 12.4). Die Selbstspleißaktivität von Gruppe-I-Introns liegt in der Basenpaarungsstruktur begründet, die die RNA einnimmt. Diese Struktur wurde ursprünglich zweidimensional dargestellt, indem man die Sequenzen der verschiedenen Gruppe-I-Introns miteinander verglich und eine gemeinsame Anordnung der Basenpaare entwickelte, die von allen Molekülen der Gruppe I angenommen werden konnte. So erhielt man ein Modell, das neun Hauptregionen mit Basenpaarungen umfasst (Abb. 12.39). Die dreidimensionale Struktur wurde vor noch kürzerer Zeit durch Röntgenstrukturanalysen ermittelt. Das Ribozym besteht aus einem katalytischen Kernbereich (Core), der sich aus zwei Domänen zusammensetzt. Dabei umfasst jede Domäne zwei der Basenpaarungsregionen und die Spleißstellen werden durch Wechselwirkungen zwischen anderen Abschnitten der Sekundärstruktur in deren Nähe gebracht. Diese RNA-Struktur ist zwar für die Spleißreaktion aus-

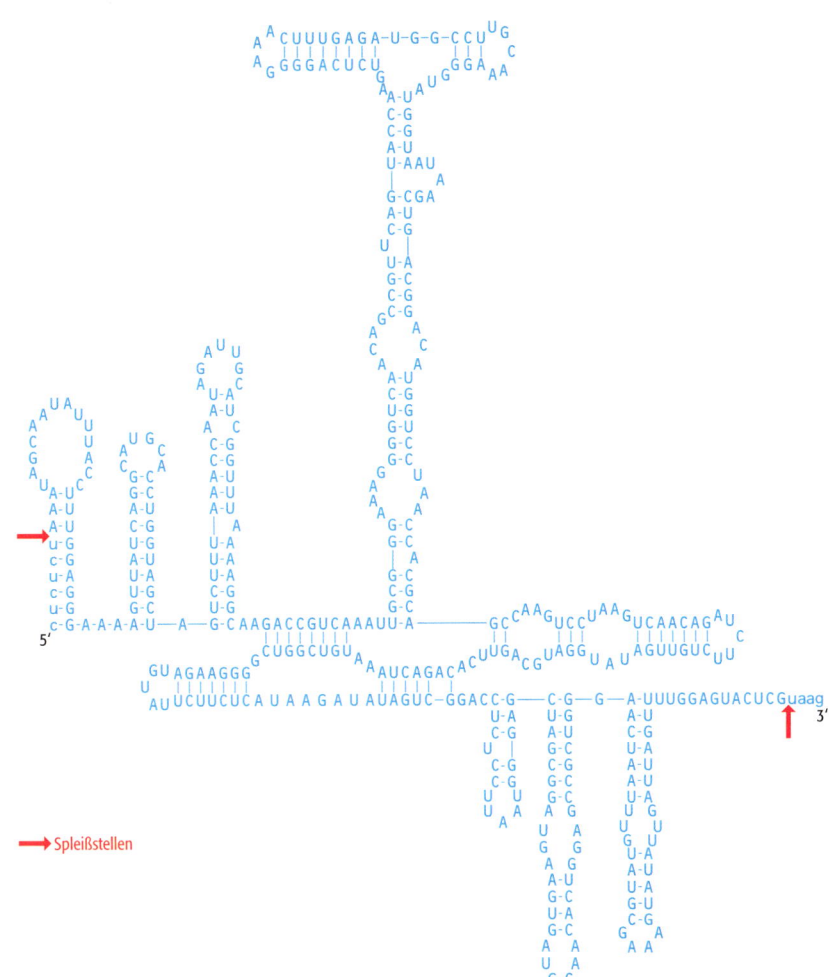

**12.39  Die Basenpaarungsstruktur des rRNA-Introns bei *Tetrahymena*.** Die Intronsequenz ist in Großbuchstaben wiedergegeben, die Exons in Kleinbuchstaben. Durch weitere Wechselwirkungen faltet sich das Intron zu einer dreidimensionalen Struktur, in der die beiden Spleißstellen zusammenliegen.

Spleißstellen

| Tabelle 12.4 | Beispiele für Ribozyme |
|---|---|
| **Ribozym** | **Beschreibung** |
| selbstspleißende Introns | einige Introns der Gruppen I, II und III spleißen sich selbst durch einen autokatalytischen Prozess; es gibt auch zunehmend Hinweise, dass der Spleißmechanismus der GU–AG-Inrons zumindest einige Schritte enthält, die durch snRNAs katalysiert werden |
| Ribonuclease P | das Enzym, das bei Bakterien die 5′-Enden von tRNAs (Abschnitt 12.1.3) erzeugt, besteht aus einer RNA- und einer Proteinuntereinheit, wobei die katalytische Aktivität in der RNA liegt |
| ribosomale RNA | die Peptidyltransferaseaktivität, die bei der Proteinsynthese für die Bildung der Peptidbindung notwendig ist (Abschnitt 13.2.3), hängt mit der 23S-rRNA der großen ribosomalen Untereinheit zusammen |
| tRNA$^{Phe}$ | durchläuft in Gegenwart von zweiwertigen Blei-Ionen eine selbstkatalysierte Spaltung |
| Genome von Viren | bei der Replikation der RNA-Genome einiger Viren kommt es zu einer selbstkatalysierten Spaltung der Ketten der neu synthetisierten Genome, die „Kopf an Schwanz" verknüpft vorliegen; Beispiele sind pflanzliche Viroide und Virusoide (Abschnitt 9.1.2) und das Hepatitis-Deltavirus bei Tieren; diese Viren bilden zusammen mit verschiedenen RNA-Basenpaarungsstrukturen, die ebenfalls eine selbstspaltende Aktivität zeigen, eine heterogene Gruppe, zu der beispielsweise auch die gut untersuchte Hammerkopfstruktur gehört (Abb. 9.9) |

reichend, möglicherweise wird die Stabilität des Ribozyms bei einigen Introns durch nichtkatalytische Proteinfaktoren verbessert, die an die RNA binden. Dies hatte man schon lange Zeit bei Gruppe-I-Introns in bestimmten Genen von Organellen vermutet. Viele dieser Introns enthalten ein offenes Leseraster, das ein Protein codiert. Dieses Protein mit der Bezeichnung **Maturase** spielt anscheinend beim Spleißen eine Rolle.

### Das Entfernen von Introns aus Prä-tRNAs der Eukaryoten

Bei den niederen Eukaryoten sind tRNA-Introns relativ weit verbreitet, kommen bei den Vertebraten jedoch seltener vor – beim Menschen gibt es sie nur in 6 % aller tRNA-Gene. Die Introns in den eukaryotischen Prä-tRNAs sind 14–60 Nucleotide lang und liegen normalerweise im Transkript immer an derselben Position in der Anticodonschleife ein Nucleotid stromabwärts des Anticodons. Die Intronsequenz ist variabel, enthält aber eine kurze Region, die zum Anticodon und möglicherweise zu ein bis zwei der anschließenden Nucleotide komplementär ist. Durch Basenpaarung zwischen den komplementären Sequenzen entsteht in der ungespleißten Prä-tRNA eine kurze Stammstruktur zwischen zwei Schleifen (Abb. 12.40).

Im Gegensatz zu den anderen Arten von Introns der Eukaryoten kommt es beim Spleißen der Prä-tRNA-Introns nicht zu einer Umesterung. Stattdessen werden die beiden Spleißstellen von einer Endonuclease geschnitten. Dieses Enzym enthält vier verschiedene Untereinheiten, von denen eine mithilfe der Basenpaarungen des Introns die richtige Position erkennt, an der die Endonuclease schneiden soll. Den stromaufwärts und stromabwärts liegenden Schnitt führen dann zwei der anderen Untereinheiten des Enzyms aus. Die Spaltung erzeugt eine zyklische Phosphatstruktur am 3′-Ende des stromaufwärts liegenden Exons und eine Hydroxylgruppe am 5′-Ende des stromabwärts liegenden Exons (Abb. 12.40). Eine Phosphodiesterase wandelt das zyklische Phosphat in ein 3′-OH-Ende um, und das 5′-OH-Ende wird durch eine Kinase zu einem 5′-P-Ende. Die normale Basenpaarung der tRNA-Sequenz hält diese beiden Enden nahe beieinander und eine Ligase verknüpft sie dann. Die Aktivität von Phosphodiesterase, Kinase und Ligase liegen auf einem einzigen Protein.

### Andere Arten von Introns

Es gibt acht verschiedene Arten von Introns (Tab. 12.2). Vier von ihnen wurden bereits in diesem Kapitel behandelt: die Introns der Prä-mRNAs im Zellkern in Form der GU–AG-Klasse und der AU–AC-Klasse, die selbstspleißenden Gruppe-I-Introns und die Introns der eukaryotischen Prä-tRNA-Gene. Zur Vollständigkeit seien hier noch die Besonderheiten der vier weiteren Gruppen aufgeführt:

- **Gruppe-II-Introns** kommen in den Genomen der Organellen von Pilzen und Pflanzen vor, sowohl in Prä-mRNA als auch in Prä-rRNA, außerdem kennt man einige wenige bei Prokaryoten. Gruppe-II-Introns besitzen eine charakteristische Sekundärstruktur und sie können sich im Reagenzglas selbst spleißen, unterscheiden sich aber von den Gruppe-I-Introns. Die Sekundärstruktur ist anders, und der Spleißmechanismus ist dem der Prä-mRNA-Introns ähnlicher, wobei die erste Umesterung von der Hydroxylgruppe eines inneren Adenosinnucleotids ausgeht und das Intron in eine Lassostruktur überführt wird. Diese Übereinstimmungen führten zu der Annahme, dass Gruppe-II- und Prä-mRNA-Introns in der Evolution einen gemeinsamen Ursprung besitzen (Abschnitt 18.3.2). Einige Gruppe-II-Introns sind mobile Elemente, welche über einen besonderen Mechanismus transponieren, den man als **_retrohoming_** bezeichnet. Dabei fügt sich das ausgeschnittene Intron, das bekanntermaßen ein einzelsträngiges RNA-Molekül ist, direkt in das Genom des Organells ein, bevor es zu DNA umkopiert wird.

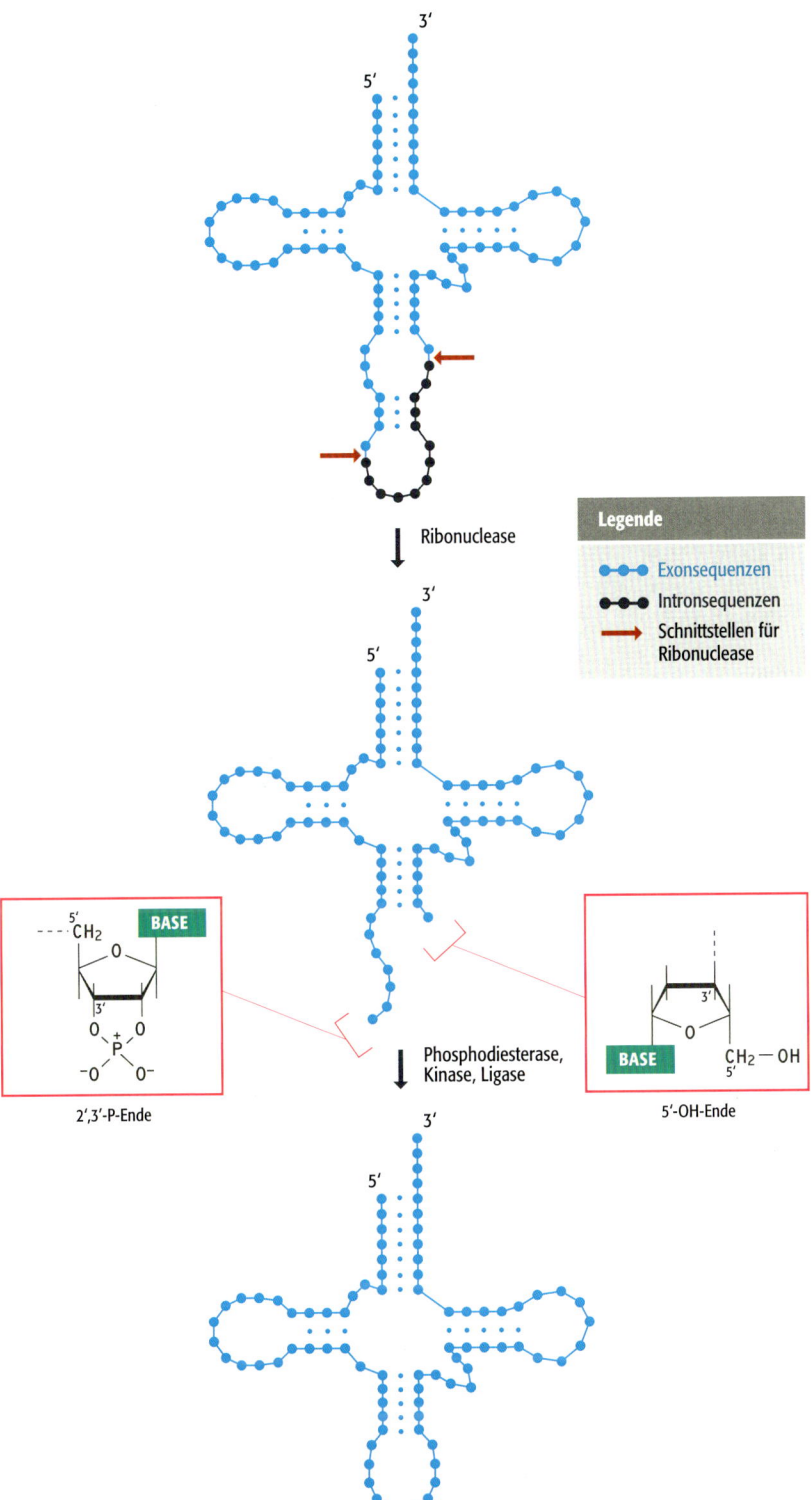

12.40 Spleißen der Prä-tRNA$^{Tyr}$ bei *Saccharomyces cerevisiae*.

- **Gruppe-III-Introns** kommen auch in den Genomen von Organellen vor. Sie sind selbstspleißend, der Mechanismus ist dem der Gruppe-II-Introns sehr ähnlich. Gruppe-III-Introns sind kleiner und besitzen eine eigene, spezifische Sekundärstruktur. Die Ähnlichkeit mit Gruppe-II-Introns deutet wiederum auf eine evolutionäre Verwandtschaft hin.

- **Twintrons** sind zusammengesetzte Strukturen aus zwei oder mehr Gruppe-II- und/oder Gruppe-III-Introns. Die einfachsten Twintrons bestehen aus einem Intron, das in ein anderes eingebettet ist, kompliziertere Exemplare enthalten hingegen mehrere eingebettete Introns. Die einzelnen Introns, aus denen sich ein Twintron zusammensetzt, werden normalerweise in einer festgelegten Reihenfolge gespleißt.

- Die **Introns der Archaea** kommen in tRNA- und rRNA-Genen vor. Sie werden durch eine Ribonuclease herausgeschnitten, die dem Enzym ähnelt, das beim Spleißen der eukaryotischen Prä-tRNAs mitwirkt.

## 12.2.5 Chemische Modifikation der RNAs von Eukaryoten

Die tRNAs und rRNAs der Eukaryoten unterliegen denselben Arten von chemischer Modifikation wie die bakteriellen Moleküle (Abschnitt 12.1.3). Bei den tRNAs werden die Enzyme, die die chemischen Modifikationen ausführen, anscheinend über die Basenpaarungsstruktur des tRNA-Moleküls zu den richtigen Nucleotiden gelenkt, ähnlich wie sich die Endonucleasen, die die tRNA-Introns spleißen, an der Basenpaarungsstruktur orientieren. Bei den rRNAs der Eukaryoten ist die Situation jedoch anders.

### *Kleine nucleoläre RNAs steuern die chemische Modifikation der eukaryotischen rRNAs*

Ohne weitere Kenntnisse ist nur schwer vorstellbar, wie sich die Spezität der rRNA-Modifikation sicherstellen lässt. An der menschlichen Prä-rRNA erfolgen 106 Methylierungen und 95 Umwandlungen zu Pseudouridin, wobei jede Veränderung an einer definierten Position erfolgt. Es gibt keine erkennbaren Sequenzübereinstimmungen, die sich als Zielstrukturen der modifizierenden Enzyme identifizieren lassen. Es verwundert nicht, dass bei der Untersuchung der rRNA-Modifikation zuerst nur geringe Erfolge erzielt wurden. Zum Durchbruch kam es, als man zeigen konnte, dass bei Eukaryoten die kurzen RNAs, die als snoRNAs bezeichnet werden, am Modifizierungsprozess beteiligt sind. Diese Moleküle sind 70–100 Nucleotide lang und im Nucleolus lokalisiert. In diesem Bereich des Zellkerns findet die rRNA-Synthese statt. Die ursprüngliche Entdeckung bestand darin, dass die snoRNAs durch Basenpaarung mit einer Zielregion genau die Positionen festlegen, an denen die Prä-rRNA methyliert werden muss. Die Basenpaarung betrifft nur einige wenige Nucleotide und nicht die gesamte Länge der snoRNA, aber diese Nucleotide liegen immer unmittelbar stromaufwärts von einer konservierten Sequenz, die man als D-Box bezeichnet (Abb. 12.41a). Das Basenpaar mit dem Nucleotid, das modifiziert werden soll, liegt fünf Positionen von der D-Box entfernt. Die Hypothese lautet nun, dass die D-Box das Erkennungssignal für das Methylierungsenzym ist, das auf diese Weise zum richtigen Nucleotid gelenkt wird. Nach diesen ersten Entdeckungen in Bezug auf die Methylierung ließ sich zeigen, dass eine andere Familie von snoRNAs bei der Umwandlung von Uridin zu Pseudouridin dieselbe Lotsenfunktion übernimmt. Diese snoRNAs enthalten keine D-Box, sondern verfügen noch über andere konservierte Sequenzmotive, die wahrscheinlich vom Modifizierungsenzym erkannt werden. Jede der Sequenzen kann über Basenpaarung eine spezifische Wechselwirkung mit der Zielstelle bilden und legt so das Nucleotid fest, das modifiziert werden soll.

Es gibt also für jede modifizierte Position in einer Prä-rRNA eine bestimmte snoRNA, mit Ausnahme von vielleicht einigen wenigen Stellen, die eng genug beieinander liegen, dass sie von einer einzigen snoRNA erfasst werden können. Das bedeutet, dass es einige Hundert snoRNAs pro Zelle geben muss. Eine gewisse Zeit lang erschien das unwahrscheinlich, da man nur sehr wenige snoRNA-Gene finden konnte. Heute ist man jedoch der Ansicht, dass nur ein Teil von allen snoRNAs von diesen Standardgenen abgelesen wird. Stattdessen werden die meisten snoRNAs von Sequenzen innerhalb von Introns in anderen Genen codiert und durch Herausschneiden aus dem Intron nach der Spleißreaktion freigesetzt (Abb. 12.41b).

### RNA-Editing

Da rRNAs und tRNAs nichtcodierend sind, beeinflussen chemische Modifikationen an ihren Nucleotiden nur die Struktureigenschaften und möglicherweise die katalytischen Aktivitäten der Moleküle. Bei mRNAs stellt sich die Situation deutlich anders dar: Eine chemische Modifikation kann die codierte Information des Transkripts verändern, was zu einer entsprechenden Veränderung der Aminosäuresequenz des zugehörigen Proteins führt. Das bezeichnet man als **RNA-Editing**. Ein wichtiges Beispiel für RNA-Editing findet sich bei der mRNA für menschliches Apolipoprotein B. Das Gen für dieses Protein codiert ein Polypeptid mit 4 563 Aminosäuren, das man als B100 bezeichnet. Es wird in Leberzellen synthetisiert und in den Blutkreislauf sezerniert, wo es Lipide durch den ganzen Körper transportiert. Ein verwandtes Protein ist Apolipoprotein B48, das in den Darmzellen produziert wird. Dieses Protein besitzt eine Länge von nur 2 153 Aminosäuren und wird von einer editierten Form der mRNA für das vollständige Protein synthetisiert (Abb. 12.42). In den Darmzellen wird diese mRNA durch Desaminierung eines Cytosins modifiziert, das in ein Uracil umgewandelt wird. So wird ein CAA-Codon für Glutamin zu einem UAA- Stoppcodon, sodass die Translation dort endet und ein verkürztes Protein entsteht. Die Desaminierung erfolgt durch ein RNA-bindendes Enzym, das in Verbindung mit einer Reihe von Hilfsproteinfaktoren unmittelbar stromabwärts der Modifizierungsstelle an die mRNA bindet.

Das RNA-Editing ist zwar nicht häufig, kommt aber in einer Anzahl verschiedener Organismen vor und es betrifft eine Reihe unterschiedlicher Nucleotidveränderungen (Tab. 12.5). Einige Editing-Reaktionen haben bedeutsame Auswirkungen auf den Organismus: Beim Menschen ist das RNA-Editing teilweise für die Antikörpervielfalt verantwortlich (Abschnitt 14.2.1), und man hat es mit der Kontrolle des Infektionszyklus von HIV-1 in Verbindung gebracht. Eine besonders interessante Form des RNA-Editing ist die Desaminerung von Adenosin zu Inosin. Diese Reaktion wird von Enzymen ausgeführt, die man als **Adenosindesaminasen für RNA** (ADAR) bezeichnet. Einige der Ziel-mRNAs dieser Enzyme werden selektiv an einer begrenzten Anzahl von Positionen editiert. Diese Positionen werden offenbar durch doppelsträngige Abschnitte der Prä-mRNA festgelegt, die durch Basenpaarung zwischen der Modifizierungsstelle und Sequenzen angrenzender Introns entstehen. Diese Art von Editing kommt beispielsweise bei der Prozessierung von mRNAs vor, die bei Säugern Glutamatrezeptoren codieren. Es gibt Hinweise darauf, dass RNA-Editing durch ADAR mit der RNA-Synthese eng gekoppelt ist, da auch einige Nucleotide in Introns editiert werden (die Reaktion also vor dem Spleißen der Introns erfolgt).

**a)** Methylierung durch U24-snoRNA bei der Hefe

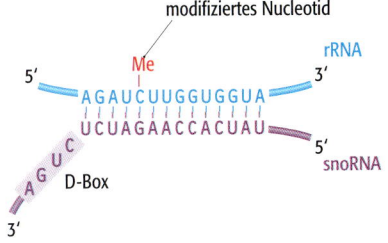

**b)** Synthese der menschlichen U16-snoRNA

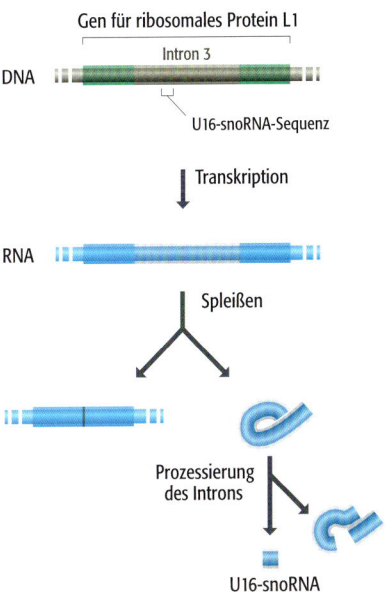

**12.41    Methylierung von rRNA durch snoRNA.** a) Das Beispiel zeigt die Methylierung eines Cytosins an Position 1 436 in der 25S-rRNA von *Saccharomyces cerevisiae* (entspricht der 28S-rRNA der Vertebraten). Die Reaktion wird durch die U24-snoRNA gesteuert. Die D-Box der snoRNA ist hervorgehoben. Die Modifikation erfolgt immer an dem Basenpaar, das fünf Nucleotide von der D-Box entfernt liegt. Interessant ist dabei, dass die Wechselwirkung zwischen rRNA und snoRNA ein ungewöhnliches G–U-Basenpaar beinhaltet, das bei RNA-Nucleotiden zulässig ist. b) Viele snoRNAs entstehen aus Intron-RNA, wie hier am Beispiel der U16-snoRNA dargestellt ist. Diese wird von einer Sequenz in Intron 3 des Gens für das ribosomale Protein L1 codiert.

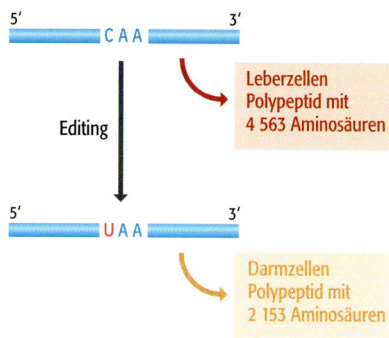

**12.42   RNA-Editing der mRNA für das menschliche Apolipoprotein B.** Die Umwandlung eines Cytosins in ein Uracil erzeugt ein Stoppcodon, wodurch in den Darmzellen eine verkürzte Form von Apolipoprotein B synthetisiert wird.

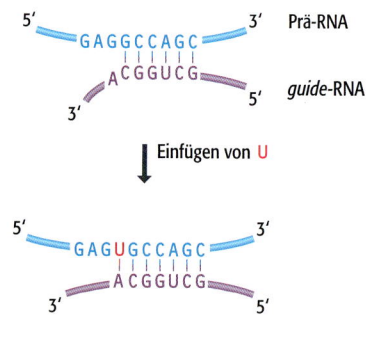

**12.43   Die Funktion einer *guide*-RNA beim Pan-Editing.**

Die Effizienz des RNA-Editing ist verringert, wenn die CTD der RNA-Polymerase II künstlich verändert wurde.

Das selektive RNA-Editing unterscheidet sich von der zweiten Art der Modifikation, die von den ADARs ausgeht. Hier werden die Zielmoleküle umfassend desaminiert, das heißt über 50 % der Adenosine in der RNA werden zu Inosin umgewandelt. Dieses „Hyperediting" wurde bis jetzt vor allem, aber nicht ausschließlich, bei viralen RNAs beobachtet. Man nimmt an, dass es sich um eine zufällige Reaktion handelt und dass diese RNAs durch die Basenpaarung Strukturen annehmen, die irgendwie als Substrate für ADARs wirken. Möglicherweise besitzt diese Reaktion im Verlauf der Krankheiten, die diese editierten Viren verursachen, eine physiologische Bedeutung. Die Vermutung wird durch die Entdeckung unterstützt, dass virale RNAs, die mit persistierenden Masern-infektionen zusammenhängen (im Gegensatz zur häufigeren temporären Form), hyperediert sind.

Die oben genannten Beispiele für das RNA-Editing sind relativ einfache und direkte Reaktionen, die, mit Ausnahme des Hyperediting, an einer einzigen Position oder an einer begrenzten Anzahl von Positionen in den entsprechenden mRNAs zu Nucleotidveränderungen führen. Folgende komplexere Formen des RNA-Editing sind jedoch ebenfalls bekannt:

● Beim **Pan-Editing** werden Nucleotide in großer Zahl in verkürzte RNAs eingeführt, damit funktionsfähige Moleküle entstehen können. Diese Reaktion kommt vor allem in den Mitochondrien der Trypanosomen häufig vor. Viele der in den Mitochondrien von Trypanosomen transkribierten RNAs werden von **Kryptogenen** codiert. Das sind Sequenzen, denen einige Nucleotide fehlen, die in den reifen RNAs dann vorhanden sind. Die von diesen Kryptogenen transkribierten Prä-RNAs werden durch vielfaches Einfügen von U-Nucleotiden prozessiert. Das geschieht an Positionen, die von kurzen *guide*-RNAs festgelegt werden. Dabei handelt es sich um kurze RNAs, die mit der Prä-mRNA Basenpaare bilden können und die an den Stellen, an denen U-Nucleotide eingefügt werden sollen, A-Nucleotide enthalten (Abb. 12.43).

● Bei einigen viralen RNAs kommt es zu einem weniger intensiven **Insertionsediting**. So gehen aus dem P-Gen des Paramyxovirus mindestens zwei verschiedene Proteine hervor, da an spezifischen Positionen der mRNA G-Nucleotide eingefügt werden. Diese Insertionen werden nicht durch

| Tabelle 12.5 | Beispiele für RNA-Editing bei Tieren | | |
|---|---|---|---|
| **Gewebe** | **Ziel-RNA** | **Veränderung** | **Anmerkungen** |
| Darm | Apolipoprotein-B-mRNA | C→U | wandelt ein Glutamincodon in ein Stoppcodon um |
| Muskel | α-Galactosidase-mRNA | U→A | wandelt ein Phenylalanincodon in ein Tyrosincodon um |
| Hoden, Tumoren | Wilms-Tumor-1-mRNA | U→C | wandelt ein Leucincodon in ein Prolincodon um |
| Tumoren | Neurofibromatose-Typ-1-mRNA | C→U | wandelt ein Arginincodon in ein Stoppcodon um |
| B-Lymphocyten | Immunglobulin-mRNA | verschiedene | trägt zur Erzeugung der Antikörpervielfalt bei |
| HIV-infizierte Zellen | HIV-1-Transkript | G→A, C→U | wirkt bei der Regulation des HIV-1-Infektionszyklus mit |
| Gehirn | Glutamatrezeptor-mRNA | A→Inosin | da mehrere Positionen betroffen sind, werden verschiedene Codons verändert |

*guide*-RNAs gesteuert, sondern bei der RNA-Synthese durch die RNA-Polymerase eingefügt.

- Bei zahlreichen mRNAs in den Mitochondrien von Tieren kommt es zu einem **Polyadenylierungsediting**. Fünf der mRNAs, die beim Menschen vom Mitochondriengenom transkribiert werden, enden mit U oder UA und nicht mit einem der Stoppcodons (UAA oder UAG im genetischen Code der menschlichen Mitochondrien). Die Polyadenylierung wandelt das endständige U oder UA in ein UAAAA… um, sodass ein Stoppcodon entsteht. Dies ist eine von mehreren Besonderheiten, die im Mitochondriengenom in der Evolution entstanden sind, sodass diese Genome einen möglichst geringen Umfang besitzen.

## 12.2.6 Abbau der RNAs bei Eukaryoten

Eukaryotische mRNAs sind langlebiger als ihre Gegenstücke bei den Bakterien, wobei die durchschnittliche Halbwertszeit von mRNA bei der Hefe 10–20 Minuten beträgt, bei Säugern mehrere Stunden. Innerhalb einzelner Zellen sind die Unterschiede ebenfalls besonders auffällig: Einige mRNAs der Hefe haben eine Halbwertszeit von nur einer Minute, während diese bei anderen mRNAs eher 35 Minuten beträgt. Diese Beobachtungen führen zu zwei Fragen: Wie werden mRNAs abgebaut? Und wie werden diese Reaktionen kontrolliert?

### Bei Eukaryoten gibt es sehr unterschiedliche Mechanismen für den RNA-Abbau

Bei den Eukaryoten hat man bei der Untersuchung des mRNA-Abbaus mit der Hefe die größten Fortschritte erzielt. Man hat mindestens vier Abbauwege identifiziert. Bei einem ist ein Proteinkomplex beteiligt, den man als **Exosom** bezeichnet. Dieses baut Transkripte in der 3'→5'-Richtung ab und enthält Nucleasen, die mit den Enzymen des bakteriellen Degradosoms verwandt sind. Exosomen kommen wahrscheinlich auch in Säugerzellen vor und sie sind zweifellos von Bedeutung, aber sie wurden noch nicht genau untersucht. Ihre Funktion liegt möglicherweise nicht *per se* beim Abbau von mRNA, sondern in der Kontrolle der Polyadenylierung, wo sie sicherstellen, dass die Transkripte, die den Zellkern verlassen sollen, auch mit einem korrekten Poly(A)-Schwanz ausgestattet sind.

Über zwei weitere mRNA-Abbauprozesse bei Eukaryoten weiß man deutlich mehr. Der erste ist das **desadenylierungsabhängige Decapping** (Abb. 12.44). Die Reaktion wird durch das Entfernen des Poly(A)-Schwanzes ausgelöst. Dafür ist möglicherweise entweder die Spaltung durch eine Exonuclease oder der Verlust des polyadenylatbindenden Proteins, das den Schwanz stabilisiert, verantwortlich (Abschnitt 12.2.1). Nach dem Entfernen des Poly(A)-Schwanzes wird die 5'-Cap-Struktur durch das Decapping-Enzym Dcp1p abgespalten. Die Decapping-Reaktion verhindert, dass die mRNA translatiert wird (Abschnitt 13.2.2), sodass ihre funktionelle Existenz endet. Die mRNA wird dann vom 5'-Ende her durch Exonucleasen schnell abgebaut. Ob eine bestimmte mRNA abgebaut wird oder nicht, beruht wahrscheinlich darauf, ob die Cap-Struktur für Dcp1p zugänglich ist. Das wiederum hängt davon ab, inwieweit die Cap-Struktur und die daran bindenden Proteine assoziiert bleiben, um die Translation zu beginnen (Abschnitt 13.2.2). Der Abbau wird ebenfalls beeinflusst, zumindest im Fall von zwei mRNAs bei der Hefe. Ausschlaggebend sind Sequenzen, die im Transkript liegen und die man als **Instabilitätselemente** bezeichnet. Die Bedeutung dieser Sequenzen ließ sich durch Experimente zeigen, bei

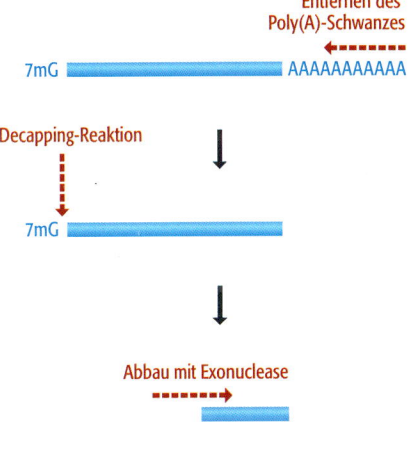

12.44    Desadenylierungsabhängiges Decapping für den Abbau einer mRNA.

denen man ein Element künstlich entfernt hatte, was dazu führte, dass sich die Translation verstärkte und der Abbau der mRNA verringerte.

Das zweite umfassend untersuchte System für den Abbau von eukaryotischen mRNAs bezeichnet man als **Nonsense-vermittelten RNA-Abbau** (**NMD**) oder **mRNA-Überwachung** (*mRNA surveillance*). Die erste der beiden Bezeichnungen gibt bereits einen Hinweis auf die Funktion, da in der Alltagssprache der Biochemie eine „Nonsense"-Sequenz ein Stoppcodon ist. Der NMD-Mechanismus führt zum spezifischen Abbau von mRNAs, die an einer falschen Position ein Stoppcodon besitzen. Das kann entweder daran liegen, dass das Gen eine Mutation erhalten hat, oder eine falsche Spleißreaktion stattfand. Das falsche Codon wird vermutlich durch einen so genannten „Überwachungsmechanismus" erkannt. Dieser besteht aus einem Komplex von Proteinen, der die mRNA absucht und irgendwie zwischen einem echten Stoppcodon, das sich am Ende der codierenden Region des Transkripts befindet, und einem Stoppcodon an einer falschen Stelle unterscheiden kann (Abb. 12.45a). Bei diesem Modell gibt es einige gedankliche Unklarheiten, da man sich nicht leicht vorstellen kann, wie der Überwachungskomplex zwischen echten und falschen Stoppcodons unterscheidet. Aktuelle Hypothesen gehen von der Beobachtung aus, dass ein korrektes Stoppcodon als fehlerhaft erkannt wird, wenn das Transkript künstlich so verändert wurde, dass sich stromabwärts des Stoppcodons eine neue Exon-Intron-Grenze befindet (Abb. 12.45b). Die Überwachungsenzyme nutzen also möglicherweise Exon-Intron-Grenzen als Orientierungspunkte, um ein richtiges Stoppcodon zu erkennen, dass sich normalerweise stromabwärts des letzten Introns befindet. Es wurden noch andere Mechanismen postuliert, bei denen der Position des Stoppcodons keine Bedeutung beigemessen wird, stattdessen unterscheidet sich die genaue Art der Ereignisse bei der Translationstermination an einem vorzeitigen Stoppcodon im Vergleich zu einem Stoppcodon an der richtigen Position. Unabhängig von der tatsächlichen Art des Mechanismus führt die Erkennung eines falschen Stoppcodons zum Abspalten der Cap-Struktur und zu einem Exonucleaseabbau in 5′→3′-Richtung, ohne dass vorher der Poly(A)-Schwanz entfernt wird. Das geschieht

**a)** mRNA-Überwachung kann falsche Stoppcodons lokalisieren

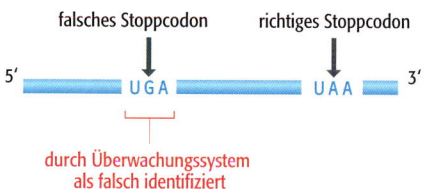

**b)** Einfluss einer Exon-Intron-Grenze

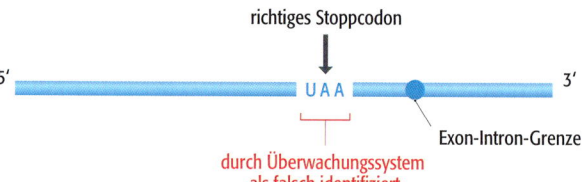

12.45   mRNA-Überwachung.

durch andere Proteine als beim desadenylierungsabhängigen Decapping. Der NMD-Mechanismus soll zwar vor allem mRNAs abbauen, die durch eine Mutation verändert oder falsch gespleißt wurden, aber es gibt Hinweise darauf, dass dieser Mechanismus auch für den Abbau von normalen mRNAs eine Rolle spielt, jedoch wahrscheinlich nicht so, dass auf diese Weise die Expression eines bestimmten Gens kontrolliert werden könnte.

### *Das RNA-Silencing wurde ursprünglich als Mechanismus zur Zerstörung von eingedrungener Virus-RNA entdeckt*

Die oben beschriebenen Systeme dienen dazu, in eukaryotischen Zellen endogene mRNAs abzubauen. Seit mehreren Jahren weiß man jedoch, dass Eukaryoten auch über andere Mechanismen zum RNA-Abbau verfügen, die die Zellen vor einem Angriff durch fremde RNAs schützen, etwa durch die Genome von Viren. Ursprünglich bezeichnete man diesen Vorgang als **RNA-Silencing** (RNA-Inaktivierung), verwendet inzwischen aber den Begriff **RNA-Interferenz**, da der zugrunde liegende Mechanismus auch in der Genomforschung zur Inaktivierung von ausgewählten Genen dient, um ihre Funktionen zu untersuchen (Abschnitt 5.2.2).

Die Zielstruktur für das RNA-Silencing muss doppelsträngig sein, sodass zelluläre mRNAs ausgeschlossen sind. Davon betroffen sind jedoch virale Genome, von denen viele entweder in ihrer natürlichen Form aus doppelsträngiger RNA bestehen, oder sie replizieren sich über eine Zwischenstufe aus doppelsträngiger RNA (Abschnitt 9.1.2). Die doppelsträngige RNA wird durch bestimmte Proteine erkannt, die daran binden. Diese bilden eine Anheftungsstelle für eine Ribonuclease, die man als **Dicer** bezeichnet. Das Enzym schneidet das RNA-Molekül in *short interfering* RNAs (**siRNAs**) mit einer Länge von 21–28 Nucleotiden (Abb. 12.46). Dadurch wird das Virusgenom inaktiviert, aber was geschieht, wenn die Virusgene bereits transkribiert wurden? Wenn das der Fall ist, hat sich das Virus bereits schädlich ausgewirkt und das RNA-Silencing hätte seine Wirkung verfehlt, die Zelle vor Schäden zu schützen. Eine der interessanteren Entdeckungen der letzten Jahre hat gezeigt, dass es bei der RNA-Interferenz eine zweite Phase gibt, die spezifisch gegen virale RNAs gerichtet ist. Die siRNAs, die durch die Spaltung des Virusgenoms entstehen, werden in ihre Einzelstränge getrennt und jeder Strang von jeder siRNA bildet anschließend mit den viralen RNAs, die in der Zelle vorhanden sind, Basenpaarungen aus. Die so gebildeten doppelsträngigen Bereiche sind Zielstrukturen für den **RNA-induzierten Silencing-Komplex** (**RISC**). Dieser enthält ein RNA-bindendes Protein aus der Argonaut-Familie und eine Nuclease (möglicherweise ebenfalls ein Argonaut-Protein), die die mRNA spaltet und damit inaktiviert.

Die Arbeiten, die die erste Beschreibung des molekularen Prozesses lieferten, welcher der RNA-Interferenz zugrunde liegt, wurden in den 1990er-Jahren mit *C. elegans* durchgeführt. Seit damals ließ sich zeigen, dass RNA-Interferenz bei allen Eukaryoten vorkommt, mit Ausnahme von *S. cerevisiae* und einigen wenigen weiteren Organismen. Die RNA-Interferenz konnte bei verschiedenen Vorgängen nachgewiesen werden, die mit dem Abbau von RNA zu tun haben und bei denen man bis jetzt keine Gemeinsamkeiten hatte feststellen können. So entsteht beispielsweise beim „Springen" von einigen Typen von transponierbaren Elementen eine Zwischenstufe in Form einer doppelsträngigen RNA. Diese kann durch eine Reaktion abgebaut werden kann, die man jetzt als RNA-Interferenz identifiziert hat. Das ist eine Möglichkeit, wie Eukaryoten verhindern, dass sich Transposons in ihrem Genom beliebig ausbrei-

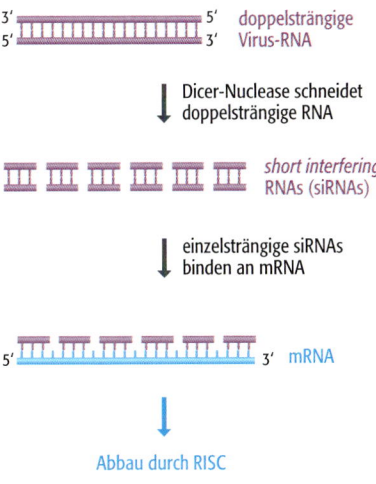

**12.46** Der Mechanismus der RNA-Interferenz.

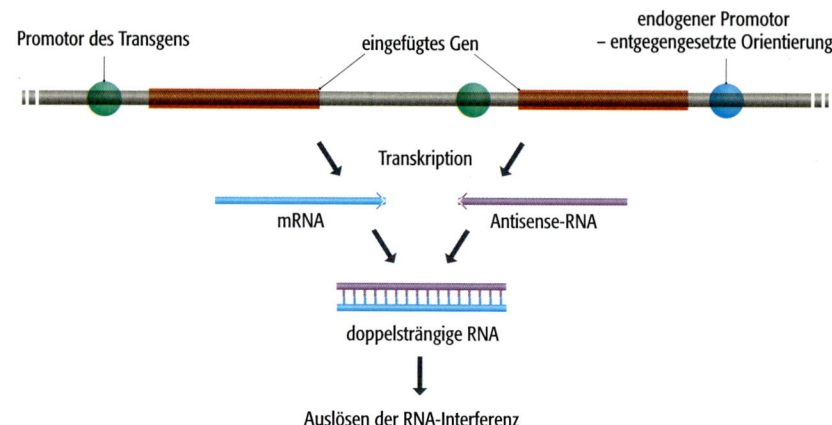

**12.47  Mit der RNA-Interferenz lässt sich erklären, warum Transgene manchmal inaktiv sind.** Zur besseren Verständlichkeit ist die Transkription der mRNA und der Antisense-mRNA so dargestellt, als würde sie von verschiedenen Kopien desselben Transgens transkribiert. Sie könnten auch von einem einzigen Transgen stammen, das sowohl von seinem eigenen Promotor als auch von einem Promotor des Zielorganismus transkribiert wird.

ten. Gentechniker waren zudem sehr überrascht darüber, dass einige Organismen (vor allem Pflanzen) in der Lage sind, Gene abzuschalten, die man vorher mithilfe von Klonierungsverfahren in ihre Genome eingeschleust hat. Heute wissen wir, dass diese Art des Abschaltens auftreten kann, wenn ein Transgen zufällig stromaufwärts eines Promotors eingefügt wird, der die Synthese einer Antisense-RNA-Kopie des gesamten Gens (oder eines Teils davon) bewirkt. Diese RNA bildet dann Basenpaarungen mit der Sense-mRNA, die vom Promotor des Transgens synthetisiert wird. Dadurch entsteht eine doppelsträngige RNA, die den Mechanismus der RNA-Interferenz auslöst (Abb. 12.47). In verschiedenen Organismen kommen weitere solcher Effekte vor, die man als *quelling* („Unterdrückung"), Cosuppression und posttranskriptionales Gen-Silencing bezeichnet und die inzwischen als verschiedene Formen der RNA-Interferenz identifiziert wurden.

### Mikro-RNAs regulieren die Genomexpression, indem sie den Abbau spezifischer Ziel-mRNAs bewirken

Bei vielen Organismen hat man inzwischen mehr als nur einen Typ von Dicer-Enzym identifiziert. *Drosophila melanogaster* besitzt beispielsweise zwei verwandte Dicer-Enzyme, und *Arabidopsis thaliana* sogar vier. Durch das mehrfache Auftreten von Dicer-Proteinen mit jeweils etwas anderen Eigenschaften drängt sich die Vermutung auf, dass es weitere RNA-Abbaureaktionen geben muss, die mit dem oben beschriebenen Mechanismus der RNA-Interferenz zwar verwandt sind, aber sich vielleicht doch davon unterscheiden. So hat sich herausgestellt, dass der zweite Typ von Dicer bei *Drosophila* nicht mit doppelsträngiger RNA funktioniert wie im Reaktionsweg in Abbildung 12.46 dargestellt ist. Stattdessen werden so genannte **mikro-RNAs** (miRNAs) verwendet, die im Genom der Taufliege codiert sind und von der RNA-Polymerase II synthetisiert werden. Mikro-RNAs werden zu Beginn als Molekülvorstufen synthetisiert, die man als Rückfaltungs-RNAs bezeichnet. Das soll darauf hinweisen, dass diese RNAs interne Basenpaare bilden können, die dann zur Ausformung von einer oder mehreren Haarnadelstrukturen führen (Abb. 12.48). Im Zellkern werden diese Rückfaltungs-RNAs durch das Enzym Drosha in einzelne Haarnadelschleifen geschnitten und in das Cytoplasma transportiert. Der doppelsträngige RNA-Bereich des Haarnadelstammes stimuliert den RNA-Interferenzmechanismus mit dem zweiten der beiden Dicer-Enzyme von *Drosophila*, das die Moleküle zu miRNAs mit einer Länge von 21 Nucleotiden zerschneidet. Jede miRNA ist komplementär zu einem Abschnitt einer zellulären

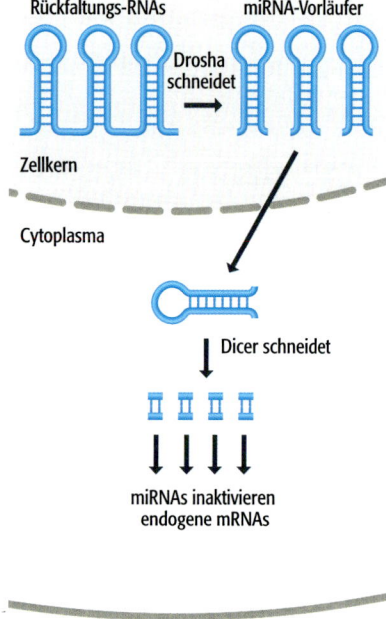

**12.48  Der Mechanismus der mikro-RNA-Interferenz.**

mRNA und bildet Basenpaare mit dieser Zielsequenz. Das stimuliert die Bildung eines Mikroribonucleoproteinkomplexes (miRNP), der in der Funktion mit RISC übereinstimmt und auch viele Proteine aus diesem Komplex enthält. Dadurch kommt es zur Spaltung der mRNA. Häufig liegt die Anlagerungsstelle für die miRNA im 3′-nichttranslatierten Bereich der Ziel-mRNA, manchmal in mehrfachen Kopien (Abb. 12.49). Eine Spaltung durch miRNP zerstört also nicht den codierenden Bereich der mRNA, trennt jedoch den Poly(A)-Schwanz ab. Das könnte die Initiation der Translation stören, bei der der Poly(A)-Schwanz beteiligt ist (Abschnitt 13.2.2), oder die mRNA wird auf diese Weise für einen Abbau durch den desadenylierungsabhängigen Decapping-Mechanismus zugänglich. Der genaue Mechanismus ist zwar nicht bekannt, aber die mRNA wird durch den miRNP inaktiviert.

Das erste miRNA-Silencing-System, das untersucht wurde, betraf die Gene *lin-4* und *let-7* von *C. elegans*. Beide codieren Rückfaltungs-RNAs, aus denen durch Dicer-Spaltung miRNAs hervorgehen. Eine Mutation in einem der beiden Gene führt zu einem Defekt in der Entwicklung des Wurms. Das deutet darauf hin, dass diese Art des RNA-Abbaus nicht einfach dazu dient, nicht benötigte oder möglicherweise schädliche DNA loszuwerden, sondern stattdessen bei der Regulation der Genomexpression große Bedeutung besitzt. Diese Vorstellung wird durch weitere Untersuchungen mit *C. elegans* unterstützt, bei denen sich herausstellte, dass diese Moleküle bei so verschiedenen biologischen Vorgängen wie Zelltod, Festlegung des Nervenzelltyps und die Kontrolle der Fettspeicherung eine Rolle spielen. Genomanalysen haben gezeigt, dass die meisten Tiere mindestens 100 bis 200 miRNAs produzieren können, möglicherweise sogar mehr. Bis jetzt hat man zwar nur wenige Zielsequenzen für diese miRNAs identifiziert, aber das miRNA-System erscheint zweifellos immer mehr als sehr weitreichender und besonders wichtiger Bereich der Genomregulation. Früher lag der Schwerpunkt vor allem darauf herauszufinden, wie die Genomexpression durch Proteine reguliert wird. Aber die Entdeckung, dass RNA-Molekülen hier genauso viel Bedeutung zukommen kann, hat unsere Vorstellungen darüber stark verändert, wie die Kontrolle über die Zusammensetzung des Proteoms einer Zelle erfolgt.

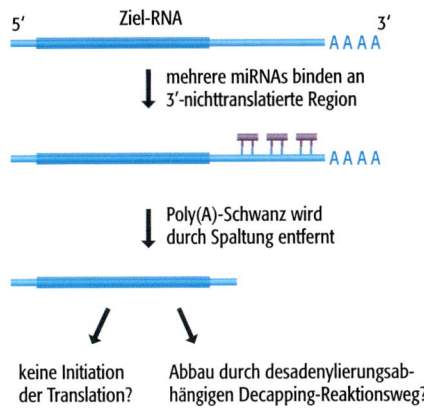

**12.49**   Zielsequenzen für miRNAs liegen häufig in der 3′-nichttranslatierten Region der Ziel-mRNA.

### 12.2.7 Der Transport von RNA in der eukaryotischen Zelle

In einer durchschnittlichen Säugerzelle liegen etwa 14 % der gesamten RNA im Zellkern vor. Über 80 % dieses Zellkernanteils ist RNA, die gerade prozessiert wird, bevor sie den Zellkern in Richtung Cytoplasma verlässt. Die übrigen 20 % sind snRNAs und snoRNAs, die bei der Prozessierung eine aktive Rolle spielen. Von diesen Molekülen waren zumindest einige bereits im Cytoplasma, wo sie mit Proteinen umhüllt und dann zurück in den Zellkern transportiert wurden. Anders ausgedrückt werden die eukaryotischen RNAs ständig vom Zellkern in das Cytoplasma und gegebenenfalls wieder zurück bewegt.

Der einzige Weg, über den RNAs den Zellkern verlassen oder hinein gelangen können, ist die Passage durch einen der zahlreichen **Kernporenkomplexe**, die überall in der Kernmembran vorkommen (Abb. 12.50). Ursprünglich hatte man sie mehr als einfaches Loch in der Membran angesehen, während man heute die Porenkomplexe als komplizierte Strukturen erkennt, die bei der Bewegung von Molekülen in den Zellkern hinein und aus ihn heraus eine aktive Rolle spielen. Kleine Moleküle können ungehindert durch einen Porenkomplex gelangen, aber RNAs und die meisten Proteine sind zu groß, um ohne Unter-

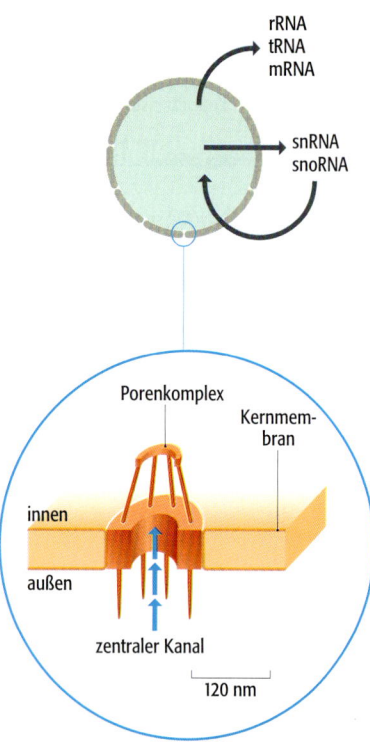

**12.50  Eukaryotische RNAs müssen durch die Kernporenkomplexe transportiert werden.** Bei den Eukaryoten werden rRNAs, tRNAs und mRNAs vom Zellkern in das Cytoplasma transportiert, wo diese Moleküle ihre zellulären Funktionen ausführen. Zumindest einige der snRNAs und snoRNAs werden ebenfalls in das Cytoplasma transportiert, bevor sie wieder in den Zellkern zurückkehren und dort bei der RNA-Prozessierung mitwirken. Die Kernpore ist nicht nur einfach ein Loch in der Kernmembran, sondern sie enthält einen Proteinkomplex. Dieser bildet einen Ring, der wiederum in die Pore eingebettet ist, wobei Strukturen sowohl in den Zellkern als auch in das Cytoplasma hineinragen. Nicht dargestellt ist der zentrale Kanalkomplex, ein Protein mit 12 kd, das sich vermutlich in dem Kanal befindet, der das Cytoplasma mit dem Zellkern verbindet. Man nimmt an, dass sich an der Oberfläche eines Zellkerns in einer tierischen Zelle etwa 3 000 Poren befinden.

stützung hindurch zu diffundieren. Sie müssen demnach in einem energieabhängigen Prozess durch die Pore transportiert werden. Wie bei vielen biochemischen Systemen stammt die Energie aus der Hydrolyse von einer der energiereichen Phosphat-Phosphat-Bindungen in einem Ribonucleoidtriphosphat, in diesem Fall aus der Umwandlung von GTP zu GDP (andere Vorgänge beruhen auf der Reaktion ATP → ADP). Die Freisetzung der Energie wird durch ein Protein bewerkstelligt, das man mit Ran bezeichnet. Für den Transport sind Rezeptorproteine erforderlich, die man **Karyopherine** nennt, oder auch, abhängig von der Richtung ihrer Transportaktivität, als **Exportine** beziehungsweise **Importine** bezeichnet. Beim Menschen gibt es mindestens 20 verschiedene Karyopherine, von denen jedes für den Transport einer bestimmten Molekülklasse zuständig ist – mRNA, rRNA und so weiter. Beispiele sind Exportin-t, das man bei der Hefe und bei den Säugern als Karyopherin für den Export von tRNAs identifiziert hat. Exportin-t kann die Transfer-RNAs direkt erkennen, während andere RNA-Typen wahrscheinlich durch proteinspezifische Karyopherine exportiert werden. Diese erkennen Proteine, die an die RNA gebunden haben, und nicht die RNA selbst. Das ist anscheinend auch beim Import von snRNA aus dem Cytoplasma in den Zellkern der Fall. Dieser Mechanismus beruht auf Importin-$\beta$, das eine Komponente eines der Proteintransportwege ist.

Der Export von mRNAs wird durch den Abschluss der Spleißreaktionen ausgelöst, möglicherweise über die Aktivität eines Proteins, das man bei der Hefe als Yra1p und bei Tieren als Aly bezeichnet. Sobald sich die mRNAs außerhalb des Zellkerns befinden, bewirken bestimmte Mechanismen, dass die mRNAs an ihre Bestimmungsorte transportiert werden. Es ist nicht bekannt, inwieweit die Positionierung eines Proteins in der Zelle auf die Translation einer mRNA an einer bestimmten Stelle oder auf den Transport des Proteins nach seiner Synthese zurückzuführen ist. Es gibt jedoch zweifelsfrei einige mRNAs, die an spezifischen Stellen in der Zelle translatiert werden. So werden beispielsweise die mRNAs, die Proteine codieren, welche in ein Mitochondrium transportiert werden sollen, von Ribosomen translatiert, die an der Oberfläche des Organells liegen. Man nimmt an, dass an den mRNAs Proteinmarkierungen zur Adressierung befestigt sind, um sie an die zugehörigen Positionen zu bringen, nachdem sie aus dem Zellkern transportiert wurden. Jedoch ist über diese Vorgänge nur sehr wenig bekannt.

# Zusammenfassung

Durch Strukturuntersuchungen ist es nun allmählich möglich, die genaue Art der Wechselwirkungen zwischen der RNA-Polymerase, der Matrizen-DNA und dem RNA-Transkript während der Elongationsphase der Transkription zu bestimmen. Die RNA-Polymerase synthetisiert ihr Transkript nicht mit konstanter Geschwindigkeit. Stattdessen erfolgt die Synthese mit Unterbrechungen, Phasen mit schneller Elongation wechseln mit kurzen Pausen ab, in denen das aktive Zentrum der RNA-Polymerase eine geringe Strukturveränderung erfährt. Die Termination der Transkription kann bei Bakterien nach einem von zwei Mechanismen erfolgen, bei einem ist das Hilfsprotein Rho erforderlich. Bakterien verfügen über verschiedene Mechanismen, um die Termination zu regulieren. Entweder werden Terminationssignale überlesen, sodass stromabwärts liegende Sequenzen transkribiert werden, wie es beim Bakteriophagen $\lambda$ der Fall ist, oder die Transkription hält an, bevor ein Gen oder Operon transkribiert wird, dessen Genprodukte nicht notwendig sind. Ribosomale und Transfer-RNAs werden bei Bakterien zuerst als Vorstufen synthetisiert, die durch Spaltungs- und Verkürzungsreaktionen prozessiert werden, sodass funktionelle RNAs entstehen. Diese RNAs werden auch an verschiedenen Positionen chemisch modifiziert. Beim kontrollierten Abbau von bakteriellen RNAs wirken eine Reihe verschiedener Enzyme mit. Bei den Eukaryoten werden die mRNAs durch die RNA-Polymerase II synthetisiert und erhalten am 5′-Ende eine Cap-Struktur aus 7-Methylguanosin. Außerdem werden sie am 3′-Ende polyadenyliert, indem eine Folge von Adeninnucleotiden angehängt wird. Viele eukaryotische Prä-mRNAs enthalten Introns, die aus den Transkripten durch einen komplexen Reaktionsweg herausgespleißt werden. In einer Struktur, die man als Spleißosom bezeichnet, wirken dabei kleine nucleäre Ribonucleoproteine mit. Alternative Spleißwege ermöglichen es, dass von einer einzelnen mRNA mehr als nur ein Protein synthetisiert wird. Diese sind bei verschiedenen physiologischen Abläufen von großer Bedeutung, etwa bei der Festlegung des Geschlechts von *Drosophila melanogaster*. Eukaryotische Prä-rRNAs und Prä-tRNAs können auch Introns enthalten. Die Introns in den Prä-rRNAs spleißen sich selbst und sind deshalb Beispiele für Ribozyme. Die rRNA der Eukaryoten wird durch einen Prozess chemisch modifiziert, bei dem kleine nucleoläre RNAs als *guide*-RNAs fungieren und die Positionen anzeigen, an denen die Modifikationen erfolgen sollen. Eine chemische Modifikation von mRNAs kommt weniger häufig vor, führt jedoch zu einer Veränderung der codierten Information. Das findet man beispielsweise beim Apolipoprotein B, das es bei Säugern in der Leber in der einen Form und im Darm in einer anderen Form gibt. Eukaryoten verfügen über verschiedene Mechanismen des RNA-Abbaus, beispielsweise das so genannte RNA-Silencing oder die RNA-Interferenz. Bei Letzterer bauen kleine interferierende RNAs und mikro-RNAs eindringende virale RNAs sowie mRNAs ab, die von zellulären Genen transkribiert und deren Produkte nicht mehr benötigt werden, und inaktivieren sie dadurch.

**12.1\*** Wie viele Basenpaare bilden bei Prokaryoten ungefähr die Bindungsstelle zwischen der DNA-Matrize und dem RNA-Transkript?

  **a.** 8

  **b.** 12–14

  **c.** 30

  **d.** Das gesamte RNA-Molekül bleibt mit der Matrize über Basenpaare verbunden, bis die Transkription beendet ist

**12.2** Welcher Faktor ist wahrscheinlich am wichtigsten, um darüber zu bestimmen, ob eine bakterielle RNA-Polymerase die Transkription fortsetzt oder beendet?

  **a.** Die Nucleotidkonzentration

  **b.** Die Struktur der Polymerase

  **c.** Die Methylierung der Terminatorsequenzen

  **d.** Thermodynamische Effekte

**12.3\*** Welche Funktion hat das Rho-Protein bei der Termination der Transkription?

  **a.** Es handelt sich um eine Helikase, die die Basenpaare zwischen Matrize und Transkript aktiv trennt

  **b.** Es handelt sich um ein DNA-bindendes Protein, das die Bewegung der RNA-Polymerase entlang der Matrize blockiert

  **c.** Es handelt sich um eine Untereinheit der RNA-Polymerase, die an RNA-Haarnadelstrukturen bindet und die Transkription anhält

  **d.** Es handelt sich um eine Nuclease, die die 3'-Enden von RNA-Transkripten abbaut

**12.4** Bei welcher der folgenden genetischen Einheiten spielt die Antitermination für die Regulation eine Rolle?

  **a.** Operons, die Enzyme codieren, welche bei der Biosynthese von Aminosäuren mitwirken, wobei die Regulation von der Konzentration der Aminosäuren abhängt

  **b.** Operons, die Enzyme codieren, welche beim Abbau von Metaboliten mitwirken, wobei die Regulation vom Vorhandensein des Metaboliten abhängt

  **c.** Gene, die sich im stromaufwärts liegenden Teil eines Operons befinden

  **d.** Gene, die sich im stromabwärts liegenden Teil eines Operons befinden

**12.5\*** Welche wichtige Veränderung der Transkription findet bei der stringenten Kontrolle von *E. coli* statt?

  **a.** Die Transkriptionsraten der meisten Gene werden erhöht

  **b.** Nur die Transkriptionsraten der Operons für die Biosynthese von Aminosäuren werden erhöht

  **c.** Die Transkriptionsraten der meisten Gene nehmen ab

  **d.** Nur die Transkriptionsraten der Operons für die Biosynthese von Aminosäuren nehmen ab

**12.6** Welche der folgenden Wirkungen ist wahrscheinlich nicht ausschlaggebend für die Modifikation von Nucleotiden?

  **a.** Eine stärkere Basenpaarung zwischen Ribonucleotiden zu erzeugen

  **b.** Die Erkennung der verschiedenen tRNA-Moleküle durch die Aminoacyl-tRNA-Synthetasen zu unterstützen

  **c.** Die Möglichkeiten der Wechselwirkungen zwischen tRNAs und Codons zu erweitern

  **d.** Damit ein einzelnes tRNA-Molekül mehr als ein Codon erkennen kann

**12.7\*** Die Freigabe des Promotors hängt bei Eukaryoten zusammen mit:

  **a.** dem Übergang der RNA-Polymerase vom Präinitiationskomplex zu einem RNA-synthetisierenden Komplex

  **b.** der Bewegung der RNA-Polymerase aus der Promotorregion und ihre Umwandlung (*commitment*) für die Synthese des RNA-Transkripts

  **c.** der Freisetzung der RNA-Polymerase aus dem Präinitiationskomplex, sodass kein Transkript erzeugt wird

  **d.** der Termination der Transkription aufgrund der Dissoziation der RNA-Polymerase von der Matrizen-DNA

**12.8** Wie wird die Lassostruktur beim Spleißen eines GU–AG-Introns erzeugt?

  **a.** Nach Spaltung der 5'-Spleißstelle wird zwischen dem 5'-Nucleotid und dem 2'-Kohlenstoffatom des Nucleotids an der 3'-Spleißstelle eine neue Phosphodiesterbindung gebildet

  **b.** Nach Spaltung der 5'-Spleißstelle wird zwischen dem 5'-Nucleotid und dem 2'-Kohlenstoffatom eines internen Adenosins eine neue Phosphodiesterbindung gebildet

  **c.** Nach Spaltung der 3'-Spleißstelle wird zwischen dem 5'-Nucleotid und dem 2'-Kohlenstoffatom des Nucleotids an der 5'-Spleißstelle eine neue Phosphodiesterbindung gebildet

  **d.** Nach Spaltung der 3'-Spleißstelle wird zwischen dem 5'-Nucleotid und dem 2'-Kohlenstoffatom eines internen Adenosins eine neue Phosphodiesterbindung gebildet

**12.9\*** Was sind kryptische Spleißstellen?

**a.** Es handelt sich um Spleißstellen, die in einigen Zellen verwendet werden, in anderen jedoch nicht

**b.** Es handelt sich um Spleißstellen, die immer verwendet werden

**c.** Es handelt sich um Stellen, die am alternativen Spleißen beteiligt sind, wodurch aus einigen mRNA-Molekülen Exons entfernt werden

**d.** Es handelt sich um Sequenzen in Exons oder Introns, die den Consensussspleißsignalen ähneln, aber keine wirklichen Spleißstellen sind

**12.10** Welche Aussage beschreibt das *trans*-Spleißen richtig?

**a.** Die Reihenfolge der Exons in einem RNA-Transkript wird verändert, damit eine andere mRNA-Sequenz entsteht

**b.** Aus einigen RNA-Transkripten werden Exons entfernt, aus anderen nicht

**c.** Intronsequenzen werden nicht aus RNA-Transkripten entfernt und zu Proteinen translatiert

**d.** Exons aus verschiedenen RNA-Transkripten werden miteinander verknüpft

**12.11\*** Welche besondere Eigenschaft haben Gruppe-I-Introns?

**a.** Sie werden durch externe RNA-Moleküle gespleißt, ohne dass Proteine beteiligt sind

**b.** Sie werden durch Proteinmoleküle gespleißt, ohne dass externe RNA-Moleküle beteiligt sind

**c.** Sie sind autokatalytisch

**d.** Sie kommen nur in den Genomen von Mitochondrien und Chloroplasten vor

**12.12** Die chemische Modifikation von eukaryotischen rRNA-Molekülen erfolgt

**a.** im Cytoplasma

**b.** im endoplasmatischen Reticulum

**c.** in der Zellkernhülle

**d.** im Nucleolus

**12.13\*** Welche der folgenden Reaktionen ist ein Beispiel für RNA-Editing?

**a.** Entfernen von Introns aus einem RNA-Transkript

**b.** Abbau eines RNA-Moleküls durch Nucleasen

**c.** Veränderung der Nucleotidsequenz eines RNA-Moleküls

**d.** Anbringen der Cap-Struktur am 5'-Ende eines RNA-Transkripts

**12.14** Welche Merkmale besitzt der Nonsense-vermittelte RNA-Abbau (NMD) als ein System für den Abbau von mRNA-Molekülen bei Eukaryoten?

**a.** Durch NMD werden mRNA-Moleküle abgebaut, die Stoppcodons an falschen Positionen aufweisen

**b.** Durch NMD werden mRNA-Moleküle abgebaut, die funktionslose Proteine codieren

**c.** Durch NMD werden mRNA-Moleküle abgebaut, denen ein Startcodon fehlt

**d.** Durch NMD werden mRNA-Moleküle abgebaut, denen ein Stoppcodon fehlt

**12.15\*** Welche der folgenden Aussagen beschreibt RNA-Interferenz?

**a.** Antisense-RNA-Moleküle blockieren die Translation von mRNA-Molekülen

**b.** Doppelsträngige RNA-Moleküle werden durch Proteine gebunden, die ihre Translation blockieren

**c.** Doppelsträngige RNA-Moleküle werden durch eine Nuclease in siRNA-Moleküle geschnitten

**d.** siRNA-Moleküle binden an das Ribosom, um die Translation von viralen mRNAs zu verhindern

**12.16** Wie werden RNA-Moleküle aus dem Zellkern transportiert?

**a.** Aufgrund passiver Diffusion durch die Membran

**b.** Durch Membranporen mithilfe einer energieunabhängigen Reaktion

**c.** Durch Membranporen mithilfe einer energieabhängigen Reaktion

**d.** Durch einen Kanal in der Membran, der in das endoplasmatische Reticulum führt

# Fragen mit kurzen Antworten

*Antworten auf die Fragen mit den ungeraden Zahlen finden Sie im Anhang

**12.1*** Beschreiben Sie den Mechanismus der Rho-abhängigen Termination der Transkriptsynthese bei *E. coli*.

**12.2** Wie verhindern Antiterminatorproteine wahrscheinlich die Dissoziation der RNA-Polymerase an Terminationssignalen?

**12.3*** Warum gibt es bei den Eukaryoten keine Attenuation?

**12.4** Beschreiben Sie Faktoren, die bestimmen, welche der beiden Haarnadelschleifen sich während der Transkription der Region stromaufwärts von *trpE* im Tryptophanoperon bildet. Wie können diese Haarnadelstrukturen die Expression des Tryptophanoperons regulieren?

**12.5*** Wie entstehen bei *E. coli* aus Prä-tRNAs durch Prozessierung reife tRNA-Moleküle? Welche Enzyme wirken dabei mit?

**12.6** Warum spielt der RNA-Abbau eine wichtige Rolle bei der Regulation der Genomexpression?

**12.7*** Wie bauen RNA-Exonucleasen bei Bakterien eine mRNA von ihrem 3'-Ende her ab, wenn die Haarnadelstruktur, die die Termination der Transkription induziert hat, vorhanden ist und dadurch die Aktivität dieses Enzyms blockiert?

**12.8** Welche sind die häufigsten Modifikationen in Transkripten von proteincodierenden Genen bei Eukaryoten?

**12.9*** Wie wird die Typ-0-Cap-Struktur an einer eukaryotischen mRNA befestigt?

**12.10** Erläutern Sie, wie von einem einzigen eukaryotischen Gen mehrere Hundert unterschiedliche mRNA-Moleküle synthetisiert werden können, wie etwa beim *slo*-Gen des Menschen.

**12.11*** Welche Funktion besitzen die kleinen nucleolären RNAs (snoRNAs) bei der Modifikation von Prä-rRNA-Molekülen bei Eukaryoten?

**12.12** Wie können mikro-RNAs die Genomexpression der Eukaryoten regulieren, wenn sie an die 3'-nichttranslatierte Region am Ende eines mRNA-Moleküls binden?

# Vertiefende Aufgaben

*Hinweise zur Beantwortung der Fragen mit den ungeraden Zahlen finden Sie im Anhang

**12.1*** Nach aktueller Auffassung erfolgt die Transkription diskontinuierlich, wobei die Polymerase regulär anhält und sich zwischen dem Fortsetzen der Elongation durch weiteres Anhängen von Nucleotiden an das Transkript und der Termination durch Dissoziation von der Matrize „entscheidet". Welche Auswahl getroffen wird, hängt davon ab, welche Alternative thermodynamisch am günstigsten ist (S. 365). Bewerten Sie diese Auffassung von der Transkription.

**12.2** Inwieweit ließen sich durch die Untersuchung der AU–AC-Introns Rückschlüsse auf die Besonderheiten der GU–AG-Exons ziehen?

**12.3*** Diskontinuierliche Gene sind bei höheren Organismen weit verbreitet, fehlen aber bei Bakterien fast völlig. Erläutern sie mögliche Gründe dafür.

**12.4** Erläutern Sie die verschiedenen Fragestellungen, die durch die Entdeckung des RNA-Editing aufkamen.

**12.5*** Die Existenz von Ribozymen betrachtet man als Beleg dafür, dass sich die RNA während der frühesten Phasen der Evolution vor den Proteinen entwickelte und deshalb alle Enzyme damals aus RNA bestanden. Nehmen Sie an, dass diese Hypothese zutrifft, und erklären Sie, warum es bis heute noch einige Ribozyme gibt.

# Aufgaben zu Abbildungen

*Antworten auf die Fragen mit den ungeraden Zahlen finden Sie im Anhang

**12.1***  Erläutern Sie den Mechanismus der Transkriptionstermination an einem intrinsischen Terminator in Bakterien.

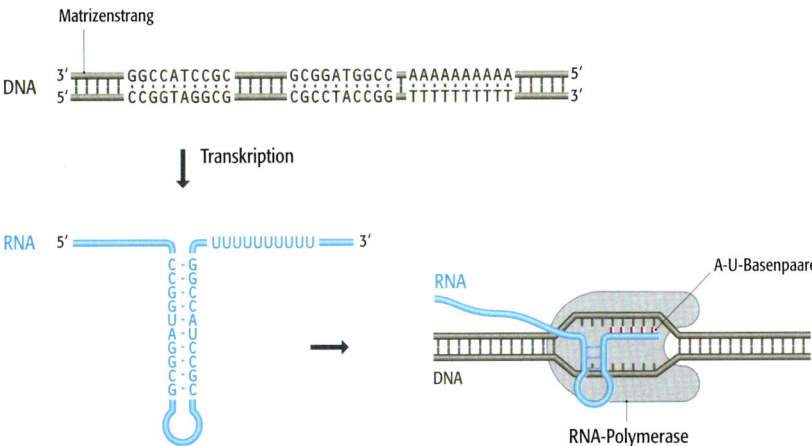

**12.2**  Erläutern Sie den Mechanismus der Polyadenylierung von mRNA-Molekülen in Eukaryoten.

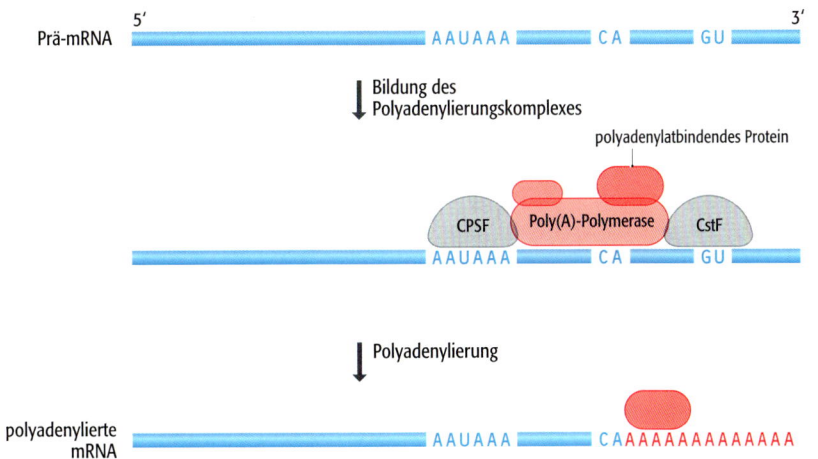

**12.3\*** Erläutern Sie die einzelnen Schritte beim Entfernen eines Introns, wie es in der Abbildung dargestellt ist.

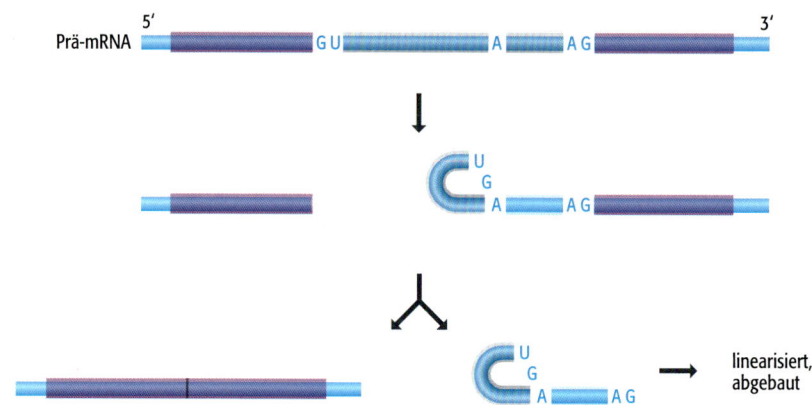

**12.4** Erläutern Sie den Reaktionsweg der Desadenylierung für den Abbau von mRNAs bei Eukaryoten. Ab wann werden eukaryotische mRNA-Moleküle nicht mehr translatiert?

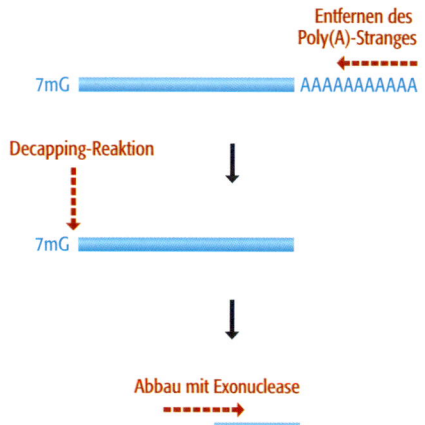

**12.5\*** Welcher Reaktionsweg ist hier abgebildet? Erläutern Sie die dargestellten Reaktionsschritte.

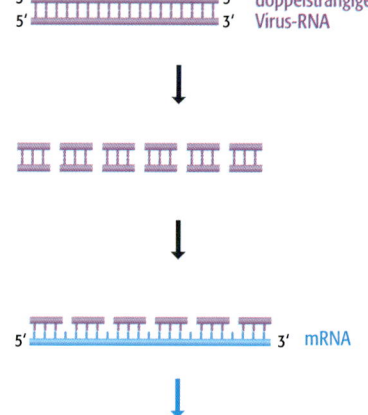

# Weiterführende Literatur

### RNA-Synthese durch die bakterielle RNA-Polymerase

Klug A (2001) A marvellous machine for making messages. *Science* 292: 1844–1846

Korzheva N, Mustaev A, Kozlov M, Malhotra A, Nikiforov V, Goldfarb A, Darst SA (2000) A structural model of transcription elongation. *Science* 289: 619–625

Toulokhonov L, Artsimovitch I, Landick R (2001) Allosteric control of RNA polymerase by a site that contacts nascent RNA hairpins. *Science* 292: 730–733. [Ein Modell für die Termination der Transkription]

### Kontrolle der mRNA-Synthese bei Bakterien

Henkin TM (1996) Control of transcription termination in prokaryotes. *Annu Rev Genet* 30: 35–57. [Eine ausführliche Erläuterung der Antitermination und Attenuation]

Losick RL, Sonenshein AL (2001) Turning gene regulation on its head. *Science* 293: 2018–2019. [Beschreibung der Attenuationssysteme bei den Tryptophanoperons von *E. coli* und *B. subtilis*]

Nickels BE, Hochschild A (2004) Regulation of RNA polymerase through the secondary channel. *Cell* 118: 281–284. [Der Reaktionsmechanismus bei Transkriptspaltungsproteinen]

### Synthese und Prozessierung der rnRNA bei Eukaryoten

Arndt KM, Kane CM (2003) Running with RNA polymerase: eukaryotic transcript elongation. *Trends Genet* 19: 543–550. [Einzelheiten zur Funktion der Elongationsfaktoren]

Conaway JW, Shilatifard A, Dvir A, Conaway RC. (2000) Control of elongation by RNA polymerase II. *Trends Biochem Sci* 25: 375–380

Conaway RC, Kong SE, Conaway JW (2003) TFIIS and GreB: two like-minded transcription elongation factors with stickyfingers. *Cell* 114: 272–273. [Ein Transkriptspaltungsprotein der Eukaryoten]

Cougot N, van Dijk E, Babajko S, Seeraphin B (2004) 'Cap-tabolism'. *Trends Biochem Sci* 29: 436–444. [Capping-Reaktion bei der mRNA]

Manley JL, Takagaki Y (1996) The end of the message–another link between yeast and mammals. *Science* 274: 1481–1482. [Polyadenylierung]

Proudfoot N (2000) Connecting transcription to messenger RNA processing. *Trends Biochem Sci* 25: 290–293.

Shilatifard A, Conaway, RC, Conaway JW (2003) The RNA polymerase II elongation complex. *Annu Rev Biochem* 72: 693–716. [Eigenschaften von Elongationsfaktoren]

Studitsky VM, Walter W, Kireeva M, Kashlev M, Felsenfeld G (2004) Chromatin remodeling by RNA polymerases. *Trends Biochem Sci* 29: 127–135. [Mögliche Mechanismen, über die RNA-Polymerasen mit Nucleosomen interagieren, die an die zu transkribierende DNA gebunden sind]

### Spleißen der Prä-mRNA

Black DL (2003) Mechanisms of alternative pre-messenger RNA splicing. *Annu Rev Biochem* 72: 291–336

Blencowe BJ (2000) Exonic splicing enhancers: mechanism of action, diversity and role in human genetic diseases. *Trends Biochem Sci* 25: 106–110

Corden JL, Patturajan M (1997) A CTD function linking transcription to splicing. *Trends Biochem Sci* 22: 413–416

Graveley BR (2001) Alternative splicing: increasing diversity in the proteomic world. *Trends Genet* 17: 100–107

Stetefeld J, Ruegg MA (2005) Structural and functional diversity generated by alternative mRNA splicing. *Trends Biochem Sci* 30: 515–521

Tarn WY, Steitz JA (1997) Pre-mRNA splicing: the discovery of a new spliceosome doubles the challenge. *Trends Biochem Sci* 22: 132–137. [AU–AC-Introns]

Valcárcel J, Green MR (1996) The SR protein family: pleiotropic functions in pre-mRNA splicing. *Trends Biochem Sci* 21: 296–301

### Weitere Arten von Introns

Burke JM, Belfort M, Cech TR, Davies RW, Schweyen RJ, Shub DA, Szostak JW, Tabak HF (1987) Structural conventions for Group I introns. *Nucleic Acids Res* 15: 7217–7221. [Die Nomenklatur für die zweidimensionale Darstellung der Struktur von Gruppe-I-Introns]

Cech TR (1990) Self-splicing of group I introns. *Annu Rev Biochem* 59: 543–568. [Der Autor ist einer der Entdecker der autokatalytischen RNA]

Copertino DW, Hallick RB (1993) Group II and Group III introns of twintrons: potential relationships with nuclear pre-mRNA introns. *Trends Biochem Sci* 18: 467–471

Lambowitx AM, Zimmerly S (2004) Mobile Group II introns. *Annu Rev Genet* 38: 1–35

Lykke-Andersen J, Aagaard C, Semionenkov M, Garrett RA (1997) Archaeal introns: splicing, intercellular mobility and evolution. *Trends Biochem Sci* 22: 326–331

## Transkription durch die RNA-Polymerasen I und III

Geiduschek EP, Kassavetis GA (2001) The RNA polymerase III transcription apparatus. *J Mol Biol* 310: 1–26

Reeder RH, Lang WH (1997) Terminating transcription in eukaryotes: lessons learned from RNA polymerase I. *Trends Biochem Sci* 22: 473–477

Russell J, Zomerdijk JCBM (2005) RNA-polymerase-I-directed rDNA transcription, life and works. *Trends Biochem Sci* 30: 87–96

## Prozessierung von funktioneller RNA bei Bakterien und Eukaryoten

Tollervey D (1996) Small nucleolar RNAs guide ribosomal RNA methylation. *Science* 273: 1056–1057

Venema J, Tollervey D (1999) Ribosome synthesis in *Saccharomyces cerevisiae*. *Annu Rev Genet* 33: 261–311. [Ausführliche Beschreibung der RNA-Prozessierung]

## RNA-Editing

Bass BL (1997) RNA editing and hypermutation by adenosine deamination. *Trends Biochem Sci* 22: 157–162

Bourara K, Litvak S, Araya A (2000) Generation of G-to-A and C-to-U changes in HIV-1 transcripts by RNA editing. *Science* 289: 1564–1566

Gott JM, Emeson RB (2000) Functions and mechanisms of RNA editing. *Annu Rev Genet* 34: 499–531

Stuart KD, Schnaufer A, Ernst NL, Panigrahi AK (2005) Complex management: RNA editing in trypanosomes. *Trends Biochem Sci* 30: 97–105

## RNA-Abbau bei Bakterien und Eukaryoten

Carpousis AJ, Vanzo MF, Raynal LC (1999) mRNA degradation: a tale of poly(A) and multiprotein machines. *Trends Genet* 15: 24–28

Coller J, Parker R (2004) Eukaryotic mRNA decapping. *Annu Rev Biochem* 73: 861–890

Hilleren P, McCarthy T, Rosbach M, Parker R, Jensen TH (2001) Quality control of mRNA 3′-end processing is linked to the nuclear exosome. *Nature* 413: 538–542

Singh G, Lykke-Andersen J (2003) New insights into the formation of active nonsense-mediated decay complexes. *Trends Biochem Sci* 28: 464–466

## RNA-Silencing

Mello CC, Conte D (2004) Revealing the world of RNA interference. *Nature* 431: 338–342

Sontheimer EJ, Carthew RW (2005) Silence from within: endogenous siRNAs and miRNAs. *Cell* 122: 9–12

Zamore PD, Haley B (2005) Ribo-genome: the big world of small RNAs. *Science* 309: 1519–1524

## RNA-Transport

Fahrenkrog B, Köser J, Aebi U (2004) The nuclear pore complex: a jack of all trades. *Trends Biochem Sci* 29: 175–182

Nigg EA (1997) Nucleocytoplasmic transport: signals, mechanisms and regulation. *Nature* 386: 779–787

Weis K (1998) Importins and exportins: how to get in and out of the nucleus. *Trends Biochem Sci* 23: 185–189

# Die Synthese und Prozessierung des Proteoms

# 13

## Wenn Sie Kapitel 13 gelesen haben, sollten Sie folgende Aufgaben lösen können:

- Zeichnen Sie die allgemeine Struktur einer tRNA, und erklären Sie, wie die tRNA aufgrund dieser Struktur bei der Proteinsynthese sowohl eine physikalische Funktion als auch eine Funktion als Informationsträger ausüben kann.

- Beschreiben Sie, wie eine Aminosäure an einer tRNA befestigt wird, und skizzieren Sie die Vorgänge, die sicherstellen, dass die richtigen Paare von tRNA und Aminosäure gebildet werden.

- Erklären Sie, wie Codons und Anticodons interagieren, und erläutern Sie den Einfluss des *wobble*-Effekts auf diese Wechselwirkung.

- Schildern Sie in Grundzügen die Methoden, mit deren Hilfe man die Struktur des Ribosoms analysiert hat, und fassen Sie die dadurch gewonnenen Informationen zusammen.

- Beschreiben Sie im Einzelnen den Vorgang der Translation bei Bakterien und Eukaryoten unter besonderer Berücksichtigung der Funktionen der verschiedenen Translationsfaktoren.

- Schildern Sie die experimentellen Befunde, die zu dem Schluss führten, dass die Peptidyltransferase ein Ribozym ist.

- Erläutern Sie, wie die Translation reguliert wird, und skizzieren Sie die ungewöhnlichen Effekte wie die Verschiebung des Leserasters, die bei der Elongationsphase auftreten können.

- Erläutern Sie, warum die posttranslationale Prozessierung von Proteinen ein wichtiger Bestandteil der Genomexpression ist, und beschreiben Sie die wichtigsten Merkmale der Proteinfaltung, Proteinprozessierung durch proteolytische Spaltung und chemische Modifikation sowie das Inteinspleißen.

- Beschreiben Sie die wichtigsten Reaktionen beim Proteinabbau in Bakterien und Eukaryoten.

Das Endergebnis der Genomexpression ist das Proteom, die Gesamtheit der funktionsfähigen Proteine, die eine lebende Zelle synthetisiert. Die Identitäten und das relative Vorkommen der einzelnen Proteine in einem Proteom entsprechen einem Gleichgewicht zwischen der Synthese von neuen und dem Abbau der vorhandenen Proteine. Das biochemische Potenzial des Proteoms kann sich auch durch chemische Modifikation und andere Prozessierungen verändern. Durch die Kombination aus Synthese, Abbau und Modifikation/Prozessierung kann das Proteom den veränderlichen Anforderungen der Zelle genügen und auf äußere Reize reagieren.

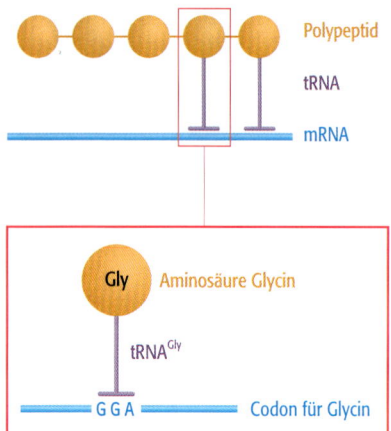

**13.1 Die Adapterfunktion der tRNA bei der Translation.** Die obere Darstellung zeigt die physikalische Funktion der tRNA, die zwischen dem Polypeptid und der mRNA eine Verknüpfung bildet. Im unteren Teil ist die Informationskopplung dargestellt. Die tRNA trägt die Aminosäure, die durch das Codon festgelegt ist, an das die tRNA bindet.

In diesem Kapitel wollen wir die Synthese, Prozessierung und den Abbau der Bestandteile des Proteoms untersuchen. Um die Proteinsynthese zu verstehen, befassen wir uns zuerst mit der Funktion der tRNAs bei der Decodierung des genetischen Codes und betrachten dann die Vorgänge am Ribosom, die zur Polymerisierung von Aminosäuren zu Polypeptiden führen. Die Reaktionen am Ribosom werden gelegentlich als die Endphase der Genomexpression angesehen, aber das ursprünglich synthetisierte Polypeptid ist inaktiv, bis es sich gefaltet hat, und es kann auch geschnitten und chemisch modifiziert werden, bevor es seine Funktionsfähigkeit erreicht. Wir werden diese Prozessierungsreaktionen in Abschnitt 13.3 behandeln. Am Ende des Kapitels beschäftigen wir uns damit, wie die Zelle Proteine abbaut, die sie nicht länger benötigt.

## 13.1 Die Funktion der tRNA bei der Proteinsynthese

Transfer-RNAs spielen bei der Translation die zentrale Rolle. Sie sind die Adaptermoleküle, deren Existenz Francis Crick bereits im Jahr 1956 vorhergesagt hat. Sie bilden das Bindeglied zwischen der mRNA und dem Polypeptid, das synthetisiert wird. Dies ist erstens eine *physikalische* Kopplung, da tRNAs sowohl an die mRNA als auch an das wachsende Polypeptid binden, zweitens eine Kopplung über den *Informationsgehalt*, da tRNAs sicherstellen, dass das synthetisierte Peptid die Aminosäuresequenz besitzt, die aufgrund des genetischen Codes durch die Nucleotidsequenz der mRNA festgelegt ist (Abb. 13.1). Um zu verstehen, wie tRNAs diese doppelte Aufgabe erfüllen, müssen wir die **Aminoacylierung**, das heißt den Vorgang, durch den an jeder tRNA die richtige Aminosäure befestigt wird, untersuchen. Außerdem beschäftigen wir uns mit der **Codon-Anticodon-Erkennung**, also mit der Wechselwirkung zwischen tRNA und mRNA.

### 13.1.1 Aminoacylierung: das Befestigen von Aminosäuren an tRNAs

Bakterien enthalten 30–45 verschiedene tRNAs, bei Eukaryoten sind es bis zu 50. Da durch den genetischen Code nur 20 Aminosäuren abgebildet werden, müssen alle Organismen zumindest einige **Isoakzeptor-tRNAs** besitzen, das heißt unterschiedliche tRNAs, die für dieselbe Aminosäure spezifisch sind. Um eine tRNA zu bezeichnen, gibt man die spezifizierte Aminosäure durch ihr hochgestelltes Symbol an, gefolgt von einer Zahl, um die verschiedenen Isoakzeptoren zu unterscheiden. So bezeichnet man beispielsweise zwei tRNAs, die beide für Glycin spezifisch sind, mit tRNA$^{Gly1}$ und tRNA$^{Gly2}$.

### *Alle tRNAs besitzen die gleiche Struktur*

Die kleinsten tRNAs sind nur 74 Nucleotide lang, die größten selten über 90. Aufgrund ihrer geringen Größe und wegen der Möglichkeit, einzelne tRNAs zu isolieren, gehörten sie zu den ersten Nucleinsäuren, die sequenziert wurden. Das gelang 1965 Robert Holley und seinen Mitarbeitern. Die Sequenzen zeigten als unerwartete Eigenschaft, dass sie nicht nur die normalen Nucleotide A, C, G und U enthalten, sondern auch eine Reihe von modifizierten Nucleotiden, fünf bis zehn in jeder einzelnen tRNA, wobei jetzt insgesamt über 50 verschiedene Modifikationen bekannt sind (Abschnitt 12.1.3).

Die Untersuchung der ersten tRNA-Sequenz von der tRNA$^{Ala}$ aus *Saccharomyces cerevisiae* zeigte, dass das Molekül durch Basenpaarungen verschiedene

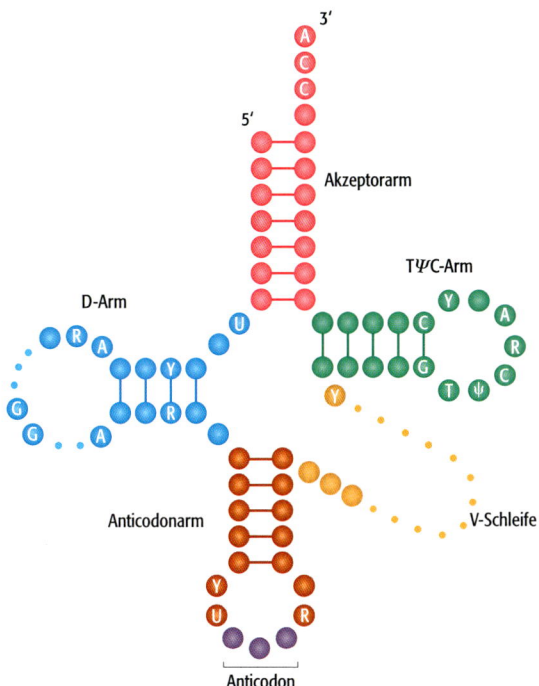

**13.2 Die Kleeblattstruktur einer tRNA.** Die tRNA ist in der konventionellen Kleeblattstruktur dargestellt, die einzelnen Bestandteile sind hervorgehoben. Unveränderliche Nucleotide (A, C, G, T, U, $\Psi$, wobei $\Psi$ für Pseudouridin steht) und halbkonstante Nucleotide (R für Purine, Y für Pyrimidine) sind markiert. Optionale Nucleotide, die nicht in allen tRNAs vorkommen, sind durch kleinere Punkte dargestellt. Gemäß der Standardnummerierung liegt die Position 1 am 5'-Ende und die Position 76 am 3'-Ende. Dabei werden einige, aber nicht alle optionalen Nucleotide mitgezählt. Die konstanten und die halbkonstanten Nucleotide liegen an den Positionen 8, 11, 14, 15, 18, 19, 21, 24, 32, 33, 37, 48, 53, 54, 55, 56, 57, 58, 60, 61, 74, 75 und 76. Die Nucleotide des Anticodons liegen an den Positionen 34, 35 und 36.

Sekundärstrukturen annehmen könnte. Nachdem man weitere tRNAs sequenziert hatte, stellte sich jedoch heraus, dass nur eine bestimmte Struktur auf alle zutrifft. Das ist die so genannte Kleeblattstruktur (Abb. 13.2), die folgende Merkmale besitzt:

- Der **Akzeptorarm** besteht aus sieben Basenpaaren zwischen dem 5'- und dem 3'-Ende des Moleküls. Die Aminosäure wird am äußersten 3'-Ende der tRNA befestigt, das heißt am Adenosin der unveränderlichen endständigen CCA-Sequenz (Abschnitt 12.1.3).

- Der **D-Arm**, der nach dem modifizierten Nucleotid Dihydouridin bezeichnet wurde (Abb. 12.18), ist in dieser Struktur immer vorhanden.

- Der **Anticodonarm** enthält das Nucleotidtriplett, das bei der Translation Basenpaare mit der mRNA bildet und das man als **Anticodon** bezeichnet.

- Die **V-Schleife** enthält bei Klasse-I-tRNAs drei bis fünf Nucleotide, bei Klasse-II-tRNAs 13–21 Nucleotide.

- Der **T$\Psi$C-Arm** wurde nach der Sequenz Thymidin-Pseudouridin-Cytidin bezeichnet und ist immer vorhanden.

Praktisch alle tRNAs können die Kleeblattstruktur annehmen, die wichtigsten Ausnahmen sind die tRNAs in den Mitochondrien der Vertebraten, die vom mitochondrialen Genom codiert werden und denen manchmal Teile der Struktur fehlen. Ein Beispiel ist die mitochondriale tRNA^Ser beim Menschen, die keinen D-Arm besitzt. Wie die konservierte Sekundärstruktur können auch einige Nucleotide an bestimmten Stellen vollständig unveränderlich sein (das heißt, dort befindet sich immer das gleiche Nucleotid), oder halbkonserviert (immer ein Purin oder immer ein Pyrimidin), und die Positionen der modifizierten Nucleotide sind immer gleich.

Viele der unveränderlichen Nucleotidpositionen sind wichtig für die Tertiärstruktur der tRNA. Durch Röntgenstrukturanalysen ließ sich zeigen, dass

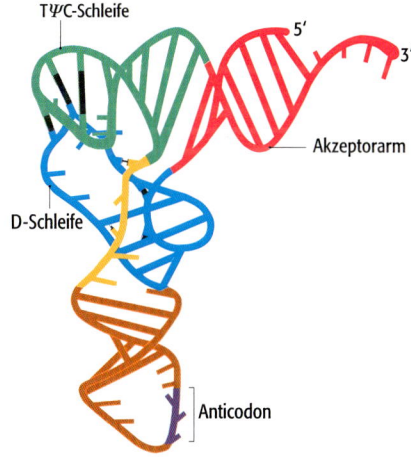

**13.3 Die dreidimensionale Struktur einer tRNA.** Durch die zusätzlichen Basenpaare (schwarz dargestellt) zwischen der D- und T$\Psi$C-Schleife faltet sich die Kleeblattstruktur zu dieser L-förmigen Konfiguration. Abhängig von der Sequenz kann auch die V-Schleife Wechselwirkungen mit dem D-Arm ausbilden (schwarze Linien). Die Verwendung der Farben entspricht der in Abbildung 13.2.

**13.4   Aminoacylierung einer tRNA.** Dargestellt ist das Ergebnis der Aminoacylierung durch eine Klasse-II-Aminoacyl-tRNA-Synthetase. Die Aminosäure wird über ihre –COOH-Gruppe mit der 3'-OH-Gruppe des endständigen Nucleotids der tRNA verknüpft. Eine Klasse-I-Aminoacyl-tRNA-Synthetase befestigt die Aminosäure an der 2'-OH-Gruppe.

Nucleotide in der D- und T$\Psi$C-Schleife Basenpaare bilden, sodass sich die tRNA zu einer kompakten L-förmigen Struktur faltet (Abb. 13.3). Jeder Arm der L-Form ist etwa 7 nm lang und besitzt einen Durchmesser von 2 nm, wobei sich die Aminosäurebindungsstelle am Ende des einen Arms befindet, das Anticodon am Ende des anderen. Die zusätzlichen Basenpaare bedeuten, dass die Basenstapelung (Abschnitt 1.1.2) von einem Ende der tRNA zum anderen fast vollständig ist, was der Struktur Stabilität verleiht.

### Aminoacyl-tRNA-Synthetasen befestigen Aminosäuren an den tRNAs

Die Funktion der Gruppe von Enzymen, die man als **Aminoacyl-tRNA-Synthetasen** bezeichnet, ist die Befestigung von Aminosäuren an tRNAs – in der molekularbiologischen Alltagssprache die „Beladung". Die chemische Reaktion, die zur Aminoacylierung führt, erfolgt in zwei Schritten. Durch die Reaktion zwischen der Aminosäure und ATP entsteht als Zwischenstufe zuerst eine aktivierte Aminosäure. Dann wird die Aminosäure auf das 3'-Ende der tRNA übertragen, wobei die Verknüpfung zwischen der –COOH-Gruppe der Aminosäure und der –OH-Gruppe am 2'- oder 3'-Kohlenstoffatom im Zucker des letzten Nucleotids erfolgt, das immer ein A ist (Abb. 13.4).

Mit wenigen Ausnahmen verfügen alle Organismen über 20 Aminoacyl-tRNA-Synthetasen, also ein Enzym für jede Aminosäure. Das heißt, dass immer eine ganze Gruppe von Isoakzeptor-tRNAs von einem einzigen Enzym aminoacyliert wird. Die zugrundeliegende chemische Reaktion ist zwar für jede Aminosäure dieselbe, aber die 20 Aminoacyl-tRNA-Synthetasen lassen sich in zwei Gruppen einteilen, die man mit Klasse I und Klasse II bezeichnet und die mehrere bedeutende Unterschiede aufweisen (Tab. 13.1). Klasse-I-Enzyme befestigen die Aminosäure an der 2'-OH-Gruppe des endständigen Nucleotids, während Klasse-II-Enzyme die Aminosäure an die 3'-OH-Gruppe hängen.

Die Aminoacylierung muss mit großer Genauigkeit erfolgen. Damit der genetische Code bei der Proteinsynthese seine Gültigkeit behält, muss immer die richtige Aminosäure mit der richtigen tRNA verknüpft werden. Offensichtlich ist eine Aminoacyl-tRNA-Synthetase für ihre tRNA hochspezifisch. Das ist das Ergebnis einer umfassenden Wechselwirkung zwischen den beiden Molekülen, auf einer Fläche von 25 nm$^2$, wobei der Akzeptorarm und die Anticodonschleife der tRNA sowie einzelne Nucleotide im D- und im T$\Psi$C-Arm mit einbezogen werden. Die Wechselwirkung zwischen Enzym und Aminosäure ist notwendigerweise weniger intensiv, da Aminosäuren viel kleiner sind als tRNAs.

| **Tabelle 13.1**   Merkmale der Aminoacyl-tRNA-Synthetasen | | |
|---|---|---|
| **Merkmal** | **Klasse-I-Enzyme** | **Klasse-II-Enzyme** |
| Struktur des aktiven Zentrums | paralleles $\beta$-Faltblatt | antiparalleles $\beta$-Faltblatt |
| Wechselwirkung mit der tRNA | kleine Furche des Akzeptorarms | große Furche des Akzeptorarms |
| Orientierung der gebundenen tRNA | V-Schleife ragt aus dem Enzym heraus | V-Schleife zeigt zum Enzym hin |
| Befestigung der Aminosäure | an der 2'-OH-Gruppe des endständigen Nucleotids der tRNA | an der 3'-OH-Gruppe des endständigen Nucleotids der tRNA |
| Enzyme für | Arg, Cys, Gln, Glu, Ile, Leu, Lys*, Met, Trp, Tyr, Val | Ala, Asn, Asp, Gly, His, Lys*, Phe, Pro, Thr, Ser |

\* Die Aminoacyl-tRNA-Synthetase für Lysin ist bei einigen Archaea und Bakterien ein Klasse-I-Enzym und bei allen anderen Lebewesen ein Klasse-II-Enzym.

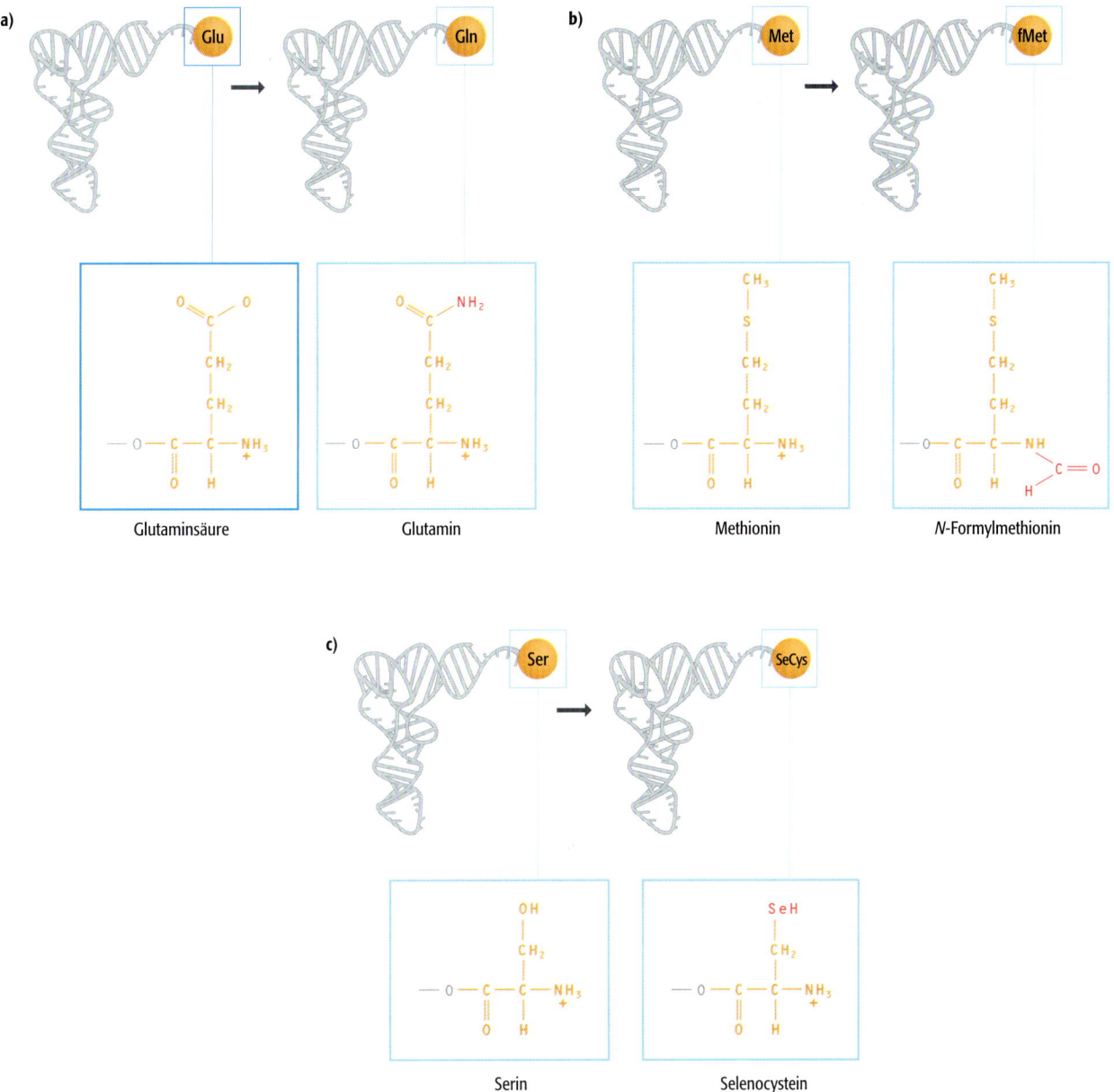

a)

Glutaminsäure    Glutamin

b)

Methionin    N-Formylmethionin

c)

Serin    Selenocystein

Außerdem stellen sich hier größere Probleme in Bezug auf die Spezifität, da einige Paare von Aminosäuren einander strukturell ähnlich sind. Es kann daher zu Fehlern kommen, wobei die Fehlerrate bei den meisten Aminosäuren sehr niedrig ist. Bei so problematischen Paaren wie etwa Isoleucin und Valin liegt die Rate bei einer von 80 Aminoacylierungen. Die meisten Fehler werden durch die Aminoacyl-tRNA-Synthetase selbst korrigiert. Das geschieht mithilfe einer Editing-Reaktion, die von der Aminoacylierung getrennt abläuft und über verschiedene Kontaktstellen mit der tRNA erfolgt.

Bei den meisten Organismen verläuft die Aminoacylierung nach dem eben geschilderten Mechanismus, aber es sind einige ungewöhnliche Reaktionen bekannt. So kommt es beispielsweise in einer Reihe von Fällen dazu, dass die Aminoacyl-tRNA-Synthetase die falsche Aminosäure an der tRNA befestigt,

**13.5 Ungewöhnliche Formen der Aminoacylierung.** a) Bei einigen Bakterien wird die tRNA$^{Gln}$ mit Glutaminsäure aminoacyliert, die dann durch eine Transamidierung in Glutamin umgewandelt wird. b) Die spezielle tRNA, die bei der Translationsinitiation mitwirkt, wird mit Methionin verknüpft, das dann in N-Formylmethionin umgewandelt wird. c) Die tRNA$^{SeCys}$, die in verschiedenen Spezies vorkommt, wird zuerst mit Serin aminoacyliert.

diese aber anschließend durch eine zweite, davon getrennte Reaktion, in das richtige Molekül umgewandelt wird. Dies wurde dass erste Mal im Bakterium *Bacillus megaterium* bei der Synthese von Glutamin-tRNA$^{Gln}$ (Glutamin verknüpft mit der zugehörigen tRNA) entdeckt. Diese Aminoacylierung wird von einen Enzym bewerkstelligt, das für die Synthese von Glutaminsäure-tRNA$^{Glu}$ zuständig ist. Zuerst wird Glutaminsäure mit der tRNA$^{Gln}$ verknüpft (Abb. 13.5a). Diese Glutaminsäure wird dann durch eine Transamidierung, die ein zweites Enzym katalysiert, in Glutamin umgewandelt. Dieselbe Reaktionsfolge gibt es auch bei anderen Bakterien und den Archaea, nicht jedoch bei *Escherichia coli*. Einige Archaea synthetisieren auch Asparagin-tRNA$^{Asn}$ aus Asparaginsäure-tRNA$^{Asn}$. In beiden Fällen ist die Aminosäure, die dabei modifiziert wird, eine der 20, die vom genetischen Code spezifiziert werden. Es gibt jedoch auch zwei Beispiele dafür, dass die Modifikation zu einer ungewöhnlichen Aminosäure führt. Zum einen gibt es die Umwandlung von Methionin zu *N*-Formylmethionin (Abb. 13.5b). Dabei entsteht eine spezielle Aminoacyl-tRNA, die bei der Initiation der bakteriellen Translation verwendet wird (Abschnitt 13.2.2). Das zweite Beispiel betrifft sowohl Prokaryoten als auch Eukaryoten; das Ergebnis ist hier die Synthese von Selenocystein, das kontextabhängig von einigen 5′-UGA-3′-Codons codiert wird (Abschnitt 1.3.2). Diese Codons werden durch eine spezielle tRNA$^{SeCys}$ erkannt, aber es gibt keine Aminoacyl-tRNA-Synthetase, die Selenocystein an dieser tRNA befestigen kann. Stattdessen wird die tRNA durch die Seryl-tRNA-Synthetase mit Serin verknüpft, das dann durch Ersetzen der –OH-Gruppe gegen –SeH zu Selenocystein wird (Abb. 13.5c). Die zweite kontextabhängige Neuzuordnung eines Codons ist die gelegentliche Verwendung von 5′-UAG-3′ für Pyrrolysin bei den Archaea (Abschnitt 1.3.2). Dabei wird nicht die bereits beladene tRNA modifiziert, sondern es gibt eine spezifische Aminoacyl-tRNA-Synthetase, die Pyrrolysin direkt an der tRNA$^{pLys}$ befestigt.

### 13.1.2 Codon-Anticodon-Wechselwirkungen: die Bindung von tRNAs an die mRNA

Die Aminoacylierung ist die erste Spezifitätsebene der tRNA. Die zweite Ebene ist die Spezifität der Wechselwirkung zwischen dem Anticodon der tRNA und der translatierten mRNA. Diese Spezifität stellt sicher, dass die Proteinsynthese den Regeln des genetischen Codes folgt (Abb. 1.20).

Im Prinzip ist die Codon-Anticodon-Erkennung ein gerichteter Vorgang, bei dem es zur Basenpaarung zwischen dem Anticodon der tRNA und einem Codon in der mRNA kommt (Abb. 13.6). Die Spezifität der Aminoacylierung gewährleistet, dass die tRNA die Aminosäure trägt, die das Codon vorgibt, an das die tRNA bindet, und das Ribosom kontrolliert die Topologie der Wechselwirkung so, dass nur ein einziges Triplett von Nucleotiden für die Basenpaarung zugänglich ist. Da Nucleotide, die Basenpaare ausbilden, immer antiparallel liegen, und die mRNA in 5′→3′-Richtung abgelesen wird, bildet das erste Nucleotid des Codons mit Nucleotid 36 der tRNA ein Basenpaar, das zweite mit Nucleotid 35 und das dritte mit Nucleotid 34.

Tatsächlich wird die Codonerkennung durch den möglichen *wobble*-**Effekt** komplizierter. Dies ist ein weiterer Grundbestandteil der Genexpression, der durch Crick bereits vorhergesagt wurde, was sich als richtig erwiesen hat. Da sich das Anticodon in einer Schleife der tRNA befindet, ist das Nucleotidtriplett etwas gekrümmt (Abb. 13.2, 13.3), sodass es keine gleichmäßige Ausrichtung

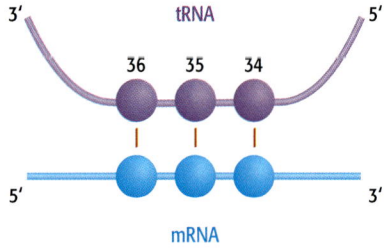

**13.6 Die Wechselwirkung zwischen einem Codon und einem Anticodon.** Die Zahlen geben die Nucleotidpositionen in der tRNA an (Abb. 13.2).

**a)** G–U-Basenpaarung

**b)** Basenpaarungen zwischen Inosin und A, C und U

mit dem Codon geben kann. Das führt dazu, dass sich zwischen dem dritten Nucleotid des Codons und dem ersten Nucleotid des Anticodons (Position 34) Basenpaare bilden können, die nicht der normalen Form entsprechen. Das bezeichnet man mit „*wobble*"-Effekt. Dabei ist eine Reihe von Basenpaarungen möglich, besonders wenn das Nucleotid an Position 34 modifiziert ist. Bei Bakterien besitzt der *wobble*-Effekt zwei Hauptmerkmale:

- **G–U-Basenpaare** sind zulässig. Das bedeutet, dass ein Anticodon mit der Sequenz 3'-♦♦G-5' sowohl mit 5'-♦♦C-3' als auch mit 5'-♦♦U-3' ein Basenpaar bilden kann. Entsprechend kann das Anticodon 3'-♦♦U-5' sowohl mit 5'-♦♦A-3' als auch mit 5'-♦♦G-3' paaren. Das hat zur Folge, dass nicht für jedes Codon eine eigene tRNA erforderlich ist und die vier Vertreter einer Codonfamilie (etwa 5'-GCN-3' für Alanin) nur durch zwei tRNAs decodiert werden müssen. (Abb. 13.7a).

- **Inosin** (Abkürzung I) ist ein modifiziertes Purin (Abb. 12.18), das mit A, C und U ein Basenpaar bilden kann. Inosin kann nur in der tRNA vorkom-

**13.7  Zwei Beispiele für den *wobble*-Effekt bei Bakterien.** a) Durch den *wobble*-Effekt eines G–U-Basenpaares kann die Vier-Codon-Familie für Alanin von nur zwei tRNAs decodiert werden. Durch den G–U-*wobble*-Effekt kann auch eine Vier-Codon-Familie, die zwei Aminosäuren codiert, spezifisch decodiert werden. So erkennt beispielsweise das Anticodon 3'-AAG-5' die Codons 5'-UUC-3' und 5'-UUU-3', die beide für Phenylalanin stehen (Abb. 1.20). Und das Anticodon 3'-AAU-5' kann mit 5'-UUA-3' und 5'-UUG-3' die beiden anderen Vertreter dieser Familie decodieren, die beide für Leucin stehen. b) Inosin kann mit A, C oder U ein Basenpaar bilden, sodass eine einzige tRNA alle drei Codons für Isoleucin erkennen kann. Gepunktete Linien stehen für Wasserstoffbrücken. Abkürzung: I, Inosin.

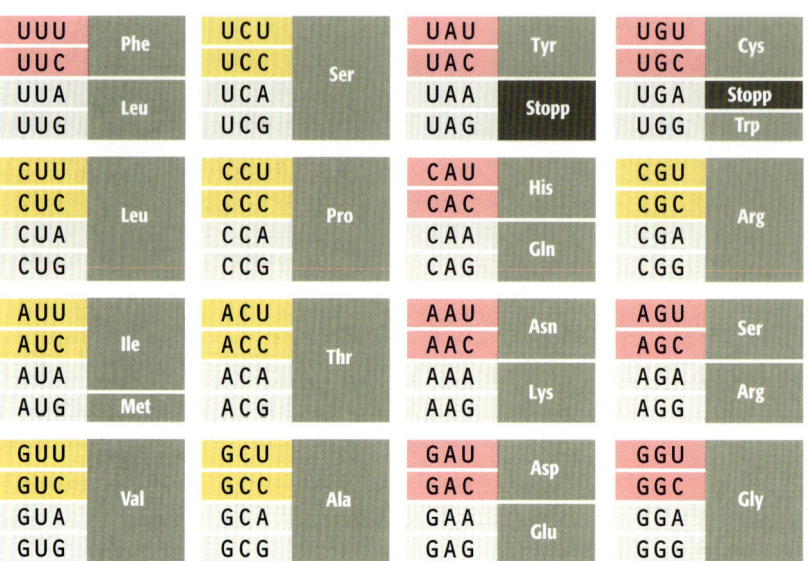

**13.8 Das vorhergesagte Auftreten des *wobble*-Effekts bei der Decodierung des menschlichen Genoms.** Codonpaare, die voraussichtlich über einen G–U-*wobble*-Effekt einer tRNA decodiert werden, sind rosa unterlegt, Codonpaare mit einem Inosin-*wobble*-Effekt erscheinen gelb. Nicht hervorgehobene Codons verfügen über eine eigene tRNA. Die Vorhersagen basieren vor allem auf einer Untersuchung der Anticodonsequenzen der tRNAs, die in der Sequenz des menschlichen Genoms lokalisiert wurden. Die hier dargestellte Analyse lässt den Schluss zu, dass es in den menschlichen Zellen 45 tRNAs geben sollte – 16 *wobble*- und 29 Einzel-tRNAs. Tatsächlich sind es aber 48 tRNAs, da drei Codons, von denen man annehmen könnte, dass sie als Teil eines *wobble*-Paares decodiert werden (5′-AAU-3′, 5′-UUC-3′ und 5′-UAU-3′), ihre eigenen tRNAs besitzen, wobei diese allerdings nur in geringen Mengen vorkommen.

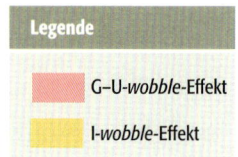

Legende

G–U-*wobble*-Effekt

I-*wobble*-Effekt

men, da die mRNA nicht auf diese Weise modifiziert wird. Das Triplett 3′-UAI-5′ kommt manchmal als Anticodon der tRNA^Ile vor, da es mit 5′-AUA-3′, 5′-AUC-3′ und 5′-AUU-3′ paart (Abb. 13.7b), die im genetischen Standardcode die Drei-Codon-Familie für diese Aminosäure bilden.

Durch den *wobble*-Effekt verringert sich die Anzahl der tRNAs, die in einer Zelle erforderlich sind, indem eine tRNA zwei oder möglicherweise drei Codons lesen kann. Deshalb können Bakterien ihre mRNAs mit nur 30 tRNAs decodieren. Auch bei den Eukaryoten spielt der *wobble*-Effekt eine Rolle, allerdings eingeschränkt. Das menschliche Genom, das in dieser Hinsicht für die höheren Eukaryoten ziemlich charakteristisch ist, codiert 48 tRNAs. Von diesen nutzen wahrscheinlich 16 den *wobble*-Effekt und decodieren jeweils zwei Codons, während die übrigen 32 nur für je ein Codon spezifisch sind (Abb. 13.8). Die Unterschiede des *wobble*-Effekts im Vergleich zu den Bakterien stellen sich wie folgt dar:

- Bei acht tRNAs spielt ein G–U-*wobble*-Effekt eine Rolle, wobei das Anticodon immer die Sequenz 3′-♦♦G-5′ aufweist. Die andere Form des G–U-*wobble*-Effekts, bei dem das Anticodon die Sequenz 3′-♦♦U-5′ besitzt, kommt bei Eukaryoten anscheinend nicht vor, möglicherweise weil es dadurch eine tRNA^Ile mit dem Anticodon 3′-UAU-5′ geben könnte, die das Methionincodon 5′-AUG-3′ erkennt (Abb. 13.9). Eukaryoten können auf diese Weise verhindern, dass diese Art von *wobble*-Effekt auftritt.

- Acht andere tRNAs des Menschen enthalten Anticodons mit einem Inosin (3′-♦♦I-5′), aber diese decodieren nur 5′-♦♦C-3′ und 5′-♦♦U-3′. Die Basenpaarung zwischen I und A ist schwach, sodass 5′-♦♦A-3′-Codons von einem 3′-♦♦I-5′-Anticodon nur ineffizient erkannt werden. Um dies zu vermeiden, wird immer dann, wenn im Rahmen der menschlichen tRNAs bei einem *wobble*-Effekt Inosin beteiligt ist, das 5′-♦♦A-3′-Codon von einer anderen tRNA erkannt. Dabei ist zu beachten, dass die Erkennung durch eine eigene tRNA nicht verhindert, dass das 5′-♦♦A-3′-Codon doch von einer tRNA decodiert wird, die das 3′-♦♦I-5′-Codon enthält, auch wenn die Reaktion ineffizient ist. Dies beeinträchtigt nicht die Spezifität des genetischen Codes, da der *wobble*-Effekt unter Beteiligung von Inosin auf Codonfamilien beschränkt ist, bei denen alle drei Tripletts, die durch 3′-♦♦I-5′ decodiert werden, für dieselbe Aminosäure stehen (Abb. 13.8).

In anderen genetischen Systemen kommen extremere Formen des *wobble*-Effekts vor. So gibt es beispielsweise in den menschlichen Mitochondrien 22 tRNAs. Bei einigen dieser tRNAs ist das Nucleotid an der *wobble*-Position des Anticodons praktisch überflüssig, da es mit jedem Nucleotid ein Basenpaar bilden kann, sodass alle vier Codons einer Familie von der gleichen tRNA erkannt werden.

13.9    Eine tRNA mit dem Anticodon 3′-UAU-5′ könnte das 5′-AUA-3′-Codon für Isoleucin sowie das Methionincodon erkennen.

## 13.2 Die Funktion des Ribosoms bei der Proteinsynthese

Eine *E. coli*-Zelle enthält etwa 20 000 Ribosomen, die im ganzen Cytoplasma verteilt sind. Eine durchschnittliche menschliche Zelle enthält deutlich mehr (niemand hat sie bis jetzt gezählt). Ein Teil der Ribosomen befindet sich frei im Cytoplasma und ein Teil ist an der Oberfläche des endoplasmatischen Reticulums befestigt, das als Netzwerk aus Membranen mit Röhren und Vesikeln die Zelle durchzieht. Ursprünglich hatte man Ribosomen als passive Teilnehmer an der Proteinsynthese betrachtet, lediglich als die Strukturen, an denen die Translation erfolgt. Diese Sichtweise hat sich im Lauf der Jahre verändert, und man fasst Ribosomen inzwischen so auf, dass sie bei der Proteinsynthese zwei aktive Funktionen ausüben:

- Ribosomen *koordinieren* die Proteinsynthese, indem sie die mRNA, die Aminoacyl-tRNAs und die assoziierten Proteinfaktoren relativ zueinander richtig positionieren.

- Bestandteile der Ribosomen, darunter auch die rRNAs, *katalysieren* mindestens einige der chemischen Reaktionen, die bei der Translation stattfinden.

Um zu verstehen, wie die Ribosomen diese Aufgaben erfüllen, müssen wir zuerst ihre Strukturmerkmale bei Bakterien und Eukaryoten im Überblick betrachten und dann die Mechanismen der Proteinsynthese dieser beiden verschiedenen Organismengruppen im Einzelnen untersuchen.

### 13.2.1 Die Struktur des Ribosoms

Unsere Vorstellungen von der Ribosomenstruktur haben sich in den vergangenen 50 Jahren allmählich entwickelt, da immer leistungsfähigere Methoden entwickelt wurden, die man auf die Fragestellung anwenden konnte. Ursprünglich hatte man die Ribosomen als „Mikrosomen" bezeichnet; sie wurden in den ersten Jahrzehnten des 20. Jahrhunderts als winzige Partikel fast jenseits der Auflösungsgrenze von Lichtmikroskopen entdeckt. In den 1940er- und 1950er-Jahren zeigte das erste Elektronenmikroskop, dass bakterielle Ribosomen eine ovale Form und eine Größe von 19 × 21 nm besitzen, also deutlich kleiner sind als eukaryotische Ribosomen, die abhängig von der jeweiligen Spezies, eine durchschnittlichen Größe von 32 × 22 nm aufweisen. In der Mitte der 1950er-Jahre regte die Entdeckung, dass die Ribosomen die Orte der Proteinsynthese sind, Versuche an, die Strukturen dieser Partikel genauer zu analysieren.

## Mithilfe der Ultrazentrifugation konnte man die Größen von Ribosomen und ihren Komponenten messen

Die ersten Fortschritte bei der Untersuchung der genauen Struktur des Ribosoms erzielte man nicht durch Beobachtungen im Elektronenmikroskop, sondern durch Analyse ihrer Bestandteile in der Ultrazentrifuge (Methoden 7.1). Vollständige Ribosomen besitzen Sedimentationskoeffizienten von 80S bei Eukaryoten und 70S bei Bakterien, die beide in kleine Bestandteile aufgetrennt werden können (Abb. 13.10):

- Jedes Ribosom besteht aus zwei Untereinheiten. Bei den Eukaryoten besitzen diese Untereinheiten Sedimentationskoeffizienten von 60S und 40S, bei Bakterien sind es 50S und 30S. Dabei ist zu beachten, dass sich Sedimentationskoeffizienten nicht einfach addieren lassen, da sie sowohl von der Form wie auch von der Masse abhängen: Es ist daher vollkommen nachvollziehbar, dass ein vollständiges Ribosom einen S-Wert besitzt, der geringer ist als die Summe seiner beiden Untereinheiten.

- Die große Untereinheit enthält bei Eukaryoten drei rRNAs (die 28S-, 5,8S- und die 5S-rRNA), bei Bakterien nur zwei (die 23S- und die 5S-rRNA). Bei den Bakterien ist die Sequenz, die der 5,8S-rRNA der Eukaryoten entspricht, in der 23S-rRNA enthalten.

- Die kleine Untereinheit enthält bei beiden Gruppen von Organismen eine einzige rRNA: eine 18S-rRNA bei Eukaryoten und eine 16S-rRNA bei Bakterien.

- Beide Untereinheiten enthalten eine Vielzahl von **ribosomalen Proteinen**, deren jeweilige Anzahl in Abbildung 13.10 aufgeführt ist. Die ribosomalen Proteine der kleinen Untereinheit bezeichnet man mit S1, S2 und so weiter, die der großen Untereinheit mit L1, L2 und so weiter. Es gibt pro Ribosom immer nur jeweils eines dieser Proteine, mit Ausnahme von L7 und L12, die als Dimere vorliegen.

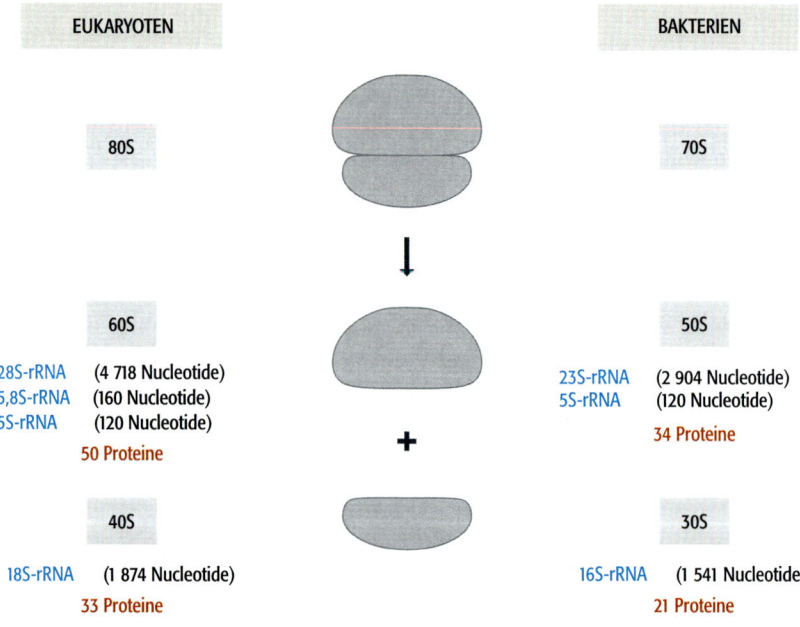

**13.10   Zusammensetzung der Ribosomen bei Eukaryoten und Bakterien.** Die einzelnen Daten beziehen sich auf ein „typisches" eukaryotisches Ribosom und das Ribosom von *Escherichia coli*. Unterschiede bei den verschiedenen Spezies ergeben sich vor allem aufgrund der Anzahl der ribosomalen Proteine.

**EUKARYOTEN**

**BAKTERIEN**

80S

70S

60S

50S

28S-rRNA  (4 718 Nucleotide)
5,8S-rRNA (160 Nucleotide)
5S-rRNA   (120 Nucleotide)
50 Proteine

23S-rRNA  (2 904 Nucleotide)
5S-rRNA   (120 Nucleotide)
34 Proteine

40S

30S

18S-rRNA  (1 874 Nucleotide)
33 Proteine

16S-rRNA  (1 541 Nucleotide)
21 Proteine

## Untersuchung der Feinstruktur der Ribosomen

Als man die grundlegende Zusammensetzung der eukaryotischen und bakteriellen Ribosomen herausgefunden hatte, konzentrierte man sich auf die Frage, auf welche Weise sich rRNAs und Proteine zusammenfügen. Wichtige Informationen lieferten dabei die ersten rRNA-Sequenzen. Bei deren Vergleich waren konservierte Bereiche zu erkennen, die Basenpaare bilden können, sodass komplexe zweidimensionale Strukturen entstehen (Abb. 13.11). Das deutete darauf hin, dass rRNAs innerhalb des Ribosoms ein Gerüst bilden, an dem die Proteine befestigt sind. Diese Deutung vernachlässigte die aktive Rolle der rRNAs bei der Proteinsynthese, bildete aber eine wichtige Grundlage für die weitere Erforschung.

Ein großer Teil dieser Forschungen befasste sich mit dem bakteriellen Ribosom, das kleiner ist als sein eukaryotisches Gegenstück und in großen Mengen zur Verfügung steht. Man kann Ribosomen aus Zellen extrahieren, die in hoher Dichte in Flüssigkulturen vermehrt wurden. Für die Untersuchung der bakteriellen Ribosomen nutzte man eine Reihe von technischen Verfahren.

- Mithilfe von **Nucleaseschutzexperimenten** (Abschnitt 7.1.1) lassen sich Kontaktstellen zwischen rRNAs und Proteinen feststellen.

- Durch **Protein-Protein-Quervernetzung** kann man Paare oder Gruppen von Proteinen identifizieren, die im Ribosom nahe beieinander liegen.

- Die **Elektronenmikroskopie** hat sich immer weiter entwickelt, sodass sich die Gesamtstruktur des Ribosoms mit größerer Genauigkeit auflösen lässt. So nutzte man innovative Verfahren, wie etwa die **Immunelektronenmikroskopie**, bei der die Ribosomen vor der Untersuchung mit Antikörpern markiert werden, die für einzelne ribosomale Proteine spezifisch sind, um diese Proteine an der Oberfläche des Ribosoms zu lokalisieren.

- Der **positionsspezifische Hydroxylradikaltest** basiert auf dem Potenzial von Fe(II)-Ionen, Hydroxylradikale zu produzieren, die im Umkreis von 1 nm von der Stelle der Radikalerzeugung RNA-Phosphodiesterbindungen spalten. Mithilfe dieses Verfahrens ist es gelungen, die genauen Positionen der ribosomalen Proteine im Ribosom von *E. coli* zu bestimmen. Um beispielsweise die Position von S5 zu ermitteln, wurden in diesem Protein verschiedene Aminosäuren mit Fe(II) markiert und damit in den neu zusammengesetzten Ribosomen Hydroxylradikale erzeugt. Die Stellen, an denen die 16S-RNA gespalten wurde, dienten dann dazu, die Topologie der rRNA in der unmittelbaren Umgebung des 5S-Proteins zu erschließen (Abb. 13.12).

In den letzten Jahren wurden diese Verfahren zunehmend durch Röntgenstrukturanalysen ergänzt (Methoden 11.1), mit deren Hilfe man ausgezeichnete Einblicke in die Ribosomenstruktur erhielt. Die Analyse der riesigen Menge von Röntgenbeugungsmustern, die durch die Kristalle eines Objekts von der Größe eines Ribosoms erzeugt werden, ist eine gewaltige Aufgabe. Das gilt besonders für die Qualität, die erforderlich ist, um genügend informative Einzelheiten der Struktur erkennen zu können, damit man die Funktionsweise des Ribosoms verstehen lernt. Man bewältigte diese Herausforderung und leitete die Strukturen der ribosomalen Proteine her, wie sie an ihre rRNA-Abschnitte gebunden sind, sowohl für die kleine und große Untereinheit als auch für das gesamte an mRNA und tRNAs gebundene Ribosom. Genauso wie auf diese Weise die Struktur des Ribosoms ermittelt wurde (Abb. 13.13), hat diese kürzlich erfolgte rasante Zunahme an Wissen unsere Vorstellungen vom Translationsprozess nachhaltig beeinflusst.

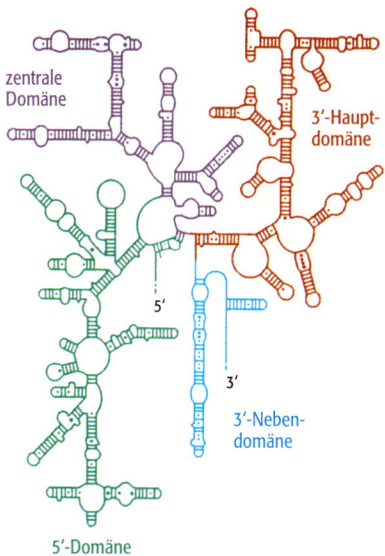

**13.11    Die Basenpaarungsstruktur der 16S-rRNA von *Escherichia coli*.** In dieser Darstellung sind die normalen Basenpaare (G–C, A–U) als Striche dargestellt, unübliche Basenpaare (etwa G–U) als Punkte.

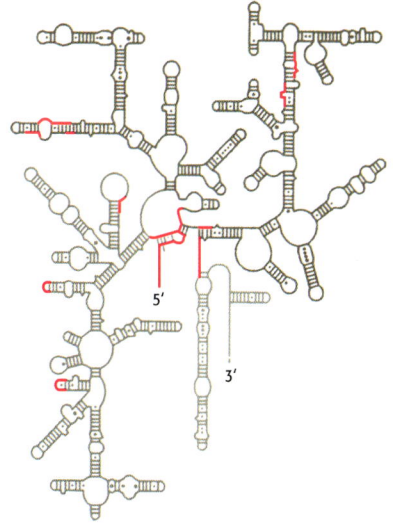

**13.12    Positionen in der 16S-rRNA von *Escherichia coli*, die mit dem ribosomalen Protein S5 in Kontakt treten.** Die Verteilung der Kontaktstellen (rot) für dieses eine ribosomale Protein verdeutlichen, in welchem Ausmaß die Basenpaarungssekundärstruktur der rRNA innerhalb der dreidimensionalen Struktur des Ribosoms zusätzlich gefaltet wird.

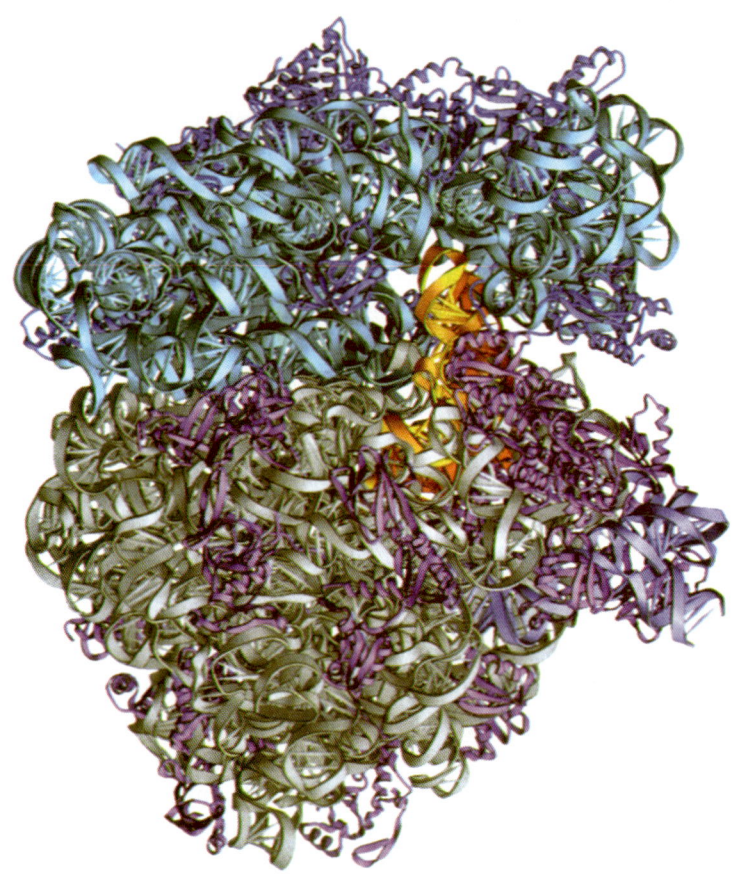

**13.13 Das bakterielle Ribosom.** Das Bild zeigt das Ribosom des Bakteriums *Thermus thermophilus*. Die kleine Untereinheit liegt oben, die 16S-rRNA ist hellblau, die Proteine der kleinen ribosomalen Untereinheit sind dunkelviolett gefärbt, in der großen Untereinheit sind die rRNAs grau und die Proteine violett dargestellt. Der gelbe Bereich ist die A-Stelle (Abschnitt 13.2.3) – hier treten während der Proteinsynthese aminoacylierte tRNAs in das Ribosom ein. Diese Stelle sowie der größte Teil der Region, in der die Proteinsynthese tatsächlich stattfindet, liegt in dem Spalt zwischen den beiden Untereinheiten. Aus: Mathews, Pe'ery (2001) The Machine that decodes the genome. *Trends Biochem Sci* 26: 585–587.

## 13.2.2 Initiation der Translation

Die ribosomale Struktur ist zwar bei Bakterien und Eukaryoten ähnlich, aber es bestehen doch Unterschiede in der Art und Weise, wie die Translation in beiden Gruppen von Lebewesen abläuft. Der wichtigste Unterschied wird bereits während der ersten Phase der Translation deutlich, wenn das Ribosom auf der mRNA an einer Position stromaufwärts des Startcodons zusammengebaut wird.

### Die Initiation erfordert bei Bakterien eine interne Ribosomenbindungsstelle

Der wichtigste Unterschied zwischen Bakterien und Eukaryoten bei der Initiation der Translation besteht darin, dass bei Bakterien der Translationsinitiationskomplex direkt am Startcodon gebildet wird, also an der Stelle, wo die Proteinsynthese schließlich beginnt. Bei Eukaryoten hingegen handelt es sich hier mehr um einen indirekten Prozess, mit dem der Initiationspunkt angesteuert wird, wie wir im nächsten Abschnitt erfahren werden.

Wenn Ribosomen nicht aktiv bei der Proteinsynthese mitwirken, dissoziieren sie in ihre Untereinheiten. Diese verbleiben im Cytoplasma, bis sie für eine neue Translationsrunde benötigt werden. Bei Bakterien wird der Prozess in Gang gesetzt, wenn eine kleine Untereinheit zusammen mit dem Translations-**Initiationsfaktor** IF-3 (Tab. 13.2) an die **Ribosomenbindungsstelle** bindet (die man auch als **Shine-Dalgarno-Sequenz** bezeichnet). Dies ist eine kurze Zielregion mit der Consensussequenz 5′-AGGAGGU-3′ bei *E. coli* (Tab. 13.3), etwa drei bis zehn Nucleotide stromaufwärts des Startcodons, an dem die Translation beginnt (Abb. 13.14). Die Ribosomenbindungsstelle ist zu einem Bereich am 3′-Ende der 16S-rRNA komplementär, die in der kleinen Untereinheit liegt. Man nimmt an, dass es bei der Bindung der kleinen Untereinheit an die mRNA zu einer Basenpaarung zwischen diesen beiden Sequenzen kommt.

Durch die Anheftung an die Ribosomenbindungsstelle wird die kleine Untereinheit des Ribosoms auf dem Startcodon positioniert (Abb. 13.15). Dieses Codon hat im Allgemeinen die Sequenz 5′-AUG-3′, die Methionin codiert, manchmal kommen auch die Sequenzen 5′-GUG-3′ und 5′-UUG-3′ vor. Alle drei Codons werden von der gleichen Initiator-tRNA erkannt, die beiden Letzteren aufgrund des *wobble*-Effekts. Diese Initiator-tRNA ist diejenige, die nach der Aminoacylierung mit Methionin durch Umwandlung des Methionins in *N*-Formylmethionin modifiziert wird (Abb. 13.5b). Durch die Modifikation

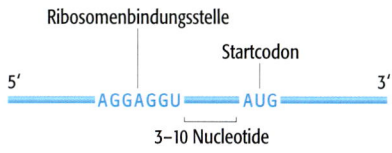

**13.14 Die Ribosomenbindungsstelle bei der Translation in Bakterien.** Bei *Escherichia coli* besitzt die Ribosomenbindungsstelle die Consensussequenz 5′-AGGAGGU-3′. Sie liegt zwischen drei und zehn Nucleotide stromaufwärts des Startcodons.

| Tabelle 13.2 | Funktionen der Initiationsfaktoren bei Bakterien und Eukaryoten |
|---|---|
| **Faktor** | **Funktion** |
| **Bakterien** | |
| IF-1 | unklar; Röntgenstrukturanalysen zeigen, dass IF-1 die A-Stelle blockiert, möglicherweise besteht die Funktion darin, zu verhindern, dass eine tRNA vorzeitig in die A-Stelle gelangt; andererseits könnte IF-1 Konformationsänderungen verursachen, die die kleine Untereinheit für die Bindung an die große Untereinheit vorbereiten |
| IF-2 | lenkt die tRNA$^{Met}$ an die richtige Position im Initiationskomplex |
| IF-3 | verhindert eine vorzeitige Assoziation zwischen der großen und der kleinen ribosomalen Untereinheit |
| **Eukaryoten** | |
| eIF-1 | Komponente des Präinitiationskomplexes |
| eIF-1A | Komponente des Präinitiationskomplexes |
| eIF-2 | bindet die Initiatons-tRNA$^{Met}$ im ternären Komplex, der eine Komponente des Präinitiationskomplexes darstellt; die Phosphorylierung von eIF-2 führt zur allgemeinen Blockierung der Translation |
| eIF-2B | regeneriert den eIF2-GTP-Komplex |
| eIF-3 | Komponente des Präinitiationskomplexes; stellt eine direkte Wechselwirkung mit eIF-4G her und bildet so die Verknüpfung mit dem Cap-Bindungskomplex |
| eIF-4A | Komponente des Cap-Bindungskomplexes; eine Helikase, die das Absuchen der mRNA unterstützt, indem sie intramolekulare Basenpaare löst |
| eIF-4B | unterstützt das Absuchen, wirkt möglicherweise als Helikase, die intramolekulare Basenpaare in der mRNA löst |
| eIF-4E | Komponente des Cap-Bindungskomplexes, stellt möglicherweise den direkten Kontakt mit der Cap-Struktur am 5′-Ende der mRNA her |
| eIF-4F | der Cap-Bindungskomplex, bestehend aus eIF-4A, eIF-4E und eIF-4G, stellt die primäre Wechselwirkung mit der Cap-Struktur am 5′-Ende der mRNA her |
| eIF-4G | Komponente des Cap-Bindungskomplexes, bildet eine Brücke zwischen dem Cap-Bindungskomplex und eIF-3 im Präinitiationskomplex; bei zumindest einigen Organismen stellt eIF-4G über das Polyadenylatbindungsprotein eine Assoziation mit dem Poly(A)-Schwanz her |
| eIF-4H | unterstützt bei Säugern das Absuchen ähnlich wie eIF-4B |
| eIF-5 | unterstützt die Freisetzung der anderen Initiationsfaktoren beim Abschluss der Initiation |
| eIF-6 | assoziiert mit der großen Untereinheit des Ribosoms; verhindert, dass große und kleine Untereinheiten im Cytoplasma aneinander binden |

**Tabelle 13.3**    Beispiele für Sequenzen von Ribosomenbindungsstellen bei *Escherichia coli*

| Gen | codiert | Ribosomenbindungs-sequenz | Nucleotide bis zum Initiationscodon |
|---|---|---|---|
| Consensussequenz bei *E. coli* | – | 5'-AGGAGGU-3' | 3–10 |
| Lactoseoperon | lactoseumsetzende Enzyme | 5'-AGGA-3' | 7 |
| galE | Hexose-1-phosphat-Uridyltransferase | 5'-GGAG-3' | 6 |
| rplJ | ribosomales Protein L10 | 5'-AGGAG-3' | 8 |

wird an die Aminogruppe eine Formylgruppe (–COH) gehängt. Das bedeutet, dass nur die Carboxylgruppe des Initiatormethionins frei ist, um an der Bildung der Peptidbindung mitzuwirken. Dadurch ist sichergestellt, dass die Polypeptidsynthese nur in N→C-Richtung stattfinden kann. Die Initiator-tRNA$^{Met}$ wird durch den Initiationsfaktor IF-2 zusammen mit einem Molekül GTP an die kleine ribosomale Untereinheit gebracht. GTP dient als Energiequelle für den letzten Schritt der Initiation. Die Formylgruppe bleibt solange am Methionin befestigt, bis die Translation in die Elongationsphase übergegangen ist, wird dann aber aus der wachsenden Polypeptidkette entfernt, entweder allein oder zusammen mit dem ursprünglichen Methionin. Wichtig ist dabei, dass die Initiator-tRNA$^{Met}$ nur das Startcodon erkennen kann; sie kann während der Elongationsphase der Translation nicht in das vollständige Ribosom eintreten. Die 5'-AUG-3'-Codons im Inneren der mRNA werden durch eine andere tRNA$^{Met}$ decodiert, die ein unmodifiziertes Methionin trägt. Die Unterscheidung zwischen diesen tRNAs basiert anscheinend auf zwei ungewöhnlichen Merkmalen des Initiatormoleküls. Erstens enthält die Initiator-tRNA im Gegensatz zu allen anderen bisher sequenzierten tRNAs von Bakterien eine Folge von drei G–C-Basenpaaren im Anticodonstamm, die die Anheftung der tRNA an die kleine Untereinheit unterstützen. Zweitens ist das 5'-Nucleotid, das bei den meisten tRNAs am ersten Basenpaar im Akzeptorstamm mitwirkt (Abb. 13.2), bei der Initiator-tRNA ungepaart. Dieses ungewöhnliche Merkmal wirkt als Signal für das Enzym, welches das angehängte Methionin zu *N*-Formylmethionin umwandelt. Möglicherweise wird damit auch verhindert, dass die Initiator-tRNA während der Elongationsphase in das Ribosom gelangt.

Der Abschluss der Initiationsphase ist erreicht, wenn IF-1 an den Initiationskomplex bindet. Die genaue Funktion von IF-1 ist ungeklärt (Tab. 13.2), aber der Faktor induziert wahrscheinlich im Initiationskomplex eine Konformationsänderung, sodass die große Untereinheit des Ribosoms binden kann. Die Bindung der großen Untereinheit erfordert Energie, die durch die Hydrolyse von GTP geliefert wird, und führt zur Freisetzung der Initiationsfaktoren.

### Bei Eukaryoten wird die Initiation durch die Cap-Struktur und den Poly(A)-Schwanz vermittelt

Nur eine geringe Anzahl von eukaryotischen mRNAs besitzen interne Ribosomenbindungsstellen. Stattdessen bindet bei den meisten mRNAs die kleine ribosomale Untereinheit zuerst an das 5'-Ende des Moleküls und sucht dann die Sequenz ab (*scanning*), bis sie auf das Startcodon trifft. Dieser Vorgang erfordert eine Vielzahl von Initiationsfaktoren, über deren genaue Funktionen weiterhin einige Unklarheiten bestehen (Tab. 13.2). Die Einzelheiten stellen sich folgendermaßen dar (Abb. 13.16).

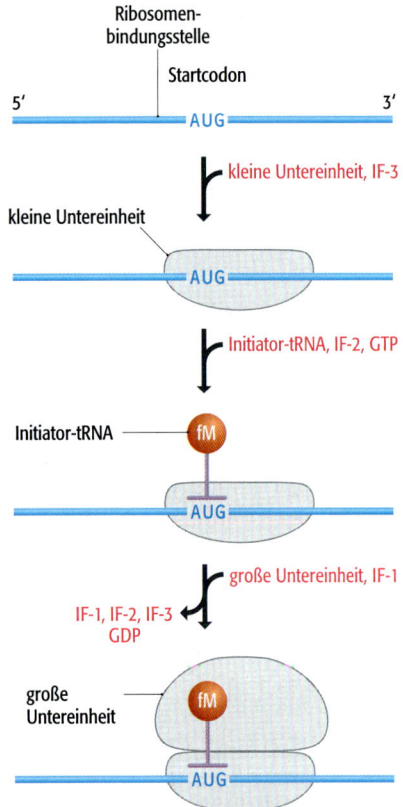

**13.15    Initiation der Translation bei** *Escherichia coli*. Die einzelnen Komponenten des Initiationskomplexes sind nicht maßstabsgetreu dargestellt. Abkürzung: fM, *N*-Formylmethionin.

Der erste Schritt ist die Bildung des **Präinitiationskomplexes**. Diese Struktur besteht aus der 40S-Untereinheit des Ribosoms, einem „ternären Komplex" aus dem Initiationsfaktor eIF-2 mit der daran gebundenen Initiator-tRNA$^{Met}$ und einem Molekül GTP, sowie den drei Initiationsfaktoren eIF-1, eIF-1A und eIF-3. Wie bei den Bakterien unterscheidet sich die Initiator-tRNA von der normalen tRNA$^{Met}$, die interne 5′-AUG-3′-Codons erkennt, ist aber anders als bei Bakterien mit dem normalen Methionin verknüpft und nicht mit der formylierten Form.

Nach seiner Bildung assoziiert der Präinitiationskomplex mit dem 5′-Ende der mRNA. Für diesen Schritt ist der **Cap-Bindungskomplex** (den man auch als eIF-4F bezeichnet) erforderlich. Dieser besteht aus den Initiationsfaktoren eIF-4A, eIF-4E und eIF-4G. Den Kontakt mit der Cap-Struktur stellt wahrscheinlich eIF-4E allein her (wie in Abbildung 13.16 dargestellt ist), oder es handelt sich mehr um eine allgemeine Wechselwirkung mit dem Cap-Bindungskomplex. Der Faktor eIF-4G wirkt als Brücke zwischen eIF-4E, der an die Cap-Struktur gebunden ist, und eIF-3, der mit dem Präinitiationskomplex assoziiert ist. Das führt dazu, dass der Präinitiationskomplex an die 5′-Region der mRNA gebunden wird. Die Bindung des Präinitiationskomplexes an die mRNA wird auch durch den Poly(A)-Schwanz am weit entfernten 3′-Ende der mRNA beeinflusst. Diese Wechselwirkung wird wahrscheinlich durch das Polyadenylatbindungsprotein (PADP) vermittelt, das am Poly(A)-Schwanz befestigt ist (Abschnitt 12.2.1). Wie man festgestellt hat, kann PADP bei der Hefe und bei Pflanzen mit eIF-4G assoziieren, wobei diese Wechselwirkung erfordert, dass sich die mRNA auf sich selbst zurückbiegt. Mit mRNAs, bei denen die Cap-Struktur künstlich entfernt wurde, reicht die PADP-Wechselwirkung aus, den Präinitiationskomplex an das 5′-Ende der mRNA zu binden, aber unter normalen Umständen wirken wahrscheinlich die Cap-Struktur und der Poly(A)-Schwanz zusammen. Der Poly(A)-Schwanz könnte eine wichtige Regulationsfunktion besitzen, da die Länge des Schwanzes anscheinend mit dem Ausmaß der Initiation korreliert, die an einer bestimmten mRNA stattfindet.

Nach der Bindung an das 5′-Ende der mRNA muss der **Initiationskomplex**, wie er nun genannt wird, das mRNA-Molekül absuchen und das Startcodon finden. Die Leader-Regionen von eukaryotischen mRNAs können einige Dutzend, aber auch mehrere Hundert Nucleotide umfassen und enthalten häufig Bereiche, die Haarnadel- und andere Basenpaarungsstrukturen bilden. Diese werden wahrscheinlich durch eine Kombination aus eIF-4A und eIF-4B entfernt. eIF-4A besitzt eine Helikaseaktivität (möglicherweise auch eIF-4B), kann also in der mRNA intramolekulare Basenpaare trennen und bereitet so den Weg für den Initiationskomplex (Abb. 13.16b). Das Startcodon, bei Eukaryoten normalerweise 5′-AUG-3′, wird erkannt, weil es in der kurzen Consensussequenz 5′-ACAAUGG-3′ liegt, die man als **Kozak-Consensussequenz** bezeichnet.

Sobald der Initiationskomplex über dem Startcodon positioniert wurde, bindet die große Untereinheit des Ribosoms. Wie bei Bakterien ist dafür die Hydrolyse von GTP erforderlich, die dann zur Freisetzung der Initiationsfaktoren führt. In dieser Phase wirken noch zwei letzte Initiationsfaktoren mit: eIF-5, der die Freisetzung der übrigen Faktoren unterstützt, und eIF-6, der mit der ungebundenen großen Untereinheit assoziiert ist und verhindert, dass sie im Cytoplasma an die kleine Untereinheit bindet.

**a)** Bindung des Präinitiationskomplexes an die mRNA

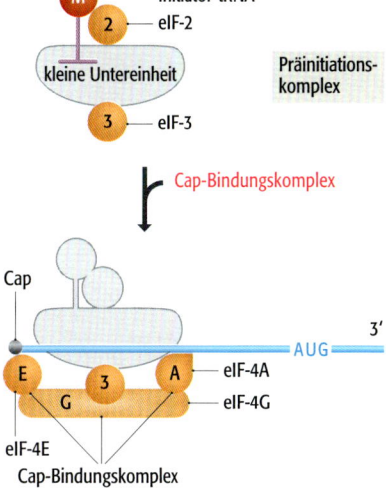

**b)** Absuchen der mRNA

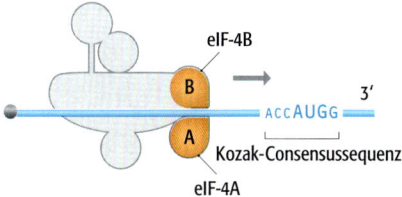

**13.16 Initiation der Translation bei Eukaryoten.** a) Bildung des Präinitiationskomplexes und seine Bindung an die mRNA. Zur Vereinfachung wurden einige Proteine weggelassen, deren genaue Funktionen noch nicht geklärt sind. Die Gesamtkonfiguration des Komplexes ist unbekannt. b) Der Präinitiationskomplex sucht die mRNA ab (*scanning*), bis er das Startcodon erreicht. Dieses liegt in der Kozak-Consensussequenz und ist deshalb eindeutig erkennbar. Das Absuchen wird durch eIF-4A und eIF-4B unterstützt, die vermutlich über eine Helikaseaktivität verfügen. Wahrscheinlich bleibt eIF-3 während des Absuchens an den Präinitiationskomplex gebunden, wie hier dargestellt ist. Man weiß jedoch nicht, ob eIF-4E und eIF-4G in dieser Phase auch gebunden bleiben. Das Absuchen ist ein energieabhängiger Vorgang, der die Hydrolyse von ATP erfordert. Abkürzung: M, Methionin.

## Initiation der Translation bei Eukaryoten ohne Absuchen der mRNA

Das Absuchsystem für die Initiation der Translation tritt nicht bei allen eukaryotischen mRNAs auf. Dies hat man ursprünglich bei den Picornaviren entdeckt, die RNA-Genome besitzen und zu denen das Polio- und das Rhinovirus des Menschen gehören (Letzteres verursacht die so genannte „Erkältung"). Transkripte dieser Viren bekommen keine Cap-Struktur, sondern sie enthalten eine **interne Ribosomeneintrittsstelle** (**IRES**), die dieselbe Funktion besitzt wie die Ribosomenbindungsstelle bei den Bakterien. Allerdings sind die IRES-Sequenzen variabler als die bakteriellen Gegenstücke. Das Vorhandensein von IRES-Sequenzen in ihren Transkripten bedeutet, dass die Picornaviren in der Wirtszelle die Proteinsynthese blockieren können, indem sie den Cap-Bindungskomplex inaktivieren, ohne die Translation ihrer eigenen Transkripte zu beeinträchtigen, wobei dies nicht bei allen Picornaviren zum normalen Infektionsmechanismus gehört.

Bemerkenswerterweise sind für die Erkennung einer IRES-Sequenz durch das Ribosom der Wirtszelle keine Virusproteine erforderlich. Das bedeutet, dass die normale eukaryotische Zelle Proteine und/oder andere Faktoren besitzt, die die Translation über den IRES-Mechanismus in Gang setzen können. Aufgrund ihrer Variabilität sind IRES-Sequenzen durch Analyse von DNA-Sequenzen schwierig zu identifizieren. Zunehmend wird jedoch deutlich, dass einige wenige Transkripte von Genen im Zellkern diese Elemente besitzen und dass sie, zumindest unter bestimmten Bedingungen, nicht über den Mechanismus des Absuchens, sondern mithilfe der IRES-Sequenzen translatiert werden. Beispiele dafür sind die mRNAs für das Bindungsprotein der schweren Immunglobulinkette bei den Säugern sowie das Antennapedia-Protein von *Drosophila* (Abschnitt 14.3.4). IRES-Sequenzen kommen auch in mehreren mRNAs vor, deren Proteinprodukte translatiert werden, wenn die Zelle Stressfaktoren ausgesetzt ist, beispielsweise Hitze, Strahlung oder Sauerstoffarmut. Unter diesen Bedingungen wird die Cap-abhängige Translation insgesamt unterdrückt (nächster Abschnitt). Das Vorhandensein von IRES-Sequenzen in den „Überlebens-RNAs" ermöglicht es also, dass diese mRNAs in der Zeit bevorzugt translatiert werden, in der ihre Produkte notwendig sind.

## Regulation der Translationsinitiation

Die Initiation der Translation ist eine wichtige Kontrollstelle während der Proteinsynthese. Dabei kommen zwei Arten der Regulation zum Tragen. Zum einen ist hier die **Gesamtregulation** zu nennen, bei der sich der Umfang der Proteinsynthese insgesamt ändert, da alle mRNAs gleichermaßen betroffen sind, die über den Cap-Mechanismus translatiert werden. Das geschieht häufig durch Phosphorylierung von eIF-2. Dadurch wird verhindert, dass eIF-2 das GTP-Molekül binden kann. Dies wäre erforderlich, bevor eIF-2 die Initiator-tRNA zu der kleinen ribosomalen Untereinheit transportieren kann, sodass letztendlich die Initiation der Translation unterdrückt wird. In Stresssituationen wie etwa bei einem Hitzeschock kommt es zur Phosphorylierung von eIF-2, sodass die Proteinsynthese verringert wird und die IRES-vermittelte Translation die Oberhand gewinnt.

Bei der **transkriptspezifischen Regulation** spielen Mechanismen eine Rolle, die auf ein einzelnes Transkript oder eine kleine Gruppe von Transkripten für verwandte Proteine einwirken. Das am häufigsten angeführte Beispiel für die transkriptspezifische Regulation betrifft die Operons für die ribosomalen Proteine bei *E. coli* (Abb. 13.17a). Die Leader-Region der mRNA, die von jedem

Operon transkribiert wird, enthält eine Sequenz, die als Bindungsstelle für eines der Proteine fungiert, welche das Operon codiert. Wird dieses Protein synthetisiert, kann es entweder an seine Position auf der ribosomalen RNA oder an die Leader-Region der mRNA binden. Die rRNA-Bindung tritt dann bevorzugt auf, wenn in der Zelle freie rRNAs vorhanden sind. Sobald jedoch alle freien rRNAs in Ribosomen eingebaut wurden, bindet das ribosomale Protein an seine mRNA, blockiert dadurch die Initiation der Translation und schaltet so die weitere Synthese der ribosomalen Proteine ab, die die betreffende mRNA codiert. Entsprechende Reaktionen mit den anderen mRNAs bewirken, dass die Synthese aller ribosomalen Proteine in Koordination mit der Menge an freier rRNA in der Zelle erfolgt. Einige andere Proteine, die an RNA binden können, wie etwa einige Aminoacyl-tRNA-Synthetasen, unterliegen ebenfalls einer transkriptspezifischen Regulation, die ähnlich abläuft wie bei den ribosomalen Proteinen.

Ein zweites Beispiel für eine transkriptspezifische Regulation, dieses Mal bei den Säugern, betrifft die mRNA für das Eisenspeicherprotein Ferritin (Abb. 13.17b). Ist kein Eisen vorhanden, wird die Ferritinsynthese durch Proteine gehemmt, die an so genannte **Eisen-Response-Elemente** binden. Diese Sequenzen liegen in der Leader-Region der Ferritin-mRNA. Die gebundenen Proteine blockieren das Ribosom, wenn es die mRNA nach dem Startcodon absucht. Ist Eisen dagegen vorhanden, lösen sich die gebundenen Proteine von der mRNA und die Translation findet statt. Interessanterweise enthält die mRNA für ein verwandtes Protein – den Transferrinrezeptor, der bei der Aufnahme von Eisen mitwirkt – ebenfalls Eisen-Response-Elemente. In diesem Fall führt jedoch das Ablösen der gebundenen Proteine nicht zur Translation der mRNA, sondern zu ihrem Abbau. Das ist nachvollziehbar, da die Aktivität des Transferrinrezeptors weniger erforderlich ist, wenn es Eisen in der Zelle gibt, denn dann muss es nicht von außen eingeführt werden.

Die Initiation der Translation kann bei einigen mRNAs von Bakterien auch über kurze RNAs reguliert werden, die an Erkennungssequenzen in den mRNAs binden. Dadurch wird die Translation nicht immer verhindert, denn einige kurze RNAs können die Translation von einer oder mehreren Ziel-mRNAs auch aktivieren. Ein Beispiel dafür ist die OxyS-RNA von *E. coli*. Sie besitzt eine Länge von 109 Nucleotiden und reguliert die Translation von etwa 40 mRNAs. Die Synthese von OxyS wird durch Wasserstoffperoxid und andere reaktive Sauerstoffverbindungen aktiviert, die in einer Zelle Oxidationsschäden verursachen können. Sobald OxyS synthetisiert wurde, aktiviert die RNA die Translation von einigen mRNAs, deren Produkte das Bakterium vor Oxidationsschäden schützen können. Außerdem schaltet die RNA die Translation anderer mRNAs ab, deren Produkte unter diesen Bedingungen schädlich wären. Die Strukturen, die gebildet werden, wenn OxyS und andere kurze RNAs an ihre Ziel-mRNAs binden, sind zwar bekannt, aber sie liefern keine besonderen Erkenntnisse darüber, wie der Regulationsmechanismus funktioniert. Das zeigt sich vor allem daran, dass sich die Strukturen der mRNAs, die inaktiviert werden und bei denen vermutlich die Bindung der kleinen ribosomalen Untereinheit blockiert werden soll, offensichtlich nicht von den Strukturen der mRNAs unterscheiden, deren Translation aktiviert wird.

**a)** Autoregulation der Synthese der ribosomalen Proteine

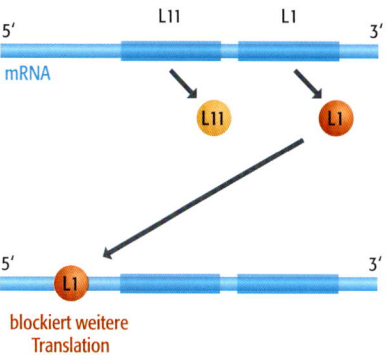

blockiert weitere Translation

**b)** Regulation durch Eisen-Response-Elemente

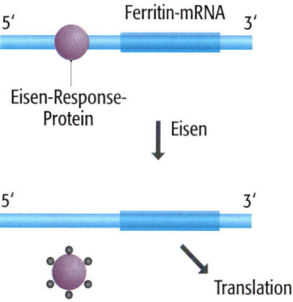

**13.17 Transkriptspezifische Regulation der Translationsinitiation.** a) Regulation der Synthese der ribosomalen Proteine bei Bakterien. Das L11-Operon von *Escherichia coli* wird zu einer mRNA transkribiert, die Kopien der Gene für die ribosomalen Proteine L11 und L1 enthält. Wenn die Bindungsstellen für L1 auf den verfügbaren Molekülen der 23S-rRNA besetzt sind, bindet L1 an die 5′-nichttranslatierte Region der mRNA und blockiert so die weitere Initiation der Translation. b) Regulation der Proteinsynthese von Ferritin bei den Säugern. Das Eisen-Response-Protein bindet an die 5′-nichttranslatierte Region der Ferritin-mRNA, wenn kein Eisen vorhanden ist, und verhindert so die Synthese von Ferritin.

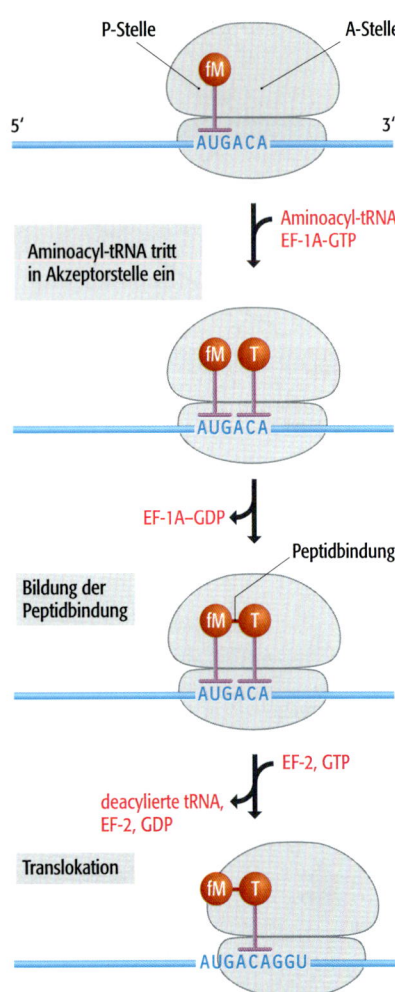

P-Stelle    A-Stelle

fM

5'                          3'

AUGACA

**Aminoacyl-tRNA tritt in Akzeptorstelle ein**

Aminoacyl-tRNA, EF-1A-GTP

fM   T

AUGACA

EF-1A–GDP

Peptidbindung

**Bildung der Peptidbindung**

fM   T

AUGACA

EF-2, GTP

deacylierte tRNA, EF-2, GDP

**Translokation**

fM   T

AUGACAGGU

**13.18   Elongationsphase der Translation.** Das Schema zeigt die Ereignisse während eines einzigen Elongationszyklus bei *Escherichia coli*. Einzelheiten zur Translation bei Eukaryoten finden sich im Text. Abkürzungen: fM, *N*-Formylmethionin; T, Threonin.

## 13.2.3 Die Elongationsphase der Translation

Die größten Unterschiede zwischen Bakterien und Eukaryoten bei der Translation zeigen sich während der Initiationsphase: Die Ereignisse nach Anlagerung der großen ribosomalen Untereinheit an den Initiationskomplex stimmen bei beiden Organismengruppen überein. Wir können sie deshalb gemeinsam behandeln, indem wir uns ansehen, wie der Ablauf bei den Bakterien ist, und gegebenenfalls auf eventuelle Unterschiede zu den Eukaryoten eingehen.

### Elongation bei Bakterien und Eukaryoten

Durch die Anlagerung der großen Untereinheit entstehen zwei Stellen, an die eine Aminoacyl-tRNA binden kann. Die erste dieser Stellen, die **P-** oder **Peptidylstelle**, ist bereits durch die Initiator-tRNA^Met besetzt, die mit *N*-Formylmethionin oder Methionin beladen ist und mit dem Startcodon Basenpaare gebildet hat. Die zweite Stelle, die **A-** oder **Aminoacylstelle** enthält das zweite Codon des offenen Leserasters (Abb. 13.18). Die Strukturen, die mithilfe von Röntgenstrukturanalysen ermittelt wurden, zeigen, dass diese Stellen in dem Hohlraum zwischen der großen und der kleinen ribosomalen Untereinheit liegen, die Codon-Anticodon-Wechselwirkung mit der kleinen Untereinheit und das Aminoacylende der tRNA mit der großen Untereinheit assoziiert ist (Abb. 13.19).

Die A-Stelle wird mit der passenden Aminoacyl-tRNA besetzt, die bei *E. coli* durch den **Elongationsfaktor** EF-1A an die Position gebracht wird. Dieser stellt sicher, dass nur tRNAs, die die richtige Aminosäure tragen, in das Ribosom gelangen können. Falsch beladene tRNAs werden nicht akzeptiert. EF-1A ist ein Beispiel für ein G-Protein, das heißt, der Faktor bindet ein Molekül GTP, das zur Freisetzung von Energie hydrolysiert werden kann. Bei Eukaryoten bezeichnet man den entsprechenden Faktor als eEF-1. Dieser besteht aus den vier Untereinheiten eEF-1a, eEF-1b, eEF-1d und eEF-1g (Tab. 13.4) Der erste Faktor kommt in mindestens zwei Formen vor (eEF-1a1 und eEF-1a2), die starke Übereinstimmungen zeigen und wahrscheinlich in verschiedenen Geweben die gleiche Funktion besitzen. Spezifische Kontakte zwischen tRNA, mRNA und der rRNA der kleinen Untereinheit in der A-Stelle sorgen dafür, dass nur die richtige tRNA akzeptiert wird. Diese Kontakte können zwischen einer Codon-Anticodon-Wechselwirkung, bei der alle drei Basenpaare gebildet wurden, und einer Wechselwirkung mit einer oder mehr Fehlpaarungen unterscheiden. Letzteres zeigt an, dass eine falsche tRNA vorhanden ist. Dies gehört wahrscheinlich zu einer Reihe von Überwachungsmechanismen, die die Genauigkeit der Translation gewährleisten.

| Tabelle 13.4 | Elongationsfaktoren bei der Translation von Bakterien und Eukaryoten |
|---|---|
| **Faktor** (alte Bezeichnung) | **Funktion** |
| **Bakterien** | |
| EF-1A (EF-Tu) | bringt die nächste tRNA an die richtige Position im Ribosom |
| EF-1B (EF-Ts) | regeneriert EF-1A, nachdem dieser die Energie abgegeben hat, die im angehängten GTP-Molekül enthalten war |
| EF-2 (EF-G) | vermittelt die Translokation |
| **Eukaryoten** | |
| eEF-1 | Komplex aus vier Untereinheiten (eEF-1a, eEF-1b, eEF-1d und eEF-1g); bringt die nächste tRNA an die richtige Position im Ribosom |
| eEF-2 | vermittelt die Translokation |

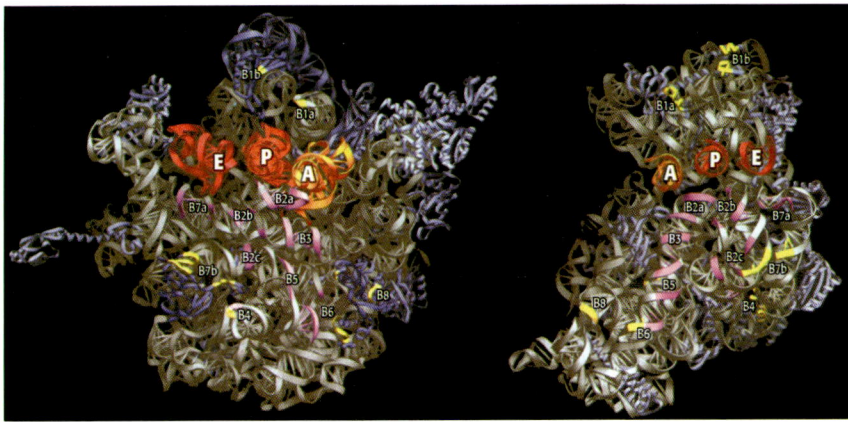

Wenn die Aminoacyl-tRNA in die A-Stelle gelangt ist, wird zwischen den beiden Aminosäuren eine Peptidbindung gebildet. Dies bewirkt ein **Peptidyltransferase**-Enzym, das die Aminosäure von der Initiator-tRNA$^{Met}$ ablöst und dann zwischen dieser Aminosäure und der Aminosäure an der zweiten tRNA eine Peptidbindung erzeugt. Die Reaktion ist energieabhängig und erfordert die Hydrolyse eines GTP, das an EF-1A (eEF-1 bei Eukaryoten) gebunden ist. Dadurch wird EF-1A inaktiviert; der Faktor wird vom Ribosom abgestoßen und durch EF-1B regeneriert. Bei Eukaryoten hat man kein zu EF-1B äquivalentes Protein gefunden, möglicherweise besitzt aber eine der Untereinheiten von eEF-1 die Regenerationsaktivität.

Nun ist das Dipeptid, das den ersten beiden Codons des offenen Leserasters entspricht, an der tRNA in der A-Stelle befestigt. Der nächste Schritt ist die **Translokation** (Abb. 13.18), bei der sich das Ribosom entlang der mRNA um drei Nucleotide weiterbewegt. Dadurch gelangt ein neues Codon in die A-Stelle und die Dipeptid-tRNA wird zur P-Stelle verschoben, wo sie die deacylierte tRNA verdrängt. Bei Eukaryoten wird die tRNA einfach aus dem Ribosom freigesetzt, während die tRNA bei Bakterien an der dritten Position erscheint, der **E-Stelle** (*exit site*). Ursprünglich hatte man diese nur als Austrittsstelle aus dem Ribosom angesehen, inzwischen weiß man jedoch, dass diese Stelle eine wichtige Funktion besitzt. Sie stellt sicher, dass sich das Ribosom entlang der mRNA um genau drei Nucleotide weiterbewegt und so im richtigen Leseraster bleibt.

Die Translokation erfordert die Hydrolyse eines Moleküls GTP. Sie wird bei Bakterien durch EF-2 und bei Eukaryoten durch eEF-2 bewerkstelligt. Elektronenmikroskopische Aufnahmen von Ribosomen zu verschiedenen Phasen der Translokation zeigen, dass das Ribosom während der Translokation eine weniger kompakte Struktur annimmt, wobei sich die beiden Untereinheiten jeweils etwas in entgegengesetzter Richtung drehen und so den Raum zwischen ihnen erweitern. Dadurch kann das Ribosom die mRNA entlang gleiten. Die Translokation führt dazu, dass die A-Stelle frei wird, sodass eine neue Aminosäure eintreten kann. Der Elongationszyklus wird nun wiederholt und setzt sich fort, bis das Ende des offenen Leserasters erreicht ist.

## Die Peptidyltransferase ist ein Ribozym

Es ist nie gelungen, ein Protein zu isolieren, das mit Ribosomen assoziiert ist und die Peptidyltransferaseaktivität besitzt, die während der Translation die Peptidbindungen synthetisiert. Der Grund für diese Erfolglosigkeit ist heute

**13.19  Die wichtigen Stellen im Ribosom.** Links ist die Struktur der großen Untereinheit des Ribosoms von *Thermus thermophilus* dargestellt, rechts die Struktur der kleinen Untereinheit. Die Blickrichtung geht jeweils auf die beiden Oberflächen, die miteinander in Kontakt treten, wenn sich die beiden Untereinheiten zum vollständigen Ribosom zusammenlagern. Eingezeichnet sind die A-, P- und E-Stelle, jede ist von einer tRNA besetzt (rot oder orangefarben). Der größte Teil jeder tRNA ist in die große Untereinheit eingebettet, nur die Anticodonarme und -schleifen sind mit der kleinen Untereinheit assoziiert. Die Abschnitte des Ribosoms, die die Kontaktstellen zwischen den beiden Untereinheiten bilden, sind mit B1a und so weiter bezeichnet. Nachdruck mit freundlicher Genehmigung von Yusupov et al (2001) *Science* 292: 883–896; © AAAS.

bekannt, zumindest bei Bakterien: Die enzymatische Aktivität wird von einem Teil der 23S-rRNA bewerkstelligt und ist deshalb ein weiteres Beispiel für ein Ribozym (Abschnitt 12.2.4).

Als man die Basenpaarungsstrukturen der rRNAs (Abb. 13.11) in den frühen 1980er-Jahren aufklärte, hat man noch nicht geahnt, dass ein RNA-Molekül eine enzymatische Aktivität besitzen könnte. Die entscheidenden Entdeckungen in Bezug auf Ribozyme erfolgten erst in den Jahren 1982–86. Deshalb wurden ribosomalen RNAs zuerst rein strukturelle Funktionen in den Ribosomen zugeordnet, ihre Basenpaarungsstruktur betrachtete man als Gerüst, an dem die wichtigen Komponenten der Ribosomen – die Proteine – befestigt werden. In den späten 1980er-Jahren ergaben sich mit dieser Deutung zunehmend Probleme, als man Schwierigkeiten bekam, ein Protein zu identifizieren, das für die zentrale katalytische Aktivität des Ribosoms – die Bildung der Peptidbindung – zuständig sein sollte. Dann war jedoch die Existenz von Ribozymen anerkannt und die Molekularbiologen begannen, ernsthaft in Betracht zu ziehen, dass rRNA bei der Proteinsynthese eine enzymatische Funktion besitzen könnte. Um diese Hypothese zu überprüfen, musste man die genaue Stelle ermitteln, an der sich die Peptidyltransferaseaktivität im Ribosom befindet. Im Lauf der Jahre haben Antibiotika und andere Inhibitoren der Proteinsynthese bei der Untersuchung der Ribosomenfunktion eine wichtige Rolle gespielt. Im Jahr 1995 wurde ein neuer Inhibitor hergestellt, den man als CCdA-Phosphat-Puromycin bezeichnete. Diese Verbindung ist ein Analogon der Intermediärstruktur, die bei der Proteinsynthese entsteht, wenn zwei Aminosäuren durch die Bildung einer Peptidbindung miteinander verknüpft werden. CCdA-Phosphat-Puromycin bindet fest an das bakterielle Ribosom, und diese Bindung muss aufgrund der Struktur des Moleküls genau dort erfolgen, wo im funktionsfähigen Ribosom die Peptidbindung gebildet wird. Deshalb bediente man sich der Röntgenstrukturanalyse, um genau festzustellen, wo CCdA-Phosphat-Puromycin in der großen Untereinheit bindet. Die Position liegt tief im Inneren der Untereinheit, eng assoziiert mit der 23S-rRNA der großen Untereinheit, aber 1,84 nm entfernt von L3, dem am nächsten liegenden Protein, und noch etwas weiter entfernt von L2, L4 und L10 (Abb. 13.20). Im atomaren Maßstab sind 1–2 nm eine riesige Entfernung. Deshalb ist es undenkbar, dass die Synthese der Peptidbindung durch eines dieser vier Proteine katalysiert werden könnte. Die Positionierung von CCdA-Phosphat-Puromycin liefert also einen überzeugenden Beleg dafür, dass die Peptidyltransferase ein Ribozym ist.

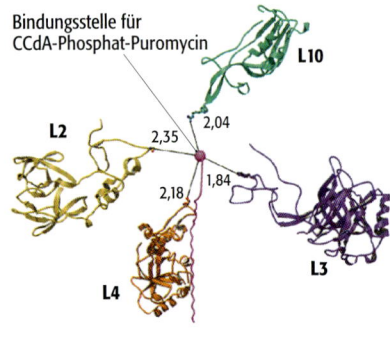

**13.20  Die Position des CCdA-Phosphat-Puromycin-Moleküls in der großen Untereinheit des bakteriellen Ribosoms.** Dargestellt sind Teile der ribosomalen Proteine L2, L3, L4 und L10. Die Abstände zwischen dem CCdA-Phosphat-Puromycin-Molekül (roter Punkt) und den Proteinen sind in nm angegeben.

Da dieser Beweis nun erbracht ist, versucht man genau zu bestimmen, wie das Rückgrat der RNA bei der Bildung der Peptidbindung als Ribozym wirkt. Ursprünglich galt die Aufmerksamkeit dem Adeninnucleotid an Position 2 451 in der 23S-rRNA von *E. coli*, da dieses Adenin im Vergleich zu anderen Nucleotiden ungewöhnliche Ladungseigenschaften besitzt. Die Hypothese lautete, dass eine Wechselwirkung zwischen diesem Adenin und einem nahe gelegenen Guanin an Position 2 447 der Schlüssel für die Proteinsynthese ist. Dieses Modell wurde jedoch durch Mutationsexperimente infrage gestellt, bei denen man zeigen konnte, dass zwar ein Austausch von A2 451 gegen Uracil die Peptidsynthese um 99 % verringert, aber sowohl A2 451 als auch G2 447 durch andere Nucleotide ersetzt werden können, ohne dass sich ein messbarer Effekt ergibt. Daher wendet man sich nun anderen Bereichen der 23S-rRNA zu, die in der Nähe des aktiven Zentrums liegen.

## Rasterverschiebungen und andere ungewöhnliche Ereignisse bei der Elongation

Die direkt Codon für Codon erfolgende Translation einer mRNA wird als der normale Mechanismus angesehen, durch den Proteine synthetisiert werden. Man entdeckt jedoch immer mehr ungewöhnliche Ereignisse bei der Elongation. Eines davon ist die **Rasterverschiebung**. Dazu kommt es, wenn ein Ribosom in der Mitte der mRNA pausiert, ein Nucleotid zurück, oder, was seltener vorkommt, ein Nucleotid vorwärts wandert, und dann die Translation fortsetzt. Das führt dazu, dass die Codons, die nach dem Pausieren abgelesen werden, nicht an die davor liegende Codonfolge anschließen: Sie liegen in einem anderen Leseraster (Abb. 13.21a).

Spontane Rasterverschiebungen treten zufällig auf und sie wirken sich schädlich aus, da das Polypeptid, das nach der Rasterverschiebung synthetisiert wird, die falsche Aminosäuresequenz besitzt. Aber nicht alle Rasterverschiebungen erfolgen spontan: Bei einigen wenigen mRNAs kommt es zu einer **programmierten Rasterverschiebung**, die das Ribosom dazu bringt, das Raster an einer spezifischen Stelle im Transkript zu wechseln. Die programmierte Rasterverschiebung kommt bei allen Gruppen von Organismen vor, von den Bakterien bis zum Menschen, außerdem bei der Translation von einer Reihe von viralen Genomen. Ein Beispiel betrifft die Synthese der DNA-Polymerase III bei *E. coli*. Sie ist das Hauptenzym für die Replikation der DNA (Abschnitt 15.2.2). Die zwei Untereinheiten $\gamma$ und $\tau$ der DNA-Polymerase III werden von einem einzigen Gen codiert, *dnaX*. Die Untereinheit $\tau$ ist das vollständige Translationsprodukt,

**13.21 Drei ungewöhnliche Ereignisse während der Translationselongation bei *Escherichia coli*.** a) Programmierte Rasterverschiebung bei der Translation der *dnaX*-mRNA. Während der Synthese der $\lambda$-Untereinheit wandert das Ribosom um ein Nucleotid zurück, unmittelbar nach einer Folge von A-Nucleotiden. Das Ribosom fügt eine Glutaminsäure in die Polypeptidkette ein und trifft dann auf ein Stoppcodon. b) Verrutschen der Translation zwischen dem *lacZ*- und dem *lacY*-Gen der mRNA des Lactoseoperons. c) Bei der Bypass-Translation während der Translation der Gen-*60*-mRNA des Bakteriophagen T4 kommt es zu einem Sprung zwischen zwei Glycincodons. Der Ein-Buchstaben-Code für Aminosäure wird in Abbildung 1.2 erklärt.

**a)** programmierte Rasterverschiebung in der *dnaX*-mRNA

**b)** Verrutschen der Translation

**c)** Translations-Bypass in der Gen-*60*-mRNA des T4-Phagen

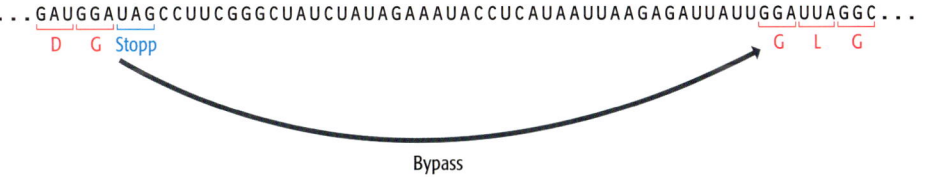

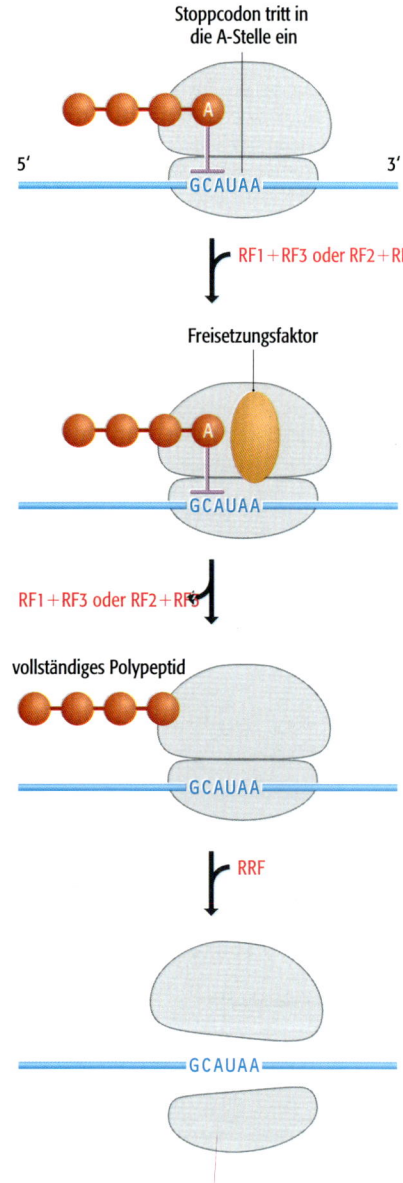

**Stoppcodon tritt in die A-Stelle ein**

5′                                                  3′

GCAUAA

RF1 + RF3 oder RF2 + RF3

**Freisetzungsfaktor**

GCAUAA

RF1 + RF3 oder RF2 + RF3

**vollständiges Polypeptid**

GCAUAA

RRF

GCAUAA

**13.22 Termination der Translation.** Dargestellt ist die Termination bei *Escherichia coli*. Unterschiede zu den Eukaryoten sind im Text beschrieben. Die mit „A" gekennzeichnete Aminosäure ist ein Alanin. Abkürzungen: RF, Freisetzungsfaktor; RRF, Ribosomenrecyclingfaktor.

während die Untereinheit $\gamma$ eine verkürzte Form darstellt. Bei der Synthese von $\gamma$ kommt es in der Mitte der *dnaX*-mRNA zu einer Rasterverschiebung, sodass das Ribosom unmittelbar nach der Verschiebung auf ein Stoppcodon trifft und so die verkürzte $\gamma$-Form des Translationsprodukts entsteht. Man nimmt an, dass es aufgrund von drei Merkmalen der *dnaX*-mRNA zu einer Rasterverschiebung kommt:

- Unmittelbar nach der Position der Rasterverschiebung befindet sich eine Haarnadelschleife, die das Ribosom anhält.

- Unmittelbar stromaufwärts der Position der Rasterverschiebung befindet sich eine Sequenz, die einer Ribosomenbindungsstelle ähnlich ist und wahrscheinlich mit der 16S-rRNA Basenpaare bildet (wie es eine tatsächliche Ribosomenbindungsstelle auch tun würde), sodass das Ribosom auch aus diesem Grund anhält.

- Das Codon 5′-AAG-3′ an der Position der Rasterverschiebung. Das Vorhandensein eines modifizierten Nucleotids an der *wobble*-Position der tRNA$^{Lys}$, die 5′-AAG-3′ decodiert, führt dazu, dass die Codon-Anticodon-Wechselwirkung an dieser Stelle relativ schwach ist, sodass eine Rasterverschiebung erfolgen kann.

Ein ähnliches Phänomen, das **Verrutschen bei der Translation** (*translational slippage*), ermöglicht es einem einzigen Ribosom eine mRNA zu translatieren, die Kopien von zwei oder mehr Genen enthält (Abb. 13.21b). Das heißt, dass beispielsweise ein einziges Ribosom alle fünf Proteine translatieren kann, die die mRNA codiert, welche vom Tryptophanoperon von *E. coli* transkribiert wird (Abb. 8.8b). Wenn das Ribosom das Ende einer Folge von Codons erreicht, setzt es das Protein frei, das es gerade synthetisiert hat, gleitet zum nächsten Startcodon und beginnt mit der Synthese des nächsten Proteins. Eine extreme Form des Verrutschens ist der **Translations-Bypass**, bei dem ein größerer Teil des Transkripts übersprungen wird, möglicherweise einige Dutzend Basenpaare, und die Translation sich danach wieder fortsetzt (Abb. 13.21c). Die ausgelassene Sequenz beginnt und endet entweder an zwei gleichen Codons oder an zwei Codons, die aufgrund eines *wobble*-Effekts von derselben tRNA translatiert werden können. Das deutet darauf hin, dass der Sprung von der tRNA kontrolliert wird, die gerade an das wachsende Polypeptid gebunden ist. Diese sucht die mRNA ab, während sich das Ribosom weiterbewegt, und hält an, sobald ein neues Codon erreicht ist, mit dem eine Basenpaarung möglich ist. Bei der Translation einer mRNA für das Gen *60* des Bakteriophagen T4 von *E. coli*, das eine Untereinheit einer DNA-Topoisomerase codiert, kommt es zu einem Translations-Bypass mit 44 Nucleotiden. Ähnliche Mechanismen hat man auch schon bei einer Reihe anderer Bakterien entdeckt. Der Translations-Bypass kann dazu führen, dass von einer mRNA zwei verschiedene Proteine synthetisiert werden – ein Protein über die normale Translation, ein anderes über den Bypass –, aber ob es sich dabei um dessen allgemeine Funktion handelt, ist noch nicht bekannt.

### 13.2.4 Termination der Translation

Die Proteinsynthese endet, wenn eines der drei Stoppcodons erreicht wird (Abb. 13.22). In die A-Stelle tritt dann keine tRNA ein, sondern ein Protein-**Freisetzungsfaktor** (Tab. 13.5). Bei Bakterien gibt es drei davon: RF-1 erkennt die Stoppcodons 5′-UAA-3′ und 5′-UAG-3′, RF-2 erkennt die Stoppcodons 5′-UAA-3′ und 5′-UGA-3′, und RF-3 stimuliert die Freisetzung von RF-1 und RF-2 aus dem Ribosom nach der Termination. Letzteres erfolgt in einer Reaktion, die

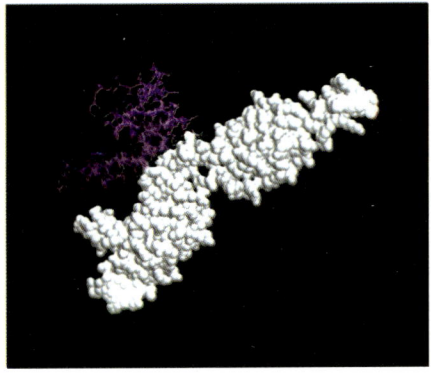 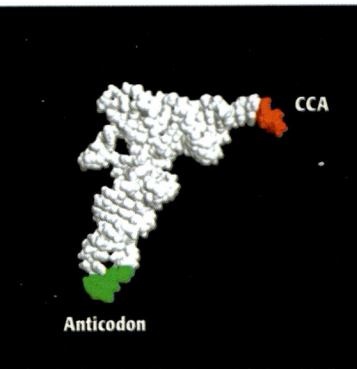

13.23 **Die Struktur des eukaryotischen Freisetzungsfaktors eRF-1 ähnelt einer tRNA.** Das linke Bild zeigt eRF-1, das rechte Bild eine tRNA. Der Bereich von eRF-1, der der tRNA gleicht, ist weiß hervorgehoben. Der violette Abschnitt von eRF-1 interagiert mit dem zweiten eukaryotischen Freisetzungsfaktor eRF-3. Nachdruck aus: Kisselev, Buckingham (2000) Transitional termination comes of age. *Trends Biochem Sci* 25: 561–566.

Energie aus der Hydrolyse von GTP erfordert. Eukaryoten besitzen nur zwei Freisetzungsfaktoren: eRF-1 erkennt alle drei Stoppcodons, und eRF-3 hat wahrscheinlich dieselbe Funktion wie RF-3, wobei das allerdings noch nicht bewiesen ist. Die Struktur von eRF-1 wurde mithilfe von Röntgenstrukturanalysen aufgeklärt. Dabei zeigte sich, dass das Protein eine Form besitzt, die einer tRNA sehr ähnlich ist (Abb. 13.23). Das führt zu einem Modell, bei dem der Freisetzungsfaktor die Struktur einer tRNA nachbildet und dadurch in die A-Stelle eintreten kann, wenn das Stoppcodon erreicht ist. Das Modell ist durchaus interessant, aber andere Untersuchungen deuten darauf hin, dass der Freisetzungsfaktor eine andere Konformation annimmt, wenn er mit einem Ribosom assoziiert ist, wobei diese dann einer tRNA weniger ähnlich ist.

Die Freisetzungsfaktoren beenden die Translation, aber sie bewirken offenbar nicht die Dissoziation der ribosomalen Untereinheiten, zumindest nicht bei Bakterien. Dies ist die Funktion eines zusätzlichen Proteins, das man als **Ribosomenrecyclingfaktor** (**RRF**) bezeichnet und das wie eRF-1 eine tRNA-ähnliche Struktur besitzt. RRF tritt möglicherweise in die P- oder A-Stelle ein und „schließt" das Ribosom auf (Abb. 13.22). Die Dissoziation erfordert Energie, die durch EF-2, einen der Elongationsfaktoren, aus GTP freigesetzt wird. Auch der Initiationsfaktor IF-3 wird hier benötigt, um zu verhindern, dass sich die Untereinheiten wieder zusammenlagern. Ein RRF entsprechendes Protein ist

| Tabelle 13.5 | Freisetzungs- und Ribosomenrecyclingfaktoren bei Bakterien und Eukaryoten |
|---|---|
| **Faktor** | **Funktion** |
| **Bakterien** | |
| RF-1 | erkennt die Stoppcodons 5'-UAA-3' und 5'-UAG-3' |
| RF-2 | erkennt die Stoppcodons 5'-UAA-3' und 5'-UGA-3' |
| RF-3 | stimuliert die Dissoziation von RF-1 und RF-2 aus dem Ribosom nach der Termination |
| RRF | Ribosomenrecyclingfaktor; zuständig für die Dissoziation der ribosomalen Untereinheiten nach Beendigung der Translation |
| **Eukaryoten** | |
| eRF-1 | erkennt das Stoppcodon |
| eRF-3 | stimuliert möglicherweise die Dissoziation von eRF-1 vom Ribosom nach der Termination; verursacht eventuell eine Dissoziation der ribosomalen Untereinheiten nach Beendigung der Translation |

bei den Eukaryoten bis jetzt nicht bekannt, aber es könnte sich um eine der Funktionen von eRF-3 handeln. Die dissoziierten ribosomalen Untereinheiten gehen in das cytoplasmatische Reservoir ein, wo sie bis zu ihrer Verwendung in einer neuen Translationsrunde bleiben.

### 13.2.5 Die Translation bei den Archaea

Die bisherigen Schilderungen beziehen sich auf Ereignisse während der Translation bei Bakterien und Eukaryoten. Wir sollten aber nicht übersehen, dass es noch eine zweite Gruppe von Prokaryoten gibt, die Archaea. Bevor wir nun weiter fortfahren, wollen wir uns kurz damit beschäftigen, was über die Translation bei diesen Organismen bekannt ist.

Die Translation der Archaea gleicht in vieler Hinsicht mehr der Translation bei den Eukaryoten als bei den Bakterien. Eine offensichtliche Ausnahme besteht jedoch darin, dass das Ribosom der Archaea mit einem Sedimentationskoeffizienten von 70S in der Größe vergleichbar ist mit dem bakteriellen Ribosom und auch wie dieses eine 23S-, eine 16S- und eine 5S-rRNA enthält. Diese scheinbare Übereinstimmung erweist sich jedoch als trügerisch, da die rRNAs der Archaea durch ihre Basenpaarungen Sekundärstrukturen bilden, die sich von den entsprechenden Strukturen der Bakterien deutlich unterscheiden. Die rRNA-Strukturen der Archaea unterscheiden sich auch von denen der Eukaryoten, jedoch sind die ribosomalen Proteine, die daran binden, zu den eukaryotischen Proteinen homolog.

Die mRNAs der Archaea besitzen eine Cap-Struktur und sind polyadenyliert, bei der Initiation der Translation kommt es zu einem ähnlichen Absuchen der mRNA wie bei den eukaryotischen mRNAs. Die tRNAs der Archaea zeigen einige spezifische Merkmale. So fehlt beispielsweise Thymidin im so genannten TΨC-Arm der Kleeblattstruktur, und verschiedene Positionen von modifizierten Nucleotiden finden sich so weder bei Bakterien noch bei Eukaryoten. Das Methionin an der Initiator-tRNA ist nicht $N$-formyliert, und die Initiations- und Elongationsfaktoren ähneln den Faktoren der Eukaryoten.

## 13.3 Posttranslationale Prozessierung von Proteinen

Die Translation ist nicht das Ende der Genomexpression. Das Polypeptid, das aus dem Ribosom herauskommt, ist inaktiv, und bevor es in der Zelle seine Funktion übernehmen kann, muss es zumindest den ersten der folgenden vier Mechanismen der posttranslationalen Prozessierung durchlaufen (Abb. 13.24):

- **Proteinfaltung.** Das Polypetid ist inaktiv, bis es in seine richtige Tertiärstruktur gefaltet wurde.

- **Proteolytische Spaltung.** Einige Proteine werden durch Spaltungsreaktionen prozessiert, die von **Proteasen** katalysiert werden. Diese Reaktionen können von beiden Enden des Polypeptids Bereiche entfernen, sodass eine verkürzte Form des Proteins entsteht, oder das Protein wird in eine Anzahl verschiedener Teile geschnitten, von denen alle oder nur einige aktiv sind.

- **Chemische Modifikation.** Einige Aminosäuren eines Polypeptids können durch Anhängen von neuen chemischen Gruppen verändert werden.

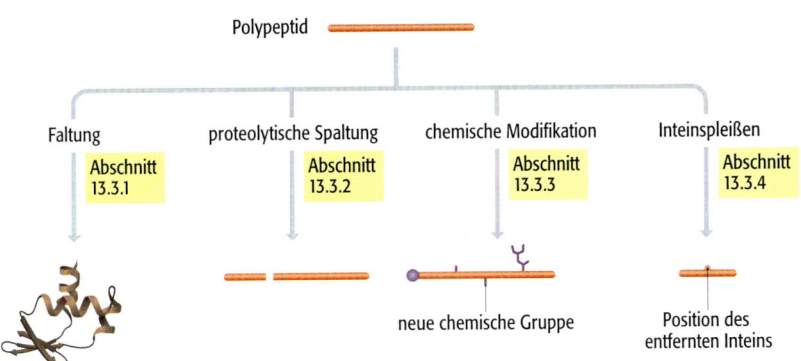

13.24 **Schematische Darstellung der vier Arten von posttranslationaler Prozessierung.** Nicht alle Reaktionen kommen bei allen Lebewesen vor.

- **Inteinspleißen. Inteine** sind Zwischensequenzen, die in einigen Proteinen vorkommen und in gewisser Weise den Introns der mRNAs ähneln. Sie müssen entfernt und die **Exteine** verknüpft werden, damit das Protein aktiv werden kann.

Häufig treten diese verschiedenen Arten der Prozessierung zusammen auf, das Polypeptid wird zur selben Zeit, in der es gefaltet wird, auch geschnitten und chemisch modifiziert. Wenn das der Fall ist, können die verschiedenen Reaktionen (Schneiden, Modifikation und/oder Spleißen) notwendig sein, damit das Polypeptid seine korrekte dreidimensionale Konformation annimmt, da diese von der relativen Positionierung der verschiedenen chemischen Gruppen im gesamten Molekül abhängt. Andererseits kann eine Spaltungs- oder Modifikationsreaktion auch auftreten, wenn das Protein bereits gefaltet ist, möglicherweise als Teil eines Regulationsmechanismus, der ein gefaltetes, aber inaktives Protein in seine aktive Form überführt.

## 13.3.1 Proteinfaltung

In Abschnitt 1.3.1 haben wir die vier Ebenen der Proteinstruktur (primär, sekundär, tertiär und quartär) untersucht und dabei erfahren, dass die gesamte Information, die ein Polypeptid benötigt, um sich in seine richtige dreidimensionale Struktur zu falten, in seiner Aminosäuresequenz enthalten ist. Dies ist eine der zentralen Grundaussagen der Molekularbiologie. Wir müssen deshalb ihre experimentelle Basis analysieren und überlegen, wie die Informationen, die in der Aminosäuresequenz enthalten sind, beim Faltungsvorgang für ein neu synthetisiertes Polypeptid verwendet werden.

### Nicht alle Proteine falten sich spontan im Reagenzglas

Die Feststellung, dass die Aminosäuresequenz die gesamte Information enthält, die für die Faltung des Polypeptids in seine richtige dreidimensionale Struktur erforderlich ist, geht auf Experimente zurück, die man mit der Ribonuclease in den 1960er-Jahren durchgeführt hat. Die Ribonuclease ist ein kleines Protein mit nur 124 Aminosäuren. Es enthält vier Disulfidbrücken und besitzt eine Tertiärstruktur, die vor allem aus $\beta$-Faltblättern aufgebaut ist und nur geringe $\alpha$-helikale Anteile enthält. Untersuchungen zur Faltung der Ribonuclease wurden mit einem Enzym durchgeführt, das man aus dem Pankreas der Kuh isoliert und in Pufferlösung resuspendiert hatte. Die Zugabe von Harnstoff, einer Verbindung, die Wasserstoffbrücken aufbrechen kann, führte zur Abnahme der enzymatischen Aktivität (diese wurde anhand der Fähigkeit des Enzyms bestimmt, RNA zu spalten). Außerdem nahm die Viskosität der Lösung zu (Abb. 13.25), was

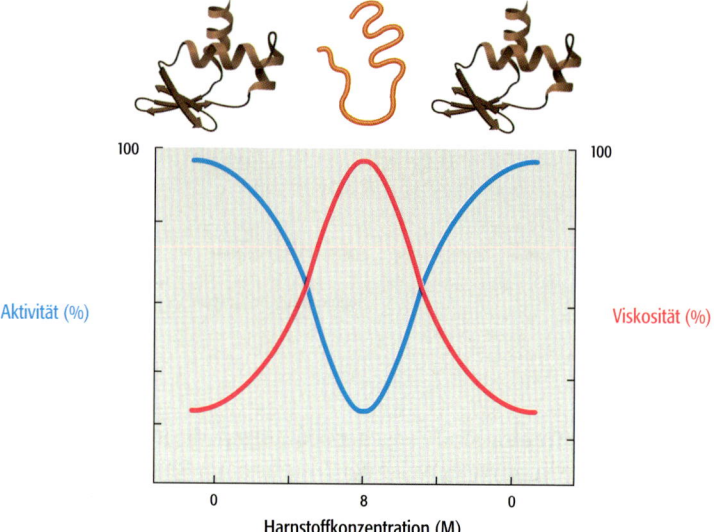

**13.25 Denaturierung und spontane Renaturierung eines kleinen Proteins.** Wegen der Zunahme der Harnstoffkonzentration auf bis zu 8 M wird das Protein durch Entfaltung denaturiert. Die Aktivität nimmt ab und die Viskosität der Lösung zu. Wenn der Harnstoff durch Dialyse entfernt wird, nimmt dieses kleine Protein wieder seine gefaltete Konformation an. Die Aktivität des Proteins nimmt bis zum ursprünglichen Wert zu und die Viskosität der Lösung nimmt ab.

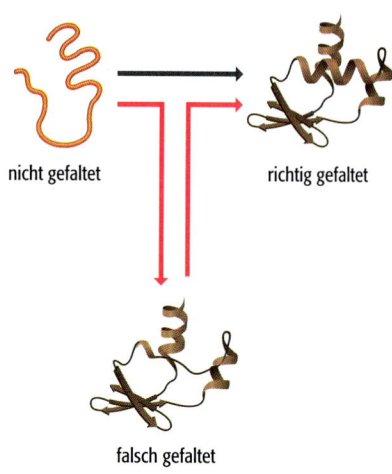

**13.26 Ein falsch gefaltetes Protein kann sich in seine korrekte Konformation falten.** Der schwarze Pfeil gibt den richtigen Faltungsweg an, der vom ungefalteten Protein (links) zum aktiven Protein (rechts) führt. Der rote Pfeil führt zu einer falsch gefalteten Konformation, die jedoch instabil ist, sodass sich das Protein teilweise entfalten und auf den richtigen Faltungsweg zurückkehren kann, um schließlich seine aktive Konformation zu erreichen.

beides darauf hindeutete, dass das Protein durch Entfaltung zu einem unstrukturierten Polypeptid **denaturiert** wurde. Die entscheidende Beobachtung war dabei, dass bei Entfernen des Harnstoffs durch Dialyse die Viskosität der Lösung wieder abnahm und die Aktivität des Enzyms zurückkehrte. Die Schlussfolgerung ist, dass sich das Protein spontan zurückfaltet, wenn das denaturierende Agens (hier Harnstoff) entfernt wird. Bei diesen ersten Experimenten blieben die vier Disulfidbrücken intakt, da sie nicht von Harnstoff getrennt werden können. Dasselbe Ergebnis wurde erzielt, als man die Harnstoffbehandlung durch die Zugabe eines reduzierenden Agens ergänzte, um die Disulfidbrücken zu trennen: Die Aktivität ließ sich immer noch durch Renaturierung wiederherstellen. Das zeigt, dass die Disulfidbrücken für die Fähigkeit des Proteins zur erneuten Faltung nicht entscheidend sind, sondern nur die Tertiärstruktur stabilisieren, sobald sich diese einmal herausgebildet hat.

Genauere Untersuchungen der spontanen Faltungswege bei der Ribonuclease und anderen kleinen Proteinen hat zur folgenden allgemeinen Beschreibung eines Prozesses in zwei Schritten geführt:

- Die sekundären Strukturmotive entlang der Polypeptidkette bilden sich innerhalb weniger Millisekunden, nachdem das denaturierende Agens entfernt wurde. Dieser Schritt geht einher mit einem Zusammenfallen des Proteins zu einer kompakten, aber ungefalteten Struktur, bei der die hydrophoben Gruppen nach innen zeigen und vom Wasser abgeschirmt sind.

- Während der nächsten wenigen Sekunden oder Minuten interagieren die sekundären Strukturmotive miteinander und die Tertiärstruktur nimmt schrittweise ihre Form an, häufig über eine Reihe von intermediären Konformationen. Anders ausgedrückt folgt das Protein einem **Faltungsweg**. Es gibt jedoch möglicherweise mehr als einen Weg, dem ein Protein folgen kann, um seine richtig gefaltete Struktur zu ereichen. Die Faltungswege können Seitenzweige aufweisen, in die sich ein Protein „verirrt" und eine falsche Struktur erreicht. Wenn eine falsche Struktur genügend instabil ist, kann es zu einer teilweisen oder vollständigen Entfaltung kommen, die es dem Protein ermöglicht, auf einem anderen, produktiveren Weg zu seiner korrekten Konformation zu gelangen (Abb. 13.26).

Mehrere Jahre lang war man mehr oder weniger überzeugt, dass sich alle Proteine spontan im Reagenzglas falten würden, aber Experimente haben gezeigt, dass nur kleinere Proteine mit weniger komplexen Strukturen über diese Eigenschaft verfügen. Offenbar verhindern zwei Faktoren, dass sich größere Proteine spontan falten. Zum einen neigen diese Proteine dazu, unlösliche Aggregate zu bilden, wenn das denaturierende Agens entfernt wird: Die Polypeptide können zu ineinander verschränkten Netzwerken kollabieren, wenn sich die hydrophoben Gruppen im ersten Schritt des allgemeinen Faltungsweges vor dem Wasser abzuschirmen suchen. Dies lässt sich im Experiment dadurch vermeiden, dass man eine niedrige Konzentration wählt. Das kann eine Zelle jedoch nicht, um zu verhindern, dass ihre ungefalteten Proteine aggregieren. Der zweite Faktor, der eine Faltung verhindert, besteht darin, dass ein großes Protein dazu neigt, in nichtproduktiven Seitenzweigen des Faltungsweges hängen zu bleiben, sodass es eine intermediäre Form annimmt, die zwar falsch gefaltet, aber zu stabil ist, um sich wieder wirksam zu entfalten. Man hat sich auch darüber Gedanken gemacht, inwieweit die *in vitro*-Faltung, wie sie mit der Ribonuclease untersucht wurde, für die Faltung der Proteine in der Zelle überhaupt relevant ist, da sich ein zelluläres Protein bereits zu falten beginnen kann, bevor es vollständig synthetisiert wurde. Wenn die erste Faltung schon stattfindet, wenn nur ein Teil des Proteins zur Verfügung steht, könnte eine erhöhte Gefahr bestehen, dass falsche Seitenzweige des Faltungsweges beschritten werden. Diese verschiedenen Überlegungen führten dazu, dass sich die Forschung nun mit der Proteinfaltung in der lebenden Zelle beschäftigt.

### In den Zellen wird die Faltung durch molekulare Chaperone unterstützt

Der größte Teil unserer aktuellen Vorstellungen von der Proteinfaltung in der Zelle geht auf die Entdeckung zurück, dass Proteine andere Proteine bei der Faltung unterstützen. Diese bezeichnet man als **molekulare Chaperone** und sie wurden bei *E. coli* am umfassendsten untersucht. Zweifellos besitzen Eukaryoten und Archaea entsprechende Proteine, wobei sie sich in ihrer Funktionsweise jedoch durch einige Einzelheiten unterscheiden.

Die molekularen Chaperone lassen sich in zwei Gruppen einteilen:

- Zu den **Hsp70-Chaperonen** gehören die Proteine, die man mit Hsp70 bezeichnet (das von *E. coli* wird vom *dnaK*-Gen codiert und man nennt es manchmal auch DnaK-Protein), außerdem Hsp40 (codiert durch *dnaJ*) und GrpE.

- Die wichtigste Form der **Chaperonine** ist der GroEL/GroES-Komplex, der bei Bakterien und Eukaryoten vorkommt, während es TRiC nur bei Eukaryoten gibt.

Die molekularen Chaperone legen die Tertiärstruktur eines Proteins nicht fest, sondern unterstützen das Protein nur, seine richtige Struktur anzunehmen. Die beiden Typen der Chaperone erreichen dies auf verschiedene Weise. Die Proteine der Hsp70-Familie binden an hydrophobe Bereiche in entfalteten Proteinen, auch in Proteinen, die gerade synthetisiert werden (Abb. 13.27). Sie halten das Protein in einer offenen Konformation und unterstützen die Faltung, vermutlich, indem sie die Assoziation zwischen den Teilen des Proteins abstimmen, die im gefalteten Protein Wechselwirkungen ausbilden. Wie das im Einzelnen geschieht, ist noch unklar, aber es kommt dabei zu einer wiederholten Bindung und Ablösung des Hsp70-Proteins, wobei jeder Zyklus Energie erfordert, die durch die Hydrolyse von ATP geliefert wird. Das Hsp70-Protein bindet zum einen an das Zielprotein und besitzt zum anderen eine ATPase-Akti-

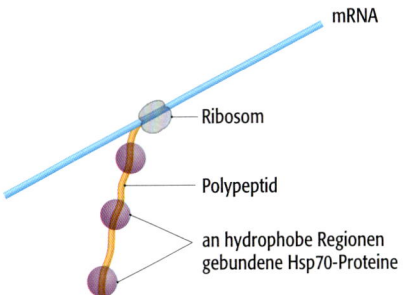

**13.27  Das Hsp70-Chaperonsystem.** Hsp70-Chaperone binden an hydrophobe Regionen in ungefalteten Polypeptiden, auch an solche, die gerade translatiert werden, und halten das Protein in einer offenen Konformation, um seine Faltung zu unterstützen.

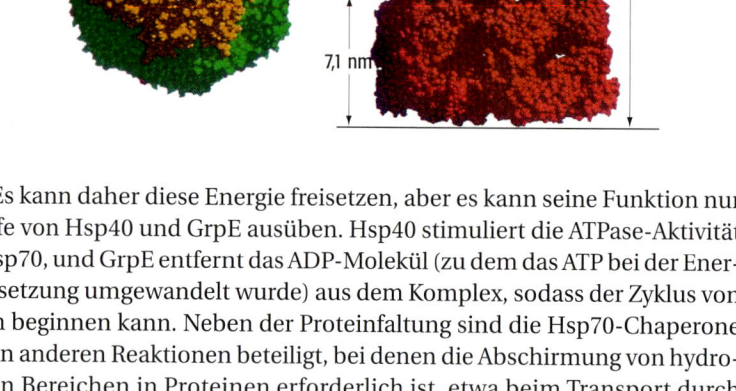

**13.28 Das GroEL/GroES-Chaperonin.**
Links ist die Ansicht von oben, rechts die Seitenansicht dargestellt. Der GroES-Anteil der Struktur besteht aus sieben identischen Proteinuntereinheiten (ockerfarben). Die GroEL-Komponente setzt sich aus 14 identischen Proteinen zusammen, die in Ringen mit jeweils sieben Untereinheiten angeordnet sind (rot und grün). Der Hauptzugang zum zentralen Hohlraum liegt wahrscheinlich am unteren Ende der Struktur, die rechts dargestellt ist. Nachdruck mit freundlicher Genehmigung von Xu et al (1997) *Nature* 388: 741–750.

vität. Es kann daher diese Energie freisetzen, aber es kann seine Funktion nur mithilfe von Hsp40 und GrpE ausüben. Hsp40 stimuliert die ATPase-Aktivität von Hsp70, und GrpE entfernt das ADP-Molekül (zu dem das ATP bei der Energiefreisetzung umgewandelt wurde) aus dem Komplex, sodass der Zyklus von neuem beginnen kann. Neben der Proteinfaltung sind die Hsp70-Chaperone auch an anderen Reaktionen beteiligt, bei denen die Abschirmung von hydrophoben Bereichen in Proteinen erforderlich ist, etwa beim Transport durch Membranen, bei der Zusammenlagerung von Proteinen zu Komplexen aus mehreren Untereinheiten und beim Auflösen von Aggregaten aus Proteinen, die durch Hitzestress geschädigt wurden.

Die Chaperonine funktionieren auf ziemlich unterschiedliche Weise. GroEL und GroES bilden eine Struktur aus mehreren Untereinheiten, die wie eine ausgehöhlte Gewehrkugel mit einem zentralen Hohlraum aussieht (Abb. 13.28). Ein einzelnes ungefaltetes Protein tritt in den Hohlraum ein und kommt gefaltet wieder heraus. Der zugehörige Mechanismus ist unbekannt, aber man nimmt an, dass der GroEL/GroES-Komplex als ein Käfig wirkt, der verhindert, dass das ungefaltete Protein mit anderen Proteinen aggregiert. Die innere Oberfläche des Hohlraumes verändert sich vermutlich so von hydrophob zu hydrophil, dass die hydrophoben Aminosäuren in das Innere des Proteins verlagert werden. Dies ist nicht die einzige Hypothese: Andere Forscher sind der Auffassung, dass der Hohlraum die Proteine entfaltet, die sich falsch gefaltet haben und diese entfalteten Proteine zurück in das Cytoplasma bringt, wo sie in einer weiteren Runde ihrer korrekten Tertiärstruktur zustreben können.

Zwar kommen sowohl die Chaperone der Hsp70-Familie als auch die GroEL/GroES-Chaperonine bei Eukaryoten vor, aber offenbar beruht die Proteinfaltung bei diesen Organismen vor allem auf der Aktivität der Hsp70-Proteine. Das trifft wahrscheinlich auch auf Bakterien zu, obwohl die GroEL/GroES-Chaperonine bei der Faltung von Enzymen des Metabolismus sowie von Proteinen der Transkription und Translation durchaus eine Rolle spielen.

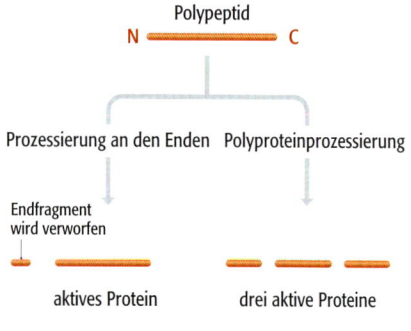

**13.29 Proteinprozessierung durch proteolytische Spaltung.** Links wird das Protein durch Entfernen des N-terminalen Abschnitts prozessiert. Bei einigen Proteinen kommt es auch zu einer C-terminalen Prozessierung. Rechts wird ein Polyprotein prozessiert, aus dem drei verschiedene Proteine entstehen. Nicht alle Proteine werden proteolytisch gespalten.

## 13.3.2 Prozessierung durch proteolytische Spaltung

Die proteolytische Spaltung besitzt bei der posttranslationalen Prozessierung zwei Funktionen (Abb. 13.29):

- Sie dient dazu, vom N- und/oder C-Terminus kurze Fragmente der Polypeptide abzuschneiden, wobei ein einziges verkürztes Molekül übrig bleibt, das sich zum aktiven Protein faltet.

- Sie dient dazu, **Polyproteine** in einzelne Abschnitte zu teilen, von denen alle oder einige aktive Proteine sind.

Diese Reaktionen kommen bei Eukaryoten relativ häufig vor, seltener bei Bakterien.

### Spaltung an den Enden von Polypeptiden

Bei sezernierten Polypeptiden, deren chemische Aktivitäten für die Zelle, die das Protein produziert, schädlich sein könnten, kommt es häufig zu einer Prozessierung durch Spaltung. Ein Beispiel dafür ist das Melittin, im Bienengift das am stärksten vertretene Protein. Es verursacht nach dem Eindringen des Bienenstachels die Lyse von Zellen im Gewebe eines gestochenen Menschen oder Tieres. Melittin lysiert Zellen in Bienen genauso wie in anderen Tieren, muss also zuerst als inaktive Vorstufe synthetisiert werden. Dieses ist das so genannte Promelittin, das am N-Terminus 22 zusätzliche Aminosäuren trägt. Die Präsequenz wird durch eine extrazelluläre Protease entfernt, die in der Sequenz an 11 Positionen schneidet und dadurch das aktive Giftprotein freisetzt. Die Protease schneidet nicht in der aktiven Sequenz, da das Enzym Dipeptide mit der Sequenz X–Y erzeugt, wobei X gleich Alanin, Asparaginsäure oder Glutaminsäure sein kann, während Y ein Alanin oder Prolin ist, und diese Dipeptide in der aktiven Sequenz nicht vorkommen (Abb. 13.30).

Schnittstellen

13.30    Prozessierung von Promelittin, dem Bienenstichgift. Die Pfeile zeigen die Schnittstellen an.

Eine ähnliche Art von Prozessierung gibt es beim Insulin. Das Protein wird bei Vertebraten in den Langerhans-Inseln des Pankreas produziert und kontrolliert den Blutzuckerspiegel. Insulin wird als Präproinsulin synthetisiert, das eine Länge von 105 Aminosäuren besitzt (Abb. 13.31). Bei der Prozessierungsreaktion werden zuerst 24 Aminosäuren entfernt, sodass Proinsulin entsteht. Durch zwei weitere anschließende Schritte wird ein zentraler Abschnitt entfernt. Übrig bleiben zwei aktive Teile, die A- und die B-Kette, die über zwei Disulfidbrücken miteinander verbunden sind. Das erste Fragment, das entfernt wird, umfasst 24 Aminosäuren vom N-Terminus. Es handelt sich um ein **Signalpeptid**, eine stark hydrophobe Abfolge von Aminosäuren, die das Vorläuferprotein an einer Membran befestigt, bevor es durch diese Membran und aus der Zelle heraus transportiert wird. Signalpeptide kommen bei Proteinen vor, die an Membranen binden und/oder diese durchqueren, und das sowohl bei Eukaryoten als auch bei Prokaryoten.

### Proteolytische Prozessierung von Polyproteinen

Bei den Beispielen in den Abbildungen 13.30 und 13.31 führt die proteolytische Prozessierung zu einem einzigen reifen Protein. Das ist nicht immer so. Einige Proteine werden ursprünglich als Polyproteine synthetisiert. Das sind lange Proteine, die eine Folge von reifen Proteinen enthalten, welche in Form einer Kette („Kopf an Schwanz") miteinander verknüpft sind.

Polyproteine sind bei Eukaryoten nicht selten. Diese Proteinform kommt bei mehreren Typen von Viren vor, die eukaryotische Zellen infizieren, da die Viren auf diese Weise ihre Genomgröße gering halten können. Ein einziges Polyproteingen mit einem Promotor und einem Terminator nimmt weniger Platz ein als eine Reihe von einzelnen Genen. Polyproteine spielen auch bei der Peptid-

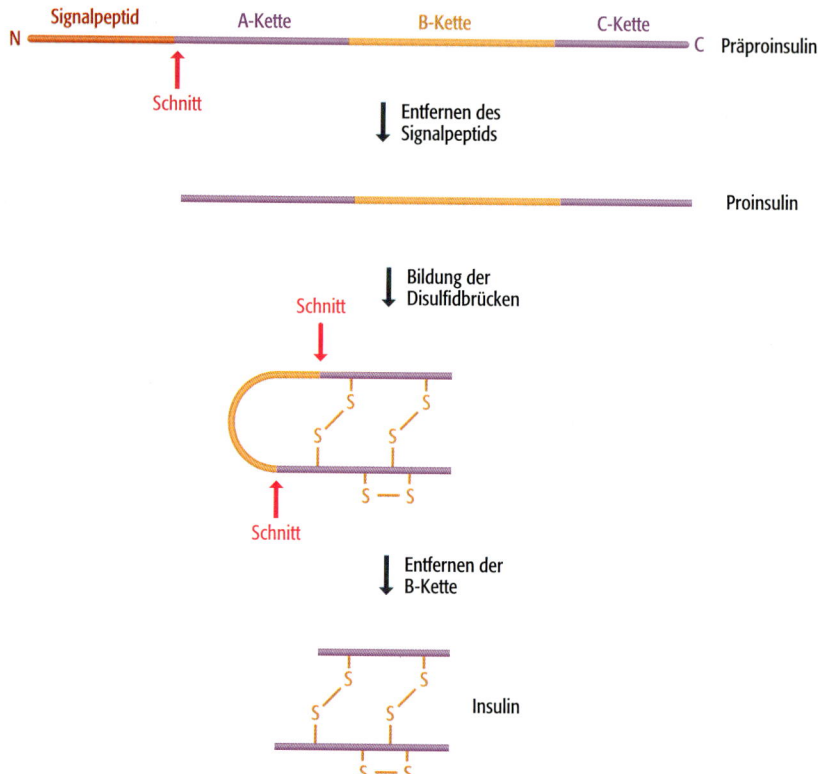

13.31    Prozessierung von Präproinsulin.

hormonsynthese der Vertebraten eine Rolle. So enthält beispielsweise das Poly-protein Pro-Opiomelanocortin, das von der Hypophyse synthetisiert wird, min-destens zehn verschiedene Peptidhormone. Diese werden durch eine prote-olytische Spaltung des Polyproteins freigesetzt (Abb. 13.32). Es können jedoch nicht alle auf einmal produziert werden, da einzelne Peptidsequenzen über-lappen. Stattdessen unterscheidet sich das Spaltungsmuster in verschiedenen Zellen.

### 13.3.3 Prozessierung durch chemische Modifikation

Genome besitzen das Potenzial, 22 verschiedene Aminosäuren zu codieren: die 20 Aminosäuren, die der genetische Standardcode spezifiziert, außerdem Selenocystein und zumindest bei den Archaea Pyrrolysin, wobei die beiden zuletzt genannten durch eine kontextabhängige Umwidmung von 5'-UGA-3' beziehungsweise 5'-UAG-3' in ein Polypeptid eingefügt werden (Abschnitt 13.1.1). Dieses Repertoire wird durch die posttranslationale chemische Modi-fikation von Proteinen erheblich erweitert, da auf diese Weise ein riesiges Spek-trum von verschiedenen Aminosäuretypen entstehen kann. Die einfacheren Arten von Modifikationen kommen bei allen Organismen vor, die komplexe-ren jedoch, vor allem die Glykosylierung, sind bei Bakterien selten zu finden.

Bei den einfachsten chemischen Modifikationen werden kleine chemische Gruppen (etwa eine Acetyl-, Methyl- oder Phosphatgruppe; Tab. 13.6) an eine Aminosäureseitenkette oder an die Amino- beziehungsweise Carboxylgruppe der endständigen Aminosäuren eines Polypeptids gehängt. Aus den verschie-denen Proteinen kennt man inzwischen über 150 verschiedene Aminosäu-

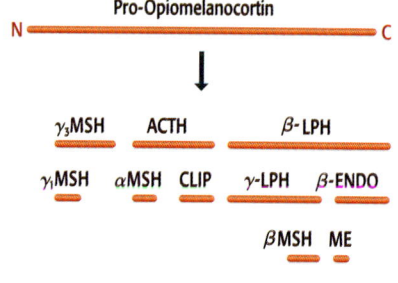

13.32    **Prozessierung des Polyproteins Pro-Opiomelanocortin.** Abkürzungen: ACTH, Adrenocorticotropisches Hormon; CLIP, corticotropinähnliches Hypophysenzwi-schenlappenprotein (*corticotropin-like inter-mediate lobe protein*); ENDO, Endorphin; LPH, Lipotropin; ME, Metenkephalin; MSH, Melanotropin.

ren, wobei jede Modifikation hochspezifisch erfolgt, das heißt, in jeder Kopie eines Proteins werden dieselben Aminosäuren auf dieselbe Weise modifiziert. Das ist in Abbildung 13.33 für Histon H3 anschaulich dargestellt. Das Beispiel macht noch einmal deutlich, das die chemische Modifikation bei der Bestimmung der genauen biochemischen Aktivität eines Proteins von großer Bedeutung ist: Wir haben in Abschnitt 10.2.1 bereits erfahren, wie Acetylierung, Methylierung und Phosphorylierung von H3 und anderen Histonen einen wichtigen Einfluss auf die Chromatinstruktur und damit auf die Genomexpression besitzen. Die chemische Modifikation hat mehrere zusätzliche regulatorische Funktionen. Wobei etwa die Phosphorylierung dazu dient, viele Proteine in der Signalübertragung zu aktivieren (Abschnitt 14.1.2).

**13.33   Posttranslationale Modifikation von Histon H3 bei den Säugern.** Dargestellt sind alle bekannten Modifikationen in dieser Region. Abkürzungen: Ac, Acetylierung; Me, Methylierung; P, Phosphorylierung.

Eine komplexere Art der Modifikation ist die **Glykosylierung**. Dabei werden große Kohlenhydratketten an Polypeptide gehängt. Es gibt zwei allgemeine Arten der Glykosylierung (Abb. 13.34):

- Bei der *O*-**Glykosylierung** wird eine Zuckerkette über die Hydroxylgruppe eines Serins oder eines Threonins angehängt.

- Bei der *N*-**Glykosylierung** wird eine Zuckerkette über die Aminogruppe an der Seitenkette eines Asparagins angehängt.

Die Glykosylierung kann dazu führen, dass an ein Protein große Strukturen angefügt werden, die aus verzweigten Netzwerken von zehn bis 20 Zuckereinheiten verschiedener Typen bestehen. Diese Seitenketten dienen dazu, Proteine zu bestimmten Orten in den Zellen zu bringen und die Stabilität von Pro-

| Tabelle 13.6 | Beispiele für posttranslationale Modifikationen | |
|---|---|---|
| **Modifikation** | **Modifizierte Aminosäure** | **Beispiele für Proteine** |
| **Anfügen von kleinen chemischen Gruppen** | | |
| Acetylierung | Lysin | Histone |
| Methylierung | Lysin | Histone |
| Phosphorylierung | Serin, Threonin, Tyrosin | einige Proteine der Signalübertragung |
| Hydroxylierung | Prolin, Lysin | Kollagen |
| *N*-Formylierung | N-terminales Glycin | Melittin |
| **Anfügen von Zuckerseitenketten** | | |
| *O*-Glykosylierung | Serin, Threonin | viele Membranproteine und sezernierte Proteine |
| *N*-Glykosylierung | Asparagin | viele Membranproteine und sezernierte Proteine |
| **Anfügen von Lipidseitenketten** | | |
| Acylierung | Serin, Threonin, Asparagin | viele Membranproteine |
| *N*-Myristoylierung | N-terminales Glycin | einige Proteinkinasen bei der Signalübertragung |
| **Anfügen von Biotin** | | |
| Biotinylierung | Lysin | verschiedene Carboxylasen |

**a)**  *O*-gekoppelte Glykosylierung

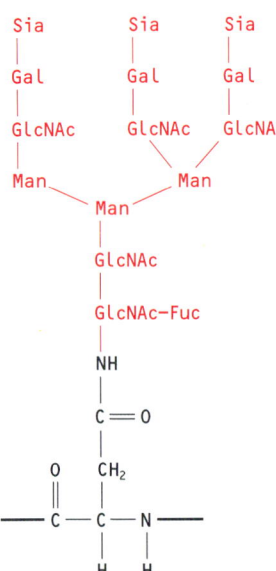

**b)**  *N*-gekoppelte Glykosylierung

**13.34   Glykosylierung.** a) *O*-Glykosylierung. Die dargestellte Struktur kommt in einer Anzahl von Glykoproteinen vor. In der Darstellung ist die Struktur mit einem Serinrest verknüpft, es könnte sich aber auch um ein Threonin handeln. b) Bei der *N*-Glykosylierung werden normalerweise größere Zuckerstrukturen als bei der *O*-Glykosylierung angehängt. Die Abbildung zeigt ein typisches Beispiel für ein komplexes Glykangerüst, das mit einem Asparaginrest verknüpft ist. Abkürzungen: Fuc, Fucose; Gal, Galactose; GalNAc, *N*-Acetylgalactosamin; GlcNAc, *N*-Acetylglucosamin; Man, Mannose; Sia, Sialinsäure

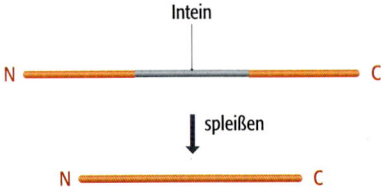

**13.35**   Inteinspleißen.

teinen festzulegen, die im Blut zirkulieren. Eine andere Art von umfassender Modifikation ist das Anhängen von langkettigen Lipiden, häufig an Serin- oder Cysteinreste. Diese Reaktion bezeichnet man als **Acylierung**; sie kommt bei vielen Proteinen vor, die mit Membranen assoziiert werden. Eine weniger häufige Modifikation ist die **Biotinylierung**. Dabei wird an einige Enzyme, die die Carboxylierung von organischen Säuren, wie etwa Acetat und Propionat, katalysieren, ein Molekül Biotin angehängt.

### 13.3.4 Inteine

Zuletzt müssen wir uns bei den posttranslationalen Modifikationen noch mit dem Inteinspleißen beschäftigen. Das ist die Proteinform des viel umfangreicheren Intronspleißens, dem Prä-mRNAs unterliegen. Inteine sind innere Abschnitte von Proteinen, die bald nach der Translation entfernt werden, sodass es zu einer Verknüpfung der beiden äußeren Abschnitte, den Exteinen kommt (Abb. 13.35). Das erste Intein wurde im Jahr 1990 bei *Saccharomyces cerevisiae* entdeckt, und bis jetzt sind insgesamt nur 100 Vorkommen gesichert. Trotz ihrer Seltenheit sind Inteine bei den verschiedenen Organismen weit verbreitet. Die meisten sind bei Bakterien und Archaea bekannt, aber es gibt auch Beispiele bei niederen Eukaryoten. In einigen wenigen Fällen kommt in einem einzigen Protein mehr als ein Intein vor.

Die meisten Inteine umfassen etwa 150 Aminosäuren. Wie bei den Introns der Prä-mRNAs (Abschnitt 12.2.2) zeigen die Spleißstellen bei den meisten bekannten Inteinen gewisse Übereinstimmungen. So ist beispielsweise die erste Aminosäure des stromabwärts liegenden Exeins ein Cystein, Serin oder Threonin. Innerhalb der Inteinsequenz sind noch einige weitere Aminosäuren konserviert. Diese konservierten Reste wirken beim Spleißvorgang mit, der durch das Intein selbst katalysiert wird.

Vor kurzem wurden zwei interessante Merkmale von Inteinen festgestellt. Das erste hat man entdeckt, als die Strukturen von zwei Inteinen durch Röntgenstrukturanalysen bestimmt wurden. Diese Strukturen ähneln in gewisser Weise einem Protein von *Drosophila* mit der Bezeichnung Hedgehog, das bei der Entwicklung des Segmentmusters im Fliegenembryo beteiligt ist. Hedgehog ist ein autoprozessives Protein, das sich selbst zu zwei Proteinen zerschneidet. Die strukturelle Ähnlichkeit mit den Inteinen liegt in dem Teil des Hedgehog-Proteins, der die Selbstspaltung katalysiert. Möglicherweise hat sich dieselbe Proteinstruktur in der Evolution zweimal entwickelt, oder es gibt irgendwo in der evolutionären Vergangenheit einen gemeinsamen Vorfahren von Hedgehog und Inteinen.

Das zweite interessante Merkmal besteht darin, dass das herausgeschnittene Fragment bei einigen Inteinen eine sequenzspezifische Endonuclease ist. Ein solches Intein schneidet die DNA, von der es sich abgeleitet, an der Sequenz, die der Insertionsstelle in einem Gen entsprechen würde, das eine Form des gleichen Proteins ohne Intein codieren würde (Abb. 13.36). Wenn die Zelle auch ein Gen besitzen würde, die ein Protein mit Intein codiert, könnte die DNA-Sequenz für das Intein an die Schnittstelle springen und das Intein-Minus-Gen in die Intein-Plus-Form umwandeln. Diesen Vorgang bezeichnet man als ***intein***

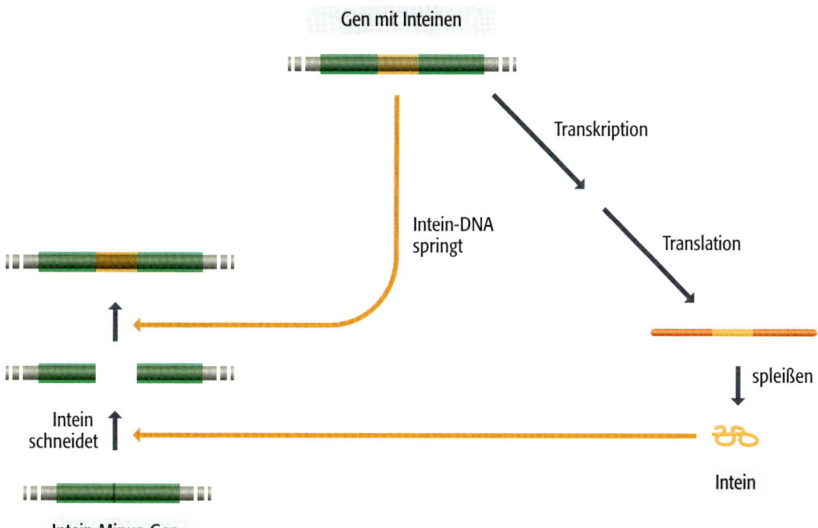

Gen mit Inteinen

Transkription

Intein-DNA springt

Translation

spleißen

Intein schneidet

Intein

Intein-Minus-Gen

**13.36** *Intein homing.* Die Zelle ist für das Gen heterozygot, das das Intein enthält. Sie besitzt ein Allel mit Intein und ein Allel ohne Intein. Nach dem Spleißen des Proteins schneidet das Intein das Intein-Minus-Gen an der passenden Stelle, sodass eine Kopie der Intein-DNA-Sequenz in dieses Gen springen kann und es in die Intein-Plus-Form umwandelt.

*homing*. Derselbe Mechanismus kommt auch bei Gruppe-I-Introns vor, die Proteine codieren, welche *intron homing* bewerkstelligen. Es ist möglich, dass Inteine und Gruppe-I-Introns zwischen den Zellen und sogar zwischen Spezies übertragen werden. Dies ist vermutlich ein Mechanismus, durch den sich die so genannte **eigennützige DNA** (*selfish DNA*) fortpflanzt (Abschnitt 18.3).

# 13.4 Proteinabbau

Die Proteinsynthese und die Prozessierungsreaktionen, die wir in diesem Kapitel bis hierher untersucht haben, bringen neue aktive Proteine hervor, die im Proteom der Zelle ihren jeweiligen Platz einnehmen. Diese Proteine ersetzen entweder bereits vorhandene Moleküle, die das Ende ihrer Aktivitätsdauer erreicht haben, oder sie sind für neue Proteinfunktionen zuständig, als Reaktion auf die sich verändernden Bedürfnisse der Zelle. Das Prinzip, dass sich das Proteom einer Zelle im Lauf der Zeit verändert, erfordert nicht nur eine *de novo*-Proteinsynthese, sondern auch die Beseitigung von Proteinen, deren Funktionen nicht länger benötigt werden. Diese Beseitigung muss äußerst selektiv erfolgen, damit nur die richtigen Proteine abgebaut werden. Der Prozess muss auch schnell ablaufen, damit die Zelle auf abrupte Veränderungen, die unter bestimmten Bedingungen eintreten, schnell reagieren kann, beispielsweise während der entscheidenden Übergänge im Zellzyklus.

Jahrelang war der Proteinabbau ein unbeliebtes Thema, und erst im Jahr 1990 gab es den ersten wirklichen Fortschritt hin zu einem besseren Verständnis, wie spezifische Proteolysereaktionen mit bestimmten Prozessen gekoppelt sind, etwa dem Zellzyklus oder der Zelldifferenzierung. Selbst heute besteht unser Wissen zu einem großen Teil aus der Beschreibung von allgemeinen Abbauwegen für Proteine und weniger aus Erkenntnissen über die Regulation von Reaktionswegen und die Mechanismen, mit denen Proteine spezifisch angegriffen werden. Es gibt offenbar eine Reihe von verschiedenen Abbauwegen, deren wechselseitige Verknüpfungen noch unbekannt sind. Das trifft besonders auf Bakterien zu, die anscheinend über ein Spektrum von Proteasen verfügen, die

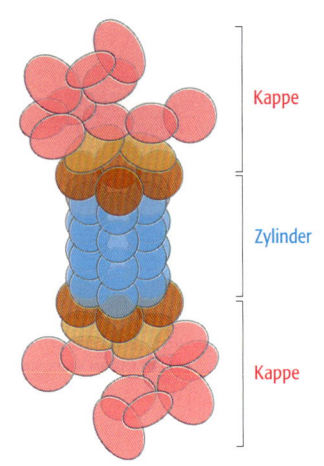

Kappe

Zylinder

Kappe

**13.37** **Das Proteasom der Eukaryoten.** Die Proteinkomponenten der beiden Kappen sind orangefarben und rot, die Komponenten des Zylinders blau dargestellt.

beim kontrollierten Abbau von Proteinen zusammenwirken. Bei den Eukaryoten unterliegt der größte Teil aller Abbaureaktionen einem einzigen System, bei dem **Ubiquitin** und das **Proteasom** eine Rolle spielen.

Der Zusammenhang zwischen Ubiquitin und dem Proteinabbau wurde zum ersten Mal im Jahr 1975 aufgedeckt, als man zeigen konnte, dass dieses in großer Menge vorhandene Protein aus 76 Aminosäuren bei energieabhängigen Proteolysereaktionen in Kaninchenzellen beteiligt ist. Weitere Untersuchungen führten zur Identifizierung von einer Reihe von drei Enzymen, welche Ubiquitinmoleküle einzeln oder in Kettenform an Lysinresten von Proteinen befestigen, die für den Abbau bestimmt sind. Es gibt auch ubiquitinähnliche Proteine, wie etwa SUMO, die auf dieselbe Weise wie Ubiquitin funktionieren. Ob ein Protein mit Ubiquitin markiert wird oder nicht, hängt davon ab, ob es bestimmte Aminosäuresequenzmotive enthält, die als Signale für eine Abbauempfindlichkeit wirken. Diese Signale wurden noch nicht vollständig charakterisiert, aber es gibt bei *S. cerevisiae* wahrscheinlich mindestens zehn verschiedene Typen, beispielsweise:

● das **N-Degron**, ein Sequenzelement am N-Terminus eines Proteins;

● die **PEST-Sequenzen**, interne Sequenzen mit einem hohen Anteil an Prolin (P), Glutaminsäure (E), Serin (S) und Threonin (T).

Diese Sequenzen sind jedoch ständige Merkmale der Proteine, die sie enthalten, und können deshalb keine direkten „Abbausignale" sein: Wäre das tatsächlich der Fall, würden die Proteine sofort nach ihrer Synthese wieder abgebaut. Stattdessen müssen sie die Abbauempfindlichkeit und damit die allgemeine Stabilität eines Proteins in der Zelle festlegen. Wie das mit dem kontrollierten Abbau von selektierten Proteinen zu spezifischen Zeiten zusammenhängt, etwa während des Zellzyklus, ist noch unklar.

Die zweite Komponente des ubiquitinabhängigen Abbauweges ist das Proteasom. In dieser Struktur werden die Proteine, die mit Ubiquitin markiert sind, abgebaut. Bei Eukaryoten ist das Proteasom eine große Struktur, die aus einer Anzahl von Untereinheiten besteht und einen Sedimentationskoeffizienten von 26S besitzt. Es setzt sich aus einem Hohlzylinder mit 20S und zwei „Kappen" von 19S zusammen (Abb. 13.37). Die Archaea verfügen auch über Proteasomen, die etwa genauso groß, aber weniger komplex sind. Sie bestehen aus vielen Kopien von nur zwei Proteinen. Eukaryotische Proteaosomen enthalten hingegen 14 verschiedene Typen von Untereinheiten. Der Zugang zum Hohlraum im Proteasom ist eng, und ein Protein muss entfaltet werden, bevor es hineingelangen kann. Diese Entfaltung geschieht wahrscheinlich in einem energieabhängigen Prozess, und es sind möglicherweise Strukturen beteiligt, die Chaperoninen entsprechen (Abschnitt 13.3.1). Sie bewirken allerdings die Entfaltung der Proteine und nicht deren Faltung. Nach der Entfaltung kann das Protein in das Proteasom eintreten und wird dort in kurze Peptide aus vier bis zehn Aminosäuren zerlegt. Diese werden wieder in das Cytoplasma freigesetzt, wo sie zu einzelnen Aminosäuren abgebaut werden und erneut in die Proteinsynthese eingehen.

# Zusammenfassung

Das Endergebnis der Genomexpression ist das Proteom, die Kombination der funktionsfähigen Proteine, die eine lebende Zelle synthetisiert. Die Identitäten und das relative Vorkommen der einzelnen Proteine in einem Proteom ist Ausdruck eines Gleichgewichts zwischen der Synthese von neuen Proteinen und dem Abbau der vorhandenen. Transfer-RNAs spielen bei der Proteinsynthese eine zentrale Rolle, indem sie als Adaptermoleküle fungieren. Sie bilden die Kopplung zwischen der translatierten mRNA und dem synthetisierten Protein, sowohl physikalisch als auch in Bezug auf die Information. Praktisch alle tRNAs falten sich zu der gleichen Basenpaarungsstruktur, deren zweidimensionale Darstellung als Kleeblattstruktur bezeichnet wird. Eine Aminoacyl-tRNA-Synthetase hängt die passende Aminosäure an das 3′-Ende einer tRNA. Die Aminoacylierung ist ein sehr genauer Prozess, da jede Aminoacyl-tRNA-Synthetase für ihre tRNA und Aminosäure eine hohe Spezifität besitzt. Außerdem ist ein Korrekturlesemechanismus vorhanden, der überprüft, ob die richtige Aminosäure an die richtige tRNA gehängt wurde. Die Codon-Anticodon-Wechselwirkungen gewährleisten, dass die Gesetze des genetischen Codes eingehalten werden. Der Code umfasst zwar 61 Tripletts, die Aminosäuren codieren, aber die meisten Zellen verfügen über weniger tRNAs, da eine einzelne tRNA durch den so genannten *wobble*-Effekt zwei oder mehr Codons erkennen kann. Die Struktur des Ribosoms wurde durch verschiedene Verfahren, wie etwa Röntgenstrukturanalysen, in immer größerer Genauigkeit analysiert. Bei Bakterien erkennt die kleine ribosomale Untereinheit während der Initiation der Translation eine interne Bindungsstelle auf der mRNA, die wenige Nucleotide stromaufwärts des Startcodons liegt. Bei den Eukaryoten enthalten nur wenige mRNAs eine interne Bindungsstelle, bei dem viel häufiger vorkommenden Mechanismus bindet die kleine ribosomale Untereinheit an das 5′-Ende der mRNA mit der Cap-Struktur, um dann die mRNA nach dem Startcodon abzusuchen. Es gibt verschiedene Mechanismen, wie die Initiation der Translation reguliert wird, entweder insgesamt oder an spezifischen Transkripten. Wenn die große ribosomale Untereinheit an den Initiationskomplex bindet, beginnt die Elongationsphase der Translation. Die entscheidende Aktivität während der Elongation ist die Bildung der Peptidbindungen. Diese Reaktion wird durch die Peptidyltransferase katalysiert, die in einem der rRNA-Moleküle angesiedelt ist, das demnach als Ribozym agiert. Zu den ungewöhnlichen Elongationsereignissen gehören programmierte Wechsel des Leserasters und der Translations-Bypass. Letzteres führt dazu, dass ein wesentlicher Abschnitt der mRNA durch das Ribosom übersprungen wird. Für die Termination der Translation sind spezielle Proteine erforderlich, die in das Ribosom eindringen, wenn das Stoppcodon erreicht wird. Das Polypeptid, das erst synthetisiert wurde, muss in seine richtige Tertiärstruktur gefaltet und möglicherweise durch proteolytische Spaltung und/oder chemische Modifikation prozessiert werden. Eine sehr geringe Anzahl von Proteinen enthält Zwischensequenzen, die man als Inteine bezeichnet. Sie müssen durch Proteinspleißen entfernt werden. Bei Eukaryoten werden Proteine, die für den Abbau bestimmt sind, durch Ubiquitin markiert. Anschließend werden sie im Proteasom abgebaut.

**13.1*** Welche der folgenden Aussagen ist eine Definition für eine Isoakzeptor-tRNA?

**a.** Ein einzelnes tRNA-Molekül, das mit verschiedenen Codons für die gleiche Aminosäure in Wechselwirkung treten kann

**b.** Verschiedene tRNA-Moleküle, die für die gleiche Aminosäure spezifisch sind

**c.** Verschiedene tRNAs, die das gleiche Codon erkennen

**d.** Ein tRNA-Molekül, das mit verschiedenen Aminosäuren aminoacyliert werden kann

**13.2** Welche der folgenden Aussagen über die Spezifität von Aminoacyl-tRNA-Synthetasen trifft zu?

**a.** Jede Aminoacyl-tRNA-Synthetase katalysiert die Verknüpfung einer einzigen Aminosäure mit einer einzigen tRNA

**b.** Jede Aminoacyl-tRNA-Synthetase katalysiert die Verknüpfung einer einzigen Aminosäure mit einer oder mehreren tRNAs

**c.** Jede Aminoacyl-tRNA-Synthetase katalysiert die Verknüpfung von mehreren Aminosäuren mit einer einzigen tRNA

**d.** Jede Aminoacyl-tRNA-Synthetase katalysiert die Verknüpfung von mehreren Aminosäuren mit einer oder mehreren tRNAs

**13.3*** Codon-Anticodon-Wechselwirkungen erfolgen durch:

**a.** kovalente Bindungen

**b.** elektrostatische Wechselwirkungen

**c.** Wasserstoffbrücken

**d.** hydrophobe Wechselwirkungen

**13.4** Der *wobble*-Effekt zwischen einem Codon und einem Anticodon tritt auf zwischen:

**a.** dem ersten Nucleotid des Codons und ersten Nucleotid des Anticodons

**b.** dem ersten Nucleotid des Codons und dritten Nucleotid des Anticodons

**c.** dem dritten Nucleotid des Codons und ersten Nucleotid des Anticodons

**d.** dem dritten Nucleotid des Codons und dritten Nucleotid des Anticodons

**13.5*** Welches der folgenden Phänomene ist keine Ursache des *wobble*-Effekts zwischen einem Codon und einem Anticodon?

**a.** Das Anticodon ist eine Schleife des tRNA-Moleküls und es lagert sich nicht gleichmäßig an das Codon an

**b.** Ein Inosinnucleotid im tRNA-Molekül kann mit A, C und U in der mRNA ein Basenpaar bilden

**c.** Ein Inosinnucleotid im mRNA-Molekül kann mit A, C und U in der tRNA ein Basenpaar bilden

**d.** Guanin kann mit Uracil ein Basenpaar bilden

**13.6** Wie verläuft der erste Schritt bei der Initiation der Translation bei Bakterien?

**a.** Die kleine Untereinheit des Ribosoms bindet an die 5'-Cap-Struktur der mRNA und sucht die mRNA nach dem Startcodon ab

**b.** Die große Untereinheit des Ribosoms bindet an die Ribosomenbindungsstelle auf dem mRNA-Molekül

**c.** Das Ribosom bindet an das Startcodon auf dem mRNA-Molekül

**d.** Die kleine Untereinheit des Ribosoms bindet an die Ribosomenbindungsstelle der mRNA

**13.7*** Welche Funktion hat die Formylgruppe, die bei Bakterien am Initiatormethionin hängt?

**a.** Bei der Initiation der Translation verbindet sie die Initiator-tRNA mit der großen ribosomalen Untereinheit

**b.** Sie bindet das GTP-Molekül, das für die Bildung des Initiationskomplexes notwendig ist

**c.** Sie blockiert die Aminogruppe des Methionins und stellt dadurch sicher, dass die Proteinsynthese in der N→C-Richtung abläuft

**d.** Sie blockiert die Seitenkette des Methionins, sodass es nicht mit dem Initiationsfaktor IF-3 reagieren kann

**13.8** Welcher ist der allgemeine Mechanismus für die Initiation der Translation bei Eukaryoten?

**a.** Die kleine Untereinheit des Ribosoms bindet an die 5'-Cap-Struktur der mRNA und sucht die mRNA nach dem Startcodon ab

**b.** Die große Untereinheit des Ribosoms bindet an die 5'-Cap-Struktur der mRNA und sucht die mRNA nach dem Startcodon ab

**c.** Das Ribosom bindet an das Startcodon auf dem mRNA-Molekül

**d.** Die kleine Untereinheit des Ribosoms bindet an die Ribosomenbindungsstelle der mRNA

**13.9*** Welche Funktion hat der Initiationsfaktor eIF-6?

**a.** Er bindet während der Bildung des Präinitiationskomplexes an die Initiator-tRNA$^{Met}$ und GTP

**b.** Er wirkt als Brücke zwischen der 5'-Cap-Struktur der mRNA und dem Präinitiationskomplex

**c.** Er setzt die übrigen Initiationsfaktoren frei, wenn das Ribosom am Startcodon zusammengefügt wird

**d.** Er verhindert, dass die große ribosomale Untereinheit im Cytoplasma an die kleine Untereinheit bindet

**13.10** Welche Funktion hat der Elongationsfaktor EF-1A?

**a.** Er katalysiert die Bildung von Peptidbindungen

**b.** Er stellt sicher, dass die richtige Aminoacyl-tRNA in das Ribosom gelangt

**c.** Er verhindert, dass tRNA-Moleküle das Ribosom vor der Bildung der Peptidbindung verlassen

**d.** Er hydrolysiert GTP und unterstützt dadurch die Translokation des Ribosoms entlang der mRNA

**13.11\*** Wie kommt es bei der Translation zu einer Rasterverschiebung?

**a.** Ein Ribosom translatiert ein mRNA-Molekül, das ein zusätzliches Nucleotid enthält oder dem ein Nucleotid fehlt

**b.** Ein Ribosom überspringt ein Codon bei der Translation eines mRNA-Moleküls

**c.** Ein Ribosom pausiert bei der Translation und bewegt sich ein Nucleotid rückwärts oder vorwärts und setzt dann die Translation fort

**d.** Ein Ribosom beendet die Translation an einem Codon, das normalerweise eine Aminosäure codiert

**13.12** Wie wird die Proteinsynthese beendet?

**a.** Ein Freisetzungsfaktor erkennt das Stoppcodon und tritt in die A-Stelle ein

**b.** Eine tRNA für das Stoppcodon tritt in die A-Stelle ein

**c.** Eine tRNA für das Stoppcodon tritt in die P-Stelle ein

**d.** Das Ribosom hält am Stoppcodon an und katalysiert die Freisetzung des Proteins von der tRNA

**13.13\*** Welche der folgenden Aussagen begründet nicht, warum Proteine bei der Faltung während der Translation oder nach einer Denaturierung für die Faltung eine Unterstützung brauchen?

**a.** Nach einer Denaturierung können Proteine unlösliche Aggregate bilden, die dadurch entstehen, dass sie ihre hydrophoben Gruppen allein nicht vor Wasser abschirmen können

**b.** Nach einer Denaturierung können Proteine eine stabile, aber falsch gefaltete Konformation annehmen

**c.** Während der Translation bildet ein teilweise translatiertes Protein nur eine Zufallsstruktur und kann sich nicht von selbst in eine spezifische Konformation falten

**d.** Während der Translation können sich teilweise translatierte Proteine falsch zu falten beginnen, bevor das ganze Protein synthetisiert ist

**13.14** Welche der folgenden Aussagen beschreibt keine Funktion der molekularen Chaperone bei der Proteinfaltung?

**a.** Molekulare Chaperone unterstützen Proteine dabei, ihre richtige Struktur anzunehmen

**b.** Molekulare Chaperone legen die Tertiärstruktur eines Proteins fest

**c.** Molekulare Chaperone können teilweise gefaltete Proteine stabilisieren und daran hindern, mit anderen Proteinen Aggregate zu bilden

**d.** Molekulare Chaperone können exponierte hydrophobe Bereiche von Proteinen abschirmen und schützen

**13.15\*** Welche der folgenden Reaktionen ist kein Beispiel für eine chemische Modifikation von Proteinen nach der Translation?

**a.** Glykosylierung

**b.** Methylierung

**c.** Phosphorylierung

**d.** Proteolyse

**13.16** Was sind Inteine?

**a.** Äußere oder innere Abschnitte von Proteinen, die durch Proteolyse entfernt werden, sodass ein aktives Protein entsteht

**b.** Äußere Abschnitte von Proteinen, die durch Proteinligasen an andere Proteine angehängt werden

**c.** Innere Abschnitte von Proteinen, die nach der Translation entfernt werden, wobei eine Verknüpfung der äußeren Abschnitte stattfindet

**d.** Äußere Abschnitte von Proteinen, die kovalent an Lipide gebunden sind, um in Membranen eingefügt zu werden

## Fragen mit kurzen Antworten

**13.1*** Wie können tRNA-Moleküle sowohl physikalisch wie auch als Informationsträger zwischen dem translatierten mRNA-Molekül und dem synthetisierten Protein wirken?

**13.2** Beschreiben Sie kurz die Zwei-Schritt-Reaktion, die dazu führt, dass die Aminosäure am tRNA-Molekül befestigt wird.

**13.3*** Was geschieht, wenn eine Aminoacyl-tRNA-Synthetase die falsche Aminosäure an einem tRNA-Molekül befestigt (wenn beispielsweise die tRNA für Valin mit Isoleucin beladen wird)?

**13.4** Welche zwei aktiven Funktionen führen Ribosomen während der Proteinsynthese aus?

**13.5*** Erstellen Sie eine Liste der Moleküle im Präinitiationskomplex, der sich während des ersten Schrittes der Translation bei Eukaryoten bildet.

**13.6** Welche Funktion besitzt wahrscheinlich der Poly(A)-Schwanz während der Initiation der Translation bei den Eukaryoten?

**13.7*** Wie können eukaryotische Zellen als Reaktion auf eine Stresssituation wie etwa einem Hitzeschock die Translation schnell unterdrücken?

**13.8** Welche Merkmale der *dnax*-mRNA verursachen offenbar eine programmierte Rasterverschiebung?

**13.9*** In welchen zwei Schritten erfolgt die erneute Faltung eines kleinen Proteins?

**13.10** Erläutern Sie die Unterschiede zwischen der Funktionsweise der Hsp70-Chaperone und des GroEL/GroES-Chaperonins.

**13.11*** Wie wird ein Intein aus einem Protein entfernt?

**13.12** Beschreiben Sie die Signale, die Enzyme erkennen, welche Ubiquitinmoleküle an zum Abbau bestimmte Proteine binden. Was geschieht mit Proteinen, die auf diese Weise mit Ubiquitin markiert wurden?

## Vertiefende Aufgaben

**13.1*** Warum gibt es zwei Klassen von Aminoacyl-tRNA-Synthetasen?

**13.2** In den Mitochondrien des Menschen sind für die Proteinsynthese nur 22 verschiedene tRNAs erforderlich. Welche Schlussfolgerungen ergeben sich daraus für die Regeln der Codon-Anticodon-Wechselwirkungen in diesem System?

**13.3*** Wie könnte der genetische Code entstanden sein?

**13.4** Die meisten Organismen zeigen eine Bevorzugung bestimmter Codons. So kommen beispielsweise in den Genen von *Saccharomyces cerevisiae* von den vier Codons für Prolin nur zwei – CCU und CCA – häufig vor, CCC und CCG sind seltener. Es besteht die Vorstellung, dass ein Gen, das eine relativ große Anzahl von wenig bevorzugten Codons enthält, in relativ geringer Rate exprimiert wird. Erläutern Sie den Grundgedanken dieser Hypothese und die Schlussfolgerungen daraus.

**13.5*** Inwieweit waren Untersuchungen über die Ribosomenstruktur hilfreich, um den Vorgang der Proteinsynthese in seinen Einzelheiten verstehen zu können?

# Aufgaben zu Abbildungen

*Antworten auf die Fragen mit den ungeraden Zahlen finden Sie im Anhang

**13.1*** An welchen Positionen in einer tRNA kommt manchmal Inosin vor? Wenn das der Fall ist, welche Funktion hat dann das Inosin?

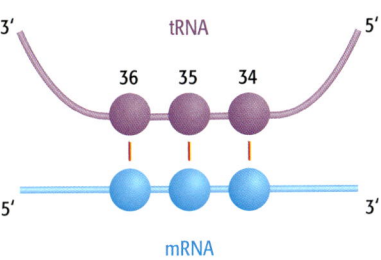

**13.3*** Die Abbildung zeigt die Abstände zwischen dem CCdA-Phosphat-Puromycin-Molekül (roter Punkt) und den am nächsten liegenden Proteinen in der großen ribosomalen Untereinheit von *E. coli*. Was sagt die Abbildung über die Bildung der Peptidbindung am Ribosom aus?

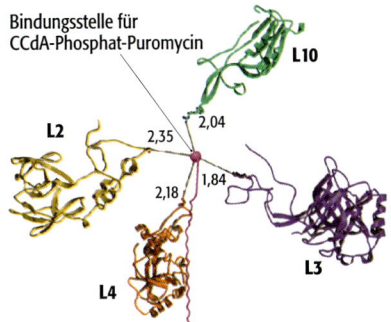

**13.2** Beschreiben Sie die Initiation der Translation bei *E. coli*.

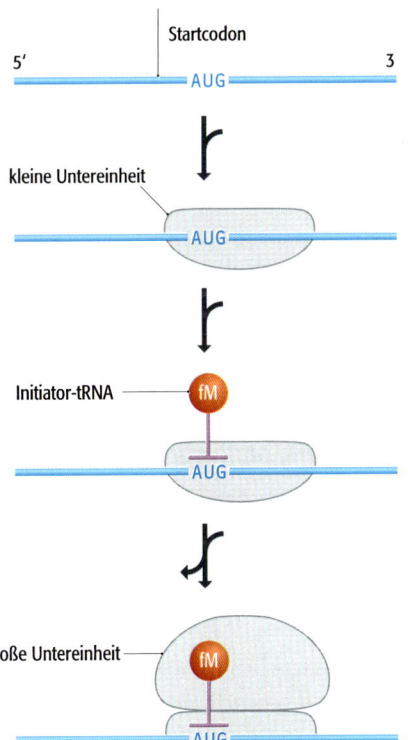

**13.4*** Erläutern Sie, wie die Aktivität eines Proteins von Ereignissen nach der Translation abhängig ist.

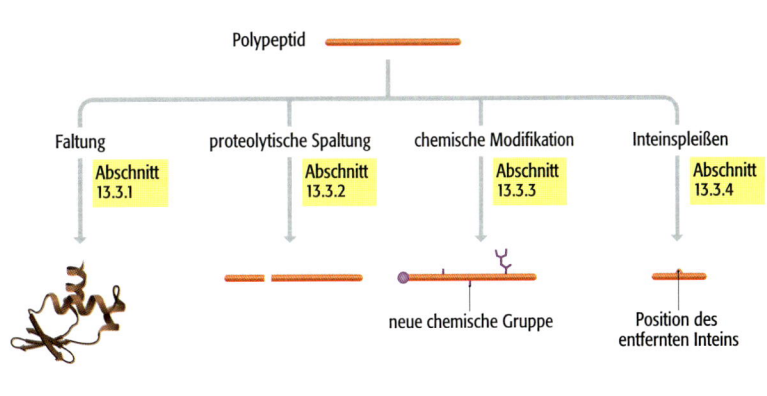

# Weiterführende Literatur

### Struktur und Funktion der tRNA

Clark BFC (2001) The crystallization and structural determination of tRNA. *Trends Biochem Sci* 26: 511–514

Hale SP, Auld DS, Schmidt E, Schimmel P (1997) Discrete determinants in transfer RNA for editing and aminoacylation. *Science* 276: 1250–1252. [Qualitätssicherung bei der Aminoacylierung]

Ibba M, Söll D (2000) Aminoacyl-tRNA synthetases. *Annu Rev Biochem* 69: 617–650

Percudani R (2001) Restricted wobble rules for eukaryotic genomes. *Trends Genet* 17: 133–135

### Strukturanalysen des Ribosoms

Ban N, Nissen P, Hansen J, Moore PB, Steitz TA (2000) The complete atomic structure of the large ribosomal subunit at 2.4 Å resolution. *Science* 289: 905–920

Heilek GM, Noller HF (1996) Site-directed hydroxyl radical probing of the rRNA neighborhood of ribosomal protein S5. *Science* 272: 1659–1662

Moore PB, Steitz TA (2003) The structural basis of large ribosome subunit function. *Annu Rev Biochem* 72: 813–850

Wimberly BT, Brodersen DE, Clemons WM, Morgan-Warren RJ, Carter AP, Vonrhein C, Hartsch T, Ramakrishnan V (2000) Structure of the 30S ribosomal subunit. *Nature* 407: 327–339

Yusupov MM, Yusupova GZ, Baucom A, Lieberman K, Earnest TN, Cate JH, Noller HF (2001) Crystal structure of the ribosome at 5.5 Å resolution. *Science* 292: 883–896

### Mechanismen der Proteinsynthese

Andersen GR, Nissen P, Nyborg J (2003) Elongation factors in protein biosynthesis. *Trends Biochem Sci* 28: 434–441

Frank J, Agarwal RK (2000) A ratchet-like inter-subunit reorganization of the ribosome during translocation. *Nature* 406: 318–322

Ibba M, Söll D (1999) Quality control mechanisms during translation. *Science* 286: 1893–1897

Kapp LD, Lorsch JR (2004) The molecular mechanics of eukaryotic translation. *Annu Rev Biochem* 73: 657–704

McCarthy JEG (1998) Posttranscriptional control of gene expression in yeast. *Microbiol Mol Biol Rev* 62: 1492–1553. [Ausführlicher Übersichtsartikel zur Translation und ihrer Kontrolle bei der Hefe]

Nakamura Y, Ito K (2003) Making sense of mimic in translation termination. *Trends Biochem Sci* 28: 99–105. [Die Funktionsweise der Freisetzungs- und Ribosomenrecyclingfaktoren]

Rodnina MV, Wintermeyer W (2001) Ribosome fidelity: tRNA discrimination, proofreading and induced fit. *Trends Biochem Sci* 26: 124–130

### Die Peptidyltransferase ist ein Ribozym

Nissen P, Hansen J, Ban N, Moore PB, Steitz TA (2000) The structural basis of ribosome activity in peptide bond synthesis. *Science* 289: 920–930

Polacek N, Gaynor M, Yassin A, Mankin AS (2001) Ribosomal peptidyl transferase can withstand mutations at the putative catalytic nucleotide. *Nature* 411: 498–501

Steitz TA, Moore PB (2003) RNA, the first macromolecular catalyst: the ribosome is a ribozyme. *Trends Biochem Sci* 28: 411–418

### Ungewöhnliche Ereignisse bei der Translation

Farabaugh PJ (1996) Programmed translational frameshifting. *Annu Rev Genet* 30: 507–528

Herr AJ, Atkins JF, Gesteland RF (2000) Coupling of open reading frames by translational bypassing. *Annu Rev Biochem* 69: 343–372

### Proteinfaltung

Anfinsen CB (1973) Principles that govern the folding of protein chains. *Science* 181: 223–230. [Die ersten Experimente zur Proteinfaltung]

Daggett V, Fersht AR (2003) Is there a unifying mechanism for protein folding? *Trends Biochem Sci* 28: 18–25

Frydman J (2001) Folding of newly translated proteins *in vivo*: the role of molecular chaperones. *Annu Rev Biochem* 70: 603–649

Xu Z, Horwich AL, Sigler RB (1997) The crystal structure of the asymmetric GroEL-GroES-(ADP)$_7$ chaperonin complex. *Nature* 388: 741–750

### Prozessierung und Modifikation von Proteinen

Chapman-Smith A, Cronan JE (1999) The enzymatic biotinylation of proteins: a post-translational modification of exceptional specificity. *Trends Biochem Sci* 24: 359–363

Drickamer K, Taylor ME (1998) Evolving views of protein glycosylation. *Trends Biochem Sci* 23: 321–324

Paulus H (2000) Protein splicing and related forms of protein autoprocessing. *Annu Rev Biochem* 69: 447–496

### Proteinabbau

Varshavsky A (1997) The ubiquitin system. *Trends Biochem Sci* 22: 383–387

Voges D, Zwickl P, Baumeister W (1999) The 26S proteasome: a molecular machine designed for controlled proteolysis. *Annu Rev Biochem* 68: 1015–1068

# Die Regulation der Genomaktivität

**14**

## Wenn Sie Kapitel 14 gelesen haben, sollten Sie folgende Aufgaben lösen können:

- Unterscheiden Sie zwischen Differenzierung und Entwicklung, und skizzieren Sie, wie die Regulation der Genomexpression diesen beiden Vorgängen zugrunde liegt.

- Beschreiben Sie anhand von Beispielen die verschiedenen Reaktionswege, durch die eingeschleuste Signalmoleküle wie Lactoferrin und Steroidhormone vorübergehende Veränderungen in der Genomaktivität hervorrufen.

- Geben Sie eine umfassende Darstellung der Katabolitrepression bei Bakterien.

- Erörtern Sie die verschiedenen Reaktionswege, durch die Signale von Rezeptoren an der Zelloberfläche an das Genom übermittelt werden.

- Beschreiben Sie anhand von Beispielen die verschiedenen Mechanismen, durch die permanente und semipermanente Veränderungen der Genomaktivität vermittelt werden können. Unterscheiden Sie dabei zwischen Vorgängen, bei denen es zu einer Umstrukturierung des Genoms kommt, bei denen Veränderungen der Chromatinstruktur stattfinden und bei denen Rückkopplungsschleifen eine Rolle spielen.

- Erörtern Sie, inwieweit Untersuchungen des lysogenen Infektionszyklus des Bakteriophagen λ und der Sporenbildung bei *Bacillus subtilis* grundlegende Informationen liefern, die für Fragestellungen bezüglich der Differenzierung und Entwicklung von Bedeutung sind.

- Erklären Sie, warum *Caenorhabditis elegans* ein geeigneter Modellorganismus ist, und beschreiben Sie, wie das Schicksal von Zellen während der Entwicklung der Vulva von *C. elegans* festgelegt wird.

- Beschreiben Sie die genetischen Abläufe, die der Embryogenese von *Drosophila melanogaster* zugrunde liegen.

- Erörtern Sie die Funktionen der homöotischen Gene bei *D. melanogaster*, Vertebraten und Pflanzen.

Wir haben den Weg verfolgt, durch den die Expression des Genoms den Inhalt des Proteoms bestimmt, das wiederum die biochemische Ausstattung der Zelle ausmacht. Bei keinem Organismus ist die biochemische Ausstattung vollkommen unveränderlich. Selbst die einfachsten einzelligen Lebewesen können ihre Proteome verändern, um auf Veränderungen in ihrer Umgebung zu reagieren. Ihr biochemisches Potenzial wird demnach ständig mit dem vorhandenen Nährstoffangebot und den vorherrschenden physikalischen und chemischen Bedingungen abgestimmt. Zellen in vielzelligen Organismen können in gleicher Weise auf Veränderungen in der extrazellulären Umgebung reagieren. Der einzige Unterschied besteht darin, dass die wichtigsten Reize aus Hormonen und Wachstumsfaktoren sowie aus Nährstoffen bestehen. Die sich so ergebenden *vorübergehenden* Veränderungen der Genomaktivität ermöglichen eine ständige Neugestaltung des Proteoms, um die Anforderungen zu erfüllen, die die Umgebung an die Zelle stellt (Abb. 14.1). Andere Veränderungen der Genomaktivität sind *permanent* (*dauerhaft*) oder zumindest *semipermanent* (*bedingt dauerhaft*). Sie führen dazu, dass sich die biochemische Ausstattung der Zelle auf eine Weise ändert, die nicht einfach rückgängig zu machen

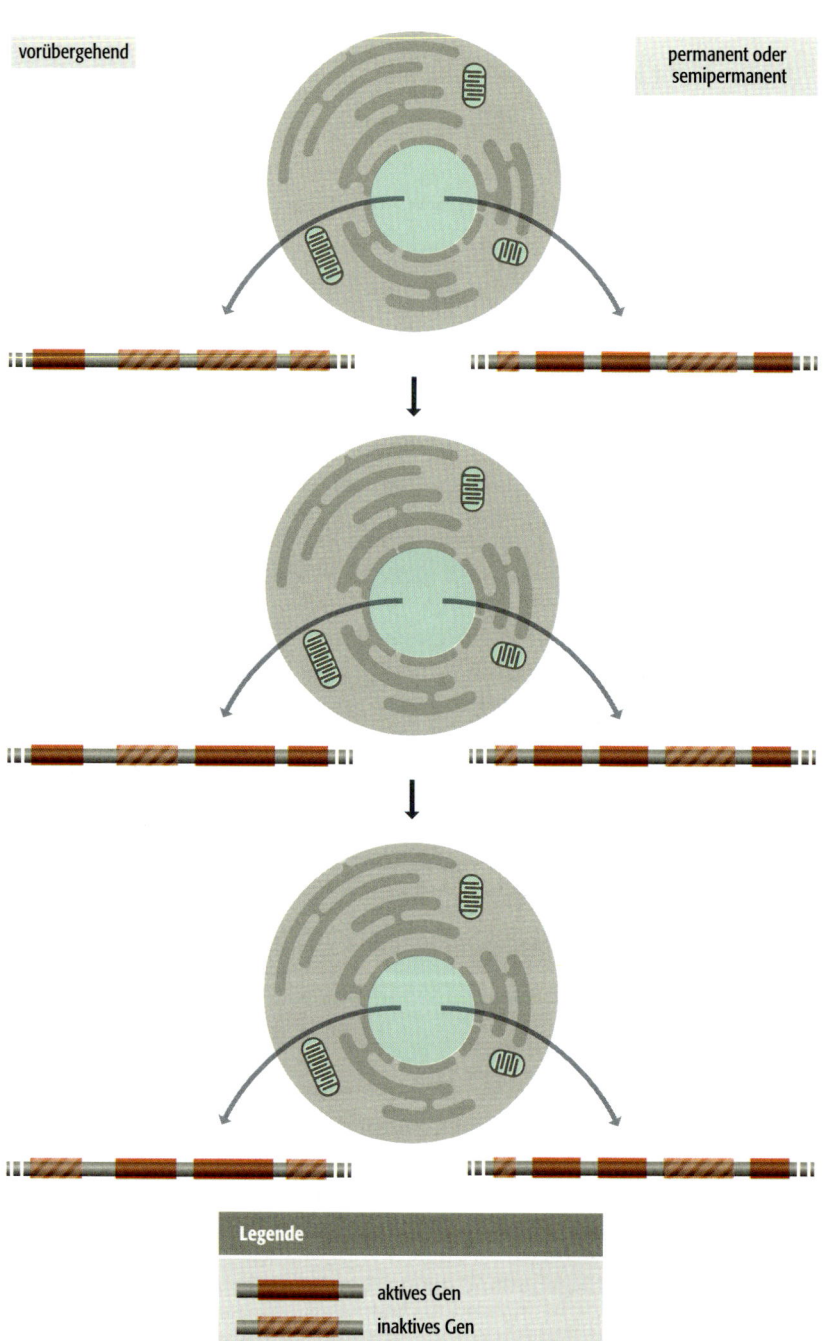

**14.1   Zwei Möglichkeiten, wie die Genomaktivität reguliert wird.** Die Gene auf der linken Seite unterliegen einer vorübergehenden Regulation und werden als Reaktion auf Veränderungen in der extrazellulären Umgebung an- oder abgeschaltet. Die Gene auf der rechten Seite haben eine permanente oder semipermanente Veränderung ihrer Expressionsmuster vollzogen, die dazu führt, dass dieselben drei Gene ständig exprimiert werden.

ist. Diese Veränderungen führen zur **Differenzierung** einer Zelle, durch die die Zelle eine spezialisierte physiologische Funktion übernimmt. Differenzierungswege kennt man bei vielen einzelligen Organismen, etwa die Sporenbildung durch Bakterien wie *Bacillus*. Häufiger bringt man den Begriff der Differenzierung jedoch mit vielzelligen Lebewesen in Verbindung, bei denen eine Vielzahl von spezialisierten Zelltypen (über 250 beim Menschen) in Geweben und Organen organisiert sind. Die Bildung dieser komplexen vielzelligen Strukturen beziehungsweise eines Organismus insgesamt erfordert die Koordinierung der Genomaktivitäten in verschiedenen Zellen. Diese Koordinierung betrifft vorübergehende und permanente Veränderungen und sie muss sich über eine längere Zeitspanne während der **Entwicklung** des Organismus erstrecken.

Innerhalb der Expressionswege der einzelnen Gene gibt es viele Schritte, bei denen eine Regulation stattfinden kann (Tab. 14.1). Beispiele für die verschiedenen Regulationsmechanismen finden sich an den entsprechenden Stellen in den Kapiteln 10 bis 13. Das Ziel dieses Kapitels besteht nicht darin, diese genspezifischen Kontrollsysteme ständig zu wiederholen, sondern zu erklären, wie die Aktivität des Genoms insgesamt reguliert wird. Dabei sollten wir daran denken, dass die Biosphäre so vielfältig und die Anzahl der Gene in den einzelnen Genomen so groß ist, dass man vernünftigerweise annehmen kann, dass jeder Mechanismus, der sich in der Evolution zur Regulierung der Genomexpression entwickelt haben könnte, das auch tatsächlich getan hat. Es bedeutet deshalb keine Überraschung, dass wir an jeder Stelle im Expressionsweg des Genoms Beispiele für eine Regulation benennen können. Sind aber alle diese Kontrollstellen von gleicher Bedeutung für die Aktivität des Genoms insgesamt? Nach unserer heutigen Wahrnehmung ist das nicht der Fall. Unsere Kenntnisse mögen unvollständig sein, da sie nur auf der Untersuchung einer begrenzten Anzahl von Genen in einigen wenigen Organismen basieren. Aber offensichtlich erfolgen die wichtigen Kontrollen der Genomexpression – also die Entscheidung, welche Gene an- oder abgeschaltet werden – auf der Ebene der Transkriptionsinitiation. Bei den meisten Genen dient zwar die Kontrolle späterer Schritte der Feinabstimmung der Expression, sie wirkt aber nicht als primäre Determinante, die bestimmt, ob ein Gen an- oder abgeschaltet wird (Abb. 11.22). Der größte Teil dessen, was wir in diesem Kapitel besprechen, befasst sich deshalb mit der Kontrolle der Genomaktivität durch Mechanismen, die festlegen, welche Gene transkribiert werden und welche abgeschaltet sind. Wir werden zwei Themen gezielt behandeln: Die Mechanismen, durch die vorübergehende und permanente Veränderungen der Genomaktivität zustande kommen, und wie diese Veränderungen im zeitlichen und räumlichen Zusammenhang von Entwicklungswegen miteinander gekoppelt sind.

## 14.1 Vorübergehende Veränderungen der Genomaktivität

Zu vorübergehenden Veränderungen der Genomaktivität kommt es vor allem als Reaktion auf äußere Reize. Bei einzelligen Lebewesen hängen die wichtigsten äußeren Stimuli mit dem Nährstoffangebot zusammen. Diese Zellen leben in veränderlichen Umgebungen, in denen sich im Lauf der Zeit die Art und die relativen Mengen an Nährstoffen wandeln können. Die Genome von einzelligen Organismen enthalten deshalb Gene für die Aufnahme und die Umsetzung einer Reihe verschiedener Nährstoffe, und Veränderungen in der Verfügbarkeit von Nährstoffen werden durch Veränderungen der Genomakti-

**Tabelle 14.1** Beispiele für einzelne Schritte in der Genomexpression, an denen eine Regulation wirksam werden kann

| Expressionsschritt | Beispiele für eine Regulation |
|---|---|
| **Transkription** | |
| Zugänglichkeit der Gene | Locuskontrollregionen bestimmen die Chromatinstruktur in Bereichen, die Gene enthalten (Abschnitt 10.1.2) |
| | Modifikationen der Histone beeinflussen die Chromatinstruktur und bestimmen, welche Gene zugänglich sind (Abschnitt 10.2.1) |
| | die Positionierung der Nucleosomen kontrolliert die Zugänglichkeit der Promotorregion für die RNA-Polymerase und Transkriptionsfaktoren an die Promotorregion (Abschnitt 10.2.2) |
| | durch DNA-Methylierung werden Genombereiche abgeschaltet (Abschnitt 10.3.1) |
| Initiation der Transkription | eine produktive Initiation wird durch Aktivatoren, Repressoren und andere Kontrollsysteme beeinflusst (Abschnitt 11.3) |
| RNA-Synthese | bei Prokaryoten dienen Antitermination und Attenuation dazu, Art und Menge einzelner Transkripte zu kontrollieren (Abschnitt 12.1.2) |
| **mRNA-Prozessierung bei Eukaryoten** | |
| Capping-Reaktion | bei einigen Tieren dient das Anfügen der Cap-Struktur dazu, während der Eizellenreifung die Proteinsynthese zu regulieren |
| Polyadenylierung | alternative Polyadenylierungsstellen kontrollieren die Blütenbildung bei *Arabidopsis* |
| | die Translation der *bicoid*-mRNA in Eiern von *Drosophila* wird nach der Befruchtung aktiviert, indem der Poly(A)-Schwanz verlängert wird (Abschnitt 14.3.4) |
| Spleißen | die Selektion alternativer Spleißstellen kontrolliert die Festlegung des Geschlechts (Abschnitt 12.2.2) |
| chemische Modifikation | das RNA-Editing bei der Apolipoprotein-B-mRNA bringt Proteinformen hervor, die für die Leber oder den Darm spezifisch sind (Abschnitt 12.2.5) |
| mRNA-Abbau | mikro-RNAs kontrollieren den Zelltod, die Spezialisierung der Nervenzelltypen und die Fettspeicherung bei *Caenorhabditis elegans* sowie viele verschiedene Prozesse bei anderen Eukaryoten (Abschnitt 12.2.6) |
| | Eisen kontrolliert den Abbau der mRNA für den Transferrinrezeptor (Abschnitt 13.2.2) |
| **Synthese und Prozessierung von Proteinen** | |
| Initiation der Translation | Phosphorylierung von eIF-2 führt bei Eukaryoten zu einer allgemeinen Abnahme der Translationsinitiation (Abschnitt 13.2.2) |
| | die ribosomalen Proteine der Bakterien kontrollieren ihre eigene Synthese, indem sie die Bindung von Ribosomen an ihre mRNAs beeinflussen (Abschnitt 13.2.2) |
| | bei einigen Eukaryoten kontrolliert Eisen das Absuchen der Ferritin-mRNA durch das Ribosom (Abschnitt 13.2.2) |
| | bei Bakterien kontrollieren kleine RNAs die Reaktion auf oxidativen Stress, indem sie bei verschiedenen mRNAs die Initiation der Translation beeinflussen (Abschnitt 13.2.2). |
| Proteinsynthese | durch eine Rasterverschiebung können vom *dnaX*-Gen von *Escherichia coli* zwei Untereinheiten der RNA-Polymerase III translatiert werden (Abschnitt 13.2.3) |
| Schneidereaktionen | alternative Spaltungswege von Polyproteinen bringen gewebespezifische Proteinprodukte hervor (Abschnitt 13.3.2) |
| chemische Modifikation | viele Proteine, die bei der Signalübertragung mitwirken, werden durch Phosphorylierung aktiviert (Abschnitt 14.1.2) |

vität abgebildet. Dabei werden zu einem beliebigen Zeitpunkt immer nur diejenigen Gene exprimiert, die für die Verwertung der vorhandenen Nährstoffe notwendig sind. In vielzelligen Lebewesen liegen die meisten Zellen in einer weniger veränderlichen Umgebung, wobei deren Aufrechterhaltung erfordert, dass die Aktivitäten der verschiedenen Zellen koordiniert werden. Für diese Zellen bestehen deshalb die hauptsächlichen äußeren Reize aus Hormonen, Wachstumsfaktoren und ähnlichen Molekülen, die Signale innerhalb des Organismus übermitteln und koordinierte Veränderungen der Genomaktivitäten anregen.

Damit ein Effekt auf die Genomaktivität eintreten kann, muss ein Nährstoff, Hormon, Wachstumsfaktor oder eine andere extrazelluläre Substanz, die einen externen Reiz darstellt, die Vorgänge in der Zelle beeinflussen. Dafür gibt es zwei Möglichkeiten (Abb. 14.2):

- direkt durch die Wirkung als Signalmolekül, das durch die Zellmembran in die Zelle gelangt;

- indirekt durch Bindung an einen Oberflächenrezeptor, der das Signal in die Zelle überträgt.

Die Signalübertragung auf direkte oder indirekte Weise ist eines der wichtigsten Forschungsgebiete in der Zellbiologie, wobei sich die Aufmerksamkeit vor allem auf deren Bedeutung bei anormalen biochemischen Aktivitäten konzentriert, die Krebserkrankungen zugrunde liegen. Man kennt inzwischen zahlreiche Beispiele für die Signalübertragung, von denen einige in einer Anzahl verschiedener Organismen allgemeine Bedeutung besitzen, während andere nur auf einige wenige Spezies beschränkt sind. Im ersten Teil dieses Kapitels wollen wir uns einen Überblick über diese Signalwege verschaffen.

### 14.1.1 Signalübertragung durch Einschleusen eines extrazellulären Signalmoleküls

Bei der direkten Signalübertragung durchquert das extrazelluläre Molekül, das den äußeren Reiz darstellt, die Zellmembran und gelangt in die Zelle. Nach diesem Einschleusen in die Zelle kann das Signalmolekül die Genomaktivität über einen von drei Wegen beeinflussen (Abb. 14.3).

- Wenn das Signalmolekül ein Protein ist, kann es auf dieselbe Weise wirken wie eines der verschiedenen Regulationsproteine, denen wir bereits in den Kapiteln 10 bis 13 begegnet sind. Das geschieht etwa dadurch, dass die Bil-

**14.2** Zwei Möglichkeiten, wie ein extrazelluläres Signalmolekül Vorgänge in der Zelle beeinflussen kann.

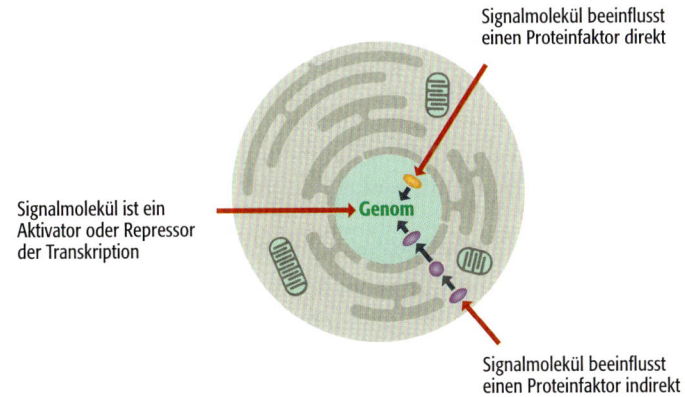

**14.3** Drei Wege, über die ein extrazelluläres Signalmolekül die Genomaktivität nach dem Einschleusen in die Zelle beeinflussen kann.

dung des Transkriptionsinitiationskomplexes (Abschnitt 11.3) aktiviert oder unterdrückt wird, oder durch Wechselwirkung mit einem Spleiß-Enhancer oder -Silencer (Abschnitt 12.2.2).

- Das Signalmolekül kann die Aktivität eines vorhandenen Regulationsproteins beeinflussen. Ein solches Signalmolekül braucht selbst kein Protein zu sein, jede Art von Molekül wäre (theoretisch) möglich.

- Das Signalmolekül kann auch die Aktivität eines vorhandenen Regulationsproteins über eine oder mehrere Zwischenstufen beeinflussen, als direkt damit zu interagieren.

Beispiele für alle drei Mechanismen werden weiter unten beschrieben.

### Lactoferrin ist ein extrazelluläres Signalprotein, das als Transkriptionsfaktor fungiert

Ist das extrazelluläre Signalmolekül, das in die Zelle eingeschleust wird, ein Protein mit den entsprechenden Eigenschaften, kann es die Aktivität seiner Zielgene direkt beeinflussen, indem es in einem bestimmten Zustand der Genomexpressionsaktivität als Aktivator oder als Repressor wirkt. Dies erscheint als interessanter, direkter Mechanismus zu sein, um die Genomaktivität zu regulieren, kommt aber nicht häufig vor. Der Grund dafür ist unbekannt. Es könnte aber zumindest teilweise damit zusammenhängen, dass ein solches Protein hydrophobe Eigenschaften besitzen muss, um durch die Membran zu gelangen, gleichzeitig hydrophil genug sein muss, um durch die wässrige Umgebung des Cytoplasmas zum Wirkungsort des Proteins im Zellkern oder an einem Ribosom zu gelangen. So etwas lässt sich jedoch in der Natur offenbar nur schwierig konstruieren.

Das einzige eindeutig belegte Beispiel für ein Signalmolekül, das auf diese Weise funktioniert, ist das Lactoferrin, ein Protein, das bei Säugern vor allem in der Milch und zu einem geringeren Maß auch im Blut vorkommt. Lactoferrin ist ein Transkriptionsaktivator (Abschnitt 11.3.2). Seine spezifische Funktion ließ sich nur schwer ermitteln, aber es spielt offenbar eine Rolle bei der Körperabwehr gegen Angriffe von Mikroorganismen. Wie die Bezeichnung andeutet, kann Lactoferrin Eisen binden. Wahrscheinlich ist die Schutzfunktion des Proteins zumindest teilweise darauf zurückzuführen, dass es die Konzentration von freiem Eisen in der Milch verringert und dadurch eindringenden Mikroorganismen diesen essenziellen Cofaktor entzieht. Man könnte also den Eindruck gewinnen, dass Lactoferrrin offenbar keine Rolle bei der Genomexpression spielt, aber man weiß bereits seit den frühen 1980er-Jahren, dass das Protein mehrere Funktionen besitzt und unter anderem an DNA binden kann. Diese Eigenschaft ließ sich mit einer zweiten Funktion von Lactoferrin in Zusammenhang bringen – die Stimulation von Blutzellen, die an der Immunantwort beteiligt sind – als man 1992 zeigen konnte, dass das Protein von Immunzellen aufgenommen wird, in deren Zellkern eindringt und an das Genom bindet. In der Folge stellte sich heraus, dass die Bindung an die DNA sequenzspezifisch erfolgt und zu einer Anregung der Transkriptionsaktivität führt. Dies bestätigte, dass Lactoferrin tatsächlich ein Transkriptionsaktivator ist.

### Einige eingeschleuste Signalmoleküle beeinflussen direkt die Aktivität von bereits vorhandenen Regulationsproteinen

Zwar können nur wenige eingeschleuste Signalmoleküle selbst als Aktivatoren oder Repressoren der Genomaktivität wirken, aber viele sind in der Lage, die Aktivität von Regulationsproteinen, die schon in der Zelle vorhanden sind, direkt zu beeinflussen. Wir haben bereits in Abschnitt 11.3.1 diese Art von Regulation kennen gelernt, als wir das Lactoseoperon von *Escherichia coli* untersucht haben. Dieses Operon reagiert auf die extrazelluläre Konzentration von Lactose. Diese Verbindung wirkt als Signalmolekül, das in die Zelle gelangt und nach Umwandlung in sein Isomer Allolactose die DNA-Bindungseigenschaften des Lactoserepressors verändert. Auf diese Weise bestimmt Lactose, ob das Lactoseoperon transkribiert wird (Abb. 11.24). Viele andere bakterielle Operons, die Gene der Zuckerverwertung enthalten, werden auf diese Weise kontrolliert.

Die direkte Wechselwirkung zwischen einem Signalmolekül und einem Transkriptionsaktivator oder -repressor ist auch bei Eukaryoten ein häufiger Mechanismus, um die Genomaktivität zu regulieren. Das Kontrollsystem, das den Spiegel an intrazellulären Metallionen auf einem passenden Wert hält, ist dafür ein gutes Beispiel. Zellen benötigen Metallionen wie Kupfer oder Zink als Cofaktoren für biochemische Reaktionen. Diese Ionen sind jedoch toxisch, wenn sie in der Zelle eine bestimmte Konzentration übersteigen. Ihre Aufnahme muss deshalb genau kontrolliert werden, damit die Zelle genügend Metallionen enthält, wenn in der Umgebung Metallverbindungen fehlen, andererseits die Metallionen aber nicht übermäßig akkumulieren, wenn die Konzentrationen in der Umgebung hoch sind. Die vorkommenden Mechanismen sollen hier anhand des Kupferkontrollsystems von *Saccharomyces cerevisiae* veranschaulicht werden. Diese Hefe verfügt über die beiden kupferabhängigen Transkriptionsaktivatoren Mac1p und Ace1p. Beide Aktivatoren binden Kupferionen. Diese Bindung führt zu einer Konformationsänderung, die es dem Faktor ermöglicht, die Expression seiner Zielgene zu stimulieren (Abb. 14.4). Die Zielgene von Mac1p codieren Proteine für die Aufnahme von Kupfer, während die Zielgene von Ace1p Proteine wie die Superoxid-Dismutase codieren, die bei der Kupferentgiftung mitwirken. Das metallkontrollierte Gleichgewicht zwischen den Aktivitäten von Mac1p und Ace1p gewährleistet, dass der Kupfergehalt in der Zelle innerhalb verträglicher Werte bleibt.

Transkriptionsaktivatoren sind auch Ziele für **Steroidhormone**, die als Signalmoleküle eine Reihe von physiologischen Aktivitäten in den Zellen der höheren Eukaryoten koordinieren. Zu den Steroidhormonen zählen die Geschlechtshormone (Östrogene für die weibliche, Androgene für die männliche Geschlechtsentwicklung) sowie die Glucocorticoid- und Mineralcorticoidhormone. Steroide sind hydrophob und dringen leicht durch die Zellmembran. In der Zelle bindet jedes Hormon an einen spezifischen **Steroidrezeptor**, ein Protein, das normalerweise im Cytoplasma lokalisiert ist. Nach der Bindung wandert der aktivierte Rezeptor in den Zellkern, wo er an ein **Hormon-Response-Element** stromaufwärts des Zielgens bindet. Nach der Bindung wirkt der Rezeptor als Transkriptionsaktivator. Die Response-Elemente für die einzelnen Rezeptoren liegen stromaufwärts von 50–100 Genen, häufig innerhalb von Enhancern, sodass ein einziges Steroidhormon eine umfangreiche Veränderung der biochemischen Eigenschaften der Zelle bewirken kann. Alle Steroidrezeptoren sind sich in der Struktur ähnlich, nicht nur in Hinblick auf ihre DNA-bindende Domäne, sondern auch in anderen Bereichen der Proteine (Abb. 14.5). Das Erkennen dieser Übereinstimmungen hat zur Identifizierung von einer Anzahl mutmaßlicher oder „verwaister" Steroidrezeptoren geführt, deren Hormonpartner und Funktionen in der Zelle noch unbekannt sind. Übereinstimmungen in der Struktur haben auch gezeigt, dass eine zweite Gruppe von Rezeptorproteinen, die **Kernrezeptorsuperfamilie**, zur selben allgemeinen Klasse wie die Steroidrezepto-

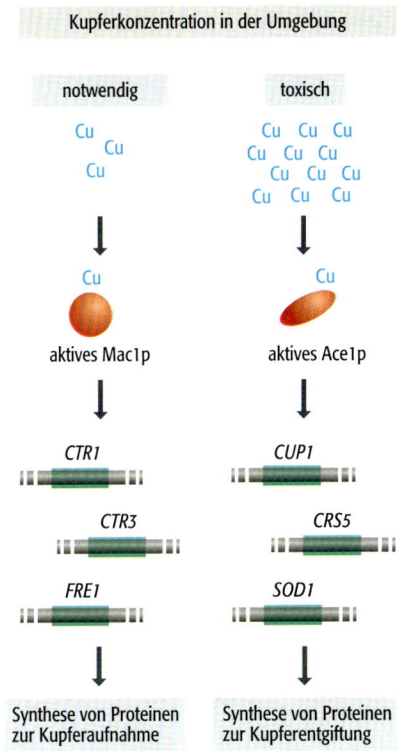

**14.4  Durch Kupfer regulierte Genexpression bei *Saccharomyces cerevisiae*.** Die Hefe benötigt geringe Mengen an Kupfer, da einige Enzyme (etwa die Cytochromc-Oxidase und die Tyrosinase) kupferhaltige Metallproteine sind. Zuviel Kupfer ist jedoch toxisch für die Zelle. Bei niedrigen Kupferkonzentrationen wird der Mac1p-Proteinfaktor durch Bindung von Kupfer aktiviert und schaltet die Expression von Genen für die Aufnahme von Kupfer an. Wenn die Kupferkonzentrationen zu hoch sind, wird der zweite Faktor Ace1p aktiviert, der die Expression einer anderen Gruppe von Genen anschaltet. Diese wiederum codieren Proteine, die für die Kupferentgiftung zuständig sind.

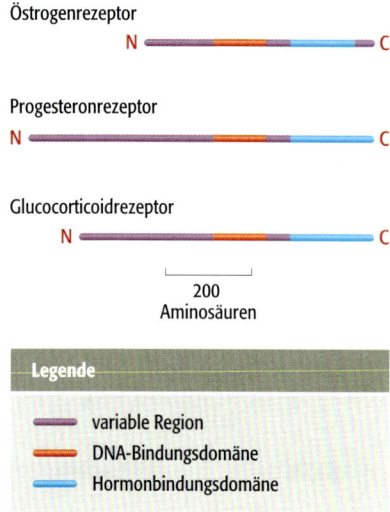

**Östrogenrezeptor**

N ▬▬▬▬▬▬▬▬ C

**Progesteronrezeptor**

N ▬▬▬▬▬▬▬▬▬▬ C

**Glucocorticoidrezeptor**

N ▬▬▬▬▬▬▬ C

|————|
200
Aminosäuren

**Legende**

▬▬ variable Region

▬▬ DNA-Bindungsdomäne

▬▬ Hormonbindungsdomäne

**14.5 Alle Steroidhormonrezeptorproteine besitzen ähnliche Strukturen.** Drei Rezeptorproteine werden hier verglichen. Jedes ist als ungefaltetes Polypeptid dargestellt, die beiden konservierten funktionellen Domänen sind aneinander ausgerichtet. Die DNA-bindenden Domänen der Steroidrezeptoren sind sich sehr ähnlich, mit 50–90 % Übereinstimmung der Aminosäuresequenzen. Die hormonbindende Domäne (Abschnitt 11.3.2) ist mit 20–60 % Sequenzübereinstimmung weniger gut konserviert. Die Aktivierungsdomäne liegt zwischen dem N-Terminus und der DNA-bindenden Domäne, aber diese Region zeigt bei verschiedenen Rezeptoren nur geringe Sequenzübereinstimmungen.

ren gehören, wobei ihre Hormonpartner keine Steroide sind. Wie die Bezeichnung andeutet, sind diese Rezeptoren im Zellkern lokalisiert und nicht im Cytoplasma. Zu ihnen gehören die Rezeptoren für Vitamin $D_3$, zu dessen Funktionen die Kontrolle der Knochenentwicklung gehört, und für Thyroxin, das die Metamorphose von der Kaulquappe zum Frosch stimuliert.

Steroid- und Zellkernrezeptoren sind Dimere, wobei jede Einheit einen der speziellen Zinkfinger enthält, die für diese Gruppe von Proteinen charakteristisch ist (Abb. 11.5). Jeder dieser Zinkfinger erkennt eine Sequenz von 6 bp im Hormon-Response-Element. Bei den meisten Steroidrezeptoren liegen diese Sequenzen als direkte oder umgekehrte Wiederholung vor und sie sind durch ein Zwischenstück von 0–4 bp getrennt (Abb. 14.6). Die Response-Elemente der Zellkernrezeptoren sind ähnlich mit der Ausnahme, dass die Erkennungssequenz fast immer eine direkte Wiederholung bildet. Das Zwischenstück soll nur sicherstellen, dass der Abstand zwischen den Erkennungssequenzen zur Orientierung der Zinkfinger im Rezeptorprotein passt. Das bedeutet, dass verschiedene Rezeptorproteine das gleiche Zinkfingerpaar enthalten können, aber verschiedene Response-Elemente erkennen. Diese Spezifität wird durch die Orientierung der Finger und den Abstand zwischen den Erkennungssequenzen erreicht.

### Einige eingeschleuste Signalmoleküle beeinflussen die Genomaktivität indirekt

Die Kopplung zwischen einem Signalmolekül und den Regulationsproteinen, die bei der Genomexpression mitwirken, muss nicht direkt erfolgen wie in den Beispielen des vorigen Abschnitts. Signalmoleküle können die Genomaktivität auch indirekt über eine oder mehrere Zwischenstufen beeinflussen. Ein Beispiel dafür ist das System der **Katabolitrepression** der Bakterien. Durch diesen Mechanismus können der extrazelluläre und der intrazelluläre Glucosespiegel bestimmen, ob Operons für die Verwertung anderer Zucker angeschaltet werden oder nicht, sobald diese alternativen Zucker im Medium vorhanden sind.

Das Phänomen wurde 1941 durch Jacques Monod entdeckt, der zeigen konnte, dass *E. coli* oder *Bacillus subtilis*, wenn sie einer Mischung von Zuckern ausgesetzt sind, einen der Zucker zuerst metabolisieren und erst dann den zweiten nutzen, wenn der erste aufgebraucht ist. Monod verwendete das französische Wort **Diauxie**, um diesen Effekt zu benennen. Eine Kombination von Zuckern, die eine Diauxie-Reaktion hervorruft, ist Glucose plus Lactose, wobei die Glucose vor der Lactose verwertet wird (Abb. 14.7a). Als die Einzelheiten des Lactoseoperons etwa 20 Jahre später erforscht wurden (Abschnitt 11.3.1), zeigte sich, dass die Diauxie zwischen Glucose und Lactose auf einem Mechanismus beruhen muss, bei dem das Vorhandensein von Glucose die Induktionswirkung, die Lactose normalerweise auf das *lac*-Operon hat, unwirksam werden lässt. Bei Vorhandensein von Lactose und Glucose wird das Lactoseoperon abgeschaltet, obwohl sogar ein kleiner Teil der Lactose aus der Mischung in Allolactose umgewandelt wird, die an den Lactoserepressor bindet. Unter „normalen Umständen" würde das Operon nun transkribiert (Abb. 14.7b).

**Response-Element**

| | | | |
|---|---|---|---|
| AGAACA | nnn | TGTTCT | Glucocorticoid- |
| TCTTGT | nnn | ACAAGA | rezeptor |
| AGGTCA | nnn | TGACCT | Östrogen- |
| TCCAGT | nnn | ACTGGA | rezeptor |
| AGGTCA | nnnnn | AGACCA | Retinsäure- |
| TCCAGT | nnnnn | TCTGGT | rezeptor |
| AGGTCA | | TGACCT | Thyroxin- |
| TCCAGT | | ACTGGA | rezeptor |
| AGGTCA | nnn | AGGTCA | Vitamin-D- |
| TCCAGT | nnn | TCCAGT | Rezeptor |

**14.6 Die Sequenzen von typischen Steroid- und Kernrezeptor-Response-Elementen.** Der Retinsäurerezeptor ist insofern ungewöhnlich, als die 6-bp-Sequenzen keine exakten Wiederholungen sind und mehr als vier Nucleotide dazwischen liegen.

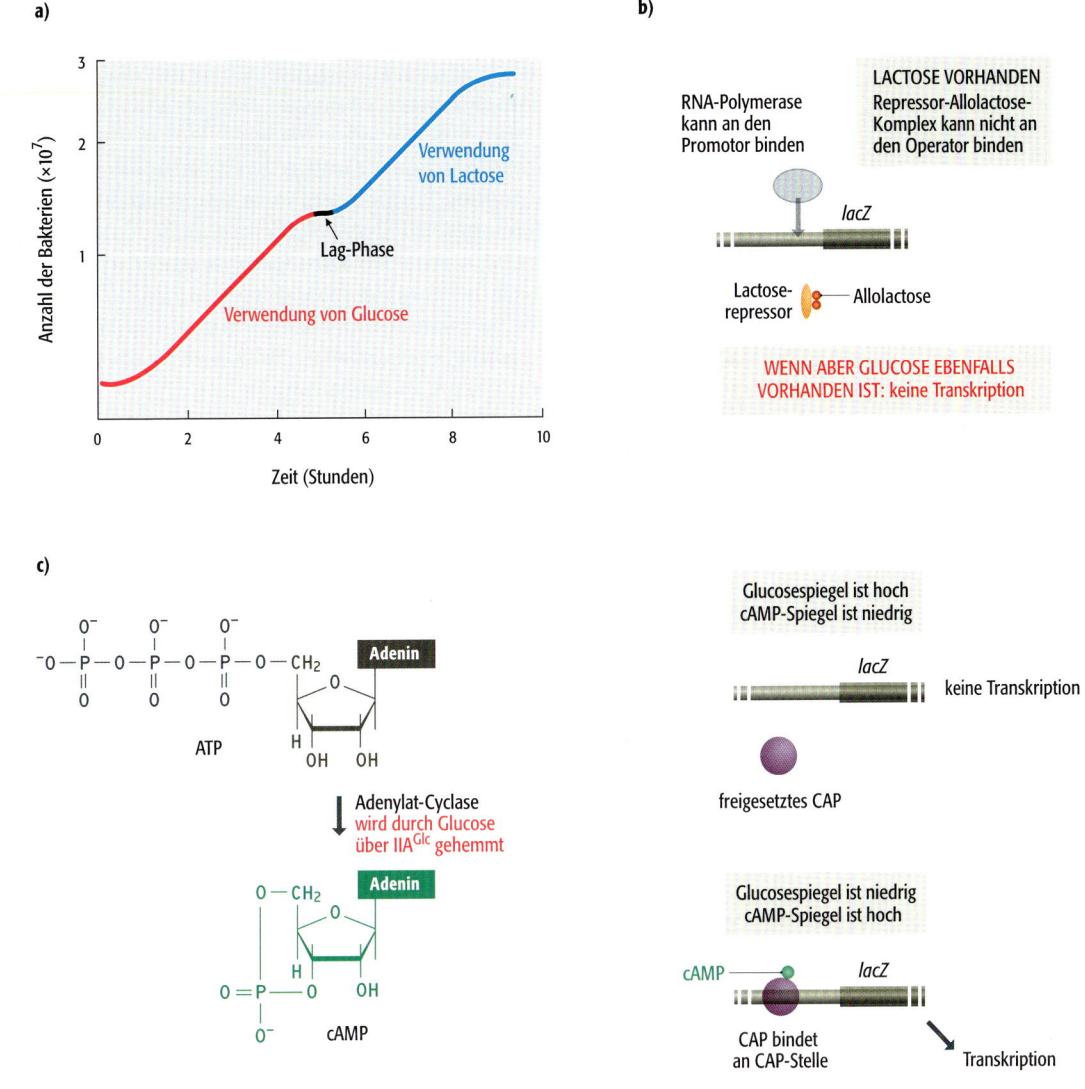

**14.7   Katabolitrepression.** a) Eine normale Diauxie-Wachstumskurve, wenn *Escherichia coli* auf einem Medium wächst, das eine Mischung aus Glucose und Lactose enthält. Während der ersten Stunden teilen sich die Bakterien exponentiell und nutzen Glucose als Kohlenstoff- und Energiequelle. Sobald die Glucose aufgebraucht ist, gibt es eine kurze Verzögerungsphase, in der die *lac*-Gene angeschaltet werden, bevor die Bakterien wieder zum exponentiellen Wachstum zurückkehren, wobei sie jetzt die Lactose nutzen. b) Glucose macht den Lactoserepressor unwirksam. Wenn Lactose vorhanden ist, löst sich der Repressor vom Operator und das Lactoseoperon sollte transkribiert werden. Es bleibt jedoch abgeschaltet, wenn Glucose ebenfalls vorhanden ist. Einzelheiten zur Kontrolle des Lactoseoperons durch den Lactoserepressor sind in Abbildung 11.24b dargestellt. c) Glucose wirkt auf das Lactoseoperon und andere Zielgene über das IIA$^{Glc}$-Protein, das die Aktivität der Adenylat-Cyclase und damit den cAMP-Spiegel in der Zelle reguliert. Das Katabolitaktivatorprotein (CAP) kann sich nur in Gegenwart von cAMP an seine Bindungsstelle auf der DNA heften. Wenn Glucose vorhanden ist, ist der cAMP-Spiegel niedrig. So kann CAP nicht an die DNA binden und aktiviert nicht die RNA-Polymerase. Sobald die Glucose verbraucht ist, steigt der cAMP-Spiegel, sodass CAP an die DNA bindet und die Transkription des Lactoseoperons sowie seiner übrigen Zielgene aktiviert.

Die Diauxie-Reaktion lässt sich damit erklären, dass Glucose als Signalmolekül wirkt, das die Expression des Lactoseoperons sowie anderer Operons für die Zuckerverwertung unterdrückt. Das geschieht durch die indirekte Einwirkung auf das **Katabolitaktivatorprotein** (das auch als CRP-Aktivator bezeichnet wird). Dieses Protein bindet an verschiedenen Stellen im Genom des Bakteriums an eine Erkennungssequenz und aktiviert die Transkriptionsinitiation an stromabwärts liegenden Promotoren, wahrscheinlich durch Wechselwirkung mit der $\alpha$-Untereinheit der RNA-Polymerase. Diese Aktivierung geht einher mit einer starken Biegung der DNA-Doppelhelix um 90° im Bereich der Bindungsstelle, wenn sich das Katabolitaktivatorprotein daran heftet. Eine produktive Initiation der Transkription an diesen Promotoren hängt davon ab, ob das Katabolitaktivatorprotein gebunden ist. Fehlt das Protein, werden die Gene, die der Promotor kontrolliert, nicht exprimiert.

Glucose interagiert nicht selbst mit dem Katabolitaktivatorprotein. Stattdessen kontrolliert Glucose die Konzentration des modifizierten Nucleotids **zyklisches AMP** (**cAMP**, Abb. 14.7c). Das geschieht durch Inaktivierung der **Adenylat-Cyclase**, des Enzyms, das cAMP aus ATP erzeugt. Die Hemmung wird durch ein Protein mit der Bezeichnung IIA$^{Glc}$ vermittelt. Es ist ein Bestandteil eines Multiproteinkomplexes, der Zuckermoleküle in das Bakterium transportiert. Wenn Glucose in die Zelle transportiert wird, kommt es zu einer Dephosphorylierung von IIA$^{Glc}$ (das heißt, es werden die Phosphatgruppen entfernt, die vorher bei der posttranslationalen Modifikation angehängt wurden). Die dephosphorylierte Form von IIA$^{Glc}$ hemmt die Aktivität der Adenylat-Cyclase. Das bedeutet, dass der cAMP-Gehalt in der Zelle bei hohem Glucosespiegel niedrig ist. Das Katabolitaktivatorprotein kann nur dann an seine Zielstellen binden, wenn cAMP vorhanden ist. In Gegenwart von Glucose bleibt das Protein ungebunden, die Operons, die es kontrolliert, sind abgeschaltet. Im speziellen Fall der Diauxie von Glucose und Lactose führt der indirekte Effekt der Glucose auf das Katabolitaktivatorprotein dazu, dass das Lactoseoperon abgeschaltet bleibt, selbst wenn der Lactoserepressor nicht gebunden ist. Dadurch wird die Glucose im Medium zuerst verbraucht. Wenn keine Glucose mehr vorhanden ist, steigt der cAMP-Spiegel an und das Katabolitaktivatorprotein bindet an seine Zielstellen, darunter auch die Stelle stromaufwärts des Lactoseoperons. Dadurch wird die Transkription der Lactosegene aktiviert.

Das Protein IIA$^{Glc}$ besitzt bei der Diauxie-Reaktion noch eine zweite Funktion. Diese betrifft nicht das Genom, aber wir sollten sie wegen der Vollständigkeit erwähnen. Die dephosphorylierte Form von IIA$^{Glc}$ verhindert die Aufnahme von Lactose und anderer Zucker, indem das Protein die Permease-Enzyme hemmt, die diese Zucker in die Zelle transportieren. Wie bereits erwähnt, wird die Lactosepermease von *lacY* codiert, dem zweiten Gen im Lactoseoperon (Abb. 8.8a). Das Vorhandensein von Glucose hat also einen doppelten Effekt: Die Operons für die Verwertung anderer Zucker sind abgeschaltet, und die Aufnahme dieser Zucker wird verhindert. Zumindest im Fall von Lactose ist das System jedoch ein wenig durchlässig, sodass immer etwas Lactose in die Zelle gelangt und in Allolactose umgewandelt wird.

## 14.1.2 Durch Rezeptoren an der Zelloberfläche vermittelte Signalübertragung

Viele extrazelluläre Signalmoleküle sind nicht in der Lage, in die Zellen einzudringen, da sie zu hydrophil sind, um die Lipidmembran zu durchqueren, und der Zelle fehlt ein spezifischer Transportmechanismus für eine Aufnahme der Moleküle. Damit diese Signalmoleküle dennoch das Genom beeinflussen können, müssen sie an Rezeptoren an der Zelloberfläche binden, die das Signal durch die Zellmembran übertragen. Diese Rezeptoren sind Proteine, die die Membran durchspannen, wobei sich an der nach außen zeigenden Oberfläche eine Stelle zur Bindung des Signalmoleküls befindet. Die Bindung des Signalmoleküls führt zu einer Konformationsänderung im Rezeptor. Häufig handelt es sich dabei um eine Dimerisierung. Der Flüssigkeitscharakter der Zellmembran erlaubt Membranproteinen ein begrenztes Maß an lateraler Beweglichkeit, sodass die Untereinheiten von Dimeren assoziieren und dissoziieren können, abhängig davon, ob das extrazelluläre Signalmolekül vorhanden ist oder nicht (Abb. 14.8). Die Konformationsänderung induziert in der Zelle eine biochemische Reaktion. So besitzen beispielsweise die intrazellulären Abschnitte zahlreicher Rezeptorproteine eine Kinaseaktivität. Dadurch können sie sich gegenseitig phosphorylieren, wenn sie zu einem Dimer zusammengebracht werden. Diese biochemische Reaktion, sei es die gegenseitige Phosphorylierung oder ein anderer Vorgang, bildet den ersten Schritt in der intrazellulären Phase des **Signalübertragungsweges**.

Es sind verschiedene Typen von Zelloberflächenrezeptoren bekannt (Tab. 14.2), und die intrazellulären Vorgänge, die sie auslösen, sind sehr verschiedenartig. Nicht alle der zahlreichen Varianten haben spezifisch mit der Regulation der Genomaktivität zu tun. Wir wollen anhand von drei Beispielen versuchen, uns der Komplexität des Systems anzunähern.

### *Signalübertragung in einem Schritt zwischen Rezeptor und Genom*
Bei einigen Signalübertragungssystemen führt die Stimulation des Zelloberflächenrezeptors durch die Bindung eines Signalmoleküls zur direkten Aktivierung eines Proteins, das die Genomaktivität beeinflusst. Das ist das einfachste

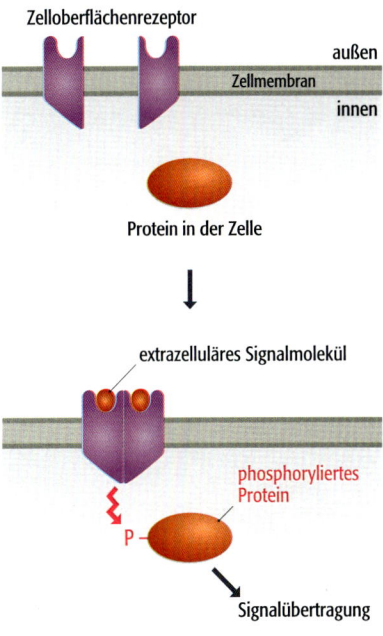

**14.8 Die Funktion eines Zelloberflächenrezeptors bei der Signalübertragung.** Die Bindung eines extrazellulären Signalmoleküls an die nach außen zeigende Oberfläche des Rezeptorproteins verursacht eine Konformationsänderung, bei der es häufig zu einer Dimerisierung kommt. Diese führt zur Aktivierung eines Proteins in der Zelle, beispielsweise durch eine Phosphorylierung. Die „stromabwärts" dieser ersten Proteinaktivierung stattfindenden Ereignisse sind sehr unterschiedlich, wie im Text beschrieben. „P" steht für eine Phosphatgruppe ($PO_3^{2-}$)

| Tabelle 14.2 | Rezeptorproteine an der Zelloberfläche, die an der Signalübertragung in eukaryotische Zellen hinein beteiligt sind | |
|---|---|---|
| **Rezeptortyp** | **Beschreibung** | **Signale** |
| an G-Proteine gekoppelt | aktiviert G-Proteine in der Zelle, die GTP binden und biochemische Aktivitäten kontrollieren, indem sie unter Energiefreisetzung GTP in GDP umwandeln | verschiedene: Adrenalin, Peptide (z. B. Glucagon), Proteinhormone, Duftstoffe, Licht |
| Tyrosinkinasen | aktivieren Proteine in der Zelle durch Phosphorylierung von Tyrosin | Hormone (z. B. Insulin), verschiedene Wachstumsfaktoren |
| mit Tyrosinkinasen assoziiert | ähnlich wie Rezeptortyrosinkinasen, aktivieren jedoch Proteine in der Zelle indirekt (z. B. STAT, siehe Text) | Hormone, Wachstumsfaktoren |
| Serin-Threonin-Kinasen | aktivieren intrazelluläre Proteine durch Phosphorylierung von Serin- und/oder Threoninresten | Hormone, Wachstumsfaktoren |
| Ionenkanäle | kontrollieren Aktivitäten in der Zelle durch den Transport von Ionen und anderen kleinen Molekülen in die Zelle hinein und aus der Zelle heraus | chemische Reize (z. B. Glutamat), elektrische Ladungen |

**a)** direkte Aktivierung eines STAT-Proteins

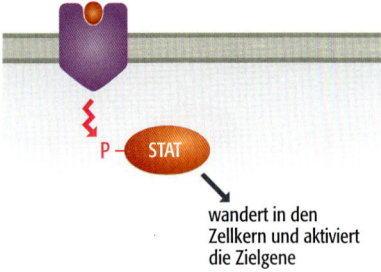

wandert in den
Zellkern und aktiviert
die Zielgene

**b)** Aktivierung über eine JAK-Kinase

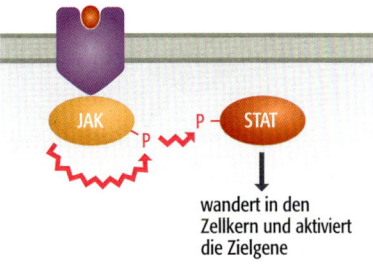

wandert in den
Zellkern und aktiviert
die Zielgene

**14.9 Signalübertragung unter Mitwirkung von STAT.** a) Gehört der Rezeptor zur Familie der Tyrosinkinasen, kann er STAT direkt aktivieren. b) Ist der Rezeptor mit einer Tyrosinkinase assoziiert, wirkt er über eine Janus-Kinase (JAK), die sich selbst phosphoryliert, wenn das extrazelluläre Signal an den Rezeptor bindet, und dann STAT aktiviert. Wichtig ist dabei, dass die Aktivierung von JAK im Allgemeinen mit einer Dimerisierung einhergeht, wobei auf das extrazelluläre Signal hin zwei Untereinheiten assoziieren. So entsteht die JAK-Form mit Phosphorylierungsaktivität. Auch bei der Aktivierung von STAT spielt die Dimerisierung eine zentrale Rolle: Die Phosphorylierung führt dazu, dass zwei STATs, die nicht vom selben Typ sein müssen, ein Dimer bilden. Dieses Dimer kann dann als Transkriptionsfaktor wirken. „P" steht für eine Phosphatgruppe ($PO_3^{2-}$).

System, durch das ein extrazelluläres Signal in eine Reaktion des Genoms umgesetzt werden kann.

Zahlreiche Cytokine wie Interleukine und Interferone, extrazelluläre Signalpolypeptide, die das Zellwachstum und die Zellteilung kontrollieren, wirken über das direkte System. Die Bindung dieser Polypeptide an ihre Rezeptoren an der Zelloberfläche führt zur Aktivierung einer bestimmten Art von Transkriptionsfaktor, den man als **STAT** (*signal transducer and activator of transcription*) bezeichnet. Die Aktivierung erfolgt durch die Phosphorylierung eines einzigen Tyrosinrestes an einer Position in der Nähe des C-Terminus des STAT-Polypeptids. Ist der Zelloberflächenrezeptor ein Vertreter der Tyrosinkinasefamilie (Tab. 14.2), kann er STAT direkt aktivieren (Abb. 14.9a). Handelt es sich jedoch um einen Rezeptor, der mit einer Tyrosinkinase assoziiert ist, dann kann der Rezeptor STAT nicht selbst phosphorylieren, sondern er wirkt über Zwischenstationen, die man als **Janus-Kinasen** (**JAKs**) bezeichnet. Die Bindung des Signalmoleküls an einen Rezeptor, der mit einer Tyrosinkinase assoziiert ist, verursacht eine Konformationsänderung im Rezeptor, häufig kommt es dabei zu einer Dimerisierung. Das führt dazu, dass sich das rezeptorassoziierte JAK-Protein selbst phosphoryliert. Nach dieser Selbstaktivierung wird dann STAT durch JAK phosphoryliert (Abb. 14.9b).

Bei Säugern sind bis jetzt sieben STATs bekannt. Drei davon – STAT 2, 4 und 6 – sind nur für ein oder zwei extrazelluläre Cytokine spezifisch, die anderen zeigen jedoch ein breites Spektrum und können durch mehrere verschiedene Interleukine und Interferone aktiviert werden. Die Unterscheidung erfolgt durch die Zelloberflächenrezeptoren: Ein bestimmter Rezeptor bindet nur einen Typ von Cytokinen, und die meisten Zellen verfügen nur über einige wenige Typen von Cytokinrezeptoren. Deshalb reagieren verschiedene Zellen unterschiedlich auf das Vorhandensein von bestimmten Cytokinen, obwohl die Signalübertragung nur über eine begrenzte Anzahl von STATs erfolgt.

Die Consensussequenz der Bindungsstellen für STATs in der DNA wurde als 5'-$TTN_{5-6}AA$-3' ermittelt, größtenteils durch Untersuchungen mit aufgereinigten STATs und Oligonucleotiden mit bekannter Sequenz. Die DNA-bindende Domäne des STAT-Proteins besteht aus drei Schleifen, die aus einer fassförmigen $\beta$-Faltblattstruktur herausragen. Dies ist ein ungewöhnlicher Typ von DNA-bindender Domäne, die man in genau dieser Form noch nicht in irgendeinem anderen Protein gefunden hat. Es gibt jedoch Ähnlichkeiten mit den DNA-bindenden Domänen von der Transkriptionsaktivatoren NK-$\kappa$B und Rel. Diese Ähnlichkeiten betreffen nur die Tertiärstrukturen der DNA-bindenden Domänen, da STATs, NK-$\kappa$B und Rel insgesamt nur sehr wenige Übereinstimmungen in der Aminosäuresequenz aufweisen. STATs können zahlreiche Zielgene aktivieren, aber die Reaktion des Genoms insgesamt wird durch andere Proteine abgestimmt, die mit STATs interagieren und beeinflussen, welche Gene unter bestimmten Bedingungen angeschaltet werden. Die Komplexität ist in dieser Form auch zu erwarten, da die zellulären Reaktionen, auf welche die STATs einwirken – Wachstum und Entwicklung – selbst sehr komplex sind. Man kann davon ausgehen, dass Veränderungen in diesen Vorgängen eine starke Umstrukturierung des Proteoms und deshalb umfassende Änderungen der Genomaktivität erfordern.

## Signalübertragung mit vielen Schritten zwischen Rezeptor und Genom

Die Einfachheit des Systems, in dem der Zelloberflächenrezeptor ein STAT-Protein entweder direkt oder über eine rezeptorassoziierte JAK aktiviert, unterscheidet sich deutlich von den häufigeren Formen der Signalübertragung, bei denen der Rezeptor in einer ganzen Abfolge von Reaktionen nur den ersten Schritt bildet und diese Abfolge schließlich dazu führt, dass einer oder mehrere Transkriptionsaktivatoren oder -repressoren an- oder abgeschaltet werden. Eine Reihe dieser **Kaskaden** hat man inzwischen bei verschiedenen Organismen untersucht. Die im Folgenden beschriebenen Mechanismen sind bei Säugern von Bedeutung:

- Das **MAP-**(mitogenaktivierte Protein-)**Kinase-System** (Abb. 14.10) reagiert auf viele extrazelluläre Signale. Dazu gehören auch die Mitogene, die ähnliche Effekte wie die Cytokine zeigen, aber spezifisch die Zellteilung anregen. Die Bindung eines Signalmoleküls führt zur Dimerisierung des Mitogenrezeptors und zu einer gegenseitigen Phosphorylierung der inneren Abschnitte der beiden Untereinheiten (Abb. 14.8). Die Phosphorylierung bewirkt, dass sich verschiedene Proteine aus dem Cytoplasma an der Innenseite der Membran an den Rezeptor heften. Eines dieser Proteine ist Raf, eine Proteinkinase, die aktiviert wird, wenn sie an die Membran bindet. Raf löst eine Kaskade von Phosphorylierungsreaktionen aus. Raf phosphoryliert Mek und aktiviert dieses Protein, sodass es die MAP-Kinase phosphoryliert. Die aktivierte MAP-Kinase wandert nun in den Zellkern, wo sie ebenfalls durch Phosphorylierungen eine Reihe von Transkriptionsaktivatoren anschaltet. Die MAP-Kinase phosphoryliert auch die Proteinkinase Rsk, die eine zweite Gruppe von Faktoren phosphoryliert und aktiviert. Eine weitere Flexibilisierung wird dadurch erreicht, dass ein oder mehrere Proteine des MAP-Kinaseweges durch verwandte Proteine mit etwas anderen Spezifitäten ersetzt werden und so eine andere Gruppe von Aktivatoren angeschaltet wird. Der MAP-Kinaseweg kommt in den Zellen der Vertebraten vor. Bei anderen Organismen kennt man entsprechende Reaktionswege, die ähnliche Zwischenstufen beinhalten wie die der Säuger (Beispiele finden sich in den Abschnitten 14.2.1 und 14.3.3).

- Das **Ras-System** beruht auf den Ras-Proteinen, von denen bei den Säugern drei bekannt sind (H-, K- und N-Ras), sowie auf ähnlichen Proteinen wie Rac und Rho. Diese Proteine wirken bei der Regulation des Wachstums und der Differenzierung der Zellen mit, und sie können bei einer Fehlfunktion, wie viele Proteine dieser Kategorie, Krebs auslösen. Die Proteine der Ras-Familie sind nicht auf Säuger beschränkt. Es sind auch Beispiele aus anderen Eukaryoten wie der Taufliege bekannt. Ras-Proteine sind Zwischenstufen bei Signalübertragungswegen, die mit einer Autophosphorylierung einer Rezeptortyrosinkinase als Reaktion auf ein extrazelluläres Signal beginnen. Die phosphorylierte Form des Rezeptors bildet Protein-Protein-Komplexe mit **GNRPs (guaninnucleotidfreisetzende Proteine)** und **GAPs (GTPase-aktivierende Proteine)**, die Ras aktivieren beziehungsweise inaktivieren (Abb. 14.11). Die extrazellulären Signale können deshalb die Ras-vermittelte Signalübertragung an- oder abschalten, was von der Art des Signals und von den relativen Mengen an aktiven GNRPs und GAPs in der Zelle abhängt. Nach der Aktivierung stimuliert Ras die Aktivität von Raf. Ras ermöglicht also einen zweiten Zugang zum MAP-Kinaseweg. Es ist jedoch unwahrscheinlich, dass das die einzige Funktion von Ras ist. Dieses Protein aktiviert wohl auch Proteine, die bei der Signalübertragung von Second Messengern mitwirken (nächster Abschnitt).

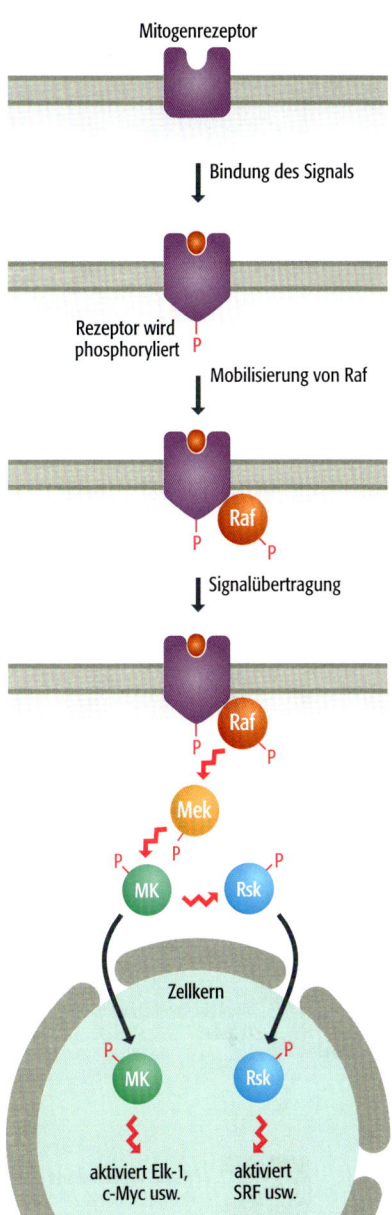

**14.10 Signalübertragung durch den MAP-Kinaseweg.** „MK" bezeichnet die MAK-Kinase und „P" eine Phosphatgruppe ($PO_3^{2-}$). Elk-1, c-Myc und SRF (Serum-Response-Faktor) sind Beispiele für Transkriptionsfaktoren, die am Ende des Reaktionsweges aktiviert werden.

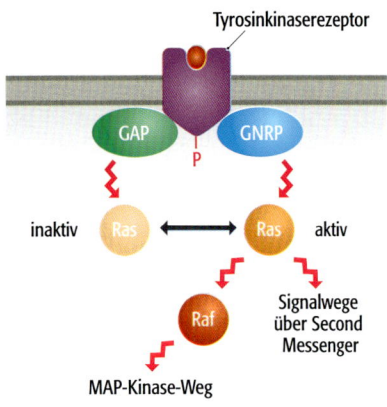

**14.11 Das Ras-Signalübertragungssystem.** Abkürzungen: GAP, GTPase-aktivierendes Protein; GNRP, guaninnucleotidfreisetzendes Protein. „P" bezeichnet eine Phosphatgruppe ($PO_3^{2-}$).

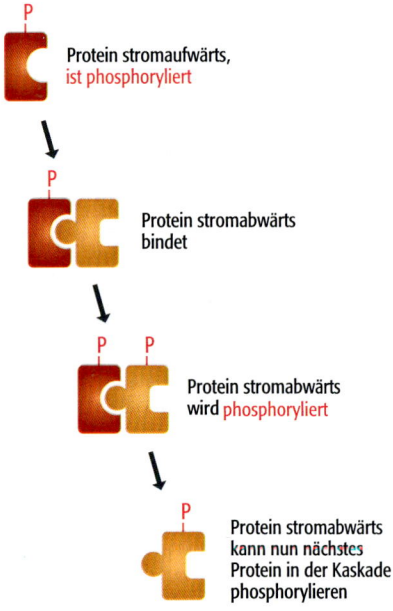

**14.12 Schematische Darstellung der Wechselwirkung von Proteinen in einer Signalübertragungskaskade.** Das sich stromaufwärts befindende Protein wird phosphoryliert und kann so an den stromabwärts stehenden Partner binden. Dieses Protein wird daraufhin phosphoryliert und das Signal auf diese Weise weitergegeben. „P" bezeichnet eine Phosphatgruppe ($PO_3^{2-}$).

- Das **SAP-**(stressaktivierte Protein-)**Kinasesystem** wird durch Signale induziert, die mit Stresssituationen zusammenhängen, beispielsweise ultraviolette Strahlung, sowie durch Wachstumsfaktoren, die mit Entzündungen gekoppelt sind. Der Reaktionsweg ist noch nicht bis in alle Einzelheiten bekannt, aber er ähnelt dem MAP-Kinasesystem, wobei allerdings andere Transkriptionsaktivatoren das Ziel sind.

Bei jedem Schritt dieser Kaskadewege kommt es zu einer physikalischen Wechselwirkung zwischen zwei Proteinen. Häufig wird dabei der „stromabwärts liegende" Reaktionspartner phosphoryliert. Die Phosphorylierung aktiviert dieses Protein, sodass es mit dem nächsten Protein der Kaskade in Verbindung treten kann. Die Wechselwirkungen erfolgen über spezielle Protein-Protein-Bindungsdomänen, etwa die mit der Bezeichnung SH2 und SH3. Sie binden an Rezeptordomänen oder an ihre Partnerproteine. Die Rezeptordomänen enthalten ein oder mehrere Tyrosine, die phosphoryliert werden müssen, damit es zu einem Andocken der Proteine kommen kann. Das sich stromaufwärts befindende Protein enthält also die Rezeptordomäne, deren Phosphorylierungszustand darüber entscheidet, ob das Protein an seinen stromabwärts befindlichen Partner binden kann und so das Signal weiterträgt (Abb. 14.12).

### Signalübertragung durch Second Messenger

Bei einigen Signalübertragungskaskaden kommt es nicht zu einer direkten Übertragung des äußeren Signals auf das Genom, sondern es gibt einen indirekten Mechanismus zur Beeinflussung der Transkription. Dies wird durch **Second Messenger** (sekundäre Botenmoleküle) bewerkstelligt, bei denen es sich um weniger spezifische interne Signalmoleküle handelt, die das Signal von einem Rezeptor an der Zelloberfläche in verschiedene Richtungen übertragen, sodass ein einziges Signal auf eine Reihe von zellulären Aktivitäten einwirkt und nicht ausschließlich auf die Transkription.

In Abschnitt 14.1.1 haben wir erfahren, wie Glucose bei Bakterien durch Beeinflussung des cAMP-Spiegels das Katabolitaktivatorprotein steuert (Abb. 14.7). Zyklische Nucleotide sind auch in eukaryotischen Zellen wichtige Second Messenger. Einige Zelloberflächenrezeptoren besitzen eine Guanylat-Cyclase-Aktivität und wandeln damit GTP in cGMP um. Die meisten Rezeptoren dieser Familie wirken jedoch indirekt, indem sie die Aktivitäten der Cyclasen und Decyclasen beeinflussen. Diese Cyclasen und Decyclasen bestimmen die zellulären Konzentrationen von cGMP und cAMP, die ihrerseits die Aktivitäten verschiedener Zielenzyme regulieren. Zu diesen gehört die Proteinkinase A, die durch cAMP stimuliert wird. Eine der Funktionen der Proteinkinase A besteht darin, einen Transkriptionsfaktor mit der Bezeichnung **CREB** zu phosphorylieren und dadurch zu aktivieren. Das ist eines von mehreren Proteinen, die die Aktivität von einer Reihe von Genen beeinflussen, indem die Proteine mit einem zweiten Aktivator (p300/CBP) in Wechselwirkung treten. Dieser kann Histonproteine modifizieren und beeinflusst dadurch die Chromatinstruktur sowie die Positionierung der Nucleosomen (Abschnitte 10.2.1 und 10.2.2).

p300/CBP wird nicht nur durch cAMP beeinflusst, sondern reagiert auch auf Calcium, einen weiteren Second Messenger. Die Konzentration an Calciumionen ist in der Zelle wesentlich geringer als außerhalb, sodass Proteine, die Calciumkanäle in der Zellmembran öffnen, bewirken, dass Calciumionen in die Zelle gelangen. Das kann durch extrazelluläre Signale ausgelöst werden, die Rezeptor-Tyrosin-Kinasen aktivieren, welche wiederum Phospholipasen stimulieren. Diese spalten die Lipidkomponente Phosphatidylinositol-4,5-

bisphosphat in der inneren Zellmembran zu Inositol-1,4,5-trisphosphat $(Ins(1,4,5)P_3)$ und 1,2-Diacylglycerin (DAG). $Ins(1,4,5)P_3$ öffnet Calciumkanäle (Abb. 14.13). $Ins(1,4,5)P_3$ und DAG sind ihrerseits Second Messenger, die andere Signalübertragungskaskaden auslösen können. Sowohl die durch Calcium als auch durch Lipide induzierten Kaskaden haben Transkriptionsaktivatoren zum Ziel, allerdings nur indirekt: Die primären Ziele sind andere Proteine. Calcium beispielsweise bindet an ein Protein mit der Bezeichnung Calmodulin und aktiviert es. Calmodulin reguliert eine Reihe von Enzymen verschiedener Typen, etwa Proteinkinasen, ATPasen, Phosphatasen und Nucleotid-Cyclasen.

### Entschlüsselung eines Signalübertragungsweges

Wie entschlüsseln Biologen die komplexen Zusammenhänge eines Signalübertragungsweges? Um diese Frage zu beantworten, wollen wir uns ein wenig mit der aktuellen Erforschung eines Signalweges beschäftigen, der durch den transformierenden Wachstumsfaktor $\beta$ (TGF-$\beta$) aktiviert wird. Dabei handelt es sich um eine Familie von 30 verwandten Proteinen, die bei den Vertebraten Vorgänge wie etwa Zellteilung und Differenzierung kontrollieren. Die Zelloberflächenrezeptoren für TGF-$\beta$ sind Serin-Threonin-Kinasen (Tab. 14.2), die eine Reihe von Zielproteinen in der Zelle aktivieren. Ein Abschnitt der Signalübertragung, der von TGF-$\beta$ angestoßen wird, umfasst eine Gruppe von Proteinen, die man als SMAD-Familie bezeichnet. Die Bezeichnung ist eine Abkürzung von „SMA/MAD-verwandt", was sich auf Proteine von *Drosophila melanogaster* beziehungsweise *Caenorhabditis elegans* bezieht (sie waren die ersten Proteine dieser Familie, die isoliert wurden).

Ursprünglich hatte man in Vertebratenzellen fünf SMADs entdeckt, von denen vier – Smad1, Smad2, Smad3 und Smad5 als rezeptorregulierte SMADs bezeichnet werden, da sie direkt mit dem Zelloberflächenrezeptor assoziieren. Jedes dieser SMADs ist für einen anderen Typ von Rezeptor-Serin-Threonin-Kinase spezifisch und reagiert demzufolge mit anderen Signalmolekülen der TGF-$\beta$-Familie. Die Bindung der extrazellulären Signale führt dazu, dass ein Rezeptor sein SMAD phosphoryliert, das dann an Smad4 bindet, so zum Zellkern wandert und über Wechselwirkungen mit anderen DNA-bindenden Proteinen eine Gruppe von Zielgenen aktiviert (Abb. 14.14a). Smad4 ist demnach ein Comediator, der bei jedem Signalweg der vier anderen SMADs beteiligt ist. Das SMAD-System ist ein zweites Beispiel für einen Signalübertragungsweg mit einem Schritt zwischen Rezeptor und Genom, ähnlich dem oben beschriebenen STAT-Signalweg.

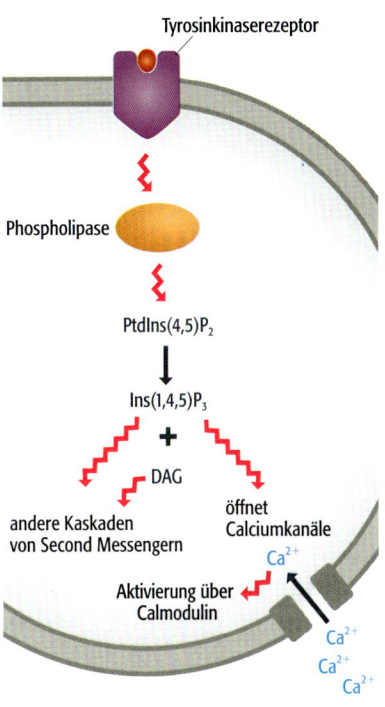

**14.13   Aktivierung des Second-Messenger-Systems von Calcium.** Abkürzungen: DAG, 1,2-Diacylglycerin; $Ins(1,4,5)P_3$, Inositol-1,4,5-trisphosphat; $PtdIns(4,5)P_2$, Phosphatidylinositol-4,5-bisphosphat.

**14.14   Mögliche Funktionsweise des SMAD-Signalweges.** a) Schema des Signalweges. Dargestellt ist Smad1, wie es vom TGF-$\beta$-Rezeptor aktiviert wird. Derselbe Signalweg findet sich auch bei Smad2, Smad3 und Smad5. b) Zwei Modelle der inhibitorischen Wirkung von Smad6 (hier dargestellt) und Smad7.

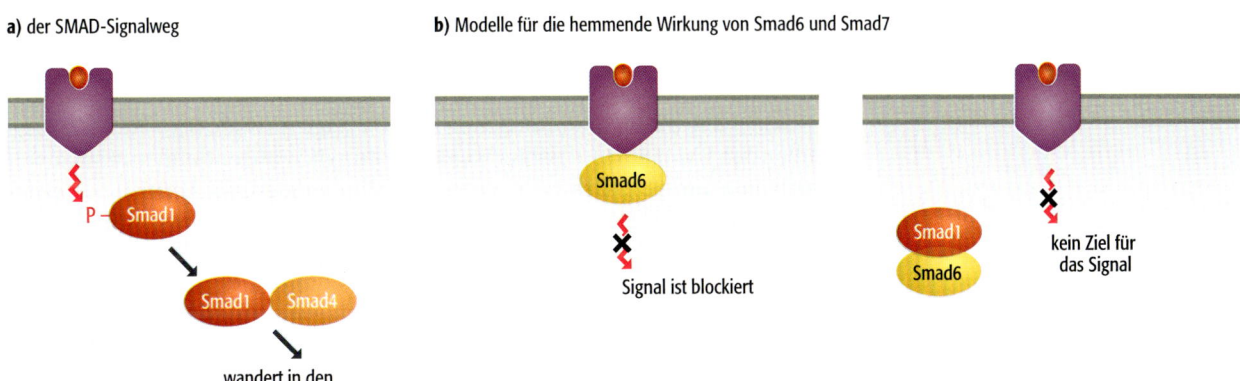

**a)** der SMAD-Signalweg

**b)** Modelle für die hemmende Wirkung von Smad6 und Smad7

Als man zwei weitere SMADs (mit den Nummern 6 und 7) entdeckte, die nicht in das Schema hineinpassten, stellte sich heraus, dass die ursprüngliche Auffassung vom SMAD-Signalweg zu einfach war. Diesen SMADs fehlt das Aminosäuresequenzmotiv Serin-Serin-X-Serin (mit X gleich Valin oder Methionin) in der C-terminalen Region von Smad1, Smad2, Smad3 und Smad5, das durch den Rezeptor phosphoryliert wird. Demnach reagieren Smad6 und Smad7 nicht direkt auf die Bindung des extrazellulären Signals an das Rezeptorprotein. Sind sie Comediatoren ähnlich wie Smad4 oder besitzen sie bei der TGF-$\beta$-Signalübertragung eine andere Funktion?

Der erste Schritt, um die Funktionen von Smad6 und Smad7 zu ermitteln, bestand darin, dass man die Auswirkung einer Überexpression dieser Proteine auf die TGF-$\beta$-Signalübertragung bestimmte. Die Überexpression wurde dadurch erreicht, dass man das Smad6- oder das Smad7-Gen mit einem starken Promotor verknüpfte und das Gen dann mithilfe von Klonierungsverfahren in kultivierte Zellen einschleuste. Dabei zeigte sich, dass Gene im Zellkern, die normalerweise durch TGF-$\beta$ angeschaltet wurden, in Zellen mit einer Überexpression von Smad6 oder Smad7 nicht mehr auf das extrazelluläre Signal reagierten. Dieses Ergebnis lieferte den ersten Hinweis, dass Smad6 und Smad7 eine hemmende Wirkung auf den TGF-$\beta$-Signalweg haben.

Um zu erklären, wie diese inhibitorischen SMADs, die neue Bezeichnung für Smad6 und Smad7, den TGF-$\beta$-Signalweg unterdrücken, wurden zwei Modelle entwickelt (Abb. 14.14b). Das erste Modell beruht auf der Beobachtung, dass die Proteine Smad6 und Smad7 in Zellextrakten mit den intrazellulären Abschnitten der Zelloberflächenrezeptoren assoziiert sind. Die Hypothese lautet nun, dass Smad6 und Smad7 die Signalübertragung hemmen, indem sie die aktivierten Repressoren daran hindern, die übrigen SMADs zu phosphorylieren. Dieses Modell erklärt wahrscheinlich den inhibitorischen Effekt der Überexpression von Smad6 und Smad7, in normalen Zellen sind aber möglicherweise nicht genügend Kopien der Proteine vorhanden, um die Zelloberflächenrezeptoren vollständig zu blockieren. Deshalb hat man ein alternatives Modell formuliert, in dem die inhibitorischen SMADs an eines oder an mehrere der übrigen SMADs binden, diese so dem Signalweg entziehen und dadurch die Signalübertragung unterbinden. Es gibt einige gute Belege dafür, dass sich durch diese Art der Wechselwirkung die inhibitorische Wirkung von Smad6 auf Smad1 erklären lässt. *Two-hybrid*-Analysen mit Hefe (Abschnitt 6.2.2) haben gezeigt, dass diese zwei SMADs interagieren. Nach Bindung von Smad6 kann Smad1 nicht mehr die Transkriptionsaktivatoren beeinflussen, die das Protein normalerweise stimuliert, selbst nachdem es durch die Zelloberflächenrezeptoren phosphoryliert wurde.

Die Funktionsweise von Smad6 und Smad7 ist zwar nicht bekannt, aber die Entdeckung dieser inhibitorischen SMADs zeigt, dass die Signalübertragung über den SMAD-Weg flexibler ist als ursprünglich angenommen. Es handelt sich nicht um eine Alles-oder-nichts-Reaktion, sondern die Aktivität der rezeptorregulierten SMADs lässt sich durch die hemmende Wirkung von Smad6 und Smad7 verändern. Vermutlich reagieren diese Proteine auf bis jetzt noch nicht identifizierte intra- und/oder extrazelluläre Signale, um so die Effekte der Bindung von TGF-$\beta$ in geeigneter Weise aufeinander abzustimmen.

# 14.2 Permanente und semipermanente Veränderungen der Genomaktivität

Vorübergehende Veränderungen der Genomaktivität sind definitionsgemäß einfach rückgängig zu machen. Das Expressionsmuster des Genoms erreicht wieder seinen ursprünglichen Zustand, wenn der äußere Reiz entfernt oder durch einen entgegengesetzten Reiz ersetzt wird. Im Gegensatz dazu müssen die permanenten und semipermanenten Veränderungen der Genomaktivität, die der zellulären Differenzierung zugrunde liegen, über lange Zeiträume erhalten bleiben. Dies sollte idealerweise auch dann der Fall sein, wenn der Reiz, der die Veränderungen ursprünglich ausgelöst hat, verschwunden ist. Wir gehen deshalb davon aus, dass die Regulationsmechanismen, die für diese längerfristigen Veränderungen verantwortlich sind, auf Systemen beruhen, die über die Beeinflussung von Transkriptionsaktivatoren und -repressoren hinausgehen. Diese Erwartung trifft zu. Wir werden uns mit drei Mechanismen beschäftigen:

- Veränderungen aufgrund einer physikalischen Umstrukturierung des Genoms;

- Veränderungen aufgrund der Chromatinstruktur;

- Veränderungen, die durch Rückkopplungsschleifen aufrechterhalten werden.

## 14.2.1 Umstrukturierungen des Genoms

Die Veränderung der physikalischen Struktur des Genoms ist ein einleuchtender, wenn auch drastischer Mechanismus, um die Genomexpression dauerhaft zu verändern. Es handelt sich nicht um einen häufig auftretenden Regulationsmechanismus, aber es sind einige wichtige Beispiele bekannt.

### Die Kreuzungstypen der Hefe werden durch Genkonversion bestimmt

Bei der Hefe und anderen eukaryotischen Mikroorganismen entsprechen die Kreuzungstypen den beiden Geschlechtern. Da sich diese Lebewesen vor allem durch vegetative Zellteilung fortpflanzen, besteht die Gefahr, dass eine Population, die sich aus einer einzigen oder sehr wenigen Vorfahrenzellen ableitet, größtenteils oder vollständig aus einem einzigen Kreuzungstyp besteht, sodass sie sich nicht mehr geschlechtlich fortpflanzen kann. Bei *Saccharomyces cerevisiae* und einigen anderen Spezies wird dieses Problem dadurch vermieden, dass die Zellen ihr Geschlecht durch einen so genannten **Kreuzungstypwechsel** verändern können.

Die beiden Kreuzungstypen von *S. cerevisiae* bezeichnet man mit a und $\alpha$. Jeder Kreuzungstyp sezerniert ein kurzes Polypeptidpheromon (mit 12 Aminosäuren bei a und 13 bei $\alpha$), das an Rezeptoren an der Oberfläche von Zellen des jeweils anderen Kreuzungstyps binden. Die Bindung des Pheromons löst einen MAP-Kinase-Signalübertragungsweg aus (Abb. 14.10), der das Genomexpressionsprofil in der Zelle verändert. Dabei kommt es zu kleinen morphologischen und physiologischen Veränderungen, die die Zelle in eine Gametenzelle umwandeln. Diese ist dann in der Lage, sich an der geschlechtlichen Fortpflanzung zu beteiligen. Die Vermischung zweier Stämme mit unterschiedlichem Kreuzungstyp stimuliert daher die Bildung von Gameten, die zur Bildung einer diploiden Zygote verschmelzen. In der Zygote kommt es zur Meiose, aus der eine Tetrade von vier haploiden Ascosporen hervorgeht, die von einer Struktur

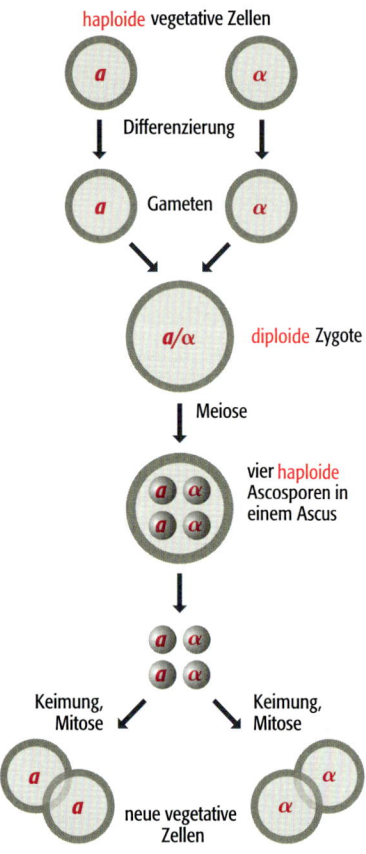

haploide vegetative Zellen

**a**      **α**

Differenzierung

**a**   Gameten   **α**

**a/α**   diploide Zygote

Meiose

**a** **α**
**a** **α**   vier haploide Ascosporen in einem Ascus

**a** **α**
**a** **α**

Keimung, Mitose                    Keimung, Mitose

**a**
**a**   neue vegetative Zellen   **α**
**α**

**14.15** Der Lebenszyklus der Hefe *Saccharomyces cerevisiae.*

mit der Bezeichnung Ascus umschlossen sind. Der Ascus platzt und setzt die Ascosporen frei, die sich dann durch Mitosen zu neuen haploiden vegetativen Zellen teilen (Abb. 14.15).

Der Kreuzungstyp wird durch das *MAT*-Gen bestimmt, das auf Chromosom III liegt. Dieses Gen umfasst die beiden Allele *MATa* und *MATα*, wobei eine haploide Zelle den Kreuzungstyp zeigt, der dem Allel der Zelle entspricht. Es gibt auf Chromosom III zwei weitere *MAT*-ähnliche Gene, die man mit *HMRa* und *HMLα* bezeichnet (Abb. 14.16). Diese besitzen dieselben Sequenzen wie *MATa* beziehungsweise *MATα*, aber keines der Gene wird exprimiert, da sich vor jedem Gen stromaufwärts eine Silencer-Sequenz befindet, die die Initiation der Transkription unterdrückt. Die beiden Gene bezeichnet man auch als „stille Kreuzungstypkassetten". An dieser Stilllegung (Silencing) der Gene sind die Sir-Proteine beteiligt, von denen mehrere eine Histon-Deacetylase-Aktivität besitzen (Abschnitt 10.2.1). Das deutet darauf hin, dass im Bereich von *HMRa* und *HMLα*Veränderungen der Chromatinstruktur erfolgt sind, die das Abschalten bewirken.

Der Wechsel des Kreuzungstyps wird durch die HO-Endonuclease eingeleitet, die den DNA-Doppelstrang an einer Sequenz von 24 bp schneidet, die im *MAT*-Gen liegt. Das führt schließlich zu einer **Genkonversion**. Wir befassen uns mit den Einzelheiten der Genkonversion in Abschnitt 17.1.1; hier ist für uns nur von Belang, dass eines der beiden freien 3′-Enden, die die Endonuclease erzeugt, durch DNA-Synthese verlängert werden kann, wobei eine der beiden inaktivierten Kassetten als Matrize dient (Abb. 14.16). Die neu synthetisierte DNA ersetzt anschließend die DNA, die sich zu diesem Zeitpunkt am *MAT*-Locus befindet. Die ausgewählte inaktivierte Kassette ist im Allgemeinen diejenige, die sich von dem ursprünglich am *MAT*-Locus befindlichen Allel unterscheidet. Durch diesen Austausch wird das *MAT*-Gen von *MATa* zu *MATα* beziehungsweise umgekehrt verändert. Das führt zum Wechsel des Kreuzungstyps.

Die *MAT*-Gene codieren Regulationsproteine (eines bei *MATa*, zwei bei *MATα*), die mit dem Transkriptionsaktivator MCM1 in Wechselwirkung treten. So wird festgelegt, welche Gruppe von Genen der Faktor aktiviert. Die Genprodukte von *MATa* und *MATα* wirken unterschiedlich auf MCM1, sodass verschiedene allelspezifische Expressionsmuster zum Tragen kommen. Diese Expressionsmuster werden „semipermanent" aufrechterhalten, bis es zu einer erneuten Konversion des *MAT*-Gens kommt.

**14.16 Wechsel des Kreuzungstyps bei der Hefe.** In diesem Beispiel beginnt die Zelle mit dem Kreuzungstyp a. Die HO-Endonuclease schneidet im *MATa*-Locus und setzt dadurch die Genkonversion durch den *HMLα*-Locus in Gang. Das führt dazu, dass die Zelle zum Kreuzungstyp *α* wechselt. Einzelheiten der molekularen Grundlagen der Genkonversion finden sich in Abschnitt 17.1.1.

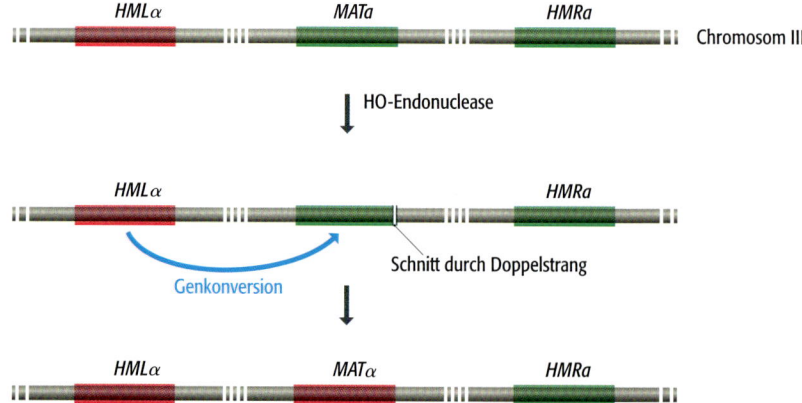

HMLα          MATa          HMRa
Chromosom III

HO-Endonuclease

HMLα          HMRa
Schnitt durch Doppelstrang
Genkonversion

HMLα          MATα          HMRa

## Für die Vielfalt der Immunglobuline und T-Zell-Rezeptoren sind Umstrukturierungen des Genoms verantwortlich

Bei den Vertebraten gibt es zwei beeindruckende Beispiele für DNA-Umstrukturierungen, die zu permanenten Veränderungen der Genomaktivität führen. Diese beiden Beispiele, die sich auch stark ähneln, sind für die Erzeugung der Vielfalt bei Immunglobulinen und T-Zell-Rezeptoren verantwortlich.

Immunglobuline und T-Zell-Rezeptoren sind verwandte Proteine, die von B- beziehungsweise T-Lymphocyten synthetisiert werden. Beide Proteintypen werden an der äußeren Oberfläche ihrer Zellen befestigt, wobei Immunglobuline auch in das Blut freigesetzt werden. Die Proteine tragen dazu bei, den Körper vor dem Eindringen von Bakterien, Viren und anderen unerwünschten Substanzen zu schützen, indem sie an diese so genannten **Antigene** binden. Im Verlauf seines Lebens kann ein Organismus einer beliebigen Anzahl von Antigenen aus einem riesigen Spektrum ausgesetzt sein. Das bedeutet, dass das Immunsystem ein ebenso großes Spektrum von Immunglobulinen und T-Zell-Rezeptoren hervorbringen muss. Tatsächlich kann der Mensch etwa $10^8$ verschiedene Immunglobuline und T-Zell-Rezeptoren synthetisieren. Da es jedoch nur etwa $3{,}0 \times 10^4$ Gene im menschlichen Genom gibt, stellt sich die Frage, wo alle diese Proteine herkommen.

Um die Antwort zu verstehen, betrachten wir zuerst die Struktur eines normalen Immunglobulins. Jedes Immunglobulin ist ein Tetramer aus vier Polypeptiden, die miteinander durch Disulfidbrücken verknüpft sind (Abb. 14.17). Es handelt sich dabei um zwei lange „schwere" Ketten und zwei kurze „leichte" Ketten. Vergleicht man die Sequenzen von verschiedenen schweren Ketten, zeigt sich, dass sie sich vor allem in ihren (variablen) N-terminalen Bereichen unterscheiden, während sich die C-terminalen Bereiche aller schweren Ketten stark ähneln, also „konstant" sind. Dasselbe gilt für die leichten Ketten, wobei es hier zwei Familien gibt, deren konstante Regionen sich in der Sequenz unterscheiden und die man als $\kappa$ und $\lambda$ bezeichnet.

In den Genomen der Vertebraten gibt es keine vollständigen Gene für die schweren und leichten Polypeptidketten der Immunglobuline. Stattdessen werden diese Proteine durch Gensegmente codiert. Die Gensegmente für die schweren Ketten liegen auf Chromosom 14 und umfassen 11 solcher Abschnitte ($C_H$) für die konstante Region. Davor liegen 123 bis 129 $V_H$-Segmente, 27 $D_H$-Segmente und 9 $J_H$-Segmente. Diese drei Segmenttypen codieren verschiedene Formen der Bestandteile V (*variable*), D (*diverse*) und J (*joining*) des variablen Teils der schweren Kette (Tab. 14.3, Abb. 14.18). Der gesamte Locus der schweren Kette erstreckt sich über mehrere Megabasenpaare. Eine ähnliche Anordnung findet sich an den Loci der leichten Ketten auf den Chromosomen 2 ($\kappa$-Locus) und 22 ($\lambda$-Locus). Der einzige Unterschied besteht darin, dass die leichten Ketten keine D-Segmente enthalten (Tab. 14.3).

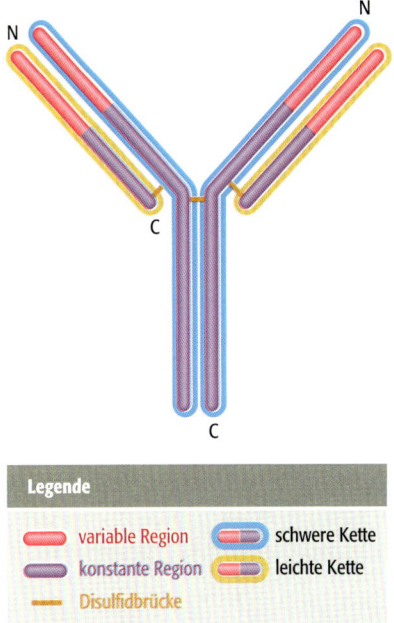

**Legende**

variable Region    schwere Kette
konstante Region   leichte Kette
Disulfidbrücke

**14.17   Struktur eines Immunglobulins.** Jedes Immunglobulin besteht aus zwei schweren und zwei leichten Ketten, die durch Disulfidbrücken verknüpft sind. Jede schwere Kette umfasst 446 Aminosäuren und enthält eine variablen Region (rot) mit den Aminosäuren 1–108, an die sich eine konstante Region anschließt. Jede leichte Kette umfasst 214 Aminosäuren, auch hier gibt es eine variable Region mit 108 Aminosäuren. Durch zusätzliche Disulfidbrücken zwischen verschiedenen Abschnitten der einzelnen Ketten und weitere Wechselwirkungen faltet sich das Protein in eine komplexere dreidimensionale Struktur.

| Tabelle 14.3 | Gensegmente der Immunglobuline im menschlichen Genom | | | | | |
|---|---|---|---|---|---|---|
| Komponente | Locus | Chromosom | V | D | J | C |
| schwere Kette | *IGH* | 14 | 123–129 | 27 | 9 | 11 |
| leichte $\kappa$-Kette | *IGK* | 2 | 76 | 0 | 5 | 1 |
| leichte $\lambda$-Kette | *IGL* | 22 | 70–71 | 0 | 7–11 | 7–11 |

Einige Zahlen sind aufgrund von Unterschieden bei den Genotypen des Menschen variabel. Es ist nicht bekannt, ob alle Gensegmente funktionell sind. Einige könnten Pseudogene sein.

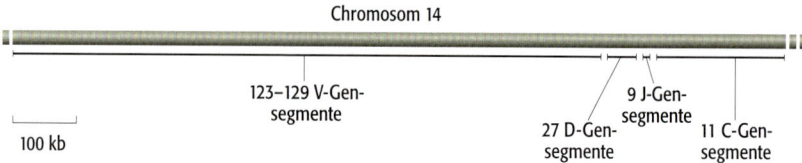

**14.18**   Struktur des *IGH*-Locus für die schwere Kette auf Chromosom 14 des Menschen.

Während der frühen Entwicklungsphase der B-Lymphocyten werden die Immunglobulinloci im Genom umstrukturiert. Im Locus der schweren Kette wird dabei eines der $V_H$-Segmente mit einem $D_H$-Segment verknüpft, danach erfolgt die V-D-Kombination mit einem $J_H$-Segment (Abb. 14.19). Diese Umstrukturierungen finden mithilfe eines ungewöhnlichen Rekombinationsmechanismus statt. Dieser wird durch zwei Proteine mit den Bezeichnungen RAG1 und RAG2 katalysiert, wobei die Positionen, an denen die Schnitt- und Wiederverknüpfungsreaktionen erfolgen müssen, um die Gensegmente zusammenzubringen, durch eine Folge von Consensussequenzen mit 8 oder 9 bp gekennzeichnet sind. Das Ergebnis ist ein Exon mit dem vollständigen offenen Leseraster, das die Segmente $V_H$, $D_H$ und $J_H$ des Immunglobulins codiert. Dieses Exon wird beim Spleißen während der Transkription mit einem $C_H$-Segment-Exon verknüpft. Die so gebildete fertige mRNA für die schwere Kette kann zu einem Immunglobulin translatiert werden, das nur für einen einzigen Lymphocyten spezifisch ist. Eine ähnliche Abfolge von DNA-Umstrukturierungen bringt in den Lymphocyten das V-J-Exon der leichten Kette hervor. Dieses wird entweder am $\kappa$- oder am $\lambda$-Locus gebildet, und auch hier wird das C-Segment-Exon der leichten Kette beim Spleißen der mRNA mit dem variablen Exon verknüpft.

Trotz ihrer Bezeichnung ist die konstante Region nicht bei jedem Immunglobulinmolekül gleich. Die auftretenden Varianten definieren fünf verschiedene Klassen der Immunglobuline – IgA, IgD, IgE, IgG und IgM, die im Immun-

**14.19   Synthese eines spezifischen Immunglobulins.** Durch DNA-Umstrukturierungen innerhalb des Locus der schweren Kette werden das V-, D- und J-Segment verknüpft und später beim Spleißen der mRNA mit dem C-Segment zusammengebracht. In unreifen B-Zellen wird das V-D-J-Exon immer mit dem $C\mu$-Exon (Exon 2) gekoppelt, sodass eine mRNA entsteht, die ein Immunglobulin der Klasse M codiert. In einer frühen Entwicklungsphase der B-Zelle werden durch alternatives Spleißen auch einige Immunglobulin-D-Proteine erzeugt. Dabei wird das V-D-J-Exon mit dem $C\delta$-Exon verknüpft. Beide Immunglobulintypen werden in der Zellmembran verankert.

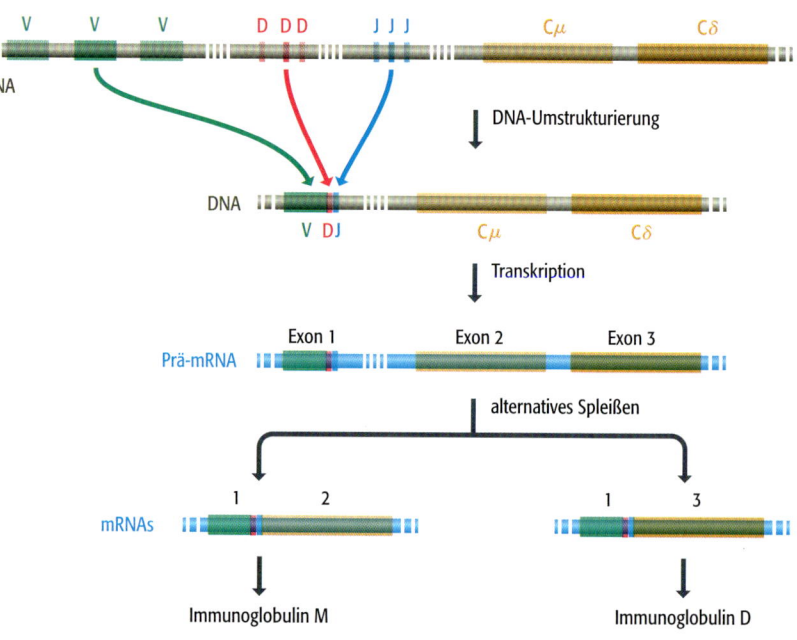

system jeweils eine eigene spezifische Funktion besitzen. Zuerst synthetisiert ein B-Lymphocyt ein IgM-Molekül, dessen $C_H$-Segment durch die $C\mu$-Sequenz codiert wird, die am 5′-Ende des $C_H$-Segment-Clusters liegt. Wie in Abbildung 14.19 dargestellt ist, kann die unreife Zelle im weiteren Verlauf ihrer Entwicklung auch einige IgD-Proteine synthetisieren, indem sie die zweite $C_H$-Sequenz des Clusters ($C\delta$) verwendet und das Exon für diese Sequenz durch alternatives Spleißen mit dem V-D-J-Segment verknüpft wird. Einige B-Lymphocyten durchlaufen in ihrer späteren Lebenszeit, wenn sie gereift sind, eine zweite Art von **Klassenwechsel**. Dieser führt zu einer vollständigen Veränderung des Immunglobulintyps, den der Lymphocyt produziert. Dieser zweite Klassenwechsel erfordert ein weiteres Rekombinationsereignis, bei dem es zu einer Deletion der $C\mu$- und der $C\delta$-Sequenz kommt. Außerdem wird der Chromosomenabschnitt zwischen dieser Region und dem $C_H$-Segment entfernt, der die Klasse des künftigen Immunglobulins festlegt, das der Lymphocyt nun synthetisieren wird. So kann beispielsweise der Lymphocyt zur Synthese von IgG wechseln, dem Immunglobulintyp, der von reifen Lymphocyten am häufigsten produziert wird. Durch die Deletion gelangt eines der $C\gamma$-Segmente, die die schwere Kette von IgG codieren, an das 5′-Ende des Clusters (Abb. 14.20). Der Klassenwechsel ist demnach ein zweites Beispiel für die Umstrukturierung des Genoms während der Entwicklung der B-Lymphocyten. Der Mechanismus unterscheidet sich von der V-D-J-Verknüpfung und die Rekombination erfolgt ohne Mitwirkung der RAG-Proteine.

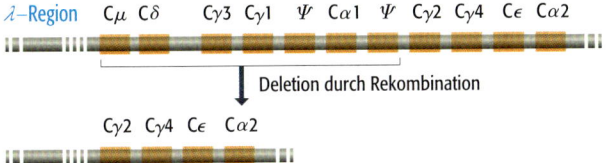

**14.20    Klassenwechsel von Immunglobulinen.** In diesem Beispiel werden sieben $C_H$-Segmente entfernt, sodass das $C\lambda2$-Segment neben die J-Region gelangt. Diese B-Zelle wird demnach Immunglobulin G synthetisieren, das die Zelle sezerniert. Die beiden $\Psi$-Segmente sind Pseudogene.

Die Vielfalt der T-Zell-Rezeptoren beruht auf ähnlichen Umstrukturierungen, die je ein V-, D-, J- und C-Gensegment in verschiedenen Kombinationen verknüpfen, sodass auch hier zellspezifische Gene daraus hervorgehen. Jeder Rezeptor besteht aus einem Paar von $\beta$-Molekülen, die der schweren Kette der Immunglobuline entsprechen, und zwei $\alpha$-Molekülen, die den leichten $\kappa$-Ketten der Immunglobuline ähneln. Wie die Immunglobuline werden auch die T-Zell-Rezeptoren in der Zellmembran verankert und ermöglichen es so dem Lymphocyten, extrazelluläre Antigene zu erkennen und darauf zu reagieren.

## 14.2.2 Veränderungen der Chromatinstruktur

Einige der Auswirkungen, die die Chromatinstruktur auf die Genomexpression haben kann, wurden bereits in Abschnitt 10.2 beschrieben. Sie reichen von der Abstimmung der Transkriptionsinitiation an einem einzelnen Promotor durch die Positionierung der Nucleosomen bis hin zum Abschalten von großen DNA-Abschnitten, die in Chromatin höherer Ordnung „eingeschlossen" werden. Letzteres ist ein wichtiger Mechanismus, um langfristige Veränderungen der Genomaktivität zu erreichen, der offenbar an einer Reihe von Regulationsvorgängen beteiligt ist. Einer davon betrifft die Kreuzungstyploci der Hefe (siehe oben), das heißt die Stilllegung der *HMRa*- und der *HMLα*-Kassette. Das beruht

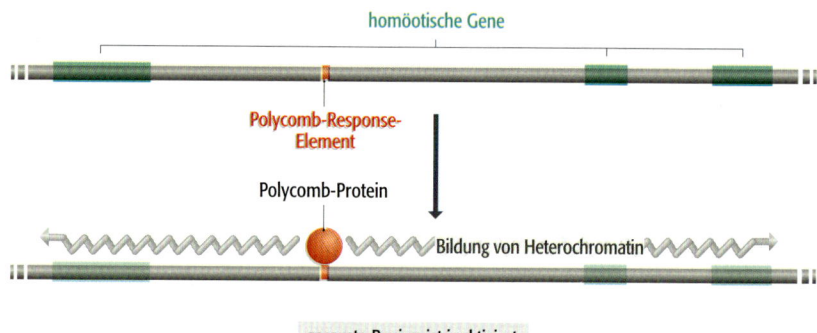

**14.21 Polycomb-Proteine stabilisieren die Stilllegung von Genombereichen bei *Drosophila*, indem sie die Bildung von Heterochromatin induzieren.** Die Bindung des Polycomb-Proteins an sein Response-Element wird durch zusätzliche Proteine vermittelt, die hier nicht dargestellt sind.

vor allem darauf, dass diese Loci aufgrund ihrer stromaufwärts liegenden Silencer-Sequenzen in einem unzugänglichen Chromatinbereich verborgen sind. Bei der Inaktivierung des X-Chromosoms (Abschnitt 10.3.1) kommt es auch zur Bildung von unzugänglichem Chromatin, in diesem Fall allerdings praktisch über die gesamte Länge von einem der beiden X-Chromosomen im weiblichen Zellkern.

Betrachten wir ein weiteres Beispiel für die Stilllegung von Chromatin. Dabei handelt es sich um ein System, dem wir weiter hinten in diesem Kapitel noch einmal begegnen werden, wenn wir uns mit den Entwicklungsprozessen der Taufliege beschäftigen. Die *Polycomb*-Genfamilie umfasst 30 Gene. Diese codieren Proteine, die an DNA-Sequenzen binden, welche man als Polycomb-Response-Elemente bezeichnet. Die Proteine induzieren die Bildung von Heterochromatin, das als kondensierte Form des Chromatins die Transkription der darin enthaltenen Gene verhindert (Abb. 14.21). Jedes Response-Element ist etwa 10 kb lang und enthält anscheinend keine Bindungsstellen, die für Polycomb spezifisch sind. Das deutet darauf hin, dass es zusätzliche Proteine geben muss, die bei der Polycomb-Bindung als Vermittler wirken. Ein Kandidat für diese Vermittlungsfunktion ist ein Nicht-Polycomb-Protein mit der Bezeichnung DSP1 (*Dorsal switch protein 1*), das an 5'-GAAAA-3'-Sequenzen bindet, die in der Core-Region eines Polycomb-Response-Elements liegen. Mutationen in diesen Sequenzen, die die Bindung von DSP1 verhindern, unterbinden auch die Aktivierung von Polycomb-Proteinen *in vitro*. Der Mechanismus ist zwar nicht genau bekannt, aber die Bindung von Polycomb führt zur Bildung von Heterochromatinkernen um die Polycomb-Proteine, und das Heterochromatin setzt sich dann entlang der DNA in beiden Richtungen über einige Dutzend Kilobasen hinweg fort.

Die inaktivierten Regionen enthalten homöotische Gene, die die Entwicklung einzelner Körperabschnitte der Taufliege steuern (Abschnitt 14.3.4). Da an jeder Position in der Fliege immer nur ein spezifischer Körperabschnitt gebildet werden darf, ist es wichtig, dass eine Zelle nur das dazu passende homöotische Gen exprimiert. Das gewährleistet die Aktivität von Polycomb, welche diejenigen homöotischen Gene dauerhaft abschaltet, die nicht benötigt werden. Polycomb-Proteine legen jedoch nicht fest, welche Gene abgeschaltet werden: Die Expression dieser Gene ist bereits unterdrückt, bevor die Polycomb-Proteine an ihre Response-Elemente binden. Die Polycomb-Funktion besteht also darin, die Geninaktivierung *aufrechtzuerhalten* und nicht *auszulösen*. Wichtig ist dabei, dass das Heterochromatin, das durch die Polycomb-Proteine induziert wird, vererbt werden kann: Nach einer Zellteilung bleibt in den beiden neuen Zellen das Heterochromatin erhalten, das sie von der Elternzelle bekommen haben. Diese Art der Regulation der Genomaktivität ist demnach nicht nur in einer einzelnen Zelle dauerhaft, sondern auch in der Zelllinie.

Die Trithorax-Proteine wirken so ähnlich wie die Polycomb-Proteine, zeigen jedoch den umgekehrten Effekt: Sie stabilisieren den Zustand des offenen Chromatins in den Bereichen von aktiven Genen. Die Ziele sind dieselben homöotischen Gene wie diejenigen, die durch die Polycomb-Proteine abgeschaltet werden, nur in anderen Körperbereichen. Die Funktionsweisen von Trithorax- und Polycomb-Proteinen sind eng verwandt, denn es gibt Belege dafür, dass Trithorax-Proteine auch über ein Mediatorprotein an ihre Zielsequenzen binden. Es wird mit GAGA bezeichnet und bindet an Sequenzen innerhalb von Polycomb-Response-Elementen. Bestimmte Mutationen zerstören sowohl die Polycomb- als auch die Trithorax-Aktivität, was darauf hindeutet, dass die beiden Systeme gemeinsame Komponenten besitzen können.

### 14.2.3 Genomregulation durch Rückkopplungsschleifen

Abschließend wollen wir uns noch mit dem Mechanismus beschäftigen, bei dem durch Rückkopplungsschleifen permanente Veränderungen der Genomaktivität erreicht werden. Bei diesem System aktiviert ein Regulationsprotein seinen eigenen Transkriptionsfaktor, sodass das zugehörige Gen dauerhaft exprimiert wird, sobald es einmal angeschaltet wurde (Abb. 14.22). Es sind bereits einige Beispiele für diese Art der Regulation durch Rückkopplung bekannt:

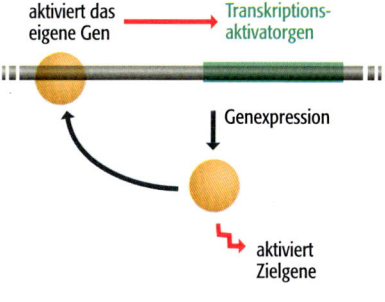

14.22 Regulation der Genexpression durch Rückkopplung.

- Der **MyoD-Transkriptionsaktivator**, der bei der Muskelentwicklung eine Rolle spielt, ist eines der am besten untersuchten Beispiele der zellulären Differenzierung bei den Vertebraten. Eine Zelle ist darauf festgelegt, sich zu einer Muskelzelle zu entwickeln, sobald sie das *MyoD*-Gen exprimiert. Das Produkt dieses Gens ist ein Transkriptionsaktivator, der eine Reihe von anderen Genen ansteuert, die muskelspezifische Proteine – etwa Actin und Myosin – codieren. Außerdem ist MyoD indirekt für eines der entscheidenden Merkmale von Muskelzellen verantwortlich – das Fehlen eines normalen Zellzyklus, da diese Zellen in der G1-Phase festgehalten werden (Abschnitt 15.3.1). Das MyoD-Protein bindet auch stromaufwärts des *MyoD*-Gens und sorgt so dafür, dass sein eigenes Gen ständig exprimiert wird. Das Ergebnis dieser positiven Rückkopplungsschleife besteht darin, dass die Zelle die Synthese von muskelspezifischen Proteinen fortsetzt und dadurch eine Muskelzelle bleibt. Der differenzierte Zustand ist vererbbar, da mit der Zellteilung das MyoD-Protein auf die Tochterzellen verteilt wird, sodass diese auch Muskelzellen sind.

- Das **Deformed-Protein** von *Drosophila* ist eines von mehreren Proteinen, die von homöotischen Selektorgenen codiert werden und für die Festlegung der Segmenttypen bei der Taufliege zuständig sind (Abschnitt 14.3.4). Das Deformed-Protein (Dfd) bestimmt die Identität der Kopfsegmente. Um seine Funktion auszuüben, muss Dfd in den entsprechenden Zellen ständig exprimiert werden. Das wird durch ein Rückkopplungssystem erreicht. Dabei bindet Dfd an einen Enhancer, der stromaufwärts des *Dfd*-Gens liegt. Über eine Selbstregulation durch Rückkopplung wird auch bei den Vertebraten die Expression von zumindest einigen der homöotischen Selektorgene kontrolliert.

## 14.3 Regulation der Genomaktivität während der Entwicklung

Der Entwicklungsweg eines vielzelligen Eukaryoten beginnt mit einer befruchteten Eizelle und endet mit der adulten Form eines Lebewesens. Dazwischen liegt eine komplizierte Abfolge von genetischen, zellulären und physiologischen Ereignissen, die in der richtigen Reihenfolge, in den richtigen Zellen und zu den passenden Zeiten erfolgen müssen, wenn die Entwicklung zu einem erfolgreichen Ende gebracht werden soll. Beim Menschen führt dieser Entwicklungsweg zu einem Erwachsenen, der $10^{13}$ Zellen enthält, die sich zu etwa 250 spezialisierten Zelltypen differenziert haben, wobei die Aktivität jeder einzelnen Zelle mit der jeder anderen Zelle koordiniert wird. Entwicklungsprozesse dieser Komplexität erscheinen als nicht entschlüsselbar, selbst nicht durch die leistungsfähigen Methoden der modernen Molekularbiologie. In den letzten Jahren hat es hier jedoch einige bemerkenswerte Fortschritte gegeben, sodass wir die Mechanismen nun besser verstehen. Die Forschungen, die diesen Fortschritt begründen, basieren auf drei Leitgedanken:

- Es sollte möglich sein, die genetischen und biochemischen Vorgänge zu beschreiben, die der Differenzierung einzelner Zelltypen zugrunde liegen. Das wiederum bedeutet, dass es möglich sein muss zu verstehen, wie spezialisierte Gewebe und sogar komplexe Körperteile entstehen.

- Die Signalprozesse, die die Vorgänge in den einzelnen Zellen koordinieren, sollten einer Untersuchung zugänglich sein. In Abschnitt 14.1 haben wir festgestellt, dass man damit begonnen hat, diese Systeme auf der molekularen Ebene zu beschreiben.

- Bei den Entwicklungsprozessen der verschiedenen Lebewesen sollte es Übereinstimmungen und Parallelen geben, die gemeinsame Ursprünge in der Evolution widerspiegeln. Das bedeutet, dass sich Informationen, die für die menschliche Entwicklungsphase relevant sind, durch die Untersuchung von Modellorganismen gewinnen lassen, die aufgrund der relativen Einfachheit ihrer Entwicklungswege ausgewählt wurden.

Die Entwicklungsbiologie umfasst Bereiche der Genetik, Molekularbiologie, Zellbiologie, Physiologie, Biochemie und Systembiologie. Wir beschäftigen uns nur mit der Funktion des Genoms bei der Entwicklung und versuchen deshalb nicht, einen weitreichenden Überblick über die entwicklungsbiologische Forschung in allen ihren Facetten zu geben. Stattdessen beschränken wir uns auf vier Modellsysteme mit zunehmender Komplexität, um zu untersuchen, von welcher Art die Veränderungen der Genomaktivität sind, die während der Entwicklung auftreten.

### 14.3.1 Der lysogene Zyklus des Bakteriophagen $\lambda$

Ein Bakteriophage, der *Escherichia coli* infiziert, mag als langweiliges Thema erscheinen, um damit zu beginnen, die Genomregulation während der Entwicklung zu untersuchen. Das ist jedoch genau das Gebiet, in der die Molekularbiologen mit ihrem langwierigen Forschungsprogramm begannen, mit dem man heute die genetischen Grundlagen der Entwicklung beim Menschen und anderen Vertebraten entschlüsselt. Wir werden deshalb diesen Fortschritten folgen und von den relativ einfachen zu den komplexeren Organismen voranschreiten.

In Abschnitt 9.1.1 haben wir erfahren, dass lysogene Bakteriophagen wie $\lambda$ nach der Infektion einer Wirtszelle zwei verschiedenen Replikationswegen folgen können. Außer dem lytischen Weg, bei dem bald nach der Infektion (bei $\lambda$ nach 45 Minuten) neue Phagen gebildet und aus der Zelle freigesetzt werden, ist auch der lysogene Weg möglich, der dadurch gekennzeichnet ist, dass die DNA des $\lambda$-Phagen in das Wirtschromosom eingebaut wird. Der integrierte Prophage bleibt viele Bakteriengenerationen hindurch inaktiv, bis ein chemischer oder physikalischer Reiz, der mit einer DNA-Schädigung einhergeht, das Herausschneiden des $\lambda$-Genoms, die schnelle Bildung von Phagen und die Lyse der Wirtszelle auslöst (Abb. 9.4 und 9.5).

### Der Bakteriophage $\lambda$ muss sich zwischen Lyse und Lysogenie entscheiden

Die Fähigkeit von Bakteriophagen einem lysogenen Infektionszyklus zu folgen, wirft drei Fragen auf: Wie „entscheidet" der Phage, ob er den lytischen oder den lysogenen Zyklus durchläuft, wie wird die Lysogenie aufrechterhalten, und wie wird der Prophage dazu gebracht, die Lysogenie zu beenden? Über die Genomexpression während der $\lambda$-Infektion ist recht viel bekannt, so dass auf diese Fragen sehr ausführliche und komplexe Antworten gegeben werden können.

Der erste Schritt im lytischen Infektionszyklus ist die Expression von zwei $\lambda$-Genen der unmittelbaren frühen Phase, die man mit *N* und *cro* bezeichnet. Diese werden von den beiden Promotoren $P_L$ beziehungsweise $P_R$ transkribiert (Abb. 14.23a). Das Protein N ist der Antiterminator, der die RNA-Polymerase des Wirtes dazu bringt, die Terminationssignale zu überlesen, auf die sie unmittelbar stromabwärts der codierenden Sequenzen von *N* und *cro* trifft, und die verzögert frühen Gene zu transkribieren (Abb. 12.9). Zu diesen Genen gehören *cII* und *cIII*, die zusammen einen dritten Promotor, $P_{RM}$, aktivieren, was zur Transkription von *cI* führt. Dies ist eines der wichtigsten Gene, da es das $\lambda$-Repressorprotein codiert. Das Protein ist der entscheidende Schlüsselfaktor, da es den lytischen Zyklus abschaltet und die Lysogenie aufrechterhält. Dafür bindet der Repressor an die Operatoren $O_L$ und $O_R$, die neben $P_L$ beziehungsweise $P_R$ liegen (Abb. 14.23b). Das führt dazu, dass fast das gesamte $\lambda$-Genom inaktiviert ist, da $P_L$ und $P_R$ nicht nur die Transkription der unmittelbar frühen und verzögert frühen Gene steuern, sondern auch die späten Gene, die die Proteine codieren, welche für die Bildung der neuen Phagen und die Lyse der Wirtszelle erforderlich sind. Zu den wenigen Genen, die aktiv bleiben, gehört *int*, das von seinem eigenen Promotor transkribiert wird. Das Integraseprotein, das von diesem Gen codiert wird, katalysiert die ortsspezifische Rekombination, durch die die $\lambda$-DNA in das Wirtsgenom eingefügt wird. Die Lysogenie wird über zahlreiche Zellteilungen hinweg aufrechterhalten, da das *cI*-Gen ständig exprimiert wird. Das geschieht jedoch nur mit geringer Rate, sodass die Menge an cI-Repressor in der Zelle immer gerade ausreicht, damit $P_L$ und $P_R$ abgeschaltet bleiben. Die fortgesetzte Expression von *cI* ist möglich, weil der cI-Repressor nicht nur die Transkription von $P_R$ blockiert, wenn er an $O_R$ gebunden ist, sondern auch die Transkription von seinem eigenen Promotor $P_{RM}$ stimuliert. Die duale Funktion des cI-Repressors ist also die Grundlage der Lysogenie.

Sobald *cI* exprimiert wird, verhindert der Repressor den Eintritt in den lytischen Zyklus und bewirkt, dass der lysogene Zustand eingerichtet und aufrechterhalten wird. Der $\lambda$-Phage folgt jedoch nicht immer dem lysogenen Zyklus – in bestimmten Fällen setzt sich eine Infektion unmittelbar bis zur Lyse der Wirtszelle fort. Das liegt an der Aktivität des zweiten Gens der unmittelbar frühen Phase – *cro*. Dieses Gen codiert ebenfalls einen Repressor, der aber die Transkription von *cI* verhindert (Abb. 14.23c). Die Entscheidung zwischen Lyse und

**a)** Synthese von unmittelbar frühen Transkripten

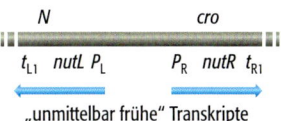

**b)** Funktion des cI-Repressors

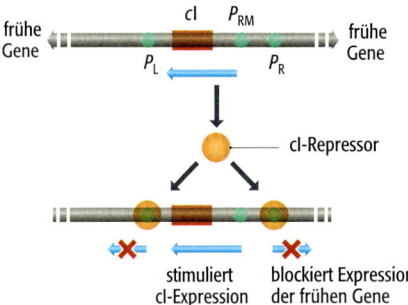

**c)** Funktion des Cro-Repressors

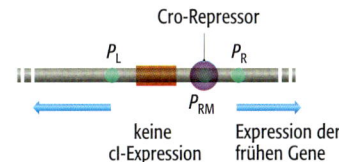

**14.23**  Die genetischen Grundlagen, die dazu führen, dass der Bakteriophage $\lambda$ zwischen Lyse und Lysogenie wählen kann.

Lysogenie fällt also je nach Ausgang des Wettlaufs zwischen *cI* und *cro*. Wird der cI-Repressor schneller synthetisiert als der Cro-Repressor, dann wird die Genomexpression blockiert und es kommt zur Lysogenie. Gewinnt jedoch *cro*, blockiert der Cro-Repressor die Expression von *cI*, bevor genügend cI-Repressor produziert wurde, um das Genom abzuschalten. Das führt zu einem Eintritt des Phagen in den lytischen Infektionszyklus. Die Entscheidung erfolgt anscheinend rein statistisch, abhängig von zufälligen Ereignissen, die entweder zur Anhäufung des cI- oder des Cro-Repressors in der Zelle führen, wobei jedoch die Bedingungen in der Umgebung darauf einen Einfluss haben können. So verschiebt beispielsweise das Wachstum in einem nährstoffreichen Medium das Gleichgewicht in Richtung des lytischen Zyklus, wahrscheinlich weil es bei einer Vermehrung der Wirtszellen von Vorteil ist, neue Phagen zu produzieren. Diese Verschiebung erfolgt über die Aktivierung von Proteasen, die das *c*II-Protein abbauen und es so verhindern, dass die Kombination aus *c*II und *c*III die Transkription des *c*I-Repressor-Gens anschaltet.

Tritt der Bakteriophage in den lysogenen Zyklus ein, wird dieser Zustand aufrechterhalten, solange der cI-Repressor an die Operatoren $O_L$ und $O_R$ gebunden ist. Der Prophage wird daher induziert, wenn die Konzentration an aktivem cI-Repressor unter einen bestimmten Wert absinkt. Das kann zufällig geschehen, sodass es zu einer spontanen Induktion kommt, oder als Reaktion auf physikalische oder chemische Reize. Diese Reize aktivieren bei *E. coli* einen allgemeinen Schutzmechanismus, die **SOS-Antwort**. Teil dieser Reaktion ist die Expression des *E. coli*-Gens *recA*, dessen Produkt den cI-Repressor inaktiviert, indem es ihn in zwei Hälften spaltet. Dadurch wird die Expression der frühen Gene angeschaltet und der Phage kann in den lytischen Zyklus eintreten. Die Inaktivierung des cI-Repressors bedeutet auch, dass die Transkription von *cI* nicht mehr stimuliert wird. Dadurch wird verhindert, dass sich der lysogene Zustand eventuell neu etabliert, indem weiterer cI-Repressor nachgeliefert wird. Die Inaktivierung des cI-Repressors führt also zur Induktion des Prophagen.

Was lernen wir aus diesem Modellsystem?

- Ein einfacher genetischer Schalter kann darüber bestimmen, welchen von zwei Entwicklungswegen eine Zelle beschreitet.

- Genetische Schalter können eine Kombination aus Aktivierung und Hemmung verschiedener Promotoren beinhalten.

- Es ist möglich, einen Entwicklungsweg als Reaktion auf geeignete Reize umzuprogrammieren und einen alternativen Weg einzuschlagen.

### 14.3.2 Sporulation bei *Bacillus*

Das zweite System, das wir genauer betrachten wollen, ist die Sporenbildung bei dem Bakterium *Bacillus subtilis*. Wie bei der Lysogenie des λ-Phagen handelt es sich auch hier genau genommen nicht um einen Entwicklungsmechanismus, sondern nur um eine Form der Zelldifferenzierung. An dem Vorgang lassen sich jedoch zwei grundlegende Fragestellungen veranschaulichen, die bei der Untersuchung einer wirklichen Entwicklung in einem vielzelligen Organismus zum Tragen kommen. Dabei geht es zum einen darum, wie eine Abfolge von Veränderungen der Genomaktivität im zeitlichen Verlauf kontrolliert wird, zum anderen, wie die Vorgänge, die in verschiedenen Zellen stattfinden, durch Signalübertragung koordiniert werden. Die Vorteile von *Bacillus* als Modellsystem bestehen darin, dass sich das Bakterium im Labor leicht vermehren lässt und mit genetischen und molekularbiologischen Verfahren einfach zu untersuchen ist, etwa durch Analyse von Mutanten und die Sequenzierung von Genen.

### Bei der Sporulation kommt es zur koordinierten Aktivität von zwei unterschiedlichen Zelltypen

*Bacillus* ist eine von mehreren Bakteriengattungen, die als Reaktion auf ungünstige Bedingungen in ihrer Umgebung Endosporen produzieren. Diese Sporen sind gegen schädliche physikalische und chemische Einflüsse sehr widerstandsfähig und können Jahrzehnte oder sogar Jahrhunderte überdauern – die Gefahr, sich mit Anthrax-Sporen zu infizieren, wird von Archäologen bei Ausgrabungen von menschlichen oder tierischen Überresten sehr ernst genommen. Die Widerstandsfähigkeit ist zum einen auf die spezialisierte Hülle der Sporen zurückzuführen, die für viele chemische Verbindungen undurchdringlich ist, zum anderen auf biochemische Veränderungen in der Spore, die den Abbau von DNA und anderen Polymeren verlangsamen, sodass die Spore längere Ruheperioden überdauern kann.

Im Labor wird die Sporulation normalerweise durch Nährstoffmangel ausgelöst. Das führt dazu, dass die Bakterien ihre normale vegetative Form der Zellteilung, bei der immer in der Mitte der Zelle eine Trennwand (ein Septum) gebildet wird, beenden. Stattdessen bauen die Zellen ein ungewöhnliches Septum auf, das dünner ist als das normale und das sich an einem Ende der Zelle befin-

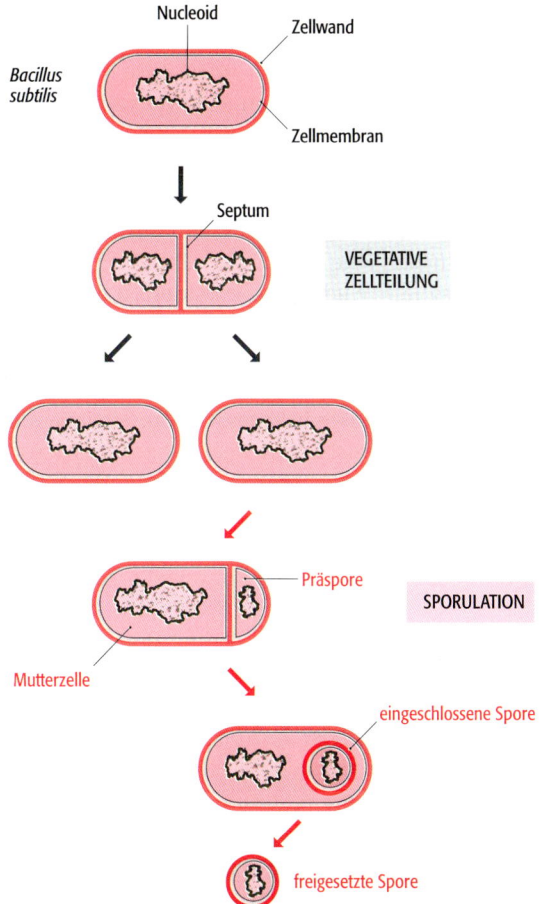

**14.24   Sporulation bei *Bacillus subtilis*.** Der obere Teil der Abbildung zeigt den normalen vegetativen Modus der Zellteilung, bei der quer zur Mitte des Bakteriums ein Septum gebildet wird, sodass zwei identische Tochterzellen entstehen. Der untere Teil der Abbildung zeigt die Sporulation, bei der sich das Septum nahe einem Ende der Zelle bildet, sodass eine Mutterzelle und eine Präspore mit unterschiedlicher Größe daraus hervorgehen. Später umschließt die Mutterzelle die Präspore vollständig. Am Ende des Vorgangs wird die reife, widerstandsfähige Spore freigesetzt.

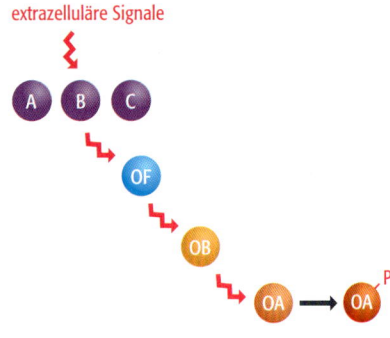

**14.25 Die Phosphorylierungskaskade, die zur Aktivierung von SpoOA führt.** Abkürzungen: A, KinA; B, KinB; C, KinC; OF, SpoOF; OB, SpoOB; OA, SpoOA; P bezeichnet eine Phosphatgruppe ($PO_3^{2-}$).

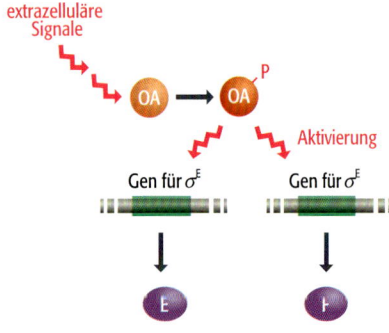

**14.26 Die Funktion von SpoOA bei der Sporulation von *Bacillus*.** Als Reaktion auf extrazelluläre Signale, die von umgebungsbedingtem Stress herrühren, wird SpoOA phosphoryliert (Abb. 14.25). SpoOA ist ein Transkriptionsaktivator, zu dessen Funktionen die Aktivierung der Gene für die RNA-Polymerase-Untereinheiten $\sigma^F$ und $\sigma^E$ gehört. Abkürzungen: E, $\sigma^E$; F, $\sigma^F$; OA, SpoOA; P bezeichnet eine Phosphatgruppe ($PO_3^{2-}$).

det (Abb. 14.24). Dadurch entstehen zwei Zellkompartimente. Das kleinere bezeichnet man als Präspore, das größere als Mutterzelle. Mit fortschreitender Sporulation wird die Präspore von der Mutterzelle vollkommen umschlossen. Ab jetzt sind die Zellen darauf festgelegt, verschiedenen, aber koordinierten Differenzierungswegen zu folgen. Dabei durchläuft die Präspore biochemische Veränderungen, durch die sie einen Ruhezustand erreichen kann, während die Mutterzelle die widerstandsfähige Hülle um die Präspore erzeugt und schließlich abstirbt.

### Spezielle σ-Untereinheiten kontrollieren die Genomaktivität während der Sporulation

Veränderungen der Genomaktivität während der Sporulation werden größtenteils durch die Synthese von speziellen σ-Untereinheiten kontrolliert, die die Promotorspezifität der *Bacillus*-RNA-Polymerase verändern. Wie bereits erwähnt, ist die σ-Untereinheit der Teil der RNA-Polymerase, der die bakterielle Promotorsequenz erkennt, und der Austausch einer σ-Untereinheit gegen eine andere, die eine unterschiedliche Bindungsspezifität besitzt, führt dazu, dass eine andere Gruppe von Genen transkribiert wird (Abschnitt 11.3.1). Wir haben gelernt, wie dieses einfache Kontrollsystem von *E. coli* dazu genutzt wird, um auf Hitzestress zu reagieren (Abb. 11.23). Dies ist auch der Schlüssel zu den Veränderungen der Genomaktivität, die während der Sporulation auftreten.

Die normalen σ-Untereinheiten von *B. subtilis* bezeichnet man mit $\sigma^A$ und $\sigma^H$. Sie werden von der vegetativen Zelle synthetisiert und ermöglichen es der RNA-Polymerase, die Promotoren aller Gene zu erkennen, die für die Aufrechterhaltung des normalen Wachstums und der normalen Zellteilung erforderlich sind. In der Präspore und in der Mutterzelle werden diese Untereinheiten durch $\sigma^F$ beziehungsweise $\sigma^E$ ersetzt. Diese erkennen jeweils andere Promotorsequenzen, sodass es zu umfangreichen Veränderungen der Genomexpressionsmuster kommt. Der Schlüsselfaktor zum Umschalten vom vegetativen Wachstum zur Sporenbildung ist das Protein SpoOA, das in der vegetativen Zelle nur in einer inaktiven Form vorhanden ist. Das Protein wird durch Phosphorylierung aktiviert. Das geschieht über eine Kaskade von Proteinkinasen, die auf verschiedene extrazelluläre Signale reagieren, die wiederum das Vorhandensein von umgebungsbedingtem Stress anzeigen, wie etwa Nährstoffmangel. Die erste Reaktion erfolgt durch die drei Kinasen KinA, KinB und KinC, die sich selbst phosphorylieren und dann das Phosphat über SpoOF und SpoOB auf SpoOA übertragen (Abb. 14.25). Das aktivierte SpoOA-Protein ist ein Transkriptionsfaktor, der die Expression verschiedener Gene beeinflusst, welche durch die vegetative RNA-Polymerase transkribiert und daher durch die normalen Untereinheiten $\sigma^A$ und $\sigma^H$ erkannt werden. Zu den nun aktivierten Genen gehören auch die Gene für $\sigma^F$ und $\sigma^E$. Das führt zum Umschalten auf die Differenzierung der Präspore beziehungsweise der Mutterzelle (Abb. 14.26).

Zuerst sind sowohl $\sigma^F$ als auch $\sigma^E$ in jeder der sich differenzierenden Zellen vorhanden. Das ist jedoch nicht der gewünschte Zustand, da $\sigma^F$ die für die Präspore spezifische Untereinheit ist und auch nur dort aktiv sein sollte, während $\sigma^E$ für die Mutterzelle spezifisch ist. Es ist also ein Mechanismus erforderlich, der in der jeweiligen Zelle die richtige Untereinheit aktiviert beziehungsweise inaktiviert. Das wird auf folgende Weise erreicht (Abb. 14.27):

- $\sigma^F$ wird durch Freisetzung aus dem Komplex mit dem Protein SpoIIAB aktiviert. Dies wird von dem Protein SpoIIAA kontrolliert, das nichtphosphoryliert auch SpoIIAB binden kann und dieses Protein so daran hindert, an $\sigma^F$

zu binden. Wenn SpoIIAA nicht phosporyliert ist, wird $\sigma^F$ freigesetzt und ist aktiv. Ist SpoIIAA jedoch phosphoryliert, bleibt $\sigma^F$ an SpoIIAB gebunden und ist inaktiv. In der Mutterzelle wird SpoIIAA durch SpoIIAB phosphoryliert, sodass $\sigma^F$ an SpoIIAB gebunden und inaktiv bleibt. In der Präspore wirkt jedoch der Phosphorylierung von SpoIIAA durch SpoIIAB ein weiteres Protein (SpoIIE) entgegen, sodass $\sigma^F$ freigesetzt und aktiviert wird. Der Effekt, dass SpoIIE in der Präspore, aber nicht in der Mutterzelle der Reaktion von SpoIIAB entgegenwirken kann, hat seine Ursache darin, dass SpoIIE-Moleküle an die Membran an der Oberfläche des Septums gebunden sind. Da die Präspore viel kleiner ist als die Mutterzelle, die Oberfläche des Septums aber bei beiden gleich groß, ist die Konzentration von SpoIIE in der Präspore größer und kann so SpoIIAB entgegen wirken.

- $\sigma^E$ wird durch proteolytische Spaltung eines Vorläuferproteins aktiviert. Die Protease, die diese Reaktion katalysiert, ist das SpoIIGA-Protein, das das Septum zwischen Präspore und Mutterzelle durchspannt. Die Proteasedomäne, die sich auf der Seite der Mutterzelle befindet, wird durch Bindung von SpoIIR an die Rezeptordomäne auf der Seite der Präspore aktiviert. Dies ist ein typisches System mit rezeptorvermittelter Signalübertragung (Abschnitt 14.1.2). Das Gen für SpoIIR gehört zu den Genen, deren Promotor spezifisch durch $\sigma^F$ aktiviert wird. Dadurch kommt es zur Aktivierung der Protease und der Umwandlung von Prä-$\sigma^E$ in die aktive Form $\sigma^E$, sobald die $\sigma^F$-gesteuerte Transkripton in der Präspore in Gang gesetzt wurde.

Die Aktivierung von $\sigma^F$ und $\sigma^E$ ist jedoch nur der Anfang. In der Präspore reagiert $\sigma^F$ etwa eine Stunde nach seiner Aktivierung auf ein unbekanntes Signal (möglicherweise von der Mutterzelle), sodass es zu einer geringfügigen Veränderung der Genomaktivität in der Spore kommt. Dabei wird ein Gen für eine weitere $\sigma$-Untereinheit ($\sigma^G$) transkribiert, die Pomotoren stromaufwärts von Genen erkennt, deren Produkte für die späteren Phasen der Sporendifferenzierung erforderlich sind. Eines dieser Proteine ist SpoIVB, das eine weitere septumgebundene Protease aktiviert (Abb. 14.28). Die Protease aktiviert danach eine zweite $\sigma$-Untereinheit der Mutterzelle ($\sigma^K$). Diese Untereinheit wird von einem Gen codiert, dessen Transkription unter der Regie von $\sigma^E$ erfolgt, liegt aber zuerst in der Mutterzelle in einer inaktiven Form vor, bis das Aktivierungssignal aus der Präspore kommt. $\sigma^K$ steuert die Transkription von Genen, deren Produkte für die späteren Phasen bei der Differenzierung der Mutterzelle erforderlich sind.

Zusammengefasst lassen sich die entscheidenden Merkmale der Sporulation bei *Bacillus* so formulieren:

- Das Hauptprotein SpoOA reagiert über eine Kaskade von Phosphorylierungsreaktionen auf äußere Reize und bestimmt so, ob und wann die Sporulation ausgelöst werden soll.

- Eine Abfolge von $\sigma$-Untereinheiten in der Präspore und in der Mutterzelle führt zu zeitabhängigen Veränderungen der Genomaktivität in beiden Zellen.

- Durch Signalübertragung zwischen den Zellen wird sichergestellt, dass die Vorgänge in der Präspore und in der Mutterzelle koordiniert ablaufen.

**a)** Aktivierung von $\sigma^F$ in der Präspore

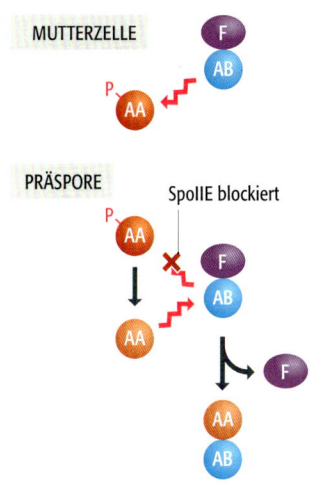

**b)** Aktivierung von $\sigma^E$ in der Mutterzelle

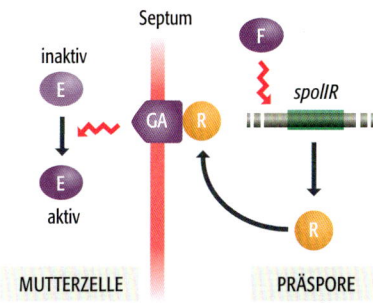

**14.27    Aktivierung der $\sigma$-Untereinheiten,** die jeweils für die Präspore und die Mutterzelle spezifisch sind, während der Sporulation von *Bacillus*. a) In der Mutterzelle ist $\sigma^F$ inaktiv, weil es an SpoIIAB gebunden ist, das SpoIIAA phosphoryliert und dieses so daran hindert, $\sigma^F$ freizusetzen. Die Aktivierung von $\sigma^F$ in der Präspore erfolgt durch die Freisetzung aus dem Komplex mit SpoIIAB, was indirekt durch die Konzentration des membrangebundenem SpoIIE-Proteins ausgelöst wird. b) In der Mutterzelle wird $\sigma^E$ über eine proteolytische Spaltung durch SpoIIGA aktiviert. SpoIIGA reagiert auf das Vorhandensein des $\sigma^F$-abhängigen SpoIIR-Proteins in der Präspore. Abkürzungen: AA, SpoIIAA; AB, SpoIIAB; E, $\sigma^E$; F, $\sigma^F$; GA, SpoIIGA; R, SpoIIR; P bezeichnet eine Phosphatgruppe ($PO_3^{2-}$).

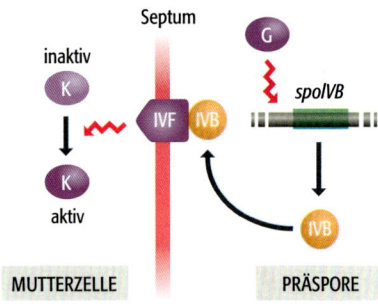

**14.28 Aktivierung von $\sigma^K$ während der Sporulation bei _Bacillus_.** Das Schema ist dem Mechanismus für die Aktivierung von $\sigma^E$ sehr ähnlich (Abb. 14.27b). Abkürzungen: G, $\sigma^G$; K, $\sigma^K$; IVB, SpoIVB; IVF, SpoIVF.

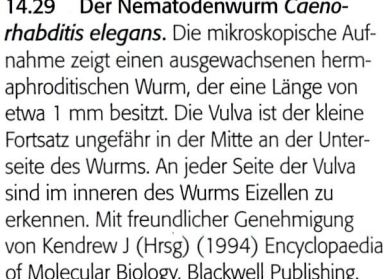

**14.29 Der Nematodenwurm _Caenorhabditis elegans_.** Die mikroskopische Aufnahme zeigt einen ausgewachsenen hermaphroditischen Wurm, der eine Länge von etwa 1 mm besitzt. Die Vulva ist der kleine Fortsatz ungefähr in der Mitte an der Unterseite des Wurms. An jeder Seite der Vulva sind im inneren des Wurms Eizellen zu erkennen. Mit freundlicher Genehmigung von Kendrew J (Hrsg) (1994) Encyclopaedia of Molecular Biology, Blackwell Publishing.

## 14.3.3 Entwicklung der Vulva bei _Caenorhabditis elegans_

_B. subtilis_ ist ein einzelliges Lebewesen, und die Sporulation ist trotz der koordinierten Differenzierung von zwei Zelltypen kaum mit den Entwicklungsprozessen in vielzelligen Organismen vergleichbar. Die Sporulation gibt jedoch Hinweise auf die allgemeinen Mechanismen, durch die die Genomaktivität während der Entwicklung von vielzelligen Organismen reguliert wird, aber die zu erwartenden, spezifischen Vorgänge lassen sich dabei nicht nachvollziehen. Deshalb müssen wir die Entwicklung bei einem einfachen vielzelligen Eukaryoten untersuchen.

### C. elegans _ist ein Modell für die Entwicklung bei vielzelligen Eukaryoten_

Die Erforschung des mikroskopisch kleinen Nematoden _C. elegans_ (Abb. 14.29) begann mit Sydney Brenner in den 1960er-Jahren, mit dem Ziel, ein einfaches Modell für die Entwicklung vielzelliger Eukaryoten zu haben. _C. elegans_ lässt sich im Labor einfach vermehren und hat eine kurze Generationszeit, die zwar mehrere Tage dauert, für genetische Analysen aber noch geeignet ist. Der Wurm ist in allen seinen Lebensphasen durchsichtig, sodass Untersuchungen im Inneren möglich sind, ohne das Tier zu töten. Das ist von großer Bedeutung, da man auf diese Weise in der Lage ist, den gesamten Entwicklungsprozess des Wurms auf zellulärer Ebene zu verfolgen. So ließ sich auf dem Weg von der befruchteten Eizelle zum ausgewachsenen Wurm jede Zellteilung erfassen, und jeder Zeitpunkt, an dem eine Zelle eine spezifische Funktion übernimmt, wurde identifiziert. Darüber hinaus hat man die gesamte Verknüpfung der 302 Zellen kartiert, aus denen das Nervensystem des Wurms besteht.

Das Genom von _C. elegans_ ist mit 97 Mb (Tab. 7.2) relativ klein und die gesamte Sequenz ist bekannt. Durch Sequenzanalysen mithilfe von vielen Methoden, wie sie in Kapitel 5 beschrieben werden, ist man nun dabei, den unbekannten Genen Funktionen zuzuordnen und zwischen der Genomaktivität und den Entwicklungswegen Verknüpfungen herzustellen. Das Ziel ist eine vollständige genetische Beschreibung der Entwicklung von _C. elegans_, was wahrscheinlich in nicht allzu ferner Zeit gelingen dürfte.

### _Bestimmung des Schicksals der Vulvazellen von_ C. elegans

Ein entscheidendes Merkmal, das die Brauchbarkeit von _C. elegans_ als Forschungshilfsmittel unterstreicht, ist der Effekt, dass die Entwicklung mehr oder weniger konstant verläuft. Das Muster der Zellteilung und Differenzierung ist praktisch bei jedem Individuum gleich. Das liegt wahrscheinlich zu einem großen Teil an der Signalübertragung zwischen den Zellen, die jede Zelle dazu bringt, ihrem entsprechenden Differenzierungsweg zu folgen. Um das zu veranschaulichen, wollen wir die Entwicklung der Vulva von _C. elegans_ betrachten.

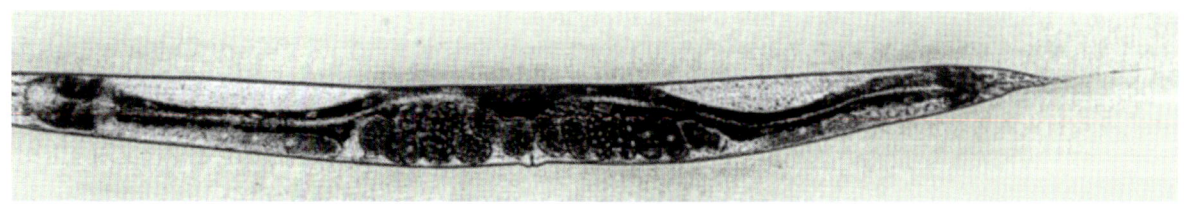

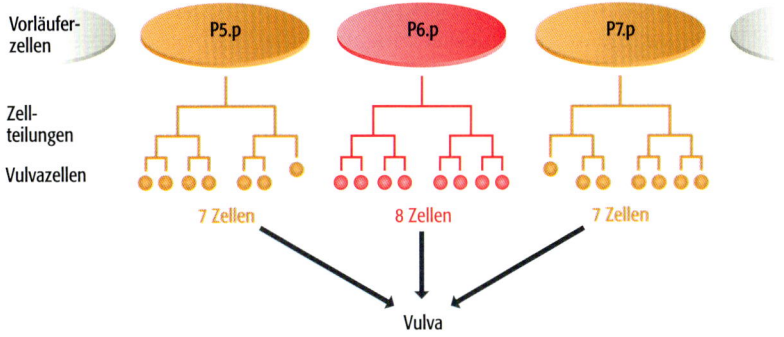

14.30    Zellteilungen, durch die Vulvazellen bei *Caenorhabditis elegans* entstehen. Drei Vorläuferzellen teilen sich auf programmierte Weise und erzeugen 22 Nachkommenzellen, die ihre Positionen relativ zueinander verändern und so die Vulva bilden.

Die meisten *C. elegans*-Würmer sind Hermaphroditen, das heißt, sie besitzen sowohl weibliche als auch männliche Geschlechtsorgane. Die Vulva ist Teil des weiblichen Geschlechtsapparats, sie ist die Röhre, durch die Spermien eindringen und wo die befruchteten Eier gelagert werden. Die Vulva eines adulten Wurms umfasst 22 Zellen. Sie gehen aus drei Vorläuferzellen hervor, die ursprünglich an der Oberfläche der Wurmunterseite in einer Reihe lagen (Abb. 14.30). Jede dieser Vorläuferzellen wird für den Differenzierungsweg vorgeprägt, der zur Erzeugung der Vulvazellen führt. Die mittlere Zelle, die man mit P6.p bezeichnet, durchläuft das „primäre Schicksal von Vulvazellen" und teilt sich zu acht neuen Zellen. Die übrigen beiden Zellen – P5.p und P7.p – durchlaufen das „sekundäre Schicksal von Vulvazellen" und teilen sich jeweils in sieben Zellen. Diese 22 Zellen strukturieren ihre Positionen um und bilden dabei die Vulva.

Ein entscheidender Aspekt bei der Entwicklung der Vulva besteht darin, dass sie relativ zur Gonade – dem Bereich, der die Eier enthält – an der richtigen Stelle entsteht. Wenn sich die Vulva an einer falschen Stelle entwickelt, können keine Spermien in die Gonade gelangen und die Eier werden nicht befruchtet. Die Positionsinformation, die die Vorläuferzellen der Vulva benötigen, wird von einer Zelle in der Gonade geliefert, die man als Ankerzelle bezeichnet (Abb. 14.31). Die Bedeutung dieser Ankerzelle ließ sich durch Experimente zeigen, bei denen sie im embryonalen Wurm künstlich zerstört wurde: Ohne Ankerzelle entwickelt sich die Vulva nicht. Das lässt sich dadurch erklären, dass die Ankerzelle ein extrazelluläres Signalmolekül sezerniert, das die Differenzierung von P5.p, P6.p und P7.p auslöst. Dieses Signalmolekül ist das Protein LIN-3, das vom *lin-3*-Gen codiert wird.

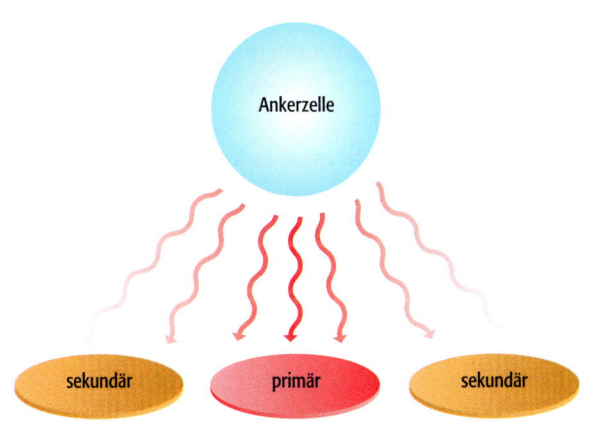

14.31    Die mutmaßliche Funktion der Ankerzelle bei der Festlegung des Zellschicksals während der Vulvaentwicklung bei *Caenorhabditis elegans*. Man nimmt an, dass die Freisetzung des Signalmoleküls LIN-3 durch die Ankerzelle die P6.p-Zelle (rot), die der Ankerzelle am nächsten liegt, dazu veranlasst, das primäre Schicksal von Vulvazellen anzunehmen. P5.p und P7.p (gelb) liegen von der Ankerzelle weiter entfernt und sind einer geringeren Konzentration von LIN-3 ausgesetzt. Sie werden zu sekundären Vulvazellen. Wie im Text beschrieben, gibt es Belege dafür, dass die Festlegung der sekundären Zellen auf ihr Schicksal auch durch Signale aus der primären Vulvazelle beeinflusst wird.

Warum durchläuft die P6.p-Zelle das primäre Zellschicksal, während P5.p und P7.p das sekundäre Zellschicksal annehmen. Dafür gibt es zwei mögliche Erklärungen: Zum einen bildet LIN-3 einen Konzentrationsgradienten und hat deshalb auf P6.p, die am nächsten liegende Zelle, eine andere Wirkung als auf die weiter entfernten Zellen P5.p und P7.p (Abb. 14.31). Befunde, die diese Vorstellung unterstützen, stammen von Untersuchungen, die zeigen, dass isolierte Zellen das sekundäre Schicksal durchlaufen, wenn sie geringen Konzentrationen von LIN-3 ausgesetzt sind. Andererseits könnte das Signal, das die Zellen P5.p und P7.p auf das sekundäre Schicksal festlegt, nicht direkt aus der Ankerzelle kommen, sondern indirekt über die P6.p-Zelle. Das geschieht möglicherweise über ein anderes extrazelluläres Signalmolekül, dessen Expression durch das LIN-3-Signal in P6.p ausgelöst wird. Diese Hypothese wird durch die anormalen Eigenschaften unterstützt, die bestimmte Mutanten zeigen, bei denen mehr als drei Zellen zur Entwicklung einer Vulva vorgeprägt werden. Bei diesen Mutanten gibt es mehr als eine primäre Zelle, aber jede wird von zwei sekundären Zellen umgeben. Das deutet darauf hin, dass im lebenden Wurm die Annahme des sekundären Zellschicksals davon abhängt, dass eine benachbarte primäre Zelle vorhanden ist.

Die Entwicklung der Vulva bei *C. elegans* besitzt noch andere interessante Merkmale. Zum einen zeigt der Signalweg, der P6.p auf das primäre Zellschicksal festlegt, viele Übereinstimmungen mit dem Signalübertragungssystem der MAP-Kinase bei den Vertebraten (Abb. 14.10). Der Zelloberflächenrezeptor für LIN-3 ist die Proteinkinase LET-23, die bei Aktivierung durch die Bindung von LIN-3 eine Abfolge von intrazellulären Reaktionen auslöst. Diese führen schließlich zur Aktivierung eines der MAP-Kinase ähnlichen Proteins, das wiederum eine Reihe von Transkriptionsaktivatoren anschaltet. Es ist jedoch noch nicht gelungen, die Zielgene zu identifizieren, weder in den primären noch in den sekundären Vulvavorläuferzellen, aber das System kann erforscht werden.

Eine weitere Besonderheit besteht darin, dass die Vorläuferzellen der Vulva sowohl dem Aktivierungssignal, das die Ankerzelle in Form von LIN-3 abgibt, als auch dem inaktivierenden Effekt eines zweiten Signalmoleküls unterliegen. Dieses wird von einer Hypodermiszelle sezerniert, die den Wurm größtenteils als vielkernige Deckschicht umhüllt. Dieses hemmende Signal wird durch die positiven Signale aufgehoben, die P5.p, P6,p und P7.p zur Differenzierung anregen, verhindert aber, dass die drei angrenzenden Zellen P3.p, P4.p und P8.p in unpassender Weise zu einer Vulva differenzieren. Dazu kann es durchaus kommen, wenn das hemmende Signal nicht funktionsfähig ist, beispielsweise in einem Wurm mit einer Mutation.

Die allgemeinen Prinzipien, die sich aus der Untersuchung der Vulvaentwicklung bei *C. elegans* ableiten lassen, kann man folgendermaßen zusammenfassen:

- In einem vielzelligen Lebewesen ist die Positionsinformation von großer Bedeutung: Am spezifischen Ort muss sich die richtige Struktur entwickeln.

- Die Vorprägung einer kleinen Anzahl von Vorläuferzellen zu einer bestimmten Art der Differenzierung führt zum Aufbau einer vielzelligen Struktur.

- Die Signalübertragung zwischen den Zellen kann mithilfe eines Konzentrationsgradienten erfolgen, der bei Zellen an verschiedenen Positionen relativ zur signalgebenden Zelle unterschiedliche Reaktionen auslöst.

- Eine Zelle kann konkurrierenden Signalen ausgesetzt sein, wobei ein Signal die eine Reaktion erfordert, das andere Signal jedoch die entgegengesetzte.

### 14.3.4 Die Entwicklung bei *Drosophila melanogaster*

Zum Schluss wollen wir uns noch mit der Entwicklung bei *Drosophila melanogaster* beschäftigen. Die experimentelle Geschichte der Taufliege reicht bis in das Jahr 1910 zurück, als Thomas Hunt Morgan als Erster dieses Lebewesen als Modellsystem in der genetischen Forschung nutzte. Für Morgan bestanden die Vorteile von *Drosophila* in ihrer geringen Größe, sodass in einem einzigen Experiment eine große Anzahl untersucht werden konnte, in ihren minimalen Nährstoffanforderungen (die Fliegen mögen Bananen) und das Vorkommen in natürlichen Populationen mit einfach erkennbaren genetischen Merkmalen, wie etwa ungewöhnliche Augenfarben. Morgan wusste nicht, dass weitere Vorteile darin bestehen, dass das Genom eine geringe Größe besitzt (180 Mb, Tab. 7.2) und die Isolierung von Genen durch die „Riesenchromosomen" in den Speicheldrüsen erleichtert wird. Diese bestehen aus vielen Kopien desselben DNA-Moleküls, die alle nebeneinander liegen. Sie zeigen ein Bandenmuster, das mit der physikalischen Karte jedes Chromosoms korreliert, sodass man die Positionen von gesuchten Genen genau bestimmen kann. Morgan sah jedoch voraus, dass *Drosophila* bei der Erforschung der Entwicklung ein wichtiger Organismus werden könnte, ein Thema, das ihn damals genauso interessierte wie uns heute.

Der wichtigste Beitrag von *Drosophila* zu unseren Vorstellungen von der Entwicklung besteht darin, dass wir Einblicke gewinnen konnten, wie ein undifferenzierter Embryo Positionsinformationen ausbildet, die schließlich zum Aufbau von komplexen Körperteilen an den richtigen Stellen im ausgewachsenen Lebewesen führt. *Drosophila* besitzt zwar in mancher Hinsicht eine ziemlich ungewöhnliche Organisationsstruktur des Embryos (wie wir im nächsten Abschnitt feststellen werden), aber die genetischen Mechanismen, die den Körperbauplan festlegen, stimmen mit denen in anderen Organismen überein, etwa auch mit dem Menschen. Erkenntnisse, die mithilfe von *Drosophila* gewonnen wurden, haben deshalb die Erforschung von Bereichen in der menschlichen Entwicklung bestimmt, die man lange Zeit als nicht erforschbar angesehen hatte. Um das Ganze zu untersuchen, müssen wir mit den Vorgängen beginnen, die während der Entwicklung des *Drosophila*-Embryos ablaufen.

#### *Mütterliche Gene legen im* Drosophila-*Embryo Proteingradienten fest*

Der frühe *Drosophila*-Embryo besitzt die ungewöhnliche Eigenschaft, dass er nicht wie bei den meisten Organismen aus einer Vielzahl von Zellen besteht, sondern ein einziges **Syncytium** bildet, das aus einer großen Menge an Cytoplasma und zahlreichen Zellkernen besteht (Abb. 14.32). Diese Struktur bleibt in 13 aufeinanderfolgenden Zellkernteilungsrunden erhalten, bis etwa 1 500 Zellkerne entstanden sind: Erst dann bilden sich die ersten einkernigen Zellen um die Außenseite des Syncytiums herum. Sie erzeugen die Struktur, die man als Blastoderm bezeichnet. Vor Erreichen der Blastodermphase hat sich jedoch bereits die Positionsinformation etabliert.

Die erste Positionsinformation, die der Embryo benötigt, ist die Definition, wo sich das vordere (anteriore) Ende und das hintere (posteriore) Ende befindet, wo oben (dorsal) und unten (ventral) ist. Diese Informationen werden durch Konzentrationsgradienten von Proteinen gegeben, die sich im Syncytium aufbauen. Die meisten dieser Proteine werden nicht von Genen im Embryo synthetisiert, sondern von mRNAs translatiert, die von der Mutter in den Embryo gelangt sind. Um zu erfahren, wie diese **Maternaleffektgene** funktionieren,

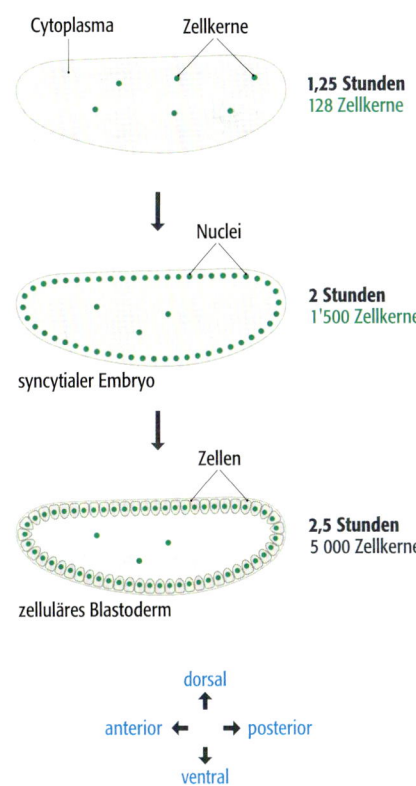

**14.32  Frühe Entwicklungsphase des *Drosophila*-Embryos.** Zu Beginn ist der Embryo ein einziges Syncytium, das eine schrittweise zunehmende Anzahl von Zellkernen enthält. Diese Zellkerne wandern nach etwa zwei Stunden an die Peripherie des Embryos und innerhalb weiterer 30 Minuten beginnt die Bildung der Zellen. Der Embryo ist etwa 500 $\mu$m lang und besitzt einen Durchmesser von 170 $\mu$m.

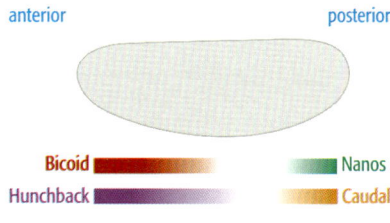

anterior posterior

Bicoid

Hunchback

Nanos

Caudal

**14.33** Errichten der anterior-posterioren Achse im *Drosophila*-Embryo. Die anterior-posteriore Achse wird, wie im Text beschrieben, durch Gradienten der Proteine Bicoid, Nanos, Caudal und Hunchback errichtet. In der Abbildung sind die Konzentrationsgradienten durch die farbigen Balken unter dem Umriss des Embryos dargestellt.

wollen wir uns mit der Synthese von Bicoid beschäftigen, eines von vier Proteinen, die an der Festlegung der anterior-posterioren Achse (Längsachse) beteiligt sind.

Das *bicoid*-Gen wird von den mütterlichen Nährzellen transkribiert, und die mRNA wird in das vordere Ende des unbefruchteten Eies gebracht. Diese Position ist durch die Orientierung der Eizelle in der Eikammer festgelegt. Die *bicoid*-mRNA bleibt im vorderen Bereich der Eizelle und ist mit dem 3′-Ende am Cytoskelett der Zelle befestigt. Sie wird nicht sofort translatiert, wahrscheinlich weil der Poly(A)-Schwanz zu kurz ist. Das lässt sich aus der Tatsache schließen, dass es vor der Translation, die nach der Befruchtung der Eizelle einsetzt, durch die kombinierte Aktivität des Cortex-, Grauzone- und des Staufen-Proteins zu einer Verlängerung der Poly(A)-Schwänze kommt, wobei alle diese Proteine von Genen in der Eizelle synthetisiert werden. Das Bicoid-Protein diffundiert durch das Syncytium und bildet so einen Konzentrationsgradienten, mit dem höchsten Wert am vorderen und dem niedrigsten Wert am hinteren Ende (Abb. 14.33).

Die Produkte von drei weiteren Maternaleffektgenen sind ebenfalls am Aufbau des anterior-posterioren Gradienten beteiligt: die Proteine Hunchback, Nanos und Caudal. Alle werden in Form von mRNAs in den vorderen Bereich der unbefruchteten Eizelle gebracht. Die *nanos*-mRNA wird in den hinteren Teil der Eizelle transportiert und am Cytoskelett befestigt, wo sie auf die Translation „wartet". Die *hunchback*- und die *caudal*-mRNA werden gleichmäßig im Cytoplasma verteilt, doch bilden ihre Proteine aufgrund der Aktivität von Biocid und Nanos Gradienten:

- Bicoid aktiviert das *hunchback*-Gen in den embryonalen Zellkernen, ergänzt so die *hunchback*-mRNA im vorderen Bereich und unterdrückt die Translation der mütterlichen *caudal*-mRNA. Dadurch nimmt die Konzentration des Hunchback-Proteins im vorderen Bereich zu und die von Caudal nimmt ab.

- Nanos unterdrückt die Translation der *hunchback*-mRNA und trägt so weiter zum anterior-posterioren Gradienten des Hunchback-Proteins bei.

Insgesamt bildet sich so ein Gradient von Bicoid und Hunchback heraus, mit einer jeweils höheren Konzentration am vorderen Ende, sowie ein Gradient von Nanos und Caudal, mit der jeweils höheren Konzentration am hinteren Ende. Dieser Gradient wird durch das Torso-Protein ergänzt, das ein weiteres Produkt der Maternaleffektgene ist. Es akkumuliert am äußersten vorderen und hinteren Ende. Zu ähnlichen Vorgängen kommt es beim Aufbau des dorsal-ventralen Gradienten, vor allem mit dem Dorsal-Protein.

### Eine Genexpressionskaskade wandelt die Positionsinformation in ein Segmentierungsmuster um

Der Körperbauplan der adulten Taufliege besteht wie bei der Larve aus einer Abfolge von Segmenten, von denen jedes eine andere strukturelle Funktion besitzt. Das zeigt sich am deutlichsten am Thorax, der drei Segmente aufweist, die jeweils ein Paar Beine tragen, und beim Abdomen, das aus acht Segmenten besteht. Es gilt aber auch für den Kopf, wobei die Segmentstruktur des Kopfes weniger sichtbar ist (Abb. 14.34). Das Ziel der Embryonalentwicklung ist also die Erzeugung einer jungen Larve mit dem richtigen Segmentierungsmuster.

Die Gradienten, die im Embryo durch die Produkte der Maternaleffektgene errichtet werden, machen die erste Phase der Segmentmusterbildung aus. Diese

T1 T2 T3 A1 A2 A3 A4 A5–A8

**14.34** Das Segmentierungsmuster der adulten Form von *Drosophila melanogaster*. Der Kopf ist ebenfalls segmentiert, das Muster lässt sich jedoch aus der Morphologie der Taufliege nicht einfach ableiten.

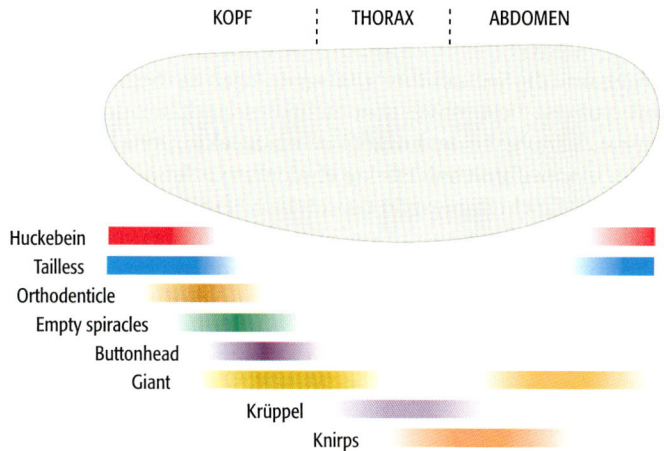

KOPF | THORAX | ABDOMEN

Huckebein
Tailless
Orthodenticle
Empty spiracles
Buttonhead
Giant
Krüppel
Knirps

**14.35**  Die Funktion der *gap*-Genprodukte bei der Vermittlung der Positionsinformation während der Embryonalentwicklung bei *Drosophila melanogaster.* Der Konzentrationsgradient jedes *gap*-Genprodukts ist durch farbige Balken angedeutet. Außerdem sind die Bereiche des Embryos markiert, aus denen Kopf, Thorax und Abdomen der adulten Fliege entstehen.

Gradienten versehen das Innere des Embryos mit einem Grundbestand an Positionsinformation, wobei jeder Punkt im Syncytium eine eigene chemische Ausstattung besitzt, die durch die relativen Mengen der verschiedenen Produkte der Maternaleffektgene definiert wird. Diese Positionsinformation wird durch die Expression der **gap-Gene** noch genauer gefasst. Drei der anterior-posterioren Gradientenproteine – Bicoid, Hunchback und Caudal – sind Transkriptionsaktivatoren, deren Ziel die *gap*-Gene in den Zellkernen sind, die jetzt die Innenseite des Embryos auskleiden (Abb. 14.32). Welche *gap*-Gene in einem bestimmten Zellkern exprimiert werden, hängt von den relativen Konzentrationen der Gradientenproteine und deshalb von der Position des Zellkerns entlang der anterior-posterioren Achse ab. Einige *gap*-Gene werden durch Bicoid, Hunchback und Caudal direkt aktiviert, etwa die Gene *buttonhead*, *empty spiracles* und *orthodenticle* durch Bicoid. Andere *gap*-Gene werden indirekt angeschaltet, beispielsweise *huckebein* und *tailless*. Diese Gene reagieren auf Transkriptionsaktivatoren, die durch Torso angeschaltet werden. Es kommen auch hemmende Effekte vor (so unterdrückt zum Beispiel Bicoid die Expression von *knirps*), und die Produkte der *gap*-Gene regulieren auf verschiedene Weise ihre eigene Expression. Dieses komplizierte Wechselspiel bringt die Positionsinformation im Embryo hervor, die jetzt auf den relativen Konzentrationen der *gap*-Genprodukte beruht und dadurch feiner strukturiert ist (Abb. 14.35).

Als nächstes wird die Gruppe der **Paarregelgene** aktiviert. Sie errichten das grundlegende Segmentmuster. Die Transkription dieser Gene reagiert auf die relativen Konzentrationen der *gap*-Genprodukte und tritt in Zellkernen auf, die bereits von Zellen umschlossen wurden. Die Produkte der Paarregelgene diffundieren also nicht durch das Syncytium, sondern bleiben in den Zellen lokalisiert, die sie exprimieren. Der Embryo kann nun als Abfolge von Streifen aufgefasst werden, wobei jeder Streifen aus einer Gruppe von Zellen besteht, die ein bestimmtes Paarregelgen exprimieren. In einer weiteren Runde der Genaktivierung werden die **Segmentpolaritätsgene** angeschaltet, die die Streifen noch genauer definieren, indem sie die Größen und die genauen Positionen der Streifen festlegen, die schließlich die Segmente der Fliegenlarve werden sollen. Die ungenaue Positionsinformation der Maternaleffektgene wurde schrittweise in ein exakt definiertes Segmentmuster umgewandelt.

## Die Identität der Segmente wird durch homöotische Selektorgene bestimmt

Die Paarregel- und die Segmentpolaritätsgene legen das Segmentierungsmuster des Embryos fest, bestimmen aber nicht die Identitäten der einzelnen Segmente. Das ist die Aufgabe der **homöotischen Selektorgene**, die ursprünglich aufgrund der ungewöhnlichen Effekte entdeckt wurden, die Mutationen dieser Gene auf das Erscheinungsbild der adulten Fliege haben. Die *antennapedia*-Mutation wandelt beispielsweise ein Kopfsegment, das normalerweise eine Antenne hervorbringt, in ein Segment um, das ein Bein erzeugt. Die Fliegenmutante trägt dann dort ein Paar Beine, wo eigentlich die Antennen sein sollten. Die ersten Genetiker waren von diesen monströsen **homöotischen Mutanten** fasziniert, und während der ersten Jahrzehnte des 20. Jahrhunderts wurden viele von ihnen gesammelt.

Die genetische Kartierung von homöotischen Mutationen hat gezeigt, dass die Selektorgene auf Chromosom 3 in zwei Gruppen angeordnet sind. Diese Cluster bezeichnet man als Antennapedia-Komplex (ANT-C) und Bithorax-Komplex (BX-C). Der ANT-C-Komplex enthält Gene, die bei der Ausbildung der Kopf- und Thoraxsegmente mitwirken, die Gene im BX-C-Komplex sind an der Bildung der Abdomensegmente beteiligt (Abb. 14.36). Im ANT-C-Komplex befinden sich auch einige andere Entwicklungsgene, die nicht zu den Selektorgenen zählen, wie etwa *bicoid*. Eine interessante Eigenschaft des ANT-C- und des BCC-Clusters besteht darin, dass die Reihenfolge der Gene der Reihenfolge der Segmente in der Fliege entspricht, wobei man den Zusammenhang noch nicht kennt. So ist beispielsweise das erste Gen von ANT-C *labial palps*, welches das vorderste Segment der Fliege kontrolliert, und das letzte Gen von BX-C ist *Abdominal B*, welches das hinterste Segment der Fliege spezifiziert.

In jedem Segment wird das richtige Selektorgen exprimiert, da die Aktivierung jedes dieser Gene aufgrund der Positionsinformation erfolgt, die die Verteilung der Produkte der *gap*-Gene und Paarregelgene festlegt. Die Produkte der Selektorgene sind selbst Transkriptionsaktivatoren, die alle eine homöodomänenspezifische Form der DNA-bindenden Helix-Kehre-Helix-Struktur enthalten (Abschnitt 11.1.1). Jedes Selektorgenprodukt schaltet – möglicherweise unter Mitwirkung eines Coaktivators wie etwa Extradenticle – eine Gruppe von Genen an, die für die Initiation der Entwicklung eines bestimmten Segments notwendig sind. Die Aufrechterhaltung des differenzierten Zustands wird teilweise durch den hemmenden Effekt gewährleistet, den jedes Selektorgenprodukt auf die Expression der übrigen Selektorgene hat, teilweise auch durch die Aktivität von Polycomb, das inaktives Chromatin über den Selektorgenen aufbaut, die in einer bestimmten Zelle nicht exprimiert werden (Abschnitt 14.2.2).

## Homöotische Selektorgene sind bei der Entwicklung der höheren Eukaryoten allgemein von Bedeutung

Die Homöodomänen der verschiedenen Selektorgene von *Drosophila* sind sich auffällig ähnlich. Diese Beobachtung führte in den 1980er-Jahren dazu, dass man andere homöotische Gene suchte, indem man die Homöodomäne bei Hybridisierungsexperimenten als Sonde einsetzte. So gelang die Isolierung mehrerer vorher unbekannter Gene mit Homöodomänen. Wie sich herausstellte, waren das keine Selektorgene, sondern sie entsprachen anderen Typen von Genen, die Transkriptionsfaktoren für die Entwicklungsphase codieren. Beispiele sind die Paarregelgene *even-skipped* und *fushi tarazu* sowie das Segmentpolaritätsgen *engrailed*.

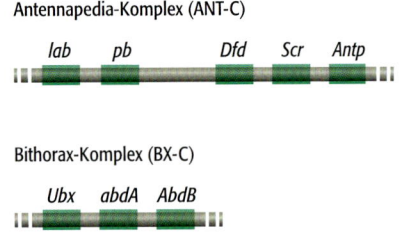

Antennapedia-Komplex (ANT-C)

*lab*   *pb*        *Dfd*   *Scr*   *Antp*

Bithorax-Komplex (BX-C)

*Ubx*   *abdA*   *AbdB*

**14.36   Der Antennapedia- und der Bithorax-Genkomplex von *Drosophila melanogaster*.** Beide Komplexe liegen im Chromosom 3 der Taufliege, ANT-C stromaufwärts von BX-C. Die Gene werden im Allgemeinen in der abgebildeten Reihenfolge dargestellt, was aber bedeutet, dass sie von rechts nach links transkribiert werden. Die tatsächlichen Längen der einzelnen Gene ist hier nicht berücksichtigt. Die vollständigen Genbezeichnungen lauten wie folgt: *lab, labial palps; pb, proboscipedia; Dfd, Deformed; Scr, Sex combs reduced; Antp, Antennapedia; Ubx, Ultrabithorax; abdA, abdominal A; AdbB, Abdominal B.* Im ANT-C-Cluster liegen die Nicht-Selektorgene *zerknüllt* und *bicoid* zwischen *pb* und *Dfd*, *fushi tarazu* zwischen *Scr* und *Antp*.

Richtig spannend wurde es, als die Genome von anderen Organismen mit Hybridisierungssonden untersucht wurden und man feststellte, dass Homöodomänen bei einer großen Vielzahl von Tieren und auch beim Menschen vorkommen. Die Entdeckung, dass es sich bei einigen der Gene mit Homöodomäne in diesen Organismen um homöotische Selektorgene handelt, die in ähnlichen Clustern wie ANT-C und BX-C angeordnet sind und entsprechende Funktionen bei der Festlegung des Körperbauplans wie bei *Drosophila* ausüben, hatte man so nicht erwartet. So führen beispielsweise Mutationen im HoxC8-Gen der Maus dazu, dass ein Tier ein zusätzliches Rippenpaar trägt, weil ein Lendenwirbel (der sich normalerweise im unteren Rückenbereich befindet) in einen Brustwirbel (aus dem Rippen wachsen) umgewandelt wurde. Andere Hox-Mutationen führen bei Tieren zu Deformationen der Gliedmaßen, etwa das Fehlen des Unterarms oder das Vorhandensein zusätzlicher Glieder an Fingern oder Zehen.

Wir betrachten nun das ANT-C- und das BX-C-Cluster der Selektorgene von *Drosophila* als zwei Teile eines einzigen Komplexes, den man im Allgemeinen als homötischen Genkomplex oder HOM-C bezeichnet. Bei den Vertebraten gibt es vier Cluster mit homöotischen Genen – HoxA bis HoxD. Wenn man diese Cluster untereinander und mit HOM-C vergleicht (Abb. 14.37), zeigen sich Übereinstimmungen zwischen den Genen an einander entsprechenden Positionen. Daher lässt sich die Evolutionsgeschichte der homöotischen Selektorgene von den Insekten bis zum Menschen verfolgen (Abschnitt 18.2.1). Wie bei *Drosophila* entspricht auch die Reihenfolge der Gene in den Clustern der Vertebraten der Reihenfolge der Strukturen, die die Gene im Körperbauplan des adulten Organismus spezifizieren. Das ist beim HoxB-Cluster der Maus deutlich zu erkennen. Dieses Cluster kontrolliert die Entwicklung des Nervensystems (Abb. 14.38). Die bemerkenswerte Schlussfolgerung besteht darin, dass auf dieser grundlegenden Ebene die Entwicklungsprozesse bei der Taufliege

**14.37  Vergleich zwischen dem HOM-C-Komplex bei *Drosophila* und den vier Hox-Clustern der Vertebraten.** Gene, die Proteine mit verwandten Strukturen und Funktionen codieren, sind farblich gekennzeichnet. In Abschnitt 18.2.1 finden sich weitere Einzelheiten über die Evolution der Hox-Cluster. In der Darstellung wurden die tatsächlichen Längen der Gene nicht berücksichtigt. Die Genbezeichnungen im HOM-C-Komplex sind wie folgt: *lab, labial palps*; *pb, proboscipedia*; *Dfd, Deformed*; *Scr, Sex combs reduced*; *Antp, Antennapedia*; *Ubx, Ultrabithorax*; *abdA, abdominal A*; *AdbB, Abdominal B*.

**14.38  Spezifizierung des Nervensystems der Maus durch Selektorgene des HoxB-Clusters.** Das Nervensystem ist schematisch dargestellt, die Positionen, die durch die einzelnen HoxB-Gene festgelegt werden, sind durch grüne Balken gekennzeichnet (HoxB1 bis HoxB9). Die Komponenten des Nervensystems umfassen: V, Vorderhirn; M, Mittelhirn; r1–r8, Rhombomere 1–8; sowie das Rückenmark. Die Rhombomere sind Segmente des Hinterhirns, die während der Entwicklung erkennbar sind.

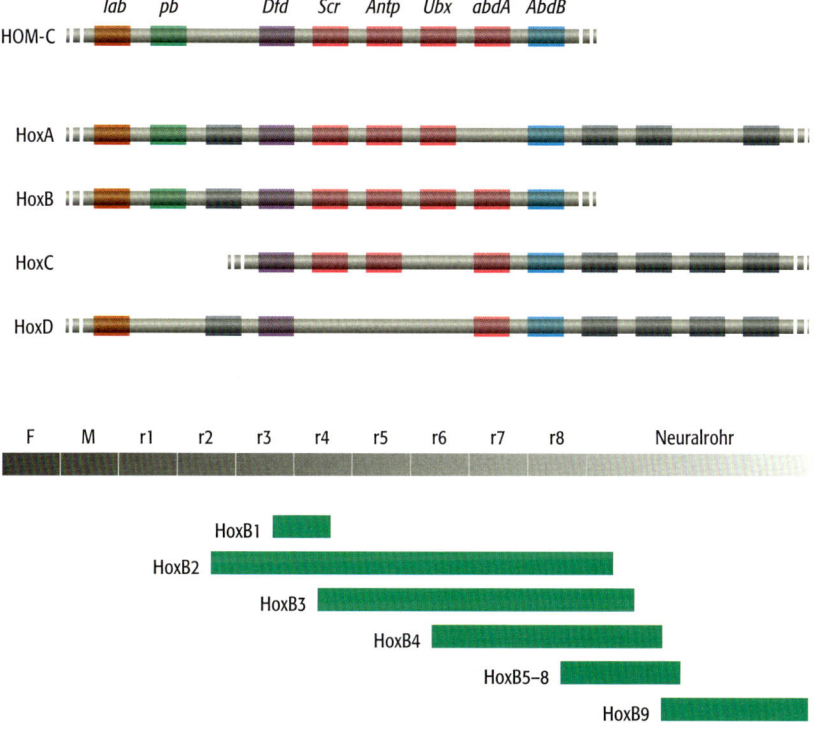

und anderen „einfachen" Eukaryoten den Prozessen gleichen, die beim Menschen und anderen „komplexen" Organismen ablaufen. Die Entdeckung, dass Untersuchungen an Taufliegen für die menschliche Entwicklungsphase direkt von Bedeutung sind, eröffnet umfangreiche Möglichkeiten für künftige Forschungen.

### Auch der Entwicklung bei Pflanzen liegen homöotische Gene zugrunde

Die gute Anwendbarkeit von *Drosophila* als Modellsystem für die Entwicklung erstreckt sich sogar über die Vertebraten hinaus. Die Entwicklungsprozesse der Pflanzen unterscheiden sich in vielerlei Hinsicht stark von denen bei *Drosophila* und anderen Tieren. Auf genetischer Ebene gibt es jedoch gewisse Ähnlichkeiten, die ausreichend sind, um das Wissen über die Entwicklung bei *Drosophila* für Schlussfolgerungen aus vergleichbaren Untersuchungen bei Pflanzen heranziehen zu können. Insbesondere hat die Erkenntnis, dass eine begrenzte Anzahl von homöotischen Selektorgenen den Körperbauplan von *Drosophila* kontrolliert, zu einem Modell der pflanzlichen Entwicklung geführt, nach dem die Struktur einer Blüte ebenfalls von einer kleinen Zahl von homöotischen Genen bestimmt wird.

Alle Blüten sind nach einem ähnlichen Prinzip aufgebaut, sie bestehen aus vier konzentrischen Wirteln, von denen jeder ein anderes Blütenorgan hervorbringt (Abb. 14.39). Der äußerste Wirtel (Nummer 1) trägt die Kelchblätter, bei denen es sich um umgewandelte Blätter handelt, die die Knospe während der Entwicklung umhüllen und schützen. Der nächste Wirtel (Nummer 2) enthält die jeweils charakteristischen Blütenblätter, und innerhalb von diesen befindet sich die Wirtel 3 (mit den Staubblättern, den männlichen Fortpflanzungsorganen) und 4 (mit den Fruchtblättern, den weiblichen Fortpflanzungsorganen).

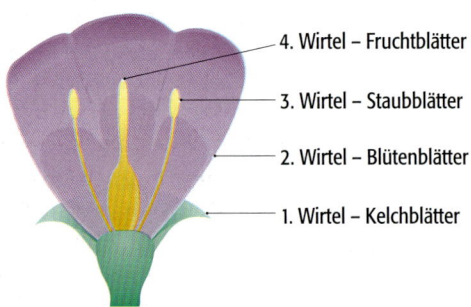

4. Wirtel – Fruchtblätter

3. Wirtel – Staubblätter

2. Wirtel – Blütenblätter

1. Wirtel – Kelchblätter

**14.39**  Blüten sind aus vier konzentrischen Wirteln aufgebaut.

Die meisten Forschungen zur Entwicklung bei Pflanzen wurden mit *Antirrhinum* (Löwenmaul) und *Arabidopsis thaliana* durchgeführt. Letztere ist eine kleine Wicke, die als Modellspezies gewählt wurde, unter anderem weil ihr Genom nur 125 Mb umfasst (Tab. 7.2) und damit eines der kleinsten Genome bei den Blütenpflanzen ist. Diese Pflanzen enthalten zwar offenbar keine Proteine mit Homöodomäne, aber sie besitzen Gene, die bei einer Mutation zu homöotischen Veränderungen der Blütenstruktur führen, etwa indem anstelle von Kelchblättern Fruchtblätter stehen. Eine Analyse dieser Mutanten ergab ein „ABC-Modell", nach dem es drei Typen von homöotischen Genen gibt – A, B und C – die die Blütenentwicklung folgendermaßen kontrollieren:

- Wirtel 1 wird durch die Typ-A-Gene bestimmt: Beispiele bei *Arabidopsis* sind *apetala1* und *apetala2*.

- Wirtel 2 wird von den Typ-A-Genen unter Mitwirkung von Typ-B-Genen bestimmt, Beispiele für Letztere sind *apetala3* und *pistillata*.

- Wirtel 3 wird von den B-Genen und dem C-Gen *agamous* bestimmt.

- Wirtel 4 wird durch das C-Gen allein bestimmt.

Aus den Forschungsarbeiten mit *Drosophila* lässt sich ableiten, dass die Produkte der homöotischen Gene A, B und C Transkriptionsaktivatoren sind. Alle außer dem APETALA2-Protein enthalten die gleiche DNA-Bindungsdomäne, die **MADS-Box**. Diese kommt auch in anderen Proteinen vor, die an der pflanzlichen Entwicklung beteiligt sind, beispielsweise SEPALLATA1, 2 und 3, die mit den A-, B- und C-Proteinen bei der genauen Festlegung der Blütenstruktur zusammenwirken. Eine weitere Komponente im System der Blütenentwicklung ist immer mindestens ein zentrales Schlüsselgen, *floricaula* bei *Antirrhinum* und *leafy* bei *Arabidopsis*. Dieses Gen kontrolliert das Umschalten vom vegetativen zum reproduktiven Wachstum und setzt die Blütenbildung in Gang. Außerdem wirkt es dabei mit, das Expressionsmuster der homöotischen Gene festzulegen. Bei *Arabidopsis* gibt es auch das Gen *curly leaf*, dessen Produkt ähnlich wirkt wie Polycomb von *Drosophila* (Abschnitt 14.2.2). Es erhält den differenzierten Zustand jeder Zelle aufrecht, indem es diejenigen homöotischen Gene hemmt, die in einem der Wirtel inaktiv sind.

## Zusammenfassung

Bei den Expressionswegen der einzelnen Gene gibt es viele Schritte, an denen eine Regulation stattfinden kann, aber die entscheidenden Kontrollmechanismen wirken auf die Initiation der Transkription. Vorübergehende Veränderungen der Genomexpressionsmuster kommen vor allem als Reaktion auf äußere Reize vor, die die Transkription einzelner Gene beeinflussen. Einige extrazelluläre Signalmoleküle werden in die Zelle eingeschleust und wirken direkt auf die Transkription, beispielsweise das Lactoferrin bei Säugern. Steroidhormone gelangen ebenfalls in die Zelle, beeinflussen aber die Genomexpression über Rezeptorproteine, die als Transkriptionsaktivatoren fungieren. Bei der Katabolitrepression der Bakterien wirkt Glucose auf die Expression verschiedener Gene ein, die an der Zuckerverwertung beteiligt sind. Das geschieht indirekt über die Kontrolle des cAMP-Spiegels in der Zelle, der wiederum die Aktivität eines Transkriptionsaktivators, des so genannten Katabolitaktivatorproteins, beeinflusst. Andere Signalwege werden durch Rezeptoren an der Zelloberfläche vermittelt, von denen viele nach einem extrazellulären Signal dimerisieren. Dadurch wird ein Signalübertragungsweg in Gang gesetzt, der zum Genom führt. Der MAP-Kinase-Weg ist dafür ein Beispiel, es gibt jedoch noch verschiedene andere, darunter auch solche mit STAT-Transkriptionsaktivatoren. Einige Signalübertragungswege beruhen auf Second Messengern, etwa auf zyklischen Nucleotiden oder Calciumionen. Diese beeinflussen eine Reihe von zellulären Aktivitäten, wozu auch die Genomexpression zählt. Permanente und semipermanente Veränderungen der Genomexpression können durch Umstrukturierungen des Genoms erreicht werden, beispielsweise beim Kreuzungstypwechsel der Hefe und bei der Erzeugung der Vielfalt von Immunglobulinen und T-Zell-Rezeptoren der Vertebraten. Zu permanenten und semipermanenten Veränderungen kommt es auch durch Proteine wie Polycomb bei *Drosophila melanogaster*. Dabei wird in den Bereichen eines Chromosoms, die abgeschaltet werden sollen, die Bildung von Heterochromatin induziert. Unsere Vorstellungen von den genetischen Grundlagen der Entwicklungsphase wurden durch die Untersuchung von Modellsystemen in relativ einfachen Organismen wie Bakterien, *Caenorhabditis elegans* und *Drosophila melanogaster* erweitert. Der lysogene Infektionszyklus des Bakteriophagen λ zeigt, durch welche einfachen genetischen Schalter entschieden werden kann, welcher von zwei Entwicklungswegen eingeschlagen wird. Untersuchungen zur Sporulation von *Bacillus subtilis* haben veranschaulicht, wie Veränderungen der Genomexpression zeitabhängig herbeigeführt werden können und wie die Signalübertragung zwischen den Zellen einen Differenzierungsweg regulieren kann. Untersuchungen zur Entwicklung der Vulva bei *C. elegans* zeigten Mechanismen auf, die das Zellschicksal bestimmen. Die meisten Informationen zur Entwicklungsgenetik erhält man bei der Embryogenese der Taufliege. Dabei ließ sich zeigen, wie durch die Kontrolle von Expressionsmustern ein komplexer Körperbauplan gebildet werden kann. Diese Arbeiten haben auch gezeigt, dass es homöotische Selektorgene gibt, die nicht nur bei Fliegen die Entwicklungsprozesse kontrollieren, sondern auch bei Vertebraten und Pflanzen.

# Multiple-Choice-Fragen

*Antworten auf die Fragen mit den ungeraden Zahlen finden Sie im Anhang

**14.1*** Wie wird der Begriff Differenzierung definiert?

    **a.** Veränderungen der Genomexpression, die das Proteom der Zelle nicht verändern

    **b.** Vorübergehende Veränderungen der Genomaktivität einer Zelle als Reaktion auf extrazelluläre Faktoren

    **c.** Eine koordinierte Abfolge von Veränderungen, die in der Lebensgeschichte einer Zelle stattfinden

    **d.** Das Annehmen einer spezialisierten physiologischen Funktion durch eine Zelle

**14.2** Welche ist die wichtigste Kontrollstelle für die Regulation der Genomexpression?

    **a.** Initiation der Transkription

    **b.** Prozessierung des Transkripts

    **c.** Initiation der Translation

    **d.** Abbau von Proteinen und RNA-Molekülen

**14.3*** Welcher Mechanismus beruht nicht auf einem Signalmolekül, das nach Einschleusen in die Zelle die Genomexpression beeinflusst?

    **a.** Einige Signalmoleküle methylieren DNA-Sequenzen, um spezifische Gene abzuschalten

    **b.** Einige Signalmoleküle sind Proteine, die als Regulatoren der Genomexpression fungieren

    **c.** Einige Signalmoleküle beeinflussen direkt die Aktivität von Regulationsproteinen in der Zelle

    **d.** Einige Signalmoleküle beeinflussen die Aktivität von Regulationsproteinen in der Zelle indirekt über intermediäre Moleküle

**14.4** Wie beeinflussen Steroidhormone, wie beispielsweise Östrogen, die Genomexpression der reaktionsfähigen Zellen?

    **a.** Durch Bindung an Enhancer-Sequenzen

    **b.** Durch Bindung an Rezeptoren im Cytoplasma, die dann in den Zellkern wandern, wo sie an DNA binden und dadurch die Genomexpression regulieren

    **c.** Durch Bindung an Rezeptoren im Zellkern, die aktiviert werden und dann an DNA binden, um die Genomexpression zu regulieren

    **d.** Durch Bindung an Rezeptoren in der Zellmembran, wobei das Signal danach über einen Signalweg in den Zellkern übertragen wird

**14.5*** Welche Arten von Signalübertragungswegen beeinflussen die STAT-Proteine?

    **a.** Diese Signalwege bestehen aus einem einzigen Schritt zwischen dem Rezeptor und dem Genom

    **b.** Diese Signalwege bestehen aus mehreren Schritten zwischen dem Rezeptor und dem Genom

    **c.** Diese Signalwege beruhen auf Second Messengern, um das Signal auf das Genom zu übertragen

    **d.** Diese Signalwege aktivieren einen Rezeptor, der dann in den Zellkern gelangt, wo er die Genomexpression reguliert

**14.6** Welche ist die häufigste Art der kovalenten Modifikation, durch die Proteine in Signalwegen aktiviert werden?

    **a.** Acetylierung

    **b.** Glykosylierung

    **c.** Methylierung

    **d.** Phosphorylierung

**14.7*** Was sind Second Messenger?

    **a.** Hormone, die einen Signalweg auslösen

    **b.** Rezeptoren, die Hormone binden und einen Signalweg auslösen

    **c.** Interne Moleküle, die in der Zelle ein Signal übertragen

    **d.** Transkriptionsaktivatoren, die am Ende eines Signalweges aktiv sind

**14.8** Der Vorgang des Kreuzungstypwechsels bei der Hefe ist ein Beispiel für:

    **a.** alternatives Spleißen

    **b.** die Veränderung einer Rückkopplungsschleife

    **c.** eine Veränderung des DNA-Methylierungsmusters

    **d.** eine Veränderung aufgrund einer physikalischen Umstrukturierung des Genoms

**14.9*** Welche Veränderungen finden in B-Zellen statt, wenn sie von der Produktion von IgM- oder IgD- zu IgG-Immunglobulinen wechseln?

    **a.** Die Veränderung erfolgt durch alternatives Spleißen des RNA-Transkripts

    **b.** Die Veränderung erfolgt im Proteom, indem die konstanten Regionen von IgM/IgD proteolytisch entfernt werden

    **c.** Die Veränderung erfolgt im Genom, indem die Gene, welche die konstanten Regionen von IgM und IgD codieren, durch die Proteine RAG1 und RAG2 deletiert werden

    **d.** Die Veränderung erfolgt im Genom, indem die Gene, welche die konstanten Regionen von IgM und IgD codieren, unabhängig von den RAG-Proteinen deletiert werden

**14.10** Die Polycomb-Proteine von *Drosophila* funktionieren durch:

   **a.** die Kondensierung des Chromatins, um die Inaktivierung von Genen zu induzieren, und diese Inaktivierung wird an die Tochterzellen weitergegeben

   **b.** die Kondensierung des Chromatins, um die Inaktivierung von Genen aufrechtzuerhalten, und diese Inaktivierung wird an die Tochterzellen weitergegeben

   **c.** die Kondensierung des Chromatins, um die Inaktivierung von Genen zu induzieren, und diese Inaktivierung wird nicht an die Tochterzellen weitergegeben

   **d.** die Kondensierung des Chromatins, um die Inaktivierung von Genen aufrechtzuerhalten, und diese Inaktivierung wird nicht an die Tochterzellen weitergegeben

**14.11\*** Durch welchen Mechanismus können Rückkopplungsschleifen langfristige Veränderungen der Genomexpression herbeiführen?

   **a.** Ein Regulationsprotein aktiviert seine eigene Transkription und wird so ständig exprimiert

   **b.** Ein Regulationsprotein unterdrückt seine eigene Transkription und wird so dauerhaft abgeschaltet

   **c.** Ein Regulationsprotein aktiviert ein anderes Protein, das die Expression des Regulationsproteins stimuliert

   **d.** Alle Aussagen oben treffen zu

**14.12** Wie wird die Sporulation bei *Bacillus* aktiviert?

   **a.** Nährstoffmangel bewirkt die Aktivierung des Gens, welches das SpoOA-Protein codiert

   **b.** Nährstoffmangel bewirkt die Aktivierung des SpoOA-Proteins durch proteolytische Spaltung

   **c.** Nährstoffmangel bewirkt die Aktivierung des SpoOA-Proteins durch Acetylierung

   **d.** Nährstoffmangel bewirkt die Aktivierung des SpoOA-Proteins durch Phosphorylierung

**14.13\*** Was verhindert, dass sich Zellen in der Nähe der Vulvavorläuferzellen bei *C. elegans* zu Vulvazellen differenzieren?

   **a.** Diese Zellen sind von der Ankerzelle zu weit entfernt, um das LIN-3-Signal zu erhalten

   **b.** Diese Zellen können das LIN-3-Signal nicht binden und nicht darauf reagieren

   **c.** Diese Zellen erhalten ein Signalmolekül von einer Hypodermiszelle, die das LIN-3-Signal inaktiviert

   **d.** Diese Zellen haben ihr Chromatin in den Bereichen kondensiert, die auf das LIN-3-Signal reagieren würden

**14.14** Was ist das Syncytium des Embryos von *Drosophila*?

   **a.** Eine sehr kompakte Masse von undifferenzierten Zellen

   **b.** Eine längliche Struktur, die einen Konzentrationsgradienten von Entwicklungsproteinen enthält

   **c.** Eine Menge an Cytoplasma mit zahlreichen Zellkernen

   **d.** Eine Mischung aus diploiden und haploiden Zellen, die durch mitotische und meiotische Zellteilungen entstanden ist

**14.15\*** Welche Gene von *Drosophila* legen die Identität der Segmente in der Taufliegenlarve fest?

   **a.** Die *gap*-Gene

   **b.** Die Paarregelgene

   **c.** Die Segmentpolaritätsgene

   **d.** Die homöotischen Selektorgene

**14.16** Welche Blütenwirtel bilden sich, wenn es in den B-Typ-Genen von *Arabidopsis* zu einer *loss of function*-Mutation kommt (von Wirtel 1 bis Wirtel 4)?

   **a.** Kelchblätter – Blütenblätter – Staubblätter – Fruchtblätter

   **b.** Kelchblätter – Kelchblätter – Staubblätter – Fruchtblätter

   **c.** Kelchblätter – Kelchblätter – Fruchtblätter– Fruchtblätter

   **d.** Blütenblätter – Blütenblätter – Staubblätter – Staubblätter

# Fragen mit kurzen Antworten

*Antworten auf die Fragen mit den ungeraden Zahlen finden Sie im Anhang

**14.1*** Skizzieren Sie die Unterschiede zwischen Differenzierung und Entwicklung und beschreiben Sie die Grundlagen dieser Unterschiede.

**14.2** Warum führen Veränderungen des Nährstoffangebots bei einzelligen Lebewesen wahrscheinlich zu größeren Veränderungen der Genomaktivität als bei vielzelligen Lebewesen?

**14.3*** Erläutern Sie die Beziehung zwischen Glucosetransport und dem cAMP-Spiegel bei *E. coli*.

**14.4** Wie werden STAT-Proteine phosphoryliert, wenn der Rezeptor keine Tyrosinkinase ist?

**14.5*** Wie ist die Funktionsweise der MAP-Kinase bei der Regulation der Genomexpression?

**14.6** Wie ist die Funktionsweise des Ras-Proteins in Signalwegen?

**14.7*** Worauf beruht der Klassenwechsel, der bei einigen B-Lymphocyten auftritt?

**14.8** Wie wird bei Muskelzellen die Differenzierung zu Muskelzellen aufrechterhalten?

**14.9*** Während der Sporulation bei *Bacillus* sind $\sigma^E$ und $\sigma^F$ sowohl in der Präspore als auch in der Mutterzelle vorhanden. Wie wird $\sigma^F$ in der Präspore aktiviert?

**14.10** Wie induziert die Ankerzelle bei *C. elegans* die Vulvavorläuferzellen, sich zu Vulvazellen zu differenzieren? Warum folgen die Vulvavorläuferzellen unterschiedlichen Differenzierungswegen, nachdem sie das Signal von der Ankerzelle erhalten haben?

**14.11*** Wir bildet sich der Konzentrationsgradient des Bicoid-Proteins im Syncytium des *Drosophila*-Embryos?

**14.12** Wie konnten Forscher aus Mutationen im ANT-C-Genkomplex von *Drosophila* und in den Hox-Genen der Maus Informationen über die Funktion dieser Gene erhalten?

# Vertiefende Aufgaben

*Hinweise zur Beantwortung der Fragen mit den ungeraden Zahlen finden Sie im Anhang

**14.1*** Beschreiben Sie, wie Untersuchungen zur Signalübertragung unsere Vorstellungen über die anormalen biochemischen Aktivitäten, die Krebserkrankungen zugrunde liegen, verbessert haben.

**14.2** Erläutern sie den Einfluss der Signalübertragung durch Second Messenger auf die Regulation der Genomaktivität.

**14.3*** Sind *Caenorhabditis elegans* und *Drosophila melanogaster* gute Modellorganismen für die Entwicklungsphase bei höheren Eukaryoten?

**14.4** Wie sinnvoll ist es, Modellorganismen für die Entwicklungsphase von höheren Eukaryoten zu haben?

**14.5*** Welche entscheidenden Merkmale sollte ein idealer Modellorganismus für die Entwicklungsphase von höheren Eukaryoten besitzen?

## Aufgaben zu Abbildungen

**14.1\*** Die Grafik zeigt, dass von *E. coli* Glucose vor Lactose umgesetzt wird, wenn die Zellen in einem Medium wachsen, das beide Zucker enthält. Wie bezeichnet man dieses Phänomen? Beschreiben sie den Mechanismus, der diesem Vorgang zugrunde liegt.

**14.2** Die Abbildung zeigt die Veränderung am *MAT*-Locus vom *MATa*- zum *MATα*-Genotyp. Wie bezeichnet man diese Veränderung und wie entsteht sie?

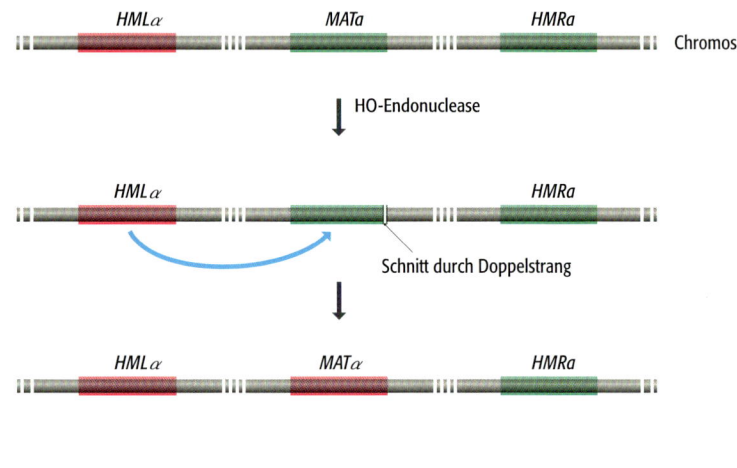

**14.3\*** Beschreiben Sie die Vorgänge, durch die in B-Zellen die große Vielfalt der Immunglobuline hervorgebracht wird.

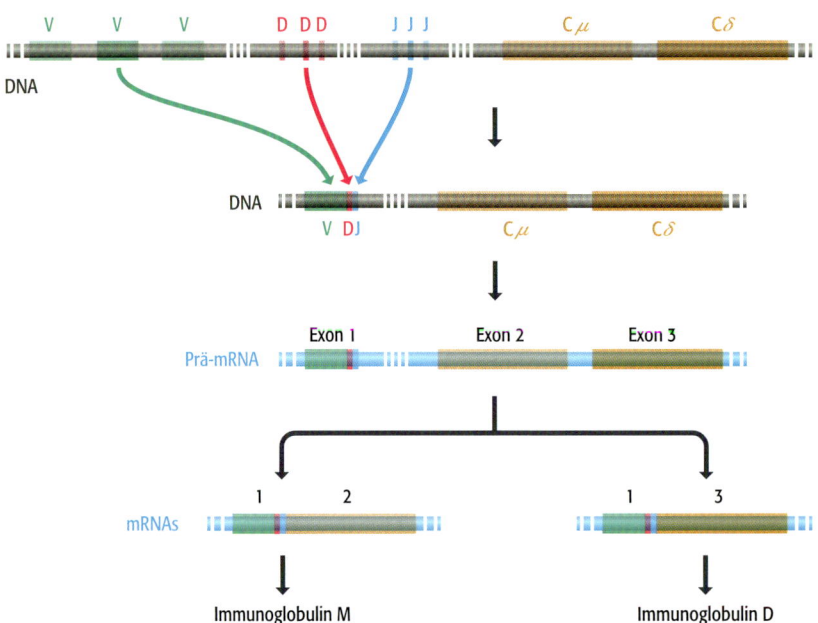

**14.4** Die Abbildung zeigt die Verteilung von Proteinen während der Embryonalentwicklung von *Drosophila*. Durch welche Gentypen werden diese Proteine codiert? Welche Proteine regulieren die Expression dieser Gene?

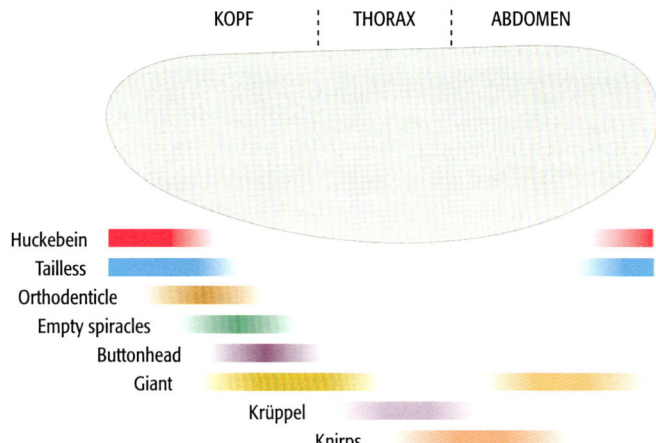

# Weiterführende Literatur

## In die Zelle eingeschleuste extrazelluläre Signalmoleküle

He J, Furmanski P (1995) Sequence specificity and transcriptional activation in the binding of lactoferrin to DNA. *Nature* 373: 721–724

Tsai MJ, O'Malley BW (1994) Molecular mechanisms of action of steroid/thyroid receptor superfamily members. *Annu Rev Biochem* 63: 451–486

Winge DR, Jensen LT, Srinivasan C (1998) Metal ion regulation of gene expression in yeast. *Curr Opin Chem Biol* 2: 216–221

## Signalübertragung durch Rezeptoren an der Zelloberfläche

Horvath CM (2000) STAT proteins and transcriptional responses to extracellular signals. *Trends Biochem Sci* 25: 496–502

Karin M, Hunter T (1995) Transcriptional control by protein phosphorylation: signal transmission from the cell surface to the nucleus. *Curr Biol* 5: 747–757

Maruta H, Burgess AW (1994) Regulation of the Ras signaling network. *Bioessays* 16: 489–496

Robinson MJ, Cobb MH (1997) Mitogen-activated kinase pathways. *Curr Opin Cell Biol* 9: 180–186

Schlessinger J (1993) How receptor tyrosine kinases activate Ras. *Trends Biochem Sci* 18: 273–275

Spiegel S, Foster D, Kolesnick R (1996) Signal transduction through lipid second messengers. *Curr Opin Cell Biol* 8: 159–167

Whitman M (1998) Feedback from inhibitory SMADs. *Nature* 389: 549–551

## Umstrukturierungen des Genoms

Alt FW, Blackwell TK, Yancopoulos GD (1987) Development of the primary antibody repertoire. *Science* 238: 1079–1087. [Erzeugung der Antikörpervielfalt]

Nasmyth K, Shore D (1987) Transcriptional regulation in the yeast life cycle. *Science* 237: 1162–1170. [Kreuzungstypwechsel bei der Hefe]

## Polycomb

Chan CS, Rastelli L, Pirrotta V (1994) A Polycomb response element in the Ubx gene that determines an epigenetically inherited state of repression. *EMBO J* 13: 2553–2564

Déjardin J, Rappailles A, Cuvier O, Grimaud C, Decoville M, Locker D, Cavalli G (2005) Recruitment of *Drosophila* Polycomb group proteins to chromatin by DSP1. *Nature* 434: 533–538

## Rückkopplungsschleifen

Popperl H, Bienz M, Studer M, Chan SK, Aparicio S, Brenner S, Mann RS, Krumlauf R (1995) Segmental expression of HoxB-1 is controlled by a highly conserved autoregulatory loop dependent upon exd/pbx. *Cell* 81: 1031–1042

Regulski M, Dessain S, McGinnis N, McGinnis W (1991) High affinity binding sites for the Deformed protein are required for the function of an autoregulatory enhancer of the deformed gene. *Genes Devel* 5: 278–286

## Sporulation bei B. subtilis

Errington J (1996) Determination of cell fate in *Bacillus subtilis*. Trends Genet 12: 31–34

Sonenshein AL (2000) Control of sporulation initiation in *Bacillus subtilis*. *Curr Opin Microbiol* 3: 561–566

Stragier P, Losick R (1996) Molecular genetics of sporulation in *Bacillus subtilis*. *Annu Rev Genet* 30: 297–341

## Entwicklung der Vulva bei C. elegans

Aroian RV, Koga M, Mendel JE, Ohshima Y, Sternberg PW (1990) The let-23 gene necessary for *Caenorhabditis elegans* vulval induction encodes a tyrosine kinase of the EGF receptor subfamily. *Nature* 348: 693–699

Katz WS, Hill RJ, Clandinin TR, Sternberg PW (1995) Different levels of the *C. elegans* growth factor LIN-3 promote distinct vulval precursor fates. *Cell* 82: 297–307

Kornfeld K (1997) Vulval development in *Caenorhabditis elegans*. *Trends Genet* 13: 55–61

Labouesse M, Mango SE (1999) Patterning the *C. elegans* embryo: moving beyond the cell lineage. *Trends Genet* 15: 307–313. [Übersichtsartikel zu den Entwicklungsprozessen bei *C. elegans*]

Sharma-Kishore R, White JG, Southgate E, Podbilewicz B (1999) Formation of the vulva in *Caenorhabditis elegans*: a paradigm for organogenesis. *Development* 126: 691–699

## Embryogenese bei der Taufliege und homöotische Selektorgene bei Vertebraten

Ingham PW (1988) The molecular genetics of embryo pattern formation in *Drosophila*. *Nature* 335: 25–34

Krumlauf R (1994) Hox genes in vertebrate development. *Cell* 78: 191–201

Maconochie M, Nonchev S, Morrison A, Krumlauf R (1996) Paralogous Hox genes: function and regulation. *Annu Rev Genet* 30: 529–556. [Homöotische Selektorgene bei Vertebraten]

Mahowald AP, Hardy PA (1985) Genetics of *Drosophila* embryogenesis. *Annu Rev Genet* 19: 149–177

## Entwicklung bei Pflanzen

Goodrich J, Puangsomlee P, Martin M, Long D, Meyerowitz EM, Coupland G (1997) A Polycomb-group gene regulates homeotic gene expression in *Arabidopsis. Nature* 386: 44–51

Ma H (1998) To be, or not to be, a flower – control of floral meristem identity. *Trends Genet* 14: 26–32

Parcy F, Nilsson O, Busch MA, Lee I, Weigel D (1998) A genetic framework for floral patterning. *Nature* 395: 561–566

# Die Replikation und Evolution von Genomen

## Teil IV

**Teil IV – Die Replikation und Evolution von Genomen** – verbindet Replikation, Mutation und Rekombination mit der allmählichen Evolution der Genome im Lauf der Zeit. Wir beginnen mit einer eingehenden Untersuchung der molekularen Prozesse, welche der Genomreplikation (Kapitel 15), den Mutationen und der DNA-Reparatur (Kapitel 16) und der Rekombination (Kapitel 17) zugrunde liegen. Dann werden wir uns damit beschäftigen, wie diese Prozesse im Verlauf der Evolution die Strukturen und den genetischen Gehalt der Genome geformt haben (Kapitel 18). Schließlich beschreibt noch Kapitel 19, wie die molekulare Phylogenetik die Informationen über die Evolution, die in den Genomen enthalten ist, nutzt, um verschiedene Fragen zu beantworten, etwa nach der Verwandtschaft zwischen dem Menschen und anderen Primaten, dem Ursprung von AIDS und den Wanderrouten, denen die Menschen folgten, als sie sich von ihrer Geburtsstätte in Afrika aus über den gesamten Planeten ausbreiteten.

# Die Genom-replikation

# 15

## Wenn Sie Kapitel 15 gelesen haben, sollten Sie folgende Aufgaben lösen können:

- Erklären Sie, was ist mit dem topologischen Problem gemeint ist und wie DNA-Topoisomerasen dieses Problem lösen.

- Beschreiben Sie das entscheidende Experiment, mit dem bewiesen wurde, dass die DNA-Replikation in einem semikonservativen Prozess erfolgt.

- Beschreiben Sie in Grundzügen den Verdrängungs- und den *rolling circle*-Mechanismus der Genomreplikation.

- Erörtern Sie, wie bei Bakterien, Hefe und Säugern die Replikation eingeleitet wird.

- Beschreiben Sie die wichtigsten Merkmale der bakteriellen und eukaryotischen DNA-Polymerasen.

- Erklären Sie, warum der Leit- und der Folgestrang eines DNA-Moleküls durch unterschiedliche Mechanismen repliziert werden müssen.

- Beschreiben Sie im Einzelnen die Vorgänge an der Replikationsgabel bei Bakterien, und geben Sie an, wie sich diese von den Vorgängen bei Eukaryoten unterscheiden.

- Schildern Sie, was zurzeit über die Termination der Replikation bei Bakterien und Eukaryoten bekannt ist.

- Erklären Sie, wie die Telomerase bei Eukaryoten die Enden eines chromosomalen DNA-Moleküls aufrechterhält, und beurteilen Sie den Zusammenhang zwischen Telomerlänge, Alterung der Zelle und Krebs.

- Beschreiben Sie, wie die Replikation des Genoms mit dem Zellzyklus koordiniert wird.

Die primäre Funktion des Genoms besteht darin, die Gesamtheit der biochemischen Eigenschaften festzulegen, in der es existiert. Wir haben erfahren, dass das Genom diese Vorgabe erfüllt, indem Gene und Gruppen von Genen koordiniert exprimiert werden. Dadurch wird ein Proteom aufrechterhalten, dessen einzelne Proteinkomponenten die biochemischen Aktivitäten der Zelle bewerkstelligen und regulieren. Um seine Funktion beständig ausüben zu können, muss sich das Genom jedes Mal replizieren, wenn sich die Zelle teilt. Das bedeutet, dass der gesamte DNA-Gehalt einer Zelle zum geeigneten Zeitpunkt im Zellzyklus kopiert werden muss, und die entstehenden DNA-Moleküle müssen so auf die Tochterzellen verteilt werden, damit jede eine vollständige Kopie des Genoms erhält. Dieser hochentwickelte Prozess, der sich an der Schnittstelle zwischen Molekularbiologie, Biochemie und Zellbiologie befindet, soll in diesem Kapitel beschrieben werden.

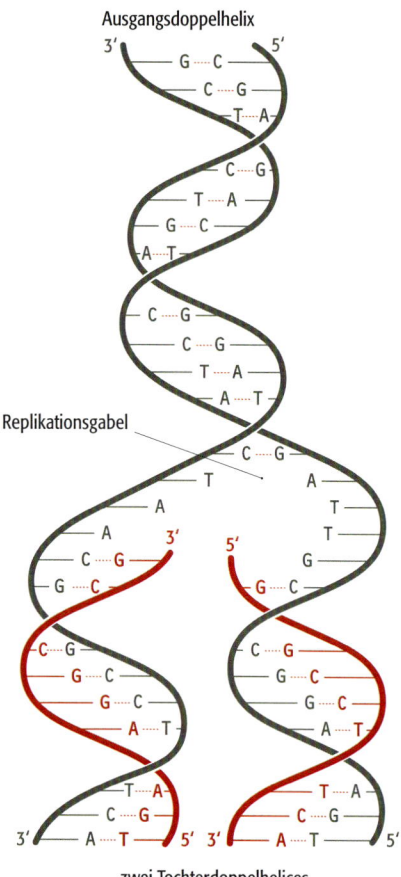

Ausgangsdoppelhelix

Replikationsgabel

zwei Tochterdoppelhelices

**15.1 DNA-Replikation, wie sie von Watson und Crick vorhergesagt wurde.** Die Polynucleotide der ursprünglichen Doppelhelix sind schwarz dargestellt. Beide fungieren als Matrize für die Synthese von neuen DNA-Strängen (rot). Die Sequenzen dieser neuen Stränge werden durch Basenpaarung mit den Matrizenmolekülen festgelegt. Das topologische Problem ergibt sich, weil die beiden Polynucleotide der Ausgangsdoppelhelix nicht einfach auseinandergezogen werden können – irgendwie muss die Helix entwunden werden.

Die Replikation des Genoms wird untersucht, seit Watson und Crick 1953 als Erste die Doppelhelixstruktur der DNA entdeckten: Seitdem wurde die Forschung von drei spezifischen Fragestellungen beherrscht:

● In den Jahren 1953 bis 1958 war das topologische Problem das wichtigste Thema. Das Problem ergibt sich, da die Doppelhelix entwunden werden muss, damit von ihren beiden Polynucleotiden Kopien hergestellt werden können (Abb. 15.1). Das Problem stand vor allem Mitte der 1950er-Jahre im Mittelpunkt des Interesses, weil es den größten Stolperstein darstellte, die Doppelhelix als wirklich zutreffende Struktur der DNA zu akzeptieren. Diese Unklarheit verlor jedoch an Bedeutung, als Matthew Meselson und Franklin Stahl 1958 zeigen konnten, dass die DNA-Replikation bei *E. coli* trotz der mutmaßlichen Schwierigkeiten nach einem Mechanismus erfolgt, der aufgrund der Doppelhelixstruktur vorhergesagt wurde. Das **Meselson-Stahl-Experiment** ermöglichte weitere Fortschritte in der Erforschung der DNA-Replikation, wobei das topologische Problem selbst nicht vor den frühen 1980er-Jahren gelöst wurde, als man die Funktionsweise der **DNA-Topoisomerasen** zum ersten Mal erkannte (Abschnitt 15.1.2).

● Der Replikationsprozess wird seit 1958 intensiv untersucht. In den 1960er-Jahren konnte man die Enzyme und Proteine, die an der Replikation von *E. coli* beteiligt sind, identifizieren und ihre Funktionen beschreiben. In den folgenden Jahren gab es ähnliche Fortschritte, als man die Replikation der Eukaryoten untersuchte. Die Forschungsarbeiten setzen sich immer noch fort, wobei man sich heute mehr darauf konzentriert, die Initiation der Replikation zu verstehen und die genauen Funktionsweisen der Proteine herauszufinden, die an der Replikationsgabel aktiv sind.

● In den letzten Jahren wurde die Regulation der Genomreplikation, vor allem im Zusammenhang mit dem Zellzyklus, zum wichtigsten Forschungsgebiet. Die bisherigen Arbeiten haben gezeigt, dass die Initiation der entscheidende Kontrollpunkt der Genomreplikation ist. Außerdem kann man allmählich erklären, wie die Replikation mit dem Zellzyklus synchronisiert wird, sodass die Tochtergenome zur Verfügung stehen, wenn die Zelle sich teilt.

Bei unseren Untersuchungen der Genomreplikation werden wir uns mit den drei Themen in der obigen Reihenfolge beschäftigen.

## 15.1 Das topologische Problem

Als Watson und Crick in der Zeitschrift *Nature* ihre Entdeckung der Doppelhelix bekannt gaben, machten sie eine der berühmtesten Äußerungen in der Molekularbiologie:

„Es ist unserer Aufmerksamkeit nicht entgangen, dass die spezifische Paarung, die wir hier postuliert haben, unmittelbar auf einen möglichen Kopiermechanismus für das genetische Material hindeutet."

Der Paarungsvorgang, auf den sich diese Aussage bezieht, besteht darin, dass jeder Strang der Doppelhelix als Matrize für die Synthese eines zweiten, komplementären Stranges dient. Am Ende gibt es zwei Tochterdoppelhelices, die zum Ausgangsmolekül identisch sind (Abb. 15.1). Das Schema folgt fast automatisch aus der Doppelhelixstruktur, bringt aber einige Probleme mit sich, wie auch Watson und Crick in ihrem zweiten Artikel in *Nature* nur einen Monat nach dem ersten Bericht der Struktur zugaben. Der Artikel beschreibt den postulierten Replikationsvorgang mit mehr Einzelheiten, weist jedoch auf die Schwierigkeiten hin, die aus der Notwendigkeit erwachsen, die Doppelhelix zu entwinden. Das am einfachsten nachvollziehbare Problem besteht darin, dass sich die Tochtermoleküle umeinander wickeln könnten. Entscheidender ist jedoch die Drehbewegung, die mit der Entwindung einhergehen würde: Bei einer Windung pro 10 bp der Doppelhelix würde die vollständige Replikation des menschlichen Chromosoms 1 mit einer Länge von 250 Mb 25 Millionen Umdrehungen der chromosomalen DNA erfordern. Es ist nur schwer vorstellbar, wie ein solcher Effekt innerhalb des stark begrenzten Volumens im Zellkern stattfinden kann, aber die Entwindung eines linearen Chromosoms ist physikalisch nicht unmöglich. Im Gegensatz dazu könnte sich ein ringförmiges doppelsträngiges DNA-Molekül, wie etwa das Genom eines Bakteriums oder eines Bakteriophagen, das keine freien Enden besitzt, nicht in der notwendigen Weise drehen und ließe sich so scheinbar nicht durch das Schema von Watson und Crick replizieren. Die Suche nach einem Ausweg aus diesem Dilemma war eine Hauptbeschäftigung der Molekularbiologie in den 1950er-Jahren.

### 15.1.1 Der experimentelle Beweis für das Watson-Crick-Modell der DNA-Replikation

Das topologische Problem betrachteten einige Molekularbiologen, vor allem Max Delbrück, als so schwerwiegend, dass sie zuerst die Doppelhelix als richtige Struktur der DNA nicht so recht akzeptieren wollten. Das Problem hängt mit dem **plektonemischen** Charakter der Doppelhelix zusammen. Diese topologische Anordnung verhindert, dass die zwei Stränge einer Spirale ohne Entwindung getrennt werden. Das Problem ließe sich lösen, wenn die Doppelhelix tatsächlich **paranemisch** wäre, da die beiden Stränge dann getrennt werden könnten, indem sie sich einfach seitwärts bewegen, ohne dass es zu einer Entwindung des Moleküls kommen müsste. Eine Vorstellung bestand darin, dass die Doppelhelix durch Superspiralisierung in der entgegengesetzten Richtung der Helixwindung in eine paranemische Struktur umgewandelt werden könnte, eine andere Idee war, dass die von Watson und Crick postulierte rechtsgängige Helix innerhalb des DNA-Moleküls durch gleiche Längen einer linksgängigen Helixstruktur „ausgeglichen" werden könnte. Die Möglichkeit, dass die DNA überhaupt keine Helix sein könnte, sondern eine „Seite-an-Seite"-Bandstruktur, wurde ebenfalls kurzzeitig in Betracht gezogen und erstaunlicherweise in den späten 1970er-Jahren noch einmal aufgegriffen. Alle diese vorgeschlagenen Lösungen für das topologische Problem wurden jedoch jede für sich aus dem einen oder anderen Grund abgelehnt, die meisten aus dem Grund, dass sie eine Änderung des Doppelhelixmodells erforderten. Diese Änderungen waren mit den Röntgenbeugungsmustern und anderen Ergebnissen aus Experimenten zur DNA-Struktur unvereinbar.

Der erste wirkliche Fortschritt hin zu einer Lösung des topologischen Problems gelang 1954, als Delbrück ein „Bruch-und-Wiederverknüpfungs"-Modell für die Trennung der Doppelhelixstränge formulierte. Bei diesem Modell werden die Stränge nicht durch die Entwindung der Helix bei gleichzeitiger Drehung des Moleküls getrennt, sondern durch einen Bruch in einem der Stränge und den Durchtritt des anderen Stranges durch diese Lücke, woran sich die Wiederverknüpfung des ersten Stranges anschließt. Dieses Modell kommt der wirklichen Lösung des topologischen Problems schon sehr nahe, da es einer der Mechanismen ist, nach dem Topoisomerasen funktionieren (Abb. 15.4a). Das

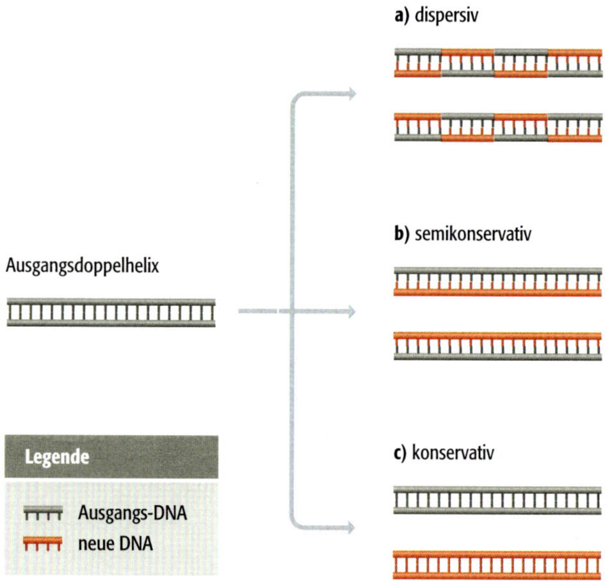

**a) dispersiv**

Ausgangsdoppelhelix

**b) semikonservativ**

**Legende**

⊓⊓⊓ Ausgangs-DNA
⊓⊓⊓ neue DNA

**c) konservativ**

**15.2 Drei mögliche Mechanismen für die DNA-Replikation.** Aus Vereinfachungsgründen sind die DNA-Moleküle als Leitern und nicht als Helices dargestellt.

Modell von Delbrück war jedoch leider zu kompliziert, indem er versuchte, den Bruch und die Wiederverknüpfung mit der DNA-Synthese zu koppeln, die während des eigentlichen Replikationsvorgangs erfolgt. Das führte ihn zu einem Modell der DNA-Replikation, in dem jedes Polynucleotid des Tochtermoleküls teilweise aus ursprünglicher und teilweise aus neu synthetisierter DNA bestand (Abb. 15.2a). Dieses **dispersive** Modell der Replikation steht im Gegensatz zum **semikonservativen** System, das Watson und Crick postuliert hatten (Abb. 15.2b). Eine dritte Möglichkeit ist, dass die Replikation vollständig **konservativ** erfolgt, also einer der Tochterdoppelhelices vollständig aus neu synthetisierter DNA besteht, während der andere die beiden ursprünglichen Stränge enthält (Abb. 15.2c). Modelle für eine konservative Replikation sind nur schwer zu entwickeln, aber man kann sich vorstellen, dass diese Art der Replikation ohne Entwindung der Ausgangshelix zu bewerkstelligen ist.

### Das Meselson-Stahl-Experiment

Das Bruch-und-Wiederverknüpfungs-Modell von Delbrück war wichtig, da es Experimente anregte, mit denen die drei möglichen Mechanismen der DNA-Replikation unterschieden werden sollten, die in Abbildung 15.2 dargestellt sind. Radioaktive Isotope hatte man kurz zuvor in die Molekularbiologie eingeführt, sodass man nun Versuche unternahm, mithilfe einer DNA-Markierung (Methoden 2.1) die neu synthetisierte DNA von den ursprünglichen Polynucleotiden zu unterscheiden. Bei jedem möglichen Mechanismus ergäbe sich nach zwei oder mehr Replikationsrunden eine andere Verteilung der neuen DNA und damit der radioaktiven Markierung in den Doppelhelices. Durch eine Analyse des Radioaktivitätsgehalts dieser Moleküle sollte sich also feststellen lassen, welcher Replikationsmechanismus in lebenden Zellen abläuft. Leider war es jedoch unmöglich, hier eindeutige Ergebnisse zu erhalten. Das lag vor allem daran, dass sich die genaue Radioaktivitätsmenge in den DNA-Molekülen nur schwer bestimmen ließ, da die Analyse durch den schnellen Zerfall des $^{32}$P-Isotops, das man als Markierung verwendete, Probleme bereitete.

Der Durchbruch gelang schließlich Matthew Meselson und Franklin Stahl, die 1958 das erforderliche Experiment nicht mit einer radioaktiven Markierung, sondern mit dem nichtradioaktiven schweren Stickstoffisotop $^{15}$N durchführten. Nun war es möglich, die replizierten Doppelhelices durch eine Dichtegradientenzentrifugation zu analysieren (Methoden 7.1), da ein DNA-Molekül, das mit $^{15}$N markiert ist, eine höhere Schwimmdichte besitzt als ein unmarkiertes Molekül. Meselson und Stahl begannen ihr Experiment mit einer Kultur von *E. coli*-Zellen, die mit $^{15}$NH$_4$Cl gewachsen waren und deren DNA-Moleküle schweren Stickstoff enthielten. Die Zellen wurden in normales Medium

**a)** das Experiment

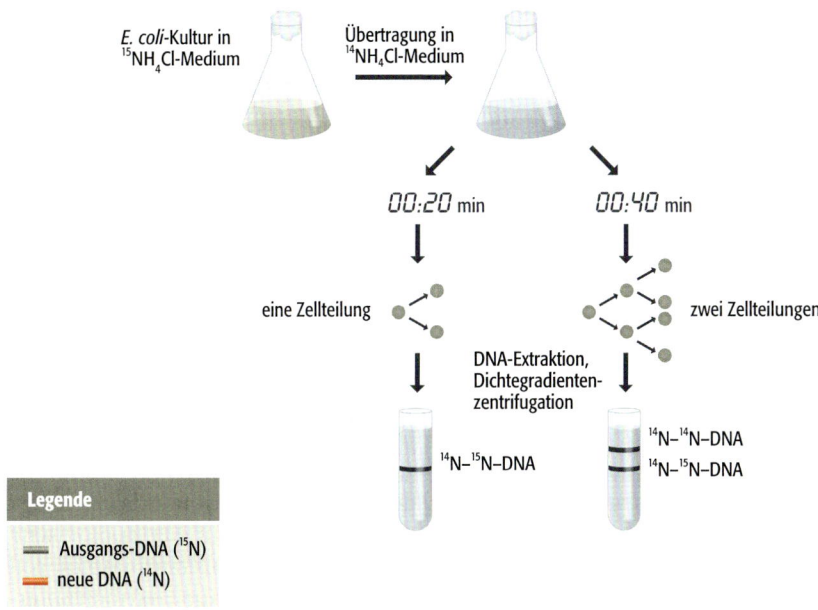

**b)** die Interpretation

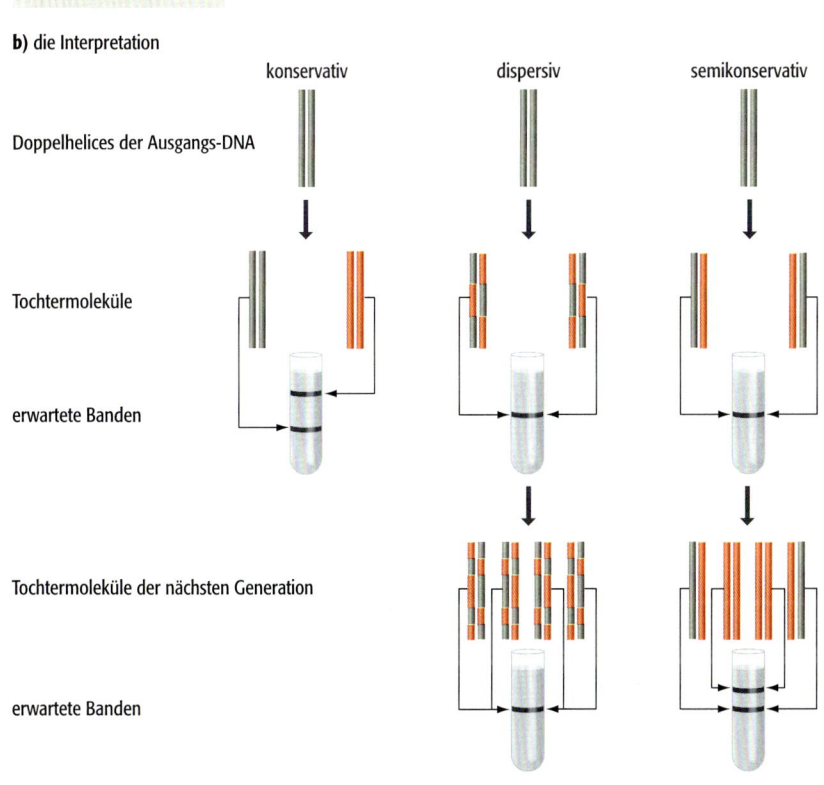

**15.3    Das Meselson-Stahl-Experiment.**
a) Bei dem von Meselson und Stahl durchgeführten Experiment ließ man zuerst eine Kultur von *Escherichia coli*-Zellen in einem Medium mit $^{15}$NH$_4$Cl (Ammoniumchlorid, das mit dem schweren Stickstoffisotop markiert war) wachsen. Die Zellen wurden in ein normales Medium überführt (das $^{14}$NH$_4$Cl enthielt). Nach 20 Minuten (eine Zellteilung) sowie nach 40 Minuten (zwei Zellteilungen) wurden Proben gezogen. Aus jeder Probe wurden die DNA-Moleküle extrahiert und in einer Dichtegradientenzentrifugation analysiert. Nach 20 Minuten enthielt die DNA gleiche Mengen an $^{14}$N und $^{15}$N, nach 40 Minuten jedoch waren zwei Banden zu sehen, von denen eine dem $^{14}$N-$^{15}$N-DNA-Hybrid und die andere nur Molekülen aus $^{14}$N-DNA entsprach. b) Dargestellt ist das vorhergesagte Ergebnis für jeden der drei möglichen Mechanismen der DNA-Replikation. Das Bandenmuster nach 20 Minuten widerspricht unmittelbar dem konservativen Replikationsmodell, da dieses vorhersagt, dass es nach einer Replikationsrunde zwei verschiedene Arten von Doppelhelix geben müsste, von denen eine nur $^{15}$N und die andere nur $^{14}$N enthält. Die einzelne $^{14}$N-$^{15}$N-DNA-Bande, die tatsächlich nach 20 Minuten auftrat, entsprach sowohl dem dispersiven als auch dem semikonservativen Replikationsmodell, aber die beiden Banden, die nach 40 Minuten zu sehen waren, passen nur zur semikonservativen Replikation. Bei einer dispersiven Replikation würde es nach zwei Runden weiterhin nur $^{14}$N-$^{15}$N-Moleküle geben, während es unter den Tochtermolekülen der nächsten Generation („Enkelin"), die bei der semikonservativen Replikation in dieser Phase gebildet werden, zwei gibt, die vollständig aus $^{14}$N-DNA bestehen.

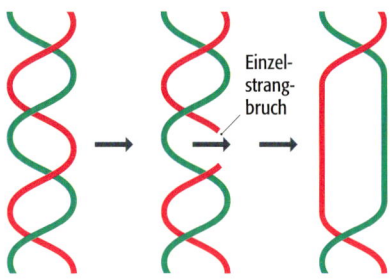

**15.4 Die Funktionsweise einer Typ-I-Topoisomerase.** Eine Typ-I-Topoisomerase schneidet nur einen Strang eines DNA-Moleküls, zieht den intakten Strang durch die Lücke und schließt die Lücke wieder.

überführt und nach 20 und 40 Minuten, die einer Zellteilung beziehungsweise zwei Zellteilungen entsprachen, wurden Proben entnommen. Aus jeder Probe wurde die DNA extrahiert und man analysierte die Moleküle in einer Dichtegradientenzentrifugation (Abb. 15.3a). Nach einer DNA-Replikationsrunde bildeten die Tochtermoleküle, die in Anwesenheit des normalen Stickstoffs synthetisiert worden waren, eine einzige Bande im Dichtegradienten. Das deutete darauf hin, dass jede Doppelhelix aus gleichen Mengen von neu synthetisierter und ursprünglicher DNA bestand. Das Ergebnis widersprach unmittelbar dem konservativen Replikationsmodell, da dieses vorhersagte, dass es nach einer Replikationsrunde zwei Banden geben müsste (Abb. 15.3b). Andererseits konnte man durch das Ergebnis nicht zwischen Delbrücks dispersivem Modell und dem semikonservativen Mechanismus unterscheiden, der von Watson und Crick favorisiert wurde. Die Unterscheidung war jedoch möglich, als man die DNA-Moleküle nach zwei Replikationsrunden untersuchte. Jetzt zeigten sich im Dichtegradienten zwei DNA-Banden, von denen die erste einem Hybrid aus neu synthetisierter und alter DNA, die zweite nur Molekülen aus neuer DNA entsprach. Dieses Ergebnis steht vollkommen in Einklang mit dem semikonservativen Replikationsmodell, nicht jedoch mit dem dispersiven Modell, bei dem auch nach zwei Runden alle Moleküle Hybride sein müssten.

### 15.1.2 Die DNA-Topoisomerasen bieten die Lösung für das topologische Problem

Das Meselson-Stahl-Experiment bewies, dass die DNA-Replikation in lebenden Zellen dem semikonservativen Mechanismus folgt, der von Watson und Crick postuliert worden war, die Zelle also eine Lösung für das topologische Problem gefunden haben muss. Diese Lösung konnten die Molekularbiologen erst etwa 25 Jahre später verstehen, als man die Aktivitäten von Enzymen untersuchte, die als DNA-Topoisomerasen bezeichnet werden.

DNA-Topoisomerasen sind Enzyme, die eine Bruch-und-Wiederverknüpfungs-Reaktion katalysieren, ähnlich der Reaktion, die sich Delbrück vorgestellt hatte. Man kennt zwei Typen von DNA-Topoisomerasen (Tab. 15.1):

- Typ-I-Topoisomerasen führen in eines der Polynucleotide eine Bruchstelle ein und ziehen das andere Polynucleotid durch die entstandene Lücke (Abb. 15.4). Die beiden Enden des geschnittenen Stranges werden wieder verknüpft. Dieser Mechanismus führt zu einer um den Wert eins veränderten Kopplungszahl (die Anzahl der Überkreuzungen des einen Stranges mit dem anderen in einem ringförmigen Molekül).

- Typ-II-Topoisomerasen schneiden beide Stränge der Doppelhelix und erzeugen so ein „Tor", durch das ein zweiter Abschnitt der Helix gezogen wird. Dadurch verändert sich die Kopplungszahl um den Wert zwei.

| Tabelle 15.1 | DNA-Topoisomerasen | |
|---|---|---|
| Typ | Substrat | Beispiele |
| I | einzelsträngige DNA | Topoisomerasen I und III von *Escherichia coli*; Topoisomerase III bei Hefe und Mensch; Reverse Gyrase der Archaea; Topoisomerase I der Eukaryoten |
| II | doppelsträngige DNA | Topoisomerase II (DNA-Gyrase) und IV von *E. coli*; Topoisomerase II der Eukaryoten |

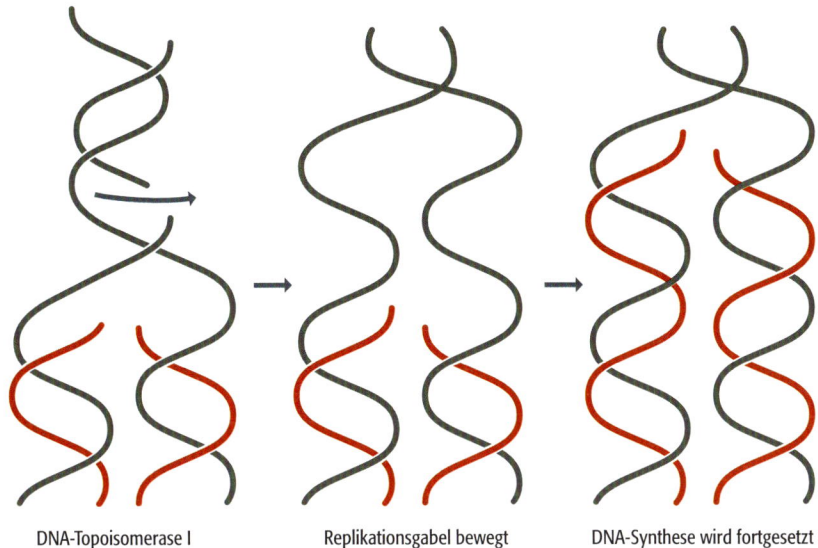

DNA-Topoisomerase I
erzeugt vor der Repli-
kationsgabel einen
Einzelstrangbruch

Replikationsgabel bewegt
sich vorwärts

DNA-Synthese wird fortgesetzt

**15.5   Öffnen der Doppelhelix nach dem Reißverschlussprinzip.** Während der Replikation wird die Doppelhelix durch die Aktivität der DNA-Topoisomerasen wie ein Reißverschluss geöffnet. Die Replikationsgabel kann sich dadurch das Molekül entlangbewegen, ohne dass sich die Helix drehen muss.

Das Zerschneiden von einem DNA-Strang oder beiden DNA-Strängen erscheint möglicherweise als zu drastische Maßnahme, um das topologische Problem zu lösen, da die Topoisomerase vielleicht einen Strang nicht wieder verknüpfen kann und dadurch irrtümlich ein Chromosom in zwei Abschnitte teilen würde. Diese Gefahr wird durch die Funktionsweise dieser Enzyme verringert. Ein Ende jedes geschnittenen Polynucleotids wird im aktiven Zentrum des Enzyms kovalent an einen Tyrosinrest gebunden. Dadurch ist sichergestellt, dass dieses Ende des Polynucleotids an dieser Stelle fixiert ist, während das freie Ende bewegt wird. Typ-I- und Typ-II-Topoisomerasen lassen sich aufgrund der genauen chemischen Struktur der Polynucleotid-Tyrosin-Bindung weiter unterteilen: Bei IA- und IIA-Enzymen besteht die Verknüpfung aus einer Phosphatgruppe, die am freien 5′-Ende des geschnittenen Polynucleotids hängt, bei IB- und IIB-Enzymen erfolgt die Verknüpfung über eine 3′-Phosphatgruppe. Die A- und B-Topoisomerasen entwickelten sich in der Evolution wahrscheinlich unabhängig voneinander. Bei Eukaryoten kommen beide Typen vor, bei Prokaryoten sind IB- und IIB-Enzyme jedoch sehr selten.

Wichtig ist dabei, dass DNA-Topoisomerasen die Doppelhelix nicht selbst *entwinden*, sondern das topologische Problem dadurch lösen, dass sie einer Überdrehung entgegenwirken, die sonst durch das Fortschreiten der Replikationsgabel in das Molekül eingeführt würde. Das führt dazu, dass die Helix wie ein „Reißverschluss" geöffnet wird, wobei die beiden Stränge seitwärts voneinander getrennt werden, ohne dass das Molekül gedreht werden muss (Abb. 15.5). Die Replikation ist nicht der einzige Vorgang, der durch die Topologie der Doppelhelix erschwert wird, und es wird zunehmend deutlich, dass DNA-Topoisomerasen bei der Transkription, Rekombination und anderen Prozessen, die zu einer Über- oder Unterspiralisierung der DNA führen, eine ebenso wichtige Rolle spielen. Bei den Eukaryoten bilden die Topoisomerasen einen großen Anteil der Zellkernmatrix, des gerüstförmigen Netzwerks, das den Zellkern durchzieht (Abschnitt 10.1.1). Außerdem sind sie für die Aufrechterhaltung der Chromatinstruktur und die Trennung der DNA-Moleküle bei der Chromosomenteilung zuständig. Die meisten Topoisomerasen können nur die DNA entspannen, aber einige prokaryotische Enzyme wie etwa die DNA-Gyrase der Bakterien und die Reverse Gyrase der Archaea können auch die entgegengesetzte Reaktion katalysieren und führen Superspiralisierungen in DNA-Moleküle ein.

### 15.1.3 Varianten des semikonservativen Mechanismus

Man kennt zwar keine Ausnahmen vom semikonservativen Mechanismus der DNA-Replikation, aber es gibt verschiedene Varianten des Grundmechanismus. Das vorherrschende System ist das Kopieren der DNA über eine Replikationsgabel (Abb. 15.1), wie es bei chromosomalen DNA-Molekülen der Eukaryoten und bei den ringförmigen Genomen der Prokaryoten der Fall ist. Einige kleinere ringförmige DNA-Moleküle, wie die Genome in den Mitochondrien von Tieren (Abschnitt 8.3.2), werden jedoch durch einen etwas unterschiedlichen Prozess repliziert, die so genannte **Verdrängungsreplikation**. Bei diesen Molekülen beginnt die Replikation an einer Stelle, die man als **D-Schleife** bezeichnet. Das ist ein Bereich von etwa 500 bp, an dem die DNA-Doppelhelix durch ein RNA-Molekül unterbrochen wird, das an einen der DNA-Stränge durch Basenpaarung gebunden ist (Abb. 15.6). Dieses RNA-Molekül fungiert als Startpunkt für die Synthese eines der Tochterpolynucleotide. Das Polynucleotid wird von einem Strang der Helix kontinuierlich kopiert, wobei der zweite Strang verdrängt und nach Abschluss der Synthese des ersten Tochtergenoms ebenfalls kopiert wird.

Der Vorteil der Verdrängungsreplikation, wie sie in den Mitochondrien der Tiere stattfindet, ist unklar. Im Gegensatz dazu ist eine spezielle Form dieser Verdrängungsreaktion, die man als *rolling circle*-**Replikation** bezeichnet, ein effizienter Mechanismus für die schnelle Synthese von zahlreichen Kopien eines ringförmigen Genoms. Die *rolling circle*-Replikation, die beim $\lambda$- und verschiede-

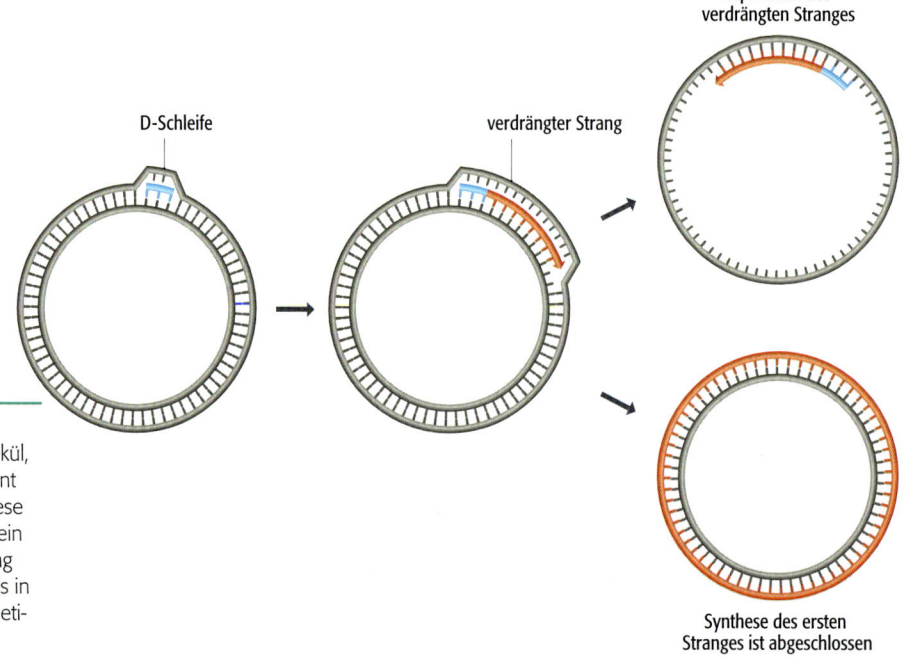

**15.6 Verdrängungsreplikation.** Die D-Schleife enthält ein kurzes RNA-Molekül, das als Primer für die DNA-Synthese dient (Abschnitt 15.2.2). Nachdem die Synthese des ersten Stranges beendet ist, bindet ein zweiter Primer an den verdrängten Strang und setzt die Replikation dieses Moleküls in Gang. In der Abbildung ist die neu synthetisierte DNA rot dargestellt.

Replikation des
verdrängten Stranges

D-Schleife

verdrängter Strang

Synthese des ersten
Stranges ist abgeschlossen

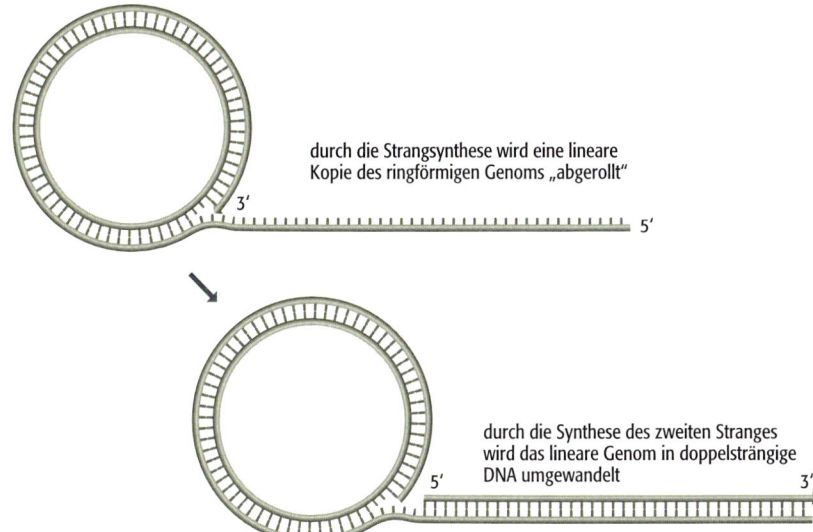

durch die Strangsynthese wird eine lineare
Kopie des ringförmigen Genoms „abgerollt"

3′

5′

durch die Synthese des zweiten Stranges
wird das lineare Genom in doppelsträngige
DNA umgewandelt

5′

3′

15.7  *Rolling circle*-Replikation.

nen anderen Bakteriophagen vorkommt, beginnt an einem Einzelstrangbruch, der in einem der beiden ursprünglichen Polynucleotide erzeugt wird. Das entstehende freie 3′-Ende wird verlängert und verdrängt das 5′-Ende des Polynucleotids. Durch fortschreitende DNA-Synthese wird eine vollständige Kopie des Genoms „abgerollt". Die weitere Synthese führt schließlich zu einer Abfolge von Genomen, die „Kopf-an-Schwanz"-verknüpft aneinander gehängt sind (Abb. 15.7). Diese Genome sind einzelsträngig und linear, können aber einfach in doppelsträngige ringförmige Moleküle umgewandelt werden. Dabei wird zuerst der Komplementärstrang synthetisiert, dann werden die Verknüpfungsstellen zwischen den Genomen gespalten und anschließend die entstandenen Segmente einzeln in Ringe umgewandelt.

## 15.2 Der Replikationsvorgang

Wie viele andere Vorgänge in der Molekularbiologie teilen wir auch die DNA-Replikation üblicherweise in drei Phasen ein – Initiation, Elongation und Termination:

- Bei der Initiation (Abschnitt 15.2.1) werden auf dem DNA-Molekül die Position(en) erkannt, wo die Replikation beginnen soll.

- Die Elongation (Abschnitt 15.2.2) umfasst die Ereignisse, die an der Replikationsgabel stattfinden, wo die Polynucleotide der Ausgangs-DNA kopiert werden.

- Zur Termination (Abschnitt 15.2.3), die man insgesamt bis jetzt nur ungenau erforscht hat, kommt es, wenn das Ausgangsmolekül vollständig repliziert wurde.

Neben diesen drei Phasen der Replikation verlangt noch ein viertes Thema unsere Aufmerksamkeit. Es handelt sich dabei um eine Einschränkung des Replikationsvorgangs, die dazu führt, dass sich ein lineares doppelsträngiges DNA-Molekül jedes Mal verkürzt, wenn es kopiert wird, sofern nichts dagegen unternommen wird. Die Lösung für dieses Problem, das die Struktur und die Synthese der Telomere an den Chromosomenenden betrifft (Abschnitt 7.1.2), wird in Abschnitt 15.2.4 beschrieben.

**a)** Replikation eines ringförmigen Bakterienchromosoms

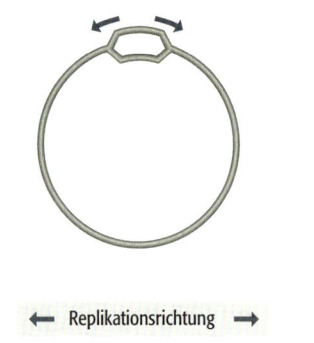

← Replikationsrichtung →

**b)** Replikation eines linearen eukaryotischen Chromosoms

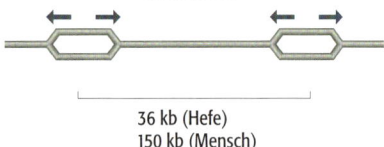

36 kb (Hefe)
150 kb (Mensch)

**15.8** Bidirektionale DNA-Replikation eines ringförmigen Bakterienchromosoms (a) und eines linearen eukaryotischen Chromosoms (b).

**15.9** Der Replikationsursprung bei *Escherichia coli*. a) Der Replikationsursprung von *E. coli* wird mit *oriC* bezeichnet und besitzt eine Länge von etwa 245 bp. Er enthält drei Kopien einer Sequenzwiederholung von 13 Nucleotiden mit einer Consensussequenz 5'-GATCTNTTNTTTT-3' (N steht für ein beliebiges Nucleotid) und fünf Kopien einer Sequenzwiederholung aus neun Nucleotiden mit einer Consensussequenz 5'-TT(A/T)T(A/C)CA(A/C)A-3' (hier steht (A/T) für A oder T und (A/C) für A oder C). Die Sequenzen mit 13-Nucleotiden bilden an einem Ende von *oriC* eine tandemförmige Folge von direkten Wiederholungen. Die Sequenzen mit neun Nucleotiden verteilen sich über *oriC*, wobei drei Einheiten eine Folge von direkten Wiederholungen bilden und zwei entgegengesetzt orientiert sind (Pfeile). Drei der Wiederholungen mit neun Nucleotiden – von „links nach rechts" mit den Nummern 1, 3, 5 – betrachtet man als die Hauptbindungsstellen für DnaA; die anderen beiden Wiederholungen sind weniger bedeutend. Die Gesamtstruktur des Replikationsursprungs ist bei allen Bakterien gleich, und die Sequenzen der Wiederholungen unterscheiden sich nicht sehr. b) Modell für die Bindung von DnaA-Proteinen an *oriC*, durch die es zu einem Aufschmelzen der Helix innerhalb der AT-reichen Sequenzen mit den 13 Nucleotiden kommt.

## 15.2.1 Initiation der Genomreplikation

Die Initiation der Replikation ist kein zufälliger Vorgang und beginnt immer an derselben Position oder denselben Positionen auf einem DNA-Molekül. Diese Positionen bezeichnet man als **Replikationsursprünge**. Nach der Initiation können aus einem solchen Ursprung zwei Replikationsgabeln hervorgehen, die sich in entgegengesetzten Richtungen die DNA entlangbewegen: Die DNA-Replikation erfolgt deshalb bei den meisten Genomen bidirektional (Abb. 15.8). Ein ringförmiges bakterielles Genom enthält einen einzigen Replikationsursprung. Das bedeutet, dass von jeder Replikationsgabel mehrere Hunderttausend Kilobasen DNA kopiert werden. Dieser Mechanismus unterscheidet sich von dem bei den eukaryotischen Chromosomen, die mehrere Ursprünge enthalten und deren Replikationsgabel kürzere Entfernungen zurücklegen müssen. So verfügt beispielsweise die Hefe *Saccharomyces cerevisiae* über 332 Replikationsursprünge, also einen Ursprung pro 36 kb DNA, beim Menschen sind es etwa 20 000 Ursprünge oder ein Ursprung pro 150 kb DNA.

### Initiation an einem Replikationsursprung von E. coli

Wir wissen zurzeit deutlich mehr über die Initiation der Replikation bei Bakterien als bei Eukaryoten. Den Replikationsursprung von *E. coli* bezeichnet man als *oriC*. Durch Einfügen von DNA-Abschnitten aus der *oriC*-Region in Plasmide, denen ein eigener Replikationsursprung fehlt, konnte man abschätzen, dass der Replikationsursprung bei *E. coli* etwa 245 bp DNA umfasst. Eine Sequenzanalyse dieses Abschnitts zeigt, dass er zwei kurze Wiederholungsmotive enthält, von denen eines aus neun Nucleotiden und das andere aus 13 Nucleotiden besteht (Abb. 15.9a). Die neun Nucleotide umfassende Wiederholung, von der in der *oriC*-Sequenz fünf verstreut vorkommen, ist die Bindungsstelle für das Protein DnaA. Da die Bindungssequenz in fünf Kopien vorkommt, könnte man annehmen, dass auch fünf Kopien von DnaA an den Replikationsursprung binden, tatsächlich aber kooperieren DnaA-Proteine mit ungebundenen Molekülen, bis schließlich etwa 30 Kopien an den Ursprung gebunden sind. Die Bindung erfolgt nur, wenn die DNA negativ superspiralisiert ist, was unter normalen Bedingungen beim Chromosom von *E. coli* der Fall ist (Abschnitt 8.1.1).

**a)** Struktur des *oriC*

20 bp

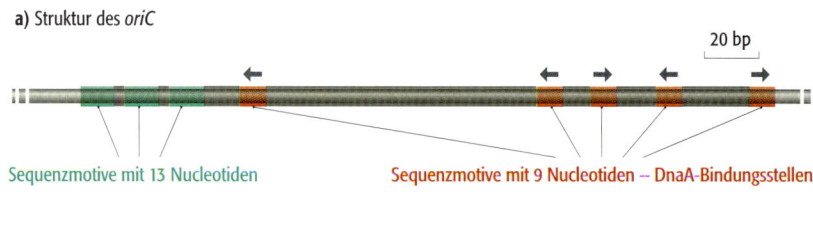

Sequenzmotive mit 13 Nucleotiden      Sequenzmotive mit 9 Nucleotiden – DnaA-Bindungsstellen

**b)** Aufschmelzen der Helix

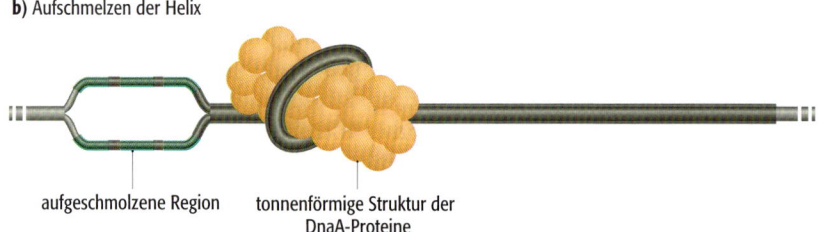

aufgeschmolzene Region      tonnenförmige Struktur der DnaA-Proteine

Die Bindung von DnaA führt dazu, dass sich die Doppelhelix in einem Bereich mit drei tandemförmig angeordneten AT-reichen Wiederholungen aus 13 Nucleotiden öffnet („schmilzt"), die an einem Ende der *oriC*-Sequenz liegen (Abb. 15.9b). Der genaue Mechanismus ist unbekannt, aber DnaA besitzt offenbar nicht die enzymatische Aktivität, die für das Auftrennen der Basenpaare notwendig ist. Deshalb nimmt man an, dass die Helix aufgrund der Torsionsspannung aufgeschmolzen wird, die durch die Bindung der DnaA-Proteine verursacht wird. Ein interessantes Modell besagt, dass die DnaA-Proteine eine tonnenförmige Struktur bilden, um die die Helix gewunden ist. Das Aufschmelzen der Helix wird durch HU unterstützt, das das häufigste DNA-Verpackungsprotein bei *E. coli* ist (Abschnitt 8.1.1).

Das Aufschmelzen der Helix leitet eine Abfolge von Ereignissen ein, durch die an jedem Ende des offenen Bereichs eine im Aufbau befindliche Replikationsgabel ausgebildet wird. Der erste Schritt ist die Anheftung eines **Prä-Priming-Komplexes** an jeder der beiden Positionen. Jeder Prä-Priming-Komplex besteht am Anfang aus 12 Proteinen, sechs Kopien von DnaB und sechs Kopien von DnaC, wobei DnaC nur eine Übergangsfunktion besitzt und bald nach der Bildung des Komplexes freigesetzt wird. Möglicherweise besteht die Funktion von DnaC einfach darin, die Bindung von DnaB zu unterstützen. Dieses Protein ist eine **Helikase**, ein Enzym, das Basenpaare trennen kann (Abschnitt 15.2.2). DnaB beginnt damit, den einzelsträngigen Bereich im Replikationsursprung zu erweitern und ermöglicht es den Enzymen, die an der Elongationsphase der Genomreplikation beteiligt sind, zu binden. Damit ist die Initiationsphase der Replikation bei *E. coli* beendet, da die Replikationsgabel nun beginnt, sich vom Ursprung weg zu bewegen und das Kopieren der DNA fängt an.

### Die Replikationsursprünge bei der Hefe ließen sich eindeutig bestimmen

Das Verfahren, das man für die Bestimmung der *oriC*-Sequenz von *E. coli* angewendet hatte, indem man DNA-Abschnitte in ein nichtreplizierendes Plasmid übertrug, erwies sich auch für die Identifizierung der Replikationsursprünge bei der Hefe *Saccharomyces cerevisiae* als hilfreich. Ursprünge, die man auf diese Weise isolieren konnte, bezeichnet man als **autonom replizierende Sequenzen** (ARS). Ein typischer Replikationsursprung der Hefe ist mit einer Länge von normalerweise 200 bp kürzer als *oriC* von *E. coli* und enthält getrennte Abschnitte mit verschiedenen Funktionen, wobei diese „Subdomänen" in verschiedenen Ursprüngen ähnliche Sequenzen aufweisen (Abb. 15.10a). Es ließen sich vier Subdomänen identifizieren. Zwei davon – die Subdomänen A und B1 – bilden die **Ursprungserkennungssequenz**, die insgesamt aus 40 bp besteht und die Bindungsstelle für den **Ursprungserkennungskomplex** (*origin recognition complex*, **ORC**) ist. Dabei handelt es sich um eine Gruppe von sechs Proteinen, die an den Ursprung binden (Abb. 15.10b). Die ORCs der Hefe entsprechen den DnaA-Proteinen von *E. coli*, allerdings ist diese Deutung wahrscheinlich nicht ganz korrekt, da die ORCs anscheinend während des gesamten Zellzyklus an die Replikationsursprünge der Hefe gebunden bleiben. ORCs sind vermutlich keine echten Initiatorproteine, sondern eher an der Regulation der Genomreplikation beteiligt und fungieren als Vermittler zwischen den Replikationsursprüngen und den regulatorischen Signalen, die die Initiation der DNA-Replikation mit dem Zellzyklus koordinieren (Abschnitt 15.3.1).

Wir müssen deshalb in den Replikationsursprüngen der Hefe an anderer Stelle nach Sequenzen suchen, die den Sequenzen in *oriC* genau entsprechen.

**a)** Struktur eines Replikationsursprungs der Hefe

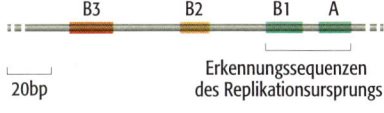

**b)** Aufschmelzen der Helix

**15.10   Struktur eines Replikationsursprungs der Hefe.** a) Struktur von ARS 1, einer typischen autonom replizierenden Sequenz (ARS), die bei *Saccharomyces cerevisiae* als Replikationsursprung fungiert. Dargestellt sind die relativen Positionen der funktionellen Sequenzen A, B1, B2 und B3. b) Das Schmelzen der Helix erfolgt in der Subdomäne B2 und wird durch die Bindung des ARS-Bindungsfaktor 1 (ABF1) an die Subdomäne B3 induziert. Die Proteine des Ursprungserkennungskomplexes (ORC) sind ständig an die Subdomänen A und B1 gebunden.

Betrachten wir daher die beiden anderen konservierten Sequenzen in einem typischen Replikationsursprung, die Subdomänen B2 und B3 (Abb. 15.10a). Unsere derzeitigen Vorstellungen legen nahe, dass diese beiden Subdomänen auf ähnliche Weise funktionieren wie der Ursprung bei *E. coli*. Die Subdomäne B2 entspricht offenbar der Wiederholungsfolge aus der 13 Nucleotide langen Sequenz des *E. coli*-Ursprungs, da an dieser Stelle die beiden Stränge zuerst getrennt werden. Dieses Schmelzen wird durch die Torsionsspannung ausgelöst, die die Anheftung des DNA-bindenden Proteins ARS-Bindungsfaktor 1 (ABF-1) an die Subdomäne B3 auslöst (Abb. 15.10b). Wie bei *E. coli* binden bei der Hefe nach dem Aufschmelzen der Helix in einem Replikationsursprung die Helikase und andere Replikationsenzyme an die DNA. Das schließt den Initiationsprozess ab und ermöglicht es den Replikationsgabeln, sich nun an der DNA entlang zu bewegen (Abschnitt 15.2.2).

### Bei den höheren Eukaryoten sind die Replikationsursprünge nicht so leicht zu erkennen.

Versuche, beim Menschen und anderen höheren Eukaryoten Replikationsursprünge zu identifizieren, waren bis vor kurzem weniger erfolgreich. Mithilfe verschiedener biochemischer Methoden kann man **Initiationsregionen** (Abschnitte der chromosomalen DNA, an denen die Replikation einsetzt) erkennen. Beispielsweise lässt man die Replikation in Gegenwart von markierten Nucleotiden starten, hält die Reaktion an, reinigt die neu synthetisierte DNA und bestimmt die Positionen der neu entstandenen Stränge im Genom. Diese Experimente deuteten darauf hin, dass es in den Chromosomen der Säuger spezifische Regionen gibt, an denen die Replikation beginnt. Allerdings bestehen gewisse Zweifel, ob diese Regionen Replikationsursprünge enthalten, die denen der Hefe entsprechen. Eine andere Hypothese besagt, dass die Replikation durch Proteinstrukturen in Gang gesetzt wird, die im Zellkern an bestimmten Positionen vorkommen, und die Initiationsbereiche auf den Chromosomen nur DNA-Abschnitte sind, die im dreidimensionalen Organisationsaufbau des Zellkerns in der Nähe dieser Proteinstrukturen liegen.

Die Zweifel an der Existenz von Replikationsursprüngen bei Säugern wurden dadurch verstärkt, dass es nicht gelungen ist, durch Übertragung von Initiationssequenzen der Säuger auf replikationsdefekte Plasmide die Replikationsfähigkeit herzustellen. Allerdings erachtete man diese Experimente als nicht schlüssig, da ein Replikationsursprung der Säuger möglicherweise zu lang sein könnte, um in einem Plasmid kloniert zu werden oder vielleicht nur dann seine Funktion zeigt, wenn eine Aktivierung durch entfernt liegende chromosomale Bereiche erfolgt. Ein entscheidender Durchbruch war der Befund, dass ein Abschnitt von 8 kb aus einer Initiationsregion des Menschen bei Übertragung auf das Genom eines Affen dort weiterhin die Replikation steuert, obwohl keinerlei hypothetische Proteinstruktur aus dem menschlichen Zellkern vorhanden ist. Eine Analyse dieser übertragenen Region zeigte, dass es darin primäre Stellen gibt, an denen die Initiation mit großer Häufigkeit erfolgt. Diese sind von sekundären Stellen umgeben, die sich über die gesamten 8 kb erstrecken und an denen die Replikation weniger häufig einsetzt. Auch ließ sich zeigen, dass es in der Initiationsregion abgegrenzte funktionelle Domänen gibt, indem man die Auswirkungen untersuchte, die Deletionen von bestimmten Abschnitten aus dieser Region auf die Initiation der Replikation haben.

Die Feststellung, dass das menschliche Genom tatsächlich Replikationsursprünge enthält, wirft die Frage auf, ob es bei den Säugern ein Äquivalent zum ORC der

Hefe gibt. Die Antwort lautet anscheinend ja, da man bei höheren Eukaryoten mehrere Gene identifiziert hat, deren Proteinprodukte ähnliche Sequenzen aufweisen wie der ORC der Hefe, und einige dieser Proteine das entsprechende Hefeprotein im ORC der Hefe ersetzen können. Diese Ergebnisse deuten darauf hin, dass die Initiation der Replikation bei der Hefe ein gutes Modell für die Vorgänge bei den Säugern darstellt. Diese Schlussfolgerung ist für Untersuchungen zur Initiation der Replikation von großer Bedeutung (Abschnitt 15.3).

## 15.2.2 Die Elongationsphase der Replikation

Sobald die Initiation der Replikation stattgefunden hat, bewegen sich die Replikationsgabeln die DNA entlang und wirken bei der entscheidenden Aktivität der Genomreplikation mit – der Synthese neuer DNA-Stränge, die zu den ursprünglichen Polynucleotiden komplementär sind. Auf chemischer Ebene ähnelt die matrizenabhängige Synthese von DNA (Abb. 15.11) stark der matri-

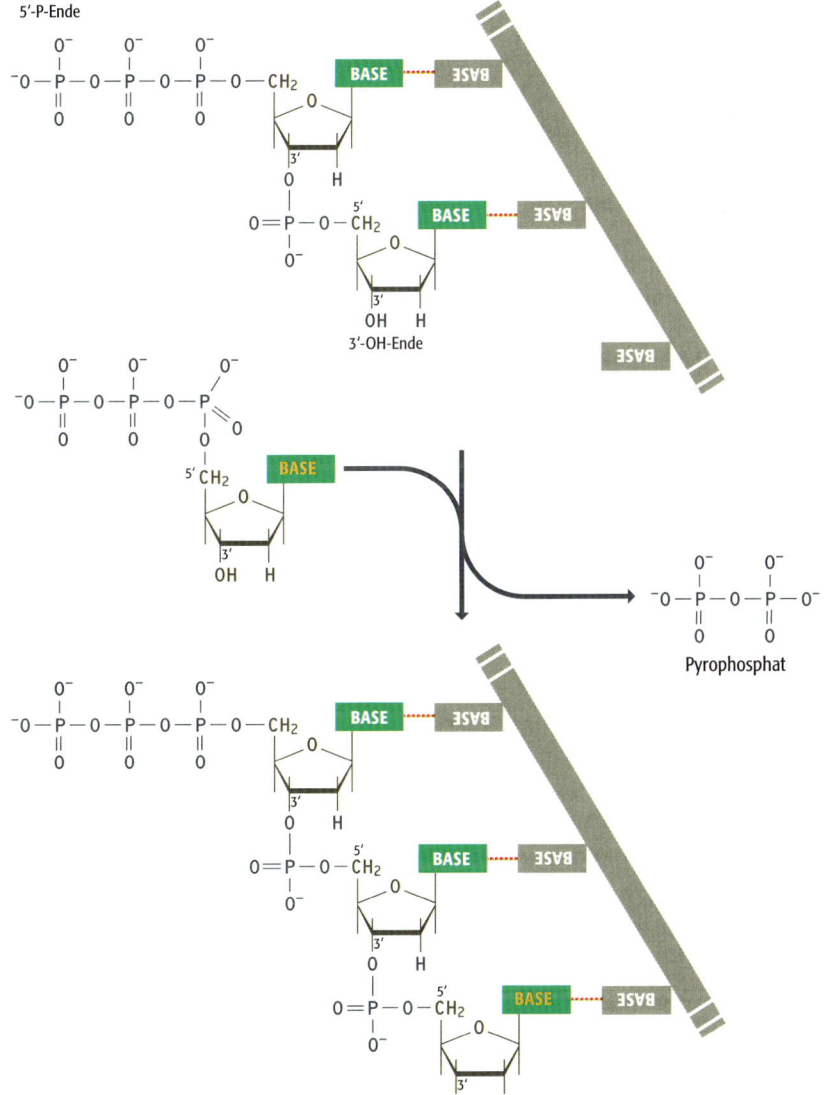

**15.11   Matrizenabhängige DNA-Synthese.** Vergleichen Sie diese Reaktion mit der matrizenabhängigen Synthese von RNA (Abb. 12.1).

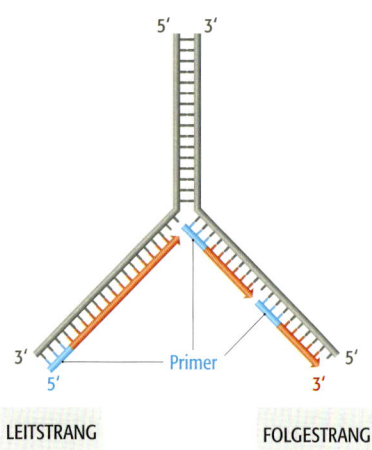

5′  3′

3′  5′
5′  Primer  3′

**LEITSTRANG**  **FOLGESTRANG**

**15.12  Schwierigkeiten bei der DNA-Replikation.** Wenn doppelsträngige DNA repliziert wird, sind zwei Schwierigkeiten zu bewältigen. Zum einen kann nur der Leitstrang fortlaufend durch DNA-Synthese in 5′→3′-Richtung repliziert werden, die Replikation des Folgestranges kann hingegen nur diskontinuierlich erfolgen. Zum anderen ist für die Initiation der DNA-Synthese ein Primer notwendig. Das trifft sowohl auf die zelluläre DNA-Synthese (wie hier dargestellt) als auch auf die Reaktion im Reagenzglas zu (Abschnitt 2.1.1).

zenabhängigen Synthese von RNA, die während der Transkription stattfindet (vergleichen Sie Abbildung 12.1). Diese Übereinstimmung soll uns jedoch nicht dazu verleiten, zu umfassende Analogien zwischen Transkription und Replikation herzustellen. Die Mechanismen der beiden Prozesse sind ziemlich unterschiedlich. Die Replikation ist aufgrund von zwei Faktoren, die auf die Transkription nicht zutreffen, komplizierter als diese:

- Bei der DNA-Replikation müssen beide Stränge der Doppelhelix kopiert werden. Das ist eine bedeutsame Schwierigkeit, da DNA-Polymeraseenzyme DNA nur in 5′→3′-Richtung synthetisieren können (Abschnitt 1.1.2). Das bedeutet, dass ein Strang der ursprünglichen Doppelhelix, den man als **Leitstrang** bezeichnet, durchgängig kopiert werden kann, während die Replikation des **Folgestranges** nur diskontinuierlich erfolgen kann. Das geschieht in Form von kurzen Abschnitten, die zur Herstellung eines intakten Tochterstranges verknüpft werden müssen (Abb. 15.12).

- Die zweite Schwierigkeit besteht darin, dass matrizenabhängige DNA-Polymerasen die DNA-Synthese nicht an einem Molekül beginnen können, das vollkommen einzelsträngig ist: Dafür ist ein kurzer doppelsträngiger Bereich erforderlich, der ein 3′-Ende zur Verfügung stellt, an das das Enzym neue Nucleotide anhängen kann. Deshalb sind **Primer** notwendig, einer für die Initiation der Komplementärstrangsynthese des Leitpolynucleotids sowie einer für jeden Abschnitt der diskontinuierlich am Folgestrang synthetisierten DNA (Abb. 15.12).

Bevor uns mit diesen beiden Schwierigkeiten beschäftigen, wollen wir zuerst die DNA-Polymeraseenzyme selbst untersuchen.

### Die DNA-Polymerasen von Bakterien und Eukaryoten

Die grundlegende chemische Reaktion, die eine DNA-Polymerase katalysiert, ist die Synthese eines DNA-Polynucleotids in 5′→3′-Richtung (Abb. 15.11). Wir haben in Abschnitt 2.1.1 erfahren, dass einige DNA-Polymerasen neben dieser Aktivität noch mindestens eine Exonucleaseaktivität besitzen. Diese Enzyme können also Polynucleotide sowohl aufbauen als auch abbauen (Abb. 2.7):

- Viele bakterielle und eukaryotische matrizenabhängige DNA-Polymerasen besitzen eine 3′→5′-Exonucleaseaktivität (Tab. 15.2). Diese Aktivität ermöglicht es dem Enzym, Nucleotide vom 3′-Ende des gerade synthetisierten Stranges zu entfernen. Dabei handelt es sich offenbar um eine **Korrekturlesefunktion**, die gelegentliche Basenpaarungsfehler bei der Strangsynthese korrigieren soll (Abschnitt 16.1.1).

- Eine 5′→3′-Exonucleaseaktivität ist zwar weniger häufig; kommt aber bei einigen Polymerasen vor, deren Funktion bei der Replikation erfordert, dass zumindest ein Teil des Polynucleotids entfernt werden kann, das bereits am Matrizenstrang befestigt ist, den die Polymerase gerade kopiert. Diese Aktivität wird bei der bakteriellen DNA-Replikation während des Vorgangs verwendet, durch den die diskontinuierlich synthetisierten DNA-Fragmente des Folgestranges verknüpft werden (Abb. 15.18).

Die Suche nach DNA-Polymerasen begann bereits Mitte der 1950er-Jahre, als man erkannt hatte, dass die Synthese von DNA für die Replikation von Genen die entscheidende Grundlage bildet. Man nahm an, dass Bakterien wahrscheinlich nur eine DNA-Polymerase besitzen. Als Arthur Kornberg das Enzym, das man jetzt als **DNA-Polymerase I** bezeichnet, im Jahr 1957 isoliert hatte, war die Annahme weit verbreitet, dass es sich dabei um das Hauptenzym der Replikation handelte. Die Entdeckung, dass eine Inaktivierung des *polA*-Gens bei

*E. coli*, das die DNA-Polymerase I codiert, nicht letal ist (die Zellen konnten ihr Genom weiterhin replizieren), bedeutete eine Überraschung. Ähnlich war die Situation, als man bei der Inaktivierung von *polB*, dem Gen für die **DNA-Polymerase II** dasselbe Ergebnis erhielt. Heute wissen wir, dass dieses Enzym vor allem mit der Reparatur von beschädigter DNA befasst ist (Abschnitt 16.2) und nicht mit der Genomreplikation. Erst 1972 gelang es endlich, die für die Replikation bei *E. coli* wichtigste Polymerase zu isolieren, die **DNA-Polymerase III**. Die DNA-Polymerasen I und III sind beide an der Genomreplikation beteiligt, wie wir im nächsten Abschnitt feststellen werden.

Die DNA-Polymerasen I und II sind einzelne Polypeptide, während die DNA-Polymerase III, passend zur Funktion als hauptsächliches Replikationsenzym, aus mehreren Proteinuntereinheiten besteht und insgesamt eine Molekülmasse von 900 kd besitzt (Tab. 15.2). Die drei Hauptuntereinheiten, die das Core-Enzym bilden, bezeichnet man als $\alpha$, $\varepsilon$ und $\theta$, wobei die Polymeraseaktivität in der $\alpha$-Untereinheit liegt und die $3' \rightarrow 5'$-Exonucleaseaktivität in der $\varepsilon$-Untereinheit. Die Funktion von $\theta$ ist unklar: Möglicherweise besitzt diese Untereinheit ausschließlich strukturelle Funktionen, indem sie die anderen beiden Core-Untereinheiten zusammenbringt und die verschiedenen Hilfsuntereinheiten hinzu holt. Zu diesen Untereinheiten gehören $\tau$ und $\gamma$, die beide vom selben Gen codiert werden und $\gamma$ durch eine Rasterverschiebung gebildet wird (Abschnitt 13.2.3). Die $\beta$-Untereinheit fungiert als „gleitende Klammer" und hält dabei den Polymerasekomplex an der Matrize fest, außerdem die Untereinheiten $\delta$, $\delta'$, $\chi$ und $\psi$.

Eukaryoten besitzen mindestens neun DNA-Polymerasen, die bei den Säugern durch griechische Buchstaben ($\alpha$, $\beta$, $\gamma$, $\delta$ und so weiter) bezeichnet werden. Das ist insofern unglücklich gewählt, als die Untereinheiten der DNA-Polymerase III bei *E. coli* ebenso bezeichnet werden, was zu Verwirrungen führen kann. Das Hauptenzym der Replikation ist die **DNA-Polymerase $\delta$** (Tab. 15.2), die zwei Untereinheiten umfasst (nach Auffassung mancher Forscher auch drei). Sie ist

**Tabelle 15.2**   DNA-Polymerasen, die bei der Genomreplikaton von Bakterien und Eukaryoten beteiligt sind

| Enzym | Untereinheiten | Exonucleaseaktivitäten $3' \rightarrow 5'$ | $5' \rightarrow 3'$ | Funktion |
|---|---|---|---|---|
| **DNA-Polymerasen der Bakterien** | | | | |
| DNA-Polymerase I | 1 | ja | ja | DNA-Reparatur, Replikation |
| DNA-Polymerase III | mindestens 10 | ja | nein | hauptsächliches Replikationsenzym |
| **DNA-Polymerasen der Eukaryoten** | | | | |
| DNA-Polymerase $\alpha$ | 4 | nein | nein | Start der Replikation |
| DNA-Polymerase $\gamma$ | 2 | ja | nein | Replikation in Mitochondrien |
| DNA-Polymerase $\delta$ | 2 oder 3 | ja | nein | Hauptenzym der Replikation |
| DNA-Polymerase $\kappa$ | 1 | ? | ? | erforderlich für die Bindung der Kohäsine, die die Schwesterchromatiden bis zur Anaphase der Zellkernteilung zusammenhalten |

Bakterien und Eukaryoten besitzen weitere DNA-Polymerasen, die primär an der Reparatur von beschädigter DNA beteiligt sind. Zu diesen Enzymen gehören die DNA-Polymerasen II, IV und V von *Escherichia coli* sowie die eukaryotischen DNA-Polymerasen $\beta$, $\varepsilon$, $\zeta$, $\eta$, $\theta$ und $\iota$. Die Vorgänge bei der DNA-Reparatur werden in Abschnitt 16.2 behandelt.

in Kombination mit einem Hilfsprotein aktiv, das man als **Zellkernantigen proliferierender Zellen** (*proliferating cell nuclear antigen*, **PCNA**) bezeichnet. PCNA ist das Funktionsäquivalent der $\beta$-Untereinheit der DNA-Polymerase III; das Protein hält das Enzym an der Matrize fest. Die DNA-Polymerase $\alpha$ übernimmt ebenfalls eine wichtige Aufgabe bei der DNA-Synthese, da dieses Enzym bei den Eukaryoten die Funktion einer Primase besitzt und die Replikation in Gang setzt (Abb. 15.13b). Die **DNA-Polymerase $\gamma$** wird zwar von einem Gen im Zellkern codiert, repliziert aber das Mitochondriengenom.

### Die diskontinuierliche Strangsynthese und das Primer-Problem

Die Einschränkung, dass DNA-Polymerasen Polynucleotide nur in $5' \rightarrow 3'$-Richtung synthetisieren können, bedeutet, dass der Folgestrang des ursprünglichen Moleküls diskontinuierlich kopiert werden muss (Abb. 15.12). Die Schlussfolgerung aus diesem Modell – dass die ersten Produkte bei der Replikation des Folgestranges kurze Abschnitte von Polynucleotiden sein müssen – wurde 1969 bestätigt. Damals isolierte man zum ersten Mal die heute so bezeichneten **Okazaki-Fragmente** aus *E. coli*. Bei den Bakterien sind die Okazaki-Fragmente etwa 1 000–2 000 Nucleotide lang, während die entsprechenden Fragmente bei den Eukaryoten mit vielleicht 200 Nucleotiden offenbar viel kürzer sind. Dies ist eine interessante Beobachtung, die darauf hindeuten könnte, dass jede Runde der diskontinuierlichen Synthese genau die DNA repliziert, die mit einem einzigen Nucleosom assoziiert ist (ein Nucleosom enthält 140 bis 150 bp DNA, die um das Core-Partikel gewunden sind, sowie 50–70 bp als Verbindungsstück (Abschnitt 7.1.1).

Die zweite Schwierigkeit, die in Abbildung 15.12 dargestellt ist, besteht darin, dass für die Initiation der Synthese jedes neuen Polynucleotids ein Primer erforderlich ist. Es ist nicht genau bekannt, warum DNA-Polymerasen nicht an einer vollkommen einzelsträngigen Matrize mit der Synthese beginnen können. Möglicherweise hängt es mit der Korrekturlesefunktion dieser Enzyme zusammen, die für die Genauigkeit der Replikation unentbehrlich ist. Wie in Abschnitt 16.1.1 beschrieben, kann ein Nucleotid, das fälschlicherweise am äußersten $3'$-Ende eines wachsenden DNA-Stranges eingebaut wurde und deshalb mit dem Matrizenpolynucleotid keine Basenpaarung ergibt, von der $3' \rightarrow 5'$-Exonucleaseaktivität einer DNA-Polymerase entfernt werden kann. Das bedeutet, dass die $3' \rightarrow 5'$-Exonucleaseaktivität wirksamer sein muss als die $5' \rightarrow 3'$-Polymeraseaktivität, wenn das $3'$-Nucleotid keine Basenpaare mit der Matrize ausbildet. Daraus folgt, dass die Polymerase ein Polynucleotid nur dann effektiv verlängern kann, wenn das $3'$-Nucleotid eine Basenpaarung eingeht. Das wiederum könnte der Grund dafür sein, dass eine vollkommen einzelsträngige Matrize, die schon laut Definition gar kein $3'$-Nucleotid mit Basenpaarung enthält, von der DNA-Polymerase nicht verwendet werden kann.

Unabhängig davon, warum nun für die DNA-Replikation ein Primer erforderlich ist, stellt das letztendlich kein so großes Problem dar. DNA-Polymerasen können nicht mit vollständig einzelsträngiger DNA in Wechselwirkung treten, RNA-Polymerasen jedoch schon. Deshalb bestehen die Primer der DNA-Replikation aus RNA. Bei den Bakterien werden die Primer von der **Primase** synthetisiert. Das ist eine spezielle RNA-Polymerase, die nicht mit dem Enzym der Transkription verwandt ist. Ein Primer ist vier bis 15 Nucleotide lang und beginnt meist mit der Sequenz 5'-AG-3'. Sobald der Primer hergestellt ist, setzt die DNA-Polymerase III die Strangsynthese fort (Abb. 15.13a). Bei den Eukaryoten ist die Situation etwas komplizierter, da die Primase fest mit der DNA-

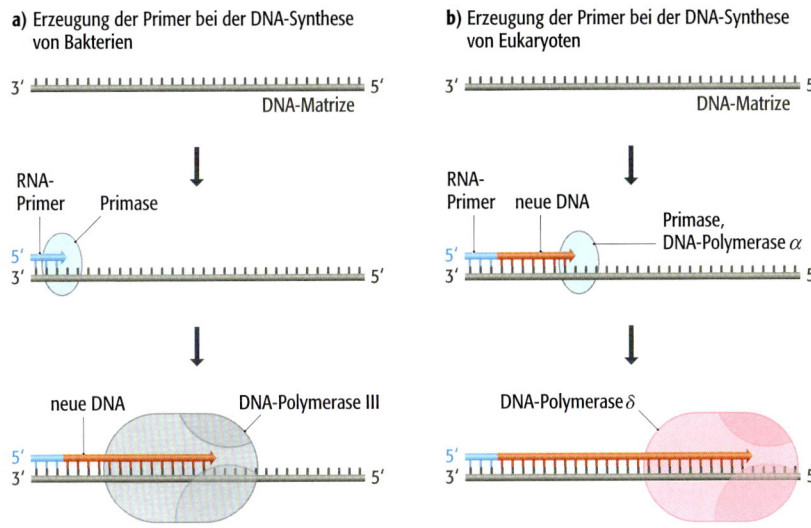

**a)** Erzeugung der Primer bei der DNA-Synthese von Bakterien

**b)** Erzeugung der Primer bei der DNA-Synthese von Eukaryoten

15.13    Herstellen der Primer für die DNA-Synthese bei Bakterien (a) und Eukaryoten (b). Bei den Eukaryoten bildet die Primase einen Komplex mit der DNA-Polymerase $\alpha$. Dargestellt ist die Synthese des RNA-Primers, an den die ersten Nucleotide der DNA angehängt werden.

Polymerase $\alpha$ verbunden ist und beide für die Synthese der ersten wenigen Nucleotide eines neuen Polynucleotids zusammenwirken. Die Primase synthetisiert einen Primer von acht bis zwölf Nucleotiden und überlässt die Reaktion dann der DNA-Polymerase $\alpha$, die den RNA-Primer durch Anhängen von 20 Nucleotiden DNA verlängert. Dieser DNA-Abschnitt enthält häufig einige Ribonucleotide und es ist unklar, ob diese durch die DNA-Polymerase $\alpha$ oder durch zwischenzeitliche Aktivitäten der Primase eingebaut werden. Nach Fertigstellung dieses RNA-DNA-Primers setzt das Hauptenzym der DNA-Replikation, die DNA-Polymerase $\delta$, die DNA-Synthese fort (Abb. 15.13b).

Die Primer-Synthese muss beim Leitstrang nur einmal im Replikationsursprung erfolgen, da der Leitstrang danach durchgehend synthetisiert wird, bis die Replikation abgeschlossen ist. Beim Folgestrang ist die Primer-Synthese ein wiederholter Prozess, der jedes Mal stattfinden muss, wenn ein Okazaki-Fragment begonnen wird. Bei *E. coli* bestehen Okazaki-Fragmente aus 1 000–2 000 Nucleotiden, sodass bei jeder Replikation des Genoms etwa 4 000 Primer-Synthesen erforderlich sind. Bei Eukaryoten sind die Okazaki-Fragmente viel kürzer und die Primer-Synthese ist ein hochgradig wiederholter Vorgang.

### Die Vorgänge an der Replikationsgabel von Bakterien

Wir haben uns bis hier mit den Schwierigkeiten beschäftigt, die sich aufgrund der diskontinuierlichen Strangsynthese und dem Problem der Primer-Synthese stellen, sodass wir uns nun der Abfolge der Ereignisse zuwenden können, die während der Elongationsphase der Genomreplikation an der Replikationsgabel stattfinden.

In Abschnitt 15.2.1 haben wir festgestellt, dass die Bindung der DnaB-Helikase, nach der die aufgeschmolzene DNA-Region am Replikationsursprung erweitert wird, das Ende der Initiationsphase der Replikation bei *E. coli* darstellt. Die Trennung zwischen Initiation und Elongation ist zu einem großen Teil künstlich, da die beiden Vorgänge nahtlos ineinander übergehen. Nach Bindung der Helikase an den Ursprung zur Bildung des Prä-Priming-Komplexes wird die Primase mobilisiert, wodurch das **Primosom** entsteht. Dieser Komplex beginnt mit der Replikation des Leitstranges. Das geschieht durch Synthese des RNA-

**15.14 Die Funktion der DnaB-Helikase bei der DNA-Replikation von *Escherichia coli*.** DnaB ist eine 5′→3′-Helikase und wandert so den Folgestrang entlang, wobei die Basenpaare gelöst werden. Das Protein wirkt mit der DNA-Topoisomerase zusammen, um die Helix zu entwinden. Zur Vereinfachung wurde in dieser Darstellung die Primase weggelassen, die normalerweise mit der DnaB-Helikase assoziiert ist.

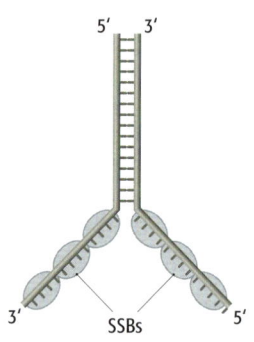

**a)** SSBs binden an ungepaarte Polynucleotide

**b)** Struktur von RPA, einem eukaryotischen SSB

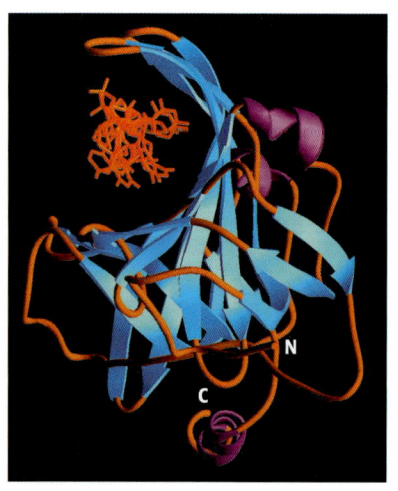

Primers, den die DNA-Polymerase III benötigt, um mit dem Kopieren der Matrize zu beginnen.

DnaB ist die wichtigste Helikase, die bei der Genomreplikation von *E. coli* mitwirkt, aber keinesfalls die einzige Helikase dieses Bakteriums: Tatsächlich waren es bei der letzten Zählung elf. Der Umfang dieser Enzymgruppe veranschaulicht die Tatsache, dass das Entwinden von DNA nicht nur bei der Replikation erforderlich ist, sondern auch bei verschiedenen Prozessen wie der Transkription, Rekombination und DNA-Reparatur. Die Funktionsweise einer typischen Helikase wurde noch nicht genau ermittelt, aber man nimmt an, dass diese Enzyme an einzelsträngige und nicht an doppelsträngige DNA binden und das Polynucleotid entweder in 5′→3′- oder in 3′→5′-Richtung entlang wandern, was von der Spezifität der Helikase abhängt. Das Trennen von Basenpaaren erfordert Energie, die aus der Hydrolyse von ATP stammt. Nach diesem Modell kann eine einzige DnaB-Helikase den Folgestrang entlang wandern (DnaB ist eine 5′→3′-Helikase), die Helix nach Art eines Reißverschlusses öffnen und die Replikationsgabel bilden. Dabei wird die Torsionsspannung, die bei der Entwindung entsteht, durch die DNA-Topoisomerase abgeschwächt (Abb. 15.14). Dieses Modell ist wahrscheinlich eine gute Annäherung an die tatsächlichen Verhältnisse, wobei es für die übrigen beiden Helikasen bei *E. coli*, die vermutlich bei der Genomreplikation mitwirken, noch keine Funktion vorsieht. Beide Enzyme, OriA und Rep, sind 3′→5′-Helikasen, und man kann sich vorstellen, dass sie die DnaB-Aktivität ergänzen, indem sie den Leitstrang entlang wandern, möglicherweise spielen sie auch eine geringere Rolle. Die Beteiligung von Rep an der DNA-Replikation könnte tatsächlich darauf beschränkt sein, dass das Protein nur bei der *rolling circle*-Replikation des λ-Phagen und einiger weiterer Bakteriophagen von *E. coli* mitwirkt (Abschnitt 15.1.3).

Einzelsträngige DNA ist von natur aus kohäsiv („klebrig"), und die beiden Polynucleotide, die durch die Aktivität der Helikase getrennt wurden, würden unmittelbar nach Passieren des Enzyms wieder Basenpaare ausbilden, sofern es zuge-

**15.15 Die Funktion der einzelstrangbindenden Proteine (SSBs) bei der DNA-Replikation.** a) SSBs heften sich an ungepaarte Polynucleotide, die durch die Aktivität der Helikase getrennt wurden und verhindern, dass die Stränge erneut untereinander Basenpaare ausbilden oder durch einzelstrangspezifische Nucleasen abgebaut werden. b) Struktur des eukaryotischen SSB, das man mit RPA bezeichnet. Das Protein enthält eine β-Faltblattstruktur, die einen Kanal bildet. In diesem Kanal ist die DNA (dunkelorange, Ansicht von einem Ende) gebunden. Mit freundlicher Genehmigung von Bochkarev et al (1997) *Nature* 385: 176–181.

**15.16   Erzeugung des Primers und Synthese der Kopie des Folgestranges während der DNA-Replikation bei *Escherichia coli*.**

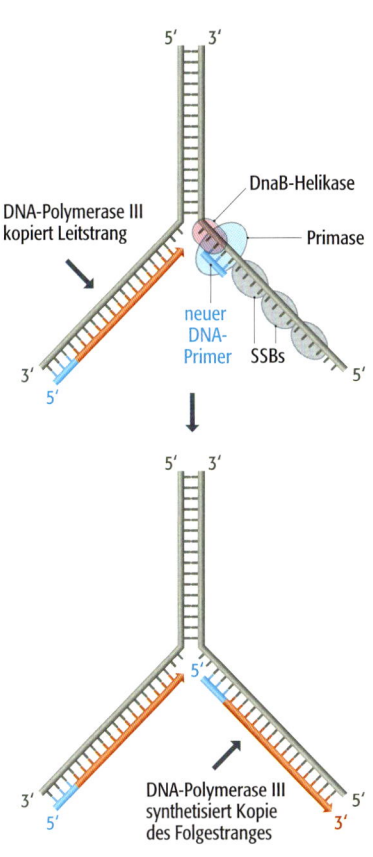

lassen wird. Die Einzelstränge sind auch gegenüber einem Angriff durch eine Nuclease äußerst empfindlich und würden ohne einen gewissen Schutzmechanismus wahrscheinlich abgebaut. Um diese unerwünschten Effekte zu vermeiden, heften sich **einzelstrangbindende Proteine** (*single strand binding proteins*, **SSBs**) an die Polynucleotide und verhindern, dass sie reassoziieren oder abgebaut werden (Abb. 15.15a). Das SSB von *E. coli* besteht aus vier identischen Untereinheiten und funktioniert wahrscheinlich ähnlich wie das wichtigste SSB bei den Eukaryoten, das man als **Replikationsprotein A** (**RPA**) bezeichnet. Dabei wird das Polynucleotid von einem Kanal umschlossen, der aus einer Folge von SSBs besteht, die nebeneinander auf dem Strang angeordnet sind (Abb. 15.15b). Wenn der Replikationskomplex ankommt, um die Einzelstränge zu replizieren, müssen die SSBs wieder entfernt werden, was eine zweite Gruppe von Proteinen bewerkstelligt. Dabei handelt es sich um die **Replikationsmediatorproteine** (**RMPs**). Wie die Helikasen besitzen auch die SSBs bei verschiedenen Prozessen, die ein Entwinden der DNA erfordern, diverse Funktionen.

Nachdem 1 000–2 000 Nucleotide des Leitstranges repliziert wurden, kann die erste Runde der diskontinuierlichen Synthese am Folgestrang beginnen. Die Primase, die noch mit der DnaB-Helikase im Primosom assoziiert ist, erzeugt einen RNA-Primer, der dann durch die DNA-Polymerase III verlängert wird (Abb. 15.16). Das ist derselbe DNA-Polymerase-III-Komplex, der die Kopie des Leitstranges synthetisiert. Der Komplex enthält tatsächlich zwei Kopien der Polymerase, die durch ein Paar von $\tau$-Untereinheiten zusammengehalten werden. Es handelt sich nicht um zwei vollständige Kopien der Polymerase, da nur ein einziger $\gamma$-**Komplex** vorhanden ist, der die $\gamma$-Untereinheit in Assoziation mit $\delta$, $\delta'$, $\chi$ und $\psi$ enthält. Die Hauptfunktion des $\gamma$-Komplexes (den man manchmal auch als *clamp loader* bezeichnet) besteht darin, mit der $\beta$-Untereinheit (der „gleitenden Klammer") in jeder Hälfte des Komplexes zu interagieren. Dadurch wird die Bindung des Enzyms an die Matrize und seine Dissoziation von der Matrize kontrolliert. Diese Funktion ist vor allem während der Replikation des Folgestranges erforderlich, wenn das Enzym wiederholt am Anfang eines Okazaki-Fragments an die DNA bindet und am Ende dissoziiert. Einige Modelle des Komplexes der DNA-Polymerase III stellen die beiden Enzyme in entgegengesetzter Orientierung dar, um die unterschiedlichen Richtungen zu veranschaulichen, in denen die DNA-Synthese erfolgt – für den Leitstrang in Richtung auf die Replikationsgabel zu und für den Folgestrang davon weg. Wahrscheinlicher ist jedoch, dass das Enzympaar in dieselbe Richtung zeigt und der Folgestrang eine Schleife bildet, sodass die DNA-Synthese parallel in erfolgen kann; während sich der Polymerasekomplex mit dem Fortschreiten der Replikationsgabel vorwärtsbewegt (Abb. 15.17).

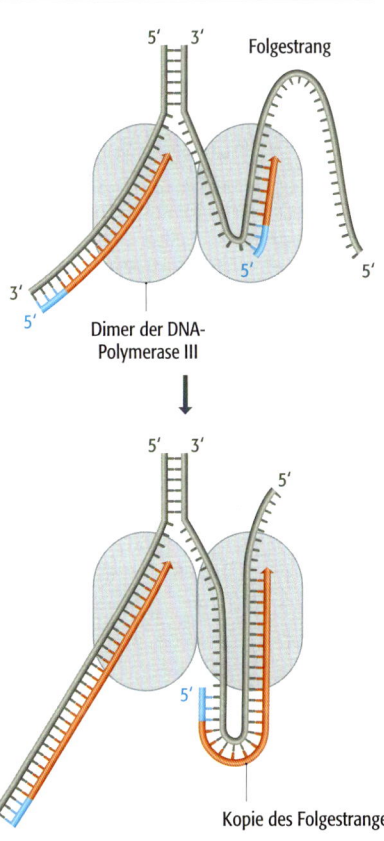

**15.17   Ein Modell für die parallele Synthese der Kopien von Leit- und Folgestrang durch ein Dimer von DNA-Polymerase-III-Enzymen.** Vermutlich bildet der Folgestrang eine Schleife, die durch seine Kopie des DNA-Polymerase-III-Enzyms hindurchgeführt wird (siehe Darstellung), sodass sowohl der Leitstrang als auch der Folgestrang kopiert werden können, während sich das Dimer das Molekül entlang bewegt, das gerade repliziert wird. Die beiden Komponenten des DNA-Polymerase-III-Dimers sind nicht identisch, da es nur eine Kopie des $\gamma$-Komplexes gibt.

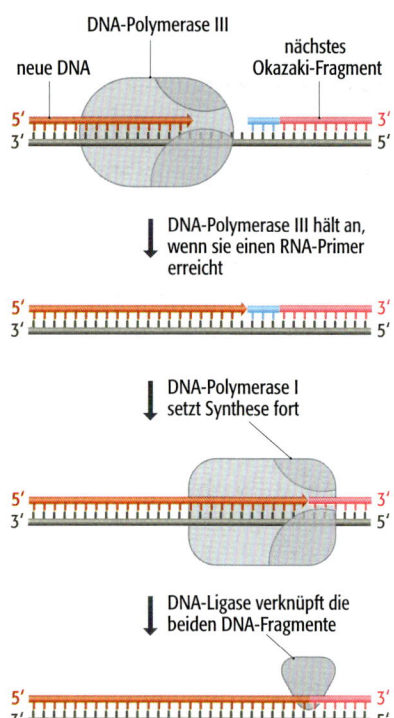

**15.18 Die Abfolge der Ereignisse, die bei der Verknüpfung von benachbarten Okazaki-Fragmenten während der DNA-Replikation bei *Escherichia coli* stattfinden.** Der DNA-Polymerase III fehlt eine 5′→3′-Exonucleaseaktivität, sodass das Enzym mit der DNA-Synthese aufhört, sobald es auf den RNA-Primer des nächsten Okazaki-Fragments trifft. An dieser Stelle setzt die DNA-Polymerase I die DNA-Synthese fort. Das Enzym besitzt eine 5′→3′-Exonucleaseaktivität und es entfernt zusammen mit der RNase H den RNA-Primer und ersetzt diesen durch DNA. Die DNA-Polymerase ersetzt dabei normalerweise auch einen kleinen Teil des Okazaki-Fragments, bevor sie die Matrize verlässt. Jetzt fehlt nur noch die Phosphodiesterbindung, die von der DNA-Ligase synthetisiert wird. Danach ist dieser Schritt des Replikationsprozesses abgeschlossen.

Die Kombination aus dem Dimer der DNA-Polymerase III und dem Primosom, die die Ausgangs-DNA entlang wandern und die meisten Funktionen der Replikation ausführen, bezeichnet man als **Replisom**. Nach dessen Durchgang muss der Replikationsprozess durch Verknüpfen der einzelnen Okazaki-Fragmente vervollständigt werden. Das ist nicht trivial, da bei jedem Paar von Okazaki-Fragmenten, das verknüpft werden soll, ein Fragment an der Stelle, wo die Ligation dann stattfindet, noch den RNA-Primer trägt (Abb. 15.18). Tabelle 15.2 zeigt, dass dieser Primer durch die DNA-Polymerase III nicht entfernt werden kann, da dem Enzym die erforderliche 5′→3′-Exonucleaseaktivität fehlt. Hier verlässt die DNA-Polymerase III den Folgestrang und die DNA-Polymerase I, die diese Aktivität besitzt, tritt an ihre Stelle. Das neue Enzym entfernt den Primer und normalerweise auch den Anfang des DNA-Bestandteils im Okazaki-Fragment und verlängert das 3′-Ende des angrenzenden Fragments in den freigelegten Bereich der Matrize hinein. Die beiden Okazaki-Fragmente stoßen nun aneinander, wobei die endständigen Regionen jeweils nur noch aus DNA bestehen. Als Einziges fehlt noch die Phosphodiesterbindung, die von der **DNA-Ligase** erzeugt wird. Dadurch werden die beiden Fragmente verknüpft und die Replikation dieser Region des Folgestranges ist abgeschlossen.

### Die Replikationsgabel der Eukaryoten: eine Abwandlung des bakteriellen Mechanismus

Die Elongationsphase der Genomreplikation stimmt bei Bakterien und Eukaryoten überein, wobei sich jedoch die Einzelheiten unterscheiden. Bei den Eukaryoten bewirkt die Helikaseaktivität das ständige Fortschreiten der Replikationsgabel, wobei noch unklar ist, welche der bisher entdeckten verschiedenen eukaryotischen Helikasen für das Entwinden der DNA bei der Replikation verantwortlich ist. Die voneinander getrennten Polynucleotide werden durch einzelstrangbindende Proteine daran gehindert, sich wieder zusammenzulagern; das wichtigste dieser Proteine bei den Eukaryoten ist RPA.

Wenn wir den Mechanismus untersuchen, der die DNA-Synthese in Gang setzt, werden wir auf einige spezifische Merkmale des eukaryotischen Replikationsprozesses stoßen. Wie oben beschrieben, wirkt die eukaryotische DNA-Polymerase $\alpha$ mit der Primase zusammen, um am Startpunkt der Kopie des Leitstranges und am Anfang von jedem Okazaki-Fragment die RNA-DNA-Primer zu platzieren. Die DNA-Polymerase $\alpha$ ist jedoch nicht in der Lage, eine ausgedehnte DNA-Synthese durchzuführen, vermutlich weil dem Enzym der Stabilisierungseffekt einer gleitenden Klammer fehlt, die der $\beta$-Untereinheit der DNA-Polymerase III von *E. coli* oder dem PCNA-Hilfsprotein entspricht, das die eukaryotische DNA-Polymerase $\delta$ unterstützt. Das bedeutet, dass die DNA-Polymerase $\alpha$ zwar den ursprünglichen RNA-Primer um etwa 20 Nucleotide an DNA verlängern kann, aber dann durch das Hauptenzym der Replikation, die DNA-Polymerase $\delta$, ersetzt werden muss (Abb. 15.13b).

Die DNA-Polymerase-$\delta$-Enzyme, die bei den Eukaryoten den Leit- und den Folgestrang kopieren, assoziieren nicht zu einem dimeren Komplex, der dem Komplex der DNA-Polymerase III bei der Replikation von *E. coli* entsprechen würde. Stattdessen bleiben die beiden Kopien der DNA-Polymerase getrennt. Die Funktion des $\gamma$-Komplexes der Polymerase von *E. coli* – das Anheften des Enzyms an den Folgestrang und die Dissoziation des Enzyms vom Folgestrang zu kontrollieren – wird durch ein Hilfsprotein mit mehreren Untereinheiten bewerkstelligt, das man als **Replikationsfaktor C** (**RFC**) bezeichnet.

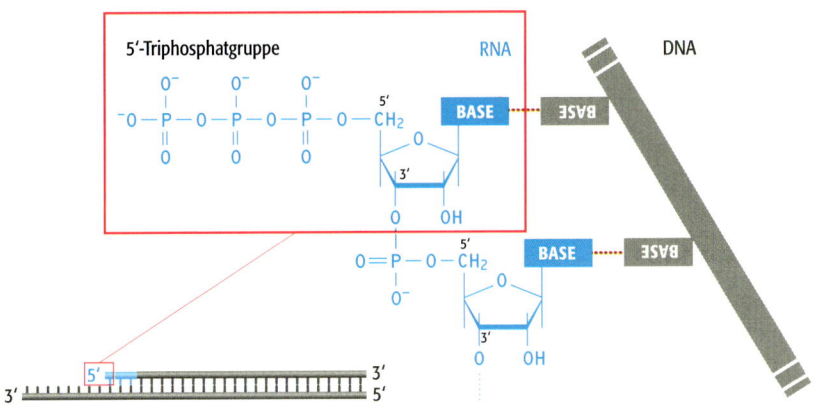

**15.19** Die „*flap*-Endonuclease" kann den Abbau des Primers nicht in Gang setzen, da ihre Aktivität durch die Triphosphatgruppe am 5′-Ende ds RNA-Primers blockiert wird.

Wie bei *E. coli* muss von jedem Okazaki-Fragment der RNA-Primer entfernt werden, damit die Replikation des Folgestranges zu einem Abschluss kommen kann. Anscheinend gibt es bei den Eukaryoten keine DNA-Polymerase mit der hier erforderlichen 5′→3′-Exonucleaseaktivität. Deshalb unterscheidet sich dieser Mechanismus deutlich von der entsprechenden Reaktion in Bakterienzellen. Das entscheidende Enzym ist die „*flap*-Endonuclease" (**FEN1**), die man früher mit MF1 bezeichnete. Das Protein assoziiert mit dem DNA-Polymerase-δ-Komplex am 3′-Ende eines Okazaki-Fragments, um dann den Primer vom 5′-Ende des angrenzenden Okazaki-Fragments zu entfernen. Wie das im Einzelnen funktioniert, ist noch ziemlich unklar, da FEN1 nicht in der Lage ist, den Abbau des Primers in Gang zu setzen. Das Enzym kann das Ribonucleotid am äußersten 5′-Ende des Primers nicht entfernen, da dieses Ribonucleotid eine 5′-Triphosphatgruppe trägt, die die FEN1-Aktivität blockiert. (Abb. 15.19). Eine mögliche Erklärung besteht darin, dass der größte Teil des RNA-Bestandteils von der RNase H entfernt wird, die die RNA als Teil eines RNA-DNA-Basenpaarungshybrids abbaut, aber die Phosphodiesterbindung zwischen dem letzten Ribonucleotid und dem ersten Desoxyribonucleotid nicht spalten kann. Dieses Ribonucleotid trägt jedoch ein 5′-Monophosphat und kein 5′-Triphosphat und kann deshalb von FEN1 entfernt werden (Abb. 15.20a). Dieses Modell hat den Nachteil, dass es der RNase H eine essenzielle Funktion zuweist, während experimentelle Befunde darauf hindeuten, dass Zellen, denen die RNase H fehlt, weiterhin den Folgestrang replizieren können. Eine andere mögliche Erklärung ist, dass eine Helikase die Basenpaare auftrennt, die den Primer an der Matrize festhalten. Dadurch kann der Primer von der DNA-Polymerase δ zur Seite geschoben werden, wenn sie das benachbarte Okazaki-Fragment in den Bereich hinein verlängert, der auf diese Weise freigelegt wird (Abb. 15.20b). Der abstehende RNA-Rest („*flap*") kann dann von FEN1 abgeschnitten werden, deren Endonucleaseaktivität die Phosphodiesterbindung am Verzweigungspunkt spaltet, wo der verdrängte Abschnitt in den Teil des Fragments übergeht, bei dem noch Basenpaarungen bestehen. Dieser Mechanismus ermöglicht es, dass sowohl der RNA-Primer als auch die gesamte DNA, die ursprünglich von der DNA-Polymerase α synthetisiert wurde, entfernt werden. Das ist durchaus sinnvoll, da die DNA-Polymerase α keine 3′→5′-Korrekturlesefunktion besitzt (Tab. 15.2) und DNA daher mit relativ hoher Fehlerrate synthetisiert. Wenn FEN1 diesen Bereich als Teil des *flap*-Fragments entfernt und danach durch die DNA-Polymerase δ (die eine 3′→5′-Korrekturlesefunktion besitzt und eine genaue Kopie der Matrize erzeugt) neu synthetisiert wird, lässt sich verhindern, dass sich diese Fehler in der Tochterdoppelhelix dauerhaft manifestieren.

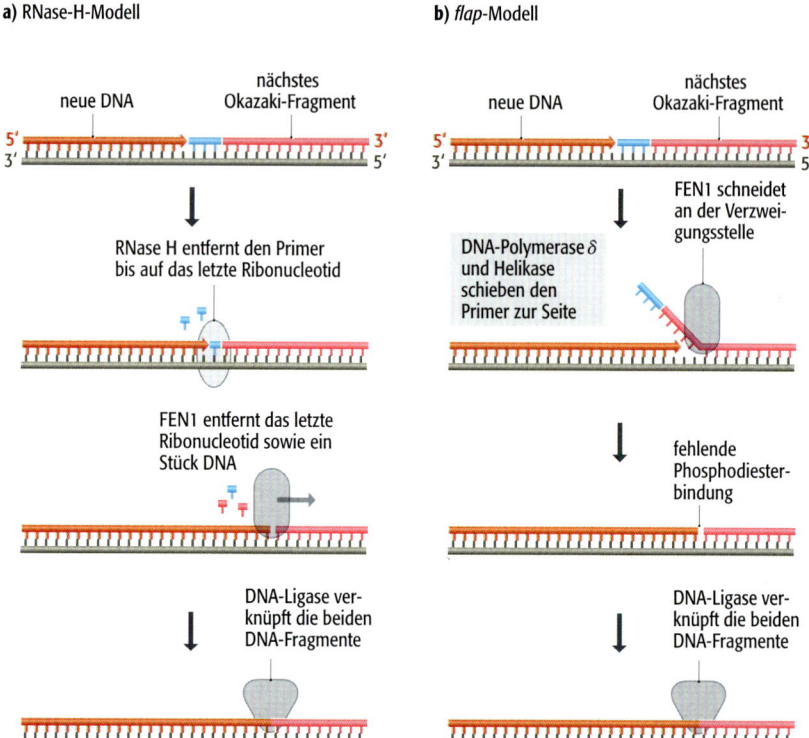

15.20 Zwei Modelle für den Abschluss der Replikation des Folgestranges bei Eukaryoten. Die neue DNA (roter Strang) wird von der DNA-Polymerase $\delta$ synthetisiert, wobei das Enzym aus Gründen der Vereinfachung nicht dargestellt ist.

Ein letzter Unterschied zwischen der Replikation bei Bakterien und Eukaryoten besteht darin, dass Eukaryoten kein Äquivalent zum Replisom besitzen. Stattdessen bilden die Enzyme und Proteine, die an der Replikation beteiligt sind, im Zellkern ziemlich große Strukturen, wobei jede Struktur Hunderte oder Tausende einzelner Replikationskomplexe enthält. Diese Strukturen sind unbeweglich, da sie in der Zellkernmatrix verankert sind, sodass die DNA-Moleküle bei der Replikation durch die Komplexe hindurch gefädelt werden. Diese Strukturen bezeichnet man als **Replikationsfabriken**; möglicherweise spielen solche Strukturen aber auch im Replikationsprozess von zumindest einigen Bakterien eine Rolle.

### Die Replikation des Genoms bei den Archaea

Über die DNA-Replikation bei den Archaea gibt es nur wenige Informationen. Das meiste sind Schlussfolgerungen, die sich ergaben, als man Genome der Archaea nach Genen und anderen Sequenzen absuchte, die den Komponenten des Replikationsapparats bei Bakterien und/oder Eukaryoten entsprechen. Erste Versuche, in den Genomen der Archaea Replikationsursprünge zu lokalisieren, indem man nach Sequenzmotiven suchte, die man bei Bakterien oder Eukaryoten entdeckt hatte, waren bereits erfolgreich. In der Folge gelang es auch, bei einer Reihe von Archaea-Spezies potenzielle Replikationsursprünge zu identifizieren. Dafür hatte man eine statistische Analyse durchgeführt, wie oft die vier Nucleotide in verschiedenen Abschnitten jedes bekannten Genoms der Archaea vorkommen. Die Überlegung war dabei, dass diese Häufigkeiten an jeder Stelle eines Ursprungs anders ist, ähnlich wie bei den Bakterien. Bei der Spezies *Pyrococcus abyssi* wurde durch eine Nucleotidhäufigkeitsanalyse ein potenzieller Replikationsursprung entdeckt, der in einem Bereich des

Genoms liegt, welcher zuerst repliziert wird. Daher könnte es sich tatsächlich um einen Replikationsursprung handeln.

Die Sequenzen der meisten Proteine, die bei den Archaea an der Elongationsphase der Replikation beteiligt sind und aufgrund ihrer Gene vorhergesagt wurden, ähneln den entsprechenden Formen der Eukaryoten. Im Einzelnen besitzen Archaea Proteine, die zu den eukaryotischen Proteinen RFC und PCNA homolog sind. Die DNA-Polymerase der Archaea ist interessant, da die Untereinheit, die für die DNA-Synthese zuständig ist, der entsprechenden Untereinheit der DNA-Polymerase δ ähnelt, während die Korrekturlesefunktion in einem Protein liegt, das anscheinend zur Untereinheit ε der DNA-Polymerase III von *Escherichia coli* homolog ist.

### 15.2.3 Termination der Replikation

Replikationsgabeln bewegen sich im Allgemeinen ungehindert entlang linearer Genome vorwärts oder um ringförmige herum, bis ein Bereich erreicht wird, der bereits transkribiert wurde. Die DNA-Synthese erfolgt etwa fünfmal so schnell wie die RNA-Synthese, sodass der Replikationskomplex eine RNA-Polymerase einfach überholen kann. Das tritt jedoch möglicherweise nicht ein. Stattdessen nimmt man an, dass die Replikationsgabel hinter einer RNA-Polymerase pausiert und sich erst dann weiterbewegt, sobald die Transkription beendet ist.

Schließlich erreicht die Replikationsgabel das Ende des Moleküls oder trifft auf eine zweite Replikationsgabel, die sich in der Gegenrichtung bewegt. Was dann geschieht, ist einer der am wenigsten verstandenen Aspekte der Genomreplikation.

#### Die Replikation des Genoms von E. coli *endet in einem festgelegten Bereich*

Die Genome von Bakterien werden, ausgehend von einem einzigen Punkt, in zwei Richtungen repliziert (Abb. 15.8). Das bedeutet, dass sich die beiden Replikationsgabeln an einer Position treffen müssten, die dem Replikationsursprung auf der Genomkarte genau gegenüber liegt. Wenn sich jedoch eine Gabel langsamer bewegt, weil sie möglicherweise Bereiche mit umfangreicher Transkriptionsaktivität repliziert, könnte die andere Gabel über die halbe Strecke hinausgehen und die Replikation an der „anderen Seite" des Genoms fortsetzen (Abb. 15.21). Es ist nicht unmittelbar einsichtig, warum das unerwünscht sein könnte, denn die Tochtermoleküle wären vermutlich davon unbeeinflusst. Aufgrund von **Terminatorsequenzen** wird dieser Effekt jedoch unterdrückt. Im Genom von *E. coli* hat man inzwischen sechs solcher Sequenzen identifiziert (Abb. 15.22a). Jede von ihnen wirkt als Erkennungsstelle für das sequenzspezifische DNA-bindende Protein **Tus**.

Die Funktionsweise von Tus ist ziemlich ungewöhnlich. Wenn es an eine Terminatorsequenz gebunden hat, ermöglicht es einer Replikationsgabel die Passage, wenn sich die Gabel in der einen Richtung bewegt, und blockiert die Passage, wenn die Richtung entlang des Genoms entgegengesetzt ist. Die Richtungsspezifität wird durch die Orientierung des Tus-Proteins auf der Doppelhelix festgelegt. Tus blockiert die Passage der DnaB-Helikase, die für das Voranschreiten der Replikationsgabel zuständig ist, in der einen Richtung, da die Helikase mit einer Wand von β-Strängen konfrontiert wird, die sie nicht durch-

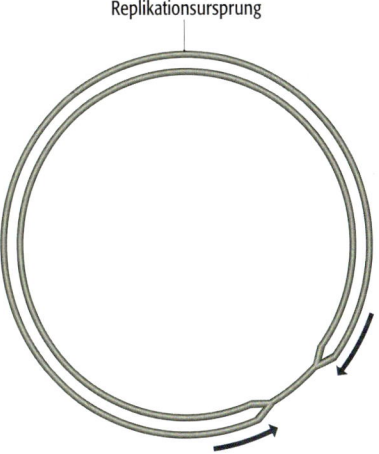

Replikationsursprung

**15.21   Eine Situation, die bei der Replikation des ringförmigen Genoms von *Escherichia coli* nicht erlaubt ist.** Eine der Replikationsgabeln hat sich bereits über den Halbdistanzpunkt hinausbewegt. Das geschieht bei der DNA-Replikation von *E. coli* aufgrund der Aktivität des Tus-Proteins jedoch nicht.

**15.22  Die Funktion der Terminatorsequenzen bei der DNA-Replikation von *Escherichia coli*.** a) Dargestellt sind die Positionen der sechs Terminatorsequenzen im Genom von *E. coli*, wobei die Pfeilspitzen die Richtung angeben, in der einer Replikationsgabel die Passage durch die Sequenz möglich ist. b) Das gebundene Tus-Protein ermöglicht einer Replikationsgabel die Passage, wenn sich die Gabel aus der einen Richtung nähert, nicht jedoch aus der anderen Richtung. Die Abbildung zeigt eine Replikationsgabel, die das linke Tus-Protein passieren kann, da die DnaB-Helikase, die die Gabel vorwärtsbewegt, die Struktur von Tus aufbricht, wenn sich das Protein aus dieser Richtung nähert. Die Gabel wird durch das zweite Tus blockiert, da dieses eine undurchdringliche Wand von β-Strängen gegen die Gabel richtet.

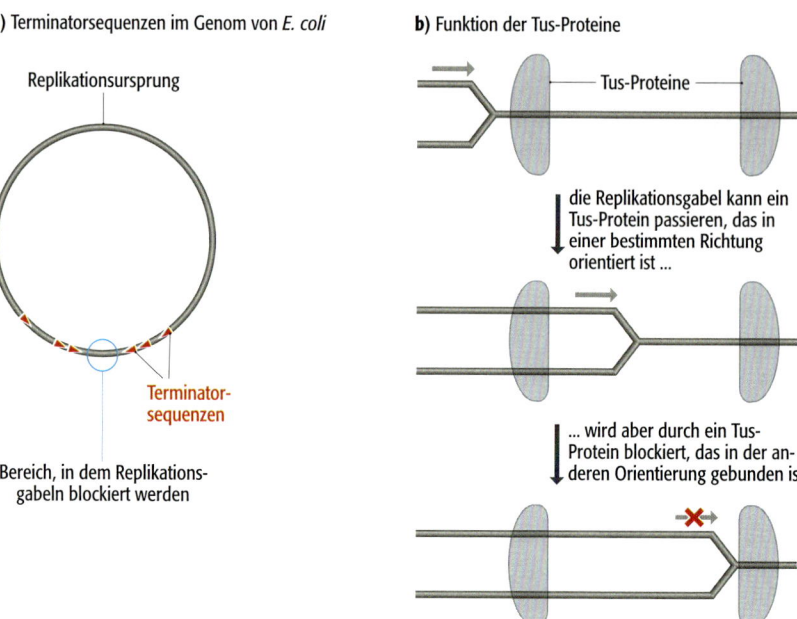

**a)** Terminatorsequenzen im Genom von *E. coli*

Replikationsursprung

Terminator-sequenzen

Bereich, in dem Replikationsgabeln blockiert werden

**b)** Funktion der Tus-Proteine

Tus-Proteine

die Replikationsgabel kann ein Tus-Protein passieren, das in einer bestimmten Richtung orientiert ist ...

... wird aber durch ein Tus-Protein blockiert, das in der anderen Orientierung gebunden ist

dringen kann. Wenn sich DnaB jedoch von der anderen Seite her nähert, kann DnaB die Struktur des Tus-Proteins aufbrechen, wahrscheinlich durch den Effekt, den das Entwinden der Doppelhelix auf Tus hat, und die Stelle passieren (Abb. 15.22b).

Die Orientierung der Terminationssequenzen und deshalb auch der gebundenen Tus-Proteine ist im Genom von *E. coli* so, dass beide Replikationsgabeln innerhalb eines relativ kurzen Bereichs an der dem Ursprung gegenüber liegenden Seite des Genoms angehalten werden. So ist sichergestellt, dass die Termination immer in der Nähe derselben Stelle erfolgt. Was im Einzelnen geschieht, wenn sich die beiden Replikationsgabeln treffen, ist nicht bekannt, danach zerfällt jedoch das Replisom, entweder spontan oder auf kontrollierte Weise. Das Ergebnis sind zwei ineinander verschränkte Tochtermoleküle, die durch die Topoisomerase IV getrennt werden.

### Über die Termination der Replikation bei den Eukaryoten ist wenig bekannt

Bei den Eukaryoten kennt man keine Sequenzen, die den bakteriellen Terminatoren entsprechen, und auch Proteine wie Tus konnte man bis jetzt nicht identifizieren. Es ist sehr gut möglich, dass sich die Replikationsgabeln an zufälligen Positionen treffen und die Termination nur darin besteht, dass die Enden der neuen Polynucleotide verknüpft werden. Wir wissen jedoch, dass die Replikationskomplexe nicht abgebaut werden, da diese „Replikationsfabriken" dauerhafte Strukturen im Zellkern sind.

Statt die molekularen Vorgänge, die mit dem Aufeinandertreffen der Replikationsgabeln einhergehen, genauer zu untersuchen, hat man sich mehr auf die schwierige Frage konzentriert, warum sich die Tochter-DNA-Moleküle, die in einem eukaryotischen Zellkern produziert werden, nicht unlösbar ineinander verwickeln. DNA-Topoisomerasen können zwar DNA-Moleküle entwirren, aber man geht allgemein davon aus, dass die Verwicklung der DNA auf ein Minimum reduziert wird, damit umfangreiche Bruch-und-Verknüpfungs-Reaktionen, wie sie die Topoisomerasen katalysieren (Abb. 15.4), vermieden werden. Um dieses Problem zu lösen, wurden verschiedene Modelle entwickelt. Eines davon besteht darin, dass eukaryotische Chromosomen nicht zufällig im Areal des Zellkerns verpackt sind (Abschnitt 10.1.1), sondern sich um die Replikationsfabriken anordnen, von denen es anscheinend nur eine begrenzte Anzahl gibt. Man stellt sich vor, dass jede „Fabrik" eine einzige DNA-Region repliziert und die Tochtermoleküle auf spezifische Weise anordnet, sodass eine Verwicklung vermieden wird. Zuerst werden die beiden Tochtermoleküle durch **Kohäsinproteine** zusammengehalten, die unmittelbar nach dem Durchgang der Replikationsgabel angebracht werden. Das geschieht anscheinend unter Mitwirkung der DNA-Polymerase $\kappa$: Diese Polymerase ist ein rätselhaftes Enzym, das für die Replikation essenziell ist, aber ihre einzige bekannte Funktion erfordert offensichtlich keine DNA-Polymerase-Aktivität. Die Kohäsine halten die zusammengelagerten Schwesterchromosomen bis zur Anaphase der Zellkernteilung an ihren Positionen fest. Dann werden die Kohäsine durch spezielle Proteine abgebaut, sodass sich die Tochterchromosomen voneinander trennen können (Abb. 15.23).

### 15.2.4 Aufrechterhalten der Enden eines linearen DNA-Moleküls

Es gibt noch ein letztes Problem, mit dem wir uns beschäftigen müssen, bevor wir den Replikationsvorgang verlassen. Es betrifft die Reaktionen, die erforderlich sind, um zu verhindern, dass die Enden eines linearen doppelsträngigen Moleküls im Verlauf von aufeinander folgenden Replikationsrunden immer kürzer werden. Die Verkürzung kann auf zwei Weisen zustande kommen:

- Das äußerste 3'-Ende des Folgestranges kann nicht kopiert werden, da es nicht möglich ist, für das letzte Okazaki-Fragment einen Primer zu setzen, weil sich die natürliche Position des Primers außerhalb der Matrize befinden würde (Abb. 15.24a). Das Fehlen des Okazaki-Fragments bedeutet, dass die Kopie des Folgestranges kürzer ist, als sie sein sollte. Wenn die Kopie diese Länge beibehält, bis sie in der nächsten Replikationsrunde selbst als Matrize für ein Tochtermolekül dient, wird dieses noch kürzer als das ursprüngliche Molekül.

- Wenn der Primer für das letzte Okazaki-Fragment am äußersten 3'-Ende des Folgestranges angebracht wird, kommt es dennoch zu einer Verkürzung, wenn auch in einem geringeren Ausmaß, da der endständige RNA-Primer nicht durch den üblichen Prozess für das Entfernen eines Primers in DNA umgewandelt werden kann (Abb. 15.24b). Das liegt daran, dass die dafür zuständigen Mechanismen (dargestellt in Abbildung 15.18 für Bakterien und in Abbildung 15.20 für Eukaryoten) eine Verlängerung des 3'-Endes des angrenzenden Okazaki-Fragments erfordern. Das ist jedoch am äußersten Ende des Moleküls nicht möglich.

Als man dieses Problem erkannt hatte, richtete sich die Aufmerksamkeit auf die Telomere, die ungewöhnlichen DNA-Sequenzen an den Enden der eukaryotischen Chromosomen. In Abschnitt 7.1.2 haben wir festgestellt, dass die DNA der Telomere aus vielfachen Kopien eines kurzen Wiederholungsmotivs bestehen, mit einer Consensussequenz 5'-TTAGGG-3' bei den meisten höheren Eukaryoten. Dabei sind an den beiden Enden von allen Chromosomen jeweils einige Hundert Kopien dieser Sequenz tandemförmig angeordnet.

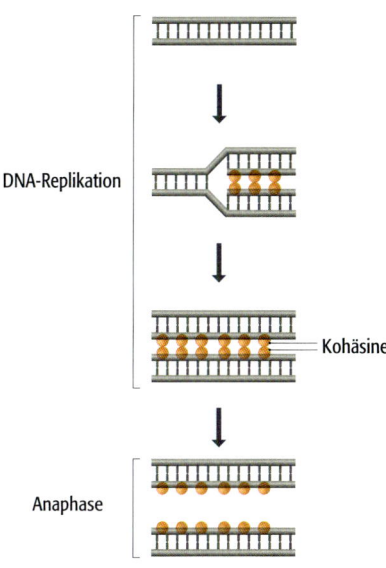

DNA-Replikation

Kohäsine

Anaphase

**15.23   Kohäsine.** Diese Proteine binden unmittelbar nach dem Durchgang der Replikationsgabel an die DNA und halten die Tochtermoleküle bis zur Anaphase zusammen. Die Kohäsine werden in der Anaphase abgebaut, sodass sich die replizierten Chromosomen trennen können, bevor sie auf die Tochterzellkerne verteilt werden (Abb. 3.15).

**a)** der Primer für das letzte Okazaki-Fragment kann nicht erzeugt werden

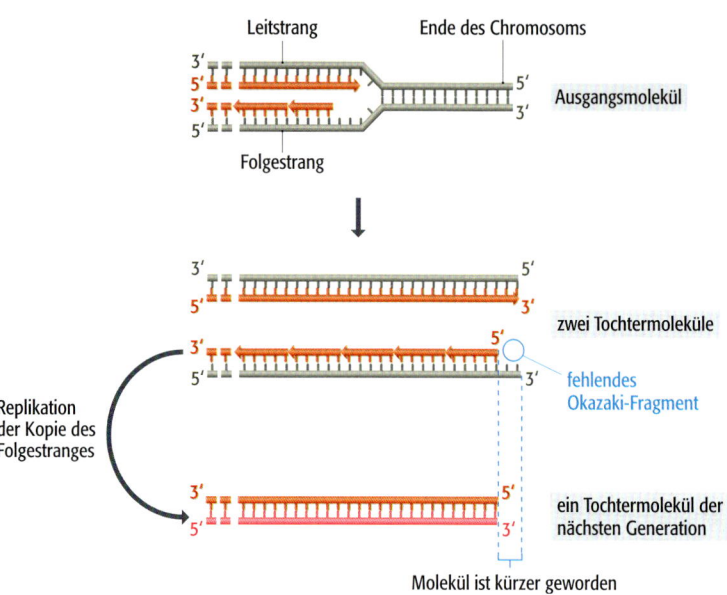

**15.24    Zwei Gründe, warum lineare DNA-Moleküle nach der Replikation verkürzt sein können.** In beiden Beispielen wird die Ausgangs-DNA auf die normale Weise repliziert. Vom Leitstrang entsteht eine vollständige Kopie, während in einem Fall (a) die Kopie des Folgestranges unvollständig ist, weil das letzte Okazaki-Fragment nicht produziert wird. Das liegt daran, dass die Primer für die Okazaki-Fragmente an Positionen synthetisiert werden, die auf dem Folgestrang etwa 200 bp auseinander liegen. Wenn ein Okazaki-Fragment an einer Position beginnt, die weniger als 200 bp vom 3'-Ende des Folgestranges liegt, gibt es keinen Platz mehr für eine weitere Primer-Stelle und der restliche Abschnitt des Folgestranges wird nicht kopiert. Das entstehende Tochtermolekül hat deshalb ein überhängendes 3'-Ende, sodass es bei einer erneuten Replikation zu einer weiteren Verkürzung gegenüber der ursprünglichen DNA kommt. Im zweiten Fall (b) wird das letzte Okazaki-Fragment am äußersten 3'-Ende platziert, aber sein RNA-Primer kann nicht in DNA umgewandelt werden, da dies nur durch die Verlängerung eines weiteren Okazaki-Fragments geschehen kann, das sich jenseits des Endes des Folgestranges befinden müsste. Es ist nicht geklärt, ob ein endständiger RNA-Primer während des gesamten Zellzyklus erhalten bleiben kann, noch weiß man, ob ein solcher RNA-Primer bei der nächsten Replikationsrunde wieder in DNA umkopiert werden könnte. Wenn der Primer weder erhalten bleibt noch in DNA umkopiert wird, dann ist eines der beiden Tochtermoleküle kürzer als die Ausgangs-DNA.

**b)** der Primer für das letzte Okazaki-Fragment liegt am äußersten 3'-Ende des Folgestranges

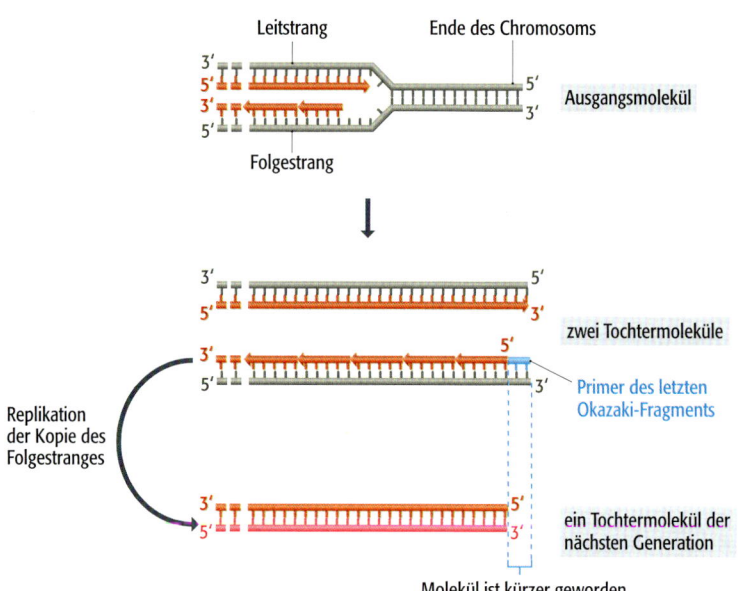

Das Problem der Endenverkürzung wird durch den Mechanismus gelöst, mit dem die Telomer-DNA synthetisiert wird.

### Die Telomer-DNA wird durch das Enzym Telomerase synthetisiert

Der größte Teil der Telomer-DNA wird während der DNA-Replikation auf die normale Weise kopiert, das aber kann nicht der einzige Syntheseweg sein. Um die Beschränkungen auszugleichen, denen der Replikationsprozess unterliegt,

**15.25    Verlängerung des Endes von einem menschlichen Chromosom durch die Telomerase.** Dargestellt ist das 3′-Ende eines menschlichen chromosomalen DNA-Moleküls. Die Sequenz besteht aus Wiederholungen des menschlichen Telomermotivs 5′-TTAGGG-3′. Die RNA der Telomerase bildet mit dem Ende des DNA-Moleküls Basenpaare. Das DNA-Molekül wird um ein kurzes Stück verlängert, wobei die Größe der Verlängerung möglicherweise durch eine Stamm-Schleife-Struktur in der RNA der Telomerase bestimmt wird. Diese RNA wird entlang des DNA-Polynucleotids ein kurzes Stück zu einer neuen Basenpaarungsregion verschoben und das DNA-Molekül um einige weitere Nucleotide verlängert. Der Vorgang wird so lange wiederholt, bis das Ende des Chromosoms ausreichend verlängert wurde.

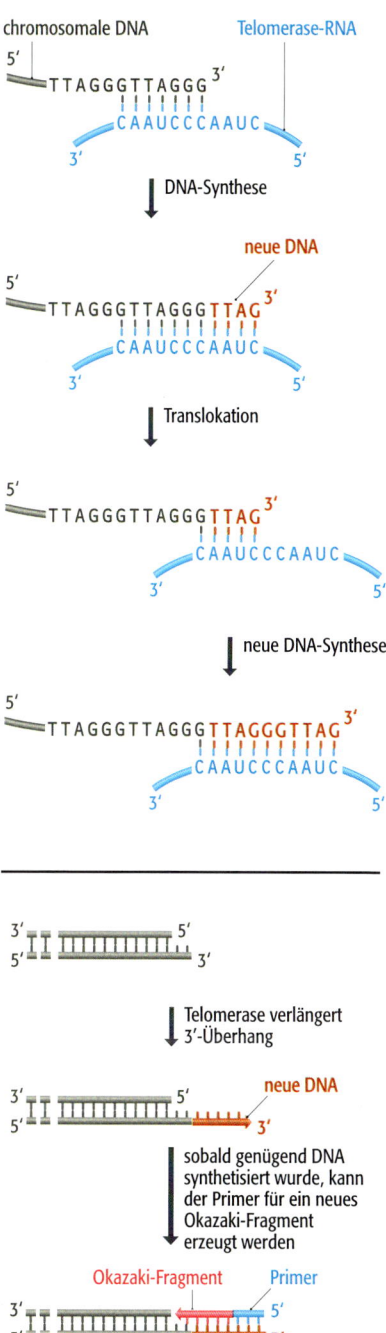

können Telomere durch eine davon unabhängige Reaktion verlängert werden. Diese wird durch das Enzym **Telomerase** katalysiert. Dabei handelt es sich um ein ungewöhnliches Enzym, das sowohl aus Protein als auch aus RNA besteht. Beim Enzym des Menschen hat die RNA-Komponente eine Länge von 450 Nucleotiden, in der Nähe des 5′-Endes befindet sich die Sequenz 5′-CUAACCCUAAC-3′, deren mittlerer Bereich zur menschlichen Telomersequenzwiederholung 5′-TTAGGG-3′ komplementär ist. Dadurch kann die Telomerase die Telomer-DNA am 3′-Ende eines Polynucleotids über einen Kopiermechanismus verlängern, der in Abbildung 15.25 dargestellt ist. Dabei dient die RNA der Telomerase bei jedem Verlängerungsschritt, den die Proteinkomponente des Enzyms ausführt, als Matrize. Das Protein ist also eine Reverse Transkriptase. Hinweise auf die Richtigkeit des Modells erhält man bei einem Vergleich der Telomersequenzwiederholungen mit den RNAs der Telomerasen anderer Spezies (Tab. 15.3): Bei allen untersuchten Organismen enthält die Telomerase eine Sequenz, mit der sie Kopien des Wiederholungsmotivs in den Telomeren des jeweiligen Organismus erzeugen kann. Eine interessante Eigenschaft besteht noch darin, dass der Strang, der von der Telomerase synthetisiert wird, bei allen Organismen einen höheren Anteil an G-Nucleotiden enthält und deshalb als G-reicher Strang bezeichnet wird.

Die Telomerase kann nur diesen G-reichen Strang synthetisieren. Es ist nicht geklärt, wie das andere Polynucleotid – der C-reiche-Strang – verlängert wird. Man nimmt jedoch an, dass der Komplex aus Primase und DNA-Polymerase $\alpha$ bei ausreichender Länge des G-reichen Stranges an diesen bindet und die normale Synthese der komplementären DNA in Gang setzt (Abb. 15.26). Das erfordert die Verwendung eines neuen RNA-Primers, sodass der C-reiche Strang kürzer sein wird als der G-reiche. Wichtig ist dabei jedoch, dass die Länge der chromosomalen DNA insgesamt nicht abnimmt.

**15.26    Abschluss der Verlängerungsreaktion am Ende eines Chromosoms.** Vermutlich wird, sobald die Telomerase das 3′-Ende ausreichend verlängert hat (Abb. 15.25), ein neues Okazaki-Fragment gestartet und synthetisiert, sodass die Verlängerung am 3′-Ende in einen vollständigen Doppelstrang umgewandelt wird.

| Tabelle 15.3 | Sequenzen von Telomersequenzwiederholungen und RNAs der Telomerasen bei verschiedenen Spezies | |
|---|---|---|
| **Spezies** | **Telomersequenzwiederholung** | **Sequenz der Telomerase-RNA-Matrize** |
| Mensch | 5′-TTAGGG-3′ | 5′-CUAACCCUAAC-3′ |
| *Oxytricha* | 5′TTTTGGGG-3′ | 5′-CAAAACCCCAAAACC-3′ |
| *Tetrahymena* | 5′-TTGGGG-3′ | 5′-CAACCCCAA-3′ |

*Oxytricha* und *Tetrahymena* sind Protozoen, die für die Untersuchung von Telomeren besonders gut geeignet sind, da sie in bestimmten Entwicklungsphasen ihre Chromosomen in kleine Fragmente zerlegen, die alle Telomere besitzen. Deshalb gibt es in jeder Zelle viele Telomere.

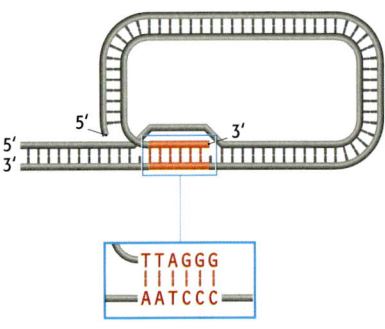

**15.27  Die „T-Schleife".** Die T-Schleife wird gebildet, wenn sich das freie 3′-Ende des Telomers zurückfaltet und in die Doppelhelix eindringt.

Die Aktivität der Telomerase muss zweifellos genau kontrolliert werden, damit jedes Chromosomenende auf geeignete Weise verlängert wird. Zu diesem Regulationsmechanismus tragen zum einen die TRF1-Proteine bei, die an die Sequenzwiederholungen der Telomere binden (Abschnitt 7.1.2). TRF1 induziert die Bildung einer gefalteten Chromatinstruktur, die das Chromosomenende für die Telomerase unzugänglich macht. Wenn sich das Telomer verkürzt, nimmt die Anzahl der gebundenen TRF1-Proteine ab und die Chromatinstruktur öffnet sich. Dadurch kann die Telomerase an das Ende des Chromosoms binden und das Telomer verlängern. Mit der Verlängerung des Telomers binden wieder TRF1-Proteine und bringen das Chromatin dazu, erneut die gefaltete Struktur anzunehmen, sodass die Telomerase wiederum nicht mehr an das Ende des Chromosoms herankommt. Demnach erzeugen die TRF1-Proteine eine negative Rückkopplungsschleife, die die Aktivität der Telomerase an jedem einzelnen Chromosomenende reguliert. In den Zellen der Säuger kann es in der geschlossenen Chromatinstruktur zur Bildung einer „T-Schleife" kommen, in der sich das freie 3′-Ende des Telomers zurückfaltet, in die Doppelhelix eindringt und dort mit der komplementären Sequenz des C-reichen Stranges Basenpaare bildet (Abb. 15.27). Diese Reaktion wird beim Menschen durch das zweite Telomerbindungsprotein TRF2 katalysiert und verleiht einem Chromosomenende, das nicht weiter verlängert werden muss, zusätzliche Stabilität.

### Die Länge der Telomere spielt bei der Alterung der Zellen und bei Krebs eine Rolle

Es mag verwundern, aber die Telomerase ist in allen Zellen der Säuger nicht aktiv. Das Enzym ist nur in der frühen Embryonalphase funktionsfähig, nach der Geburt jedoch nur noch in den Reproduktionszellen und **Stammzellen**. Letztere sind Vorläuferzellen, die sich während der gesamten Lebenszeit eines Organismus ständig teilen und zum Erhalt der Funktionsfähigkeit von Organen und Geweben neue Zellen hervorbringen. Am besten kennt man bis jetzt die hämatopoetischen Stammzellen des Knochenmarks, die neue Blutzellen erzeugen.

In Zellen, denen die Aktivität der Telomerase fehlt, werden die Chromosomen bei jeder Zellteilung verkürzt. Schließlich können nach vielen Zellteilungen die Enden der Chromosomen so sehr verkürzt sein, dass essenzielle Gene verloren gehen. Es ist jedoch unwahrscheinlich, dass dies die Ursache für die Defekte ist, die bei einer Zelle auftreten, wenn die Telomeraseaktivität fehlt. Entscheidend ist vielmehr, dass sich an jedem Ende eines Chromosoms eine Protein-„Kappe" befindet, die diese Enden vor den Einwirkungen von bestimmten DNA-Reparaturenzymen schützt. Diese Reparaturenzyme verknüpfen Chromosomenenden ohne Kappe, die durch einen zufälligen Bruch des Chromosoms entstanden sind (Abschnitt 16.2.4). Die Proteine, die diese schützende Kappe bilden, wie beispielsweise TRF2 beim Menschen, erkennen die Telomerwiederholungen als ihre Bindungssequenzen. Sie können dort nicht mehr binden, wenn die Telomere deletiert wurden. Wenn diese Proteine nicht vorhanden sind, können die Reparaturenzyme falsche Verknüpfungen zwischen den Enden von intakten, wenn auch verkürzten Chromosomen herstellen. Wahrscheinlich ist dies die Ursache für die Unterbrechung des Zellzyklus, wenn sich die Telomere verkürzen.

Die Verkürzung der Telomere führt deshalb zum Ende einer Zelllinie. Mehrere Jahre lang haben Biologen versucht, diesen Prozess mit der **Alterung der Zellen** in Zusammenhang zu bringen. Das Phänomen wurde ursprünglich bei Zellkulturen beobachtet. Alle normalen Zellkulturen haben eine begrenzte Lebensdauer. Nach einer bestimmten Anzahl von Teilungen treten die Zellen in einen Alterungszustand (Seneszenz) ein, in dem sie zwar weiterleben, sich aber nicht mehr teilen können (Abb. 15.28). Bei einigen Säugerzelllinien, insbesondere bei Fibroblastenkulturen (Bindegewebezellen), kann die Alterung verzögert werden, indem man die Zellen künstlich so verändert, dass sie eine aktive Telomerase synthetisieren. Diese Experimente deuten darauf hin, dass zwischen der Verkürzung der Telomere und der zellulären Alterung ein Zusammenhang besteht, wobei allerdings die Zwangsläufigkeit dieser Verknüpfung in Frage gestellt wurde. Und jegliche Rückschlüsse aus der zellulären Alterung auf die Alterung eines Organismus sind immer mit Schwierigkeiten verbunden.

Nicht alle Zelllinien altern. Krebszellen können sich in Kultur ständig teilen, wobei ihre Immortalität mit dem Tumorwachstum in einem Organismus gleichgesetzt wird. Bei mehreren Krebsarten hängt das Fehlen der Alterung mit der Aktivierung der Telomerase zusammen. Manchmal geht das so weit, dass die Länge der Telomere über viele Zellteilungen hinweg erhalten bleibt, allerdings werden die Telomere dabei häufig immer länger, weil die Telomerase übermäßig aktiv ist. Es ist nicht geklärt, ob die Aktivierung der Telomerase eine *Ursache* oder eine *Wirkung* von Krebs ist. Ersteres ist wohl wahrscheinlicher, weil mindestens eine Krebsart (Dyskeratosis congenita) offensichtlich auf eine Mutation in dem Gen zurückzuführen ist, das die RNA-Komponente der Telomerase codiert. Die Frage ist dann entscheidend, wenn man die Ätiologie von Krebs untersucht, weniger wichtig jedoch, wenn es bei der Krebstherapie um die Frage geht, ob die Telomerase ein Ziel für Medikamente zur Krebsbekämpfung sein kann. Eine solche Therapie könnte erfolgreich sein, selbst wenn die Aktivierung der Telomerase eine Auswirkung von Krebs ist, da ihre Inaktivierung die Krebszellen in die Seneszenz überführen und ihre Proliferation verhindern würde.

### Telomere bei Drosophila

Wenn man die Aminosäuresequenzen der Proteinuntereinheit von Telomerasen mit anderen Reversen Transkriptasen vergleicht, ergeben sich die meisten Übereinstimmungen mit den Reversen Transkriptasen, die von Nicht-LTR-Retroelementen (Retroposons) codiert werden (Abschnitt 9.2.1). Das ist ein interessanter Befund, wenn man die ungewöhnliche Struktur der Telomere von *Drosophila* einbezieht. Diese Telomere bestehen nicht aus kurzen Sequenzwiederholungen wie bei den meisten anderen Organismen, sondern aus Tandemfolgen von viel längeren Wiederholungen mit 6 oder 10 kb. Diese Wiederholungen sind vollständige Kopien von zwei Retroposons bei *Drosophila* (*HeT-A* und *TART*), die mit LINE-1-Sequenzen des Menschen verwandt sind. Es ist nicht bekannt, wie diese Telomere erhalten bleiben, aber vermutlich ist der Mechanismus dem der Telomerase ähnlich, wobei die Matrizen-RNA durch Transkription der Retroposons in den Telomeren erzeugt wird. Die Reverse Transkriptase, die von *TART* codiert wird, kopiert dann diese RNA (*HeT-A* enthält kein Gen für eine Reverse Transkriptase).

Die ungewöhnliche Struktur der Telomere von *Drosophila* ist vielleicht nur eine „Laune" der Natur, aber es lässt sich nicht bestreiten, dass es eine interessante Vorstellung ist, wenn die Telomere von anderen Organismen degenerierte Retroposons sind, wie es die Ähnlichkeiten zwischen Telomerase und der Reversen Transkriptasen der Retroposons nahe legen.

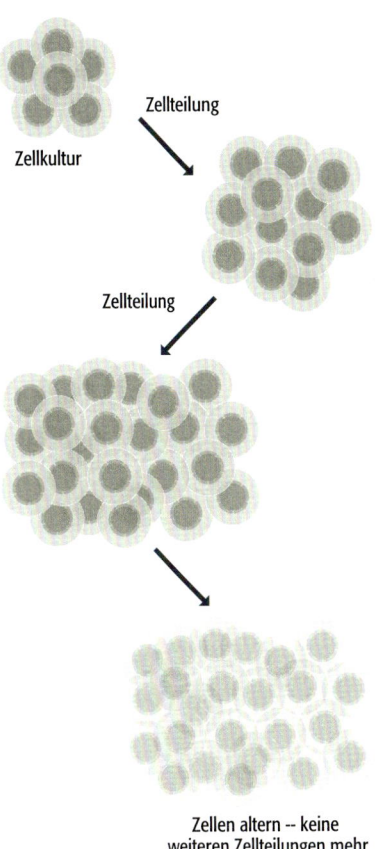

Zellkultur
Zellteilung
Zellteilung

Zellen altern -- keine
weiteren Zellteilungen mehr

**15.28** Zellen in Kultur erreichen nach vielen Zellteilungen einen Zustand der Seneszenz.

# 15.3 Regulation der Genomreplikation bei Eukaryoten

Die Genomreplikation in eukaryotischen Zellen wird auf zwei Ebenen reguliert:

- Die Replikation wird mit dem Zellzyklus so koordiniert, dass zwei Kopien des Genoms vorhanden sind, wenn die Zelle sich teilt.

- Unter bestimmten Bedingungen kann der Replikationsvorgang selbst angehalten werden, beispielsweise wenn die DNA beschädigt ist und repariert werden muss, bevor das Kopieren abgeschlossen ist.

Das Kapitel soll mit der Betrachtung dieser Regulationsmechanismen enden.

## 15.3.1 Koordinierung der Genomreplikation und Zellteilung

Die Vorstellung von einem **Zellzyklus** stammt aus den ersten lichtmikroskopischen Untersuchungen, die die ersten Zellbiologen durchführten. Ihre Beobachtungen zeigten, dass sich teilende Zellen wiederholt Zyklen aus Mitose und Interphase durchlaufen. Die Mitose ist der Zeitabschnitt, in dem es zur Teilung von Zellkern und Zelle kommt (Abb. 3.15). Die Interphase verläuft weniger dramatisch und es lassen sich im Lichtmikroskop nur wenige dynamische Veränderungen beobachten. Man hat erkannt, dass sich die Chromosomen in der Interphase teilen. Als man die DNA als genetisches Material identifiziert hatte, erlangte die Interphase eine neue Bedeutung, da hier die Genomreplikation stattfinden muss. Das führte dann zu einer neuen Auffassung vom Zellzyklus als einen Prozess aus vier Phasen (Abb. 15.29):

- Die **Mitose** oder **M-Phase** ist die Phase, wenn sich Zellkern und Zelle teilen.

- Die **G1-Phase** (*gap 1*) ist eine Zwischenphase, in der Transkription, Translation und andere zelluläre Aktivitäten stattfinden.

- In der **S-Phase** (Synthesephase) wird das Genom repliziert.

- Die **G2-Phase** (*gap 2*) ist die zweite Zwischenphase.

Es ist zweifellos von großer Bedeutung, dass die S- und M-Phase koordiniert werden, damit das Genom vollständig repliziert wird, was jedoch nur ein einziges Mal geschehen darf, bevor die Mitose stattfindet. Die Zeitabschnitte unmittelbar vor Eintritt in die S- oder M-Phase betrachtet man als die entscheidenden **Kontrollstellen des Zellzyklus**. Der Zellzyklus wird an einer dieser Stellen angehalten, wenn essenzielle Gene der Zellzykluskontrolle mutiert sind oder wenn die Zelle beispielsweise durch umfangreiche DNA-Schäden in ihrer Funktionsfähigkeit beeinträchtigt ist. Untersuchungen zur Koordinierung der Genomreplikation mit der Mitose haben sich deshalb auf diese beiden Kontrollstellen konzentriert, vor allem auf die Prä-S-Kontrollstelle, also den Zeitraum, der unmittelbar vor der Replikation liegt.

### Die Bildung des Präreplikationskomplexes ermöglicht den Beginn der Genomreplikation

Untersuchungen, die vor allem mit *Saccharomyces cerevisiae* durchgeführt wurden, führten zu einem Modell zur zeitlichen Abstimmung der S-Phase. Es besagt, dass die Genomreplikation die Bildung von **Präreplikationskomplexen (Prä-RCs)** an den Replikationsursprüngen erfordert, diese dann in **Post-RCs** überführt werden, wenn die Replikation voranschreitet. Ein Post-RC kann die Replikation nicht in Gang setzen. Deshalb ist es nicht möglich, dass ein

**15.29 Der Zellzyklus.** Die Längen der einzelnen Phasen variieren bei den verschiedenen Zellen. Abkürzungen: G1 und G2, Zwischenphasen (*gap*); M, Mitose; S, Synthesephase.

Genomabschnitt zufällig fälschlicherweise vor der Mitose erneut kopiert wird. Der ORC, der Komplex aus sechs Proteinen, der bei der Hefe an den Domänen A und B1 am Replikationsursprung gebildet wird (Abb. 15.10b), wurde früher als möglicher Prä-RC angesehen, spielt aber wahrscheinlich nicht die zentrale Rolle, da die ORCs zu allen Zellzyklusphasen an den Replikationsursprüngen vorhanden sind. Man betrachtet den ORC stattdessen als „Landeplattform", auf der der Prä-RC zusammengefügt wird.

Als Komponenten des Prä-RC hat man verschiedene Proteintypen ausgemacht. Das erste ist das Cdc6p-Protein, das ursprünglich bei der Hefe identifiziert wurde. Es ließ sich aber zeigen, dass es bei den höheren Eukaryoten homologe Faktoren gibt. Das Cdc6p der Hefe wird am Ende der G2-Phase synthetisiert, wenn die Zelle in die Mitose eintritt, und assoziiert in der frühen G1-Phase mit dem Chromatin. Am Ende der G1-Phase, wenn die Replikation beginnt, verschwindet es (Abb. 15.30). Experimente, bei denen das Cdc6p-Gen gehemmt wurde, führten zu einem Fehlen des Prä-RC. Bei anderen Experimenten wurde eine Überproduktion von Cdc6p herbeigeführt, und es kam zu mehrfachen Genomreplikationen ohne Mitose. Beides deutete darauf hin, das Cdc6p Teil des Prä-RC ist. Es gibt auch biochemische Hinweise darauf, dass es zwischen Cdc6p und den ORCs der Hefe zu einer direkten Wechselwirkung kommt.

Eine zweite Komponente des Prä-RC ist möglicherweise die Gruppe von Proteinen, die man als **RLF** (*replication licensing factors*) bezeichnet. Wie bei Cdc6p hat man auch hier die ersten Beispiele für diese Proteine bei der Hefe gefunden (die MCM-Proteinfamilie). Auch hier wurden bei den höheren Eukaryoten später homologe Proteine entdeckt. RLF-Proteine binden am Ende der M-Phase an das Chromatin, bleiben dort bis zum Beginn der S-Phase und werden dann zur Replikation allmählich wieder von der DNA entfernt. Das ist möglicherweise die entscheidende Reaktion, die den Prä-RC in einen Post-RC umwandelt und so die erneute Initiation der Replikation an einem Ursprung verhindert, der bereits eine Replikationsrunde in Gang gesetzt hat.

### Regulation der Bildung des Prä-RC

Die Identifizierung der Komponenten des Prä-RC bringt uns einer genauen Vorstellung, wie nun die Initiation der Genomreplikation verläuft, ein Stück näher. Es bleibt jedoch noch die Frage zu klären, wie die Replikation mit anderen Ereignissen im Zellzyklus koordiniert wird. Die Kontrolle des Zellzyklus ist ein komplexer Vorgang, der größtenteils durch Proteinkinasen vermittelt wird. Diese phosphorylieren und aktivieren Enzyme und andere Proteine, die im Zellzyklus spezifische Funktionen besitzen. Während des gesamten Zellzyklus liegen dieselben Proteinkinasen im Zellkern vor, sodass sie selbst einer Kontrolle unterliegen müssen. Diese Kontrolle erfolgt teilweise durch Proteine, die man als **Cycline** bezeichnet (sie treten während der einzelnen Phasen des Zellzyklus in unterschiedlichen Mengen auf), teilweise durch andere Proteinkinasen, die die cyclinabhängigen Proteinkinasen aktivieren, sowie teilweise durch inhibitorische Proteine. Sogar bevor wir uns den Regulatoren der Prä-RC-Bildung zuwenden, können wir vermuten, dass das Kontrollsystem recht komplex ist.

Man hat eine Reihe von Cyclinen identifiziert, die dabei mitwirken, dass die Genomreplikation aktiviert und nach Abschluss der Replikation eine Neubildung des Prä-RC verhindert wird. Dazu gehören die Cycline der Mitose, als deren Hauptfunktion ursprünglich die Aktivierung der Mitose vermutet wurde,

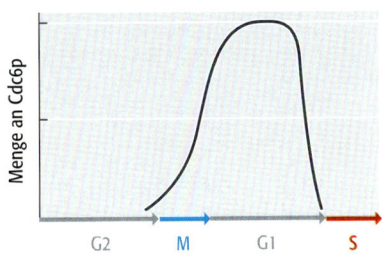

15.30   Die Kurve zeigt die Menge von Cdc6p im Zellkern zu verschiedenen Zellzyklusphasen.

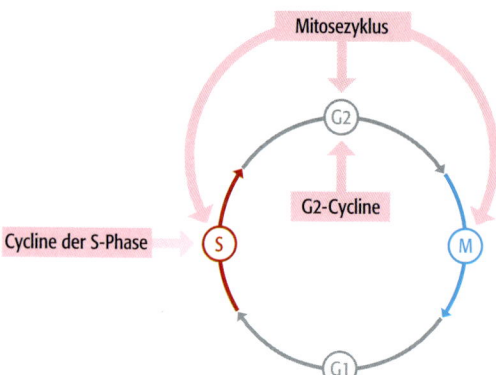

**15.31** Kontrollstellen im Zellzyklus für Cycline, die an der Regulation der Genomreplikation beteiligt sind.

die aber auch die Genomreplikation unterdrücken. Wenn die Effekte dieser Cycline beispielsweise durch die Überproduktion von Proteinen blockiert werden, die die Aktivität der Cyline hemmen, kann die Zelle nicht in die M-Phase eintreten, führt aber wiederholte Genomreplikationen durch. Es gibt bei *S. cerevisiae* weitere Cycline, die für die S-Phase spezifisch sind, wie etwa Clb5p und Clb6p, deren Inaktivierung die Genomreplikation verzögert oder verhindert. Noch andere Cycline sind während der G2-Phase aktiv und verhindern die Bildung von Prä-RCs in dem Zeitraum nach der Genomreplikation und vor der Zellteilung (Abb. 15.31).

Neben diesen cyclinabhängigen Kontrollsystemen wird die Genomreplikation auch durch die cyclinunabhängige Proteinkinase Cdc7p-Dbf4p reguliert. Diese Kinase kommt in so verschiedenen Organismen wie der Hefe und den Säugern vor. Die durch die Kinase aktivierten Proteine sind noch unbekannt, und es gibt verschiedene Hinweise, dass sowohl RLFs als auch ORCs das Ziel sind. Unabhängig vom Mechanismus ist die Cdc7p-Dbf4p-Aktivität eine Voraussetzung für die Replikation, wobei die cyclinabhängigen Prozesse allein nicht ausreichen, dass die Zelle in die S-Phase eintritt.

### 15.3.2 Kontrolle in der S-Phase

Die Regulation des G1-S-Übergangs lässt sich als wichtigster Kontrollmechanismus der Genomreplikation auffassen, es ist jedoch nicht der einzige. Die spezifischen Vorgänge während der S-Phase unterliegen ebenfalls einer Regulation.

#### *Frühe und späte Replikationsursprünge*

Die Initiation der Replikation findet nicht an allen Replikationsursprüngen gleichzeitig statt, das „Zünden" eines Ursprungs ist aber auch kein vollkommen zufälliger Vorgang. Einige Teile des Genoms werden früh in der S-Phase exprimiert, andere später, wobei das Muster der Replikation bei jeder Zellteilung in sich konsistent bleibt. Das allgemeine Muster besteht darin, dass aktiv transkribierte Gene und die Centromere früh in der S-Phase repliziert werden, Telomere und nichttranskribierte Bereiche später. Frühzeitig aktive Replikationsursprünge sind deshalb gewebespezifisch und entsprechen dem Muster der Genomexpression in der jeweiligen Zelle.

Diese Eigenschaften der Genomexpression hat man ursprünglich aus Untersuchungen von nur wenigen Replikationsursprüngen abgeleitet. Sie wurden

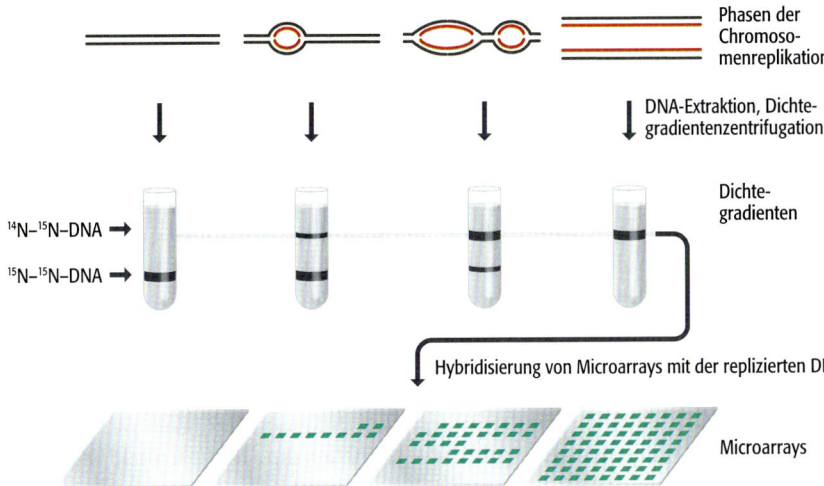

Phasen der Chromoso-menreplikation

DNA-Extraktion, Dichte-gradientenzentrifugation

Dichte-gradienten

$^{14}N-^{15}N$-DNA

$^{15}N-^{15}N$-DNA

Hybridisierung von Microarrays mit der replizierten DNA

Microarrays

**15.32   Microarray-Analyse eines Replikationsstarts an einem Ursprung von *S. cerevisiae*.**

jetzt jedoch durch Untersuchungen mithilfe der Microarray-Technik ergänzt. Microarray-Analysen beruhen auf Hybridisierungen mit Sonden. Für die Anwendung der Microarray-Technik, um das Muster der Genomreplikation zu verfolgen, braucht man ein Verfahren, mit dem sich nichtreplizierte von replizierter DNA trennen lässt. So kann die eine oder die andere Fraktion als Hybridisierungssonde dienen. Wenn man beispielsweise eine Probe von replizierter DNA aus Zellen isoliert hat, die gerade in die S-Phase eingetreten sind, kann diese DNA als Sonde verwendet werden, um einen Microarray zu testen und die Gene zu identifizieren, die in der frühen Phase repliziert werden. Mithilfe einer zweiten Probe, die zu einer späteren Replikationsphase aus replizierter DNA isoliert wird, kann man die nächste Gruppe von Genen identifizieren, die repliziert wurden, und so weiter. Bei *Saccharomyces cerevisiae* erhält man diese Fraktionen, indem man die Zellen in einem Medium mit schwerem Stickstoff wachsen lässt, dann in normales Medium überführt und die Zellen in die S-Phase eintreten lässt. Die DNA wird danach zu geeigneten Zeitpunkten während der S-Phase extrahiert, mit einer Restriktionsendonuclease behandelt und durch eine Dichtegradientenzentrifugation fraktioniert (Abb. 15.32). Dabei sind zwei Banden zu erkennen. Eine besteht aus $^{15}N-^{15}N$-DNA, die aus den nichtreplizierten Abschnitten des Genoms stammt. Die andere besteht aus $^{14}N-^{15}N$-DNA, die aus Bereichen mit bereits erfolgter Replikation herrührt. Diese zweite Fraktion wird gereinigt, mit einem Fluoreszenzmarker versehen und der Microarray damit getestet.

Die Analyse ist einfach, liefert aber bemerkenswert viele Informationen. In Abbildung 15.33a ist die Dynamik der Replikationsstarts an den Ursprüngen von Chromosom VI dargestellt. Dabei ist in der Mitte des kürzeren Armes eine Region zu erkennen, in der die Replikation dieses Chromosoms beginnt. Wie sich bereits in früheren Experimenten zeigen ließ, wird das Centromer (in der Grafik als Kreis auf der x-Achse eingezeichnet) früh in der S-Phase repliziert,

**a) Replikation von Chromosom VI**

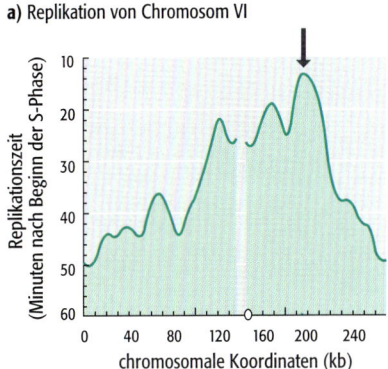

Replikationszeit (Minuten nach Beginn der S-Phase)

chromosomale Koordinaten (kb)

**a) Replikation der Chromosomen XII und XV**

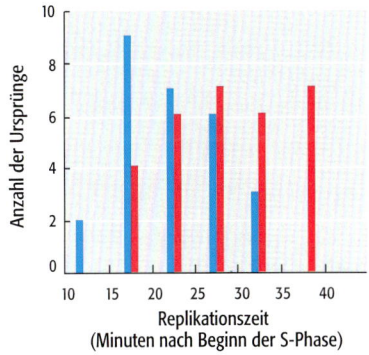

Anzahl der Ursprünge

Replikationszeit (Minuten nach Beginn der S-Phase)

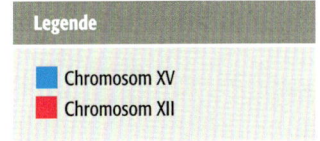

Legende

Chromosom XV

Chromosom XII

**15.33   Die Dynamik der Starts an den Replikationsursprüngen bei *S. cerevisiae*.** a) Zeitlicher Verlauf der Replikationsstarts entlang des Chromosoms VI. Der Pfeil markiert die Stelle, an der die Replikation dieses Chromosoms beginnt, der Kreis auf x-Achse das Centromer. Die ungefärbte Fläche entspricht einem Bereich des Chromosoms, der nicht untersucht werden konnte. b) Vergleich der Replikationsdynamik für die Chromosomen XII und XV.

die Telomere hingegen am Ende des Replikationszyklus. Auffällig ist dabei, dass die Telomere etwa zur selben Zeit repliziert werden. Diese Beobachtung trifft auf alle Chromosomen der Hefe zu, aber nicht alle Chromosomen beenden ihren Replikationszyklus zur selben Zeit. Einige Chromosomen, etwa XI und XV, werden in der frühen S-Phase vollständig repliziert, während andere, etwa die Chromosomen VIII und IX deutlich später immer noch nicht vollständig repliziert sind. Diese Zeitunterschiede korrelieren nicht mit der Länge der Chromosomen, sondern zeigen tatsächliche Varianten in der Kinetik der Chromosomenreplikation an. In Abbildung 15.33 wird dies daran deutlich, dass 15 Minuten nach dem Beginn der S-Phase viele Replikationsursprünge in Chromosom XV aktiviert wurden, während die Replikation von Chromosom XII gerade erst begonnen hat. Durch Microarray-Analysen ist es ebenfalls möglich, die Wandergeschwindigkeiten einzelner Replikationsgabeln zu ermitteln, die ebenfalls unterschiedlich sind. Die Durchschnittsgeschwindigkeit ist 2,9 kb pro Minute, aber einige Gabeln wandern viel schneller, die aktivsten mit bis zu 11 kb pro Minute.

Es ist schwer nachzuvollziehen, wie der Zeitpunkt festgelegt wird, zu dem an einem Ursprung die Replikation startet. Ausschlaggebend ist nicht einfach die Sequenz des Ursprungs, da die Übertragung eines DNA-Abschnitts von der normalen Position an eine andere Stelle in demselben oder einem anderen Chromosom dazu führen kann, dass sich das Replikationsstartmuster in diesem Abschnitt verändert. Dieser Positionseffekt hängt möglicherweise mit der Organisation des Chromatins zusammen und kann daher auch durch Strukturen wie Locuskontrollregionen (Abschnitt 10.1.2), die das Verpacken der DNA kontrollieren, beeinflusst werden. Die Position des Ursprungs im Zellkern kann ebenfalls von Bedeutung sein, da Ursprünge, die zu ähnlichen Zeiten in der S-Phase aktiv werden, zumindest bei den Säugern anscheinend in Clustern vorliegen.

### Kontrollstellen in der S-Phase

Bei der Regulation der Genomreplikation wollen wir uns zuletzt mit der Funktion der Kontrollstellen in der S-Phase beschäftigen. Diese hat man das erste Mal erkannt, als gezeigt werden konnte, dass eine der Reaktionen von Hefezellen auf DNA-Schäden darin besteht, die Genomreplikation zu verlangsamen und möglicherweise sogar ganz anzuhalten. Dies geht einher mit der Aktivierung von Genen, deren Produkte bei der DNA-Reparatur aktiv sind (Abschnitt 16.2).

Cyclinabhängige Kinasen spielen nicht nur beim Eintritt in die S-Phase eine Rolle, sondern auch bei der Regulation der Kontrollstellen in der S-Phase. Diese Kinasen reagieren auf Signale von Proteinen, die mit der Replikationsgabel assoziiert sind. Bestimmte Proteine der Replikationsgabel, darunter PCNA und das Hilfsprotein RFC, hat man ursprünglich Funktionen beim Erkennen von Schäden zugeordnet, wobei dies wahrscheinlich nicht auf die Proteinvarianten zutrifft, die bei der DNA-Synthese mitwirken. Die RFC-Variante, die für die Schadenserkennung zuständig ist, zeigt eine andere Zusammensetzung aus Untereinheiten als die normale RFC-Form, während das Schadenserkennungsprotein, das man ursprünglich als mit PCNA verwandt identifiziert hat, offenbar ein vollkommen anderes Protein ist (der 9-1-1-Komplex). Dieses hat jedoch eine ähnliche Struktur wie PCNA und tritt wahrscheinlich auf ähnliche Weise mit der Doppelhelix in Wechselwirkung. Die Signale des Schadenserkennungsproteins werden durch Kinasen wie ATM, ATR, Chk1 und Chk2 an Effektorproteine wie Cdc25 weitergeleitet, die mit den cyclinabhängigen Kinasen interagieren und dadurch die geeigneten zellulären Reaktionen auslösen (Abb. 15.34). Der Replikationsvorgang kann durch Hemmung des Replikationsstarts an Ursprüngen angehalten werden, die erst später in der S-Phase aktiv sind, oder auch durch Verlangsamung von bereits bestehenden Replikationsgabeln. Wenn die Schäden nicht zu umfangreich sind, wird die DNA-Reparatur eingeleitet (Abschnitt 16.2). Alternativ kann die Zelle auch den Weg zum programmierten Zelltod (**Apoptose**) einschlagen. Der Tod einer einzelnen somatischen Zelle als Ergebnis von DNA-Schäden ist normalerweise weniger gefährlich, als wenn dieser Zelle gestattet würde, ihre mutierte DNA zu replizieren und möglicherweise einen Tumor oder andere Formen von krebsartigem Wachstum hervorzurufen. Bei den Säugern ist das Protein mit der Bezeichnung p53 ein zentraler Faktor, um den Zellzyklus anzuhalten und die Apoptose einzuleiten. Es wurde als Tumorsuppressorprotein eingeordnet, da Zellen mit beschädigtem Genom bei einem Defekt dieses Proteins die Kontrollstellen der S-Phase umgehen können und möglicherweise so stark proliferieren, dass Krebs entsteht. p53 ist ein sequenzspezifisches DNA-bindendes Protein, das eine Reihe von Genen aktiviert, die vermutlich direkt für die Blockade und die Apoptose der Zelle verantwortlich sind. Außerdem hemmt p53 andere Gene, die abgeschaltet werden müssen, um diese Vorgänge zu ermöglichen.

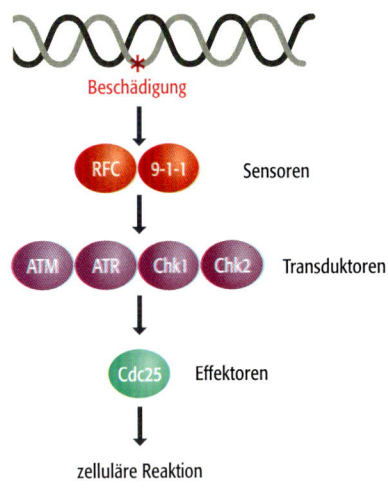

**15.34** Die Kaskade der Ereignisse, die nach einer DNA-Schädigung die angemessene zelluläre Reaktion einleiten.

## Zusammenfassung

Damit das Genom seine Funktion weiterhin ausüben kann, muss es jedes Mal repliziert werden, wenn sich eine Zelle teilt. Als Watson und Crick ihre Entdeckung der DNA-Struktur bekannt gaben, haben sie darauf hingewiesen, dass die spezifische Basenpaarung, die die beiden Stränge zusammenhält, eine Möglichkeit eröffnet, wie jedes Polynucleotid genau kopiert werden kann. Sie stellten sich einen semikonservativen Replikationsmechanismus vor, bei dem jeder Strang der Ausgangs-DNA als Matrize für die Synthese eines komplementären Tochterstranges dient. Das Meselson-Stahl-Experiment zeigte, dass dieses Modell zutrifft, aber man verstand noch nicht, wie die beiden Stränge der Helix getrennt werden, vor allem bei ringförmigen Molekülen, die nur einen geringen Spielraum für Drehbewegungen besitzen. Die Entdeckung der DNA-Topoisomerasen, die die Stränge der Doppelhelix durch wiederholtes Schneiden und Neuverknüpfen von einem oder beiden Polynucleotiden trennen, löste dieses Problem. Es sind keine Ausnahmen vom semikonservativen Mechanismus der Replikation bekannt, wobei es jedoch besondere Varianten gibt, etwa die Verdrängungsreplikation und die *rolling circle*-Replikation. Die Initiation der Genomreplikation erfolgt an abgegrenzten Ursprüngen, die bei Bakterien und Hefe eindeutig charakterisiert wurden, während sie bei den höheren Eukaryoten weniger klar zu fassen sind. Sobald die Initiation der Replikation erfolgt ist, wandert ein Paar von Replikationsgabeln in entgegengesetzten Richtungen die DNA entlang. Die DNA-Polymerase kann DNA nur in der 5′→3′-Richtung synthetisieren. Das bedeutet, dass zwar ein Strang, den man als Leitstrang bezeichnet, durchgängig repliziert werden kann, aber der zweite Strang, der Folgestrang, in kurzen Fragmenten kopiert werden muss. Diese bezeichnet man als Okazaki-Fragmente. Die DNA-Synthese erfordert die Erzeugung eines Primers durch eine RNA-Polymerase. Die Helix muss entwunden werden, die Einzelstränge werden durch Helikasen und einzelstrangbindende Proteine stabilisiert. Der Replikationkomplex, den man bei den Bakterien als Replisom bezeichnet, besteht aus dem Enzym DNA-Polymerase und zusätzlichen Proteinen wie der gleitenden Klammer. Diese stellt sicher, dass die Verbindung zwischen der DNA-Polymerase und der DNA bestehen bleibt und sich die Polymerase noch die DNA entlang bewegen kann. Die Replikation eines Chromosoms wird bei Bakterien in definierten Regionen, bei Eukaryoten in weniger genau zufassenden Bereichen beendet (Termination). Bei eukaryotischen Chromosomen sind besondere Mechanismen erforderlich, damit die Enden der Chromosomen erhalten bleiben, da die Replikation zu einer allmählichen Verkürzung der Telomere führt. Diese werden durch das Enzym Telomerase verlängert. Das Enzym enthält eine RNA-Untereinheit, die als Matrize für die Synthese von neuen Wiederholungseinheiten der Telomere dient. Die Replikation des Genoms muss mit dem Zellzyklus koordiniert werden. Dafür sorgt eine Kombination von Regulationsproteinen, von denen viele nur zu bestimmten Zeiten während des Zellzyklus aktiv sind. Die Bildung des Präreplikationskomplexes an Replikationsursprüngen ist ein entscheidender Schritt, der reguliert wird, damit das Genom nur einmal pro Zellzyklus repliziert werden kann. Sobald die Replikation in Gang gesetzt wurde, reagieren während der Synthese Kontrollstellen auf DNA-Schäden, um die Replikation anzuhalten oder zu beenden.

# Multiple-Choice-Fragen

**15.1*** Was ist das topologische Problem der DNA-Replikation?

   **a.** Die Blockade der DNA-Replikationsstellen durch die Nucleosomen

   **b.** Die Schwierigkeit, die DNA des Folgestranges zu synthetisieren

   **c.** Die Entwindung der Doppelhelix und die Drehung der DNA

   **d.** Die Synchronisation der DNA-Replikation mit der Zellteilung

**15.2** Welcher Begriff bezeichnet die topologische Anordnung, die eine Trennung der beiden Stränge einer Doppelhelix ohne Entwindung verhindert?

   **a.** Helinemisch

   **b.** Paranemisch

   **c.** Plektonemisch

   **d.** Toponemisch

**15.3*** Welche(r) Forscher formulierte(n) als erste(r) das „Bruch-und-Wiederverknüpfungs"-Modell zur Lösung des topologischen Problems der DNA-Replikation?

   **a.** Delbrück

   **b.** Kornberg

   **c.** Meselson und Stahl

   **d.** Watson und Crick

**15.4** Welche Funktion besitzt die DNA-Gyrase von *E. coli*?

   **a.** Das Enzym wirkt der Überdrehung des Genoms entgegen, die bei der DNA-Replikation auftritt

   **b.** Das Enzym wirkt der Überdrehung des Genoms entgegen, die bei der Transkription auftritt

   **c.** Die Einführung von Superspiralisierungen in DNA-Moleküle

   **d.** Alle oben genannten Funktionen

**15.5*** Welche Arten von DNA-Molekülen werden mithilfe des *rolling circle*-Mechanismus repliziert?

   **a.** Chromosomen der Bakterien

   **b.** Genome von einigen Bakteriophagen

   **c.** Genome von Mitochondrien

   **d.** Chromosomen der Hefe

**15.6** Wie bezeichnet man die Stelle, an der die Initiation der Replikation erfolgt?

   **a.** Enhancer

   **b.** Initiator

   **c.** Replikationsursprung

   **d.** Promotor

**15.7*** Welche Funktion besitzt der Primer bei der DNA-Synthese?

   **a.** Er liefert eine 5′-Phosphatgruppe zum Anhängen des nächsten Nucleotids

   **b.** Er liefert 5′-Phosphatgruppen, die hydrolysiert werden können, um die Energie für die DNA-Synthese bereitzustellen

   **c.** Er liefert eine 3′-Hydroxylgruppe zum Anhängen des nächsten Nucleotids

   **d.** Er liefert ein Reservoir an Nucleotiden für die Synthese des DNA-Stranges

**15.8** Welche der folgenden Nucleaseaktivitäten ermöglichen den DNA-Polymerasen die Korrekturlesefunktion bei der DNA-Synthese?

   **a.** $3′{\rightarrow}5′$-Exonuclease

   **b.** $5′{\rightarrow}3′$-Exonuclease

   **c.** Einzelstrang-Endonuclease

   **d.** Doppelstrang-Endonuclease

**15.9*** Was sind Okazaki-Fragmente?

   **a.** Kurze Abschnitte von Polynucleotiden, die am Leitstrang der DNA synthetisiert werden

   **b.** Kurze Abschnitte von Polynucleotiden, die am Folgestrang der DNA synthetisiert werden

   **c.** Die Primer, die am Folgestrang synthetisiert werden und für die DNA-Synthese erforderlich sind

   **d.** Die proteolytischen Fragmente der DNA-Polymerase

**15.10** Welche Proteine verhindern den Abbau oder die Reassoziation der einzelsträngigen DNA an der Replikationsgabel?

   **a.** Helikasen

   **b.** Primasen

   **c.** Einzelstrangbindende Proteine

   **d.** Topoisomerasen

**15.11*** Welches der folgenden Enzyme entfernt bei Bakterien die RNA-Primer, die sich am Anfang von jedem Okazaki-Fragment am Folgestrang befinden?

   **a.** DNA-Polymerase I

   **b.** DNA-Polymerase III

   **c.** DNA-Ligase

   **d.** RNase H

**15.12** Welches Protein wirkt bei der Trennung der beiden ineinander verschränkten Tochterchromosomen mit, wenn bei *E. coli* die Replikation beendet wird?

   **a.** DnaB

   **b.** DNA-Polymerase

   **c.** Topoisomerase IV

   **d.** Tus

**15.13\*** Welche der folgenden Aussagen über Telomerasen trifft zu?

> **a.** Die Telomerase ist eine RNA-abhängige DNA-Polymerase
>
> **b.** Die Telomerase ist eine RNA-abhängige RNA-Polymerase
>
> **c.** Die Telomerase ist eine DNA-abhängige DNA-Polymerase
>
> **d.** Die Telomerase ist eine DNA-abhängige RNA-Polymerase

**15.14** Welchem der folgenden Sequenzelemente ähneln die Telomere von *Drosophila*?

> **a.** Centromere
>
> **b.** Mikrosatelliten
>
> **c.** Retroposons
>
> **d.** DNA-Transposons

**15.15\*** In welcher Phase des Zellzyklus kommt es zur DNA-Replikation?

> **a.** M
>
> **b.** G1
>
> **c.** S
>
> **d.** G2

**15.16** Welches Verfahren wurde angewendet, um den zeitlichen Verlauf der Replikationsinitiation in verschiedenen Bereichen des Genoms zu untersuchen?

> **a.** Fluoreszenz-*in situ*-Hybridisierung
>
> **b.** Massenspektroskopie
>
> **c.** Microarray-Analyse
>
> **d.** PCR

## Fragen mit kurzen Antworten    *Antworten auf die Fragen mit den ungeraden Zahlen finden Sie im Anhang

**15.1\*** Vor dem Meselson-Stahl-Experiment war nicht bekannt, ob die DNA-Replikation dispersiv, semikonservativ oder konservativ erfolgt. Beschreiben Sie die Unterschiede des DNA-Gehalts der Tochtermoleküle, die aus diesen drei verschiedenen Replikationsmechanismen hervorgehen würden.

**15.2** Beschreiben Sie den Mechanismus der Verdrängungsreplikation eines DNA-Moleküls.

**15.3\*** Beschreiben sie den Mechanismus der *rolling circle*-Replikation.

**15.4** Wo und auf welche Weise bindet das DnaA-Protein bei *E. coli* an den Replikationsursprung?

**15.5\*** Wie erfolgt bei *E. coli* die Initiation von Replikationsgabeln am Replikationsursprung?

**15.6** Welche Funktionen besitzen die Untereinheiten $\alpha$, $\beta$ und $\varepsilon$ der DNA-Polymerase III von *E. coli*?

**15.7\*** Beschreiben Sie kurz die drei Enzyme, die an der Synthese des Leitstranges von Eukaryoten beteiligt sind.

**15.8** Was ist über die Termination der Genomreplikation bei *E. coli* bekannt? Welche Proteine und Sequenzen spielen bei diesem Prozess eine Rolle?

**15.9\*** Warum werden bei Eukaryoten die Enden von linearen Chromosomen durch aufeinander folgende Runden der DNA-Replikation kürzer?

**15.10** Wie wird die Telomeraseaktivität in eukaryotischen Zellen reguliert?

**15.11\*** Wie wirken sich Veränderungen bei der Expression des Cdc6p-Proteins der Hefe auf die Regulation der Genomreplikation aus?

**15.12** Welche allgemeinen Muster lassen sich feststellen, wenn man den zeitlichen Verlauf der Replikation von verschiedenen Bereichen des eukaryotischen Genoms untersucht?

# Vertiefende Aufgaben
*Hinweise zur Beantwortung der Fragen mit den ungeraden Zahlen finden Sie im Anhang

**15.1\*** Erläutern Sie, warum dem semikonservativen Mechanismus der DNA-Replikation sogar schon vor dem Meselson-Stahl-Experiment den Vorzug gegeben wurde.

**15.2** Bewerten Sie den gegenwärtigen Stand der Forschung über Replikationsursprünge bei den Säugern.

**15.3\*** Schreiben Sie eine längere Abhandlung über „DNA-Helikasen".

**15.4** Unsere derzeitigen Kenntnisse von der Genomreplikation bei Eukaryoten beziehen sich vor allem auf die Vorgänge an der Replikationsgabel. Die nächste Aufgabe

besteht darin, diese DNA-zentrierte Sichtweise auf die Replikation in ein Modell umzuwandeln, das beschreibt, wie die Replikation innerhalb des Zellkerns organisiert ist. Dabei sollen auch Fragen nach der Funktionsweise der Replikationsfabriken und den Mechanismen, die verhindern sollen, dass sich die Tochtermoleküle verwickeln, behandelt werden. Entwickeln Sie einen Forschungsplan, um eines oder mehrere dieser Themen zu bearbeiten.

**15.5\*** Erläutern sie den Zusammenhang zwischen Telomeren, Zellalterung und Krebs.

# Aufgaben zu Abbildungen
*Antworten auf die Fragen mit den ungeraden Zahlen finden Sie im Anhang

**15.1\*** Welche Art von DNA-Replikation ist in dieser Abbildung dargestellt? Erläutern Sie den Prozess, durch den die DNA in diesem System repliziert wird.

**15.2** Welche Schwierigkeiten entstehen bei der DNA-Replikation durch eine DNA-Polymerase?

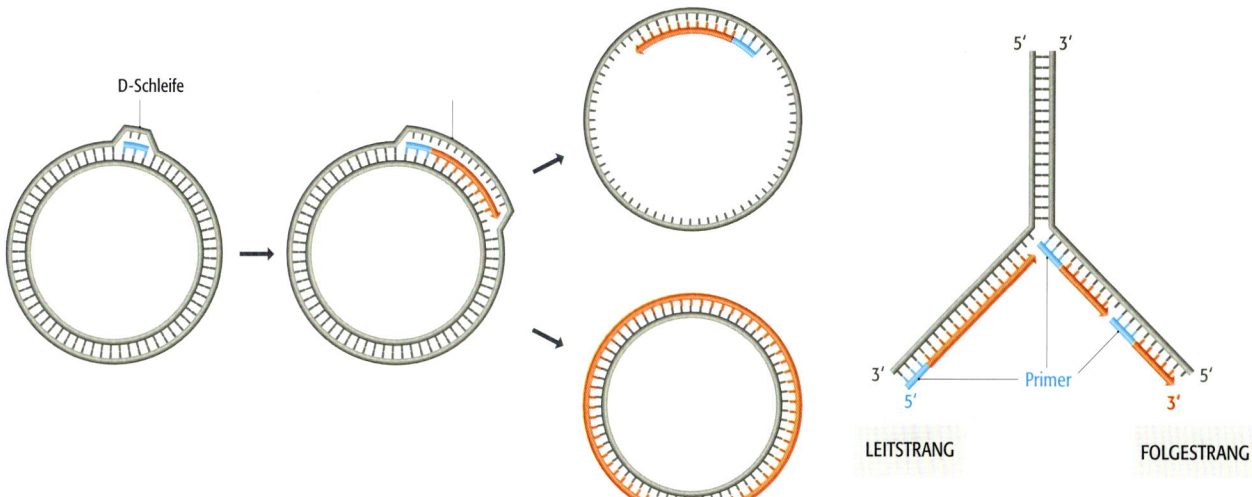

D-Schleife

5′  3′

3′
5′ Primer 3′
5′

LEITSTRANG    FOLGESTRANG

**15.3\*** Erläutern Sie den Mechanismus, durch den bei der Replikation des Folgestranges bei *E. coli* die aneinander grenzenden Okazaki-Fragmente während der DNA-Replikation verknüpft werden.

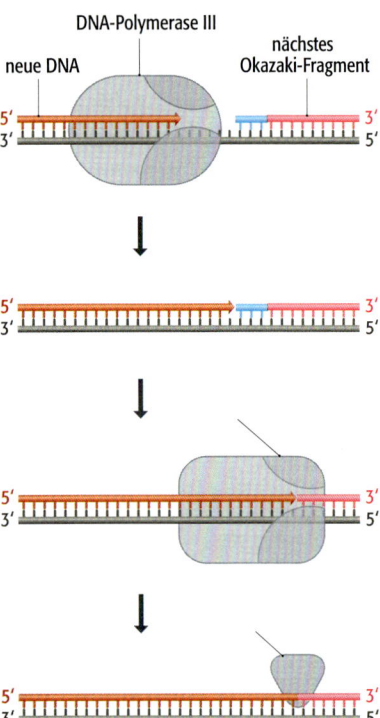

**15.4** Durch welchen Mechanismus ist die Telomerase in der Lage, die 3′-Enden von Chromosomen zu verlängern?

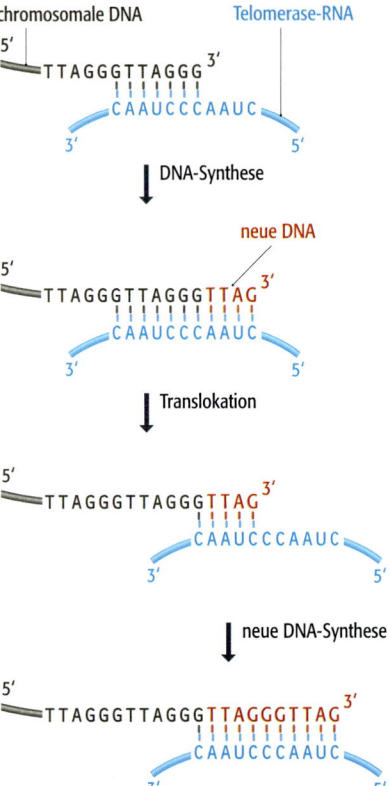

# Weiterführende Literatur

### Die Geschichte der Erforschung der Genomreplikation

Crick FHC, Wang JC, Bauer WR (1979) Is DNA really a double helix? *J Mol Biol* 129: 449–461. [Cricks Antwort auf Vorschläge, die DNA hätte eine Seite-an-Seite-Struktur]

Holmes FL (1998) The DNA replication problem, 1953–1958. *Trends Biochem Sci* 23: 117–120

Kornberg, A (1989) For the Love of Enzymes: The Odyssey of a Biochemist. Harvard University Press, Boston, Massachusetts. [Sehr interessante Autobiografie vom Entdecker der DNA-Polymerase]

Meselson M, Stahl F (1958) The replication of DNA in *Escherichia coli. Proc Natl Acad Sci USA* 44: 671–682. [Das Meselson-Stahl-Experiment]

Okazaki T, Okazaki R (1969) Mechanisms of DNA chain growth. *Proc Natl Acad Sci USA* 64: 1242–1248. [Die Entdeckung der Okazaki-Fragmente]

Rodley GA, Scobie RS, Bates RHT, Lewitt RM (1976) A possible conformation for double-stranded polynucleotides. *Proc Natl Acad Sci USA* 73: 2959–2963. [Ein Seite-an-Seite-Modell für die DNA-Struktur]

Watson JD, Crick FHC (1953) Genetical implications of the structure of deoxyribonucleic acid. *Nature* 171: 964–967. [Beschreibung möglicher Mechanismen für die DNA-Replikation, erschienen kurz nach der Entdeckung der Doppelhelix]

### DNA-Topoisomerasen

Berger JM, Gamblin SJ, Harrison SC, Wang JC (1996) Structure and mechanism of DNA topoisomerase II. *Nature* 379: 225–232 und 380: 179

Champoux JJ (2001) DNA topoisomerases: structure, function, and mechanism. *Annu Rev Biochem* 70: 369–413

Stewart L, Redinbo, MR, Qiu X, Hol WGJ, Champoux JJ (1998) A model for the mechanism of human topoisomerase I. *Science* 279: 1534–1541

### Replikationsursprünge

Aladjem MI, Rodewald LW, Kolman JL, Wahl GM (1998) Genetic dissection of a mammalian replicator in the human $\beta$-globin locus. *Science* 281: 1005–1009

Diffley JFX, Cocker JH (1992) Protein-DNA interactions at a yeast replication origin. *Nature* 357: 169–172

Gilbert DM (2001) Making sense of eukaryotic replication origins. *Science* 294: 96–100

### DNA-Polymerasen und die Vorgänge an der Replikationsgabel

Bochkarev A, Pfuetzner RA, Edwards AM, Frappier L (1997) Structure of the single-stranded-DNA-binding domain of replication protein A bound to DNA. *Nature* 385: 176–181

Hübscher U, Nasheuer HP, Syväoja JE (2000) Eukaryotic DNA polymerases: a growing family. *Trends Biochem Sci* 25: 143–147

Johnson A, O'Donnell M (2005) Cellular DNA replicases: components and dynamics at the replication fork. *Annu Rev Biochem* 74: 283–315. [Einzelheiten der Replikation bei Bakterien und Eukaryoten]

Lemon KP, Grossman AD (1998) Localization of bacterial DNA polymerase: evidence for a factory model of replication. *Science* 282: 1516–1519

Liu Y, Kao HI, Bambara RA (2004) Flap endonuclease I: a central component of DNA metabolism. *Annu Rev Biochem* 73: 589–615

Myllykallio H, Lopez P, López-Garcia P, Heilig R, Saurin, W, Zivanovic Y, Philippe H, Forterre P (2000) Bacterial mode of replication with eukaryotic-like machinery in a hyperthermophilic archaeon. *Science* 288: 2212–2215

Soultanas P, Wigley DB (2001) Unwinding the 'Gordian knot' of helicase action. *Trends Biochem Sci* 26: 47–54

Trakselis MA, Bell SD (2004) The loader of the rings. *Nature* 429: 708–709. [Die gleitende Klammer und das *clamp loader*-Protein]

### Telomere

Blackburn EH (2000) Telomere states and cell fates. *Nature* 408: 53–56

Cech TR (2004) Beginning to understand the end of the chromosome. *Cell* 116: 273–279. [Übersichtsartikel zu allen Aspekten der Telomerase]

McEachern MJ, Krauskopf A, Blackburn EH (2000) Telomeres and their control. *Annu Rev Genet* 34: 331–358. [Beschreibung der Vorgänge bei der Regulation der Telomerlänge]

Pardue ML, DeBaryshe PG (2003) Retrotransposons provide an evolutionarily robust non-telomerase mechanism to maintain telomeres. *Annu Rev Genet* 37: 485–511

Smogorzewska A, de Lange T (2004) Regulation of telomerase by telomeric proteins. *Annu Rev Biochem* 73: 177–208

## Kontrolle der Genomreplikation

Kelly TJ, Brown GW (2000) Regulation of chromosome replication. *Annu Rev Biochem* 69: 829–880

Raghuraman MK, Winzeler EA, Collingwood D et al (2001) Replication dynamics of the yeast genome. *Science* 294: 115–121. [Microarray-Untersuchungen des Hefegenoms]

Sancar A, Lindsey-Boltz LA, Ünsal-Kaçmaz K, Linn S (2004) Molecular mechanisms of mammalian DNA repair and the DNA damage checkpoints. *Annu Rev Biochem* 73: 39–85

Stillman B (1996) Cell cycle control of DNA replication. *Science* 274: 1659–1664

Zhou BBS, Elledge SJ (2000) The DNA damage response: putting checkpoints in perspective. *Nature* 408: 433–439

# Mutationen und die Reparatur der DNA

# 16

Genome sind dynamische Einheiten, die sich im Lauf der Zeit verändern. Ursache dafür ist die Ansammlung von geringfügigen Sequenzveränderungen, die durch Mutationen entstehen (Abschnitt 16.1). Eine Mutation ist eine Veränderung der Nucleotidsequenz in einem kurzen Abschnitt des Genoms (Abb. 16.1a). Viele Mutationen sind **Punktmutationen** (die man auch als einfache Mutationen oder *single site*-Mutation bezeichnet). Dabei wird ein Nucleotid durch ein anderes ausgetauscht. Punktmutationen lassen sich in zwei Gruppen einteilen: **Transitionen** sind Purin-zu-Purin- oder Pyrimidin-zu-Pyrimidin-Umwandlungen (A→G, G→A, C→T oder T→C); **Transversionen** sind

**a)** Mutation

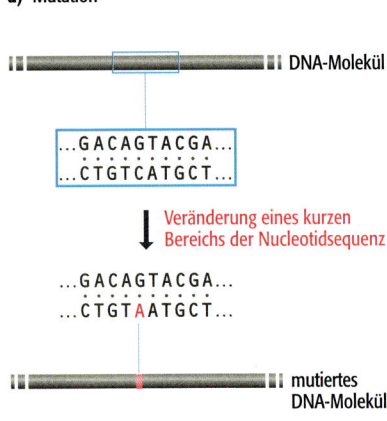

**b)** DNA-Reparatur

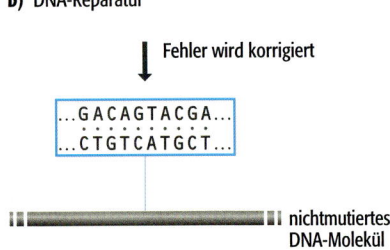

**16.1   Mutationen und DNA-Reparatur.**
a) Eine Mutation ist die Veränderung eines kurzen Bereichs in der Nucleotidsequenz eines DNA-Moleküls. Dargestellt ist eine Punktmutation, es gibt jedoch noch verschiedene andere Arten von Mutationen, wie im Text beschrieben. b) Durch die DNA-Reparatur werden Mutationen korrigiert, die als Fehler bei der Replikation oder als Ergebnis einer mutagenen Aktivität entstehen.

Purin-zu-Pyrimidin- oder Pyrimidin-zu-Purin-Umwandlungen (A→C, A→T, G→C, G→T, C→A, C→G, T→A oder T→G). Weitere Mutationen entstehen durch die **Insertion** oder **Deletion** von einem oder wenigen Nucleotiden.

Mutationen entstehen entweder durch Fehler bei der DNA-Replikation oder durch die schädliche Wirkung von **Mutagenen**, wie etwa chemische Verbindungen und Strahlung, die mit der DNA reagieren und die Struktur einzelner Nucleotide verändern. Alle Zellen besitzen Enzyme für die **DNA-Reparatur**, die die Anzahl der stattfindenden Mutationen minimieren sollen (Abschnitt 16.2). Diese Enzyme funktionieren auf zwei Weisen: Einige wirken präreplikativ und suchen die DNA nach Nucleotiden mit ungewöhnlichen Strukturen ab, die dann vor der Replikation ersetzt werden; andere sind postreplikativ und prüfen nur die neu synthetisierte DNA auf Fehler, die sie korrigieren (Abb. 16.1b). Eine mögliche Definition für Mutationen ist deshalb *ein Defekt in der DNA-Reparatur*.

Mutationen können erhebliche Auswirkungen auf die Zelle haben, in der sie auftreten. Eine Mutation in einem wichtigen Gen, durch die möglicherweise ein defektes Protein entsteht, kann zum Tod der Zelle führen. Andere Mutationen haben weniger deutliche Auswirkungen auf den Phänotyp der Zelle und wieder andere wirken sich überhaupt nicht aus. Wie wir in Kapitel 18 erfahren werden, besitzen alle nichtletalen Ereignisse das Potenzial, zur Evolution des Genoms beizutragen. Damit das aber geschehen kann, muss eine solche Mutation vererbt werden, wenn sich das Lebewesen fortpflanzt. Bei einzelligen Organismen, wie Bakterien oder Hefen, werden alle Mutationen, die nicht tödlich sind oder korrigiert werden, auf die Tochterzellen vererbt und zu dauerhaften Merkmalen der Zelllinie, die von der ursprünglichen Zelle abstammt, in der die Veränderung erfolgte. In einem vielzelligen Organismus sind für die Evolution des Genoms nur die Ereignisse von Bedeutung, die in den Keimzellen stattfinden. Veränderungen der Genome von somatischen Zellen sind im Sinn der Evolution irrelevant, ihre biologische Bedeutung zeigt sich jedoch dann, wenn sie zu einem nachteiligen Phänotyp führen, der die Gesundheit des Organismus beeinträchtigt.

## 16.1 Mutationen

Bei den Mutationen müssen wir folgende Fragen berücksichtigen: wie sie entstehen, welche Auswirkungen sie auf das Genom und das Lebewesen haben, in dem sich das Genom befindet, und ob es einer Zelle möglich ist, ihre Mutationsrate zu erhöhen und unter bestimmten Bedingungen programmierte Mutationen auszulösen.

### 16.1.1 Die Ursachen für Mutationen

Mutationen entstehen auf zwei Weisen:

- Einige Mutationen sind **spontan auftretende** Fehler bei der Replikation, die der Korrekturlesefunktion der DNA-Polymerase entgehen, während sie an der Replikationsgabel neue Polynucleotide synthetisiert (Abschnitt 15.2.2). Diese Mutationen bezeichnet man als **Fehlpaarungen** (*mismatches*), da es sich um Positionen handelt, an denen das Nucleotid, welches in das Tochterpolynucleotid eingebaut wurde, aufgrund der Basenpaarung nicht zum Nucleotid passt, das sich an der entsprechenden Stelle in der Matrizen-DNA befindet (Abb. 16.2a). Wenn die Fehlpaarung im Doppelstrang der Tochter-DNA nicht korrigiert wird, trägt *eines* der DNA-Moleküle der nächsten

Generation, die bei der folgenden DNA-Replikationsrunde entstehen, eine dauerhafte doppelsträngige Form der Mutation.

- Andere Mutationen entstehen durch die Reaktion eines Mutagens mit der Ausgangs-DNA. Dadurch kommt es zu einer Strukturveränderung, die das Basenpaarungspotenzial des modifizierten Nucleotids verändert. Normalerweise ist davon nur ein DNA-Strang betroffen, sodass nur eines der Tochtermoleküle die Mutation trägt. Nach der nächsten Replikationsrunde tragen jedoch zwei der erzeugten Moleküle der nächsten Generation die Mutation (Abb. 16.2b).

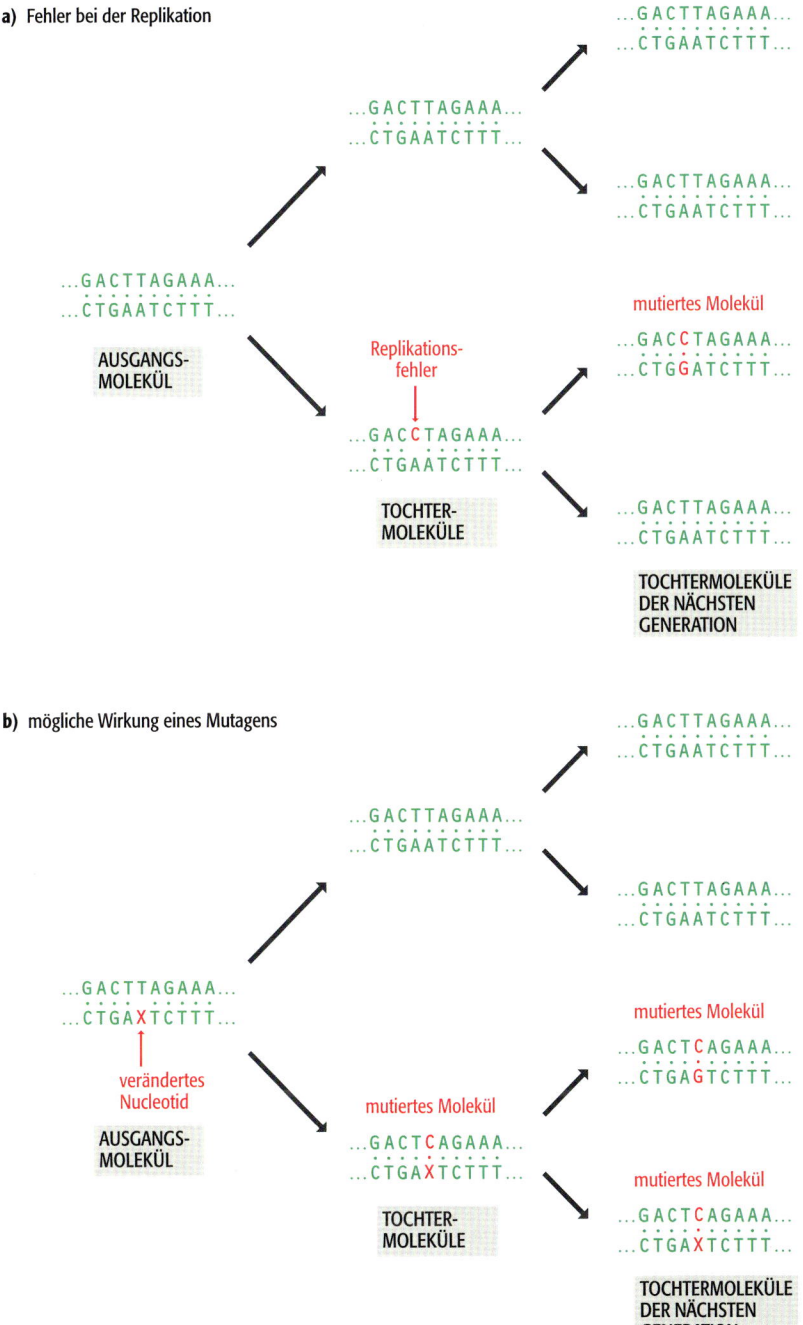

**a)** Fehler bei der Replikation

**b)** mögliche Wirkung eines Mutagens

**16.2    Beispiele für Mutationen.** a) Ein Fehler bei der Replikation führt in einer der Tochterdoppelhelices zu einer Fehlpaarung, in diesem Fall zu einer T→C-Umwandlung, da eines der A-Nucleotide in der Matrizen-DNA falsch kopiert wurde. Wenn das fehlgepaarte Nucleotid selbst repliziert wird, entsteht dadurch eine Doppelhelix mit der richtigen Sequenz und eine Doppelhelix mit der mutierten Sequenz. b) Ein Mutagen hat die Struktur eines A-Nucleotids im unteren Strang der Ausgangs-DNA verändert, sodass daraus ein Nucleotid X wurde, das mit T im anderen Strang kein Basenpaar bilden kann. Das Ergebnis ist also eine Fehlpaarung. Wenn die DNA repliziert wird, bildet X ein Basenpaar mit C, was zu einem mutierten Tochtermolekül führt. Wenn dieses Tochtermolekül repliziert wird, erben beide Stränge der nächsten Generation diese Mutation.

# Methoden 16.1    Nachweis von Mutationen

*Schnelle Verfahren für den Nachweis von Mutationen in DNA-Molekülen*

Viele genetisch bedingte Krankheiten gehen auf Punktmutationen zurück, die eine Veränderung oder Inaktivierung des Genprodukts hervorrufen. Methoden zum Nachweis dieser Mutationen sind in zwei Zusammenhängen von Bedeutung. Erstens, wenn das für die Erkrankung verantwortliche Gen das erste Mal identifiziert werden soll, ist es notwendig, viele Varianten des Gens von verschiedenen Personen zu untersuchen, um die Mutation oder die Mutationen festzustellen, die den Zustand der Erkrankung hervorrufen. Zweitens, wenn eine krankheitsverursachende Mutation charakterisiert wurde, sind Nachweismethoden mit hohem Durchsatz erforderlich. So kann man in den Kliniken viele Proben testen, um die Personen zu erkennen, die die Mutation tragen und unter dem Risiko stehen, die Krankheit zu entwickeln oder an ihre Kinder zu vererben.

Durch DNA-Sequenzierung lässt sich jede Mutation erkennen, aber dieses Verfahren ist relativ langsam und wäre für die Untersuchung einer großen Anzahl von Proben ungeeignet. Man könnte auch die DNA-Chip-Technik anwenden (Methoden 3.1), nur steht diese Möglichkeit nicht allgemein zur Verfügung. Aus diesem Grund wurden eine Reihe von Methoden entwickelt, die keinen großen technischen Aufwand erfordern. Diese lassen sich in zwei Gruppen einteilen: das **Mutations-Scanning** – hier sind keine vorherigen Informationen über die Position der Mutation notwendig – und das **Mutations-Screening**, bei dem man feststellt, ob eine bestimmte Mutation vorhanden ist.

Die meisten Scanning-Verfahren beruhen auf der Analyse von Heteroduplex-DNA, die aus einem Einzelstrang der untersuchten DNA und dem komplementären Strang einer Kontroll-DNA mit der nichtmutierten Sequenz gebildet wird (Abb. M16.1.1). Wenn die Test-DNA die Mutation enthält, entsteht dort, wo sich ein Basenpaar nicht gebildet hat, eine einzige fehlgepaarte Position in der Heteroduplex-DNA. Um festzustellen, ob diese Fehlpaarungsstelle vorhanden ist oder nicht, gibt es verschiedene Methoden:

● Mithilfe einer **Elektrophorese** im Polyacrylamidgel oder einer **Hochleistungsflüssigkeitschromatographie** (**HPLC**) lässt sich aufgrund der unterschiedlichen Mobilität der fehlgepaar-

ten und der vollständig gepaarten Doppelstrang-DNA die Fehlpaarung erkennen. Dieses Verfahren zeigt an, ob eine Fehlpaarung vorhanden ist, liefert aber keine Informationen darüber, wo sich die Mutation befindet.

● Durch die **Spaltung** des Heteroduplexstranges an der Fehlpaarungsstelle und einer anschließenden Gelelektrophorese kann man die Position dieser Fehlpaarung bestimmen. Wenn die Heteroduplex-DNA intakt bleibt, liegt keine Fehlpaarung vor. Wenn die DNA gespalten wird, enthält sie eine Fehlpaarung, die der Position der Mutation in der Test-DNA entspricht. Diese Position ist an der Größe der entstandenen Fragmente abzulesen. Die Spaltung wird entweder mithilfe von Enzymen oder Chemikalien durchgeführt, die einzelsträngige Bereiche in vorherrschend doppelsträngiger DNA schneiden, oder mithilfe einer einzelstrangspezifischen Ribonuclease wie S1 (Abb. 5.14), wenn das Hybrid aus der Kontroll-DNA und der RNA-Form der Test-DNA besteht.

Die meisten Screening-Methoden für den Nachweis von spezifischen Mutationen beruhen auf einer Hybridisierung mit Oligonucleotiden. Dabei kann man zwischen Ziel-DNAs differenzieren, die sich nur um ein einziges Nucleotid unterscheiden (Abb. 3.8b). Bei der **allelspezifischen Oligonucleotid-(ASO-)Hybridisierung** werden die DNA-Proben mit einer Oligonucleotidsonde getestet, die nur mit der mutierten Sequenz hybridisiert (Abb. M16.1.2). Dies ist ein effizientes Verfahren, aber es ist unnötigerweise langwierig. Die DNA-Proben erhält man normalerweise mithilfe einer PCR aus klinischen Proben, sodass es schneller und einfacher ist, das diagnostische Oligonucleotid als einen der PCR-Primer einzusetzen. Das Vorhandensein oder Nichtvorhandensein der Mutation in der Test-DNA wird dann dadurch angezeigt, dass eine Synthese des PCR-Produkts stattfindet beziehungsweise nicht stattfindet.

**M16.1.2    Allelspezifische Oligonucleotid-(ASO-)Hybridisierung.**

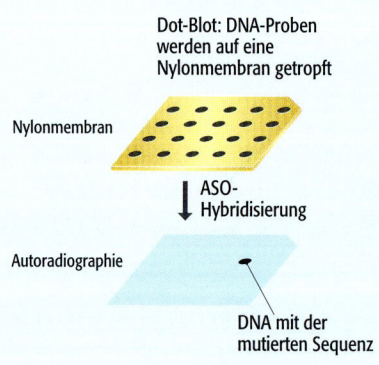

**M16.1.1    Die Hybridisierung zwischen komplementären DNA-Strängen, von denen einer eine Mutation enthält, führt zu einem doppelsträngigen Molekül mit einer Fehlpaarung.**

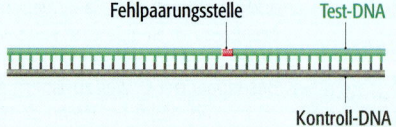

## Fehler während der Replikation sind eine Ursache für Punktmutationen

Betrachtet man die komplementäre Basenpaarung ausschließlich als chemische Reaktion, ist sie nicht besonders genau. Niemand hat bis jetzt eine Methode entwickelt, durch die sich die matrizenabhängige DNA-Synthese ohne die Mitwirkung von Enzymen durchführen ließe, aber wenn dieser Vorgang im Teströhrchen allein als chemische Reaktion möglich wäre, würde das entstehende Polynucleotid wahrscheinlich fünf bis zehn Punktmutationen pro 100 Nucleotide aufweisen, mithin eine Fehlerrate von 5–10 %. Dies wäre für die Genomreplikation vollkommen inakzeptabel. Die matrizenabhängigen DNA-Polymerasen, die die Replikation durchführen, müssen also die Genauigkeit der Reaktion um mehrere Größenordnungen erhöhen. Diese Verbesserung wird auf zwei Weisen erreicht:

● Eine DNA-Polymerase führt eine Nucleotidselektion durch, die die Genauigkeit der matrizenabhängigen DNA-Synthese beträchtlich erhöht (Abb. 16.3a). Dieser Selektionsvorgang wirkt wahrscheinlich in drei verschiedenen Phasen während der Polymerisierungsreaktion. Der erste Selektionsschritt gegen ein falsches Nucleotid erfolgt, wenn es zuerst an die DNA-Polymerase bindet, der zweite bei der Verschiebung des Nucleotids in das aktive Zentrum und der dritte bei der Bindung an das 3′-Ende des Polynucleotids, das gerade synthetisiert wird.

● Die Genauigkeit der DNA-Synthese wird noch erhöht, wenn die DNA-Polymerase eine 3′→5′-Exonucleaseaktivität besitzt und damit ein falsches Nucleotid entfernen kann, das dem Nucleotidselektionsprozess entgangen ist und an das 3′-Ende des neuen Polynucleotids gehängt wurde (Abb. 2.7b). Diesen Vorgang bezeichnet man als **Korrekturlesen** (Abschnitt 15.2.2). Die Bezeichnung ist jedoch missverständlich, da der Prozess kein einfacher Kontrollmechanismus ist. Stattdessen sollte man jeden Schritt bei der Synthese eines Polynucleotids als Konkurrenzreaktion zwischen der Polymerase- und der Exonucleasefunktion des Enzyms betrachten. Dabei gewinnt normalerweise die Polymerase, da sie aktiver ist als die Exonuclease, zumindest wenn das 3′-endständige Nucleotid mit der Matrize ein Basenpaar bildet. Die Polymeraseaktivität ist jedoch weniger effizient, wenn das endständige Nucleotid kein Basenpaar bildet. Die so entstehende Pause ermöglicht es der Exonuclease, die Oberhand zu gewinnen, sodass das falsche Nucleotid entfernt wird (Abb. 16.3b).

*Escherichia coli* kann DNA mit einer Fehlerrate von nur 1 pro $10^7$ angehängten Nucleotiden synthetisieren. Interessanterweise sind diese Fehler in den zwei Tochtermolekülen nicht gleichmäßig verteilt, sondern das Produkt des Folgestranges zeigt in der Tendenz 20-mal so viele Fehler wie die Replikation des Leitstranges. Diese Asymmetrie kann darauf hindeuten, dass die DNA-Polymerase I, die nur bei der Replikation des Folgestranges mitwirkt (Abschnitt 15.2.2), eine weniger effektive Basenselektion und Korrekturlesefunktion aufweist als die DNA-Polymerase III, das Hauptenzym der Replikation.

Nicht alle bei der DNA-Synthese auftretenden Fehler sind den Polymerasen zuzuschreiben: Manchmal kommt es auch zu einem Fehler, selbst wenn das Enzym das „richtige" Nucleotid anhängt, also das Nucleotid, das mit der Matrize ein Basenpaar bildet. Das liegt daran, dass jedes Nucleotid in einer von zwei verschiedenen **tautomeren Formen** vorliegen kann, wobei diese beiden Strukturisomere in einem dynamischen Gleichgewicht stehen. So gibt es beispielsweise von Thymin zwei Tautomere: die *Keto-* und die *Enol-*Form. Dabei gehen die einzelnen Moleküle gelegentlich ineinander über, das heißt sie wechseln

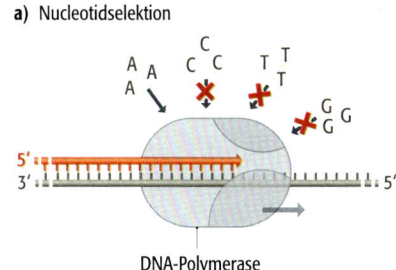

**a)** Nucleotidselektion

DNA-Polymerase

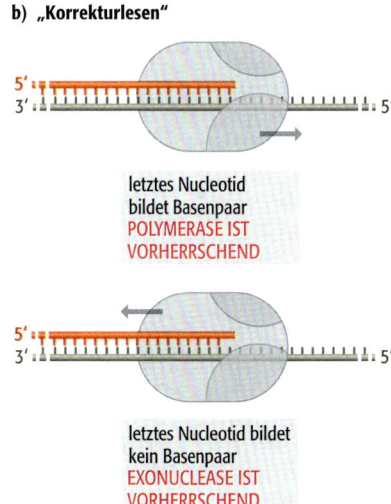

**b)** „Korrekturlesen"

letztes Nucleotid bildet Basenpaar
POLYMERASE IST VORHERRSCHEND

letztes Nucleotid bildet kein Basenpaar
EXONUCLEASE IST VORHERRSCHEND

**16.3 Mechanismen, die die Genauigkeit der DNA-Replikation sicherstellen sollen.** a) Die DNA-Polymerase selektiert an jeder Position aktiv das richtige Nucleotid, um es anzufügen. Die dabei entstehenden Fehler können durch „Korrekturlesen" korrigiert werden, wenn die Polymerase eine 3′→5′-Exonucleaseaktivität besitzt. Wenn das zuletzt angefügte Nucleotid mit der Matrize ein Basenpaar bildet, ist die Polymeraseaktivität vorherrschend, bildet das letzte Nucleotid jedoch kein Basenpaar, kommt die Exonuclease zum Zug.

**16.4  Die Auswirkungen der Tautomerie auf die Basenpaarung.** In jedem der drei Beispiele besitzen die beiden tautomeren Formen unterschiedliche Paarungseigenschaften. Von Cytosin gibt es ebenfalls ein *Amino-* und ein *Imino-*Tautomer, die aber beide mit Guanin ein Basenpaar bilden können.

von der einen tautomeren Form in die andere. Das Gleichgewicht ist sehr stark in Richtung *Keto-*Form verschoben, aber von Zeit zu Zeit tritt die *Enol-*Variante genau dann in der Matrizen-DNA auf, wenn gerade die Replikationsgabel die Stelle passiert. Das führt dann zu einem „Fehler", da das *Enol-*Thymin eher mit G als mit A ein Basenpaar bildet (Abb. 16.4). Dasselbe Problem kann bei Adenin auftreten, dessen seltenes *Imino-*Tautomer bevorzugt mit C ein Basenpaar bildet, und *Enol-*Guanin formt ein Basenpaar mit Thymin. Nach der Replikation wandelt sich das seltene Tautomer zwangsläufig wieder in die häufigere Form um, was bei der Tochterdoppelhelix zu einer Fehlpaarung führt.

Wie bereits erwähnt, beträgt die Fehlerrate bei der DNA-Synthese von *E. coli* 1 pro $10^7$. Die gesamte Fehlerrate der Replikation des *E. coli*-Chromosoms liegt jedoch bei nur 1 zu $10^{10}$ bis 1 zu $10^{11}$. Diese Verbesserung im Vergleich zur Fehlerrate der Polymerase ist auf ein Fehlpaarungs-(Mismatch-)Reparatursystem zurückzuführen (Abschnitt 16.2.3). Es sucht die neu synthetisierte DNA nach Positionen ab, an denen sich ungepaarte Basen befinden, und korrigiert die wenigen Fehler, die das Replikationsenzym gemacht hat. Das bedeutet, dass durchschnittlich nur etwa alle 2 000 Mal, wenn das Genom von *E coli* kopiert wird, ein unkorrigierter Replikationsfehler auftritt.

### Replikationsfehler können auch Insertions- und Deletionsmutanten hervorbringen

Nicht alle Fehler der Replikation sind Punktmutationen. Eine fehlerhafte Replikation kann auch dazu führen, dass eine geringe Anzahl von zusätzlichen Nucleotiden in das neu synthetisierte Polynucleotid eingefügt wird, oder es werden einige Nucleotide der Matrize nicht kopiert. Eine Insertion oder Deletion in einem codierenden Bereich kann zu einer **Rasterverschiebung** führen. Dadurch verändert sich das Leseraster für die Translation des Proteins, das von diesem Gen translatiert wird (Abb. 16.12). Es gibt die Tendenz, den Begriff „Rasterverschiebung" für alle Insertionen und Deletionen zu verwenden. Das ist jedoch unangebracht, da das Einfügen oder Entfernen von drei Nucleotiden oder einem Vielfachen davon einfach nur Codons oder Teile von nebeneinander liegenden Codons entfernt, ohne dass das Leseraster betroffen ist. Auch treten viele Insertionen/Deletionen außerhalb offener Leseraster auf, etwa in den Regionen zwischen den Genen in einem Genom.

Insertions- und Deletionsmutationen können alle Teile eines Genoms betreffen, sie treten aber bevorzugt dort auf, wo die Matrizen-DNA kurze Sequenzwiederholungen enthält, wie etwa in den Mikrosatelliten-DNAs (Abschnitt 3.2.2). Das liegt daran, dass Sequenzwiederholungen ein **Verrutschen bei der Replikation** (*replication slippage*) verursachen können. Dabei verschieben sich der Matrizenstrang und der kopierte Strang relativ zueinander, sodass ein Abschnitt der Matrize entweder zweimal kopiert oder ausgelassen wird. Das führt dazu, dass das neue Polynucleotid eine größere beziehungsweise kleinere Anzahl an Wiederholungseinheiten enthält (Abb. 16.5). Das ist der wichtigste Grund, warum Mikrosatellitensequenzen so variabel sind, da durch ein Verrutschen bei der Replikation immer wieder einmal eine neue Längenvariante entsteht, welche die Vielfalt von Allelen erweitert, die es bereits in der Population gibt.

Das Verrutschen bei der Replikation ist möglicherweise auch für **Erkrankungen aufgrund der Expansion von Trinucleotidwiederholungen** verantwortlich, die in den letzten Jahren beim Menschen entdeckt wurden. Jede dieser neurodegenerativen Krankheiten wird dadurch verursacht, dass eine relativ

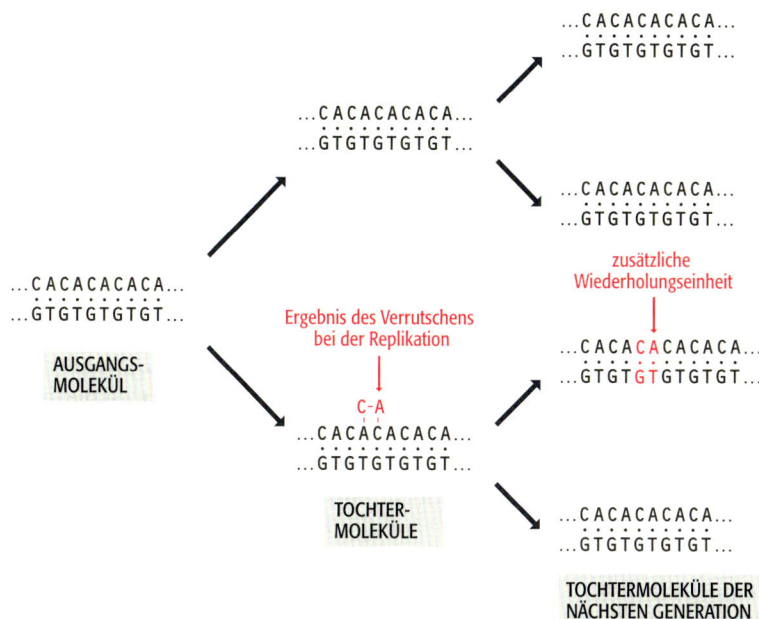

**16.5 Verrutschen bei der Replikation.** Dargestellt ist die Replikation einer Mikrosatellitensequenz mit fünf CA-Wiederholungseinheiten. Bei der Replikation der Ausgangs-DNA kam es zu einem Verrutschen, sodass bei einem der Tochtermoleküle in das neu synthetisierte Polynucleotid eine zusätzliche Wiederholungseinheit eingefügt wurde. Wenn dieses Tochtermolekül repliziert wird, entsteht in der nächsten Generation ein Molekül, dessen Mikrosatellitensequenz gegenüber der ursprünglichen DNA um eine Einheit verlängert wurde.

kurze Folge von Trinucleotiden auf das Doppelte oder Vielfache des ursprünglichen Umfangs verlängert wird. So enthält beispielsweise das *HD*-Gen des Menschen die Sequenz 5′-CAG-3′ tandemartig angeordnet in 6–35facher Wiederholung, die eine Folge von Glutaminen im Proteinprodukt codiert. Bei der Chorea Huntington dehnt sich diese Sequenz auf eine Kopienzahl von 36 bis 121 aus. Dadurch verlängert sich der Polyglutaminabschnitt und es entsteht ein nichtfunktionsfähiges Protein. Einige andere Krankheiten des Menschen werden ebenfalls durch die Expansion von Polyglutamincodons verursacht (Tab. 16.1). Einige Krankheiten, die mit einer geistigen Behinderung einher-

**Tabelle 16.1**    Beispiele für die Ausdehnung von Trinucleotidwiederholungen beim Menschen

| Locus | Sequenzwiederholung normal | mutiert | zugehörige Krankheit |
|---|---|---|---|
| **Polyglutaminausdehnungen (alle in codierenden Genregionen)** | | | |
| *HD* | $(CAG)_{6-35}$ | $(CAG)_{36-121}$ | Chorea Huntington |
| *AR* | $(CAG)_{9-36}$ | $(CAG)_{38-62}$ | spinale und bulbäre Muskelatrophie |
| *DRPLA* | $(CAG)_{6-35}$ | $(CAG)_{49-88}$ | dentatorubro-pallidolysische Atrophie |
| *SCA1* | $(CAG)_{6-39}$ | $(CAG)_{39-82}$ | spinozerebellare Ataxie Typ I |
| *SCA3* | $(CAG)_{12-40}$ | $(CAG)_{55-84}$ | Machado-Joseph-Krankheit |
| **Ausdehnungen von fragilen Stellen (beide in nichttranslatierten Leader-Regionen von Genen)** | | | |
| *FRM1* | $(CGG)_{6-53}$ | $(CGG)_{60-über\,230}$ | Fragiles-X-Syndrom |
| *FRM2* | $(GCC)_{6-35}$ | $(GCC)_{61-über\,200}$ | *Fragile XE mental retardation* |
| **andere Ausdehnungen (Positionen werden unten beschrieben)** | | | |
| *DMPK* | $(CTG)_{5-37}$ | $(CTG)_{50-3\,000}$ | myotonische Dystrophie |
| *X25* | $(GAA)_{7-34}$ | $(GAA)_{34-über\,200}$ | Friedreich-Ataxie |

Die *DMPK*- und *X25*-Ausdehnungen treten in Trailer- beziehungsweise Intronbereichen auf und beeinflussen vermutlich die RNA-Prozessierung. Es gibt auch einige wenige krankheitsverursachende Mutationen, bei denen sich längere Sequenzen ausdehnen, beispielsweise bei der progressiven Myoklonusepilepsie, die durch eine Ausdehnung der Sequenz $(CCCCGCCCCGCG)_{2-3}$ auf $(CCCCGCCCCGCG)_{über\,12}$ in der Promotorregion des *EPM1*-Locus verursacht wird.

gehen, entstehen durch eine Trinucleotidexpansion in der Leader-Region eines Gens. Dort bildet sich dann eine **fragile Stelle**, das heißt eine Position, an der das Chromosom mit einer gewissen Wahrscheinlichkeit auseinander bricht. Es gibt auch Sequenzexpansionen in Introns und Trailer-Regionen.

Wie eine Triplettausdehnung im Einzelnen entsteht, ist nicht bekannt. Die Insertion ist viel länger, als bei einem normalen Verrutschen während der Replikation zu erwarten wäre, wie man sie bei Mikrosatellitensequenzen beobachten kann. Sobald die Expansion ein gewisses Maß überschritten hat, wird sie für weitere Verlängerungen in den nächsten Replikationsrunden anfälliger. Dadurch wirkt sich die Krankheit in den Folgegenerationen immer gravierender aus. Aufgrund der Tatsache, dass nur von einer begrenzten Anzahl von Trinucleotidsequenzen überhaupt solche Expansionen bekannt sind und alle diese Sequenzen GC-reich sind, sodass sie stabile Sekundärstrukturen bilden können, liegt es nahe, dass es bei einer Sequenzexpansion zur Bildung von Haarnadelschleifen in der DNA kommt. Es gibt auch Hinweise darauf, dass mindestens eine Triplettexpansionsregion (bei der Friedreich-Ataxie) eine Dreifachhelixstruktur bilden kann. Untersuchungen von Triplettexpansionen bei der Hefe haben gezeigt, dass diese viel stärker in Erscheinung treten, wenn das *RAD27*-Gen inaktiviert ist. Das ist ein interessanter Befund, da das *RAD27*-Gen der Hefe dem Gen der Säuger für FEN1 entspricht. Dieses Protein wirkt bei der Prozessierung der Okazaki-Fragmente mit (Abschnitt 15.2.2). Das könnte darauf hindeuten, dass eine Expansion von Trinucleotidwiederholungen durch eine fehlerhafte Replikation des Folgestranges verursacht wird.

### Mutationen werden auch durch chemische und physikalische Mutagene verursacht

Viele natürlich vorkommende chemische Verbindungen besitzen mutagene Eigenschaften, und in den letzten Jahren sind aufgrund der industriellen Aktivitäten des Menschen weitere chemische Mutagene hinzugekommen. Physikalische Faktoren wie Strahlung sind ebenfalls mutagen. Die meisten Lebewesen sind mehr oder weniger großen Mengen dieser verschiedenen Mutagene ausgesetzt und ihre Genome erleiden dadurch Schäden.

Ein „Mutagen" ist laut Definition *ein chemisches oder physikalisches Agens, das Mutationen verursacht*. Diese Definition ist wichtig, da sie die Mutagene von anderen Arten von Umgebungsfaktoren unterscheidet, die Zellen auf andere Weise als durch Mutationen schädigen (Tab. 16.2). Zwischen beiden Gruppen gibt es Überschneidungen (so wirken beispielsweise einige Mutagene auch karzinogen), aber jeder einzelne Typ von Faktoren hat seine eigenen biologischen Effekte. Die Definition für „Mutagene" unterscheidet auch zwischen wirklichen Mutagenen und anderen Faktoren, die DNA schädigen, ohne Mutationen zu

| Tabelle 16.2 | Einteilung von Umgebungsfaktoren, die lebende Zellen schädigen |
|---|---|
| **Faktor** | **Wirkung auf lebende Zellen** |
| Karzinogen | verursacht Krebs – neoplastische Transformation von eukaryotischen Zellen |
| Klastogen | verursacht eine Fragmentierung der Chromosomen |
| Mutagen | verursacht Mutationen |
| Onkogen | induziert die Bildung von Tumoren |
| Teratogen | führt zu Entwicklungsstörungen |

verursachen, etwa durch Brüche in den DNA-Molekülen. Schäden dieser Art können die Replikation blockieren und zum Tod der Zelle führen, aber es handelt sich nicht um eine Mutation im eng gefassten Sinn des Begriffs, sodass die verursachenden Faktoren keine Mutagene sind.

Mutagene verursachen Mutationen auf drei Weisen:

- Einige wirken als **Basenanaloga** und werden fälschlicherweise als Substrate für die Synthese von neuer DNA an der Replikationsgabel verwendet.

- Einige reagieren direkt mit der DNA und verursachen Strukturveränderungen, die zu einer fehlerhaften Kopie des Matrizenstranges führen, wenn die DNA repliziert wird.

- Einige Mutagene wirken indirekt auf die DNA. Sie selbst beeinflussen die DNA-Struktur nicht, sondern sie bringen die Zelle dazu, chemische Verbindungen wie Peroxide zu produzieren, die dann direkte mutagene Auswirkungen haben.

Das Spektrum an Mutagenen ist so riesig, dass es schwierig ist, sie vollständig zu systematisieren. Wir werden deshalb unsere Untersuchungen auf die häufigsten Typen beschränken. Es gibt folgende chemische Mutagene:

- **Basenanaloga** sind Purin- und Pyrimidinbasen, die den normalen Basen ausreichend ähnlich sind, um in Nucleotide eingebaut zu werden, die die Zelle synthetisiert. Die entstehenden ungewöhnlichen Nucleotide können bei der DNA-Synthese während der Genomreplikation als Substrate dienen. So hat beispielsweise **5-Bromuracil** (**5-bU**; Abb. 16.6a) dieselben Basenpaarungseigenschaften wie Thymin. Nucleotide, die diese Base enthalten, können im Tochterpolynucleotid gegenüber von Adenosinen in der Matrize eingebaut werden. Der mutagene Effekt entsteht durch das Gleichgewicht zwischen den beiden Tautomeren von 5-bU, das mehr als bei Thymin auf die Seite der selteneren *Enol*-Form verschoben ist. Dadurch ist während der nächsten Replikationsrunde die Wahrscheinlichkeit relativ hoch, dass die Polymerase auf *Enol*-5-bU trifft, das (wie *Enol*-Thymin) eher mit G als mit A ein Basenpaar bildet (Abb. 16.6b). Das führt zu einer Punktmutation (Abb. 16.6c). **2-Aminopurin** wirkt ähnlich: Es ist ein Analogon von Adenin mit einem *Amino*-Tautomer, das mit Thymin paart, und einem *Imino*-Tautomer, das mit Cytosin paart. Hier ist die *Imino*-Form häufiger als *Imino*-Adenin, sodass es bei der DNA-Replikation zu T→C-Transitionen kommt.

- **Desaminierende Agenzien** verursachen ebenfalls Punktmutationen. In den DNA-Molekülen eines Genoms kommt es spontan zur Desaminierung (dem Entfernen einer Aminogruppe) von den Basen. Die Rate wird durch chemische Verbindungen erhöht, beispielsweise durch salpetrige Säure, die Adenin, Cytosin und Guanin desaminiert (Thymin hat keine Aminogruppe), oder Natriumbisulfit, das nur auf Cytosin wirkt. Die Desaminierung von Guanin ist nicht mutagen, weil die entstehende Base Xanthin die Replikation blockiert, wenn es in einem Nucleotid der Matrize vorkommt. Die Desaminierung von Adenin führt zu Hypoxanthin (Abb. 16.7), das eher mit C als mit T ein Basenpaar bildet, und die Desaminierung von Cytosin ergibt Uracil, das mit A und nicht mit G paart. Die Desaminierung dieser beiden Basen führt deshalb zu Punktmutationen, wenn der Matrizenstrang kopiert wird.

- **Alkylierende Agenzien** sind die dritte Gruppe von Mutagenen, die Punktmutationen hervorrufen können. Chemische Verbindungen wie **Ethylmethansulfonat** (**EMS**) und Dimethylnitrosamin hängen Alkylgruppen an Nucleotide in DNA-Molekülen. Ähnliches gilt für methylierende Agenzien,

**a)** 5-Bromuracil

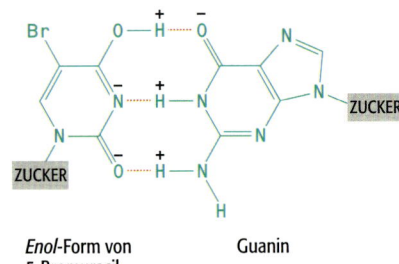

**b)** Basenpaarung mit 5-Bromuracil

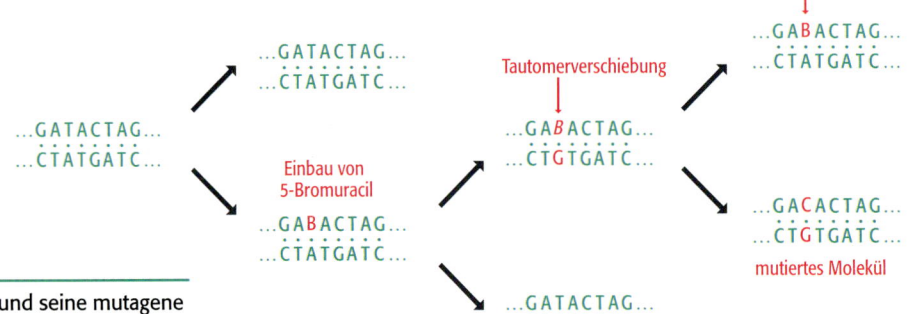

Keto-Form von 5-Bromuracil    Adenin

Enol-Form von 5-Bromuracil    Guanin

**c)** die mutagene Wirkung von 5-Bromuracil

```
                                    zurück zum Keto-Tautomer
                                              ↑
                        ...GATACTAG...    ...GABACTAG...
                        ...CTATGATC...    ...CTATGATC...
                       ↗                 ↗
                            Tautomerverschiebung
...GATACTAG...                    ↓
...CTATGATC...     Einbau von    ...GABACTAG...
               ↗   5-Bromuracil  ...CTGTGATC...
                                ↗                ↘
                   ...GABACTAG...    ...GACACTAG...
               ↘   ...CTATGATC...    ...CTGTGATC...
                                           mutiertes Molekül
                        ...GATACTAG...
                        ...CTATGATC...
```

16.6   5-Bromuracil und seine mutagene Wirkung.

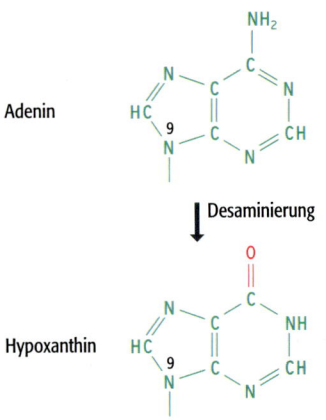

16.7   **Hypoxanthin ist eine desaminierte Form von Adenin.** Das Nucleosid, das Hypoxanthin enthält, bezeichnet man als Inosin (Abb. 12.18).

etwa die Methylhalide, die in der Atmosphäre vorkommen, und die Produkte des Nitritstoffwechsels. Die Auswirkung der Alkylierung hängt von der Position ab, an der das Nucleotid modifiziert wird, und von der Art der angehängten Alkylgruppe. Methylierungen führen beispielsweise zu modifizierten Nucleotiden, die veränderte Eigenschaften bei der Basenpaarbildung besitzen, sodass es zu Punktmutationen kommt. Andere Alkylierungen blockieren die Replikation, indem sie zwischen den beiden Strängen eines DNA-Moleküls Quervernetzungen hervorrufen, oder durch das Anhängen von großen Alkylgruppen das Voranschreiten des Replikationskomplexes verhindern.

- **Interkalierende Agenzien** führen im Allgemeinen zu Insertionsmutationen. Das bekannteste Mutagen dieser Art ist **Ethidiumbromid**, das unter ultraviolettem Licht fluoresziert und benutzt wird, um die Positionen von DNA-Banden nach einer Gelelektrophorese sichtbar zu machen (Methoden 2.2). Ethidiumbromid und andere interkalierende Agenzien sind flache Moleküle, die sich zwischen die Basenpaare einer Doppelhelix schieben können, diese etwas entwinden und so den Abstand zwischen benachbarten Basenpaaren vergrößern (Abb. 16.8).

Im Folgenden sind die wichtigsten Arten von physikalischen Mutagenen aufgeführt:

- Ultraviolette Strahlung mit der Wellenlänge 260 nm induziert die Dimerisierung von benachbarten Pyrimidinbasen, vor allem dann, wenn es sich um zwei Thymine handelt (Abb. 16.9a). Dadurch bildet sich ein **Cyclobutyldimer**. Andere Pyrimidinkombinationen bilden ebenfalls Dimere, wobei deren Häufigkeit in der Reihenfolge 5′-CT-3′, 5′-TC-3′ und 5′-CC-3′ abnimmt. Purindimere treten viel seltener auf. Die UV-induzierte Dimerisierung führt im Allgemeinen zu einer Deletionsmutation, wenn der modifizierte Strang kopiert wird. Ein anderes durch UV-Licht induziertes **Photoprodukt** ist die **(6–4)-Läsion**, bei der die Kohlenstoffatome 4 und 6 von benachbarten Pyrimidinen kovalent verknüpft werden (Abb. 16.9b).

- Ionisierende Strahlen wirken sich auf DNA unterschiedlich aus, was von der Art und Intensität der Strahlung abhängt. Es kann zu Punkt-, Insertions- und/oder Deletionsmutationen kommen, aber auch zu gravierenden DNA-Schäden, die eine spätere Replikation des Genoms verhindern. Einige Arten von ionisierenden Strahlen wirken direkt auf die DNA, andere indirekt, indem sie die Bildung von reaktiven Molekülen, wie etwa von Peroxiden, anregen.

- Hitze stimuliert die wasserabhängige Spaltung der $\beta$-$N$-glykosidischen Bindung, die die Base mit der Zuckerkomponente des Nucleotids verknüpft (Abb. 16.10a). Das geschieht häufiger mit Purinen als mit Pyrimidinen und erzeugt eine **AP-** (**apurinische/apyrimidinische**) oder eine **basenlose Stelle**. Das übrigbleibende Zuckerphosphat ist instabil und wird schnell abgebaut, sodass eine Lücke entsteht, wenn die DNA doppelsträngig ist (Abb. 16.10b). Diese Reaktion ist normalerweise nicht mutagen, da die Zellen über wirksame Systeme für die Reparatur von Lücken verfügen (Abschnitt 16.2.2). Das ist insofern beruhigend, wenn man bedenkt, dass in einer menschlichen Zelle pro Tag 10 000 AP-Stellen entstehen. Lücken können dennoch unter bestimmten Bedingungen zu Mutationen führen. Wird beispielsweise bei *E. coli* die SOS-Antwort ausgelöst, dann werden die Lücken unabhängig vom Nucleotid im Gegenstrang mit Adenosinen aufgefüllt (Abschnitt 16.2.5).

**a)** Ethidiumbromid

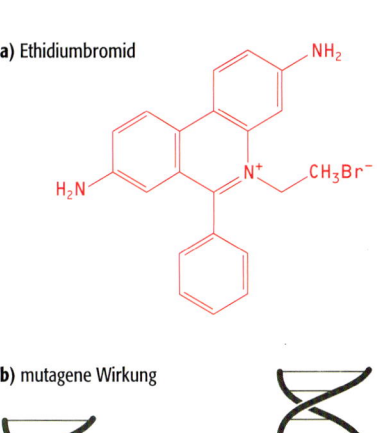

**b)** mutagene Wirkung

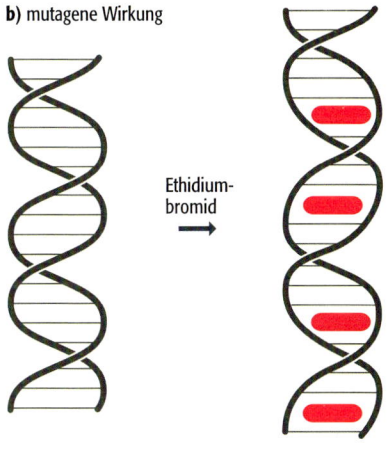

Ethidium-
bromid

**16.8 Die mutagene Wirkung von Ethidiumbromid.** a) Ethidiumbromid ist ein flaches, tellerförmiges Molekül, das sich zwischen die Basenpaare einer Doppelhelix schieben kann. b) In die Helix interkalierte Ethidiumbromidmoleküle (Seitenansicht). Durch die Interkalierung vergrößert sich der Abstand zwischen benachbarten Basenpaaren.

## 16.1.2 Die Auswirkungen von Mutationen

Wenn wir uns mit den Auswirkungen von Mutationen beschäftigen, müssen wir zwischen dem *direkten* Effekt, den eine Mutation auf die Funktionsfähigkeit eines Genoms hat, und dem *indirekten* Effekt auf den Phänotyp des Organismus, in dem die Mutation auftritt, unterscheiden. Der direkte Effekt ist relativ einfach zugänglich, da wir unsere Kenntnisse von der Genstruktur und Expression nutzen können, um vorherzusagen, wie sich die Mutation auf die Funktion des Genoms auswirkt. Die indirekten Wirkungen sind komplexer, da sie den Phänotyp des mutierten Organismus betreffen, der oftmals nur schwierig mit den Aktivitäten der einzelnen Gene in Zusammenhang zu bringen ist.

### Die Auswirkungen von Mutationen auf Genome

Viele Mutationen führen zu Veränderungen der Nucleotidsequenz, die keine Auswirkungen auf das Funktionieren des Genoms haben. Zu diesen **stillen Mutationen** gehören praktisch alle Mutationen, die in DNA-Abschnitten zwischen den Genen und in nichtcodierenden Bereichen von Genen und genbezogenen Sequenzen erfolgen. Anders ausgedrückt können in 98,5 Prozent des

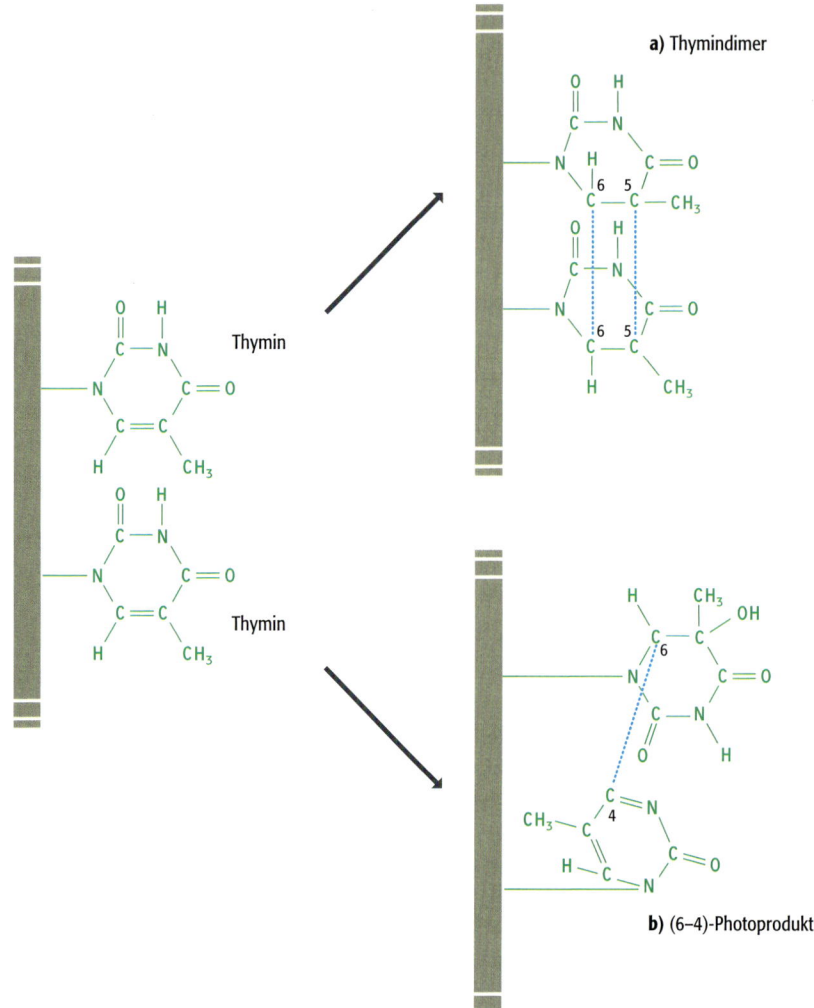

16.9 **Photoprodukte, die durch UV-Strahlung entstehen.** Dargestellt ist ein Abschnitt eines Polynucleotids mit zwei benachbarten Thyminbasen. a) Ein Thymindimer enthält zwei UV-induzierte kovalente Bindungen, von denen die eine die Kohlenstoffatome an der Position 6 und die andere die Kohlenstoffatome an der Position 5 verknüpft. b) Bei der (6–4)-Läsion kommt es zur Bildung einer kovalenten Bindung zwischen den Kohlenstoffatomen 4 und 6 der benachbarten Nucleotide.

menschlichen Genoms Mutationen auftreten, ohne dass sie eine erkennbare Wirkung zeigen.

Mutationen in den codierenden Bereichen von Genen besitzen eine wesentlich größere Bedeutung. Zuerst wollen wird die Punktmutationen betrachten, die die Sequenz eines Triplettcodons verändern. Eine Mutation dieser Art kann eine von vier Auswirkungen haben (Abb. 16.11):

- Es kann zu einer **synonymen** Veränderung kommen. Das neue Codon steht für die gleiche Aminosäure wie das nichtmutierte Codon. Eine synonyme Veränderung ist demnach eine stille Mutation, da sie keinen Effekt auf die Codierungsfunktion des Genoms hat: Das mutierte Gen codiert genau das gleiche Protein wie das nichtmutierte Gen.

- Es kann zu einer **nichtsynonymen** Veränderung kommen, bei der die Mutation das Codon so verändert, dass es für eine andere Aminosäure steht. Das Protein, das das mutierte Gen codiert, enthält deshalb eine einzige veränderte Aminosäure. Das hat häufig keine signifikante Wirkung auf die biolo-

**a)** durch Hitze induzierte Hydrolyse einer *β-N*-glykosidischen Bindung

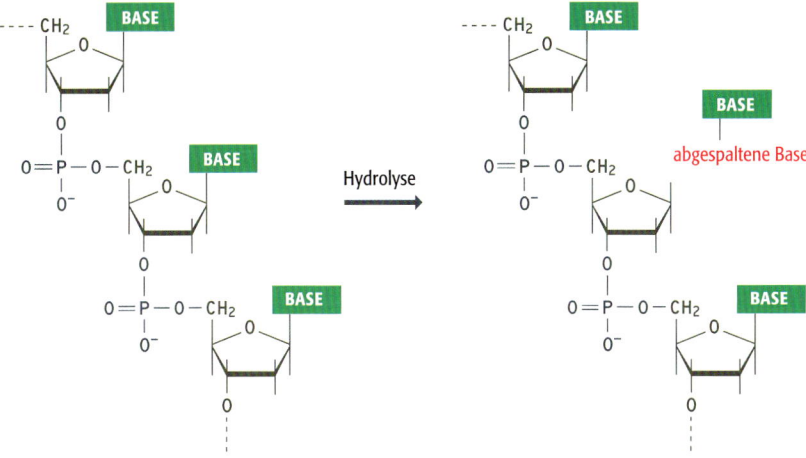

**b)** Auswirkung der Hydrolyse auf doppelsträngige DNA

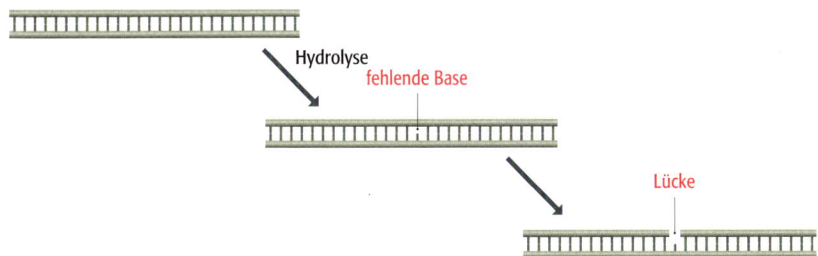

**16.10   Die mutagene Wirkung von Hitze.**
a) Hitze induziert die Hydrolyse einer *β-N*-glykosidischen Bindung, sodass im Polynucleotid eine basenlose Stelle entsteht.
b) Schematische Darstellung der Wirkung, die die hitzeinduzierte Hydrolyse auf ein doppelsträngiges DNA-Molekül hat. Die basenlose Stelle ist instabil und wird abgebaut, sodass in einem Strang eine Lücke entsteht.

gische Aktivität des Proteins, da die meisten Proteine zumindest einige Aminosäureveränderungen tolerieren, ohne dass sich ein bemerkbarer Effekt auf die Funktionsfähigkeit des Proteins in der Zelle ergibt. Veränderungen bestimmter Aminosäuren jedoch, etwa im aktiven Zentrum eines Enzyms, zeigen stärkere Auswirkungen. Eine nichtsynonyme Veränderung bezeichnet man auch als **Missense-Mutation**.

● Die Mutation kann ein Codon, das eine Aminosäure spezifiziert, in ein Stoppcodon umwandeln. Dies ist eine **Nonsense-Mutation**, die zu einem verkürzten Protein führt, da die Translation der mRNA an diesem neuen Stoppcodon endet und sich nicht stromabwärts bis zum eigentlichen Stopp-

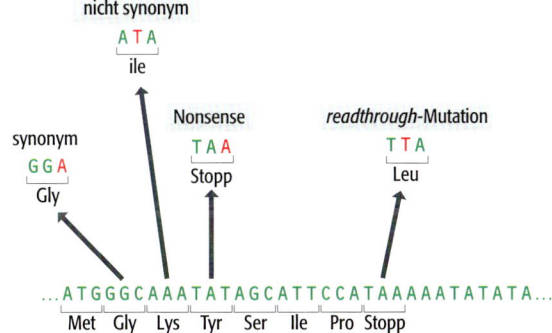

**16.11   Auswirkungen von Punktmutationen auf die codierende Region eines Gens.** Dargestellt sind vier mögliche Effekte von Punktmutationen. Die Überlesemutation bringt ein Gen hervor, dass an seinem Ende noch über die hier dargestellte Sequenz hinaus verlängert ist. Auf das Leucincodon, das durch die Mutation entsteht, folgen AAA (Lysin), TAT (Tyr) und ATA (Ile) (genetischer Code in Abbildung 1.20).

codon fortsetzt. Die Auswirkung auf die Aktivität des Proteins hängt davon ab, wie viel von dem Protein fehlt: Im Allgemeinen ist der Effekt erheblich und das Protein ist funktionslos.

- Die Mutation könnte ein Stoppcodon in ein Codon umwandeln, das für eine Aminosäure steht. Das führt dann zu einem **Überlesen** (*readthrough*) des Stoppsignals, sodass das Protein an seinem C-Terminus um eine zusätzliche Folge von Aminosäuren verlängert wird. Die meisten Proteine können kurze Verlängerungen tolerieren, sodass die Funktion unbeeinträchtigt bleibt. Umfangreichere Verlängerungen jedoch können die Faltung des Proteins stören und eine Verringerung der Aktivität bewirken.

Deletions- und Insertionsmutationen haben ebenfalls unterschiedliche Effekte auf die codierte Information von Genen (Abb. 16.12). Wenn die Anzahl der deletierten oder eingefügten Nucleotide drei oder ein Vielfaches von drei ist, dann werden ein oder mehrere Codons entfernt oder kommen neu hinzu. Der resultierende Verlust oder Zugewinn an Aminosäuren kann sich auf die Funktion des codierten Proteins auf verschiedene Weise auswirken. Deletionen oder Insertionen dieser Art zeigen häufig keine Folgen. Das trifft jedoch dann nicht zu, wenn beispielsweise Aminosäuren verloren gehen, die mit dem aktiven Zentrum zusammenhängen, oder wenn eine Insertion eine wichtige Sekundärstruktur im Protein zerstört. Wenn andererseits die Anzahl der deletierten oder eingefügten Nucleotide nicht drei oder ein Vielfaches davon ist, kommt es zu einer Rasterverschiebung und alle Codons stromabwärts der Mutation gehören dann zu einem anderen Leseraster als im nichtmutierten Gen. Das hat normalerweise deutliche Auswirkungen auf die Funktion des Proteins. In der Regel führt die Verschiebung des Leserasters zu einem schnellen Abbruch der Synthese der Proteinkette, da sich aufgrund der geänderten Nucleotidverteilung bald ein Stoppcodon findet, an dem die Translation abbricht (Abb. 13.21a). Nur

**16.12    Deletionsmutationen.** In der oberen Sequenz werden drei Nucleotide deletiert, die ein Codon bilden. Dadurch verkürzt sich das zugehörige Protein um eine Aminosäure, aber dies beeinflusst die übrige Sequenz nicht. Im unteren Beispiel wird ein einziges Nucleotid deletiert. Die Folge ist eine Rasterverschiebung, sodass sich alle Codons stromabwärts der Deletion verändern, einschließlich des Stoppcodons, das überlesen wird. Wenn eine Deletion von drei Nucleotiden Teile zweier benachbarter Codons entfernt, kann das Ergebnis auch komplizierter sein als hier dargestellt. Betrachten wir beispielsweise die Deletion des Trinucleotids GCA aus der Sequenz ...ATGGGCAAATAT..., die Met–Gly–Lys–Tyr codiert. Die neue Sequenz ist ...ATGGAATAT... und codiert Met–Glu–Tyr. Zwei Aminosäuren wurden durch eine einzige, aber davon verschiedene ersetzt.

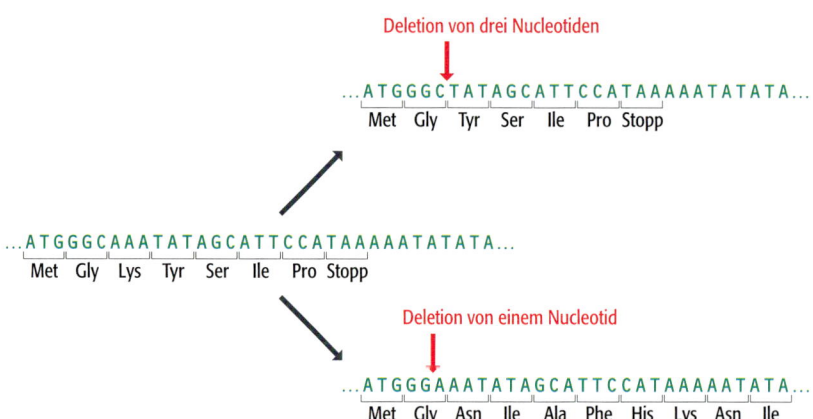

in seltenen Fällen entsteht ein längeres Polypeptid, das allerdings eine vollkommen andere Sequenz aufweist als das normale Polypeptid.

Bei Mutationen außerhalb der codierenden Bereiche eines Genoms sind allgemeine Aussagen über deren Effekte weniger einfach zu treffen. Jede Bindungsstelle für ein Protein ist für Punkt-, Insertions- oder Deletionsmutationen empfindlich, wenn sich die Identität oder die relative Positionierung von Nucleo-

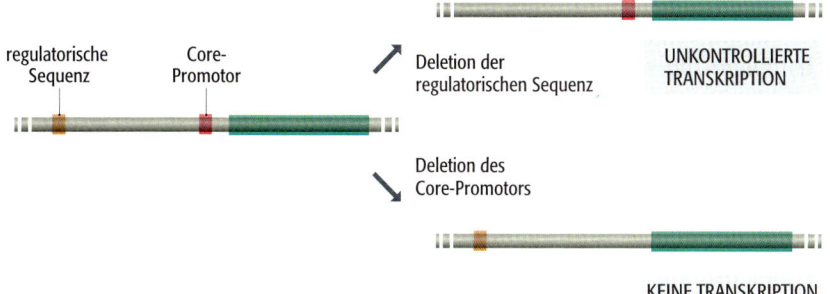

regulatorische
Sequenz

Core-
Promotor

Deletion der
regulatorischen Sequenz

UNKONTROLLIERTE
TRANSKRIPTION

Deletion des
Core-Promotors

KEINE TRANSKRIPTION

16.13    Zwei mögliche Auswirkungen von Deletionsmutationen im stromaufwärts eines Gens liegenden Bereich.

tiden ändert, die bei der DNA-Protein-Wechselwirkung beteiligt sind. Diese Mutationen besitzen deshalb das Potenzial, Promotoren oder regulatorische Sequenzen zu inaktivieren, wobei sich die Konsequenzen für die Genexpression vorhersagen lassen (Abb. 16.13; Abschnitte 11.2 und 11.3). Auch Replikationsursprünge können funktionslos werden, wenn eine Mutation Sequenzen verändert, deletiert oder unterbricht, die von den entsprechenden Bindungsproteinen erkannt werden müssen (Abschnitt 15.2.1), aber für diese möglichen Phänomene hat man es bis jetzt kaum Belege gefunden. Darüber wie sich Mutationen, die die Positionierung der Nucleosomen beeinflussen (Abschnitt 10.2.2), potenziell auf die Genexpression auswirken können, gibt es ebenfalls nur wenige Informationen.

Ein Gebiet, das besser erforscht ist, betrifft Mutationen, die in Introns oder an Exon-Intron-Grenzen auftreten. In diesen Bereichen können einzelne Punktmutationen große Bedeutung erlangen, wenn sich dadurch Nucleotide verändern, die an RNA-Protein- und RNA-RNA-Wechselwirkungen beteiligt sind und diese beim Spleißen der verschiedenen Arten von Introns eine Rolle spielen (Abschnitte 12.2.2 und 12.2.4). So stört beispielsweise die Mutation von G oder T in der DNA-Kopie der 5′-Spleißstelle eines GU–AG-Introns oder die Mutation von A oder G an der 3′-Spleißstelle die Spleißreaktion, da die richtige Exon-Intron-Grenze nicht mehr erkannt wird. Das kann bedeuten, dass das Intron nicht mehr aus der Prä-mRNA entfernt wird. Es ist jedoch wahrscheinlicher, dass eine kryptische Spleißstelle (Abb. 12.28b) alternativ benutzt wird. Es ist auch möglich, dass eine Mutation innerhalb eines Introns oder Exons eine neue kryptische Spleißstelle erzeugt, die gegenüber der eigentlichen Spleißstelle, die selbst aber nicht mutiert ist, bevorzugt wird. Das Ergebnis ist in beiden Fällen gleich: die Verlagerung einer aktiven Spleißstelle, was zu einem fehlerhaften Spleißen führt. Dadurch können Teile des entstehenden Proteins fehlen, es kann ein neuer Abschnitt von Aminosäuren hinzugefügt werden, oder es kommt zu einer Rasterverschiebung. Mehrere Formen der Blutkrankheit β-Thalassämie werden durch Mutationen verursacht, die bei der Prozessierung des β-Globin-Transkripts zur Selektion von kryptischen Spleißstellen führen.

## Die Auswirkungen von Mutationen auf vielzellige Organismen

Wir wenden uns nun den indirekten Effekten zu, die Mutationen auf Organismen haben, und beginnen dabei mit den vielzelligen, diploiden Eukaryoten, wie der Mensch einer ist. Zuerst müssen wir die relative Bedeutung der gleichen Mutation in einer somatischen Zelle im Vergleich zu einer Keimzelle bedenken. Da die somatischen Zellen keine Kopien ihrer Genome an die nächste Generation weitergeben, ist eine Mutation in einer somatischen Zelle nur für das Lebewesen entscheidend, das davon von unmittelbar betroffen ist. Die Mutation hat keine potenziellen Auswirkungen auf die Evolution. Tatsächlich zeigen die meisten Mutationen in somatischen Zellen keinen merklichen Effekt, selbst wenn sie zum Tod der Zelle führen, da es in demselben Gewebe viele andere identische Zellen gibt, und der Verlust einer einzigen Zelle unwesentlich ist. Eine Ausnahme besteht dann, wenn die Mutation in einer somatischen Zelle eine Fehlfunktion auslöst, die für den gesamten Organismus schädlich ist, etwa indem die Bildung eines Tumors oder eine andere krebsartige Aktivität induziert wird.

Mutationen in Keimzellen sind von größerer Bedeutung, da sie auf Angehörige der nächsten Generation übertragen werden können und in allen Zellen eines Individuums vorhanden sind, das eine solche Mutationen erbt. Die meisten Mutationen, darunter alle stillen Formen und auch viele in codierenden Regionen, verändern dennoch nicht den Phänotyp des Organismus auf merkliche Weise. Die Mutationen, die Auswirkungen haben können, lassen sich in zwei Gruppen einteilen.

- Ein **Funktionsverlust** (*loss of function*) ist das übliche Ergebnis einer Mutation, die die Aktivität eines Proteins verringert oder zerstört. Die meisten *loss of function*-Mutationen sind rezessiv, da in einem heterozygoten Genotyp die zweite Kopie des Chromosoms eine nichtmutierte Variante des Gens trägt. Diese codiert ein vollkommen funktionsfähiges Protein, dessen Vorhandensein den Effekt der Mutation ausgleicht (Abb. 16.14). Es gibt einige Ausnahmen, bei denen eine *loss of function*-Mutation dominant ist, etwa im Fall einer **Haploinsuffizienz**, wenn der heterozygote Organismus die Verringerung der Proteinaktivität um etwa 50 % nicht toleriert. So lassen sich einige wenige genetisch bedingte Krankheiten des Menschen erklären, beispielsweise das Marfan-Syndrom, das auf eine Mutation im Gen für das Bindegewebeprotein Fibrillin zurückzuführen ist.

- Mutationen mit **Funktionsgewinn** (*gain of function*) sind viel seltener. Die Mutation muss einem Protein eine anormale Aktivität verleihen. Viele *gain of function*-Mutationen liegen in regulatorischen Sequenzen und weniger in codierenden Regionen. Dadurch können sie eine Reihe von Auswirkungen haben. So kann beispielsweise eine Mutation dazu führen, dass ein oder mehrere Gene in falschen Geweben exprimiert werden, sodass diese Gewebe Funktionen erlangen, die sie normalerweise nicht besitzen. Andererseits kann die Mutation auch zu einer Überexpression von einem oder mehreren Genen führen, die bei der Kontrolle des Zellzyklus mitwirken, sodass es zu unkontrollierten Zellteilungen kommt und dadurch Krebs entsteht. Aufgrund ihres Charakters sind *gain of function*-Mutationen im Allgemeinen dominant.

Die Auswirkungen von Mutationen auf die Phänotypen von vielzelligen Organismen können schwierig zu ermitteln sein. Nicht alle Mutationen zeigen einen unmittelbaren Effekt: Einige sind *delayed onset*-**Mutationen**. Sie setzen verzögert ein und rufen den veränderten Phänotyp erst später im Leben eines Individuums hervor. Andere Mutationen zeigen bei einigen Individuen eine **fehlende Penetranz** und werden niemals exprimiert, obwohl die Mutation dominant ist oder homozygot rezessiv. Beim Menschen machen diese Faktoren alle Versuche noch schwieriger, krankheitsverursachende Mutationen durch Stammbaumanalysen zu kartieren (Abschnitt 3.2.4), da man sich dadurch nicht sicher sein kann, welche Angehörigen einer Familie ein mutiertes Allel tragen und welche nicht.

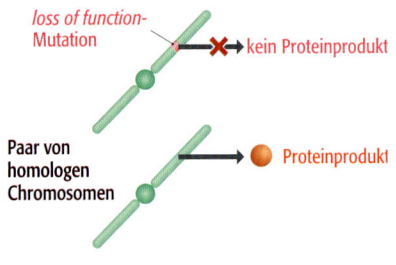

**16.14** Eine *loss of function*-Mutation ist im Allgemeinen rezessiv, da auf der zweiten Kopie des Chromosoms eine funktionsfähige Variante des Gens vorhanden ist.

## Die Auswirkungen von Mutationen auf Mikroorganismen

Mutationen in Mikroorganismen wie Bakterien oder Hefen lassen sich ebenfalls einem Funktionsverlust oder einem Funktionsgewinn zuordnen, wobei dies bei Mikroorganismen weder das übliche noch das sinnvollste Klassifizierungsverfahren ist. Stattdessen versucht man normalerweise eine detailliertere Beschreibung des Phänotyps aufgrund der Wachstumseigenschaften von mutierten Zellen in verschiedenen Kulturmedien. So kann man die meisten Mutationen in eine von vier Gruppen einteilen.

- Als **auxotroph** bezeichnet man Zellen, die nur dann wachsen können, wenn sie mit einem Nährstoff versorgt werden, den nichtmutierte Organismen nicht benötigen. So kann *E. coli* sein Tryptophan normalerweise mithilfe der vom Tryptophanoperon codierten Enzyme (Abb. 8.8b) selbst herstellen. Ist eines dieser Gene so mutiert, dass es kein aktives Proteinprodukt gibt, kann die Zelle kein Tryptophan mehr synthetisieren und ist für Tryptophan auxotroph. Sie kann nicht in einem Medium überleben, das kein Tryptophan enthält, und kann nur wachsen, wenn diese Aminosäure als Nährstoff zur Verfügung gestellt wird (Abb. 16.15). Nichtmutierte Bakterien, die keine Zusatzstoffe im Wachstumsmedium brauchen, bezeichnet man als **prototroph**.

- **Konditional letale Mutanten** können unter bestimmten Bedingungen nicht wachsen: Unter **permissiven Bedingungen** erscheinen sie vollkommen normal, wenn sie jedoch **restriktiven Bedingungen** ausgesetzt sind, tritt der mutierte Phänotyp hervor. **Temperatursensitive Mutanten** sind typische Beispiele für konditional letale Mutanten. Temperatursensitive Mutanten verhalten sich bei niedrigen Temperaturen wie Wildtypzellen, zeigen jedoch ihren mutierten Phänotyp, wenn die Temperatur über einen bestimmten Schwellenwert steigt, wobei dieser für jede Mutante anders ist. Die Ursache ist im Allgemeinen, dass die Mutation die Stabilität eines Proteins verringert, sodass das Protein entfaltet und inaktiviert wird, wenn die Temperatur ansteigt.

- **Inhibitorresistente Mutanten** sind gegenüber den toxischen Effekten eines Antibiotikums oder anderer Arten von Inhibitoren resistent. Für diese Form von Mutationen gibt es verschiedene Erklärungen auf molekularer Ebene. In einigen Fällen verändert die Mutation die Struktur eines Proteins, das ein Ziel des Inhibitors ist. Dadurch kann der Inhibitor nicht mehr an das Protein binden und seine Funktion beeinträchtigen. Das ist die Grundlage für die Streptomycinresistenz von *E. coli*, die durch eine Strukturveränderung des ribosomalen Proteins S12 verursacht wird. Eine andere Möglichkeit besteht darin, dass die Mutation die Eigenschaften eines Proteins verän-

**16.15    Eine tryptophanauxotrophe Mutante.** a) Die Abbildung zeigt zwei Kulturen in Petrischalen. Beide enthalten Minimalmedium, das nur die grundlegenden Nährstoffe enthält, die für ein Wachstum der Bakterien notwendig sind (eine Stickstoff-, eine Kohlenstoff- und eine Energiequelle sowie einige Salze). Das Medium links ist mit Tryptophan angereichert, das Medium rechts jedoch nicht. Auf der linken Platte können nichtmutierte und auch tryptophanauxotrophe Bakterien wachsen – Letztere, weil sie über das Medium mit Tryptophan versorgt werden, das sie selbst nicht synthetisieren können. Tryptophanauxotrophe Zellen können nicht auf der rechten Platte wachsen, da diese kein Tryptophan enthält. b) Um tryptophanauxotrophe Zellen zu identifizieren, lässt man die Kolonien zuerst auf der Platte mit Minimalmedium und Tryptophan wachsen und überträgt sie dann auf durch Replikaplattierung auf die Platte nur mit Minimalmedium. Nach der Inkubation sind auf dem Minimalmedium an den gleichen relativen Positionen Kolonien zu sehen wie auf der Platte mit Tryptophan; einzige Ausnahme sind die tryptophanauxotrophen Bakterien, die nicht wachsen können. Auf diese Weise lassen sich die Kolonien identifizieren und man kann von der Platte mit Minimalmedium und Tryptophan die entsprechenden Bakterienproben abnehmen.

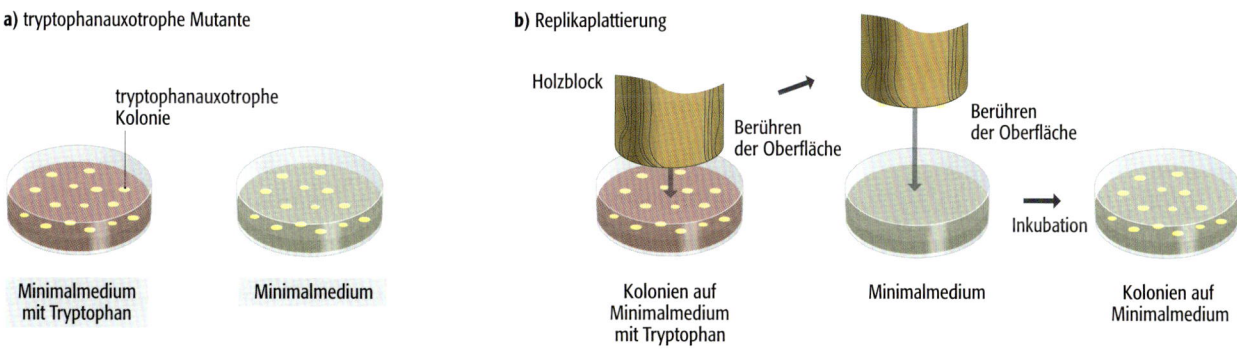

**a)** tryptophanauxotrophe Mutante

tryptophanauxotrophe Kolonie

Minimalmedium mit Tryptophan

Minimalmedium

**b)** Replikaplattierung

Holzblock

Berühren der Oberfläche

Berühren der Oberfläche

Inkubation

Kolonien auf Minimalmedium mit Tryptophan

Minimalmedium

Kolonien auf Minimalmedium

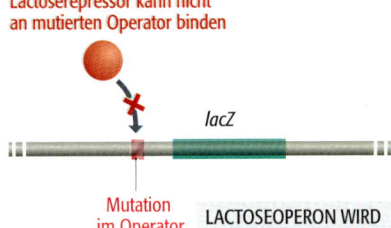

Lactoserepressor kann nicht
an mutierten Operator binden

*lacZ*

Mutation
im Operator

LACTOSEOPERON WIRD
KONSTITUTIV EXPRIMIERT

**16.16   Die Auswirkung einer konstituti-
ven Mutation im Lactoseoperator.** Die
Operatorsequenz wurde durch eine Mutation verändert, und der Lactoserepressor
kann nicht mehr daran binden. Das führt
dazu, dass das Lactoseoperon dauerhaft
exprimiert wird, selbst wenn im Medium
keine Lactose vorhanden ist. Das ist nicht
der einzige Mechanismus, durch den eine
konstitutive *lac*-Mutante entstehen kann. So
kann beispielsweise im Gen, das den Lactoserepressor codiert, eine Mutation auftreten,
die die Tertiärstruktur des Repressorproteins
verändert, sodass das DNA-bindende Motiv
zerstört ist und die Operatorsequenz nicht
mehr erkennt, selbst wenn diese nicht
mutiert ist. Weitere Einzelheiten über den
Lactoserepressor und seine Regulationswir-
kung auf die Expression des Lactoseoperons
finden sich in Abbildung 11.24.

dert, das den Inhibitor normalerweise in die Zelle transportiert. So kommt
es häufig zu einer Resistenz gegenüber toxischen Metallen.

● **Regulationsmutanten** tragen Defekte in Promotoren oder anderen regulatorischen Sequenzen. Zu dieser Gruppe gehören auch die **konstitutiven
Mutanten**, die ständig bestimmte Gene exprimieren, die normalerweise
abhängig von den Bedingungen an- und abgeschaltet werden. So kann beispielsweise eine Mutation in der Operatorsequenz des Lactoseoperons
(Abschnitt 11.3.1) verhindern, dass der Repressor bindet. Dadurch wird das
Lactoseoperon ständig exprimiert, selbst wenn gar keine Lactose vorhanden ist und die Gene abgeschaltet werden müssten (Abb. 16.16).

Neben diesen vier Gruppen gibt es noch zahlreiche Mutationen, die letal sind
und zum Tod der mutierten Zelle führen, während andere Mutationen keine
Auswirkungen haben. Letztere sind bei Mikroorganismen weniger verbreitet
als bei den höheren Eukaryoten, da die meisten Genome der Mikroorganismen
relativ kompakt sind und wenig nichtcodierende DNA enthalten. Mutationen
können auch **durchlässig** (*leaky*) sein, das heißt, dass eine weniger extreme
Form des mutierten Phänotyps exprimiert wird. So würde beispielsweise eine
durchlässige Variante von tryptophanauxtrophen Zellen (Abb. 16.15) auf Minimalmedium anstelle von überhaupt keinem Wachstum zumindest ein lang-
sames Wachstum zeigen.

### 16.1.3 Hypermutation und die Möglichkeit von programmierten Mutationen

Können Zellen Mutationen auf positive Weise nutzen, entweder indem sie die
Rate erhöhen, mit der Mutationen in ihren Genomen auftreten, oder indem sie
in bestimmten Genen Mutationen auslösen? Beide Arten von Mutationen scheinen auf den ersten Blick der anerkannten Vorstellung zu widersprechen, dass
Mutationen zufällig stattfinden. Die Zufälligkeit von Mutationen ist ein wichtiger Grundgedanke in der Biologie, da es sich um eine notwendige Voraussetzung für Darwins Sichtweise der Evolution handelt. Diese besteht darin, dass
Veränderungen in den Merkmalen eines Lebewesens zufällig erfolgen und nicht
durch die Umgebung beeinflusst werden, in der sich das Lebewesen aufhält.
Im Gegensatz dazu behauptet die Evolutionstheorie von Lamarck, die von den
Biologen vor über einem Jahrhundert zurückgewiesen wurde, dass Organismen Veränderungen erwerben können, die es ihnen ermöglichen, sich ihrer
Umgebung anzupassen. Dawins Sichtweise fordert, dass Mutationen zufällig
erfolgen, während bei Lamarck die Evolution verlangt, dass Mutationen als
Reaktion auf die Umgebung stattfinden.

Zwei Phänomene, die auf den ersten Blick scheinbar der Feststellung widersprechen, dass Mutationen zufällig auftreten, sind **Hypermutation** und **programmierte Mutationen**.

#### *Die Hypermutation ist die Folge von anormalen DNA-Reparatur-prozessen*

Die Hypermutation tritt auf, wenn es eine Zelle zulässt, dass sich die Mutationsrate in ihrem Genom erhöht. Es sind mehrere Beispiele für Hypermutation bekannt. In einem Fall handelt es sich um einen Mechanismus, der bei
einigen Vertebraten, das heißt auch beim Menschen vorkommt, und dazu dient,
eine große Vielfalt von Immunglobulinen zu erzeugen. Wir haben dieses Phänomen bereits in Abschnitt 14.2.1 erwähnt, als wir die Genomumstrukturie-

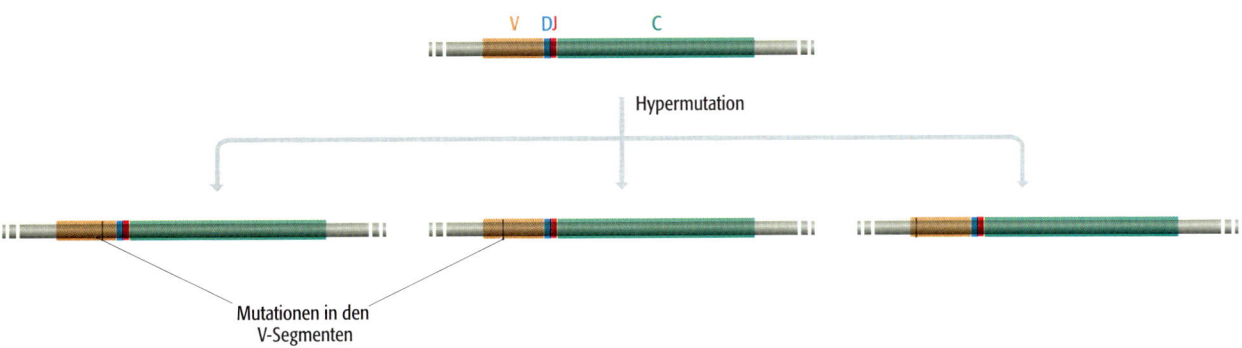

rungen untersuchten, die bei der Verknüpfung der V-, D-, J- und C-Segmente der Gene für die schweren und leichten Immunglobulinketten stattfinden (Abb. 14.19). Weitere Vielfalt wird durch Hypermutation der V-Segmente erzielt, die nach der Bildung des vollständigen Immunglobulingens einsetzt (Abb. 16.17). Dabei liegt die Mutationsrate für diese Segmente um sechs bis sieben Größenordnungen höher als die Hintergrundmutationsrate im übrigen Genom.

Der genaue Mechanismus für die Hypermutation des V-Gensegments ist unbekannt, und man hat mehrere Modelle entwickelt, die auf den vorhandenen experimentellen Befunden basieren. Zum einen nahm man an, dass die erhöhte Mutationsrate aufgrund eines ungewöhnlichen Verhaltens des Fehlpaarungsreparatursystems zustande kommt, das normalerweise Replikationsfehler korrigiert (Abschnitt 16.2.3). An allen anderen Positionen im Genom beseitigt das Fehlpaarungsreparatursystem Replikationsfehler, indem es nach Fehlpaarungen sucht und ein entsprechendes Nucleotid im Tochterstrang ersetzt. Dies ist der Strang, der gerade synthetisiert wurde und deshalb den Fehler enthält. Man nahm nun an, dass das Reparatursystem in den V-Gensegmenten die Nucleotide im ursprünglichen DNA-Strang austauscht und so die Mutation festschreibt, anstatt sie zu korrigieren (Abb. 16.18a). In jüngerer Zeit ließ sich zeigen, dass zwei Enzyme, eine Cytosin-Desaminase und eine Uracil-DNA-Glykosylase für die Hypermutation im V-Segment notwendig sind. Das führte zu der Vermutung, dass die Hypermutation durch Umwandlung einiger Cytosinbasen in Uracil (durch die Desaminase) und das Ausschneiden der Uracilbasen (durch die Glykosylase) bewerkstelligt wird, da auf diese Weise AP-Stellen entstehen (Abb. 16.18b). Das ähnelt den ersten Schritten der Basenexcisionsreparatur (Abschnitt 16.2.2), bei der ein Uracil, das aufgrund eines desaminierenden Mutagens entstanden ist, durch die Uracil-DNA-Gykosylase herausgeschnitten wird. Bei der Basenexcisionsreparatur wird die AP-Stelle dann durch die DNA-Polymerase $\beta$ aufgefüllt, um die ursprüngliche Sequenz wieder herzustellen, aber bei der Hypermutation wird die AP-Stelle nicht repariert. Dadurch kann bei der nächsten Replikationsrunde gegenüber der AP-Stelle jedes der vier Nucleotide in den Tochterstrang eingebaut werden, im Beispiel von Abbildung 16.18b ein T. Eine weitere Replikationsrunde schreibt dann die Mutation fest.

**16.17   Hypermutation des V-Gensegments eines intakten Immunglobulingens.** Eine Beschreibung der Ereignisse, die zur Bildung des Immunglobulingens führen, findet sich in Abbildung 14.19.

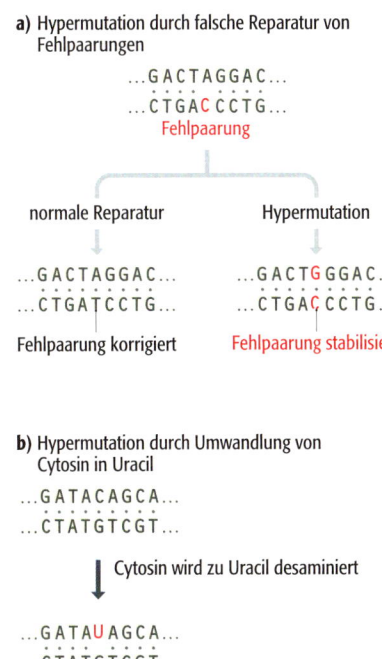

**16.18   Zwei alternative Mechanismen für die Hypermutation von V-Gensegmenten der Immunglobuline.**

### Programmierte Mutationen unterstützen scheinbar die Evolutionstheorie von Lamarck

Eine offensichtliche Zunahme der Mutationsrate aufgrund von Veränderungen des normalen DNA-Reparaturmechanismus widerspricht nicht dem Dogma der Zufälligkeit von Mutationen. Andererseits sind Berichte aus dem Jahr 1988, dass *E. coli* bei bestimmten Genen, deren Mutation aufgrund der Bedingungen in der Umgebung des Bakteriums vorteilhaft sein kann, Mutationen auf diese Gene lenkt, viel schwerer zu erklären.

Die Zufälligkeit der Mutationen bei Bakterien haben Luria und Delbrück bereits im Jahr 1943 bewiesen. Sie ließen eine Reihe von *E. coli*-Kulturen in verschiedenen Kolben wachsen und gaben zu jedem Kolben T1-Bakteriophagen. Die meisten Bakterien wurden durch die Phagen getötet, aber einige T1-resistente Mutanten konnten überleben. Diese wurden dadurch identifiziert, dass man Proben aus jeder Kultur kurz nach der T1-Infektion auf Agarmedium ausplattierte. Wenn Mutationen, die eine T1-Resistenz hervorrufen, zufällig in den Bakterien auftraten, bevor man die Bakteriophagen zusetzte, sollte jede Kultur eine unterschiedliche Anzahl von resistenten Mutanten enthalten. Diese Zahl musste davon abhängen, wie früh in der Wachstumsperiode die ersten mutierten Zellen auftraten (Abb. 16.19). Die Mutanten, die schon sehr früh entstanden, könnten sich häufig teilen und zahlreiche resistente Nachkommen hervorbringen, während die Mutanten, die später entstanden, nur wenige Nachkommen liefern würden. Einige Kulturen sollten also viele T1-resistente Zellen enthalten, andere nur wenige. Wenn die Bakterien jedoch durch programmierte Mutation entstehen sollten, sobald der T1-Phage zugesetzt wurde, müssten alle Kulturen eine ähnliche Anzahl von Mutanten enthalten. Luria und Delbrück

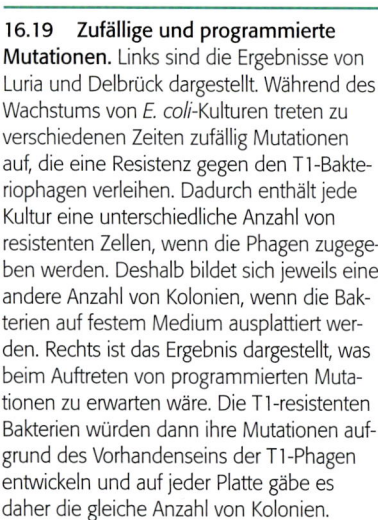

**16.19    Zufällige und programmierte Mutationen.** Links sind die Ergebnisse von Luria und Delbrück dargestellt. Während des Wachstums von *E. coli*-Kulturen treten zu verschiedenen Zeiten zufällig Mutationen auf, die eine Resistenz gegen den T1-Bakteriophagen verleihen. Dadurch enthält jede Kultur eine unterschiedliche Anzahl von resistenten Zellen, wenn die Phagen zugegeben werden. Deshalb bildet sich jeweils eine andere Anzahl von Kolonien, wenn die Bakterien auf festem Medium ausplattiert werden. Rechts ist das Ergebnis dargestellt, was beim Auftreten von programmierten Mutationen zu erwarten wäre. Die T1-resistenten Bakterien würden dann ihre Mutationen aufgrund des Vorhandenseins der T1-Phagen entwickeln und auf jeder Platte gäbe es daher die gleiche Anzahl von Kolonien.

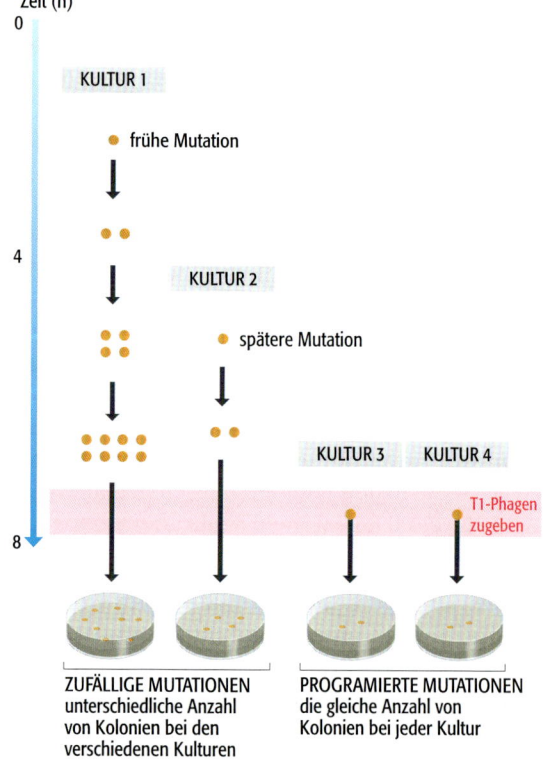

stellten fest, dass jede ihrer Kulturen eine andere Zahl von T1-resistenten Bakterien enthielt. Daraus folgerten sie, dass Mutationen zufällig auftreten und nicht als Reaktion auf den T1-Phagen.

Die Möglichkeit, dass die Schlussfolgerung von Luria und Delbrück für die Mutationen von *E. coli* nicht immer gilt, zeigte sich das erste Mal bei Untersuchungen an einem *E. coli*-Stamm, der im *lacZ*-Gen eine Nonsense-Mutation trägt. Das Vorhandensein eines Stoppcodons im *lacZ*-Gen bedeutet, dass diese Zellen keine funktionsfähige β-Galactosidase synthetisieren und dadurch Lactose nicht als Kohlenstoff- und Energiequelle nutzen können. Das muss kein dauerhafter Zustand sein, da eine Zelle eine Mutation entwickeln kann, die das Stoppcodon wieder in ein Codon verwandelt, das für eine Aminosäure steht. Diese neuen Mutanten könnten erneut β-Galactosidase produzieren und jegliche verfügbare Lactose verwerten. Nach den Ergebnissen von Luria und Delbrück sollten solche Mutationen zufällig erfolgen und nicht durch das Vorhandensein von Lactose im Medium beeinflusst sein. Untersuchungen haben jedoch gezeigt, dass wenn man Bakterien, die keine Lactose verwerten können, auf Minimalmedium mit Lactose als einzigem Zucker ausplattiert – also Bedingungen, unter denen die Bakterien mutieren müssen, um nur mit Lactose zu überleben –, die Anzahl der Bakterien, die diese Fähigkeit wieder besitzen, signifikant größer ist, als bei einem rein zufälligen Auftreten von Mutationen zu erwarten wäre. Anders ausgedrückt entwickeln einige Zellen programmierte Mutationen und erzielen so eine spezifische Veränderung der DNA-Sequenz, die erforderlich ist, um einem Selektionsdruck entgegenzuwirken.

Diese Experimente deuten darauf hin, dass Bakterien entsprechend einem gerade herrschenden Selektionsdruck Mutationen programmieren können. Anders ausgedrückt kann die Umgebung den Phänotyp eines Organismus direkt beeinflussen, so wie es Lamarck vorgeschlagen hatte, und es handelt sich nicht um einen rein zufälligen Mechanismus, wie er von Darwin postuliert wurde. Bei solchen umwälzenden Schlussfolgerungen verwundert es nicht, dass die Experimente sehr lange in der Diskussion standen, wobei es zahlreiche Versuche gab, im Aufbau der Versuche Fehler zu entdecken oder die Ergebnisse auf andere Weise zu deuten. Abwandlungen des *lacZ*-Experimentiersystems deuteten darauf hin, dass die Ergebnisse den Tatsachen entsprechen, und man kennt inzwischen ähnliche Vorgänge in anderen Bakterien. Man hat Modelle getestet, die von einer Genamplifikation und nicht von selektiven Mutationen ausgehen. Außerdem hat man auch die mögliche Bedeutung von Rekombinationsereignissen, wie etwa die Transposition von Insertionselementen, für die Erzeugung von programmierten Mutationen in Betracht gezogen.

## 16.2 DNA-Reparatur

Wenn man davon ausgeht, dass in einem Genom jeden Tag Tausende von schädigenden Ereignissen stattfinden und bei der Genomreplikation ebenfalls Fehler auftreten, ist es unabdingbar, dass eine Zelle über effiziente Reparatursysteme verfügt. Ohne diese Reparatursysteme wäre ein Genom gar nicht in der Lage, seine grundlegenden Funktionen in der Zelle mehr als nur wenige Stunden lang aufrechtzuerhalten, ohne dass ein essenzielles Gen aufgrund einer DNA-Schädigung inaktiviert würde. Entsprechend würden Zelllinien mit einer solch hohen Rate Replikationsfehler anhäufen, dass ihre Genome nach wenigen Zellteilungen erhebliche Fehlfunktionen zeigten.

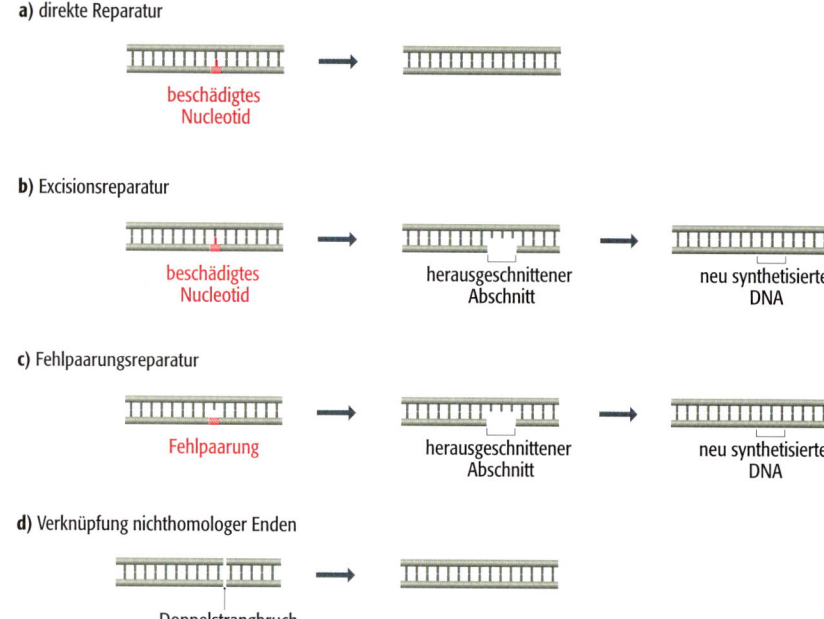

16.20 Die vier Arten von DNA-Reparatursystemen.

Die meisten Zellen verfügen über vier verschiedene Arten von DNA-Reparatursystemen (Abb. 16.20):

- Systeme für die **direkte Reparatur** (Abschnitt 16.2.1) wirken, wie die Bezeichnung andeutet, direkt auf beschädigte Nucleotide und stellen die ursprüngliche Struktur wieder her.

- Bei der **Excisionsreparatur** (Abschnitt 16.2.2) wird ein Abschnitt des Polynucleotids, das die beschädigte Stelle enthält, herausgeschnitten (Excision) und eine DNA-Polymerase synthetisiert den Bereich anschließend mit der korrekten Nucleotidsequenz neu.

- Bei der **Fehlpaarungsreparatur** (Mismatch-Reparatur) (Abschnitt 16.2.3) werden die Replikationsfehler beseitigt, auch hier durch Herausschneiden eines Abschnitts von einzelsträngiger DNA, der das fehlerhafte Nucleotid enthält, bei anschließendem Auffüllen der entstandenen Lücke.

- Die **Verknüpfung nichthomologer Enden** (Abschnitt 16.2.4) dient dazu, Doppelstrangbrüche zu beheben.

Die meisten, aber nicht alle Organismen verfügen auch über Systeme, die es ihnen ermöglichen, beschädigte Bereiche ihres Genoms zu replizieren, ohne dass es vorher zu einer Reparatur kommt. Wir wollen diese Systeme in den Abschnitten 16.2.5 untersuchen und uns in Abschnitt 16.2.6 mit Krankheiten des Menschen beschäftigen, die aufgrund von Defekten in den DNA-Reparatursystemen entstehen.

## 16.2.1 Direkte Reparatursysteme schließen Einzelstrangbrüche und korrigieren einige Arten von Nucleotidveränderungen

Die meisten Arten von DNA-Schäden, die durch chemische oder physikalische Mutagene verursacht werden (Abschnitt 16.1.1), lassen sich nur durch Herausschneiden des beschädigten Nucleotids und die anschließende Neusynthese des DNA-Abschnitts reparieren (Abb. 16.20b). Nur wenige Arten von beschädigten Nucleotiden können direkt repariert werden:

- **Einzelstrangbrüche** können durch eine DNA-Ligase repariert werden, wenn nur eine Phosphodiesterbindung aufgetrennt wurde und das 5′-Phosphat und die 3′-Hydroxylgruppe an den Rändern der Bruchstelle nicht beschädigt sind (Abb. 16.21). Das ist häufig der Fall bei Einzelstrangbrüchen, die durch die Einwirkung von ionisierenden Strahlen entstehen.

- Einige Formen von **Alkylierungsschäden** können durch Enzyme rückgängig gemacht werden, die die Alkylgruppe vom Nucleotid auf die eigene Polypeptidkette übertragen. Enzyme mit dieser Fähigkeit kennt man bei verschiedenen Organismen. Zu ihnen gehört auch das **Ada-Enzym** von *E. coli*, das bei einem Adaptionsmechanismus mitwirkt, den dieses Bakterium bei DNA-Schäden aktivieren kann. Ada entfernt Alkylgruppen, die an den Sauerstoffatomen an den Positionen 4 und 6 in Thymin beziehungsweise Guanin befestigt sind. Außerdem kann das Enzym Phosphodiesterbindungen reparieren, die methyliert wurden. Andere Alkylierungsreparaturenzyme zeigen eine enger begrenzte Spezifität, etwa die **MGMT** ($O^6$-Methylguanin-DNA-Methyltransferase) des Menschen, die entsprechend ihrer Bezeichnung nur Alkylgruppen an der Position 6 von Guanin entfernt.

- **Cyclobutyldimere** werden durch ein lichtabhängiges direktes System repariert, das man als **Photoreaktivierung** bezeichnet. Bei *E. coli* ist dafür das Enzym **DNA-Photolyase** (korrekter: Desoxyribopyrimidin-Photolyase) zuständig. Wenn sie durch Licht mit einer Wellenlänge zwischen 300 und 500 nm stimuliert wird, bindet das Enzym an Cyclobutyldimere und wandelt sie wieder in die ursprünglichen Einzelnucleotide um. Die Photoreaktivierung ist ein weit verbreiteter, aber nicht universell vorkommender Reparaturmechanismus: Man kennt ihn bei vielen, aber nicht bei allen Bakterien und bei wenigen Eukaryoten (darunter auch einige Vertebraten). Der Mensch und andere placentabildende Säuger verfügen nicht über einen solchen Mechanismus. Eine ähnliche Art von Photoreaktivierung bewirkt die **(6–4)-Photoprodukt-Photolyase**, die (6–4)-Läsionen repariert. Weder *E. coli* noch der Mensch haben dieses Enzym, aber es kommt bei einer Reihe anderer Spezies vor.

## 16.2.2 Excisionsreparatur

Die drei oben beschriebenen Arten der Schadensbeseitigung sind wichtig, aber sie bilden nur einen untergeordneten Bestandteil der DNA-Reparaturmechanismen der meisten Organismen. Diese Feststellung wird durch die Sequenz des menschlichen Genoms veranschaulicht, da es anscheinend nur ein einziges Gen enthält, das ein Protein codiert, welches für die direkte Reparatur zuständig ist (das *MGMT*-Gen), aber über 40 Gene für Komponenten der Excisionsreparaturmechanismen. Diese lassen sich in zwei Gruppen einteilen:

- Bei der **Basenexcisionsreparatur** wird zunächst eine beschädigte Nucleotidbase, dann ein kurzer Abschnitt des Polynucleotids um die so erzeugte AP-Stelle herum entfernt und der Bereich durch eine DNA-Polymerase neu synthetisiert.

- Die **Nucleotidexcisionsreparatur** ist der Basenexcisionsreparatur ähnlich, aber am Anfang wird die beschädigte Base nicht entfernt und der Mechanismus kann auch auf stärker beschädigte DNA-Bereiche einwirken.

Wir wollen uns nun mit beiden Mechanismen beschäftigen.

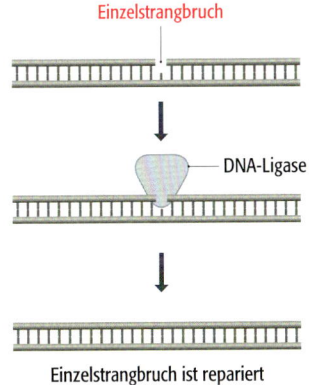

Einzelstrangbruch

DNA-Ligase

Einzelstrangbruch ist repariert

**16.21**    Reparatur eines Einzelstrangbruches durch die DNA-Ligase.

## Durch Basenexcision werden viele Arten von beschädigten Nucleotiden repariert

Die Basenexcision ist unter den verschiedenen Reparatursystemen das am wenigsten komplexe. Zuerst werden ein oder mehrere Nucleotide entfernt und anschließend die DNA neu synthetisiert, um die entstandene Lücke zu schließen. Der Mechanismus dient der Reparatur von vielen veränderten Nucleotiden, deren Basen relativ geringe Schäden zeigen, die etwa durch alkylierende Agenzien oder ionisierende Strahlen verursacht wurden (Abschnitt 16.1.1). Der Prozess wird durch eine **DNA-Glykosylase** eingeleitet, die die β-*N*-glykosidische Bindung zwischen einer beschädigten Base und dem Zuckeranteil des Nucleotids spaltet (Abb. 16.22a). Jede DNA-Glykosylase besitzt nur eine eingeschränkte Spezifität (Tab. 16.3), wobei die Spezifitäten aller Glykosylasen in einer Zelle das Spektrum an beschädigten Nucleotiden bestimmen, die durch den Basenexcisionsmechanismus repariert werden. Die meisten Organismen können mit desaminierten Basen, wie etwa Uracil (das desaminierte Cytosin) und Hypoxanthin (das desaminierte Adenin), Oxidationsprodukten wie 5-Hydroxycytosin und Thyminglykol, sowie methylierten Basen wie 3-Methyladenin, 7-Methylguanin und 2-Methylcytosin fertig werden. Andere DNA-Glykosylasen entfernen normale Basen als Teilaktivität eines Fehlpaarungsreparatursystems (Abschnitt 16.2.3). Die meisten DNA-Glykosylasen, die an der Basenexcisionsreparatur beteiligt sind, diffundieren vermutlich bei der Suche

**a)** Entfernen der beschädigten Base durch eine DNA-Glykosylase

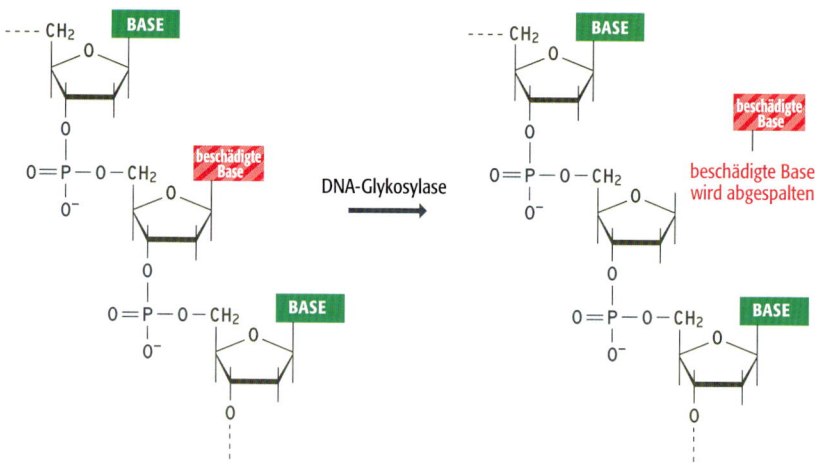

**b)** Grundzüge des Mechanismus

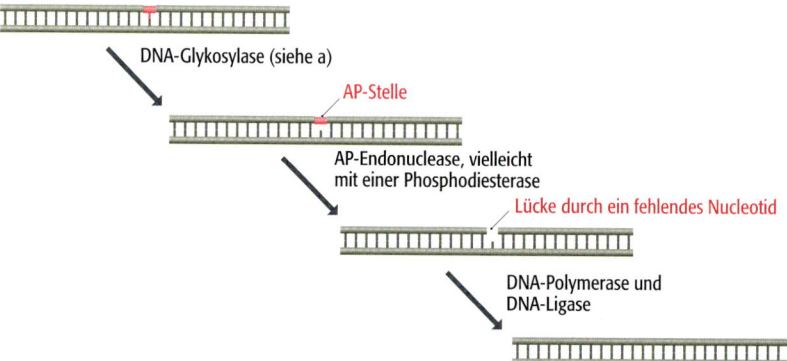

**16.22 Basenexcisionsreparatur.**
a) Herausschneiden der beschädigten Base eines Nucleotids durch eine DNA-Glykosylase. b) Schematische Darstellung der Basenexcisionsreparatur. Andere mögliche Varianten des Reaktionsweges werden im Text beschrieben.

| Tabelle 16.3 | Beispiele für DNA-Glykosylasen beim Menschen |
|---|---|
| **DNA-Glykosylase** | **spezifisch für** |
| MBD4 | Uracil |
| MPG | Ethenoadenin, Hypoxanthin, 3-Methyladenin |
| NTH1 | Cytosinglykol, Dihydrouracil, Formamidopyrimidin, Thyminglykol |
| OGG1 | Formamidopyrimidin, 8-Oxoguanin |
| SMUG1 | Uracil |
| TDG | Ethenocytosin, Uracil |
| UNG | Uracil, 5-Hydroxyuracil |

nach beschädigten Nucleotiden die kleine Furche der DNA-Doppelhelix entlang, andere sind vielleicht auch mit den Replikationsenzymen assoziiert.

Eine DNA-Glykosylase entfernt eine beschädigte Base, indem sie die Struktur auf eine Position außerhalb der Helix zieht und dort vom Polynucleotid abschneidet. Dadurch entsteht eine AP-Stelle (basenlose Stelle), die durch einen zweiten Schritt des Reparaturmechanismus in eine Einzelnucleotidlücke umgewandelt wird (Abb. 16.22b). Dieser Schritt kann auf verschiedene Weise erfolgen. Beim normalen Mechanismus ist eine **AP-Endonuclease** beteiligt, etwa bei *E. coli* die Exonuclease III oder die Endonuclease IV beziehungsweise APE1 beim Menschen. Diese schneidet die Phosphodiesterbindung am 5′-Ende der AP-Stelle. Einige AP-Endonucleasen können auch den Zucker, der noch als Einziges vom beschädigten Nucleotid übrig ist, aus der AP-Stelle entfernen. Anderen Enzymen fehlt diese Fähigkeit jedoch, sodass sie in Kombination mit einer davon getrennten **Phosphodiesterase** wirken. Eine andere mögliche Reaktion, eine AP-Stelle in eine Lücke umzuwandeln, beruht auf der Endonucleaseaktivität, die in einigen DNA-Glykosylasen vorhanden ist. Diese können am 3′-Ende der AP-Stelle schneiden, wahrscheinlich gleichzeitig mit dem Entfernen der beschädigten Base. Auch hier wird der Zucker anschließend durch eine Phosphodiesterase entfernt.

Eine DNA-Polymerase füllt dann die Einzelnucleotidlücke auf, wobei über Basenpaarung mit dem Nucleotid im anderen DNA-Strang sichergestellt ist, dass das richtige Nucleotid eingebaut wird. Bei *E. coli* wird die Lücke durch die DNA-Polymerase I, bei Säugern durch die DNA-Polymerase $\beta$ aufgefüllt (Tab. 15.2). Die Hefe erweist sich dabei als Sonderfall, da hier das Hauptenzym der DNA-Replikation, die DNA-Polymerase $\delta$, das Auffüllen bewerkstelligt. Nach Auffüllen der Lücke wird die letzte Phosphodiesterbindung durch eine DNA-Ligase hergestellt.

### *Die Nucleotidexcisionsreparatur dient dazu, umfangreichere Schäden zu beseitigen*

Die Nucleotidexcisionsreparatur besitzt eine breiter ausgelegte Spezifität als das Basenexcisionssystem und kann extremere Formen von DNA-Schäden beseitigen, beispielsweise Quervernetzungen innerhalb eines DNA-Stranges oder Basen, die durch Anhängen von großen chemischen Gruppen modifiziert wurden. Es ist auch möglich, Cyclobutyldimere durch eine **Dunkelreparatur** zu korrigieren, sodass diejenigen Organismen, die nicht über ein Photoreaktivierungssystem verfügen (wie etwa der Mensch) diese Art von Schaden beheben können.

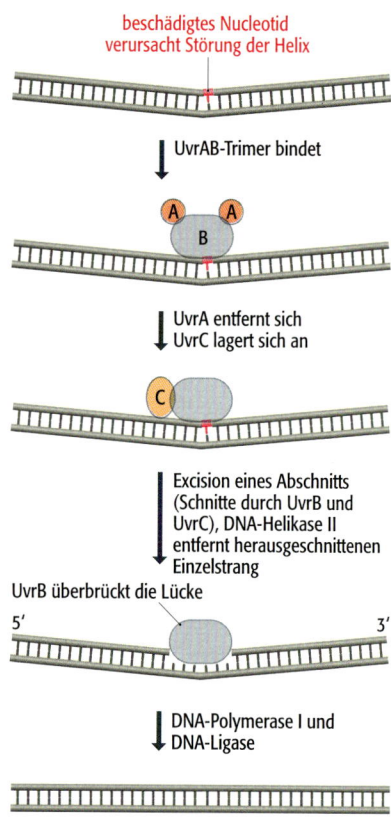

**16.23**  *Short patch*-Nucleotidexcisionsreparatur bei *Escherichia coli*. Dargestellt ist das beschädigte Nucleotid, wie es die Helixstruktur verformt. Man nimmt an, dass dies eines der Erkennungssignale für das UvrAB-Trimer ist, das die „Kurzstreckenreparatur" in Gang setzt. Einzelheiten zum Reparaturvorgang siehe Text. Abkürzungen: A, UvrA; B, UvrB; C, UvrC.

Bei der Nucleotidexcisionsreparatur wird ein Abschnitt aus einzelsträngiger DNA, der das(die) beschädigte(n) Nucleotid(e) enthält, herausgeschnitten und durch neue DNA ersetzt. Der Vorgang ähnelt deshalb der Basenexcisionsreparatur, außer dass vorher keine Base selektiv entfernt wird und der herausgeschnittene Nucleotidabschnitt länger ist. Am besten untersucht ist der **short patch**-Mechanismus von *E. coli*. Dabei ist der ausgeschnittene und anschließend „geflickte" (*patched*) Bereich von Nucleotiden relativ kurz, im Allgemeinen sind 12 Nucleotide betroffen.

Diese *short patch*-Reparatur bewerkstelligt der Multienzymkomplex der **UvrABC-Endonuclease**, die man gelegentlich auch als „Excinuclease" bezeichnet. In der ersten Phase der Reaktion bindet ein Trimer aus zwei UvrA-Proteinen und einer Kopie von UvrB an der beschädigten Stelle an die DNA. Wie die Stelle erkannt wird, ist nicht bekannt, aber die breit ausgelegte Spezifität des Prozesses deutet darauf hin, dass nicht die einzelnen Arten von Schäden direkt erkannt werden, sondern der Komplex offenbar nach allgemeineren Merkmalen einer DNA-Schädigung sucht, etwa nach einer Verformung der Doppelhelix. UvrA ist möglicherweise der Teil des Komplexes, der vor allem mit der Lokalisierung von Schäden befasst ist, da das Protein dissoziiert, sobald eine solche Stelle erreicht wird, und danach beim Reparaturvorgang keine Rolle mehr spielt. Mit der Dissoziation von UvrA kann UvrC binden (Abb. 16.23) und das Dimer UvrBC entsteht. Dieses schneidet das Polynucleotid an jeder Seite der beschädigten Stelle. Der erste Schnitt erfolgt durch UvrB an der fünften Phosphodiesterbindung stromabwärts des schadhaften Nucleotids, der zweite durch UvrC an der achten Phosphodiesterbindung stromaufwärts. Das führt zur Excision von 12 Nucleotiden, wobei hier eine gewisse Variabilität möglich ist, insbesondere an der Schnittstelle von UvrB. Die DNA-Helikase II entfernt das ausgeschnittene Fragment im Allgemeinen als ganzes Oligonucleotid, wobei das Enzym vermutlich die Basenpaare auftrennt, die das Fragment mit dem zweiten Strang verbinden. In dieser Phase löst sich auch UvrC ab, während UvrB noch gebunden bleibt und die Lücke bedeckt, die durch die Excision entstanden ist. Das gebundene UvrB-Protein verhindert vermutlich, dass die einzelsträngige Region mit sich selbst Basenpaare ausbildet, die Funktion von UvrB kann aber auch darin bestehen, eine Schädigung der einzelsträngigen DNA zu verhindern oder die DNA-Polymerase an die Stelle zu lenken, die repariert werden soll. Wie bei der Basenexcisionsreparatur wird auch hier die Lücke durch die DNA-Polymerase I aufgefüllt und die letzte Phosphodiesterbindung schließt die DNA-Ligase.

Bei *E. coli* gibt es auch eine **long patch**-Nucleotidexcisionsreparatur, bei der Uvr-Proteine beteiligt sind. Diese unterscheidet sich dadurch, dass das ausgeschnittene DNA-Stück bis zu 2 kb lang sein kann. Diese „Langstreckenreparatur" wurde bis jetzt weniger genau untersucht und die Reaktion ist nicht bis in alle Einzelheiten bekannt, aber wahrscheinlich sind davon DNA-Bereiche mit umfangreicheren Schäden betroffen, etwa Regionen, in denen ganze Gruppen von Nucleotiden verändert wurden und nicht nur an einzelnen Stellen. Die Nucleotidexcisionsreparatur der Eukaryoten bezeichnet man ebenfalls als „*long patch*"-Mechanismus, aber es werden nur 24–29 Nucleotide der DNA entfernt. Tatsächlich gibt es bei den Eukaryoten keinen *short patch*-Mechanismus und die Bezeichnung „*long patch*" dient nur der Unterscheidung zur Basenexcisionsreparatur. Das System ist komplizierter als das von *E. coli*, und die zugehörigen Enzyme sind offenbar nicht zu den Uvr-Proteinen homolog. Beim Menschen sind mindestens 16 Proteine beteiligt, wobei der Schnitt stromabwärts an derselben Position – der fünften Phosphodiesterbindung – erfolgt wie bei *E. coli*. Da der Schnitt stromaufwärts in größerer Entfernung gesetzt wird, ist das ausgeschnittene Fragment länger. Beide Schnitte werden durch Endonucleasen katalysiert, die einzelsträngige DNA spezifisch an ihrem Übergang zum doppelsträngigen Bereich angreifen. Das deutet darauf hin, dass die DNA vor dem Schnitt um die beschädigte Stelle herum aufgeschmolzen wird, vermutlich durch eine Helikase (Abb. 16.24). Diese Aktivität stammt zumindest teilweise von TFIIH, einem Bestandteil des RNA-Polymerase-II-Initiationskomplexes (Tab. 11.5). Zuerst hatte man angenommen, dass TFIIH in der Zelle einfach eine Doppelfunktion besitzt und unabhängig sowohl bei der Transkription als auch bei der DNA-Reparatur mitwirkt. Jetzt geht man jedoch davon aus, dass es sich mehr um eine direkte Kopplung zwischen beiden Prozessen handelt. Diese Sichtweise wird durch die Entdeckung der **transkriptionsgekoppelten DNA-Reparatur** unterstützt. Dabei werden bestimmte Arten von Schädigungen im Matrizenstrang der Gene repariert, die gerade aktiv transkribiert werden. Die erste Art dieser transkriptionsgekoppelten Reparatur, die man entdeckte, war eine Variante der Nucleotidexcision, aber man weiß nun, dass die Basenexcisionsreparatur ebenfalls mit der Transkription verknüpft ist. Aus diesen Entdeckungen folgt jedoch nicht, dass nichttranskribierte Regionen des Genoms nicht repariert werden. Die Mechanismen der Excisionsreparatur schützen das gesamte Genom vor Schäden, aber es ist vollkommen nachvollziehbar, das es spezielle Mechanismen geben sollte, die die Prozesse zu Genen dirigieren, die transkribiert werden. Die Matrizenstränge dieser Gene enthalten die biologische Information des Genoms und die Aufrechterhaltung ihrer Integrität sollte für das Reparatursystem absoluten Vorrang haben.

### 16.2.3 Fehlpaarungsreparatur: Korrektur von Replikationsfehlern

Jedes Reparatursystem, mit dem wir uns bis hier beschäftigt haben – direkte Reparatur, Basenexcision und Nucleotidexcision – erkennt DNA-Schäden, die durch Mutagene verursacht wurden und wirkt darauf ein. Das heißt, es wird nach anormalen chemischen Strukturen wie modifizierte Nucleotide, Cyclobutyldimere und Quervernetzungen innerhalb einzelner Stränge gesucht. Diese Mechanismen können keine Fehlpaarungen (*mismatches*) korrigieren, die eine Folge von Fehlern bei der Replikation sind, da ein fehlgepaartes Nucleotid nicht anormal ist, sondern einfach ein A, C, G oder T, das an der falschen Position eingebaut wurde. Da diese Nucleotide genauso aussehen wie alle anderen, muss das Fehlpaarungsreparatursystem, das Replikationsfehler korrigiert, nicht das fehlgepaarte Nucleotid selbst erkennen, sondern das Fehlen der Basenpaarung zwischen dem ursprünglichen Strang und dem Tochterstrang. Sobald eine Fehlpaarung erkannt wurde, schneidet das Reparatursystem einen Teil des Tochterpolynucleotids heraus und füllt die Lücke auf wie bei der Basen- und Nucleotidexcisionsreparatur.

Der oben beschriebene Mechanismus liefert jedoch für eine wichtige Frage keine Antwort. Die Reparatur muss im Tochterpolynucleotid erfolgen, da es dieser neu synthetisierte Strang ist, in dem der Fehler aufgetreten ist: Die Ausgangs-DNA enthält die richtige Sequenz. Wie „weiß" das Reparatursystem, welcher Strang der Richtige ist? Bei *E. coli* lautet die Antwort, dass der Tochterstrang in dieser Phase weniger methyliert ist und sich deshalb von dem ursprünglichen Polynucleotid unterscheidet, das ein vollständiges Muster an zusätzlichen Methylgruppen aufweist. Die DNA von *E. coli* ist methyliert. Verantwort-

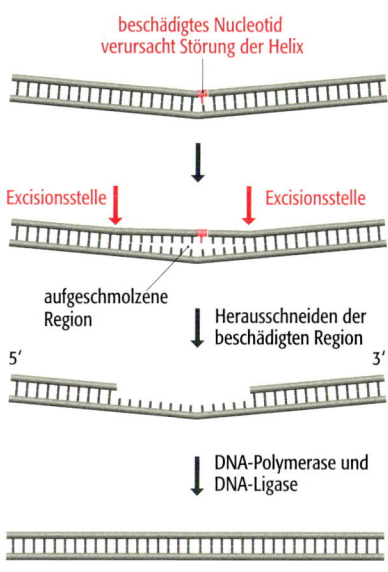

**16.24    Schematische Darstellung der Vorgänge bei der Nucleotidexcisionsreparatur von Eukaryoten.** Die Endonucleasen, die die beschädigte Region entfernen, schneiden spezifisch an der Übergangsstelle zwischen einem einzelsträngigen und einem doppelsträngigen Bereich in einem DNA-Molekül. Die DNA wird demnach vermutlich wie dargestellt an jeder Seite des beschädigten Nucleotids aufgeschmolzen, möglicherweise als Ergebnis der Helikaseaktivität von TFIIH.

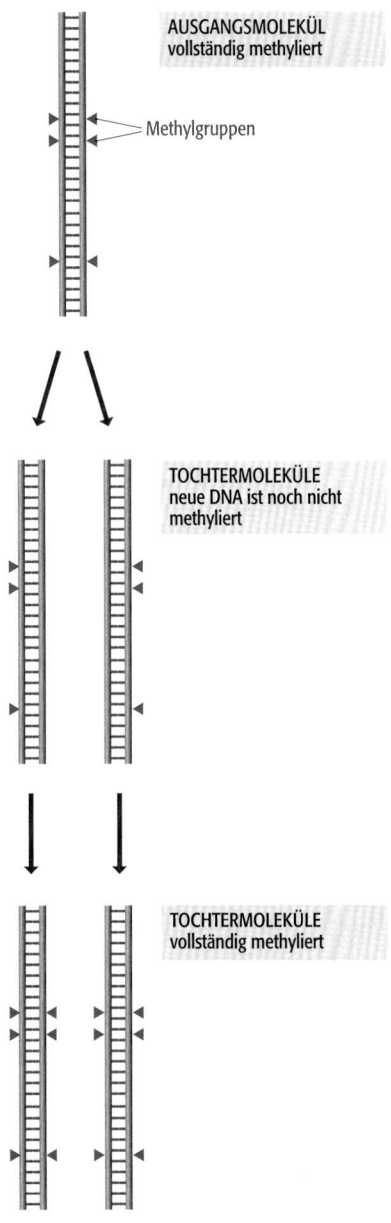

AUSGANGSMOLEKÜL
vollständig methyliert

Methylgruppen

TOCHTERMOLEKÜLE
neue DNA ist noch nicht
methyliert

TOCHTERMOLEKÜLE
vollständig methyliert

**16.25** Die Methylierung von neu synthetisierter DNA bei *E. coli* erfolgt nicht unmittelbar nach der DNA-Replikation, sodass die Fehlpaarungsreparatursysteme in diesem Zeitfenster die Tochterstränge erkennen und Replikationsfehler korrigieren können.

lich dafür sind die Aktivitäten der **DNA-Adenin-Methylase (Dam)**, die das Adenin in der Sequenz 5′-GATC-3′ in 6-Methyladenin umwandelt, und der **DNA-Cytosin-Methylase (Dcm)**, die Cytosin in den Sequenzen 5′-CCAGG-3′ und 5′-CCTGG-3′ in 5-Methylcytosin umwandelt. Diese Methylierungen sind nicht mutagen, die modifizierten Nucleotide besitzen dieselben Basenpaarungseigenschaften wie die nichtmodifizierten Formen. Die Methylierung des Tochterstranges erfolgt mit einer gewissen Verzögerung nach der DNA-Replikation, und in diesem Zeitfenster kann das Reparatursystem die DNA nach Fehlpaarungen absuchen und die erforderlichen Korrekturen im nichtmethylierten Tochterstrang ausführen (Abb. 16.25).

*E. coli* verfügt über mindestens drei Fehlpaarungsreparatursysteme, die man mit „*long patch*", „*short patch*" und „*very short patch*" bezeichnet, wobei sich die Begriffe auf die relativen Längen der ausgeschnittenen und neu synthetisierten DNA-Abschnitte beziehen. Das *long patch*-System ersetzt bis zu 1 kb oder mehr DNA und erfordert die Proteine MutH, MutL und MutS, außerdem die DNA-Helikase II, der wir bereits bei der Nucleotidexcisionsreparatur begegnet sind. MutS erkennt die Fehlpaarung und MutH unterscheidet die beiden Stränge, indem es an nichtmethylierte 5′-GATC-3′-Sequenzen bindet (Abb. 16.26). Die Funktion von MutL ist unklar, aber es könnte die Aktivitäten der anderen beiden Proteine koordinieren, da MutH nur in der Nähe von Fehlpaarungsstellen, die MutS erkannt hat, an nichtmethylierte 5′-GATC-3′-Sequenzen bindet. MutH schneidet die Phosphodiesterbindung unmittelbar stromaufwärts des Guanins in der Methylierungssequenz und die DNA-Helikase II löst den Einzelstrang ab. Es gibt anscheinend kein Enzym, das stromabwärts der Fehlpaarung schneidet; stattdessen wird die abgelöste einzelsträngige Region durch eine Exonuclease abgebaut, die der Helikase folgt und sich über die Fehlpaarungsstelle hinaus bewegt. Die Lücke wird dann durch die DNA-Polymerase I und die DNA-Ligase geschlossen. Ähnliche Reaktionen finden wahrscheinlich bei der *short patch*- und der *very short patch*-Fehlpaarungsreparatur statt, die Unterschiede betreffen die Spezifität der Proteine, die die Fehlpaarungen erkennen. Das *short patch*-System, bei dem ein Abschnitt von weniger als zehn Nucleotiden ausgeschnitten wird, beginnt damit, dass MutY eine A–G- oder A–C-Fehlpaarung erkennt, und das *very short patch*-System korrigiert G–T-Fehlpaarungen, die von der Vsr-Endonuclease erkannt werden.

Bei den Eukaryoten gibt es Proteine, die zu MutS und MutL von *E. coli* homolog sind, und der Fehlpaarungsreparaturmechanismus funktioniert wahrscheinlich ähnlich. Der einzige Unterschied besteht darin, dass es kein homologes Protein zu MutH gibt. Das deutet darauf hin, dass bei den Eukaryoten die Methylierung keine Rolle spielt, um zwischen ursprünglichem und Tochterpolynucleotid zu unterscheiden. Man hat zwar der Methylierung bei der Fehlpaarungsreparatur der Säuger eine gewisse Bedeutung beigemessen, aber die DNA einiger Eukaryoten, darunter die der Taufliege und der Hefe, ist nicht stark methyliert. Es ist also anzunehmen, dass diese Organismen einen anderen Mechanismus nutzen, um den Tochterstrang zu erkennen. Möglicherweise kommt es zu einer Assoziation zwischen den Reparaturenzymen und dem Replikationskomplex, sodass die Reparatur an die DNA-Synthese gekoppelt ist, oder es gibt einzelstrangbindende Proteine, die den ursprünglichen DNA-Strang markieren.

## 16.2.4 Reparatur von DNA-Brüchen

Ein Einzelstrangbruch in einem doppelsträngigen DNA-Molekül, wie er etwa bei einigen Arten von Oxidationsschäden auftritt, konfrontiert die Zelle nicht mit einem existenziellen Problem, da die Doppelhelix insgesamt ihre intakte Struktur behält. Der exponierte Einzelstrang wird mit PARP1-Proteinen bedeckt, die den intakten Strang davor schützen, an unangebrachten Rekombinationen beteiligt zu werden. Der Bruch wird durch die Enzyme geschlossen, die auch bei den Excisionsmechanismen mitwirken (Abb. 16.27).

Ein Doppelstrangbruch ist gravierender, weil dadurch aus der ursprünglichen Doppelhelix zwei getrennte Fragmente entstehen, die wieder zusammengebracht werden müssen, um den Bruch zu reparieren. Die beiden Enden des Bruches müssen vor einem weiteren Abbau geschützt werden, damit an der Bruchstelle bei einer späteren Reparatur keine Deletionsmutation entsteht. Der Reparaturmechanismus muss auch dafür sorgen, dass die richtigen Enden miteinander verknüpft werden: Wenn im Zellkern zwei gebrochene Chromosomen vorhanden sind, müssen die richtigen Paare zusammengebracht werden, damit die ursprünglichen Strukturen wieder hergestellt werden können. Experimente mit Mauszellen haben gezeigt, dass es schwierig ist, ein solches Ergebnis zu erhalten und ein Bruch von zwei Chromosomen relativ häufig zu einer fehlerhaften Reparatur und dadurch zum Entstehen von Hybridstrukturen führt. Selbst wenn nur ein Chromosom gebrochen ist, besteht noch die Möglichkeit, dass ein natürliches Chromosomenende als Bruchstelle erkannt wird und es zu einer falschen Reparatur kommt. Diese Art von Fehler ist nicht unbekannt, trotz spezieller Proteine, die an die Telomere binden und die natürlichen Enden der Chromosomen markieren (Abschnitt 7.1.2).

Doppelstrangbrüche entstehen durch ionisierende Strahlen und einige chemische Mutagene, aber auch bei der DNA-Replikation kann es zu Brüchen kommen. Die meisten, aber nicht alle Organismen verfügen über zwei unterschiedliche Reparaturmechanismen für Doppelstrangbrüche. Beim ersten kommt es zu einer homologen Rekombination, sodass wir uns damit erst später beschäftigen wollen, wenn wir in Kapitel 17 den grundlegenden Mechanismus der homologen Rekombination behandelt haben. Das zweite System bezeichnet man als **Verknüpfung nichthomologer Enden** (*nonhomologous end-joining*, **NHEJ**). Durch Untersuchungen an mutierten menschlichen Zelllinien ließen sich verschiedene Gruppen von Genen identifizieren, die bei diesem Prozess mitwirken, sodass man nun mehr über den NHEJ-Mechanismus weiß. Die Gene codieren einen Proteinkomplex aus mehreren Komponenten, der eine DNA-Ligase an die Bruchstelle bringt (Abb. 16.28a). Der Komplex enthält zwei Kopien des Ku-Proteins und jeweils eine davon bindet an die Enden des DNA-Bruches. Ku-Proteine können nur an die offenen Enden von Schnitten binden, nicht an interne Regionen eines DNA-Moleküls, da das DNA-Molekül in eine Proteinschleife passen muss. Diese entsteht durch die Assoziation der beiden Untereinheiten, aus denen wiederum jedes Ku-Protein besteht. (Abb. 16.28b). Die einzelnen Ku-Proteine zeigen eine gegenseitige Affinität, was dazu führt, dass die beiden DNA-Enden zusammengebracht werden. Ku bindet an die DNA in Assoziation mit der DNA-PK$_{CS}$-Proteinkinase, die XRCC4 als drittes Protein aktiviert. Das wiederum interagiert bei den Säugern mit der DNA-Ligase IV und lenkt dieses Reparaturprotein so an den Doppelstrangbruch.

Zuerst vermutete man, dass NHEJ nur auf Eukaryoten beschränkt ist, Untersuchungen der Proteindatenbanken haben jedoch ergeben, dass es bei Bakte-

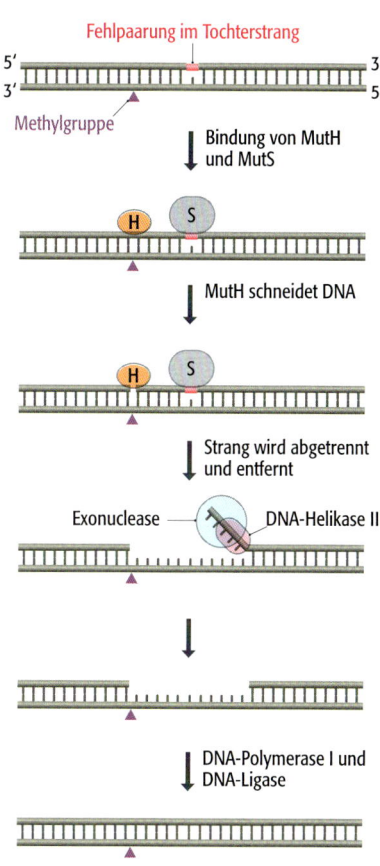

**16.26** *Long patch*-Fehlpaarungsreparatur bei *Escherichia coli*. Abkürzungen: H, MutH; S, MutS.

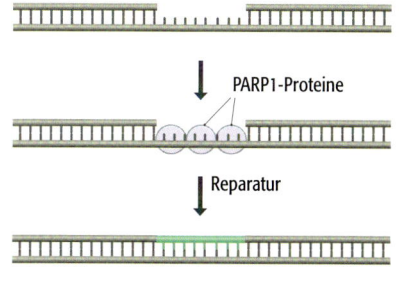

**16.27** Reparatur eines Einzelstrangbruches.

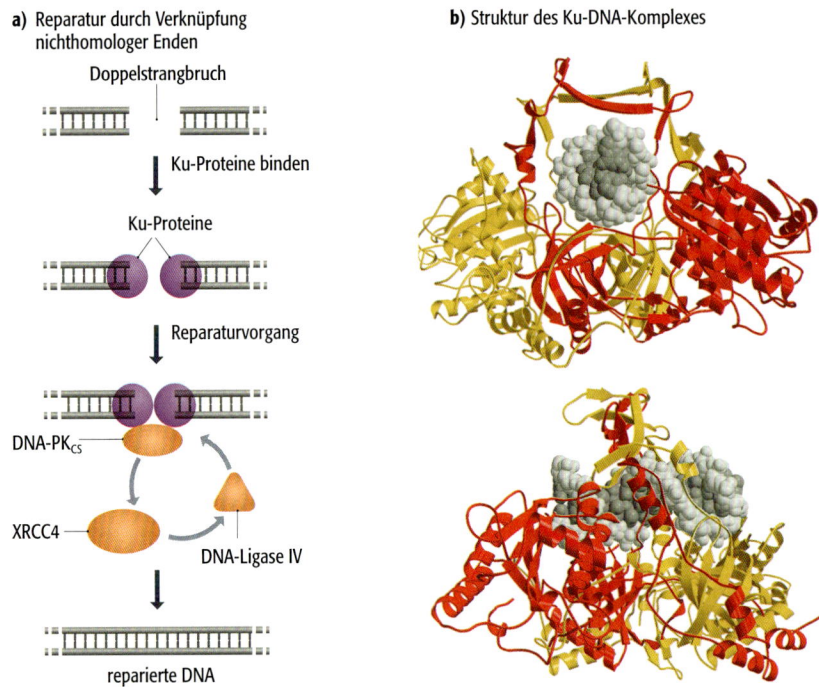

**a)** Reparatur durch Verknüpfung nichthomologer Enden

Doppelstrangbruch

Ku-Proteine binden

Ku-Proteine

Reparaturvorgang

DNA-PK$_{CS}$

XRCC4

DNA-Ligase IV

reparierte DNA

**b)** Struktur des Ku-DNA-Komplexes

**16.28    Verknüpfung nichthomologer Enden (NHEJ) beim Menschen.** a) Der Reparaturmechanismus. Nicht alle Proteine, die beim NHEJ-System mitwirken, sind dargestellt, so fehlen beispielsweise die Proteinkinasen ATM und ATR (Abschnitt 15.3.2), deren Hauptfunktion wahrscheinlich darin besteht, der Zelle mitzuteilen, wenn ein Doppelstrangbruch stattgefunden hat und der Zellzyklus angehalten werden muss, bis der Schaden repariert ist. Wenn die Zelle mit einem zerbrochenen Chromosom in die Mitose eintritt, geht ein Teil des Chromosoms verloren, da nur eines der beiden Fragmente ein Centromer enthält und Centromere essenziell sind, um die Chromosomen während er Anaphase auf die Tochterzellkerne zu verteilen (Abb. 3.15). b) Struktur des Ku-DNA-Komplexes. Oben ist das Ende der zerbrochenen DNA in Aufsicht dargestellt, darunter in Seitenansicht, wobei hier das Ende des DNA-Bruches links liegt. Ku ist ein Heterodimer aus den Untereinheiten Ku70 und Ku80 (die Zahlen geben die Molekülmassen in kd an). Ku70 ist rot dargestellt, Ku80 gelb und das DNA-Molekül grau. Mit freundlicher Genehmigung von Walker et al (2001) *Nature* 412: 607–614.

rien zum Ku-Protein der Säuger homologe Proteine gibt. Experimente haben außerdem gezeigt, dass diese in Kombination mit bakteriellen Ligasen eine vereinfachte Form der Doppelstrangbruchreparatur ausführen können.

## 16.2.5 Bypass (Umgehen) der DNA-Reparatur bei der Genomreplikation

Wenn ein Bereich eines Genoms umfangreiche Schäden erlitten hat, empfiehlt es sich, dass die Reparaturprozesse ausgeschaltet werden. Die Zelle steht dann vor der schwierigen Auswahl, entweder zu sterben oder zu versuchen, die beschädigte Region zu replizieren, selbst wenn diese Replikation fehlerhaft sein kann und möglicherweise mutierte Tochtermoleküle hervorbringt. *E. coli* wählt in diesem Fall immer den zweiten Weg und induziert einen von mehreren Notfallmechanismen, um die Stellen mit erheblichen Schäden zu umgehen.

### Die SOS-Antwort ist ein Notfallmechanismus zum Kopieren eines beschädigten Genoms

Die am besten untersuchten Bypass-Mechanismen sind Teil der **SOS-Antwort**, die es *E. coli* ermöglicht, seine DNA zu replizieren, obwohl die Polynucleotidmatrize AP-Stellen und/oder Cyclobutyldimere und andere Photoprodukte enthält, die durch chemische Mutagene oder UV-Strahlung erzeugt wurden und normalerweise den Replikationskomplex blockieren oder zumindest verlangsamen. Um diese Stellen zu umgehen, ist die Bildung eines **Mutasoms** erforderlich. Dieses besteht aus dem UmuD'$_2$C-Komplex (der auch als DNA-Polymerase V bezeichnet wird) sowie mehreren Kopien des **RecA-Proteins**. Letzteres ist primär ein einzelstrangbindendes Protein, das bei der DNA-Reparatur und -Rekombination viele Funktionen besitzt. In diesem Bypass-System bedeckt RecA die beschädigten Polynucleotidstränge und ermöglicht es so dem UmuD'$_2$C-Komplex, die DNA-Polymerase III zu verdrängen und eine fehleranfällige DNA-Synthese durchzuführen, bis die beschädigte Region passiert ist und die DNA-Polymerase III ihre Aktivität wieder aufnimmt (Abb. 16.29).

Neben seiner Funktion als einzelstrangbindendes Protein, das die Mutasom-Bypass-Reaktion ermöglicht, besitzt RecA auch die Funktion als Aktivator der gesamten SOS-Antwort. Das Protein wird durch (noch unbekannte) chemische Signale stimuliert, die das Vorhandensein umfangreicher DNA-Schäden anzeigen. Als Reaktion darauf spaltet RecA, direkt oder indirekt, eine Reihe von Zielproteinen, darunter auch UmuD, das dadurch zur aktiven Form UmuD′ wird. Außerdem setzt RecA den Mutasom-Reparaturmechanismus in Gang. RecA spaltet auch das Repressorprotein LexA und schaltet dadurch die Expression einer Anzahl von Genen an, die normalerweise von LexA unterdrückt werden. Dazu gehören das RecA-Gen selbst sowie mehrere andere Gene, deren Produkte bei der DNA-Reparatur mitwirken. RecA spaltet auch den cI-Repressor des λ-Bakteriophagen, sodass ein λ-Prophage, der möglicherweise im Genom integriert ist, herausgeschnitten wird und das „sinkende Schiff" verlässt (Abschnitt 14.3.1).

Die SOS-Antwort ist primär als die letzte Chance anzusehen, die das Bakterium hat, um seine DNA zu replizieren und unter ungünstigen Bedingungen zu überleben. Der Preis dafür ist eine erhöhte Mutationsrate, da das Mutasom keine Schäden repariert, sondern nur ermöglicht, das eine beschädigte Region eines Polynucleotids repliziert wird. Wenn es in der Matrizen-DNA auf eine beschädigte Position trifft, wählt die Polymerase mehr oder weniger zufällig ein beliebiges Nucleotid aus, wobei eine gewisse Bevorzugung zu erkennen ist, Adenin gegenüber einer AP-Stelle einzubauen. Auf diese Weise nimmt die Fehlerrate des Replikationsprozesses zu. Es gibt die Vermutung, dass die gesteigerte Mutationsrate der eigentliche Zweck der SOS-Antwort ist, wobei die Mutationen als Reaktion auf die DNA-Schäden in gewisser Weise vorteilhaft sein können. Diese Vorstellung ist jedoch weiterhin umstritten.

Eine Zeit lang glaubte man, dass die SOS-Antwort der einzige Bypass-Prozess für Schädigungen bei Bakterien ist, aber heute schätzt man, dass es bei *E. coli* mindestens zwei weitere DNA-Polymerasen gibt, die auf ähnliche Weise funktionieren, allerdings bei verschiedenen Arten von Schäden. Das ist zum einen die DNA-Polymerase II, die Nucleotide übergehen kann, an die mutagene chemische Gruppen gebunden sind, wie etwa *N*-2-Acetylaminofluoren. Zum anderen gibt es die DNA-Polymerase IV, die auch als DinB bezeichnet wird und die durch einen Bereich der Matrizen-DNA hindurch replizieren kann, in dem die beiden ursprünglichen Polynucleotide fehlerhaft zusammengelagert sind. Auch in eukaryotischen Zellen hat man Bypass-Polymerasen entdeckt. Dazu gehören die DNA-Polymerasen ε und η, die Cyclobutyldimere übergehen können, sowie die DNA-Polymerasen ι und ζ, die zusammenwirken, um die Replikation über Photoprodukte und AP-Stellen hinweg zu bringen.

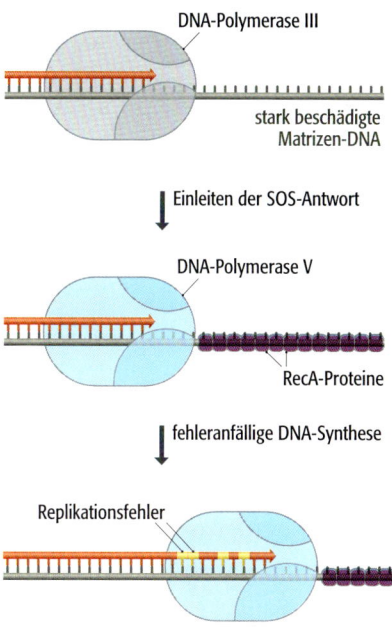

**16.29**  Die SOS-Antwort von *Escherichia coli*.

### 16.2.6 Defekte in der DNA-Reparatur verursachen beim Menschen Krankheiten, zum Beispiel Krebs

Die Bedeutung der DNA-Reparatur wird deutlich, wenn man die Anzahl und Schwere von menschlichen Erbkrankheiten betrachtet, die mit Defekten in einem der Reparatursysteme zusammenhängen. Eines der am besten charakterisierten Beispiele ist die Xeroderma pigmentosum. Die Krankheit entsteht durch eine Mutation in einem von mehreren Genen für Proteine, die an der Nucleotidexcisionsreparatur beteiligt sind. Die Nucleotidexcision ist die einzige Möglichkeit für menschliche Zellen, Cyclobutyldimere und andere Photoprodukte zu reparieren. Es ist also nicht verwunderlich, dass zu den Symptomen der Xeroderma pigmentosum eine Überempfindlichkeit gegenüber UV-Licht gehört, sodass Patienten mehr Mutationen erleiden als im Normalfall, wenn sie Sonnenlicht ausgesetzt sind, und häufig an Hautkrebs erkranken. Die Trichothiodystrophie wird ebenfalls von Defekten der Nucleotidexcisionsreparatur verursacht. Es handelt sich aber um eine komplexere Störung, bei der es zwar nicht zu einer Krebserkrankung kommt, die aber im Allgemeinen mit Problemen der Haut und des Nervensystems einhergeht.

Einige Krankheiten wurden auch Defekten in der transkriptionsgekoppelten Nucleotidexcisionsreparatur zugeordnet. Dazu gehören Brust- und Eierstockkrebs. Das *BRCA1*-Gen, das eine Anfälligkeit für diese Krebsformen vermittelt, codiert ein Protein, das zumindest indirekt mit der transkriptionsgekoppelten Reparatur zusammenhängt. Auch das Cockayne-Syndrom gehört hierher, eine komplexe Krankheit, die sich durch Störungen des Wachstums und des Nervensystems manifestiert. Auch bei Menschen, die an einer bestimmten Form von Krebsanfälligkeit leiden, die man als erblichen nichtpolypösen Dickdarmkrebs (*hereditary nonpolyposis colorectal cancer*, HNPCC) bezeichnet, hat man einen Defekt in der transkriptionsgekoppelten DNA-Reparatur als Ursache festgestellt, wobei man ursprünglich von einem Defekt der Fehlpaarungsreparatur ausgegangen war. Ataxia teleangiectatica, zu deren Symptomen Empfindlichkeit gegenüber ionisierenden Strahlen gehören, wird durch Defekte im *ATX*-Gen verursacht, das für die Erkennung von DNA-Schäden von Bedeutung ist. Andere Erkrankungen, die mit einem Zusammenbruch der DNA-Reparatur zusammenhängen, sind das Bloom- und das Werner-Syndrom (Inaktivierung einer DNA-Helikase, die beim NHEJ-Mechanismus beteiligt sein könnte), die Fanconi-Anämie (Empfindlichkeit gegenüber Substanzen, die Quervernetzungen in der DNA verursachen, wobei die biochemischen Grundlagen der Krankheit unbekannt sind) und die spinozerebellare Ataxie (Defekte in einem Reaktionsweg zur Reparatur von Einzelstrangbrüchen).

# Zusammenfassung

Eine Mutation ist eine Veränderung der Nucleotidsequenz eines DNA-Moleküls, entweder aufgrund einer Punktmutation, die nur ein einziges Nucleotid betrifft, oder durch eine Insertion beziehungsweise Deletion von einem oder mehreren Nucleotiden nebeneinander. Mutationen können durch Fehler bei der DNA-Replikation entstehen, obwohl DNA-Polymerasen über Funktionen der Nucleotidselektion und des Korrekturlesens verfügen, die ein hohes Maß an Genauigkeit gewährleisten. Diese Kontrollmechanismen können jedoch unterlaufen werden, wenn beispielsweise in der Matrize eine ungewöhnliche tautomere Form eines Nucleotids vorkommt. Eine zweite Art von Replikationsfehlern, die man als Verrutschen bei der Replikation (*slippage*) bezeichnet, kann zu Insertions- oder Deletionsmutationen führen. Es gibt auch viele Arten von chemischen oder physikalischen Faktoren, die Mutationen auslösen können. Einige chemische Verbindungen wirken als Basenanaloga und verursachen Mutationen, wenn sie fälschlicherweise anstelle der eigentlichen Nucleotide vom Replikationsapparat verwendet werden. Desaminierende und alkylierende Agenzien greifen DNA-Moleküle direkt an, und interkalierende Verbindungen wie Ethidiumbromid schieben sich zwischen die Basenpaare, sodass es zu Insertionen oder Deletionen kommt, wenn die Helix repliziert wird. UV-Strahlen führen dazu, dass benachbarte Nucleotide zu Dimeren verknüpft werden, ionisierende Strahlen und Hitze verursachen verschiedene Formen von Schäden. Innerhalb eines Gens muss eine Punktmutation aufgrund der Degenerierung des genetischen Codes nicht unbedingt die codierte Information beeinflussen, aber einige Mutationen können die Bedeutung eines Codons verändern, sodass das Codon für eine andere Aminosäure steht oder womöglich zu einem Stoppcodon wird. Insertionen und Deletionen können Rasterverschiebungen mit sich bringen, die zu einem vorzeitigen Abbruch oder zu einem Überlesen des richtigen Stoppcodons führen. Jede dieser Mutationen kann einen Funktionsverlust verursachen, einige wenige auch einen Funktionsgewinn, und möglicherweise kann auf diese Weise Krebs entstehen. Bei Bakterien kann eine Mutation zu Auxotrophie führen, das heißt, eine Zelle benötigt einen zusätzlichen Nährstoff im Medium, den der Wildtyp nicht braucht. Oder es entwickelt sich dadurch eine Resistenz gegen ein Antibiotikum oder einen anderen Inhibitor. Die Möglichkeit, dass Zellen unter bestimmten Bedingungen ihre Mutationsrate erhöhen können oder programmierte Mutationen als Reaktion auf Veränderungen in der Umgebung hervorbringen, ist sehr umstritten. Alle Zellen verfügen über DNA-Reparaturmechanismen, durch die viele Mutationen korrigiert werden können. Direkte Reparatursysteme sind unüblich, aber die wenigen bekannten korrigieren einige bestimmte Arten von Basenschäden, etwa durch Entfernen von UV-induzierten Nucleotiddimeren. Bei Excisionsreparaturmechanismen wird ein Abschnitt des Polynucleotids ausgeschnitten, der eine beschädigte Stelle enthält, wobei eine DNA-Polymerase anschließend den Bereich mit der richtigen Nucleotidsequenz neu synthetisiert. Durch die Fehlpaarungsreparatur werden Replikationsfehler korrigiert, auch hier durch Ausschneiden eines DNA-Einzelstranges, der die Mutation enthält, mit anschließender Reparatur der entstandenen Lücke. Die Verknüpfung nichthomologer Enden dient dazu, Doppelstrangbrüche zu beheben. Außerdem gibt es Bypass-Mechanismen, durch die Stellen mit DNA-Schäden bei der Replikation umgangen werden können. Viele dieser Mechanismen fungieren als Notfallsystem, die ein Genom retten sollen, das umfangreiche Mutationen erlitten hat.

# Multiple-Choice-Fragen

*Antworten auf die Fragen mit den ungeraden Zahlen finden Sie im Anhang

**16.1\*** Welche der folgenden Aussagen ist falsch?

   **a.** Eine Mutation ist eine Veränderung der Nucleotidsequenz in einem kurzen Abschnitt des Genoms

   **b.** Alle Mutationen werden durch Faktoren aus der Umgebung ausgelöst

   **c.** Viele Mutationen lassen sich reparieren

   **d.** Einige Mutationen entstehen durch Fehler bei der Replikation

**16.2** Welches der folgenden Ereignisse führt dazu, dass ein Nucleotid durch ein anderes ersetzt wird?

   **a.** Deletionsmutation

   **b.** Insertionsmutation

   **c.** Punktmutation

   **d.** Translokation

**16.3\*** Welcher der folgenden Faktoren führt zum Auftreten von spontanen Mutationen?

   **a.** Chemische Mutagene

   **b.** Fehler bei der DNA-Replikation

   **c.** Hitze

   **d.** Strahlung

**16.4** Wie erhöht die Korrekturlesefunktion die Genauigkeit der Genomreplikation?

   **a.** Die DNA-Polymerase selektiert falsche Nucleotide, wenn sie zunächst an das Enzym binden

   **b.** Die 5′→3′-Exonucleaseaktivität der DNA-Polymerase entfernt ein Nucleotid, das fälschlicherweise am Ende des gerade synthetisierten Polynucleotids eingebaut wurde

   **c.** Wenn das 3′-endständige Nucleotid mit der Matrize kein Basenpaar bildet, wird es durch die Exonucleaseaktivität der DNA-Polymerase entfernt

   **d.** Alle obigen Aussagen treffen zu

**16.5\*** Welcher der folgenden Effekte ist eine häufige Ursache für Fehler bei der Genomreplikation?

   **a.** Bildung von G–U-Basenpaaren an der Replikationsgabel

   **b.** Replikation von Bereichen des Genoms, die gerade transkribiert werden

   **c.** Eine Tautomerverschiebung innerhalb eines Nucleotids in der Matrizen-DNA

   **d.** Das Vorhandensein von Nucleosomen, die an die gerade replizierte DNA gebunden sind

**16.6** Welche Arten von Sequenzwiederholungen werden häufig durch ein Verrutschen bei der Replikation verändert?

   **a.** Mikrosatelliten

   **b.** Minisatelliten

   **c.** Retroposons

   **d.** DNA-Transposons

**16.7\*** Welche Arten von chemischen Mutagenen werden durch die DNA-Polymerase bei der Replikation in das Genom eingebaut?

   **a.** Alkylierende Agenzien

   **b.** Basenanaloga

   **c.** Desaminierende Agenzien

   **d.** Interkalierende Agenzien

**16.8** Welche Art von DNA-Schädigung entsteht durch ultraviolette Strahlung?

   **a.** Cyclobutyldimere

   **b.** AP- (apurinische/apyrimidinische) Stellen

   **c.** Desaminierung von Basen

   **d.** Tautomerisierung von Basen

**16.9\*** Welche Art von Mutation wandelt ein Codon, das eine Aminosäure codiert, in ein Stoppcodon um?

   **a.** Nonsense-Mutation

   **b.** Nichtsynonyme Mutation

   **c.** *readthrough*-Mutation

   **d.** Synonyme Mutation

**16.10** Was ist eine auxotrophe Mutante?

   **a.** Eine Mutante, die auf Minimalmedium wachsen kann

   **b.** Eine Mutante, die zum Wachstum ein Antibiotikum benötigt

   **c.** Eine Mutante, die Nährstoffe benötigt, die der Wildtyporganismus nicht braucht

   **d.** Eine Mutante, die bei restriktiven Temperaturen wachsen kann

**16.11\*** Welchen der folgenden DNA-Schäden kann *E. coli* nicht durch ein direktes Reparatursystem beheben?

   **a.** Alkylierte Basen

   **b.** AP-Stellen

   **c.** Cyclobutyldimere

   **d.** Fehlende Phosphodiesterbindungen

**16.12** Welche der folgenden Aussagen beschreibt die Nucleotidexcisionsreparatur?

　　**a.** Ein Bereich von doppelsträngiger DNA, der beschädigte Nucleotide enthält, wird entfernt und durch neue DNA ersetzt

　　**b.** Ein einziges beschädigtes Nucleotid wird entfernt und durch ein neues Nucleotid ersetzt

　　**c.** Eine einzige beschädigte Base wird entfernt und durch eine neue Base ersetzt

　　**d.** Ein Bereich von einzelsträngiger DNA, der beschädigte Nucleotide enthält, wird entfernt und durch neue DNA ersetzt

**16.13\*** Welche der folgenden Aktivitäten spielt bei der Fehlpaarungsreparatur eine Rolle?

　　**a.** Modifizierte Nucleotide werden erkannt

　　**b.** Cyclobutyldimere werden entfernt

　　**c.** Der ursprüngliche und der Tochterstrang von neu synthetisierter DNA werden unterschieden

　　**d.** Das richtige Leseraster wird erkannt

**16.14** Wie unterscheidet *E. coli* bei neu synthetisierter DNA den ursprünglichen Strang vom Tochterstrang?

　　**a.** Die Tochterstränge werden methyliert sobald sie synthetisiert werden

　　**b.** Die Tochterstränge werden nicht sofort methyliert

　　**c.** Die Tochterstränge werden nicht sofort an Histonproteine gebunden

　　**d.** Die Tochterstränge enthalten Ribonucleotide der RNA-Primer, die zur Initiation der DNA-Synthese verwendet wurden

**16.15\*** Wie versucht *E. coli* bei der SOS-Antwort beschädigte DNA zu replizieren?

　　**a.** Bereiche mit beschädigter DNA werden aus dem Genom deletiert

　　**b.** Nucleotide werden zufällig an den beschädigten Stellen eingebaut

　　**c.** Die gesamte DNA-Synthese wird angehalten, bis der Schaden repariert werden kann

　　**d.** Messenger-RNA wird in DNA umgewandelt, die dann an den beschädigten Stellen durch Rekombination eingebaut wird

# Fragen mit kurzen Antworten        *Antworten auf die Fragen mit den ungeraden Zahlen finden Sie im Anhang

**16.1\*** Durch welche Mechanismen entstehen in einem Genom Mutationen?

**16.2** Welche Unterschiede bestehen zwischen präreplikativen und postreplikativen DNA-Reparaturmechanismen?

**16.3\*** Wie selektiert die DNA-Polymerase bei der DNA-Synthese das richtige Nucleotid?

**16.4** Wie erzeugt das Basenanalogon 2-Aminopurin Mutationen in der DNA?

**16.5\*** Wie beeinflusst Hitze die Struktur der DNA? Wie häufig kommt es zu einer hitzeinduzierten Schädigung der DNA und welche Effekte haben diese Schäden?

**16.6** Wie können Mutationen in nichtcodierenden DNA-Sequenzen die Genomexpression beeinflussen?

**16.7\*** Die familiäre Hypercholesterinämie des Menschen entsteht durch eine *loss of function*-Mutation in einem Gen, das die LDL-Rezeptor-bindende Domäne von Apolipoprotein B-100 codiert und als dominantes Merkmal vererbt wird. Warum?

**16.8** Wie könnte man bedingt letale Mutationen nutzen, um essenzielle Genprodukte in einem Mikroorganismus zu charakterisieren?

**16.9\*** Worauf beruht die Hypermutation des V-Segments der Immunglobulingene des Menschen.

**16.10** Welche Reaktionsschritte gehören zur Basenexcisionsreparatur?

**16.11\*** Wie werden Doppelstrangbrüche in der DNA mithilfe einer Verknüpfung nichthomologer Enden repariert?

**16.12** Welche Funktion hat das LexA-Protein bei der SOS-Antwort von *E. coli*?

## Vertiefende Aufgaben
*Hinweise zur Beantwortung der Fragen mit den ungeraden Zahlen finden Sie im Anhang

**16.1*** Erklären Sie, warum eine Purin-zu-Purin- oder eine Pyrimidin-zu-Pyrimidin-Punktmutation als Transition, eine Mutation von Purin zu Pyrimidin oder umgekehrt als Transversion bezeichnet wird.

**16.2** Welches Verhältnis von Transitionen zu Transversionen ist bei einer großen Anzahl von Mutationen zu erwarten?

**16.3*** Erläutern sie den aktuellen Wissensstand über Krankheiten, die durch die Expansion von Trinucleotidwiederholungen ausgelöst werden, einschließlich der Hypo-

thesen, die erklären sollen, warum die Triplettexpansion in diesen Genen eine Krankheit hervorruft.

**16.4** Bewerten Sie die Belege für programmierte Mutationen.

**16.5*** Das Bakterium *Deinococcus radiodurans* ist gegenüber Strahlung und anderen physikalischen und chemischen Mutagenen hochgradig resistent. Erläutern Sie, wie sich diese Eigenschaften in der Genomsequenz von *D. radiodurans* widerspiegeln.

## Aufgaben zu Abbildungen
*Antworten auf die Fragen mit den ungeraden Zahlen finden Sie im Anhang

**16.1*** Welche Art von Mutationen (rote Nucleotide) ist in der Abbildung dargestellt? Welche Ursache hat diese Mutation?

**16.2** Erläutern Sie die möglichen Auswirkungen der verschiedenen Arten von Mutationen, die in dieser Abbildung dargestellt sind.

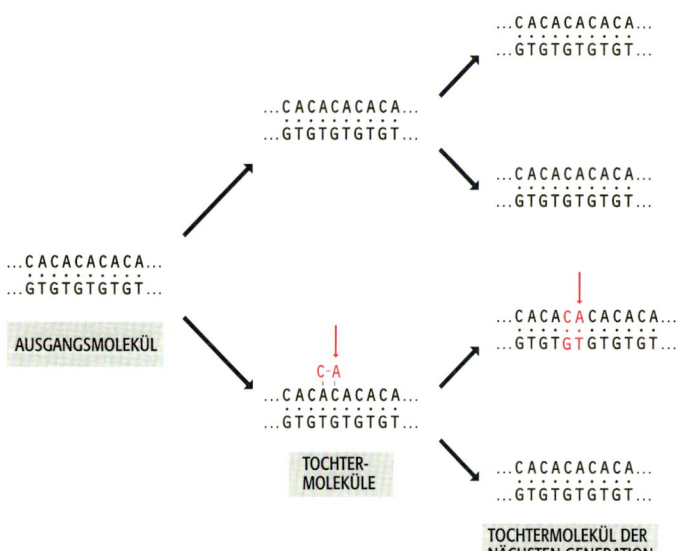

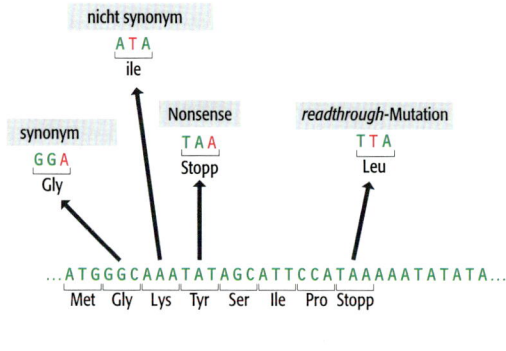

16.3* Wie bezeichnet man ein Enzym, das aus einem DNA-Molekül die beschädigte Base entfernt? Welcher Mechanismus dient dazu, die DNA nach Entfernen der Base zu reparieren?

16.4 Welcher Mechanismus der DNA-Replikation ist in dieser Abbildung dargestellt? Wann tritt er auf?

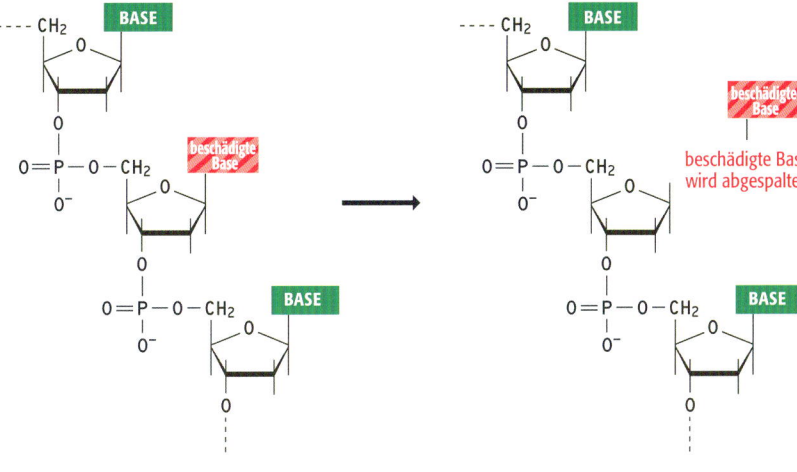

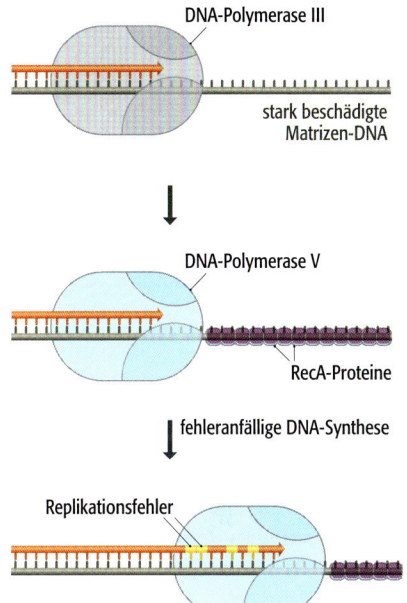

# Weiterführende Literatur

## Ursachen für Mutationen

Kunkel TA, Bebenek K (2000) DNA replication fidelity. *Annu Rev Biochem* 69: 497–529. [Beschreibung der Prozesse die dafür sorgen, dass bei der DNA-Replikation möglichst wenige Fehler auftreten]

## Erkrankungen durch Expansion von Trinucleotidwiederholungen

Ashley CT, Warren ST (1995) Trinucleotide repeat expansion and human disease. *Annu Rev Genet* 29: 703–728

Perutz MF (1999) Glutamine repeats and neurodegenerative diseases: molecular aspects. *Trends Biochem Sci* 24: 58–63

Sutherland GR, Baker E, Richards RI (1998) Fragile sites still breaking. *Trends Genet* 14: 501–506

## Hypermutation und programmierte Mutationen

Andersson DI, Slechta ES, Roth JR (1998) Evidence that gene amplification underlies adaptive mutability of the bacterial *lac* operon. *Science* 282: 1133–1135

Cairns J, Overbaugh J, Miller S (1988) The origin of mutants. *Nature* 335: 142–145. [Die ersten Experimente, die darauf hindeuteten, dass Bakterien Mutationen programmieren können]

Chicurel M (2001) Can organisms speed their own mutation? *Science* 292: 1824–1827

Nola JD, Neuberger MS (2002) Altering the pathway of immunoglobulin hypermutation by inhibiting uracil-DNA glycosylase. *Nature* 419: 43–48

## Excisionsreparatur

Lehmann AR (1995) Nucleotide excision repair and the link with transcription. *Trends Biochem Sci* 20: 402–405

Seeberg E, Eide L, Bjørås M (1995) The base excision repair pathway. *Trends Biochem Sci* 20: 391–397

## Fehlpaarungsreparatur

Kolodner RD (1995) Mismatch repair: mechanisms and relationship to cancer susceptibility. *Trends Biochem Sci* 20: 397–401

Kunkel TA, Erie DA (2005) DNA mismatch repair. *Annu Rev Biochem* 74: 681–710

Shannon M, Weigert M (1998) Fixing mismatches. *Science* 279: 1159–1160

## Reparatur von DNA-Brüchen

Critchlow SE, Jackson SP (1998) DNA end-joining: from yeast to man. *Trends Biochem Sci* 23: 394–398

Walker JR, Corpina RA, Goldberg J (2001) Structure of the Ku heterodimer bound to DNA and its implications for double-strand break repair. *Nature* 412: 607–614

Wilson TE, Topper LM, Palmbos PL (2003) Nonhomologous end-joining: bacteria join the chromosome breakdance. *Trends Biochem Sci* 28: 62–66. [Belege für den NHEJ-Mechanismus bei Bakterien]

## Bypass-Mechanismen bei DNA-Schäden

Hanaoka F (2001) SOS polymerases. *Nature* 409: 33–34

Johnson RE, Prakash S, Prakash L (1999) Efficient bypass of a thymine-thymine dimer by yeast DNA polymerase, Polε. *Science* 283: 1001–1004

Johnson RE, Washington MT, Haracska L, Prakash S, Prakash L (2000) Eukaryotic polymerases ι and ζ act sequentially to bypass DNA lesions. *Nature* 406: 1015–1019

Sutton MD, Smith BT, Godoy VG, Walker GC (2000) The SOS response: recent insights into *umuDC*-dependent mutagenesis and DNA damage tolerance. *Annu Rev Genet* 34: 479–497

## DNA-Reparatur und Krankheiten

Gowen LC, Avrutskaya AV, Latour AM, Koller BH, Leadon SA (1998) BRCAI required for transcription-coupled repair of oxidative DNA damage. *Science* 281: 1009–1012

Hanawalt, PC (2000) The bases for Cockayne syndrome. *Nature* 405: 415–416

# Die Rekombination

# 17

**Wenn Sie Kapitel 17 gelesen haben, sollten Sie folgende Aufgaben lösen können:**

- Beschreiben Sie die verschiedenen Modelle für die homologe Rekombination, und nennen Sie die Unterschiede.

- Erläutern Sie den RecBCD-Mechanismus für die homologe Rekombination bei *Escherichia coli* in seinen Einzelheiten.

- Fassen Sie die wichtigsten Eigenschaften des RecE- und RecF-Mechanismus von *E. coli* zusammen, und nennen Sie die Bezeichnungen und Funktionen der eukaryotischen Proteine, die mutmaßlich an der homologen Rekombination beteiligt sind.

- Beschreiben Sie, wie die homologe Rekombination dazu dient, DNA-Brüche zu reparieren.

- Schildern Sie ausführlich, welche Funktion die ortsspezifische Rekombination im lysogenen Infektionszyklus des Bakteriophagen λ besitzt, und erklären Sie, warum die ortsspezifische Rekombination für die Entwicklung von gentechnisch veränderten landwirtschaftlichen Anbauprodukten wichtig ist.

- Erläutern Sie die Shapiro-Modelle der konservativen und der replikativen Transposition eines DNA-Transposons.

- Beschreiben Sie den Transpositionsmechanismus eines LTR-Retroelements.

- Erörtern Sie in Grundzügen die möglichen Mechanismen, durch die die Zellen schädliche Auswirkungen von Transpositionen möglichst gering halten.

**R**ekombination ist der Begriff, den Genetiker ursprünglich benutzt haben, um das Ergebnis eines Crossing-over innerhalb eines Paares von homologen Chromosomen bei der Meiose zu bezeichnen. Ein Crossing-over führt dazu, dass die Tochterchromosomen andere Allelkombinationen aufweisen als die ursprünglichen Chromosomen (Abschnitt 3.2.3). In den 1960er-Jahren hat man Modelle für die molekularen Vorgänge entwickelt, die einem Crossing-over zugrunde liegen, und man stellte fest, dass ein wichtiger Bestandteil der molekularen Rekombination der Bruch und die anschließende Neuverknüpfung von DNA-Molekülen ist. Heute verwenden Biologen den Begriff „Rekombination" für eine Reihe von Mechanismen, bei denen es zu einem Bruch und einer Neuverknüpfung von Polynucleotiden kommt:

- Die **homologe Rekombination**, die man auch als **allgemeine Rekombination** bezeichnet, tritt zwischen Abschnitten von DNA-Molekülen auf, die eine umfangreiche Sequenzhomologie aufweisen. Diese Abschnitte können auf verschiedenen Chromosomen liegen, oder es handelt sich um zwei

Bereiche eines einzigen Chromosoms (Abb. 17.1a). Die homologe Rekombination bewirkt das Crossing-over während der Meiose und wurde auch ursprünglich in diesem Zusammenhang untersucht. Man geht jedoch inzwischen davon aus, dass die primäre zelluläre Funktion des Crossing-over die DNA-Reparatur ist.

● Die **ortsspezifische Rekombination** erfolgt zwischen DNA-Molekülen, die nur kurze Bereiche mit übereinstimmenden Sequenzen aufweisen, möglicherweise sogar nur einige Basenpaare (Abb. 17.b). Das Einfügen von Phagengenomen, wie etwa das λ-Genom, in das bakterielle Chromosom erfolgt durch eine ortsspezifische Rekombination.

● Die **Transposition** führt zur Übertragung eines DNA-Segments von einer Position im Genom an eine andere (Abb. 17.1c).

Auch verschiedene andere Vorgänge, mit denen wir uns bereits befasst haben, etwa der Kreuzungstypwechsel bei der Hefe (Abb. 14.16) oder die Bildung der Immunglobulingene (Abb. 14.19), sind ebenfalls Ergebnisse einer Rekombination.

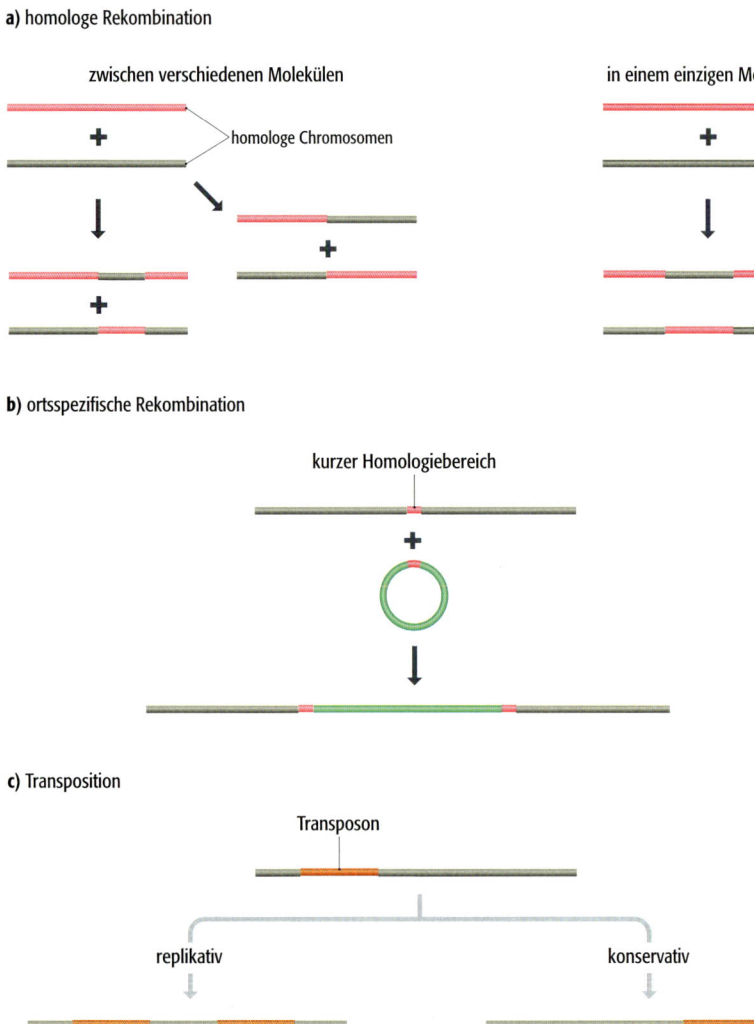

**a)** homologe Rekombination

zwischen verschiedenen Molekülen

homologe Chromosomen

in einem einzigen Molekül

**b)** ortsspezifische Rekombination

kurzer Homologiebereich

**c)** Transposition

Transposon

replikativ

konservativ

**17.1** Drei verschiedene Rekombinationsereignisse.

Ohne Rekombination wären Genome relativ statische Strukturen, in denen es zu sehr wenigen Veränderungen käme. Die allmähliche Anhäufung von Mutationen über einen langen Zeitraum würde in der Nucleotidsequenz des Genoms nur zu Veränderungen im kleinen Maßstab führen, aber eine umfangreichere Umstrukturierung, die eine Funktion der Rekombination ist, würde nicht stattfinden. Das heißt, das evolutionäre Potenzial des Genoms wäre stark eingeschränkt.

# 17.1 Homologe Rekombination

Die Untersuchung der homologen Rekombination hat die Molekularbiologie vor zwei wichtige Aufgaben gestellt, von denen bis jetzt keine vollständig gelöst ist. Die erste Aufgabe besteht darin, die Abfolge der Wechselwirkungen zu beschreiben, die bei der Rekombination auftreten und durch die es zum Bruch und zur Neuverknüpfung von Polynucleotiden kommt. Die Modelle für die homologe Rekombination, die aus diesen Arbeiten hervorgingen, werden in Abschnitt 17.1.1 beschrieben. Die zweite Aufgabe hängt mit der Tatsache zusammen, dass die Rekombination ein zellulärer Prozess ist, der wie andere zelluläre Prozesse, die die DNA betreffen (zum Beispiel Transkription und Replikation), von Enzymen und anderen Proteinen durchgeführt und reguliert wird. Biochemische Untersuchungen haben eine Reihe von verwandten Rekombinationsmechanismen ergeben, die in Abschnitt 17.1.2 dargestellt sind. Durch die Untersuchung dieser Mechanismen erkannte man, dass die homologe Rekombination die Grundlage von mehreren wichtigen DNA-Reparaturmechanismen bildet und diese Reparaturfunktion für eine Zelle (vor allem für Bakterienzellen) womöglich bedeutender ist als das Potenzial, das die homologe Rekombination für ein Crossing-over zwischen den Chromosomen darstellt. Wir wollen diese Reparaturmechanismen in Abschnitt 17.1.3 behandeln.

## 17.1.1 Modelle für die homologe Rekombination

Viele Durchbrüche bei der Untersuchung der homologen Rekombination stammten von Robin Holliday, Matthew Meselson und ihren Mitarbeitern in den 1960er- und 1970er-Jahren. Aus diesen Arbeiten ging eine Anzahl von Modellen hervor, die zeigen sollten, wie der Bruch und die Neuverknüpfung von DNA-Molekülen zum Austausch von Chromosomenabschnitten führen kann, was man bereits vom Crossing-over kennt. Wir wollen deshalb die Behandlung dieser Modelle bei unserer Beschäftigung mit der homologen Rekombination an den Anfang stellen.

### *Das Holliday- und das Meselson-Radding-Modell für die homologe Rekombination*

Diese Modelle beschreiben die Rekombination zwischen zwei homologen doppelsträngigen Molekülen, die identische oder nahezu identische Sequenzen aufweisen. Das entscheidende Merkmal dieser Modelle ist die Bildung einer **Heteroduplex-DNA**. Diese entsteht durch den Austausch von Polynucleotidabschnitten zwischen den beiden homologen Molekülen (Abb. 17.2). Die Heteroduplex-DNA wird zunächst durch Basenpaarungen zwischen dem übertragenen Strang und den intakten Polynucleotiden des Empfängermoleküls stabilisiert. Die Sequenzübereinstimmung zwischen den Molekülen ermöglicht die Basenpaarung. Anschließend verschließt die DNA-Ligase die Lücken und eine **Holliday-Struktur** entsteht. Diese Struktur ist dynamisch, durch die **Wanderung der Verzweigungsstelle** kommt es zu einem Austausch von längeren DNA-Abschnitten, wenn sich die beiden Helices in derselben Richtung drehen.

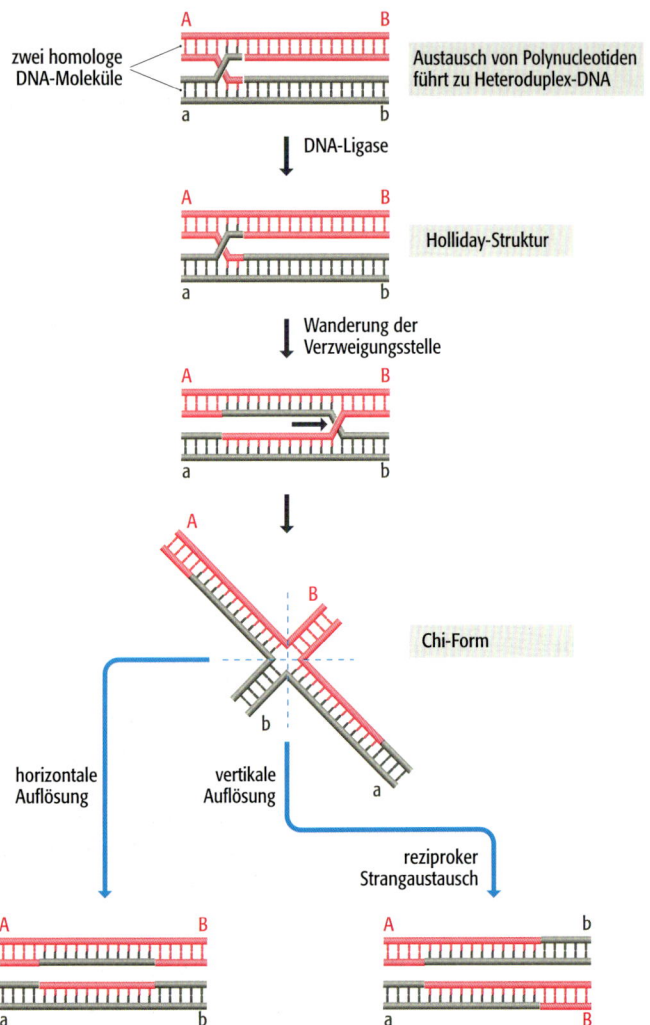

17.2 Das Holliday-Modell für die homologe Rekombination.

Die Trennung oder **Auflösung** der Holliday-Struktur zurück zu den einzelnen doppelsträngigen Molekülen erfolgt durch Spaltung quer zur Verzweigungsstelle. Hier liegt die entscheidende Stelle des gesamten Vorgangs, da der Schnitt in einer von zwei Orientierungen gesetzt werden kann. Das wird deutlich, wenn man die dreidimensionale Konfiguration oder **Chi-Form** der Holliday-Struktur betrachtet (Abb. 17.2). Die beiden Schnitte führen zu sehr unterschiedlichen Ergebnissen. Wenn der Schnitt von links nach rechts erfolgt (wie in der Zeichnung dargestellt), wird entsprechend der Wanderstrecke der Verzweigungsstelle nur ein kurzer Bereich des Polynucleotids zwischen den beiden Molekülen übertragen. Wird der Schnitt von oben nach unten geführt, kommt es zu einem **reziproken Strangaustausch**, bei dem zwischen beiden Molekülen doppelsträngige DNA übertragen wird. Das heißt, das Ende des einen Moleküls wird gegen das Ende des anderen ausgetauscht. Das ist die DNA-Übertragung bei einem Crossing-over.

Bis jetzt haben wir einen Aspekt des Modells außer Acht gelassen. Dabei geht es darum, wie die doppelsträngigen Moleküle zu Beginn des Vorgangs, der zur Heteroduplexbildung führt, in Wechselwirkung treten. In Hollidays ursprünglichem Modell reihen sich die beiden Moleküle nebeneinander auf und es kommt an

**a) ursprüngliches Modell**

Einzelstrang-
brüche an
entspre-
chenden
Positionen

Strangaustausch

**b) Modifikation nach Meselson-Radding**

Einzelstrang-
bruch nur in
einem Molekül

Eindringen
des Stranges

D-Schleife

Bildung der
Heteroduplex-
DNA

**17.3   Zwei Modelle für die Initiation der homologen Rekombination.** a) Initiation nach dem ursprünglichen Modell der homologen Rekombination. b) Die Abwandlung des Modells nach Meselson und Radding, die für die Heteroduplexbildung eine besser nachvollziehbare Abfolge der Ereignisse postulierten.

einander entsprechenden Stellen in der jeweiligen Doppelhelix zu Einzelstrangbrüchen. So entstehen freie, einzelsträngige Enden, die ausgetauscht werden können, was dann die Heteroduplexstruktur hervorbringt (Abb. 17.3a). Dieser Teil des Modells wurde kritisiert, weil kein Mechanismus formuliert wurde, wie gewährleistet sein soll, dass die Einzelstrangbrüche in jedem Molekül an genau der gleichen Stelle erfolgen. Die Abwandlung des Modells nach Meselson-Radding bietet ein besser nachvollziehbares Schema. Hier findet nur in einer der Doppelhelices ein Einzelstrangbruch statt, das entstehende freie Ende dringt an der homologen Stelle in die intakte zweite Doppelhelix ein (Stranginvasion) und verdrängt einen der Stränge, sodass eine **D-Schleife** entsteht (Abb. 17.3b). Die anschließende Spaltung des verdrängten Stranges an der Übergangsstelle zwischen Einzelstrang und Basenpaarungsregion erzeugt eine Heteroduplex-DNA.

## Das Doppelstrangmodell für die homologe Rekombination

Das Holliday-Modell, entweder in der ursprünglichen Fassung oder in der Abwandlung durch Meselson und Radding, erklärte zwar, wie ein Crossing-over bei der Meiose entstehen könnte, aber es wies doch einige Unzulänglichkeiten auf, die zur Entwicklung alternativer Modelle führten. Im Einzelnen ging man davon aus, dass das Holliday-Modell die **Genkonversion** nicht erklären konnte. Dieses Phänomen war ursprünglich bei der Hefe und anderen Pilzen beschrieben worden, aber man kannte es inzwischen auch bei zahlreichen anderen Eukaryoten. Bei der Hefe geht aus der Fusion zweier Gameten eine Zygote hervor, aus der sich wiederum vier haploide Sporen entwickeln, deren Genotypen einzeln bestimmt werden können. (Abb. 14.15). Wenn die Gameten an einem bestimmten Locus verschiedene Allele besitzen, dann zeigen unter normalen Bedingungen zwei Sporen den einen und zwei Sporen den anderen Genotyp. Manchmal wurde jedoch aus dem erwarteten Segregationsmuster von 2:2 ein unerwartetes Verhältnis von 3:1 (Abb. 17.4). Das bezeichnete man als Genkonversion, da sich das Verhältnis nur dadurch erklären ließ, dass eines der

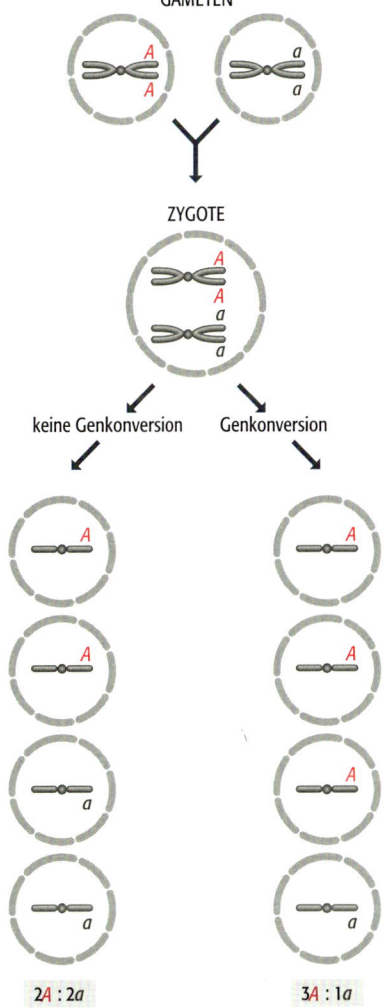

GAMETEN

ZYGOTE

keine Genkonversion      Genkonversion

2*A* : 2*a*            3*A* : 1*a*

**17.4   Genkonversion.** Eine Gametenzelle enthält das Allel *A*, die andere das Allel *a*. Diese vereinigen sich zu einer Zygote, aus der vier haploide Sporen hervorgehen, die alle in einem einzigen Ascus enthalten sind. Normalerweise enthalten zwei Sporen das Allel *A* und zwei Sporen das Allel *a*. Bei einer Genkonversion verändert sich aber das Verhältnis, etwa zu 3*A*:1*a*, wie hier dargestellt ist.

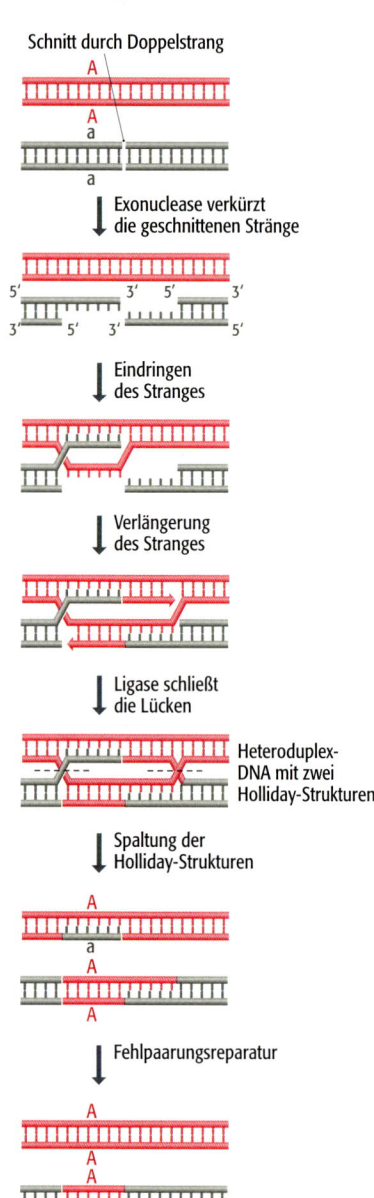

Schnitt durch Doppelstrang

Exonuclease verkürzt die geschnittenen Stränge

Eindringen des Stranges

Verlängerung des Stranges

Ligase schließt die Lücken

Heteroduplex-DNA mit zwei Holliday-Strukturen

Spaltung der Holliday-Strukturen

Fehlpaarungsreparatur

**17.5 Das Doppelstrangbruchmodell für die homologe Rekombination.** Dieses Modell erklärt, wie die Genkonversion stattfinden kann.

Allele von dem einen in den anderen Typ „umgewandelt" wurde, vermutlich bei der Rekombination während der Meiose, die nach der Gametenfusion stattfindet.

Das Doppelstrangbruchmodell (DSB-Modell) bietet eine mögliche Erklärung für die Genkonversion. Nach diesem Modell beginnt die homologe Rekombination nicht mit einem Einzelstrangbruch wie beim Meselson-Radding-Schema, sondern mit einem Schnitt durch den Doppelstrang, durch den einer der beiden Rekombinationspartner in zwei Fragmente geteilt wird (Abb. 17.5). Nach diesem Schnitt wird in jeder Molekülhälfte einer der Stränge verkürzt, sodass jeder Strang nun einen 3′-Überhang aufweist. Einer dieser Überhänge dringt ähnlich wie im Meselson-Radding-Modell in das homologe DNA-Molekül ein, erzeugt eine Holliday-Struktur, die dann die Heteroduplex-DNA entlang wandern kann, wenn der eindringende Strang durch eine DNA-Polymerase verlängert wird. Zur Vervollständigung der Heteroduplexbildung wird der andere Strang (der nicht an der Holliday-Struktur beteiligt ist) ebenfalls verlängert. Zu beachten ist dabei, dass beide Synthesereaktionen Stränge des Partnerchromosoms verlängern, in dem der Schnitt durch den Doppelstrang stattgefunden hat, wobei die entsprechenden Regionen des ungeschnittenen Partners als Matrizen dienen. Dies ist die Grundlage der Genkonversion, denn so ist es möglich, dass die Polynucleotidabschnitte, die aus dem geschnittenen Partner entfernt wurden, durch Kopien der DNA des ungeschnittenen Partners ersetzt werden. Nach der Ligation enthält die entstandene Heteroduplex-DNA ein Paar von Holliday-Strukturen, die auf verschiedene Weise aufgelöst werden können. Einige führen dann zur Genkonversion, andere zum normalen reziproken Strangaustausch. Wie es zur Genkonversion kommt, ist in Abbildung 17.5 anhand eines Beispiels dargestellt.

Mit dem DSB-Modell wollte man zwar ursprünglich nur die Genkonversion bei der Hefe erklären, aber man betrachtet es jetzt als eine zumindest gute Annäherung an den Mechanismus, über den in allen Organismen die homologe Rekombination abläuft. Das Modell wurde aus zwei Gründen schließlich anerkannt. Zum einen hat man 1989 entdeckt, dass während der Meiose in den Chromosomen 100- bis 1 000-mal so viele Doppelstrangbrüche auftreten wie in vegetativen Zellen. Die Schlussfolgerung, dass die Bildung von Doppelstrangbrüchen ein integraler Bestandteil der Meiose ist, unterstützt zweifellos das DSB-Modell und widerspricht eher den Modellen, die von einem oder mehreren Einzelstrangbrüchen ausgehen. Der zweite Faktor, der zur Akzeptanz des DSB-Modells beitrug, war die Feststellung, dass die DNA-Rekombination bei der DNA-Reparatur eine Rolle spielt und spezifisch dafür verantwortlich ist, dass Doppelstrangbrüche repariert werden, die als Fehler beim Replikationsprozess auftreten. Das Holliday- und das Meselson-Radding-Modell können diesen Aspekt der homologen Rekombination nicht erklären, während die Reparatur von Doppelstrangbrüchen im DSB-Modell enthalten ist. Wir werden uns mit der Funktion der homologen Rekombination wieder in Abschnitt 17.1.3 beschäftigen.

## 17.1.2 Die Biochemie der homologen Rekombination

Die homologe Rekombination kommt bei allen Organismen vor, aber wie bei zahlreichen anderen Fragestellungen der Molekularbiologie wurden auch hier bei der Erforschung des Prozesses in der lebenden Zelle die ersten Fortschritte mit *E. coli* erzielt. Mithilfe von Mutationsexperimenten konnte man eine Reihe von *E. coli*-Genen identifizieren, die bei einem Defekt zu Fehlern in der homologen Rekombination führen. Das deutete darauf hin, dass die Genprodukte irgendwie bei diesem Prozess mitwirken. Man hat drei verschiedene Rekombinationssysteme beschrieben – RecBCD, RecE und RecF, wobei RecBCD für das Bakterium offenbar die größte Bedeutung besitzt.

## Der RecBCD-Mechanismus bei E. coli

Beim RecBCD-Mechanismus wird die Rekombination durch das **RecBCD-Enzym** vermittelt, das (wie die Bezeichnung nahe legt) aus drei verschiedenen Proteinen besteht. Zwei davon – RecB und RecD – sind Helikasen. Um die homologe Rekombination in Gang zu setzen, bindet eine Kopie des RecBCD-Enzyms an die freien Enden eines Chromosoms nach einem Doppelstrangbruch. Das RecB-Protein, das einen DNA-Strang in 3′→5′-Richtung entlang wandert, und das RecD-Protein, das den anderen DNA-Strang in 5′→3′-Richtung entlang wandert, winden die DNA von jedem Ende her auf. Das RecB-Protein besitzt neben der Helikaseaktivität auch noch eine 3′→5′-Exonucleaseaktivität und baut so fortschreitend den Strang (mit dem freien 3′-Ende) ab, den es entlang wandert (Abb. 17.6).

RecBCD wandert mit einer Geschwindigkeit von etwa 1 kb pro Sekunde die DNA entlang, bis es auf die erste Kopie der Consensussequenz aus den acht Nucleotiden 5′-GCTGGTGG-3′ trifft, die man als **Chi-Stelle** bezeichnet und die in der DNA von *E. coli* etwa alle 6 kb vorkommt. An der Chi-Stelle verändert sich die Konformation von RecBCD, sodass die RecD-Helikase entkoppelt wird und sich das Voranschreiten des RecBCD-Komplexes auf die Hälfte der ursprünglichen Geschwindigkeit verlangsamt. Was im Einzelnen als Nächstes geschieht, ist unklar, aber nach dem neuesten Modell verringert die Konformationsänderung des Enzyms auch die 3′→5′-Exonucleaseaktivität von RecB (oder schaltet diese sogar vollständig ab). Das Enzym erzeugt nun an einer Position in der Nähe der Chi-Stelle im anderen Strang des DNA-Moleküls einen einzigen endonucleolytischen Schnitt (Abb. 17.6). Der genaue Mechanismus ist unbekannt, aber das Ergebnis ist, dass das Enzym ein doppelsträngiges Molekül mit einem 3′-Überhang erzeugt, genau wie es dem DSB-Modell entspricht (zweites Teilbild in Abbildung 17.5).

Der nächste Schritt ist der Aufbau der Heteroduplexstruktur. In dieser Phase ist das RecA-Protein aktiv. Es bildet ein proteinumhülltes DNA-Filament, das in eine intakte Doppelhelix eindringen kann, wodurch die D-Schleife entsteht (Abb. 17.7). Eine Zwischenstufe bei der Bildung der D-Schleife ist eine **Triplexstruktur** (drittes Teilbild in Abbildung 17.5). Bei dieser dreisträngigen Helix liegt das eindringende Polynucleotid in der großen Furche der intakten Doppelhelix und bildet Wasserstoffbrücken mit den Basenpaaren, die es dort antrifft.

Die Wanderung der Verzweigungsstelle wird durch die Proteine RuvA und RuvB katalysiert. Beide binden an die Verzweigungsstelle der Heteroduplexstruktur, die durch das Eindringen des 3′-Überhangs in das Partnermolekül entsteht. Röntgenstrukturanalysen deutet darauf hin, dass vier Kopien von RuvA direkt an die Verzweigungsstelle binden und einen Kernbereich (Core) bilden. An diesen heftet sich von beiden Seiten je ein RuvB-Ring, der aus acht Proteinen besteht (Abb. 17.8). Die entstehende Struktur fungiert möglicherweise als „molekularer Motor", der die Helices in der erforderlichen Weise dreht, sodass sich die Verzweigungsstelle bewegt. Die Wanderung der Verzweigungsstelle ist anscheinend kein zufälliger Vorgang, sondern sie stoppt bevorzugt an der

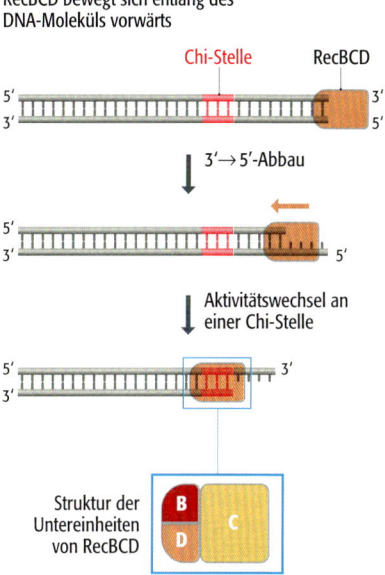

RecBCD bewegt sich entlang des DNA-Moleküls vorwärts

**17.6    Der RecBCD-Mechanismus bei der homologen Rekombination von *E. coli*.** Diese Ereignisse führen zum ersten Schritt des Doppelstrangbruchmodells für die homologe Rekombination in Abbildung 17.5.

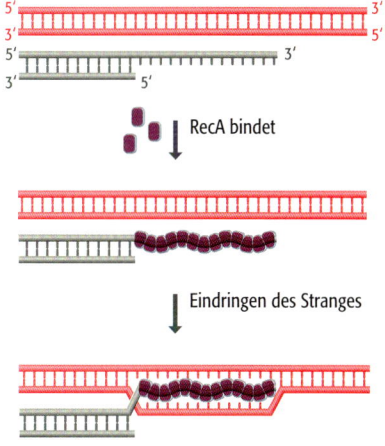

**17.7    Die Funktion des RecA-Proteins bei der Bildung der D-Schleife während der homologen Rekombination bei *E. coli*.**

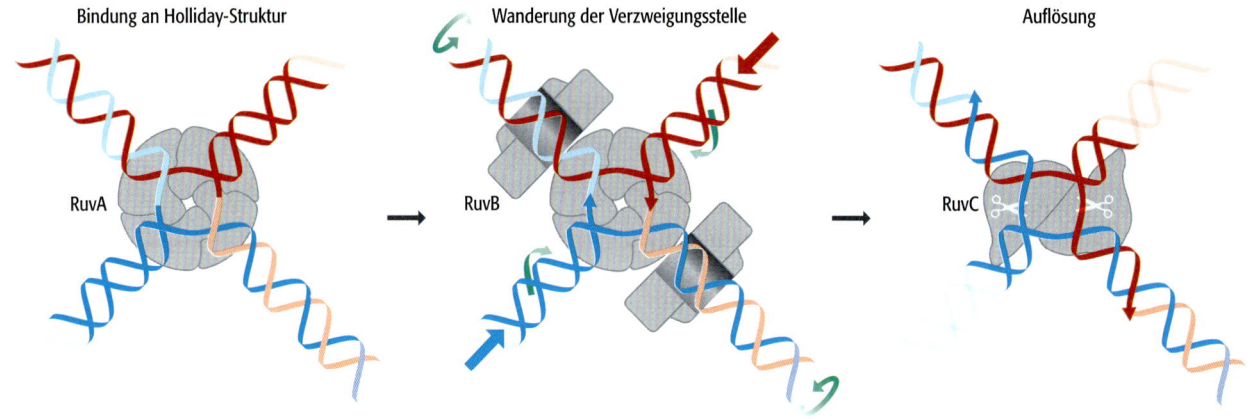

**Bindung an Holliday-Struktur**

RuvA

**Wanderung der Verzweigungsstelle**

RuvB

**Auflösung**

RuvC

---

**17.8    Die Funktion der Ruv-Proteine bei der homologen Rekombination von _Escherichia coli_.** Die Wanderung der Verzweigungsstelle wird durch eine Struktur aus vier Kopien von RuvA, die an die Holliday-Kreuzung gebunden ist und an jeder Seite einen RuvB-Ring aufweist, in Gang gesetzt. Nach dem Ablösen von RuvAB binden zwei RuvC-Proteine an die Holliday-Kreuzung, wobei die Orientierung ihrer Bindung die Richtung festlegt, in der der Schnitt zum Auflösen der Struktur erfolgt.

Sequenz 5′-(A/T)TT(G/C)-3′ (dabei bedeuten (A/T) und so weiter, dass an dieser Stelle eines der beiden Nucleotide stehen kann). Diese Sequenz kommt im Genom von _E. coli_ häufig vor, sodass die Bewegung vermutlich nicht unbedingt sofort abbricht, wenn diese Sequenz zum ersten Mal erreicht wird. Wenn die Bewegung der Verzweigungsstelle endet, löst sich der RuvAB-Komplex von der DNA und wird durch zwei RuvC-Proteine ersetzt (Abb. 17.8). Diese führen die Spaltung aus, die die Holliday-Struktur auflöst. Die Schnitte erfolgen in der Erkennungssequenz zwischen dem zweiten T und der G/C-Position.

In der obigen Beschreibung fehlt die genaue Funktion des RecC-Proteins bei der homologen Rekombination durch den RecBCD-Mechanismus. RecC erweist sich tatsächlich als ziemlich rätselhaft, da sich seine Aminosäuresequenz von jedem anderen Protein unterscheidet, das _E. coli_ produziert. Kürzlich durchgeführte Röntgenstrukturanalysen haben gezeigt, dass die Tertiärstruktur von RecC der Struktur der SF1-Familie der Helikasen ähnelt. Die Aminosäuren, die für die Helikaseaktivität entscheidend sind, fehlen jedoch bei RecC, wobei die entsprechende Region des RecC-Proteins noch mit dem DNA-Molekül in Kontakt tritt. RecC besitzt wahrscheinlich keine Helikase-Restaktivität, unterstützt also RecB und RecD nicht beim Entwinden der Doppelhelix. Eine Möglichkeit besteht aber darin, dass RecC die DNA absucht und die Chi-Stelle erkennt, sodass es dann zur Konformationsänderung von RecBCD kommt, die zur Bildung der Heteroduplexstruktur führt.

### Andere Mechanismen für die homologe Rekombination bei E. coli

Mutanten von _E. coli_, denen Komponenten des BCD-Systems fehlen, können dennoch homologe Rekombinationen durchführen, wenn auch mit geringerer Effizienz. Das liegt daran, dass das Bakterium über mindestens zwei weitere Mechanismen für die homologe Rekombination verfügt, die man mit RecE und RecF bezeichnet. In normalen _E. coli_-Zellen werden die meisten homologen Rekombinationen von RecBCD durchgeführt. Wird der Mechanismus jedoch durch eine Mutation inaktiviert, kann das RecE-System die Funktion übernehmen, um seinerseits durch RecF ersetzt zu werden, wenn RecE inaktiviert wird.

Der RecF-Mechanismus wird allmählich in seinen Einzelheiten deutlich und ähnelt anscheinend dem von RecBCD. Die Helikaseaktivität des RecF-Mechanismus liegt bei RecQ, und das 5′-Ende des Stranges wird durch RecJ entfernt. Dadurch entsteht ein 3′-Überhang, der durch die gemeinsame Aktivität von

RecF, RecJ, RecO, RecQ und RecR von RecA-Proteinen umhüllt wird. Komponenten des RecBCD- und des RecF-Mechanismus sind in beträchtlichem Maß austauschbar, und man nimmt an, dass in einigen Mutanten Hybridsysteme existieren, denen die eine oder andere Komponente des normalen Mechanismus fehlt. Es gibt jedoch auch Unterschiede, da beispielsweise nur der RecBCD-Weg die Rekombination an Chi-Stellen in Gang setzt, die im gesamten Genom von *E. coli* verstreut sind. Und nur RecF kann eine Rekombination zwischen zwei Plasmiden induzieren. RecF ist auch der primäre Mechanismus, der für die Rekombinationsreparatur von Einzelstranglücken verantwortlich ist, die bei der Replikation von stark beschädigter DNA auftreten (Abschnitt 17.1.3). Der RecE-Mechanismus ist weniger gut bekannt, aber es gibt Hinweise darauf, dass es wesentliche Überschneidungen mit dem RecF-System gibt, wobei RecJ, RecO, RecQ und RecF selbst in beiden Mechanismen vorkommen.

Neben den Mechanismen von RecBCD, RecE und RecF, deren Funktionen darin bestehen, die Heteroduplexstruktur aufzubauen, verfügt *E. coli* auch noch über andere Mittel, um eine Wanderung der Verzweigung zu bewerkstelligen. Mutanten, denen RuvA oder RuvB fehlt, können weiterhin homologe Rekombinationen durchführen, weil die Funktion von RuvAB auch von der Helikase RecG übernommen werden kann. Es ist noch unklar, ob RuvAB und RecG einfach austauschbar sind, oder ob sie für verschiedene Arten von Rekombinationsereignissen spezifisch sind. RuvC-Mutanten können ebenfalls homologe Rekombinationen durchführen, was darauf hindeutet, dass *E. coli* andere Proteine besitzt, die Holliday-Strukturen auflösen können, aber die Identität dieser Proteine ist nicht bekannt.

### Mechanismen der homologen Rekombination bei Eukaryoten

Das Doppelstrangbruchmodell für die homologe Rekombination gilt wahrscheinlich für alle Organismen und nicht nur für *E. coli* – wie bereits erwähnt, sollte damit ursprünglich die Genkonversion bei *Saccharomyces cerevisiae* erklärt werden (Abschnitt 17.1.1). Die biochemischen Reaktionen, die diesem Prozess zugrunde liegen, sind anscheinend bei allen Lebewesen gleich. Man hat eine Anzahl von Hefeproteinen identifiziert, deren Funktionen zu denen des RecBCD-Mechanismus bei *E. coli* analog sind. Dabei handelt es sich um die beiden Hefeproteine RAD51 und DMC1, die zu RecA von *E. coli* homolog sind. Spezifische Funktionen für RAD51 und DMC1 werden zwar vermutet, aber wahrscheinlich wirken sie bei vielen Ereignissen der homologen Rekombination zusammen. Diese Schlussfolgerung erwächst daraus, dass es Mutanten gibt, denen das eine oder das andere Protein fehlt, die aber übereinstimmende Phänotypen aufweisen. Außerdem kommen beide Proteine im Zellkern in denselben Bereichen vor, wenn dieser eine Meiose durchführt. Interessanterweise gibt es im Genom von *S. cerevisiae* etwa 100 für Rekombinationen prädestinierte Stellen (Abschnitt 3.2.3). Das deutet darauf hin, dass es Sequenzen geben muss, die den Chi-Stellen von *E. coli* entsprechen, wahrscheinlich aber weniger häufig auftreten – etwa eine pro 40 kb im Hefegenom und eine pro 6 kb bei *E. coli*. Bei mehreren anderen Eukaryoten kennt man inzwischen ebenfalls Proteine, die zu RAD51 und DMC1 der Hefe homolog sind.

Ein verwirrender Aspekt der homologen Rekombination bei Eukaryoten ist der Mechanismus, durch den die Holliday-Strukturen aufgelöst werden. Man hat jahrelang bei der Hefe nach Proteinen gesucht, die RuvC von *E. coli* entsprechen, ohne jedoch etwas zu finden. Tatsächlich kommt RuvC nicht bei allen Bakterien vor, einige Spezies verwenden anscheinend eine ganz andere Art von

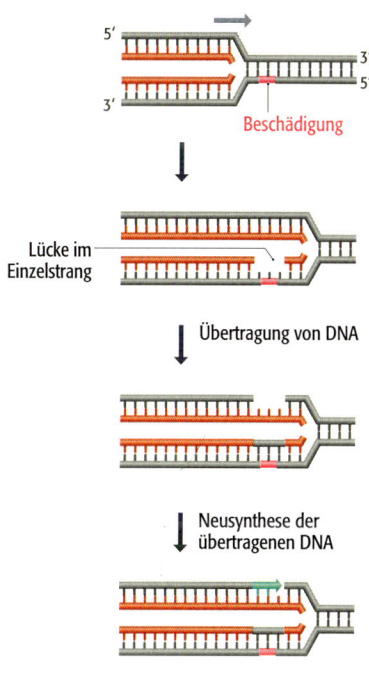

**17.9**  Reparatur einer Einzelstranglücke durch den RecF-Mechanismus bei *E. coli*.

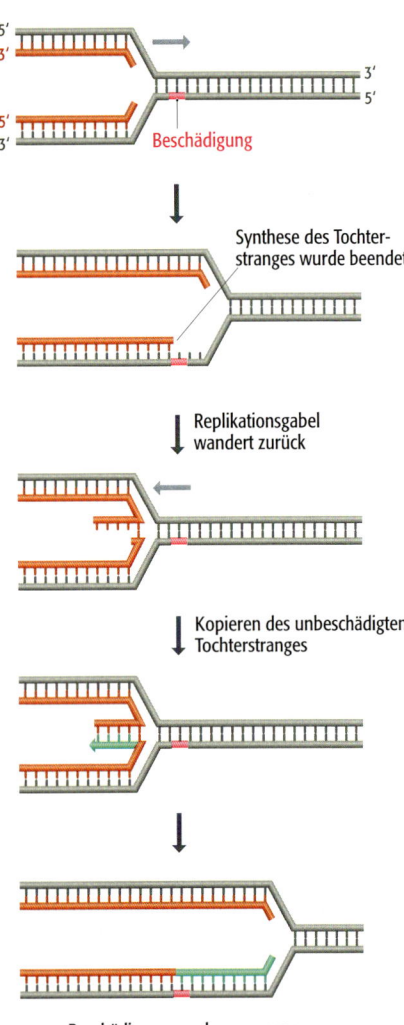

Synthese des Tochter-stranges wurde beendet

Replikationsgabel wandert zurück

Kopieren des unbeschädigten Tochterstranges

Beschädigung wurde umgangen

17.10 Ein Tochterpolynucleotid, dessen Synthese abgebrochen wurde, kann durch Zurücksetzen der Replikationsgabel „gerettet" werden.

Nuclease, um Holliday-Strukturen aufzulösen. Bei den Archaea wird eine entsprechende Funktion dem Hjc-Protein zugeschrieben, das allerdings keine Sequenzhomologien mit RuvC aufweist. Immerhin ließ sich durch biochemische Tests zeigen, dass Hjc an Holliday-Strukturen bindet. Man hat mehrere eukaryotische Proteine entdeckt, die strukturelle Ähnlichkeiten mit Hjc aufweisen. Dazu gehören auch RAD51C von *S. cerevisiae*, das ein Vertreter der RAD51-Multigenfamilie ist, sowie Mus81 beim Menschen. Es wurden Modelle entwickelt, wie sich Holliday-Strukturen mithilfe einer Kombination aus Helikase- und Topoisomeraseaktivität auflösen lassen. Die Modelle deuten darauf hin, dass nicht bei allen Eukaryoten unbedingt Proteine erforderlich sein müssen, die zu RuvC direkt äquivalent sind.

### 17.1.3 Homologe Rekombination und DNA-Reparatur

Die Aufmerksamkeit, die die Genetiker dem Crossing-over als zentrales Merkmal der geschlechtlichen Fortpflanzung gewidmet haben, hat die ersten Untersuchungen der homologen Rekombination gegenüber den Ereignissen bei der Meiose in den Hintergrund gedrängt. Eine alternative Funktion für die homologe Rekombination wurde offensichtlich, als man *E. coli*-Mutanten untersuchte, die defekte Komponenten des RecBCD- und anderen Rekombinationsmechanismen aufwiesen, und feststellte, dass sie auch eine unzureichende DNA-Reparatur zeigten. Heute gehen wir davon aus, dass die grundlegende Funktion der homologen Rekombination in der **postreplikativen Reparatur** liegt und ihre Funktion beim Crossing-over in den meisten Zellen eher sekundär ist.

Die postreplikative Reparatur setzt ein, wenn in DNA-Tochtermolekülen durch Fehler während des Replikationsprozesses Brüche entstehen. Das kann zum Beispiel der Fall sein, wenn der Replikationsapparat versucht, einen Genomabschnitt zu kopieren, der erheblich beschädigt ist, etwa bei zahlreichem Auftreten von Cyclobutyldimeren. Wenn die DNA-Polymerase auf ein Cyclobutyldimer trifft, kann sie den Matrizenstrang nicht kopieren und springt einfach weiter zum nächsten unbeschädigten Bereich, wo der Replikationsprozess wieder beginnt. Das Ergebnis ist eine Lücke in einem der Tochterpolynucleotide (Abb. 17.9). Eine Möglichkeit, diese Lücke zu reparieren, ist die Rekombination. Dabei wird der entsprechende DNA-Abschnitt vom ursprünglichen Polynucleotid übertragen, das in der zweiten Tochterdoppelhelix enthalten ist. Die Lücke, die dadurch in dieser zweiten Doppelhelix entsteht, wird durch eine DNA-Polymerase aufgefüllt, wobei das unbeschädigte Tochterpolynucleotid innerhalb dieser Helix als Matrize dient. Bei *E. coli* bewerkstelligt der RecF-Rekombinationsmechanismus diese Art der Reparatur von Einzelstranglücken.

Wenn die beschädigte Stelle nicht übersprungen werden kann, entsteht keine Lücke, sondern die Synthese des Tochternucleotids wird beendet (Abb. 17.10). Hier gibt es mehrere Möglichkeiten für eine Reparatur. Zum einen kann die Replikationsgabel anhalten und sich ein kurzes Stück zurückbewegen, sodass zwischen den Tochterpolynucleotiden ein Doppelstrang entsteht. Das unvollständige Polynucleotid wird dann verlängert, wobei der unbeschädigte Tochterstrang als Matrize dient. Dann bewegt sich die Replikationsgabel wieder vorwärts, was auf ähnliche Weise geschieht wie bei der Wanderung der Verzweigungsstelle während der homologen Rekombination. So wird die beschädigte Stelle übersprungen und die Replikation setzt sich fort.

Ein gravierenderer Fehler tritt auf, wenn eines der ursprünglichen Polynucleotide, die repliziert werden, einen Einzelstrangbruch enthält. Der Replikationsvorgang führt dann zu einem Doppelstrangbruch in einer der Tochterdoppelhelices, und die Replikationsgabel zerfällt (Abb. 17.11). Der Bruch kann durch eine homologe Rekombination zwischen dem Bruchende und dem zweiten, unbeschädigten Molekül repariert werden. Bei dem in Abbildung 17.11 dargestellten Mechanismus wird das Tochterpolynucleotid am Doppelstrangbruch durch eine Strangaustauschreaktion verlängert, bei der der andere Strang der ursprünglichen DNA als Matrize dient. Durch Wanderung der Verzweigungsstelle und die anschließende Auflösung der Holliday-Struktur bildet sich die Replikationsgabel neu.

## 17.2 Ortsspezifische Rekombination

Für eine Rekombination ist nicht unbedingt ein Bereich mit umfangreicher Homologie erforderlich: Der Prozess kann auch zwischen zwei DNA-Molekülen stattfinden, bei denen nur sehr kurze Sequenzen übereinstimmen. Das bezeichnet man als ortsspezifische Rekombination. Diese wurde ausführlich untersucht, da sie beim Infektionszyklus des Bakteriophagen $\lambda$ eine wichtige Rolle spielt.

### 17.2.1 Integration der $\lambda$-DNA in das Genom von *E. coli*

Nach dem Einschleusen seiner DNA in die *E. coli*-Zelle kann der Bakteriophage $\lambda$ einen von zwei Infektionswegen einschlagen (Abschnitt 14.3.1). Beim lytischen Weg kommt es zu einer schnellen Synthese von $\lambda$-Hüllproteinen und der gleichzeitigen Replikation des $\lambda$-Genoms, was schließlich innerhalb von 45 Minuten nach der ursprünglichen Infektion zum Tod des Bakteriums und zur Freisetzung der neuen Phagen führt. Schlägt der Phage im Gegensatz dazu den lysogenen Weg ein, treten nicht sofort neue Phagen auf. Das Bakterium teilt sich normal, möglicherweise kommt es sogar noch zu zahlreichen Zellteilungen. Den Phagen in seiner ruhenden Form bezeichnet man als Prophagen. Schließlich wird der Phage wieder aktiviert, vielleicht als Ergebnis einer DNA-Schädigung oder eines anderen Reizes.

Während der lysogenen Phase wird das $\lambda$-Genom in das *E. coli*-Chromosom integriert. Es wird deshalb jedes Mal repliziert, sobald die *E. coli*-DNA kopiert wird und gelangt so in die Tochterzellen, als sei es ein normaler Teil des bakteriellen Genoms. Die Integration erfolgt mithilfe einer ortsspezifischen Rekombination zwischen den *att*-Stellen (*attachment sites*) mit *attP* im $\lambda$-Genom und *attB* im Chromosom von *E. coli*. Jede dieser Bindungsstellen enthält in der Mitte eine identische Core-Sequenz von 15 bp, die man mit O bezeichnet (Abb. 17.12). Sie wird durch variable Sequenzen flankiert, B und B′ im bakteriellen Genom sowie P und P′ in der Phagen-DNA. B und B′ sind mit jeweils 4 bp ziemlich kurz, sodass *attB* 23 bp DNA umfasst. P und P′ sind hingegen viel länger und die gesamte *attP*-Sequenz enthält über 250 bp. Mutationen in der Core-Sequenz führen zwangsläufig zu einer Inaktivierung der *att*-Stelle, sodass an dieser Stelle keine Rekombination mehr stattfinden kann. Mutationen in den flankierenden Sequenzen haben jedoch weniger gravierende Auswirkungen und verringern nur die Effizienz der Rekombination. Wenn die Bindungsstelle *attB* im *E. coli*-Genom inaktiviert wird, kann die Insertion der $\lambda$-DNA auch an Sekundärstellen erfolgen, die mit dem echten *attB*-Locus gewisse Sequenzüberein-

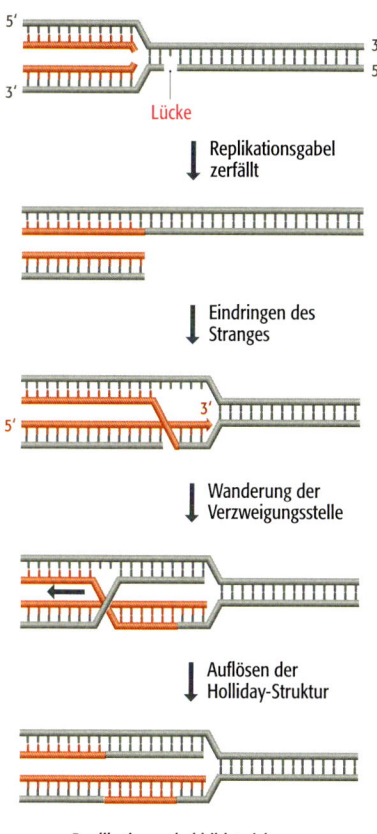

17.11   Ein Mechanismus für das Neuentstehen einer zerfallenen Replikationsgabel durch homologe Rekombination.

17.12   Die Core-Sequenz der *att*-Stellen im Bakteriophagen $\lambda$ und im Chromosom von *E. coli*. Die rote Linie markiert den versetzten Schnitt, der bei der Integration und Excision des Phagengenoms in jeder *att*-Stelle erzeugt wird.

stimmungen zeigen. Wenn eine Sekundärstelle verwendet wird, tritt die lysogene Phase seltener ein, die Integration erfolgt möglicherweise mit weniger als 0,01 % der Häufigkeit, die man bei nichtmutierten *E. coli*-Zellen beobachten kann.

Durch die Rekombination zwischen den beiden ringförmigen Molekülen entsteht ein größerer Ring. Anders ausgedrückt wird die λ-DNA in das bakterielle Genom integriert (Abb. 17.13). Eine spezialisierte Typ-I-Topoisomerase (Abschnitt 15.1.2), die man als **Integrase** bezeichnet, katalysiert die Rekombinationsreaktion. Das Enzym gehört zu einer heterogenen Familie von **Rekombinasen**, die bei Bakterien, Archaea und der Hefe vorkommen. In der *attP*-Region gibt es mindestens vier Bindungsstellen für die Integrase, außerdem mindestens drei Stellen für ein zweites Protein, den Wirtsintegrationsfaktor (*integration host factor*, IHF). Zusammen bedecken diese Proteine die Bindungsstelle des Phagen. Die Integrase erzeugt dann in der *att*-Stelle des Phagen und des Bakteriums an der jeweils entsprechenden Position einen versetzen Schnitt im DNA-Doppelstrang. Die kurzen, einzelsträngigen Überhänge werden dann zwischen den DNA-Molekülen ausgetauscht. Dadurch entsteht eine Holliday-Struktur, die sich die Heteroduplex-DNA etwas entlang bewegt, bevor sie gespalten wird. Diese Spaltung, die in der richtigen Orientierung erfolgen muss, löst die Holliday-Struktur so auf, dass die λ-DNA in das *E. coli*-Genom integriert wird.

Durch die Integration entstehen Hybridformen der Bindungsstellen, die man nun mit *attR* (mit der Struktur BOP′) und *attL* (mit der Struktur POB′) bezeichnet. Eine zweite ortsspezifische Rekombination zwischen den beiden *att*-Stellen, die nun beide im selben Molekül enthalten sind, kehrt den ursprünglichen Vorgang um und setzt die λ-DNA frei. Diese Rekombination wird ebenfalls durch die Integrase katalysiert, allerdings nicht in Kombination mit IHF, sondern mit einem Protein, das man als „Excisionase" bezeichnet. Dieses Enzym wird vom *xis*-Gen des λ-Phagen codiert. Die Funktionen von Xis und IHF bei der Excision beziehungsweise Integration sind wahrscheinlich ziemlich unterschiedlich. Die beiden Proteine sollten also nicht so betrachtet werden, dass sie einander entsprechende Funktionen in zwei Prozessen ausüben. Entscheidend ist dabei, dass die Kombination von Integrase und Excisionase die *attR*- und die *attL*-Stelle zusammenziehen können, um die *intra*moleku-

**17.13  Integration des Genoms des Bakteriophagen λ in die chromosomale DNA von *E. coli*.** Sowohl die λ- als auch die *E. coli*-DNA tragen eine Kopie der *att*-Stelle, von denen jede in der Mitte eine identische Sequenz enthält, die man mit „O" bezeichnet. Diese wird von den Sequenzen P und P′ (bei der *att*-Stelle des Phagen) sowie B und B′ (bei der bakteriellen *att*-Stelle) flankiert. Durch eine Rekombination zwischen den O-Regionen wird das λ-Genom in die bakterielle DNA integriert.

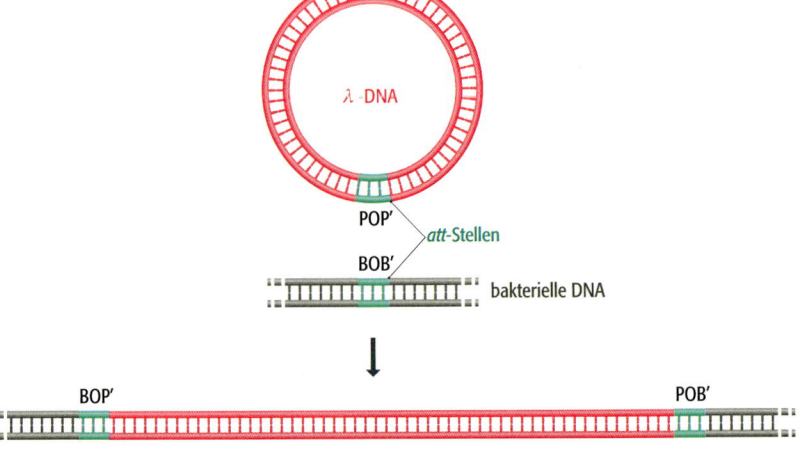

lare Rekombination in Gang zu setzen, die das $\lambda$-Genom herausschneidet. Nach dem Herausschneiden tritt das $\lambda$-Genom in die lytische Phase der Infektion ein und bewirkt die Synthese neuer Phagen.

## 17.2.2 Die ortsspezifische Rekombination ist ein Hilfsmittel für die Gentechnik

Die Vorgänge, die die Integration und Excision des $\lambda$-Genoms bewirken, sind eigentlich übliche Mechanismen von Phagen, in die lysogene Phase einzutreten, bei einigen Phagen sind die molekularen Vorgänge allerdings weniger komplex als beim $\lambda$-Phagen. Die Integration und Excision des Genoms vom Bakteriophagen P1 erfordert beispielsweise nur die Cre-Rekombinase als einziges Enzym. Die Rekombinase erkennt Zielsequenzen mit 34 bp, die man mit *loxB* und *loxP* bezeichnet. Beide sind identisch und besitzen keine flankierenden Sequenzen, die B, B' und so weiter entsprechen würden.

Die Einfachheit des P1-Systems führte dazu, dass es in gentechnischen Projekten verwendet wird, bei denen eine ortsspezifische Rekombination erforderlich ist. Eine wichtige Anwendung ist dabei die Erzeugung von gentechnisch veränderten Anbauprodukten in der Landwirtschaft. Einer der wichtigsten Kritikpunkte in den Diskussionen über die genetische Manipulation von Pflanzen besteht darin, dass die Markergene, die in pflanzlichen Klonierungsvektoren verwendet werden, schädliche Auswirkungen haben können. Die meisten Pflanzenvektoren enthalten die Kopie eines Gens für Kanamycinresistenz (Abb. 2.27), damit die transformierten Pflanzen bei der Klonierung identifiziert werden können. Das $kan^R$-Gen ist bakteriellen Ursprungs und codiert das Enzym Neomycin-Phosphotransferase II. Dieses Gen und sein Enzymprodukt sind in allen Zellen einer genetisch manipulierten Pflanze vorhanden. Die Befürchtung, dass die Neomycin-Phosphotransferase für den Menschen toxisch sein könnte, ließ sich durch Tests in Tiermodellen zwar entkräften, aber es bestehen weiterhin Bedenken, dass das $kan^R$-Gen, das in gentechnisch veränderten Nahrungsmitteln enthalten ist, im menschlichen Darm auf Bakterien übertragen werden könnte. Diese würden dann gegen Kanamycin und verwandte Antibiotika resistent, oder das $kan^R$-Gen könnte auch auf andere Organismen übertragen werden, was sich schädlich auf das Ökosystem auswirken könnte.

Die Befürchtungen gegenüber der Verwendung von $kan^R$ und anderen Markergenen haben die Biotechnologen veranlasst, Mechanismen zu entwickeln, wie diese Gene aus der Pflanze entfernt werden können, nachdem die Transformation erfolgreich stattgefunden hat. Eines dieser Verfahren beruht auf der Cre-Rekombinase. Dabei wird die Pflanze mit zwei Klonierungsvektoren transformiert. Der erste trägt das Gen, das in das pflanzliche Genom eingeführt werden soll, zusammen mit dem selektierbaren $kan^R$-Markergen, das von den *lox*-Zielsequenzen flankiert wird. Der zweite Vektor trägt das Gen für die Cre-Rekombinase. Nach der Transformation führt die Expression des *Cre*-Gens dazu, dass das $kan^R$-Gen aus dem Genom der Pflanze herausgeschnitten wird (Abb. 17.14).

**17.14    Verwendung der Cre-Rekombinase bei der genetischen Manipulation von Pflanzen.** Die Expression des *Cre*-Gens führt dazu, dass das *kan*$^R$-Gen aus der pflanzlichen DNA herausgeschnitten wird.

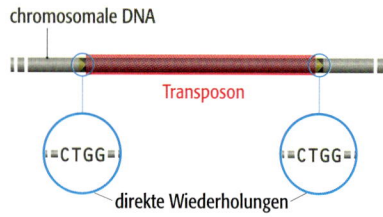

**17.15 Integrierte transponierbare Elemente werden von kurzen direkten Sequenzwiederholungen flankiert.** Dieses Transposon wird von der Tetranucleotidsequenz 5′-CTGG-3′ flankiert. Andere Transposons haben andere direkte Sequenzwiederholungen.

# 17.3 Transposition

Die Transposition ist keine besondere Form der Rekombination, sondern ein Vorgang, der häufig auf der Rekombination beruht. Das Ergebnis ist die Übertragung eines DNA-Abschnitts von einer Position des Genoms an eine andere. Ein charakteristisches Merkmal der Transposition besteht darin, dass der übertragene Abschnitt von einem Paar kurzer direkter Sequenzwiederholungen flankiert wird (Abb. 17.15), die beim Transpositionsvorgang entstehen.

In Abschnitt 9.2 haben wir die verschiedenen Arten von transponierbaren Elementen untersucht, die bei Eukaryoten und Prokaryoten bekannt sind. Dabei haben wir festgestellt, dass diese sich aufgrund ihrer Transpositionsmechanismen im Großen und Ganzen in drei Gruppen einteilen lassen:

- Bei DNA-Transposons, die replikativ transponiert werden, bleibt das ursprüngliche Transposon an seiner Position und eine neue Kopie tritt an einer beliebigen Stelle im Genom auf (Abb. 17.16).

- Bei DNA-Transposons, die konservativ transponiert werden, bewegt sich das ursprüngliche Transposon durch einen *cut and paste*-Prozess an eine neue Stelle.

- Retroelemente werden alle replikativ über eine RNA-Zwischenstufe transponiert.

Wir wollen nun die Rekombinationsereignisse untersuchen, die jedem der drei Transpositionstypen zugrunde liegen.

**17.16 Replikative und konservative Replikation.** DNA-Transposons verwenden entweder den replikativen oder den konservativen Mechanismus (manche auch beide). Retroelemente werden über eine RNA-Zwischenstufe replikativ transponiert.

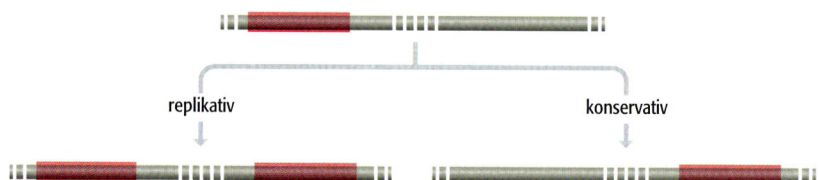

## 17.3.1 Replikative und konservative Transposition von DNA-Transposons

Im Lauf der Jahre hat man eine Reihe von Modellen für die replikative und die konservative Transposition von DNA entwickelt. Die meisten sind jedoch eine Abwandlung eines Modells, das Shapiro ursprünglich 1979 entworfen hatte. Nach diesem Modell wird die replikative Transposition eines bakteriellen Elements, wie etwa des Tn3-Transposons oder eines transponierbaren Phagen (Abschnitt 9.2.2), durch eine oder mehrere Endonucleasen ausgelöst, die an jeder Seite des Transposons sowie an der Zielstelle, wo eine Kopie des neuen Elements eingefügt werden soll, einen einzelnen DNA-Strang schneiden (Abb. 17.17). An der Zielstelle liegen zwischen den beiden Schnitten nur wenige Basenpaare, sodass der geschnittene Doppelstrang kurze 5′-Überhänge besitzt.

Die Verknüpfung dieser 5′-Überhänge mit den freien 3′-Enden an jeder Seite des Transposons führt zur Bildung eines Hybridmoleküls, in dem die beiden ursprünglichen DNAs – die eine enthält das Transposon, die andere die Zielstelle – miteinander durch das transponierbare Element verbunden sind. Dieser Komplex wird flankiert von zwei Strukturen, die Replikationsgabeln ähneln.

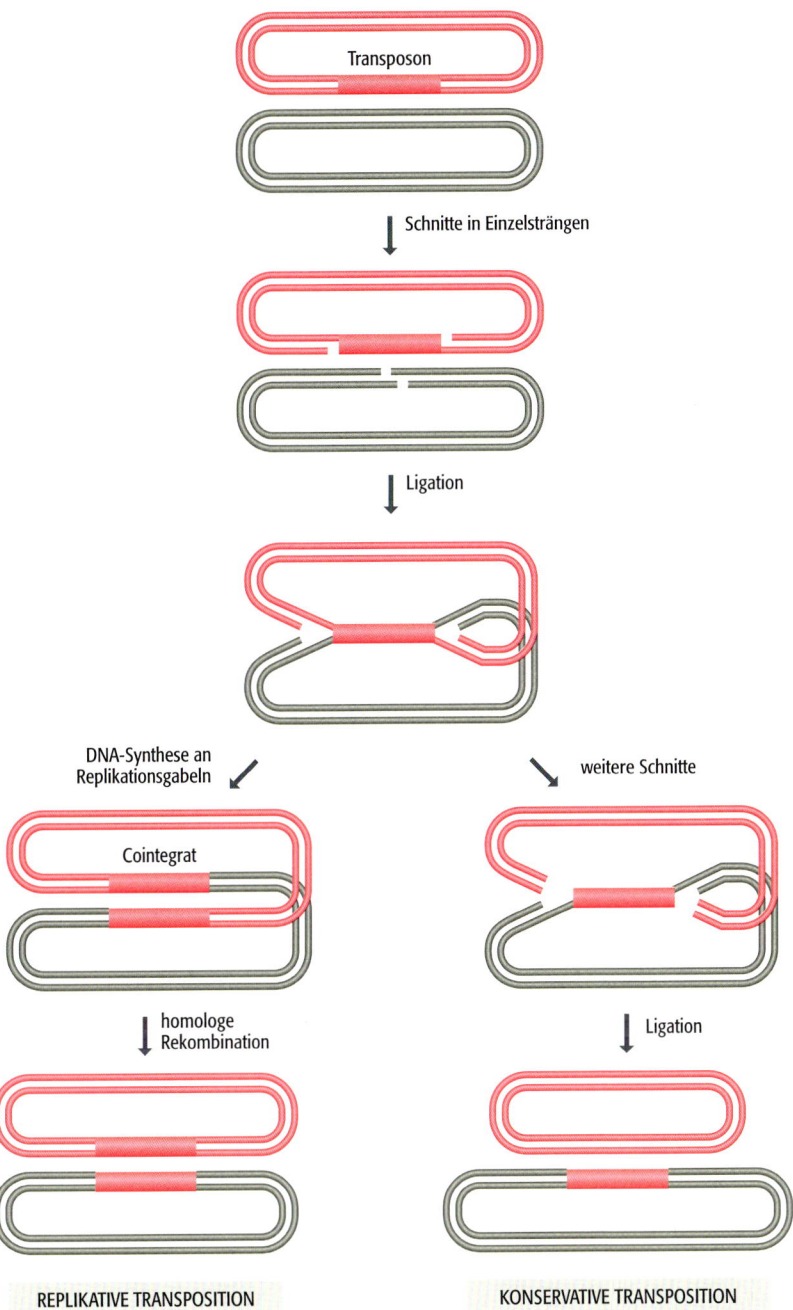

17.17 Ein Modell für die Abfolge der Schritte, die die replikative und die konservative Transposition herbeiführen.

Die DNA-Synthese an diesen beiden Replikationsgabeln kopiert das transponierbare Element und wandelt das ursprüngliche Hybrid in ein **Cointegrat** um, in dem die beiden ursprünglichen DNAs noch miteinander verknüpft sind. Durch eine homologe Rekombination zwischen den beiden Kopien des Transposons wird das Cointegrat entkoppelt, sodass sich das ursprüngliche DNA-Molekül (in dem sich die Kopie des Transposons immer noch an der früheren Position befindet) vom Zielmolekül trennt, das nun eine Kopie des Transposons enthält. Hier kam es also zu einer replikativen Transposition.

Eine Abwandlung des eben beschriebenen Prozesses führt zu einem veränderten Transpositionsmechanismus, der nicht mehr replikativ ist, sondern konservativ (Abb. 17.17). Dabei erfolgt keine DNA-Synthese, sondern die Hybridstruktur wird in zwei getrennte DNA-Moleküle zurückverwandelt, einfach indem an jeder Seite des Transposons weitere Einzelstrangschnitte durchgeführt werden. Dadurch wird das Transposon aus dem ursprünglichen Molekül herausgeschnitten und in der Ziel-DNA „abgelegt".

### 17.3.2 Transposition von Retroelementen

Aus menschlicher Sicht sind die wichtigsten Retroelemente die Retroviren, zu denen neben verschiedenen anderen infektiösen Virustypen auch das menschliche Immunschwächevirus zählt, das AIDS hervorruft. Das meiste, was wir über die Retrotransposition wissen, bezieht sich spezifisch auf die Retroviren, wobei man davon ausgeht, dass andere Retroelemente, wie etwa die Retrotransposons der *Ty1/copia*- und *Ty3/gypsy*-Familien nach ähnlichen Mechanismen transponieren. Dabei kommt es nicht zu einer Rekombination, aber aus Gründen der Vollständigkeit wollen wir uns hier damit befassen.

Der erste Schritt der Retrotransposition ist die Synthese einer RNA-Kopie des integrierten Retroelements (Abb. 17.18). Die lange endständige Sequenzwiederholung (*long terminal repeat*, LTR) am 5′-Ende des Elements enthält eine TATA-Sequenz, die als Promotor für die Transkription durch die RNA-Polymerase II fungiert (Abschnitt 11.2.2). Einige Retroelemente besitzen auch Enhancer-Sequenzen (Abschnitt 11.3), die wahrscheinlich den Umfang der stattfindenden Transkription regulieren. Die Transkription setzt sich über die gesamte Länge des Elements fort, bis hin zur Polyadenylierungssequenz (Abschnitt 12.2.1) in der 3′-LTR.

Das Transkript fungiert nur als Matrize für eine RNA-abhängige DNA-Synthese, die durch die Reverse Transkriptase katalysiert wird. Dieses Enzym wird durch einen Teil des *pol*-Gens im Retroelement codiert (Abb. 9.14). Da es sich hier um die Synthese von DNA handelt, ist ein Primer erforderlich (Abschnitt 15.2.2); dieser besteht wie bei der Genomreplikation aus RNA und nicht aus DNA. Bei der Genomreplikation wird der Primer *de novo* durch eine Polymerase synthetisiert (Abb. 15.13), da aber Retroelemente keine RNA-Polymerasen codieren, können sie die Primer nicht auf diese Weise herstellen. Stattdessen werden zelleigene tRNA-Moleküle als Primer verwendet. Um welche tRNA es sich handelt, hängt vom Retroelement ab: Bei der *Ty1/copia*-Familie ist es immer die tRNA$^{Met}$, aber andere Retroelemente verwenden andere tRNAs.

Der tRNA-Primer lagert sich an einen Bereich in der 5′-LTR (Abb. 17.18). Auf den ersten Blick erscheint dies als Ort für einen Primer eher ungewöhnlich, da es bedeutet, dass die DNA-Synthese vom Zentralbereich des Primers weg gerichtet ist und nur eine kurze Kopie der 5′-LTR entsteht. Wenn jedoch die DNA-Kopie bis zum Ende der LTR verlängert wurde, wird ein Teil der RNA abgebaut und der entstandene DNA-Überhang lagert sich wieder an die 3′-LTR des Retroelements an. Da es sich um eine Sequenzwiederholung handelt, besitzt sie die gleiche Sequenz wie die 5′-LTR und kann deshalb mit der DNA-Kopie Basenpaare bilden. Die DNA-Synthese setzt sich nun entlang der RNA-Matrize fort und verdrängt schließlich den tRNA-Primer. Das Ergebnis ist eine DNA-Kopie der gesamten Matrize einschließlich der Primer-Stelle: Der Matrizenwechsel ist letztendlich der Mechanismus, mit dem das Retroelement das Pro-

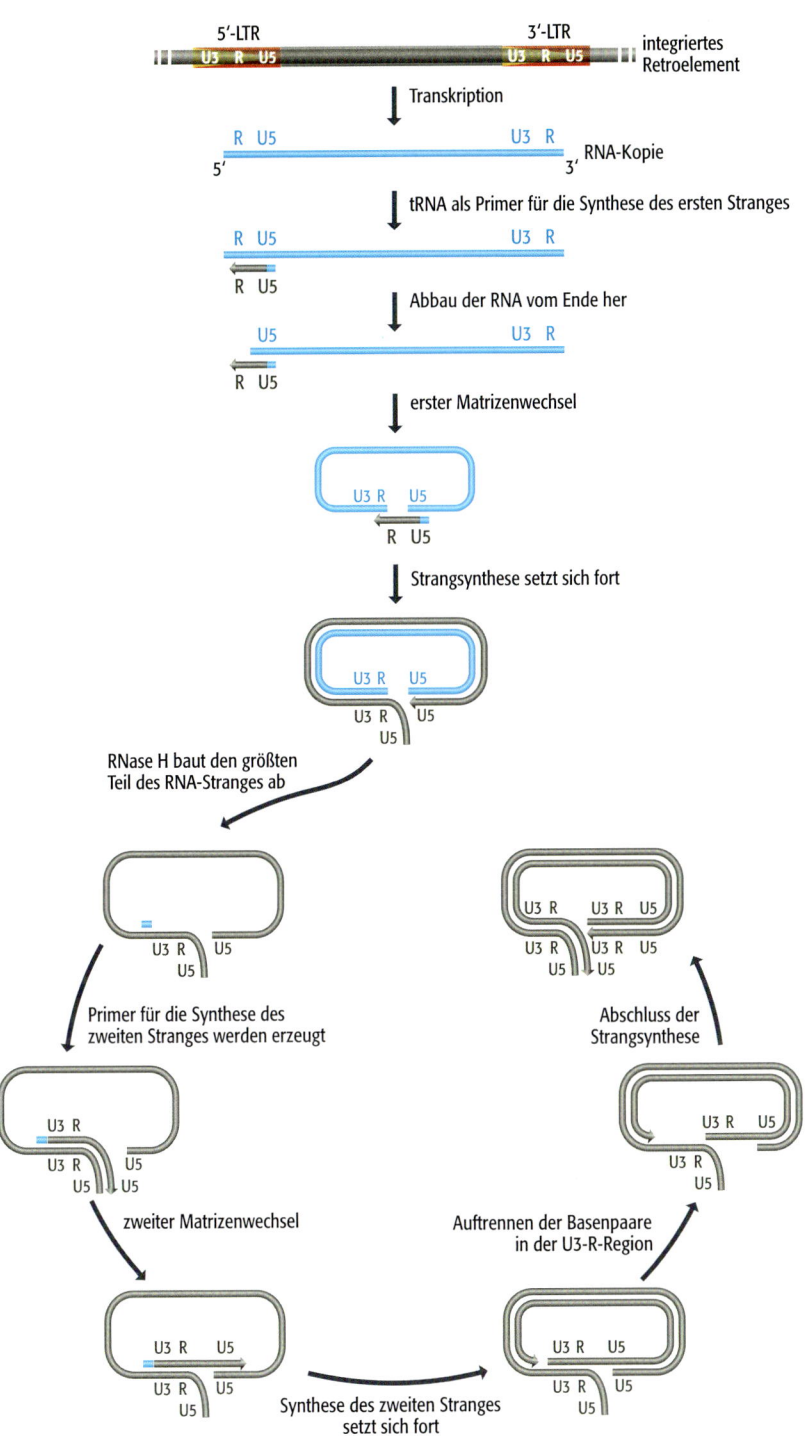

**17.18    RNA- und DNA-Replikation während der Transposition eines Retroelements.** Die Grafik zeigt, wie ein integriertes Retroelement in eine freie doppelsträngige DNA-Form kopiert wird. Der erste Schritt ist die Synthese einer RNA-Kopie, die dann durch eine Abfolge von Reaktionen in doppelsträngige DNA umgewandelt wird, wobei es zu zwei Matrizenwechseln kommt (siehe Text).

blem der Endenverkürzung löst, das auch die chromosomale DNA betrifft und dort durch die Synthese der Telomere gelöst wird (Abschnitt 15.2.4).

Die vollständige Synthese des ersten DNA-Stranges erzeugt ein DNA-RNA-Hybrid. Die RNA wird teilweise durch die RNase H abgebaut, die von einem anderen Teil des *pol*-Gens codiert wird. Die RNA, die nicht abgebaut wird, ist

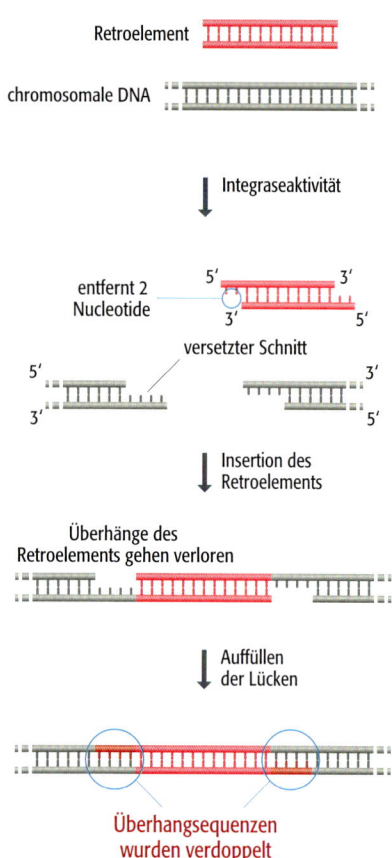

Retroelement

chromosomale DNA

↓ Integraseaktivität

entfernt 2
Nucleotide

5′ ........ 3′
3′ ........ 5′

versetzter Schnitt

5′ ........ 3′
3′ ........ 5′

↓ Insertion des
   Retroelements

Überhänge des
Retroelements gehen verloren

↓ Auffüllen
   der Lücken

Überhangsequenzen
wurden verdoppelt

**17.19** Integration der doppelsträngigen DNA des Retroelements in das Wirtsgenom. Die Integration des Retroelements bringt an jeder Seite der eingefügten Sequenz eine direkte Sequenzwiederholung aus vier Nucleotiden hervor. Bei Retroviren erfordert diese Phase der Transposition sowohl die Integrase als auch die DNA-PK$_{CS}$-Proteinkinase und die Ku-Proteine, die beim NHEJ-Mechanismus mitwirken (Abschnitt 16.2.4).

normalerweise ein einziges Fragment, das an einen kurzen Polypurinabschnitt gebunden ist, der an die 3′-LTR angrenzt. Dieses Fragment bildet den Primer für die DNA-Zweitstrangsynthese, ebenfalls durch die Reverse Transkriptase, die als RNA- und als DNA-abhängige DNA-Polymerase fungieren kann. Wie bei der ersten DNA-Syntheserunde führt auch die Zweitstrangsynthese zuerst nur zu einer DNA-Kopie der LTR, aber ein zweiter Matrizenwechsel zum anderen Ende des DNA-Moleküls ermöglicht, dass die DNA-Kopie bis zu ihrer vollständigen Länge hergestellt wird. Dadurch entsteht eine Matrize für die weitere Verlängerung des ersten DNA-Stranges, sodass die entstehende doppelsträngige DNA eine vollständige Kopie des inneren Bereichs des Retroelements sowie der beiden LTRs ist.

Jetzt muss nur noch die neue Kopie des Retroelements in das Genom integriert werden. Ursprünglich hatte man angenommen, das die Insertion zufällig erfolgt, aber heute erscheint es so, dass die Integration an bestimmten Stellen bevorzugt stattfindet, wobei allerdings keine spezifische Sequenz als Zielstelle dient. Bei der Insertion entfernt die Integrase (die wiederum von einem anderen *pol*-Abschnitt codiert wird) zwei Nucleotide an den 3′-Enden des doppelsträngigen Retroelements. Die Integrase erzeugt auch einen versetzten Schnitt in der genomischen DNA, sodass sowohl das Retroelement als auch die Integrationsstelle 5′-Überhänge aufweisen. (Abb. 17.19). Die Sequenzen dieser Überhänge sind nicht unbedingt komplementär, aber sie treten anscheinend noch auf bestimmte Weise miteinander in Wechselwirkung, sodass das Retroelement in die genomische DNA integriert wird. Die Wechselwirkung führt dazu, dass die Überhänge des Retroelements verloren gehen und die verbliebenen Lücken aufgefüllt werden. Das bedeutet, dass die Integrationsstelle zu einem Paar von direkten Wiederholungen verdoppelt wird, wobei sich an jedem Ende des eingefügten Retroelements eine solche Wiederholung befindet.

### 17.3.3 Wie halten Zellen die schädlichen Auswirkungen der Transposition möglichst gering?

Die Transposition kann schädliche Auswirkungen auf das Genom haben, die über die offensichtliche Zerstörung einer Genaktivität durch die Insertion eines transponierbaren Elements an einer Position in der codierenden Region des Gens hinausgehen. Einige Elemente, insbesondere die Retrotransposons, enthalten Promotor- und Enhancer-Sequenzen, die die Expressionsmuster von benachbarten Genen verändern können. Außerdem entstehen durch die Transposition häufig Doppelstrangbrüche, die tatsächlich schädliche Auswirkungen auf die Integrität des Genoms haben können (Abschnitt 16.2.4). Verstreute Wiederholungen, von denen zumindest einige beweglich sind, machen fast die Hälfte von jedem Säugergenom aus, bei einigen pflanzlichen Genomen noch deutlich mehr. Man sollte deshalb annehmen, dass diese und auch andere Genome Mechanismen entwickelt haben, die die Bewegung dieser transponierbaren Elemente begrenzen.

Eine Möglichkeit, die Transposition sowohl der DNA-Transposons als auch der Retroelemente zu verhindern, könnte in der Methylierung ihrer DNA-Sequenzen liegen, da die Methylierung häufig dazu dient, Genombereiche abzuschalten (Abschnitt 10.3.1). Viele transponierbare Elemente sind tatsächlich hypermethyliert – 90 % der methylierten Cytosine des menschlichen Genoms liegen in den verstreuten Sequenzwiederholungen – wobei es jedoch schwierig ist, experimentelle Belege zu erhalten, dass die Methylierung mit der Unterdrückung der Transposition zusammenhängt. Vor kurzem ließ sich zeigen, dass Mutanten der Pflanze *Arabidopsis thaliana*, die ein defektes Methylierungssystem besitzen, eine höhere Transpositionsrate besitzen, wobei diese Erhöhung möglicherweise nicht für alle Arten von Transposons im Genom der Pflanze gilt. Hier sind weitere Forschungsarbeiten im Gang, um die Funktion der Methylierung bei *Arabidopsis* zu ermitteln und die Untersuchungen auf andere Spezies auszudehnen.

# Zusammenfassung

Ursprünglich hat man nur das Ergebnis eines Crossing-over zwischen Paaren von homologen Chromosomen während der Meiose als Rekombination bezeichnet. Der Begriff wird jedoch heute auch für alle molekularen Vorgänge verwendet, die diesem Prozess zugrunde liegen. Die homologe Rekombination tritt zwischen Abschnitten von DNA-Molekülen auf, die umfangreiche Sequenzhomologien aufweisen. Die ersten Modelle für die homologe Rekombination gingen davon aus, dass der Rekombinationsprozess durch Einzelstrangbrüche in einem oder in beiden doppelsträngigen Molekülen auftreten, heute ist man jedoch überzeugt, dass ein Doppelstrangbruch in einem der Moleküle am Anfang steht. Durch einen Austausch der Stränge entsteht dann eine Heteroduplexstruktur, die durch Spaltung aufgelöst wird. Möglicherweise kommt es dabei zu einem Austausch von Genabschnitten oder zu einer Genkonversion. *Escherichia coli* besitzt mindestens drei molekulare Mechanismen für die homologe Rekombination. Am genauesten wurde der RecBCD-Weg untersucht. Dabei kommt es bei der Rekombination zur Entwindung des einen Partners, die durch zwei Helikasen katalysiert wird. Diese binden an den Doppelstrangbruch und bewegen sich entlang des Moleküls vorwärts. An einer Erkennungssequenz, der so genannten Chi-Stelle, setzt der RecBCD-Komplex den Strangaustausch in Gang, wobei das RecA-Protein bei der Übertragung des in die intakte Doppelhelix eindringenden Stranges eine entscheidende Rolle spielt. Die Ruv-Proteine katalysieren die Wanderung der Verzweigungsstelle in der Heteroduplex-DNA und die Auflösung der Struktur. Die RecE- und RecF-Mechanismen funktionieren auf ähnliche Weise, wobei alle drei Rekombinationssysteme eine Anzahl von Komponenten gemeinsam haben. Entsprechende Proteine kennt man auch bei den Eukaryoten. Die postreplikative Reparatur von DNA-Brüchen erfolgt durch eine homologe Rekombination. Die ortsspezifische Rekombination erfordert keine Bereiche mit umfangreichen Homologien zwischen den Partnermolekülen. Diese Art der Rekombination bewirkt die Insertion von Bakteriophagengenomen, wie etwa das λ-Genom, in das Genom des Wirtsbakteriums. Die Integration des λ-Genoms in die DNA von *E. coli* geschieht durch die Rekombination zwischen einem Paar von Sequenzen mit jeweils 15 bp, die in längeren Bindungsstellen (*attachment sites*) liegen. Für die Integration ist die Integrase erforderlich, die vom λ-Genom codiert wird, außerdem der Wirtsintegrationsfaktor IHF von *E. coli*. Das Herausschneiden erfolgt durch die Integrase und ein Excisionaseprotein. Die Transposition von DNA-Transposons geschieht durch Rekombination. Der Prozess kann entweder replikativ oder konservativ verlaufen, in beiden Fällen handelt es sich um eine Abfolge von Reaktionen, die Shapiro 1979 zum ersten Mal beschrieben hat. Retroelemente werden über eine RNA-Zwischenstufe transponiert, die von der ursprünglichen Kopie des Transposons transkribiert wurde. Nach dem Umkopieren in eine doppelsträngige DNA wird das Retroelement wieder in das Wirtsgenom integriert.

**17.1\*** Welcher der folgenden Vorgänge ist ein Beispiel für eine ortsspezifische Rekombination?

   **a.** Crossing-over bei der Meiose

   **b.** Genkonversion

   **c.** Integration des Genoms des Bakteriophagen λ in das Chromosom von *E. coli*

   **d.** Einfügen eines Transposons an einer neuen Stelle im Genom

**17.2** Welche Art von DNA-Austausch tritt beim Crossing-over während der Meiose auf?

   **a.** Einzelstrangaustausch

   **b.** Reziproker Strangaustausch

   **c.** Integrativer Strangaustausch

   **d.** Replikativer Strangaustausch

**17.3\*** Wie erklärt das Meselson-Radding-Modell für die Rekombination, wie die beiden DNA-Moleküle zu Beginn der homologen Rekombination in Wechselwirkung treten?

   **a.** In jedem Molekül treten an einander entsprechenden Positionen Einzelstrangbrüche auf

   **b.** Eine spezialisierte Topoisomerase erzeugt Einzelstrangbrüche in beiden DNA-Molekülen

   **c.** Die beiden DNA-Moleküle beginnen mit der Rekombination ohne Brüche

   **d.** In einem Molekül kommt es zu einem Einzelstrangbruch, sodass ein freies Ende entsteht, das in das andere Molekül eindringt und einen der Stränge verdrängt

**17.4** Wann kommt es zu einer Genkonversion?

   **a.** Während der Meiose, wenn ein Allel durch ein anderes Allel ersetzt wird

   **b.** Während der Meiose, wenn ein erwartetes Allelverhältnis von 2:2 in ein Allelverhältnis von 4:0 umgewandelt wird

   **c.** Während der Meiose, wenn ein erwartetes Allelverhältnis von 2:2 in ein Allelverhältnis von 3:1 umgewandelt wird

   **d.** In allen genannten Fällen

**17.5\*** Was geschieht an den Chi-Stellen während der homologen Rekombination, die das RecBCD-Enzym von *E. coli* vermittelt?

   **a.** An diesen Stellen binden die RecBCD-Proteine an die DNA, um die Rekombination in Gang zu setzen

   **b.** An diesen Stellen werden die Enzyme dazu veranlasst, einen Doppelstrangbruch in die DNA einzuführen

   **c.** An diesen Stellen beginnt die Helikaseaktivität damit, die DNA abzubauen

   **d.** An diesen Stellen endet die Wanderung der Verzweigungsstelle

**17.6** Welche Proteine katalysieren die Wanderung der Verzweigungsstelle bei der homologen Rekombination von *E. coli*?

   **a.** RecA

   **b.** RecBCD

   **c.** RuvA und RuvB

   **d.** Topoisomerase IIB

**17.7\*** Was ist wahrscheinlich die primäre Funktion der homologen Rekombination?

   **a.** Crossing-over in der Meiose

   **b.** Genkonversion

   **c.** Integration der Genome von lysogenen Phagen

   **d.** Postreplikative DNA-Reparatur

**17.8** Für welche Art von Rekombination ist das Cre-System, das bei der gentechnischen Veränderung von Pflanzen angewendet wird, ein Beispiel?

   **a.** Homologe Rekombination

   **b.** Retrotransposition

   **c.** Ortsspezifische Rekombination

   **d.** Transposition

**17.9\*** Was geschieht, wenn in den *attB*-Sequenzen von *E. coli* inaktivierende Mutationen auftreten?

   **a.** Die DNA des λ-Phagen bildet mit dem *E. coli*-Genom eine partielle Holliday-Struktur und wird dann abgebaut

   **b.** Der λ-Phage kann nur den lytischen Zyklus einschlagen

   **c.** Die DNA des λ-Phagen kann an Sekundärstellen mit viel geringerer Häufigkeit in das *E. coli*-Genom eingefügt werden

   **d.** Die DNA des λ-Phagen wird in die *attB*-Stelle integriert, kann aber nicht herausgeschnitten werden

**17.10** Wie erfolgt die Excision des λ-Prophagen aus dem Genom von *E. coli*?

   **a.** Durch eine intramolekulare Rekombination

   **b.** Durch eine intermolekulare Rekombination

   **c.** Durch Freisetzung mithilfe einer Nuclease

   **d.** Durch eine transposonvermittelte Reaktion

**17.11\*** Welche Funktion besitzt die homologe Rekombination für die replikative Transposition?

    **a.** Die replikative Transposition kann nur zwischen homologen Sequenzen stattfinden

    **b.** Die Proteine, die bei der homologen Rekombination mitwirken, sind für die Initiation der replikativen Transposition erforderlich

    **c.** Nach der Replikation des Transposons wird die freie Kopie der Sequenz über eine homologe Rekombination an der neuen Stelle in das Genom integriert

    **d.** Die Replikation der Transposonsequenzen wandelt das DNA-Hybridmolekül in ein Cointegrat um, das über eine homologe Rekombination entkoppelt wird

**17.12** Wie halten Zellen die potenziell schädlichen Auswirkungen von Transpositionen möglichst gering?

    **a.** Immunglobuline binden an die Proteine, die von den Transposons codiert werden

    **b.** Transposonsequenzen werden zu fest gepacktem Chromatin verdichtet

    **c.** Transposonsequenzen werden methyliert

    **d.** Die Transposonproteine werden mithilfe von Ubiquitin für den Abbau in den Proteasomen vorbereitet

# Fragen mit kurzen Antworten   *Antworten auf die Fragen mit den ungeraden Zahlen finden Sie im Anhang

**17.1\*** Welche Funktion besitzt die Rekombination bei der Evolution der Genome?

**17.2** Wie kann die Auflösung einer Holliday-Struktur zu zwei verschiedenen Ergebnissen führen?

**17.3\*** Beschreiben Sie, wie sich die Ausbildung einer Genkonversion durch das Doppelstrangbruchmodell erklären lässt.

**17.4** Einige *E. coli*-Stämme, die für die Vermehrung von rekombinierten Plasmiden verwendet werden, enthalten *recA*-Mutationen. Warum könnten *recA*-Defekte für die Forschung mit rekombinierten Plasmiden hilfreich sein?

**17.5\*** Wann könnten bei *E. coli* zwei homologe DNA-Moleküle vorkommen, zwischen denen eine Rekombination stattfindet, da es sich doch um einen haploiden Organismus handelt?

**17.6** Für welche der Proteine von *E. coli*, die an der homologen Rekombination beteiligt sind, gibt es bei der Hefe homologe Proteine? Für welches Protein von *E. coli*, das an dem Prozess mitwirkt, gibt es bei der Hefe anscheinend kein entsprechendes Gegenstück?

**17.7\*** Welche Merkmale der *attB*- und der *attP*-Stelle sind an der Integration der λ-DNA in das Genom von *E. coli* beteiligt?

**17.8** Wie wird die neue Kopie eines Retroelements in ein Genom eingefügt?

**17.9\*** Welche Funktion besitzen tRNA-Moleküle bei der Replikation von Retroelementen?

**17.10** Nennen Sie Beispiele für die schädlichen Auswirkungen, die Transposons auf das Genom haben können.

# Vertiefende Aufgaben

*Hinweise zur Beantwortung der Fragen mit den ungeraden Zahlen finden Sie im Anhang

**17.1\*** Schreiben Sie einen detaillierten Text über die verschiedenen Funktionen des RecA-Proteins in der Biologie.

**17.2** Erläutern Sie die Bedeutung der homologen Rekombination in der Biologie.

**17.3\*** Die Bestimmung der Struktur des RecBCD-Komplexes galt als der entscheidende Schritt bei der Untersuchung der molekularen Grundlagen der homologen Rekombination. Erläutern Sie, warum es wichtig war, die Struktur des Komplexes zu kennen.

**17.4** Das Cre-Rekombinationssystem ist die Basis für eine der umstritteneren Methoden in der Pflanzengenetik – die so genannte Terminatortechnik. Es handelt sich dabei um eines der Verfahren, mit dem die Firmen, die genetisch manipulierte Pflanzen vermarkten, versuchen, ihre Investitionen zu schützen, indem sie sicherstellen, dass die Landwirte jedes Jahr neues Saatgut kaufen müssen und nicht einfach einen Teil der Ernte im Folgejahr als Saatgut verwenden können. Die Terminatortechnik beruht auf dem Gen für das Ribosomeninaktivierungsprotein (RIP). Dieses Protein blockiert die Proteinsynthese, indem es eines der ribosomalen RNA-Moleküle in zwei Fragmente schneidet. Das führt dazu, dass alle Zellen schnell absterben, in denen der RIP-Faktor aktiv ist. Erläutern Sie anhand dieser Informationen genau, wie die Terminatortechnik funktioniert.

**17.5\*** Beantworten Sie ausführlich die folgende Frage: „Wie halten Zellen die schädlichen Auswirkungen der Transposition möglichst gering?"

# Aufgaben zu Abbildungen

*Antworten auf die Fragen mit den ungeraden Zahlen finden Sie im Anhang

**17.1*** Zeigt die Abbildung ein Beispiel für eine homologe Rekombination, eine ortsspezifische Rekombination oder eine Transposition?

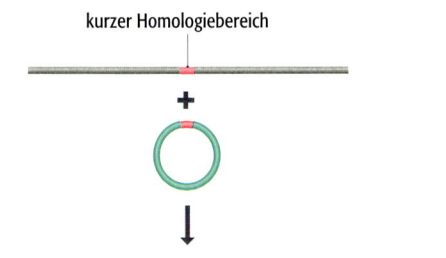

kurzer Homologiebereich

**17.2** Welcher Vorgang ist hier dargestellt, und um welche Schritte handelt es sich?

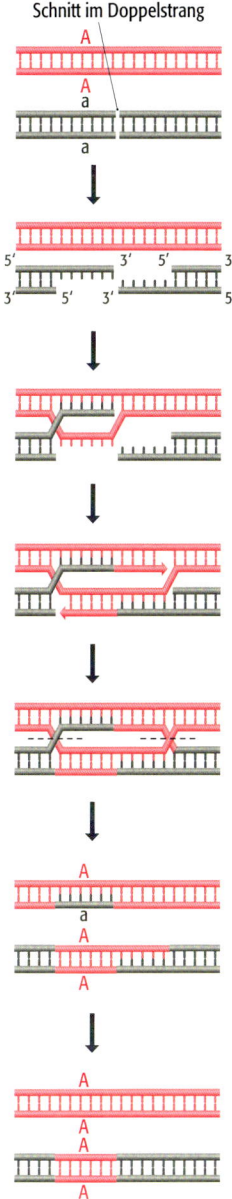

Schnitt im Doppelstrang

**17.3*** Diese Abbildung zeigt die Aktivität eines Proteins im RecBCD-Mechanismus von *E. coli*. Welches Protein bindet an die einzelsträngige DNA und bewirkt die Bildung der D-Schleife?

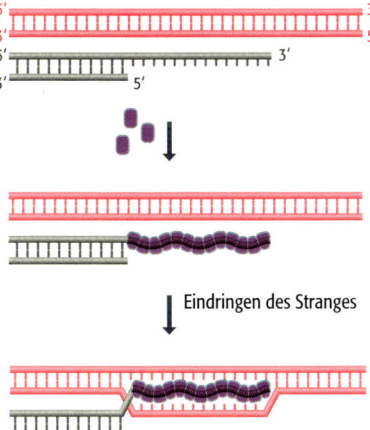

Eindringen des Stranges

**17.4** Die Abbildung zeigt einen Abschnitt aus dem Transpositionsmechanismus eines Retroelements. Erläutern Sie die
dargestellten Schritte.

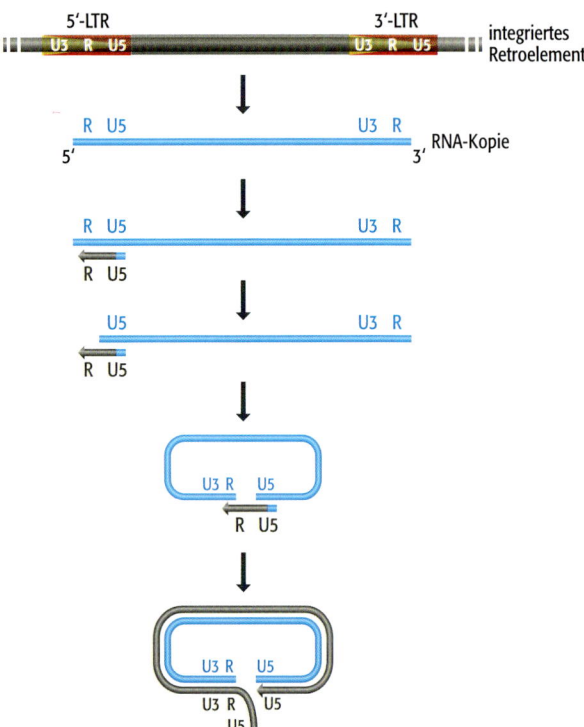

# Weiterführende Literatur

## Modelle für die homologe Rekombination

Eggleston AK, West SC (1996) Exchanging partners in *E. coli*. *Trends Genet* 12: 20–26

Heyer WD, Ehmsen KT, Solinger JA (2003) Holliday junctions in the eukaryotic nucleus: resolution in sight? *Trends Biochem Sci* 28: 548–557

Holliday R (1964) A mechanism for gene conversion in fungi. *Genet Res* 5: 282–304

Kowalczykowski SC (2000) Initiation of genetic recombination and recombination-dependent replication. *Trends Biochem Sci* 25: 156–165

Meselson M, Radding CM (1975) A general model for genetic recombination. *Proc Natl Acad Sci USA* 72: 358–361

Shinagawa H, Iwasaki H (1996) Processing the Holliday junction in homologous recombination. *Trends Biochem Sci* 21: 107–111

## Moleküle für die homologe Rekombination

Amundsen SK, Smith GR (2003) Interchangeable parts of the *Escherichia coli* recombination machinery. *Cell* 112: 741–744. [Hybridmechanismen mit Anteilen des RecBCD- und des RecF-Systems]

Baumann P, West SC (1998) Role of the human RAD51 protein in homologous recombination and doublestranded-break repair. *Trends Biochem Sci* 23: 247–251

Masson JY, West SC (2001) The Rad5l and Dmcl recombinases: a non-identical twin relationship. *Trends Biochem Sci* 26: 131–136

Pyle AM (2004) Big engine finds small breaks. Nature 432: 157–158. [Die Struktur des RecBCD-Komplexes]

Rafferty JB, Sedelnikova SE, Hargreaves D, Artymiuk PJ, Baker PJ, Sharples GJ, Mahdi AA, Lloyd RG, Rice DW (1996) Crystal structure of DNA recombination protein RuvA and a model for its binding to the Holliday junction. *Science* 274: 415–421

Symington LS, Holloman WK (2004) Resolving resolvases. *Science* 303: 184–185. [Proteine für die Auflösung der Holliday-Strukturen bei Eukaryoten]

West SC (1997) Processing of recombination intermediates by the RuvABC proteins. *Annu Rev Genet* 31: 213–244

## Ortsspezifische Rekombination

Kwon HJ, Tirumalai R, Landy A, Ellenberger T (1997) Flexibility in DNA recombination: structure of the lambda integrase catalytic core. *Science* 276: 126–131

## Transposition

Bushman, FD (2003) Targeting survival: integration site selection by retroviruses and LTR-retrotransposons. *Cell* 115:135–138

Shapiro JA (1979) Molecular model for the transposition and replication of bacteriophage Mu and other transposable elements. *Proc Natl Acad Sci USA* 76: 1933–1937

# Die Evolution von Genomen

**18**

## Wenn Sie Kapitel 18 gelesen haben, sollten Sie folgende Aufgaben lösen können:

- Erklären Sie, warum Biologen überzeugt sind, dass die ersten Genome aus RNA bestanden.

- Beschreiben Sie die Vorgänge, die wahrscheinlich dazu führten, dass die ersten Zellen Proteine als Katalysatoren und DNA als genetisches Material annahmen.

- Unterscheiden Sie die verschiedenen Mechanismen, durch die Genome neue Gene erwerben.

- Nennen Sie Beispiele, um die Bedeutung der Genverdopplung in der Evolution von Multigenfamilien zu veranschaulichen.

- Erörtern Sie, welche Belege es in der Evolutionsgeschichte für die Verdopplung ganzer Genome bei *Saccharomyces cerevisiae*, *Arabidopsis thaliana* und dem Menschen gibt.

- Beschreiben Sie die Auswirkungen von Segmentverdopplungen auf die jüngste Evolution des menschlichen Genoms.

- Erklären sie, wie durch die Verdopplung und die Verschiebung von Domänen neue Gene entstehen können.

- Schätzen Sie die möglichen Auswirkungen ab, die die laterale Genübertragung auf die Evolution der Genome von Bakterien und Eukaryoten hat.

- Beschreiben Sie in Grundzügen, wie transponierbare Elemente die Evolution der Genome beeinflusst haben können.

- Definieren und bewerten Sie die *introns early*- und die *introns late*-Hypothese.

- Nennen Sie die Unterschiede zwischen den Genomen des Menschen und des Schimpansen, und erläutern Sie, wie einander so ähnliche Genome zu so unterschiedlichen biologischen Eigenschaften führen.

M utation und Rekombination geben dem Genom die Möglichkeit, sich in der Evolution zu entwickeln, aber wir können nur wenig über die Evolutionsgeschichte erfahren, wenn wir diese Vorgänge einfach in lebenden Zellen untersuchen. Stattdessen müssen wir unsere Kenntnisse über Mutationen und Rekombinationen mit Vergleichen zwischen den Genomen von verschiedenen Organismen kombinieren, um uns die Evolutionsmuster der Genome zu erschließen, wie sie stattgefunden haben. Dieser Ansatz ist ohne Zweifel ungenau und unsicher, aber er begründet sich durch eine unerwartet große Menge an gesicherten Daten. Wir können demnach zumindest in Grundzügen sicher sein, dass das Bild, das wir uns machen, von der Wirklichkeit nicht zu weit entfernt ist.

In diesem Kapitel wollen wir die Evolution der Genome von den ersten Anfängen der biochemischen Systeme bis zum heutigen Tag untersuchen. Wir wollen uns mit der Vorstellung von einer **RNA-Welt** beschäftigen, die vor dem Auftreten der ersten DNA-Moleküle existiert haben kann, und uns dann den DNA-Genomen zuwenden, die allmählich immer komplexer geworden sind. Im Abschnitt 18.4 wollen wir schließlich das Genom des Menschen mit dem des Schimpansen vergleichen, um die evolutionären Veränderungen zu ermitteln, die während der letzten fünf Millionen Jahre stattgefunden haben, und die uns zu dem werden ließen, was wir heute sind.

## 18.1 Genome: die ersten zehn Milliarden Jahre

Kosmologen sind davon überzeugt, dass das Universum vor etwa 14 Milliarden Jahren mit einem riesigen „ursprünglichen Feuerball" begonnen hat, den man als Urknall bezeichnet. Mathematische Modelle deuten darauf hin, dass sich nach etwa vier Milliarden Jahren aus der durch den Urknall emittierten Gaswolke die Galaxien zu formen begannen, und dass vor etwa 4,6 Milliarden Jahren in unserer eigenen Galaxie der Sonnennebel kondensierte, aus dem die Sonne und ihre Planeten hervorgingen (Abb. 18.1). Die frühe Erde war mit Wasser bedeckt, und in diesem riesigen planetaren Ozean traten die ersten biochemischen Systeme in Erscheinung. Als vor etwa 3,5 Milliarden Jahren die

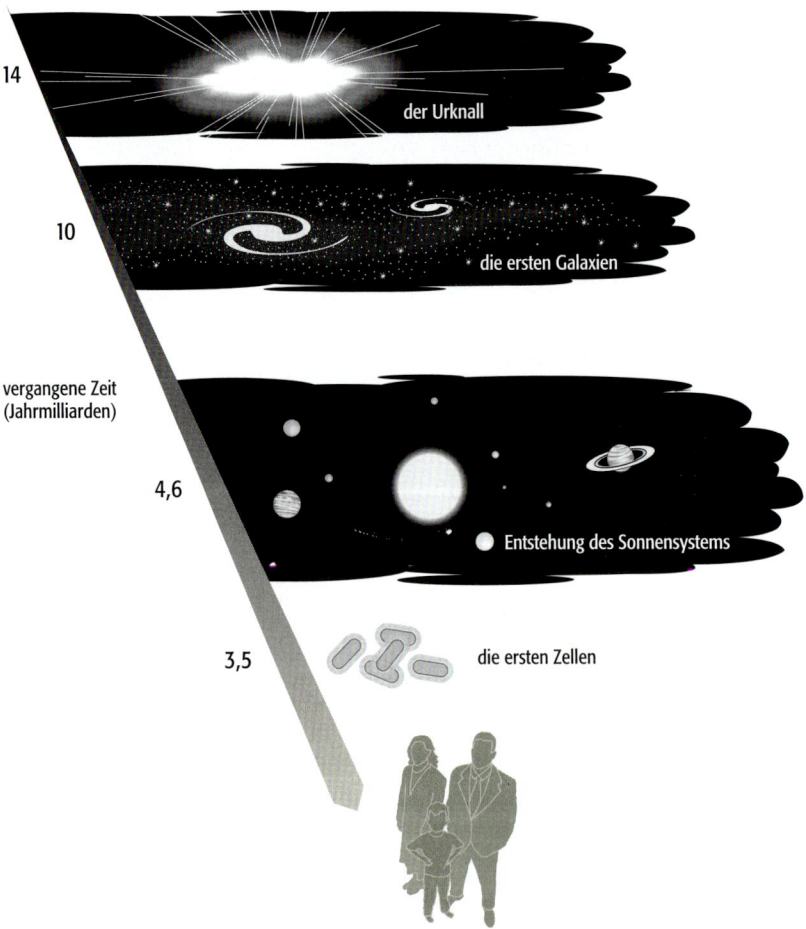

14 — der Urknall

10 — die ersten Galaxien

vergangene Zeit
(Jahrmilliarden)

4,6 — Entstehung des Sonnensystems

3,5 — die ersten Zellen

**18.1** Die Ursprünge des Universums, der Galaxien, des Sonnensystems und des zellulären Lebens.

Landmassen aufzutauchen begannen, hatte sich das zelluläre Leben bereits entwickelt. Das zelluläre Leben war jedoch eine relativ späte Phase in der biochemischen Evolution, davor gab es selbstreplizierende Polynucleotide, die die Vorläufer der ersten Genome waren. Wir müssen unsere Untersuchung der Evolution der Genome mit diesen präzellulären Systemen beginnen.

## 18.1.1 Die Ursprünge der Genome

Die ersten Ozeane hatten vermutlich eine ähnliche Salzkonzentration wie heute, aber die Erdatmosphäre und dadurch auch die in den Ozeanen gelösten Gase unterschieden sich deutlich. Der Sauerstoffgehalt der Atmosphäre blieb sehr niedrig, bis sich die Photosynthese entwickelt hatte, und die am meisten vorhandenen Gase waren wahrscheinlich Methan und Ammoniak. Experimente, in denen man versuchte, die Bedingungen der Uratmosphäre nachzubilden, haben gezeigt, dass elektrische Entladungen in einem Gemisch aus Methan und Ammoniak zur chemischen Synthese von einer Reihe von Aminosäuren führt, darunter Alanin, Glycin, Valin und mehrere andere, die ebenfalls in Proteinen vorkommen. Außerdem entstehen Blausäure und Formaldehyd, woraus in weiteren Reaktionen noch andere Aminosäuren sowie Purine, Pyrmidine und in geringerem Maß auch Zucker gebildet werden. Auf diese Weise konnten sich zumindest einige der Bausteine von Biomolekülen in der ursprünglichen Chemosphäre anreichern.

### Bei den ersten biochemischen Systemen stand RNA im Mittelpunkt

Die Polymerisierung von Bausteinen zu Biomolekülen kann in den Ozeanen erfolgt sein, oder es wurde durch wiederholte Kondensation und Verdunstung von Wassertröpfchen in den Wolken befördert. Alternativ kann die Polymerisierung auch an festen Oberflächen stattgefunden haben, vielleicht unter Verwendung von Monomeren, die an Lehmpartikeln hafteten, oder in hydrothermalen Spalten. Der genaue Mechanismus braucht uns dabei nicht zu interessieren: Wichtig ist nur, dass rein geochemische Prozesse zur Synthese von biologischen Polymeren geführt haben können, ähnlich denen, die man in lebenden Systemen findet. Über die nächsten Schritte müssen wir uns jedoch Gedanken machen. Wir müssen von einer zufälligen Ansammlung von Biomolekülen zu einer strukturierten Anordnung gelangen, die mindestens eine der biochemischen Eigenschaften besitzt, die wir mit dem Leben assoziieren. Es ist nie gelungen, diese Schritte im Experiment nachzuvollziehen, sodass unsere Vorstellungen darüber vor allem auf Spekulationen beruhen, die zu einem gewissen Maß durch Computersimulationen unterstützt werden. Ein Problem besteht darin, dass die Spekulationen keiner Einschränkung unterliegen, da der erdumspannende Ozean bis zu $10^{10}$ Biomoleküle pro Liter enthalten haben kann und wir eine Milliarde Jahre verstreichen lassen können, in denen die notwendigen Reaktionen stattfinden sollen. Das bedeutet, dass selbst die unwahrscheinlichsten Szenarien nicht so einfach von der Hand zu weisen sind.

Aufgrund der scheinbaren Notwendigkeit, dass Polynucleotide und Polypeptide zusammenwirken müssen, um ein sich selbst reproduzierendes System hervorzubringen, konnte es zuerst keinerlei Fortschritte dabei geben, die Ursprünge des Lebens zu verstehen. Das liegt daran, dass für die Katalyse von biochemischen Reaktionen Proteine erforderlich sind, die aber nicht ihre eigene Replikation bewerkstelligen können. Polynucleotide können die Synthese von Proteinen codieren und sich selbst replizieren, aber man ging davon aus, dass sie das keinesfalls ohne die Mitwirkung von Proteinen tun können. Es schien so, als wäre das biochemische System unmittelbar aus der zufälligen Ansammlung von Biomolekülen vollständig entwickelt hervorgegangen, da keine Zwischenstufe in der Lage gewesen sein konnte, sich dauerhaft zu erhalten. Der eigentliche Durchbruch gelang Mitte der 1980er-Jahre, als man entdeckte, dass RNA katalytische Aktivitäten aufweisen kann.

Die heute bekannten Ribozyme führen drei verschiedene Arten von biochemischen Reaktionen aus:

- Selbstspaltung, wie sie bei den selbstspleißenden Introns der Gruppen I, II und III und bei einigen Virusgenomen (Tab. 12.4 und Abschnitt 12.2.4) vorkommt;

- Spaltung von anderen RNAs, wie sie beispielsweise die RNase P durchführt (Tab. 12.4 und Abschnitt 12.1.3);

- Synthese von Peptidbindungen, wie sie die rRNA-Komponente des Ribosoms katalysiert (Abschnitt 13.2.3).

Im Reagenzglas ließ sich zeigen, dass synthetische RNA-Moleküle andere biologisch relevante Reaktionen ausführen können, wie etwa die Synthese von Ribonucleotiden, die Synthese und die Kopie von RNA-Molekülen sowie die Übertragung einer Aminosäure, die an eine tRNA gebunden ist, auf eine zweite Aminosäure, sodass ein Dipeptid entsteht, ähnlich der Funktion der tRNA bei der Proteinsynthese. Die Entdeckung dieser katalytischen Eigenschaften löste das Polynucleotid-Polypeptid-Dilemma, indem es belegte, dass die ersten biochemischen Systeme vollständig auf RNA aufgebaut gewesen sein konnten.

Das Bild von einer RNA-Welt hat in den letzten Jahren Konturen angenommen. Wir können uns jetzt vorstellen, dass RNA-Moleküle ursprünglich auf langsame und zufällige Weise spontan polymerisierten, indem sie einfach als Matrizen für die Bindung von komplementären Nucleotiden fungierten (Abb. 18.2). Dieser Replikationsvorgang muss sehr ungenau gewesen sein, sodass eine Vielzahl von RNA-Sequenzen erzeugt wurde, was schließlich zur Entstehung einer oder mehrerer RNAs führte, die sich entwickelnde Eigenschaften als Ribozyme besaßen, die ihre eigene genauere Selbstreplikation bewerkstelligen konnten. Es ist denkbar, dass eine Art natürlicher Selektion stattfand, sodass die effizienteren Replikationssysteme anfingen sich durchzusetzen, wie man es auch bereits in experimentellen Systemen zeigen konnte. Eine genauere Replikation ermöglichte, dass die RNAs länger wurden, ohne dass sich ihre Sequenzspezifität änderte. Auf diese Weise konnten noch ausgefeiltere enzymatische Aktivitäten entstehen, möglicherweise bis hin zu Strukturen, wie wir sie heute in Gruppe-I-Introns (Abb. 12.39) und ribosomalen RNAs (Abb. 13.11) finden.

Diese frühen RNAs als „Genome" zu bezeichnen, ist wohl unangebracht, aber der Begriff **Protogenom** erscheint als Begriff für selbstreplizierende Moleküle mit der Fähigkeit zu einfachen biochemischen Reaktionen durchaus passend zu sein. Zu diesen Reaktionen könnte auch ein Energiestoffwechsel gehört haben, der wie heute auf der Hydrolyse von Phosphat-Phosphat-Bindungen in den Ribonucleotiden ATP und GTP basierte. Die Reaktionen könnten dann durch Lipidmembranen in Kompartimente gefasst worden sein, die so die ersten zellähnlichen Strukturen bildeten. Es ist schwierig sich vorzustellen, wie langkettige unverzweigte Lipide auf chemische oder ribozymkatalysierte Weise entstanden sein können, aber sobald sie in ausreichender Menge vorhanden waren, konnten sie sich spontan zu Membranen zusammenlagern, die vielleicht eines oder mehrere Protogenome in sich bargen. So gelangten die RNAs

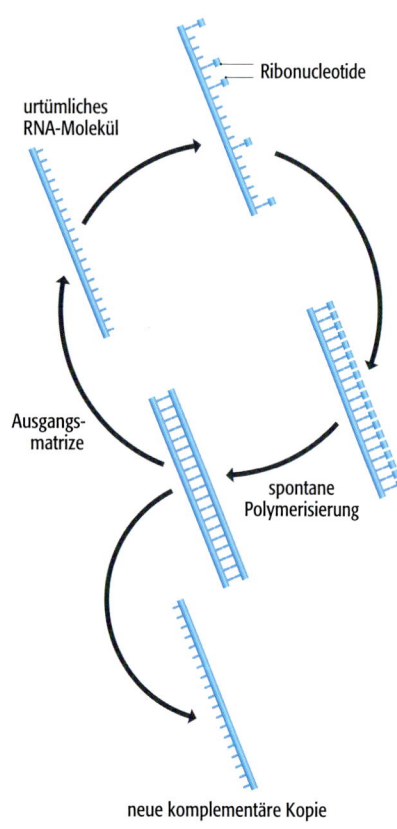

**18.2 Das Kopieren von RNA-Molekülen in der frühen RNA-Welt.** Vor der Entwicklung der RNA-Polymerasen in der Evolution mussten Ribonucleotide, die an die RNA-Matrize gebunden hatten, spontan polymerisieren. Dieser Vorgang muss sehr ungenau gewesen sein, sodass viele RNA-Sequenzen erzeugt wurden.

in eine abgeschlossene Umgebung, wo besser kontrollierte biochemische Reaktionen möglich waren.

### Die ersten DNA-Genome

Wie hat sich die RNA-Welt in eine DNA-Welt umgewandelt? Die erste wichtige Veränderung war wahrscheinlich die Entwicklung von Proteinenzymen, die die meisten katalytischen Aktivitäten der Ribozyme erst ergänzten und schließlich ersetzten. Im Zusammenhang mit dieser Phase der biochemischen Evolution gibt es noch einige unbeantwortete Fragen, beispielsweise warum es zuerst zu einem Übergang von der RNA zum Protein kam. Ursprünglich hatte man angenommen, dass die 20 verschiedenen Aminosäuren der Polypeptide den Proteinen eine größere chemische Variabilität ermöglichen als die vier Nucleotide der RNA, sodass Proteinenzyme ein breiteres Spektrum von biochemischen Reaktionen katalysieren können. Diese Erklärung hat jedoch an Attraktivität verloren, da immer mehr ribozymkatalysierte Reaktionen im Reagenzglas nachgewiesen wurden. Eine aktuellere Vorstellung besteht darin, dass die proteinvermittelte Katalyse effizienter ist, da gefaltete Polypeptide eine größere innere Flexibilität besitzen als RNAs mit ihren Basenpaarungen, die eine größere Steifheit aufweisen. Andererseits kann auch der Einschluss von RNA-Protogenomen in Membranvesikel die Evolution der ersten Proteine angestoßen haben, da RNA-Moleküle hydrophil sind und eine hydrophobe Hülle erhalten mussten, beispielsweise durch Bindung an Peptidmoleküle, bevor sie in eine Membran integriert werden konnten.

Der Übergang zur proteinvermittelten Katalyse erforderte eine grundlegende Veränderung der Funktion der RNA-Protogenome. Anstelle direkt für die biochemischen Reaktionen in den frühen zellähnlichen Strukturen zuständig zu sein, entwickelten sich die Protogenome zu codierenden Molekülen, deren primäre Funktion darin bestand, den Aufbau von katalytischen Proteinen zu katalysieren. Ob die Ribozyme selbst zu codierenden Molekülen wurden oder die codierenden Moleküle synthetisierten, ist unbekannt. Allerdings deuten die meisten überzeugenden Theorien zum Ursprung der Proteine sowie der genetische Code darauf hin, dass wahrscheinlich die zweite Vorstellung zutrifft (Abb. 18.3). Der genaue Mechanismus ist zwar unbekannt, aber das Ergebnis war die widersprüchliche Situation, dass die RNA-Protogenome ihre Funktion als Enzyme ablegten, die sie eigentlich gut erfüllten, und eine codierende Funktion übernahmen, für die sie jedoch aufgrund der relativ instabilen RNA-Phosphodiesterbindung weniger geeignet waren (Abschnitt 1.2.1). Eine Übertra-

**a)** ein Ribozym, das auch ein codierendes Molekül ist

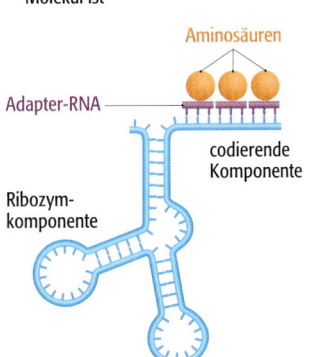

**b)** ein Ribozym, das codierende Moleküle synthetisiert

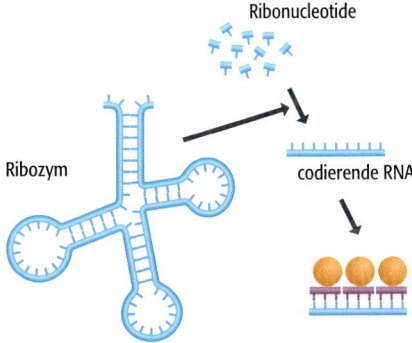

**18.3    Zwei Modelle für die Evolution der ersten codierenden RNA.** Es könnte sich ein Ribozym entwickelt haben, dass sowohl eine katalytische als auch eine codierende Funktion hatte (a), oder ein Ribozym hat codierendes Molekül synthetisiert (b). In beiden Fällen sind die Aminosäuren so dargestellt, dass sie über kleine Adapter-RNAs, die mutmaßlichen Vorläufer der heutigen tRNAs, an das codierende Molekül binden.

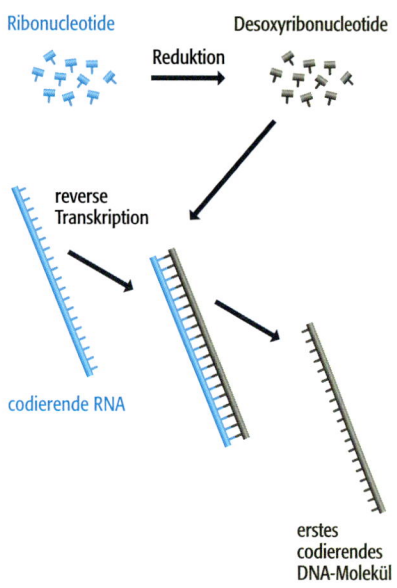

**18.4** Umwandlung eines codierenden RNA-Moleküls in den Vorläufer des ersten DNA-Genoms.

gung der Codierungsfunktion auf die stabilere DNA erscheint fast unvermeidlich. Es sollte nicht so schwierig zu erreichen gewesen sein, dass die Ribonucleotide zu Desoxyribonucleotiden oxidiert werden, die dann mithilfe einer durch die Reverse Transkriptase katalysierten Reaktion zu Kopien der RNA-Protogenome polymerisiert werden (Abb. 18.4). Das Ersetzen von Uracil durch sein methyliertes Derivat Thymin verleiht dem DNA-Polynucleotid wahrscheinlich eine noch größere Stabilität. Das Entstehen der doppelsträngigen Struktur der DNA als codierendes Molekül entstand fast sicher aufgrund der Notwendigkeit, eine Beschädigung der DNA reparieren zu können, indem einfach der Partnerstrang kopiert wird (Abschnitte 16.2.2 und 16.2.3).

Entsprechend diesem Modell bestanden die ersten Genome wahrscheinlich aus vielen einzelnen Molekülen, die jeweils ein einziges Protein codierten und deshalb immer einem einzigen Gen entsprachen. Die Verknüpfung dieser Gene zu den ersten Chromosomen, was sogar noch vor dem Übergang zur DNA begonnen haben kann, dürfte die Verteilung der Gene während der Zellteilung effizienter gemacht haben, da es einfacher ist, die gleichmäßige Verteilung von einigen wenigen großen Chromosomen zu organisieren als von zahlreichen einzelnen Genen. Wie für die frühen Phasen der Genomevolution hat man auch hier mehrere verschiedene Mechanismen postuliert, durch die Gene miteinander verknüpft worden sein könnten.

### Wie einzigartig ist das Leben?

Wenn die experimentellen Simulationen und die Computermodelle richtig sind, ist es wahrscheinlich, dass die ersten Phasen der biochemischen Evolution in den Ozeanen oder der Atmosphäre der frühen Erde viele Male parallel erfolgt sind. Es ist deshalb ziemlich wahrscheinlich, dass das „Leben" bei mehr als einer Gelegenheit entstand, obwohl alle heutigen Lebewesen anscheinend von einem einzigen Ursprung abstammen. Dieser einzige Ursprung ist dadurch belegt, dass zwischen der grundlegenden Molekularbiologie sowie den grundlegenden biochemischen Mechanismen der Bakterien, Archaea und Eukaryoten eine bemerkenswerte Übereinstimmung besteht. So gibt es anscheinend keinen erkennbaren chemischen oder biologischen Grund, warum ein bestimmtes Triplett von Nucleotiden eine bestimmte Aminosäure codieren muss, aber der genetische Code ist praktisch in allen untersuchten Organismen derselbe, wenngleich er nicht universell ist. Wenn diese Organismen von mehr als einem Ursprung abstammen sollten, dann müsste es zwei oder mehr sehr unterschiedliche Codes geben.

Wenn mehrere Ursprünge möglich sind, aber das moderne Leben nur aus einem hervorgegangen ist, stellt sich die Frage, in welcher Phase ein einziges biochemisches System begonnen hat sich durchzusetzen. Diese Frage kann nicht genau beantwortet werden, aber das wahrscheinlichste Szenario besteht darin, dass das vorherrschende System das erste war, das Mechanismen entwickelte, mit denen sich Proteinenzyme synthetisieren ließen. Deshalb war es wahrscheinlich auch das erste, dessen Genom die DNA-Form annahm. Das größere katalytische Potenzial und die genauere Replikation, die durch die Proteinenzyme und DNA-Genome ermöglicht wurden, haben diesen Zellen möglicherweise gegenüber den anderen mit RNA-Protogenomen einen deutlichen Vorteil verschafft. Die DNA-RNA-Proteinzellen müssen sich schneller vermehrt haben, damit sie die RNA-Zellen vollständig von der Versorgung mit Nährstoffen abschneiden konnten, lange bevor sie die RNA-Zellen selbst hätten aufnehmen können.

Sind Lebensformen denkbar, die auf anderen Informationsmolekülen als DNA und RNA beruhen? Es ist nicht unmöglich, dass es in der frühesten Phase der biochemischen Evolution vor der RNA ein anderes Informationsmolekül gegeben hat. So könnte beispielsweise eine Pyranosylform der RNA, in der der Zucker eine etwas andere Struktur annimmt, sogar für ein frühes Protogenom besser geeignet sein als die normale RNA, da die sich bildenden Basenpaarstrukturen stabiler sind. Dasselbe gilt für **Peptidnucleinsäure** (**PNA**), ein Polynucleotidanalogon, in dem das Zucker-Phosphat-Rückgrat durch Amidbindungen ersetzt ist (Abb. 18.5). Man hat PNAs im Reagenzglas synthetisiert und konnte zeigen, dass sie mit normalen Polynucleotiden Basenpaare bilden können. Es gibt jedoch keine Hinweise darauf, dass sich Pyranosyl-RNA oder PNA mit einer größeren Wahrscheinlichkeit in der Ursuppe entwickelt haben könnten als RNA.

## 18.2 Wie neue Gene entstehen

Sehr alte Fossilienfunde sind zwar schwer zu interpretieren, aber es gibt genügend überzeugende Belege dafür, dass sich die biochemischen Systeme vor etwa 3,5 Milliarden Jahren zu Zellen entwickelt haben, deren Erscheinungsbild den modernen Bakterien schon sehr ähnlich war. Wir können anhand von Fossilien nicht feststellen, welche Arten von Genomen diese ersten wirklichen Zellen hatten, aber aus den Überlegungen im letzten Abschnitt können wir schließen, dass die Genome aus doppelsträngiger DNA bestanden und eine geringe Anzahl von Chromosomen, möglicherweise sogar nur ein Chromosom umfassten, wobei jedes zahlreiche verknüpfte Gene enthielt.

Wenn wir die fossilen Funde über die Zeit verfolgen, treffen wir vor etwa 1,4 Milliarden Jahren auf die ersten Hinweise von eukaryotischen Zellen – Strukturen, die aussehen wie einzellige Algen – und vor etwa 0,9 Milliarden Jahren auf vielzellige Algen (Abb. 18.6). Vielzellige Tiere traten vor etwa 640 Millionen Jahren auf, wobei es rätselhafte Grabgänge gibt, die darauf hindeuten, dass Tiere schon früher lebten. Die Kambrische Revolution, in der die Wirbellosen zahlreiche neue Formen entwickelten, erfolgte vor 530 Millionen Jahren und endete mit dem Verschwinden von vielen Formen in einem massenhaften Aussterben vor 500 Millionen Jahren. Seit damals ist die Evolution schnell vorangeschritten, und mit zunehmender Diversifizierung traten vor 350 Millionen Jahren die ersten landlebenden Tiere (Insekten) und Pflanzen in Erscheinung. Die Dinosaurier waren am Ende der Kreidezeit vor 65 Millionen Jahren ausgestorben. Und die ersten Hominiden erschienen vor nur 4,5 Millionen Jahren.

Die Evolution der Morphologie ging einher mit der Evolution der Genome. Es ist gefährlich, Evolution mit „Fortschritt" gleichzusetzen, aber es lässt sich nicht abstreiten, dass man bei der Aufwärtsbewegung im Evolutionsbaum auf zunehmend komplexere Genome trifft. Ein Anzeichen für diese Komplexität ist die Anzahl der Gene, die von weniger als 1 000 bei einigen Bakterien bis hin zu 30 000 bis 40 000 bei den Vertebraten wie beispielsweise dem Menschen reicht. Innerhalb einzelner Entwicklungslinien – etwa bei den Bakterien – vollzog sich die Veränderung der Genzahl wahrscheinlich allmählich, wobei das Entstehen neuer Gene zumindest teilweise durch den Verlust vorhandener Gene ausgeglichen wurde. Wir sollten dabei auch bedenken, dass die Evolutionswege einiger Organismen zu einer *Verringerung* anstelle einer Zunahme der Genzahl führten. Dadurch entstanden die Minimalgenome von *Mycoplasma* und ande-

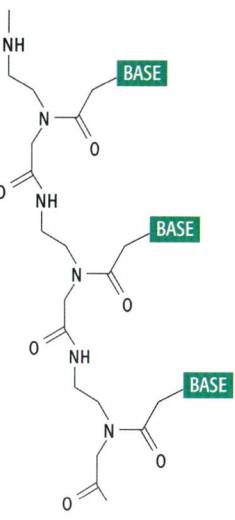

**18.5 Ein kurzer Abschnitt einer Peptidnucleinsäure.** Eine Peptidnucleinsäure hat ein Amidbindungsrückgrat anstelle des Zucker-Phosphat-Rückgrats der normalen Nucleinsäure.

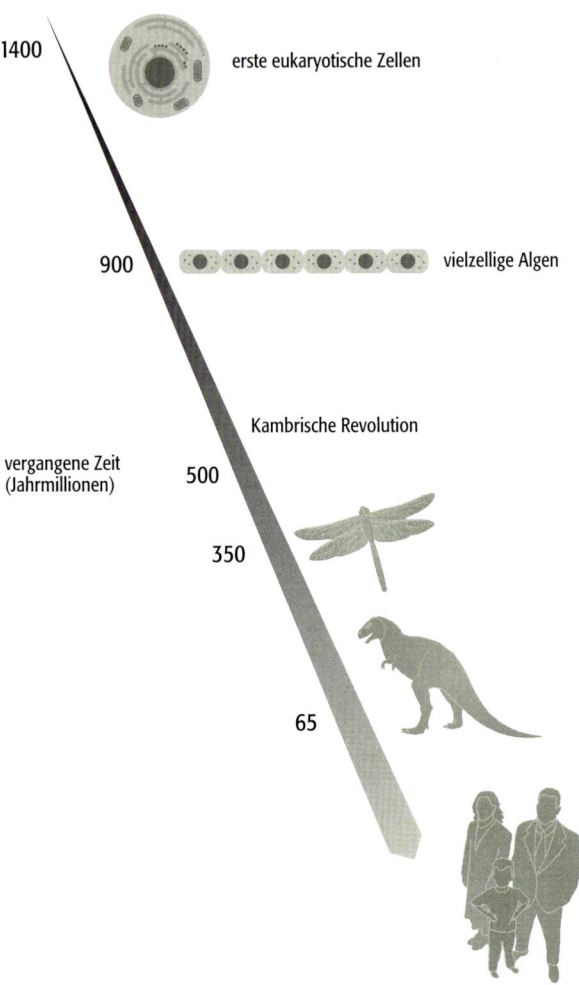

18.6    Die Evolution des Lebens.

ren parasitischen Spezies (Abschnitt 8.2.2). Die allmählichen Veränderungen in den Entwicklungslinien wurden jedoch durch zwei Übergangszeiten, in denen neue Organismen mit deutlich erhöhten Genzahlen neu auftraten, unterbrochen. Einer dieser Übergänge ging mit dem Auftreten der ersten Eukaryoten vor etwa 1,4 Milliarden Jahren einher, da diese Zellen mindestens 10 000 Gene enthielten (im Gegensatz zu den 5 000 oder weniger Genen, wie sie für Prokaryoten typisch sind). Der zweite Übergang ist mit dem Auftreten der ersten Vertebraten kurz nach dem Ende des Kambriums verknüpft, wobei diese Lebewesen wie die heutigen Vertebraten wahrscheinlich mindestens 30 000 Gene besaßen.

Es gibt zwei grundlegend verschiedene Mechanismen, durch die neue Gene in einem Genom entstehen können:

- durch Verdopplung von einigen oder allen vorhandenen Genen im Genom;

- durch Erwerb von Genen aus anderen Spezies.

Beide Ereignisse waren bei der Evolution der Genome von Bedeutung, wie wir in den nächsten beiden Abschnitten feststellen werden.

## 18.2.1 Wie neue Gene durch Verdopplungsereignisse entstehen

Im Jahr 1970 postulierte man das erste Mal, dass die Genverdopplung bei der Evolution der Genome eine zentrale Rolle spielt. Das erste Ergebnis einer Genverdopplung sind zwei identische Gene. Der Selektionsdruck sorgt dann dafür, dass eines dieser Gene seine ursprüngliche Nucleotidsequenz beziehungsweise eine sehr ähnliche Sequenz beibehält, sodass es weiterhin die Proteinfunktion zur Verfügung stellen kann, wie es das ursprünglich vor der Verdopplung als alleinige Kopie des Gens auch tat. Es ist möglich, dass das zweite Gen denselben Beschränkungen durch den Selektionsdruck unterliegt, insbesondere wenn die erhöhte Syntheserate für das Genprodukt, die durch die Genverdopplung verursacht wird, für den Organismus vorteilhaft ist (Abb. 18.7). Häufiger verleiht die zweite Kopie jedoch keinen Vorteil und unterliegt deshalb auch nicht demselben Selektionsdruck, sodass sich in dieser Kopie zufällige Mutationen ansammeln können. Es gibt deutliche Hinweise, dass die Mehrzahl der neuen Gene, die durch Verdopplung entstehen, schädliche Mutationen entwickeln, durch die sie inaktiviert und zu Pseudogenen werden. Die Untersuchung von existierenden Pseudogenen deutet darauf hin, dass die häufigsten inaktivierenden Mutationen Rasterverschiebungen und Nonsense-Mutationen sind, die in der codierenden Region des Gens auftreten. Gelegentlich kann es jedoch vorkommen, dass die Mutationen nicht zur Inaktivierung des Gens führen, sondern eine neue Genfunktion entsteht, die für den Organismus nützlich ist.

Wir wollen uns zuerst mit den Hinweisen auf Genverdopplungen in der Vergangenheit beschäftigen, die in den heutigen Gensequenzen erkennbar sind, um uns dann den Mechanismen zuzuwenden, durch die Genverdopplungen entstehen können.

### *Genomsequenzen enthalten umfangreiche Belege für frühere Genverdopplungen*

Selbst die oberflächlichste Untersuchung einer Genomsequenz liefert zahlreiche Belege dafür, dass viele Gene durch Verdopplungsereignisse entstanden sind. Die Bedeutung der ersten Abfolge in Abbildung 18.7, bei der die erhöhte Menge eines Genprodukts vorteilhaft ist und die Verdopplung des Gens stabilisiert, wird durch zahlreiche Beispiele von Multigenfamilien mit identischen oder nahezu identischen Sequenzen belegt. Die wichtigsten Beispiele sind die rRNA-Gene, deren Kopienzahl von zwei bei *Mycoplasma genitalium* bis 500 oder mehr bei *Xenopus laevis* reicht, wobei alle Kopien annähernd dieselbe

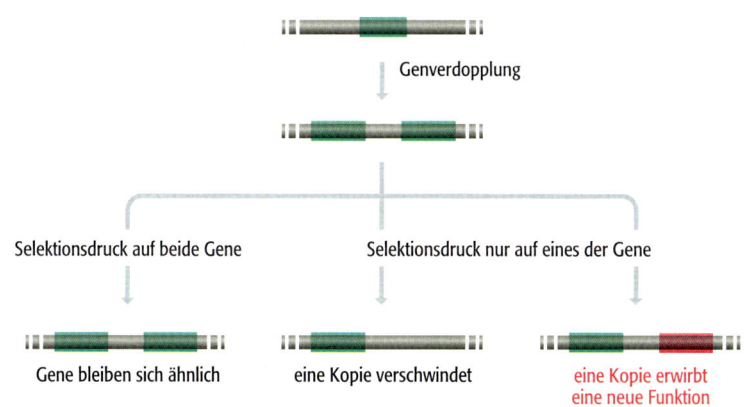

18.7    Drei mögliche Ergebnisse einer Genverdopplung.

Sequenz besitzen. Diese Vielfachkopien von identischen Genen spiegeln wahrscheinlich die Notwendigkeit wider, dass zu bestimmten Phasen des Zellzyklus eine schnelle Synthese von rRNAs gewährleistet sein muss. Zu beachten ist dabei, dass die Existenz dieser Multigenfamilien nicht nur belegt, dass in der Vergangenheit Genverdopplungen stattgefunden haben, sondern dass es auch einen molekularen Mechanismus geben muss, der bewirkt, dass die Familienmitglieder ihre Identität im Verlauf der Evolution bewahren. Das bezeichnet man als **konzertierte Evolution**. Wenn eine Kopie aus der Familie eine vorteilhafte Mutation erhält, dann besteht die Möglichkeit, dass sich diese Mutation in der gesamten Familie ausbreitet, bis sie in allen Kopien vorhanden ist. Das geschieht am wahrscheinlichsten durch Genkonversion, die dazu führen kann, dass die Sequenz der einen Genkopie ganz oder teilweise durch die Sequenz einer zweiten Kopie ersetzt wird (Abschnitt 17.1.1). Durch vielfache Genkonversionen kann also die Identität zwischen den Sequenzen der einzelnen Vertreter einer Multigenfamilie erhalten bleiben, besonders dann, wenn diese in Tandemfolgen angeordnet sind.

Die dritte Abfolge in Abbildung 18.7 führt dazu, dass sich in dem verdoppelten Gen Mutationen ansammeln, die ihm eine neue nutzbringende Funktion verleihen. Auch hier zeigen Multigenfamilien zahlreiche Belege, dass solche Ereignisse in der Vergangenheit häufig stattgefunden haben. Wir haben bereits erfahren, dass Genverdopplungen in den Globingenfamilien im Verlauf der Evolution neue Globingene hervorbrachten, die vom Organismus in verschiedenen Entwicklungsphasen verwendet werden (Abb. 7.19). Wir haben festgestellt, dass alle Globingene, sowohl die $\alpha$- als auch die $\beta$-Typen, verwandte Nucleotidsequenzen besitzen und deshalb zu einer Superfamilie gehören. In dieser sind Gene enthalten, die weitere verschiedene Proteine codieren, welche wie die Globine Sauerstoffmoleküle binden können. Aus dem Übereinstim-

**18.8  Evolution der $\beta$-Globingen-Superfamilie beim Menschen.** Die Mitglieder der Superfamilie liegen heute auf verschiedenen Chromosomen. Das Neuroglobingen liegt auf Chromosom 14, das Cytoglobingen auf Chromosom 17 und das Myoglobingen auf Chromosom 22. Das $\alpha$-Globincluster befindet sich auf Chromosom 16, das $\beta$-Globincluster auf Chromosom 11. Abkürzung: Mio. J., Millionen Jahre.

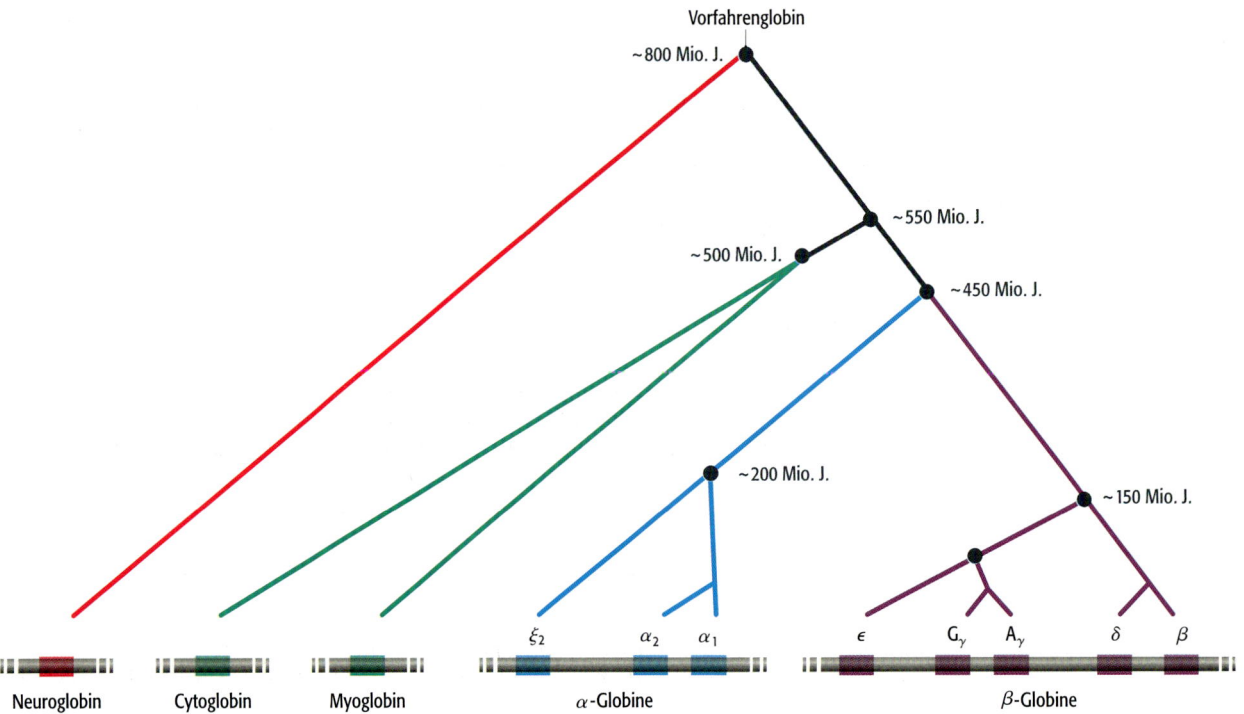

mungsgrad innerhalb von Genpaaren dieser Superfamilie ist es möglich, das Muster der Genverdopplungen zu ermitteln, aus denen die Gene hervorgegangen sind, wie wir sie heute kennen. Durch Anwenden der **molekularen Uhr** (Abschnitt 19.2.2) auf diese Daten können wir abschätzen, vor wie vielen Millionen Jahren jede Verdopplung stattgefunden hat. Durch diese Analysen können wir erkennen, dass vor etwa 800 Millionen Jahren eine Genverdopplung ein Paar von Vorfahrengenen hervorbrachte, von denen sich eines zu dem heutigen Gen für das Gehirnprotein Neuroglobin entwickelte, während aus dem anderen alle übrigen Mitglieder der Superfamilie hervorgingen (Abb. 18.8). Etwa 250 Millionen Jahre später gab es in dem Evolutionsweg, der zu den Globinen im Blut führte, eine zweite Genverdopplung. Eines ihrer Produkte war ein Gen, aus dem über eine weitere Verdopplung das Gen für Myoglobin entstand, das im Muskel aktiv ist, außerdem das Cytoglobin, das in vielen Geweben vorkommt, wobei seine Funktion noch unklar ist. Die Proto-$\alpha$- und die Proto-$\beta$-Entwicklungslinie trennten sich durch eine Verdopplung, die vor 450 Millionen Jahren stattfand, und die Verdopplungen innerhalb der Familien der $\alpha$- und $\beta$-Globingene erfolgten in den letzten 200 Millionen Jahren. Innerhalb dieses weniger weit zurückliegenden Zeitrahmens ist es sogar möglich, nicht nur das Muster der Genverdopplungen zu ermitteln, sondern auch einige der kleineren Veränderungen, die in den einzelnen Genen erfolgt sind. So ist es gelungen, die Ereignisse herzuleiten, die zu den verschiedenen Gruppen von $\beta$-Globingenen führten, wie man sie bei den Säugern findet (Abb. 18.9).

Wir können ähnliche Evolutionsmuster beobachten, wenn wir die Sequenzen von anderen Genen vergleichen. Die Gene für Trypsin und Chymotrypsin

**18.9   Die Evolution der $\beta$-Globingene der Säuger.** Nachdruck aus: Tagle et al (1992) The $\beta$-Globingen-Cluster ... *Genomics* Vol. 13: 741–760. Elsevier.

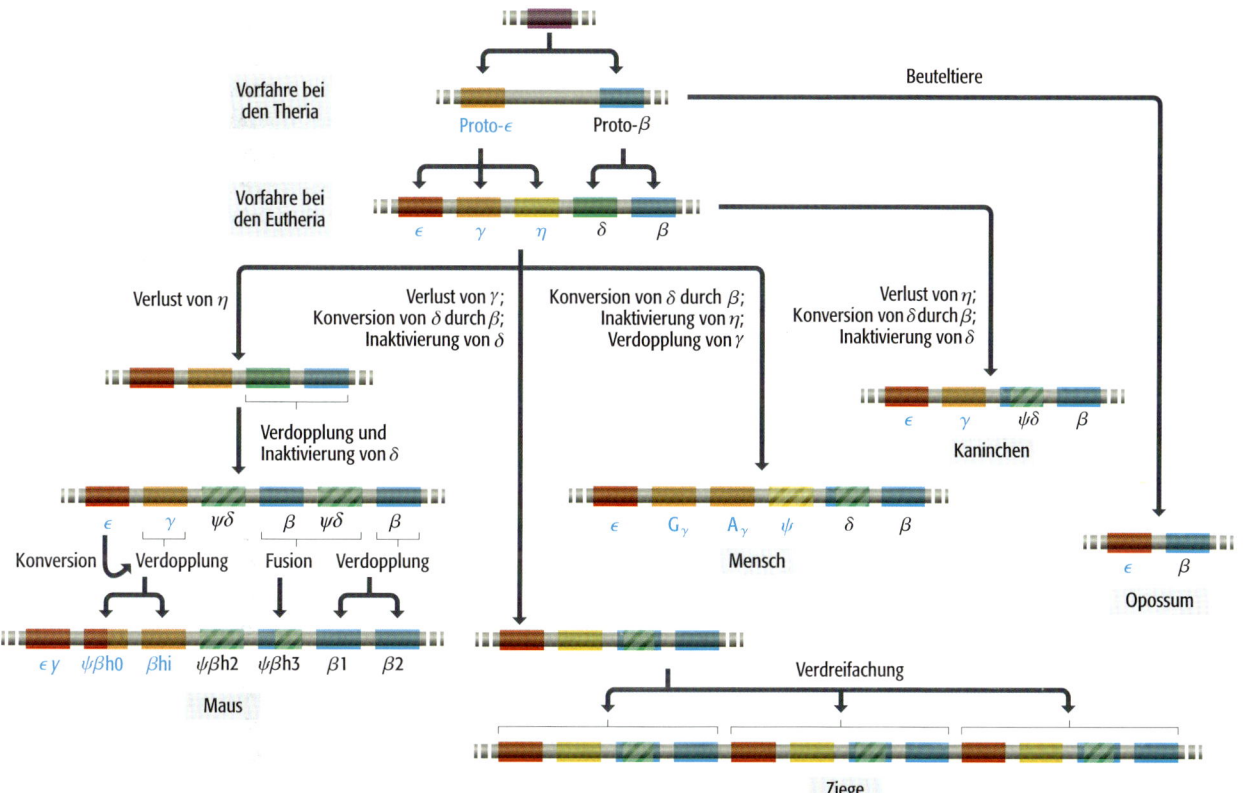

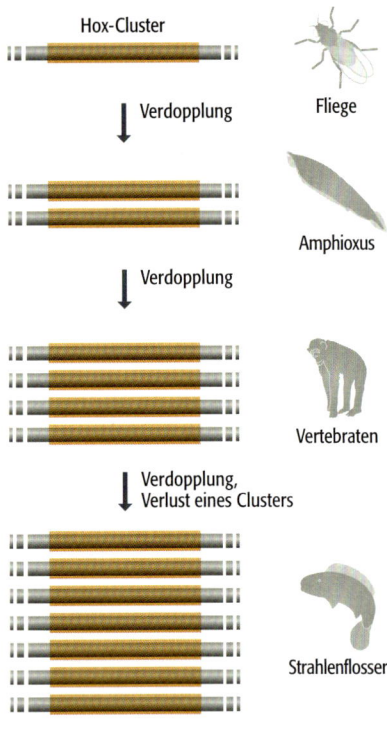

18.10 Evolution des Hox-Genclusters von den Fliegen bis zu den Strahlenflossern.

sind beispielsweise über ein gemeinsames Vorfahrengen miteinander verwandt, das vor etwa 1 500 Millionen Jahre verdoppelte wurde. Beide Gene codieren heute Proteasen, die beim Proteinabbau im Verdauungstrakt der Vertebraten aktiv sind. Trypsin schneidet andere Proteine an Arginin- und Lysinresten, Chymotrypsin schneidet hingegen an Phenylalanin-, Tryptophan- und Tyrosinresten. Die Genomevolution hat demnach zwei komplementäre Proteinfunktionen hervorgebracht, wo ursprünglich nur eine vorhanden war.

Ein anderes wichtiges Beispiel für die Evolution von Genen durch Verdopplung findet sich bei den homöotischen Selektorgenen, die als Schlüsselgene für die Spezifizierung des Körperbauplans von Tieren fungieren. Wie bereits in Abschnitt 14.3.4 beschrieben, besitzt *Drosophila* ein einziges Cluster von homöotischen Selektorgenen (HOM-C), das aus acht Genen besteht. Jedes enthält eine Homöodomänensequenz, die ein DNA-bindendes Motiv des Proteinprodukts codiert (Abb. 14.37). Diese acht Gene sind wahrscheinlich wie weitere *Drosophila*-Gene mit Homöodomänen durch eine Reihe von Genverdopplungen entstanden. Ausgangspunkt war dabei ein Vorfahrengen, das vor über 1 000 Millionen Jahren existierte. Die Funktionen der heutigen Gene, die jeweils die Eigenschaften eines anderen Segments der Taufliege festlegen, ermöglichen uns einen sehr spannenden Blick darauf, wie die Verdopplung von Genen und die Auseinanderentwicklung von Sequenzen in diesem Fall die zugrundeliegenden Vorgänge dafür waren, dass sich die zunehmende morphologische Komplexität einer Reihe von Organismen im Evolutionsbaum von *Drosophila* entwickeln konnte. Wenn wir uns diesen Baum weiter entlangbewegen, stellen wir fest, dass die Vertebraten über vier Hox-Gencluster verfügen (Abb. 14.37). Jedes dieser Cluster ist erkennbar eine Kopie des *Drosophila*-Clusters, wobei zwischen Genen an entsprechenden Positionen Sequenzübereinstimmungen bestehen. Daraus lässt sich die Schlussfolgerung ziehen, dass es in der Entwicklungslinie der Vertebraten zwei Verdopplungen gab, jedoch nicht von einzelnen Hox-Genen, sondern vom ganzen Cluster (Abb. 18.10). Nicht allen Hox-Genen der Vertebraten hat man Funktionen zuordnen können, aber man geht davon aus, dass die zusätzlichen Genkopien, über die die Vertebraten verfügen, der zusätzlichen Komplexität des Körperbauplans der Vertebraten entsprechen. Zwei Beobachtungen unterstützen diese Schlussfolgerung: Amphioxus, ein Wirbelloser, der einige primitive Merkmale von Vertebraten zeigt, besitzt zwei Hox-Gencluster, wie wir es bei einem primitiven „Protovertebraten" erwarten würden. Strahlenflosser, wahrscheinlich die vielfältigste Gruppe der Vertebraten, die ein breites Spektrum verschiedener Varianten des Körperbauplanes aufweisen, besitzen hingegen sieben Hox-Cluster.

### Einer Genverdopplung können sehr verschiedene Vorgänge zugrunde liegen

Es gibt verschiedene Möglichkeiten, wie ein kurzer Abschnitt eines DNA-Moleküls, das vielleicht nur ein Gen oder eine Gruppe von Genen enthält, verdoppelt wird.

- Ein **ungleiches Crossing-over** ist ein Rekombinationsereignis, das durch übereinstimmende Nucleotidsequenzen, die sich in einem Chromosomenpaar nicht an identischen Positionen befinden, ausgelöst wird. Wie in Abbildung 18.11a dargestellt ist, kann das Ergebnis eines ungleichen Crossingovers die Duplikation eines DNA-Segments in einem der Rekombinationsprodukte sein.

- Bei einem **ungleichen Schwesterchromatidaustausch**, der durch denselben Mechanismus ausgelöst wird, ist hingegen ein Paar von Chromatiden eines einzigen Chromosoms betroffen (Abb. 18.11b).

- Die Verdopplung von DNA-Segmenten bei Bakterien und anderen haploiden Organismen bezeichnet man manchmal als DNA-Amplifikation. Dabei entstehen die Verdopplungen durch eine ungleiche Rekombination zwischen zwei DNA-Tochtermolekülen in einer Replikationsblase.

- Ein Verrutschen bei der Replikation (Abb. 16.5) kann zur Verdopplung von kurzen DNA-Segmenten führen, wie etwa bei den Mikrosatellitensequenzen. Durch diesen Vorgang kann aber auch ein Bereich verdoppelt werden, der groß genug ist, um ein ganzes Gen zu enthalten, was jedoch praktisch nur selten auftritt.

Jeder der vier oben genannten Vorgänge führt zu tandemartigen Verdopplungen, bei denen die zwei verdoppelten Abschnitte im Genom nebeneinander zu liegen kommen. Dieses Muster findet sich in vielen Multigenfamilien, etwa in der Familie der $\alpha$-Globingene auf dem menschlichen Chromosom 16 und der Familie der $\beta$-Globingene auf Chromosom 11, aber das ist nicht die einzige Möglichkeit. Die Mitglieder einer Genfamilie sind nicht immer hintereinander angeordnet. So gibt es beispielsweise im Genom des Menschen drei funktionsfähige Gene für das Stoffwechselenzym Aldolase, die jeweils auf einem anderen Chromosom liegen. Diese Kopien lagen möglicherweise einmal in einer Tandemstruktur und wurden im Zuge von großräumigen Umlagerungen des Genoms verstreut. Es ist jedoch auch denkbar, dass die getrennten Positionen eine Folge des Verdopplungsvorgangs sind. Das ist zum Beispiel der Fall, wenn die Verdopplung auf eine Retrotransposition zurückzuführen ist, ähnlich wie bei den prozessierten Pseudogenen (Abb. 7.20). Ein prozessiertes Pseudogen entsteht, wenn die mRNA-Kopie eines Gens in cDNA umgewandelt und so wieder in das Genom integriert wird. Die entstehende Struktur ist ein Pseudogen, da eine Promotorsequenz fehlt, die in der mRNA nicht vorhanden ist. Es ist jedoch vorstellbar, dass das Pseudogen neben einem Promotor eines schon existierenden Gens eingefügt und durch Übernahme des Promotors für die eigene Expression aktiviert wird. Genverdopplungen, die auf diese Weise entstehen, bezeichnet man als **Retrogene**, und auch dafür gibt es in den verschiedenen Genomen zahlreiche Beispiele (im menschlichen Genom ist die hodenspezifische Form der Pyruvatdehydrogenase ein Retrogen). Ein besonderes Merkmal von Retrogenen besteht darin, dass es in der ursprünglichen Kopie des Gens keine Introns gibt, da sie auch in der mRNA nicht vorhanden waren. Vor kurzem hat man festgestellt, dass vollständige Kopien von Genen, die nicht nur die Introns enthalten, sondern dazu noch die teilweise oder vollständige Promotorsequenz, auch durch reverse Transkription entstehen können. Das ist möglich, wenn die rücktranskribierte RNA keine mRNA ist, sondern eine Antisense-Kopie des Gens, die durch die Transkription des „falschen" Polynucleotids entstanden ist (Abb. 18.12). Wir erkennen allmählich, dass Antisense-RNAs nicht selten sind und bei der Genregulation tatsächlich eine Funktion besitzen, vielleicht vergleichbar mit der Funktionsweise der mikro-RNAs (Abschnitt 12.2.6). Wenn eine Antisense-RNA in eine cDNA umgewandelt wird, dann kann die Antisense-RNA ein vollständiges und funktionsfähiges Duplikat des Gens liefern, das in das Genom integriert wird, wobei die Position von der ursprünglichen Kopie entfernt liegen kann.

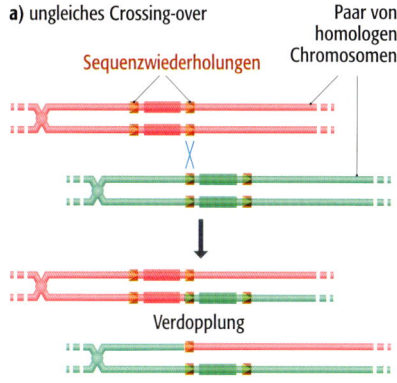

**a)** ungleiches Crossing-over — Sequenzwiederholungen — Paar von homologen Chromosomen — Verdopplung

**b)** ungleicher Schwesterchromatidaustausch

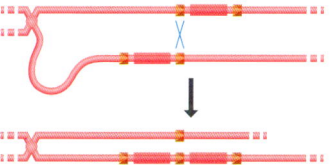

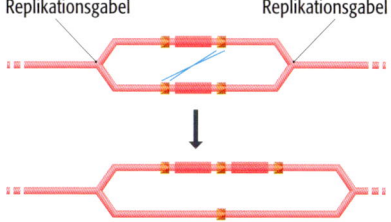

**c)** während der DNA-Replikation

Replikationsgabel    Replikationsgabel

**18.11**  Modelle für die Genverdopplung durch ein ungleiches Crossing-over zwischen zwei homologen Chromosomen (a), einen ungleichen Schwesterchromatidaustausch (b) sowie während der Replikation eines bakteriellen Genoms (c). In allen Fällen erfolgt die Rekombination zwischen zwei verschiedenen Kopien einer kurzen Sequenzwiederholung, was zur Verdopplung der Sequenz zwischen den Wiederholungen führt. Das ungleiche Crossing-over oder der ungleiche Schwesterchromatidaustausch sind im Prinzip das Gleiche, außer dass bei Ersterem die Chromatiden von einem Paar homologer Chromosomen betroffen sind, bei Letzterem die Chromatiden eines einzigen Chromosoms. Bei (c) erfolgt die Rekombination zwischen zwei Tochterdoppelhelices, die gerade bei der DNA-Replikation synthetisiert wurden.

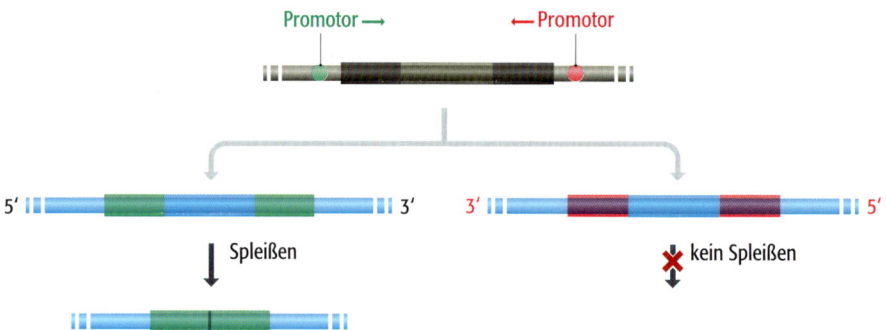

**18.12   In der Kopie einer Antisense-RNA von einem Gen bleiben die Introns des Gens erhalten.** Links in der Abbildung wird das Gen von seinem normalen Promotor transkribiert, es entsteht die Prä-mRNA, deren Intron durch Spleißen entfernt wird. Rechts wird die Antisense-mRNA von einem stromabwärts liegenden Promotor aus synthetisiert. Diese RNA wird nicht gespleißt, da die Sequenzen an ihren Exon-Intron-Übergängen nicht die übliche Struktur besitzen und daher nicht vom Speißosom erkannt werden können (Abschnitt 12.2.2).

## Die Verdopplung ganzer Genome ist ebenfalls möglich

Durch die oben beschriebenen Mechanismen können nur relativ kurze DNA-Abschnitte verdoppelt werden, etwa mit einer Länge von nur wenigen Dutzend Kilobasen. Sind auch umfangreichere Verdopplungen möglich? Es erscheint unwahrscheinlich, dass die Verdopplung von ganzen Chromosomen bei der Evolution der Genome eine wichtige Rolle gespielt hat. Es ist bekannt, dass die Verdopplung von einzelnen Chromosomen des menschlichen Genoms, durch die eine Zelle drei Kopien von einem Chromosom (eine so genannte Trisomie) und zwei Kopien von allen übrigen Chromosomen enthält, entweder letal ist oder zu einer genetisch bedingten Krankheit (etwa dem Down-Syndrom) führt. Bei künstlich erzeugten Trisomie-Mutanten von *Drosophila* ließen sich ähnlich schädliche Auswirkungen beobachten. Wahrscheinlich führt

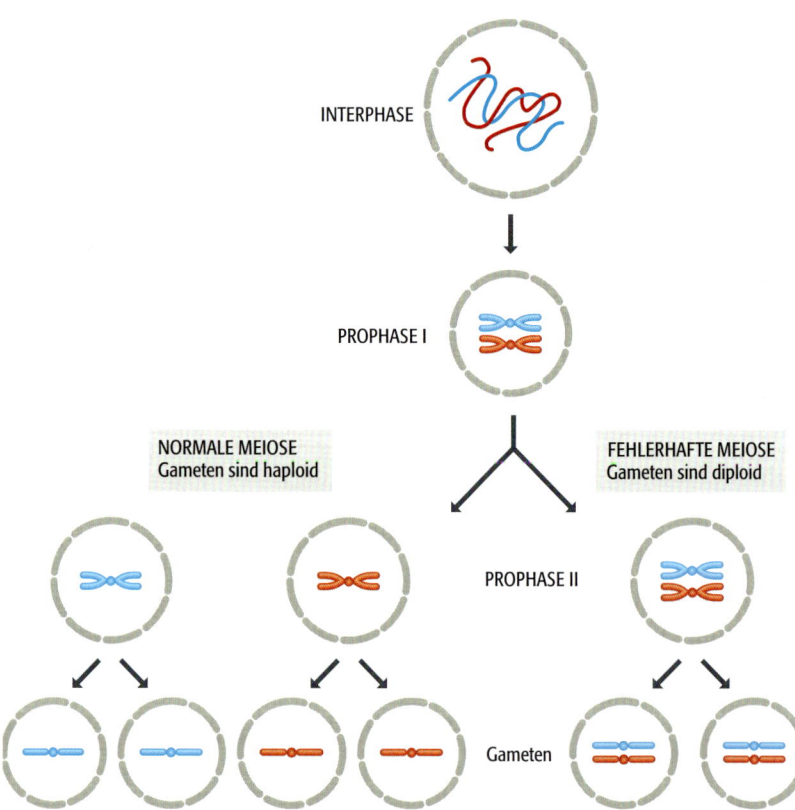

**18.13   Die Grundlagen der Entstehung von Autopolyploidie.** Links ist (in verkürzter Form) der Verlauf einer normalen Meiose dargestellt (zum Vergleich siehe Abbildung 3.16). Rechts kam es zwischen Prophase I und Prophase II zu einem Fehler, sodass die Paare von homologen Chromosomen nicht auf zwei verschiedene Zellkerne aufgeteilt wurden. Die entstehenden Gameten sind dann diploid und nicht haploid.

die so entstehende Zunahme der Kopienzahl bei einigen (aber nicht bei allen) Genen zu einem Ungleichgewicht der Genprodukte und zu einer erheblichen Störung der zellulären Biochemie.

Die schädlichen Effekte einer Trisomie bedeuten nicht, dass die Verdopplung eines ganzen Chromosomensatzes im Zellkern ebenfalls ungünstige Auswirkungen hat. Zu einer Genomverdopplung kann es kommen, wenn ein Fehler bei der Meiose Gameten hervorbringt, die diploid und nicht haploid sind (Abb. 18.13). Wenn zwei diploide Gameten fusionieren, ist das Ergebnis eine Form von **Autopolyploidie**. In diesem Fall entsteht eine tetraploide Zelle, deren Zellkern von jedem Chromosom vier Kopien enthält. Die Autopolyploidie kommt wie andere Formen der Polyploidie (Abschnitt 18.2.2) nicht selten vor, insbesondere bei Pflanzen. Autopolyploide Organismen sind häufig besonders lebensfähig, da jedes Chromosom noch seinen homologen Partner hat und während der Meiose ein Bivalent bilden kann. So kann sich ein autopolyploider Organismus erfolgreich fortpflanzen, aber eine Kreuzung mit dem ursprünglichen Organismus, von dem der autopolyploide abstammt, ist generell unmöglich. Das liegt daran, dass beispielsweise die Kreuzung zwischen einem tetraploiden und einem diploiden Organismus zu triploiden Nachkommen führen würde, die von sich aus zu keiner Fortpflanzung mehr in der Lage wären, da einem vollständigen Chromosomensatz die homologen Partner fehlen würden (Abb. 18.14). Die Autopolyploidie ist daher ein Mechanismus, durch den es zur Artenbildung kommen kann, da ein Paar von Spezies im Allgemeinen als zwei Organismen definiert wird, die sich nicht kreuzen können. Die Erzeugung einer neuen Pflanzenspezies durch Autopolyploidie wurde tatsächlich beobachtet, namentlich durch Hugo de Vries, einen der Wiederentdecker der Mendelschen Regeln. Bei seinen Arbeiten mit der Nachtkerze *Oenothera lamarckiana* isolierte de Vries eine tetraploide Form dieser normalerweise diploiden Pflanze, die er als *Oenothera gigas* bezeichnete. Bei Tieren ist die Autopolyploidie eher selten, vor allem bei Tieren mit zwei getrennten Geschlechtern. Das liegt möglicherweise daran, dass Probleme auftreten, wenn ein Zellkern mehr als ein Paar Geschlechtschromosomen enthält. Dennoch kann es dazu kommen, denn es gibt mit der roten Viscacha-Ratte in Argentinien mindestens ein Säugetier, das ein tetraploides Genom besitzt.

### Die Analyse von heutigen Genomen liefert Hinweise auf frühere Genomverdopplungen

Eine Autopolyploidie führt nicht zwangsläufig zu einer Erhöhung der Genzahl, da als Erstes ein Organismus entsteht, der einfach von jedem Gen zusätzliche Kopien, aber keine neuen Gene besitzt. Es besteht jedoch zumindest das *Potenzial* für eine Zunahme, da die zusätzlichen Gene für die Funktionsfähigkeit des Organismus nicht unbedingt erforderlich sind. So können mutationsbedingte Veränderungen stattfinden, ohne dass die Lebensfähigkeit des Organismus eingeschränkt wird. Da wir das wissen, stellt sich die Frage, ob es tatsächlich Hinweise dafür gibt, dass die Verdopplung ganzer Genome für den Erwerb neuer Gene in großem Maßstab in der Evolutionsgeschichte der heutigen Genome jemals eine Rolle spielte.

Aus dem, was wir über die Mechanismen wissen, durch die sich Genome im Lauf der Zeit verändern, lässt sich ableiten, dass Belege für die Verdopplung ganzer Genome wahrscheinlich sehr schwierig zu finden sind. Viele der zusätzlichen Genkopien, die bei solch einer Genomverdopplung entstehen, würden so weit zerstört werden, dass sie in der DNA-Sequenz nicht mehr zu erkennen

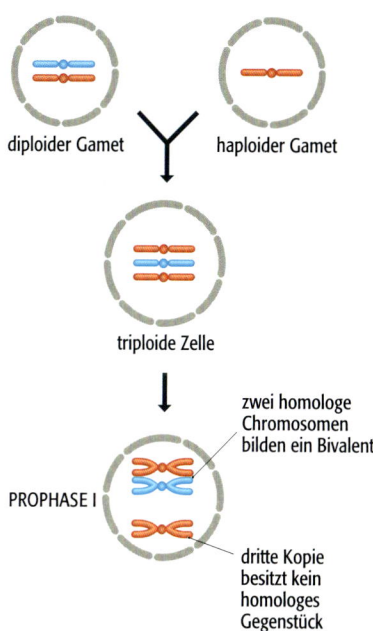

**18.14 Autopolyploide Organismen können sich nicht mit ihren Eltern rückkreuzen.** Ein diploider Gamet, der aus der fehlerhaften Meiose von Abbildung 18.13 hervorgegangen ist, fusioniert mit einem haploiden Gameten aus einer normalen Meiose. Dadurch entsteht ein triploider Zellkern, der drei Kopien von jedem homologen Chromosom enthält. Während der Prophase I der nächsten Meiose bilden zwei dieser homologen Chromosomen ein Bivalent, aber für das dritte gibt es keinen Partner. Das stört die Segregation der Chromosomen in der Anaphase (Abb. 3.16) und verhindert normalerweise den erfolgreichen Abschluss der Meiose. Das bedeutet, dass keine Gameten gebildet werden, der triploide Organismus also steril ist. Das Bivalent könnte sich zwischen zwei beliebigen der drei homologen Chromosomen bilden, sodass nicht nur das Paar entstehen würde, das in der Abbildung dargestellt ist.

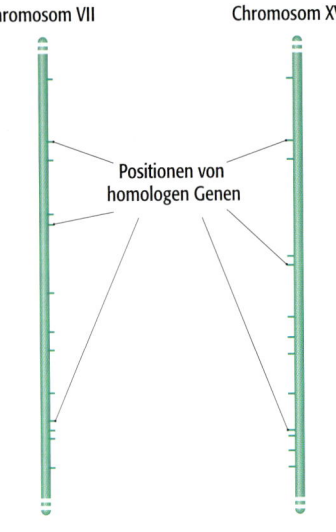

Chromosom VII          Chromosom XVI

Positionen von
homologen Genen

**18.15    Ein Beispiel für eine verdoppelte Gruppe von Genen im Genom von *S. cerevisae*.** Jedes der drei markierten Genpaare zeigt eine hohe Sequenzhomologie. Diese und andere verdoppelte Gengruppen weisen darauf hin, dass es vor knapp 100 Millionen Jahren in der Entwicklungslinie von *S. cerevisiae* eine Genomverdopplung gegeben hat.

sind. Die Gene, die erhalten bleiben, da ihre verdoppelte Funktion für die Zelle nützlich ist oder weil sie neue Funktionen entwickelt haben, sollten sich identifizieren lassen. Dennoch wäre es schwierig zu unterscheiden, ob sie durch Verdopplung des gesamten Genoms oder durch Verdopplung viel kleinerer Abschnitte entstanden sind. Um wirklich eine Genomverdopplung nachzuweisen, muss man große verdoppelte *Gruppen* von Genen finden und die Reihenfolge der Gene muss in beiden Gruppen übereinstimmen. Inwieweit solche verdoppelten Gengruppen noch in einem Genom zu erkennen sind, hängt davon ab, wie oft Gene durch vergangene Rekombinationsereignisse an neue Positionen gelangt sind.

Um bei *Saccharomyces cerevisiae* Hinweise auf frühere Verdopplungen zu finden, hat man eine Homologieanalyse (Abschnitt 5.2.1) durchgeführt, bei der man jedes Gen der Hefe mit jedem anderen Gen der Hefe verglichen hat. Damit zwei Gene als Nachkommen einer Genverdopplung gelten konnten, mussten diese Gene zu mindestens 25 % übereinstimmen, wenn man die vorhergesagten Aminosäuresequenzen ihrer Proteinprodukte miteinander verglich. Auf diese Weise wurden etwa 800 Genpaare identifiziert. 376 dieser Paare ließen sich 55 verdoppelten Gengruppen zuordnen, die jeweils mindestens drei Gene in derselben Reihenfolge aufweisen (Abb. 18.15), wobei andere Gene zwischen ihnen verstreut sein können. Die Gruppen machen insgesamt die Hälfte des Genoms aus. Diese Gruppen könnten durch Verdopplung von Genomabschnitten und nicht des ganzen Genoms entstanden sein. Wenn das jedoch der Fall sein soll, muss man voraussetzen, dass einige Gene mehr als einmal verdoppelt wurden. Die Tatsache, dass immer nur zwei Kopien von jedem Gen vorhanden sind und niemals drei oder vier, unterstützt eher die Annahme, dass die Kopien durch die Verdopplung eines ganzen Genoms entstanden sind. Diese Option wurde noch wahrscheinlicher, als auch von anderen Hefespezies die vollständigen Genomsequenzen zur Verfügung standen. Vergleiche zwischen den Genomen von *S. cerevisiae*, *Kluyveromyces lactis* und *Ashbya gossypii* lieferten zahlreiche Informationen. Diese drei Spezies besitzen einen gemeinsamen Vorfahren, der vor über 100 Millionen Jahren lebte, kurz bevor es zur Genomverdopplung kam, die aus der Homologieanalyse abgeleitet wurde. Wenn diese Verdopplung tatsächlich in der Entwicklungslinie stattgefunden hat, die zu *S. cerevisae* führte, sollte man annehmen, dass diese Spezies verdoppelte Kopien von Genen enthält, die in den Genomen von *K. lactis* und *A. gossypii* nur als Einzelgene vorhanden sind. Das ist wirklich der Fall, und diese neue Analyse deutet darauf hin, dass etwa 10 % der Gene im heutigen Genom von *S. cerevisiae* bei einer Verdopplung des gesamten Genoms vor etwa 100 Millionen Jahren entstanden sind.

Entsprechende Arbeiten wurden auch mit anderen Genomen durchgeführt. Es ergibt sich das Bild, dass die Verdopplung ganzer Genome in vielen Organismengruppen ein relativ häufiges Ereignis ist. So deuten beispielsweise Vergleiche zwischen der Genomsequenz von *Arabidopsis thaliana* und den Abschnitten anderer pflanzlicher Genome darauf hin, dass der Vorfahre des Genoms von *A. thaliana* vor 200 bis 100 Millionen Jahren vier Runden der Genomverdopplung durchlaufen hat. Das menschliche Genom und die Genome anderer Säuger enthalten ebenfalls so viele Genduplikate, dass in dieser Entwicklungslinie vor 350 bis 600 Millionen Jahren vermutlich zumindest eine Verdopplung eines ganzen Genoms stattgefunden hat.

## Im Genom des Menschen und in anderen Genomen lassen sich auch kleinere Verdopplungen nachweisen

Die letzte Verdopplung des gesamten menschlichen Genoms hat zwar schon vor einiger Zeit stattgefunden, aber das Genom befand sich dennoch seit damals nicht im Ruhezustand. Tatsächlich trifft das Gegenteil zu. Eine Überraschung, die das menschliche Genom bereit hielt, war die Beobachtung, dass es umfangreiche und häufige Verdopplungen von kurzen Segmenten des Genoms in relativ junger Vergangenheit gegeben hat. Das veranschaulicht Abbildung 18.16. Hier sind die Verdopplungsereignisse dargestellt, die man für die letzten 35 Millionen Jahre der Evolution des langen Arms von Chromosom 22 herleiten konnte. Wie bei den Untersuchungen bei der Hefe (siehe oben) identifizierte man diese Verdopplungen aufgrund von Vergleichen, die man für verschiedene Abschnitte des Genoms durchführte. In diesem Fall sollten Regionen mit einer Länge von über 1 kb identifiziert werden, deren Nucleotidsequenzen zu 90 % oder mehr übereinstimmen. Bei dieser Analyse werden verstreute Sequenzwiederholungen automatisch nicht berücksichtigt, sodass nur Bereiche lokalisiert wurden, die wahrscheinlich die Produkte von relativ kurz zurückliegenden Verdopplungsereignissen sind. Fast 200 Segmente, die über 10 % dieser Region von 34 Mb des menschlichen Genoms ausmachen, sind anscheinend durch Verdopplungen entstanden, die in den letzten 35 Millionen Jahren stattfanden. Über 100 dieser Segmente sind Duplikate von Sequenzen, die auf anderen Chromosomen liegen, die übrigen sind Duplikate, von denen beide Kopien auf diesem einen Arm liegen.

Das Verdopplungsmuster auf dem langen Arm von Chromosom 22 ist charakteristisch für das menschliche Genom insgesamt. Die einzelnen Verdopplungen reichen von 1–400 kb. Sie konzentrieren sich verstärkt auf die Bereiche nahe der Centromere, und in den distalen Bereichen jedes Chromosomenarms gibt es nur relativ wenige. Wenn man die Größen der verdoppelten Segmente betrachtet, muss man bedenken, dass die durchschnittliche Größe eines menschlichen Gens 20–25 kb beträgt und dass die Gene mit großen Abständen im gesamten Genom verteilt sind. Wenn man die Sequenzen der verdoppelten Segmente untersucht, stellt sich heraus, dass wenige dieser Verdopplungsereignisse zur Verdopplung ganzer Gene führten, sondern dass bei mehreren Ereignissen nur Teile von Genen betroffen waren. Außerdem führten einige dieser Verdopplungen dazu, dass die stromaufwärts liegenden Exons des einen

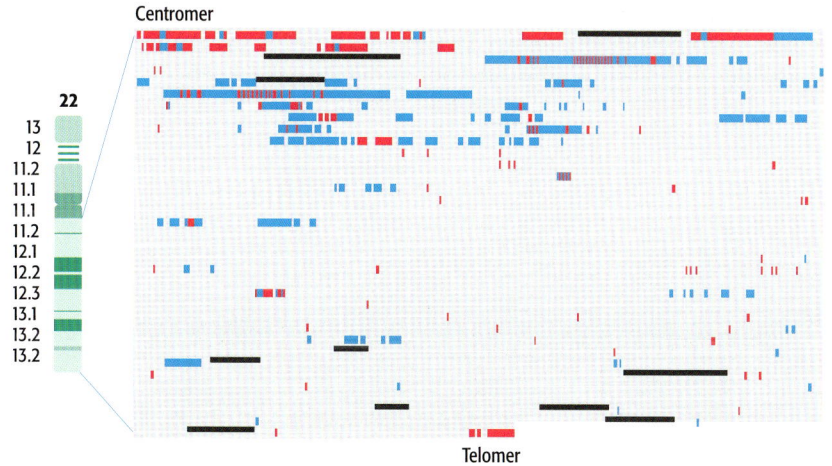

**18.16** Segmentverdopplung auf dem langen Arm des menschlichen Chromosoms 22. In der Grafik sind 34 Mb des langen Armes von Chromosom 22 als Folge von dünnen Linien dargestellt. Jede Linie entspricht 1 Mb DNA-Sequenz, wobei das Centromer oben und das Telomer unten liegt. Diese Analyse beruht auf dem Entwurf der menschlichen Genomsequenz, die in diesem Bereich sieben Lücken aufwies (schwarze Balken). Die rosafarbenen Rechtecke, die etwa 3,9 % der 34 Mb ausmachen, sind Sequenzen, die innerhalb dieses Chromosomenarmes verdoppelt wurden. Die blauen Rechtecke (6,4 % der Gesamtlänge) sind Verdopplungen von Bereichen in anderen Chromosomen.

Gens stromabwärts neben den Exons eines zweiten Gens platziert wurden. Einige dieser neuen Kombinationen werden transkribiert, aber es ist unklar, ob diese Transkripte funktionsfähig sind. Das evolutionäre Potenzial der Segmentverdopplung ist deshalb ungewiss. Man weiß jedoch, dass eine Rekombination zwischen einem Paar von intrachromosomalen Duplikaten zur Deletion der Region zwischen den Duplikaten führen kann und dass auf diese Weise herbeigeführte Deletionen genetisch bedingte Krankheiten hervorrufen können. Ein Beispiel dafür ist die Charcot-Marie-Tooth-Hoffmann-Krankheit, die sich fünf bis fünfzehn Jahre nach der Geburt entwickelt und durch eine Degenerierung des peripheren Nervensystems gekennzeichnet ist. Das Ergebnis ist körperliche Schwäche und Schwierigkeiten bei der Fortbewegung. Das Syndrom wird durch die Rekombination zwischen zwei Segmentduplikaten von 24 kb auf dem menschlichen Chromosom 17 verursacht, durch die ein Abschnitt von 1,5 Mb aus dem Genom entfernt wird. Der Verlust der darin enthaltenen Gene ruft die Krankheit hervor.

### Bei der Evolution der Genome kommt es auch zu einer Umstrukturierung existierender Gene

Das Größenspektrum, das bei der Segmentverdopplung im menschlichen Genom zu beobachten ist, eröffnet die Möglichkeit, dass die Verdopplungsereignisse in Abbildung 18.11 neben der Entstehung von neuen Genkopien auch Veränderungen innerhalb von bestehenden Genen hervorrufen können. Das wäre ein alternativer Mechanismus zur Entwicklung von neuen Proteinfunktionen. Das ist deswegen vorstellbar, weil die meisten Proteine aus Strukturdomänen bestehen, von denen jede einen Abschnitt der Polypeptidkette einnimmt und deshalb von einer durchgängigen Folge von Nucleotiden codiert wird (Abb. 18.17). Die Umstrukturierung von domänencodierenden Gensegmenten könnte zu neuen Proteinfunktionen führen.

● Zu einer **Domänenverdopplung** würde es kommen, wenn das Gensegment, das eine Strukturdomäne codiert, durch ein ungleiches Crossing-over, ein Verrutschen bei der Replikation oder einen anderen Mechanismus, den wir hier bereits behandelt haben, verdoppelt wird (Abb. 18.18a). Eine Verdopplung würde dazu führen, dass die Strukturdomäne in dem Protein als Wiederholung auftritt. Schon das könnte Vorteile mit sich bringen, beispielsweise indem das Protein stabiler wird. Im Lauf der Zeit könnte sich die verdoppelte Domäne verändern, da die codierende Sequenz mutiert. So könnten eine neue Struktur und dadurch ein Protein mit einer neuen Aktivität entstehen. Die Verdopplung von Domänen führt dazu, dass Gene sich verlängern. Die Verlängerung von Genen ist anscheinend eine allgemeine Folge der Genomevolution, sodass die Gene der höheren Eukaryoten im Durchschnitt länger sind als die Gene der niederen Organismen.

**18.17** Jede Strukturdomäne ist eine eigene Einheit in einer Polypeptidkette und wird von einer durchgängigen Folge von Nucleotiden codiert. In diesem vereinfachten Beispiel wird jede Sekundärstruktur des Polypeptids als eigene strukturelle Domäne betrachtet. In Wirklichkeit bestehen die meisten Strukturdomänen aus zwei oder mehr Sekundärstruktureinheiten.

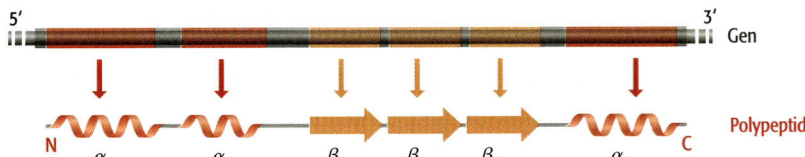

**a)** Domänenverdopplung

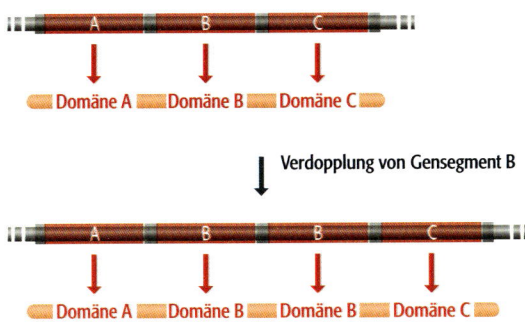

Verdopplung von Gensegment B

**b)** *domain shuffling*

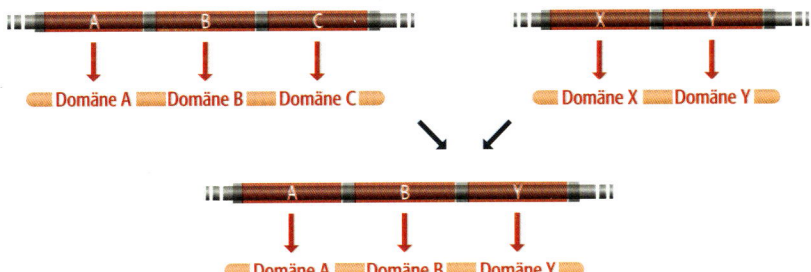

18.18    Die Erzeugung neuer Gene durch Domänenverdopplung (a) und *domain shuffling* (b).

● Zum ***domain shuffling*** (Domänenverschiebung) kann es kommen, wenn Segmente, die Strukturdomänen von vollkommen verschiedenen Genen codieren, verknüpft werden. Dadurch entsteht eine neue codierende Sequenz, die ein Hybrid- oder Mosaikprotein spezifiziert, das dann eine neue Kombination von Strukturmerkmalen besitzt und eine Zelle vielleicht mit einer ganz neuen biochemischen Funktion ausstattet (Abb. 18.18b).

In diesen Modellen der Domänenverdopplung und des *domain shuffling* ist implizit die Notwendigkeit enthalten, dass die relevanten Gensegmente voneinander getrennt sind, damit sie allein umstrukturiert und verschoben werden können. Diese Voraussetzung hat zur Entwicklung des interessanten Modells geführt, dass Exons Strukturdomänen codieren könnten. Bei einigen Proteinen hat die Verdopplung oder das *shuffling* von Exons tatsächlich die Strukturen hervorgebracht, die heute vorhanden sind. Ein Beispiel dafür ist das Gen für das α2-Typ-I-Kollagen der Vertebraten, das eine von drei Polypeptidketten des Kollagens codiert. Jedes der drei Kollagenpolypeptide enthält eine stark ausgeprägte Wiederholungsstruktur, die aus zahlreichen Einheiten des Tripeptids Glycin-X-Y besteht, wobei im Allgemeinen X ein Prolin und Y ein Hydroxyprolin ist (Abb. 18.19). Das α2-Typ-I-Gen vom Huhn ist in 62 Exons aufgeteilt, von denen 42 den Teil des Gens ausmachen, der die Glycin-X-Y-Wiederholungen codiert. Innerhalb dieses Bereichs codiert jedes Exon eine Gruppe von vollständigen Tripeptidwiederholungen. Die Anzahl der Wiederholungen pro Exon variiert zwischen fünf (in fünf Exons), sechs (23 Exons), elf (fünf Exons),

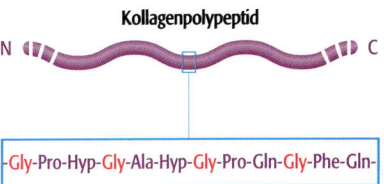

18.19    Das α2-Typ-I-Kollagen-Polypeptid enthält die Sequenzwiederholung Gly-X-Y. Jede dritte Aminosäure ist ein Glycin, X ist häufig ein Prolin, Y häufig ein Hydroxyprolin (Hyp). Hydroxyprolin entsteht durch die posttranslationale Modifikation von Prolin (Abschnitt 13.3.3). Das Kollagenpolypeptid besitzt eine helikale Konformation, die aber langgestreckter ist als die normale α-Helix.

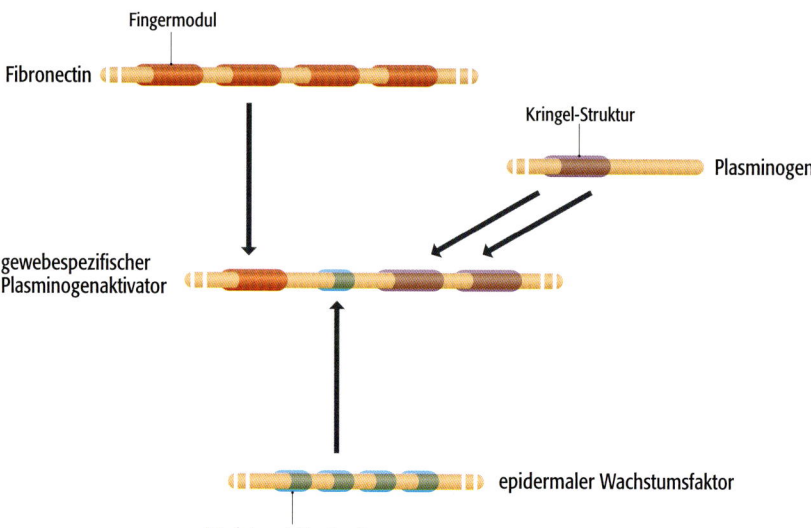

18.20 Die Modulstruktur des Gens für den gewebespezifischen Plasminogenaktivator.

zwölf (acht Exons) oder 18 (ein Exon). Bei diesem Gen kann sich die Wiederholung der Strukturdomänen zweifellos durch die Verdopplung der Exons im Lauf der Evolution entwickelt haben.

Das *domain shuffling* lässt sich am gewebespezifischen Plasminogenaktivator (*tissue plasminogen activator*, TPA) veranschaulichen. Das Protein kommt im Blut der Vertebraten vor und wirkt bei der Blutgerinnung mit. Das TPA-Gen enthält vier Exons, von denen jedes eine andere Strukturdomäne codiert (Abb. 18.20). Das stromaufwärts liegende Exon codiert ein „Finger"-Modul, das es dem TPA-Protein ermöglicht, an Fibrin zu binden, ein fibrilläres Protein, das in Blutgerinnseln vorkommt und TPA aktiviert. Dieses Exon stammt anscheinend aus dem Gen für Fibronectin, ein zweites Protein, das ebenfalls an Fibrin bindet. Es fehlt jedoch in dem Gen für das verwandte Protein Urokinase, das nicht durch Fibrin aktiviert wird. Das zweite TPA-Exon codiert eine Wachstumsfaktordomäne, die anscheinend aus dem Gen für den epidermalen Wachstumsfaktor übernommen wurde und durch die TPA wahrscheinlich die Zellproliferation stimulieren kann. Die letzten beiden Exons codieren „Kringel"-Strukturen, mit denen TPA an Fibrinaggregate binden kann; diese Kringel-Exons stammen aus dem Gen für Plasminogen.

Typ-I-Kollagen und TPA sind anschauliche Beispiele für die Evolution von Genen, aber der eindeutige Zusammenhang zwischen Strukturdomänen und Exons ist leider die Ausnahme, und man findet ihn in anderen Genen eher selten. Es gibt viele weitere Gene, die sich anscheinend durch die Verdopplung und Verschiebung von Segmenten in der Evolution entwickelt haben, aber hier werden die Strukturdomänen von Gensegmenten codiert, die nicht mit einzelnen Exons oder Gruppen von Exons zusammenfallen. Die Verdopplung von Domänen kommt auch hier vor, aber wahrscheinlich weniger genau, und viele der umstrukturierten Gene besitzen keine sinnvolle Funktion mehr. Der Mechanismus erfolgt zwar rein zufällig, funktioniert aber offensichtlich, wie sich unter anderem an der Anzahl von Proteinen erkennen lässt, die die gleichen DNA-bindenden Sequenzmotive enthalten (Abschnitt 11.1.1). Einige dieser Motive haben sich in der Evolution wahrscheinlich mehr als einmal *de novo* entwickelt, aber in vielen Fällen wurde die Nucleotidsequenz, die ein solches Motiv codiert, auf eine Anzahl verschiedener Gene übertragen.

Ein möglicher Mechanismus für die Bewegung von Genabschnitten innerhalb eines Genoms ist an transponierbare Elemente gekoppelt. Die Transposition eines LINE-1-Elements (Abschnitt 9.2.1) kann gelegentlich dazu führen, dass ein kurzes Stück der angrenzenden DNA zusammen mit dem Transposon übertragen wird. Diesen Vorgang bezeichnet man als 3′-Transduktion, da das übertragene Segment am 3′-Ende des Elements liegt. LINE-1-Elemente kommen manchmal in Introns vor, sodass stromabwärts liegende Exons an neue Stellen im Genom übertragen werden können. Die Bewegung von Exons und anderen Genabschnitten kann auch durch DNA-Transposons bewerkstelligt werden, die man als *Mutator*-ähnliche transponierbare Elemente (MULEs) bezeichnet. Sie kommen bei zahlreichen Eukaryoten vor, sind aber besonders bei Pflanzen verbreitet. MULE-Elemente enthalten häufig Abschnitte von Genen, die sie aus dem Wirtsgenom aufgenommen haben (Abb. 18.21). Die Transposition von MULE-Elementen kann also „eingefangene" Abschnitte an eine neue Position transportieren. MULE-Elemente können Abschnitte von verschiedenen Genen sammeln, da sie im gesamten Genom herumkommen, und so neue Hybridgene zusammenstellen. MULE-Elemente ermöglichen einen interessanten Mechanismus, die Evolution von Genen zu befördern, aber es gibt immer noch einige unbeantwortete Fragen über ihre tatsächlichen Auswirkungen. So ist beispielsweise unklar, wie häufig Genabschnitte aus MULE-Elementen wieder freikommen.

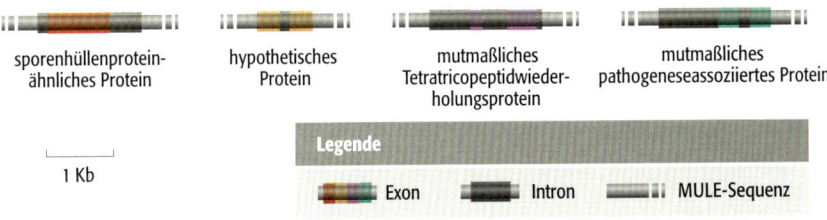

sporenhüllenprotein-
ähnliches Protein    hypothetisches
Protein    mutmaßliches
Tetratricopeptidwieder-
holungsprotein    mutmaßliches
pathogeneseassoziiertes Protein

1 Kb

| Legende | | |
|---------|---|---|
| Exon | Intron | MULE-Sequenz |

**18.21    MULE-Elemente enthalten oft Abschnitte von Genen, die aus den Wirtschromosomen übernommen wurden.** Die Abbildung zeigt fünf benachbarte MULE-Sequenzen im Chromosom der Maus. Die gefärbten Abschnitte sind Exons von Genen, die dazwischen liegenden und angrenzenden grauen Bereiche sind Introns. Die endständigen umgekehrten Sequenzwiederholungen der MULE-Transposons sind durch schmale graue Streifen an den Enden der Strukturen dargestellt. Die Zugehörigkeit der Genabschnitte ist soweit bekannt angegeben.

## 18.2.2 Erwerb neuer Gene von anderen Spezies

Die zweite Möglichkeit, wie in einem Genom neue Gene auftreten können, ist die Übernahme aus einer anderen Spezies. Vergleiche zwischen den Genomen von Bakterien und Archaea deuten darauf hin, dass der **laterale Gentransfer** ein Hauptmechanismus in der Evolution der prokaryotischen Genome darstellt (Abschnitt 8.2.3). Die Genome der meisten Bakterien und Archaea enthalten mindestens einige Hundert Kilobasen an DNA, die mehreren Dutzend Genen entsprechen und anscheinend von einem anderen Prokaryoten stammen.

Für die Übertragung von Genen zwischen Eukaryoten gibt es mehrere Mechanismen. Es jedoch schwierig zu beurteilen, welche Rolle diese verschiedenen Prozesse bei der Ausformung der Genome dieser Organismen dann tatsächlich gespielt haben. Bei der Konjugation können beispielsweise Plasmide zwischen Bakterien übertragen werden, und häufig erwerben die Empfänger dadurch neue Genfunktionen. Bei kurzfristigen Zeiträumen ist die Plasmidübertragung von Bedeutung, da sich auf diese Weise Gene für Resistenz gegen Antibiotika wie Chloramphenicol, Kanamycin und Streptomycin in Bakterienpopulationen ausbreiten können und dabei auch Artengrenzen übersprungen werden. Die Bedeutung für die Evolution ist allerdings fraglich. Durch Konjugation übertragene Gene können tatsächlich in das Genom des Empfängerbakteriums integriert werden, im Allgemeinen befinden sich diese Gene jedoch in zusammengesetzten Transposons (Abb. 9.17b). Das bedeutet, dass die Integration reversibel ist und nicht zu einer dauerhaften Veränderung des Genoms führt. Ein zweiter Mechanismus für die DNA-Übertragung zwischen Prokaryoten ist die Transformation (Abschnitt 3.2.4), die wahrscheinlich mehr Einfluss auf die Evolution der Genome hat. Nur einige wenige Bakterien, vor allem Spezies der Gattungen *Bacillus*, *Pseudomonas* und *Streptococcus* verfügen über effiziente Mechanismen, um DNA aus der Umgebung aufzunehmen, aber die Effizienz der DNA-Aufnahme spielt in evolutionären Zeiträumen wahrscheinlich keine große Rolle. Wichtiger ist die Tatsache, dass durch die Transformation innerhalb eines beliebigen Paares von Prokaryoten ein Genfluss stattfinden kann, nicht nur zwischen eng verwandten Spezies (wie bei der Konjugation). Dieser Mechanismus kann auch für die Gentransfers zwischen Genomen von Bakterien und Archaea verantwortlich sein (Abschnitt 8.2.3).

Pflanzen können neue Gene durch Polyploidisierung erwerben. Wir haben bereits festgestellt, wie die Autopolyploidisierung bei Pflanzen zu einer Genomverdopplung führen kann (Abb. 18.13). Zu einer **Allopolyploidie** kommt es bei der durchaus häufig auftretenden Kreuzung zweier verschiedener Spezies. Wie bei der Autopolyploidie kann sich auch hier eine lebensfähige Hybridpflanze herausbilden. Im Allgemeinen sind die beiden Spezies, aus denen die allopolyploide Pflanze hervorgeht, eng miteinander verwandt und haben zahlreiche übereinstimmende Gene. Allerdings besitzt jeder Elter einige neue Gene oder zumindest unterschiedliche Allele von gemeinsamen Genen. So ist beispielsweise der Brotweizen *Triticum aestivum* eine hexaploide Pflanze, die aus einer Allopolyploidisierung zwischen der Kulturpflanze *T. turgidum* (einer Weizensorte aus der Emmer-Reihe) und dem Wildgras *Aegilops squarrosa* hervorging. Der Zellkern des Wildgrases enthielt neue Allele von Genen für das hochmolekulare Glutenin, die durch die Kombination mit den bereits bei *T. turgidum* vorhandenen Allelen die ausgezeichneten Eigenschaften zum Brotbacken hervorbrachten, wie sie die hexaploiden Weizensorten aufweisen. Die Allopolyploidisierung lässt sich als eine Kombination aus Genomduplikation und Gentransfer zwischen zwei Spezies auffassen.

Bei den Tieren sind die Artenschranken weniger leicht zu überwinden, und man findet nur schwerlich eindeutige Hinweise auf einen lateralen Gentransfer in irgendeiner Form. Einige eukaryotische Gene besitzen Merkmale, die mit Sequenzen von Archaea oder Bakterien assoziiert sind. Man nimmt jedoch nicht an, dass dies das Ergebnis eines lateralen Gentransfers ist, sondern vielmehr auf eine Konservierung im Verlauf von Millionen von Jahren der parallelen Evolution zurückzuführen ist. Die meisten Modelle für die Genübertragung zwischen Tierspezies gehen von Retroviren oder transponierbaren Elementen aus. Die Übertragung von Retroviren zwischen Tieren ist bewiesen, genauso wie ihr Potenzial, Gene von Tieren zwischen Individuen derselben Spezies zu übertragen. Das deutet darauf hin, dass sie als Vermittler für den lateralen Gentransfer in Frage kommen. Dasselbe gilt möglicherweise auch für transponierbare Elemente, wie etwa die P-Elemente, die sich von einer *Drosophila*-Spezies auf die andere ausbreiten, sowie das *mariner*-Element, für das schon gezeigt wurde, dass es zwischen den *Drosophila*-Spezies wechseln kann und vielleicht auch über weitere Speziesübergänge bis zum Menschen gelangt ist.

# 18.3 Nichtcodierende DNA und die Evolution der Genome

Bis jetzt haben wir unsere Aufmerksamkeit der Evolution des codierenden Anteils des Genoms gewidmet. Da die codierende DNA nur 1,5 % des menschlichen Genoms ausmacht, wäre unsere Betrachtung der Genomevolution sehr unvollständig, wenn wir uns nicht auch eine Zeit lang mit der nichtcodierenden DNA beschäftigten. Das Vorhandensein von umfangreichen Mengen an nichtcodierender DNA in den eukaryotischen Genomen ist für die Wissenschaft von der molekularen Evolution ein Rätsel. Warum wird diese scheinbar überflüssige DNA überhaupt toleriert? Eine mögliche Begründung besteht drin, dass die nichtcodierende DNA eine Funktion besitzt, die eben noch unbekannt ist, und deshalb als solche erhalten bleiben muss, da die Zelle ohne sie nicht lebensfähig wäre. Denkbare Funktionen sind nicht so schwer zu finden, wie man vielleicht zuerst meinen könnte. In den vorangegangenen Kapiteln wurde mehrmals die Bedeutung der Chromatinstruktur betont, wie beispielsweise für die Befestigung des Chromatins an bestimmten Stellen innerhalb des Zellkerns. Möglicherweise ist ein Teil der nichtcodierenden Komponente eines Genoms an der Organisation dieses Genoms beteiligt. Andererseits könnte auch die nichtcodierende DNA eine breit angelegte Kontrollfunktion besitzen, die sich bis jetzt der Entdeckung durch die Molekularbiologen entzogen hat. Eine letzte Möglichkeit ist, dass die nichtcodierende DNA keine Funktion besitzt, aber von einem Genom toleriert wird, weil kein Selektionsdruck besteht, sie loszuwerden. Wenn diese Sichtweise den Tatsachen entspricht, dann ist der Besitz von nichtcodierender DNA weder ein Vorteil noch ein Nachteil, und die nichtcodierende DNA wird einfach zusammen mit der codierenden DNA reproduziert. Entsprechend dieser Hypothese könnte die nichtcodierende DNA einfach „Abfall" oder auch eine parasitäre „eigennützige DNA" sein.

Über die Evolution eines großen Teils der nichtcodierenden Komponente eines Genoms lässt sich nur wenig aussagen. Man kann sich vorstellen, dass es durch Rekombination und Verrutschen bei der Replikation zu Verdopplungen und anderen Umstrukturierungen gekommen ist und dass sich die Sequenzen durch die Anhäufung von Mutationen, die keinem Selektionsdruck wie die funktionellen Bereiche des Genoms unterliegen, auseinander entwickelt haben. Wir erkennen, dass einige Teile der nichtcodierenden DNA, wie etwa die regulatorischen Bereiche stromaufwärts von Genen, wichtige Funktionen besitzen. Aber bei vielen anderen Abschnitten der nichtcodierenden DNA können wir nur sagen, dass sie sich auf anscheinend zufällige Weise in der Evolution entwickeln. Aber diese Zufälligkeit trifft nicht auf alle Bestandteile der nichtcodierenden DNA zu. Vor allem besitzen transponierbare Elemente und Introns eine interessante Evolutionsgeschichte und sind für die Evolution der Genome von allgemeiner Bedeutung.

## 18.3.1 Transponierbare Elemente und die Evolution der Genome

Transponierbare Elemente haben eine Reihe von Auswirkungen auf die Evolution eines Genoms insgesamt. Am bedeutsamsten ist die Fähigkeit von Transposons, Rekombinationsereignisse auszulösen, die zu Umstrukturierungen des Genoms führen. Das hat nichts mit der Transpositionsaktivität dieser Elemente zu tun, sondern bezieht sich nur auf die Tatsache, dass verschiedene Kopien desselben Elements übereinstimmende Sequenzen besitzen und deshalb zwi-

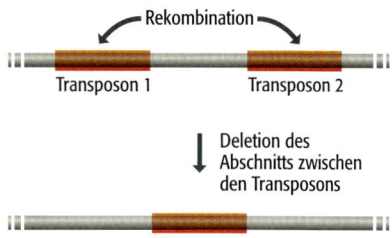

**18.22**   Die Rekombination zwischen Paaren von Sequenzwiederholungen, beispielsweise zwischen Transposons, kann zur Deletion von Genomabschnitten führen.

schen zwei Bereichen desselben Chromosoms oder zwischen verschiedenen Chromosomen eine Rekombination herbeiführen können (Abb. 18.22). Die entstehende Umstrukturierung wird in vielen Fällen schädlich sein, da wichtige Gene deletiert werden, aber man kennt auch schon Fälle, in denen das Ergebnis vorteilhaft war. Die Rekombination zwischen einem Paar von LINE-1-Elementen (Abschnitt 9.2.1) vor etwa 35 Millionen Jahren führte wahrscheinlich zur Verdopplung des $\beta$-Globingens, aus der das $G_\gamma$ und das $A_\gamma$-Gen dieser Familie hervorging (Abb. 18.9).

Die Bewegung von Transposons von einer Stelle an eine andere kann sich auf die Evolution eines Genoms auswirken. Die mögliche Neupositionierung von Genabschnitten durch die Transposition von LINE- und MULE-Elementen wurde bereits in Abschnitt 18.2.1 erwähnt. Die Veränderung von Genexpressionsmustern wurde ebenfalls schon mit Transpositionen in Verbindung gebracht. So kann beispielsweise die Effizienz, mit der sich DNA-bindende Proteine an stromaufwärts eines Gens liegende Regulationssequenzen heften und die Transkription eines Gens aktivieren, dadurch beeinflusst werden, dass ein Transposon an eine Stelle unmittelbar stromaufwärts des Gens gelangt (Abb. 18.23). Im Transposon vorhandene Promotoren und/oder Enhancer können die Transkription des benachbarten Gens ebenfalls beeinflussen, wenn es dadurch einer vollkommen neuen Form der Regulation unterliegt. Ein interessantes Beispiel für eine transposongesteuerte Genexpression findet sich *Slp*-Gen der Maus, das ein Protein codiert, welches bei der Immunreaktion beteiligt ist. Die Gewebespezifität von *Slp* beruht auf einem Enhancer, der innerhalb eines angrenzenden Retrotransposons liegt. Es gibt auch Beispiele dafür, dass die Insertion eines Transposons in ein Gen zu einem veränderten Spleißmuster führte.

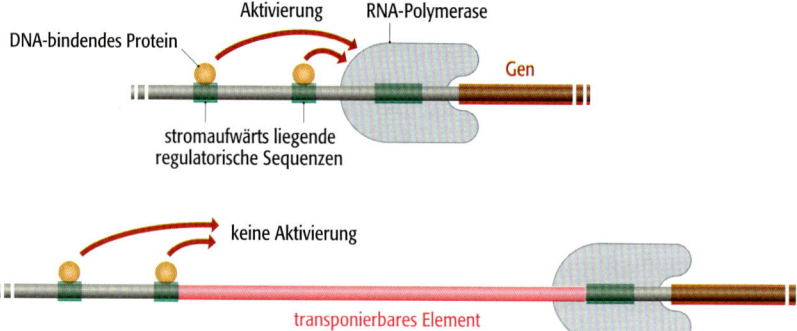

**18.23**   Die Insertion eines Transposons in einen Bereich stromaufwärts eines Gens kann die Fähigkeit von DNA-bindenden Proteinen beeinflussen, die Transkription zu aktivieren.

## 18.3.2 Die Ursprünge der Introns

Seit in den 1970er-Jahren das erste Intron entdeckt wurde, ist ihre Herkunft umstritten. Über die Introns der Gruppen I, II und III (Tab. 12.2) gibt es nur wenig Diskussion, da allgemein anerkannt ist, dass sich alle diese selbstspleißenden Introns in der RNA-Welt entwickelten und seit damals ohne große Veränderungen überlebt haben. Die Fragen betreffen vielmehr den Ursprung der GU–AG-Introns, die in großer Zahl den Genomen der Eukaryoten vorkommen.

### „Introns early" und „introns late": zwei konkurrierende Hypothesen
Für den Ursprung der GU–AG-Introns gab es schon eine Reihe von Vorschlägen, aber die Diskussion kreist vor allem um zwei einander entgegengesetzte Hypothesen:

- *„Introns early"* bedeutet, dass die Introns schon sehr alt sind und allmählich aus den Genomen der Eukaryoten verschwinden.

- *„Introns late"* bedeutet, dass die Introns erst vor relativ kurzer Zeit entstanden sind und sich allmählich in den Genomen der Eukaryoten anhäufen.

Für jede Hypothese gibt es mehrere verschiedene Modelle. Das überzeugendste Modell für *„introns early"* bezeichnet man auch als die „Exontheorie der Gene". Diese besagt, dass die Introns entstanden sind, als sich kurz nach dem Ende der RNA-Welt die ersten DNA-Genome bildeten. Diese Genome hätten viele kurze Gene enthalten, die jeweils von einem einzigen codierenden RNA-Molekül abstammten und ein kleines Polypeptid codierten, vielleicht sogar nur eine einzige Strukturdomäne. Diese Polypeptide mussten dann wahrscheinlich zu größeren Proteinen mit mehreren Domänen assoziieren, damit sich Enzyme mit spezifischen und effizienten katalytischen Mechanismen bilden konnten (Abb. 18.24). Um die Synthese eines Enzyms mit mehreren Domänen zu erleichtern, wäre es von Vorteil wenn die einzelnen Polypeptide des Enzyms zu einem einzigen Protein verknüpft wären, so wie es heute der Fall ist. Man stellt sich nun vor, dass dies durch Zusammenspleißen der Transkripte der zusammengehörenden Minigene geschah. Dieser Vorgang wurde durch die Umstrukturierung des Genoms unterstützt, sodass Gruppen von Minigenen, die verschiedene Teile der einzelnen Multidomänenproteine codierten, in nächster Nähe zueinander positioniert wurden. Anders ausgedrückt wurden die Minigene zu Exons und die DNA-Sequenzen dazwischen zu Introns.

Nach dieser Exontheorie der Gene und anderen *introns early*-Hypothesen haben alle Genome ursprünglich Exons besessen. Wir wissen jedoch, dass bakterielle Genome keine GU–AG-Introns besitzen. Wenn also diese Hypothesen zutreffen, müssen wir annehmen, dass die Introns aus irgendeinem Grund im Genom der Vorfahrenbakterien während einer frühen Phase der Evolution verloren gingen. Dies ist ein Stolperstein, da es nur schwer vorstellbar ist, wie eine große Zahl von Introns aus einem Genom verschwinden kann, ohne dass viele Genfunktionen zerstört werden. Wenn ein Intron ungenau aus einem Gen entfernt wird, dann fehlt ein Teil der codierenden Region oder es kommt zu einer Rasterverschiebungsmutation, und in beiden Fällen ist zu erwarten, dass das Gen inaktiviert wird. Die *introns late*-Hypothese umgeht dieses Problem, indem sie postuliert, dass am Anfang kein Gen ein Intron besaß und diese Strukturen erst in die frühen eukaryotischen Zellkerngenome eindrangen. Anschließend vermehrten sie sich dann bis zu der Anzahl, die wir heute kennen. Die Ähnlichkeiten zwischen den Spleißmechanismen der GU–AG- und der Gruppe-II-Introns (Abschnitt 12.2.4) deuten darauf hin, dass die Eindringlinge, aus denen die GU–AG-Introns hervorgingen, ursprünglich sehr wohl Gruppe-II-Sequenzen gewesen sein können, die aus Genomen von Organellen stammten. Die Ähnlichkeit zwischen GU–AG- und Gruppe-II-Introns ist kein Beweis für die *introns late*-Hypothese, da es genauso möglich ist, ein *introns early*-Modell zu entwerfen, bei dem, anders als bei der Exontheorie der Gene, die GU–AG-Introns aus den Gruppe-II-Sequenzen hervorgegangen sind, allerdings in einer sehr frühen Phase der Evolution.

## Die aktuellen Befunde widersprechen keiner Hypothese

Einer der Gründe, warum die Diskussion über den Ursprung der GU–AG-Introns schon mehr als 25 Jahre dauert, liegt daran, dass es schwierig ist, Belege zu finden, die nur eine der beiden Hypothesen unterstützen und nicht, wie so häufig, zweideutig sind. Eine Vorhersage der *introns early*-Hypothese besteht

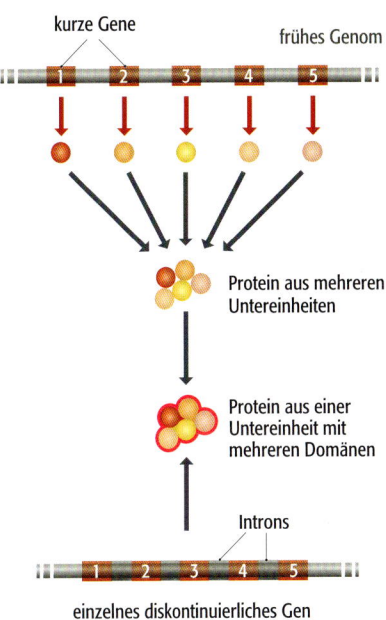

**18.24   Die „Exontheorie der Gene".** Die kurzen Gene der ersten Genome codierten wahrscheinlich Polypeptide als einzelne Domänen, die sich zusammenlagern mussten, um ein Protein aus mehreren Untereinheiten und dadurch ein effizientes Enzym zu bilden. Später könnte die Synthese dieses Enzyms dadurch optimiert werden, dass die kurzen Gene zu einem diskontinuierlichen Gen zusammengefügt werden, das dann ein Protein aus nur einer Untereinheit mit mehreren Domänen codiert.

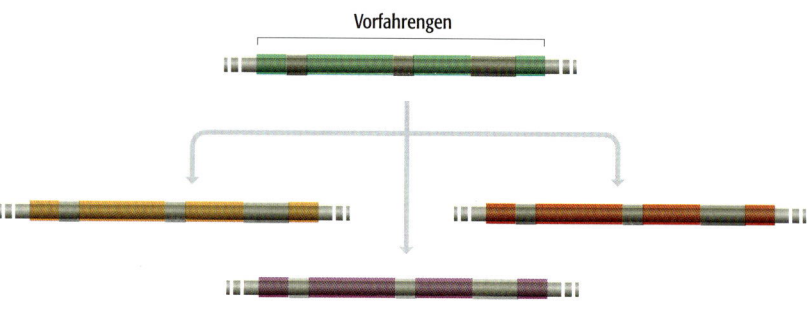

heutige Gene in nichtverwandten Organismen

18.25    Eine Vorhersage der *introns early*-Hypothese besteht darin, dass die Positionen in homologen Genen in nicht verwandten Organismen übereinstimmen müssen, da alle diese Gene Abkömmlinge von einem Vorfahrengen sind, das Introns enthalten hat.

darin, dass die Positionen der Introns in homologen Genen von nicht verwandten Organismen deutliche Übereinstimmungen zeigen müssen, da alle diese Gene von einem einzigen Vorfahrengen abstammen, das Introns enthalten hat (Abb. 18.25). Als sich zeigen ließ, dass dies bei den vier Introns im Gen der Triosephosphat-Isomerase bei Tieren und Pflanzen zutrifft, bedeutete das eine erste Unterstützung für „*introns early*". Als man jedoch eine größere Anzahl von Spezies untersucht hatte, ließen sich die Positionen der Introns in den Genen nicht mehr so einfach deuten: Anscheinend waren in einigen Entwicklungslinien Introns verloren gegangen, während in anderen Entwicklungslinien Introns hinzugekommen waren. Dieses Szenario passt sowohl zu „*frühen*" als auch zu „*späten*" Introns, da beide Hypothesen den Verlust, Gewinn oder die Umpositionierung von Introns aufgrund von Rekombinationsereignissen in den einzelnen Entwicklungslinien zulassen. Wenn man in vielen Organismen zahlreiche Gene untersucht, zeigt sich ein allgemeines Bild, nach dem im Verlauf der Genomevolution der Tiere die Anzahl der Introns allmählich zugenommen hat. Das wurde dann als Beleg für die „späten" Introns angeführt, obwohl die mitochondrialen Genome keine Gruppe-II-Introns enthalten, die durch wiederholte Invasion die schon im Zellkern vorhandenen Introns hätten vermehren können. Die Anzahl der Introns muss also durch Rekombinationsereignisse zugenommen haben.

Bei einer anderen Herangehensweise versuchte man, die Exons mit Proteinstrukturdomänen zu korrelieren, denn nach der *introns early*-Hypothese sollte eine solche Kopplung bestehen, und die verwirrenden Effekte der Evolution seit der Verknüpfung der primitiven Minigene zu den ersten richtigen Genen ließen sich dann ebenfalls berücksichtigen. Auch hier deuteten die ersten Befunde auf „frühe Introns" hin. Eine Untersuchung der Globingene der Vertebraten ergab, dass jedes der Gene aus vier Strukturdomänen besteht. Dabei entspricht die erste dem Exon 1 des Globingens, die zweite und dritte Domäne dem Exon 2 und die vierte dem Exon 3. (Abb. 18.26). Die Vorhersage, dass es noch ein Globingen mit einem weiteren Intron geben sollte, das die zweite und dritte Domäne teilt, wurde durch eine Analyse des Gens für Leghämoglobin bestätigt, das ein Intron genau an der erwarteten Position enthält. Je mehr Globingene jedoch sequenziert wurden, umso mehr Introns fand man – insgesamt mehr als zehn. Die Positionen der meisten von ihnen entsprechen keiner Verknüpfung zwischen zwei Domänen.

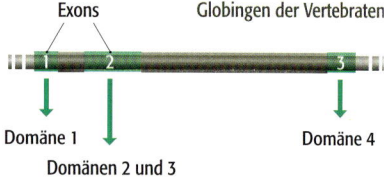

18.26    Ein Globingen der Vertebraten, das den Zusammenhang zwischen den drei Exons und den vier Domänen des Globinproteins erkennen lässt.

Die Globingene passen zum allgemeinen Prinzip, das bei unserer Beschäftigung mit dem *domain shuffling* deutlich wurde (Abschnitt 18.2.1): In den meisten Fällen besteht kein eindeutiger Zusammenhang zwischen den Exons eines Gens und den Strukturdomänen des Proteins. Ist aber unsere Definition der „Strukturdomäne" wirklich korrekt? Eine Strukturdomäne in einem Protein muss nicht einfach einer Gruppe von Sekundärstrukturen wie $\alpha$-Helices und $\beta$-Faltblättern entsprechen. Eine findigere Interpretation könnte dahin gehen, dass eine Proteindomäne ein Polypeptidabschnitt ist, dessen Aminosäuren in der Tertiärstruktur weniger als einen bestimmten Abstand voneinander entfernt sind. Es gibt die Vermutung, dass bei dieser Definition eine bessere Korrelation zwischen Strukturdomänen und Exons bestehen könnte.

## 18.4 Das menschliche Genom: die letzten fünf Millionen Jahre

Die Evolutionsgeschichte des Menschen ist zwar umstritten, aber es wird allgemein anerkannt, dass unser nächster Verwandter unter den Primaten der Schimpanse ist, und dass der letzte Vorfahre, den wir mit dem Schimpansen gemeinsam haben, vor 4,6–5,0 Millionen Jahren lebte. Seit der Trennung hat die menschliche Entwicklungslinie zwei Gattungen hervorgebracht – *Australopithecus* und *Homo* – sowie eine Anzahl von Spezies, von denen nicht alle in der direkten Abstammungslinie des *Homo sapiens* liegen (Abb. 18.27). Das Ergebnis sind wir, eine neue Spezies, die zumindest in unseren Augen wichtige biologische Eigenschaften besitzt, die uns von allen Tieren deutlich unterscheiden. Wie sehr unterscheiden wir uns also von den Schimpansen?

In Bezug auf die Genome lautet die Antwort 1,73 %. Das ist das Ausmaß der Nucleotidsequenzunterschiede zwischen Mensch und Schimpanse. Wenn man nun die beiden Genome vergleicht, ist es tatsächlich einfacher, Übereinstimmungen zu finden als Unterschiede. Die Übereinstimmung der Nucleotidsequenz in der codierenden DNA beträgt 98,5 %, wobei 29 % der Gene des menschlichen Genoms Proteine codieren, deren Aminosäuresequenzen mit den Gegenstücken beim Schimpansen identisch sind. Selbst die Übereinstimmung der nichtcodierenden Regionen der beiden Genome beträgt selten weniger als 97 %. Die Reihenfolge der Gene stimmt in beiden Genomen fast vollständig überein, und die Chromosomen zeigen sehr ähnliche Erscheinungsbilder. Auf dieser Ebene besteht der auffälligste Unterschied darin, dass das

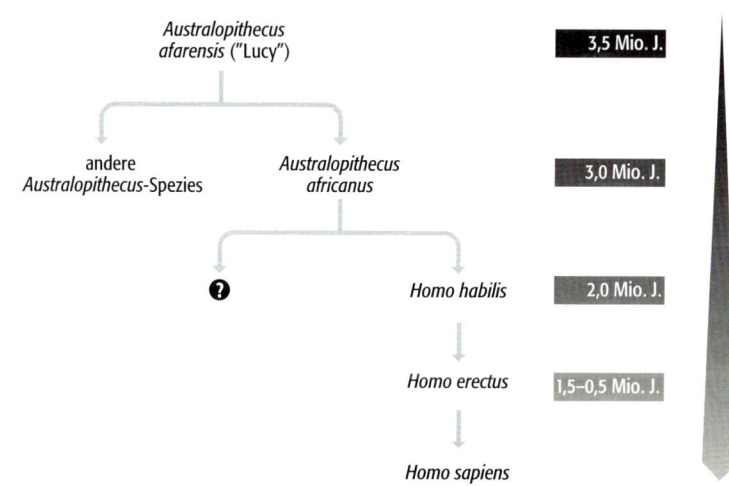

18.27   Ein möglicher Verlauf der Evolution des modernen Menschen aus den *Australopithecus*-Vorfahren. Auf diesem Forschungsgebiet ist vieles umstritten und für die evolutionäre Beziehung zwischen den verschiedenen Fossilien wurden mehrere verschiedene Hypothesen aufgestellt. Abkürzung: Mio. J., Millionen Jahre.

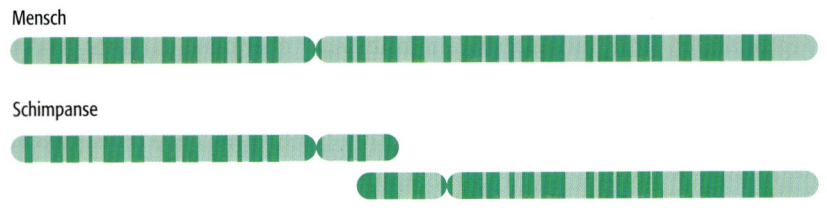

Mensch

Schimpanse

**18.28** Das menschliche Chromosom 2 ist das Fusionsprodukt aus zwei Chromosomen, die beim Schimpansen getrennt sind.

menschliche Chromosom II beim Schimpansen zwei getrennten Chromosomen entspricht (Abb. 18.28). Die Schimpansen besitzen also wie die übrigen Affen 24 Chromosomenpaare, während es beim Menschen nur 23 sind. Die Alphoid-DNA-Sequenzen der menschlichen Centromere (Abschnitt 7.1.2) unterscheiden sich deutlich von den entsprechenden Sequenzen in den Chromosomen von Schimpansen und Gorillas, und die *Alu*-Elemente (Abschnitt 9.2.1) sind im menschlichen Genom stärker ausgeprägt. Diese Merkmale sagen wahrscheinlich mehr über die Evolution von DNA-Sequenzwiederholungen aus als über Unterschiede zwischen Mensch und Schimpanse.

Der Vergleich zwischen den Genomen von Mensch und Schimpanse hat auch keine Unterschiede zwischen einzelnen Genen ergeben, die vielleicht für spezielle menschliche Eigenschaften verantwortlich sein könnten. Durch Analysen, die Gene aufzeigen sollten, welche in der menschlichen Entwicklungslinie unter einem positiven Selektionsdruck stehen, konnte man einige solcher Gene identifizieren, die mit dem Abbau von Aminosäuren zusammenhängen. Das passt zu der Tatsache, dass Menschen mehr Fleisch verzehren als Schimpansen. Gene, die vor menschlichen Krankheiten wie etwa Tuberkulose oder Malaria schützen sollen, unterlagen ebenfalls einer positiven Selektion. Durch diese Art von Analysen ist es jedoch nicht gelungen, Gene mit eindeutigen Funktionen bei der Entwicklung des Gehirns und des Nervensystems zu ermitteln. Der einzige wesentliche Unterschied in der Genstruktur besteht darin, dass beim Menschen ein Segment von 92 bp im Gen für die *N*-Glykolyl-Neuraminsäure-Hydroxylase fehlt, sodass er die hydroxylierte Form von *N*-Glykolyl-Neuraminsäure nicht synthetisieren kann, die beim Schimpansen an der Oberfläche von einigen Zellen vorkommt. Das kann Auswirkungen darauf haben, inwieweit bestimmte Krankheitserreger in menschliche Zellen eindringen können, und möglicherweise werden auch bestimmte Wechselwirkungen zwischen den Zellen beeinflusst, aber man geht davon aus, dass dieser Unterschied keine besondere Bedeutung haben kann. Zwei weitere Gene, die beim Schimpansen funktionsfähig sind, wurden offenbar im menschlichen Genom durch Punktmutationen inaktiviert. Eines dieser Gene codiert einen T-Zell-Rezeptor, das andere ein Keratinprotein der Haare. Jedoch hat wahrscheinlich keines dieser Gene einen wesentlichen Einfluss auf die menschliche Evolution. Auf jeden Fall erscheint es doch ziemlich unmöglich, dass die besonderen Merkmale des Menschen das Ergebnis eines „Gen-Knockout" sein sollen. Stattdessen sollten wir nach Genen suchen, deren Aktivitäten sich geändert haben, aber nicht verloren gegangen sind. In dieser Hinsicht hat man sich dem Gen für den Transkriptionsfaktor FOXP2 zugewandt, da Defekte dieses Proteins zu einer Störung der menschlichen Fähigkeiten führt, die man als Dysarthrie bezeichnet und die durch Schwierigkeiten bei der Sprachartikulation gekennzeichnet ist. Dieses Gen könnte daher der menschlichen Fähigkeit zur Sprache zugrunde liegen. Tatsächlich unterscheiden sich die Aminosäuresequenzen von Schimpanse und Mensch an zwei Stellen. Das deutet darauf hin, dass die Veränderung in dem Gen erst vor relativ kurzer Zeit stattgefunden hat, aber eine direkte Verbindung zwischen diesen Aminosäureunterschieden und der menschlichen Sprachfähigkeit herzustellen, wäre unzulässig.

Allmählich wird deutlich, dass viele der entscheidenden Unterschiede zwischen Mensch und Schimpanse wahrscheinlich nicht in den Genomen selbst begründet liegen, sondern darin, wie die Genome exprimiert werden. Die Aufmerksamkeit wendet sich also von den Genomen ab, und den Transkriptomen und Proteomen zu. Diese Untersuchungen deuten langsam darauf hin, dass das Muster der Genomexpression im Gehirn in der menschlichen Entwicklungslinie seit der Trennung von Mensch und Schimpanse eine deutliche Veränderung erfahren hat. Das ist genau das, was wir erwarten, da es zweifellos das Gehirn ist, das uns vom Schimpansen und anderen Tieren unterscheidet. Die entscheidende Frage, die jedoch noch nicht beantwortet wurde, besteht darin, ob die Identitäten der Gene, die im Einzelnen im menschlichen Gehirn hoch- oder herunterreguliert wurden, in irgendeiner Form weitere Informationen liefern würden.

## Zusammenfassung

Wahrscheinlich bestand das erste Polynucleotid, das sich vor mehreren Milliarden Jahren entwickelte, aus RNA und nicht aus DNA. Diese RNA-Moleküle kombinierten wahrscheinlich die Fähigkeit zur Selbstreplikation mit einer gewissen enzymatischen Aktivität. Möglicherweise brachte das Entstehen von Lipidhüllen die Vorläufer der ersten Zellen hervor. Experimente deuteten darauf hin, dass katalytische RNAs kurze Peptide herstellen konnten und diese Peptide schließlich einige enzymatische Funktionen der Ribozyme übernahmen. Die DNA entwickelte sich wahrscheinlich als stabilere Form der RNA-Protogenome. Während der Evolution gab es mindestens zwei Perioden, in denen komplexere Genome entstanden, wobei sich jedes Mal die Anzahl der Gene erhöhte. Die Genverdopplung ist ein bedeutsames Ereignis, das dazu führen kann, dass ein Genom neue Gene erwirbt. Die Globingensuperfamilie entstand durch eine Abfolge von Genverdopplungen, deren Muster und zeitlicher Ablauf sich erschließen lässt, wenn man die Sequenzen der heute existierenden Globingene miteinander vergleicht. Verdopplungsereignisse haben auch bei der Evolution der homöotischen Selektorgene eine wichtige Rolle gespielt, die den Körperbauplan der Eukaryoten bestimmen. Möglich ist auch die Verdopplung ganzer Genome, wie sie wahrscheinlich in den Entwicklungslinien auftraten, die zu *Saccharomyces cerevisiae*, *Arabidopsis thaliana* und auch zu den Vertebraten führten. Weniger umfangreiche Verdopplungen von einigen Dutzend Kilobasen sind im menschlichen Genom während der jüngeren Evolution regelmäßig aufgetreten. Einige haben zu neuen Kombinationen von Exons geführt, und einige Gene sind eindeutig durch die Verdopplung und Verschiebung von Proteindomänen entstanden, die jeweils von einem eigenen Exon codiert werden. Exons können auch durch Verknüpfung mit transponierbaren Elementen durch das Genom transportiert werden. Ein lateraler Gentransfer führt zum Erwerb von Genen aus anderen Spezies. Dies hat in der Evolution der prokaryotischen Genome regelmäßig stattgefunden, ist jedoch bei Eukaryoten weit weniger häufig, außer möglicherweise bei Pflanzen, die durch die Fusion zweier Gameten von verwandten Spezies neue polyploide Formen bilden können. Der Ursprung der Introns ist unklar, wobei die Befunde sowohl die *introns early*- als auch die *introns late*-Hypothese unterstützen. Erstere besagt, dass die ersten Genome Introns enthielten, die allmählich verloren gingen. Letztere geht von einer allmählichen Zunahme der Intronzahlen aus. Vor fünf Millionen Jahren begannen die Genome von Mensch und Schimpanse, sich auseinander zu entwickeln. Die Genome von Mensch und Schimpanse stimmen in der Nucleinsäuresequenz noch zu 98,3 % überein, wobei aus vielen Genen identische Proteinprodukte hervorgehen. Es erweist sich als schwierig, spezifische Merkmale des menschlichen Genoms zu ermitteln, die uns zu Menschen machen. Heute geht man davon aus, das der wichtigste Unterschied zwischen Mensch und Schimpanse nicht in den Genomen selbst besteht, sondern darin, wie die Genome exprimiert werden.

# Multiple-Choice-Fragen

**18.1*** Welche Art von Biomolekülen stand wahrscheinlich im Zentrum der ersten biochemischen Systeme auf der Erde?

- **a.** Kohlenhydrate
- **b.** DNA
- **c.** Proteine
- **d.** RNA

**18.2** Was bedeutet der Begriff Protogenom?

- **a.** Die ersten DNA-Genome
- **b.** Die ersten RNA-Genome in Zellen
- **c.** Frühe RNA-Moleküle, die sich selbst replizieren und biochemische Reaktionen durchführen konnten
- **d.** Die ersten polymeren RNA-Moleküle

**18.3*** Welche der folgenden Aussagen zum Übergang der RNA- zu den DNA-Genomen trifft nicht zu?

- **a.** Die Phosphodiesterbindungen der DNA sind stabiler als die der RNA
- **b.** RNA wurde durch den Sauerstoff in der frühen Erdatmosphäre einfach oxidiert, sodass die DNA entstand
- **c.** Das Ersetzen von Uracil durch Thymidin gab der DNA eine größere Stabilität
- **d.** Doppelsträngige DNA ermöglicht einen Mechanismus für die Reparatur des genetischen Materials

**18.4** Was bedeutet konzertierte Evolution?

- **a.** Ein Vorgang, bei dem zwei Genprodukte sich so entwickeln, dass sie miteinander in Wechselwirkung treten können
- **b.** Ein Vorgang, bei dem Gene verdoppelt werden, damit zusätzliche Genprodukte gebildet werden können
- **c.** Ein Vorgang, bei dem Gene mutieren und dadurch zu neuen Genfamilien gehören
- **d.** Ein Vorgang, bei dem die Mitglieder einer Genfamilie dieselben oder ähnliche Nucleotidsequenzen beibehalten

**18.5*** Welcher der folgenden Mechanismen liegt der konzertierten Evolution zugrunde?

- **a.** Genkonversion
- **b.** Lateraler Gentransfer
- **c.** Programmierte Mutation
- **d.** Transposition

**18.6** Wie lassen sich die Muster der Genverdopplungen innerhalb einer Multigenfamilie bestimmen?

- **a.** Durch Vergleich der Nucleotidsequenzen der Gene
- **b.** Durch Vergleich der physiologischen Funktionen der Genprodukte
- **c.** Durch Vergleich der Strukturen der Genprodukte
- **d.** Durch Vergleich der Gene im Genom

**18.7*** Welcher der folgenden Mechanismen, die zur Verdopplung von Genen führen, spielt eine Rolle, wenn innerhalb eines Chromatidpaares DNA ausgetauscht wird?

- **a.** DNA-Amplifikation
- **b.** Verrutschen bei der Replikation
- **c.** Ungleiches Crossing-over
- **d.** Ungleicher Schwesterchromatidaustausch

**18.8** Was ist das Ergebnis einer Autopolyploidisierung?

- **a.** Ein Zellkern, der durch die Fusion von Gameten aus zwei verschiedenen Spezies entsteht
- **b.** Ein Zellkern, der zusätzliche Kopien eines einzigen Chromosoms enthält
- **c.** Ein Zellkern, der durch die Fusion von zwei diploiden Gameten derselben Spezies entstanden ist
- **d.** Ein Zellkern, der zusätzliche Kopien der Geschlechtschromosomen enthält

**18.9*** Welches der folgenden Ereignisse könnte in der Evolution zur Entwicklung eines neuen Gens führen, das Exons aus zwei oder mehr Genen enthält?

- **a.** Domänenverdopplung
- **b.** *domain shuffling*
- **c.** Genkonversion
- **d.** Genverdopplung

**18.10** Welcher Begriff umschreibt die Transposition eines DNA-Abschnitts zusammen mit einem angrenzenden Transposon?

- **a.** 3'-Transduktion
- **b.** Genkonversion
- **c.** Retrotransposition
- **d.** Transformation

**18.11*** Welcher der folgenden Mechanismen führt bei Prokaryoten am wahrscheinlichsten zu einem lateralen Gentransfer?

- **a.** Konjugation
- **b.** Transduktion
- **c.** Transformation
- **d.** Transposition

**18.12** Bei welcher Gruppe von Introns ähnelt die Selbstspleißreaktion am meisten dem Spleißmechanismus von GU–AG-Introns?

- **a.** Gruppe I
- **b.** Gruppe II
- **c.** Gruppe III
- **d.** Bei keiner der oben genannten

**18.13\*** Worauf sind die Unterschiede zwischen Menschen und Schimpansen am wahrscheinlichsten zurückzuführen?

    **a.** Das Vorhandensein von zusätzlichen Genen im menschlichen Genom

    **b.** Die Deletion von Genen des Schimpansen aus dem menschlichen Genom

    **c.** Veränderungen der Aminosäuresequenzen von Proteinen, die bei der Sprachentwicklung eine Rolle spielen

    **d.** Unterschiede in den Expressionsmustern der beiden

## Fragen mit kurzen Antworten

\*Antworten auf die Fragen mit den ungeraden Zahlen finden Sie im Anhang

**18.1\*** Wie unterscheidet sich die heutige Atmosphäre der Erde von der Atmosphäre, die herrschte, als das erste Leben entstand?

**18.2** Wie sind wahrscheinlich einige der Aminosäuren, Nucleotidbasen und Zucker entstanden, bevor sich das Leben entwickelte?

**18.3\*** Wenn alle heute lebenden Organismen von einem einzigen Ursprung abstammen, ist es dann möglich oder wahrscheinlich, dass es auf der frühen Erde weitere Ursprünge für biologische Systeme gab? Begründen Sie Ihre Antwort.

**18.4** Zeichnen Sie den zeitlichen Verlauf der Evolution der lebenden Organismen von der Entstehung der Erde bis zum Auftreten der ersten Hominiden.

**18.5\*** In welchen Phasen der Evolution kam es zu einer Zunahme der Genzahl in den lebenden Organismen?

**18.6** Erläutern Sie, warum die homöotischen Selektorgene für die Genomevolution durch Genverdopplung ein gutes Beispiel sind?

**18.7\*** Welche Merkmale besitzen Retrogene und wie können sie im Genom entstehen?

**18.8** Welche Belege gibt es dafür, dass in der Entwicklungslinie der Evolution, die zu *Saccharomyces cerevisiae* führt, eine Verdopplung des gesamten Genoms stattgefunden hat?

**18.9\*** Wie kann eine Segmentverdopplung neue Gene hervorbringen?

**18.10** In welchen Organismen kann es zu einer Allopolyploidie kommen?

**18.11\*** Was ist die „Exontheorie der Gene"?

**18.12** Warum haben Menschen und Schimpansen unterschiedlich viele Chromosomen?

## Vertiefende Aufgaben

\*Hinweise zur Beantwortung der Fragen mit den ungeraden Zahlen finden Sie im Anhang

**18.1\*** Nennen Sie Belege für die Schlussfolgerung, dass sich das Genom von *Arabidopsis thaliana* im Zeitraum von 100 bis 200 Millionen Jahren vor unserer Zeit viermal verdoppelt hat.

**18.2** Sind die Beispiele für die Verdopplung und Verschiebung von Domänen, die in Abschnitt 18.2.1 genannt werden, Spezialfälle oder entsprechen sie der Evolution der Genome im Allgemeinen?

**18.3\*** Eine der ersten Publikationen der Rohfassung der menschlichen Genomsequenz (IHGSC (International Human Genome Sequencing Consortium) (2001) Initial sequencing and analysis of the human genome. *Nature* 409: 860–921) legte nahe, dass zwischen

113 und 223 menschliche Gene über einen lateralen Gentransfer von Bakterien übernommen worden sein könnten. Später kam man zu dem Schluss, dass diese Interpretation falsch ist und diese Gene keinen bakteriellen Ursprung besitzen. Welcher Befund unterstützte die Vermutung eines lateralen Transfers dieser Gene und wie wurde dieser „Beweis" später widerlegt?

**18.4** Bewerten Sie die *introns early*- und die *introns late*-Hypothese.

**18.5\*** Inwieweit ist es Ihrer Meinung nach möglich, die genetischen Grundlagen für spezielle Eigenschaften des Menschen durch Vergleich der Genomsequenzen des Menschen und der übrigen Primaten zu bestimmen?

# Aufgaben zu Abbildungen

**18.1*** Erläutern Sie anhand der Reaktionswege in der Abbildung, wie durch Genverdopplung neue Gene entstehen können. Welcher der Wege kann zu einem Pseudogen führen?

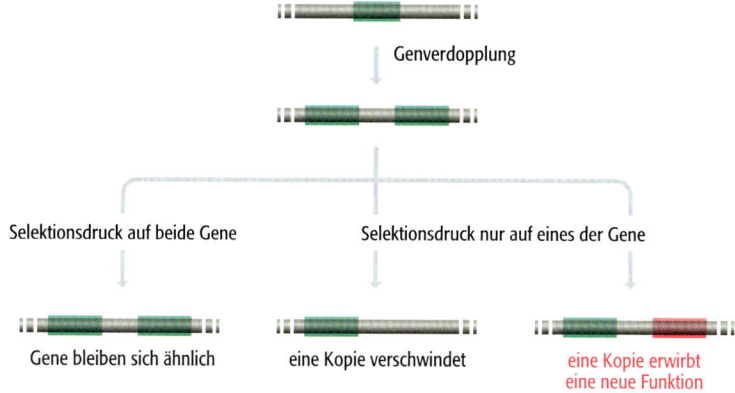

**18.2** Welches der folgenden Modelle a, b oder c entspricht einer Genverdopplung aufgrund eines ungleichen Schwesterchromatidaustauschs?

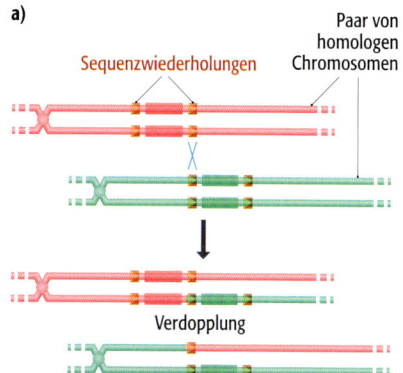

**18.3*** Erläutern Sie, wie die dargestellten Vorgänge zur Entwicklung neuer Gene führen.

**a)**

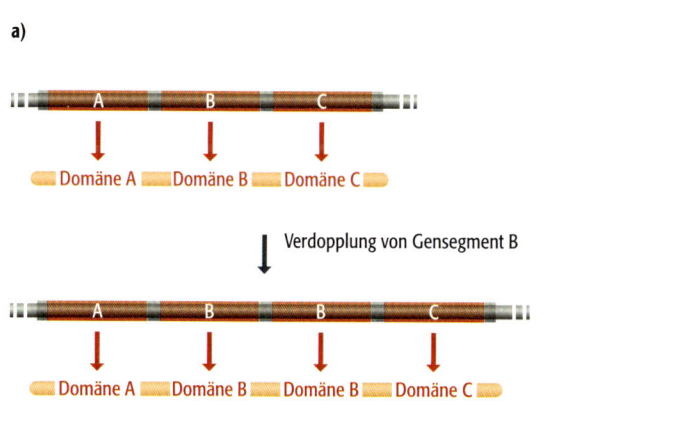

**b)**

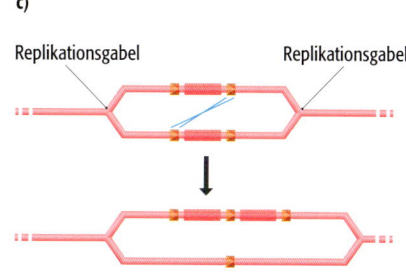

**c)**

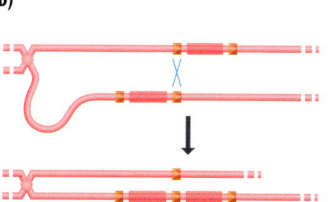

**b)**

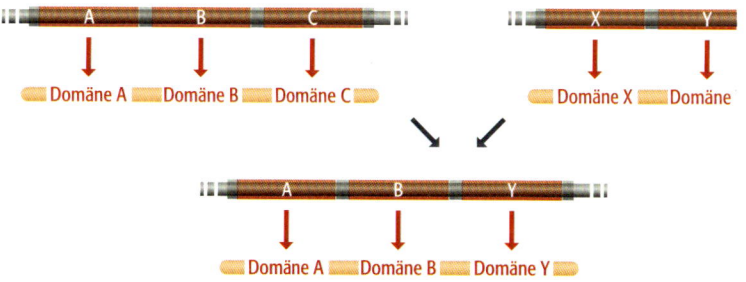

**18.4** Unterstützen die Evolutionsereignisse, die in dieser Abbildung dargestellt sind, die *introns early*- oder die *introns late*-Hypothese?

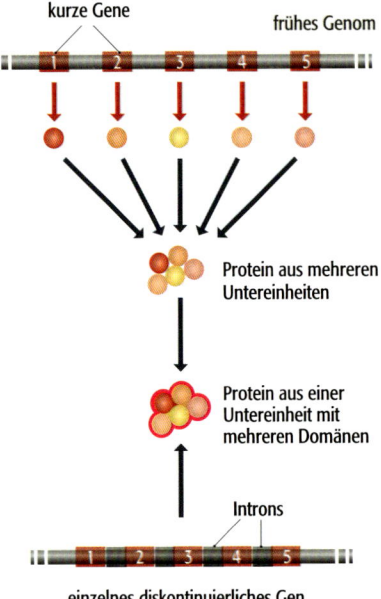

# Weiterführende Literatur

## Wichtige Bücher

Maynard Smith J, Szathmáry E (1995) The Major Transitions in Evolution. WH Freeman, Oxford. [Vom Ursprung des Lebens bis zur Entwicklung der menschlichen Sprache]

Ohno S. (1970) Evolution by Gene Duplication. George Allen and Unwin, London

## Die RNA-Welt und der Ursprung der Genome

Bartel DP, Unrau PJ (1999) Constructing an RNA world. *Trends Genet* 12: M9–M13

Freeland SJ, Knight RD, Landweber LF (1999) Do proteins predate DNA? *Science* 286: 690–692

Lohse PA, Szostak JW (1996) Ribozyme-catalysed amino-acid transfer reactions. *Nature* 381: 442–444

Miller SL (1953) A production of amino acids under possible primitive Earth conditions. *Science* 117:528–529

Orgel LE (2000) A simpler nucleic acid. *Science* 290: 1306–1307. [Pyranosyl-RNA].

Robertson MP, Ellington AD (1998) How to make a nucleotide. *Nature* 395: 223–225

Unrau PJ, Bartel DP (1998) RNA-catalysed nucleotide synthesis. *Nature* 395: 260–263

## Die Verdopplung von Genen

Amores A, Force A, Yan YL et al (1998) Zebrafish *hox* clusters and vertebrate genome evolution. *Science* 282: 1711–1714

Wagner A (2001) Birth and death of duplicated genes in completely sequenced eukaryotes. *Trends Genet* 17: 237–239

## Die Verdopplung von Genomen und Genomabschnitten

Eichler EE (2001) Recent duplication, domain accretion and dynamic mutation of the human genome. *Trends Genet* 17: 661–669

Goffeau A (2004) Seeing double. *Nature* 430: 25–26. [Vergleiche zwischen verschiedenen Hefespezies weisen auf eine Genomverdopplung in der Entwicklungslinie von *Saccharomyces cerevisiae* hin]

Vision TJ, Brown DG, Tanksley SD (2000) The origins of genomic duplications in *Arabidopsis*. *Science* 290: 2114–2117

Wolfe KH, Shields DC (1997) Molecular evidence for an ancient duplication of the entire yeast genome. *Nature* 387: 708–713

## Transponierbare Elemente und die Evolution der Genome

Jiang N, Bao Z, Zhang X, Eddy SR, Wessler SR (2004) Pack-MULE transposable elements mediate gene evolution in plants. *Nature* 431: 569–573

Kazazian HH (2000) L1 retrotransposons shape the mammalian genome. *Science* 289: 1152–1153

## Ursprünge der Introns

de Souza SJ, Long M, Schoenbach L, Roy SW, Gilbert W (1996) Intron positions correlate with module boundaries in ancient proteins. *Proc Natl Acad Sci USA* 93: 14632–14636

Gilbert W (1987) The exon theory of genes. *Cold Spring Harb Symp Quant Biol* 52: 901–905

Gilbert W, Marchionni M, McKnight G (1986) On the antiquity of introns. *Cell* 46: 151–153

Palmer JD, Logsdon JM (1991) The recent origin of introns. *Curr Opin Genet Dev* 1: 470–477

## Menschen und Schimpansen

Baiter M (2005) Are human brains still evolving? Brain genes show signs of selection. *Science* 309: 1662–1663

Chou HH, Takematsu H, Diaz S et al (1998) A mutation in human CMP-sialic acid hydroxylase occurred after the Homo-Pan divergence. *Proc Natl Acad Sci USA* 95: 11751–11756

Khaitovich P, Hellmann L, Enard W, Nowick K, Leinweber M, Franz H, Weiss G, Lachmann M, Pääbo S (2005) Parallel patterns of evolution in the genomes and transcriptomes of humans and chimpanzees. *Science* 309: 1850–1854

Li WH, Saunders MA (2005) The chimpanzee and us. *Nature* 437: 50–51. [Beschreibung der entscheidenden Unterschiede zwischen den Genomen von Mensch und Schimpanse]

Muchmore EA, Diaz S, Varki A (1998) A structural difference between the cell surfaces of humans and the great apes. *Am J Phys Anthropol* 107: 187–198

# Molekulare Phylogenetik

**19**

## Wenn Sie Kapitel 19 gelesen haben, sollten Sie folgende Aufgaben lösen können:

- Schildern sie ausführlich, wie man von der Taxonomie zur Phylogenie kam, und erläutern Sie die Gründe, warum molekulare Marker in der Phylogenetik wichtig sind.

- Beschreiben Sie die wichtigen Merkmale eines phylogenetischen Stammbaums und unterscheiden Sie zwischen abgeleiteten Stammbäumen, echten Stammbäumen, Genstammbäumen und Artenstammbäumen.

- Erläutern Sie, wie man aus einem Vergleich von mehreren DNA-Sequenzen Daten gewinnt, aus denen sich ein Stammbaum rekonstruieren lässt.

- Beschreiben Sie in Grundzügen die *neighbor joining*-Methode und die *maximum parsimony*-Methode für die Rekonstruktion eines Stammbaums.

- Beschreiben Sie, wie die Zuverlässigkeit eines Stammbaums bestimmt wird.

- Erläutern Sie anhand von Beispielen die Anwendung und die Beschränkungen molekularer Uhren.

- Erläutern sie, warum die evolutionären Beziehungen einiger DNA-Sequenzen nicht durch einen herkömmlichen Stammbaum dargestellt werden können, und beschreiben Sie, wie man mithilfe von Netzwerken versucht, diese Probleme zu überwinden.

- Nennen Sie Beispiele für die Anwendung von phylogenetischen Stammbäumen für Untersuchungen der menschlichen Evolution und der Evolution der Immunschwächeviren des Menschen und der Affen.

- Beschreiben Sie in Grundzügen, wie in einer Population Gene untersucht werden.

- Beschreiben Sie, wie die molekulare Phylogenetik angewendet wird, um die Ursprünge der heutigen Menschen sowie ihre Wanderbewegungen nach Europa und in die Neue Welt zu untersuchen.

Wenn sich Genome durch die allmähliche Ansammlung von Mutationen entwickeln, dann sollte es anhand der Summe aller Unterschiede zwischen den Nucleotidsequenzen zweier Genome möglich sein festzustellen, wann sich die beiden Genome, von einem gemeinsamen Vorfahren ausgehend, getrennt haben. Bei zwei Genomen, deren Trennung in der jüngeren Vergangenheit liegt, ist zu erwarten, dass sie weniger Unterschiede aufweisen als zwei Genome, deren gemeinsamer Vorfahr weiter zurückliegt. Das bedeutet, dass es durch den Vergleich von drei oder mehr Genomen möglich sein sollte, die evolutionäre Beziehung zwischen ihnen zu ermitteln. Dies sind die Fragestellungen der **molekularen Phylogenetik**.

heutige Spezies

Zeit

Vorfahre

**19.1 Der Baum des Lebens.** An der Basis des Stammes befindet sich eine ursprüngliche Spezies. Im Verlauf der Zeit entwickeln sich aus früheren Spezies neue Spezies, sodass sich der Baum zunehmend verzweigt, bis wir die heutige Zeit erreichen, in der es viele Spezies gibt, die alle von dem Vorfahren abstammen.

# 19.1 Von der klassischen Systematik zur molekularen Phylogenetik

Die molekulare Phylogenetik begann schon mehrere Jahrzehnte vor der DNA-Sequenzierung. Sie leitet sich aus der traditionellen Methode ab, Lebewesen entsprechend ihrer Ähnlichkeiten und Unterschiede zu systematisieren, wie es Linné in vergleichender Weise zum ersten Mal im 18. Jahrhundert durchführte. Linné war Systematiker, aber kein Evolutionsforscher. Sein Ziel war es, alle bekannten Lebewesen in einem logisch aufgebauten System einzuordnen, das seiner Überzeugung nach „den großen Plan des Schöpfers" widerspiegeln sollte – die *Systema Naturae*. Unwillentlich schuf er jedoch den Rahmen für spätere Modelle der Evolution, indem er die Lebewesen in eine hierarisch gegliederte Folge von taxonomischen Kategorien einteilte, beginnend mit dem Reich und weiter über Stamm/Abteilung, Klasse, Ordnung, Familie, Gattung bis hin zur Art. Die Naturalisten des 18. und frühen 19. Jahrhunderts verglichen seine hierarchische Systematik mit einem „Baum des Lebens" (Abb. 19.1). Diese Analogie übernahm Darwin in „*Die Entstehung der Arten*" als Methode zur Beschreibung der miteinander verknüpften Evolutionsgeschichte der Lebewesen. Das Schema der Systematisierung, das Linné entwickelt hat, wurde im Sinn einer **Phylogenie** oder Stammesgeschichte neu gedeutet, die also nicht nur die Ähnlichkeiten der Spezies aufzeigt, sondern auch ihre Beziehung untereinander in der Evolution.

## 19.1.1 Die Entstehung der molekularen Phylogenetik

Unabhängig davon, ob das Ziel die Entwicklung einer Systematik oder die Herleitung einer Phylogenie ist, die Daten erhält man dadurch, dass man bei den Lebewesen, die es zu vergleichen gilt, die veränderlichen Merkmale untersucht. Ursprünglich waren diese Merkmale nur morphologischer Art, aber molekulare Daten wurden schon erstaunlich früh hinzugezogen. Im Jahr 1904 verwendete Nuttall immunologische Tests, um die Beziehungen zwischen einer Reihe verschiedener Tiere zu bestimmen. Eines seiner Ziele war, die Position des Menschen in der Evolution im Verhältnis zu den übrigen Primaten festzustellen. Mit diesem Thema werden wir uns in Abschnitt 19.3.1 beschäftigen. Nuttalls Arbeiten zeigten, dass molekulare Daten in der Phylogenetik verwendbar sind, wobei diese Herangehensweise vor den späten 1950er-Jahren kaum zum Tragen kam. Die Verzögerung ist zu einem großen Teil auf technische Beschränkungen zurückzuführen, teilweise aber auch darauf, dass die Systematik und die Phylogenetik ihre eigenen evolutionären Veränderungen vollziehen mussten, bevor der Wert von molekularen Daten vollständig anerkannt war.

### *Phänetik und Kladistik erfordern große Datenmengen*

Diese Veränderungen begannen im Jahr 1957 durch die Einführung der **Phänetik**, einer neuen phylogenetischen Methode, die die vorherrschende Ansicht in Frage stellte, dass die Systematik auf Vergleichen von einer begrenzten Anzahl von Merkmalen beruhen sollte, die in der Taxonomie aus verschiedenen Gründen als relevant galten. Die Phänetiker argumentierten hingegen, dass man in der Systematik so viele veränderliche Merkmale wie möglich vergleichen sollte, dass diese Merkmale numerisch erfasst und durch strenge mathematische Methoden analysiert werden müssen.

Auf die Einführung der Phänetik folgte zehn Jahre später ein weiteres neues phylogenetisches Verfahren: die so genannte **Kladistik**, bei der ebenfalls die Notwendigkeit von großen Datenmengen betont wird. Der Unterschied zur

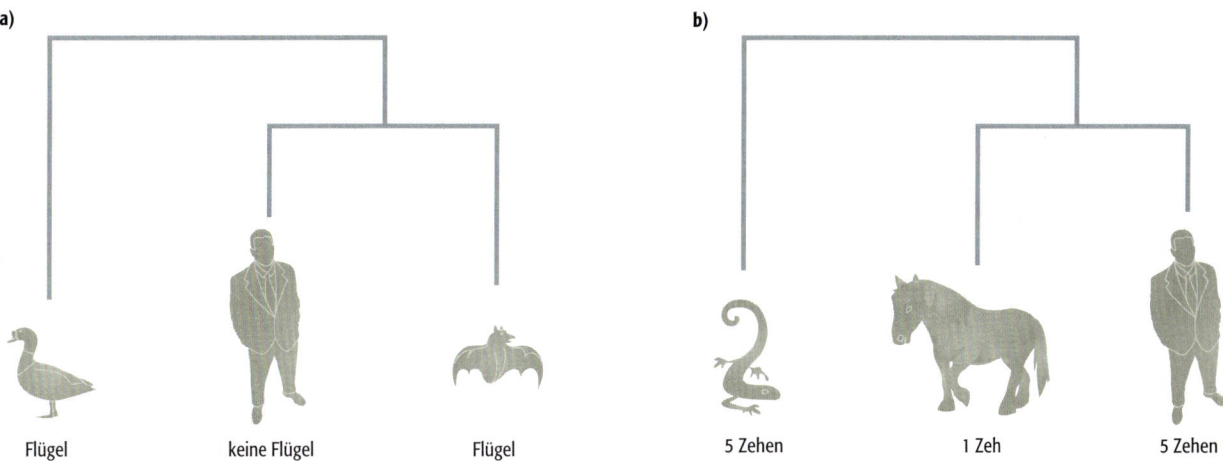

a)

Flügel          keine Flügel          Flügel

b)

5 Zehen          1 Zeh          5 Zehen

Phänetik besteht jedoch darin, dass nicht alle Merkmale gleich gewichtet werden. Die Argumentation lautet dabei, dass es notwendig ist, die Merkmale, die gute Hinweise zu evolutionären Beziehungen liefern, von den Merkmalen, die möglicherweise falsche Informationen liefern, zu unterscheiden, um die Reihenfolge der Verzweigungen richtig bestimmen zu können. Es scheint so, als würde uns dieser Ansatz wieder in die Zeit vor der Phänetik zurückbringen, aber die Kladistik ist weniger subjektiv: Es werden keine Annahmen darüber gemacht, welche Merkmale „wichtig" sind, sondern die Kladisitik fordert, dass die Relevanz der einzelnen Merkmale für die Evolution definiert wird. Im Einzelnen heißt das, dass Fehler im Verzweigungsmuster der Phylogenie auf ein Minimum gebracht werden, indem man zwei Arten von anormalen Daten erkennt:

- Eine **konvergente Evolution** oder **Homoplasie** tritt auf, wenn sich dasselbe Merkmal in zwei getrennten Abstammungslinien entwickelt hat. So haben beispielsweise Vögel und Fledermäuse Flügel, aber Fledermäuse sind mit den flügellosen Säugern viel näher verwandt als mit Vögeln (Abb. 19.2a). Der Merkmalszustand „Besitz von Flügeln" ist deshalb im Zusammenhang mit der Phylogenie der Vertebraten irreführend.

- **Ursprüngliche Merkmalszustände** sind von **abgeleiteten Merkmalszuständen** zu unterscheiden. Ein ursprünglicher (oder **plesiomorpher**) Merkmalszustand kam bereits bei einem fernen gemeinsamen Vorfahren einer Gruppe von Lebewesen vor, beispielsweise die fünf Zehen der Vertebraten. Ein abgeleiteter (**apomorpher**) Merkmalszustand hat sich in einem weniger fernen gemeinsamen Vorfahren aus dem ursprünglichen Zustand entwickelt und kommt also nur bei einem Teil der Spezies in der untersuchten Gruppe vor. Bei den Vertebraten ist beispielsweise der Besitz eines einzigen Zehs ein abgeleiteter Merkmalszustand (Abb. 19.2b). Wenn man so etwas nicht bemerkt, könnte man schließen, dass Menschen mit Eidechsen viel näher verwandt sind, die wie wir fünf Zehen besitzen, als mit Pferden.

### *Durch Untersuchung der molekularen Merkmale kann man große Datenmengen erhalten*

Die Phänetik und die Kladistik standen in den vergangenen 40 Jahren in einem unguten Verhältnis zueinander. Heute bevorzugt man in der Evolutionsbiologie meistens die Kladistik, obwohl eine stringente Anwendung der Kladistik

**19.2    Anomalien in der Phylogenetik.**
a) Besitz von Flügeln bei Vögeln und Fledermäusen ist ein Beispiel für eine konvergente Evolution. b) Der einzelne Zeh bei den Pferden ist ein abgeleiteter Merkmalszustand.

einige Ergebnisse hervorbringt, die der reinen Intuition anscheinend widersprechen. Ein bemerkenswertes Beispiel dafür ist die Schlussfolgerung, dass die Vögel keine eigene Klasse (Aves) bilden sollen, sondern zu den Reptilien gehören. Beide Methoden jedoch haben gemeinsam, dass sie als Ausgangsmaterial große mathematische Datenmengen erfordern, aus denen man dann Stammesgeschichten rekonstruieren kann. Das Problem, Datenmengen dieser Art zu bekommen, wenn morphologische Merkmale verwendet werden, war einer der Hauptgründe, warum man sich allmählich immer mehr den molekularen Daten zuwandte. Diese Daten besitzen gegenüber anderen phylogenetischen Informationen drei Vorteile:

- Wenn molekulare Daten verwendet werden, kann ein einziges Experiment Informationen über sehr viele verschiedene Merkmale liefern: So ist beispielsweise in einer DNA-Sequenz jede Nucleotidposition ein Merkmal, das vier **Merkmalszustände** annehmen kann – A, C, G und T. Große molekulare Datenmengen erhält man hier relativ schnell.

- Molekulare Merkmalszustände sind eindeutig: A, C, G und T sind einfach zu erkennen, und ein Nucleotid kann nicht mit einem anderen verwechselt werden. Einige morphologische Merkmale, die beispielsweise auf der Form einer Struktur basieren, sind weniger einfach zu unterscheiden, da sich die verschiedenen Merkmalszustände überlagern.

- Molekulare Daten lassen sich einfach in eine numerische Form übertragen und sie sind zugänglich für mathematische und statistische Analysen.

Die Sequenzen von Protein und DNA-Molekülen liefern die reichhaltigsten und eindeutigsten Daten für die molekulare Phylogenetik, aber Methoden für die Proteinsequenzierung gehörten nicht vor den 1960er-Jahren zu den Routineverfahren, und die schnelle Sequenzierung von DNA wurde erst zehn Jahre später entwickelt. Frühe Untersuchungen basierten deshalb auf indirekten Hinweisen auf DNA- oder Proteinvarianten, die man durch eine der folgenden drei Methoden erhalten konnte:

- Für immunologische Daten, wie sie Nuttall produzierte, misst man die Stärke der Kreuzreaktivität, wie sie mit Antikörpern auftritt, die für ein bestimmtes Protein des einen Lebewesens spezifisch sind und mit dem gleichen Protein aus einem anderen Lebewesen vermischt werden. Wie wir in Abschnitt 14.2.1 erfahren haben, sind Antikörper Immunglobulinproteine, die dazu beitragen, den Körper vor dem Eindringen von Bakterien, Viren und anderen unerwünschten Faktoren zu schützen, indem sie an diese „Antigene" binden. Proteine wirken ebenfalls als Antigene. Wenn man also beispielsweise das menschliche $\beta$-Globin in ein Kaninchen injiziert, produziert es Antikörper, die spezifisch an dieses Protein binden. Der Antikörper wird aber auch mit dem $\beta$-Globin von anderen Vertebraten kreuzreagieren, da diese $\beta$-Globine ähnliche Strukturen besitzen wie die Proteinform beim Menschen. Das Ausmaß der Kreuzreaktivität hängt davon ab, wie ähnlich das getestete $\beta$-Globin dem menschlichen Protein ist. So erhält man Ähnlichkeitsdaten für die phylogenetische Analyse.

- Mithilfe der Elektrophorese von Proteinen lassen sich elektrophoretische Eigenschaften vergleichen und damit auch das Ausmaß der Ähnlichkeit zwischen Proteinen aus verschiedenen Organismen bestimmen. Dieses Verfahren hat sich als hilfreich erwiesen, eng verwandte Spezies und Varianten unter Individuen einer einzigen Spezies zu vergleichen.

- Daten aus DNA-DNA-Hybridisierungen erhält man mithilfe von DNA-Proben aus zwei Lebewesen, die verglichen werden sollen. Die DNA-Proben

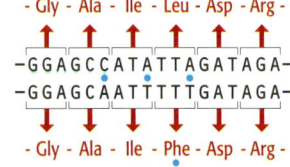

**19.3 DNA liefert mehr phylogenetische Informationen als Proteine.** Die beiden DNA-Sequenzen unterscheiden sich an drei Positionen, aber die Aminosäuresequenzen nur an einer einzigen Position (blaue Punkte). Zwei der Nucleotidsubstitutionen sind demnach synonym, eine ist nichtsynonym (Abb. 16.11).

werden denaturiert und dann gemischt, sodass sich Hybridmoleküle bilden. Die Stabilität dieser Hybridmoleküle hängt von dem Übereinstimmungsgrad zwischen den Nucleotidsequenzen der beiden DNAs ab. Die Stabilität wird durch Messung der Schmelztemperatur bestimmt (Abb. 3.8), wobei ein stabiles Hybrid eine höhere Schmelztemperatur aufweist als ein weniger stabiles. Die Schmelztemperaturen, die man mithilfe von DNAs aus verschiedenen Paaren von Organismen erhält, liefern die Daten für die phylogenetische Analyse.

Am Ende der 1960er-Jahre wurden diese indirekten Methoden durch eine zunehmende Anzahl von Proteinsequenzbestimmungen ergänzt, und während der 1980er-Jahre begann man mit der DNA-basierten Phylogenetik in großem Umfang. Auch heute noch verwendet man in bestimmten Zusammenhängen Proteinsequenzen, aber die DNA ist inzwischen das am meisten untersuchte Molekül. Das liegt vor allem daran, dass DNA mehr phylogenetische Informationen enthält als Proteine. Die Nucleotidsequenzen zweier homologer Gene weisen einen höheren Informationsgehalt auf als die Aminosäuresequenz der zugehörigen Proteine, weil Mutationen, die zu synonymen Veränderungen führen, zwar die DNA-Sequenz betreffen, nicht aber die Aminosäuresequenz (Abb. 19.3). Aus der DNA lassen sich auch vollkommen neue Informationen erhalten, da man die Variabilität sowohl in den codierenden als auch in den nichtcodierenden Genombereichen untersuchen kann. Die Einfachheit, mit sich DNA-Proben für eine Sequenzanalyse durch eine PCR herstellen lassen (Abschnitt 2.3) ist ein weiterer wichtiger Grund, warum die DNA-Analyse in der heutigen molekularen Phylogenetik vorherrschend ist.

Neben den DNA-Sequenzen selbst bedient sich die molekulare Phylogenetik auch der DNA-Marker wie RFLP, SSLP und SNP (Abschnitt 3.2.2), insbesondere bei Untersuchungen innerhalb einer Spezies, etwa bei der Erforschung der Wanderbewegungen von prähistorischen menschlichen Populationen (Abschnitt 19.3.2). Im weiteren Verlauf dieses Kapitels wollen wir uns noch mit verschiedenen Beispielen befassen, in denen man in der molekularen Phylogenetik sowohl DNA-Sequenzen als auch DNA-Marker heranzieht. Zuerst wollen wir uns jedoch genauer mit den Methoden beschäftigen, die in diesem Gebiet der Genomforschung angewendet werden.

## 19.2 Die Rekonstruktion von Stammbäumen auf Grundlage der DNA

Das Ziel der meisten phylogenetischen Untersuchungen ist die Rekonstruktion eines baumähnlichen Musters, das die evolutionären Beziehungen zwischen den untersuchten Lebewesen wiedergibt. Bevor wir uns mit den Methoden dafür beschäftigen, müssen wir einen solchen Baum einmal genauer betrachten, um uns mit den Grundlagen der Terminologie vertraut zu machen, die bei phylogenetischen Analysen verwendet wird.

### 19.2.1 Die entscheidenden Merkmale von Stammbäumen auf DNA-Basis

In Abbildung 19.4a ist ein typischer Stammbaum dargestellt. Dieser Baum könnte aufgrund jeglicher Art von Vergleichsdaten rekonstruiert worden sein, da wir aber an DNA-Sequenzen interessiert sind, nehmen wir an, dass der Baum die Beziehungen zwischen den vier homologen Genen *A*, *B*, *C* und *D* zeigt. Die

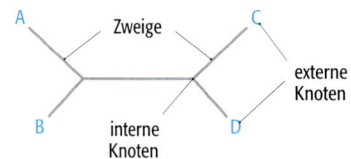

a) ungewurzelter Baum

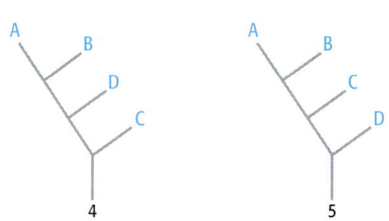

b) gewurzelte Bäume

**19.4    Stammbäume.** a) Ein ungewurzelter Baum mit vier Knoten. b) Die fünf gewurzelten Bäume, die sich aus dem ungewurzelten Baum in Teilabbildung (a) ableiten lassen. Die Zahlen in der Skizze des ungewurzelten Baumes geben die Positionen der Wurzeln an.

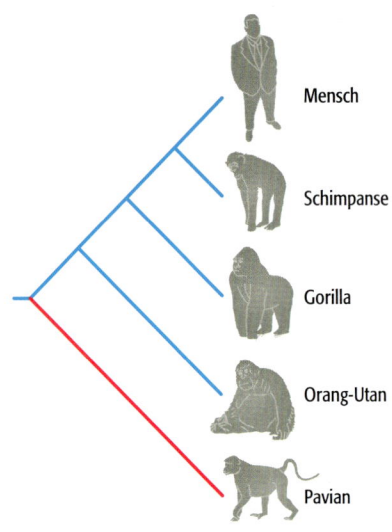

Mensch

Schimpanse

Gorilla

Orang-Utan

Pavian

**19.5 Die Verwendung einer Außengruppe, um die Wurzel eines Stammbaums festzulegen.** Der Stammbaum der Gene von Mensch, Schimpanse, Gorilla und Orang-Utan erhält mithilfe des Gens vom Pavian eine Wurzel. Das ist möglich, weil wir aus Fossilienfunden wissen, dass sich die Paviane von der Primatenlinie trennten, bevor der gemeinsame Vorfahr der anderen vier Spezies lebte. In Abschnitt 19.3.1 finden sich weitere Informationen zur phylogenetischen Analyse des Menschen und der übrigen Primaten.

**Topologie** dieses Baumes umfasst vier **externe Knoten**, die jeweils eines der vier Gene darstellen, die hier verglichen wurden, sowie zwei **interne Knoten**, die für Vorfahrengene stehen. Die Längen der **Zweige** geben den Verschiedenheitsgrad zwischen den Genen an, die durch die Knoten abgebildet sind. Der Verschiedenheitsgrad wird durch den Vergleich der Sequenzen berechnet (Abschnitt 19.2.2).

Der Baum von Abbildung 19.4a ist **ungewurzelt**. Es handelt sich also nur um die Darstellung der Beziehungen zwischen *A*, *B*, *C* und *D*, über die Abfolge der Evolutionsereignisse, die zu diesen Genen führten, ist jedoch nichts ausgesagt. Möglich sind insgesamt fünf verschiedene Evolutionswege, die jeweils in einem anderen **gewurzelten** Baum darstellbar sind (Abb. 19.4b). Um sie unterscheiden zu können, muss die Analyse mindestens eine **Außengruppe** einschließen. Dabei handelt es sich um ein homologes Gen, von dem bekannt ist, dass es mit *A*, *B*, *C* und *D* weniger verwandt ist als diese vier Gene untereinander. Die Außengruppe ermöglicht es, die Wurzel des Baumes zu lokalisieren und den richtigen Evolutionsweg zu bestimmen. Die Kriterien zur Auswahl einer Außengruppe hängen sehr stark von der Analyse ab, die durchgeführt werden soll. Für unser Beispiel wollen wir annehmen, dass die vier homologen Gene in unserem Baum vom Menschen, Schimpansen, Gorilla und Orang-Utan stammen. Dann können wir als Außengruppe das homologe Gen von einem anderen Primaten, etwa vom Pavian verwenden. Aufgrund der paläontologischen Befunde weiß man, dass der Pavian von der Entwicklungslinie abzweigte, die zum Menschen, Schimpansen, Gorilla und Orang-Utan führte, bevor der gemeinsame Vorfahre dieser vier Spezies existierte (Abb. 19.5).

Der Stammbaum, der sich aus den Genen der Primaten rekonstruieren lässt, zeigt ein relativ einfaches Beziehungsmuster. Die meisten Bäume sind komplizierter und es sind Begriffe erforderlich, um zwischen den verschiedenen vorkommenden Beziehungstypen zu unterscheiden (Abb. 19.6). Zwei oder mehr Sequenzen bezeichnet man als **monophyletisch**, wenn sie von einer einzigen gemeinsamen Vorfahren-DNA-Sequenz abstammen. Eine Gruppe von monophyletischen Sequenzen ist eine **Klade**, wenn sie alle Sequenzen der Analyse umfasst, die von der ursprünglichen Sequenz an der Wurzel der Klade abstammen. Wenn in der Gruppe einige Vertreter der Klade nicht enthalten sind, bezeichnet man die Gruppe als **paraphyletisch**. Wenn sich hingegen zwei oder mehr DNA-Sequenzen von verschiedenen Vorfahrensequenzen ableiten, bezeichnet man die Gruppe als **polyphyletisch**.

Man bezeichnet einen gewurzelten Stammbaum, den man durch eine phylogenetische Analyse gewinnt, als **abgeleiteten Stammbaum**. Damit soll hervorgehoben werden, dass der Stammbaum die Abfolge der Evolutionsereignisse darstellt, wie sie aus den analysierten Daten abgeleitet wurde. Dieser muss nicht mit dem **echten Stammbaum** übereinstimmen, der die Abfolge der Ereignisse wiedergibt, wie sie wirklich stattgefunden hat. Manchmal kann man sich ziemlich sicher sein, dass der abgeleitete Stammbaum mit dem echten übereinstimmt, aber die meisten Analysen von phylogenetischen Daten enthalten Unsicherheiten. Dadurch kann sich der abgeleitete Baum in mancher Hinsicht vom echten unterscheiden. In Abschnitt 19.2.2 wollen wir uns mit den verschiedenen Methoden beschäftigen, mit denen man dem Verzweigungsmuster eines abgeleiteten Stammbaums einen Verlässlichkeitsindex zuordnet. Im weiteren Verlauf des Kapitels soll es auch noch um die Kontroversen gehen, zu denen es aufgrund der Ungenauigkeit phylogenetischer Analysen gekommen ist.

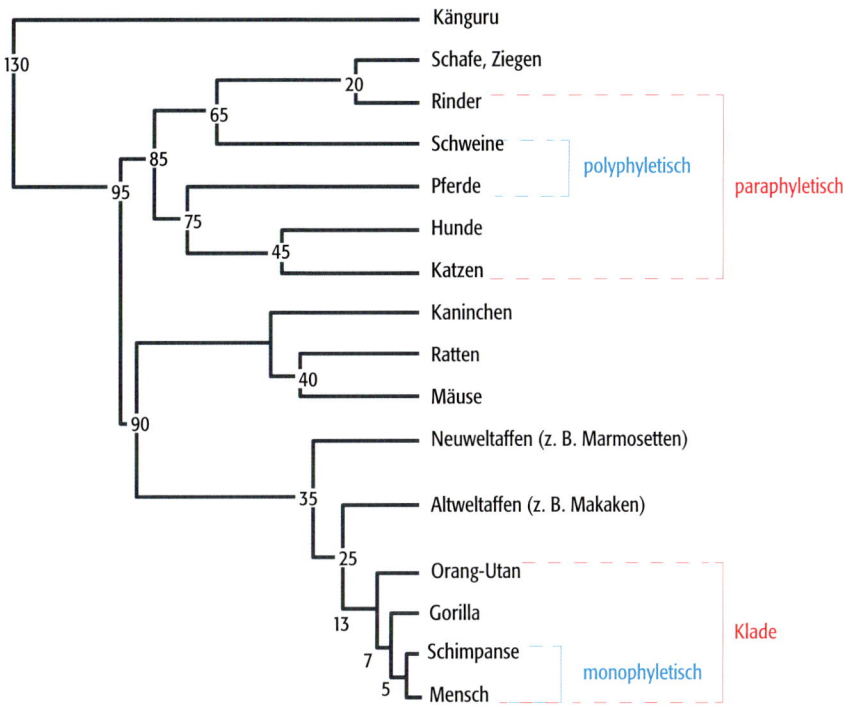

## Genstammbäume sind nicht das gleiche wie Artenstammbäume

Der in Abbildung 19.5 dargestellte Stammbaum veranschaulicht eine häufig vorkommende Art von molekularphylogenetischen Projekten. Das Ziel ist dabei, einen **Genstammbaum** zu verwenden, der aus einem Vergleich von **orthologen** Genen (die alle von derselben ursprünglichen Sequenz abstammen) rekonstruiert wurde. Daraus sollen dann Rückschlüsse auf die Evolution der Spezies gezogen werden, von denen diese Gene stammen. Man geht davon aus, dass der Genstammbaum, der auf molekularen Daten mit allen ihren Vorzügen basiert, eine genauere und weniger vieldeutige Darstellung des **Artenstammbaums** ermöglicht, als allein aufgrund von morphologischen Vergleichen. Diese Annahme triff häufig zu, es bedeutet aber nicht, dass der Genstammbaum *das gleiche* ist wie der Artenstammbaum.

Damit das der Fall sein kann, müssen die internen Knoten des Gen- und des Artenstammbaums einander genau entsprechen. Das trifft jedoch aus folgenden Gründen im Allgemeinen nicht zu:

- Ein interner Knoten in einem Genstammbaum entspricht der Auftrennung eines ursprünglichen Gens in zwei Allele mit unterschiedlichen DNA-Sequenzen: Das geschieht durch eine Mutation (Abb. 19.7a).

- Ein interner Knoten in einem Artenstammbaum entspricht einem Artbildungsereignis (Abb. 19.7b): Das geschieht, wenn sich die Population der Vorfahrenspezies in zwei Gruppen teilt, die sich nicht mehr kreuzen können, häufig aufgrund einer geographischen Isolierung der beiden Gruppen voneinander.

Wichtig ist dabei, dass die beiden Ereignisse – die Mutation und die Artbildung – erwartungsgemäß nicht zur selben Zeit stattfinden. So kann beispielsweise das Mutationsereignis zeitlich vor der Artbildung liegen. Das würde bedeu-

**19.6    Die Phylogenie der Säuger zur Veranschaulichung der Schlüsselbegriffe für die Bezeichnung der verschiedenen Beziehungstypen, wie sie in Stammbäumen vorkommen.** Das Känguru dient als Außengruppe. Die Zahlen entsprechen der geschätzten Zeit (in Jahrmillionen) seit der Trennung der jeweiligen Entwicklungslinien. Menschen und Schimpansen sind monophyletisch, da sie einen gemeinsamen Vorfahren besitzen, der vor 4,6–5,0 Millionen Jahren lebte. Menschen, Schimpansen, Gorillas und Orang-Utans bilden eine Klade, da sie alle von einem einzigen gemeinsamen Vorfahren abstammen, der vor 13 Millionen Jahren lebte. Die eine markierte Gruppe ist paraphyletisch, weil Schafe und Ziegen nicht darin enthalten sind, die aber denselben gemeinsamen Vorfahren haben wie die übrigen Mitglieder der Gruppe. Schweine und Pferde sind polyphyletisch, da sie jeweils einen anderen gemeinsamen Vorfahren aufweisen. Der Vorfahr der Schweine lebte vor 65 Millionen Jahren, aus ihm gingen auch die Schafe, Ziegen und Rinder hervor, während der Vorfahre der Pferde vor 75 Millionen Jahren lebte und auch Katzen und Hunde daraus hervorgingen.

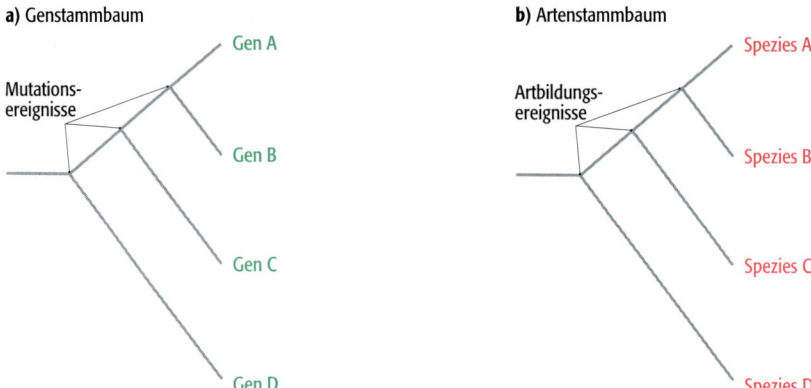

**a)** Genstammbaum

Mutations-
ereignisse

Gen A

Gen B

Gen C

Gen D

**b)** Artenstammbaum

Artbildungs-
ereignisse

Spezies A

Spezies B

Spezies C

Spezies D

19.7  Der Unterschied zwischen einem Genstammbaum und einem Arten-stammbaum.

ten, dass beide Allele des Gens in der ungeteilten Population der Vorfahrenspe-zies vorkommen (Abb. 19.8). Wenn sich die Population teilt, werden wahrschein-lich beide Allele in jeder der entstandenen Gruppen vorhanden sein. Nach der Trennung entwickeln sich die neuen Populationen jedoch unabhängig von-einander. Möglicherweise führt dann eine **zufällige genetische Drift** (Abschnitt 19.3.2) dazu, dass in der einen Population das eine Allel und in der anderen Population das andere Allel verloren geht. So bilden sich zwei getrennte gene-tische Entwicklungslinien heraus. Diese können wir aus phylogenetischen Ana-lysen von Gensequenzen herleiten, die in den heutigen Spezies vorkommen, wie sie durch fortwährende Evolution der beiden Populationen entstanden sind.

Wie beeinflussen diese Überlegungen den Zusammenhang zwischen Gen- und Artenstammbäumen? Es ergeben sich eine Reihe von Schlussfolgerungen, hier seien zwei davon genannt:

- Wenn man eine **molekulare Uhr** (Abschnitt 19.2.2) verwendet, um die Zeit zu bestimmen, zu der die Auseinanderentwicklung der Gene begonnen hat, darf man nicht annehmen, dass es sich dabei auch um den Zeitpunkt der

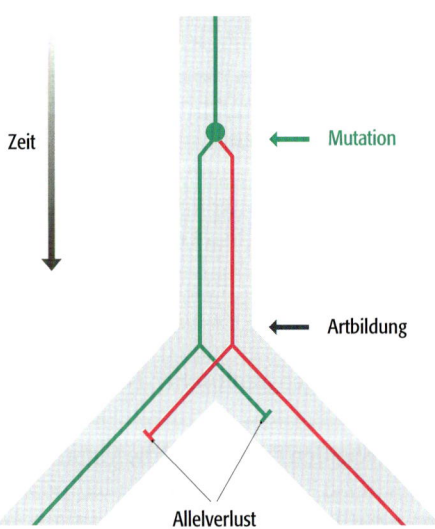

Zeit

Mutation

Artbildung

Allelverlust

19.8  Eine Mutation kann vor der Arten-trennung stattgefunden haben, sodass bei Anwendung einer molekularen Uhr der Zeitpunkt der Artentrennung falsch bestimmt würde.

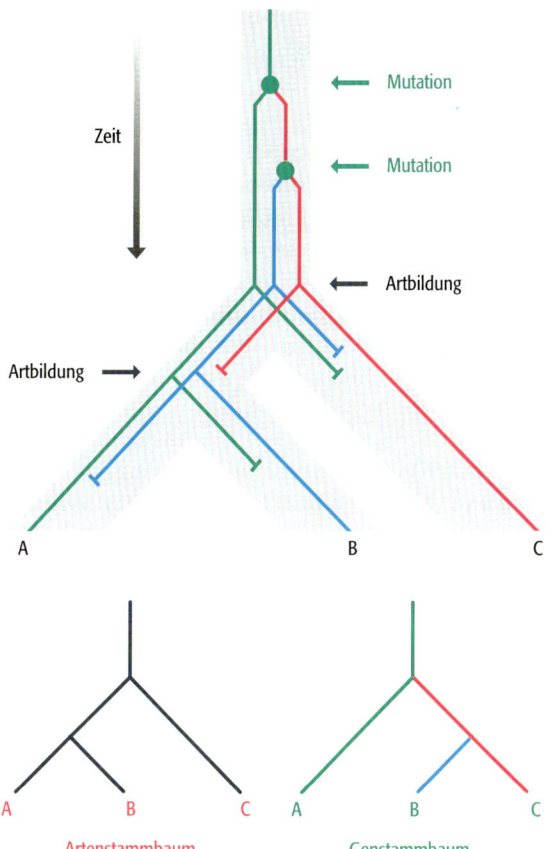

**19.9    Ein Genstammbaum kann eine andere Anordnung der Verzweigungsstellen aufweisen als ein Artenstammbaum.** In diesem Beispiel hat das Gen in der Vorfahrenspezies zwei Mutationen erhalten. Aus der ersten Mutation ging das „rote" Allel, aus der zweiten Mutation das „blaue" Allel hervor. Durch einen zufällige genetische Drift und zwei nachfolgende Artbildungsereignisse tritt die Entwicklungslinie des grünen Allels in Spezies A in Erscheinung, die Entwicklungslinie des blauen Allels in Spezies B und die Entwicklungslinie des roten Allels in Spezies C. Die molekulare Phylogenetik, die auf den Gensequenzen basiert, zeigt an, dass die Trennung zwischen grün und rot vor der Trennung von rot und blau erfolgte, was dem Genstammbaum rechts entspricht. Der tatsächliche Artenstammbaum (links) unterscheidet sich jedoch davon.

Artbildung handelt. Wenn der ermittelte Knoten länger zurückliegt, beispielsweise 50 Millionen Jahre, macht sich der Fehler vielleicht gar nicht bemerkbar. Wenn jedoch die Artentrennung vor relativ kurzer Zeit erfolgte, etwa beim Vergleich der Primaten, könnte sich der Zeitpunkt der Auftrennung der Gene signifikant vom Zeitpunkt der Artentrennung unterscheiden.

- Wenn auf die erste Artentrennung in einer der beiden entstandenen Populationen schnell eine zweite folgt, kann sich die Anordnung der Verzweigungspunkte des Genstammbaums von der Anordnung im Artenstammbaum unterscheiden. Das ist etwa der Fall, wenn die Gene der heutigen Spezies von Allelen abstammen, die bereits vor dem ersten der beiden Artentrennungsereignisse stattgefunden haben (Abb. 19.9).

## 19.2.2 Die Rekonstruktion von Stammbäumen

In diesem Abschnitt wollen wir uns damit beschäftigen, wie sich die Rekonstruktion eines Stammbaums mithilfe von DNA-Sequenzen durchführen lässt, wobei wir uns auf die vier wichtigsten Schritte des Verfahrens beschränken werden.

- Alignment der DNA-Sequenzen und Gewinnung der Vergleichsdaten, die für die Rekonstruktion des Stammbaums verwendet werden sollen.
- Umwandlung der Vergleichsdaten in einen rekonstruierten Stammbaum.

**a)** einfache Sequenzausrichtung

```
AGCAATGGCCAGACAATAATG
AGCTATGGACAGACATTAATG
*** **** ****** *****
```

**b)** kompliziertere Sequenzausrichtung

```
GACGACCATAGACCAGCATAG
GACTACCATAGA-CTGCAAAG
*** ******** * *** **
```

```
GACGACCATAGACCAGCATAG
GACTACCATAGACT-GCAAAG
*** ********* *** **
```

– mögliche Indelpositionen

19.10  **Sequenz-Alignments.** a) Zwei Sequenzen, die sich nicht zu weit auseinander entwickelt haben, lassen sich einfach durch Augenschein ausrichten. b) Ein komplizierteres Alignment, bei dem es nicht möglich ist, die richtige Position einer Indelsequenz zu bestimmen. Wenn es bei der Indelpositionierung in einem multiplen Alignment zu Fehlern kommt, ist der in der phylogenetischen Analyse rekonstruierte Stammbaum wahrscheinlich nicht korrekt. In der Darstellung sind Nucleotide, die in beiden Sequenzen übereinstimmen, mit roten Sternen markiert.

19.11  **Dot-Matrixverfahren für das Sequenzalignment.** Das korrekte Alignment ist einfach zu erkennen, da eine durchgängige Punktreihe entsteht. Diese ist bei Punktmutationen unterbrochen und bei Indelstellen auf eine andere Diagonale verschoben.

• Überprüfen der Genauigkeit des rekonstruierten Baums.

• Zuweisen von Zeitwerten für die Verzweigungspunkte im Stammbaum mithilfe der molekularen Uhr.

### Vor der Rekonstruktion des Stammbaums müssen die der DNA-Sequenzen aneinander ausgerichtet werden (Alignment)

Die Daten, die zur Rekonstruktion eines Stammbaums auf DNA-Basis dienen, erhält man durch Vergleich von Nucleotidsequenzen. Diese Vergleiche führt man durch, indem man die Sequenzen aneinander ausrichtet, sodass die unterschiedlichen Nucleotide gezählt werden können. Das ist der entscheidende Schritt des gesamten Vorhabens, denn wenn dieses Alignment (Ausrichtung) nicht korrekt erfolgt, entspricht der entstehende Stammbaum auch nicht den Tatsachen.

Als Erstes gilt es zu festzustellen, ob die aneinander ausgerichteten Sequenzen homolog sind. Wenn das der Fall ist, müssen sie per Definition von einer gemeinsamen Vorfahrensequenz abstammen (Abschnitt 5.2.1), sodass eine tragfähige Basis für eine phylogenetische Untersuchung vorhanden ist. Wenn die Sequenzen nicht homolog sind, haben sie auch keinen gemeinsamen Vorfahren. Mithilfe der phylogenetischen Analyse lässt sich jedoch ein gemeinsamer Vorfahre finden, da die Methoden zur Rekonstruktion des Stammbaums immer einen Stammbaum hervorbringen, der irgendetwas beschreibt, selbst wenn die Daten vollkommen unsinnig sind. Der dadurch entstehende Baum besitzt allerdings keinerlei biologische Relevanz. Bei einigen DNA-Sequenzen – etwa bei den $\beta$-Globingenen verschiedener Vertebraten – ist es nicht schwierig, sicher zu sein, dass die verglichenen Sequenzen homolog sind. Das ist jedoch nicht immer der Fall, und einer der häufigsten Fehler, der bei einer phylogenetischen Analyse auftreten kann, ist die irrtümliche Einbeziehung einer nichthomologen Sequenz.

Sobald feststeht, dass zwei DNA-Sequenzen tatsächlich homolog sind, müssen die Sequenzen so aneinander ausgerichtet werden, dass homologe Nucleotide verglichen werden können. Bei einigen Sequenzpaaren ist das eine einfache Aufgabe (Abb. 19.10a). Weniger trivial ist es jedoch, wenn die Sequenzen sich relativ unähnlich sind und/oder sich durch Anhäufung von Insertionen und Deletionen sowie Punktmutationen auseinander entwickelt haben. Insertionen und Deletionen lassen sich nicht voneinander unterscheiden, wenn Sequenzen paarweise verglichen werden, sodass man sie als **Indels** bezeichnet. Die Lokalisierung der Indels an den richtigen Positionen ist häufig der schwierigste Teil eines Sequenz-Aligments (Abb. 19.10b).

Einige Sequenzpaare lassen sich schon vom Augenschein her aneinander ausrichten. Bei komplexeren Paaren lässt sich das Alignment vielleicht mit der **Dot-Matrix**methode durchführen (Abb. 19.11). Die beiden Sequenzen werden an die x- und die y-Achse der Grafik geschrieben, und man setzt an allen Stellen, an denen sich identische Nucleotide befinden, Punkte in die Quadrate des Zeichenpapiers. Das Alignment wird durch eine diagonale Punktreihe wiedergegeben. Diese kann durch leere Quadrate, wo sich in beiden Sequenzen unterschiedliche Nucleotide befinden, sowie an Indelpositionen durch Verschiebungen um eine Spalte unterbrochen sein.

Es wurden auch strengere mathematische Verfahren entwickelt, um ein Sequenz-Alignment durchzuführen. Die erste ist die **Ähnlichkeitsbestimmung,**

## Methoden 19.1 Phylogenetische Analyse

*Softwarepakete für das Erstellen von Stammbäumen*

Nur wenige Gruppen von DNA-Sequenzen sind einfach genug, um vollständig von Hand in einen Stammbaum umgesetzt zu werden. Praktisch die gesamte Forschung auf diesem Gebiet erfolgt mithilfe von Computern und dem Einsatz von einem der vielen Softwarepakete, die speziell für den einen oder anderen Schritt bei der Stammbaumrekonstruktion entwickelt wurden.

Eines der am einfachsten bedienbaren und häufigsten angewandten Pakete ist Clustal, das ursprünglich 1988 geschrieben wurde und inzwischen eine Reihe von Verbesserungen erfahren hat. Primär ist Clustal ein Programm zum multiplen Alignment von Protein- oder DNA-Sequenzen. Das kann sehr effizient erfolgen, sofern die zu vergleichenden Sequenzen keine umfangreichen internen Wiederholungsmotive enthalten. Clustal wird im Allgemeinen in Verbindung mit NJplot verwendet, einen einfachen Programm für die Rekonstruktion eines Stammbaums mit-

hilfe der *neighbor joining*-Methode. Ein bedeutender Vorteil von Clustal und NJplot besteht darin, dass sie nicht viel Speicherplatz erfordern und deshalb auf kleinen PCs und Macintosh-Computern laufen können.

Umfassendere Softwarepakete ermöglichen es, zwischen einer Vielzahl verschiedener Methoden für die Stammbaumrekonstruktion auszuwählen, und es lassen sich ausgeklügeltere Arten von phylogenetischen Analysen durchführen. Die am häufigsten verwendeten Pakete sind PAUP und PHYLIP. Die Programme zum Erstellen von Stammbäumen im PAUP-Paket gelten unter den zurzeit verfügbaren Programmen als die zuverlässigsten, und man kann damit relativ große Datenmengen verarbeiten. PHYLIP hat den Vorteil, dass es eine Reihe von Unterprogrammen enthält, die aus anderen Quellen nicht unbedingt erhältlich sind. Andere beliebte Pakete sind PAML, MacClade und HENNIG86.

die darauf abzielt, die Anzahl der zusammenpassenden Nucleotide – das heißt der Nucleotide, die in beiden Sequenzen identisch sind – zu maximieren. Die **Abstandsmethode** ist ein Komplementaritätsverfahren, bei dem das Ziel darin besteht, die Anzahl der nichtpassenden Nucleotide zu minimieren. Häufig erreicht man mit beiden Methoden als bestes Ergebnis das gleiche Alignment. Ein Vergleich umfasst im Allgemeinen mehr als nur zwei Sequenzen, sodass ein **multiples Alignment** erforderlich ist. Das ist nur selten mit Stift und Papier möglich, sodass wie bei allen Schritten einer phylogenetischen Analyse ein Computerprogramm benutzt wird. Bei multiplen Alignments kommt am häufigsten Clustal zur Anwendung. Clustal und andere Softwarepakete für phylogenetische Analysen werden unter Methoden 19.1 beschrieben.

### Die Umwandlung der Daten aus einem Alignment in einen Stammbaum

Sobald die Sequenzen sorgfältig untereinander ausgerichtet wurden, kann man einen Versuch unternehmen, den Stammbaum zu rekonstruieren. Bis heute gibt es dafür keine perfekte Methode, und man verwendet routinemäßig mehrere verschiedene Verfahren. Man hat auch mit künstlichen Daten, deren echter Stammbaum bekannt ist, vergleichende Tests durchgeführt, aber damit war es nicht möglich, eine Methode zu entwickeln, die besser als alle anderen funktionieren würde.

Der Hauptunterschied zwischen allen Verfahren zum Erstellen eines Stammbaums ist die Art und Weise, wie das Alignment von mehreren Sequenzen mathematisch analysiert wird, um den Stammbaum zu rekonstruieren. Das einfachste Verfahren ist die Umwandlung der Sequenzinformationen in eine **Abstandsmatrix**. Dies ist einfach eine Tabelle, die die evolutionären Abstände zwischen allen Paarsequenzen im Datensatz angibt (Abb. 19.12). Der

multiples Alignment

Abstandsmatrix

| | | 1 | 2 | 3 | 4 |
|---|---|---|---|---|---|
| 1 | AGGCCAAGCCATAGCTGTCC | 1 | – | 0,20 | 0,05 | 0,15 |
| 2 | AGGCAAAGACATACCTGACC | 2 | | – | 0,15 | 0,05 |
| 3 | AGGCCAAGACATAGCTGTCC | 3 | | | – | 0,10 |
| 4 | AGGCAAAGACATACCTGTCC | 4 | | | | – |

**19.12    Eine einfache Abstandsmatrix.**
Die Matrix zeigt den evolutionären Abstand innerhalb jedes ausgerichteten Sequenzpaares.

evolutionäre Abstand wird aus der Anzahl der Nucleotidunterschiede innerhalb eines Sequenzpaares berechnet und dient dazu, die Zweiglänge zu bestimmen, die die zwei Sequenzen in einem rekonstruierten Stammbaum verbinden. Im Beispiel von Abbildung 19.12 wird für jedes Sequenzpaar der evolutionäre Abstand als Anzahl von Nucleotidunterschieden pro Nucleotidposition angegeben. So haben beispielsweise die Sequenzen 1 und 2 eine Länge von 20 Nucleotiden und es bestehen vier Unterschiede zwischen ihnen. Dies entspricht einem evolutionären Abstand von 4/20 = 0,2. Zu beachten ist dabei, dass man bei dieser Analyse annimmt, dass es keine **Mehrfachsubstitutionen** gibt (die man auch als **Mehrfachtreffer** bezeichnet). Eine Mehrfachsubstitution liegt dann vor, wenn an einer einzigen Position zwei oder mehr Veränderungen stattfinden (etwa wenn aus der ursprünglichen Sequenz ...ATGT... zwei heutige Sequenzen ...AGGT... und ...ACGT... hervorgingen). Zwischen den beiden heutigen Sequenzen besteht nur ein Unterschied von einem einzigen Nucleotid, aber es haben zwei Nucleotidsubstitutionen stattgefunden. Wenn dieser Mehrfachtreffer nicht erkannt wird, bestimmt man den Abstand zwischen den beiden heutigen Sequenzen als signifikant zu gering. Um dieses Problem zu vermeiden, erstellt man die Abstandsmatrices für die phylogenetische Analyse normalerweise mithilfe von mathematischen Methoden, die Statistikfunktionen enthalten, um den Anteil an stattgefundenen Mehrfachsubstitutionen abzuschätzen.

Die ***neighbor joining*-Methode** ist ein häufig angewendetes Verfahren zur Erstellung eines Stammbaums, das auf einer Abstandsmatrix basiert. Zu Beginn der Rekonstruktion wird die Annahme gemacht, dass es nur einen einzigen internen Knoten gibt, von dem aus sich alle Zweige zu den DNA-Sequenzen sternförmig verzweigen (Abb. 19.13). Das ist, in den Begriffen der Evolution gedacht, praktisch unmöglich, aber das Muster dient als Ausgangspunkt. Als nächstes wählt man ein Paar von Sequenzen zufällig aus, entfernt sie aus dem Stern und befestigt sie an einem zweiten internen Knoten, der mit dem Stern über eine Linie verbunden ist. Die Abstandsmatrix dient nun dazu, die Gesamtlänge der Zweige in diesem neuen „Stammbaum" zu berechnen. Die Sequenzen werden anschließend an ihre ursprünglichen Positionen zurückgebracht und ein weiteres Sequenzpaar an den zweiten internen Knoten gesetzt. Auch hier wird die Gesamtlänge der Zweige bestimmt. Dieser Vorgang wird solange wiederholt, bis alle möglichen Paare untersucht wurden. So lässt sich die Kombination finden, die einen Stammbaum mit der kürzesten Gesamtzweiglänge ergibt. Diese zwei Sequenzen werden dann im endgültigen Baum benachbart sein: Zwischenzeitlich werden sie zu einer einzigen Einheit zusammengefasst, sodass ein neuer Stern entsteht, der einen Zweig weniger hat als der ursprüngliche Stern. Der gesamte Vorgang der Auswahl von Sequenzpaaren und Berechnung der Baumlänge wird nun wiederholt, um ein zweites Paar von benachbarten Sequenzen zu identifizieren, dann für ein drittes Paar und so weiter. Das Ergebnis ist ein vollständig rekonstruierter Baum.

**a)** Ausgangspunkt für die *neighbor joining*-Methode

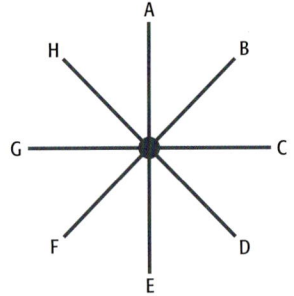

**b)** zwei Sequenzen werden aus dem Stern genommen

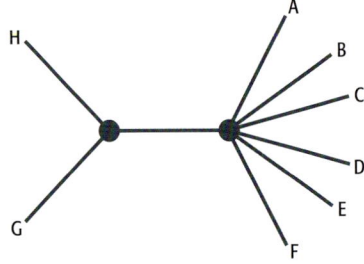

**19.13    Arbeitsschritte bei der *neighbor joining*-Methode für die Rekonstruktion eines Stammbaums.**

Der Vorteil der *neighbor joining*-Methode besteht darin, dass die Handhabung der Daten relativ einfach ist, vor allem weil der Informationsgehalt des multiplen Alignment auf seine einfachste Form reduziert wird. Der Nachteil ist, dass ein Teil der Information verloren geht, insbesondere die Identitäten der ursprünglichen und abgeleiteten Nucleotide (die den ursprünglichen und abgeleiteten Merkmalszuständen in Abschnitt 19.1.1 entsprechen) an jeder Position der ausgerichteten Sequenzen. Durch die ***maximum parsimony*-Methode** lassen sich diese Informationen berücksichtigen. Man benutzt sie, um die Abfolge der Nucleotidveränderungen nachzuvollziehen, die mit der größten Wahrscheinlichkeit zum Variantenmuster geführt hat, das sich aus dem multiplen Alignment ergibt. **Parsimonie** war ursprünglich ein Begriff aus der Philosophie. Er besagt, dass eine Entscheidung zwischen konkurrierenden Hypothesen so getroffen werden soll, dass diejenige mit den wenigsten unverknüpften Annahmen zu bevorzugen ist. In der molekularen Phylogenetik ist die Parsimonie ein Verfahren, mit dem man sich zwischen verschiedenen Topologien eines Stammbaums entscheiden kann, indem man diejenige auswählt, die den kürzesten Evolutionsweg erfordert. Das ist der Weg, der die geringste Anzahl von Nucleotidveränderungen erfordert, um von der ursprünglichen Sequenz an der Wurzel des Stammbaums zu den heutigen Sequenzen zu gelangen, die verglichen wurden. So werden nach dem Zufallsprinzip Stammbäume erstellt und man berechnet die Anzahl der Nucleotidveränderungen, die jeweils für einen Baum erforderlich ist, bis man alle möglichen Topologien untersucht und die Topologie mit der geringsten notwendigen Anzahl an Schritten identifiziert hat. Das ist dann der abgeleitete Stammbaum mit der größten Wahrscheinlichkeit.

Die *maximum parsimony*-Methode ist im Vergleich zur *neighbor joining*-Methode stringenter, aber diese Zunahme an Stringenz vergrößert unweigerlich den Aufwand bei der Handhabung der Daten. Das ist ein bedeutendes Problem, da die Anzahl der möglichen Stammbäume, die untersucht werden müssen, schnell zunimmt, um je mehr Sequenzen es sich handelt. Mit nur fünf Sequenzen erhält man 15 mögliche ungewurzelte Bäume, bei zehn Sequenzen sind es bereits 2 027 025 ungewurzelte Stammbäume, und bei 60 Sequenzen übersteigt die Anzahl der Stammbäume die Anzahl der Atome im Universum. Selbst mit einem Hochgeschwindigkeitscomputer ist es nicht möglich, alle diese Bäume in einer vernünftigen Zeit zu prüfen, wenn überhaupt. Deshalb ist die *maximum parsimony*-Methode häufig nicht geeignet, eine umfassende Analyse durchzuführen. Dasselbe gilt für viele andere noch ausgeklügeltere Methoden für die Rekonstruktion eines Stammbaums.

### Abschätzen der Zuverlässigkeit eines rekonstruierten Stammbaums

Die Einschränkungen der Methoden, die man für phylogenetische Rekonstruktionen verwendet, führen unweigerlich zu der Frage, inwieweit die erzeugten Stammbäume auch den Tatsachen entsprechen. Man hat statistische Verfahren entwickelt, um die Zuverlässigkeit von rekonstruierten Stammbäumen zu testen, diese sind jedoch notwendigerweise kompliziert, da ein Stammbaum mehr eine geometrische und weniger eine numerische Struktur besitzt, und die Zuverlässigkeit kann in den verschiedenen Teilen einer Topologie unterschiedlich sein.

Dass gängigste Verfahren, für die verschiedenen Verzweigungspunkte Vertrauensgrenzen festzulegen, ist die **Bootstrap-Analyse**. Dafür müssen wir ein zweites multiples Alignment durchführen, das sich zwar von dem eigentlichen ersten unterscheidet, aber äquivalent dazu ist. Für das neue Alignment werden von dem ersten Alignment nach dem Zufallsprinzip Spalten gebildet (Abb. 19.14).

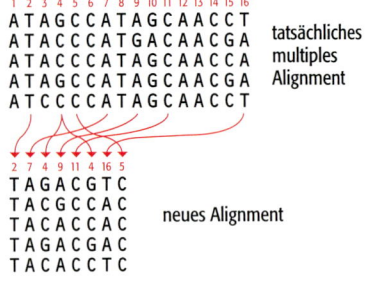

19.14   **Erstellen eines neuen multiplen Alignments, um einen Stammbaum einer Bootstrap-Analyse zu unterziehen.** Das neue Alignment wird erstellt, indem man in dem ursprünglichen Alignment zufällig Spalten festlegt. Dabei kann dieselbe Spalte mehr als einmal verwendet werden.

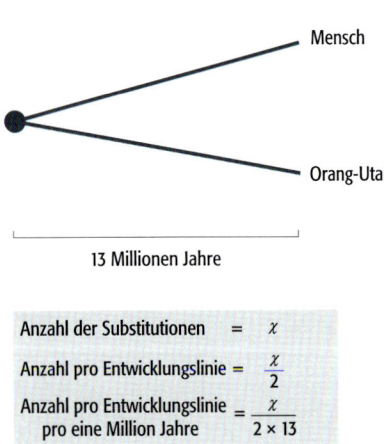

19.15   **Kalibrierung der molekularen Uhr des Menschen.** Für ein Paar von homologen Genen vom Menschen und vom Orang-Utan wird die Anzahl der Substitutionen bestimmt. Diese Zahl bezeichnen wir mit $x$. Die Anzahl der Substitutionen pro Linie beträgt deshalb $x/2$, pro eine Million Jahre dann $x/(2 \times 13)$.

Das neue Alignment besteht aus Sequenzen, die sich von denen des ursprünglichen Alignments unterscheiden, jedoch ein ähnliches Variabilitätsmuster zeigen. Das bedeutet, wenn wir das neue Alignment für die Rekonstruktion eines Stammbaums verwenden, wiederholen wir nicht einfach die ursprüngliche Analyse, sondern wir sollten auch den gleichen Stammbaum erhalten.

In der praktischen Durchführung werden 1 000 neue Alignments erzeugt, aus denen 1 000 Abbilder des Stammbaums rekonstruiert werden. Jedem internen Knoten des ursprünglichen Baumes kann nun ein **Bootstrap-Wert** zugeordnet werden. Dieser ist gleich der Anzahl, mit der der jeweilige Knoten in den Verzweigungsmustern der neu erzeugten Stammbäume erscheint. Wenn der Bootstrap-Wert größer ist als 700/1 000, kann der Topologie an diesem internen Knoten ein ausreichender Vertrauenswert zugeordnet werden.

### Durch molekulare Uhren ist es möglich, die Zeit abzuschätzen, in der sich ursprüngliche Sequenzen auseinander entwickelt haben

Wenn wir eine phylogenetische Analyse durchführen, besteht unser primäres Ziel darin, das Muster der evolutionären Beziehungen zwischen den verglichenen DNA-Sequenzen zu bestimmen. Diese Beziehungen zeigen sich an der Topologie des rekonstruierten Stammbaums. Häufig gibt es auch ein zweites Ziel: Man möchte herausfinden, wann sich die ursprünglichen Sequenzen auseinander zu entwickeln begonnen haben, sodass die heutigen Sequenzen entstehen konnten. Diese Information ist interessant im Zusammenhang mit der Genomevolution, wie wir feststellen konnten, als wir uns mit der Evolutionsgeschichte der menschlichen Globingene befasst haben (Abb. 18.8). Die Information ist sogar noch interessanter, wenn wir in bestimmten Fällen einen Genstammbaum mit einem Artstammbaum zur Deckung bringen können. Denn in diesen Fällen sind die Zeiten, in denen sich die ursprünglichen Sequenzen auseinander entwickelt haben, etwa gleich den Zeiten seit den Artbildungsereignissen.

Um den Verzweigungsstellen in einem Stammbaum ein Datum zuzuordnen, benötigen wir eine molekulare Uhr. Die Hypothese der molekularen Uhr, die ursprünglich in den frühen 1960er-Jahren formuliert wurde, besagt, dass die Nucleotidsubstitutionen (oder Aminosäuresubstitutionen bei einem Vergleich von Aminosäuresequenzen) mit einer konstanten Rate erfolgen. Das bedeutet, dass der Unterschied zwischen zwei Sequenzen dazu dienen kann, den Zeitpunkt zu bestimmen, an denen ihre Vorfahrensequenz mit der Auseinanderentwicklung begonnen hat. Um dazu jedoch in der Lage zu sein, muss die Uhr kalibriert werden, damit wir wissen, wie viele Nucleotidsubstitutionen pro eine Million Jahre zu erwarten sind. Die Kalibrierung wird im Allgemeinen mithilfe einer Referenzprobe aus einem Fossilienfund erreicht. So deuten beispielsweise Fossilien darauf hin, dass der letzte gemeinsame Vorfahre von Menschen und Orang-Utans vor 13 Millionen Jahren lebte. Um nun die molekulare Uhr des Menschen zu kalibrieren, müssen wir DNA-Sequenzen vom Menschen und vom Orang-Utan vergleichen und die Anzahl der stattgefundenen Nucleotidsubstitutionen bestimmen. Diese Zahl wird zuerst durch 13 und das Ergebnis dann durch 2 geteilt, um die Anzahl der Substitutionen pro eine Million Jahre zu berechnen (Abb. 19.15).

Früher hat man angenommen, dass es eine universelle molekulare Uhr geben könnte, die für alle Gene in allen Organismen gilt. Wir stellen jedoch jetzt fest, dass die molekularen Uhren in den verschiedenen Organismen verschieden gehen und selbst innerhalb eines einzigen Organismus Variationen auftreten. Die Unterschiede zwischen den Organismen können auf die Generationszeiten zurückzuführen sein, da sich bei einer Spezies mit einer kurzen Generationszeit wahrscheinlich DNA-Replikationsfehler schneller ansammeln als bei einer Spezies mit längerer Generationszeit. So lässt sich wahrscheinlich die Beobachtung erklären, dass Nagetiere eine schnellere molekulare Uhr aufweisen als Primaten. Innerhalb eines einzigen Genoms können die folgenden Unterschiede auftreten:

- Nichtsynonyme Substitutionen treten mit einer geringeren Rate auf als synonyme Substitutionen. Das liegt daran, dass eine Mutation, die zu einer Veränderung der Aminosäuresequenz eines Proteins führt, für den Organismus schädlich sein kann, sodass die Ansammlung von nichtsynonymen Mutationen in einer Population aufgrund des natürlichen Selektionsdrucks geringer ist. Das bedeutet, dass bei einem Vergleich von Gensequenzen zwischen zwei Spezies im Allgemeinen weniger nichtsynonyme als synonyme Substitutionen vorkommen.

- Die molekulare Uhr der mitochondrialen Gene geht schneller als die der Gene im Kerngenom. Das liegt wahrscheinlich daran, dass Mitochondrien viele der DNA-Reparatursysteme fehlen, die bei den Genen im Zellkern wirksam sind.

- Die molekularen Uhren haben anscheinend in den letzten ein bis zwei Millionen Jahren ihre Geschwindigkeit erhöht. Das ist vermutlich ein Artefakt, möglicherweise weil Mutationen, die nur wenig schädlich sind und deshalb relativ langsam durch natürliche Selektion entfernt werden, erhalten bleiben. Die scheinbare Beschleunigung bedeutet, dass es zu Ungenauigkeiten kommen kann, wenn eine molekulare Uhr aufgrund von relativ lang zurückliegenden Ereignissen in einem Fossilienfund kalibriert wird und damit dann jüngere Ereignisse datiert werden sollen.

Trotz dieser Schwierigkeiten sind molekulare Uhren ein außerordentlich wichtiger Nebenaspekt bei der Rekonstruktion von Stammbäumen geworden. Das werden wir in Abschnitt 19.3 feststellen, wenn wir uns noch mit einigen wichtigen Projekten der molekularen Phylogenetik beschäftigen.

### Die Rekonstruktion eines normalen Stammbaums ist nicht mit allen DNA-Sequenzen als Daten möglich

Bei der Erstellung eines herkömmlichen Stammbaums geht man davon aus, dass sich die Beziehungen zwischen einer Gruppe von DNA-Sequenzen durch ein einfaches Verzweigungsmuster beschreiben lassen. Diese Annahme trifft jedoch nicht immer zu. Wenn es beispielsweise in einer Gruppe von Sequenzen zu Rekombinationen kommen kann, treten vielleicht neue Sequenzen auf, die Merkmale von Paaren von Vorfahrensequenzen tragen, die in einem herkömmlichen Stammbaum an entfernten Positionen liegen, deren Nachkommen die neuen Sequenzen aber tatsächlich sind (Abb. 19.16a). Wenn die Pro-

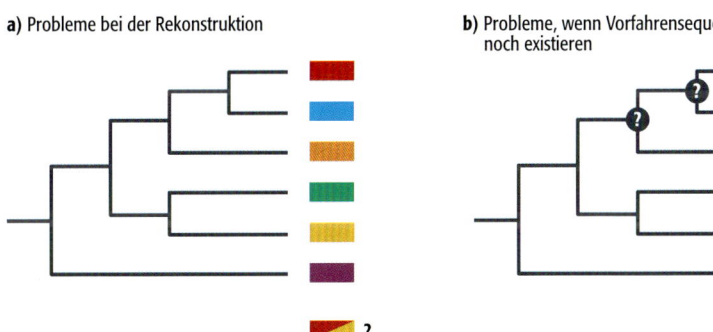

**a)** Probleme bei der Rekonstruktion

**b)** Probleme, wenn Vorfahrensequenzen noch existieren

**19.16    Zwei Probleme, die die Erstellung eines herkömmlichen Stammbaums verkomplizieren.**

dukte einer Rekombination in einen Stammbaum aufgenommen werden, bricht das dichotome Verzweigungsmuster zusammen und die Beziehungen sind nur noch schwierig zu ermitteln. Dies ist dann ein besonderes Problem, wenn man die evolutionären Beziehungen zwischen den Mitgliedern einer Multigenfamilie bestimmen will, da diese Sequenzen in einem einzigen Genom liegen, möglicherweise in einer Tandemfolge, sodass also in der Vergangenheit zwischen ihnen Rekombinationen stattgefunden haben können. Das Erstellen eines herkömmlichen Stammbaums ist auch dann unangebracht, wenn Vorfahrensequenzen, die durch innere Knoten dargestellt werden, immer noch existieren (Abb. 19.16b). Das ist selten ein Problem, wenn die verglichenen Gene von unterschiedlichen Spezies stammen, da die internen Knoten dann für Sequenzen stehen, die in Vorfahrensequenzen vorhanden waren, welche aber jetzt ausgestorben sind. Es ist jedoch von großer Bedeutung, wenn die verglichenen Sequenzen aus einer einzigen Population mit einer kurzen Evolutionsgeschichte stammen. Das Problem tritt bei Untersuchungen der jüngeren menschlichen Evolution häufig auf.

Eine Lösung für diese Probleme besteht darin, ein Netzwerk und keinen Baum zu verwenden, um die evolutionären Beziehungen zwischen den untersuchten Sequenzen zu veranschaulichen (Abb. 19.17). Durch ein Netzwerk ist es möglich, Vorfahrensequenzen zu identifizieren, die noch existieren (wie etwa Sequenz 1 in Abbildung 19.17) und ihre Beziehung zu den Sequenzen darzustellen, die von ihnen abstammen. Sequenzen, die ausgestorben sind (oder nur

**19.17  Phylogenetische Analyse durch Entwicklung eines Netzwerks.** In Teilabbildung (a) ist ein multiples Alignment dargestellt, aus dem das Netzwerk entwickelt wird. Die Punkte stehen für Nucleotide, die mit Sequenz 1 identisch sind. b) Das Netzwerk wird folgendermaßen aufgebaut: i) Sequenz 1 dient als Ausgangspunkt. ii) Sequenz 2 unterscheidet sich von Sequenz 1 an vier Positionen und wird mit Sequenz 1 im Netzwerk durch eine Linie verknüpft. iii) Sequenz 3 unterscheidet sich von Sequenz 1 an einer Position, wobei diese Position eine andere ist als die Positionen, an denen sich Sequenz 1 und 2 unterscheiden. Deshalb wird Sequenz 3 direkt mit Sequenz 1 verknüpft. iv) Sequenz 4 hat mit Sequenz 3 die C→T-Substitution an Position 11 gemeinsam, weist aber noch eine weitere Substitution an Position 2 auf. Die Linie, die zu Sequenz 3 führt, wird deshalb verlängert und Sequenz 4 an ihr Ende gesetzt v) Sequenz 5 enthält im Vergleich zu Sequenz 1 eine Substitution, die so bis jetzt noch nicht aufgetreten ist. Deshalb wird Sequenz 5 direkt mit Sequenz 1 verknüpft. vi) Entsprechend weist Sequenz 6 drei nur einmal vorkommende Substitutionen auf und wird direkt mit Sequenz 1 verknüpft. vii) Sequenz 7 zeigt zwei Unterschiede zu Sequenz 1, von denen eine die C→T-Substitution an Position 11 ist, die auch schon in den Sequenzen 3 und 4 vorkommt. Sequenz 7 wird daher direkt mit Sequenz 3 verknüpft. In diesem Teil des Netzwerks steht die Linie zwischen den Sequenzen 1 und 3 für die Substitution an Position 11, die Linie zwischen den Sequenzen 3 und 4 die Substitution an Position 2 und die Linie zwischen den Sequenzen 3 und 7 ist die Substitution an Position 24. viii) Sequenz 8 hat mit Sequenz 7 die A→G-Substitution an Position 24 gemeinsam, außerdem hat Sequenz 8 an Position 9 eine einmalige Substitution, die bis jetzt noch in keiner Sequenz vorkommt. Sequenz 8 muss deshalb von einer Linie zwischen Sequenz 1 und 7 abzweigen. Durch diese Verzweigung entsteht ein „leerer Knoten". Der als kleiner Punkt dargestellt ist. Das bedeutet, dass diese Sequenz in der Datenauswahl nicht vorhanden ist, möglicherweise weil sie ausgestorben ist.

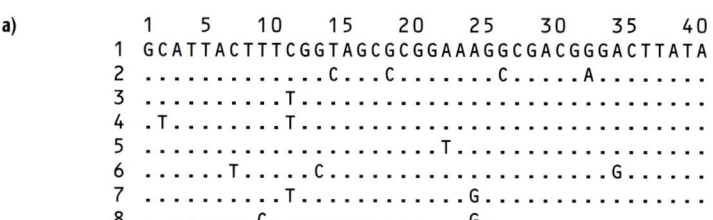

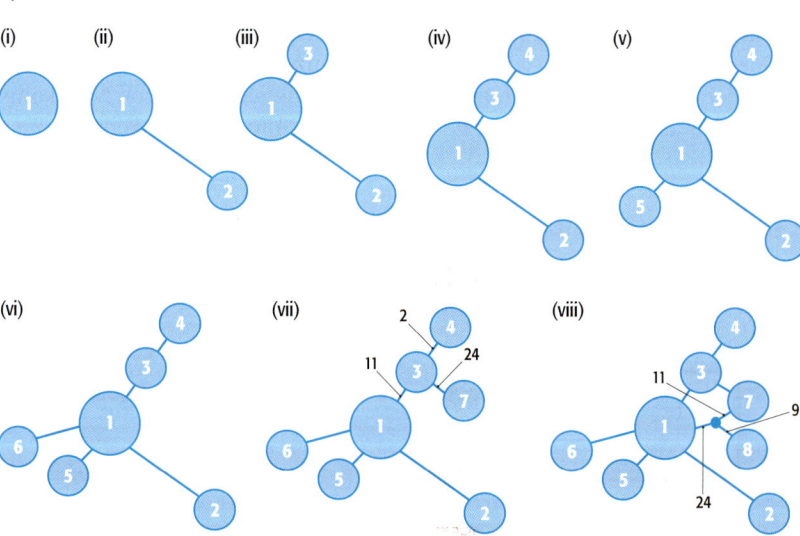

in einer Population vorkommen, die nicht in den Daten vertreten ist) lassen sich so ebenfalls erkennen. Verknüpfungen innerhalb des Netzwerks, wie etwa zwischen den Sequenzen 1, 3, 7 und 8 in Abbildung 19.17 sind besonders interessant, da diese auf Sequenzen hinweisen, die entweder durch Rekombination oder durch parallel auftretende Mutationen (Homoplasie) in verschiedenen Entwicklungslinien entstanden sind.

Einfache Netzwerke lassen sich von Hand erstellen, aber ihre Topologie wird schnell komplexer, wenn weitere Sequenzen hinzugefügt werden (Abb. 19.18), besonders, wenn alle möglichen Beziehungen zwischen den Sequenzen einbezogen werden. Deshalb hat man Algorithmen für die Vereinfachung von Netzwerken ohne Verlust von phylogenetischer Information entwickelt. Zu diesen gehören Beschneidungsverfahren, bei denen die verschiedenen Entwicklungswege zwischen den Paarsequenzen gewichtet und die Verknüpfungen entfernt werden, die eine geringere Wahrscheinlichkeit dafür aufweisen, dass sie tatsächliche Beziehungen wiedergeben.

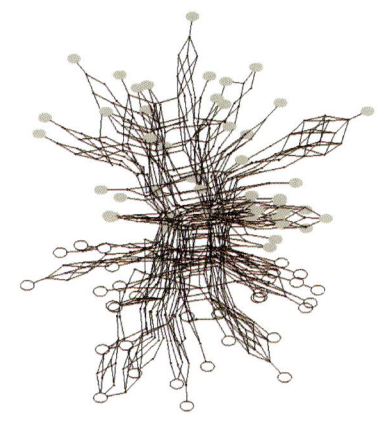

**19.18   Ein komplexes Netzwerk.** Dieses Netzwerk wurde aus 5S-rRNA-Spacer-Sequenzen von *Beta vulgaris* ssp. *maritima* erstellt. Die grauen Ovale stehen für Sequenzen aus Pflanzen, die in der Gegend um Poole Harbour (Großbritannien) wachsen, die leeren Ovale stammen von oberhalb der Klippen einige Kilometer südlich. Das Netzwerk wurde anhand des Alignments von 110 Sequenzen mit 289 bp erstellt. Ursprünglich enthielt das Netzwerk 6 808 Verknüpfungen, die dann aber mithilfe eines Beschneidungsverfahrens (siehe Text) auf die hier dargestellten 655 verringert wurden. Darstellung des Netzwerks mit freundlicher Genehmigung von Sarah Dyer.

## 19.3 Die Anwendungen der molekularen Phylogenetik

Die molekulare Phylogenetik hat seit ihren Anfängen in den 1990er-Jahren an Bedeutung gewonnen, vor allem weil stringentere Methoden für die Erstellung von Stammbäumen entwickelt wurden und gleichzeitig die Informationen über DNA-Sequenzen explosionsartig zunahmen, zuerst aufgrund von PCR-Analysen und seit jüngerer Zeit auch durch Genomprojekte. Die Bedeutung der molekularen Phylogenetik hat sich auch durch die erfolgreiche Anwendung der Rekonstruktion von Stammbäumen und anderen phylogenetischen Methoden auf die komplexeren Fragestellungen in der Biologie vergrößert. In diesem letzten Abschnitt wollen wir uns mit einigen dieser Erfolge beschäftigen.

### 19.3.1 Beispiele für die Anwendung von phylogenetischen Stammbäumen

Zuerst wollen wir uns zwei Projekten zuwenden, an denen sich gut veranschaulichen lässt, wie die Rekonstruktion herkömmlicher Stammbäume in der modernen Biologie angewendet wird.

#### Durch die DNA-Phylogenetik ließen sich die evolutionären Beziehungen zwischen Menschen und anderen Primaten aufklären

Darwin war der erste Biologe, der über die evolutionären Beziehungen zwischen dem Menschen und den übrigen Primaten Spekulationen anstellte. Seine Sichtweise, dass der Mensch mit dem Schimpansen, Gorilla und Orang-Utan eng verwandt ist, war stark umstritten, als er sie das erste Mal postulierte, und war in den folgenden Jahrzehnten selbst unter Evolutionsbiologen wenig angesehen. Tatsächlich gehörten die Biologen zu den eifrigsten Verfechtern der anthropozentrischen Sichtweise von unserem Platz in der Welt der Tiere.

Aufgrund von Fossilien waren die Paläontologen vor 1960 zu dem Schluss gekommen, das Schimpansen und Gorillas zwar unsere engsten Verwandten sind, diese Verwandtschaft aber nur entfernt sei und die Trennung, die zum Menschen auf der einen Seite und zum Schimpansen und Gorilla auf der anderen Seite führte, vor etwa 15 Millionen Jahren erfolgt sein musste. Die ersten

**a)** Daten von Mitochondrien-DNA

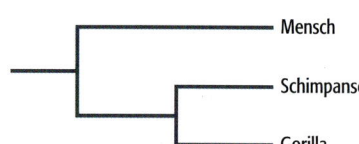

**b)** Daten aus DNA-DNA-Hybridisierungen

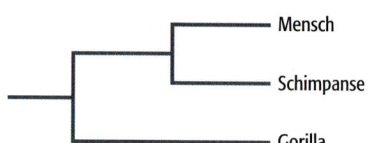

**c)** Kombination der molekularen Daten

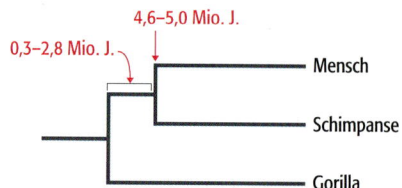

19.19    Verschiedene Zuordnungen der evolutionären Verwandtschaftsbeziehungen zwischen Mensch, Schimpanse und Gorilla. Abkürzung: Mio. J., Millionen Jahre.

genaueren molekularen Daten, die durch immunologische Untersuchungen in den frühen 1960er-Jahren gewonnen wurden, bestätigten, dass Menschen, Schimpansen und Gorillas tatsächlich eine einzige Klade bilden, deuteten aber darauf hin, dass die Verwandtschaft viel enger sein müsste. Eine molekulare Uhr zeigte an, das die Trennung eher von fünf Millionen Jahren erfolgt war. Dies war einer der ersten Versuche, in phylogenetische Daten eine molekulare Uhr einzuführen, und das Ergebnis wurde fast zwangsläufig mit einer gewissen Skepsis betrachtet. Tatsächlich begann nun eine heftige Debatte zwischen Paläontologen, die aufgrund der Fossilienbefunde von einer frühen Trennung überzeugt waren, und den Biologen, für die aufgrund der molekularen Daten eine Trennung in jüngerer Zeit glaubhafter war. Diesen Streit „gewannen" schließlich die Molekularbiologen, deren Ansicht, dass die Trennung vor fünf Millionen Jahren erfolgt war, am Ende allgemein anerkannt wurde.

Da immer mehr molekulare Daten zur Verfügung standen, wurden die Schwierigkeiten, das genaue Muster der Evolutionsereignisse zu bestimmen, die zu Mensch, Schimpanse und Gorilla geführt haben, immer deutlicher. Vergleiche der mitochondrialen Genome der drei Spezies mithilfe von Restriktionskartierungen (Abschnitt 3.3.1) und DNA-Sequenzierungen deuteten darauf hin, dass Schimpanse und Gorilla enger miteinander verwandt sind, als beide jeweils mit dem Menschen (Abb. 19.19a), während Daten aus DNA-Hybridisierungen für eine engere Verwandtschaft zwischen Menschen und Schimpansen sprachen (Abb. 19.19b). Die Ursache für diese widersprüchlichen Ergebnisse ist die große Ähnlichkeit der DNA-Sequenzen der drei Spezies mit Unterschieden von weniger als drei Prozent selbst in den Genombereichen, die am stärksten voneinander abweichen (Abschnitt 18.4). Deshalb ist es schwierig, die Verwandtschaftsbeziehungen eindeutig zu bestimmen.

Das Problem ließ sich dadurch lösen, dass man so viele verschiedene Gene wie möglich miteinander verglich und gezielt die Loci auswählte, bei denen die größten Unterschiede zu erwarten waren. Bis 1997 hatte man 14 verschiedene molekulare Datensammlungen hergestellt, darunter auch Sequenzen von variablen Loci wie Pseudogene und nichtcodierende Sequenzen. Die Analyse dieser Datensätze bestätigte, dass der Schimpanse der nächste Verwandte des Menschen ist, wobei sich die Entwicklungslinien vor 4,6–5,0 Millionen Jahren trennten. Der Gorilla ist ein etwas weiter entfernter Vetter; seine Linie trennte sich 0,3–2,8 Millionen Jahre früher von der Menschen-Schimpansen-Linie (Abb. 19.19c).

### Die Ursprünge von AIDS
Die weltweite Epidemie des Syndroms der erworbenen Immunschwäche (*acquired immunodeficiency syndrome*, AIDS) betrifft das Leben von allen Menschen. AIDS wird durch das menschliche Immunschwächevirus 1 (HIV-1)

verursacht. Dieses Retrovirus (Abschnitt 9.1.2) infiziert Zellen, die bei der Immunreaktion mitwirken. Als sich in den frühen 1980er-Jahren zeigen ließ, dass HIV-1 für AIDS verantwortlich ist, gab es ziemlich schnell Spekulationen über den Ursprung der Krankheit. Die Spekulationen kreisten um die Entdeckung, dass es bei Primaten wie Schimpansen, Sooty-Mangaben, Mandrillen und verschiedenen Meerkatzen ähnliche Immunschwächeviren gibt. Diese Affen-Immunschwächeviren (*simian immunodeficiency viruses*, SIVs) sind in ihren normalen Wirten nicht pathogen. Man nimmt aber an, dass im Fall einer Übertragung auf den Menschen ein Virus in der neuen Spezies neue Eigenschaften erworben hat, etwa das Potenzial, Krankheiten auszulösen und sich schnell in der Bevölkerung auszubreiten. Die Genome von Retroviren häufen relativ schnell Mutationen an.

Ursache dafür ist die Reverse Transkriptase. Dieses Enzym, das das RNA-Genom aus dem Viruspartikel in die DNA-Form umkopiert, die dann in das Wirtsgenom integriert wird (Abschnitt 9.1.2), besitzt keine effiziente Korrekturlesefunktion (Abschnitt 15.2.2) und neigt deshalb bei der RNA-abhängigen DNA-Synthese zu Fehlern. Das bedeutet, dass die molekulare Uhr bei Retroviren sehr schnell geht. Genome, die sich vor ziemlich kurzer Zeit auseinander entwickelt haben, sind so unterschiedlich, dass sich eine phylogenetische Analyse durchführen lässt. Obwohl der Zeitraum der Evolution, der uns hier interessiert, weniger als 100 Jahre umfasst, enthalten HIV- und SIV-Genome genügend Daten, dass sich ihre Verwandtschaftsbeziehungen aus einer phylogenetischen Analyse ableiten lassen.

Der Ausgangspunkt für diese phylogenetische Analyse ist RNA aus Viruspartikeln. Mithilfe einer RT-PCR (Methoden 5.1) wird die RNA in eine DNA-Kopie umgewandelt und dann die DNA amplifiziert, sodass für eine Nucleotidsequenzierung genügend Material zur Verfügung steht. Durch einen Vergleich der Virus-DNA-Sequenzen untereinander konnte man den in Abbildung 19.20 dargestellten Stammbaum rekonstruieren. Dieser Baum besitzt eine Reihe interessanter Eigenschaften. Zum einen zeigt sich, dass verschiedene Proben von HIV-1 geringfügig unterschiedliche Sequenzen aufweisen, wobei die Sequenzen insgesamt ein enges Cluster bilden. Das fast sternförmige Muster „strahlt" von einem Ende des ungewurzelten Baumes aus. Diese sternförmige Topologie leitet sich daraus ab, dass die weltweite AIDS-Epidemie mit einer sehr kleinen Anzahl von Viren, vielleicht nur mit einem einzigen Virus, begonnen hat. Die Viren haben sich ausgebreitet und diversifiziert, seit sie in die menschliche Population eingedrungen sind. Der engste Verwandte von HIV-1 ist unter den Primaten das SIV der Schimpansen. Daraus wurde geschlossen, dass das Virus die Artengrenze zwischen Mensch und Schimpanse übersprungen hat und die AIDS-Epidemie auslöste. Diese Epidemie begann jedoch nicht sofort: Eine relativ lange ununterbrochene Entwicklungslinie verbindet das Zentrum des HIV-1-Sternmusters mit dem internen Knoten, der zur zugehörigen SIV-Sequenz führt. Das deutet darauf hin, dass HIV-1 nach der Übertragung auf den Menschen eine Latenzphase durchmachte, in der das Virus auf einen kleinen Teil der weltweiten menschlichen Population, wahrscheinlich in Afrika, beschränkt blieb, bevor es sich dann schnell in andere Teile der Welt auszubreiten begann. Andere Primaten-SIV sind mit HIV-1 weniger eng verwandt, jedoch bildet das SIV der Sooty-Mangabe in dem Stammbaum mit dem zweiten menschlichen Immunschwächevirus HIV-2 ein Cluster. Anscheinend wurde HIV-2 unabhängig von HIV-1, und zudem durch einen anderen Affen als Wirt, auf die menschliche Population übertragen. HIV-2 kann auch AIDS auslösen, verursachte aber noch keine weltweite Epidemie.

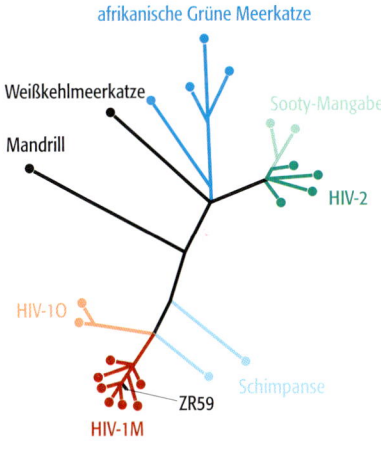

**19.20 Der Stammbaum, der aus den HIV- und SIV-Genomsequenzen rekonstruiert wurde.** Die AIDS-Epidemie wird durch den HIV-1M-Typ des Immunschwächevirus verursacht. ZR59 wurde in der Nähe der Wurzel des sternförmigen Musters positioniert, das die Genome dieses Typs bilden.

Als man 1998 die RNA eines HIV-1-Isolats aus einer Blutprobe, die 1959 einem afrikanischen Mann entnommen wurde, sequenzierte, erhielt der HIV-SIV-Stammbaum eine interessante Ergänzung. Die RNA war stark fragmentiert und man erhielt nur eine kurze DNA-Sequenz, aber sie reichte aus, um die Sequenz in dem Stammbaum zu positionieren (Abb. 19.20). Diese Sequenz, die mit ZR59 bezeichnet wurde, ist mit dem Stammbaum über eine kurze Entwicklungslinie verknüpft, die in der Nähe des Zentrums des HIV-1-Sterns entspringt. Die Positionierung weist darauf hin, dass die ZR59-Sequenz eine der frühesten Formen von HIV-1 darstellt, und es zeigt außerdem, dass die weltweite Ausbreitung von HIV-1 1959 bereits im Gang war. Eine spätere und umfassendere Analyse von HIV-1-Sequenzen deutet darauf hin, dass die Ausbreitung im Zeitraum zwischen 1915 und 1941 begann, wobei der beste Schätzwert bei 1931 liegt. Die genaue Bestimmung des Zeitpunkts auf diese Weise hat es den Epidemiologen ermöglicht, eine Untersuchung über die historischen und sozialen Bedingungen zu beginnen, die vielleicht für den Ausbruch der AIDS-Epidemie verantwortlich waren.

## 19.3.2 Die molekulare Phylogenetik als Methode zur Untersuchung der vorgeschichtlichen Zeit des Menschen

Wir wollen uns nun mit der Anwendung der molekularen Phylogenetik bei Untersuchungen innerhalb einer Spezies beschäftigen, das heißt mit der Untersuchung der Evolutionsgeschichte von Vertretern derselben Spezies. Wir könnten von mehreren Lebewesen ein beliebiges auswählen, um die Methoden und Anwendungen intraspezifischer Untersuchungen zu veranschaulichen, doch ist der *Homo sapiens* für viele das interessanteste Lebewesen. Daher wollen wir nun durchleuchten, wie mithilfe der molekularen Phylogenetik die Ursprünge der heutigen Menschen und die geographischen Muster ihrer jüngeren Wanderungsbewegungen in der Alten und Neuen Welt hergeleitet werden können.

### *Untersuchung von Genen in Populationen*

Bei jeder Anwendung der molekularen Phylogenetik müssen die Gene, die für eine Analyse ausgewählt werden, in den untersuchten Lebewesen ausreichend variabel sein. Ist das nicht der Fall, gibt es auch keine phylogenetisch relevanten Informationen. Das führt bei Untersuchungen innerhalb einer Spezies zu einem Problem, da die verglichenen Lebewesen alle zur selben Spezies gehören und dadurch eine weitreichende genetische Übereinstimmung aufweisen, selbst wenn sich die Spezies in Populationen aufgeteilt hat, die sich nur noch gelegentlich kreuzen. Das bedeutet, dass die für die phylogenetische Analyse ausgewählten DNA-Sequenzen die größtmögliche Variationsbreite aufweisen müssen. Beim Menschen gibt es da vor allem folgende drei Möglichkeiten:

- Gene mit vielen Allelen, wie etwa die Gene der HLA-Familie (Abschnitt 3.2.1), von denen es viele verschiedene Formen gibt.

- Mikrosatelliten, die sich in der Evolution nicht durch Mutationen entwickeln, sondern durch Verrutschen bei der Replikation (Abschnitt 16.1.1). Zellen haben anscheinend keine Reparaturmechanismus um den Effekt des Verrutschens bei der Replikation rückgängig zu machen, sodass relativ häufig neue Mikrosatellitenallele entstehen.

- Die mitochondriale DNA, in der sich Nucleotidsubstitutionen relativ schnell ansammeln (Abschnitt 19.2.2), da es in den Mitochondrien viele der DNA-Reparatursysteme nicht gibt, die die molekulare Uhr im menschlichen Zellkern verlangsamen. Die Varianten der mitochondrialen DNA innerhalb einer einzigen Spezies bezeichnet man **Haplogruppen**.

Hier ist wichtig festzuhalten, dass nicht das Veränderungspotenzial für die Verwendung dieser Loci in phylogenetischen Untersuchungen entscheidend ist, sondern die Tatsache, dass von jedem Locus verschiedene Allele oder Haplogruppen gleichzeitig in der gesamten Population existieren. Die Loci sind deshalb **polymorph**. So es ist möglich, Informationen über die verwandtschaftlichen Beziehungen der verschiedenen Individuen zu erhalten, indem man die Kombinationen von Allelen und/oder Haplogruppen vergleicht, die die jeweiligen Individuen besitzen. In einer Population treten neue Allele und Haplogruppen in Erscheinung, da in den Fortpflanzungszellen der Individuen Mutationen auftreten. Jedes Allel besitzt seine eigene **Allelhäufigkeit**, die sich im Lauf der Zeit als Folge der **natürlichen Selektion** und der **zufälligen genetischen Drift** verändert. Zur natürlichen Selektion kommt es aufgrund von Unterschieden in der **Fitness** (die Fähigkeit eines Organismus zu überleben und sich fortzupflanzen). Diese führt laut Darwin zu einer „Bewahrung der vorteilhaften Varianten und zu einem Ausschluss der nachteiligen Varianten". Die natürliche Selektion verringert demnach die Häufigkeit von Allelen, die die Fitness eines Lebewesens herabsetzen und erhöht die Häufigkeit von Allelen, die die Fitness verbessern. In Wirklichkeit haben nur wenige Allele, die in einer Population entstehen, einen signifikanten Effekt auf die Fitness, sodass die meisten Allele von der natürlichen Selektion nicht betroffen sind. Ihre Häufigkeiten verändern sich trotzdem aufgrund der natürlichen genetischen Drift, die durch den Zufallscharakter von Geburt, Tod und Fortpflanzung verursacht wird (Abb. 19.21).

Entweder aufgrund der natürlichen Selektion oder der zufälligen genetischen Drift kann ein Allel in einer Population vorherrschend werden und schließlich eine Häufigkeit von 100 % erreichen. Dieses Allel wurde dann **fixiert**. Mathematische Modelle sagen voraus, dass im Lauf der Zeit verschiedene Allele in einer Population fixiert werden, was zu einer Abfolge von **Gensubstitutionen** führt. Wenn sich eine Spezies in zwei Populationen aufteilt, die sich nicht mehr in großem Umfang kreuzen, werden sich die Allelhäufigkeiten in den beiden Populationen unterschiedlich verändern. Dadurch zeigen die beiden Populationen nach einigen wenigen Dutzend Generationen unterschiedliche genetische Merkmale. Schließlich kommt es in beiden Populationen zu unterschiedlichen Gensubstitutionen. Bevor das jedoch geschieht, können wir sie aufgrund der verschiedenen Allelhäufigkeiten unterscheiden. Diese Unterschiede sind dafür geeignet, den Zeitpunkt zu bestimmen, an dem sich die Populationen trennten. Auch lässt sich so feststellen, ob eine Population einen **Flaschenhals** durchlaufen hat, also einen Zeitraum, in dem sich die Populationsgröße wesentlich verringerte.

### Die Ursprünge des heutigen Menschen – in Afrika oder nicht?
Es erscheint einigermaßen sicher, dass der Ursprung des Menschen in Afrika liegt, da dort die ältesten vormenschlichen Fossilien gefunden wurden. Paläontologische Befunde zeigen, dass die Hominiden vor über einer Million Jahren das erste Mal aus Afrika auswanderten. Diese waren jedoch keine heutigen Menschen, sondern eine frühere Spezies, die man als *Homo erectus* bezeichnet. Sie waren die ersten Hominiden, die sich geographisch verstreuten und sich schließlich in alle Teile der Alten Welt ausbreiteten.

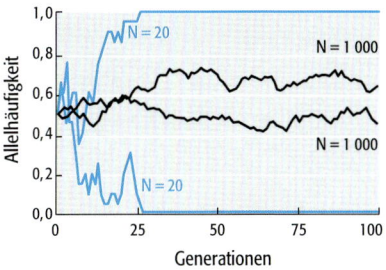

**19.21    Die Auswirkungen der genetischen Drift auf die Allelhäufigkeit.** Die Grafik zeigt die Ergebnisse von Simulationen der Häufigkeiten von einem Allelpaar über 100 Generationen für Populationen die aus 20 oder 1 000 Individuen bestehen. In beiden Populationen wird ein Allel schließlich fixiert und ein Allel geht verloren, aber die Zeit bis dahin wird von der Populationsgröße beeinflusst. Nach Jobling MA et al (2004) Human Evotutionary Genetics: origins, peoples, and disease. Garland Science, London, New York.

Welche Ereignisse auf die Ausbreitung des *Homo erectus* folgten ist umstritten. Aus Vergleichen von fossilen Schädeln und Knochen haben die Paläontologen geschlossen, dass aus den Populationen des *Homo erectus*, die sich in den verschiedenen Teilen der Alten Welt niederließen, in diesen Gebieten die Populationen der heutigen Menschen hervorgingen. Einen solchen Vorgang bezeichnet man als **multiregionale Evolution** (Abb. 19.22a). Zwischen den Menschen der einzelnen geographischen Regionen kann es teilweise zu Vermischungen gekommen sein, aber auf lange Sicht blieben die verschiedenen Populationen während ihrer gesamten Evolutionsgeschichte getrennt.

Zweifel an der Hypothese der multiregionalen Evolution kamen das erste Mal auf, als man die Fossilfunde noch einmal auswertete. Sie gewannen schließlich die Oberhand, als 1987 ein Stammbaum veröffentlicht wurde, der auf RFLP-Daten von Mitochondrien-DNAs beruhte. Die Daten waren von 147 Menschen gewonnen worden, die aus Populationen in allen Teilen der Welt stammten. Der Stammbaum (Abb. 19.23) bestätigte, dass die Vorfahren der heutigen Menschen in Afrika lebten, deutete aber darauf hin, dass sie sich dort noch vor etwa 200 000 Jahren aufhielten. Zu dieser Schlussfolgerung gelangte man durch Anwendung der molekularen Uhr der Mitochondrien auf den Stammbaum. Dabei zeigte sich, dass die mitochondriale Vorfahren-DNA, von der alle heutigen mitochondrialen DNAs abstammen, vor 140 000 bis 290 000 Jahren existierte. Der Stammbaum zeigte auch, dass dieses mitochondriale Genom in Afrika lokalisiert war. Deshalb musste die Person, der dieses Genom gehörte, die „mitochondriale Eva" (es musste sich um eine Frau handeln, da Mitochondrien nur über die weibliche Linie vererbt werden), Afrikanerin gewesen sein.

Der Entdeckung der mitochondrialen Eva eröffnete ein neues Szenario für den Ursprung der heutigen Menschen. Sie entwickelten sich nicht überall auf der Welt in einer parallel verlaufenden Evolution, wie es die Multiregionalitätshypothese vorsah, sondern der *Homo sapiens* entstand offenbar in Afrika und Vertreter dieser Spezies wanderten vor 100 000 bis 50 000 Jahren in die übrigen Teile der Alten Welt aus (***Out of Africa*-Hypothese**) und verdrängten die Nachkommen des *Homo erectus*, auf die sie dann trafen (Abb. 19.22b).

Ein solch radikales Umdenken geschah nicht ohne Anfechtungen. Als andere Phylogenetiker die RFLP-Daten untersuchten, stellte sich heraus, dass die ursprüngliche Computeranalyse fehlerhaft war und dass man mehrere ziemlich unterschiedliche Stammbäume aus den Daten rekonstruieren konnte, wobei einige den Ursprung nicht in Afrika hatten. Dieser Kritik begegnete man mit umfassenderen Datensätzen von mitochondrialen DNA-Sequenzen, von denen die meisten zu einem relativ kurz zurückliegenden afrikanischen Ursprung passen und so die *Out of Africa*-Hypothese unterstützen. Ein interessantes Gegenstück zur mitochondrialen Eva entdeckte man durch Untersuchungen des Y-Chromosoms, die darauf hindeuteten, dass der „Adam des Y-Chromosoms" ebenfalls vor 200 000 Jahren in Afrika lebte. Diese Eva und dieser Adam entsprechen zweifellos nicht den biblischen Personen und sie waren keinesfalls die einzigen damals lebenden Menschen: Sie sind einfach die Individuen, die die Vorfahren DNA der Mitochondrien und Y-Chromosomen trugen, aus denen alle die mitochondrialen DNAs und Y-Chromosomen hervorgingen, die heute existieren. Wichtig ist dabei, dass diese Vorfahren-DNAs nach der Ausbreitung von *Homo erectus* in Eurasien noch in Afrika vorhanden waren.

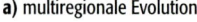

**a)** multiregionale Evolution

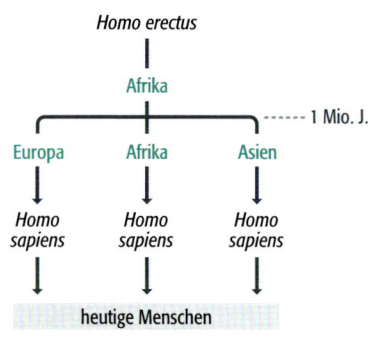

**b)** *Out of Africa*-Hypothese

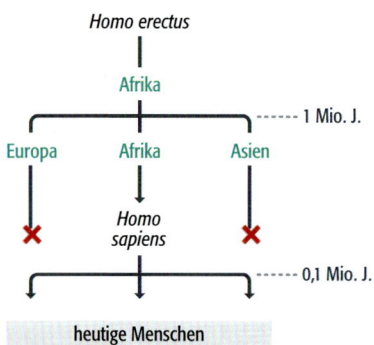

19.22   Zwei konkurrierende Hypothesen über die Ursprünge des heutigen Menschen.

Die Untersuchungen der mitochondrialen DNA und der Y-Chromosomen liefern anscheinend deutliche Beweise, die die *Out of Africa*-Theorie stützen. Aber bei der Untersuchung von Genen im Zellkern, die nicht auf dem Y-Chromosom liegen, treten nun Probleme auf. So ergibt sich beispielsweise aufgrund der $\beta$-Globin-Sequenzen ein viel früherer Zeitpunkt für den gemeinsamen Vorfahren, der demnach vor 800 000 Jahren gelebt haben muss. Und Untersuchungen an einem Gen auf dem X-Chromosom positionieren die Vorfahrensequenz sogar vor 1,9 Millionen Jahren. Die Molekularanthropologen diskutieren zurzeit die Signifikanz dieser Ergebnisse. Man wartet gespannt auf weitere Datenerhebungen und hofft vielleicht auf eine Art „große Lösung aller Fragen".

### Die Neandertaler sind nicht die Vorfahren der heutigen Europäer

Die Neandertaler sind ausgestorbene Hominiden, die in Europa vor 300 000 bis 30 000 Jahren lebten (Abb. 19.24). Sie waren Abkömmlinge von Populationen des *Homo erectus*, die Afrika vor einer Million Jahren verlassen hatten und nach der *Out of Africa*-Hypothese verdrängt wurden, als die heutigen Menschen Europa vor 50 000 Jahren erreichten. Eine Aussage der *Out of Africa*-Hypothese lautet deshalb, dass zwischen den Neandertalern und den Menschen, die heute in Europa leben, keine genetische Kontinuität besteht. Gibt es unter Berücksichtigung der Tatsache, dass der letzte Neandertaler vor 30 000 Jahren starb, eine Möglichkeit, diese Hypothese zu überprüfen?

Mithilfe von **fossiler DNA** lässt sich hier eine Antwort finden. Seit einigen Jahren schon ist bekannt, dass DNA-Moleküle den Tod des Lebewesens, in dem sie enthalten sind, überstehen können, und sich Jahrhunderte, wenn nicht sogar Jahrtausende später in Form von kurzen Abbaufragmenten isolieren lassen, die in Knochen und anderen biologischen Fundstücken erhalten geblieben sind. Es befindet sich niemals sehr viel alte DNA in einem solchen Stück, vielleicht nicht mehr als wenige Hundert Genome in einem Gramm Knochensubstanz, aber das stellt kein Problem dar, weil es mithilfe der PCR immer möglich ist, diese winzigen Mengen durch Amplifizierung zu vergrößern und daraus dann DNA-Sequenzen zu gewinnen.

Die Untersuchung von alter DNA wurde im Verlauf der letzten 15 Jahre von verschiedenen Kontroversen begleitet. In den frühen 1990er-Jahren gab es zahlreiche Veröffentlichungen über alte menschliche DNA, die in Knochen und anderen archäologischen Fundstücken entdeckt wurde. Häufig stellte sich jedoch heraus, dass die in der PCR amplifizierte DNA gar keine alte DNA war, sondern von Kontaminationen mit heutiger DNA stammte, die die Archäologen oder Molekularbiologen beim Umgang mit den Fundstücken hinterlassen hatten. Der weltweite Erfolg des Films *Jurassic Park* führte zu Veröffentlichungen über DNA, die in Insekten in Bernstein oder sogar in Dinosaurierknochen

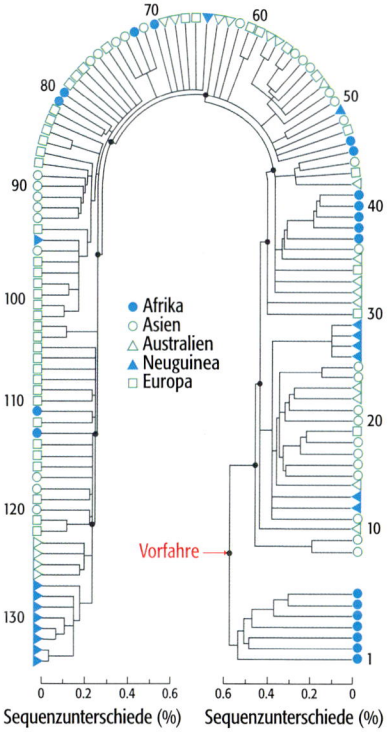

**19.23   Ein Stammbaum, der aufgrund von RFLP-Daten von Mitochondrien-DNAs aus 147 heutigen Menschen rekonstruiert wurde.** Die mitochondriale Vorfahren-DNA hat demnach in Afrika existiert, weil der Baum zwischen den sieben heutigen Mitochondriengenomen in Afrika und allen anderen Genomen geteilt ist. Da dieser untere Bereich rein Afrikanisch ist, folgert man daraus, dass der Vorfahre auch aus Afrika stammen muss. Die Maßstabszahlen unter dem Stammbaum geben die Auseinanderentwicklung der Sequenzen an. So ist es mithilfe der molekularen Uhr der Mitochondrien-DNA möglich, die Verzweigungsstellen im Stammbaum zeitlich einzuordnen. Die Uhr deutet auch darauf hin, dass die Vorfahrensequenz vor 140 000 bis 290 000 Jahren existierte. Mit freundlicher Genehmigung von Cann et al (1997) *Nature* 325: 31–36.

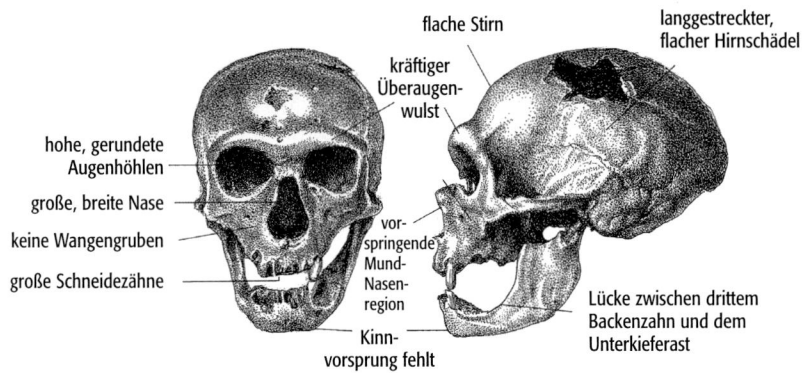

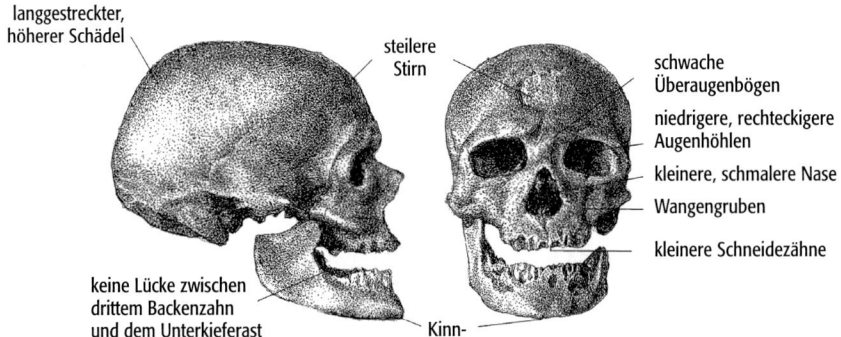

19.24 Schädel eines Neandertalers (oben) und eines anatomisch modernen Menschen im Vergleich. [Aus: Schmitz/ Thissen (2000) Neandertal. Die Geschichte geht weiter, Spektrum Akademischer Verlag.]

erhalten geblieben sein sollte, aber auch diese Meldungen werden nun eher angezweifelt. Viele Biologen begannen sich zu fragen, ob es alte DNA überhaupt gibt, aber allmählich wurde klar, dass es bei äußerst sorgfältigem Arbeiten manchmal möglich ist, authentische alte DNA aus Fundstücken zu isolieren, die etwa 50 000 Jahre alt sind. Das ist gerade alt genug, dass einige Knochen von Neandertalern dafür infrage kommen.

Das erste Fundstück von einem Neandertaler, das für eine Untersuchung ausgewählt worden war, wurde auf ein Alter zwischen 30 000 und 100 000 Jahren geschätzt. Die DNA-Extraktion wurde mit einem Knochenfragment durchgeführt, das etwa 400 mg wog. Mithilfe einer Methode, die man als **quantitative PCR** bezeichnet, wollte man feststellen, ob menschliche DNA-Moleküle vorhanden sind, und wenn ja, wie viele. Die Ergebnisse zeigten, dass das Knochenfragment etwa 1 300 Kopien des Mitochondriengenoms des Neandertalers enthielt. Das reichte aus, um eine DNA-Sequenzierung zu versuchen. Die PCR wurde deshalb auf den Anteil des Mitochondriengenoms des Neandertalers ausgerichtet, von dem man erwartete, dass er am variabelsten ist. Da man davon ausging, dass die DNA in Form von sehr kurzen Fragmenten vorliegen würde, baute man eine Sequenz aus mehreren Abschnitten auf. Dafür wurden neun überlappende PCRs durchgeführt, von denen keine mehr als 170 bp DNA lieferte, die aber zusammen eine Länge von insgesamt 377 bp ergaben.

Um die so aus dem Knochen des Neandertalers erhaltene Sequenz mit den Sequenzen von sechs mitochondrialen Haplogruppen von heutigen Menschen vergleichen zu können, erstellte man einen phylogenetischen Stammbaum (Abb. 19.25). Die Sequenz des Neandertalers wurde auf einer eigenen Entwicklungslinie positioniert, die mit der Wurzel des Stammbaums verbunden ist, nicht aber direkt mit einer der Sequenzen heutiger Menschen. Als nächstes wurde ein umfangreiches multiples Alignment durchgeführt, um die Sequenz des Neandertalers mit 994 Sequenzen von heutigen Menschen zu vergleichen. Die Unterschiede erwiesen sich als sehr deutlich. Die Sequenz des Neandertalers unterschied sich von den heutigen Sequenzen durchschnittlich um $27{,}2 \pm 2{,}2$ Nucleotidpositionen, während sich die heutigen Sequenzen, die nicht nur aus Europa, sondern von überall auf der Welt herstammten, untereinander nur um $8{,}0 \pm 3{,}1$ Positionen unterschieden. Ähnliche Ergebnisse erzielte man, als die mitochondriale DNA aus einem zweiten Neandertalerskelett untersucht wurde. Das Ausmaß der Unterschiede zwischen den DNAs der Neandertaler und der heutigen Europäer passt nicht zu der Annahme, dass die heutigen Europäer Nachkommen der Neandertaler sein könnten, unterstützt aber die *Out of Africa*-Hypothese deutlich. Die Befürworter einer multiregionalen Evolution sind davon jedoch nicht überzeugt und die Diskussion über die Ursprünge der heutigen Menschen wird fortgeführt.

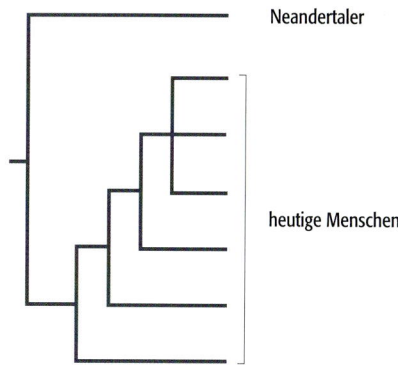

**19.25**  Verwandtschaftliche Beziehung zwischen Neandertalern und den heutigen Menschen, wie sie anhand einer Sequenz von alter DNA aus dem Knochen eines Neandertalers abgeleitet wurde.

### Die Muster der jüngeren Migrationen nach Europa sind ebenfalls umstritten

Wie auch immer der Evolutionsweg verlaufen sein mag, die heutigen Menschen waren vor 40 000 Jahren fast überall in Europa anzutreffen. Das ist aus den fossilen und archäologischen Funden klar ersichtlich. Die nächste umstrittene Frage in der menschlichen Vorgeschichte bezieht sich darauf, ob diese Populationen etwa 30 000 Jahre später von anderen Menschen verdrängt wurden, die aus dem Mittleren Osten nach Europa einwanderten.

Bei dieser Frage steht im Mittelpunkt, auf welche Weise sich die Landwirtschaft in Europa ausgebreitet hat. Der Übergang von der Jagd- und Sammelwirtschaft hin zur Landwirtschaft erfolgte im Mittleren Osten vor 9 000 bis 10 000 Jahren, als die frühen neolithischen Siedler Ackerpflanzen wie Weizen und Hafer zu kultivieren begannen. Nach der Etablierung im Mittleren Osten breitete sich die Landwirtschaft nach Asien, Europa und Nordafrika aus. Indem man in den archäologischen Fundstätten nach Hinweisen auf landwirtschaftliche Betätigung suchte, beispielsweise nach Resten von Kulturpflanzen oder nach landwirtschaftlichen Gerätschaften, ließ sich die Ausbreitung der Landwirtschaft entlang von zwei Routen durch Europa nachvollziehen. Die eine verlief die Küste entlang nach Italien und Spanien, die zweite durch die Täler von Donau und Rhein nach Nordeuropa (Abb. 19.26).

Wie breitete sich die Landwirtschaft aus? Die einfachste Erklärung ist die, dass Bauern von einem Teil Europas in einen anderen einwanderten und ihre Gerätschaften, Tiere und Nutzpflanzen mitbrachten und die indigenen vorlandwirtschaftlichen Gemeinschaften verdrängten, die es zu jener Zeit in Europa gab. Dieses ***wave of advance***-Modell („Modell der Fortschrittswelle") wurde ursprünglich von den Genetikern favorisiert; ausschlaggebend waren die Ergebnisse einer groß angelegten Analyse der Allelhäufigkeiten von 95 Genen des Zellkerns in Populationen in ganz Europa. Eine so große und komplexe Datenmenge lässt sich nicht durch das Erstellen von konventionellen Stammbäumen auf sinnvolle Weise analysieren. Stattdessen sind dafür fort-

**19.26 Die Ausbreitung der Landwirtschaft vom Mittleren Osten nach Europa.** Der dunkelgrüne Bereich ist der „fruchtbare Halbmond", der Bereich im Mittleren Osten, wo viele der heutigen landwirtschaftlichen Nutzpflanzen – Weizen, Hafer und so weiter – wild wachsen und wo diese Pflanzen wahrscheinlich zuerst in Kultur genommen wurden.

geschrittenere statistische Verfahren erforderlich, die mehr auf Populationsbiologie und weniger auf der Phylogenetik basieren. Eine solche Methode ist die **Hauptkomponentenanalyse**. Dabei versucht man in einer Datenmenge Muster zu erkennen, die eine ungleiche geographische Verteilung der Allele anzeigen, da diese möglicherweise ein Anzeichen für eine frühere Wanderungsbewegung der Population darstellt. Das auffälligste Muster in den europäischen Daten, das etwa 28 % der gesamten genetischen Variabilität ausmacht, ist ein Gradient von Allelhäufigkeiten quer durch Europa (Abb. 19.27). Dieses Muster lässt den Schluss zu, dass eine Wanderungsbewegung der Menschen entweder vom Mittleren Osten nach Nordosteuropa oder umgekehrt erfolgt ist. Da Erstere mit der Ausbreitung der Landwirtschaft übereinstimmt, wie sich anhand der archäologischen Funde zeigen lässt, betrachtete man diese erste Hauptkomponentenanalyse als besonders deutlichen Beleg für das *wave of advance*-Modell.

Die Analyse wirkte überzeugend, aber es gab zwei Kritikpunkte. Der erste bestand darin, dass die Daten keinen Hinweis darauf geben, wann die hergeleitete Wanderungsbewegung stattgefunden hat, sodass die Kopplung zwischen der ersten Hauptkomponente und der Ausbreitung der Landwirtschaft allein auf dem Muster des Allelgradienten beruht und es nicht noch einen ergänzenden Beleg gibt, aus dem sich der Zeitraum ablesen lässt, in dem sich der Allelgradient herausbildete. Der zweite Kritikpunkt wurde aufgrund der Ergebnisse einer zweiten Untersuchung der europäischen Bevölkerung erhoben, die zudem eine zeitliche Dimension enthielt. Diese Untersuchung betraf die Mitochondrien-DNA-Haplogruppen von 821 Personen aus verschiedenen Bevölkerungsgruppen in ganz Europa. Mit dieser Untersuchung ist es nicht gelungen, den Gradienten der Allelhäufigkeiten in den Daten aus der Analyse der Zellkerngene zu bestätigen. Die Ergebnisse deuteten vielmehr darauf hin, dass die europäischen Populationen im Verlauf der letzten 20 000 Jahre relativ statisch geblieben sind. Eine genauere Durchführung dieser Arbeit führte zu der Entdeckung, dass elf Mitochondrien-DNA-Haplogruppen in der heutigen euro-

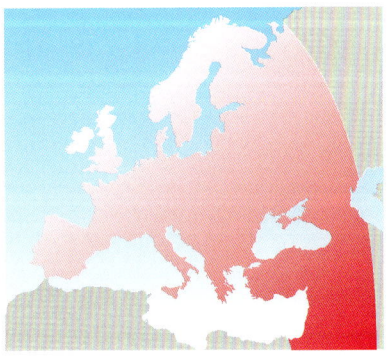

**19.27 Ein genetischer Gradient quer durch das heutige Europa.**

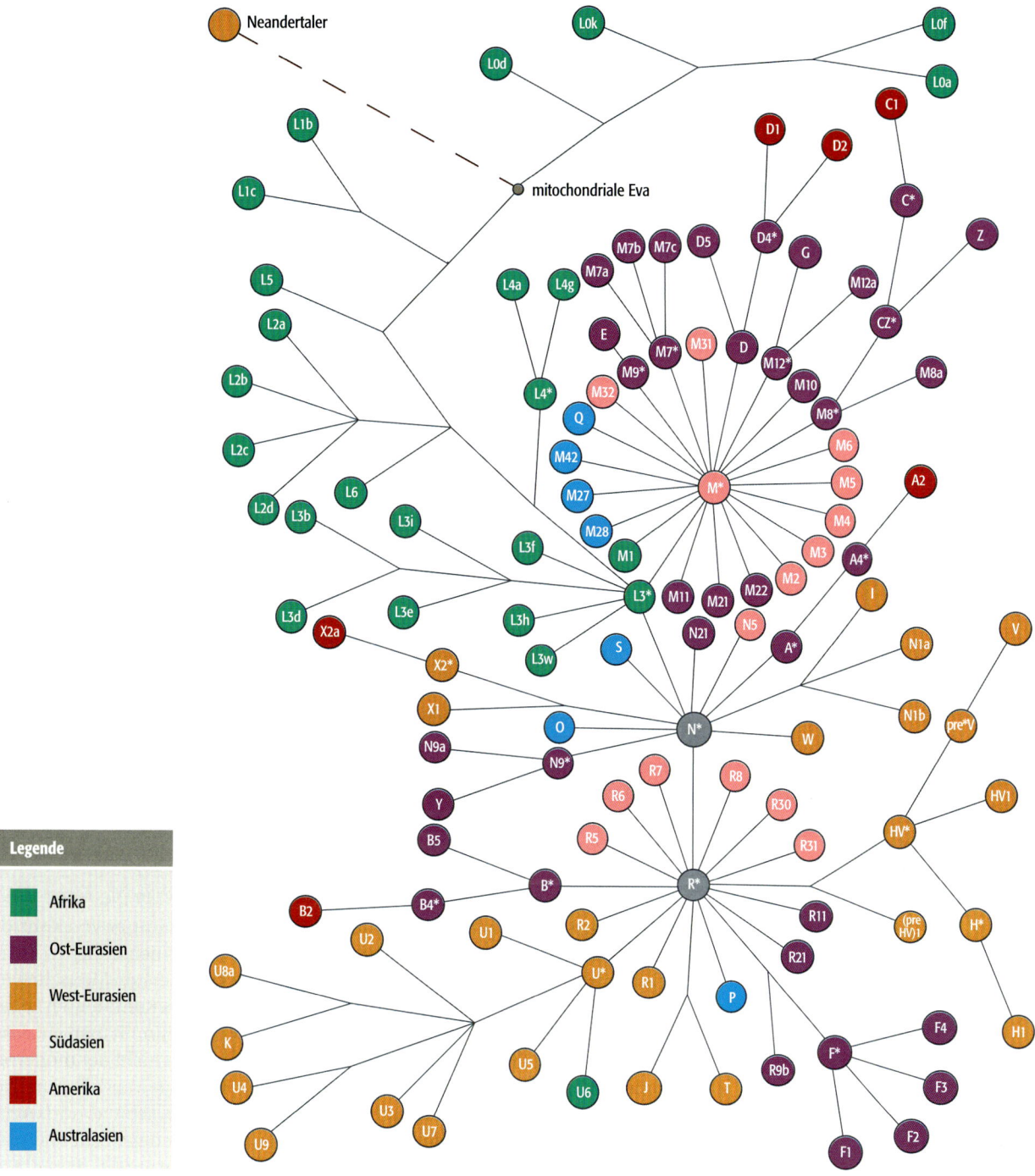

päischen Bevölkerung vorherrschend sind. Diese elf Haplogruppen sind eine Teilmenge der etwa 100 Haplogruppen weltweit (Abb. 19.28). Die meisten dieser Haplogruppen hängen mit einzelnen geographischen Regionen zusammen und mithilfe einer umfassenden statistischen Analyse ihrer Verteilungen und Verwandtschaftsbeziehungen könnte man die Zeiten ihrer Ursprünge bestimmen. Bei den europäischen Haplogruppen nimmt man an, dass diese Ursprünge jeweils der Zeit entsprechen, zu der eine solche Haplogruppe nach

**19.28    Haplogruppen der menschlichen Mitochondrien-DNA.** Das Netzwerk zeigt die Verwandtschaftsbeziehungen zwischen den wichtigsten mitochondrialen Haplogruppen in der heutigen menschlichen Population. Die Farben geben die geographische Region an, in der jede Haplogruppe am häufigsten vorkommt.

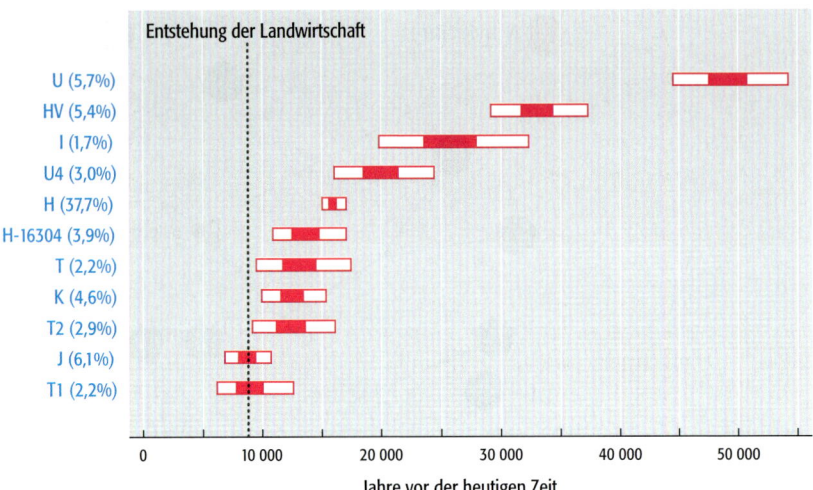

**19.29 Die elf wichtigsten europäischen mitochondrialen Haplogruppen.** Für jede Haplogruppe ist die errechnete Ursprungszeit angegeben. Die gefärbten und ungefärbten Bereiche jedes Balkens stehen für verschiedene Zuverlässigkeitsgrade. Die Prozentzahlen geben den Anteil jeder Haplogruppe in der heutigen europäischen an. Alle Haplogruppen mit Ausnahme von J und T1 sind vor dem Beginn der Landwirtschaft vor 9 000–10 000 Jahren nach Europa gelangt.

Europa kam (Abb. 19.29). Die älteste Haplogruppe, die man mit U bezeichnet, trat in Europa vor etwa 50 000 Jahren das erste Mal auf. Aufgrund archäologischer Funde fällt das in die Zeit, in der die ersten heutigen Menschen in den Kontinent einwanderten, als sich am Ende der letzten großen Eiszeit die Eismassen in den Norden zurückzogen. Die jüngsten Haplogruppen J und T1 mit einem Alter von 9 000 Jahren entsprechen dem Ursprung der Landwirtschaft. Sie kommen bei etwa 8,3 % der heutigen europäischen Bevölkerung vor. Das deutet darauf hin, dass die Ausbreitung der Landwirtschaft in Europa nicht in Form einer großen *wave of advance* erfolgte, wie es die Hauptkomponentenanalyse andeutete. Stattdessen gibt es die Vermutung, dass die Landwirtschaft von einer kleineren Gruppe von „Pionieren" nach Europa gebracht wurde, die sich mit den schon bestehenden vorlandwirtschaftlichen Gemeinschaften vermischten, anstelle sie zu verdrängen.

### *Prähistorische Wanderungsbewegungen der Menschen in die Neue Welt*

Zum Schluss wollen wir uns noch mit einer ganz anderen Gruppe von Kontroversen auseinandersetzen, die sich um die Hypothesen der menschlichen Wanderungsmuster ranken. Hier soll es darum gehen, wie die ersten Menschen in die Neue Welt gelangten. Es gibt auf beiden amerikanischen Kontinenten keine Hinweise für eine Ausbreitung des *Homo erectus*. Deshalb nimmt man an, dass keine Menschen die Neue Welt betreten haben, bevor sich nicht der moderne *Homo sapiens* in Asien entwickelt hatte oder dorthin eingewandert war. Die Beringstraße zwischen Asien und Nordamerika ist ziemlich schmal, und wenn der Meeresspiegel um 50 Meter tiefer lag, war es wohl möglich, zu Fuß von einem Kontinent auf den anderen zu gelangen. Man vermutet, dass diese Bering-Landbrücke der Weg war, den die ersten Menschen genommen haben, als sie sich in die Neue Welt wagten.

Der Meeresspiegel lag während des größten Teils der letzten Eiszeit, etwa vor 60 000 bis 11 000 Jahren, 50 Meter tiefer als heute, aber die meiste Zeit war die Route wahrscheinlich aufgrund des Eises unpassierbar, das sich jedoch nicht auf der Landbrücke selbst befand, sondern in den Gebieten, die heute zu Alaska und Nordwestkanada gehören.

Auch die gletscherfreien Gebiete von Nordamerika dürften während dieser Zeit arktisch gewesen sein. Das bedeutet, dass es für die Migranten wenig jagdbares Wild und sehr wenig Holz zum Feuermachen gegeben haben muss. Aber für einen kurzen Zeitraum vor etwa 12 000 Jahren war die Bering-Landbrücke offen, als sich das Klima erwärmte und die Gletscher sich zurückzogen. So muss es von der Bering-Region in das zentrale Nordamerika einen eisfreien Korridor gegeben haben (Abb. 19.30). Da es außerdem keine archäologischen Belege für Menschen in Nordamerika für die Zeit vor über 11 500 Jahren gibt, führten diese Überlegungen zu der Annahme, dass die ersten Menschen „vor etwa 12 000 Jahren" in die Neue Welt gelangten. Vor kurzem entdeckte Belege für eine menschliche Besiedelung veranlassten neuerliche Überlegungen, aber man nimmt jetzt allgemein an, dass es vor etwa 12 000 Jahren zu einer wesentlichen Populationsbewegung nach Nordamerika gekommen ist, von der alle Ureinwohner Amerikas abstammen.

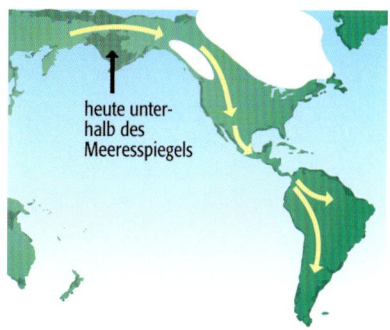

**19.30   Eine mögliche Route für die Einwanderung von Menschen in die Neue Welt.** Für eine kurze Zeit vor etwa 12 000 Jahren war die Bering-Landbrücke begehbar, während gleichzeitig ein eisfreier Korridor bestand, der in das mittlere Nordamerika führte. Die mit einem schwarzen Pfeil markierten Regionen waren damals als Land zugänglich, liegen heute aber unter dem Meeresspiegel.

Welche Informationen kann die molekulare Phylogenetik liefern? Die ersten relevanten Untersuchungen wurden in den späten 1980er-Jahren anhand von mitochondrialen RFLP-Daten durchgeführt. Diese zeigten, dass die amerikanischen Ureinwohner von asiatischen Vorfahren abstammten, und man konnte in der gesamten Population vier verschiedene mitochondriale Haplogruppen (A, B, C und D) identifizieren. Linguistische Untersuchungen hatten bereits gezeigt, dass die amerikanischen Sprachen in drei verschiedene Gruppen eingeteilt werden können. Das deutet darauf hin, dass die heutigen Ureinwohner von Amerika von drei Volksgruppen abstammen, die alle eine andere Sprache besaßen. Die Schlussfolgerung aus den molekularen Daten, dass es tatsächlich vier ursprüngliche Populationen gegeben haben kann, bereitete keine allzu großen Schwierigkeiten. Die ersten aussagekräftigen Daten von mitochondrialen DNA-Sequenzen erhielt man 1991, sodass sich nun die molekulare Uhr genauestens anwenden ließ. Dabei zeigte sich, dass die Wanderungsbewegungen nach Nordamerika vor 15 000 bis 8 000 Jahren stattgefunden haben. Das passt zu den archäologischen Befunden, nach denen vor 11 500 Jahren keine Menschen auf dem Kontinent lebten.

Diese frühen phylogenetischen Analysen bestätigten die entsprechenden Ergebnisse der archäologischen und linguistischen Forschungen beziehungsweise sie widersprachen ihnen nicht allzu sehr. Die weiteren molekularen Daten, die seit 1992 gewonnen wurden, scheinen jedoch eher zu verwirren als zusätzliche Klarheit zu bringen. So haben beispielsweise verschiedene Datenerhebungen die Anzahl der Wanderungsbewegungen nach Nordamerika jedes Mal unterschiedlich eingeschätzt. Eine besonders umfassende Analyse auf der Grundlage von Mitochondrien-DNA kam nur auf eine solche Bewegung, die vor 25 000 bis 20 000 Jahren stattgefunden haben soll, also viel früher als der bisher angenommene Zeitraum. Die ersten Untersuchungen von Y-Chromosomen lokalisierten den „Adam der nordamerikanischen Ureinwohner", der das Y-Chromosom getragen hat, das ein Vorfahre der meisten, wenn nicht sogar aller Y-Chromosomen der heutigen amerikanischen Ureinwohner ist, in einer Zeit vor etwa 22 500 Jahren. Diese Ergebnisse sind noch heftig umstritten. Einige Molekularanthropologen befürworten die Schlussfolgerung, dass sich Menschen vor etwa 20 000 Jahren in Nordamerika etablierten, also früher als aufgrund archäologischer und früherer genetischer Befunde zu erwarten wäre. Andere sind davon überzeugt, dass die genetischen Daten insgesamt mit zwei Wanderungsbewegungen in Einklang stehen. Eine erfolgte vor 20 000 bis 15 000 Jahren und umfasste alle vier Haplogruppen. Dieser folgte dann in jüngerer Zeit eine zweite umfangreiche Einwanderung mit denselben Haplogruppen, die die geographische Verteilung dieser Haplogruppen in Nordamerika veränderte.

## Zusammenfassung

Die molekulare Phylogenetik nutzt molekulare Informationen, um die evolutionären Beziehungen zwischen Genen und zwischen Lebewesen herzuleiten. Molekulare Informationen wie etwa immunologische Daten, Proteinelektrophoresemuster, und Ergebnisse aus DNA-DNA-Hybridisierungen wurden in der molekularen Genetik schon seit vielen Jahren verwendet, aber heute werden die meisten Vergleiche anhand von DNA-Sequenzen durchgeführt. Zuerst werden die Sequenzgruppen untereinander ausgerichtet und die Polymorphismen bestimmt. Diese Informationen werden in numerische Daten überführt, etwa in Form einer Abstandsmatrix. Diese kann mathematisch analysiert und daraus ein Stammbaum rekonstruiert werden, der die evolutionären Beziehungen zwischen den Sequenzen zeigt. Es gibt mehrere Verfahren zur Rekonstruktion eines Stammbaums, etwa die *neighbor joining*-Methode oder die *maximum parsimony*-Methode, die jeweils auf andere Weise den wahrscheinlichsten Stammbaum für eine bestimmte Datensammlung ermitteln. Einige dieser Verfahren sind sehr computerintensiv, wobei die Hauptbeschränkung darin besteht, dass riesige Speicherkapazitäten erforderlich sind, um eine Gruppe von ausgerichteten Sequenzen genau analysieren zu können. Manchmal ist es möglich, auf einen Stammbaum eine molekulare Uhr anzuwenden, um einer Verzweigungsstelle eine bestimmte Zeit zuzuordnen. Die Geschwindigkeit einer molekularen Uhr ist jedoch nicht bei jedem Organismus gleich, nicht einmal in allen Teilen eines Genoms, sodass viel Sorgfalt erforderlich ist, um Fehler zu vermeiden. Bestimmte Arten von phylogenetischen Daten lassen sich nicht in einem herkömmlichen Stammbaum darstellen, sondern nur in Form eines Netzwerks, etwa die Sequenzen einer Multigenfamilie, zwischen denen es zu Rekombinationen kommen kann. Die molekulare Phylogenetik hat lange ungelöste Fragen in Bezug auf die evolutionären Beziehungen zwischen den Primaten gelöst, außerdem liefert sie wichtige Informationen über die Evolution von HIV und daraus abgeleitet auch über die Geschichte der AIDS-Epidemie. Die molekulare Phylogenetik eignet sich zudem für Untersuchungen der menschlichen Vorgeschichte. Durch Vergleiche von Sequenzen aus den Mitochondrien beziehungsweise Y-Chromosomen ließ sich zeigen, dass alle heutigen Menschen Nachfahren einer Population sind, die in Afrika vor etwa 200 000 Jahren lebte und vor 100 000 bis 50 000 Jahren aus Afrika auswanderte. Dadurch wurden die Nachkommen von *Homo erectus* verdrängt, die zu dieser Zeit überall in der Alten Welt lebten. Untersuchungen an erhalten gebliebener DNA aus Fossilien haben gezeigt, dass die heutigen Europäer nicht direkt von den Neandertalern abstammen. Die Einführung der Landwirtschaft in Europa fällt mit einer Wanderungsbewegung von Menschen aus dem Mittleren Osten zusammen, die nur in geringerem Umfang stattfand. Es kam also nicht zu einer großen Wanderungsbewegung und in der Folge zu einer Verdrängung der indigenen Jäger und Sammler, wie man zuerst angenommen hatte. Menschen gelangten während der letzten Eiszeit von Asien über eine Landbrücke, die sich dort befand, wo nun die Bering-Straße liegt, in die Neue Welt.

# Multiple-Choice-Fragen

**19.1\*** Welche der folgenden Methoden wird in der molekularen Phylogenetik nicht angewendet?

    **a.** Die Verwendung von molekularen Daten, um einen Stammbaum zu rekonstruieren

    **b.** Die Verwendung von molekularen Daten, um die genetische Grundlage von variablen Phänotypen herauszufinden

    **c.** Die Verwendung von molekularen Daten, um evolutionäre Beziehungen zwischen Genomen herzuleiten

    **d.** Die Anwendung genauer mathematischer Methoden, um variable Merkmale zu analysieren

**19.2** Welche Methode auf molekularer Basis wurde zuerst angewendet?

    **a.** DNA-Sequenzierung

    **b.** Elektrophorese von Proteinen

    **c.** Immunologische Tests

    **d.** DNA-DNA-Hybridisierung

**19.3\*** Welches der folgenden Beispiele steht für eine konvergente Evolution (Homoplasie)?

    **a.** Die Flügel von Vögeln und Fledermäusen

    **b.** Die Hämoglobingenfamilie

    **c.** Die Gene für ribosomale RNA

    **d.** Keines der oben genannten

**19.4** Auf welcher der folgenden Methoden basierten die ersten molekularen Verfahren in der Phylogenetik der 1950er- und 1960er-Jahre nicht?

    **a.** DNA-DNA-Hybridisierung

    **b.** Immunologische Tests

    **c.** Elektrophorese von Proteinen

    **d.** Proteinsequenzierung

**19.5\*** Was zeigen die Zweiglängen in einem Stammbaum an, der aus DNA-Sequenzdaten abgeleitet wurde?

    **a.** Die Zeit, seit der sich die Organismen auseinander entwickelt haben

    **b.** Die Anzahl der synonymen Veränderungen zwischen den Genen

    **c.** Das Ausmaß der Verschiedenheit zwischen den Genen, die durch die Knoten dargestellt werden

    **d.** Nichts von dem oben genannten

**19.6** Wenn zwei oder mehr DNA-Sequenzen von verschiedenen Vorfahrensequenzen abstammen, bezeichnet man sie als:

    **a.** monophyletisch

    **b.** orthophyletisch

    **c.** paraphyletisch

    **d.** polyphyletisch

**19.7\*** Was sind orthologe Gene?

    **a.** Gene, die keinen gemeinsamen Ursprung besitzen

    **b.** Homologe Gene, die in den Genomen von verschiedenen Organismen vorkommen

    **c.** Homologe Gene, die in demselben Genom vorkommen

    **d.** Nichthomologe Gene, die aufgrund einer konvergenten Evolution entstanden sind

**19.8** Mithilfe welcher Methode zur Rekonstruktion von Stammbäumen bestimmt man die Topologie, die für den kürzesten Evolutionsweg steht?

    **a.** Abstandsmatrix

    **b.** *maximum parsimony*-Methode

    **c.** *neighbor joining*-Methode

    **d.** Hauptkomponentenanalyse

**19.9\*** Welcher der folgenden Effekte erschwert die Anwendung einer molekularen Uhr nicht?

    **a.** Nichtsynonyme Mutationen treten in geringerer Rate auf als synonyme Mutationen

    **b.** Die molekularen Uhren von eukaryotischen Genen gehen schneller als die der prokaryotischen Gene

    **c.** Die molekularen Uhren für mitochondriale Gene sind schneller als die Uhren für Gene im Zellkern

    **d.** Die Geschwindigkeit der molekularen Uhren hat anscheinend in den letzten ein bis zwei Millionen Jahren zugenommen

**19.10** Welches der folgenden Ereignisse erschwert die Erstellung eines herkömmlichen Stammbaums, stellt aber bei der Konstruktion eines Netzwerks kein Problem dar?

    **a.** Das Vorhandensein von Vorfahrensequenzen in der untersuchten Datensammlung

    **b.** Das Vorhandensein von Sequenzen, die durch eine Rekombination entstanden sind

    **c.** Sowohl a) als auch b)

    **d.** Weder a) noch b)

**19.11\*** Was haben phylogenetische Untersuchungen von HIV-Genomsequenzen nicht gezeigt?

    **a.** HIV-1 ist mit SIV der Schimpansen am engsten verwandt

    **b.** HIV-1 und HIV-2 wurden unabhängig voneinander auf den Menschen übertragen

    **c.** HIV-1 und HIV-2 wurden von derselben Primatenspezies auf den Menschen übertragen

    **d.** Die weltweite Ausbreitung von HIV-1 war bereits im Jahr 1959 im Gang

**19.12** Welche der folgenden DNA-Sequenzen ist für phylogenetische Analysen nicht geeignet?

  **a.** Gene für ribosomale RNA

  **b.** Mikrosatelliten

  **c.** Mitochondrien-DNA

  **d.** Multiallele Gene

**19.13\*** Welche der folgenden genomischen Einheiten werden nur mütterlich vererbt?

  **a.** Globingene

  **b.** Mitochondrien-DNA

  **c.** X-Chromosomen

  **d.** Y-Chromosomen

**19.14** Welche der folgenden Methoden ist geeignet, eine ungleichmäßige geographische Verteilung von Allelen zu erkennen?

  **a.** Abstandsmatrixanalyse

  **b.** *maximum parsimony*-Methode

  **c.** *neighbor joining*-Methode

  **d.** Hauptkomponentenanalyse

## Fragen mit kurzen Antworten    *Antworten auf die Fragen mit den ungeraden Zahlen finden Sie im Anhang

**19.1\*** Wie unterscheidet sich die Phänetik von den traditionellen Methoden der Systematik aus der Zeit vor 1957?

**19.2** Wie unterscheidet sich die Kladistik von der Phänetik?

**19.3\*** Was ist der Unterschied zwischen einem ursprünglichen und einem abgeleiteten Merkmalszustand?

**19.4** Warum werden bei phylogenetischen Untersuchungen DNA-Sequenzen gegenüber Proteinsequenzen bevorzugt verwendet?

**19.5\*** Wie unterscheiden sich interne Knoten bei Gen- und Artenstammbäumen?

**19.6** Welche Unterschiede bestehen zwischen der Ähnlichkeitsbestimmung und der Abstandsmethode?

**19.7\*** Welche Faktoren beeinflussen die Häufigkeit von Allelen in einer Population?

**19.8** Welche Unterschiede bestehen zwischen der Hypothese der multiregionalen Evolution und der *Out of Africa*-Hypothese zur Evolution des heutigen Menschen?

**19.9\*** Wie wurde die erste Analyse von der DNA eines Neandertalers durchgeführt und welche Schlussfolgerung über die Verwandtschaft von Neandertalern und den heutigen Menschen zog man daraus?

**19.10** Erläutern Sie, wie man mithilfe einer Hauptkomponentenanalyse die prähistorische Wanderung von Bauern nach Europa untersuchte. Welche Schlussfolgerungen zog man daraus?

**19.11\*** Welche Informationen hat die molekulare Phylogenetik in Bezug auf die prähistorische Wanderung von menschlichen Populationen nach Nordamerika geliefert?

## Vertiefende Aufgaben    *Hinweise zur Beantwortung der Fragen mit den ungeraden Zahlen finden Sie im Anhang

**19.1\*** Kann ein Genstammbaum einem Artenstammbaum genau entsprechen?

**19.2** Wie verlässlich sind molekulare Uhren?

**19.3\*** Phylogenetische Untersuchungen von Mitochondrien-DNA gehen davon aus, dass dieses Genom über die mütterliche Linie vererbt wird und das es keine Rekombination zwischen mütterlichen und väterlichen Genomen gibt. Bewerten Sie die Gültigkeit dieser Annahme und beschreiben Sie, wie die Hypothesen in Bezug auf den Ursprung und die Wanderungsbewegungen der

heutigen Menschen betroffen wären, wenn sich herausstellen würde, dass Rekombinationen zwischen mütterlichen und väterlichen Genomen vorkommen.

**19.4** Welche Möglichkeiten bietet die Analyse von alter DNA bei der Untersuchung der menschlichen Evolution?

**19.5\*** Erläutern Sie die Art und Weise, wie die molekulare Phylogenetik bei der Untersuchung der Mitochondrien-DNA-Haplogruppen angewendet wurde, die in den Populationen des heutigen Europas vorkommen.

# Aufgaben zu Abbildungen

*Antworten auf die Fragen mit den ungeraden Zahlen finden Sie im Anhang

**19.1\*** Welche Abbildung (a oder b) zeigt ein Beispiel für einen abgeleiteten Merkmalszustand?

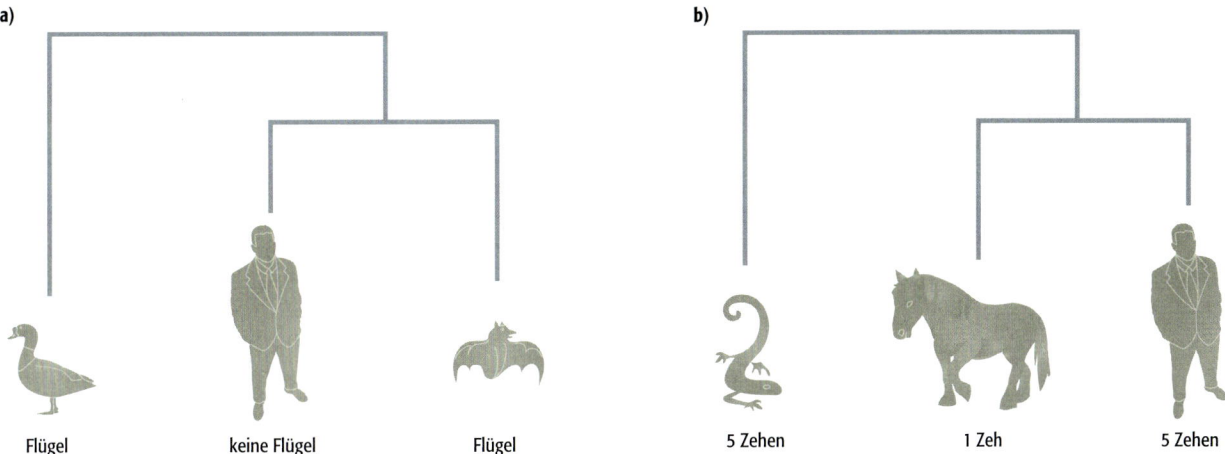

a)

Flügel        keine Flügel        Flügel

b)

5 Zehen        1 Zeh        5 Zehen

**19.2** Welche Außengruppe enthält dieser Stammbaum? Erläutern Sie anhand dieses Stammbaums die Begriffe monophyletisch, polyphyletisch und paraphyletisch.

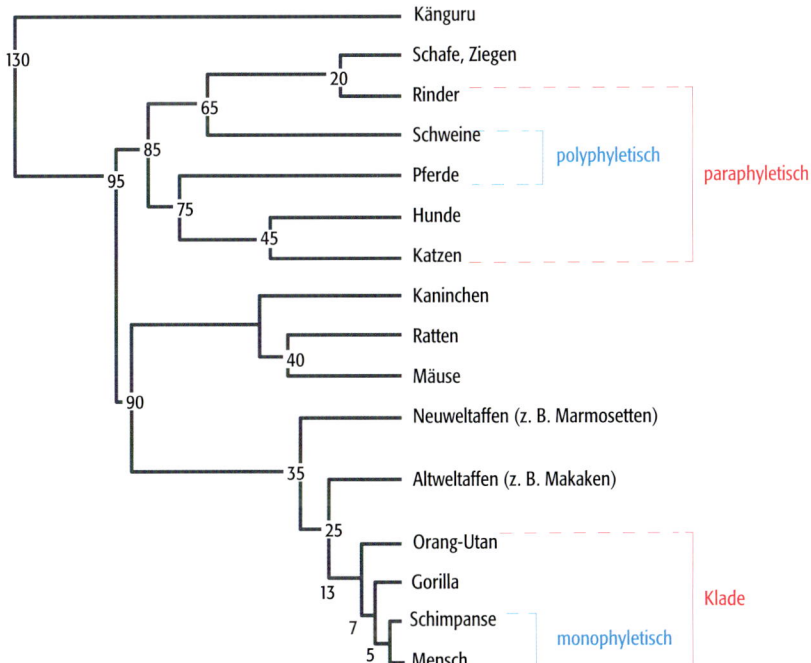

**19.3\*** Wie ist es möglich, dass ein Artenstammbaum und ein Genstammbaum unterschiedliche Verzweigungsmuster liefern?

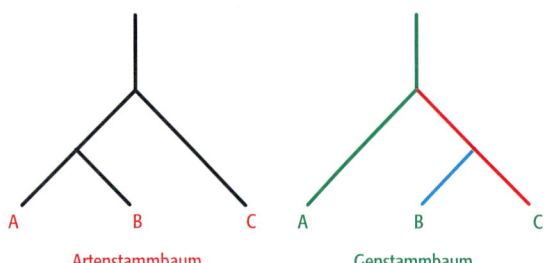

**19.4** Welche Art von phylogenetischer Untersuchung ist in dieser Abbildung dargestellt? Welchem Zweck dient eine solche Art der Analyse?

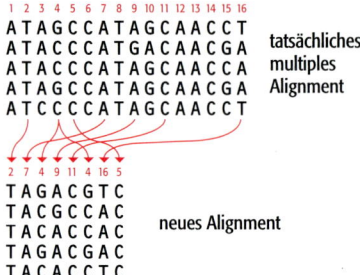

# Weiterführende Literatur

## Wichtige Lehrbücher und Übersichtsartikel

Avise JC (2004) Molecular Markers, Natural History and Evolution, 2. Aufl. Chapman and Hall, New York. [Eine genaue Darstellung der Verwendung von molekularen Daten bei Untersuchungen der Evolution]

Futuyama DJ (1998) Evolutionary Biology, 3. Aufl. Sinauer, Sunderland, Massachusetts

Hall BG (2004) Phylogenetic Trees Made Easy – A How-To Manual for Molecular Biologists, 2. Aufl. Sinauer, Sunderland, Massachusetts

Nei M (1996) Phylogenetic analysis in molecular evolutionary genetics. *Annu Rev Genet* 30: 371–403. [Kurzer Übersichtsartikel zur Erstellung von Stammbäumen]


## Rekonstruktion von Stammbäumen

Doolittle WF (1999) Phylogenetic classification and the universal tree. *Science* 284: 2124–2128. [Abwägung der Stärken und Schwächen der molekularen Phylogenetik bei der Herleitung von Artbäumen]

Felsenstein J (1989) PHYLIP – Phylogeny Inference Package (Version 3.20). *Cladistics* 5: 164–166

Jeanmougin F, Thompson JD, Gouy M, Higgins DG, Gibson TJ (1998) Multiple sequence alignment with Clustal X. *Trends Biochem Sci* 23: 403–405

Saitou N, Nei M (1987) The neighbor-joining method: a new method for reconstructing phylogenetic trees. *Mol Biol Evol* 4: 406–425

Swofford DL (1993) PAUP: Phylogenetic Analysis Using Parsimony. Illinois Natural History Survey, Champaign, Illinois

Whelan S, Liò P, Goldman N (2001) Molecular phylogenetics: state-of-the-art methods for looking into the past. *Trends Genet* 17: 262–272

Yang Z (1997) PAML: a program package for phylogenetic analysis by maximum likelihood. *CABIOS* 13: 555–556


## Die molekulare Uhr

Gu X, Li WH (1992) Higher rates of amino acid substitution in rodents than in humans. *Mol Phylogenet Evol* 1: 211–214

Penny D (2005) Relativity for molecular clocks. *Nature* 436: 183–184. [Die offensichtliche Beschleunigung der molekularen Uhren in den letzten wenigen Millionen Jahren]

Strauss E (1999) Can mitochondrial clocks keep time? *Science* 283: 1435–1438


## Verwandtschaftsbeziehungen unter den Primaten

Ruvolo M (1997) Molecular phylogeny of the hominoids: inferences from multiple independent DNA sequence data sets. *Mol Biol Evol* 14: 248–265

Sarich VM, Wilson AC (1967) Immunological time scale for hominid evolution. *Science* 158: 1200–1203


## Die Ursprünge von HIV

Korber B, Muldoon M, Theiler J, Gao F, Gupta R, Lapedes A, Hahn BH, Wolinsky S, Bhattacharya T (2000) Timing the ancestor of the HIV-1 pandemic strains. *Science* 288: 1789–1796

Leitner T, Escanilla D, Franzen C, Uhlen M, Albert J (1996) Accurate reconstruction of a known HIV-1 transmission history by phylogenetic tree analysis. *Proc Natl Acad Sci USA* 93: 10864–10869

Zhu T, Korber BT, Nahmias AJ, Hooper E, Sharp PM, Ho DD (1998) An African HIV-1 sequence from 1959 and implications for the origin of the epidemic. *Nature* 391: 594–597


## Ursprünge des heutigen Menschen

Cann RL, Stoneking M, Wilson AC (1987) Mitochondrial DNA and human evolution. *Nature* 325: 31–36. [Die erste Entdeckung der molekularen Eva]

Harding RM, Fullerton SM, Griffiths RC, Bond J, Cox MJ, Schneider JA, Moulin DS, Clegg JB (1997) Archaic African and Asian lineages in the genetic ancestry of modern humans. *Am J Hum Genet* 60: 772–789. [Untersuchungen von Genen im Zellkern]

Ingman M, Kaessmann H, Pääbo S, Gyllensten U (2000) Mitochondrial genome variation and the origin of modern humans. *Nature* 408: 708–713

Krings M, Stone A, Schmitz RW, Krainitzki H, Stoneking M, Pääbo S (1997) Neandertal DNA sequences and the origin of modern humans. *Cell* 90: 19–30


## Wanderungsbewegungen des Menschen

Cavalli-Sforza LL (1998) The DNA revolution in population genetics. *Trends Genet* 14: 60–65. [Hauptkomponentenanalyse von Genen im Zellkern des Menschen]

Chikhi L, Destro-Bisol G, Bertorelle G, Pascali V, Barbujana G (2002) Y genetic data support the Neolithic demic diffusion model. *Proc Natl Acad Sci USA* 99: 11008–11013. [Wanderungsbewegungen in Europa]

Forster P, Harding R, Torroni A, Bandelt HJ (1996) Origin and evolution of native American mtDNA variation: a reappraisal. *Am J Hum Genet* 59: 935–945

Richards M (2003) The Neolithic invasion of Europe. *Annu Rev Anthropol* 32: 135–162

Semino O, Passarino G, Oefner PJ et al (2000) The genetic legacy of paleolithic *Homo sapiens sapiens* in extant Europeans: a Y chromosome perspective. *Science* 290: 1155–1159

Silva WA, Bonatto SL, Holanda AJ et al (2002) Mitochondrial genome diversity of Native Americans supports a single early entry of founder populations into America. *Am J Hum Genet* 71: 187–192

# Anhang

## Kapitel 1: Genome, Transkriptome und Proteome

*Multiple-Choice-Fragen*

1.1: c; 1.3: a; 1.5: c; 1.7: c; 1.9: a; 1.11: c; 1.13: a; 1.15: b

*Fragen mit kurzen Antworten*

**1.1** DNA wurde zuerst im Jahr 1869 (Miescher) entdeckt. In den 1940er-Jahren konnte man zeigen, dass sie die genetische Information enthält (Avery, MacLeod und McCarty, sowie Hershey und Chase). Die Struktur der Doppelhelix wurde 1953 aufgeklärt (Watson und Crick) und die erste vollständige Sequenzierung des Genoms eines zellulären Organismus konnte 1995 abgeschlossen werden.

**1.3** Die Einschränkung, dass A nur mit T paaren kann und G nur mit C, bedeutet, dass während der DNA-Replikation perfekte Kopien der Elternmoleküle entstehen, indem die Sequenzen der bereits existierenden Stränge die Sequenzen der neu synthetisierten Stränge vorgeben. Durch Basenpaarung werden DNA-Moleküle zu perfekten Kopien repliziert.

**1.5** Bakterielle mRNAs besitzen Halbwertszeiten von nicht mehr als ein paar Minuten, in Eukaryoten werden die meisten mRNAs wenige Stunden nach der Synthese abgebaut. Dieser schnelle Umsatz bedeutet, dass die Zusammensetzung des Transkriptoms nicht festgelegt ist, sondern durch die Veränderung der Syntheserate einzelner mRNAs rasch umstrukturiert werden kann. Die Zusammensetzung des Transkriptoms kann daher den neuen Bedürfnissen der Zelle schnell angepasst werden.

**1.7** Jede Zelle erhält in dem Augenblick, in dem sie durch Zellteilung entsteht, einen Teil des elterlichen Transkriptoms, und sie erhält das Transkriptom während ihres gesamten Lebens aufrecht. Die Transkription einzelner proteincodierender Gene führt daher nicht zur Synthese eines Transkriptoms, sondern sie erhält das Transkriptom aufrecht, indem sie abgebaute mRNAs ersetzt und die Zusammensetzung des Transkriptoms über das An- und Abschalten unterschiedlicher Gengruppen verändert.

**1.9** Proteine sind strukturell und funktionell sehr vielfältig, da die Aminosäuren, aus denen sie bestehen, chemisch sehr verschieden sind. Unterschiedliche Aminosäuresequenzen führen daher zu verschiedenen Kombinationen von chemischen Reaktionsfähigkeiten. Diese Kombinationen bestimmen nicht nur die allgemeine Struktur des Proteins, sondern sie legen auch die Lage reaktiver Gruppen auf der Oberfläche des Proteins fest, welche die chemischen Eigenschaften des Proteins definieren.

**1.11** Für die Festlegung, ob das Codon als Stoppcodon fungiert oder ob es Selenocystein codiert, ist die Lage des Codons von Bedeutung. Stromabwärts des Selenocysteincodons befindet sich eine Haarnadelschleife, die es erlaubt, dass die Aminosäure in die wachsende Polypeptidkette eingebaut wird.

## Vertiefende Aufgaben

**1.1** Diese Behauptung wird in *The Double Helix* von James Watson oder auch in den verschiedenen Büchern bestätigt, die über die Geschichte der DNA geschrieben wurden, etwa in *The Eighth Day of Creation* von Horace Freeland Judson (siehe Weiterführende Literatur). Es geschah am Abend des 7. März 1953, ein Samstag, an dem Watson und Crick ihr Modell der Doppelhelixstruktur fertig stellten – ein Modell aus kleinen Teilen galvanisierten Metalls und Messingstäben, in einem Maßstab von 50 cm pro nm, eine vollständige Windung der Modellhelix war ungefähr 2 m hoch. Nun kann man einwenden, dass die eigentliche Entdeckung bereits eine Woche früher gemacht wurde, als Watson und Crick feststellten, dass die Wasserstoffbrücken zwischen A und T bzw. G und C die gleiche Form besitzen (Abb. 1.8B), was wiederum bedeutet, dass sich diese Basenpaare stapeln können und dabei eine gleichmäßige Helix mit gleichbleibendem Querschnitt erzeugen. Crick erinnert sich, dass sie diese Entdeckung machten, als ihnen die Bedeutung von Chargaffs Basenverhältnis bewusst wurde, doch Watson behauptet, sie hätten die Bedeutung erst erfasst, nachdem sie ihr erstes Modell der Basenpaare gebaut hatten.

**1.3** Die Aufklärung des genetischen Codes war der wichtigste Durchbruch in der Biologie in den 1960er-Jahren, und obwohl diese Arbeit nahezu ein halbes Jahrhundert vor unserer Zeit durchgeführt wurde, ist es immer noch ein sehr gutes Beispiel für eine wissenschaftliche Herangehensweise – wie man eine Forschungsstrategie bis zu einem definierten Ende plant und wie man diese Strategie modifiziert, um neue Methoden, die während des Projektverlaufs entwickelt werden, anwenden zu können. Bücher wie *The Eighth Day of Creation* (siehe Weiterführende Literatur) stellen detailliert dar, wie der Code entschlüsselt wurde, doch sind für eine Diskussion im Rahmen einer Übung die drei Übersichtsartikel in *Scientific American*, die während und am Ende des Projekts verfasst wurden, die beste Grundlage. Es handelt sich um Crick FHC (1962) The genetic code. *Sci Am* 207(4): 66–74; Nirenberg MW (1963) The genetic code II. *Sci Am* 208(3): 80–94 und Crick FHC (1966) The genetic code III. *Sci Am* 215(4): 55–62.

## Aufgaben zu Abbildungen

**1.1** Teil a zeigt, dass die Behandlung des transformierenden Prinzips mit einer Protease oder Ribonuclease keine Wirkung hat, doch wird das transformierende Prinzip durch eine Desoxyribonuclease inaktiviert. Deshalb muss das transformierende Prinzip, welches die genetische Information für die Umwandlung von harmlosen Bakterien in virulente Formen enthält, aus DNA bestehen. Teil b zeigt, dass wenn Bakteriophagen mit $^{32}$P und $^{35}$S markiert werden, das meiste des $^{32}$P-markierten Materials (die DNA) aber nur 20 % des $^{35}$S-markierten Materials (das Phagenprotein) während einer Infektion in die Zelle gelangt. Da die Gene des Bakteriophagen in die Bakterienzelle gelangen müssen, um die Synthese neuer Bakteriophagen zu lenken, müssen diese Gene aus DNA bestehen.

**1.3** Das Modell zeigt, dass das Zucker-Phosphat-Rückgrat auf der Außenseite des Moleküls liegt und dass sich die Basen im Inneren befinden. Die Basen grenzen an die große und die kleine Furche, wo sie durch DNA-bindende Proteine erkannt werden können.

# Kapitel 2: Die Untersuchung von DNA

### Multiple-Choice-Fragen

2.1: b; 2.3: d; 2.5: a; 2.7: a; 2.9: b; 2.11: d; 2.13: d; 2.15: a

### Fragen mit kurzen Antworten

**2.1** Ein Gen wird kloniert, indem man das DNA-Fragment, welches das Gen enthält, in einen Vektor (wie ein Plasmid oder einen Bakteriophagen) einbaut und anschließend in einer Wirtszelle repliziert.

**2.3** Man kann einen Linker oder Adaptermolekül an die glatten Enden des Moleküls anhängen und so kohäsive Enden herstellen, die die Ligation vereinfachen.

**2.5** Sie erlauben es, die mit dem Plasmid transformierten Bakterienzellen auf einfache Weise zu selektieren.

**2.7** Das Bakteriophagengenom enthält Gene für die lysogene Infektion von *E. coli*, die nicht unbedingt notwendig sind und daher durch Fremd-DNA ersetzt werden können. Ein Bakteriophage kann DNA-Moleküle mit einer Länge von bis zu 18 kb aufnehmen.

**2.9** Sie erfordern die Anwesenheit von Centromeren, Telomeren und mindestens einem Replikationsursprung.

**2.11** Die Primer hybridisieren mit spezifischen Sequenzen in der Matrizen-DNA und definieren die amplifizierten Bereiche.

### Vertiefende Aufgaben

**2.1** Die Selbstbeschränkung ist auf die Asilomar-Konferenz im Jahr 1975 zurückzuführen und wurde von Paul Berg und anderen in Berg P, Baltimore D, Brenner S, Roblin RO, Singer MF (1975) Summary statement of the Asilomar Conference on recombinant DNA molecules. *Proc Natl Acad Sci* USA 72: 1981–1984 veröffentlicht. Eine weniger sachliche Darstellung des Hintergrundes dieses Beschlusses ist in Cherfas J (1982) Man Made Life. Blackwell Scientific Publishers, Oxford, zu finden. Da die Bedenken der Wissenschafter nie wahr geworden sind, ist es verlockend zu glauben, dass sie unberechtigt sind. Doch muss eine ausführliche Debatte dieses Themas auch den Folgen der Selbstbeschränkung Rechnung tragen (zum Beispiel die Entwicklung von Strategien, das Überleben gentechnisch veränderter Bakterien in ihrer natürlichen Umgebung zu verhindern). Sie waren ein gutes Instrument, um der Öffentlichkeit glaubhaft zu machen, dass die prophezeiten Gefahren, die zu dem Abkommen führten, vermieden werden können.

**2.3** Diese Frage greift auf die Besprechung der Restriktionskartierung in Abschnitt 3.3.1 vor. Eine Restriktionskartierung zu „erfinden" ist eine sehr gute Kontrolle, um zu prüfen, ob man die Prinzipien von Restriktion, Gelelektrophorese und so weiter verstanden hat.

**2.5** Angenommen, die Zielsequenz für die PCR ist nur als eine einzige Kopie im untersuchten Genom vorhanden, dann ist die Primer-Länge ein entscheidendes Kriterium. Sind die Primer zu kurz, dann könnten sie an Bereiche binden, die nicht ihre Zielsequenzen sind, und so zu unerwünschten Amplifikationsprodukten führen. Deutlich wird die Situation, wenn man sich vorstellt, dass in einer PCR das gesamte menschliche Genom mit einem Primer-Paar von acht Nucleotiden Länge analysiert werden soll. Wahrscheinlich wird dabei eine ganze Reihe verschiedener Fragmente amplifiziert. Grund hierfür ist, dass die Anlagerungsstelle für die Primer im Durchschnitt alle $4^8 = 65\ 536$ bp einmal enthalten ist. Unter den 3 200 000 kb eines menschlichen Genoms ergeben sich dadurch 49 000 mögliche Stellen, an denen die Primer binden können. Es ist daher sehr unwahrscheinlich, dass ein Primer-Paar mit acht Nucleotiden mit menschlicher DNA ein einziges, spezifisches Amplifikationsprodukt ergibt, da mehrere Stellen vorkommen, bei denen die Anheftungsstellen zufällig ausreichend nahe beieinander liegen, um ein Amplifikationsprodukt zu ergeben. Im Gegensatz dazu tritt eine Sequenz aus 17 Nucleotiden alle $4^{17} = 17\ 179\ 869\ 184$ bp einmal auf. Diese Zahl ist über das Fünffache größer als die Länge des menschlichen Genoms, sodass ein Primer-Paar mit 17 Nucleotiden eine einzige Bande ergeben sollte – das spezifische Amplifikationsprodukt. Die ideale Anlagerungstemperatur muss außerdem ausreichend niedrig sein, damit eine Hybridisierung zwischen Primer und Matrize stattfinden kann, auf der anderen Seite muss sie aber auch ausreichend hoch sein, um fehlgepaarte Hybride zu vermeiden. Die Information, die für die Ermittlung der geeigneten Anlagerungstemperatur eines Primer-Paares benötigt werden, gibt die Legende von Abbildung 3.8. Das Thema wird ausführlicher in Brown TA (2006) Gene Cloning and DNA-Analysis: An Introduction. 5. Aufl. Blackwell Scientific Publishers, Oxford, behandelt.

### Aufgaben zu Abbildungen
**2.1** Der Primer leitet die DNA-Synthese ein, indem er die 3′-OH-Gruppe liefert, die für die Anknüpfung von Nucleotiden notwendig ist. Ein Primer kann auch dazu verwendet werden, den Ort der DNA-Synthese in einem Matrizenmolekül (wie bei der DNA-Sequenzierung und der PCR) genau festzulegen.
**2.3** Es handelt sich um ein Cosmid, das Insertionsfragmentmoleküle mit einer Länge bis zu 44 kb aufnehmen kann.

# Kapitel 3: Die Kartierung von Genomen

### Multiple-Choice-Fragen
3.1: d; 3.3: a; 3.5: d; 3.7: c; 3.9: b; 3.11: c; 3.13: a; 3.15: d

### Fragen mit kurzen Antworten
**3.1** Eine genomische Karte stellt für Sequenzierungsversuche ein Gerüst dar, indem sie die Lage von Genen und anderen markanten Merkmalen angibt. Steht eine Karte nicht zur Verfügung, dann sind Fehler beim Zusammensetzen der genomischen Sequenz wahrscheinlich, insbesondere in Regionen mit repetitiver DNA.
**3.3** Die PCR-Primer werden so gewählt, dass sie an jeder Seite der polymorphen Stelle binden, und der RFLP wird dargestellt, indem das amplifizierte Fragment mit dem Restriktionsenzym behandelt und die Probe anschließend über ein Agarosegel aufgetrennt wird. Vor der Erfindung der PCR wurden RFLPs durch Southern Hybridisierung dargestellt, die sehr viel Zeit in Anspruch nimmt.
**3.5** Zeigt ein Paar von Genen eine Kopplung, dann müssen sie auf demselben Chromosom liegen. Wenn ein Crossing-over ein zufälliges Ereignis ist, dann muss die Rekombinationsfrequenz zwischen einem Paar gekoppelter Gene ein Maß für deren Abstand auf dem Chromosom sein. Die Rekombinationsfre-

quenz verschiedener Paare von Genen kann verwendet werden, um eine Karte mit den relativen Positionen der Gene auf dem Chromosom zu erstellen.

**3.7** Die doppelt Homozygote produziert genetisch identische Gameten. Sind sie rezessiv, dann trägt dieser Elter nicht zum Phänotyp der Nachkommen bei.

**3.9** Bei einer FISH-Analyse werden fluoreszenzmarkierte DNA-Fragmente als Sonde eingesetzt, die an ein intaktes Chromosom bindet. Die Stelle, an der die Sonde gebunden hat, kann ermittelt und diese Information für die Erstellung einer physikalischen Karte des Chromosoms verwendet werden.

**3.11** Einzelne Chromosomen können mittels Durchflusscytometrie separiert werden. Sich teilende Zellen werden vorsichtig aufgebrochen, sodass man ein Gemisch aus intakten Chromosomen erhält. Die Chromosomen werden anschließend mit einem Fluoreszenzfarbstoff gefärbt. Die von dem Chromosom gebundene Farbstoffmenge ist abhängig von der Größe des Chromosoms. So binden größere Chromosomen mehr Farbstoff und fluoreszieren heller als kleinere. Die Chromosomenpräparation wird verdünnt und durch eine feine Öffnung geleitet. Dadurch entsteht eine Reihe von Tröpfchen, jedes mit einem einzelnen Chromosom. Die Tröpfchen passieren einen Detektor, der die Menge an Fluoreszenz ermittelt und dadurch erkennt, welche Tröpfchen ein bestimmtes Chromosom enthalten. An diese Tröpfchen wird eine elektrische Spannung angelegt, an die anderen dagegen nicht, sodass diejenigen mit dem gewünschten Chromosom abgelenkt und von den übrigen getrennt werden können.

## Vertiefende Aufgaben

**3.1** Die idealen Eigenschaften sind ein häufiges Vorkommen in dem untersuchten Genom, eine einfache Darstellung und die Anwesenheit vieler Allele. Dies deutet an, dass SSLPs die „idealen" Marker darstellen, doch in der Realität sind SNPs am weitesten verbreitet. Für die Diskussion dieses vermeintlichen Widerspruchs sollte die unterschiedliche Gewichtung der drei Kriterien beachtet werden, insbesondere die Erkenntnis, dass die entscheidende Eigenschaft eines „idealen" Markers seine hohe Dichte ist.

**3.3** Viele Dozenten werden sich an diese Frage aus ihrer eigenen Studienzeit erinnern und die Antwort darauf hat sich nicht geändert: eine kurze Generationszeit, eine große Zahl an Nachkommen, leicht zu beurteilende Phänotypen und ähnliches. Es ist lehrreich zu überlegen, in welchem Ausmaß die Genomik neue Kriterien zu dieser Liste hinzugefügt hat: Ist eine vollständige Genomsequenz eine nützliche Eigenschaft eines Organismus für seine Verwendung bei Vererbungsstudien?

**3.5** Dies ist eine Frage mit sehr unbestimmtem Ende, die gestellt wurde, um die Diskussion auf Themen zu lenken, die in späteren Kapiteln behandelt werden. Die Diskussion könnte mit der Frage beginnen, welchen Zweck die Karte erfüllen soll. Eine Karte, die für die Unterstützung eines Genomsequenzierungsprojekts hergestellt wird, ist möglicherweise nicht die gleiche, wie sie für die Klonierung einzelner Gene erstellt würde. Kommt man zu dem Schluss, dass eine physikalische Karte für eine Sequenzierung nützlicher ist (und tatsächlich hat eine genetische Karte wenig oder keinen direkten Wert, was nach Durchlesen von Kapitel 4 eine sinnvolle Folgerung ist), dann könnte die Diskussion umschwenken und sich damit befassen, wie einfach oder schwierig es ist, Gene in einer Genomsequenz zu lokalisieren und ihnen Funktionen zuzuweisen, ohne Kenntnis darüber, wo sich diese Gene befinden. Diese Themen werden in Kapitel 5 angesprochen.

## Aufgaben zu Abbildungen

**3.1** Hat das Oligonucleotid nicht mit der Zielsequenz hybridisiert, dann liegen Fluoreszenzmarker und Quencher sehr nahe beieinander und das Fluoreszenzsignal wird abgefangen. Wenn das Oligonucleotid an die Zielsequenz bindet, dann befindet sich der Fluoreszenzmarker relativ weit von dem abfangenden Molekül entfernt. Durch die Kontrolle der Hybridisierungsbedingungen bindet das Oligonucleotid nur an die Zielsequenz, wenn alle Nucleotide komplementär sind.

**3.3** Es handelt sich um die orthogonale Feldänderungsgelelektrophorese (OFAGE), bei der das elektrische Feld zwischen den Elektrodenpaaren wechselt. Die DNA-Moleküle bewegen sich durch das Gel, doch zwingt jeder Wechsel der Feldstärken das Molekül, sich neu auszurichten. Kürzere Moleküle ordnen sich schneller um als längere und wandern daher schneller durch das Gel. Durch dieses Verfahren werden viel längere Moleküle getrennt, als es mit der konventionellen Gelelektrophorese möglich ist.

# Kapitel 4: Die Sequenzierung von Genomen

## Multiple-Choice-Fragen

4.1: b; 4.3: a; 4.5: c; 4.7: b; 4.9: c; 4.11: d; 4.13: c; 4.15: c

## Fragen mit kurzen Antworten

**4.1** Den Didesoxynucleotiden fehlt eine 3′-Hydroxylgruppe. Daher bricht die Strangsynthese ab, wenn Didesoxynucleotide in die DNA eingebaut werden.

**4.3** Ja, es ist möglich. Das PCR-Produkt wird gereinigt und eine *thermal cycle*-Sequenzierung mit einem PCR-Primer, der als Primer für die Sequenzierungsreaktion verwendet wird, durchgeführt.

**4.5** Automatisierte Sequenzierungsgeräte mit einer Vielzahl von Kapillaren, die parallel arbeiten, können in einem Zeitraum von zwei Stunden bis zu 96 unterschiedliche Sequenzen lesen. Das heißt, das in jedem einzelnen Experiment im Schnitt 750 bp und pro Gerät an einem Tag 864 kb an Information generiert werden können. Daher können die Daten für ein ganzes Genom in einem Zeitraum von ein paar Wochen zur Verfügung stehen.

**4.7** Die Redundanz ist erforderlich, weil die Klone für das Sequenzierungsprojekt willkürlich erstellt und sequenziert werden. Für die vollständige Abdeckung des Genoms ist die Sequenzierung einer großen Zahl von Nucleotiden notwendig.

**4.9** Klon-Fingerprints können auf Restriktionsmustern, Fingerprints und PCR mit repetitiver DNA und STS-Content-Kartierung beruhen.

**4.11** Shotgun-Sequenzierung eines komplexen eukaryotischen Genoms kann zu DNA-Segmenten führen, die möglicherweise Gene oder Teile von Genen enthalten, die in der Rohsequenz ausgelassen wurden. Außerdem besteht eine größere Wahrscheinlichkeit, dass Sequenzierungsfehler nicht erkannt werden.

## Vertiefende Aufgaben

**4.1** Der Text zu Beginn von Abschnitt 4.1 erklärt, dass die „Kettenabbruchsequenzierung [..] aus mehreren Gründen [..] überlegen [ist], nicht zuletzt ist es die unkomplizierte Automatisierbarkeit dieser Methode". Dies ist der wichtigste Teil der Antwort. Zusätzlich ist es eine gute Möglichkeit, ein Verständnis für die Schwierigkeiten bei der Entwicklung automatisierter Methoden zu entwickeln, wenn man analysiert, warum sich die Methode des chemischen

Abbaus hartnäckig der Automatisierung widersetzt hat. Ein zweiter Nachteil der Methode des chemischen Abbaus ist die Toxizität der verwendeten Chemikalien, wobei grundsätzlich eine Toxizität von DNA-bindenden und -modifizierenden Chemikalien nicht zu vermeiden ist. Obwohl eigentlich kein wissenschaftliches Argument, können mithilfe dieser Frage Risiken und Sicherheitsaspekte in einem molekularbiologischen Labor thematisiert werden.

**4.3**  Abschnitt 4.2.2 behandelt den Klon-Contig-Ansatz, doch ist es für eine kritische Bewertung sinnvoller, die Klon-Contig-Methode und das Gesamtgenom-Shotgun-Verfahren zu vergleichen, insbesondere da beide auf das menschliche Genom angewendet worden sind. Aus einem solchen Vergleich wird deutlich, dass ein genaues Klon-Contig-Projekt relativ zeitraubend ist, doch ist es zurzeit die einzige Methode, die eine Fehlerrate von weniger als einem Fehler auf $10^4$ Nucleotide sicherstellt – eine Zahl, die als akzeptables Maximum für eine „fertig gestellte" Sequenz gilt.

**4.5**  Das zentrale Thema ist der Gegensatz zwischen den Rechten eines Unternehmen, seine Investitionen zu schützen, was ohne Zweifel für andere Bereiche der Gewerbetätigkeit ohne weiteres akzeptiert wird, und den weniger gut definierten Rechten einzelner Personen, deren Gene von dem Unternehmen für die Forschung verwendet wurden, die letzten Endes zur Entwicklung des Medikaments führte. Hier ist eine Vielzahl von Auffassungen möglich. Daher ist eine professionelle und sinnvolle Begründung der geäußerten Meinung der wichtigste Teil der Antwort.

### *Aufgaben zu Abbildungen*

**4.1**  Für die meisten Sequenzierungsexperimente wird ein universeller Primer verwendet, der komplementär zu der Region auf der Vektor-DNA ist, die unmittelbar an den Bereich angrenzt, in den die Fremd-DNA ligiert wird. Derselbe universelle Primer kann daher die Sequenz jedes DNA-Stückes liefern, das in den Vektor kloniert worden ist. Mit einem internen Primer, der so konstruiert wurde, dass er an eine Stelle innerhalb der Fremd-DNA bindet, ist es möglich, die Sequenz in eine Richtung zu verlängern. Ein Experiment mit diesem Primer liefert eine zweite kurze Sequenz, die mit der vorherigen überlappt.

**4.3**  Es handelt sich um eine Sequenzierung durch chemischen Abbau, die hilfreich ist, wenn (aufgrund einer Blockade der DNA-Polymerase oder einem veränderten Wanderverhalten der Sequenzierungsprodukte während der Elektrophorese) Probleme mit dem Standardverfahren, der Kettenabbruchsequenzierungsreaktion, auftreten.

# Kapitel 5: Das Verstehen einer Genomsequenz

### *Multiple-Choice-Fragen*

5.1: b; 5.3: b; 5.5: a; 5.7: b; 5.9: b; 5.11: d; 5.13: b

### *Fragen mit kurzen Antworten*

**5.1**  Computer können leicht alle sechs Leseraster einer DNA-Sequenz nach ORFs durchsuchen. Da willkürliche DNA-Sequenzen mindestens alle 100–200 bp ein Stoppcodon besitzen und die meisten Gene mehr als eine entsprechende Zahl von Codons enthalten, kann man die codierenden Sequenzen in bakteriellen Genomen, denen Introns und andere bedeutende nichtcodierende Sequenzen fehlen, auf ziemlich direktem Wege ermitteln.

**5.3** Computerprogramme können für die Analyse der Bevorzugung von Codons, die Suche von Exon-Intron-Grenzen und stromaufwärts liegenden regulatorischen Sequenzen der Gene angepasst werden.

**5.5** Einige Gene enthalten optionale Exons und können mRNA-Moleküle mit unterschiedlichen Größen codieren. Es ist ebenfalls möglich, dass nicht alle in einem DNA-Fragment enthaltenen Gene in der Zelle, aus man der die RNA isoliert hat, exprimiert wurden.

**5.7** Orthologe Gene sind homologe Gene, die in unterschiedlichen Organismen vorkommen, und paraloge Gene sind homologe Gene in demselben Organismus.

**5.9** Ist die biochemische Aktivität des Genprodukts in einer anderen Spezies bekannt, gibt das möglicherweise einen Hinweis auf die Funktion beim Menschen. Auch andere Organismen können für experimentelle Analysen zur Genfunktion eingesetzt werden.

**5.11** Man kann vergleichende Genomik, die Identifizierung von exprimierten Sequenzen und Transposon-*tagging* einsetzen, um festzustellen, ob kurze ORFs echte Gene sind.

### Vertiefende Aufgaben

**5.1** Dies ist eine schwierige Frage, doch hilft eine Betrachtung der grundlegenden Prinzipien weiter. Abschnitt 5.1.1 macht deutlich, dass die Identifizierung von Exon-Intron-Grenzen ein wesentliches Hindernis bei der Lokalisierung von eukaryotischen Genen durch die Sequenzanalyse ist. Es ist vermutlich legitim, wenn man annimmt, dass die Consensussequenzen, die diesen Stellen gegenwärtig zugeordnet werden, sehr genau sind, da sie auf einem Vergleich vieler Exon-Intron-Grenzen von vielen Organismen beruhen. Daher könnte man argumentieren, dass die Sequenzuntersuchung allein niemals ein Hilfsmittel für die sichere Identifizierung einer Gensequenz sein wird. Die Diskussion muss sich daher auf das Potenzial der Homologiesuche konzentrieren, sowohl was die Genlokalisierung betrifft als auch die Zuweisung von Funktionen. Hier sind die wesentlichen Aspekte vermutlich das Ausmaß, mit dem die Homologiesuche durch die Veröffentlichung einer größeren Zahl von Sequenzen in den Datenbanken leistungsfähiger und genauer wird, und ob das Potenzial der vergleichenden Genomik, wie sie für *Saccharomyces cerevisiae* und verwandte Hefen angewendet wurde, mit anderen Organismen realisiert werden kann. Wenn Sie den zweiten Punkt besprechen, bedenken Sie, wie nahe verwandt zwei Genome sein müssen, um für die vergleichende Genomik von Nutzen zu sein, und ob es wahrscheinlich ist, dass zum Beispiel bei Säugetieren Paare oder Gruppen von Genomen mit dem erforderlichen Verwandtschaftsgrad in naher Zukunft zur Verfügung stehen.

**5.3** Die Sequenz ist die des menschlichen Myoglobinproteins. Die anderen Sequenzen, die mit der BLAST-Analyse identifiziert werden, sind Orthologe des Humanproteins.

### Aufgaben zu Abbildungen

**5.1** Das Computerprogramm würde nach Exon-Intron-Grenzen suchen und die Intronsequenz ermitteln.

**5.3** Die meisten regulatorischen Signale, die die Genexpression kontrollieren, liegen in der DNA-Region stromaufwärts des ORF, sodass das GFP-Gen nun das gleiche Expressionsmuster zeigt wie das Testgen. Das Expressionsmuster dieses Gens kann daher bestimmt werden, indem der Organismus auf die Anwesenheit von GFP hin abgesucht wird.

# Kapitel 6: Verstehen, wie ein Genom funktioniert

## Multiple-Choice-Fragen

6.1: b; 6.3: c; 6.5: a; 6.7: b; 6.9: a; 6.11: c; 6.13: b

## Fragen mit kurzen Antworten

**6.1** Das Ziel ist zu verstehen, wie Genome als Ganzes innerhalb einer Zelle funktionieren, wie sie die verschiedenen biochemischen Aktivitäten bestimmen und koordinieren. Diese allgemeinen Untersuchungen der Genomaktivität müssen nicht nur das Genom an sich betreffen, sondern können sich auch auf das Transkriptom und das Proteom beziehen.

**6.3** Haben zwei unterschiedliche mRNAs ähnliche Sequenzen, dann können sie mit der auf dem Array lokalisierten Probe der jeweils anderen mRNA kreuzhybridisieren. Das geschieht häufig, wenn zwei oder mehrere paraloge Gene in demselben Gewebe aktiv sind. Das Transkriptom enthält dann Gruppen von verwandten mRNAs, von denen jede bis zu einem gewissen Maß mit verschiedenen Mitgliedern der Genfamilie hybridisieren kann. Die Unterscheidung der relativen Mengen jeder mRNA oder selbst der gesicherte Nachweis bestimmter mRNAs, kann in einem solche Fall sehr schwierig sein. Um dieses Problem zu lösen, ist es notwendig, einen DNA-Chip mit spezifischen Oligonucleotiden herzustellen, die für bestimmte Sequenzen von den einzelnen Paralogen einer Familie charakteristisch sind.

**6.5** Gene, die ein ähnliches Expressionsprofil zeigen, haben wahrscheinlich miteinander in Beziehung stehende Funktionen. Diese können durch hierarchische Cluster-Bildung identifiziert werden, bei der man die Expressionsniveaus jedes Genpaars in den analysierten Transkriptomen miteinander vergleicht und ihnen Werte zuweist, die auf das Ausmaß der Beziehung zwischen den Genen hinweisen. Diese Daten kann man in Form eines Dendrogramms darstellen, bei dem Gene mit verwandten Expressionsprofilen gruppiert werden. Das Dendrogramm gibt einen deutlich sichtbaren Hinweis auf die funktionelle Beziehung zwischen Genen.

**6.7** Die Untersuchung der Transkriptome weist auf die Gene hin, die in einer bestimmten Zelle aktiv sind; was jedoch die vorkommenden Proteine betrifft, sind die Hinweise weniger genau. Der Grund hierfür ist, dass neben dem mRNA-Gehalt noch andere Faktoren wie die Translationsrate, mit der die mRNAs in Proteine umgeschrieben werden, und die Abbaurate für die Proteine den Proteingehalt beeinflussen.

**6.9** Der in einem Phagen-Display eingesetzte Klonierungsvektor ist so konstruiert, dass die Expression des in den Vektor klonierten Fremd-Gens zu einem Genprodukt führt, das mit einem Protein der Phagenhülle fusioniert ist. Das Phagenprotein transportiert das fremde Protein zur Phagenhülle, wo es so „präsentiert" wird, dass es mit anderen Proteinen aus der Umgebung des Phagen interagieren kann.

**6.11** Man hofft, dass die Informationen aus einer etwas weiter fortgeschrittenen Metabolomik für die Herstellung von Arzneistoffen verwendet werden können. Diese Arzneistoffe sollen gegen Krankheiten wirken, indem sie bestimmte krankheitsbedingte Abnormalitäten des Stoffflusses umkehren oder abschwächen. Das metabolische Profiling könnte auch Hinweise auf unerwünschte Nebenwirkungen von Medikamenten geben. Mit dieser Information könnte man auch die chemische Struktur des Wirkstoffes gezielt verändern oder die Art der Anwendung abwandeln, um die Nebenwirkungen zu minimieren.

## Vertiefende Aufgaben

**6.1** Abschnitt 6.1.2 beschreibt, wie mithilfe von Microarrays Transkriptome aus zwei oder mehreren Geweben oder aus demselben Gewebe und nach Inkubation bei unterschiedlichen Bedingungen miteinander verglichen werden. Auch die weiterführende Literatur enthält ausführlichere Informationen und spezifische Beispiele. Eine Diskussion über die Schwierigkeiten bei der Anwendung des cDNA-Sequenzierungsansatzes wie SAGE für Vergleiche zwischen Transkriptomen zeigt, ob die wesentlichen Unterschiede zwischen Sequenzierungs- und Microarray-Ansätzen verstanden wurden und weist auf die Nützlichkeit der Microarray-Technologie hin.

**6.3** Der erste Teil der Frage ist relativ leicht zu beantworten, da der Text ein Beispiel aus *E. coli* aufführt (die Lactose-Permease und die β-Galactosidase). Der zweite Teil der Frage – Proteine, die eine physische, doch keine funktionelle Wechselwirkung zeigen – ist dagegen schwieriger zu beantworten. Doch auch hier gibt es Beispiele, wie molekulare Chaperone (Abschnitt 13.3.1), die mit Proteinen direkt in Wechselwirkung treten, um deren Faltung zu unterstützen, und die Proteine des Proteasoms (Abschnitt 13.4), die in ähnlicher Weise direkt mit den abzubauenden Proteinen interagieren. Ein Hauptziel der Proteinforschung ist, die Spezifität dieser Arten von Wechselwirkungen zu verstehen, wobei eine Fragestellung zum Beispiel lautet, welche individuellen Chaperone welche speziellen Proteine falten. Daher sind diese Formen von Wechselwirkungen genauso interessant wie die auf funktioneller Basis.

**6.5** Dieses ist eine offene Frage, die sich für eine Diskussion in einem Kurs oder einer kleinen Gruppe eignet, eventuell mit einer wichtigen Veröffentlichung wie Kirschner MW (2005) The meaning of systems biology. *Cell* 121: 503–504 als Ausgangspunkt.

## Aufgaben zu Abbildungen

**6.1** Eine cDNA-Präparation wird mit einem fluoreszierenden Marker behandelt und mit dem Microarray hybridisiert. Man weist die Markierung mit konfokaler Laser-Scanning-Mikroskopie nach, wobei die Intensität in ein Falschfarbenbild umgewandelt wird.

**6.3** In der ersten Dimension werden die Proteine durch isoelektrische Fokussierung getrennt. Anschließend legt man das Gel in Natriumdodecylsulfat (SDS), dreht es danach um 90 Grad und führt eine zweite Elektrophorese im rechten Winkel zu der ersten durch, bei der die Proteine entsprechend ihrer Größen getrennt werden.

# Kapitel 7: Eukaryotische Kerngenome

## Multiple-Choice-Fragen

7.1: b; 7.3: c; 7.5: d; 7.7: c; 7.9: b; 7.11: b; 7.13: b

## Fragen mit kurzen Antworten

**7.1** Die vollständige Spaltung des menschlichen Chromatins mit Nucleasen zeigt, dass DNA-Sequenzen mit einer Länge von 146 bp vor dem Abbau geschützt sind. Ist der Nucleaseabbau nicht vollständig, dann entstehen DNA-Fragmente mit einer Länge von 200 bp oder einem Vielfachen davon.

**7.3** Minichromosomen sind kürzer als Makrochromosomen, haben jedoch eine größere Gendichte.

**7.5** Telomere kennzeichnen die Chromosomenenden und ermöglichen es der Zelle, zwischen einem echten Ende und einem Ende, das durch einen Chromosomenbruch entstanden ist, zu unterscheiden.

**7.7** Eine typische Region eines menschlichen Chromosoms besitzt wenige Gene (von denen die meisten Introns enthalten), einige sich wiederholende Sequenzfolgen und einen hohen Anteil an nichtrepetitiver, nichtgenischer DNA. Hefechromosomen haben eine höhere Gendichte mit sehr wenigen intronenthaltenden Genen, und sie haben nur wenige sich wiederholende Sequenzen und viel weniger nichtgenische DNA.

**7.9** Genkataloge können auf die bekannten Funktionen von Genen zurückgehen, doch sind solche Kataloge unvollständig, weil es in den meisten Genomen viele Gene mit unbekannter Funktion gibt. Genkataloge, die auf Übereinstimmungen von Proteindomänen beruhen, die von den Genen codiert werden, sind umfangreicher, weil sie viele Gene beinhalten, deren spezielle Funktion unbekannt ist.

**7.11** Ein konventionelles Pseudogen wurde durch eine Mutation inaktiviert, während ein prozessiertes Pseudogen durch die Wiedereingliederung einer cDNA-Kopie einer mRNA in die DNA entstanden ist.

## Vertiefende Aufgaben

**7.1** Diese Frage nimmt Informationen aus Kapitel 10 vorweg – der Zugang zum Genom. Grundsätzlich ist nachvollziehbar, dass Gene in Regionen mit einer dicht gepackten Chromatinstruktur vermutlich wenig zugänglich für Proteine sind, die für die Aktivierung und Transkription eines Gens verantwortlich sind, und dass die genaue Position eines Nucleosoms für die Zugänglichkeit zu einem Gen ebenfalls von Bedeutung ist. Das Ende von Abschnitt 7.1.1 deutet an, dass die chemische Modifizierung von Histonen wichtig für die Chromatinstruktur ist, und man kann diesem Thema in diesem Stadium, vor der ausführlichen Behandlung in Kapitel 10, sehr gut vorgreifen.

**7.3** Abbildung 7.13 sollte den Ausgangspunkt bilden und das erste Ziel sollte die Definition von „intergenischer" DNA sein. Man sollte zu dem Ergebnis kommen, dass diese Bezeichnung alle Sequenzen, die innerhalb von Genen liegen (codierende Regionen und Introns) und die mit Genen verwandt sind (zum Beispiel Pseudogene, Genfragmente) oder die für die Genaktivität notwendig sind (zum Beispiel Regionen, die unmittelbar stromaufwärts von Genen liegen) ausschließt. Allerdings umfasst intergenische DNA traditionell einige funktionelle Sequenzen wie Replikationsursprünge (Abschnitt 15.2.1) und Sequenzen, die Chromosomen mit Strukturen des Zellkerns verbinden (Abschnitt 10.1.2). Hat man dies erst einmal erkannt, dann ist die nächste Frage, ob eine der häufigen repetitiven Komponenten eine Funktion besitzt. In Abschnitt 7.1.2 sollte deutlich geworden sein, dass wenigstens einige Sequenzen der Satelliten- und Minisatelliten-DNA funktionell sind, und der letzte Absatz von Kapitel 7 zeigt, dass ein großer Teil der genomweit verteilten repetitiven DNA eine Transpositionsaktivität besitzt. Doch bis zu welchem Ausmaß kann diese als „Funktion" angesehen werden?

## Aufgaben zu Abbildungen

**7.1** Die Abbildung zeigt einen Teil des Karyogramms des Menschen. Die Chromosomen werden anhand ihrer Größe, der Lokalisierung des Centromers und des Bandenmusters nach Färbung unterschieden.

**7.3** Die Abbildung zeigt ein prozessiertes Pseudogen, das funktionslos ist, weil es von einer mRNA stammt. Ihm fehlen daher die Nucleotidsequenzen, die notwendig sind, um die Genexpression anzuschalten und zu regulieren.

# Kapitel 8: Genome von Prokaryoten und eukaryotischen Organellen

## Multiple-Choice-Fragen

8.1: d; 8.3: a; 8.5: c; 8.7: a; 8.9: c; 8.11: d; 8.13: c

## Fragen mit kurzen Antworten

**8.1** Eukaryotische Genome sind linear und enthalten Histonproteine, die an der Verpackung der DNA beteiligt sind. Eukaryotische Chromosomen verfügen über viele Replikationsursprünge und enthalten Centromere und Telomere. Das Chromosom von *E. coli* ist ein ringförmiges Molekül, das einen einzigen Replikationsursprung besitzt, durch Superspiralisierung verpackt ist und dem Centromere und Telomere fehlen.

**8.3** HU-Proteine unterscheiden sich strukturell von Histonen, doch wie Histone bilden sie Tetramere, um die sich die DNA windet.

**8.5** Prokaryotische Genome haben eine sehr hohe Gendichte, enthalten sehr kurze Regionen mit intergenischer DNA und es fehlen Introns und repetitive DNA-Sequenzen.

**8.7** Da das Bakterium ein Parasit ist, werden viele der Nährstoffbedürfnisse von dem Wirt gedeckt. Dem bakteriellen Genom fehlen daher viele Gene, die an Stoffwechselwegen beteiligte Proteine codieren.

**8.9** Weil DNA durch lateralen Gentransfer zwischen unterschiedlichen Arten ausgetauscht werden kann.

## Vertiefende Aufgaben

**8.1** Der Text in Abschnitt 8.1.1 legt nahe, die herkömmliche Betrachtung des prokaryotischen Genoms als einzelnes, ringförmiges DNA-Molekül tatsächlich aufzugeben. Eine Diskussion über die neue Definition wird wahrscheinlich nicht zu einer endgültigen Aussage führen (wie keine der Aussagen, die bisher diesbezüglich von den Genetikern der Mikrobiologie gemacht wurden), doch es ist eine lehrreiche Übung, weil sie eine klare Unterscheidung zwischen Plasmiden und Genomen erfordert.

**8.3** Abschnitt 8.2.3 deutet an, dass die Antwort auf diese Frage „nein" ist. Die Diskussion sollte die wichtigsten Punkte dieses Abschnitts behandeln: die generelle Schwierigkeit bei der Anwendung des für Eukaryoten entwickelten Artbegriffs auf Prokaryoten wie auch die von der Genomsequenzierung aufgedeckten grundsätzlichen Unterschiede zwischen dem Geninhalt von Stämmen, die traditionell als Mitglieder einer einzigen Art angesehen werden, und die durch den lateralen Gentransfer entstehenden Komplikationen.

## Aufgaben zu Abbildungen

**8.1** Das *E. coli*-Chromosom ist an einen Proteinkern gebunden, von dem superspiralisierte DNA-Schleifen strahlenförmig ausgehen. Bricht die DNA in einer Schleife, dann verliert nur diese eine Schleife ihre superspiralisierte Form.

**8.3** Die in dieser Abbildung dargestellten Gene sind in einem Operon zusammengefasst und werden daher in ein einzelnes mRNA-Molekül transkribiert.

# Kapitel 9: Virusgenome und mobile genetische Elemente

## Multiple-Choice-Fragen

9.1: c; 9.3: a; 9.5: b; 9.7: d; 9.9: c; 9.11: c; 9.13: c; 9.15: b

## Fragen mit kurzen Antworten

**9.1** Viren sind obligate Parasiten, die für ihre Reproduktion von Wirtszellen abhängig sind. Den Viren fehlen viele Komponenten, die für die Lebensfähigkeit von zellulären Organismen notwendig sind; alle Viren nutzen die Ribosomen ihres Wirtes und nicht alle Viren haben Gene für DNA- und RNA-Polymerasen.

**9.3** Es handelt sich um Gene mit gemeinsamen Nucleotidsequenzen, die unterschiedliche Proteine codieren. Die Nucleotidsequenzen von überlappenden Genen werden in unterschiedlichen Leserastern translatiert.

**9.5** Nur Bakteriophagen besitzen Capside vom Kopf-und-Schwanz-Typ. Eukaryotische Viren, insbesondere solche, die Tiere infizieren, können von einer Lipidmembran bedeckt sein.

**9.7** Ein Transposon ist ein DNA-Segment, das innerhalb des Genoms von einer Position zu einer anderen springen kann.

**9.9** Die *long interspersed nuclear elements* (LINEs) machen über 20 % des menschlichen Genoms aus und ein vollständiges Element enthält zwei Gene, von denen eines eine Reverse Transkriptase codiert. Die *short interspersed nuclear elements* (SINEs) haben die höchste Kopienzahl von allen Sequenzen, die im menschlichen Genom vorkommen, und ihnen fehlen jegliche Gene. Um zu transponieren, müssen sie von den Reversen Transkriptasen Gebrauch machen, die von den LINEs synthetisiert werden.

**9.11** Aktive DNA-Transposons sind in Pflanzengenomen weiter verbreitet als im Humangenom. Einige pflanzliche Transposons wirken zusammen, wie die von Barbara McClintock entdeckte Ac/Ds-Familie zeigt. Das Ac-Element codiert eine Transposase, die sowohl Ac- als auch Ds-Sequenzen erkennt.

## Vertiefende Aufgaben

**9.1** Eine traditionelle Frage und eine, für die nur wenig Anleitung gegeben werden kann. Der Schlüssel für eine fruchtbare Diskussion ist, sich nicht in einer Betrachtung von Viren zu verzetteln, sondern eine aussagekräftige Definition für das „Leben" zu formulieren und dann zu entscheiden, ob diese Definition auch für nichtzelluläre Systeme zutrifft.

**9.3** „Eigennützige" DNA ist DNA, die einem Genom keinen Vorteil vermittelt sondern toleriert wird, weil kein Selektionsdruck herrscht, um sich ihrer zu entledigen. Wenn diese Betrachtung korrekt ist, dann bedeutet der Besitz von Transposons weder einen Vor- noch einen Nachteil, weshalb diese Elemente einfach mit den funktionellen Teilen des Genoms weitergegeben werden (Orgel LE, Crick FHC (1980) Selfish DNA: the ultimate parasite. *Nature* 284: 604–607). Beachten Sie, dass ein Argument gegen den harmlosen Charakter von Transposons die Versuche einiger Organismen sein könnten, ihre Aktivität einzuschränken. Insbesondere versuchen sie diese Sequenzen durch Methylierung zu inaktivieren (Abschnitt 17.3.3).

**9.5** Die Frage wird in Abschnitt 17.3.2 beantwortet, wo wir den Transpositionsprozess eines LTR-Retroelements betrachten und entdecken, dass die Replikation des Elements zwei Matrizenwechsel umfasst, jeweils von einem LTR zum anderen. Dabei gewährleisten diese Matrizenwechsel, dass die vollständige Sequenz eines Retroelements kopiert wird (Abb. 17.18).

## Aufgaben zu Abbildungen

**9.1** Von links nach rechts: ikosaedrisch, filamentös, Kopf-und-Schwanz.

**9.3** Retrovirusinfektion.

**9.5** Die Ac- und Ds-Elemente wurden zuerst durch Barbara McClintock charakterisiert. Die Ac-Elemente besitzen ein Transposasegen, das den Ds-Elementen fehlt. Die von den Ac-Elementen codierte Transposase ist verantwortlich für die Transposition sowohl der Ac- als auch der Ds-Elemente.

# Kapitel 10: Der Zugang zum Genom

## Multiple-Choice-Fragen

10.1: d; 10.3: b; 10.5: a; 10.7: c; 10.9: b; 10.11: d; 10.13: a; 10.15: c

## Fragen mit kurzen Antworten

**10.1** Durch Elektronenmikroskopie von Zellen, die für einen Abbau der DNA mit DNase behandelt wurden und mit denen eine Salzextraktion durchgeführt wurde, um die Histonproteine zu entfernen, ließ sich die Kernmatrix erkennen – ein komplexes Netzwerk aus Protein- und RNA-Fasern. Die Fluoreszenzmarkierung von spezifischen Proteinen zeigte, dass Aktivitäten wie RNA-Speißen auf bestimmte Regionen des Zellkerns beschränkt sind.

**10.3** Es weist darauf hin, dass diese Chromosomenpaare im Zellkern benachbarte Territorien besetzen.

**10.5** Der Positionseffekt bezieht sich auf die Variabilität der Genexpression, die auftritt, wenn man ein Gen in einen eukaryotischen Wirt kloniert. Er liegt an dem Zufallsprinzip, mit dem ein Gen in eine offene oder in eine dicht gepackte Chromatinregion integriert wird.

**10.7** Isolatoren und LCRs machen beide den Positionseffekt unwirksam, wenn mit ihnen verknüpfte Gene in eukaryotische Zellen eingeschleust werden. LCRs stimulieren im Gegensatz zu Isolatoren außerdem die Expression von Genen, die in ihrer funktionellen Domäne liegen.

**10.9** HDACs reprimieren die Genexpression, indem sie Acetylgruppen von Histonproteinen entfernen.

**10.11** DNase I kann unzugängliche DNA, die beispielsweise in dicht gepacktem Chromatin enthalten ist, nicht schneiden. Für eine Spaltung durch DNase I empfindliche Bereiche liegen in der Regel in der Nachbarschaft von exprimierten Genen.

## Vertiefende Aufgaben

**10.1** Eine Betrachtung der Verfahren, mit denen man Zellen für die Elektronenmikroskopie präparieren kann, führt in der Regel zu dem Schluss, dass Strukturen in lebenden Kernen wahrscheinlich verloren gehen und in lebenden Zellen nicht enthaltene Artefakte entstehen können. Das Gegenargument ist die allgemeine Übereinstimmung zwischen dem Bild vom Zellkerninneren, wie es auf der Basis der Elektronenmikroskopie entwickelt wurde, und der Interpretation der Ergebnisse von jüngeren und weniger destruktiven Verfahren wie der konfokalen Mikroskopie.

**10.3** Startpunkte für die Recherche und die Bewertung sind Strahl BD, Ellis CD (2000) The language of covalent histone modifications. *Nature* 403: 41–45 und Jenuwein T, Allis CD (2001) Translating the histone code. *Science* 293: 1074–1080.

**10.5** Dieser faszinierenden Frage nähert man sich am besten, indem man die relevante Literatur wie Lee JT (2005) Regulation of X-chromosome counting by *Tsix* and *Xite* sequences. *Science* 309: 768–771 studiert.

### Aufgaben zu Abbildungen

**10.1** Das Ausmaß der Genexpression wird am größten sein, wenn das Gen in eine Region mit offenem Chromatin integriert wird. In Bereichen mit kondensiertem Chromatin wird die Genexpression dagegen nur gering sein oder gar nicht stattfinden.

**10.3** Die methylierte CpG-Insel wird durch ein Methyl-CpG-bindendes Protein gebunden, das Teil des geninaktivierenden Histondeacetylasekomplexes ist.

# Kapitel 11: Die Bildung des Transkriptions- initiationskomplexes

### Multiple-Choice-Fragen

11.1: d; 11.3: b; 11.5: b; 11.7: d; 11.9: c; 11.11: c; 11.13: d; 11.15: b

### Fragen mit kurzen Antworten

**11.1** Die Homöodomäne ist ein erweitertes Helix-Kehre-Helix-Motiv aus 60 Aminosäuren, die vier $\alpha$-Helices bilden, wobei die Helices 2 und 3 durch eine $\beta$-Kehre getrennt sind. Helix 3 fungiert als Erkennungshelix und Helix 1 stellt Wechselwirkungen innerhalb der kleinen Furche her.

**11.3** Bei der einen Art von Modifikationstest wird die DNA mit einer Nuclease behandelt, die alle Phosphodiesterbindungen schneidet, mit Ausnahme der Bindungen, die von Protein bedeckt sind. Bei der zweiten Art von Test wird die DNA mit einem methylierenden Agens behandelt.

**11.5** Innerhalb der großen Furche bilden sich Wasserstoffbrücken zwischen den Nucleotidbasen und den Seitenketten der Aminosäuren in der Erkennungsstruktur des Proteins, während in der kleinen Furche hydrophobe Wechselwirkungen von größerer Bedeutung sind. An der Oberfläche der Helix sind die elektrostatischen Wechselwirkungen zwischen den negativen Ladungen des Phosphatanteils jedes Nucleotids und den positiven Ladungen der Aminosäureseitenketten am wichtigsten, wie etwa von Lysin oder Arginin, wobei auch einige Wasserstoffbrücken auftreten.

**11.7** Der Core-Promotor ist die Stelle, an der der Transkriptionsinitiationskomplex gebildet wird. Die stromaufwärts liegenden Promotorelemente sind die Anheftungsstellen für DNA-bindende Proteine, die die Bildung des Initiationskomplexes regulieren.

**11.9** Der Lactoserepressor bindet an die Operatorsequenz des Lactoseoperons und verhindert so die Transkription. Wenn Lactose vorhanden ist, bindet ihr Isomer Allolactose an den Repressor. Wenn Allolactose gebunden ist, verändert sich die Struktur des Repressors, sodass er nicht mehr an den Operator binden kann.

**11.11** Durch das Vorhandensein von alternativen oder multiplen Promotoren kann ein einzelnes Gen zwei oder mehr Transkripte spezifizieren. Das führt zur Synthese von ähnlichen, aber nicht identischen Proteinen, möglicherweise in verschiedenen Geweben oder Entwicklungsstadien oder auch gleichzeitig in derselben Zelle.

## Vertiefende Aufgaben

**11.1**  Es gibt verschiedene Methoden auf der Grundlage von immobilisierten klonierten DNA-Fragmenten, die vollständigen Chromosomensequenzen entsprechen, die dann mit aufgereinigten Bindungsproteinen oder mit Zellkernextrakten versetzt werden. Die Bindung weist man durch Behandlung des Microarrays mit einem markierten Antikörper nach, der für das bindende Protein spezifisch ist.

**11.3**  Die Antwort für den ersten Teil der Frage lässt sich aus den Abschnitten 11.3.1 und 11.3.2 entnehmen, aber die Begründung erfordert weiteres Nachdenken. Am Ende von Abschnitt 11.3.1 werden die Grundlagen der bakteriellen Genregulation in Form einer Aufzählung zusammengefasst, und es wird festgestellt, dass diese auch auf Eukaryoten zutreffen. Das ist korrekt, und das Erkennen dieser Grundlagen hat zweifellos dazu beigetragen, unser Verständnis von der Genregulation bei den Eukaryoten weiter zu entwickeln. Man sollte aber auch die Möglichkeit in Betracht ziehen, dass die Übertragung dieser Grundlagen von den Prokaryoten auf die Eukaryoten weniger hilfreich ist, da es dazu kommen kann, dass man die Bedeutung von bestimmten Aspekten der Transkriptionsregulation zu gering einschätzt, weil es bei Bakterien keinen entsprechenden Mechanismus gibt.

**11.5**  Betrachten Sie folgende Vorteile des Modulprinzips: das eindeutige Bild, das ein Regulationsszenario liefert, dem ein bestimmtes Gen unterworfen ist; die Unterscheidung zwischen Modulen der verschiedenen Typen, wobei sich ebenfalls ein klares Bild ergibt; außerdem die Tatsache, dass diese Module tatsächlich existieren. Betrachten Sie folgende Nachteile des Modulprinzips: die besondere Hervorhebung der DNA-Sequenzen, obwohl die daran bindenden Proteine die eigentlichen Regulatoren sind; die Möglichkeit, dass eine Kooperation zwischen den bindenden Proteinen verborgen bleibt; außerdem die Betonung der Region unmittelbar stromaufwärts eines Gens, während wichtige regulatorische Signale auch entfernt liegen können. Von diesen Aspekten ist wohl am wichtigsten, dass das Modulsystem auf der DNA aufbaut. Das führt nicht nur in die falsche Richtung – die bindenden Proteine sind aktive Mitspieler bei der Genregulation –, sondern es versperrt auch den Blick auf Bedeutung der Modifikation des Chromatins bei der Genregulation.

## Aufgaben zu Abbildungen

**11.1**  Der 434-Repressor enthält ein Helix-Kehre-Helix-Motiv. Die zweite Helix des Motivs passt in die große Furche der DNA und die Seitenketten der Aminosäuren bilden spezifische Kontaktstellen mit den Basen.

**11.3**  Sowohl in der großen als auch in der kleinen Furche sind die chemischen Eigenschaften asymmetrisch und ein bindendes Protein kann die Orientierung eines A–T-Paares erkennen.

**11.5**  Die RNA-Polymerase von *E. coli* erkennt die –35-Sequenz als Bindungsstelle. Nach Anheften an die DNA wird der Übergang vom geschlossenen zum offenen Komplex durch die Auftrennung von Basenpaaren in der AT-reichen –10-Sequenz eingeleitet.

# Kapitel 12: Die Synthese und Prozessierung von RNA

## Multiple-Choice-Fragen

12.1: a; 12.3: a; 12.5: c; 12.7: b; 12.9: d; 12.11: c; 12.13: c; 12.15: c

## Fragen mit kurzen Antworten

**12.1** Rho bindet an das Transkript und wandert entlang der RNA auf die Polymerase zu. Solange die Polymerase die RNA-Synthese fortsetzt, bleibt sie vor dem verfolgenden Rho. Am Terminationssignal hält die Polymerase jedoch an und Rho holt auf. Rho ist eine Helikase, das heißt, der Faktor trennt aktiv Basenpaare voneinander, hier zwischen der Matrize und dem Transkript, was die Termination der Transkription zur Folge hat.

**12.3** Die Attenuation funktioniert aufgrund der Kopplung von Transkription und Translation – Prozesse, die bei Eukaryoten nicht gekoppelt sind, da die RNA im Zellkern transkribiert wird, die Translation aber im Cytoplasma stattfindet.

**12.5** Die tRNA-Sequenz im Vorläufermolekül nimmt durch Basenpaarung ihre kleeblattförmige Struktur an, und es bilden sich zwei zusätzliche Haarnadelstrukturen, eine an jeder Seite der tRNA. Die Prozessierung beginnt mit einem Schnitt der Ribonuclease E oder F, durch den ein neues 3′-Ende entsteht, das sich nun direkt stromaufwärts der einen Haarnadelstruktur befindet. Die Ribonuclease D, die eine Exonuclease ist, entfernt sieben Nucleotide von diesem neuen 3′-Ende und hält dann an, während die Ribonuclease P am Beginn der Kleeblattstruktur schneidet und dadurch das 5′-Ende der reifen tRNA entsteht. Danach entfernt die Ribonuclease D zwei weitere Nucleotide und erzeugt so das 3′-Ende des reifen Moleküls. Alle gereiften tRNAs müssen mit dem Trinucleotid 5′-CCA-3′ enden. Bei einigen Prä-tRNAs fehlt diese Sequenz, oder sie wurde durch die Reaktionen der Ribonucleasen entfernt. Das trifft auf die meisten Prä-tRNAs zu, deren 3′-Enden durch die Ribonuclease Z entstehen. Diese schneidet direkt am ersten Basenpaar der Prä-tRNA und entfernt dadurch den Bereich, der das endständige CCA enthält. Wenn CCA fehlt, wird die Sequenz von einer oder mehreren matrizenunabhängigen RNA-Polymerasen angehängt, etwa durch die tRNA-Nucleotidyltransferase.

**12.7** Der mRNA-Abbau beginnt bei den Bakterien damit, dass eine Exonuclease, entweder die RNase E oder RNase III, die Region am 3′-Ende einschließlich der Haarnadelstruktur entfernt. Dadurch entsteht ein neues Ende, von dem aus die Exonucleasen RNase II und RNPase den Rest des Moleküls abbauen können.

**12.9** Im ersten Schritt der Capping-Reaktion wird an das äußerste 5′-Ende der RNA ein zusätzliches Guanosin angehängt. Das $\gamma$-Phosphat des endständigen Nucleotids wird entfernt, genauso wie das $\beta$- und das $\gamma$-Phosphat von GTP, wodurch eine 5′-5′-Bindung entsteht. Die Reaktion wird durch das Enzym Guanylyltransferase katalysiert. Im zweiten Schritt der Capping-Reaktion wird das neue endständige Guanosin durch Anhängen einer Methylgruppe am Stickstoffatom 7 des Purinringes in 7-Methylguanosin umgewandelt. Diese Modifikation katalysiert die Guanin-Methyltransferase.

**12.11** Die snoRNAs bilden mit der Prä-rRNA Basenpaare und erkennen so die Nucleotide, die methyliert oder in Pseudouridin umgewandelt werden sollen. Bei Nucleotiden, die methyliert werden, entsteht die Basenpaarung stromaufwärts einer D-Box.

## Vertiefende Aufgaben

**12.1** Diese Sichtweise ist am besten nachzulesen bei Hippel PH (1998) An integrated model of the transcription complex in elongation, termination and editing. *Science* 281: 660–665. Die Publikation sollte als Ausgangspunkt dienen, um diese Darstellung der Transkription zu bewerten.

**12.3** Diese Frage greift vor auf die Überlegungen zu den Ursprüngen der Introns in Abschnitt 18.3.2. Die *introns late*-Hypothese besagt, dass sich die Introns erst relativ spät in der Evolution entwickelt haben, und sich allmählich in den Genomen der Eukaryoten ansammeln. Nach diesem Modell gibt es bei Bakterien keine Introns, da der grundlegende Aufbau des bakteriellen Genoms festgelegt war, bevor die ersten Introns entstanden. Die *introns early*-Hypothese besagt, dass Introns schon sehr alt sind und allmählich aus den Genomen der Eukaryoten verschwinden. Das Fehlen von Introns in den bakteriellen Geomen ist deshalb ein Problem für die Befürworter der *introns early*-Hypothese, aber es gibt Möglichkeiten, das Problem zu lösen, wie sich in Abschnitt 18.3.2 zeigen wird.

**12.5** Die RNA-Welt, in der Ribozyme die einzige Art von biologischen Katalysatoren waren, wird in Abschnitt 18.1.1 beschrieben. Warum einige Ribozyme erhalten geblieben sind, ist unbekannt. Festzuhalten ist jedoch, dass die Funktionen der Ribozyme, die in Tabelle 12.4 aufgeführt sind, vor allem mit dem sequenzspezifischen Schneiden von RNA-Molekülen zu tun haben. Zur Erinnerung: Unter Methoden 5.1 heißt es, „der einzige entscheidende Mangel in der RNA-Werkzeugkiste besteht darin, dass Enzyme fehlen, die eine Sequenzspezifität ähnlich der von Restriktionsendonucleasen besitzen, die bei der künstlichen Veränderung von DNA-Molekülen eine so große Bedeutung haben.“

## Aufgaben zu Abbildungen

**12.1** Es bildet sich eine RNA-Haarnadelstruktur, wenn das umgekehrte Palindrom der Terminatorsequenz transkribiert wird. Die Bildung der Haarnadelstruktur wird gegenüber der Basenpaarung zwischen DNA und RNA bevorzugt und führt dazu, dass DNA-RNA-Wechselwirkungen abnehmen. Wenn die A-reiche Sequenz der Matrize transkribiert wird, gibt es mehrere A–U-Basenpaare, die jeweils nur zwei Wasserstoffbrücken ausbilden. Diese beiden Faktoren schwächen die Wechselwirkung zwischen Matrize und Transkript und führen zur Termination.

**12.3** Die Spaltung der 5′-Spleißstelle erfolgt durch eine Umesterungsreaktion. Diese geht von der Hydroxylgruppe aus, die am 2′-Kohlenstoffatom des Adenosinnucleotids in der Intronsequenz hängt. Der Hydroxylangriff führt zur Spaltung der Phosphodiesterbindung an der 5′-Spleißstelle. Das geht einher mit der Bildung einer neuen 5′-2′-Phosphodiesterbindung, die das erste Nucleotid des Introns (das G im 5′-GU-3′-Motiv) mit dem inneren Adenosin verknüpft. Das bedeutet, dass das Intron eine rückwärts auf sich selbst gerichtete Schleife bildet, wodurch eine Lassostruktur entsteht. Durch eine zweite Umesterungsreaktion kommt es zur Spaltung der 3′-Spleißstelle und zur Verknüpfung der Exons. Diese Reaktion geht von der 3′-OH-Gruppe aus, die am Ende des stromaufwärts liegenden Exons hängt. Diese Gruppe greift die Phosphodiesterbindung an der 3′-Spleißstelle an, spaltet sie und setzt so das Intron als Lassostruktur frei, die anschließend in lineare RNA zurückverwandelt und abgebaut wird. Gleichzeitig wird das 3′-Ende stromaufwärts liegenden Exons mit dem neu gebildeten 5′-Ende des stromabwärts liegenden Exons verknüpft, was den Spleißvorgang zum Abschluss bringt.

**12.5** Das Bild zeigt den Mechanismus der RNA-Interferenz. Doppelsträngige RNA-Moleküle werden durch das Dicer-Enzym zu kurzen Interferenz-RNAs (siRNAs) abgebaut. Die siRNAs binden an die mRNA, die dann vom RNA-induzierten Silencing-Komplex (RISC) gespalten wird.

## Kapitel 13: Die Synthese und Prozessierung des Proteoms

### Multiple-Choice-Fragen
13.1: b; 13.3: c; 13.5: c; 13.7: c; 13.9: d; 13.11: c; 13.13: c; 13.15: d

### Fragen mit kurzen Antworten
**13.1** Transfer-RNAs bilden die Verknüpfung zwischen der mRNA und dem Polypeptid, das synthetisiert wird. Das ist erstens eine physikalische Kopplung, da die tRNAs sowohl an die mRNA als auch an das wachsende Polypeptid gebunden sind, und zweitens eine Informationskopplung, da die tRNAs gewährleisten, dass das synthetisierte Polypeptid die Aminosäuresequenz hat, die über den genetischen Code durch die Nucleotidsequenz der mRNA festgelegt ist.

**13.3** Die meisten Fehler werden schon durch die Aminoacyl-tRNA-Synthetase selbst korrigiert. Das geschieht über einen Korrekturleseprozess, der von der Aminoacylierung getrennt erfolgt und bei dem es zu verschiedenen Wechselwirkungen mit der tRNA kommt.

**13.5** Der Präinitiationskomplex besteht aus der 40S-Untereinheit des Ribosoms, einem „ternären" Komplex aus dem Initiationsfaktor eIF-2 mit der daran gebundenen Initiator-tRNA$^{Met}$ und einem gebundenen GTP-Molekül sowie drei weiteren Initiationsfaktoren eIF-1, eIF-1A und eIF-3.

**13.7** Die Phosphorylierung des Initiationsfaktors eIF-2 führt zur Hemmung der Translationsinitiation, da so verhindert wird, dass der Faktor GTP binden kann, was erforderlich ist, um die Initiator-tRNA an die kleine ribosomale Untereinheit zu bringen.

**13.9** Die Sekundärstrukturmotive entlang der Polypeptidkette bilden sich innerhalb von Millisekunden. Dieser Schritt geht damit einher, dass das Protein zu einer zwar kompakten, aber nicht gefalteten Struktur zusammenfällt, wobei die hydrophoben Gruppen nach innen zeigen und so vom Wasser abgeschirmt sind. Während der nächsten wenigen Sekunden oder Minuten treten die Sekundärstrukturmotive miteinander in Wechselwirkung und die Tertiärstruktur nimmt allmählich Gestalt an, häufig über eine Folge von Zwischenkonformationen.

**13.11** Inteine können sich selbst spleißen, sodass sie sich selbstständig aus einem Protein entfernen können.

### Vertiefende Aufgaben
**13.1** Ein guter Ausgangspunkt für die Beantwortung dieser schwierigen Frage ist Ribas de Pouplana L, Schimmel P (2001) Aminoacyl-tRNA-synthetases potential markers of genetic code development. *Trends Biochem Sci* 26: 591–596.

**13.3** Die Evolution des genetischen Codes hat schon immer zu Diskussionen geführt, seitdem die DNA als genetisches Material damals in den 1950er-Jahren entdeckt wurde. Viele Genetiker befürworten die Theorie vom „eingefrorenen Unfall", nach der in den frühesten Phasen der Evolution die Codons den Aminosäuren zufällig zugeordnet wurden. Der Code „fror" dann gewissermaßen ein, weil jede Veränderung weitreichende Störungen der Aminosäuresequenzen verursachen würde. Es gibt jedoch verschiedene Hinweise, dass der Code weniger zufällig entstanden ist. Erstens deuten die umstrittenen Ergebnisse einiger Experimente darauf hin, dass zumindest einige Aminosäuren direkt an RNAs binden, die die zugehörigen Codons enthalten. Das geschieht in Abwesenheit der tRNA, die in heutigen Zellen die Wechselwirkung vermittelt. Wenn das wirklich zutrifft, lässt sich daraus folgern, dass es eine Art chemische Beziehung zwischen einer Aminosäure und ihren Codons/ihrem Codon gibt. Zweitens zeigen die Abweichungen vom Standardcode (Tab. 1.3), dass dieselben Neuzuordnungen von Codons mehr als einmal aufgetreten sind. Wenn die Beziehung zwischen Codon und Aminosäure rein zufällig wäre, wie es die Theorie vom „eingefrorenen Unfall" postuliert, wäre das mehrmalige Auftreten derselben Neuzuordnungen von Codons bei verschiedenen Gelegenheiten nicht zu erwarten. Siehe auch: Knight RD, Freeland SJ, Landweber LF (1999) Selection, history and chemistry: the three faces of the genetic code. *Trends Biochem Sci* 24: 241–247; Szathmáry E (1999) The origin of the genetic code: amino acids as cofactors in an RNA-world. *Trends Genet* 15: 223–229; Yarus M, Caporaso JG, Knight R (2005) Origins of the genetic code: the escaped triplett theory. *Annu Rev Biochem* 74: 179–198.

**13.5** Zu den wichtigen Punkten gehören Folgende: Die frühe Erkenntnis, dass Ribosomen aus einer großen und einer kleinen Untereinheit bestehen, war entscheidend für die Entwicklung von ersten Modellen über den Mechanismus der Proteinsynthese; die Identifizierung der P-, A- und E-Stelle war der Schlüssel für eine genauere Vorstellung von der Translation, und den aktuellen Arbeiten über die Aktivität der Peptidyltransferase liegen Strukturuntersuchungen zugrunde.

### Aufgaben zu Abbildungen

**13.1** An Position 34 kann sich ein Inosinrest befinden. Ein Inosin an dieser Stelle kann mit A, C oder U in der mRNA ein Basenpaar bilden, sodass ein einziges tRNA-Molekül drei verschiedene Codons für eine Aminosäure erkennen kann.

**13.3** CCdA-Phosphat-Puromycin ist ein Analogon des Übergangszustands, der bei der Bildung der Peptidbindung auftritt. Das Molekül wird vom Ribosom am aktiven Zentrum der Peptidyltransferase gebunden. Da in der Nähe des CCdA-Phosphat-Puromycin-Moleküls keine Proteine liegen, deutet das darauf hin, dass die Bildung von Peptidbindungen nicht durch Proteine katalysiert wird.

# Kapitel 14: Die Regulation der Genomaktivität

### Multiple-Choice-Fragen

14.1: d; 14.3: a; 14.5: a; 14.7: c; 14.9: d; 14.11: d; 14.13: c; 14.15: d

### Fragen mit kurzen Antworten

**14.1** Mit Differenzierung ist gemeint, dass eine Zelle eine spezialisierte physiologische Funktion übernimmt. Das führt zu permanenten Veränderungen der Genomexpression, die die biochemische Zusammensetzung der Zelle verändern. Entwicklung ist eine Abfolge von koordinierten Veränderungen, die im Verlauf des Lebens einer Zelle oder eines Lebewesens stattfinden.

**14.3** Wird Glucose in eine *E. coli*-Zelle transportiert, erfolgt eine Dephosphorylierung des Zuckertransportproteins IIA$^{Glc}$. Die dephosphorylierte Form von

IIA$^{Glc}$ hemmt das Enzym Adenylat-Cyclase, das cAMP produziert. Deshalb ist bei Vorhandensein von Glucose der cAMP-Spiegel niedrig. Ist keine Glucose vorhanden, ist der cAMP-Spiegel hoch.

**14.5** Die MAP-Kinase wird aktiviert, wenn sie durch das Mek-Protein phosphoryliert wird. Die phosphorylierte Form MAP-Kinase wandert in den Zellkern, wo sie Transkriptionsaktivatoren phosphoryliert. Diese führen zu einer Reaktion, die die Zellteilung anregt.

**14.7** Der Klassenwechsel führt zu einer vollständigen Veränderung des Immunglobulintyps, den ein Lymphocyt produziert. Das erfordert eine Rekombination, durch die die C$\mu$- und die C$\delta$-Sequenz zusammen mit einem Teil des Chromosoms zwischen dieser Region und dem C$_H$-Segment deletiert werden, welches die Immunglobulinklasse, die die Zelle nun synthetisieren wird, festlegt. Wenn beispielsweise der Lymphocyt auf die Synthese von IgG umschaltet, das von reifen Lymphocyten am häufigsten synthetisiert wird, dann wird durch die Deletion eines der C$\gamma$-Segmente, die die schwere Kette von IgG codieren, an das 5′-Ende des Clusters gebracht. Der Klassenwechsel unterscheidet sich von der V-D-J-Verknüpfung, und das Rekombinationsereignis erfordert nicht die Mitwirkung von RAG-Proteinen.

**14.9** $\sigma^F$ wird durch die Freisetzung aus einem Komplex mit SpoIIAB aktiviert. Diese Reaktion wird durch SpoIIAA kontrolliert, das ohne Phosphorylierung ebenfalls an SpoIIAB binden kann und dieses Protein daran hindert, an $\sigma^F$ zu binden. Wenn SpoIIAA nicht phosphoryliert ist, dann wird $\sigma^F$ freigesetzt und ist aktiv. Wenn SpoIIAA phosphoryliert ist, bleibt $\sigma^F$ an SpoIIAB gebunden und ist dadurch inaktiv. In der Mutterzelle wird SpoIIAA durch SpoIIAB phosphoryliert, sodass $\sigma^F$ seinen inaktiven gebundenen Zustand beibehält. In der Präspore wirkt SpoIIE der Phosphorylierung von SpoIIAA durch SpoIIAB entgegen, sodass $\sigma^F$ freigesetzt und aktiviert wird. Die Fähigkeit von SpoIIE, in der Präspore, nicht aber in der Mutterzelle, der Phosphorylierung von SpoIIAB entgegenzuwirken, kommt daher, dass SpoIIE-Moleküle an die Membran an der Oberfläche des Septums gebunden sind. Da die Präspore viel kleiner ist als die Mutterzelle, die Oberfläche des Septums aber bei beiden gleich groß, ist die Konzentration von SpoIIE in der Präspore größer, sodass die Wirkung von SpoIIAB gehemmt wird.

**14.11** Das *bicoid*-Gen wird in den mütterlichen Nährzellen exprimiert und die mRNA wird in unbefruchteten Eiern in das vordere Ende eingebracht. Die *bicoid*-mRNA bleibt am vorderen Ende der Eizelle und ist mit ihrem 3′-Ende am Cytoskelett befestigt. Nach der Befruchtung der Eizelle wird die mRNA translatiert, und das Bicoid-Protein diffundiert durch das Syncytium, wodurch es einen Konzentrationsgradienten bildet, der vom vorderen Ende (hoch) zum hinteren Ende (niedrig) reicht.

## Vertiefende Aufgaben

**14.1** Dieses umfangreiche Thema erfordert weitere Lektüre. Ein guter Ausgangspunkt ist Berg JM, Tymoczko JL, Stryer L (2006) Biochemistry, 6. Aufl. W. H. Freeman, New York; deutsche Ausgabe, Spektrum/Elsevier 2007

**14.3** Diese Frage lässt sich am besten dadurch beantworten, dass man sich überlegt, wie viel wir heute über die Entwicklung bei den höheren Eukaryoten wüssten, wenn bestimmte Experimente mit *C. elegans* und *D. melanogaster* nicht durchgeführt worden wären. Eine Auffassung könnte lauten, dass die Untersuchung von *C. elegans* zu unserem Wissen über die molekularen Grundlagen der RNA-Interferenz Wesentliches beigetragen hat (Abschnitt 14.3.4), ohne dass man diese Gene vorher bei *D. melanogaster* gekannt hat. Auch andere Sichtweisen sind denkbar.

**14.5** Anders als bei der entsprechenden Frage, die sich auf Untersuchungen der Vererbbarkeit bezieht (Kapitel 3, Vertiefende Aufgabe 3.3), gibt es keine einfache Beschreibung eines idealen Modellorganismus für die Entwicklung bei den höheren Eukaryoten. Es ließe sich fordern, dass das Modell der am wenigsten komplexe Eukaryot sein sollte, der die speziellen Merkmale der Entwicklung aufweist, die man untersuchen möchte. Das ideale Modell wird also für verschiedene Aspekte der Entwicklung jeweils ein anderes sein.

### Aufgaben zu Abbildungen

**14.1** Das Phänomen bezeichnet man als Diauxie und es ist das Ergebnis einer Katabolitrepression. Glucose hemmt die Expression des Lactoseoperons über einen indirekten Einfluss auf das Katabolitaktivatorprotein. Das Protein bindet an verschiedenen Stellen im Bakteriengenom an eine Erkennungssequenz und aktiviert die Initiation der Transkription an stromabwärts liegenden Promotoren. Eine produktive Initiation der Transkription an diesen Promotoren hängt davon ab, ob das Katabolitaktivatorprotein gebunden hat: Ist es nicht vorhanden, werden die Gene, die diese Promotoren kontrollieren, nicht exprimiert. Glucose tritt nicht selbst mit dem Katabolitaktivatorprotein in Wechselwirkung. Stattdessen kontrolliert Glucose den zellulären cAMP-Spiegel. Das geschieht durch Hemmung der Aktivität der Adenylat-Cyclase, des Enzyms, das cAMP aus ATP erzeugt. Die Hemmung wird durch IIA$^{Glc}$ vermittelt. Dieses Protein ist Bestandteil eines Multiproteinkomplexes, der Zuckermoleküle in das Bakterium transportiert. Wenn Glucose in die Zelle transportiert wird, kommt es zur Dephosphorylierung von IIA$^{Glc}$. Die dephosphorylierte Form von IIA$^{Glc}$ hemmt die Aktivität der Adenylat-Cyclase. Das bedeutet, dass bei einem hohen Glucosespiegel der cAMP-Spiegel niedrig ist. Das Katabolitaktivatorprotein kann nur in Gegenwart von cAMP an seine Zielsequenzen binden, sodass das Protein beim Vorhandensein von Glucose nicht an die DNA gebunden ist und die Operons, die es kontrolliert, sind abgeschaltet.

**14.3** Während der frühen Entwicklungsphase der B-Lymphocyten werden die Immunglobulinloci umstrukturiert. Innerhalb des Locus für die schwere Kette verknüpfen diese Umstrukturierungen eines der $V_H$-Gensegmente mit einem der $D_H$-Gensegmente, und diese V-D-Kombination wird dann mit einem $J_H$-Gensegment verknüpft. Das Ergebnis ist ein Exon, das das vollständige offene Leseraster für das V-, D- und J-Segment des Immunglobulinproteins enthält. Dieses Exon wird beim Spleißen nach der Transkription mit einem C-Segment-Exon verknüpft, sodass die vollständige mRNA der schweren Kette entsteht. Diese wird dann zu einem Immunglobulin translatiert, das für einen einzigen Lymphocyten spezifisch ist. Eine ähnliche Abfolge von DNA-Umstrukturierungen führt zur Bildung des V-J-Exons der leichten Kette des Lymphocyten, und auch hier wird das C-Segment-Exon durch Spleißen der später synthetisierten mRNA angehängt.

## Kapitel 15: Die Genomreplikation

### Multiple-Choice-Fragen
15.1: c; 15.3: a; 15.5: b; 15.7: c; 15.9: b; 15.11: a; 15.13: a; 15.15: c

### Fragen mit kurzen Antworten
**15.1** Das dispersive Modell der Replikation besagt, dass jedes Tochtermolekül teilweise aus der ursprünglichen DNA und teilweise aus neu synthetisierter

DNA besteht. Beim semikonservativen Replikationsmodell besteht jedes Tochtermolekül aus einem ursprünglichen und einem neu synthetisierten Strang. Bei einer konservativen Replikation besteht eine Tochterdoppelhelix vollständig aus neu synthetisierter DNA, während die andere die beiden ursprünglichen Stränge enthält.

**15.3** Die *rolling circle*-Replikation beginnt an einem Einzelstrangbruch, der in einem der Polynucleotide der Ausgangs-DNA erzeugt wird. Das entstandene freie 3′-Ende wird verlängert und verdrängt das 5′-Ende des Polynucleotids. Durch fortlaufende DNA-Synthese wird eine vollständige Kopie des Genoms abgerollt, und die weitere Synthese bewirkt, dass eine Abfolge von Genomen entsteht, die „Kopf-an-Schwanz" miteinander verknüpft sind. Diese einzelsträngigen linearen Genome werden durch die Synthese des komplementären Stranges, die anschließende Spaltung an den Übergangsstellen und die Umwandlung der entstandenen Fragmente in einzelne Ringe zu funktionsfähigen doppelsträngigen Molekülen.

**15.5** An jedem Ende der offenen, aufgeschmolzenen DNA-Region am Replikationsursprung bildet sich ein Prä-Priming-Komplex aus DnaB- und DnaC-Proteinen. DnaB ist eine Helikase, die den einzelsträngigen Bereich am Ursprung erweitert, sodass weitere Replikationsproteine binden können.

**15.7** Die Primase synthetisiert einen Primer, der aus acht bis zwölf Ribonucleotiden besteht. Der Strang wird durch die DNA-Polymerase $\alpha$ verlängert, die ungefähr die nächsten 20 Nucleotide (darunter möglicherweise auch einige Ribonucleotide) anhängt. Die übrige Kopie des Leitstranges wird durch die DNA-Polymerase $\delta$ synthetisiert.

**15.9** Ein Chromosom wird verkürzt, wenn das äußerste 3′-Ende des Folgestranges nicht kopiert wird, da für das letzte Okazaki-Fragment kein Primer mehr erzeugt werden kann, das heißt, die natürliche Primer-Stelle jenseits des Matrizenendes liegt. Das Fehlen dieses Okazaki-Fragments bedeutet, dass die Kopie des Folgestranges kürzer ist als sie sein sollte. Wenn die Kopie diese Länge beibehält und bei der nächsten Replikationsrunde selbst als Matrize dient, wird das dabei entstehende Chromosom gegenüber der ersten Ausgangs-DNA noch einmal verkürzt. Zu einer, wenn auch geringeren, Verkürzung kommt es selbst dann, wenn der Primer für das letzte Okazaki-Fragment am äußersten 3′-Ende des Folgestranges positioniert wird, da der endständige RNA-Primer nicht durch den normalen Mechanismus für das Entfernen von Primern in DNA umgewandelt werden kann.

**15.11** Wenn das Gen, das Cdc6p codiert, gehemmt wird, treten keine Präreplikationskomplexe (Prä-RC) auf. Wenn das Gen überexprimiert wird, kommt es zu mehrfachen Replikationen des Genoms ohne Mitose.

## Vertiefende Aufgaben

**15.1** Der Grund für diese Akzeptanz ist in der berühmten Schlussfolgerung von Watson und Crick in ihrem Artikel in der Zeitschrift *Nature* zusammengefasst: „Es ist unserer Aufmerksamkeit nicht entgangen, dass die spezifische Paarung, die wir hier postuliert haben, unmittelbar auf einen möglichen Kopiermechanismus für das genetische Material hindeutet" (siehe Anfang von Kapitel 15). Sobald Ihnen das nachvollziehbar erscheint, betrachten Sie die Gründe, warum die semikonservative Replikation tatsächlich *nicht* sofort anerkannt wurde (Abschnitt 15.1.1).

**15.3** Die Informationen, die das Buch *Genome und Gene* enthält, lassen sich noch ergänzen durch ausführlichere Darstellungen in Übersichtsartikeln zur Forschung auf diesem Gebiet, wie etwa Patel SS, Picha KM (2000) Structure and function of hexameric helicases. *Annu Rev Biochem* 69: 651–697.

**15.5** Die wichtigsten Literaturstellen sind Shay JW, Wright WE (2005) Senescence and immortalization: role of telomeres and telomerase. *Carcinogenesis* 26: 867–874; Shay JW (2005) Meeting report: the role of telomeres and telomerase in cancer. *Cancer Res* 65: 3513–3517.

### Aufgaben zu Abbildungen

**15.1** In der Abbildung ist die Verdrängungsreplikation dargestellt. Die Doppelhelix wird in der D-Schleife durch das RNA-Molekül unterbrochen, das mit einem der DNA-Stränge Basenpaare bildet. Das RNA-Molekül fungiert als Startpunkt für die Synthese von einem der Tochterpolynucleotide. Dieses Polynucleotid wird durch fortlaufendes Kopieren von einem Strang der Helix synthetisiert, während der zweite Strang erst verdrängt und dann nach der Synthese des ersten Tochtergenoms ebenfalls kopiert wird.

**15.3** Die DNA-Polymerase III besitzt keine $5'\rightarrow3'$-Exonucleaseaktivität und dissoziiert deshalb vom Folgestrang, wenn sie das nächste Okazaki-Fragment erreicht. Ihre Stelle nimmt die DNA-Polymerase I ein, die über eine $5'\rightarrow3'$-Exonucleaseaktivität verfügt und damit den Primer sowie den Anfang des DNA-Anteils vom Okazaki-Fragment entfernt. Dabei wird auch das $3'$-Ende des angrenzenden Fragments in den freigelegten Teil der Matrize hinein verlängert. Die beiden Okazaki-Fragmente stoßen nun aneinander und die fehlende Phosphodiesterbindung wird durch die DNA-Ligase erzeugt.

## Kapitel 16: Mutationen und die Reparatur der DNA

### Multiple-Choice-Fragen

16.1: b; 16.3: b; 16.5: c; 16.7: b; 16.9: a; 16.11: b; 16.13: c; 16.15: b

### Fragen mit kurzen Antworten

**16.1** Mutationen entstehen durch Fehler, die bei der Genomreplikation auftreten, und durch die Wirkung von Mutagenen, die als chemische oder physikalische Agenzien mit DNA reagieren und die Struktur einzelner Nucleotide verändern.

**16.3** Eine DNA-Polymerase kann ein falsches Nucleotid erkennen, wenn das Nucleotid zuerst an die DNA-Polymerase bindet und dann zum aktiven Zentrum des Enzyms bewegt wird, wo es an das $3'$-Ende des gerade synthetisierten Nucleotids angehängt werden soll.

**16.5** Hitze stimuliert die Hydrolyse der $\beta$-$N$-glykosidischen Bindung, die die Base mit der Zuckerkomponente verbindet. Das geschieht mit Purinen häufiger als mit Pyrimidinen und führt zu einer apurinischen/apyrimidinischen oder basenlosen Stelle. Die übrig bleibende Zucker-Phosphat-Struktur ist instabil und wird schnell abgebaut, sodass im DNA-Molekül eine Lücke entsteht, wenn es doppelsträngig ist. In jeder menschlichen Zelle entstehen jeden Tag 10 000 AP-Stellen, aber diese führen nur selten zu Mutationen, da Zellen über wirksame Systeme verfügen, um solche Lücken zu reparieren.

**16.7** Die Krankheit ist dominant, da ein heterozygoter Mensch nur etwa die Hälfte an aktivem Apolipoprotein B-100 wie ein Nicht-Betroffener produzieren kann. Die Verringerung verursacht die Krankheit, und dies ist ein Beispiel für Haploinsuffizienz.

**16.9** Die Hypermutation entsteht wahrscheinlich durch die Umwandlung von einigen Cytosin- zu Uracilbasen mithilfe einer Cytosin-Desaminase. Danach werden die Uracilbasen durch eine Uracil-DNA-Glykosylase herausgeschnitten, sodass an diesen Positionen AP-Stellen entstehen. Bei der Basenexcisionsreparatur würde dann jede AP-Stelle durch die DNA-Polymerase $\beta$ aufgefüllt, um die ursprüngliche Sequenz wieder herzustellen; bei der Hypermutation werden die AP-Stellen jedoch nicht repariert. Das bedeutet, dass bei der nächsten Replikationsrunde gegenüber der AP-Stelle jedes der vier Nucleotide in den Tochterstrang eingebaut werden kann. Eine weitere Replikationsrunde stabilisiert die Mutation.

**16.11** Bei der Verknüpfung nichthomologer Enden (NHEJ) lenkt ein Multiproteinkomplex eine DNA-Ligase an die Bruchstelle. Zu dem Komplex gehört das Ku-Protein, das an die DNA-Enden an jeder Seite der Bruchstelle bindet. Die einzelnen Ku-Proteine besitzen eine Affinität zueinander, das heißt, dass die beiden Enden des zerbrochenen DNA-Moleküls zusammengebracht werden. Ku bindet an die DNA in Assoziation mit der DNA-PK$_{CS}$-Proteinkinase. Diese aktiviert XRCC4 als drittes Protein, das dann bei den Säugern mit der DNA-Ligase IV in Wechselwirkung tritt und so dieses Reparaturprotein an den Doppelstrangbruch lenkt.

### Vertiefende Aufgaben

**16.1** Eine Transition (ein Purin-zu-Purin- oder ein Pyrimidin-zu-Pyrimidin-Austausch) verändert die Purin-Pyrimidin-Orientierung in der Doppelhelix nicht. Eine Transversion (ein Purin-zu-Pyrimidin- oder ein Pyrimidin-zu-Purin-Austausch) kehrt hingegen die Purin-Pyrimidin-Orientierung um.

**16.3** Neben den Artikeln, die im entsprechenden Abschnitt unter Weiterführende Literatur aufgeführt sind, gibt es noch einen wichtigen Übersichtsartikel: Cummings CJ, Zoghbi HY (2000) Trinucleotid repeats: mechanisms and pathophysiology. *Annu Rev Genomics Hum Genet* 1: 281–328.

**16.5** Der grundlegende Artikel zur Beantwortung dieser Frage ist White O, Eisen JA, Heidelberg JF et al (1999) Genome sequence of the radioresistant bacterium *Deinococcus radiodurans* R1. *Science* 286: 1571–1577.

### Aufgaben zu Abbildungen

**16.1** Die Abbildung zeigt die Insertion von zwei Nucleotiden in eine Mikrosatellitensequenz in einem DNA-Molekül. Dies ist ein Beispiel für ein Verrutschen bei der Replikation.

**16.3** Das Enzym DNA-Glykosylase entfernt beschädigte Basen aus der DNA Dadurch entstehen Stellen ohne Base, und die Zucker-Phosphat-Gruppe an dieser Stelle wird durch eine AP-Endonuclease entfernt. Die Lücke füllt eine DNA-Polymerase auf, und die letzte Phosphodiesterbindung wird von der DNA-Ligase geknüpft. Das ist der Mechanismus der Basenexcisionsreparatur.

# Kapitel 17: Die Rekombination

### Multiple-Choice-Fragen
17.1: c; 17.3: d; 17.5: b; 17.7: d; 17.9: c; 17.11: d

### Fragen mit kurzen Antworten

**17.1** Eine Rekombination ermöglicht großräumige Veränderungen und umfassende Restrukturierungen der Genome. Ohne Rekombination würden sich Genome nur geringfügig verändern und wären ziemlich statische Strukturen.

**17.3** Beim Doppelstrangbruchmodell beginnt die homologe Rekombination mit einem Doppelstrangbruch in einem der beiden Moleküle. In jeder Hälfte des zerbrochenen Chromosoms wird ein Strang verkürzt, sodass 3'-Überhänge entstehen. Einer dieser Überhänge dringt in das andere intakte DNA-Molekül ein und es entsteht eine Holliday-Struktur. Die verkürzten DNA-Stränge werden durch eine DNA-Polymerase verlängert, wobei die DNA-Synthese in der gerade konvertierten Region das DNA-Molekül als Matrize verwendet, das ursprünglich keinen Doppelstrangbruch erhalten hat.

**17.5** Bakterien können durch Transformation, Transduktion und Konjugation neue Gene erwerben. Wenn die DNA, die in die Zelle gelangt, eine ähnliche Sequenz besitzt wie ein beliebiger Abschnitt im Genom von *E. coli*, kann eine homologe Rekombination stattfinden, sodass die fremde DNA möglicherweise in das *E. coli*-Chromosom integriert wird.

**17.7** Die *att*-Stellen enthalten jeweils eine identische Core-Sequenz mit 15 Basenpaaren. Die Core-Sequenzen werden im bakteriellen Genom durch die variablen Sequenzen B und B′ (mit jeweils 4 bp) sowie in der Phagen-DNA durch P und P′ flankiert. P und P′ sind jeweils länger als 100 bp. Mutationen in der Core-Sequenz inaktivieren die *att*-Stelle, sodass dort keine Rekombination mehr möglich ist.

**17.9** Der erste Schritt der Replikation eines Retroelements ist die Synthese einer RNA-Kopie. Dieses RNA-Molekül wird dann in doppelsträngige DNA umgewandelt. Die erste Phase dieser Umwandlung ist die Synthese einer einzelsträngigen DNA-Kopie des RNA-Moleküls. Diese Synthesereaktion geht von einer tRNA als Primer aus, die sich an einer Stelle in der langen 5′-terminalen Wiederholung der RNA-Kopie des Retroelements anlagert.

### Vertiefende Aufgaben

**17.1** Diese Frage soll darauf aufmerksam machen, dass zwar die Bezeichnung „RecA" auf die Funktion dieses Proteins bei der Rekombination hindeutet, dass es aber richtiger als einzelstrangbindendes Protein anzusehen ist und darüber hinaus die Fähigkeit besitzt, eine Proteaseaktivität zu stimulieren, das heißt, in der Molekularbiologie von Bakterien eine Vielzahl von Funktionen besitzt. Wichtige Artikel sind Kowalczykowski SC, Eggleston AK (1994) Homologous pairing and DNA exchange proteins. *Annu Rev Biochem* 63: 991–1043; Michel B (2005) After 30 years of study, the bacterial SOS response still surprises us. *PLoS Biol* 3: e255; Lusetti SL, Cox MM (2002) The bacterial RecA-protein and the recombinational DNA-repair of stalled replication folks. *Annu Rev Biochem* 71: 71–100.

**17.3** Die dafür relevanten Informationen finden sich bei Pyle AM (2004) DNA repair: big engine finds small breaks. *Nature* 432: 157–158.

**17.5** In Abschnitt 17.3.3 ist dargelegt, dass die DNA-Methylierung der wichtigste Vorgang für die Minimierung der Transposonaktivitäten ist, den man bis jetzt entdeckt hat. Die umfangreiche Literatur zu diesem Thema ist nur schwer zu überblicken, aber gute Ausgangspunkte sind Yoder JA, Walsh CP, Bestor TH (1997) Cytosine methylation and the ecology of intragenomic parasites. *Trends Genet* 13: 335–340; Rabinowicz PD, Palmer LE, May BP, Hemann MT, Lowe SW, McCombie WR, Martienssen RA (2003) Genes and transposons are differentially methylated in plants, but not in mammals. *Genome Res* 13: 2658–2664.

### Aufgaben zu Abbildungen

**17.1** Ortsspezifische Rekombination
**17.3** RecA

# Kapitel 18: Die Evolution von Genomen

## Multiple-Choice-Fragen

18.1: d; 18.3: b; 18.5: a; 18.7: d; 18.9: b; 18.11: c; 18.13: d

## Fragen mit kurzen Antworten

**18.1**  Die frühe Atmosphäre der Erde enthielt sehr geringe Mengen an Sauerstoff und viel Ammoniak und Methan, unterschied sich also deutlich von der Atmosphäre der heutigen Erde.

**18.3**  Es ist durchaus möglich, dass sich auf der frühen Erde mehr als ein biologisches System entwickelte, wenn auch alle heutigen Organismen anscheinend von einem einzigen Ursprung abstammen. Das wahrscheinlichste Szenario besteht darin, dass das vorherrschende System als Erstes einen Mechanismus entwickelte, Proteinenzyme zu synthetisieren und deshalb wahrscheinlich ebenso als Erstes ein DNA-Genom entwickelte. Das größere katalytische Potenzial und die genauere Replikation, die mit Proteinenzymen beziehungsweise mit einem DNA-Genom möglich sind, hat diesen Zellen im Vergleich zu den anderen, die weiterhin auf RNA-Protogenomen basierten, einen deutlichen Vorteil verschafft. Die DNA-RNA-Protein-Zellen dürften sich schneller vermehrt haben und sie konnten dadurch den RNA-Zellen die Nährstoffe entziehen.

**18.5**  Einer dieser Übergänge ging mit dem Auftreten der ersten Eukaryoten vor 1,4 Milliarden Jahren einher, wobei diese Zellen wahrscheinlich mindestens 10 000 Gene enthielten (das Minimum bei heutigen Eukaryoten), im Vergleich zu den 5 000 oder weniger Genen der Prokaryoten. Der zweite Übergang hing mit dem Auftreten der ersten Vertebraten kurz nach dem Ende des Kambriums zusammen. Diese hatten wie die heutigen Vertebraten mindestens 30 000 Gene.

**18.7**  Ein Retrogen entsteht durch die Umwandlung eines mRNA-Moleküls in cDNA und die anschließende Reintegration der cDNA in das Genom. Normalerweise wird aus der eingefügten cDNA ein Pseudogen, da der eigene Promotor fehlt (und keine Introns vorhanden sind). Wenn jedoch die cDNA neben dem Promotor eines bereits vorhandenen Gens eingefügt wird, könnte es aktiv werden, indem es den Promotor für die eigene Expression nutzt.

**18.9**  Durch Abschnittsverdopplung können Exons von einem Gen in die Nähe von Exons eines anderen Gens gebracht werden. Wenn die Exons dann transkribiert werden, kann von der entstehenden mRNA ein neues Genprodukt erzeugt werden.

**18.11**  Die „Exontheorie der Gene" besagt, dass Introns entstanden, als sich kurz nach dem Ende der RNA-Welt die ersten DNA-Genome bildeten. Diese Genome könnten viele kurze Gene enthalten haben, von denen jedes ein sehr kurzes Polypeptid codierte, vielleicht sogar nur eine einzige Strukturdomäne. Es gibt die Vorstellung, dass Gruppen dieser kurzen Gene in nächster Entfernung zueinander angeordnet wurden und so die Synthese von Proteinen mit vielen Domänen erleichterte. Die kurzen Gene wurden zu Exons und die Sequenzen dazwischen zu Introns.

## Vertiefende Aufgaben

**18.1**  Der relevante Artikel (siehe auch unter Weiterführende Literatur) ist Vision TJ, Brown DG, Tanksley SD (2000) The origins of genomic duplications in *Arabidopsis*. *Science* 290: 2114–2117.

**18.3**  Die ersten Artikel, die diesem Modell widersprachen, waren Salzberg SL, White O, Peterson J, Eisen JA (2001) Microbial genes in the human genome: lateral transfer or gene loss? *Science* 292: 1903–1906; Stanhope MJ, Lupas A,

Italia MJ, Koretke KK, Volker C, Brown JR (2001) Phylogenetic analyses do not support horizontal gene transfers from bacteria to vertebrates. *Nature* 940–944. Die Frage greift auf einige der molekularphylogenetischen Aspekte in Kapitel 19 vor.

**18.5** Die Frage bezieht sich auf *Vergleiche* zwischen Genomsequenzen. Wenn man die Informationen aus Abschnitt 18.4 und den Artikeln, die unter Weiterführende Literatur aufgeführt sind, wörtlich nimmt, führt das zu dem Schluss, dass die Antwort, zumindest bei Vergleichen zwischen den Genomen von Mensch und Schimpanse, „nein" lauten muss. Würde die Antwort anders lauten, wenn man die Genome von Gorilla und Orang-Utan sequenziert? Oder wenn eine vollständige DNA-Sequenz des Neandertalers vorliegen würde (Abschnitt 19.3.2)? Wenn man die Frage weniger stringent deutet und postgenomische Analysen hinzugezogen werden, zeigt Abschnitt 18.4 auf, dass man zumindest einige der Faktoren bestimmen kann, die uns zu Menschen machen.

### Aufgaben zu Abbildungen

**18.1** Wenn nur auf eine Kopie eines verdoppelten Gens ein Selektionsdruck wirkt, können sich in der zweiten Kopie Mutationen ansammeln, die zu neuen Aktivitäten oder Funktionen führen. Pseudogene entstehen durch den Mechanismus, bei dem in der zweiten Kopie des Gens schädliche Mutationen auftreten, sodass diese Kopie im Lauf der Zeit degeneriert.

**18.3** Das obere Bild zeigt, wie durch Domänenverdopplung ein neues Gen entsteht, da die Domäne B aus dem ursprünglichen Gen verdoppelt wird. Das untere Bild zeigt das *domain shuffling*, bei dem Domänen aus zwei verschiedenen Genen zu einem neuen Gen kombiniert werden.

## Kapitel 19: Molekulare Phylogenetik

### Multiple-Choice-Fragen

19.1: b; 19.3: a; 19.5: c; 19.7: b; 19.9: b; 19.11: c; 19.13: b

### Fragen mit kurzen Antworten

**19.1** Die Phänetik ist eine Methode der phylogenetischen Analyse, bei der man so viele Variablen wie möglich verwendet. Vor dem Aufkommen der Phänetik war die vorherrschende Meinung, dass die Phylogenien auf einer begrenzten Anzahl von Merkmalen basieren sollten, die man für wichtig hielt.

**19.3** Ursprüngliche Merkmalszustände kamen bei dem entfernten gemeinsamen Vorfahren einer Gruppe von Organismen vor, während sich abgeleitete Merkmalszustände in der Evolution aus dem ursprünglichen Merkmalszustand entwickelt haben und in einem jüngeren gemeinsamen Vorfahren zu finden sind.

**19.5** Ein interner Knoten in einem Genstammbaum entspricht der Auseinanderentwicklung eines Vorfahrengens in zwei Allele durch eine Mutation. Ein interner Knoten in einem Artenstammbaum steht für eine Artbildung, die auftrat, als sich eine Vorfahrengruppe in zwei Gruppen teilte, die sich nicht mehr kreuzen konnten. Es ist unwahrscheinlich, dass Mutation und Artbildung gleichzeitig stattgefunden haben.

**19.7** Die Allelhäufigkeit wird durch die natürliche Selektion und die natürliche genetische Drift beeinflusst. Die natürliche Selektion verändert die Häufigkeit von Allelen, die sich auf die Fitness eines Individuums auswirken, während die zufällige genetische Drift die Häufigkeit von Allelen aufgrund der Zufälligkeit von Geburt, Tod und Fortpflanzung verändert.

**19.9**  Aus 400 mg Knochensubstanz eines Neandertalers wurde die DNA extrahiert und man führte PCRs durch, die auf die mutmaßlich variabelsten Abschnitte des Mitochondriengenoms des Neandertalers ausgerichtet waren. Man ging davon aus, dass die DNA abgebaut war, sodass die Sequenz in Abschnitten aufgebaut wurde. Es wurden neun überlappende PCRs durchgeführt, wobei mit keiner mehr als 170 bp amplifiziert wurden und die Gesamtlänge 377 bp betrug. Um die DNA-Sequenz, die man aus dem Knochen des Neandertalers erhalten hatte, mit den Sequenzen von sechs Mitochondrien-DNA-Haplogruppen von heutigen Menschen vergleichen zu können, wurde ein Stammbaum erstellt. Die Sequenz des Neandertalers wurde auf einer eigenen Entwicklungslinie positioniert, die mit keiner der heutigen menschlichen Sequenzen direkt verknüpft war. Um die Neandertalersequenz mit 994 Sequenzen von heutigen Menschen vergleichen zu können, führte man ein multiples Alignment durch. Die Neandertalersequenz unterschied sich von den heutigen Sequenzen durchschnittlich um 27,2 ± 2,2 Nucleotidpositionen, während sich die heutigen Sequenzen voneinander nur um 8,0 ± 3,1 Positionen unterschieden. Das Ausmaß der Verschiedenheit zwischen der DNA des Neandertalers und der DNA der heutigen Europäer ist nicht mit der Behauptung in Einklang zu bringen, dass die heutigen Europäer von den Neandertalern abstammen, sondern es unterstützt die *Out of Africa*-Hypothese.

**19.11**  Die ersten Untersuchungen mit Mitochondrien-DNA zeigten, dass die amerikanischen Ureinwohner von asiatischen Vorfahren abstammten, und man identifizierte vier verschiedene mitochondriale Haplogruppen in der gesamten Population. Die Einwanderung nach Nordamerika wurde auf die Zeit vor 15 000 bis 8 000 Jahren bestimmt. Eine aktuellere, umfassende Analyse von Mitochondrien-DNA verschob diese Einwanderung auf einen Zeitraum vor 25 000 bis 20 000 Jahren. Die ersten Untersuchungen von Y-Chromosomen ergaben eine Zeit vor etwa 22 500 Jahren für den „Adam der nordamerikanischen Ureinwohner". Dieser ist der Träger des Y-Chromosoms, das der Vorfahre der meisten, wenn nicht sogar aller Y-Chromosomen der heutigen amerikanischen Ureinwohner ist. Die Schlussfolgerungen aus diesen verschiedenen Ergebnissen sind noch umstritten.

### Vertiefende Aufgaben

**19.1**  In Abbildung 19.9 ist zwar ein Beispiel dafür dargestellt, dass ein Genstammbaum nicht dasselbe ist wie ein Artenstammbaum, aber eine Übereinstimmung zwischen beiden ist durchaus möglich. Die anschließende Frage lautet: Wie lässt sich erkennen, ob ein Genstammbaum den Artenstammbaum genau wiedergibt? Für die Antwort sollte man beispielsweise die Informationen berücksichtigen, die in Abbildung 19.19 zusammengefasst sind. Demnach ist es erforderlich, verschiedene Gene oder Kombinationen von Genen zu untersuchen, um ein zusammenhängendes Bild zu erhalten.

**19.3**  Mögliche Ausgangspunkte für die Erforschung dieser Frage finden sich bei: Ladoukakis ED, Zouros E (2001) Recombination in animal mitochondrial DNA: evidence from published sequences. *Mol Biol Evol* 18: 2127–2131; sowie Meunier J, Eyre-Walker A (2001) The correlation between linkage disequilibrium and distance: implications for recombination in hominid mitochondria. *Mol Biol Evol* 18: 2132–2135. Beide gehören zu den ersten Artikeln, die sich mit der Möglichkeit einer mitochondrialen Rekombination befassen, und es empfiehlt sich, die weitere Diskussion zu verfolgen, etwa in späteren Publikationen, die einen oder beide Artikel zitieren.

**19.5**  Eine ausführliche Einführung in dieses Thema findet sich bei Richards M (2003) The Neolithic invasion of Europe. *Annu Rev Anthropol* 32: 135–162. Um die Frage vollständig beantworten zu können, ist noch ein weiterer Artikel erforderlich, aus dem die Informationen in Abbildung 19.30 stammen: Richards M, Macaulay V, Hickey E et al (2000) Tracing European founder lineages in the Near Eastern mtDNA pool. *Am J Hum Genet* 67: 1251–1276. Dabei handelt es sich um einen komplexen Artikel, und wenn Sie damit Fortschritte machen, war Ihre Lektüre dieses Buches *Genome und Gene* nicht vergeblich.

### Aufgaben zu Abbildungen

**19.1** Abbildung b zeigt, dass der einzelne Zehenknochen der Pferde ein abgeleiteter Merkmalszustand ist.

**19.3** Wenn nach dem ersten Artbildungsereignis schnell ein zweites in einer der beiden entstandenen Populationen folgt, kann sich die Reihenfolge im Genstammbaum von der im Artenstammbaum unterscheiden. Das ist dann möglich, wenn die Gene der heutigen Spezies von Allelen abstammen, die bereits vor dem ersten der beiden Artbildungsereignisse entstanden sind.

# Glossar

**α-Helix** (*α-helix*) Eine der am weitesten verbreiteten Sekundärstrukturkonformationen, die von Polypeptidsegmenten angenommen wird.

**β-Faltblatt** (*β-sheet*) Eine der am weitesten verbreiteten Sekundärstrukturkonformationen, die von Polypeptidsegmenten angenommen wird.

**β-Kehre** (*β-turn*) Eine Sequenz aus vier Aminosäuren, bei der die zweite Aminosäure in der Regel Glycin ist und die in einem Polypeptid einen Richtungswechsel hervorruft.

**β-N-glykosidische Bindung** (*β-N-glycosidic bond*) Die Bindung zwischen Base und Zucker in einem Nucleotid.

**γ-Komplex** (*γ-complex*) Eine Komponente der DNA-Polymerase III, die die $γ$-Untereinheit enthält und die mit $δ$, $δ'$, $χ$ und $ψ$ assoziiert ist.

**κ-homologe Domäne** (*κ-homology domain*) Eine RNA-bindende Domäne.

**π-π-Wechselwirkungen** (*π-π interactions*) Hydrophobe Wechselwirkungen, die in einem doppelsträngigen DNA-Molekül zwischen benachbarten Basenpaaren auftreten.

**−35-Sequenz** (*−35 box*) Eine Komponente eines bakteriellen Promotors.

**2-Aminopurin** (*2-aminopurine*) Ein Basenanalogon, das Mutationen verursachen kann, indem es Adenin im DNA-Molekül ersetzt.

**2-µm-Ring** (*2 µm circle*) Ein Plasmid aus der Hefe *Saccharomyces cerevisiae*, das als Basis für eine Reihe von Klonierungsvektoren dient.

**3′-nichttranslatierte Region** (*3′-untranslated region*) Die nichttranslatierte Region einer mRNA stromabwärts des Stoppcodons.

**3′-OH-Ende** (*3′-OH terminus*) Das Ende eines Polynucleotids, an dem eine Hydroxylgruppe an den 3′-Kohlenstoff des Zuckers gebunden ist.

**3′-Transduktion** (*3′ transduction*) Übertragung eines genomischen DNA-Segments von einem Ort zu einem anderen, verursacht durch das Springen eines LINE-Elements.

**30-nm-Chromatinfaser** (*30 nm chromatin fiber*) Eine relativ locker gepackte Chromatinform, bei der die Nucleosomen möglicherweise helikal zu einer Faser angeordnet sind, die einen Durchmesser von etwa 30 nm besitzt.

**5′-nichttranslatierte Region** (*5′-untranslated region*) Die nichttranslatierte Region einer mRNA stromaufwärts des Startcodons.

**5′-Phosphatende** (*5′-P terminus*) Das Ende eines Polynucleotids, bei dem ein Mono-, Di- oder Triphosphat an den 5′-Kohlenstoff des Zuckers gebunden ist.

**5-Bromuracil** (*5-bromouracil*) Ein Basenanalogon, das Mutationen verursachen kann, indem es Thymin im DNA-Molekül ersetzt.

**(6–4)-Läsion** (*[6–4]-lesion*) Ein Dimer zwischen zwei benachbarten Pyrimidinbasen in einem Polynucleotid, das durch ultraviolette Strahlung entstanden ist.

**(6–4)-Photoprodukt-Photolyase** (*[6–4] photoproduct photolyase*) Ein Enzym, das an der DNA-Reparatur durch Photoreaktivierung beteiligt ist.

**abgeleiteter Merkmalszustand** (*derived character state*) Ein Merkmalszustand, der sich in einem Vorfahren der untersuchten Untergruppe von Individuen entwickelt hat.

**abgeleiteter Stammbaum** (*inferred tree*) Ein durch phylogenetische Analyse erstellter Stammbaum.

**Abstandsmatrix** (*distance matrix*) Eine Tabelle, die die evolutionären Abstände zwischen allen Nucleotidsequenzpaaren in einem Datensatz anzeigt.

**Abstandsmethode** (*distance method*) Ein streng mathematischer Ansatz für ein Alignment von Nucleotidsequenzen.

**Acridinfarbstoff** (*acridine dye*) Eine chemische Verbindung, die eine Leseraster-(*frameshift-*)Mutation verursacht, indem sie sich zwischen benachbarte Basenpaare der Doppelhelix einlagert (interkaliert).

**Acylierung** (*acylation*) Die Anlagerung einer Lipidseitenkette an ein Polypeptid.

**Ada-Enzym** (*ada enzyme*) Ein Enzym aus *Escherichia coli*, das an der direkten Reparatur von Mutationen durch alkylierende Verbindungen beteiligt ist.

**Adapter** (*adaptor*) Ein künstlich erzeugtes, doppelsträngiges Oligonucleotid, das verwendet wird, um kohäsive Enden mit den glatten Enden eines Moleküls zu verbinden.

**Adenin** (*adenine*) Eine Purinbase, die in DNA und RNA enthalten ist.

**Adenosindesaminasen für RNA, ADAR** (*adenosin deaminase acting on RNA*) Ein Enzym, das verschiedene eukaryotische mRNAs editiert, indem es Adenosin zu Inosin desaminiert.

**Adenylat-Cyclase** (*adenylat cyclase*) Das Enzym, das ATP in zyklisches AMP (cAMP) umwandelt.

**A-DNA** (*A-DNA*) Eine strukturelle Konfiguration der Doppelhelix, die in zellulärer DNA zwar vorkommt, doch nicht verbreitet ist.

**Affinitätschromatographie** (*affinity chromatography*) Eine Säulenchromatographiemethode, die einen Liganden verwendet, der das zu reinigende Molekül bindet.

**Agarosegelelektrophorese** (*agarose gel electrophoresis*) Elektrophorese, die in einem Agarosegel durchgeführt und dazu verwendet wird, um DNA-Moleküle mit einer Größe zwischen 100 bp und 50 kb zu trennen.

**Ähnlichkeitsbestimmung** (*similarity approach*) Ein streng mathematisches Verfahren für das Alignment von Nucleotidsequenzen.

**Aktivator** (*activator*) Ein DNA-bindendes Protein, das die Bildung des RNA-Polymerase-II-Initiationskomplexes stabilisiert.

**Aktivierungsdomäne** (*activation domain*) Der Teil eines Aktivators, der den Kontakt mit dem Initiationskomplex herstellt.

**Akzeptorarm** (*acceptor arm*) Teil der Struktur eines tRNA-Moleküls.

**Akzeptorstelle** (*acceptor site*) Die Spleißstelle am 3′-Ende eines Introns.

**Alarmon** (*alarmone*) Einer der Vermittler der stringenten Kontrolle, ppGpp und pppGpp.

**alkalische Phosphatase** (*alkaline phosphatase*) Ein Enzym, das Phosphatgruppen vom 5′-Ende der DNA-Moleküle entfernt.

**alkylierendes Agens** (*alkylating agent*) Ein Mutagen, das wirksam ist, indem es Alkylgruppen an Nucleotidbasen anfügt.

**Allel** (*allele*) Eine von zwei oder mehreren alternativen Formen eines Gens.

**Allelhäufigkeit** (*allele frequency*) Die Häufigkeit, mit der ein Allel in einer Population vorkommt.

**allelspezifische Oligonucleotid-(ASO-)Hybridisierung** (*allele specific oligonucleotide [ASO] hybridyzation*) Die Verwendung einer Oligonnucleotidsonde, um zu bestimmen, welche der beiden alternativen Nucleotidsequenzen in einem DNA-Molekül vorkommt.

**allgemeine Rekombination** (*general recombination*) Rekombination zwischen zwei homologen doppelsträngigen DNA-Molekülen.

**allgemeiner Transkriptionsfaktor, GTF** (*general transcription factor*) Ein Protein oder Proteinkomplex, der einen vorübergehenden oder ständig vorhandenen Bestandteil des Initiationskomplexes darstellt, welcher während der eukaryotischen Transkription gebildet wird.

**allopolyploid** (*allopolyploid*) Ein polyploider Zellkern, der aus der Fusion von Gameten aus unterschiedlichen Arten stammt.

**alphoide DNA** (*alphoid DNA*) Sich tandemartig wiederholende Nucleotidsequenzen, die in den Bereichen der Centromere der menschlichen Chromosomen lokalisiert sind.

**alte DNA** (*ancient DNA*) DNA, die in altem biologischem Material erhalten geblieben ist.

**alternative Polyadenylierung** (*alternative polyadenylation*) Die Verwendung von zwei oder mehr unterschiedlichen Stellen für die Polyadenylierung einer mRNA.

**alternativer Promotor** (*alternative promoter*) Einer oder mehrere unterschiedliche Promotoren wirken auf dasselbe Gen.

**alternatives Spleißen** (*alternative splicing*) Die Herstellung von zwei oder mehr mRNAs aus einer Prä-mRNA durch die unterschiedliche Kombination von Exons.

**Alu** (*Alu*) Eine Art von SINE, die im Genom des Menschen und von verwandten Säugetieren vorkommt.

**Alu-PCR** (*Alu-PCR*) Eine Klon-Fingerprint-Methode, die eine PCR einsetzt, um in klonierten DNA-Fragmenten die relativen Positionen von *Alu*-Sequenzen zu ermitteln.

**Aminoacyl- oder A-Stelle** (*aminoacyl site* oder *A site*) Der Ort in einem Ribosom, der während der Translation durch die Aminoacyl-tRNA besetzt wird.

**Aminoacylierung** (*aminoacylation*) Das Anfügen einer Aminosäure an den Akzeptorarm einer tRNA.

**Aminoacyl-tRNA-Syntethase** (*aminoacyl-tRNA syntethase*) Ein Enzym, das die Aminoacylierung von einer oder mehreren tRNAs katalysiert.

**Aminosäure** (*amino acid*) Eine der monomeren Untereinheiten eines Proteinmoleküls.

**Aminoterminus** (*amino terminus*) Das Ende eines Polypeptids, das eine freie Aminogruppe trägt.

**Anlagerung** (*annealing*) Anlagerung eines Oligonucleotid-Primers an eine DNA- oder RNA-Matrize.

**Anticodon** (*anticodon*) Das Triplett aus Nucleotiden an den Positionen 34–36 in einem tRNA-Molekül, das Basenpaare mit einem Codon auf einem mRNA-Molekül eingeht.

**Anticodon-Arm** (*anticodon arm*) Teil der Struktur eines tRNA-Moleküls.

**Antigen** (*antigen*) Eine Substanz, die eine Immunantwort auslöst.

**Antitermination** (*antitermination*) Ein bakterieller Mechanismus für die Regulierung des Transkription.

**Antiterminatorprotein** (*antiterminator protein*) Ein Protein, dass sich an die bakterielle DNA anlagert und die Antitermination vermittelt.

**AP-(apurinische/apyrimidinische) Stelle** (*AP [apurinic/apyrimidinic] site*) Eine Stelle im DNA-Molekül, an der die Basenkomponente des Nucleotids fehlt.

**AP-Endonuclease** (*AP endonuclease*) Ein an der Basenexcisionsreparatur beteiligtes Enzym.

**apomorpher (abgeleiteter) Merkmalszustand** (*apomorphic character state*) Der Merkmalszustand, der sich in einem Vorfahren von einer Untergruppe der untersuchten Organismen entwickelt hat.

**Apoptose** (*apoptosis*) Programmierter Zelltod.

**Archaea** (*archaea*) Eine von zwei Hauptgruppen der Prokaryoten, deren Mitglieder meistens unter extremen Umweltbedingungen leben.

**ARMS-Test** (*amplification refraction mutation system, ARMS test*) Eine Methode für die Typisierung von SNPs, bei der die PCR mit einem Primerpaar durchgeführt wird, von denen ein Primer auf dem SNP liegt.

**Artenstammbaum** (*species tree*) Ein phylogenetischer Stammbaum, der die evolutionäre Verwandtschaft innerhalb einer Gruppe von Arten darstellt.

**Ascospore** (*ascospore*) Eines der haploiden Meioseprodukte von einem Ascomyceten wie der Hefe *Saccharomyces cerevisiae*.

**Ascus** (*ascus*) Die Struktur, die die vier Ascosporen enthält, welche durch eine einzige Meiose bei der Hefe *Saccharomyces cerevisiae* entstehen.

**Attenuation** (*attenuation*) Ein Prozess, mit dem manche Bakterien die Expression eines Operons regulieren, das die Biosynthese einer Aminosäure vermittelt. Für die Regulation ist die Häufigkeit der entsprechenden Aminosäure in der Zelle maßgeblich.

**AU–AC-Intron** (*AU–AC intron*) Ein Intron, das in eukaryotischen Kerngenomen vorhanden ist: Die ersten beiden Nucleotide des Introns sind 5′-AU-3′ und die letzten beiden 5′-AC-3′.

**Auflösung** (*resolution*) Trennung eines Paars rekombinierender doppelsträngiger DNA-Moleküle.

**Auslassen von Exons** (*exon skipping*) Anormales Spleißen, bei dem ein oder mehrere Exons aus der gespleißten RNA übersprungen werden.

**Außengruppe** (*outgroup*) Ein Organismus oder eine DNA-Sequenz, die man als Wurzel eines phylogenetischen Stammbaumes verwendet.

**Austauschmutation** (*substitution mutation*) Üblicherweise verwendetes Synonym für Punktmutation.

**Austauschvektor** (*replacement vector*) Ein λ-Vektor, der so konstruiert ist, dass bei einer Insertion ein Teil der nicht-essenziellen Region des λ-DNA-Moleküls gegen Fremd-DNA ausgetauscht wird.

**autonom replizierende Sequenz, ARS** (*autonomously replicating sequence*) Eine DNA-Sequenz, vorzugsweise aus Hefe, die einem nichtreplikativen Plasmid die Fähigkeit zur Replikation verleiht.

**autopolyploid** (*autopolyploid*) Ein polyploider Zellkern, der aus der Fusion von zwei Gameten derselben Art stammt, von denen keiner haploid ist.

**Autoradiographie** (*autoradiography*) Die Bestimmung von radioaktiv markierten Molekülen durch die Exposition auf einem röntgensensitiven Film.

**Autosom** (*autosome*) Ein Chromosom, das kein Geschlechtschromosom ist.

**auxotroph** (*auxotroph*) Ein mutierter Mikroorganismus, der nur wachsen kann, wenn ein vom Wildtyp nicht benötigter Nährstoff zugegeben wird.

**Bakterien** (*bacteria*) Eine der beiden Hauptgruppen von Prokaryoten.

**Bakteriophage** (*bacteriophage*) Ein Virus, das ein Bakterium infizieren kann.

**Bakteriophage-P1-Vektor** (*bacteriophage P1 vector*) Ein Klonierungsvektor mit hoher Kapazität, der auf dem Bakteriophagen P1 basiert.

**Band-Helix-Helix-Motiv** (*ribbon-helix-helix motif*) Eine DNA-bindende Domäne.

**Barcode-Deletionssystem** (*barcode deletion strategy*) Eine Methode, die entwickelt wurde, um Screenings von Deletionsmutanten in *Saccharomyces cerevisiae* im großen Maßstab durchführen zu können.

**Barr-Körperchen** (*Barr body*) Die hochkondensierte Chromatinstruktur, die ein inaktiviertes X-Chromosom annimmt.

**basale Promotorelemente** (*basal promotor elements*) Sequenzmotive, die in vielen eukaryotischen Promotoren enthalten sind und die das Grundniveau der Geschwindigkeit bestimmen, mit der die Transkriptionsinitiation stattfindet.

**basaler Promotor** (*basal promotor*) Die Stelle innerhalb eines eukaryotischen Promotors, an der der Initiationskomplex zusammengesetzt wird.

**Basenanalogon** (*base analog*) Eine Verbindung, die durch ihre strukturelle Ähnlichkeit zu einer der Basen in der DNA als Mutagen wirken kann.

**Basenexcisionsreparatur** (*base excision repair*) Ein DNA-Reparaturprozess, bei dem eine anormale Base ausgeschnitten und ersetzt wird.

**basenlose Stelle** (*baseless site*) Eine Stelle in einem DNA-Molekül, an der die Basenkomponente des Nucleotids fehlt.

**Basenpaar** (*base pair*) Die Struktur, bei der zwei Nucleotide über Wasserstoffbrücken miteinander verbundenen sind. Abgekürzt als „bp" ist es die kürzeste Längeneinheit eines doppelsträngigen DNA-Moleküls.

**Basenpaarung** (*base pairing*) Die Anlagerung eines Polynucleotids an ein anderes, oder die Anlagerung eines Polynucleotidbereichs an einen anderen Bereich desselben Moleküls über Basenpaare.

**Basenstapelung** (*base stacking*) Die hydrophoben Wechselwirkungen zwischen benachbarten Basenpaaren in einem doppelsträngigen DNA-Molekül.

**Basenverhältnis** (*base ratio*) Das Verhältnis von A zu T, oder G zu C, in einem doppelsträngigen DNA-Molekül. Chargaff zeigte, dass das Basenverhältnis stets ungefähr 1,0 beträgt.

**basische Domäne** (*basic domain*) Eine DNA-bindende Domäne.

**Basisrate der Transkription** (*basal rate of transcription*) Die Anzahl von produktiven Transkriptionsinitiationen pro Zeiteinheit an einem bestimmten Promotor ohne Vorhandensein von regulatorischen Faktoren.

**B-Chromosom** (*B chromosome*) Ein Chromosom, das nur einige Individuen einer Population besitzen, aber nicht alle.

**B-DNA** (*B-DNA*) Die am weitesten verbreitete strukturelle Konformation der DNA-Doppelhelix in lebenden Zellen.

**Bestrahlungshybrid** (*radiation hybrid*) Eine Sammlung von Nagerzelllinien, die unterschiedliche Fragmente eines anderen Genoms enthalten und die durch ein Verfahren hergestellt werden, bei dem Strahlung zum Einsatz kommt. Die Sammlung wird als Kartierungsreagenz zum Beispiel in Untersuchungen des menschlichen Genoms eingesetzt.

**Beugung der Röntgenstrahlen** (*X-ray diffraction*) Die Beugung von Röntgenstrahlen während des Durchtritts durch einen Kristall.

**Beugungsmuster der Röntgenstrahlen** (*X-ray diffraction pattern*) Das Muster, das man nach der Beugung von Röntgenstrahlen durch einen Kristall erhält.

**Bevorzugung von Codons** (*codon bias*) Bezieht sich auf die Tatsache, dass in den Genen eines bestimmten Organismus nicht alle Codons gleich häufig verwendet werden.

**biochemisches Profiling** (*biochemical profiling*) Die Untersuchung von Metabolomen.

**Bioinformatik** (*bioinformatics*) Die Anwendung computergestützter Methoden für die Untersuchung von Genomen.

**Biolistik** (*biolistics*) Eine Methode, um DNA in Zellen einzuschleusen, indem Zellen mit Hochgeschwindigkeitsprojektilen beschossen werden, an denen DNA haftet.

**biologische Information** (*biological information*) Die Information, die im Genom eines Organismus enthalten ist und die Entwicklung und die Erhaltung des Organismus vermittelt.

**Biotechnologie** (*biotechnology*) Die Verwendung von lebenden Organismen (oft, aber nicht immer Mikroorganismen) in industriellen Prozessen.

**Biotinylierung** (*biotinylation*) Die künstliche Anheftung einer Biotinmarkierung an DNA- oder RNA-Moleküle oder einen Antikörper.

**Bivalent** (*bivalent*) Die Struktur, die gebildet wird, wenn sich ein homologes Chromosomenpaar während der Meiose aneinanderlagert.

**BLAST** (*BLAST*) Ein Algorithmus, der häufig für die Homologiesuche eingesetzt wird.

**Bootstrap-Analyse** (*bootstrap analysis*) Eine Methode, mit der die Verlässlichkeit eines Verzweigungsknotens in einem phylogenetischen Stammbaum abgeleitet werden kann.

**Bootstrap-Wert** (*bootstrap value*) Der statistische Wert, den man durch die Bootstrap-Analyse erhält.

**CAAT-Box** (*CAAT box*) Ein allgemeines Promotorelement.

**Cap** (*cap*) Die chemische Modifikation am 5′-Ende der meisten eukaryotischen mRNA-Moleküle.

**Cap-Bindungskomplex** (*cap binding complex*) Der Komplex, der sich zu Beginn der Scanning-Phase der eukaryotischen Translation zuerst an die Cap-Struktur anlagert.

**CAP-Bindungsstelle** (*CAP site*) Ein Ort auf der DNA, an der das Katabolitaktivatorprotein binden kann.

**Capping** (*capping*) Die Anheftung einer Kappe (Cap) an das 5′-Ende einer eukaryotischen mRNA.

**Capsid** (*capsid*) Die Proteinhülle, die das DNA- oder RNA-Genom eines Virus umgibt.

**Carboxylterminus** (*carboxyl terminus*) Das Ende eines Polypeptids, das eine freie Carboxylgruppe trägt.

**CASPs, CTD-assoziierte SR-ähnliche Proteine** (*CTD-associated SR-like proteins*) Proteine, die vermutlich während des Spleißens eines GU–AG-Introns eine regulatorische Funktion besitzen.

**cDNA-*capture* oder cDNA-Selektion** (*cDNA capture* oder *cDNA selection*) Wiederholte Hybridisierung eines cDNA-Pools mit dem Ziel, eine Untergruppe zu erhalten, bei der bestimmte Sequenzen angereichert sind.

**cDNA** (*cDNA*) Eine doppelsträngige DNA-Kopie eines mRNA-Moleküls.

**Centromer** (*centromere*) Die „eingeschnürte" Region eines Chromosoms, welche die Stelle darstellt, an der ein Chromatidpaar zusammengehalten wird.

**Chaperonin** (*chaperonin*) Ein Protein aus vielen Untereinheiten, das eine Struktur bildet, welche die Faltung von anderen Proteinen unterstützt.

**chemische Verschiebung** (*chemical shift*) Die Rotationsänderung eines chemischen Kerns, welche die Grundlage der NMR darstellt.

**Chimäre** (*chimera*) Ein Organismus, der aus zwei oder mehreren genetisch unterschiedlichen Zelltypen besteht.

**Chi-Stelle** (*Chi site*) Eine sich wiederholende Nucleotidsequenz im Genom von *Escherichia coli*, die an der Initiation der homologen Rekombination beteiligt ist.

**Chi-Struktur** (*Chi form*) Eine Übergangsform, die während der Rekombination zwischen DNA-Molekülen auftritt.

**Chloroplast** (*chloroplast*) Eines der photosynthetisch aktiven Organellen einer eukaryotischen Zelle.

**Chloroplastengenom** (*chloroplast genome*) Das in den Chloroplasten einer photosynthetisch aktiven eukaryotischen Zelle enthaltene Genom.

**Chromatid** (*chromatid*) Der Arm eines Chromosoms.

**Chromatin** (*chromatin*) Der Komplex aus DNA und Histonproteinen, der Bestandteil von Chromosomen ist.

**Chromatosom** (*chromatosome*) Eine Untereinheit des Chromatins, das aus dem Core-Oktamer der Nucleosomen besteht, assoziiert mit DNA und einem Linker-Histon.

**Chromosom** (*chromosome*) Eine der DNA-Protein-Strukturen, die einen Teil des Kerngenoms eines Eukaryoten enthält. Weniger genau bezeichnet man damit ein DNA-Molekül, das ein prokaryotisches Genom oder einen Teil eines solchen enthält.

**Chromosomenfluoreszenzfärbung** (*chromosome painting*) Eine Form der Fluoreszenz-*in situ*-Hybridisierung, bei der die Hybridisierungssonde ein Gemisch von DNA-Molekülen darstellt, die für unterschiedliche Regionen eines einzelnen Chromosoms spezifisch sind.

**Chromosomengerüst** (*chromosome scaffold*) Ein Bestandteil der Kernmatrix, die ihre Struktur während der Zellteilung verändert, was zu einer Kondensierung der Chromosomen zu ihren Metaphaseformen führt.

**Chromosomenterritorium** (*chromosome territory*) Die Region in einem Zellkern, die von einem einzelnen Chromosom besetzt wird.

**Chromosomentheorie** (*chromosome theory*) Die Theorie, die zuerst durch Sutton im Jahre 1903 vorgelegt wurde und die besagt, dass Gene auf Chromosomen liegen.

**Chromosomenwanderung** (*chromosome walking*) Eine Methode mit der man ein Klon-Contig erstellt, indem man bei klonierter DNA überlappende Fragmente ermittelt.

***cis*-Verschiebung** (*cis-displacement*) Die Bewegung eines Nucleosoms an eine neue Position auf einem DNA-Molekül.

**Coaktivator** (*coactivator*) Ein Protein, das die Transkriptionsinitiation stimuliert, indem es unspezifisch oder über Protein-Protein-Wechselwirkungen an DNA bindet.

**codierende RNA** (*coding RNA*) Ein RNA-Molekül, das ein Protein codiert; eine mRNA.

**Codominanz** (*codominance*) Die Beziehung zwischen einem Paar von Allelen, die beide zum Phänotyp eines heterozygoten Organismus beitragen.

**Codon** (*codon*) Ein Triplett aus Nucleotiden, das eine Aminosäure codiert.

**Codon-Anticodon-Erkennung** (*codon-anticodon recognition*) Die Wechselwirkung zwischen einem Codon auf einem mRNA-Molekül und dem korrespondierenden Anticodon auf einer tRNA.

**Coimmunpräzipitation** (*coimmunoprecipitation*) Isolierung aller Mitglieder eines Proteinkomplexes mit einem Antikörper, der nur für eines dieser Proteine spezifisch ist.

**Cointegrat** (*cointegrate*) Eine Zwischenstufe in einem Weg, der zu einer replikativen Transposition führt.

**Commitment-Komplex** (*commitment complex*) Die erste Struktur, die sich während des Spleißens eines GU–AG-Introns bildet.

**Concatemer** (*concatemer*) Ein DNA-Molekül, das aus linearen Genomen oder anderen DNA-Einheiten besteht, die Kopf an Schwanz miteinander verbunden sind.

**Consensussequenz** (*consensus sequence*) Eine Nucleotidsequenz, die von einer Anzahl von verwandten aber nicht identischen Sequenzen einen „Durchschnitt" repräsentiert.

**Contig** (*contig*) Eine zusammenhängende Reihe von überlappenden DNA-Sequenzen.

***contour clamped homogenous electric fields*, CHEF** (homogene elektrische Felder mit festgelegtem Umriss) Ein Elektrophoreseverfahren, mit dem große DNA-Moleküle getrennt werden können.

**Core-Enzym** (*core enzyme*) Die Form der RNA-Polymerase aus *Escherichia coli* mit den Untereinheiten $\alpha_2\beta\beta'$, die RNA synthetisiert, doch Promotoren nicht effizient zu lokalisieren vermag.

**Core-Oktamer** (*core octamer*) Die zentrale Komponente eines Nucleosoms, bestehend aus je zwei Untereinheiten der Histone H2A, H2B, H3 und H4, um die die DNA gewunden ist.

**Corepressor** (*co-repressor*) Ein Molekül, das die Expression eines Gens oder eines Operons reprimiert, indem es an ein Repressorprotein bindet und dem Repressor damit ermöglicht, an den Operator zu binden.

**Core-Promotor** (*core promoter*) Die Stelle innerhalb eines eukaryotischen Promotors, an der der Initiationskomplex zusammengesetzt wird.

**Cosmid** (*cosmid*) Ein Klonierungsvektor mit hoher Aufnahmekapazität, der aus der $\lambda$-*cos*-Stelle besteht, die in ein Plasmid integriert ist.

***cos*-Stelle** (*cos site*) Eine Form von kohäsiven, einzelsträngigen Verlängerungen, die an den Enden von DNA-Molekülen bestimmter $\lambda$-Phagen-Stämme vorkommen.

**Cotransduktion** (*cotransduction*) Übertragung von zwei oder mehreren Genen von einem Bakterium auf ein anderes durch einen transduzierenden Phagen.

**Cotransformation** (*cotransformation*) Aufnahme von zwei oder mehreren Genen durch ein DNA-Molekül während der Transformation eines Bakteriums.

**CpG-Insel** (*CpG island*) Eine GC-reiche DNA-Region stromaufwärts von ungefähr 56 % der Gene des menschlichen Genoms.

**CREB** (*CREB*) Ein wichtiger Transkriptionsfaktor.

**Crossing-over** (*crossing-over*) Der Austausch von DNA zwischen Chromosomen während der Meiose.

**CTD-assoziierte SR-ähnliches Protein, CASP** (*CTD-associated SR-like protein*) Ein Proteintyp, der vermutlich während des Spleißens eines GU–AG-Introns eine regulatorische Funktion besitzt.

**C-terminale Domäne, CTD** (*C-terminal domain*) Ein Bestandteil der größten Untereinheit der RNA-Polymerase II, der bedeutend ist für die Aktivierung der Polymerase.

**C-Terminus** (*C terminus*) Dasjenige Ende eines Polypeptids, das eine freie Carboxylgruppe trägt.

**C-Wert-Paradoxon** (*C-value paradox*) Die fehlende Entsprechung zwischen der Genomgröße und der Anzahl von Genen, die bei einem Vergleich mancher Eukaryoten beobachtet wird.

**Cyanell** (*cyanelle*) Ein photosynthetisch aktives Organell, das einem aufgenommenes Cyanobakterium ähnelt.

**Cyclin** (*cyclin*) Ein regulatorisches Protein, dessen Häufigkeit während des Zellzyklus variiert und das biochemische Vorgänge entsprechend dem Zellzyklus reguliert.

**Cyclobutyldimer** (*cyclobutyl dimer*) Ein Dimer zwischen zwei benachbarten Pyrimidinbasen in einem Polynucleotid, das durch ultraviolette Strahlung entsteht.

**$Cys_2His_2$-Finger** (*$Cys_2His_2$ finger*) Eine bestimmte Form von Zinkfinger, der eine DNA-bindende Domäne darstellt.

**Cytochemie** (*cytochemistry*) Der Einsatz von spezifischen Färbungen, kombiniert mit Mikroskopie, um den biochemischen Inhalt von zellulären Strukturen zu bestimmen.

**Cytosin** (*cytosine*) Eine der Pyrimidinbasen, die in DNA und RNA enthalten sind.

**D-Arm** (*D arm*) Teil der Struktur eines tRNA-Moleküls.

*de novo*-**Methylierung** (*de novo methylation*) Addition von Methylgruppen an neue Positionen eines DNA-Moleküls.

**Degeneriertheit** (*degenerancy*) Bezeichnet die Tatsache, dass der genetische Code für die meisten Aminosäuren mehr als ein Codon aufweist.

**Degradosom** (*degradosome*) Ein Multienzymkomplex, der für den Abbau von bakteriellen mRNAs verantwortlich ist.

*delayed onset*-**Mutation** (*delayed-onset mutation*) Eine Mutation, die sich erst in einer relativ späten Lebensphase auf den mutierten Organismus auswirkt.

**Deletionsmutation** (*deletion mutation*) Eine Mutation, die durch die Deletion eines oder mehrerer Nucleotide aus einer DNA-Sequenz entsteht.

**Denaturierung** (*denaturation*) Zerstörung nichtkovalenter Wechselwirkungen wie Wasserstoffbrücken, die Sekundärstrukturen und höhere Strukturebenen von Proteinen und Nucleinsäuren aufrechthalten, durch chemische oder physikalische Verfahren.

**Dendrogramm** (*dendrogram*) Ein Stammbaum, den man erstellt, um die Verwandtschaftsbeziehungen zum Beispiel innerhalb einer Gruppe von Transkriptomen aufzuzeigen.

**Deoxyribonuclease** (*desoxyribonuclease*) Ein Enzym, das Phosphodiesterbindungen in einem DNA-Molekül spaltet.

**desadenylierungsabhängiges** *decapping* (*deadenylation-dependent decapping*) Ein Prozess beim Abbau eukaryotischer mRNAs, der durch das Entfernen des Poly(A)-Schwanzes eingeleitet wird.

**desaminierendes Agens** (*deaminating agent*) Ein Mutagen, das durch die Entfernung von Aminogruppen aus den Nucleotidbasen wirkt.

**Diauxie** (*diauxie*) Das Phänomen, dass ein Bakterium, wenn es ein Gemisch von Zuckern erhält, erst einen Zucker verbraucht, bevor es beginnt, den nächsten Zucker zu metabolisieren.

**Dicer** (*dicer*) Die Ribonuclease, die bei der RNA-Interferenz eine zentrale Rolle spielt.

**Dichtegradientenzentrifugation** (*density gradient centrifugation*) Ein Verfahren, bei dem man eine Zellfraktion durch eine dichte Lösung zentrifugiert, die einen Gradienten ausbildet, sodass die einzelnen Komponenten getrennt werden.

**Didesoxynucleotid** (*didesoxynucleotide*) Ein modifiziertes Nucleotid, dem die 3′-Hydroxylgruppe fehlt und das daher die Strangsynthese beendet, wenn es in ein Polynucleotid eingebaut wird.

**differenzielle Zentrifugation** (*differential centrifugation*) Ein Verfahren, mit dem sich Zellkomponenten durch Zentrifugation eines Extrakts bei unterschiedlichen Geschwindigkeiten trennen lassen.

**differenzielles Spleißen** (*differential splicing*) Die Herstellung von zwei oder mehreren mRNAs aus einer einzigen Prä-mRNA durch die Verknüpfung unterschiedlicher Kombinationen von Exons.

**Differenzierung** (*differentiation*) Das Annehmen einer spezialisierten biochemischen und/oder physiologischen Funktion durch eine Zelle.

**dihybride Kreuzung** (*dihybrid cross*) Eine sexuelle Kreuzung, bei der man die Vererbung von zwei Allelpaaren verfolgt.

**Dimer** (*dimer*) Ein Protein oder eine andere Struktur, die aus zwei Untereinheiten besteht.

**diploid** (*diploid*) Ein Zellkern, der zwei Kopien jedes Chromosoms besitzt.

**direkte Reparatur** (*direct repair*) Ein DNA-Reparatursystem, das direkt auf das geschädigte Nucleotid wirkt.

**direktes Auslesen** (*direct readout*) Das Erkennen einer DNA-Sequenz durch ein bindendes Protein, das mit der Außenseite der Doppelhelix in Kontakt tritt.

**diskontinuierliches Gen** (*discontinuous gene*) Ein in Exons und Introns aufgeteiltes Gen.

**dispersive Replikation** (*dispersive replication*) Eine hypothetische Form der DNA-Replikation, bei der die beiden Polynucleotide jeder Tochterdoppelhelix zum Teil aus der elterlichen DNA und zum Teil aus der neu synthetisierten DNA bestehen.

**Disulfidbrücke** (*disulfide bridge*) Eine kovalente Bindung zwischen Cysteinresten in unterschiedlichen Polypeptiden oder an unterschiedlichen Positionen innerhalb eines Polypeptids.

**DNA** (*DNA*) Desoxyribonucleinsäure, eine von zwei Nucleinsäureformen in lebenden Zellen; das genetische Material aller zellulären Lebensformen und vieler Viren.

**DNA-*shuffling*** (*DNA shuffling*) Ein PCR-basiertes Verfahren, das zu einer gezielten Evolution führt.

**DNA-abhängige DNA-Polymerase** (*DNA-dependent DNA-Polymerase*) Ein Enzym, das von einer DNA-Matrize eine DNA-Kopie herstellt.

**DNA-abhängige RNA-Polymerase** (*DNA-dependent RNA-Polymerase*) Ein Enzym, das von einer DNA-Matrize eine RNA-Kopie herstellt.

**DNA-Adenin-Methylase, Dam** (*DNA adenine methylase*) Ein Enzym, das an der Methylierung von *Escherichia coli*-DNA beteiligt ist.

**DNA-*bending*** (DNA-Biegung) Eine Form der Konformationsänderung, die durch ein bindendes Protein vermittelt wird.

**DNA-bindendes Protein** (*DNA-binding protein*) Ein Protein, das an ein DNA-Molekül bindet.

**DNA-Bindungsmotiv** (*DNA-binding motif*) Der Bereich eines DNA-bindenden Proteins, der den Kontakt mit der Doppelhelix herstellt.

**DNA-Chip** (*DNA chip*) Eine sehr dichte Anordnung von DNA-Molekülen, die für die gleichzeitige Hybridisierung eingesetzt wird.

**DNA-Cytosin-Methylase, Dcm** (*DNA cytosine methylase*) Ein Enzym, das bei *Escherichia coli* an der Methylierung von DNA beteiligt ist.

**DNA-Glykosylase** (*DNA glycosylase*) Ein Enzym, das die $\beta$-N-glykosidische Bindung zwischen einer Base und der Zuckerkomponente eines Nucleotids spaltet. Die Reaktion ist ein Teil der Basenexcisions- und Fehlpaarungsreparaturprozesse. Die Bezeichnung ist unzutreffend und sollte eigentlich *DNA-Glykolyase* lauten, doch die nicht korrekte Verwendung ist mittlerweile in der Literatur fest etabliert.

**DNA-Gyrase** (*DNA gyrase*) Eine Form der Typ-II-Topoisomerase aus *Escherichia coli*.

**DNA-Klonierung** (*DNA cloning*) Einbau eines DNA-Fragments in einen Klonierungsvektor und anschließende Vermehrung des rekombinanten DNA-Moleküls in einem Wirtsorganismus.

**DNA-Ligase** (*DNA ligase*) Ein Enzym, das bei Prozessen der DNA-Replikation, -Reparatur und -Rekombination Phosphodiesterbindungen synthetisiert.

**DNA-Marker** (*DNA marker*) Eine DNA-Sequenz, die in zwei oder mehreren deutlich zu unterscheidenden Formen vorkommt und die daher eingesetzt werden kann, um eine Stelle in einer genetischen, physikalischen oder integrierten Karte zu kennzeichnen.

**DNA-Methylierung** (*DNA methylation*) Bezeichnet die chemische Modifikation von DNA durch die Addition von Methylgruppen.

**DNA-Methyltransferase** (*DNA methyltransferase*) Ein Enzym, das Methylgruppen an ein DNA-Molekül anfügt.

**DNA-Photolyase** (*DNA photolyase*) Ein bakterielles Enzym, das an der Photoreaktivierungsreparatur beteiligt ist.

**DNA-Polymerase** (*DNA polymerase*) Ein DNA-synthetisierendes Enzym.

**DNA-Polymerase I** (*DNA polymerase I*) Das bakterielle Enzym, das während der Genomreplikation die Synthese der Okazaki-Fragmente vervollständigt.

**DNA-Polymerase II** (*DNA polymerase II*) Eine bakterielle DNA-Polymerase, die an der DNA-Reparatur beteiligt ist.

**DNA-Polymerase III** (*DNA polymerase III*) Das hauptsächliche DNA-replizierende Enzym in Bakterien.

**DNA-Polymerase $\alpha$** (*DNA polymerase $\alpha$*) Das Enzym, das die DNA-Replikation in Eukaryoten initiiert.

**DNA-Polymerase $\gamma$** (*DNA polymerase $\gamma$*) Das Enzym, das für die Replikation des mitochondrialen Genoms verantwortlich ist.

**DNA-Polymerase $\delta$** (*DNA polymerase $\delta$*) Das hauptsächliche DNA-replizierende Enzym in Eukaryoten.

**DNA-Rekombinationstechnik** (*recombinant DNA technology*) Die Methoden, die an der Herstellung, Untersuchung und Anwendung von rekombinanten DNA-Molekülen beteiligt sind.

**DNA-Reparatur** (*DNA repair*) Der biochemische Prozess, der Mutationen korrigiert, die durch Replikationsfehler und die Wirkung von mutagenen Agenzien entstehen.

**DNA-Replikation** (*DNA replication*) Synthese einer neuen Genomkopie.

**DNase-I-hypersensitive Stellen** (*DNase I hypersensitive sites*) Kurze Bereiche der eukaryotischen DNA, die relativ leicht mit Desoxribonuclease I gespalten werden können und die möglicherweise mit den Positionen übereinstimmen, an denen Nucleosomen fehlen.

**DNA-Sequenzierung** (*DNA sequencing*) Die Methode, mit der die Reihenfolge der Nucleotide in einem DNA-Molekül ermittelt wird.

**DNA-Topoisomerase** (*DNA topoisomerase*) Ein Enzym, das Windungen in die Doppelhelix einführt oder aus ihr entfernt, indem eines oder beide Polynucleotide gespalten und wieder verbunden werden.

**DNA-Transposon** (*DNA transposon*) Ein Transposon, dessen Transpositionsmechanismus keine RNA-Zwischenstufe beinhaltet.

**DNA-Tumor-Virus** (*DNA tumor virus*) Ein Virus mit einem DNA-Genom, das nach der Infektion einer tierischen Zelle Krebs zu verursachen vermag.

*domain shuffling* (Domänenverschiebung) Neuorganisation von Segmenten eines oder mehrerer Gene, um ein neues Gen zu schaffen, wobei jedes Segment eine strukturelle Domäne des Genprodukts codiert.

**Domäne** (*domain*) Ein Polypeptidsegment, das sich unabhängig von anderen Segmenten zu falten vermag; auch das Gensegment, das eine solche Domäne codiert.

**Domänenverdopplung** (*domain duplication*) Duplikation eines Gensegments für eine strukturelle Domäne in dem Proteinprodukt.

**dominant** (*dominant*) Das Allel, das in einer Heterozygoten exprimiert wird.

**Donorstelle** (*donor site*) Die Spleißstelle am 5′-Ende eines Introns.

**Doppelhelix** (*double helix*) Die durch Basenpaarung doppelsträngige Struktur, die die normale Form der DNA in der Zelle darstellt.

**Doppelstrangbruchreparatur** (*double-strand break repair*) Ein DNA-Reparaturprozess, der einen Doppelstrangbruch repariert.

**doppelsträngig** (*double stranded*) Bezeichnet zwei Polynucleotide, die durch Basenpaarung miteinander verbunden sind.

**doppelsträngige-RNA-bindende Domäne, dsRBD** (*double-stranded RNA-binding domain*) Ein verbreiteter Typ von RNA-bindender Domäne.

**doppelt heterozygot** (*double heterozygote*) Ein für zwei Gene heterozygoter Zellkern.

**doppelt homozygot** (*double homozygote*) Ein für zwei Gene homozygoter Zellkern.

**doppelte Restriktionsspaltung** (*double restriction*) Spaltung der DNA mit zwei Restriktionsendonucleasen zur gleichen Zeit.

**Dot-Matrix** (*dot matrix*) Ein Verfahren für das Alignment von Nucleotidsequenzen.

**D-Schleife** (*D-loop*) Eine Übergangsstruktur, die sich gemäß dem Meselson-Radding-Modell bei der homologen Rekombination ausbildet. Es handelt sich um einen ungefähr 500 bp langen Bereich, in dem die Doppelhelix durch die Anwesenheit eines RNA-Moleküls unterbrochen ist, das mit einem der DNA-Stränge Basenpaare ausbildet und als Ursprung für eine Verdrängungsreplikation fungiert.

**Dunkelreparatur** (*dark repair*) Eine Form der Nucleotidexcisionsreparatur, die Cyclobutyldimere korrigiert.

**Durchflusscytometrie** (*flow cytometry*) Ein Verfahren für die Trennung von Chromosomen.

**durchlässige Mutation** (*leaky mutation*) Eine Mutation, die zu einem nur teilweisen Verlust des Merkmals führt.

**dynamische allelspezifische Hybridisierung, DASH** (*dynamic allele-specific hybridization*) Ein Hybridisierungsverfahren in Lösung, mit dem sich SNPs typisieren lassen.

**echter Stammbaum** (*true tree*) Ein phylogenetischer Stammbaum, der die tatsächliche Reihenfolge evolutionärer Ereignisse darstellt, die zu der untersuchten Gruppe von Organismen oder DNA-Sequenzen geführt hat.

**„eigennützige" DNA** (*selfish DNA*) DNA die scheinbar keine Funktion hat und offensichtlich nichts zu der Zelle beiträgt, in der sie vorkommt.

**einfacher Sequenzlängen-Polymorphismus, SSLP** (*simple sequence length polymorphism*) Eine Anordnung von sich wiederholenden Sequenzen mit variierender Länge.

**einzelnes *orphan*-Gen** (*single orphan*) Eine einzelnes Gen, das kein Homolog besitzt und dessen Funktion unbekannt ist.

**Einzelnucleotid-Polymorphismus, SNP** (*single nucleotide polymorphism*) Eine Punktmutation, die in einigen Individuen einer Population vorkommt.

**einzelstrangbindendes Protein, SSB** (*single-strand binding protein*) Eines der Proteine, die in dem Bereich der

Replikationsgabel an einzelsträngige DNA binden und dadurch verhindern, dass sich Basenpaare zwischen den beiden Elternstängen bilden, bevor eine Kopie erstellt worden ist.

**Einzelstrangbruch** (*nick*) Eine Position in einem doppelsträngigen DNA-Molekül, an der eines der Polynucleotide gebrochen ist, weil eine Phosphodiesterbindung fehlt.

**einzelsträngig** (*single stranded*) Ein nur aus einem Polynucleotid bestehendes DNA- oder RNA-Molekül.

**Eisen-Response-Element** (*iron-response element*) Eine Form eines Reaktionsmoduls.

**Elektrophorese** (*electrophoresis*) Trennung von Molekülen aufgrund ihrer elektrischen Nettoladung.

**elektrostatische Wechselwirkung** (*electrostatic interaction*) Ionenbindungen, die sich zwischen geladenen chemischen Gruppen bilden.

**Elongationsfaktor** (*elongation factor*) Ein Protein, das eine Hilfsfunktion bei dem Elongationsschritt von Transkription oder Translation besitzt.

**Elongator** (*elongator*) Ein Hefeprotein, möglicherweise mit Histon-Acetyltransferaseaktivität, das an der Elongationsphase der Transkription beteiligt ist.

**elterlicher Genotyp** (*parental genotype*) Der Genotyp, den ein Elternteil in einer genetischen Kreuzung besitzt.

**Elution** (*elution*) Das Ablösen eines Moleküls von einer Chromatographiesäule.

**embryonale Stammzelle, ES-Zelle** (*embryonic stem [ES] cell*) Eine totipotente Zelle aus dem Embryo einer Maus oder eines anderen Organismus.

**Endmarkierung** (*end-labeling*) Die Bindung von radioaktiven oder anderen Markern an ein Ende eines DNA- oder RNA-Moleküls.

**endogener Retrovirus, ERV** (*endogenous retrovirus*) Ein aktives oder inaktives retrovirales Genom, das in ein Wirtsgenom integriert ist.

**Endonuclease** (*endonuclease*) Ein Enzym, das die Phosphodiesterbindungen innerhalb eines Nucleinsäuremoleküls spaltet.

**Endosymbiontentheorie** (*endosymbiont theory*) Eine Theorie, die besagt, dass Mitochondrien und Chloroplasten der eukaryotischen Zellen von symbiontischen Prokaryoten abstammen.

**Enhanceosom** (*enhanceosome*) Eine Struktur, die durch DNA-*bending* gebildet wird und die eine Reihe von Pro-

teinen enthält, die an der Aktivierung der RNA-Polymerase-II-Transkriptionsinitiationskomplexes beteiligt sind.

**Enhancer** (*enhancer*) Eine regulatorische Sequenz, die die Transkriptionsrate eines oder mehrerer Gene erhöht, welche in beiden Richtungen in einigem Abstand zu der Sequenz auf der DNA liegen.

**Entwicklung** (*development*) Eine koordinierte Folge von vorübergehenden und dauerhaften Veränderungen, die während der Lebensspanne einer Zelle oder eines Organismus abläuft.

**Enzym zur Modifikation der Enden** (*end-modification enzyme*) Ein in der DNA-Rekombinationstechnik eingesetztes Enzym, das die chemische Struktur an einem Ende eines DNA-Moleküls verändert.

**Episom** (*episome*) Ein Plasmid, das sich in das Wirtszellchromosom zu integrieren vermag.

**Episomentransfer** (*episome transfer*) Übertragung eines Teils oder des gesamten bakteriellen Chromosoms zwischen Zellen durch die Integration in ein Plasmid.

**Erbeinheit** (*unit factor*) Mendels Bezeichnung für ein Gen.

**Erhaltungsmethylierung** (*maintenance methylation*) Das Anhängen von Methylgruppen an solche Positionen in neu synthetisierten DNA-Strängen, die den Methylierungsstellen auf dem Elternstrang entsprechen.

**Erkennungshelix** (*recognition helix*) Eine $\alpha$-Helix in einem DNA-bindenden Protein, die für die Erkennung der Zielnucleotidsequenz verantwortlich ist.

**Erkrankungen durch Expansion von Trinucleotidwiederholungen** (*trinucleotide repeat expansion disease*) Eine Erkrankung, die durch die Verlängerung einer Trinucleotidwiederholungssequenz in einem Gen oder in dessen Nähe hervorgerufen wird.

**EST,** *expressed sequence tag* (exprimierter Sequenzmarker) Eine cDNA, die sequenziert wurde, um einen schnellen Zugang zu den Genen in einem Genom zu erhalten.

**E-Stelle** (*exit site*) Eine Position in einem bakterielle Ribosom, an die sich eine tRNA unmittelbar nach der Deacylierung bewegt.

**Ethidiumbromid** (*ethidium bromide*) Ein interkalierendes Agens, das Mutationen verursacht, indem es sich zwischen benachbarte Basenpaare in ein doppelsträngiges DNA-Molekül einlagert.

**Ethylmethansulfonat, EMS** (*ethylmethane sulfonate*) Ein Mutagen, das durch die Addition von Alkylgruppen an Nucleotidbasen wirkt.

**Euchromatin** (*euchromatin*) Wenig kondensierte Regionen eines eukaryotischen Chromosoms, von denen man annimmt, dass sie aktive Gene enthalten.

**Eukaryot** (*eukaryote*) Ein Organismus, dessen Zellen membranumschlossene Zellkerne enthalten.

**Excisionsreparatur** (*excision repair*) Ein DNA-Reparaturprozess, der verschiedene Formen von DNA-Schäden korrigiert, indem ein Bereich eines Polynucleotids ausgeschnitten und neu synthetisiert wird.

**Exon** (*exon*) Eine codierende Region innerhalb eines diskontinuierlichen Gens.

**Exon-Intron-Grenze** (*exon-intron boundary*) Die Nucleotidsequenz am Übergang zwischen Exon und Intron.

**Exon-Spleiß-Enhancer, ESE** (*exonic splicing enhancer*) Eine Nucleotidsequenz, die beim Spleißen von GU–AG-Introns eine positiv regulatorische Funktion besitzt.

**Exon-Spleiß-Silencer, ESS** (*exonic splicing silencer*) Eine Nucleotidsequenz, die beim Spleißen von GU–AG-Introns eine negativ regulatorische Funktion besitzt.

**Exontheorie der Gene** (*exon theory of genes*) Eine *introns early*-Hypothese, die davon ausgeht, dass sich Introns bereits in den ersten jemals geschaffenen Genomen entstanden sind.

**Exon-*trapping*** (*exon trapping*) Eine auf Klonierung beruhende Methode, mit der die Positionen von Exons in einer DNA-Sequenz bestimmt werden können.

**Exonuclease** (*exonuclease*) Ein Enzym, das Nucleotide von den Enden eines Nucleinsäuremoleküls entfernt.

**Exosom** (*exosome*) Ein Multiproteinkomplex, der in Eukaryoten am Abbau von mRNA beteiligt ist.

**Exportin** (*exportin*) Ein am Transport von Molekülen aus dem Zellkern beteiligtes Protein.

**Expressionsproteomik** (*expression proteomics*) Die Methoden, die man für die Identifizierung von Proteinen in einem Proteom einsetzt.

**Extein** (*extein*) Die funktionelle Komponente eines diskontinuierlichen Gens.

**externer Knoten** (*external node*) Das Ende einer Entwicklungslinie in einem phylogenetischen Stammbaum, das einen der untersuchten Organismen oder DNA-Sequenzen repräsentiert.

**extrachromosomales Gen** (*extrachromosomal gene*) Ein Gen in einem Mitochondren- oder Chloroplastengenom.

**fakultatives Heterochromatin** (*facultative heterochromatin*) Chromatin, das in manchen, aber nicht in allen Zellen kompakt organisiert ist und von dem man annimmt, dass es Gene enthält, die in einigen Zellen oder Phasen des Zellzyklus inaktiv sind.

**Faltungsdomäne** (*folding domain*) Ein Polypeptidsegment, das sich unabhängig von anderen Segmenten faltet.

**Faltungsweg** (*folding pathway*) Die Abfolge von Ereignissen, einschließlich partiell gefalteter Zwischenstufen, die dazu führen, dass ein nicht gefaltetes Protein seine korrekte dreidimensionale Struktur erhält.

**fehlende Penetranz** (*nonpenetrance*) Die Situation, wenn sich eine Mutation zu Lebzeiten des mutierten Organismus nicht auswirkt.

**Fehlpaarung** (*mismatch*) Eine Stelle in einem doppelsträngigen DNA-Molekül, an der keine Basenpaarung stattfindet, weil die Nucleotide nicht komplementär sind; insbesondere eine nichtbasengepaarte Stelle, die aus einem Replikationsfehler resultiert.

**Fehlpaarungsreparatur** (*mismatch repair*) Ein DNA-Reparaturprozess, der fehlgepaarte Nucleotide korrigiert, indem das nicht korrekte Nucleotid in dem Tochterpolynucleotid ersetzt wird.

**FEN1** (*FEN1*) Die "*flap*-Endonuclease", die in Eukaryoten an der Replikation des Folgestranges beteiligt ist.

**fertig gestellte Sequenz** (*finished sequence*) Eine chromosomale Sequenz, die nahezu vollständig bestimmt wurde und die für menschliche Chromosomen so definiert ist, dass sie 95 % des Euchromatins mit einer Fehlerrate von weniger als einem Fehler auf $10^4$ Nucleotide abdeckt.

***fiber*-FISH** (Faser-FISH) Eine spezielle Form des FISH, die eine hohe Auflösung der Marker ermöglicht.

**Fingerprint mit repetitiver DNA** (*repetitive DNA fingerprinting*) Eine Klon-Fingerprint-Methode, mit der man die Positionen genomweiter Sequenzwiederholungen in klonierten DNA-Fragmenten bestimmen kann.

**Fitness** (*fitness*) Die Fähigkeit eines Organismus oder Allels, zu überleben und sich zu vermehren.

**Fixierung** (*fixation*) Bezeichnet die Situation, die auftritt, wenn ein einziges Allel in einer Population eine Häufigkeit von 100 % aufweist.

**Flaschenhals** (*bottleneck*) Eine vorübergehende Verringerung der Populationsgröße.

**FLpter-Wert** (*FLpter value*) Die Einheit, die bei FISH die Position eines Hybridisierungssignals relativ zum Ende des kurzen Chromosomenarms beschreibt.

**fMet** (*fMet*) *N*-Formylmethionin, die modifizierte Aminosäure, die von der tRNA getragen wird, die bei der Initiation der Translation in Bakterien zum Einsatz kommt.

**Folgestrang** (*lagging strand*) Der Strang der Doppelhelix, der während der Genomreplikation auf eine diskontinuierliche Art und Weise kopiert wird.

**Footprinting** (*footprinting*) Eine Reihe von Methoden, die man für die Lokalisierung von Proteinen einsetzt, die an DNA-Moleküle gebunden sind.

**Fosmid** (*fosmid*) Ein Vektor mit hoher Kapazität, der den Replikationsursprung des F-Plasmids und eine λ *cos*-Stelle trägt.

**F-Plasmid** (*F-Plasmid*) Ein Fertilitätsplasmid, das den konjugativen DNA-Transfer zwischen Bakterien vermittelt.

**fragile Stelle** (*fragile site*) Eine Stelle in einem Chromosom, die anfällig für einen Bruch ist, weil sie eine ausgedehnte Folge einer Trinucleotidwiederholung besitzt.

*frameshifting* siehe **Rasterverschiebung**

**Freigabe des Promotors** (*promoter clearance*) Die Vervollständigung einer erfolgreichen Transkriptionsinitiation, die stattfindet, wenn sich die RNA-Polymerase von der Promotorsequenz weg bewegt und ihn freigibt.

**Freisetzungsfaktor** (*release factor*) Ein Protein, das eine Hilfsfunktion während der Termination der Translation innehat.

**funktionelle Analyse** (*functional analysis*) Der Bereich der Genomforschung, der sich der Identifizierung von Funktionen unbekannter Gene widmet.

**funktionelle Domäne** (*functional domain*) Eine Region der eukaryotischen DNA um ein Gen oder eine Gruppe von Genen, die man durch eine Behandlung mit Desoxyribonuclease I bestimmen kann.

**funktionelle RNA** (*functional RNA*) RNA mit einer funktionellen Rolle in der Zelle; das heißt RNAs, die nicht mRNAs sind.

**Fusionsprotein** (*fusion protein*) Ein Protein, das aus einer Fusion von zwei Polypeptiden oder Teilen von Polypeptiden besteht, die normalerweise durch zwei unterschiedliche Gene codiert werden.

**G1-Phase** (*G1 phase*) Die erste Zwischenphase im Zellzyklus.

**G2-Phase** (*G2 phase*) Die zweite Zwischenphase im Zellzyklus.

*gain of function*-**Mutation** (Funktionsgewinnmutation) Eine Mutation, die dazu führt, dass ein Organismus eine neue Funktion gewinnt.

**Gamet** (*gamete*) Eine reproduktive Zelle, in der Regel haploid, die während der sexuellen Reproduktion mit einem zweiten Gameten fusioniert, wodurch eine neue Zelle entsteht.

*gap*-**Gene** (*gap genes*) Entwicklungsgene, die bei der Festlegung von Bereichen innerhalb des *Drosophila*-Embryos eine Rolle spielen.

**Gap-Phase** (*gap period*) Eine von zwei Zwischenphasen innerhalb des Zellzyklus.

**GAPs, GTPase-aktivierende Proteine** (*GTPase activating proteins*) Eine Reihe von Proteinen, die Zwischenstufen im Ras-Signaltransduktionsweg darstellen.

**GC-Box** (*GC box*) Ein Element des basalen Promotors.

**GC-Gehalt** (*GC content*) Der Prozentsatz an Nucleotiden in einem Genom, die G oder C sind.

**„geflügelte" Helix-Kehre-Helix** (*winged helix-turn-helix*) Eine DNA-bindende Domäne.

**Gelelektrophorese** (*gel electrophoresis*) Elektrophorese, die in einem Gel durchgeführt wird, sodass Moleküle mit ähnlicher elektrischer Ladung entsprechend ihrer Größe getrennt werden.

**Gelretardierungsanalyse** (*gel retardation analysis*) Ein Verfahren, mit dem Proteinbindungsstellen auf einem DNA-Molekül aufgrund der Wirkung identifiziert werden, die ein gebundenes Protein auf die Mobilität des DNA-Fragments in der Gelelektrophorese hat.

**Gelstreckung** (*gel stretching*) Eine Methode zur Präparation gespaltener DNA-Moleküle für die optische Kartierung.

**Gen** (*gene*) Ein DNA-Segment, das biologische Informationen enthält und daher ein RNA und/oder ein Polypeptidmolekül codiert.

**Gene-in-Genen** (*genes-within-genes*) Bezieht sich auf Gene, deren Intron ein anderes Gen enthält.

**Genetik** (*genetics*) Der Zweig der Biologie, der sich mit der Untersuchung von Genen befasst.

**genetische Kartierung** (*genetic mapping*) Die Anwendung von Methoden für das Erstellen einer Genomkarte.

**genetische Kopplung** (*genetic linkage*) Die physikalische Verbindung zwischen zwei Genen, die auf demselben Chromosom liegen.

**genetische Redundanz** (*genetic redundancy*) Die Situation, die vorliegt, wenn zwei Gene in demselben Genom die gleiche Funktion haben.

**genetischer Code** (*genetic code*) Die Regeln, die bestimmen, welches Nucleotidtriplett während der Proteinsynthese welche Aminosäure codiert.

**genetischer Footprint** (*genetic footprinting*) Eine Methode für die schnelle funktionelle und gleichzeitige Analyse vieler Gene.

**genetischer Marker** (*genetic marker*) Ein Gen, das in zwei oder mehreren leicht unterscheidbaren Allelen existiert, deren Vererbung somit während einer genetischen Kreuzung verfolgt und wodurch die Position des Gens auf einer Karte bestimmt werden kann.

**genetisches Profil** (*genetic profile*) Das Bandenmuster, das nach Elektrophorese der Produkte von PCR-Reaktionen zu sehen ist, die auf eine Reihe von Mikrosatellitenloci gerichtet sind.

**Genexpression** (*gene expression*) Die Folge von Ereignissen, bei denen die in einem Gen enthaltene biologische Information freigesetzt und für die Zelle verfügbar gemacht wird.

**Genfluss** (*gene flow*) Die Übertragung eines Gens von einem Organismus auf einen anderen.

**Genfragment** (*gene fragment*) Ein Genrest, der eine kurze isolierte Region aus einem Gen enthält.

**Genklonierung** (*gene cloning*) Insertion eines DNA-Fragments, das ein Gen enthält, in einen Klonierungsvektor und anschließende Vermehrung des rekombinanten DNA-Moleküls in einem Wirtsorganismus.

**Genkonversion** (*gene conversion*) Ein Prozess, der zu vier haploiden Meioseprodukten führt, die ein unregelmäßiges Segregationsmuster zeigen.

**Genom** (*genome*) Die vollständige genetische Ausstattung eines lebenden Organismus.

**Genomexpression** (*genome expression*) Die Abfolge von Ereignissen, durch die die biologische Information eines Genoms freigesetzt und für die Zelle verfügbar gemacht wird.

**genomische Prägung** (*genomic imprinting*) Inaktivierung eines Gens auf einem der Chromosomen von einem Homologenpaar durch Methylierung.

**genomweite Wiederholung** (*genome-wide repeat*) Eine Sequenz, die an vielen, über das Genom verteilten Orten vorkommt.

**Genotyp** (*genotype*) Eine Beschreibung der genetischen Zusammensetzung eines Organismus.

**Genstammbaum** (*gene tree*) Ein phylogenetischer Stammbaum, der die evolutionären Verwandtschaftsbeziehungen zwischen einer Gruppe von Genen oder anderen DNA-Sequenzen zeigt.

**Gensubstitution** (*gene substitution*) Der Austausch eines Allels, das zu einer bestimmten Zeit in einer Population fixiert worden ist, durch ein zweites Allel, wobei die Häufigkeit dieses zweiten, durch Mutation entstandenen Allels zunimmt, bis es selbst fixiert ist.

**Gensuperfamilie** (*gene superfamily*) Eine Gruppe aus zwei oder mehreren evolutionär verwandten Multigenfamilien.

**Gentherapie** (*gene therapy*) Ein klinisches Verfahren, bei dem man ein Gen oder eine andere DNA-Sequenz für die Behandlung einer Krankheit einsetzt.

**Gerüst** (*scaffold*) Eine Reihe von Sequenz-Contigs, die durch Sequenzlücken getrennt sind.

**Gesamtgenom-Shotgun-Methode** (*whole-genome shotgun approach*) Ein Genomsequenzierungsverfahren, das die zufällige Shotgun-Sequenzierung mit einer genomischen Karte verbindet, wobei letztere das Zusammensetzen einer Master-Sequenz unterstützt.

**Gesamtregulation** (*global regulation*) Eine allgemeine negative Regulation der Proteinsynthese, die als Reaktion auf verschiedene Signale auftritt.

**Geschlechtschromosom** (*sex chromosome*) Ein Chromosom, das an der Geschlechtsbestimmung beteiligt ist.

**Geschlechtszelle** (*sex cell*) Eine reproduktive Zelle; eine Zelle, die sich in der Meiose teilt.

**geschlossener Promotorkomplex** (*closed promotor complex*) Die Struktur, die während des ersten Schrittes beim Zusammenfügen des Initiationskomplexes für die Transkription gebildet wird. Der geschlossene Promotorkomplex besteht aus der RNA-Polymerase und/oder akzessorischen Proteinen, die an den Promotor angelagert sind, bevor die DNA durch Lösen der Basenpaare geöffnet wird.

**gespleißte Leader-RNA, SL-RNA** (*spliced leader RNA*) Ein Transkript, das beim *trans*-Spleißen für etliche RNAs ein Leader-Segment darstellt.

**gewurzelt** (*rooted*) Bezieht sich auf einen phylogenetischen Stammbaum, der Informationen über die zurückliegenden Evolutionsereignisse liefert, die zu den untersuchten Organismen oder DNA-Sequenzen führten.

**gezielte Evolution** (*directed evolution*) Eine Reihe von experimentellen Methoden, die eingesetzt werden, um neue Gene mit verbesserten Produkten zu erhalten.

**Gigabasenpaar** (*gigabase pair*) 1 000 000 kb; 1 000 000 000 bp.

**glattes Ende** (*blunt end, flush end*) Ein Ende eines doppelsträngigen DNA-Moleküls, bei dem die beiden Stränge an der gleichen Nucleotidposition enden und keine einzelsträngige Verlängerung vorkommt.

**glutaminreiche Domäne** (*glutamine-rich domain*) Eine Form der Aktivierungsdomäne.

**Glykosylierung** (*glycosylation*) Die Anheftung von Zuckereinheiten an ein Polypeptid.

**GNRPs, guaninnucleotidfreisetzende Proteine** (*guanine nucleotide-releasing proteins*) Eine Reihe von Proteinen, die Zwischenstufen des Ras-Signaltransduktionsweges darstellen.

**große Furche** (*major groove*) Die größere der beiden Furchen, die auf der Oberfläche der B-Form-DNA eine Spirale bilden.

**grün fluoreszierendes Protein** (*green fluorescent protein*) Ein Protein, das für die Markierung anderer Proteine eingesetzt wird und dessen Gen als Reportergen dient.

**Gruppe-I-Intron** (*group I intron*) Form eines Introns, die hauptsächlich in den Genen von Organellen vorkommt.

**Gruppe-II-Intron** (*group II intron*) Form eines Introns, die in den Genen von Organellen vorkommt.

**Gruppe-III-Intron** (*group III intron*) Form eines Introns, die in den Genen von Organellen vorkommt.

**GTPase-aktivierende Proteine, GAPs** (*GTPase activating proteins*) Eine Reihe von Proteinen, die Zwischenstufen des Ras-Signaltransduktionsweges darstellen.

**GU–AG-Intron** (*GU–AG intron*) Die am weitesten verbreitete Form eines Introns in eukaryotischen Kerngenen. Die ersten beiden Nucleotide des Introns sind 5′-GU-3′ und die beiden letzten 5′-AG-3′.

**Guanin** (*guanine*) Eines der Purinnucleotide, die in DNA und RNA enthalten sind.

**Guanin-Methyltransferase** (*guanine methyltransferase*) Das Enzym, das während der *capping*-Reaktion eine Methylgruppe an das 5′-Ende einer eukaryotischen mRNA hängt.

**guaninnucleotidfreisetzende Proteine, GNRPs** (*guanine nucleotide releasing proteins*) Eine Reihe von Proteinen, die Zwischenstufen des Ras-Signaltransduktionsweges darstellen.

**Guanylyl-Transferase** (*guanylyl transferase*) Das Enzym, das zu Beginn der *capping*-Reaktion ein GTP an das 5′-Ende einer eukaryotischen mRNA hängt.

**guide-RNA** (*guide RNA*) Eine kurze RNA, die die Positionen bestimmt, an denen ein oder mehrere Nucleotide durch Pan-Editing in eine verkürzte RNA eingebaut werden.

**Haarnadel** (*hairpin*) Eine Stamm-Schleife-Struktur aus einem Stamm mit Basenpaarung und einer Schleife ohne Basenpaarung, die sich innerhalb eines einzelsträngigen Polynucleotids mit umgekehrter Sequenzwiederholung bilden kann.

**Hammerkopf** (*hammerhead*) Eine in manchen Viren vorkommende RNA-Struktur mit Ribozymaktivität.

**Haplogruppe** (*haplogroup*) Eine der Hauptklassen von mitochondrialen DNA-Sequenzen in der menschlichen Population.

**haploid** (*haploid*) Ein Zellkern, der von jedem Chromosom nur eine Kopie enthält.

**Haploinsuffizienz** (*haploinsufficiency*) Die Situation, wenn die Inaktivierung eines Gens auf einem Chromosom von einem Homologenpaar den Phänotyp der Mutante verändert.

**Haplotyp** (*haplotype*) Eine individuelle mitochondriale DNA-Sequenz.

**Haupthistokompatibilitätskomplex, MHC** (*major histocompatibility complex*) Eine Multigenfamilie der Säugetiere, die Zelloberflächenproteine codiert und viele multiallelische Gene enthält.

**Hauptkomponentenanalyse** (*principal component analysis*) Ein Verfahren, mit dem sich in einem großen Datensatz Muster von verschiedenen Merkmalszuständen ermitteln lassen.

**Haushaltsprotein** (*housekeeping protein*) Ein Protein, das in allen oder wenigstens den meisten Zellen eines vielzelligen Organismus kontinuierlich exprimiert wird.

**Helferphage** (*helper phage*) Ein Phage, der in Verbindung mit einem verwandten Klonierungsvektor in eine Wirtszelle eingeführt wird, um die Enzyme und anderen Proteine, die für die Replikation des Klonierungsvektors notwendig sind, bereitzustellen.

**Helikase** (*helicase*) Ein Enzym, das in einem doppelsträngigen DNA-Molekül Basenpaare aufbricht.

**Helix-Kehre-Helix-Motiv** (*helix-turn-helix motif*) Ein allgemeines Strukturmotiv für die Anheftung eines Proteins an ein DNA-Molekül.

**Helix-Schleife-Helix-Motiv** (*helix-loop-helix motif*) Eine Dimerisierungsdomäne, die üblicherweise in DNA-bindenden Proteinen vorkommt.

**Heterochromatin** (*heterochromatin*) Relativ stark kondensiertes Chromatin, von dem man annimmt, dass es nichttranskribierte DNA enthält.

**Heteroduplex** (*heteroduplex*) Ein DNA-DNA- oder DNA-RNA-Hybrid.

**Heteroduplexanalyse** (*heteroduplex analysis*) Transkriptkartierung durch die Analyse von DNA-RNA-Hybriden mit einer einzelstrangspezifischen Nuclease wie S1.

**Heterogene Kern-RNA, hnRNA** (*heterogenous nuclear RNA*) Die Kern-RNA-Fraktion, die von der RNA-Polymerase II synthetisierte nichtprozessierte Transkripte enthält.

**Heteropolymer** (*heteropolymer*) Eine künstliche RNA, die aus einem Gemisch von unterschiedlichen Nucleotiden besteht.

**heterozygot** (*heterozygous*) Ein diploider Kern, der von einem bestimmten Gen zwei unterschiedliche Allele enthält.

**Heterozygotie** (*heterozygosity*) Die Wahrscheinlichkeit, dass eine zufällig aus einer Population ausgewählte Person für einen bestimmten Marker heterozygot ist.

**hierarchische Cluster-Bildung** (*hierachical clustering*) Ein Verfahren der Transkriptomanalyse, bei dem man die Expressionsniveaus von Genpaaren miteinander vergleicht.

**Histon** (*histone*) Eines der basischen Proteine von Nucleosomen.

**Histonacetylierung** (*histone acetylation*) Modifikation der Chromatinstruktur durch die Bindung von Acetylgruppen an Core-Histone.

**Histon-Acetyltransferase, HAT** (*histone acetyltransferase*) Ein Enzym, das Acetylgruppen an Core-Histone hängt.

**Histon-Code** (*histone code*) Die Hypothese, die besagt, dass das Muster der chemischen Modifikation von Histonproteinen verschiedene zelluläre Aktivitäten beeinflusst.

**Histon-Deacetylase, HDAC** (*histon deacetylase*) Ein Enzym, das die Acetylgruppen von Core-Histonen entfernt.

**HMGN-Protein, *high mobility group N protein*** (Protein der hochmobilen N-Gruppe) Eine Gruppe von Kernproteinen, die die Chromatinstruktur beeinflussen.

**Hochleistungsflüssigkeitschromatographie, HPLC** (*high-performance liquid chromatography*) Ein Säulenchromatographieverfahren mit vielen Anwendungen in der Biochemie.

**Holliday-Struktur** (*Holliday structure*) Eine Übergangsstruktur, die sich während der Rekombination zwischen DNA-Molekülen bildet.

**Holoenzym** (*holoenzyme*) Die Form der RNA-Polymerase aus *Escherichia coli*, die aus den Untereinheiten $\alpha_2\beta\beta'\delta$ besteht und Promotorsequenzen zu erkennen vermag.

**holozentrisches Chromosom** (*holocentric chromosome*) Ein Chromosom, das nicht ein einzelnes Centromer besitzt, sondern stattdessen viele über seine Länge verteilte Kinetochore.

**homologe Chromosomen** (*homologous chromosomes*) Zwei oder mehrere identische in einem Zellkern enthaltene Chromosomen.

**homologe Gene** (*homologous genes*) Gene mit einem gemeinsamen Vorfahren in der Evolution.

**homologe Rekombination** (*homologous recombination*) Rekombination zwischen zwei homologen, doppelsträngigen DNA-Molekülen, das heißt, zwischen Molekülen, die eine erhebliche Ähnlichkeit in ihrer Nucleotidsequenz aufweisen.

**Homologiesuche** (*homology searching*) Ein Verfahren, bei dem man Gene mit Sequenzen, die denen eines unbekannten Gens ähnlich sind, mit dem Ziel sucht, einen Einblick in die Funktion des unbekannten Gens zu erhalten.

**Homöodomäne** (*homeodomain*) Ein DNA-Bindungsmotiv, das in vielen Proteinen vorkommt, die an der entwicklungsabhängigen Regulation der Genexpression beteiligt sind.

**homöotische Mutation** (*homeotic mutation*) Eine Mutation, die zur Umwandlung eines Körperteils in ein anderes führt.

**homöotisches Selektorgen** (*homeotic selector gene*) Ein Gen, das die Identität eines Körperteils vermittelt, beispielsweise eines Segments des *Drosophila*-Embryos.

**Homoplasie** (*homoplasy*) Die Situation, die auftritt, wenn sich der gleiche Merkmalszustand unabhängig in zwei Linien entwickelt.

**Homopolymer** (*homopolymer*) Eine künstliche RNA, die nur aus gleichen Nucleotiden besteht.

**Homopolymer-*tailing*** (*homopolymer tailing*) Das Anfügen einer Sequenz aus identischen Nucleotiden (zum

Beispiel AAAAA) an das Ende eines Nucleinsäuremoleküls; bezieht sich in der Regel auf die Synthese von einzelsträngigen Homopolymerverlängerungen an den Enden eines doppelsträngigen DNA-Moleküls.

**homozygot** (*homozygous*) Ein diploider Kern, der von einem bestimmten Gen zwei identische Allele enthält.

**horizontaler Gentransfer** (*horizontal gene transfer*) Übertragung eines Gens von einer Spezies auf eine andere.

**Hormon-Response-Element** (*hormone response element*) Eine stromaufwärts von einem Gen liegende Nucleotidsequenz, die die regulatorische Wirkung eines Steroidhormons vermittelt.

**Hsp70-Chaperon** (*Hsp70 chaperone*) Eine Proteinfamilie, die an hydrophobe Regionen anderer Proteine bindet, um deren Faltung zu unterstützen.

*hub* ("Knotenpunkt") Ein Protein, das innerhalb einer Proteininteraktionskarte viele Wechselwirkungen zeigt.

**Humangenomprojekt** (*Human Genome Project*) Das staatlich geförderte Projekt, das eine der Rohsequenzen des Humangenoms erstellt hat und weiterhin die Funktionen menschlicher Gene untersucht.

**Hybriddysgenese** (*hybrid dysgenesis*) Das Ereignis, das auftritt, wenn weibliche Tiere von Laborstämmen von *Drosophila melanogaster* mit männlichen Tieren aus Wildpopulationen gekreuzt werden. Die aus einer solchen Kreuzung entstehenden Nachkommen sind steril, besitzen chromosomale Anormalitäten und andere genetische Fehlfunktionen.

**Hybridisierung** (*hybridization*) Die Zusammenlagerung von zwei komplementären Polynucleotiden durch Basenpaarung.

**hydrophobe Effekte** (*hydrophobic effects*) Chemische Wechselwirkungen, die zu hydrophoben Gruppen führen, welche sich zum Proteininneren hin ausrichten.

**Hypermutation** (*hypermutation*) Ein Anstieg der Mutationsrate in einem Genom.

**Immuncytochemie** (*immunocytochemistry*) Ein Verfahren, bei dem man Antikörper einsetzt, um die Position eines Proteins in einem Gewebe zu ermitteln.

**Immunelektronenmikroskopie** (*immunoelectron microscopy*) Ein elektronenmikroskopisches Verfahren, bei dem man die Markierung mit Antikörpern anwendet, um spezifische Proteine auf der Oberfläche einer Struktur, beispielsweise eines Ribosoms, zu lokalisieren.

**Immunscreening** (*immunoscreening*) Der Einsatz einer Antikörpersonde für den Nachweis eines Polypeptids, das von einem klonierten Gen synthetisiert wurde.

**Importin** (*importin*) Ein am Transport von Molekülen in den Zellkern beteiligtes Protein.

*in vitro*-**Mutagenese** (*in vitro mutagenesis*) Methoden, mit denen spezifische Mutationen an einem vorher im DNA-Molekül bestimmten Ort eingeführt werden.

*in vitro*-**Verpackung** (*in vitro packaging*) Synthese von infektiösen λ-Phagen aus einer Präparation von λ-Proteinen und einem Concatemer von λ-DNA-Molekülen.

**Indel** (*indel*) Eine Position in einem Alignment von zwei DNA-Sequenzen, an der eine Deletion oder eine Insertion stattgefunden hat.

**Induktor** (*inducer*) Ein Molekül, das die Expression eines Gens oder eines Operons induziert, indem es an ein Repressorprotein bindet und dieses an einer Bindung an den Operator hindert.

**Inhibitionsdomäne** (*inhibition domain*) Der Teil eines eukaryotischen Repressors, der den Kontakt mit dem Intitiationskomplex herstellt.

**inhibitorresistente Mutante** (*inhibitor-resistant mutant*) Eine Mutante, die der toxischen Wirkung eines Antibiotikums oder eines anderen Inhibitors zu widerstehen vermag.

**Initiation der Transkription** (*initiation of transcription*) Der Zusammenbau des Proteinkomplexes stromaufwärts eines Gens, das anschließend von dem Komplex in RNA kopiert wird.

**Initiationsfaktor** (*initiation factor*) Ein Protein, das während der Initiation der Translation eine Hilfsfunktion übernimmt.

**Initiationskomplex** (*initiation complex*) Der Proteinkomplex, der die Transkription initiiert. Ebenfalls der translationseinleitende Komplex.

**Initiationsregion** (*initiation region*) Eine Region eukaryotischer chromosomaler DNA, innerhalb derer die Replikation an nicht genau festgelegten Positionen beginnt.

**Initiator-(Inr-)Sequenz** (*initiator [Inr] sequence*) Ein Bestandteil des RNA-Polymerase-II-Core-Promotors.

**Initiator-tRNA** (*initiator tRNA*) Die tRNA, in Eukaryoten mit Methionin und in Bakterien mit *N*-Formylmethionin aminoacyliert, die während der Proteinsynthese das Startcodon erkennt.

**Inosin** (*inosine*) Eine modifizierte Form von Adenosin, die gelegentlich an der Wobble-Position eines Anticodons auftritt.

**Insertionsediting** (*insertional editing*) Eine weniger intensive Form des Pan-Editing, die während der Prozessierung einiger viraler RNAs stattfindet.

**Insertionsinaktivierung** (*insertional inactivation*) Eine Klonierungsstrategie, bei der die Insertion eines neuen DNA-Stücks in einen Vektor ein Gen des Vektors inaktiviert.

**Insertionsmutation** (*insertion mutation*) Eine Mutation, die durch Insertion eines oder mehrerer Nucleotide in eine DNA-Sequenz induziert wird.

**Insertionssequenz** (*insertion sequence*) Eine kurzes transponierbares Element in Bakterien.

**Insertionsvektor** (*insertion vector*) Ein $\lambda$-Vektor, der durch Deletion eines nichtessenziellen DNA-Stücks hergestellt wird.

**Instabilitätselement** (*instability element*) Eine Sequenz aus Hefe-mRNAs, die deren Abbau beeinflusst.

**Integrase** (*integrase*) Eine Typ-I-Topoisomerase, die die Integration des $\lambda$-Genoms in *Escherichia coli*-DNA katalysiert.

**Integron** (*integron*) Eine Reihe von Genen und anderen DNA-Sequenzen, durch die Plasmide Gene von Bakteriophagen und anderen Plasmiden aufnehmen können.

**Intein** (*intein*) Ein internes Segment eines Polypeptids, das nach der Translation durch einen Spleißvorgang entfernt wird.

*intein homing* Die Konversion eines Gens, das ein Protein ohne Intein codiert, in ein Gen, das ein Protein mit Intein codiert, katalysiert durch die gespleißte Komponente des Inteins.

**intergenische Region** (*intergenic region*) Regionen eines Genoms, die keine Gene enthalten.

**interkalierendes Agens** (*intercalating agent*) Eine Verbindung, die in den Raum zwischen den Basenpaaren eines doppelsträngigen DNA-Moleküls eintreten kann und dadurch häufig Mutationen verursacht.

**interne Ribosomeneintrittsstelle, IRES** (*internal ribosome entry site*) Eine Nucleotidsequenz, durch die sich das Ribosom an einer innenliegenden Position von einigen eukaryotischen mRNAs zusammenzusetzen vermag.

**interner Knoten** (*internal node*) Ein Verzweigungspunkt in einem phylogenetischen Stammbaum, der einen Vorfahr oder eine Vorläufer-DNA-Sequenz des untersuchten Organismus oder der untersuchten DNA-Sequenz repräsentiert.

**Interphase** (*interphase*) Die Phase zwischen den Zellteilungen.

**Interphasechromosom** (*interphase chromosome*) Ein Chromosom, das während der Phase zwischen zwei Zellteilungen in einer Zelle vorliegt und eine relativ schwach kondensierte Chromatinstruktur besitzt.

**Interpunktionscodon** (*punctuation codon*) Ein Codon, das entweder den Start oder das Ende eines Gens bestimmt.

*interspersed repeat element*-**PCR, IRE-PCR** ( PCR verstreuter Wiederholungelemente) Eine Klon-Fingerprint-Methode, die auf PCR basiert, um die relativen Positionen von genomweiten Sequenzwiederholungen in einem klonierten DNA-Fragment zu bestimmen.

**intramolekulare Basenpaarung** (*intramolecular base pairing*) Basenpaarung zwischen zwei Bereichen ein und desselben DNA- oder RNA-Polynucleotids.

**intrinsischer Terminator** (*intrinsic terminator*) Eine Position in der bakteriellen DNA, an der die Transkription ohne Beteiligung von Rho beendet wird.

**Intron** (*intron*) Eine nichtcodierende Region innerhalb eines diskontinuierlichen Gens.

*intron homing* Die Konversion eines Gens ohne Intron in ein Gen mit einem Intron, katalysiert durch ein Protein, das von diesem Intron codiert wird.

*introns early* (Hypothese der frühen Introns) Die Hypothese, die besagt, dass sich Introns in der Evolution zu einem relativ frühen Zeitpunkt entwickelt haben und nach und nach aus den eukaryotischen Genomen verschwunden sind.

*introns late* (Hypothese der späten Introns) Die Hypothese, die besagt, dass sich Introns in der Evolution zu einem relativ späten Zeitpunkt entwickelt und sich nach und nach in den eukaryotischen Genomen angereichert haben.

**Ionenaustauschchromatographie** (*ion exchange chromatography*) Eine Methode, um Moleküle entsprechend ihrer Bindungsstärke an elektrisch geladene Partikel in einer Chromatographiematrix zu trennen.

**Isoakzeptor-tRNAs** (*isoaccepting tRNAs*) Zwei oder mehr tRNAs, die mit der gleichen Aminosäure beladen werden.

**Isochor** (*isochore*) Ein Segment genomischer DNA mit einer einheitlichen Basenzusammensetzung, die sich von den benachbarten Segmenten unterscheidet.

**isoelektrische Fokussierung** (*isoelectric focussing*) Trennung von Proteinen in einem Gel, das Chemikalien enthält, die beim Anlegen einer elektrischen Spannung einen pH-Gradienten erzeugen.

**isoelektrischer Punkt** (*isoelectric point*) Die Position in einem pH-Gradienten, an der die Nettoladung eines Proteins gleich null ist.

**Isolator** (*insulator*) Ein DNA-Segment, das zwei funktionelle Domänen voneinander abgrenzt.

**Isotop** (*isotope*) Ein, zwei oder mehr Atome mit gleicher Ordungs- aber unterschiedlicher Massezahl.

**isotopencodierter Affinitätsmarker, ICAT** (*isotope coded affinity tag*) Marker, die normale Wasserstoff- und Deuteriumatome enthalten und die für die Markierung ganzer Proteome eingesetzt werden.

**Janus-Kinase, JAK** (*janus kinase*) Eine Kinase, die bei manchen Signaltransduktionswegen, an denen STATs beteiligt sind, eine Zwischenstufe darstellen.

*junk*-**DNA** (*junk DNA*) Eine Interpretation des intergenischen DNA-Gehalts in einem Genom.

**Kapillarelektrophorese** (*capillary electrophoresis*) Polyacrylamidgelelektrophorese, die in einem dünnen Kapillarröhrchen ausgeführt wird und eine hohe Auflösung liefert.

**Karte** (*map*) Ein Diagramm, das die Positionen von genetischen und/oder physikalischen Markern in einem Genom darstellt.

**Kartierungsreagenz** (*mapping reagent*) Eine Sammlung von DNA-Fragmenten, die ein Chromosom oder ein vollständiges Chromosom überspannen und für die STS-Kartierung eingesetzt werden.

**Karyogramm** (*karyogram*) Die Darstellung der gesamten Chromosomen einer Zelle, bei der jedes Chromosom durch seine Merkmale in der Metaphase typisiert wird.

**Karyopherin** (*karyopherin*) Ein Protein, das am Transport von RNA aus dem Zellkern oder in den Zellkern hinein beteiligt ist.

**Katabolitaktivatorprotein** (*catabolite activator protein*) Ein regulatorisches Protein, das an unterschiedliche Stellen in einem bakteriellen Genom bindet und die Transkriptionsinitiation am stromabwärts liegenden Promotor aktiviert.

**Katabolitrepression** (*catabolite repression*) Die Prozesse, durch die extrazelluläre Glucosekonzentrationen bestimmen, ob in Bakterien die Gene für die Zuckerverwertung an- oder abgeschaltet werden.

**Kerngenom** (*nuclear genome*) Die im Zellkern einer eukaryotischen Zelle enthaltenen DNA-Moleküle.

**Kernmatrix** (*nuclear matrix*) Ein proteinhaltiges, gerüstähnliches Netzwerk, das den Zellkern durchzieht.

**Kernporenkomplex** (*nuclear pore complex*) Komplex aus Proteinen, die eine Kernpore bilden.

**Kernresonanz-(NMR-)Spektroskopie** (*nuclear magnetic resonance [NMR] spectroscopy*) Ein Verfahren für die Bestimmung der dreidimensionalen Struktur von großen Molekülen.

**Kernrezeptorsuperfamilie** (*nuclear receptor superfamily*) Eine Familie von Rezeptorproteinen, die als Zwischenschritt bei der Abstimmung der Genomaktivität durch Hormone an diese Hormone binden.

**Kettenabbruchmethode** (*chain termination method*) Eine DNA-Sequenziermethode, bei der Polynucleotidketten enzymatisch synthetisiert werden, die an spezifischen Nucleotidpositionen enden.

**Kilobasenpaar, kb** (*kilobase pair*) 1 000 Basenpaare.

**Kinetochor** (*kinetochore*) Der Teil des Centromers, an den die Spindelmikrotubuli binden.

**Klade** (*clade*) Eine Gruppe monophyletischer Organismen oder DNA-Sequenzen, die alle Sequenzen der Analyse umfasst, die von einem gemeinsamen Vorfahr abstammen.

**Kladistik** (*cladistics*) Ein phylogenetischer Ansatz, der die evolutionäre Relevanz von untersuchten Merkmalen hervorhebt.

**Klassenwechsel** (*class switching*) Ein Prozess, der zu einem Wechsel des von einem B-Lymphocyten synthetisierten Immunglobulintyps führt.

**Kleeblatt** (*cloverleaf*) Eine zweidimensionale Darstellung der Struktur eines tRNA-Moleküls.

**kleine cytoplasmatische RNA, scRNA** (*small cytoplasmic RNA*) Ein kurzes eukaryotisches RNA-Molekül mit unterschiedlichen Funktionen in einer Zelle.

**kleine Furche** (*minor groove*) Die kleinere der beiden Furchen, die auf der Oberfläche der B-Form-DNA eine Spirale bilden.

**kleine Kern-RNA, snRNA** (*small nuclear RNA*) Ein kurzes eukaryotisches RNA-Molekül, das am Spleißen von GU–AG- und AU–AC-Introns und an anderen RNA-Prozessierungsvorgängen beteiligt ist.

**kleine nucleäre Ribonucleoproteine, snRNP** (*small nuclear ribonucleoprotein*) Strukturen, die am Spleißen von GU–AG- und AU–AC-Introns und an anderen RNA-Prozessierungsvorgängen beteiligt sind und aus einem oder zwei snRNA-Molekülen bestehen, die mit Proteinen komplexiert sind.

**kleine nucleoläre RNA, snoRNA** (*small nucleolar RNA*) Ein kurzes eukaryotisches RNA-Molekül, das an der chemischen Modifikation von rRNA beteiligt ist.

**Klenow-Polymerase** (*Klenow polymerase*) Eine DNA-Polymerase, die man durch chemische Modifikation der DNA-Polymerase I aus *Escherichia coli* erhält und die man hauptsächlich bei der Kettenabbruchsequenzierung von DNA einsetzt.

**Klon** (*clone*) Eine Gruppe von Zellen, die das gleiche rekombinante DNA-Molekül enthalten.

**Klonbibliothek** (*clone library*) Eine Sammlung von Klonen, die ein Genom abdecken können, aus der man interessierende Klone isolieren kann.

**Klon-Contig** (*clone contig*) Eine Sammlung von Klonen, deren DNA-Fragmente überlappen.

**Klon-Contig-Methode** (*clone contig approach*) Eine Strategie zur Sequenzierung eines Genoms, bei der die zu sequenzierenden Moleküle in handliche Segmente zerteilt werden, jedes mit einer Länge von wenigen Hundert kb oder wenigen Mb, die einzeln sequenziert werden.

**Klon-Fingerprint-Methode** (*clone fingerprinting*) Eine von verschiedenen Methoden, bei denen man klonierte DNA-Fragmente miteinander vergleicht, um überlappende Fragmente zu ermitteln.

**Klonierungsvektor** (*cloning vector*) Ein DNA-Molekül, das sich innerhalb einer Wirtszelle zu replizieren vermag und daher eingesetzt werden kann, um andere DNA-Fragmente zu klonieren.

**Knockout-Maus** (*knockout mouse*) Eine Maus, die gentechnisch so verändert wurde, dass sie ein inaktiviertes Gen trägt.

**Kohäsin** (*cohesin*) Das Protein, das Schwesterchromatiden während der Phase zwischen der Genomreplikation und der Kernteilung zusammenhält.

**kohäsives Ende** (*cohesive end, stickey end*) Ein Ende eines doppelsträngigen DNA-Moleküls, bei dem ein DNA-Strang verlängert ist.

**kompetent** (*competent*) Bezeichnet eine Bakterienkultur, die zum Beispiel mit Calciumchlorid behandelt wurde, um ihre Fähigkeit zur Aufnahme von DNA-Molekülen zu verbessern.

**komplementär** (*complementary*) Bezeichnet zwei Nucleotide oder Nucleotidsequenzen, die miteinander Basenpaarungen eingehen können.

**komplementäre DNA, cDNA** (*complementary DNA*) Eine doppelsträngige DNA-Kopie eines mRNA-Moleküls.

**konditional-letale Mutation** (*conditional-lethal mutation*) Eine Mutation, die dazu führt, dass eine Zelle oder ein Organismus nur unter permissiven Bedingungen überleben kann.

**Konjugation** (*conjugation*) Die Übertragung von DNA zwischen zwei Bakterien, die in direktem Kontakt stehen.

**Konjugationskartierung** (*conjugation mapping*) Ein Verfahren für die Kartierung bakterieller Gene, bei dem die Zeit bestimmt wird, die für die Übertragung jedes Gens durch eine Konjugation erforderlich ist.

**konservative Replikation** (*conservative replication*) Ein hypothetischer Modus der DNA-Replikation, bei dem die eine Tochterdoppelhelix aus zwei elterlichen und die andere aus zwei neu synthetisierten Polynucleotiden besteht.

**konservative Transposition** (*conservative transposition*) Das transponierbare Element wird im Rahmen der Transposition nicht kopiert.

**konstitutive Kontrolle** (*constitutive control*) Die Kontrolle über die bakterielle Genexpression in Abhängigkeit von der Promotorsequenz.

**konstitutive Mutation** (*constitutive mutation*) Eine Mutation, die zu einer konstitutiven Expression eines Gens oder einer Reihe von Genen führt, die normalerweise einer regulatorischen Kontrolle unterliegen.

**konstitutives Heterochromatin** (*constitutive heterochromatin*) Chromatin, das ständig dicht verpackt organisiert ist.

**kontextabhängige Umwidmung der Codons** (*context-dependent codon reassignment*) Bezeichnet die Situation, in der die ein Codon umgebende DNA-Sequenz die Bedeutung dieses Codons verändert.

**Kontrollstelle des Zellzyklus** (*cell cycle checkpoint*) Ein Zeitraum bevor die Zelle innerhalb des Zellzyklus in die S- oder in die M-Phase eintritt; eine Schlüsselstelle, an der reguliert wird.

**konventionelles Pseudogen** (*conventional pseudogene*) Ein Gen, das durch die Akkumulation von Mutationen inaktiviert wurde.

**konvergente Evolution** (*convergent evolution*) Die Situation, die auftritt, wenn sich derselbe Merkmalszustand unabhängig in zwei Abstammungslinien entwickelt.

**konzertierte Evolution** (*concerted evolution*) Der Evolutionsprozess, der dazu führt, dass die Mitglieder einer Multigenfamilie die gleichen oder ähnliche Sequenzen behalten.

**Kopplung** (*linkage*) Die physikalische Verbindung zwischen zwei Genen, die auf demselben Chromosom liegen.

**Kopplungsanalyse** (*linkage analysis*) Das Verfahren, mit dem Genen durch genetische Kreuzungen eine Kartenposition zugewiesen wird.

**Kornberg-Polymerase** (*Kornberg polymerase*) Die DNA-Polymerase I aus *Escherichia coli*.

**Korrekturlesen** (*proofreading*) Die 3′→5′-Exonucleaseaktivität von einigen DNA-Polymerasen, die es den Enzymen ermöglicht, ein falsch eingebautes Nucleotid zu ersetzen.

**Kozak-Consensussequenz** (*Kozak consensus*) Die Nucleotidsequenz, die das Startcodon einer eukaryotischen mRNA umgibt.

**Kreuzungstyp** (*mating type*) Die Entsprechung für männlich und weiblich bei einem eukaryotischen Mikroorganismus.

**Kreuzungstypwechsel** (*mating-type switching*) Das Vermögen von Hefezellen, durch Genkonversion zwischen den Kreuzungstypen a und α zu wechseln.

**kryptische Spleißstelle** (*cryptic splice site*) Eine Stelle, deren Sequenz der echten Spleißstelle ähnelt und die bei einem anormalen Spleißvorgang statt der echten Sequenz gewählt werden kann.

**Kryptogen, kryptisches Gen** (*cryptogene*) Eines von vielen Genen im mitochondrialen Genom von Trypanosomen, die verkürzte RNAs spezifizieren, welche für ihre Funktionalität ein Pan-Editing durchlaufen müssen.

**künstliches Bakterienchromosom, BAC** (*bacterial artificial chromosome*) Ein Klonierungsvektor mit hoher Kapazität, der auf dem F-Plasmid von *Escherichia coli* beruht.

**künstliches Hefechromosom, YAC** (*yeast artificial chromosome*) Ein Klonierungsvektor mit hoher Kapazität, der aus Komponenten eines Hefechromosoms besteht.

**Lactoseoperon** (*lactose operon*) Das Cluster aus drei Genen, die Enzyme codieren, welche an der Verwertung von Lactose durch *Escherichia coli* beteiligt sind.

**Lactoserepressor** (*lactose repressor*) Das regulatorische Protein, das die Transkription des Lactoseoperons in Abhängigkeit von der An- oder Abwesenheit von Lactose im umgebenden Medium kontrolliert.

**Lasso** (*lariat*) Bezeichnet die lassoförmige Intron-RNA, die beim Spleißen eines GU–AG-Introns entsteht.

**Latenzphase** (*latent period*) Die Phase zwischen dem Einschleusen eines Phagengenoms in einer Bakterienzelle und dem Zeitpunkt, an dem die Lyse auftritt.

**lateraler Gentransfer** (*lateral gene transfer*) Transfer eines Gens von einer Spezies auf eine andere.

**Leader-Segment** (*leader segment*) Die nichttranslatierte Region einer mRNA stromaufwärts vom Startcodon.

**Leitstrang** (*leading strand*) Der Strang einer Doppelhelix, der während der Genomreplikation auf eine kontinuierliche Weise kopiert wird.

**Leseraster** (*reading frame*) Eine Reihe von Triplettcodons in einer DNA-Sequenz.

**Leserastermutation** (*frameshift mutation*) Eine Mutation, die aus einer Insertion oder einer Deletion einer Gruppe von Nucleotiden resultiert, die nicht ein Vielfaches von drei ist und daher das Leseraster, in dem die Translation stattfindet, verändert.

**letale Mutation** (*lethal mutation*) Eine Mutation, die zum Tod der Zelle oder des Organismus führt.

**Leucin-Zipper** (*leucine-zipper*) Eine Dimerisierungsdomäne, die bei DNA-bindenden Proteinen verbreitet ist.

**Ligase** (*ligase*) Ein Enzym, das bei Prozessen der DNA-Replikation, -Reparatur und -Rekombination Phosphodiesterbindungen synthetisiert.

**LINE** (*long interspersed nuclear element*) Eine Form der genomweiten Sequenzwiederholung, die häufig eine Transpositionsaktivität besitzt.

**LINE-1** Ein LINE-Typ des Menschen.

**Linker-DNA** (*linker DNA*) Die DNA, die Nucleosomen miteinander verbindet; die „Kette" im „Perlenkettenmodell" der Chromatinstruktur.

**Linker-Histon** (*linker histone*) Ein Histon wie H1, das auf der Außenseite des Nucleosomen-Core-Oktamers lokalisiert ist.

**Locus** (*locus*) Die chromosomale Position eines genetischen Markers.

**Locuskontrollregion, LCR** (*locus control region*) Eine DNA-Sequenz, die eine funktionelle Domäne in einer offenen, aktiven Konfiguration hält.

**Lod-Wert** (*Lod score*) Ein statistisches Maß für die Kopplung, das sich aus der Stammbaumanalyse ergibt.

*long patch*-**Reparatur** (*long patch repair*) Ein Nucleotidexcisionsreparaturprozess in *Escherichia coli*, bei dem bis zu 2 kb DNA ausgeschnitten und neu synthetisiert werden.

*loss of function*-**Mutation** (Funktionsverlustmutation) Eine Mutation, die die Aktivität des Proteins verringert oder ganz zerstört.

**LTR-Element** (*LTR element*) Eine Form von genomweiten Sequenzwiederholungen, die durch die Anwesenheit von langen terminalen Sequenzwiederholungen (*long terminal repeats*, LTRs) charakterisiert ist.

**Lyse** (*lysis*) Die Zerstörung einer Bakterienzelle durch Lysozym, wie sie am Ende des Infektionszyklus von lytischen Bakteriophagen auftritt.

**lysogener Infektionszyklus** (*lysogenic infection cycle*) Die Art von Bakteriophageninfektion, bei der es zur Integration des Phagengenoms in das DNA-Molekül des Wirtes kommt.

**Lysozym** (*lysozyme*) Ein Protein, das man zur Destabilisierung der bakteriellen Zellwand vor der DNA-Präparation einsetzt.

**lytischer Infektionszyklus** (*lytic infection cycle*) Die Art von Bakteriophageninfektion mit einer Lyse der Wirtszelle unmittelbar nach der Erstinfektion ohne Integration des Phagengenoms in das DNA-Molekül des Wirtes.

**MADS-Box** (*MADS box*) Eine DNA-bindende Domäne, die in vielen an der pflanzlichen Entwicklung beteiligten Transkriptionsfaktoren zu finden ist.

**Makrochromosom** (*macrochromosome*) Eines der größeren Chromosomen, die relativ wenige Gene enthalten und in den Zellkernen von Hühnern und verschiedenen anderen Spezies enthalten sind.

**MALDI-TOF**, *matrix-assisted laser desorption ionization time-of-flight* (matrixgestützte Desorptions-Ionisierungs-Massenspektrometrie mit Bestimmung der Flugzeit der Proben) Eine in der Proteomik angewendete Form der Massenspektrometrie.

**MAP-Kinase** (*MAP kinase*) Ein Signaltransduktionsweg.

**Marker** (*marker*) Ein Unterscheidungsmerkmal in einer genomischen Karte. Auch ein Gen eines Klonierungsvektors, das ein bestimmtes Proteinprodukt und/oder einen Phänotyp codiert und das sich daher einsetzen lässt, um zu ermitteln, ob eine Zelle eine Kopie des Klonierungsvektors enthält.

**Massenspektrometrie** (*mass spectrometry*) Ein analytisches Verfahren, das Ionen entsprechend des Verhältnisses von Masse zu Ladung trennt.

**Maternaleffektgen** (*maternal-effect gene*) Ein *Drosophila*-Gen, das in dem Elter exprimiert und dessen mRNA anschließend in das Ei injiziert wird, wo sie die Entwicklung des Embryos beeinflusst.

**matrixassoziierte Region, MAR** (*matrix-associated region*) Ein AT-reiches Segment eines eukaryotischen Genoms, das als Anheftungsstelle an die Kernmatrix dient.

**Matrize** (*template*) Das Polynucleotid, das während der von einer DNA- oder RNA-Polymerase katalysierten Strangsynthesereaktion kopiert wird.

**matrizenabhängige DNA-Polymerase** (*template-dependent DNA polymerase*) Ein Enzym, das DNA in Übereinstimmung mit einer Matrizensequenz synthetisiert.

**matrizenabhängige DNA-Synthese** (*template-dependent DNA synthesis*) Synthese eines DNA-Moleküls an einer DNA- oder RNA-Matrize.

**matrizenabhängige RNA-Polymerase** (*template-dependent RNA polymerase*) Ein Enzym, das RNA in Übereinstimmung mit einer Matrizensequenz synthetisiert.

**matrizenabhängige RNA-Synthese** (*template-dependent RNA synthesis*) Synthese eines RNA-Moleküls an einer DNA- oder RNA-Matrize.

**Matrizenstrang** (*template strand*) Das Polynucleotid, das bei der RNA-Synthese während der Transkription eines Gens als Matrize dient.

**matrizenunabhängige DNA-Polymerase** (*template-independent DNA polymerase*) Ein Enzym, das ohne die Verwendung einer Matrize DNA synthetisiert.

**matrizenunabhängige RNA-Polymerase** (*template-independent RNA polymerase*) Ein Enzym, das ohne die Verwendung einer Matrize RNA synthetisiert.

**Maturase** (*maturase*) Ein Protein, das durch ein Gen in einem Intron codiert wird und vermutlich am Spleißvorgang beteiligt ist.

*maximum parsimony*-**Methode** (Bestimmung des Parsimoniemaximums) Eine Methode für die Erstellung eines phylogenetischen Stammbaumes.

**Mediator** (*mediator*) Ein Proteinkomplex, der einen Kontakt zwischen verschiedenen Aktivatoren und der C-terminalen Domäne der größten Untereinheit der RNA-Polymerase II herstellt.

**Megabasenpaar, Mb** (*megabase pair*) 1 000 kb; 1 000 000 bp.

**mehrdimensionale Proteinidentifizierungstechnologie, MudPIT** (*multidimensional proteinidentification technique*) Ein Verfahren, das für die Isolierung eines intakten Proteinkomplexes unterschiedliche chromatographische Methoden miteinander verbindet.

**Mehrfachtreffer oder Mehrfachsubstitution** (*multiple hit* oder *multiple substitution*) Die Situation, die auftritt, wenn ein einzelnes Nucleotid in einer DNA-Sequenz zwei Mutationen durchläuft, wodurch zwei neue Allele entstehen, die sich beide voneinander und von dem Elter an der Nucleotidposition unterscheiden.

**Meiose** (*meiosis*) Die Abfolge von Ereignissen, bei denen es zu zwei Kernteilungen kommt, sodass ein diploider Zellkern in haploide Gameten umgewandelt wird.

**Merkmalszustand** (*character state*) Eine von mindestens zwei alternativen Ausprägungen eines Merkmals, das für die phylogenetische Analyse eingesetzt wird.

**Meselson-Stahl-Experiment** (*Meselson-Stahl experiment*) Das Experiment, mit dem man zeigen konnte, dass zelluläre DNA-Replikation semikonservativ abläuft.

**Messenger-RNA, mRNA** (*messenger RNA*) Das Transkript eines proteincodierenden Gens.

*metabolic engineering* (gentechnische Veränderung des Metabolismus)) Der Prozess, bei dem man das Genom durch Mutation oder DNA-Rekombinationstechnik verändert, um die zelluläre Biochemie in vorbestimmter Weise zu beeinflussen.

**metabolischer Stofffluss** (*metabolic flux*) Die Flussrate von Metaboliten durch das Netzwerk von Wegen, die die zelluläre Biochemie ausmachen.

**Metabolomik** (*metabolomics*) Die Analyse von Metabolomen.

**Metagenomik** (*metagenomics*) Untersuchungen von einem Gemisch aus Genomen, die in einem bestimmten Habitat vorkommen.

**Metaphasechromosom** (*metaphase chromosome*) Ein Chromosom in der Metaphase der Zellteilung, wenn das Chromatin die am stärksten kondensierte Konformation annimmt und Eigenschaften wie die Bänderung sichtbar gemacht werden können.

**Methyl-CpG-bindendes Protein, MeCP** (*methyl-CpG-binding protein*) Ein Protein, das an methylierte CpG-Inseln bindet und die Acetylierung in der Nähe liegender Histone zu beeinflussen vermag.

**MGMT, $O_6$-Methylguanine-DNA-Methyltransferase** (MGMT, $O_6$-*methylguanine-DNA methyltransferase*) Ein

an der direkten Reparatur von Alkylierungmutationen beteiligtes Enzym.

**Microarray** (*microarray*) Ein Array mit geringer Dichte von DNA-Molekülen, der für die gleichzeitige Hybridisierung eingesetzt wird.

**Mikro-RNA** (*microRNA*) Eine Klasse kurzer RNAs, die an der Regulation der Genexpression von Eukaryoten beteiligt sind und über einen Mechanismus ähnlich der RNA-Interferenz funktionieren.

**Mikrosatellit** (*microsatellite*) Eine Form eines einfachen Sequenzlängenpolymorphismus, die tandemartig angeordneten Kopien von Wiederholungseinheiten betrifft, welche in der Regel aus zwei, drei oder vier Nucleotiden bestehen. Auch als *simple tandem repeats* (STRs) bezeichnet.

**Minichromosom** (*minichromosome*) Eines der kleineren, genreichen Chromosomen, die in den Zellkernen von Hühnern und verschiedenen anderen Spezies enthalten sind.

**Minigen** (*minigene*) Die Bezeichnung für ein Paar Exons eines Klonierungsvektors, der für das Exon-*trapping* verwendet wird.

**Minimalmedium** (*minimal medium*) Ein Medium, das nur die unbedingt notwendigen Nährstoffe für das Wachstum eines Mikroorganismus zur Verfügung stellt.

**Minisatellit** (*minisatellite*) Eine Form eines einfachen Sequenzlängenpolymorphismus mit tandemartig angeordneten Kopien von Wiederholungseinheiten, die in der Regel einige Dutzend Nucleotide lang sind. Auch als *variable number of tandem repeats* (VNTRs) bezeichnet.

*mismatch* siehe **Fehlpaarung**

**Missense-Mutation** (*missense mutation*) Eine Veränderung in der Nucleotidsequenz, die ein Codon für eine Aminosäure in ein Codon für eine andere Aminosäure umwandelt.

**mitochondriales Genom** (*mitochondrial genome*) Das in den Mitochondrien einer eukaryotischen Zelle vorhandene Genom.

**Mitochondrium** (*mitochondrion*) Eines der energieliefernden Organellen einer eukaryotischen Zelle.

**Mitose** (*mitosis*) Die Abfolge von Ereignissen, die zu einer Teilung des Zellkerns führen.

**Modellorganismus** (*model organism*) Ein Organismus, der relativ leicht zu untersuchen ist und sich daher einsetzen lässt, um Informationen über die Biologie eines anderen, schwieriger zu untersuchenden Organismus zu erhalten.

**Modifikation der Enden** (*end-modification*) Die chemische Veränderung an einem Ende eines DNA- oder RNA-Moleküls.

**Modifikations-Assay** (*modification assay*) Eine Reihe von Verfahren, die man für die Lokalisierung von Proteinen einsetzt, die an DNA-Moleküle gebunden sind.

**Modifikationsinterferenz** (*modification interference*) Eine Methode, mit der sich Nucleotide identifizieren lassen, die an Wechselwirkungen mit DNA-bindenden Proteinen beteiligt sind.

**Modifikationsschutz-Experiment** (*modification protection*) Eine Methode, mit der sich Nucleotide identifizieren lassen, die an Wechselwirkungen mit DNA-bindenden Proteinen beteiligt sind.

**„molekulares Kämmen"** (*molecular combing*) Ein Verfahren für die Präparation von geschnittenen DNA-Molekülen für die optische Kartierung.

**Molekularbiologe** (*molecular biologist*) Eine Person, die sich mit den molekularen Biowissenschaften beschäftigt.

**molekulare Biowissenschaften** (*molecular life sciences*) Das Forschungsgebiet, welches Molekularbiologie, Biochemie und Zellbiologie wie auch einige Aspekte der Genetik und Physiologie umfasst.

**molekulare Evolution** (*molecular evolution*) Die allmählichen Veränderungen, die mit der Zeit als Ergebnis der Anreicherung von Mutationen und strukturellen Umorganisation durch Rekombination und Transposition in Genomen auftreten.

**molekulare Phylogenetik** (*molecular phylogenetics*) Eine Reihe von Techniken, mit deren Hilfe man die evolutionäre Verwandtschaft zwischen DNA-Sequenzen ableiten kann, indem man diese Sequenzen miteinander vergleicht.

**molekulare Uhr** (*molecular clock*) Ein Hilfsmittel, das auf der Ableitung der Mutationsrate beruht und mit dem man den Verzweigungspunkten in einem Genstammbaum Daten zuweisen kann.

**molekulares Chaperon** (*molecular chaperone*) Ein Protein, das die Faltung anderer Proteine unterstützt.

**monohybride Kreuzung** (*monohybrid cross*) Eine sexuelle Kreuzung, bei der die Vererbung eines Allelpaars verfolgt wird.

**monophyletisch** (*monophyletic*) Bezieht sich auf zwei oder mehr Organismen oder DNA-Sequenzen, die von einem einzigen gemeinsamen Vorfahren oder einer einzelnen DNA-Sequenz abstammen.

**M-Phase** (*M phase*) Die Phase des Zellzyklus, in der Mitose oder Meiose stattfinden.

**mRNA-Prozessierung** (*mRNA processing*) Die chemischen oder physikalischen Modifikationsereignisse, die nach der Synthese einer mRNA stattfinden.

**mRNA-Überwachung** (*mRNA surveillance*) Ein RNA-Abbauprozess in Eukaryoten.

*multicopy* (Mehrfachkopie) Ein Gen, Klonierungsvektor oder ein anderes genetisches Element, das in mehrfachen Kopien in einer Zelle vorliegt.

**Multicystein-Zinkfinger** (*multicysteine zinc finger*) Eine Form von Zinkfinger-DNA-Bindungsprotein.

**Multigenfamilie** (*multigene familiy*) Eine Gruppe von nahe beieinander oder auch verteilt liegenden Genen mit verwandten Nucleotidsequenzen.

**multiples Alignment** (*multiple alignment*) Ein Alignment von drei oder mehr Nucleotidsequenzen.

**multiples Allel** (*multiple allele*) Die unterschiedlichen alternativen Formen eines Gens, das mehr als zwei Allele besitzt.

**multiregionale Evolution** (*multiregional evolution*) Eine Hypothese, die besagt, dass der moderne Mensch in der Alten Welt von *Homo erectus* abstammt, der Afrika vor über 1 Million Jahre verlassen hat.

**Mutagen** (*mutagen*) Ein chemisches oder physikalisches Agens, das in einem DNA-Molekül Mutationen hervorrufen kann.

**Mutagenese** (*mutagenesis*) Die Behandlung von Zellgruppen oder Organismen mit einem Mutagen als Hilfsmittel zur Induktion von Mutationen.

**Mutante** (*mutant*) Eine Zelle oder ein Organismus, der eine Mutation trägt.

**Mutasom** (*mutasome*) Ein Proteinkomplex, der während der SOS-Antwort von *Escherichia coli* gebildet wird.

**Mutation** (*mutation*) Die Veränderung der Nucleotidsequenz eines DNA-Moleküls.

**Mutations-Scanning** (*mutation scanning*) Eine Reihe von Methoden für die Ermittlung von Mutationen in DNA-Molekülen.

**Mutations-Screening** (*mutation screening*) Eine Reihe von Methoden, mit denen sich bestimmen lässt, ob ein DNA-Molekül eine bestimmte Mutation enthält.

**natürliche Selektion** (*natural selection*) Die Erhaltung von günstigen Allelen und das Verwerfen von schädlichen.

**N-Degron** (*N-degron*) Eine N-terminale Aminosäuresequenz, die den Abbau des Proteins, in dem sie zu finden ist, beeinflusst.

*neighbor joining*-**Methode** (Nachbarverknüpfungsmethode) Ein Verfahren, mit dem phylogenetische Stammbäume erstellt werden.

*N*-**Glykosylierung** (*N-linked glycosylation*) Die Anheftung von Zuckereinheiten an ein Asparagin in einem Polypeptid.

**Nichtchromatinregion** (*nonchromatin region*) Der Raum, der die Chromosomenterritorien in einem Zellkern voneinander trennt.

**nichtcodierende RNA** (*noncoding RNA*) Ein RNA-Molekül, das kein Protein codiert.

**nichtsynonyme Mutation** (*nonsynonymous mutation*) Eine Mutation, die ein Codon für eine Aminosäure in ein Codon für eine andere Aminosäure umwandelt.

**Nonsense-Mutation** (*nonsense mutation*) Eine Veränderung in einer Nucleotidsequenz, die ein Triplett für eine Aminosäure in ein Stoppcodon umwandelt.

**Nonsense-vermittelter RNA-Abbau, NMD** (*nonsense-mediated RNA decay*) Ein Abbau von eukaryotischer mRNA, der durch die Anwesenheit eines internen Stoppcodons eingeleitet wird.

**Northern-Blot** (*northern blotting*) Der vor der Northern-Hybridisierung stattfindende RNA-Transfer von einem Elektrophoresegel auf eine Membran.

**Northern-Hybridisierung** (*northern hybridyzation*) Ein Verfahren, das man für den Nachweis eines spezifischen RNA-Moleküls vor einem Hintergrund von vielen anderen RNA-Molekülen einsetzt.

**N-Terminus** (*N terminus*) Das Ende eines Polypeptids, das eine freie Aminogruppe trägt.

**Nuclease** (*nuclease*) Ein Enzym, das ein Nucleinsäuremolekül abbaut.

**Nucleaseschutzexperiment** (*nuclease protection experiment*) Ein Verfahren, bei dem man die Spaltung durch eine Nuclease einsetzt, um die Positionen von Proteinen auf einem DNA- oder RNA-Molekül zu ermitteln.

**Nucleinsäure** (*nucleic acid*) Die Bezeichnung, mit der man zunächst die aus dem Zellkern einer eukaryotischen Zelle isolierte saure chemische Verbindung beschrieben hat. Heute verwendet man den Begriff für die Bezeichnung eines polymeren Moleküls, das aus Nucleotidmonomeren wie DNA und RNA besteht.

**Nucleinsäurehybrisidierung** (*nucleic acid hybridyzation*) Die Bildung eines doppelsträngigen Hybrids durch Basenpaarung zwischen komplementären Polynucleotiden.

**Nucleoid** (*nucleoid*) Die DNA-enthaltende Region einer prokaryotischen Zelle.

**Nucleolus** (*nucleolus*) Die Region in einem eukaryotischen Zellkern, in der die Transkription der rRNA stattfindet.

**Nucleosid** (*nucleosid*) Eine Purin- oder Pyrimidinbase, die an einen Zucker mit fünf Kohlenstoffatomen gebunden ist.

**Nucleosom** (*nucleosome*) Der Komplex aus Histonen und DNA, der die grundlegende strukturelle Einheit im Chromatin darstellt.

**Nucleosom-*remodeling*** (*nucleosome remodeling*) Die Veränderung der Konformation eines Nucleosoms, bei der sich der Zugang zur DNA verändert, mit der das Nucleosom verbunden ist.

**Nucleotid** (*nucleotide*) Eine Purin- oder Pyrimidinbase, die mit einem Zucker aus fünf Kohlenstoffatomen gebunden ist, der wiederum mit einem Mono-, Di- oder Triphosphat verknüpft ist. Die monomere Untereinheit von DNA und RNA.

**Nucleotidexcisionsreparatur** (*nucleotide excision repair*) Ein Reparaturprozess, der verschiedene Arten von DNA-Schädigungen durch Ausschneiden und Neusynthese eines Polynucleotidbereichs korrigiert.

**offener Promotorkomplex** (*open promotor complex*) Eine Struktur, die während des Zusammenbaus des Transkriptionsinitiationskomplexes gebildet wird und aus der RNA-Polymerase und/oder akzessorischen Proteinen besteht, die an den Promotor gebunden sind, nachdem die DNA durch Aufbrechen von Basenpaaren geöffnet worden ist.

**offenes Leseraster, ORF** (*open reading frame*) Eine Reihe von Codons, die mit einem Startcodon beginnt und mit einem Stoppcodon endet. Der in ein Protein translatierte Teil eines proteincodierenden Gens.

*O*-**Glykosylierung** (*O-linked glykosylation*) Die Anheftung von Zuckereinheiten an ein Serin oder Threonin in einem Polypeptid.

**Okazaki-Fragment** (*Okazaki fragment*) Eines der kurzen Segmente bei der DNA-Synthese mit RNA-Primern, die während der Replikation des Folgestranges der Doppelhelix synthetisiert werden.

**Oktamermodul** (*octamer module*) Ein basales Promotorelement.

**Oligonucleotid** (*oligonucleotide*) Ein kurzes synthetisches einzelsträngiges DNA-Molekül.

**Oligonucleotid-Hybridisierungsanalyse** (*oligonucleotide hybridization analysis*) Die Verwendung eines Oligonucleotids als Hybridisierungssonde.

**Oligonucleotidligationstest, OLA** (*oligonucleotide-ligation assay*) Ein Verfahren zur Typisierung von SNPs, das auf der Ligation von zwei Oligonucleotiden beruht, die sich in enger Nachbarschaft zueinander an die DNA anlagern und von denen eines die Position des SNP umfasst.

**operative taxonomische Einheit, OTU** (*operational taxonomic unit*) Einer der Organismen, die bei der phylogenetischen Analyse miteinander verglichen werden.

**Operator** (*operator*) Die Nucleotidsequenz, an die ein Repressorprotein bindet, um die Transkription eines Gens oder Operons zu verhindern.

**Operon** (*operon*) Eine Reihe von benachbarten Genen in einem Bakteriengenom, die von einem einzigen Promotor aus transkribiert werden und derselben regulatorischen Kontrolle unterliegen.

**optische Kartierung** (*optical mapping*) Ein Verfahren für die direkte visuelle Untersuchung von gespaltenen DNA-Molekülen.

**ORF-Scanning** (*ORF scanning*) Die Untersuchung einer DNA-Sequenz hinsichtlich offener Leseraster für die Lokalisierung von Genen.

***Orphan*-Familie** (*orphan family*) Eine Gruppe von homologen Genen, deren Funktionen unbekannt sind.

**orthogonale Feldänderungsgelelektrophorese, OFAGE** (*orthogonal field alteration gel electrophoresis*) Ein Elektrophoresesystem, bei dem das elektrische Feld zwischen Elektrodenpaaren wechselt, die in einem Winkel von 45° angebracht sind, und das man zur Trennung von großen DNA-Molekülen einsetzt.

**ortholog** (*orthologous*) Bezieht sich auf homologe Gene, die in den Genomen verschiedener Organismen enthalten sind.

**ortsspezifische Mutagenese** (*site-directed mutagenesis*) Verfahren mit deren Hilfe sich an einer zuvor bestimmten Stelle in einem DNA-Molekül eine spezifische Mutation einführen lässt.

**ortsspezifische Mutagenese mit Oligonucleotiden** (*oligonucleotide directed mutagenesis*) Eine *in vitro*-Mutagenesemethode, bei der man ein synthetisches Oligonucleotid verwendet, um eine vorher bestimmte Nucleotidveränderung in das zu mutierende Gen einzuführen.

**ortsspezifische Rekombination** (*site-specific recombination*) Rekombination zwischen zwei doppelsträngigen DNA-Molekülen, bei denen nur kurze Regionen über ähnliche Nucleotidsequenzen verfügen.

***Out of Africa*** Eine Hypothese, die besagt, dass sich der moderne Mensch in Afrika entwickelt und vor etwa 100 000 bis 50 000 Jahren von dort aus die restliche Alte Welt besiedelt und dabei die Nachfahren von *Homo erectus* verdrängt hat.

**P1-abgeleitetes künstliches Chromosom, PAC** (*P1-derived artificial chromosome*) Ein Vektor mit hoher Kapazität, der die Eigenschaften des Bakteriophagen-P1-Vektors mit denen eines künstlichen Bakterienchromosoms verbindet.

**Paarregelgene** (*pair-rule genes*) Entwicklungsgene, die das grundlegende Segmentierungsmuster des *Drosophila*-Embryos vermitteln.

***paired-end reads*** Minisequenzen an den beiden Enden eines einzelnen klonierten Fragments.

**Pan-Editing** (*pan-editing*) Der Einbau vieler Nucleotide in eine verkürzte RNA, der zu einem funktionellen Molekül führt.

**paralog** (*paralogous*) Bezeichnet zwei oder mehr homologe Gene, die in demselben Genom lokalisiert sind.

**paranemisch** (*paranemic*) Bezeichnet eine Helix, deren Stränge ohne Entwinden getrennt werden können.

**paraphyletisch** (*paraphyletic*) Eine Gruppe von Sequenzen oder Taxa in einem phylogenetischen Stammbaum, die einige Mitglieder einer Klade ausschließt.

**Pararetrovirus** (*pararetrovirus*) Ein virales Retroelement, dessen eingekapseltes Genom aus DNA besteht.

**Parsimonie, „Sparsamkeit"** (*parsimony*) Ein Ansatz, der zwischen unterschiedlichen phylogenetischen Stammbaumtopologien unterscheidet, indem derjenige mit dem kürzesten evolutionären Weg ermittelt wird.

**partielle Kopplung** (*partial linkage*) Die Art von Kopplung, die sich in der Regel zeigt, wenn ein Paar genetischer und/oder physikalischer Marker auf demselben Chromosom liegt, wobei die Marker durch Rekombinationsereignisse zwischen ihnen nicht immer zusammen vererbt werden.

**partielle Restriktionsspaltung** (*partial restriction*) Spaltung der DNA mit einer Restriktionsendonuclease unter einschränkenden Bedingungen, sodass nicht alle Restriktionsschnittstellen geschnitten werden.

**PCR mit repetitiver DNA** (*repetitive DNA PCR*) Eine Klon-Fingerprint-Methode, bei der man eine PCR einsetzt, um die relativen Positionen von genomweiten Sequenzwiederholungen in klonierten DNA-Fragmenten zu bestimmen.

**P-Element** (*P element*) Ein DNA-Transposon von *Drosophila*.

**Pentose** (*pentose*) Ein Zucker aus fünf Kohlenstoffatomen.

**Peptidbindung** (*peptide bond*) Die chemische Bindung zwischen benachbarten Aminosäuren in einem Polypeptid.

**Peptidnucleinsäure, PNA** (*peptide nucleic acid*) Ein Polypeptidanalogon, bei dem das Zucker-Phosphat-Rückgrat durch Amidbindungen ersetzt ist.

**Peptidyl- oder P-Stelle** (*peptidyl site* oder *P site*) Der Ort in einem Ribosom, der während der Translation von der tRNA besetzt wird, die an das wachsende Polypeptid gebunden ist.

**Peptidyltransferase** (*peptidyl transferase*) Die Enzymaktivität, die Peptidbindungen während der Translation synthetisiert.

**Perlenkette** (*beads-on-a-string*) Eine nicht verpackte Form des Chromatins, die aus Nucleosomenperlen auf einer DNA-Kette besteht.

**permissive Bedingungen** (*permissive conditions*) Bedingungen, unter denen eine konditional-letale Mutante überleben kann.

**PEST-Sequenzen** (*PEST sequences*) Aminosäuresequenzen, die den Abbau derjenigen Proteine beeinflussen, in denen sie enthalten sind.

**Phage** (*phage*) Ein Virus, das ein Bakterium infiziert.

**Phagemid** (*phagemid*) Ein Klonierungsvektor, der aus einem Gemisch von Plasmid- und Phagen-DNA besteht.

**Phagen-Display** (*phage display*) Eine Methode zur Identifizierung von miteinander interagierenden Proteinen.

**Phagen-Display-Bibliothek** (*phage display library*) Eine Sammlung von Klonen, die unterschiedliche DNA-Fragmente enthalten und die man für ein Phagen-Display einsetzt.

**Phänetik** (*phenetics*) Ein Klassifizierungssystem, das auf der numerischen Typisierung von möglichst vielen Merkmalen beruht.

**Phänotyp** (*phenotype*) Die beobachtbaren Merkmale einer Zelle oder eines Organismus.

**Philadelphia-Chromosom** (*philadelphia chromosome*) Ein anormales Chromosom, das durch die Translokation zwischen den Chromosomen 9 und 22 des Menschen entsteht, eine verbreitete Ursache der chronischen myeloischen Leukämie.

**Phosphodiesterase** (*phosphodiesterase*) Ein Enzym, das Phosphodiesterbindungen aufzubrechen vermag.

*phosphoimaging* (Bildgebendes Verfahren) Ein elektronisches Verfahren, mit dem man Positionen von radioaktiven Markierungen in einem Microarray oder auf einer Hybridisierungsmembran bestimmen kann.

**Photobleichung** (*photobleaching*) Ein Bestandteil der FRAP-Methode für die Untersuchung der Proteinmobilität im Zellkern.

**Photolithographie** (*photolithography*) Ein Verfahren, das für die Synthese eines Oligonucleotids aus lichtaktivierten Substraten Lichtblitze einsetzt.

**Photolyase** (*photolyase*) Ein an der Photoreaktivierungsreparatur beteiligtes Enzym aus *Escherichia coli*.

**Photoprodukt** (*photoproduct*) Ein modifiziertes Nucleotid, das durch die Behandlung von DNA mit ultravioletter Strahlung entsteht.

**Photoreaktivierung** (*photoreactivation*) Ein DNA-Reparaturprozess, bei dem Cyclobutyldimere und (6–4)-Photoprodukte durch ein lichtaktiviertes Enzym korrigiert werden.

**Phylogenie** (*phylogeny*) Ein Klassifizierungsschema, das die evolutionäre Verwandtschaft zwischen Organismen angibt.

**physikalische Kartierung** (*physical mapping*) Die Anwendung von molekularbiologischen Methoden für die Herstellung einer genomischen Karte.

**Pilus** (*pilus*) Eine Struktur, die beteiligt ist, wenn zwei Bakterien durch Konjugation miteinander in Kontakt treten; die Röhre, durch die die DNA übertragen wird.

**Plaque** (*plaque*) Ein durchsichtiger Bereich auf dem Bakterienrasen, der durch die Lyse von Zellen durch infizierende Bakteriophagen verursacht wird.

**Plasmid** (*plasmid*) In der Regel ein ringförmiges Stück DNA, das häufig in Bakterien und einigen anderen Zelltypen enthalten ist.

**plektonemisch** (*plectonemic*) Bezeichnet eine Helix, deren Stränge nur durch Entwinden getrennt werden können.

**plesiomorpher (usprünglicher) Merkmalszustand** (*plesiomorphic character state*) Ein Merkmalszustand eines weit entfernten gemeinsamen Vorfahren einer Gruppe von Organismen.

**polar** (*polar*) Eine hyrdrophile (wasserliebende) chemische Gruppe.

**Poly(A)-Polymerase** (*poly(A) polymerase*) Das Enzym, das einen Poly(A)-Schwanz an das 3′-Ende einer eukaryotischen mRNA hängt.

**Poly(A)-Schwanz** (*poly(A) tail*) Eine Reihe von A-Nucleotiden, die an das 3′-Ende einer eukaryotischen mRNA gehängt werden.

**Polyacrylamidgelelektrophorese** (*polyacrylamide gel electrophoresis*) Elektrophorese, die man in einem Polyacrylamidgel durchführt und mit der man DNA-Moleküle mit einer Länge zwischen 10 und 1 500 bp trennen kann.

**Polyadenylatbindungsprotein** (*polyadenylate-binding protein*) Ein Protein, das die Poly(A)-Polymerase während der Polyadenylierung von eukaryotischen mRNAs unterstützt und das bei der Erhaltung des Schwanzes nach der Synthese von Bedeutung ist.

**Polyadenylierung** (*polyadenylation*) Das Anhängen einer Reihe von A-Nucleotiden an das 3′-Ende einer eukaryotischen mRNA.

**Polyadenylierungsediting** (*polyadenylation editing*) Eine Form des Editings, die bei vielen mitochondrialen RNAs von Tieren stattfindet und die zu einem Stoppcodon führt. Das Stoppcodon wird durch das Anhängen eines Poly(A)-Schwanzes an eine mRNA generiert, die mit den Nucleotiden U oder UA endet.

**polyhybride Kreuzung** (*multipoint cross*) Eine genetische Kreuzung, bei der man die Vererbung von drei oder mehr Markern verfolgt.

**Polymer** (*polymer*) Eine Verbindung, die aus einer langen Kette von identischen oder ähnlichen Einheiten besteht.

**Polymerasekettenreaktion, PCR** (*polymerase chain reaction*) Ein Verfahren, das zur exponentiellen Vermehrung einer ausgewählten Region eines DNA-Moleküls führt.

**polymorph** (*polymorphic*) Bezeichnet einen Locus, der in der gesamten Population in unterschiedlichen Allelen oder Haplotypen vorkommt.

**Polynucleotid** (*polynucleotide*) Ein einzelsträngiges DNA- oder RNA-Molekül.

**Polynucleotidkinase** (*polynucleotide kinase*) Ein Enzym, das Phosphatgruppen an die 5′-Enden von DNA-Molekülen hängt.

**Polypeptid** (*polypeptide*) Ein Polymer aus Aminosäuren.

**polyphyletisch** (*polyphyletic*) Eine Gruppe von DNA-Sequenzen, die von zwei oder mehr unterschiedlichen Ursequenzen abstammen.

**Polyprotein** (*polyprotein*) Ein Translationsprodukt, das aus einer Reihe von miteinander verbundenen Proteinen besteht und durch eine proteolytische Spaltung prozessiert wird, um die reifen Proteine freizusetzen.

**Polypyrimidinsequenz** (*polypyrimidine tract*) Eine pyrimidinreiche Region nahe des 3′-Endes eines GU–AG-Introns.

**Polysom** (*polysome*) Ein mRNA-Molekül, das zur gleichen Zeit durch mehr als ein Ribosom translatiert wird.

**positionelles Klonieren** (*positional cloning*) Ein Verfahren, bei dem man die Information über die Kartenposition eines Gens nutzt, um einen Klon dieses Gens zu erhalten.

**Positionseffekt** (*positional effect*) Bezeichnet unterschiedliche Genexpressionsniveaus, die aus der Insertion eines Gens an unterschiedlichen Positionen in einem eukaryotischen Genom resultieren.

**positionsspezifischer Hydroxylradikaltest** (*site-directed hydroxyl radical probing*) Ein Verfahren für die Lokalisierung eines Proteins in einem Protein-RNA-Komplex, wie etwa einem Ribosom, das die Fähigkeit von Fe(II)-Ionen zur Bildung von Hydroxylradikalen ausnutzt, die wiederum in der Nähe gelegene RNA-Phosphodiesterbindungen spalten.

**Postreplikationskomplex, Post-RC** (*postreplication complex*) Ein von einem Prä-RC abstammender Proteinkomplex, der während der Replikation am eukaryotischen Replikationsursprung entsteht und der sicherstellt, dass der Ursprung pro Zellzyklus nur ein einziges Mal benutzt wird.

**postreplikative Reparatur** (*postreplicative repair*) Ein Reparaturprozess für Brüche in Tochter-DNA-Molekülen, die durch Anormalitäten im Replikationsprozess entstehen.

**POU-Domäne** (*POU domain*) Ein DNA-Bindungsmotiv in einer Vielzahl von Proteinen.

**Prägungskontrollelement** (*imprint control element*) Eine DNA-Sequenz, die innerhalb von wenigen kb in Clustern geprägter Gene vorkommt und die eine Methylierung geprägter Regionen vermittelt.

**Präinitiationskomplex** (*preinitiation complex*) Die Struktur, dic aus der kleinen ribosomalen Untereinheit und der Initiator-tRNA mit Hilfsfaktoren besteht und die während der Proteinsynthese die erste Verbindung mit der mRNA herstellt. Auch die Struktur, die sich am Core-Promotor eines von der RNA-Polymerase II transkribierten Gens bildet.

**Prä-mRNA** (*pre-mRNA*) Das Primärtranskript eines proteincodierenden Gens.

**Prä-Priming-Komplex** (*prepriming complex*) Ein Proteinkomplex, der sich während der Initiation der Replikation in Bakterien bildet.

**Präreplikationskomplex, Prä-RC** (*prereplication complex, pre-RC*) Ein Proteinkomplex, der an einem eukaryotischen Replikationsursprung entsteht und die Initiation der Replikation ermöglicht.

**Prä-RNA** (*pre-RNA*) Das erste Transkriptionsprodukt eines Gens oder einer Gruppe von Genen, das anschließend für die Herstellung reifer Transkripte prozessiert wird.

**Prä-rRNA** (*pre-rRNA*) Das Primärtranskript eines Gens oder einer Gruppe von Genen, die rRNA-Moleküle spezifizieren.

**Prä-Spleißosomkomplex** (*prespliceosome complex*) Eine Zwischenstufe beim Spleißen eines GU–AG-Introns.

**Prä-tRNA** (*pre-tRNA*) Das Primärtranskript eines Gens oder einer Gruppe von Genen, die tRNA-Moleküle spezifizieren.

**Pribnow-Box** (*Pribnow box*) Ein Bestandteil des bakteriellen Promotors.

**Primärstruktur** (*primary structure*) Die Aminosäuresequenz in einem Polypeptid.

**Primärtranskript** (*primary transcript*) Das erste Transkriptionsprodukt eines Gens oder einer Gruppe von Genen, das anschließend für die Herstellung reifer Transkripte prozessiert wird.

**Primase** (*primase*) Das RNA-Polymeraseenzym, das während der DNA-Replikation in Bakterien RNA-Primer synthetisiert.

**Primer** (*primer*) Ein kurzes Oligonucleotid, das an ein einzelsträngiges DNA-Molekül bindet, um einen Startpunkt für die Strangsynthese zu liefern.

**Primosom** (*primosome*) Ein an der Genomreplikation beteiligter Proteinkomplex.

**Prion** (*prion*) Ein ungewöhnliches infektiöses Agens, das ausschließlich aus Protein besteht.

**Problem mit dem Informationsfluss** (*informational problem*) Das Problem, das die frühen Molekularbiologen lösten und das die Eigenschaften des genetischen Codes betrifft.

**programmierte Mutation** (*programmed mutation*) Die Möglichkeit, dass ein Organismus unter bestimmten Bedingungen die Mutationsrate in einem bestimmten Gen zu erhöhen vermag.

**programmierte Rasterverschiebung** (*programmed frameshifting*) Die kontrollierte Bewegung eines Ribosoms von einem Leseraster in ein anderes, an einer internen Position innerhalb eines Gens.

**Prokaryot** (*prokaryote*) Ein Organismus, dessen Zellen ein abgegrenzter Kern fehlt.

**prolinreiche Domäne** (*proline-rich domain*) Eine Form von Aktivierungsdomäne.

**promiske DNA** (*promiscuous DNA*) DNA, die von einem Organellengenom auf ein anderes übertragen wurde.

**Promotor** (*promoter*) Die stromaufwärts eines Gens liegende Nucleotidsequenz, an die die RNA-Polymerase für die Initiation der Transkription bindet.

**Prophage** (*prophage*) Die integrierte Form des Genoms eines lysogenen Bakteriophagen.

**Protease** (*protease*) Ein proteinabbauendes Enzym.

**Proteasom** (*proteasome*) Ein Protein aus vielen Untereinheiten, das am Abbau anderer Proteine beteiligt ist.

**Protein** (*protein*) Die aus Aminosäuremonomeren bestehende polymere Verbindung.

**Proteinelektrophorese** (*protein electrophoresis*) Trennung von Proteinen in einem Elektrophoresegel.

**Proteinfaltung** (*protein folding*) Das Einnehmen einer gefalteten Struktur durch ein Polypeptid.

**Proteininteraktionskarte** (*protein interaction map*) Eine Karte, die die Wechselwirkungen zwischen allen oder einigen Proteinen eines Proteoms zeigt.

**Proteininteraktionsnetzwerk** (*interactome network*) Eine Karte, die die Interaktionen zwischen allen oder einigen Proteinen in einem Proteom zeigt.

**Proteinmanipulation** (*protein engineering*) Verschiedene Verfahren, mit denen sich Proteinmoleküle gezielt verändern lassen, häufig, um die Eigenschaften von Enzymen für industrielle Prozesse zu verbessern.

**Protein-Profiling** (*protein profiling*) Die Methodik, die man für die Identifizierung von Proteinen in einem Proteom einsetzt.

**Protein-Protein-Quervernetzung** (*protein-protein crosslinking*) Ein Verfahren, mit dem man benachbarte Proteine miteinander verbindet, um Proteine zu identifizieren, die in einer Struktur, wie etwa in einem Ribosom, nahe beieinander liegen.

**Proteom** (*proteome*) Die Reihe von funktionellen Proteinen, die in einer lebenden Zelle synthetisiert werden.

**Proteomik** (*proteomics*) Eine Vielzahl von Verfahren für die Proteomanalyse.

**Protogenom** (*protogenome*) Ein RNA-Genom, das in der RNA-Ära existiert hat.

**Protoplast** (*protoplast*) Eine Zelle, deren Zellwand vollständig entfernt wurde.

**prototroph** (*prototroph*) Ein Organismus, der keine anderen Nährstoffansprüche als der Wildtyp besitzt und der auf Minimalmedium wachsen kann.

**prozessiertes Pseudogen** (*processed pseudogene*) Ein Pseudogen, das durch die Integration einer revers transkribierten Kopie einer mRNA in ein Genom entsteht.

**Prozessivität** (*processivity*) Bezieht sich auf die Länge des Produkts, das während der DNA-Synthese von der DNA-Polymerase synthetisiert wird, bevor sich das Enzym von Matrize löst.

**Pseudogen** (*pseudogene*) Eine inaktivierte und daher funktionslose Kopie eines Gens.

**PSI-BLAST** Eine modifizierte und damit leistungsfähigere Version des BLAST-Algorithmus.

**Punktmutation** (*point mutation*) Eine Mutation, die aus einem einzelnen Nucleotidaustausch resultiert.

**Punnett-Quadrat** (*Punnett square*) Eine tabellarische Analyse für die Vorhersage von Genotypen von Nachkommen aus einer genetischen Kreuzung.

**Purin** (*purine*) Eine der beiden in Nucleotiden vorkommenden Formen stickstoffhaltiger Basen.

**Pyrimidin** (*pyrimidine*) Eine der beiden in Nucleotiden vorkommenden Formen stickstoffhaltiger Basen.

**Pyrosequenzierung** (*pyrosequencing*) Ein neues DNA-Sequenzierverfahren, bei dem man das Anfügen eines Nucleotids an das Ende eines wachsenden Polynucleotids direkt bestimmen kann, da das freigesetzte Pyrophosphat Chemilumineszenz auslöst.

**quantitative PCR** (*quantitative PCR*) Eine PCR-Methode, mit der sich die Anzahl von DNA-Molekülen in einer Probe bestimmen lässt.

**Quartärstruktur** (*quaternary structure*) Die Struktur, die aus der Verknüpfung von zwei oder mehreren Polypeptiden resultiert.

**RACE, schnelle Amplifizierung von cDNA-Enden** (*rapid amplification of cDNA ends*) Eine PCR-basierte Methode für die Kartierung von Enden eines RNA-Moleküls.

**radioaktiver Marker** (*radioactive marker*) Ein radioaktives Atom, das in ein Molekül eingebaut wird und dessen radioaktive Strahlung anschließend dazu dient, um das Molekül zu detektieren und während einer biochemischen Reaktion zu verfolgen.

**radioaktives Markieren** (*radiolabeling*) Das Verfahren, mit dem ein radioaktives Atom an ein Molekül gehängt wird.

**Ras** Ein an der Signaltransduktion beteiligtes Protein.

**Rasterverschiebung** (*frameshifting*) Das Springen eines Ribosoms innerhalb eines Gens von einem Leseraster in ein anderes.

*readthrough*-**Mutation** (Überlesemutation) Eine Mutation, die ein Stoppcodon in ein Codon umwandelt, das eine Aminosäure spezifiziert und daher zu einem Überlesen des Stoppcodons führt.

**RecA** Ein Protein aus *Escherichia coli*, das an der homologen Rekombination beteiligt ist.

**RecBCD-Enzym** (*RecBCD enzyme*) Ein Enzymkomplex, der an der homologen Rekombination in *Escherichia coli* beteiligt ist.

**Regulationsmutante** (*regulatory mutant*) Eine Mutante, die einen Defekt in einem Promotor oder einer anderen regulatorischen Sequenz besitzt.

**regulatorische Kontrolle** (*regulatory control*) Die von regulatorischen Proteinen beeinflusste Kontrolle der bakteriellen Genexpression.

**Rekombinante** (*recombinant*) Ein Nachfahre, der keine der elterlichen Allelkombinationen besitzt.

**rekombinantes DNA-Molekül** (*recombinant DNA molecule*) Ein im Reagenzglas hergestelltes DNA-Molekül, bei dem Stücke von DNA ligiert wurden, die normalerweise nicht miteinander verbunden sind.

**rekombinantes Protein** (*recombinant protein*) Ein Protein, das in einer rekombinanten Zelle als Ergebnis der Expression eines klonierten Gens synthetisiert wird.

**Rekombinase** (*recombinase*) Eine vielfältige Enzymfamilie, die ortsspezifische Rekombinationsereignisse katalysiert.

**Rekombination** (*recombination*) Die Umstrukturierung eines DNA-Moleküls im großen Maßstab.

**Rekombinationsfrequenz** (*recombination frequency*) Der Anteil von rekombinanten Nachkommen, die bei einer genetischen Kreuzung entstehen.

**Rekombinations-Hotspot** (*recombination hotspot*) Der Bereich eines Chromosoms, in dem Crossing-over häufiger vorkommen als im Durchschnitt des gesamten Chromosoms.

**Rekombinationsreparatur** (*recombination repair*) Ein DNA-Reparaturprozess, der Doppelstrangbrüche repariert.

**Renaturierung** (*renaturation*) Die Rückkehr eines denaturierten Moleküls in seinen Grundzustand.

**repetitive DNA** (*repetitive DNA*) Eine DNA-Sequenz, die zwei- oder mehrfach in einem DNA-Molekül oder einem Genom wiederholt wird.

**Replikaplattierung** (*replica plating*) Ein Verfahren für die Übertragung von Kolonien von einer Petrischale auf eine andere, sodass ihre relativen Positionen auf der Oberfläche des Agarmediums beibehalten werden.

**Replikationsfabrik** (*replication factory*) Eine große Struktur, die an die Kernmatrix gebunden ist; der Ort der Genomreplikation.

**Replikationsfaktor C, RFC** (*replication factor C*) Ein zusätzliches Protein aus vielen Untereinheiten, das an der Replikation des eukaryotischen Genoms beteiligt ist.

**Replikationsmediatorprotein, RMP** (*replication mediator protein*) Ein Protein, das für die Anhefung von einzelstrangbindenden Proteinen während der Genomreplikation verantwortlich ist.

**Replikationsprotein A, RPA** (*replication protein A*) Das wichtigste einzelstrangbindende Protein, das an der Replikation von eukaryotischer DNA beteiligt ist.

**Replikationsursprung** (*origin of replication, replication orign*) Ein Ort auf dem DNA-Molekül, an dem die Replikation eingeleitet wird.

**replikative Form** (*replicative form*) Die doppelsträngige Form des M13-DNA-Moleküls, die in infizierten *Escherichia coli*-Zellen anzutreffen ist.

**replikative Transposition** (*replicative transposition*) Transposition, bei der das transponierte Element kopiert wird.

**Replikatonsgabel** (*replication fork*) Die Region eines doppelsträngigen DNA-Moleküls, die geöffnet wurde, damit die DNA-Replikation stattfinden kann.

**Replisom** (*replisome*) Ein Proteinkomplex, der an der Genomreplikation beteiligt ist.

**Reportergen** (*reporter gene*) Ein Gen, dessen Phänotyp untersucht werden kann und das daher für die Funktionsbestimmung einer regulatorischen DNA-Sequenz eingesetzt wird.

**Response-Modul** (*response module*) Ein Sequenzmodul, das stromaufwärts von verschiedenen Genen zu finden ist und durch das die Initiation der Transkription durch die RNA-Polymerase II auf allgemeine Signale aus der Umgebung der Zelle zu reagieren vermag.

**Restriktionsendonuclease** (*restriction endonuclease*) Ein Enzym, das DNA-Moleküle an einer begrenzten Anzahl von spezifischen Nucleotidsequenzen zu schneiden vermag.

**Restriktionsfragment-Längenpolymorphismus, RFLP** (*restriction fragment length polymorphism*) Ein Restriktionsfragment, dessen Länge variabel ist, weil es an einem oder an beiden Enden eine polymorphe Restriktionsschnittstelle besitzt.

**Restriktionskartierung** (*restriction mapping*) Ermittlung der Positionen von Restriktionsschnittstellen in einem DNA-Molekül durch die Analyse der Fragmentgrößen.

**restriktive Bedingungen** (*restrictive conditions*) Bedingungen unter denen eine konditional-letale Mutante nicht zu überleben vermag.

**Retroelement** (*retroelement*) Ein genetisches Element, das über eine RNA-Zwischenstufe transponiert.

**Retrogen** (*retrogene*) Ein Genduplikat, das durch die Insertion eines Pseudogens in der Nähe des Promotors eines existierenden Gens entsteht.

**retrohoming** Ein Prozess, bei dem ein ausgeschnittenes Intron, das aus einer einzelsträngigen RNA besteht, direkt in ein Organellengenom integriert wird, bevor es zu einer doppelsträngigen DNA kopiert wird.

**Retroposon** (*retroposon*) Ein Retroelement, das keine LTRs besitzt.

**Retrotransposition** (*retrotransposition*) Transposition über eine RNA-Zwischenstufe.

**Retrotransposon** (*retrotransposon*) Eine genomweit wiederholte Sequenz, die einem integrierten retroviralen Genom ähnlich ist und möglicherweise Retrotranspositionsaktivität besitzt.

**Retrovirus** (*retrovirus*) Ein Virus in einem RNA-Genom, das sich in das Genom seiner Wirtszelle integriert.

**retrovirusähnliches Element, RTVL** (*retroviral-like element*) Ein verkürztes retrovirales Genom, das in das Wirtschromosom integriert ist.

**Reverse Transkriptase** (*reverse transcriptase*) Eine Polymerase, die ausgehend von einer RNA-Matrize DNA synthetisiert.

**Reverse-Transkriptase-PCR**, **RT-PCR** (*reverse transcriptase PCR*) PCR, bei der der erste Schritt durch eine Reverse Transkriptase ausgeführt wird, sodass RNA als Ausgangsmaterial eingesetzt werden kann.

**rezessiv** (*recessive*) Das Allel, das in einem heterozygoten Organismus nicht exprimiert wird.

**reziproker Strangaustausch** (*reciprocal strand exchange*) Der Austausch von DNA zwischen zwei doppelsträngigen Molekülen, der das Ergebnis einer Rekombination ist und bei dem das Ende des einen Moleküls gegen das Ende eines anderen Moleküls ausgetauscht wird.

**Rho** Ein Protein, das an der Termination der Transkription von einigen bakteriellen Genen beteiligt ist.

**Rho-abhängiger Terminator** (*Rho-dependent terminator*) Eine Position auf einer bakteriellen DNA, an der die Transkription durch die Beteiligung von Rho beendet wird.

**Ribonuclease** (*ribonuclease*) Ein RNA-abbauendes Enzym.

**Ribonuclease D** (*ribonuclease D*) Ein Enzym, das an der Prozessierung von tRNA in Bakterien beteiligt ist.

**Ribonuclease MRP** (*ribonuclease MRP*) Ein Enzym, das an der Prozessierung von eukaryotischer Prä-rRNA beteiligt ist.

**Ribonuclease P** (*ribonuclease P*) Ein Enzym, das an der Prozessierung von tRNA in Bakterien beteiligt ist.

**Ribonucleoprotein-(RNA-)domäne** (*ribonucleoprotein [RNP] domain*) Eine verbreitete Form einer RNA-bindenden Domäne.

**Ribose** (*ribose*) Die Zuckerkomponente in einem Ribonucleotid.

**Ribosom** (*ribosome*) Eines der Konstrukte aus Protein und RNA, an denen die Translation stattfindet.

**ribosomale RNA**, **rRNA** (*ribosomal RNA*) Die RNA-Moleküle, die Bestandteile von Ribosomen sind.

**ribosomales Protein** (*ribosomal protein*) Eines der Proteinbestandteile in einem Ribosom.

**Ribosomenbindungsstelle** (*ribosome binding site*) Die Nucleotidsequenz, die als Anheftungsstelle für die kleine Untereinheit der Ribosomen während der Initiation der Translation in Bakterien dient.

**Ribosomenrecyclingfaktor**, **RRF** (*ribosome recycling factor*) Ein Protein, das in Bakterien für die Auflösung des Ribosoms am Ende der Proteinsynthese verantwortlich ist.

**Ribozym** (*ribozyme*) Ein RNA-Molekül mit katalytischer Aktivität.

**RLFs**, *replication licensing factors* Eine Reihe von Proteinen, die die Genomreplikation regulieren, besonders indem sie sicherstellen, dass pro Zellzyklus nur eine Runde der Genomreplikation stattfindet.

**RNA** Ribonucleinsäure; eine der beiden Nucleinsäureformen, die in lebenden Zellen enthalten ist; das genetische Material einiger Viren.

**RNA-abhängige DNA-Polymerase** (*RNA-dependent DNA polymerase*) Ein Enzym, das ausgehend von einer RNA-Matrize eine DNA-Kopie herstellt; eine Reverse Transkriptase.

**RNA-abhängige RNA-Polymerase** (*RNA-dependent RNA polymerase*) Ein Enzym, das ausgehend von einer RNA-Matrize eine RNA-Kopie herstellt.

**RNA-Editing** (*RNA editing*) Ein Prozess, bei dem Nucleotide, die nicht von einem Gen codiert sind, nach der Transkription an spezifischen Positionen in ein RNA-Molekül eingeführt werden.

**RNA-induzierter Silencing-Komplex**, **RISC** (*RNA induced silencing complex*) Ein Proteinkomplex, der eine mRNA als Teil des RNA-Interferenzvorgangs schneidet und somit stilllegt.

**RNA-Interferenz**, **RNAi** (*RNA interference*) Ein RNA-Abbauprozess in Eukaryoten.

**RNA-Polymerase** (*RNA polymerase*) Ein Enzym, das ausgehend von einer RNA- oder DNA-Matrize RNA synthetisiert.

**RNA-Polymerase I** (*RNA polymerase I*) Die eukaryotische RNA-Polymerase, die ribosomale RNA-Gene transkribiert.

**RNA-Polymerase II** (*RNA polymerase II*) Die eukaryotische RNA-Polymerase, die proteincodierende und sn-RNA-Gene transkribiert.

**RNA-Polymerase III** (*RNA polymerase III*) Die eukaryotische RNA-Polymerase, die tRNA- und andere kurze Gene transkribiert.

**RNA-Silencing** (*RNA silencing*) Ein RNA-Abbauprozess in Eukaryoten.

**RNA-Transkript** (*RNA transcript*) Eine RNA-Kopie eines Gens.

**RNA-Welt** (*RNA world*) Die frühe Periode der Evolution, in der alle biologischen Reaktionen von RNA ausgingen.

***rolling circle*-Replikation** (*rolling circle replication*) Ein Replikationsprozess, der die kontinuierliche Synthese eines Polynucleotids umfasst, das von einem ringförmigen Matrizenmolekül „abgerollt" wird.

**Röntgenkristallographie, Röntgenstrukturanalyse** (*X-ray crystallography*) Eine Technik zur Bestimmung der dreidimensionalen Struktur eines großen Moleküls.

**Rückkreuzung** (*test cross*) Eine genetische Kreuzung zwischen einem doppelt heterozygoten und einem doppelt homozygoten Organismus.

**Rückwärtsbewegung der RNA-Polymerase** (*backtracking*) Das Zurückgleiten einer RNA-Polymerase entlang eines kurzen Stückes ihrer DNA-Matrize.

**S1-Nuclease** (*S1 nuclease*) Ein Enzym, das einzelsträngige DNA- oder RNA-Moleküle und auch einzelsträngige Regionen in vorwiegend doppelsträngigen Molekülen abbaut.

**SAP-(stressaktivierte Protein-)Kinase** (*SAP [stress activated protein] kinase*) Ein stressaktivierter Signaltransduktionsweg.

**SAR, Gerüstanheftungsregion** (*scaffold attachment region*) Ein AT-reiches Segment in einem eukaryotischen Genom, das als Anheftungsstelle der Kernmatrix dient.

**Satelliten-DNA** (*satellite DNA*) Repetitive DNA, die in einem Dichtegradienten eine Satellitenbande bildet.

**Satelliten-RNA** (*satellite RNA*) Ein RNA-Molekül mit einer Länge von 320–400 Nucleotiden, das nicht seine eigenen Capsidproteine codiert, sondern sich im Capsid eines Helfervirus von Zelle zu Zelle bewegt.

**Säulenmaterial** (*resin*) Eine Chromatographiematrix („Kunstharz").

**saure Domäne** (*acidic domain*) Eine Aktivierungsdomäne.

**Scanning** (*scanning*) Ein System, das während der Initiation der eukaryotischen Translation eine Rolle spielt und bei dem der Präinitiationskomplex an die Cap-Struktur am 5'-Ende der mRNA bindet und dann das Molekül absucht, bis er ein Startcodon gefunden hat.

**Schmelzen** (*melting*) Denaturierung eines doppelsträngigen DNA-Moleküls.

**Schmelztemperatur, $T_m$** (*melting temperature*) Die Temperatur, bei der sich die beiden Stränge eines doppelsträngigen Nucleinsäuremoleküls oder eines Basenpaarungshybrids voneinander lösen, wobei die Wasserstoffbrücken vollständig zerstört werden.

**schwacher Promotor** (*weak promoter*) Ein Promotor, der relativ wenige produktive Initiationen pro Zeiteinheit einleitet.

**Schwimmdichte** (*buoyant density*) Die Dichte eines Moleküls oder Partikels, wenn es in einer wässrigen Salz- oder Zuckerlösung suspendiert wird.

**Second Messenger** (*second messenger*) Ein Intermediat bei einem bestimmten Typ von Signaltransduktionsweg.

**Sedimentationsanalyse** (*sedimentation analysis*) Die Zentrifugationsmethode, mit der sich der Sedimentationskoeffizient eines Moleküls oder einer Struktur bestimmen lässt.

**Sedimentationskoeffizient** (*sedimentation coefficient*) Ein Wert, der die Geschwindigkeit ausdrückt, mit der ein Molekül oder eine Struktur bei einer Zentrifugation in einer dichten Lösung sedimentiert.

**segmentiertes Genom** (*segmented genome*) Ein Virusgenom, das in zwei oder mehr DNA- oder RNA-Moleküle aufgeteilt ist.

**Segmentpolaritätsgene** (*segment polarity genes*) Entwicklungsgene, die durch die Aktivität von Paarregelgenen eine bestimmte Segmentierung des *Drosophila*-Embryos noch weiter definieren.

**Segregation** (*segregation*) Die Verteilung von homologen Chromosomen oder Mitgliedern von Allelpaaren auf unterschiedliche Gameten während der Meiose.

**Sekundärkanal** (*secondary channel*) Ein Kanal, der von der Oberfläche einer bakteriellen RNA-Polymerase zu der aktiven Stelle innerhalb des Proteinkomplexes führt.

**Sekundärstruktur** (*secondary structure*) Die Konformationen wie α-Helix und β-Faltblatt, die von einem Polypeptid angenommen werden können.

**Selektionsmarker** (*selectable marker*) Ein Gen in einem Vektor, das der Zelle, die den Vektor oder ein rekombinantes aus dem Vektor entstandenes DNA-Molekül besitzt, ein erkennbares Merkmal verleiht.

**Selektivmedium** (*selective medium*) Ein Medium, das das Wachstum derjenigen Zellen fördert, die einen bestimmten genetischen Marker tragen.

**semikonservative Replikation** (*semiconservative replication*) Die Form der DNA-Replikation, bei der jede Tochterdoppelhelix aus einem Polynucleotid des Elters und einem neusynthetisierten Polynucleotid besteht.

**Sequenase** (*sequenase*) Ein bei der Kettenabbruch-DNA-Sequenzierung eingesetztes Enzym.

**Sequenz-Contig** (*sequence contig*) Eine zusammenhängende DNA-Sequenz, die als Zwischenprodukt eines Genomsequenzierungsprojektes entsteht.

**Sequenzierung durch chemischen Abbau** (*chemical degradation sequencing*) Eine DNA-Sequenzierungsmethode, bei der Chemikalien eingesetzt werden, welche die DNA-Moleküle an spezifischen Nucleotidpositionen schneiden.

**Sequenz-*skimming*** (*sequence skimming*) Ein Verfahren, mit dem man schnell einige wenige Zufallssequenzen aus einem klonierten Fragment erhält. Das Verfahren beruht auf der großen Wahrscheinlichkeit, dass wenn das Fragment irgendwelche Gene enthält, wenigstens einige von ihnen durch diese zufälligen Sequenzen zu erkennen sind.

**serielle Analyse der Genexpression**, **SAGE** (*serial analysis of gene expression*) Ein Verfahren für die Analyse der Zusammensetzung des Transkriptoms.

**Shine-Dalgarno-Sequenz** (*Shine-Dalgarno sequence*) Die ribosomenbindende Stelle stromaufwärts von einem *Escherichia coli*-Gen.

***short patch*-Reparatur** (*short patch repair*) Ein Nucleotidexcisionsreparaturprozess in *Escherichia coli*, bei dem etwa 12 Nucleotide aus der DNA ausgeschnitten und neu synthetisiert werden.

**Shotgun-Methode** (*shotgun approach*) Eine Genomsequenzierungsstrategie, bei der man die zu sequenzierenden Moleküle in zufällige Fragmente zerlegt, die einzeln sequenziert werden.

**Shuttle-Vektor** (*shuttle vector*) Ein Vektor, der sich in Zellen von mehr als einem Organismus replizieren kann (zum Beispiel in *Escherichia coli* und Hefe).

**Signalpeptid** (*signal peptide*) Eine kurze Sequenz am N-Terminus mancher Proteine, die den Proteintransport durch eine Membran vermittelt.

**Signaltransduktion** (*signal transduction*) Kontrolle der zellulären Aktivität, einschließlich der Genomexpression, über einen Zelloberflächenrezeptor, der auf ein externes Signal reagiert.

**Silencer** (*silencer*) Eine regulatorische Sequenz, die die Transkriptionsrate eines Gens oder von Genen reduziert, die in beiden Richtungen in einigem Abstand liegen können.

**SINE**, (*short interspersed nuclear element*) Eine Form von genomweiten Sequenzwiederholungen, die im menschlichen Genom durch *Alu*-Sequenzen typisiert werden.

***single copy*-DNA** (*single copy DNA*) Eine DNA-Sequenz, die nicht an anderer Stelle im Genom wiederholt wird.

**siRNA, kurze interferierende RNA** (*short interfering RNA*) Ein Zwischenprodukt beim RNA-Interferenzprozess.

**SMAD-Familie** (*SMAD family*) Eine Gruppe von Proteinen, die an der Signaltransduktion beteiligt sind.

**somatische Zelle** (*somatic cell*) Eine nichtreproduktive Zelle; eine Zelle, die sich durch Mitose teilt.

**Sondenhybridisierung** (*hybridization probing*) Ein Verfahren, bei dem man markierte Nucleinsäuremoleküle als Sonde für die Identifikation von komplementären oder homologen Molekülen einsetzt, mit denen die Sonde eine Basenpaarung eingeht.

**SOS-Antwort** (*SOS response*) Eine Reihe von biochemischen Veränderungen, die im Rahmen der Antwort einer *Escherichia coli*-Zelle auf Schäden im Genom oder andere Reize auftritt.

**Southern-Hybridisierung** (*Southern hybridyzation*) Ein Verfahren für die Bestimmung eines spezifischen Restriktionsfragments vor dem Hintergrund vieler anderer Restriktionsfragmente.

**Spaltungs- und Polyadenylierungs-Spezifitätsfaktor**, **CPSF** (*cleavage and polyadenylation specificity factor*) Ein Protein, das bei der Polyadenylierung von eukaryotischen mRNAs eine Hilfsfunktion hat.

**Spaltungsstimulationsfaktor**, **CstF** (*cleavage stimulation factor*) Ein Protein, das während der Polyadenylierung von eukaryotischen mRNAs eine Hilfsfunktion übernimmt.

**S-Phase** (*S phase*) Die Phase des Zellzyklus, in der DNA-Synthese stattfindet.

**Spleißen** (*splicing*) Das Entfernen von Introns aus einem Primärtranskript eines diskontinuierlichen Gens.

**Spleißosom** (*spliceosome*) Der Protein-RNA-Komplex, der am Spleißen von GU–AG- und AU–AC-Introns beteiligt ist.

**Spleißweg** (*splicing pathway*) Die Reihe von Vorgängen, die eine diskontinuierliche Prä-mRNA in eine funktionelle mRNA verwandeln.

**spontane Mutation** (*spontaneous mutation*) Eine Mutation, die aus einem Replikationsfehler entsteht.

**SR-ähnlicher CTD-assoziierter Faktor**, **SCAF** (*SR-like CTD-associated factor*) Proteine, von denen man annimmt, dass sie während des Spleißens von GU–AG-Introns eine regulatorische Funktion besitzen.

**SR-Protein** (*SR protein*) Ein Protein, das während des Spleißens von GU–AG-Introns bei der Auswahl der Spleißstelle eine Rolle spielt.

**Stammbaum** (*pedigree*) Ein Diagramm, das die genetische Verwandtschaft zwischen den Mitgliedern einer Menschenfamilie zeigt.

**Stammbaumanalyse** (*pedigree analysis*) Die Anwendung des Stammbaumdiagramms für die Analyse der Vererbung eines genetischen oder DNA-Markers in einer Menschenfamilie.

**Stamm-Schleife-Struktur** (*stem-loop structure*) Eine Struktur, die aus einem Stamm mit Basenpaarung und einer Schleife ohne Basenpaarung besteht und die sich in einem einzelsträngigen Polynucleotid bilden kann, das umgekehrte Sequenzwiederholungen (*inverted repeats*) enthält.

**Stammzelle** (*stem cell*) Eine Vorläuferzelle, die sich kontinuierlich während des gesamten Lebens eines Organismus teilt.

**starker Promotor** (*strong promoter*) Ein Promotor, der pro Zeiteinheit eine relativ große Anzahl an produktiven Initiationen einleitet.

**Startcodon** (*initiation codon*) Das Codon, üblicherweise aber nicht ausschließlich 5'-AUG-3', das sich am Beginn des codierenden Bereichs eines Gens befindet.

**STAT**, **Signalüberträger und Transkriptionsaktivator** (*signal transducer and activator of transcription*) Ein Proteintyp, der auf die Bindung eines extrazellulären Signalmoleküls an einen Zelloberflächenrezeptor reagiert, indem er einen Transkriptionsfaktor aktiviert.

**Steroidhormon** (*steroid hormone*) Ein extrazelluläres Signalmolekül.

**Steroidrezeptor** (*steroid receptor*) Ein Protein, das als Zwischenschritt bei der Modulation der Genomaktivität ein Steroidhormon bindet, nachdem Letzteres in die Zelle gelangt ist.

**Stickstoffbase** (*nitrogenous base*) Eines der Purine oder Pyrimidine, die Teil der molekularen Struktur eines Nucleotids sind.

**stille Mutation** (*silent mutation*) Eine Veränderung in der DNA-Sequenz, die keine Wirkung auf die Expression oder das Funktionieren eines Gens oder Genproduktes hat.

**Stoppcodon** (*termination codon*) Eines der drei Codons, die die Stelle kennzeichnen, an der die Translation einer mRNA enden soll.

**STR, kurze tandemartige Wiederholung** (*short tandem repeat*) Eine Form des SSLP (*simple sequence length polymorphism*), die tandemartig angeordneten Kopien von Wiederholungseinheiten aus üblicherweise Di-, Tri- oder Tetranucleotiden umfasst. Auch als Mikrosatellit bezeichnet.

**stringente Kontrolle** (*stringent response*) Eine biochemische und genetische Reaktion, die in *Escherichia coli* ausgelöst wird, wenn das Bakterium schlechten Wachstumsbedingungen ausgesetzt ist, etwa einer geringen Konzentration an essenziellen Aminosäuren.

**stromabwärts** (*downstream*) In Richtung des 3'-Endes eines Polynucleotids.

**stromaufwärts** (*upstream*) In Richtung des 5'-Endes eines Polynucleotids.

**stromaufwärts liegendes Kontrollelement** (*upstream control element*) Ein Bestandteil eines eukaryotischen RNA-Polymerase-I-Promotors.

**stromaufwärts liegendes Promotorelement** (*upstream promotor element*) Bestandteil eines eukaryotischen Promotors, der stromaufwärts von der Position liegt, an der der Initiationskomplex zusammengesetzt wird.

**Strukturdomäne** (*structural domain*) Ein Segment eines Polypeptids, das sich unabhängig von anderen Segmenten faltet. Auch eine mit der Kernmatrix verbundene Schleife in einer eukaryotischen DNA, hauptsächlich in der 30-nm-Chromatinfaser.

**STS**, *sequence tagged site* (sequenzmarkierte Stelle) Eine in einem Genom nur einmal vorkommende DNA-Sequenz.

**STS-Kartierung** (*STS mapping*) Ein physikalisches Kartierungsverfahren, das die Positionen von STS-Markern (*sequence tagged sites*) in einem Genom lokalisiert.

*stuffer*-**Fragment** (*stuffer fragment*) Ein DNA-Fragment in einem λ-Vektor, das von der zu klonierenden DNA ersetzt wird.

**SUMO** Ein mit Ubiquitin verwandtes Protein.

**Superspiralisierung** (*supercoiling*) Ein Konformationszustand, bei dem eine Doppelhelix über- oder unterspiralisiert ist, sodass eine superhelikale Verdrillung auftritt.

**Superwobble** (*superwobble*) Die extreme Form eines Wobbles, die in Mitochondrien von Wirbeltieren vorkommt.

**Suppressormutation** (*suppressor mutation*) Eine Mutation in einem Gen, die die Wirkung einer Mutation in einem anderen Gen unterdrückt.

**S-Wert** (*S value*) Die Maßeinheit für den Sedimentationskoeffizienten.

**Syncytium** (*syncytium*) Eine zellähnliche Struktur, die aus einer Masse von Cytoplasma und vielen Zellkernen besteht.

**synonyme Mutation** (*synonymous mutation*) Eine Mutation, die ein Codon gegen ein anderes Codon austauscht, das die gleiche Aminosäure codiert.

**Syntänie** (*synteny*) Bezieht sich auf ein Genompaar, bei dem wenigstens einige Gene in der Karte an ähnlichen Positionen liegen.

**Synthese künstlicher Gene** (*artificial gene synthesis*) Herstellen eines künstlichen Gens aus einer Reihe von überlappenden Oligonucleotiden.

**Systembiologie** (*systems biology*) Ein Ansatz in der Biologie, der versucht, Stoffwechselwege und subzelluläre Prozesse mit der Genomexpression in Beziehung zu setzen.

**T4-Polynucleotidkinase** (*T4 polynucleotide kinase*) Ein Enzym, das eine Phosphatgruppe an das 5′-Ende von DNA-Molekülen hängt.

**TAF- und initiatorabhängiger Cofaktor, TIC** (*TAF and initiator-dependent cofactor*) Ein Proteintyp, der an der Initiation der Transkription durch die RNA-Polymerase II beteiligt ist.

**Tandemaffinitätsreinigung, TAP** (*tandem-affinity purification*) Eine Methode für die Isolierung von Proteinkomplexen, bei der man ein Testprotein mit einer C-terminalen Verlängerung einsetzt, die an Calmodulin bindet.

**tandemartig wiederholte DNA** (*tandemly repeated DNA*) DNA-Sequenzmotive, die in Kopf-an-Schwanz-Orientierung wiederholt werden.

**tandemartige Wiederholung** (*tandem repeat*) Direkte Sequenzwiederholungen, die in Nachbarschaft zueinander liegen.

**TATA-bindendes Protein, TBP** (*TATA-binding protein*) Ein Bestandteil des allgemeinen Transkriptionsfaktors TFIID; der Teil, der die TATA-Box des RNA-Polymerase-II-Promotors erkennt.

**TATA-Box** (*TATA box*) Ein Bestandteil des RNA-Polymerase-II-Core-Promotors.

**Tautomere** (*tautomers*) Strukturelle Isomere, die sich in einem dynamischen Gleichgewicht befinden.

**tautomere Verschiebung** (*tautomeric shift*) Der spontane Wechsel eines Proteins von einem Strukturisomer in ein anderes.

**TBP-assoziierter Faktor, TAF** (*TBP-associated factor*) Einer der vielen Bestandteile des allgemeinen Transkriptionsfaktors TFIID, der die Erkennung der TATA-Box unterstützt.

**TBP-Domäne** (*TBP domain*) Eine DNA-bindende Domäne.

**T-DNA** Die Teil des Ti-Plasmids, der in die pflanzliche DNA übertragen wird.

**Telomer** (*telomere*) Das Ende eines eukaryotischen Chromosoms.

**Telomerase** (*telomerase*) Das Enzym, das die Enden der eukaryotischen Chromosomen erhält, indem es telomerische Sequenzwiederholungen synthetisiert.

**telomerbindendes Protein, TBP** (*telomere binding protein*) Ein Protein, das an Telomere bindet und deren Länge reguliert.

**temparatursensitive Mutation** (*temperature-sensitive mutation*) Eine konditional-letale Mutation, die sich nur oberhalb einer Schwellentemperatur bemerkbar macht.

**temperenter Bakteriophage** (*temperate bacteriophage*) Ein Bakteriophage, der dem lysogenen Infektionsweg folgt.

**terminale Desoxynucleotidyltransferase** (*terminal deoxynucleotidyl transferase*) Ein Enzym, das ein oder mehrere Nucleotide an das 3′-Ende eines DNA-Moleküls hängt.

**Terminationsfaktor** (*termination factor*) Ein Protein, das bei der Beendigung der Transkription eine Hilfsfunktion besitzt.

**Terminatorsequenz** (*terminator sequence*) Eine von mehreren Sequenzen in einem Bakteriengenom, die an der Termination der Genomreplikation beteiligt sind.

**Territorium** (*territory*) Die Region in einem Zellkern, die von einem einzigen Chromosom besetzt wird.

**Tertiärstruktur** (*tertiary structure*) Die Struktur, die sich aus der Faltung der sekundären Struktureinheiten eines Polypeptids ergibt.

*thermal cycle*-**Sequenzierung** („Zyklussequenzierung") Ein DNA-Sequenzierungsverfahren, bei dem man mithilfe einer PCR Polynucleotide mit Kettenabbruch erzeugt.

**thermostabil** (*thermostable*) Die Fähigkeit, hohen Temperaturen widerstehen zu können.

**Thymin** (*thymine*) Eine der Pyrimidinbasen in der DNA.

*Tiling*-**Array** (*tiling array*) Eine Sammlung von Oligonucleotidsonden, von denen jede an eine andere Position auf einem Chromsosom oder einem Teil eines Chromosoms bindet.

**Ti-Plasmid** (*Ti plasmid*) Das große Plasmid, das in den *Agrobacterium tumefaciens*-Zellen enthalten ist, die in bestimmten Pflanzen die Bildung einer Wurzelhalsgalle hervorrufen.

**$T_m$** ($T_m$) Schmelztemperatur.

**Tn3-Typ-Transposon** (*Tn3-type transposon*) Ein DNA-Transposon, das keine flankierenden Insertionssequenzen besitzt.

**Topologie** (*topology*) Das Verzweigungsmuster eines phylogenetischen Stammbaums.

**totipotent** (*totipotent*) Bezieht sich auf eine Zelle, die nicht auf eine bestimmte Entwicklung festgelegt ist und aus der daher alle Formen von differenzierten Zellen entstehen können.

**trailer-Segment** (*trailer segment*) Die nichttranslatierte Region einer mRNA, stromabwärts des Stoppcodons.

**Transduktion** (*transduction*) Übertragung von bakteriellen Genen von einer Zelle in eine andere, durch die Verpackung in Phagenpartikel.

**Transduktionskartierung** (*transduction mapping*) Die Anwendung der Transduktion für die Kartierung der relativen Positionen von Genen in einem bakteriellen Genom.

**Transfektion** (*transfection*) Das Einschleusen gereinigter Phagen-DNA-Moleküle in eine Bakterienzelle.

**Transfer-Messenger-RNA, tmRNA** (*transfer-messenger RNA*) Eine bakterielle RNA, die am Proteinabbau beteiligt ist.

**Transfer-RNA, tRNA** (*transfer RNA*) Ein kleines RNA-Molekül, das während der Translation als Adapter dient und für die Decodierung des genetischen Codes verantwortlich ist.

**Transformante** (*transformant*) Eine Zelle, die durch die Aufnahme nackter DNA transformiert wurde.

**Transformation** (*transformation*) Der Erwerb von neuen Genen durch eine Zelle durch die Aufnahme nackter DNA.

**Transformationskartierung** (*transformation mapping*) Die Anwendung der Transformation für die Kartierung der relativen Positionen von Genen in einem bakteriellen Genom.

**transformierendes Prinzip** (*transforming principle*) Die Substanz – mittlerweile als DNA bekannt –, die für die Transformation eines avirulenten *Streptococcus pneumoniae*-Bakteriums in eine virulente Form verantwortlich war.

**transgene Maus** (*transgenic mouse*) Eine Maus, die ein kloniertes Gen enthält.

**Transition** (*transition*) Eine Punktmutation, die ein Purin durch ein anderes Purin oder ein Pyrimidin durch ein anderes Pyrimidin ersetzt.

**Transkript** (*transcript*) Eine RNA-Kopie eines Gens.

**Transkription** (*transcription*) Die Synthese einer RNA-Kopie eines Gens.

**Transkriptionsblase** (*transcription bubble*) Die Region einer Doppelhelix ohne Basenpaarung, die von der RNA-Polymerase aufrechterhalten wird und in der die Transkription stattfindet.

**transkriptionsgekoppelte Reparatur** (*transcription-coupled repair*) Ein Nucleotidexcisionsreparaturprozess, der die Matrizenstränge von Genen repariert.

**Transkriptionsinitiation** (*transcription initiation*) Die Anordnung eines Proteinkomplexes stromaufwärts eines Gens, die eine RNA-Kopie des Gens erstellt.

**Transkriptionsmaschinerie** (*transcription factory*) Eine große Struktur, die sich an die Kernmatrix lagert; der Ort der RNA-Synthese.

**Transkriptom** (*transcriptome*) Der vollständige RNA-Gehalt einer Zelle.

**transkriptspezifische Regulation** (*transcript-specific regulation*) Regulatorischer Mechanismus, der die Proteinsynthese kontrolliert, indem er auf ein einzelnes Transkript oder eine kleine Gruppe von Transkripten wirkt, die verwandte Proteine codieren.

**Translation** (*translation*) Die Synthese eines Polypeptids, dessen Aminosäuresequenz durch die Nucleotidsequenz einer mRNA nach den Regeln des genetischen Codes bestimmt wird.

**Translations-Bypass** (*translational bypassing*) Eine Form des Verrutschens, bei der ein großer Teil einer mRNA während der Translation verworfen wird und die Verlängerung des ursprünglichen Proteins nach dem Bypass fortgesetzt wird.

**Translokation** (*translocation*) Die Anlagerung eines Chromosomensegments an ein anderes Chromosom. Auch die Bewegung eines Ribosoms entlang eines mRNA-Moleküls während der Translation.

**transponierbarer Phage** (*transposable phage*) Ein Bakteriophage, der als Teil seines Infektionszyklus transponiert.

**transponierbares Element** (*transposable element*) Ein genetisches Element, das innerhalb eines DNA-Moleküls von einer Position zu einer anderen springen kann.

**Transposase** (*transposase*) Ein Enzym, das die Transposition eines transponierbaren genetischen Elements katalysiert.

**Transposition** (*transposition*) Die Bewegung eines genetischen Elements innerhalb eines DNA-Moleküls von einem Ort zu einem anderen.

**Transposon** (*transposon*) Ein genetisches Element, das innerhalb eines DNA-Moleküls von einer Position zu einer anderen springen kann.

**Transposon-*tagging*** (*transposon tagging*) Ein Verfahren zur Isolierung von Genen, das die Inaktivierung eines Gens durch das Springen des Transposons in die codierende Sequenz des Gens beinhaltet, gefolgt von der Anwendung der transposonspezifischen Hybridisierungssonde für die Isolierung einer Kopie des markierten Gens aus der Klonbibliothek.

***trans*-Spleißen** (*trans-splicing*) Spleißen von Exons, die in unterschiedlichen RNA-Molekülen liegen.

***trans*-Verschiebung** (*trans-displacement*) Transfer eines Nucleosoms von einem DNA-Molekül auf ein anderes.

**Transversion** (*transversion*) Eine Punktmutation, bei der ein Purin gegen ein Pyrimidin und umgekehrt ausgetauscht wird.

**Triplettbindungstest** (*triplet binding assay*) Ein Verfahren zur Ermittlung der von einem Nucleotidtriplet bestimmten Aminosäure.

**Triplex** (*triplex*) Eine aus drei Nucleotiden bestehende DNA-Struktur.

**Trisomie** (*trisomy*) Die Anwesenheit von drei Kopien eines homologen Chromosoms in einem ansonsten diploiden Zellkern.

**tRNA-Nucleotidyltransferase** (*tRNA nucleotidyltransferase*) Das Enzym, das für die posttranskriptionale Anheftung des Tripletts 5′-CCA-3′ an das 3′-Ende eines tRNA-Moleküls verantwortlich ist.

***trp*-RNA-bindendes Attenuationsprotein, TRAP** (*trp RNA-binding attenuation protein*) Ein Protein, das an der Attenuationsregulation einiger Operons in Bakterien wie *Bacillus subtilis* beteiligt ist.

**Tus** Das Protein, das an die bakterielle Terminatorsequenz bindet und das Ende der Genomreplikation vermittelt.

**Twintron** (*twintron*) Eine zusammengesetzte Struktur aus zwei oder mehr miteinander verschachtelten Gruppe-II- und/oder Gruppe-III-Introns.

***two-hybrid*-System in Hefe** (*yeast two-hybrid system*) Ein Verfahren zur Identifizierung von Proteinen, die miteinander in Wechselwirkung treten.

**Typ-0-Cap** (*type 0 cap*) Die grundlegende Cap-Struktur, die aus 7-Methylguanosin besteht, das an das 5′-Ende einer mRNA gebunden ist.

**Typ-1-Cap** (*type 1 cap*) Eine Cap-Struktur, die aus der grundlegenden Cap-Struktur am 5′-Ende besteht und die an der Ribose des zweiten Nucleotids eine zusätzliche Methylierung aufweist.

**Typ-2-Cap** (*type 2 cap*) Eine Cap-Struktur, die aus der grundlegenden Cap-Struktur am 5′-Ende besteht und die an den Ribosen des zweiten und dritten Nucleotids eine zusätzliche Methylierung aufweist.

**TΨC-Arm** (*TΨC arm*) Teil der Struktur eines tRNA-Moleküls.

**überlappende Gene** (*overlapping genes*) Zwei Gene mit überlappenden codierenden Regionen.

**Ubiquitin** (*ubiquitin*) Ein Protein aus 76 Aminosäuren, das, wenn es an ein anderes Protein gebunden ist, als Markierung für den Proteinabbau dient.

**Ultraschallbehandlung** (*sonication*) Ein Verfahren, bei dem man Ultraschall verwendet, um in DNA-Moleküle zufällige Brüche einzuführen.

**umgekehrte Sequenzwiederholung** (*inverted repeat*) Zwei identische Nucleotidsequenzen, die in entgegengesetzter Orientierung in einem DNA-Molekül vorkommen.

**Umkehrfeldgelelektrophorese, FIGE** (*field inversion gel electrophoreses*) Eine elektrophoretisches Verfahren, mit dem große DNA-Moleküle getrennt werden können.

**ungewurzelt** (*unrooted*) Bezeichnet einen phylogenetischen Stammbaum, der lediglich die Verwandtschaft zwischen den untersuchten Organismen oder DNA-Sequenzen darstellt, ohne Informationen über die evolutionären Ereignisse zu liefern, die aufgetreten sind.

**ungleicher Schwesterchromatidaustausch** (*unequal sister chromatid exchange*) Ein Rekombinationsereignis, das zur Duplikation eines DNA-Segments führt.

**ungleiches Crossing-over** (*unequal crossing-over*) Ein Rekombinationsereignis, das zu einer Duplikation eines DNA-Segments führt.

**unpolar** (*nonpolar*) Die Eigenschaft einer hydrophoben (wasserabweisenden) chemischen Gruppe.

**unvollständige Dominanz** (*incomplete dominance*) Bezieht sich auf ein Allelpaar, von dem kein Allel dominant ist, wobei der Phänotyp der Heterozygoten eine Zwischenform zwischen den Phänotypen der beiden Homozygoten darstellt.

**unzulässige Rekombination** (*illegitimate recombination*) Rekombination zwischen zwei doppelsträngigen DNA-Molekülen, die keine oder nur wenig Sequenzähnlichkeit besitzen.

**Uracil** (*uracil*) Eine der Pyrimidinbasen in der RNA.

**U-RNA** Ein uracilreiches Kern-RNA-Molekül; hierzu zählen auch snRNAs und snoRNAs.

**ursprünglicher Merkmalszustand** (*ancestral character state*) Der Merkmalszustand bei einem weit entfernten gemeinsamen Vorfahren oder einer Gruppe von Organismen.

**Ursprungserkennungskomplex, ORC** (*origin recognition complex*) Eine Reihe von Proteinen, die an die Erkennungssequenz des Replikationsursprungs binden.

**Ursprungserkennungssequenz** (*origin recognition sequence*) Ein Bestandteil eines eukaryotischen Replikationsursprungs.

**UvrABC-Endonuclease** (*UvrABC endonuclease*) Ein Multienzymkomplex, der am *short patch*-Reparaturprozess in *Escherichia coli* beteiligt ist.

**Van-der-Waals-Kräfte** (*van der Waals forces*) Eine bestimmte Form von anziehenden oder abstoßenden nichtkovalenten Bindungen.

**vegetative Zelle** (*vegetative cell*) Eine nichtreproduktive Zelle; eine Zelle, die sich durch Mitose teilt.

**Verdrängungsreplikation** (*displacement replication*) Eine Form der DNA-Replikation, bei der ein Helixstrang kontinuierlich kopiert wird. Dabei wird der zweite Strang ersetzt und anschließend kopiert, nachdem der erste Tochterstrang vollständig synthetisiert ist.

**vergleichende Genomik** (*comparative genomics*) Eine Forschungsstrategie, die sich Informationen aus der Untersuchung eines Genoms zunutze macht, um Kartenpositionen und Funktionen von Genen eines anderen Genoms abzuleiten.

**Verknüpfung nichthomologer Enden, NHEJ** (*nonhomologous end joining*) Eine andere Bezeichnung für den Doppelstrangreparaturprozess.

**verkürztes Gen** (*truncated gene*) Ein Genrelikt, dem ein Endsegment des usprünglichen und vollständigen Gens fehlt.

**Verlassen des Promotors** (*promotor escape*) Die Phase der Transkription, während der die Polymerase die Promotorregion verlässt und mit der Herstellung des Transkripts beginnt.

**Verrutschen** (*slippage*) Die Translokation eines Ribosoms entlang einer kurzen, nichtcodierenden Nucleotidsequenz zwischen dem Stoppcodon des einen Gens und dem Startcodon des zweiten Gens.

**Verrutschen bei der Replikation** (*replication slippage*) Ein Fehler bei der Replikation, der zu einer Erhöhung oder einer Erniedrigung der Zahl an repetitiven Einheiten in einer tandemartigen Sequenzwiederholung führt, beispielsweise einem Mikrosatelliten.

**verstreute Sequenzwiederholung** (*interspersed repeat*) Eine Sequenz, die an vielen, über das Genom verstreuten Positionen auftritt.

**virales Retroelement** (*viral retroelement*) Ein Virus, dessen Genomreplikation eine reverse Transkription umfasst.

**Viroid** (*viroid*) Ein RNA-Molekül mit einer Länge von 240–375 Nucleotiden, das keine Gene enthält, niemals eingekapselt wird und das sich als nackte RNA von Zelle zu Zelle ausbreitet.

**virulenter Bakteriophage** (*virulent bacteriophage*) Ein Bakteriophage, der den lytischen Infektionsweg verfolgt.

**Virus** (*virus*) Ein infektiöses Partikel, das aus Protein und Nucleinsäure besteht und eine Wirtszelle parasitieren muss, um sich replizieren zu können.

**Virusoid** (*virusoid*) Ein RNA-Molekül mit einer Länge von etwa 320–400 Nucleotiden, das nicht seine eigenen Capsidproteine synthetisiert, sondern sich stattdessen in dem Capsid eines Helfervirus von Zelle zu Zelle bewegt.

**VNTR, *variable number of tandem repeats*** (tandemartige Wiederholungen in variabler Anzahl) Ein einfacher Sequenzlängen-Polymorphismus (SSLP), der aus tandemartig angeordneten, einige dutzend Nucleotide langen Sequenzkopien besteht. Auch als Minisatellit bezeichnet.

**V-Schleife** (*V loop*) Teil der Struktur eines tRNA-Moleküls.

**Wanderung der Verzweigungsstelle** (*branch migration*) Ein Schritt im Holliday-Modell für die homologe Rekombination, der den Austausch von Polynucleotiden zwischen einem Paar rekombinierender doppelsträngiger DNA-Moleküle umfasst.

**Wasserstoffbrücke** (*hydrogen bond*) Eine schwache elektrostatische Anziehung zwischen einem elektronegativen Atom wie Sauerstoff oder Stickstoff und einem Wasserstoffatom, das an ein zweites elektronegatives Atom gebunden ist.

***wave of advance*** (Welle des Fortschritts) Eine Hypothese, nach der die Ausbreitung des Ackerbaus nach Europa von einer umfangreichen Bewegung menschlicher Populationen begleitet war.

**Wiederherstellung der Fluoreszenz nach Photobleichung**, **FRAP** (*fluorescence recovery after photobleaching*) Ein Verfahren, das man für die Analyse der Beweglichkeit von Kernproteinen einsetzt.

**Wildtyp** (*wild type*) Ein Gen, eine Zelle oder ein Organismus, die den typischen Phänotyp und/oder Genotyp für die Art zeigen und daher als Standard angesehen werden.

**Wobble-Hypothese** (*wobble hypothesis*) Der Prozess, durch den eine einzige tRNA mehr als ein Codon zu decodieren vermag.

**X-Inaktivierung** (*X inactivation*) Inaktivierung der meisten Gene oder einer Kopie des X-Chromosoms im Zellkern eines weiblichen Organismus durch Methylierung.

**Z-DNA** Eine Konformation der DNA, bei der die beiden Polynucleotide in einer linksdrehenden Helix umeinander gewunden sind.

**zellfreies Proteinsynthesesystem** (*cell-free protein synthesizing system*) Ein Zellextrakt, das alle für die Proteinsynthese notwendigen Komponenten enthält und zugegebene mRNA-Moleküle zu translatieren vermag.

**Zellkern** (*nucleus*) Die von einer Membran umgebene Struktur einer eukaryotischen Zelle, die die Chromosomen enthält.

**Zellkernantigen proliferierender Zellen**, **PCNA** (*proliferating cell nuclear antigen*) Ein zusätzliches Protein, das an der Genomreplikation von Eukaryoten beteiligt ist.

**Zellseneszenz** (*cell senescence*) Die Phase einer Zelllinie, in der alle Zellen leben sich jedoch nicht länger zu teilen vermögen.

**zellspezifisches Modul** (*cell-specific module*) Sequenzmotive, die in den Promotoren von eukaryotischen Genen enthalten sind, welche nur in einem Gewebetyp exprimiert werden.

**Zelltransformation** (*cell transformation*) Die Veränderung der morphologischen und biochemischen Eigenschaften, der auftritt, wenn eine tierische Zelle mit einem onkogenen Virus infiziert wird.

**Zellzyklus** (*cell cycle*) Die Abfolge von Ereignissen, die in einer Zelle zwischen zwei Teilungen stattfinden.

**Zinkfinger** (*zinc finger*) Ein verbreitetes Strukturmotiv für die Anlagerung eines Proteins an ein DNA-Molekül.

**Zoo-Blotting** (*zoo blotting*) Ein Verfahren mit dem sich bestimmen lässt, ob ein DNA-Fragment ein Gen enthält. Dazu wird das Fragment mit einer DNA-Präparation aus verwandten Spezies hybridisiert. Das Verfahren beruht darauf, dass Gene in verwandten Spezies ähnliche Sequenzen besitzen und so positive Hybridisierungssignale ergeben, wohingegen die Regionen zwischen den Genen weniger ähnlich sind und nicht hybridisieren.

**zufällige genetische Drift** (*random genetic drift*) Der Prozess, der dazu führt, dass sich die Häufigkeit einzelner Allele in einer Population nach und nach verändert.

**zusammengesetztes Transposon** (*composite transposon*) Ein DNA-Transposon, das ein Paar Insertionssequenzen umfasst, die ein DNA-Segment flankieren, welches in der Regel ein oder mehrere Gene enthält.

**zweidimensionale Gelelektrophorese** (*two-dimensional gel electrophoresis*) Ein Verfahren zur Trennung von Proteinen, das insbesondere für die Untersuchung des Proteoms angewendet wird.

**Zweig** (*branch*) Ein Bestandteil eines phylogenetischen Stammbaums.

**Zygote** (*zygote*) Die Zelle, die aus der Fusion von Gameten entsteht.

**zyklisches AMP, cAMP** (*cyclic AMP*) Eine modifizierte Form des AMP, bei der der 5'- und der 3'-Kohlenstoff durch eine intramolekulare Phosphodiesterbindung miteinander verbunden sind.

# Abkürzungen

| | |
|---|---|
| $\mu$m | Mikrometer |
| 5-bU | 5-Bromuracil |
| A | Adenin; Alanin |
| ABF | ARS-bindender Faktor |
| Ac/Ds | Aktivator/Dissoziation |
| ADAR | Adenosindesaminasen für RNA |
| ADP | Adenosin-5'-diphosphat |
| AIDS | erworbenes Immundefektsyndrom |
| Ala | Alanin |
| AMP | Adenosin-5'-monophosphat |
| ANT-C | Antennapedia-Komplex |
| AP | apurinisch/apyrimidinisch |
| Arg | Arginin |
| ARMS | *amplification refractory mutation system* |
| ARS | autonom replizierende Sequenz |
| A-Stelle | Akzeptorstelle |
| Asn | Asparagin |
| ASO | allelspezifisches Oligonucleotid |
| Asp | Asparaginsäure |
| ATP | Adenosin-5'-triphosphat |
| ATPase | Adenosin-5'-triphosphatase |
| BAC | künstliches Bakterienchromosom |
| Bis | *N,N*-Methylenbisacrylamid |
| BLAST | *basic local alignment search tool* |
| bp | Basenpaar |
| BSE | *bovine spongiforme encephalopathie* |
| BX-C | Bithorax-Komplex |
| C | Cystein; Cytosin |
| cAMP | zyklisches AMP |
| CAP | Katabolitaktivatorprotein |
| CASP | CTD-assoziiertes SR-ähnliches Protein |
| cDNA | komplementäre DNA |
| CEPH | Centre d'Études du Polymorphisme Humaine |
| cGMP | zyklisches GMP |
| CHEF | *contour clamped homogenous electric fields* |
| CJD | Creutzfeld-Jakob-Krankheit |
| Col | Colicin |
| CPSF | Spaltungs- und Polyadenylierungsspezifitätsfaktor |

| | |
|---|---|
| CRM | Chromatinumformungsmaschine |
| CstF | Spaltungsstimulationsfaktor |
| CTAB | Cetyltrimethylammoniumbromid |
| CTD | C-terminale Domäne |
| CTP | Cytidin-5'-triphosphat |
| Cys | Cystein |
| D | Asparaginsäure |
| DAG | 1,2-Diacylglycerin |
| Dam | DNA-Adenin-Methylase |
| DAPI | 4,6-Diamino-2-phenylindoldihydrochlorid |
| DASH | dynamische allelspezifische Hybridisierung |
| dATP | 2'-Desoxyadenosin-5'-triphosphat |
| DBS | doppelsträngige DNA-Bindungsstelle |
| Dcm | DNA-Cytosin-Methylase |
| dCTP | 2'-Desoxycytidin-5'-triphosphat |
| ddATP | 2',3'-Didesoxyadenosin-5'-triphosphat |
| ddCTP | 2',3'-Didesoxycytidin-5'-triphosphat |
| ddGTP | 2',3'-Didesoxyguanosin-5'-triphosphat |
| ddNTP | 2',3'-Didesoxynucleosid-5'-triphosphat |
| ddTTP | 2',3'-Didesoxythymidin-5'-triphosphat |
| Dfd | deformiert |
| dGTP | 2'-Desoxyguanosin-5'-triphosphat |
| DMSO | Dimethylsulfoxid |
| DNA | Desoxyribonucleinsäure |
| DNase | Desoxyribonuclease |
| Dnmt | DNA-Methyltransferase |
| dNTP | 2'-Desoxynucleosid-5'-triphosphat |
| DPE | stromabwärts liegendes Promotorelement |
| DSB | Bruch des Doppelstranges |
| DSP1 | *Dorsal switch protein 1* |
| dsRAD | doppelsträngige RNA-Adenosindesaminase |
| dsRBD | doppelsträngige RNA-bindende Domäne |
| dTTP | 2'-Desoxythymidin-5'-triphosphat |
| E | Glutaminsäure |
| EDTA | Ethylendiamintetraessigsäure |
| eEF | eukaryotischer Elongationsfaktor |
| EEO | Elektroendosmosewert |
| EF | Elongationsfaktor |

| | | | |
|---|---|---|---|
| eIF | eukaryotischer Initiationsfaktor | Ile | Isoleucin |
| EMS | Ethylmethansulfonat | Inr | Initiator |
| eRF | eukaryotischer Freisetzungsfaktor | Ins(1,4,5)P₃ | Inositol-1,4,5-triphosphat |
| ERV | endogenes Retrovirus | IPTG | Isopropylthiogalactosid |
| ES | embryonale Stammzelle | IRE-PCR | *interspersed repeat element PCR* |
| ESE | Exon-Spleiß-Enhancer | IRES | interne Ribosomeneintrittsstelle |
| E-Stelle | Austrittsstelle | IS | Insertionssequenz |
| ESS | Exon-Spleiß-Silencer | ITR | umgekehrte terminale Sequenzwieder- |
| EST | *expressed sequence tag* | | holung (*inverted terminal repeat*) |
| F | Fertilität; Phenylalanin | JAK | Janus-Kinase |
| FEN | *flap*-Endonuclease | K | Lysin |
| FIGE | Umkehrfeldgelelektrophorese | kb | Kilobase |
| FISH | Fluoreszenz-*in situ*-Hybridisierung | kcal | Kilokalorien |
| FRAP | Wiederherstellung der Fluoreszenz nach | kd | Kilodalton |
| | Photobleichung | L | Leucin |
| G | Glycin; Guanin | LCR | Locuskontrollregion |
| G1 | Gap-Phase 1 | Leu | Leucin |
| G2 | Gap-Phase 2 | LINE | *long interspersed nuclear element* |
| GABA | γ-Aminobuttersäure | Lod | *logarithm of the odds* |
| GAP | GTPase-aktivierendes Protein | LTR | lange terminale Sequenzwiederholung |
| Gb | Gigabase | | (*long terminal repeat*) |
| GDP | Guanosin-5′-diphosphat | Lys | Lysin |
| GFP | grün fluoreszierendes Protein | M | Methion; Mitosephase |
| Gln | Glutamin | MALDI-TOF | *matrix-assisted laser desorption ionization* |
| Glu | Glutaminsäure | | *time-of-flight* |
| Gly | Glycin | MAP | mitogenaktiviertes Protein |
| GMP | Guanosin-5′-monophosphat | MAR | matrixassoziiertes Protein |
| GNRP | guaninnucleotidfreisetzendes Protein | Mb | Megabasen |
| GTF | allgemeiner Transkriptionsfaktor | MeCP | methyl-CpG-bindendes Protein |
| GTP | Guanosin-5′-triphosphat | Met | Methionin |
| H | Histidin | MGMT | $O^6$-Methylguanin-DNA-Methyltransferase |
| HAT | Hypoxanthin + Aminopterin + Thymidin | miRNA | mikro-RNA |
| HBS | Heteroduplexbindungsstelle | mol | Mol |
| HDAC | Histon-Deacetylase | mRNA | Messenger-RNA |
| His | Histidin | MudPIT | mehrdimensionale Proteinidentifizie- |
| HIV | humanes Immundefizienzvirus | | rungstechnologie (*multi-dimensional pro-* |
| HLA | humanes Leukocytenantigen | | *tein identification technique*) |
| HMG | *high mobility group* | MULE | Mutator-ähnliches transponierbares Ele- |
| HNPCC | erblicher nichtpolypöser Dickdarmkrebs | | ment (*mutator-like transposable element*) |
| hnRNA | heterogene Kern-RNA | Mio. Jhr. | Millionen Jahre |
| HOM-C | homöotischer Genkomplex | N | Asparagin; Nucleotid |
| HPLC | Hochleistungsflüssigkeitschromatogra- | NAD | Nicotinamidadenindinucleotid |
| | phie | NADH | reduziertes Nicotinamidadenindinucleo- |
| HPRT | Hypoxanthin-Phosphoribosyl-Transferase | | tid |
| HTH | Helix-Kehre-Helix | ng | Nanogramm |
| I | Isoleucin | NHEJ | Verknüpfung nichthomologer Enden |
| ICAT | isotop-codierter Affinitätsmarker (*isotope* | | (*nonhomologous end-joining*) |
| | *coded affinity tag*) | NJ | *neighbor-joining* |
| ICF | Immundefekt, Centromerinstabilität und | nm | Nanometer |
| | faciale Dysmorphien | NMD | Nonsense-vermittelter RNA-Abbau (*non-* |
| IF | Initiationsfaktor | | *sense-mediated RNA decay*) |
| Ig | Immunglobulin | NMR | Kernspinresonanzspektroskopie (*nuclear* |
| IHF | Wirtsintegrationsfaktor | | *magnetic resonance*) |

| | | | | |
|---|---|---|---|---|
| NTP | Nucleosid-5′-triphosphat | | RNase | Ribonuclease |
| OFAGE | orthogonale Feldänderungsgelelektro- phorese (*orthogonal field alternation gel electrophoresis*) | | RNP | Ribonucleoprotein |
| | | | RPA | Replikationsprotein A |
| | | | RRF | Ribosomenrecyclingfaktor |
| OLA | Oligonucleotidligationstest (*oligonucleo- tide ligation assay*) | | rRNA | ribosomale RNA |
| | | | RT-PCR | Reverse-Transkriptase-PCR |
| Omp | Protein in der äußeren Membran (*outer membrane protein*) | | RTVL | retrovirusähnliches Element (*retroviral- like element*) |
| ORC | Ursprungserkennungskomplex (*origin recognition complex*) | | S | Serin; Synthesephase |
| | | | SAGE | serielle Analyse der Genexpression |
| ORF | offenes Leseraster (*open reading frame*) | | SAP | stressaktiviertes Protein |
| OTU | operative taxonomische Einheit (*operatio- nal taxonomic unit*) | | SAR | Gerüstanheftungsregion (*scaffold attach- ment region*) |
| P | Prolin | | SCAF | SR-ähnlicher CTD-assoziierter Faktor |
| PAC | P1-abgeleitetes künstliches Chromosom (*P1-derived artificial chromosome*) | | scRNA | kleine cytoplasmatische RNA |
| | | | SCS | spezialisierte Chromatinstruktur |
| PADP | polyadenylatbindendes Protein | | SDS | Natriumdodecylsulfat |
| PAUP | *Phylogenetic Analysis Using Parsimony* | | SeCys | Selenocystein |
| PCNA | Kernantigen proliferierender Zellen (*proli- ferating cell nuclear antigen*) | | Ser | Serin |
| | | | SINE | *short interspersed nuclear element* |
| PCR | Polymerasekettenreaktion | | siRNA | *short interfering* RNA |
| pg | Picogramm | | SIV | *simian immunodeficiency virus* (Affen- Immunschwächevirus) |
| Phe | Phenylalanin | | | |
| PHYLIP | *Phylogeny Inference Package* | | SL-RNA | gespleißte Leader-RNA (*spliced leader RNA*) |
| PIC | Präinitiationskomplex | | | |
| PNA | Peptidnucleinsäure | | SMAD | SMA/MAD-verwandt |
| PNPase | Polynucleotid-Phosphorylase | | snoRNA | kleine nucleoläre RNA |
| Pro | Prolin | | SNP | Einzelnucleotidpolymorphismus (*single nucleotide polymorphism*) |
| PSE | proximales Sequenzelement | | | |
| PSI-BLAST | *position-specific iterated Basic Local Alignment Search Tool* | | snRNA | kleine Kern-RNA |
| | | | snRNP | kleines nucleäres Ribonucleoprotein |
| P-Stelle | Peptidylstelle | | SRF | Serum-Response-Faktor |
| PtdIns(4,5)P$_2$ | Phosphatidylinositol-4,5-bisphosphat | | SSB | einzelstrangbindendes Protein (*single- strand binding protein*) |
| PTRF | *polymerase I and transcript release factor* | | | |
| Pu | Purin | | SSLP | einfacher Sequenzlängen-Polymorphis- mus (*simple sequence length polymor- phism*) |
| Py | Pyrimidin | | | |
| Q | Glutamin | | | |
| R | Arginin; Purin | | STAT | Signalüberträger und Transkriptionsakti- vator (*signal transducer and activator of transcription*) |
| RACE | schnelle Amplifizierung von cDNA-Enden (*rapid amplification of cDNA ends*) | | | |
| | | | STR | einfache Tandemwiederholung (*simple tandem repeat*) |
| RAM | *random access memory* | | | |
| RBS | RNA-Bindungsstelle | | STS | *sequence tagged site* |
| RC | Replikationskomplex | | T | Threonin; Thymin |
| RF | Freisetzungsfaktor (*release factor*) | | TAF | TBP-assoziierter Faktor |
| RFC | Replikationsfaktor C | | TAP | Tandemaffinitätsreinigung (*tandem-affi- nity purification*) |
| RFLP | Restriktionsfragment-Längenpolymor- phismus | | | |
| RHB | Rel-Homologiedomäne | | TBP | TATA-bindendes Protein |
| RISC | RNA-induzierter Silencing-Komplex | | TEMED | $N',N',N',N'$-Tetramethylethylendiamin |
| RLF | *replication licensing factor* | | TF | Transkriptionsfaktor |
| RMP | Replikationsmediatorprotein | | TGF | transformierender Wachstumsfaktor |
| RNA | Ribonucleinsäure | | Thr | Threonin |
| RNAi | RNA-Interferenz | | Ti | tumorinduzierend |

| | | | |
|---|---|---|---|
| TIC | TAF- und initiatorabhängiger Cofaktor | UTP | Uridin-5′-triphosphat |
| TK | Thymidin-Kinase | UTR | nichttranslatierte Region |
| $T_m$ | Schmelztemperatur | UV | ultraviolett |
| tmRNA | Transfer-Messenger-RNA | Val | Valin |
| Tn | Transposon | VNTR | *variable number of tandem repeats* |
| TOL | Toluen | W | Adenin oder Thymin; Tryptophan |
| TPA | Gewebeplasminogenaktivator (*tissue plasminogen activator*) | X-Gal | 5-Brom-4-chlor-3-indolyl-$\beta$-D-galactopyranosid |
| TRAP | trpRNA-bindendes Attenuationsprotein | Y | Pyrimidin; Tyrosin |
| tRNA | Transfer-RNA | YAC | künstliches Hefechromosom (*yeast artificial chromosome*) |
| Trp | Tryptophan | | |
| Tyr | Tyrosin | YIp | integratives Hefeplasmid (*yeast integrative plasmid*) |
| U | Uracil | | |
| UCE | stromaufwärts liegendes Kontrollelement (*upstream control element*) | | |

# Bildnachweise

*Gene und Genome* basiert auf der veröffentlichten Literatur und veröffentlichten Abbildungen aus den Arbeiten zahlreicher Forschungsgruppen. Wenn eine Abbildung aus einer anderen Quelle direkt nachgedruckt wurde, hat der Autor das in der Abbildungslegende vermerkt. Der Autor möchte zusätzlich darauf hinweisen, dass viele Abbildungen aufgrund von Informationen aus Büchern, Artikeln und Quellen im Internet neu erstellt oder nachgestaltet wurden, die im Folgenden aufgeführt sind.

Abbildung 3.25: Oliver SG, van der Aart QJM, Agostini-Carbone ML et al (1992) The complete DNA sequence of yeast chromosome III. *Nature* 357: 38–46

Abbildung 5.19: Ponting CP (1997) Tudor domains in proteins that interact with RNA. *Trends Biochem Sci* 22: 51–52

Abbildung 5.28: Dujon B (1996) The yeast genome project: what did we learn? *Trends Genet* 12: 263–270

Abbildung 6.7: Leung YF, Cavalieri D (2003) Fundamentals of cDNA microarray data analysis. *Trends Genet* 19: 649-659

Abbildung 6.23: Kalir S, Alon U (2004) Using a quantitative blueprint to reprogram the dynamics of the flagella gene network. *Cell* 117: 713–720

Abbildung 7.5: Strachan T, Read AP (2004) Human Molecular Genetics, 3. Aufl. Garland, London. Deutsche Ausgabe 2005, Elsevier, München

Abbildung 7.12: GenBank-Eintrag HUMHBB

Abbildung 7.15b: Oliver SG, van der Aart QJM, Agostini-Carbone ML et al (1992) The complete DNA sequence of yeast chromosome III. *Nature* 357: 38–46

Abbildung 7.15c: Adams MA, Celniker SE, Holt RA et al (2000) The genome sequence of *Drosophila melanogaster*. *Science* 287: 2185–2195

Abbildung 7.15d: SanMiguel P, Tikhonov A, Jin YK et al (1996) Nested retrotransposons in the intergenic regions of the maize genome. *Science* 274: 765–768

Abbildung 7.16: Venter JC, Adams MD, Myers EW et al (2001) The sequence of the human genome. *Science* 291: 1304–1351

Abbildung 7.17: IHGSC (International Human Genome Sequencing Consortium) (2001) Initial sequencing and analysis of the human genome. *Nature* 409: 860–921

Abbildung 7.18: IHGSC (International Human Genome Sequencing Consortium) (2001) Initial sequencing and analyis of the human genome. *Nature* 409: 860–921

Abbildung 8.4: Sinden RR, Pettijohn DE (1981) Chromosomes in living *Escherichia coli* cells are segregated into domains of supercoiling. *Proc Natl Acad Sci USA* 78: 224–228

Abbildung 8.7: Blattner FR, Plunkett G, Bloch CA et al (1997) The complete genome sequence of *Escherichia coli* K- 12. *Science* 277: 1453–1462

Abbildung 8.10: Ochman H, Lawrence JG, Groisman EA (2000) Lateral gene transfer and the nature of bacterial innovation. *Nature* 405: 299–304

Abbildung 10.4: Williams RRE (2003) Transcription and the territory: the ins and outs of gene positioning. *Trends Genet* 19: 298–302

Abbildung 10.15: Bernstein BE, Kamal M, Lindblad-Toh K et al. (2005) Genomic maps and comparative analysis of histone modifications in human and mouse. *Cell* 120: 169–181

Abbildung 11.2: Travers A (1993) DNA-Protein Interactions. Chapman & Hall, London

Methoden 11.1, Abbildung M11.1b und c: Campbell N (1993) Biology, 2. Aufl. Benjamin Cummings, San Francisco

Methoden 11.1, Abbildung M11.1d: Zubay G (1997) Biochemistry, 4. Aufl. McGraw-Hill, New York

Abbildung 11.3: Travers A (1993) DNA-Protein Interactions, Chapman & Hall, London

Abbildung 11a: Travers A (1993) DNA-Protein Interactions. Chapman & Hall, London

Abbildung 11.5: Travers A (1993) DNA-Protein Interactions. Chapman & Hall, London

Abbildung 11.6: Travers A (1993) DNA-Protein Interactions. Chapman & Hall, London

Abbildung 11.12: Kielkopf CL, White S, Szewczyk JW, Turner JM, Baird EE, Dervan PB, Rees DC (1998) A structural basis for recognition of AT and TA base pairs in the minor groove of B-DNA. *Science* 282: 111–115

Abbildung 11.13: Travers A (1993) DNA-Protein Interactions. Chapman & Hall, London

Abbildung 11.20: Xie X, Kokubo T, Cohen SL et al (1996) Structural similarity between TAFs and the heterotetrameric core of the histone octameL *Nature* 380: 316–322

Abbildung 12.3: Korzheva N, Mustaev A, Kozlov M, Malhotra A, Nikiforov V, Goldfarb A, Darst SA (2000) A structural model of transcription elongation. *Science* 289: 619–625

Abbildung 12.14: Nickels BE, Hochschild A (2004) Regulation of RNA polymerase through the secondary channel. *Cell* 118: 281–284

Abbildung 12.29: Stark H, Dube P, Lührmann R, Kastner B (2001) Arrangement of RNA and proteins in the spliceosomal Ul small nuclear ribonucleoprotein particle. *Nature* 409: 539–542

Abbildung 12.34: Graveley BR (2001) Alternative splicing: increasing diversity in the proteomic world. *Trends Genet* 17: 100–107

Abbildung 12.39: Burke JM, Belfort M, Cech TR, et al (1987) Structural conventions for Group I introns. *Nucleic Acids Res* 15: 7217–7221

Abbildung 13.3: Freifelder D (1986) Molecular Biology, 2. Aufl. Jones and Bartlett, Sudbury

Abbildung 13.12: Heilek GM, Noller HF (1996) Sitedirected hydroxyl radical probing of the rRNA neighborhood of ribosomal protein S5. *Science* 272: 1659–1662

Abbildung 13.20: Nissen P, Hansen J, Ban N, Moore PB, Steitz TA (2000) The structural basis of ribosome activity in peptide bond synthesis. *Science* 289: 920–930

Abbildung 15.33: Raghuraman MK, Winzeler EA, Collingwood, D et al (2001) Replication dynamics of the yeast genome. *Science* 294: 115–121

Abbildung 17.8: Rafferty JB, Sedelnikova SE, Hargreaves D et al (1996) Crystal structure of DNA recombination protein RuvA and a model for its binding to the Holliday junction. *Science* 274: 415–421

Abbildung 18.15: Wolfe KH, Shields DC (1997) Molecular evidence for an ancient duplication of the entire yeast genome. *Nature* 387: 708–713

Abbildung 18.16: Eichler EE (2001) Recent duplication, domain accretion and dynamic mutation of the human genome. *Trends Genet* 17: 661–669

Abbildung 18.21: Jiang N, Bao Z, Zhang X, Eddy SR, Wessler SR (2004) Pack-MULE transposable elements mediate gene evolution in plants. *Nature* 431: 569–573

Abbildung 19.6: Strachan T, Read AP (2004) Human Molecular Genetics, 3. Aufl. Garland, London. Deutsche Ausgabe 2005, Elsevier, München

Abbildung 19.8: Li, WH (1997) Molecular Evolution. Sinauer, Sunderland

Abbildung 19.9: Li, WH (1997) Molecular Evolution. Sinauer, Sunderland

Abbildung 19.20: Wain-Hobson S (1998) 1959 and all that. *Nature* 391: 531–532

Abbildung 19.30: Richards M, Macauley V, Hickey E et al (2000) Tracing European founder lineages in the Near Eastern mtDNA pool. *Am J Hum Genet* 67: 1251–1276

Abbildung 19.31: Jobling MA, Hurles ME, Tyler-Smith C (2004) Human Evolutionary Genetics: Origins, Peoples and Disease. Garland, London

# Index